에너지아카데미의
에너지관리기사
기출문제집 필기

에너지아카데미 지음

■ 도서 A/S 안내

성안당에서 발행하는 모든 도서는 저자와 출판사, 그리고 독자가 함께 만들어 나갑니다.

좋은 책을 펴내기 위해 많은 노력을 기울이고 있습니다. 혹시라도 내용상의 오류나 오탈자 등이 발견되면 **"좋은 책은 나라의 보배"**로서 우리 모두가 함께 만들어 간다는 마음으로 연락주시기 바랍니다. 수정 보완하여 더 나은 책이 되도록 최선을 다하겠습니다.

성안당은 늘 독자 여러분들의 소중한 의견을 기다리고 있습니다. 좋은 의견을 보내주시는 분께는 성안당 쇼핑몰의 포인트(3,000포인트)를 적립해 드립니다.

잘못 만들어진 책이나 부록 등이 파손된 경우에는 교환해 드립니다.

저자 문의 e-mail : chghdfus@naver.com(이상식)
본서 기획자 e-mail : coh@cyber.co.kr(최옥현)
홈페이지 : http://www.cyber.co.kr 전화 : 031) 950-6300

머리말

Engineer Energy Management

이 책은 우리나라 젊은이들의 미래를 등불처럼 밝혀줄 옥동자이다!

에너지관리기사 자격증 취득을 준비하는 수험생들에게 가장 큰 바람이 있다면 그것은 자신이 공부하고자 하는 내용을 단시간 내에 체계적으로 이해하고 드디어는 합격의 영광을 안고자 함일 것이다. 이에 저자는 그러한 절박한 요구에 부응하여 다소 기초가 부족한 수험생일지라도 본 교재로 최소 2번만 반복 학습한다면 충분히 만족할 만한 결과를 얻을 수 있도록 꾸며 놓았다고 자부한다.

본서의 특징은 다음과 같다.

첫째, 전공지식에 대한 이해 능력이 부족한 수험생들을 위하여 필수 내용들을 쉽게 요약 정리해 문제풀이에 적용시켜 두었고,
둘째, 소수점과 자릿수 표시의 시각적 불편함을 해소하기 위하여 자릿수 표현의 기호를 가급적 삭제함으로써 편리를 도모하였으며,
셋째, 최근 과년도 기출문제 모두를 상세히 해설함으로써 수험생들로 하여금 더 이상의 불필요한 시간 낭비를 가급적 최소화하였고,
넷째, 본 교재에 공식 표현의 기호와 단위를 충실하게 전개하여 기초 지식의 고양 및 과년도 문제의 응용·변형된 문제가 출제되더라도 쉽게 풀 수 있도록 적용력 향상에 초점을 두었으며,
다섯째, 저자가 직접 연구·개발·적용한 암기법의 공부 방식을 적극 활용하여 정답에 한결 쉽게 접근하도록 하였고,
여섯째, 최근 들어 각광을 받고 있는 에너지 관련 기타 자격증으로까지 연계시켜 학습이 가능하도록 꾸며 놓았다.

흔히들 우리의 삶이나 시험을 엉킨 실타래 또는 매듭풀기에 비유하곤 한다. 그것은 인간의 삶이나 시험이 그만큼 쉬운 일이 아님을, 그리하여 각고의 노력과 뜨거운 열정이 뒷받침되지 않으면 성취하기 쉽지 않음을 각인시키고자 함이 아니었을까? 경험에 의하면 엉킨 실타래는 고사하고 그 어느 매듭 하나도 쉽게 풀리는 것은 없었다. 이에 저자는 수험생 여러분들이 보다 수월하게 매듭을 풀어갈 수 있도록 오랫동안 고민해 보았다. 그리고 마지막 탈고를 하며 비로소 웃을 수 있었다. 반드시 도움을 줄 수 있으리라는 확신 때문이었다.

본 수험서를 마련하며 에너지관리기사를 준비하는 수험생 여러분의 성공과 건투를 빈다. 혹여 출판 과정에서 발생할 수 있는 오·탈자 및 오류가 발견될 경우 인터넷 카페로 연락을 주시면 수정·보완해 나갈 것이다. 아울러 질문 사항이 있다면 성의를 다해 답변드릴 것임을 약속하며 이후로도 보다 알찬 수험 교재가 되도록 노력을 아끼지 않을 것임을 밝혀 드리는 바이다.

끝으로, 편집의 책임을 다해 준 다홍 양에게 감사드리며 이 책에 대한 모든 영광을 우리 가족을 비롯하여 보살핌을 아끼지 않으셨던 부모님과 이웃들께 바칩니다.

저자 **이상식**

시험안내

1 기본 정보

(1) 개요

열에너지는 가정의 연료에서부터 산업용에 이르기까지 그 용도가 다양하다. 이러한 열사용처에 있어서 연료 및 이를 열원으로 하는 연료사용기구의 품질을 향상시킴으로써 연료자원의 보전과 기업의 합리화에 기여할 인력을 양성하기 위해 자격제도를 제정하였다.

(2) 수행직무

① 각종 산업기계, 공장, 사무실, 아파트 등에 동력이나 난방을 위한 열을 공급하기 위하여 보일러 및 관련장비를 효율적으로 운전할 수 있도록 지도, 안전관리를 위한 점검, 보수업무를 수행한다.

② 유류용 보일러, 가스보일러, 연탄보일러 등 각종 보일러 및 열사용 기자재의 제작, 설치 시 효율적인 열설비류를 위한 시공, 감독하고, 보일러의 작동상태, 배관상태 등을 점검하는 업무를 수행한다.

(3) 진로 및 전망

① 사무용 빌딩, 아파트, 호텔 및 생산공장 등 열설비류를 취급하는 모든 기관과 보일러 검사 및 품질관리부서, 소형공장에서 대형공장까지 보일러 담당부서, 보일러 생산업체, 보일러 설비업체 등으로 진출할 수 있다.

② 열관리기사의 고용은 현수준을 유지하거나 다소 증가할 전망이다. 인력수요가 주로 가을과 겨울철에 편중되고 있으며, 열설비류 중 도시가스 및 천연가스 사용의 증대, 여타 유사자격증과의 업무중복 등 감소요인이 있으나, 에너지의 효율적 이용과 절약에 대한 필요성이 증대되고 에너지 낭비 규모가 미국, 일본 등 선진국에 비해 높은 수준이어서 상대적으로 열관리기사의 역할이 증대되었다. 또한 건설경기회복에 따른 열설비류의 설치대수 증가 등으로 고용은 다소 증가할 전망이지만 보일러 구조의 복잡화, 대규모화, 연료의 다양화, 자동제어 등으로 급격히 변화하고 있어 이에 수반하는 관리, 가스, 냉방 및 공기조화 관련 자격증의 추가 취득이 업무에 도움이 된다.

(4) 연도별 검정현황

연도	필기			실기		
	응시(명)	합격(명)	합격률(%)	응시(명)	합격(명)	합격률(%)
2024	6,995	2,406	34.4	5,455	1,486	27.2
2023	8,997	3,041	33.8	5,209	2,052	39.4
2022	7,187	2,529	35.2	4,240	1,126	26.6
2021	5,497	2,149	39.1	2,815	622	22.1
2020	3,409	1,299	38.1	2,242	1,210	54
2019	3,534	1,527	43.2	2,260	1,221	54

2 시험 정보

(1) 시험 수수료
  ① 필기 : 19,400원
  ② 실기 : 22,600원

(2) 출제경향 및 출제기준
  ① 필기시험의 내용은 출제기준(표)를 참고바람.
  ② 실기시험은 필답형으로 시행되며, 출제기준(표)를 참고바람.

(3) 취득방법
  ① 시행처 : 한국산업인력공단
  ② 관련학과 : 대학의 기계공학과, 기계설계공학과, 건축설비공학과, 에너지공학과 등
  ③ 시험과목
   • 필기 : 1. 연소공학   2. 열역학
       3. 계측방법   4. 열설비 재료 및 관계법규
       5. 열설비 설계
   • 실기 : 열관리 실무
  ④ 검정방법
   • 필기 : 객관식 4지 택일형, 과목당 20문항(과목당 30분, 총 2시간 30분)
   • 실기 : 필답형(3시간, 20문제 내외, 100점)
  ⑤ 합격기준
   • 필기 : 100점을 만점으로 하여 과목당 40점 이상, 전 과목 평균 60점 이상
   • 실기 : 100점을 만점으로 하여 60점 이상

(4) 시험 일정 (※ 자세한 시험 일정은 Q-net 홈페이지(www.q-net.or.kr) 참고!)

회 별	필기시험 원서접수 (인터넷)	필기시험	필기시험 합격예정자 발표	실기시험 원서접수 (인터넷)	실기(면접)시험	합격자 발표
제1회	1월 중	2월 초	3월 중	3월 말	4월 중	6월 초
제2회	4월 중	5월 중	6월 초	6월 말	7월 중	9월 초
제3회	7월 말	8월 초	9월 중	9월 말	11월 초	12월 초

[비고]
1. 원서접수 시간 : 원서접수 첫날 10시~마지막 날 18시까지입니다.(가끔 마지막 날 밤 12 : 00까지로 알고 접수를 놓치는 경우도 있으니 주의하기 바람!)
2. 필기시험 합격예정자 및 최종합격자 발표시간은 해당 발표일 9시입니다.
3. 시험 일정은 종목별, 지역별로 상이할 수 있습니다.

3 시험 접수에서 자격증 수령까지 안내

☑ **원서접수 안내 및 유의사항입니다.**

- 원서접수 확인 및 수험표 출력기간은 접수당일부터 시험시행일까지 출력 가능(이외 기간은 조회불가)합니다. 또한 출력장애 등을 대비하여 사전에 출력 보관하시기 바랍니다.
- 원서접수는 온라인(인터넷, 모바일앱)에서만 가능합니다.
- 스마트폰, 태블릿 PC 사용자는 모바일앱 프로그램을 설치한 후 접수 및 취소/환불 서비스를 이용하시기 바랍니다.

STEP 01 — 필기시험 원서접수
- 필기시험은 온라인 접수만 가능(지역에 상관없이 원하는 시험장 선택 가능)
- Q-net(www.q-net.or.kr) 사이트 회원 가입
- 응시자격 자가진단 확인 후 원서 접수 진행
- 반명함 사진 등록 필요 (6개월 이내 촬영본 / 3.5cm × 4.5cm)

STEP 02 — 필기시험 응시
- 입실시간 미준수 시 시험 응시 불가 (시험시작 20분 전에 입실 완료)
- 수험표, 신분증, 계산기 지참 (공학용 계산기 지참 시 반드시 포맷)
- 2022년 4회 시험부터 CBT 시행

STEP 03 — 필기시험 합격자 확인
- CBT로 시행되므로 시험종료 즉시 합격여부 확인 가능
- Q-net(www.q-net.or.kr) 사이트 및 ARS(1666-0100)를 통해서 확인 가능

STEP 04 — 실기시험 원서접수
- Q-net(www.q-net.or.kr) 사이트에서 원서 접수
- 응시자격서류 제출 후 심사에 합격 처리된 사람에 한하여 원서 접수 가능 (응시자격서류 미제출 시 필기시험 합격예정 무효)

★ 필기/실기 시험 시 허용되는 공학용 계산기 기종
  1. 카시오(CASIO) FX-901~999
  2. 카시오(CASIO) FX-501~599
  3. 카시오(CASIO) FX-301~399
  4. 카시오(CASIO) FX-80~120
  5. 샤프(SHARP) EL-501-599
  6. 샤프(SHARP) EL-5100, EL-5230, EL-5250, EL-5500
  7. 캐논(CANON) F-715SG, F-788SG, F-792SGA
  8. 유니원(UNIONE) UC-400M, UC-600E, UC-800X
  9. 모닝글로리(MORNING GLORY) ECS-101

※ 1. 직접 초기화가 불가능한 계산기는 사용 불가
  2. 사칙연산만 가능한 일반 계산기는 기종에 상관없이 사용 가능
  3. 허용군 내 기종 번호 말미의 영어 표기(ES, MS, EX 등)는 무관

STEP 05 실기시험 응시
- 수험표, 신분증, 필기구, 공학용 계산기, 종목별 수험자 준비물 지참
  (공학용 계산기는 허용된 종류에 한하여 사용 가능하며, 수험자 지참 준비물은 실기시험 접수기간에 확인 가능)

STEP 06 실기시험 합격자 확인
- 문자 메시지, SNS 메신저를 통해 합격 통보
  (합격자만 통보)
- Q-net(www.q-net.or.kr) 사이트 및 ARS (1666-0100)를 통해서 확인 가능

STEP 07 자격증 교부 신청
- 상장형 자격증, 수첩형 자격증 형식 신청 가능
- Q-net(www.q-net.or.kr) 사이트를 통해 신청

STEP 08 자격증 수령
- 상장형 자격증은 합격자 발표 당일부터 인터넷으로 발급 가능
  (직접 출력하여 사용)
- 수첩형 자격증은 인터넷 신청 후 우편수령만 가능
  (수수료 : 3,100원 / 배송비 : 3,010원)

※ 자세한 사항은 Q-net 홈페이지(www.q-net.or.kr)를 참고하시기 바랍니다.

유의사항

[수험자 유의사항]

♣ 필기시험 유의사항

1. 시험시간은 휴식시간 없이 5과목×30분씩=2시간 30분(총 150분)으로 문제 수는 총 100문항으로 구성되어 있습니다.
2. 문제 형태는 객관식 4지(①, ②, ③, ④) 선다형 중 정답을 택일하여 클릭하는 것으로 구성되어 있습니다.
3. 시험의 진행과정
   ① 정감독 위원(1명), 부감독 위원(1명)이 시험당일 지정된 시각에 컴퓨터가 설치된 고사실에 입회합니다.
   ② 산업인력공단 주관의 좌석 지정은 감독자로부터 칠판에 부착된 좌석표 대로 각자 지정된 좌석번호를 찾아가서 착석하게 됩니다. 다만, 좌석의 변경은 불가하며 감독자 임의대로 좌석을 이동시키는 것 또한 잘못된 것이므로 이의제기를 신청하셔도 됩니다.
   ③ 지정된 좌석의 컴퓨터 모니터 전원 및 화면이 정상인가를 각자 확인합니다.
   ④ 시험진행에 관한 주의사항 전달 및 신분증에 부착된 사진과 본인 대조확인을 합니다.
   ⑤ 감독자로부터 계산에 필요한 연습장을 원하는 만큼 배부 받을 수 있습니다.
      단, 배부 받은 연습장의 상단마다에 각자의 수험번호와 성명을 모두 기입해야 합니다.
   ⑥ 감독자의 시험개시 신호에 따라 모니터 화면에는 수험생 각자마다 다른 시험문제가 열리는 것과 동시에 소요시간이 진행됩니다.
   ⑦ 풀이과목의 순서는 수험생이 결정하며 얼마든지 5개 과목과 풀이시간을 넘나들면서 정답체크 및 시간배분을 조절할 수 있습니다.
   ⑧ 시험시작 후 화장실 등의 임시퇴실은 허락되질 않으며, 시험시간 1/2 경과 후 퇴실이 가능합니다.
   ⑨ 100문항의 풀이 및 검토가 모두 완료되면 화면의 메뉴에서 "**종료**" 버튼을 누름과 동시에 가채점된 점수가 곧바로 뜨므로 본인의 "**예비 합격/불합격**"을 확인할 수 있습니다.

♣ 필기 답안 작성 시 유의사항

1. 수험자가 선택하여 클릭한 답안은 수정 변경이 얼마든지 가능합니다.
2. 배부된 연습장에 연필 및 볼펜으로 써도 되며, 연습장은 퇴실 시 감독자에게 회수되므로 필기시험 문제지를 베껴서 퇴실할 수는 없습니다.
3. 공학용 계산기의 사용은 감독자의 리셋 후에 허락되며, 타인 간에 교환은 허락하지 않습니다.
4. 주로 소수점 셋째자리에서 반올림하여 소수점 둘째자리까지만 표기합니다.
5. 각 과목별 40점 미만 시에는 과목별 탈락이 있으므로 불합격 처리되며, 다섯 과목의 합계 점수가 평균 60점 이상이면 필기시험 합격입니다.

♣ 실기시험 유의사항

1. 시험시간은 총 3시간으로 문제 수는 20문항 이내이며, 소문항들을 달고 있는 문제도 있으며 문항당의 배점은 3점~8점짜리로 다양하게 배정되어 있습니다.
2. 문제 형태는 단답형의 간단한 서술문제 및 단순한 계산문제와 소문항들을 달고 있는 배점이 높은 복잡한 계산문제 등으로 구성되어 있습니다.

♣ 실기 답안 작성 시 유의사항

1. 답안 작성 시 정정부분은 반드시 두 줄로 긋고 새로 작성하면 됩니다.
2. 임시답안을 연필로 표기해도 되며, 최종답안을 제출할 시에는 흑색볼펜으로 표기한 후에 연필로 써두었던 내용을 지우개로 모두 깨끗이 지운 후에 제출하여야 합니다.
3. 공학용 계산기의 사용은 리셋 후에 당연히 허락되며, 계산과정이 없는 답은 0점입니다.
4. 소수점 셋째자리에서 반올림하여 소수점 둘째자리까지만 주로 표기하도록 채점기준에서는 요구하고 있습니다.
5. 문제에서 요구한 답란의 항목 수 이상을 표기하더라도 채점에서는 요구한 항목 수의 번호 순서에 한해서만 채점합니다.
   (추가로 써봤자 괜히 쓸데없는 일인 셈이죠.)
6. 합계 점수가 60점 이상이면 최종합격입니다.
   (과목별 탈락은 없습니다.)

출제기준

필기

- **적용기간** : 2024.1.1.~2026.12.31.
- **문제 수** : 100문제 (객관식)
- **시험시간** : 2시간 30분
- **직무내용** : 각종 산업, 건물 등에 생산공정이나 냉·난방을 위한 열을 공급하기 위하여 보일러 등 열사용 기자재의 설계, 제작, 설치, 시공, 감독을 하고, 보일러 및 관련 장비를 안전하고 효율적으로 운전할 수 있도록 지도, 점검, 진단, 보수 등의 업무를 수행하는 직무

필기과목명	주요항목	세부항목	세세항목
연소공학	1. 연소이론	(1) 연소기초	① 연소의 정의 ② 연료의 종류 및 특성 ③ 연소의 종류와 상태 ④ 연소속도 등
		(2) 연소계산	① 연소현상 이론 ② 이론 및 실제 공기량, 배기가스량 ③ 공기비 및 완전연소 조건 ④ 발열량 및 연소효율 ⑤ 화염온도 ⑥ 화염전파 이론 등
	2. 연소설비	(1) 연소장치의 개요	① 연료별 연소장치 ② 연소방법 ③ 연소기의 부품 ④ 연료 저장 및 공급 장치
		(2) 연소장치 설계	① 고부하 연소기술 ② 저공해 연소기술 ③ 연소부하 산출
		(3) 통풍장치	① 통풍방법 ② 통풍장치 ③ 송풍기의 종류 및 특징
		(4) 대기오염방지장치	① 대기오염물질의 종류 ② 대기오염물질의 농도 측정 ③ 대기오염방지장치의 종류 및 특징
	3. 연소안전 및 안전장치	(1) 연소안전장치	① 점화장치 ② 화염검출장치 ③ 연소제어장치 ④ 연료차단장치 ⑤ 경보장치
		(2) 연료 누설	① 외부 누설 ② 내부 누설
		(3) 화재 및 폭발	① 화재 및 폭발 이론 ② 가스폭발 ③ 유증기폭발 ④ 분진폭발 ⑤ 자연발화

필기과목명	주요항목	세부항목	세세항목
열역학	1. 열역학의 기초 사항	(1) 열역학적 상태량	① 온도 ② 비체적, 비중량, 밀도 ③ 압력
		(2) 일 및 열에너지	① 일　　　② 열에너지 ③ 동력
	2. 열역학 법칙	(1) 열역학 제1법칙	① 내부에너지　② 엔탈피 ③ 에너지식
		(2) 열역학 제2법칙	① 엔트로피 ② 유효에너지와 무효에너지
	3. 이상기체 및 관련 사이클	(1) 기체의 상태변화	① 정압 및 정적 변화 ② 등온 및 단열 변화 ③ 폴리트로픽 변화
		(2) 기체동력기관의 기본 사이클	① 기체사이클의 특성 ② 기체사이클의 비교
	4. 증기 및 증기동력사이클	(1) 증기의 성질	① 증기의 열적 상태량 ② 증기의 상태 변화
		(2) 증기동력사이클	① 증기동력사이클의 종류 ② 증기동력사이클의 특성 및 비교 ③ 열효율, 증기소비율, 열소비율 ④ 증기표와 증기선도
	5. 냉동사이클	(1) 냉매	① 냉매의 종류 ② 냉매의 열역학적 특성
		(2) 냉동사이클	① 냉동사이클의 종류 ② 냉동사이클의 특성 ③ 냉동능력, 냉동률, 성능계수(COP) ④ 습공기선도
계측방법	1. 계측의 원리	(1) 단위계와 표준	① 단위 및 단위계 ② SI 기본단위 ③ 차원 및 차원식
		(2) 측정의 종류와 방식	① 측정의 종류 ② 측정의 방식과 특성
		(3) 측정의 오차	① 오차의 종류 ② 측정의 정도(精度)
	2. 계측계의 구성 및 제어	(1) 계측계의 구성	① 계측계의 구성요소 ② 계측의 변환
		(2) 측정의 제어회로 및 장치	① 자동제어의 종류 및 특성 ② 제어동작의 특성 ③ 보일러의 자동제어

출제기준

필기과목명	주요항목	세부항목	세세항목
	3. 유체 측정	(1) 압력	① 압력 측정방법 ② 압력계의 종류 및 특징
		(2) 유량	① 유량 측정방법 ② 유량계의 종류 및 특징
		(3) 액면	① 액면 측정방법 ② 액면계의 종류 및 특징
		(4) 가스	① 가스의 분석방법 ② 가스분석계의 종류 및 특징
	4. 열 측정	(1) 온도	① 온도 측정방법 ② 온도계의 종류 및 특징
		(2) 열량	① 열량 측정방법 ② 열량계의 종류 및 특징
		(3) 습도	① 습도 측정방법 ② 습도계의 종류 및 특징
열설비 재료 및 관계 법규	1. 요로	(1) 요로의 개요	① 요로의 정의 ② 요로의 분류 ③ 요로 일반
		(2) 요로의 종류 및 특징	① 철강용로의 구조 및 특징 ② 제강로의 구조 및 특징 ③ 주물용해로의 구조 및 특징 ④ 금속가열열처리로의 구조 및 특징 ⑤ 축요의 구조 및 특징
	2. 내화물, 단열재, 보온재	(1) 내화물	① 내화물의 일반 ② 내화물의 종류 및 특성
		(2) 단열재	① 단열재의 일반 ② 단열재의 종류 및 특성
		(3) 보온재	① 보온(냉)재의 일반 ② 보온(냉)재의 종류 및 특성
	3. 배관 및 밸브	(1) 배관	① 배관자재 및 용도 ② 신축이음 ③ 관 지지구 ④ 패킹
		(2) 밸브	① 밸브의 종류 및 용도
	4. 에너지관계법규	(1) 에너지 이용 및 신재생에너지 관련 법령에 관한 사항	① 에너지법, 시행령, 시행규칙 ② 에너지이용합리화법, 시행령, 시행규칙 ③ 신에너지 및 재생에너지 개발·이용·보급 촉진법, 시행령, 시행규칙

필기과목명	주요항목	세부항목	세세항목
열설비 설계	1. 열설비	(1) 열설비 일반	① 보일러의 종류 및 특징 ② 보일러 부속장치의 역할 및 종류 ③ 열교환기의 종류 및 특징 ④ 기타 열사용 기자재의 종류 및 특징
		(2) 열설비 설계	① 열사용 기자재의 용량 ② 열설비 ③ 관의 설계 및 규정 ④ 용접 설계
		(3) 열전달	① 열전달 이론 ② 열관류율 ③ 열교환기의 전열량
		(4) 열정산	① 입열, 출열 ② 손실열 ③ 열효율
	2. 수질관리	(1) 급수의 성질	① 수질의 기준 ② 불순물의 형태 ③ 불순물에 의한 장애
		(2) 급수 처리	① 보일러 외처리법 ② 보일러 내처리법 ③ 보일러수의 분출 및 배출 기준
	3. 안전관리	(1) 보일러 정비	① 보일러의 분해 및 정비 ② 보일러의 보존
		(2) 사고 예방 및 진단	① 보일러 및 압력용기 사고원인 및 대책 ② 보일러 및 압력용기 취급 요령

출제기준

실기

- **적용기간** : 2024.1.1.~2027.12.31.
- **시험시간** : 3시간
- **직무내용** : 각종 산업, 건물 등에 생산공정이나 냉·난방을 위한 열을 공급하기 위하여 보일러 등 열사용 기자재의 설계, 제작, 설치, 시공, 감독을 하고, 보일러 및 관련 장비를 안전하고 효율적으로 운전할 수 있도록 지도, 점검, 진단, 보수 등의 업무를 수행하는 직무
- **수행준거** : 1. 에너지관리기법을 이용하여 에너지관리 실무에 전문지식을 활용할 수 있다.
  2. 에너지사용설비원리를 이용하여 설비 점검 및 진단과 설계를 할 수 있다.
  3. 에너지절약기법을 활용하여 손실요인 개선과 관리를 할 수 있다.

실기과목명	주요항목	세부항목
열관리 실무	1. 에너지설비 설계	(1) 보일러/온수기 설계하기
		(2) 연소설비 설계하기
		(3) 요로 설계하기
		(4) 배관/보온/단열 설계하기
	2. 에너지설비 관리	(1) 보일러/온수기 설치 및 관리하기
		(2) 연료/연소장치의 설치 및 관리하기
		(3) 보일러/온수기 부속장치 및 관리하기
	3. 계측 및 제어	(1) 계측원리 및 이해하기
		(2) 계측기 구성/제어하기
		(3) 유체 측정하기
		(4) 열 측정하기
	4. 에너지 실무	(1) 에너지 이용/진단하기
		(2) 에너지 관리하기
		(3) 에너지안전 관리하기

차례

Engineer Energy Management

- 머리말 3
- 필기/실기 수험자 유의사항 8
- 시험안내 4
- 출제기준(필기/실기) 10

부록 계산기 사용 및 열정산

1. 방정식 풀이의 계산기 사용법 ·· 부록 3
2. 열정산 기준 및 측정방법 ·· 부록 4

9개년 에너지관리기사 필기 출제문제

- 2017년 제1회 출제문제 및 해설 ··· 3
- 2017년 제2회 출제문제 및 해설 ·· 41
- 2017년 제4회 출제문제 및 해설 ·· 80
- 2018년 제1회 출제문제 및 해설 ··· 117
- 2018년 제2회 출제문제 및 해설 ··· 156
- 2018년 제4회 출제문제 및 해설 ··· 193
- 2019년 제1회 출제문제 및 해설 ··· 231
- 2019년 제2회 출제문제 및 해설 ··· 268
- 2019년 제4회 출제문제 및 해설 ··· 307
- 2020년 제1, 2회 통합실시 출제문제 및 해설 ························ 345
- 2020년 제3회 추가실시 출제문제 및 해설 ···························· 383
- 2020년 제4회 출제문제 및 해설 ··· 419
- 2021년 제1회 출제문제 및 해설 ··· 457
- 2021년 제2회 출제문제 및 해설 ··· 495
- 2021년 제4회 출제문제 및 해설 ··· 531
- 2022년 제1회 출제문제 및 해설 ··· 570
- 2022년 제2회 출제문제 및 해설 ··· 610
- 2022년 제4회 출제문제 및 해설(CBT 시행) ·························· 649
- 2023년 제1회 출제문제 및 해설(CBT 시행) ·························· 688
- 2023년 제2회 출제문제 및 해설(CBT 시행) ·························· 725
- 2023년 제4회 출제문제 및 해설(CBT 시행) ·························· 761
- 2024년 CBT 복원문제 및 해설 (1)(CBT 시행) ······················· 797
- 2024년 CBT 복원문제 및 해설 (2)(CBT 시행) ······················· 831
- 2025년 CBT 복원문제 및 해설 (1)(CBT 시행) ······················· 865
- 2025년 CBT 복원문제 및 해설 (2)(CBT 시행) ······················· 900

현실이라는 땅에 두 발을 딛고
이상인 하늘의 별을 향해 두 손을 뻗어
착실히 올라가야 한다.

- 반기문 -

꿈꾸는 사람은 행복합니다.
그러나 꿈만 좇다 보면 자칫 불행해집니다. 가시밭에 넘어지고 웅덩이에 빠져 허우적거릴 뿐, 꿈을 현실화할 수 없기 때문이죠.
꿈을 이루기 위해서는, 냉엄한 현실을 바탕으로 한 치밀한 전략, 그리고 뜨거운 열정이라는 두 발이 필요합니다. 그러지 못하면 넘어지기 십상이지요.
우선 그 두 발로 현실을 딛고, 하늘의 별을 따기 위해 한 계단 한 계단 올라가 보십시오. 그러면 어느 순간 여러분도 모르게 하늘의 별이 여러분의 손에 쥐어져 있을 것입니다.

에너지관리기사 필기

계산기 사용 및 열정산

부록

www.cyber.co.kr

1. 방정식 풀이의 계산기 사용법
2. 열정산 기준 및 측정방법

부록

재난 시 및 평상시

1. 방정식 풀이의 계산기 사용법

(카시오 fx-991 EX 모델을 기준해서 설명한다.)

<예제> $\dfrac{20 \times (500 - t_2')}{\ln\left(\dfrac{0.2}{0.1}\right)} = \dfrac{0.2 \times (t_2' - 100)}{\ln\left(\dfrac{0.5}{0.2}\right)}$

위 계산문제의 풀이를 여러분들은 어떻게 눌러서 계산하고 계시나요?

1) 1열3행의 분수키를 누른다.
   → 이때 분자에 있는 t_2' 미지수를 5열4행에 있는 (빨강색)X로 누른다.
   자판의 빨강색을 누르려면 2열1행의 ALPHA를 누른 후에 X를 누른다.
2) 분모의 값을 입력하는 것쯤이야 당연히 아실 것이기에 그냥 생략합니다.
3) 이제 주의해야 할 것은 방정식에 쓰이는 등호(=)를 잘 찾아야만 합니다.
   → 먼저 이 등호(=)는 우리가 늘 사용했던 6열 맨아래 행의 흰색=이 아닙니다
   → 2열2행에 빨강색 등호(=)를 눌러주셔야 하는 게 제일 중요합니다.
   바로, 2열1행의 ALPHA를 누른 후에 2열2행의 빨강색 등호(=)를 누른다.
4) 1항에서와 마찬가지로 우변에 분수키를 누르고 이제까지의 방법대로 입력한다.
5) 입력이 끝난 후에, 또다시 주의해야 합니다.
   → 이제 <보기>에 주어진 식이 계산기의 화면에 완성되어 있는 상태에서,
   → 1열1행의 SHIFT키를 누른 후에 2열2행에 있는 SOLVE키를 누르게 되면,
   → 화면 아래에 Solve for X
       어떤 숫자(???..)라고 화면에 뜨게 됩니다.
   <주의> : 이 상태에서 미지수 X는 아직 정답이 완성되지 않은 상태입니다.
   → 우리가 늘 사용했던 6열 맨 아래 행의 **흰색=**를 마지막으로 눌러주셔야만
       X = 496.9968 이라고 중간의 행에 뜨는 것이 최종 구하는 정답이 됩니다.
   ∴ t_2' = X = 496.99 = 497 ℃의 결과를 얻게 됩니다.

의외로 많은 수험생들이 방정식의 계산기 활용 방법을 모르는 탓에, 방정식 계산에서 쓸데없이 시간을 들여서 이항을 하는 등의 번거로운 과정을 거치고 있는 것이므로, 계산문제를 풀 때는 반드시 위 사용법을 네이버에 있는 [에너지아카데미] 카페(https://cafe.naver.com/2000toe) 동영상으로 익혀서 활용할 줄 알아야 신세계를 경험하여 훨씬 수월합니다!

2. 열정산 기준 및 측정방법

1. 열정산의 개요

열을 사용하는 각종설비나 기구에 어떠한 물질이 얼마만큼의 열을 가지고 들어 갔으며 또한 들어간 열이 어디에서 어떠한 형태로 얼마만큼 나왔느냐를 계산하는 것으로서, 열정산 또는 열수지(Heat Blance)라고도 한다.

즉, 어느 열설비 기기에 공급된 입열과 출열과의 관계를 명확히 계산하는 것이다. 보일러의 경우에는 입열로는 버너나 스토커 등 연소장치를 통해서 들어가는 연료의 현열과 발열량, 연소용공기가 갖고 들어가는 공기의 현열, 급수가 갖고 들어가는 급수의 현열 등이 있으며 이밖에 스팀제트식(steamjet Burner)버너가 부착된 보일러의 경우라면 로내 분입증기가 가지고 들어가는 열 등이 있다.

출열로는 발생증기의 흡수열, 배기가스의 보유열, 불완전연소에 의한 열손실 및 기타의 방열, 전열 등을 통해 나가는 열등이 있다.

열정산을 실시하는 목적은 특정설비에 공급된 열량과 그 사용 상태를 검토하고 유효하게 이용되는 열량과 손실열량을 세밀하게 분석함으로써 **합리적 조업 방법** 으로의 **개선과 기기의 설계 및 개조에 참고하기 위함**이라고 볼 수 있다.

통상 산업체 현장에서 열정산을 하여 보면 공급된 열량에 의하여 실제 유효하게 이용된 열은 의외로 적고 손실량이 아주 많은 것을 알 수 있다.

즉, 보일러의 굴뚝으로 빠져나가는 배기손실은 연료에서 나오는 열량의 10~20% 정도이지만 공업용 요로 등의 경우에 있어서는 배기가스 온도가 매우 높아 손실은 30~50%에 달하며 이밖에도 방열이나 전열 등 불필요한 열손실이 매우 많다.

따라서 열정산결과 배기가스 온도가 높고 열손실이 많을 경우에는 폐열회수방법의 하나로 연소용 공기 또는 보일러 급수를 예열하기 위하여 공기예열기나 절탄기를 설치하여 배기가스에 의한 열손실을 최대한 줄이는 것이다.

2. 보일러의 열정산

다음의 보일러 열정산은 한국공업표준규격 "KS B 6205 **육용강제보일러의 열정산 방식**"에 의거하여 실시한다.

가. 적용범위

이 규격은 고체·액체·기체 연료를 사용하는 보일러의 실용적인 시험에 있어서 일반적인 방법에 대하여 규정한다.

2. 열정산 기준 및 측정방법

나. 열정산 기준

1) 정상조업 상태에서 원칙적으로 1~2시간 이상을 연속 가동한 후에 측정하는데 측정시간은 1시간 이상의 운전 결과를 이용한다.
2) 성능측정 시험부하는 원칙적으로 정격부하로 하고,
   필요에 따라서는 $\frac{3}{4}$, $\frac{2}{4}$, $\frac{1}{4}$ 등의 부하로 시행할 수 있다.
3) 시험을 시행할 경우에는 미리 보일러 각 부를 점검하여 연료, 증기, 물 등의 누설이 없는가를 확인하고 시험중에는 Blow down, Soot Blowing(매연 제거) 등의 강제통풍을 하지 않으며 안전밸브가 열리지 않은 상태로 운전한다.
4) 시험용 보일러는 다른 보일러와 무관한 상태로 하여 실시한다.
5) 열정산은 연료단위량을 기준으로 계산한다.
   즉, 고체·액체 연료의 경우 1kg을 기준으로 하고
   기체연료의 경우는 0℃, 1기압으로 환산한 $1Nm^3$를 기준으로 한다.
6) 발열량은 원칙적으로 **고위발열량을 기준**으로 하며,
   필요에 따라서는 저위발열량으로 하여도 되며 어느 것을 취했는지를 명기해야 한다.
7) 열정산의 기준온도는 **외기온도**로 한다.
8) 과열기·재열기·절탄기·공기예열기를 갖는 보일러는 이것들을 그 보일러의 표준범위에 포함시킨다. 다만, 당사자 간의 약속에 의해 표준 범위를 변경하여도 된다.
9) 단위연료량에 대한 공기량이란 원칙적으로 수증기를 포함하는 것으로 그 단위는 고체·액체연료의 경우 Nm^3/kg, 기체연료는 Nm^3/Nm^3으로 표시한다.
10) 증기의 건도는 98%이상인 경우에 시험함을 원칙으로 한다.(건도가 98%이하인 경우에는 수위 및 부하를 조절하여 건도를 98%이상으로 유지한다.)
11) 온수보일러 및 열매체 보일러의 열정산은 증기보일러의 경우에 준하여 실시한다.
12) 전기에너지는 1 kWh당 860 kcal로 환산한다.
13) 보일러의 효율 산정 방식은 다음 2가지 방식 중 어느 하나에 따른다.
    ① 입·출열법에 따른 효율.(직접법)
    $$\eta = \frac{유효출열량}{총입열량} \times 100 \, (\%)$$

② 열손실법에 따른 효율.(간접법)

$$\eta = \left(1 - \frac{총손실열}{총입열량}\right) \times 100 \, (\%)$$

다. 열정산의 표준범위

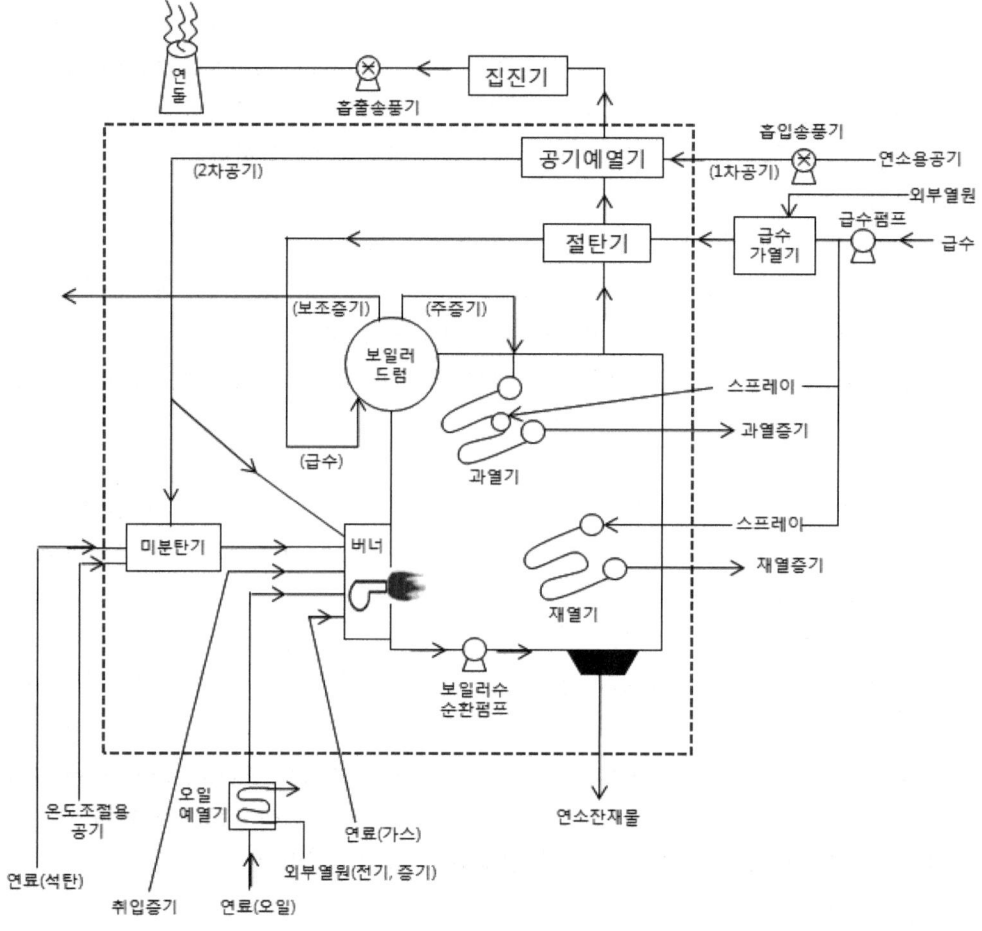

♣ (위 그림에서 점선의 네모 안이..) 보일러 열정산의 표준범위에 해당한다.

라. 측정사항
    1) 시험 년 월 일 시각 및 시험담당자
    2) 일기·외기온도 및 습도
    3) 연소장치·통풍장치·급수장치·자동제어장치 및 집진장치의 작동상태

4) 연료의 사용량과 종류 및 발열량
5) 급수량 및 습도
6) 연소용 공기의 압력 및 온도
7) 로내 흡입증기의 량 및 압력, 온도 또는 건조도
8) 발생증기의 량, 압력, 과열온도 또는 건조도
9) 재열증기의 량, 압력 및 출·입구 온도
10) 배기가스의 온도, 압력 또는 통풍력 및 조성
11) 고체연료의 경우는 연소잔존물의 량 및 연소잔존물 중의 미연소분의 비율
12) 보일러 효율을 열손실법에 따라 산정하는 경우는 보일러 제손실을 산출하는데 필요한 제 항목
13) 기타

마. 측정방법

1) 외기온도

외기온도는 보일러공의 외기고단의 입구, 공기예열기가 있는 경우는 그 입구에서 측정한다.
이때 직사광선 및 기기 등으로부터의 복사열을 받지 않는 상태에서 측정한다

2) 연료

① 연료사용량의 측정

㉠ 고체연료는 계량 후 수분의 증발을 피하기 위해 가능한 연소직전에 계량하고 그때마다 동시에 시료를 취한다.
계량은 원칙적으로 계량기를 사용하고 기타의 계량기를 사용하였을 때에는 지시량을 정확하게 보정한다.
측정의 허용오차는 ±0.5%로 한다.

㉡ 액체연료는 중량탱크 또는 체적식 유량계(오벌유량계)로 측정한다.
측정한 체적유량은 온도에 따른 보정 및 비중 등을 곱하여 중량유량으로 환산한다.
측정의 허용오차는 ±1.0%로 한다.

㉢ 기체연료는 체적식(가스미터) 또는 오리피스식 유량계 등으로 계측하고 계측시의 온도, 압력에 따라 0℃, 1기압으로 환산한 표준상태의 용량 Nm^3로 환산하며 연료의 온도는 **유량계 전**에서 측정한 온도로 한다.
측정의 허용오차는 ±1.6%로 한다.

3) 급수

① 급수량의 측정

급수량의 측정은 중량탱크식 또는 체적식 유량계(오벌유량계), 오리피스식 등으로 측정한다.
측정의 허용오차는 ±1.0%로 한다.

② 급수온도의 측정

㉠ 절탄기가 있는 경우에는 **절탄기 입구**에서 측정한다.
㉡ 절탄기가 없는 경우에는 **보일러 몸체의 입구**에서 측정한다.
㉢ 또한 보조급수장치인 인젝터를 사용하는 경우에는 그 앞에서 측정한다

4) 연소용 공기

① 공기량의 측정

연료의 조성에서 이론공기량(A_0)을 계산하고, 배기가스의 분석 결과로부터 공기비(m)를 계산하여 실제공기량($A = mA_0$)을 산출한다.
단, 필요한 경우에는 오리피스 또는 피토관 등을 사용하여 측정한다.

② 예열공기 온도의 측정

예열 공기온도는 공기예열기의 **입구 및 출구**에서 측정한다.
다만, 터빈 추기 등의 외부열원에 의한 공기예열기를 병용하는 경우에는 필요에 따라 그 전·후의 공기온도도 측정한다.

5) 발생 증기

① 발생증기량의 측정

㉠ 일반적으로는 급수량으로부터 산정한다.
㉡ 증기유량계가 설치되어 있는 경우는 그 측정값을 참고값으로 한다.
㉢ 발생증기의 일부를 연료가열, 로내취입, 공기예열 등에 사용하는 경우에 그 증기량을 측정하여 증기발생량에서 **뺀다**.
㉣ 시험의 개시 및 종료 시점에 있어서 보일러의 수면을 측정하여 보일러 수면이 다른 경우에는 급수량에서 (수위)보정량을 빼준 값으로 한다.
㉤ 재열기 입구 증기량은 주증기량에서 증기터빈의 그랜드 증기량 및 추기 증기량을 빼서 구한다.
㉥ 과열기와 재열기 출구 증기량은 그 입구 증기량에 과열저감기에서 분사한 스프레이량을 더하여 구한다.
㉦ 상기의 보정량에 있어서 측정이 곤란한 것은 계산치를 사용한다.

② 과열증기 및 재열증기 온도의 측정

과열기 출구온도는 과열기 **출구에** 근접한 위치에서 측정한다.
다만, 출구에 온도조절장치가 있는 경우에는 그 뒤에서 측정한다.
재열기의 경우는 그 입구에서도 측정한다.

③ 증기압력의 측정

포화증기는 압력만을 측정하면 되므로 보일러 동체에서 측정한다.
과열증기 및 재열증기의 압력은 그 온도를 측정한 같은 위치에서 측정한다.
다만, 압력 취출구와 압력계 사이에 높이차가 있는 경우에는 연결관 내의 수주에 따라 압력보정을 한다.

④ 포화증기의 건도(x) 측정

포화증기의 건도는 보일러 드럼 출구에 근접한 위치에서 복수열량계, 스로틀(교축)열량계 등으로 측정한다.
단, 실측되지 않는 경우에는 <계속사용검사기준>에 따라 강제보일러는 0.98 주철제보일러는 0.97로 할 수 있다.

⑤ 과열증기를 발생하는 보일러는 건도를 측정할 필요가 없다.

⑥ 증기표 프로그램을 이용하여 포화수의 엔탈피(H_1)와 증발잠열(R)을 계산하여 사용한다.

⑦ 증기의 압력 및 온도 측정의 허용오차는 ±7%로 한다.

6) 배기가스

① 배기가스 온도의 측정

㉠ 보일러의 **최종가열기** 출구에서 측정한다.
㉡ 다만, 필요에 따라 보일러 몸체출구, 과열기, 재열기, 절탄기, 공기예열기의 입구 및 출구에서도 측정한다.
㉢ 가스온도는 덕트 통로 단면의 평균온도를 측정한다.

② 배기가스의 시료(Sampling) 채취

㉠ 시료 채취 위치는 절탄기가 있는 경우, **절탄기 출구에서** 한다.
㉡   〃   절탄기가 없는 경우, **보일러 몸체 또는 과열기의 출구에서 채취한다.**
㉢ 공기예열기가 있는 경우에는 그 출구에서 채취한다.

③ 배기가스의 성분 분석
　　㉠ 배기가스 성분 분석은 일반적으로 오르샷트(Orsat) 가스분석기, 전기식 또는 기계식 가스분석기를 사용한다.
　　㉡ 가스분석기는 센서나 시약의 수명 관리를 위해 표준가스(Standard gas)에 따라 교정하여 사용하여야 한다.
　　㉢ 분석은 평균 시료에 대하여 한다.
　　㉣ 배기가스 분석을 위해 사용되는 센서들은 수명이 있으므로 주기적인 관리가 필요하다.
　　㉤ 배기가스를 흡인하는 위치의 선정은 가스압력이 양(+)압이 걸리는 위치로 선정해야 한다.

7) 연소 잔존물
　① 연소 잔존량의 측정
　　연소 잔존량은 연료의 사용량, 연료의 탄분 및 연소잔재물의 미연소분의 비율에서 산정한다. 연소 잔재량을 실측할 수 있는 경우는 그에 따른다.
　② 연소 잔재물의 시료채취 및 미연소분의 측정
　　연소 잔존물의 시료의 채취는 석탄류 및 Cokes류의 Sampling 방법 및 전수분혼분 측정방법에 따른다.

8) 측정시간 간격
　연료시료의 채취, 증기, 공기, 배기가스의 온도 및 압력 등의 측정은 기록식 계기를 사용하는 경우 이외의 각각 일정시간마다 시행한다.
　예를 들면 석탄의 시료채취는 시험기간 중 가능한 한 채취 횟수를 많이 하고 액체 및 기체의 시료채취는 시험기간 중 2회 이상 시행하며 측정은 10분마다 한다.

바. 시험 준비 및 누전상의 주의사항

1) 보일러 상태검사 및 보조
　보일러는 미리 각 부분을 검사하여 증기 및 물의 누설이 없게 정비하고 내실재 보온 및 기타의 파손이 있으면 보수해 놓아야 한다.

2) 보기류의 정비
　운전장치, 연료공급장치, 연소장치, 통풍장치, 급수장치, 계량기기 등의 기능을 미리 점검 및 조정하여 시험 도중에 고장이 생기지 않도록 정비해 놓아야 한다.

3) 측정기기의 정비

필요한 계측기기류는 미리 검사하고 정확히 보정하여 소정의 위치에 있도록 한다. 급수 및 연료의 측정기구에 바이패스(By-Pass)가 있는 경우에는 시험 도중에 누설을 검토할 수 없으므로 미리 그 곳에 누설이 없는가를 확인해 놓아야 한다.
다만 운전 중에 By-pass의 누설유무를 밸브를 열어 검사할 수 있다.

4) 보일러 누전상황의 조정

보일러는 미리 소정의 운전상태로 조정하고 보일러의 종류에 따라 적당한 시간 중 그 상태를 지속하여 양호한 운전상태의 계속이 가능한가를 확인하여 본시험을 한다.

5) 측정원의 배치.

측정원은 이미 부서를 정하여 배치하고 가능하면 본 시험전의 준비운전을 통하여 훈련하고 시험개시와 동시에 즉시 정확한 측정이 될 수 있어야 한다.

6) Blow down, Soot Blowing(매연 제거), 강제통풍, 급수 시료 채취 시행.

블로우, 매연제거, 강제통풍 및 급수, 보일러수, 발생증기의 시료채취 등은 시험개시 전에 시행하고 본시험 중에는 시행하지 않는다.

7) 측정치의 변동

발생증기량, 온도 및 압력의 변동이 다음 범위를 초과하는 경우에는 그 상황을 측정결과의 비고란에 기입한다.
- 발생증기량의 변동은 평균치의 ±15%
- 증기온도 및 압력의 변동은 평균치의 ±7%

3. 열정산 계산 방법

가. 기본량 계산

보일러의 열정산시는 본 계산을 하기에 앞서서 입·출열 계산에 공통적으로 적용되는 연료사용량, 급수량, 공기비 등을 먼저 정확히 계산하는 것이 좋다.
액체연료의 경우 연료량이나 급수량은 대부분 유량계나 탱크 등으로 측정하게 되는데 이 **측정값은 체적(ℓ)유량**으로 **측정**되기 때문에 온도나 밀도(또는 비중)이 전혀 고려되지 않은 상태이므로, 계산 시에 측정값을 직접 대입하기는 곤란하다. 따라서, 체적유량으로 측정된 량은 온도와 밀도(또는 비중)을 고려하여 **중량(kg) 유량**으로 **환산**해주어야 하는 과정이 필요하며 그 계산방법은 다음과 같다.

또한 기체연료의 경우에도 측정된 체적유량(l, m^3)을 측정시의 온도와 압력에 따라 **표준상태** (0℃, 1atm)의 N·m^3으로 **환산**해주어야 한다.

1) 연료사용량 (F)
   ① 액체의 연료 사용량
   $$F = V_t \cdot d \cdot K$$

   여기서, F : 연료사용량 (kg/h)
   V_t : t℃에서 실측한 연료사용량 (l/h)
   d : 연료의 비중 (kg/l)
   K : 연료의 온도에 따른 체적보정계수

   한편, 문제의 조건에서 중유의 비중은 0.95로 흔히 주어지며 중유의 공급온도(버너전 온도)는 t_f 이므로

   흔히, K = 0.9754 - 0.00067(t_f-50) 의 공식으로 계산한다.

   F = (   ) l/h × (   ) kg/l × (   )

   = (   ) kg/h

   【해설】 연료(중유)의 온도에 따른 체적 보정계수 K

중유비중 (15℃기준)	온도범위	K 값
1.000 ~ 0.966	15 ~ 50℃	1.000 - 0.00063 × (t - 15)
	50 ~ 100℃	0.9779 - 0.0006 × (t - 50)
0.965 ~ 0.851	15 ~ 50℃	1.000 - 0.00071 × (t - 15)
	50 ~ 100℃	0.9754 - 0.00067× (t - 50)

   ② 기체의 연료사용량

   F = V_t × 온도보정계수 × 압력보정계수

   = $V_t \times \dfrac{T_0}{T} \times \dfrac{P}{P_0}$

   여기서, F 또는 V_0 : 표준상태로 환산한 기체연료 사용량 (N·m^3/h)
   V_t 또는 V : t℃에서 실측한 연료측정량 (m^3/h)
   T : 가스연료의 절대온도(273 + t ℃)

2. 열정산 기준 및 측정방법

T_0 : 표준상태의 절대온도(273K)

P : 가스연료의 절대압력(단위 : atm , mmHg, mmAq 등)

P_0 : 표준상태의 대기압력(단위 : 1atm, 760mmHg, 10332mmAq)

한편, 보일-샤를의 법칙 $\dfrac{P_0 V_0}{T_0} = \dfrac{PV}{T}$ 에서

$$V_0 = \dfrac{PV}{T} \times \dfrac{T_0}{P_0} \ \text{이다.}$$

온도만의 보정계수는 $V_0 = V \times \dfrac{T_0}{T} = V \times \dfrac{273}{273 + t(℃)}$

압력만의 보정계수는 $V_0 = V \times \dfrac{P}{P_0} = V \times \dfrac{1\,atm + P_g}{1\,atm}$

암기법 : 절대게

다른 한편, 압력 단위의 환산 관계는

P = (   ) mmAq $\times \dfrac{1\ kgf/cm^2}{10332\ mmAq}$

= (   ) kgf/cm² 또는 kg/cm²으로 f를 생략해서 표현하기도 한다.

【해설】 한국에너지공단의 열정산 기준.

열정산은 사용시의 연료단위량 즉, 고체·액체 연료의 경우 **1kg당** 기준으로 한다. 기체연료의 경우는 계측시의 온도 및 압력 조건에 따라 크게 변동이 되기 때문에 **표준상태 조건(온도 0℃, 압력 1atm)**에서의 체적으로 **환산한 1N·m³당** 기준으로 실시한다.

2) 급수량 (w_1 kg)

① 급수의 **비체적**(V_s)을 고려해야 하는 경우.

측정결과표에서 급수온도(℃)와 급수압력(kg/cm²-g)에 따른 증기표 및 문제조건에서의 제시를 이용하여 **급수의 비체적**(V_s) = (   ) ℓ/kg을 찾아서 급수량을 중량유량으로 환산한다.

$w_1 = w_0\ (\ell/h) \times \dfrac{1}{V_s\ (\ell/kg)}$

= (   ) kg/h

여기서, w_1 : 환산한 급수량

w_0 : 측정결과에서 ℓ/h 단위로 실측한 급수량

② **비중(d)** 이 제시되어 있는 경우라면,

$w_1 = w_0\ (\ell/h) \times d\ (kg/\ell)$

$ = (\quad)\ kg/h$

③ 연료 1kg당 급수량 ($W_1\ \dfrac{kg}{kg_{-f}}$)

$W_1 = \dfrac{w_1}{F}$

$ = \dfrac{(\quad)\ kg/h}{(\quad)\ kg_{-f}/h}$

$ = (\quad)\ \dfrac{kg}{kg_{-f}}$

3) 증기 발생량 (w_2 **kg**)

① 증기의 보정량을 고려해야 하는 경우.

$w_2 = w_1 - (수위)보정량$

$ = (\quad)\ kg/h$

여기서, 자체보일러에서 발생된 증기로 연소용 공기나 연료를 예열하였거나 스팀젯트식 버너의 분입증기로 사용한 량 및 블로우다운량 등은 **보정량**에 해당되므로 빼주어야 한다.

② 문제조건에서 증기보정량에 관한 아무런 제시가 없는 경우,

(즉, 보정량이 없으면 급수량 w_1 자체를 증발량으로 산정하면 된다.)

∴ w_2 (증발량) $= w_1$ (급수량)

$ = (\quad)\ kg/h$

③ 연료 1kg당 증기발생량 ($W_2\ \dfrac{kg}{kg_{-f}}$)

$W_2 = \dfrac{w_2}{F} = \dfrac{(\quad)\ kg/h}{(\quad)\ kg_{-f}/h} = (\quad)\ \dfrac{kg}{kg_{-f}}$

2. 열정산 기준 및 측정방법

4) 공기비 (m)

① 측정결과표에서 배기가스 성분분석 중 CO 의 배출이 없는 **완전연소**인 경우 공기비를 구하는 공식 중에서, $m = \dfrac{21}{21 - O_2(\%)}$ 을 이용해서 계산한다.

② 측정결과표에서 배기가스 성분분석 중 CO 의 배출이 있는 **불완전연소**인 경우 공기비를 구하는 공식 중에서, $m = \dfrac{N_2(\%)}{N_2 - 3.76(O_2 - 0.5\,CO)}$

여기서, $N_2(\%) = 100 - (O_2 + CO_2 + CO)$ 을 이용하여 계산해야 한다.

③ 측정결과표에서 배기가스 성분분석중 탄산가스(CO_2) 농도에서 계산하는 경우 공기비를 구하는 공식 중에서, $m = \dfrac{CO_{2\max}}{CO_2(\%)}$ 를 이용해서 계산한다.

나. 입열 계산

암기법 : 연(발·현) 공급중

① **연료의 발열량** (H_ℓ 또는 H_h)

㉠ 측정결과표에서 발열량이 명기되어 제시되어 있는 경우.
  → 주어진 값을 그냥 대입하면 된다.

㉡ 측정결과표에서 **발열량이 제시되어 있지 않은 경우**.
  → 연료성분의 원소분석에 따른 고·저위발열량 공식으로 계산해야 한다

【해설】 ★ 고위발열량

ⓐ 고체,액체 (단위 : kcal/kg)

$$H_고 = 8100\,C + 34000\left(H - \dfrac{O}{8}\right) + 2500\,S$$

ⓑ 기체의 고위발열량 계산은 어려우므로 문제에서 제시해 준다.

★ 저위발열량

ⓐ 고체, 액체인 경우 (단위 : kcal/kg)

$$H_저 = 8100\,C + 28600\,H + 2500\,S - 4250\,O - 600\,w$$

$$H_저 = H_고 - 600(9H + w)$$

여기서, H : 연료중의 수소 함량(%)
w : 연료중의 수분 함량(%)

ⓑ 기체인 경우 (단위 : kcal/N·m³)

$$H_저 = H_고 - (480 \times 물의\ mol수)$$

여기서, 물의 mol수는 탄화수소 화합물의 완전연소반응식

$$C_mH_n + \left(m + \frac{n}{4}\right)O_2 \rightarrow mCO_2 + \frac{n}{2}H_2O\ 에서,\ \frac{n}{2}\ 으로\ 구한다$$

【참고】연료의 발열량.

연료의 발열량은 원칙적으로 열량계에 의해 **고위발열량**을 실측하고 연료의 성분을 분석하여 저위발열량(순발열량 또는 진발열량)과의 공식을 이용해서 계산하여야 한다.

그러나, 산업체 현장에서 연료의 고발열량을 측정하기에는 매우 어려운 일로서 발열량을 측정하지 않았을 경우에는 다음의 평균 발열량을 알아둘 필요가 있다.

석유계 연료의 종류	비중 (d₁₅℃)	유황분(%)	평균발열량 (저위발열량 기준) (kcal/kg)
등 유	0.79 ~ 0.85	0.5 이하	10,400
경 유	0.82 ~ 0.86	1.2 이하	10,300
중 유 전 반			**9,850**
A 중 유	0.84 ~ 0.86	0.5 ~ 1.5	10,200
B 중 유	0.88 ~ 0.92	0.5 ~ 3.0	9,900
C 중 유	0.90 ~ 0.95	1.5 ~ 3.5	9,750

② 연료의 현열 (Q_f)

$$Q_f = C_f \cdot \Delta t$$
$$= C_f \times (t_f - t_0)$$

여기서, C_f : 연료의 평균비열(kcal/kg·℃)
t_f : 버너 전 온도, 연료가열기 출구온도(℃)
t_0 : 외기온도(℃)

$$= (\qquad)\ kcal/kg_{-f}$$

【참고】 연료의 비열이 제시되어 있지 않은 경우에는 일반적으로 다음 값을 대입해서 계산한다.

- 석탄 : 0.25 kcal/kg·℃
- 중유 : 0.45 kcal/kg·℃
- LPG : 0.7 ~ 1.0 kcal/Nm³·℃
- LNG : 0.38 ~ 0.42 kcal/Nm³·℃
- 도시가스 : 0.34 kcal/Nm³·℃

③ 연소용 공기의 현열 (Q_a)

$$Q_a = C_a \cdot A \cdot \Delta t$$
$$= C_a \cdot mA_0 \cdot (t_{a_2} - t_0)$$

여기서, C_a : 공기의 평균비열 (약 0.31 kcal/Nm³·℃)
  m : 공기비
  A : 연료 kg당 또는 Nm³당의 실제공기량 ($A = mA_0$)
  A_0 : 이론공기량 (Nm³/Nm³$_{-f}$)
  t_{a_2} : 보일러동체 입구온도.(예열후 공기온도)
  t_0 : 외기온도(℃)

【해설】 공기량 계산.

㉠ 이론공기량 A_0 의 계산.

ⓐ 연료의 원소분석이 제시되어 있지 않은 경우.

- 연료 1kg당 A_0의 계산은 그 연료의 **발열량으로부터** 구할 수 있다.

- 고체 : $A_0 = \dfrac{1.09 H_l}{1000} - 0.09 = \dfrac{1.07 H_h}{1000} - 0.20$ (Nm³/kg$_{-f}$)

- 액체 : $A_0 = \dfrac{12.38(H_l - 1100)}{10000} = \dfrac{12.38 \times H_l}{10000} - 1.36$ (Nm³/kg$_{-f}$)

- 기체 : $A_0 = \dfrac{1.1 H_l}{1000} - 0.32 = \dfrac{0.956 H_h}{1000} - 0.19$ (Nm³/Nm³$_{-f}$)

ex> 중유(B-C유)인 경우의 계산

$$A_0 = \frac{12.38(H_l - 1100)}{10000}$$

$$= \frac{12.38(9750 - 1100)}{10000}$$

$$= 10.709 \ Nm^3/kg_{-f}$$ **암기법** : 벙커십칠

ⓑ 연료의 원소분석이 제시된 경우.
- **이론공기량 (A_0) 계산 공식**으로부터 구해야 한다.

① 고체 및 액체연료

중량(kg/kg) 계산 : $A_0 = 11.49\,C + 34.5(H - \frac{O}{8}) + 4.31\,S$

체적(N·m³/kg) 계산 : $A_0 = 8.89\,C + 26.67(H - \frac{O}{8}) + 3.3\,S$

② 기체연료

체적(N·m³/N·m³)계산 : $A_0 = 2.38(H_2 + CO) + 9.52\,CH_4$
$\qquad\qquad + 11.9\,C_2H_2 + \ldots\ldots\ldots - 4.76\,O_2$

ⓒ 실제공기량(또는, 소요공기량) A 의 계산.

$A = m \cdot A_0$ (여기서, m : 공기비)

ⓒ 외기공기의 절대습도(Z)가 제시되어 있는 경우의 수증기량(A_Z)의 계산.

한편, $A_Z = Z A_0 \times \dfrac{29\ (\text{공기분자량})}{18(\text{수증기분자량})}$

$= 1.61\,Z A_0$

따라서, 이때의 실제공기량은 $A = m(A_0 + A_Z)$

$= m A_0 (1 + 1.61\,Z)$

$= (\qquad)\ Nm^3/\ kg_{-f}$

ⓔ 절대습도(Z)의 계산.

$$Z = 0.622\,\frac{\phi P_s}{P - \phi P_s}$$

2. 열정산 기준 및 측정방법

여기서, Z : 연소용공기의 절대습도(kg-수분/kg-건조공기)
P : 표준기압(mmHg)
P_s : 건구온도의 포화수증기압(mmHg)
ϕ : 상대습도(%)

④ 급수의 현열 (Q_w)

Q_w = 급수의 온도(t_1) × C_w

- 연료의 발열량에 비해서 급수의 현열량은 거의 0에 가까운 값이므로 과거에는 무시해주었으나, 최근의 열정산 규정에는 다시 입열 항목으로 포함시켜서 계산해야 하는 것으로 바뀌었다.

⑤ 로내 분입증기에 의한 입열 (Q_b)

㉠ 측정결과표에서 분입증기량이 제시되어 있지 않은 경우

Q_b = 0 으로 계산하면 된다.

㉡ 측정결과표에서 분입증기량이 제시되어 있는 경우.

$Q_b = W_b \cdot \Delta H$

$= W_b \cdot (H_b - H_0)$

여기서, W_b : 연료 1kg 또는 1Nm³당 분입증기량 (kg/kg-연료)
H_b : 분입증기의 엔탈피 (kcal/kg)
H_0 : 외기온도에서 증기의 엔탈피 (H_0 = 600 kcal/kg)

㉢ 다른 보일러로부터의 공급증기일 경우에만 입열 항목으로 포함한다.
단, 동일한 보일러 내에서 발생한 증기의 일부를 로내에 분입하는 경우에 그 열량은 순환열로 취급하며 입열 항목에는 포함시키지 않는다.

⑥ 총 입열량 합계 (Q_{in})

Q_{in} = ①항 + ②항 + ③항 + ④항 + ⑤항

다. 출열 계산

유효출열량과 손실열량을 계산한다.　　　　　　암기법 : 증·손(배불방미기)

① 유효출열량 또는 발생증기의 흡수열 (Q_s)

$$Q_s = W_2 \cdot \Delta H$$
$$= W_2 \cdot (H_x - H_1)$$

여기서, W_2 : 연료 1kg당(또는 1Nm³당) 증기발생량

$$W_2 = \frac{w_2 \,(증발량 ≒ 급수량)}{F \,(연료사용량)}$$

H_x : 발생증기의 엔탈피
H_1 : 급수온도의 엔탈피

㉠ 증기의 건도

　발생증기의 건도가 주어지면 그 수치대로 대입하고,
　　건도가 주어지지 않았으면 열정산 기준값인 0.98로 계산한다.

㉡ 습증기의 엔탈피 구하는 공식

　ⓐ 발생증기가 포화증기일 때 : $H_x = H_1 + x \cdot R$

　ⓑ 발생증기가 습증기일 때　 : $H_x = H_1 + x(H_2 - H_1)$으로 계산한다.

　여기서, H_x : 발생증기의 엔탈피 (kcal/kg)
　　　　　x : 증기의 건도
　　　　　R : 발생증기압력에서 증기의 잠열 (kcal/kg)
　　　　　H_1 : 발생증기압력에서 포화수의 엔탈피 (kcal/kg)
　　　　　H_2 : 발생증기압력에서 (건)포화증기의 엔탈피 (kcal/kg)

㉢ 급수의 비열 제시 여부에 따른 급수 엔탈피(H_1) 계산.

　ⓐ 급수의 비열이 주어지지 않는 경우.
　　열정산 기준의 물의 비열값인 1 kcal/kg·℃을 대입한 것이므로
　　급수온도(t_1)값을 곧 급수의 엔탈피(H_1)값으로 계산해주면 되는 것이다.

ⓑ 급수의 비열(C_w)이 따로 주어진 경우.

$$Q = m \cdot H_1 \text{ 공식에서, } H_1 = \frac{Q}{m} \text{ 이므로}$$

$$= \frac{C_w \, m \, \Delta t}{m}$$

$$= C_w \cdot \Delta t$$

$$= C_w \times (t_1 - 0℃)$$

$$= (\quad) \, kcal/kg$$

즉, H_1 = 급수의 온도(t_1) × C_w 로 계산하면 된다.

【참고】 발생증기의 보유열(흡수열)에 관한 설명.

보일러수의 증발은 일정한 압력 하에서 가열하면 물의 상태로 온도가 상승하여 포화온도에 달하게 되고 더욱 가열하면 물의 일부는 잠열을 얻어 증발하고 용적이 증대된다.

증발이 계속되는 상태에서는 온도가 일정하게 유지되며 물의 전부가 증발되면 온도는 다시 상승한다.

즉, 물이 액체 상태에서 기체로 상변화를 하는 과정에서는 증발잠열 등 많은 열량을 흡수해야 하고 기체상태가 된 후에도 압력조건에 따라 일정한 열량을 얻어야 한다.

② 배기가스 열손실 (Q_g)   암기법 : 배,씨배터

$$Q_g = C_g \cdot G \cdot \Delta t$$

$$= C_g \cdot G \cdot (t_g - t_0) \, kcal/kg_{-f}$$

여기서, C_g : 배기가스의 평균비열.(≒ 0.33 $kcal/Nm^3 \cdot ℃$)

G : 연료 1kg당(또는 1Nm³당) 실제배기가스량($Nm^3/kg_{-연료}$)

t_g : 배기가스 온도 또는 보일러동체 출구온도(℃)

t_0 : 외기온도(℃)

㉠ 측정결과표에서 G_{0d} (이론건배기가스량)값이 제시된 경우.
$$G = G_{0d} + (m-1)A_0$$
여기서, A_0 : 이론연소공기량

㉡ 측정결과표에서 제시된 액체연료의 발열량을 이용하는 경우.
$$G_{0w} = 15.75 \times \left(\frac{H_l - 1,100}{10,000}\right) - 2.18$$
$$= 15.75 \times \left(\frac{9750 - 1100}{10000}\right) - 2.18$$
$$= 11.443 \text{ Nm}^3/\text{kg}$$

암기법 : 벙커십일.사

그런데, 과잉된 공기만큼의 배기가스가 더 나오는 것을 추가해주어야 하므로
$$G = G_{0w} + (m-1)A_0$$
여기서, G_{0w} : 이론습배기가스량

㉢ 측정결과표에서 **연료의 성분원소 분석이 제시된 경우.**
$$G_w = (m - 0.21)A_0 + 1.867C + 0.7S + 0.8N + 1.244(9H + w)$$
(단, 공식에서 백분율은 **소수값**으로 대입한다.)
$$= (\quad\quad)\text{Nm}^3/kg_{-\text{연료}}$$

【참고】 $G_{0d} = G_{0w} - w'$

한편, 수분량 $w' = \dfrac{1.244(9H+w)}{100}$
$$= 1.233 \text{ 이므로}$$
$$= 11.443 - 1.233$$
$$= 10.21 \text{ Nm}^3/kg_{-\text{연료}}$$

【참고】 일반적으로는 이론건배기가스량 $G_{0d} = G_{0w} - w'$ 에서 수분량 $w' = 1.233$을 고려하지 않고, $G_{0d} ≒ G_{0w} = 11.443$으로 계산하여도 큰 지장은 없다.

㉣ 측정결과표에서 연소용공기의 절대습도(Z)가 제시된 경우.

$$G_w' = G_w + G_Z$$

여기서, G_Z : 연소용공기의 습분에 의한 배기가스량
$$G_Z = m \cdot A_Z = m \times 1.61 \, ZA_0$$

G_w : 습배기가스량

G_w' : 실제 배기가스량

= (   ) Nm³/ kg₋연료

【참고】 배기가스 보유열에 관한 설명.
연료가 연소하여 생성되는 고온의 가스를 연소가스라 하고, 이 연소가스가 보일러수에 전열을 통하여 열을 전달한 후에 연도, 연돌 등을 흐르고 있는 상태에 있을 때를 연소가스 또는 단순히 "배기가스" 또는 "배가스"라 부른다.
배기가스는 수증기를 함유하고 있으나 계산 편의상 수증기를 제외한 상태인 "건배기가스"로 계산하는 경우가 많다.

【참고】 연료의 저위발열량(H_l)으로 이론건배기가스량(G_0)을 계산하는 방법
(KS B 6205 기준.)

- 고체 : $\dfrac{0.904 \times H_l}{1000} + 1.67$ (Nm³/ kg₋f)

- 액체 : $\dfrac{15.75 \times H_l}{10000} - 3.91$ (Nm³/ kg₋f)

- 기체 : $\dfrac{12.25 \times H_l}{10000}$ (Nm³/ N·m³₋f)

③ 불완전 연소에 의한 열손실 ($Q_불$)

측정결과표에서 배기가스 성분 중 CO 의 함량비가 제시되어 있는 경우에는 불완전연소에 의한 손실열을 반드시 계산해 주어야 한다.

$$Q_불 = 3050 \times G' \times CO(\%)$$

= (   ) kcal /$kg_{-연료}$

여기서, 특별한 조건이 없으면 CO 의 발열량을 3050 kcal/Nm³으로 넣는다.
간혹 3020 으로 제시되어 있을 때는 그 제시된 값으로 계산해줘야 한다.

【참고】 불완전 연소가스에 의한 열손실에 관한 설명.

불완전 연소에 의하여 생성되는 것은 대부분 CO(일산화탄소)와 Soot(그을음)이며 수소(H_2), 메탄(CH_4) 등도 함유할 때도 있으나 그 량은 거의 미량이므로 대부분의 측정결과에서 무시되곤 하지만,
간혹 CO 량을 (vol)% 나 ppm 단위로 제시해 주는 경우에는 반드시 계산해야 한다.

④ 방사열 또는 방열에 의한 열손실 ($Q_{방}$)
  - 문제의 조건대로 계산하면 쉽게 된다.

【참고】 방사열에 관한 설명.
  보일러를 운전할 때는 많은 열이 보일러 표면을 통해서 외부로 방출되는데 그 손실되는 열을 일일이 계산하기는 매우 복잡할 뿐만 아니라 정확도도 떨어진다.

⑤ 미연소에 의한 열손실. ($Q_{미}$)

$$Q_{불} = 8100 \times C_{미}(\%)$$

$$= (\quad) \text{ kcal}/kg_{-연료}$$

【참고】 연소 잔재물중의 미연소에 의한 열손실에 관한 설명.
  액체 및 기체 연료의 경우에서는 미연분탄소량이 극히 소량이므로 무시되곤 하지만 간혹 고체연료의 경우에 미연분 C(탄소)량을 제시하는 경우는 계산해주어야 한다. (여기서, 특별한 조건이 없으면 C의 발열량을 8100 kcal/kg 으로 넣어서 계산한다.)

⑥ 블로우다운수 흡수열 (Q_{dw})

$$Q_{dw} = C_w \cdot m_{dw} \cdot \Delta t$$

⑦ 기타의 열손실 ($Q_{기타}$)

$$Q_{기타} = Q_{in} - (\text{출열중 ①항} + \text{②항} + \text{③항} + \text{④항} + \text{⑤항} + \text{⑥항})$$

⑧ 총 출열량. (Q_{out})

$$Q_{out} = \text{①항} + \text{②항} + \text{③항} + \text{④항} + \text{⑤항} + \text{⑥항} + \text{⑦항}$$

2. 열정산 기준 및 측정방법

라. 열정산서

열정산기준 : 1. 연료의 저위발열량
2. 외기온도(℃)
3. 연료 1kg당(또는 1Nm³당)

순서	항 목	기호	입 열		출 열	
			kcal/kg	%	kcal/kg	%
❶	연료의 **발열량**	H_l				
❷	연료의 **현열**	Q_1				
❸	**공기**의 현열	Q_2				
④	발생증기의 흡수열 (**유효출열**)	Q_S				
⑤	**배기가스**에 의한 손실열	L_1				
⑥	**불**완전연소에 의한 손실열	L_2				
⑦	**방사**에 의한 손실열	L_3				
⑧	**미**연소에 의한 손실열	L_4				
⑨	기타의 제 손실열	L_5				
	합 계			100		100

마. 보일러 성능치

순서	항 목	기호	단 위	결과치
①	보일러 효율	η	%	
②	보일러 부하율	L_f	%	
③	매시환산증발량	w_e	kg/h	
④	환산증발배수	R_e	$kg/kg_{-연료}$	
⑤	보일러전열면의 열부하	H_b	kcal/m²h	
⑥	보일러전열면 환산증발량	B_e	kg/m²h	

① 보일러 효율 (η)

　㉠ **입·출열법**에 의한 보일러 효율. (직접법)

$$\eta = \frac{Q_s}{Q_{in}}$$

$$= \frac{유효출열}{총입열량} \times 100 = \frac{(\quad) kcal/kg_{-f}}{(\quad) kcal/kg_{-f}} \times 100 = (\quad) \%$$

『참고』 입·출열법은 연료량, 증기량, 급수량, 온도, 압력, 배가스성분 등의 직접적인 측정을 요함에 따라 정밀계측장치를 이용할 수 없는 대부분의 현장에서는 실용적이지 못하게 된다. 특히 이 측정항목들은 연료량 및 증발량을 일정한 시간을 기준으로 해야 한다는 점이 오차 발생요인이 되므로 열효율 오차를 더욱 크게 한다.

　㉡ **열손실법**에 의한 보일러 효율. (간접법)

$$\eta = 1 - \frac{L_{out}}{Q_{in}}$$

$$= \left(1 - \frac{총손실열}{총입열량}\right) \times 100 = (\quad) \%$$

『참고』 열손실법은 연소배가스의 상태와 방열 등의 손실에 좌우되나 방열손실은 표준곡선에 의하여 결정되고, 배기가스의 온도와 $O_2(\%)$를 간단히 측정함으로서 열효율 계산이 간단하게 가능하며 현장에서는 직접법에 비하여 훨씬 정확한 방법으로 이용되고 있다. 또한, 공기비 측정시 연료에 따라 적정한 배가스량을 산출하고 $O_2(\%)$측정에 의한 공기비 결정을 함으로써 보다 정확히 산출할 수 있다.

② 보일러 부하율 (L_f)

$$L_f = \frac{w_2}{w_{max}}$$

$$= \frac{발생증기량}{최대연속증발량} \times 100 = \frac{(\quad) kg/h}{(\quad) kg/h} \times 100 = (\quad) \%$$

③ 매시 환산증발량(또는, 상당증발량) (w_e)

$$w_e = \frac{w_2 \cdot (H_x - H_1)}{539}$$

$$= \frac{\text{발생증기량} \times (\text{발생증기엔탈피} - \text{급수온도엔탈피})}{539}$$

$$= \frac{(\quad) kg/h \times (\quad - \quad) kcal/kg}{539\, kcal/kg} = (\quad)\ kg/h$$

④ 환산 증발배수 (R_e)

$$R_e = \frac{w_e}{F}$$

$$= \frac{\text{매시 환산증발량}}{\text{매시 연료소비량}} = \frac{(\quad)\ kg/h}{(\quad)\ kg_{-f}/h} = (\quad)\ kg/kg_{-f}$$

⑤ 보일러 전열면 열부하 (H_b)

$$H_b = \frac{w_2 \cdot (H_x - H_1)}{A_b}$$

$$= \frac{\text{발생증기량} \times (\text{발생증기 엔탈피} - \text{급수엔탈피})}{\text{전열면적}}$$

$$= \frac{(\quad) kg/h \times (\quad - \quad) kcal/kg}{(\quad) m^2} = (\quad)\ kcal/m^2 \cdot h$$

⑥ 보일러 전열면 환산증발량 (B_e)

$$B_e = \frac{w_e}{A_b}$$

$$= \frac{w_2 \cdot (H_x - H_1)}{A_b \times 539} = \frac{\text{매시 환산증발량}}{\text{전열면적}}$$

$$= \frac{(\quad) kg/h \times (\quad - \quad) kcal/kg}{(\quad) m^2 \times 539\, kcal/kg} = (\quad)\ kg/m^2 \cdot h$$

길을 가다가 돌이 나타나면
약자는 그것을 걸림돌이라 말하고,
강자는 그것을 디딤돌이라고 말한다.
-토마스 칼라일(Thomas Carlyle)-
☆
같은 돌이지만 바라보는 시각에 따라 그리고 마음가짐에 따라
걸림돌이 되기도 하고 디딤돌이 되기도 합니다.
자기에게 주어진 상황을 활용할 줄 아는 자만이
성공의 문에 도달할 수 있답니다.^^

에너지관리기사 필기

과년도 출제문제

9개년

www.cyber.co.kr

- 2017년 제1, 2, 4회 에너지관리기사
- 2018년 제1, 2, 4회 에너지관리기사
- 2019년 제1, 2, 4회 에너지관리기사
- 2020년 제1, 2회 통합, 3, 4회 에너지관리기사
- 2021년 제1, 2, 4회 에너지관리기사
- 2022년 제1, 2, 4회 에너지관리기사 (제4회 CBT)
- 2023년 제1, 2, 4회 에너지관리기사 (CBT 복원문제)
- 2024년 에너지관리기사 CBT 복원문제 (1), (2)
- 2025년 에너지관리기사 CBT 복원문제 (1), (2)

2017년 제1회 에너지관리기사
(2017.3.5. 시행)

제1과목   연소공학

1. 어떤 열설비에서 연료가 완전연소하였을 경우 배기가스 내의 과잉 산소농도가 10%이었다. 이 때 연소기기의 공기비는 약 얼마인가?

① 1.0   ② 1.5   ③ 1.9   ④ 2.5

【해설】 (2011-1회-17번 기출반복)

- 배가스 분석결과 O_2 %만 알고서 공기비를 구할 때는 $m = \dfrac{21}{21 - O_2(\%)}$ 으로 계산한다.

$$m = \dfrac{21}{21 - 10} = 1.909 ≒ 1.9$$

2. 연소가스의 조성에서 O_2 를 옳게 나타낸 식은?
(단, L_0 : 이론공기량, G : 실제 습연소가스량, m : 공기비 이다.)

① $\dfrac{L_0}{G} \times 100$ ② $\dfrac{0.21\,L_0}{G} \times 100$

③ $\dfrac{(m-1)\,L_0}{G} \times 100$ ④ $\dfrac{0.21\,(m-1)\,L_0}{G} \times 100$

【해설】 (2013-2회-6번 기출반복)

연소가스 중 산소(O_2)의 조성은 과잉공기량(A')에 의한 것이며, $O_2 = A' \times 0.21$ (V%) 이므로

$(O_2) = (A - A_0) \times 0.21 = (mA_0 - A_0) \times 0.21 = (m-1)A_0 \times 0.21 = 0.21(m-1)A_0$

∴ 연소가스 중 (O_2)의 조성(V%) 계산은 $(O_2)v = \dfrac{O_2}{G_w} = \dfrac{0.21\,(m-1)\,A_0}{G_w} \times 100$

한편, 문제에서 제시된 기호로 표현하면

$= \dfrac{0.21\,(m-1)\,L_0}{G} \times 100$

3. 부탄(C_4H_{10}) 1 kg의 이론 습배기가스량은 약 몇 Nm^3/kg 인가?

① 10   ② 13   ③ 16   ④ 19

【해설】(2008-2회-17번 기출반복)
- 탄화수소의 중량당 배기가스량은 부피당으로 먼저 계산한 후 나중에 연료의 분자량으로 환산해주면 된다.

$$C_4H_{10} + \left(4 + \frac{10}{4}\right)O_2 \rightarrow 4\,CO_2 + 5\,H_2O$$
$$C_4H_{10} + 6.5\,O_2 \rightarrow 4\,CO_2 + 5\,H_2O$$

암기법 : 4, 5, 6.5

∴ 이론습배기가스량 G_{0w} = 공기와 함께 투입된 질소 + 생성된 연소가스
$$= (1 - 0.21)A_0 + \text{생성된}\,CO_2 + \text{생성된}\,H_2O$$
$$= 0.79 \times \frac{O_0}{0.21} + \text{생성된}\,CO_2 + \text{생성된}\,H_2O$$
$$= 0.79 \times \frac{6.5}{0.21} + 4 + 5$$
$$= 33.452\ Nm^3/Nm^3_{-\text{연료}}$$

한편, C_4H_{10}
(1 kmol)
(22.4 Nm^3)
(12 × 4 + 1 × 10 = 58kg)

$$= \frac{33.452\ Nm^3}{1\ Nm^3_{-\text{연료}} \times \dfrac{58\ kg}{22.4\ Nm^3_{-\text{연료}}}} = 12.919 ≒ 13\ Nm^3/kg$$

4. 기체연료의 특징으로 틀린 것은?

① 연소효율이 높다
② 고온을 얻기 쉽다
③ 단위 용적당 발열량이 크다
④ 누출되기 쉽고 폭발의 위험성이 크다

【해설】(2013-1회-10번 기출유사)
※ 기체연료의 특징.
〈장점〉 ㉠ 연소효율$\left(= \dfrac{\text{연소열}}{\text{발열량}}\right)$이 높다.
㉡ 고온을 얻기가 쉽다.
㉢ 적은 공기비로도 완전연소가 가능하다.
㉣ 연소가 균일하므로 자동제어에 의한 연소조절에 적합하다.
㉤ 회분이나 매연이 없어 청결하다.
〈단점〉 ㉠ 단위 용적당 발열량은 고체·액체연료에 비해서 극히 적다.
㉡ 고체·액체연료에 비해서 운반과 저장이 불편하다.
㉢ 누출되기 쉽고 폭발의 위험성이 있다.

5. 메탄 50 v%, 에탄 25 v%, 프로판 25 v%가 섞여 있는 혼합 기체의 공기 중에서의 연소하한계는 약 몇 % 인가?
(단, 메탄, 에탄, 프로판의 연소하한계는 각각 5 v%, 3 v%, 2.1 v% 이다.)

① 2.3 ② 3.3 ③ 4.3 ④ 5.3

【해설】(2008-2회-15번 기출반복)

- 혼합가스의 혼합율에 따른 폭발한계는 일반적으로 르샤트리에 공식으로 계산한다.

$$\frac{100}{L} = \frac{V_1}{L_1} + \frac{V_2}{L_2} + \frac{V_3}{L_3} + \cdots$$

여기서, L : 폭발하한값 또는 상한값(%)

$$\frac{100}{L} = \frac{50}{5} + \frac{25}{3} + \frac{25}{2.1}$$

$$\therefore L = 3.307 ≒ 3.3\%$$

6. 고체연료의 연료비를 식으로 옳게 나타낸 것은?

① $\frac{고정탄소(\%)}{휘발분(\%)}$ ② $\frac{회분(\%)}{휘발분(\%)}$

③ $\frac{고정탄소(\%)}{회분(\%)}$ ④ $\frac{가연성 성분중 탄소(\%)}{유리 수소(\%)}$

【해설】(2015-4회-20번 기출반복)   암기법 : 연휘고 ↑

- 연료비 = $\frac{고정탄소(\%)}{휘발분(\%)}$

여기서, 고정탄소(%) = 100 − (휘발분+수분+회분)

7. 탄소의 발열량은 약 몇 kcal/kg 인가?

C + O₂ → CO₂ + 97600 kcal/kmol

① 8133 ② 9760 ③ 48800 ④ 97600

【해설】(2012-2회-4번 기출반복)

- 분모에 있는 물질의 양은 kmol당 이므로 질량단위로 단위환산을 해주면 된다.

C   +   O₂   →   CO₂   + 97600 kcal/kmol
(1kmol)
(12 kg)

∴ 탄소의 발열량 = 97600 kcal/kmol = $\frac{97600\ kcal}{kmol \times \frac{12\ kg}{1\ kmol}}$ = 8133.33 ≒ **8133 kcal/kg**

8. 다음 집진장치 중에서 미립자 크기에 관계없이 집진효율이 가장 높은 장치는?

① 세정 집진장치
② 여과 집진장치
③ 중력 집진장치
④ 원심력 집진장치

【해설】(2008-4회-18번 기출유사)
  ※ 각종 집진장치의 성능 비교

집진형식	집진원리	집진방식	집진입자의 지름(μ m)	집진효율 (%)	압력손실 (mmH$_2$O)
건식	중력식	중력침강식	20 ~ 1000	40 ~ 60	5 ~ 10
		다단침강식			
	원심력식	사이클론식	3 ~ 100	85 ~ 95	50 ~ 150
		멀티클론식			
	관성력식	충돌식	20 ~ 100	50 ~ 70	30 ~ 100
		반전식			
	여과식	백필터식	0.1 ~ 20	90 ~ 99	100 ~ 200
습식	세정식	회전식	0.1 ~ 100	80 ~ 95	300 ~ 400
		가압수식			
		유수식			
전기식	코트렐식		0.05 ~ 20	90 ~ 100	10 ~ 20

【참고】※ 집진장치의 형식에 따른 분류.
  • 습식(또는, 세정식) 집진장치 - 회전식, 가압수식, 유수식   암기법 : 세회 가유
  • 건식 집진장치 - 중력식(침강식), 원심력식, 관성력식, 여과식(백필터식)
                                                   암기법 : 집기는 중원관여
  • 전기식 집진장치 - 코트렐식 : 집진장치 중에서 효율이 가장 높다.(90 ~ 100%)

9. 일산화탄소 1 Nm^{3}을 연소시키는데 필요한 공기량(Nm^3)은 약 얼마인가?

① 2.38   ② 2.67   ③ 4.31   ④ 4.76

【해설】(2014-4회-3번 기출반복)
  공기량을 구하려면 반드시 산소량부터 알아야 한다는 것을 염두에 두고,
  산소량을 구할 때는 연소반응식을 세워서 구하는 습관을 길러야 한다.

  • CO + $\frac{1}{2}$O$_2$ → CO$_2$
    1 kmol   0.5 kmol
    22.4 Nm^3 11.2 Nm^3
    (1 Nm^3)   (0.5 Nm^3)

  • 이론공기량 A$_0$ = $\frac{O_0}{0.21}$ = $\frac{0.5}{0.21}$ = 2.38 Nm^3

10. 프로판(C_3H_8) 5 Nm^3을 이론산소량으로 완전연소시켰을 때의 건연소가스량은 약 몇 Nm^3인가?

① 5　　　② 10　　　③ 15　　　④ 20

【해설】 (2013-1회-4번 기출반복)　　　　　　　　　　　　　　　　　암기법 : 3,4,5
- 이론공기량이 아니고, 이론산소량만으로 연소시키는 경우임에 유의해야 한다.
- 탄화수소의 완전연소반응식 $C_mH_n + \left(m + \dfrac{n}{4}\right)O_2 \rightarrow mCO_2 + \dfrac{n}{2}H_2O$

  $C_3H_8 + 5O_2 \rightarrow 3CO_2 + 4H_2O$

  $(1\,Nm^3)$　　　　　　　　$(3\,Nm^3)$

- 이 문제에서는 이론 건연소가스량이 생성된 CO_2 만이므로,

  $G_{0d} = 3\,Nm^3/Nm^3_{\text{-연료}} \times 5\,Nm^3_{\text{-연료}} = 15\,Nm^3$

【참고】 위 조건에서 이론 습연소가스량은 생성된 CO_2 와 H_2O 이므로,

　　$G_{0w} = (3 + 4)\,Nm^3/Nm^3_{\text{-연료}} \times 5\,Nm^3_{\text{-연료}} = 35\,Nm^3$

---

11. 액화석유가스를 저장하는 가스설비의 내압성능에 대한 설명으로 옳은 것은?

① 최대압력의 1.2배 이상의 압력으로 내압시험을 실시하여 이상이 없어야 한다.
② 최대압력의 1.5배 이상의 압력으로 내압시험을 실시하여 이상이 없어야 한다.
③ 상용압력의 1.2배 이상의 압력으로 내압시험을 실시하여 이상이 없어야 한다.
④ 상용압력의 1.5배 이상의 압력으로 내압시험을 실시하여 이상이 없어야 한다.

【해설】 (2011-2회-10번 기출반복)

※ 액화석유가스설비의 시험기준. [액화석유가스(LPG) 안전관리법]
- 내압시험 = 상용압력 × 1.5배 이상
- 기밀시험 = 상용압력 이상

---

12. 1 mol의 이상기체가 40℃, 35 atm으로부터 1 atm까지 단열 가역적으로 팽창하였다. 최종 온도는 약 몇 K가 되는가? (단, 비열비는 1.67 이다.)

① 75　　　② 88　　　③ 98　　　④ 107

【해설】 (2013-4회-13번 기출유사)

- 단열변화의 P-V-T 관계공식은 반드시 암기하고 있어야 한다.

  $\dfrac{P_1 V_1}{T_1} = \dfrac{P_2 V_2}{T_2}$ 에서, 분모 T_1을 우변으로 이항하고, 그 다음에 V_1을 이항한다.

  $\dfrac{P_1}{P_2} = \left(\dfrac{T_1}{T_2}\right)^{\frac{k}{k-1}}$, $\dfrac{35\,atm}{1\,atm} = \left(\dfrac{273+40}{T_2}\right)^{\frac{1.67}{1.67-1}}$　　∴ $T_2 = 75.17 \fallingdotseq 75\,K$

10-③　11-④　12-①

13. 고체연료의 연소방식으로 옳은 것은?

① 포트식 연소　　　② 화격자 연소
③ 심지식 연소　　　④ 증발식 연소

【해설】(2016-2회-19번 기출유사)　　　　암기법 : 고미화~유
- 고체연료의 연소방식 : 미분탄연소, 화격자연소(스토커연소), 유동층연소
- 액체연료의 연소방식 : 증발식연소, 분해식연소, 분무식연소, 포트식연소, 심지식연소
- 기체연료의 연소방식 : 확산연소, 예혼합연소, 부분 예혼합연소

14. 코크스 고온 건류온도(℃)는?

① 500 ~ 600　　　② 1000 ~ 1200
③ 1500 ~ 1800　　　④ 2000 ~ 2500

【해설】 ※ 코크스(Cokes)
- 석탄을 가열하면 용융분해하기 시작하여 가스, 타르 등이 발산된 후에는 코크스가 남는다. 코크스의 종류는 제조방법에 따라 다음과 같이 구분한다.
- 제사(야금) 코크스 : 건류온도 1000 ~ 1200℃ (고온 건류)에서 얻어지는 잔유물이다.
- 반성(半成) 코크스 : 건류온도 500 ~ 600℃ (저온 건류)에서 얻어지는 잔유물이다.
- 가스 코크스 : 도시가스 제조시 부산물로 얻어지는 잔유물이다.

15. 환열실의 전열면적(m²)과 전열량(kcal/h) 사이의 관계는?
(단, 전열면적은 F, 전열량은 Q, 총괄전열계수는 V 이며, $\triangle t_m$은 평균온도차이다.)

① $Q = \dfrac{F}{\triangle t_m}$　　　② $Q = F \times \triangle t_m$

③ $Q = F \times V \times \triangle t_m$　　　④ $Q = \dfrac{V}{(F \times \triangle t_m)}$

【해설】(2013-2회-9번 기출반복)　　　　암기법 : 교관온면
- 교환열(또는, 전달열량) $Q = K \cdot \triangle t_m \cdot A = V \cdot \triangle t_m \cdot F$
  - 여기서, K : 총괄전열계수(또는, 관류율, 열통과율)
  - $\triangle t_m$: 평균온도차(산술평균과 대수평균이 있다.)
  - A : 전열면적

【참고】 ※ 환열실 (Recuperator, 리큐퍼레이터)
- 공업용 요로에서 연소배기가스의 열량을 연도에서 회수하는 열교환 설비로서, 여러 개의 관으로 구성되어 있으며 관외를 배기가스, 관내에 연소용 공기를 통해서 예열한다.

16. 기체연료의 저장방식이 아닌 것은?

① 유수식　　② 고압식　　③ 가열식　　④ 무수식

【해설】(2014-4회-17번 기출반복)
- 가스(Gas)를 제조량과 공급/수요량을 조절하고, 균일한 품질을 유지시키기 위해 일시적으로 압력탱크인 가스홀더(Holder)에 저장하여 두고 공급하며, 구조에 따라 다음과 같이 분류한다.
  ① 유수식(流水式) 홀더 - 물통 속에 뚜껑이 있는 원통을 설치하여 저장한다.
  ② 무수식(無水式) 홀더 - 다각통형과 원형의 외통과 그 내벽을 위, 아래로 유동하는 피스톤이 가스량의 증감에 따라 오르내리도록 하여 저장한다.
  ③ 압력식 홀더 - 저압식의 원통형 홀더와 고압식의 구형 홀더로서 저장량은 가스의 압력변화에 따라 증감된다.

【key】❸ 가스를 가열하는 것은 폭발의 위험성이 크므로 절대 엄금사항이다.

17. 연소시 100 ℃에서 500 ℃로 온도가 상승하였을 경우 500 ℃의 열복사 에너지는 100 ℃에서의 열복사 에너지의 약 몇 배가 되겠는가?

① 16.2　　② 17.1　　③ 18.5　　④ 19.3

【해설】(2009-2회-12번 기출반복)
- 단위표면적에서의 열복사 에너지는 스테판-볼츠만의 법칙에 의해,
  Q(또는, E) = σT^4 여기서, σ : 스테판 볼츠만 상수, T : 절대온도(K)
  ∴ 비례식을 세우면 $\dfrac{E_2}{E_1} \propto \dfrac{T_2^4}{T_1^4} = \dfrac{(273+500)^4}{(273+100)^4} = 18.445 ≒ 18.5$

18. 중유 1 kg 속에 수소 0.15 kg, 수분 0.003 kg이 들어있다면 이 중유의 고위발열량이 10^4 kcal/kg 일 때, 이 중유 2 kg의 총 저위발열량은 약 몇 kcal 인가?

① 12000　　② 16000　　③ 18400　　④ 20000

【해설】(2008-4회-20번 기출유사)
- 고체·액체연료의 단위중량(1 kg)당 저위발열량(H_L) 계산공식은
  $H_L = H_h - R_w$
  　　한편, 물의 증발잠열(R_w)은 0℃를 기준으로 하여 $\dfrac{10800\ kcal}{18\ kg}$ = 600 kcal/kg
  　　$R_w = 600 \times (9H + w)$
  　　= $H_h - 600 \times (9H + w)$
  　　= $10000 - 600 \times (9 \times 0.15 + 0.003)$ = 9188.2 kcal/kg
  ∴ 총 H_L = 9188.2 kcal/kg × 2 kg = 18376.4 ≒ **18400 kcal**

19. CO_{2max}는 19.0 %, CO_2는 10.0 %, O_2는 3.0 % 일 때 과잉공기계수(m)는 얼마인가?

① 1.25　　　　② 1.35　　　　③ 1.46　　　　④ 1.90

【해설】 (2013-4회-14번 기출반복)
- 완전연소일 경우에는 연소가스 분석 결과 CO가 없으므로 공기비 공식 중에서

  공기비 (또는, 과잉공기계수) $m = \dfrac{CO_{2\,max}}{CO_2} = \dfrac{19.0}{10.0} = 1.90$

20. 고체연료의 일반적인 특징으로 옳은 것은?

① 점화 및 소화가 쉽다
② 연료의 품질이 균일하다
③ 완전연소가 가능하며 연소효율이 높다
④ 연료비가 저렴하고 연료를 구하기 쉽다

【해설】 (2007-1회-18번 기출유사)
　　❹ 고체연료는 연료가 풍부하므로 가격이 저렴하고 연료를 구하기 쉽다.

【참고】 위 내용의 ①,②,③번은 기체연료의 특징에 해당한다.

제2과목　　　　열역학

21. 500 K의 고온 열저장조와 300 K의 저온 열저장조 사이에서 작동되는 열기관이 낼 수 있는 최대 효율은?

① 100%　　　　② 80%　　　　③ 60%　　　　④ 40%

【해설】 (2013-4회-24번 기출반복)
- 최대효율은 카르노사이클 일 때 이므로 $\eta_c = \dfrac{W}{Q_1} = \dfrac{Q_1 - Q_2}{Q_1} = 1 - \dfrac{Q_2}{Q_1} = 1 - \dfrac{T_2}{T_1}$

  여기서　η : 열기관의 열효율
  　　　　W : 열기관이 외부로 한 일
  　　　　Q_1 : 고온부(T_1)에서 흡수한 열량
  　　　　Q_2 : 저온부(T_2)로 방출한 열량

  $= 1 - \dfrac{T_2}{T_1} = 1 - \dfrac{300}{500} = 0.4 = 40\%$

22. 초기조건이 100 kPa, 60 ℃인 공기를 정적과정을 통해 가열한 후, 정압에서 냉각과정을 통하여 500 kPa, 60 ℃로 냉각할 때 이 과정에서 전체 열량의 변화는 약 몇 kJ/kmol 인가?
(단, 정적비열은 20 kJ/(kmol · K), 정압비열은 28 kJ/(kmol · K)이며 이상기체로 가정한다.)

① -964　　② -1964　　③ -10656　　④ -20656

【해설】(2007-2회-21번 기출유사)
• 정적과정 ($V_1 = V_2$)으로 가열한 후의 온도를 T_2 라고 두면,

$$\frac{P_1 V_1}{T_1} = \frac{P_2 V_2}{T_2} \text{에서 } \frac{100 \, kPa}{(60+273)K} = \frac{500 \, kPa}{T_2} \quad \therefore \ T_2 = 1665 \, K = 1392 \, ℃$$

정적가열 : $dQ = dU = C_V \cdot dT = C_V (T_2 - T_1) = 20 \times (1392 - 60) = 26640 \text{ kJ/kmol}$
정압냉각 : $dQ' = dH = C_P \cdot dT = C_P (T_3 - T_2) = 28 \times (60 - 1392) = -37296 \text{ kJ/kmol}$
∴ 전체열량의 변화량 = $dQ + dQ'$ = 26640 + (-37296) = -10656 kJ/kmol

23. 이상기체 5 kg이 250℃에서 120℃까지 정적과정으로 변화한다. 엔트로피 감소량은 약 몇 kJ/K 인가? (단, 정적비열은 0.653 kJ/(kg · K) 이다.)

① 0.933　　② 0.439　　③ 0.274　　④ 0.187

【해설】(2016-4회-30번 기출유사)　　　　　　　　　암기법 : 브티알(VTR) 보자
• 정적과정일 경우 엔트로피 변화량 공식 $\Delta S = C_V \cdot \ln\left(\frac{T_2}{T_1}\right) \times m$

$$\Delta S = 0.653 \text{ kJ/kg·K} \times \ln\left(\frac{273+120}{273+250}\right) \times 5 \text{ kg}$$
$$= -0.933 \text{ kJ/K} \qquad \text{여기서, } (-)\text{는 "감소량"을 뜻한다.}$$

24. 공기의 기체상수가 0.287 kJ/(kg · K) 일 때 표준상태 (0℃, 1기압) 에서 밀도는 약 몇 kg/m³ 인가?

① 1.29　　② 1.87　　③ 2.14　　④ 2.48

【해설】(2011-1회-35번 기출반복)
• 기체의 상태방정식 PV = mRT 에서,

$$P = \frac{m}{V} RT = \rho RT \quad (\text{여기서, } \rho : \text{밀도})$$

$$\therefore \ \rho = \frac{P}{RT} = \frac{101.3 \, kPa}{0.287 \, kJ/kg \cdot K \times 273 \, K} = 1.2928 \, \frac{N/m^2}{N \cdot m /kg} ≒ 1.29 \text{ kg/m}^3$$

22-③　23-①　24-①

25. 1 MPa, 400 ℃인 큰 용기 속의 공기가 노즐을 통하여 100 kPa 까지 등엔트로피 팽창을 한다. 출구속도는 약 몇 m/s 인가?

(단, 비열비는 1.4 이고 정압비열은 1.0 kJ/(kg·K)이며 노즐 입구에서의 속도는 무시한다.)

① 569 ② 805 ③ 910 ④ 1107

【해설】 (2010-4회-34번 기출유사)
- 열에너지가 운동에너지로 전환되는 노즐출구에서의 단열팽창(즉, 등엔트로피) 과정이다.

$$Q = \Delta E_k$$

$$m \cdot \Delta H = \frac{1}{2} m v^2 \quad \text{여기서, } \Delta H : \text{엔탈피차}$$

$$\therefore v = \sqrt{2 \times \Delta H} = \sqrt{2 \times (H_1 - H_2)} = \sqrt{2 \times C_p (T_1 - T_2)}$$

한편, 단열변화의 T_2를 구해야 하므로

$$\frac{P_1}{P_2} = \left(\frac{T_1}{T_2}\right)^{\frac{k}{k-1}}, \quad \frac{1000 \, kPa}{100 \, kPa} = \left(\frac{273 + 400}{T_2}\right)^{\frac{1.4}{1.4-1}}$$

$$\therefore T_2 = 348.57 \, K ≒ 349 \, K$$

$$= \sqrt{2 \times 1.0 \times 10^3 \, J/kg \cdot K \times (673 - 349) K}$$

$$= 804.98 ≒ 805 \, m/s$$

【참고】 • 단위확인: $\sqrt{J/kg} = \sqrt{N \cdot m / kg} = \sqrt{\frac{(kg \cdot m/\sec^2) \times m}{kg}} = \sqrt{(m/\sec)^2}$ = m/sec

26. 온도가 400 ℃인 열원과 300 ℃인 열원 사이에서 작동하는 카르노 열기관이 있다. 이 열기관에서 방출되는 300 ℃의 열은 또 다른 카르노 열기관으로 공급되어, 300 ℃의 열원과 100 ℃의 열원 사이에서 작동한다. 이와 같은 복합 카르노 열기관의 전체효율은 약 몇 % 인가?

① 44.57 % ② 59.43 % ③ 74.29 % ④ 29.72 %

【해설】 (2010-2회-25번 기출유사)
- 복합 열기관의 전체효율(η_t) 계산.

$$\eta_t = \eta_1 + \eta_2 - \eta_1 \cdot \eta_2$$

$$= \left(1 - \frac{573}{673}\right) + \left(1 - \frac{373}{573}\right) - \left(1 - \frac{573}{673}\right) \times \left(1 - \frac{373}{573}\right)$$

$$= \frac{300}{673} = 0.4457 = 44.57 \%$$

27. 냉매가 구비해야 할 조건 중 틀린 것은?

① 증발열이 클 것
② 비체적이 작을 것
③ 임계온도가 높을 것
④ 비열비(정압비열/정적비열)가 클 것

【해설】(2016-1회-26번 기출유사)

※ 냉매의 구비조건.

암기법 : 냉전증인임↑
암기법 : 압점표값과 비(비비)는 내린다↓

① 전열이 양호할 것. (전열이 양호한 순서 : NH_3 〉 H_2O 〉 Freon 〉 Air)
② 증발잠열이 클 것. (1 RT당 냉매순환량이 적어지므로 냉동효과가 증가된다.)
③ 인화점이 높을 것. (폭발성이 적어서 안정하다.)
④ 임계온도가 높을 것. (상온에서 비교적 저압으로도 응축이 용이하다.)
⑤ 상용압력범위가 낮을 것.
⑥ 점성도와 표면장력이 작아 순환동력이 적을 것.
⑦ 값이 싸고 구입이 쉬울 것.
⑧ 비체적이 작을 것.(한편, 비중량이 크면 동일 냉매순환량에 대한 관경이 가늘어도 됨)
❾ 비열비가 작을 것.(비열비가 작을수록 압축후의 토출가스 온도 상승이 적다)
⑩ 비등점이 낮을 것.
⑪ 금속 및 패킹재료에 대한 부식성이 적을 것.
⑫ 환경 친화적일 것.
⑬ 독성이 적을 것.

28. 스로틀링(throttling) 밸브를 이용하여 Joule-Thomson 효과를 보고자 한다. 압력이 감소함에 따라 온도가 반드시 감소하려면 Joule-Thomson 계수 μ 는 어떤 값을 가져야 하는가?

① $\mu = 0$ ② $\mu > 0$ ③ $\mu < 0$ ④ $\mu \neq 0$

【해설】(2014-4회-23번 기출반복)

• Joule - Thomson(줄-톰슨) 효과.
  실제기체를 고압측에서 저압측으로 작은 구멍(교축밸브)을 통해서 연속적으로 단열팽창 시키면 온도 및 압력이 감소하는 현상을 말한다.
  이 때, 엔탈피는 일정하고 엔트로피는 증가한다.

• 줄-톰슨 계수 $\mu = \left(\dfrac{\partial T}{\partial P}\right)_{H = const} = \dfrac{\Delta T}{\Delta P} = \dfrac{T_2 - T_1}{P_2 - P_1}$

  여기서, $\mu > 0$: (+) : 온도 감소
  $\mu = 0$:   온도 불변 (또는, 역전온도 또는, 전환점)
  $\mu < 0$: (-) : 온도 증가

29. 이상적인 증기압축식 냉동장치에서 압축기 입구를 1, 응축기 입구를 2, 팽창밸브 입구를 3, 증발기 입구를 4로 나타낼 때 온도(T) - 엔트로피(S)선도 (수직축 T, 수평축 S)에서 수직선으로 나타나는 과정은?

① 1 - 2 과정　　　　　　② 2 - 3 과정
③ 3 - 4 과정　　　　　　④ 4 - 1 과정

【해설】 (2009-1회-37번 기출반복) ※ 증기압축식 냉동사이클의 T - S 선도를 그려본다.

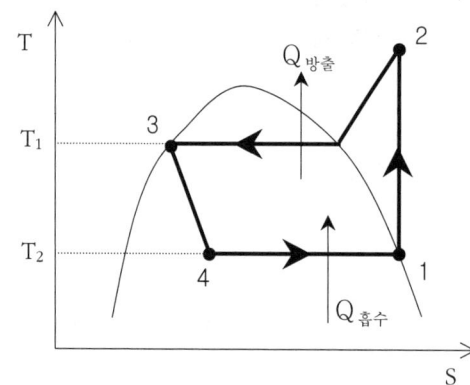

1→2 : 단열 압축 과정.
　　　(압축기에 의해 과열증기로 만든다)
　　　∴ 온도상승)

2→3 : 등온 냉각 과정.
　　　(열을 방출하고 포화액으로 된다)

3→4 : 등엔탈피 팽창 과정.
　　　(교축에 의해 온도·압력이 하강하여
　　　습증기가 된다)

4→1 : 등온·등압 팽창 과정.
　　　(열을 흡수하여 건포화증기로 된다)

30. 랭킨(Rankine) 사이클에서 재열을 사용하는 목적은?

① 응축기 온도를 높이기 위해서
② 터빈 압력을 높이기 위해서
③ 보일러 압력을 낮추기 위해서
④ 열효율을 개선하기 위해서

【해설】 (2013-1회-33번 기출반복)

• 재열사이클이란 증기원동소 사이클(랭킨 사이클)에서 터빈출구의 증기건조도를 증가 시키기 위하여 터빈 내에서 팽창 도중의 증기를 추출시켜서 재열기로 적절한 온도까지 재열시킨 다음 이것을 저압터빈으로 다시 보내어 터빈 일을 함으로써 **열효율을 개선**한 사이클이다.

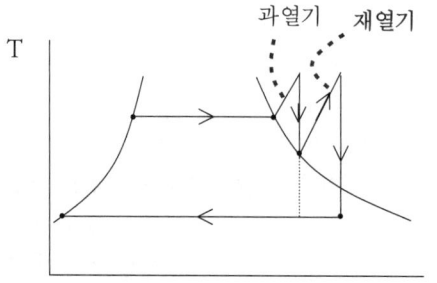

31. Gibbs의 상률(상법칙, phase rule) 에 대한 설명 중 틀린 것은?

① 상태의 자유도와 혼합물을 구성하는 성분 물질의 수, 그리고 상의 수에 관계되는 법칙이다.
② 평형이든 비평형이든 무관하게 존재하는 관계식이다.
③ Gibbs의 상률은 강도성 상태량과 관계한다.
④ 단일성분의 물질이 기상, 액상, 고상 중 임의의 2상이 공존할 때 상태의 자유도는 1 이다.

【해설】 (2013-2회-40번 기출유사)
❷ 상법칙은 비평형상태의 계에서는 적용되지 않는 관계식이다.

【참고】 ※ Gibbs(깁스)의 상법칙 (相法則 또는, 상률 phase rule)
열역학적인 평형상태에 있는 계의 상태를 정의하기 위해 평형계에서 존재하는 상의 수와 조절 가능한 외부변수들의 수와의 관계를 나타내는 식으로서,
평형상태에 있는 상 사이에는 다음 식으로 표시되는 상법칙이 적용된다.
· L = N - M + 2
여기서, L : 자유도의 수, N : 독립성분의 수, M : 상의 수
ex) 단일성분 1상일 때 : 자유도 L = N - M + 2 = 1 - 1 + 2 = 2
단일성분 2상일 때 : 자유도 L = N - M + 2 = 1 - 2 + 2 = 1
단일성분 3상일 때 : 자유도 L = N - M + 2 = 1 - 3 + 2 = 0 (즉, 3중점)

32. 열역학 제2법칙에 관한 다음 설명 중 옳지 않은 것은?

① 100%의 열효율을 갖는 열기관은 존재할 수 없다.
② 단일열원으로부터 열을 전달받아 사이클 과정을 통해 모두 일로 변화시킬 수 있는 열기관이 존재할 수 있다.
③ 열은 저온부로부터 고온부로 자연적으로 전달되지는 않는다.
④ 고립계에서 엔트로피는 항상 증가하거나 일정하게 보존된다.

【해설】 (2015-2회-39번 기출유사)
※ 열역학 제2법칙 : 열 이동의 법칙 또는, 에너지전환 방향에 관한 법칙
① 100%의 열효율을 갖는 열기관(제2종 영구기관)은 존재할 수 없다.
❷ 공급된 열을 모두 일로 바꾸는 것은 불가능하다.
③ 열은 저온부로부터 고온부로 스스로(자연적으로) 이동할 수는 없다.
따라서, 반드시 일을 소비하는 열펌프(Heat pump)를 필요로 한다.
④ 고립계에서 엔트로피는 가역과정일 때는 일정하게 보존되며, 비가역과정일 때는 항상 증가한다.

33. 불꽃점화 기관의 기본 사이클인 오토 사이클에서 압축비가 10 이고, 기체의 비열비는 1.4 일 때 이 사이클의 효율은 약 몇 % 인가?

① 43.6 ② 51.4 ③ 60.2 ④ 68.5

【해설】(2016-1회-35번 기출유사)

압축비 $\epsilon = 10$, 비열비 k = 1.4 일 때

- 오토사이클의 열효율 $\eta = 1 - \left(\dfrac{1}{\epsilon}\right)^{k-1} = 1 - \left(\dfrac{1}{10}\right)^{1.4-1} = 0.6018 ≒ 60.2\%$

34. 온도가 각각 -20 ℃, 30 ℃인 두 열원 사이에서 작동하는 냉동사이클이 이상적인 역카르노 사이클을 이루고 있다. 냉동기에 공급된 일이 15 kW이면 냉동용량(냉각열량)은 약 몇 kW 인가?

① 2.5 ② 3.0 ③ 76 ④ 91

【해설】(2013-1회-22번 기출반복)

- 냉동기의 성능계수 공식 $COP = \dfrac{Q_2}{W}\left(\dfrac{냉각열량}{공급일량}\right) = \dfrac{Q_2}{Q_1 - Q_2} = \dfrac{T_2}{T_1 - T_2}$

$$\dfrac{Q_2}{15\,kW} = \dfrac{(-20+273)}{(30+273)-(-20+273)}$$

∴ $Q_2 = 75.9 ≒ 76\,kW$

35. 이상기체로 구성된 밀폐계의 변화과정을 나타낸 것 중 <u>틀린</u> 것은?
(단, δq는 계로 들어온 순열량, dh는 엔탈피 변화량, δw는 계가 한 순일, du는 내부에너지의 변화량, ds는 엔트로피 변화량을 나타낸다.)

① 등온과정에서 $\delta q = \delta w$
② 단열과정에서 $\delta q = 0$
③ 정압과정에서 $\delta q = ds$
④ 정적과정에서 $\delta q = du$

【해설】(2014-2회-34번 기출유사)

① 등온($du = Cv \cdot dT = 0$)과정이므로, $\delta q = 0 + \delta w = \delta w$
② 단열($\delta q = 0$)과정이므로, $0 = du + \delta w$
❸ 정압(dp = 0)과정이므로, $\delta q = du + \delta w$ 한편, h ≡ u + p·v 로 정의되므로,
= d(h - p·v) + p·dv = dh - v·dp - p·dv + p·dv = dh
④ 정적(dv = 0)과정이므로 $\delta q = du + \delta w = du + p·dv = du + 0 = du$

36. 50 ℃의 물의 포화액체와 포화증기의 엔트로피는 각각 0.703 kJ/(kg · K), 8.07 kJ/(kg · K)이다. 50 ℃의 습증기의 엔트로피가 4 kJ/(kg · K)일 때 습증기의 건도는 약 몇 % 인가?

① 31.7   ② 44.8   ③ 51.3   ④ 62.3

【해설】(2010-2회-35번 기출유사)
- 습증기의 엔트로피 $S_x = S_1 + x(S_2 - S_1)$ 에서

$$\therefore 건도\ x = \frac{S_x - S_1}{S_2 - S_1} = \frac{4 - 0.703}{8.07 - 0.703} = 0.4475 = 44.75\% ≒ 44.8\%$$

37. 110 kPa, 20℃의 공기가 정압과정으로 온도가 50℃ 상승한 다음(즉, 70℃가 됨), 등온과정으로 압력이 반으로 줄어들었다. 최종 비체적은 최초 비체적의 약 몇 배 인가?

① 0.585   ② 1.17   ③ 1.71   ④ 2.34

【해설】(2012-2회-40번 기출반복)
- 보일-샤를의 법칙 $\dfrac{P_1 V_1}{T_1} = \dfrac{P_2 V_2}{T_2}$ 에서,

$$\frac{V_2}{V_1} = \frac{P_1 T_2}{P_2 T_1} = \frac{110}{55} \times \frac{(70 + 273)}{(20 + 273)} = 2.341 ≒ 2.34 \quad \therefore V_2 = 2.34\ V_1$$

38. 최저온도, 압축비 및 공급열량이 같을 경우 사이클의 효율이 큰 것부터 작은 순서 대로 옳게 나타낸 것은?

① 오토사이클 > 디젤사이클 > 사바테사이클
② 사바테사이클 > 오토사이클 > 디젤사이클
③ 디젤사이클 > 오토사이클 > 사바테사이클
④ 오토사이클 > 사바테사이클 > 디젤사이클

【해설】(2009-1회-31번 기출반복)   암기법 : 아〉사〉디
- 공기표준사이클(Air standard cycle)의 T-S선도에서 초온, 초압, **압축비**, 단절비, 공급 열량이 **같을** 경우 각 사이클의 이론열효율을 비교하면 **오토 〉 사바테 〉 디젤**의 순서이다.

39. 보일러로부터 압력 1 MPa로 공급되는 수증기의 건도가 0.95 일 때 이 수증기 1 kg당의 엔탈피는 약 몇 kcal 인가? (단, 1 MPa에서 포화액의 비엔탈피는 181.2 kcal/kg, 포화증기의 비엔탈피는 662.9 kcal/kg이다.)

① 457.6　　② 638.8　　③ 810.9　　④ 1120.5

【해설】(2009-4회-31번 기출반복)
- 습증기의 엔탈피 $h_x = h_1 + x(h_2 - h_1)$　여기서, x : 증기건도
$$= 181.2 + 0.95 \times (662.9 - 181.2)$$
$$= 638.815 ≒ 638.8 \text{ kcal/kg}$$

40. 압력이 200 kPa 로 일정한 상태로 유지되는 실린더 내의 이상기체가 체적 0.3 m³ 에서 0.4 m³ 로 팽창될 때 이상기체가 한 일의 양은 몇 kJ 인가?

① 20　　② 40　　③ 60　　④ 80

【해설】(2014-1회-24번 기출반복)
- 등압가열에 의한 체적팽창이므로 기체가 한 일의 양은,
$$_1W_2 = \int_1^2 P\,dV = P\int_1^2 dV = P \cdot (V_2 - V_1)$$
$$= 200 \text{ kPa} \times (0.4 - 0.3) \text{ m}^3 = 20\,\frac{kN}{m^2} \times \text{m}^3 = 20 \text{ kJ}$$

제3과목　계측방법

41. 다음에서 설명하는 제어동작은?

- 부하변화가 커도 잔류편차가 생기지 않는다.
- 급변할 때 큰 진동이 생긴다.
- 전달느림이나 쓸모없는 시간이 크면 사이클링의 주기가 커진다.

① D 동작　　　　② PI 동작
③ PD 동작　　　④ P 동작

【해설】(2014-2회-45번 기출반복)　　암기법 : 아이(I) 편
- P동작(비례동작)은 잔류편차를 남기므로 단독으로는 사용하지 않고 다른 동작과 조합하여 사용된다.
- I동작(적분동작)은 잔류편차는 제거되지만 진동하는 경향이 있고 안정성이 떨어진다.

42. 다음 그림과 같은 경사관식 압력계에서 P_2는 50 kg/m^2 일 때 측정압력 P_1은 약 몇 kg/m^2 인가? (단, 액체의 비중은 1 이다.)

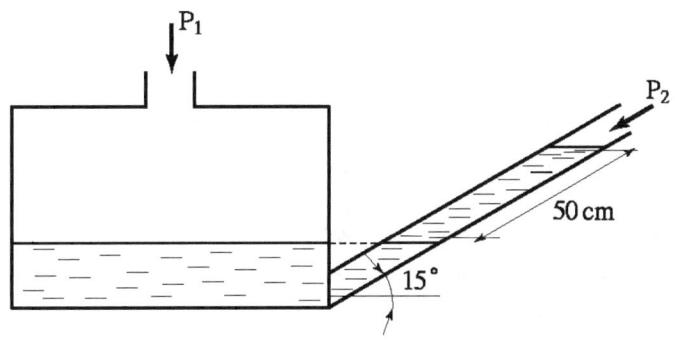

① 130   ② 180   ③ 320   ④ 530

【해설】(2009-4회-54번 기출반복)
- 파스칼의 원리에 의하면 액주 경계면의 수평선에 작용하는 압력은 서로 같다.
  $P_A = P_B$,
  $P_1 = P_2 + \gamma \cdot h$
  한편, $\dfrac{\gamma}{\gamma_w} = \dfrac{S}{S_w} = \dfrac{1}{1}$ 즉, $\gamma = \gamma_w = 1000 \text{ kg/m}^3$
  한편, 경사관 액주의 높이차 $h = r \cdot \text{Sin}\,\theta$ 이므로
  $= 50 \text{ kg/m}^2 + 1000 \text{ kg/m}^3 \times 0.5 \text{ m} \times \text{Sin } 15° = 179.4 ≒ 180 \text{ kg/m}^2$

43. 다음 열전대 종류 중 측정온도에 대한 기전력의 크기로 옳은 것은?

① IC > CC > CA > PR
② IC > PR > CC > CA
③ CC > CA > PR > IC
④ CC > IC > CA > PR

【해설】(2014-1회-51번 기출유사)   암기법 : 열기 ㅋㅋ~, 철동크백
- 열전대 중에서 측정온도에 대한 열기전력의 크기 : CRC > IC > CC > CA > PR

44. 오르자트식 가스분석계로 측정하기 어려운 것은?

① O_2 ② CO_2 ③ CH_4 ④ CO

【해설】(2010-1회-56번 기출반복)
- 오르자트식 : 이(CO_2) → 산(O_2) → 일(CO) 의 순서대로 선택적으로 흡수된다.

42-②   43-①   44-③

45. 기체연료의 시험방법 중 CO의 흡수액은?

① 발연 황산액
② 수산화칼륨 30% 수용액
③ 알칼리성 피로가롤 용액
④ 암모니아성 염화 제1동 용액

【해설】 (2014-4회-56번 기출반복)
※ 기체연료 가스분석 시험은 화학적 가스분석장치를 이용한다.
- 헴펠 식 : 햄릿과 <u>이</u>(순신) → 탄 → 산 → 일 (여기서, 탄화수소 C_mH_n)
  (K)   (S)   (피)   (구)
  흡수액 ──→ 수산화칼륨, 발열황산, 피로가롤, 염화제1구리(동)
- 오르삿트 식 : 이(CO_2) → 산(O_2) → 일(CO) 순서대로 선택적 흡수됨

46. 국제단위계(SI)에서 길이단위의 설명으로 <u>틀린</u> 것은?

① 기본단위이다
② 기호는 K이다
③ 명칭은 미터이다
④ 빛이 진공에서 1/299,792,458 초 동안 진행한 경로의 길이이다.

【해설】 (2012-2회-45번, 2012-4회-60번 기출유사)
❷ SI단위계에서 길이의 기본단위는 m(미터)이다. K(켈빈)은 온도의 기본단위이다.

【참고】• 계측기기의 SI **기본단위**는 7 종류가 있다. 　　암기법 : mks mKc A

기호	m	kg	s	mol	K	cd	A
명칭	미터	킬로그램	초	몰	캘빈	칸델라	암페어
기본량	길이	질량	시간	물질량	절대온도	광도	전류

- "1미터"는 빛이 진공에서 1/299,792,458 초 동안 진행한 경로의 길이이다.

47. 유량 측정에 쓰이는 Tap(탭)방식이 <u>아닌</u> 것은?

① 베나 탭
② 코너 탭
③ 압력 탭
④ 플랜지탭

【해설】 (2014-4회-57번 기출유사)
- 차압식 유량계에서 압력을 측정하기 위해 중간에 설치하는 **탭(Tap)의 위치에 따른 종류**.
  ① 베나(vena)탭 : 입구측은 배관 안지름만큼의 거리에, 출구측은 배관 안지름의 0.2 ~ 0.8배 거리에 설치
  ② 베벨(Bevel)탭 : 교축기구 직전·직후에 베벨을 설치
  ③ 코너(corner, 모서리)탭 : 교축기구 바로 직전·직후에 설치
  ④ 플랜지(flange)탭 : 교축기구 전·후(즉, 상·하류) 각 25 mm 거리에 플랜지를 설치

45-④   46-②   47-③

48. 염화리튬이 공기 수증기압과 평형을 이룰 때 생기는 온도저하를 저항온도계로 측정하여 습도를 알아내는 습도계는?

① 듀셀 노점계
② 아스만 습도계
③ 광전관식 노점계
④ 전기저항식 습도계

【해설】(2013-4회-46번 기출반복)
※ 습도계의 종류
① 건습구 습도계
2개의 수은 유리 온도계를 사용하여 습도를 측정하며 정확한 습도를 구하려면, 3~5 m/s 의 통풍이 필요하다. ex) 아스만(Asman) 습도계
② 듀셀(dew-cell) 노점계(이슬점 습도계 또는, 가열식 노점계)
염화리튬의 포화수용액의 수증기압이 공기 중의 **수증기압과 평형을 이룰 때** 생기는 온도저하를 저항측온체로 측정하여 해당 온도에서 노점을 환산하여 지시하는 것을 이용하여 습도를 표시한다.
장점으로는 자동제어가 가능하며, 고온에서도 정도가 높다.
그러나 습도측정 시 가열이 필요하다는 단점이 있다.
③ 전기저항식 습도계
염화리튬(LiCl) 용액을 절연판 위에 도포하여 전극을 두고 그 저항치를 측정하면 저항치가 상대습도에 따라 변하는 것을 이용하여 습도를 표시한다.
④ 광전관식 노점계
거울의 표면에 이슬 또는 서리가 붙어 있는 상태를 거울에서의 반사광을 광전관으로 받아서 검출하고 거울의 온도를 제어해서 노점으로 유지하여 온도를 열전대 온도계 등으로 측정한다.
⑤ 저항온도계식 노점계
한 쌍의 니켈 또는 저항체를 건습구 온도계와 같이 배치하여 각각의 저항체를 브리지 회로로 조립하여 놓은 자동평형 계기로서 직접 상대습도를 지시하게 된다.

49. 관로(管路)에 설치된 오리피스 전후의 압력차는?

① 유량의 제곱에 비례한다.
② 유량의 제곱근에 비례한다.
③ 유량의 제곱에 반비례한다.
④ 유량의 제곱근에 반비례한다.

【해설】(2013-4회-49번 기출반복)
• 압력과 유량의 관계 공식 $Q = A \cdot v$ 에서,
한편, $v = C\sqrt{2gh} = C\sqrt{2g \times 10P} = C\sqrt{2 \times 9.8 \times 10P} = 14\,C\sqrt{P}$
• 유량 $Q = \dfrac{\pi D^2}{4} \times 14\,C\sqrt{P} = K\sqrt{P}$
즉, $Q \propto \sqrt{P}$ (유량은 압력차의 제곱근에 비례한다.)
$P \propto Q^2$ (압력차는 유량의 **제곱**에 비례한다.)

50. 다음 중 SI 기본단위를 바르게 표현한 것은?

① 시간 - 분 ② 질량 - 그램
③ 길이 - 밀리미터 ④ 전류 - 암페어

【해설】(2013-4회-41번 기출반복)

※ SI (국제단위계) 기본단위는 7 종류가 있다.   암기법 : mks mKc A

단위기호	m	kg	s	mol	K	cd	A
명칭	미터	킬로그램	초	몰	캘빈	칸델라	암페어
물리량	길이	질량	시간	물질량	절대온도	광도	전류

51. 불연속 제어로서 탱크의 액위를 제어하는 방법으로 주로 이용되는 것은?

① P 동작 ② PI 동작
③ PD 동작 ④ 온·오프 동작

【해설】(2009-1회-47번 기출반복)

• 2위치 동작 (또는 On-Off 동작, 또는 ±동작, 또는 뱅뱅제어(Bang Bang control)
  - 탱크의 액위를 제어하는 방법으로 주로 이용되며 On-off 동작에 의해서 히터나 냉장고·에어콘 등을 돌다 서다 하는 방식으로 제어한다.

52. 단열식 열량계로 석탄 1.5 g을 연소시켰더니 온도가 4℃ 상승하였다. 통 내의 유량이 2000 g, 열량계의 물당량이 500 g일 때 이 석탄의 발열량은 약 몇 J/g 인가? (단, 물의 비열은 4.19 J/g·K 이다.)

① 2.23×10^4 ② 2.79×10^4
③ 4.19×10^4 ④ 6.98×10^4

【해설】※ 열량계에 의한 발열량 계산방법   암기법 : 큐는, 씨암탉

• 단열식일 때의 발열량 $Q = \dfrac{\text{물의 비열} \times \text{상승온도} \times (\text{내통수량} + \text{물당량})}{\text{시료량}}$

$= \dfrac{4.19 \, J/g \cdot ℃ \times 4℃ \times (2000 + 500) \, g}{1.5 \, g}$

$= 27933 \, J/g ≒ 2.79 \times 10^4 \, J/g$

【참고】• 비단열식일 때의 발열량 $= \dfrac{\text{물의 비열} \times (\text{상승온도} + \text{냉각보정}) \times (\text{내통수량} + \text{물당량})}{\text{시료량}}$

50-④   51-④   52-②

53. 2000℃까지 고온 측정이 가능한 온도계는?

① 방사 온도계
② 백금저항 온도계
③ 바이메탈 온도계
④ Pt-Rh 열전식 온도계

【해설】(2016-4회-41번 기출유사)
- 일반적으로 비접촉식 온도계는 700 ℃ 이상의 고온 측정에 적합하며, 접촉식 온도계는 1000 ℃ 이하의 저온 측정에 적합하다.

① 방사 온도계 : 50 ~ 2000 ℃
② 백금저항 온도계 : -200 ~ 500 ℃
③ 바이메탈 온도계 : -50 ~ 500 ℃
④ Pt-Rh 열전식 온도계 : 0 ~ 1600 ℃

【key】비접촉식 온도계는 피측정체에 직접 접촉하는 접촉식 온도계보다 높은 온도 측정이 가능하다.

【참고】※ **비접촉식** 온도계의 종류.
측정할 물체에서의 열방사시 색, 파장, 방사열 등을 이용하여 접촉시키지 않고도 온도를 측정하는 방법이다.
암기법 : 비방하지 마세요. 적색 광(고·전)
㉠ **방사** 온도계 (또는, 복사온도계)
㉡ **적외선** 온도계
㉢ **색** 온도계
㉣ **광고**온계
㉤ **광전**관식 온도계

※ **접촉식** 온도계의 종류.
온도를 측정하고자 하는 물체에 온도계의 검출소자(檢出素子)를 직접 접촉시켜 열적으로 평형을 이루었을 때 온도를 측정하는 방법이다.
암기법 : 접전, 저 압유리바, 제
㉠ **열전**대 온도계 (또는, 열전식 온도계)
㉡ **저항**식 온도계 (또는, 전기저항식 온도계) : 서미스터, 니켈, 구리, 백금 저항소자
㉢ **압력**식 온도계 : 액체팽창식, 기체팽창식, 증기팽창식
㉣ **액체봉입유리** 온도계
㉤ **바이메탈**식(열팽창식 또는, 고체팽창식) 온도계
㉥ **제겔콘**

54. 2원자분자를 제외한 CO_2, CO, CH_4 등의 가스를 분석할 수 있으며, 선택성이 우수하고 저농도의 분석에 적합한 가스 분석법은?

① 적외선법
② 음향법
③ 열전도율법
④ 도전율법

【해설】(2010-2회-56번 기출유사)
- 적외선 가스분석계.
단원자 분자(Ar)나 단체로 이루어진 2원자 분자(H_2, O_2, N_2 등)를 제외한, 대부분의 가스 (CO, CO_2, CH_4 등)는 적외선에 대하여 각각의 고유한 흡수스펙트럼을 가지는 원리를 이용하여 측정 장치가 흡수한 에너지의 차이만큼을 이용하여 가스농도를 분석해내는 방법이다.

55. 차압식 유량계의 종류가 아닌 것은?

① 벤투리
② 오리피스
③ 터빈유량계
④ 플로우노즐

【해설】(2015-1회-50번 기출유사)
❸ 터빈식 유량계는 유속식 유량계에 속한다.

【참고】 • 차압식 유량계는 유로의 관에 고정된 교축(조리개) 기구인 벤츄리, 오리피스, 노즐을 넣어 두므로 흐르는 유체의 압력손실이 발생하는데, 조리개부가 유선형으로 설계된 벤츄리의 압력손실이 가장 적다.

56. 열전대 온도계에 대한 설명으로 옳은 것은?

① 흡습 등으로 열화된다.
② 밀도차를 이용한 것이다.
③ 자기가열에 주의해야 한다.
④ 온도에 의한 열기전력이 크며 내구성이 좋다.

【해설】(2012-1회-41번 기출유사)
❹ 온도에 의해 발생하는 열기전력이 큰 것을 이용하는 원리이며, 열전대 재료의 내열성으로 고온에도 기계적 강도를 가지고 있으므로 내구성이 좋다.

【참고】 ※ 서미스터 온도계
- 반도체인 서미스터는 흡습 등으로 열화(劣化)되기 쉽고, 열질량(thermal mass)이 작으므로 자기가열 현상에 의한 오차가 크게 발생할 수가 있으므로 주의해야 한다.

57. 지름 400 mm인 관속을 5 kg/s로 공기가 흐르고 있다. 관속의 압력은 200 kPa, 온도는 23 ℃, 공기의 기체상수 R이 287 J/(kg·K)라 할 때 공기의 평균 속도는 약 몇 m/s 인가?

① 2.4
② 7.7
③ 16.9
④ 24.1

【해설】(2009-4회-47번 기출반복)
• 질량 공식 $m = \rho V = \rho A x$
• 질량유량 공식 $Q = \dfrac{m}{t} = \dfrac{\rho A x}{t} = \rho A v$

한편, PV = mRT에서 P = ρRT 이므로 $\rho = \dfrac{P}{RT} = \dfrac{200 \times 10^3 \, Pa}{287 \, J/kg \cdot K \times (23+273) K} ≒ 2.354 \, kg/m^3$

∴ $v = \dfrac{Q}{\rho A} = \dfrac{Q}{\rho \cdot \dfrac{\pi D^2}{4}} = \dfrac{4Q}{\rho \cdot \pi D^2} = \dfrac{4 \times 5}{2.354 \times \pi \times 0.4^2} = 16.902 ≒ 16.9 \, m/s$

58. 전자유량계의 특징으로 틀린 것은?

① 응답이 빠른 편이다.
② 압력손실이 거의 없다.
③ 높은 내식성을 유지할 수 있다.
④ 모든 액체의 유량 측정이 가능하다.

【해설】(2013-4회-44번 기출반복)
전자식 유량계는 파이프 내에 흐르는 도전성의 유체에 직각방향으로 자기장을 형성시켜 주면 패러데이(Faraday)의 전자유도 법칙에 의해 발생되는 유도기전력(E)으로 유량을 측정한다.
(패러데이 법칙 : $E = Blv$) 따라서, **도전성 액체의 유량측정에만 쓰인다.**
유로에 장애물이 없으므로 압력손실이 거의 없으며, 이물질의 부착 및 침식의 염려가 없으므로 높은 내식성을 유지할 수 있다. 또한, 검출의 시간지연이 없으므로 응답이 매우 빠른 특징이 있다.

59. 제어시스템에서 응답이 계단변화가 도입된 후에 얻게 될 최종적인 값을 얼마나 초과하게 되는지를 나타내는 척도는?

① 오프셋   ② 쇠퇴비
③ 오버슈트   ④ 응답시간

【해설】(2010-4회-48번 기출반복)   암기법 : "초과" = 오버(Over)
• 오버슈트 : 제어량이 목표치를 초과하여 처음으로 나타나는 최대초과량을 말한다.

60. 다음 온도계 중 측정범위가 가장 높은 것은?

① 광온도계   ② 저항온도계
③ 열전온도계   ④ 압력온도계

【해설】(2016-4회-43번 기출유사)
※ 광고온계(또는, 광온도계)의 특징
① 비접촉식 온도측정 방법 중 가장 정확한 측정을 할 수 있다.(정도가 가장 높다)
② 온도계 중에서 가장 높은 온도(700 ~ 3000℃)를 측정할 수 있으며 정도가 가장 높다.
③ 수동측정이므로 측정에 시간의 지연 및 개인 간의 오차가 발생한다.
④ 방사온도계보다 방사율에 의한 보정량이 적다.
왜냐하면 피측온체와의 사이에 수증기, CO_2, 먼지 등의 영향을 적게 받는다.
⑤ 저온(700 ℃ 이하)의 물체 온도측정은 곤란하다.(저온에서 발광에너지가 약하다.)
⑥ 700 ℃를 초과하는 고온의 물체에서 방사되는 에너지 중 육안으로 관측하므로 가시광선을 이용한다.

【key】비접촉식 온도계는 피측정체에 직접 접촉하는 **접촉식 온도계보다 높은 온도 측정이 가능하다.**
• **비접촉식** 온도계의 종류 : 암기법 : 비방하지 마세요. 적색 광(고·전)
• **접촉식** 온도계의 종류 :   암기법 : 접전, 저 압유리바, 제

제4과목　　열설비재료 및 관계법규

61. 검사대상기기 관리자의 신고사유가 발생한 경우 발생한 날로부터 며칠 이내에 신고하여야 하는가?

① 7일
② 15일
③ 30일
④ 60일

【해설】(2011-1회-65번 기출반복)　　　　　　　　　[에너지이용합리화법 시행규칙 31조의28.]
- 검사대상기기 관리자의 선임·해임 또는 퇴직 등의 신고사유가 발생한 경우 신고는 신고사유가 발생한 날로부터 30일 이내에 하여야 한다.

62. 에너지이용합리화법에 따라 산업통상자원부장관은 에너지를 합리적으로 이용하게 하기 위하여 몇 년 마다 에너지이용합리화에 관한 기본계획을 수립하여야 하는가?

① 2년
② 3년
③ 5년
④ 10년

【해설】(2015-4회-61번 기출반복)　　　　　　　　　[에너지이용합리화법시행령 제3조1항]
- 산업통상자원부장관은 5년마다 에너지이용합리화에 관한 기본계획을 수립하여야 한다.

63. 에너지이용합리화법상의 "목표에너지원단위(原單位)"란 무엇인가?

① 열사용기기당 단위시간에 사용할 열의 사용목표량
② 각 회사마다 단위기간 동안 사용할 열의 사용목표량
③ 에너지를 사용하여 만드는 제품의 단위당 에너지 사용목표량
④ 보일러에서 증기 1톤을 발생할 때 사용할 연료의 사용목표량

【해설】(2013-4회-69번 기출반복)　　　　　　　　　[에너지이용합리화법 제35조]
- 산업통상자원부장관은 에너지의 이용효율을 높이기 위하여 필요하다고 인정하면 관계행정기관의 장과 협의하여 에너지를 사용하여 만드는 제품의 단위당 에너지 사용목표량 또는 건축물의 단위면적당 에너지사용 목표량(이하 "목표에너지원단위"라 한다)을 정하여 고시하여야 한다.

64. 에너지이용합리화법에 따라 인정검사대상기기 관리자의 교육을 이수한 자가 관리할 수 없는 것은?

① 압력용기
② 용량이 581 킬로와트인 열매체를 가열하는 보일러
③ 용량이 700 킬로와트인 온수발생 보일러
④ 최고사용압력이 1 MPa 이하이고 전열면적이 10 m² 이하인 증기보일러

【해설】 (2014-2회-68번 기출반복)
  ※ 검사대상기기 관리자의 자격 및 관리범위.   [에너지이용합리화법 시행규칙 별표3의9.]
  • 증기보일러로서 최고사용압력이 1 MPa 이하이고, 전열면적이 10 m² 이하인 것
  • 온수발생 및 열매체를 가열하는 보일러로서 용량이 581.5 kW(0.58 MW) 이하인 것
  • 압력용기 (1종, 2종 모두)

65. 에너지이용합리화법에 따라 에너지사용계획을 수립하여 산업통상자원부장관에게 제출하여야 하는 민간사업자의 기준은?

① 연간 5백만 킬로와트시 이상의 전력을 사용하는 시설을 설치하려는 자
② 연간 1천만 킬로와트시 이상의 전력을 사용하는 시설을 설치하려는 자
③ 연간 1천5백만 킬로와트시 이상의 전력을 사용하는 시설을 설치하려는 자
④ 연간 2천만 킬로와트시 이상의 전력을 사용하는 시설을 설치하려는 자

【해설】 (2014-4회-61번 기출반복)   [에너지이용합리화법 시행령 제20조3항]
  ※ 에너지사용계획 제출 대상사업 기준.
  • 공공사업주관자의   암기법 : 공이오?~ 천만에!
      1. 연간 2천5백 티오이(TOE) 이상의 연료 및 열을 사용하는 시설.
      2. 연간 1천만 킬로와트시(kWh) 이상의 전력을 사용하는 시설.
  • 민간사업주관자의   암기법 : 민간 = 공 × 2
      1. 연간 5천 티오이(TOE) 이상의 연료 및 열을 사용하는 시설.
      2. 연간 2천만 킬로와트시(kWh) 이상의 전력을 사용하는 시설.

66. 에너지이용합리화법상의 효율관리기자재에 속하지 않는 것은?

① 전기철도   ② 삼상유도전동기
③ 전기세탁기   ④ 자동차

【해설】 (2010-1회-64번 기출반복)   암기법 : 세조방장, 3발자동차
  ※ 효율관리기자재.   [에너지이용합리화법 시행령 시행규칙 제7조]
    - 전기세탁기, 조명기기, 전기냉방기, 전기냉장고, 3상유도전동기, 발전설비, 자동차.

67. 에너지이용합리화법에 따라 최대 1천만원 이하의 벌금에 처할 대상자에 해당되지 않는 자는?

① 검사대상기기 관리자를 정당한 사유 없이 선임하지 아니한 자
② 검사대상기기의 검사를 정당한 사유 없이 받지 아니한 자
③ 검사에 불합격한 검사대상기기를 임의로 사용한 자
④ 최저소비효율기준에 미달된 효율관리기자재를 생산한 자

【해설】 (2013-1회-68번 기출반복) [에너지이용합리화법 제72조 ~ 제76조 벌칙]
① 검사대상기기 관리자를 정당한 사유 없이 선임하지 아니한(즉, 미선임) 자는 1천만원 이하의 벌금.
② 검사대상기기의 검사를 정당한 사유 없이 받지 아니한 자는 1년 이하의 징역 또는 1천만원 이하의 벌금.
③ 검사에 불합격한 검사대상기기를 임의로 사용한 자는 1년 이하의 징역 또는 1천만원 이하의 벌금.
❹ 최저소비효율기준에 미달된 효율관리기자재를 생산 또는 판매 금지명령을 위반한 자는 **2천만원** 이하의 벌금.

68. 에너지이용합리화법에 따른 특정 열사용 기자재가 아닌 것은?

① 주철제 보일러
② 금속 소둔로
③ 2종 압력용기
④ 석유 난로

【해설】 (2013-1회-64번 기출반복) [에너지이용합리화법 시행규칙 별표3의2.]
※ 특정 열사용기자재 및 그 설치·시공 범위.
– 기관 (일반보일러, 축열식전기보일러, 태양열집열기 등), 압력용기, 금속요로(용선로, 철금속가열로 등), 요업요로(셔틀가마, 터널가마, 연속식유리용융가마 등)가 해당된다.
❹ 석유 난로는 지정된 열사용 기자재 품목과는 전혀 상관없다.

69. 에너지이용합리화법에 따라 에너지저장의무를 부과할 수 있는 대상자가 아닌 자는?

① 전기사업법에 의한 전기사업자
② 도시가스사업법에 의한 도시가스사업자
③ 풍력사업법에 의한 풍력사업자
④ 석탄산업법에 의한 석탄가공업자

【해설】 (2009-1회-63번 기출반복) [에너지이용합리화법 시행령 제12조.]
• 에너지수급 차질에 대비하기 위하여 산업통상자원부장관이 에너지저장의무를 부과할 수 있는 대상에 해당되는 자는 **전기사업자, 도시가스사업자, 석탄가공업자, 집단에너지사업자, 연간 2만 TOE 이상의 에너지사용자**이다.
암기법 : 에이, 쌍!~ 다소비네. 10배 저장해야지

70. 크롬이나 크롬마그네시아 벽돌이 고온에서 산화철을 흡수하여 표면이 부풀어 오르고 떨어져 나가는 현상은?

① 버스팅(bursting)   ② 스폴링(spalling)
③ 슬래킹(slaking)   ④ 큐어링(curing)

【해설】(2015-4회-76번 기출유사)   암기법 : 크~ 롬멜버스
- 버스팅(Bursting) : 크롬을 원료로 하는 염기성내화벽돌은 1,600℃이상의 고온에서는 산화철을 흡수하여 표면이 부풀어 오르고 떨어져나가는 현상이 생긴다.

71. 배관설비의 지지를 위한 필요조건에 관한 설명으로 틀린 것은?

① 온도의 변화에 따른 배관신축을 충분히 고려하여야 한다.
② 배관 시공 시 필요한 배관기울기를 용이하게 조정할 수 있어야 한다.
③ 배관설비의 진동과 소음을 외부로 쉽게 전달할 수 있어야 한다.
④ 수격현상 및 외부로부터 진동과 힘에 대하여 견고하여야 한다.

【해설】(2013-2회-80번 기출반복)
❸ 배관설비의 진동과 소음이 외부로 쉽게 전달되지 않도록 진동·소음 저감장치를 설치하여야 한다.

72. 다음은 보일러의 급수밸브 및 체크밸브 설치기준에 관한 설명이다. ( )안에 알맞은 것은?

> 급수밸브 및 체크밸브의 크기는 전열면적 10 m² 이하의 보일러에서는 관의 호칭 (㉮)이상, 전열면적 10 m²를 초과하는 보일러에서는 관의 호칭 (㉯) 이상이어야 한다.

① ㉮ : 5A, ㉯ : 10A   ② ㉮ : 10A, ㉯ : 15A
③ ㉮ : 15A, ㉯ : 20A   ④ ㉮ : 20A, ㉯ : 30A

【해설】(2012-2회-80번 기출반복)
※ [보일러의 설치검사 기준.]   암기법 : 급체 시, 1520
급수장치 중 급수밸브 및 체크밸브의 크기는 전열면적 10m² 이하의 보일러에서는 관의 호칭 15A 이상의 것이어야 하고, 10m²를 초과하는 보일러에서는 관의 호칭 20A 이상의 것이어야 한다.

70-① 71-③ 72-③

73. 산성 내화물이 아닌 것은?

① 규석질 내화물
② 납석질 내화물
③ 샤모트질 내화물
④ 마그네시아 내화물

【해설】(2014-4회-72번 기출반복)
- 산성 내화물　　　　　　　　　　　　　　　　암기법 : 상규 납점샤
  - 규석질(석영질), 납석질(반규석질), 점토질, 샤모트질 등이 있다.
- 중성 내화물　　　　　　　　　　　　　　　　암기법 : 중이 C 알
  - 탄소질, 크롬질, 고알루미나질(Al_2O_3계 50% 이상), 탄화규소질 등이 있다.
- 염기성 내화물　　　　　　　　　　　　　　　암기법 : 염병할~ 포돌이 마크
  - 포스테라이트질(Forsterite, $MgO-SiO_2$계), 돌로마이트질(Dolomite, $CaO-MgO$계),
    마그네시아질(Magnesite, MgO계), 마그네시아-크롬질(Magnesite Chromite, $MgO-Cr_2O_3$계)

74. 내화물의 구비조건으로 옳지 않은 것은?

① 상온에서 압축강도가 작을 것
② 내마모성 및 내침식성을 가질 것
③ 재가열 시 수축이 적을 것
④ 사용온도에서 연화변형하지 않을 것

【해설】(2016-2회-72번 기출유사)　암기법 : 내화물차 강내 안 스내?↑, 변소(小)↓가야하는데..
※ 내화물 구비조건.
  ❶ 압축강도(압축에 대한 기계적 강도)가 클 것
  ② 내마모성, 내침식성이 클 것
  ③ 안정성이 클 것
  ④ 내열성 및 내스폴링성이 클 것
  ⑤ 변형이 적을 것.(재가열 시에 수축이 적어야 한다.)

75. 가마를 축조할 때 단열재를 사용함으로써 얻을 수 있는 효과로 틀린 것은?

① 작업 온도까지 가마의 온도를 빨리 올릴 수 있다.
② 가마의 벽을 얇게 할 수 있다.
③ 가마내의 온도 분포가 균일하게 된다.
④ 내화벽돌의 내·외부 온도가 급격히 상승한다.

【해설】(2016-4회-70번 기출유사)
※ 단열재의 단열효과(斷熱效果)
  ① 열확산계수 감소
  ② 열전도계수 감소
  ③ 축열용량 감소
  ❹ 내·외부 온도가 급격히 상승하는 것을 방지하여 스폴링 현상을 억제시킬 수 있다.
  ⑤ 노 내의 온도분포가 균일하게 유지된다.

76. 샤모트(chamotte) 벽돌에 대한 설명으로 옳은 것은?

① 일반적으로 기공률이 크고 비교적 낮은 온도에서 연화되며 내스폴링성이 좋다.
② 흑연질 등을 사용하며 내화도와 하중연화점이 높고 열 및 전기전도도가 크다.
③ 내식성과 내마모성이 크며 내화도는 SK 35 이상으로 주로 고온부에 사용된다.
④ 하중 연화점이 높고 가소성이 커 염기성 제강로에 주로 사용된다.

【해설】(2011-4회-72번 기출반복)

❶ 샤모트 벽돌은 골재 원료로서 샤모트를 사용하고 미세한 부분은 가소성 생점토 ($Al_2O_3 \cdot 2SiO_2 \cdot 2H_2O$, 카올린)를 가하고 있다. 이것을 기공형성재인 톱밥이나 발포제를 다량 혼합한 상태로 성형하여 소성공정을 거치면 소결성이 좋은 점토질 벽돌이 얻어진다.
알루미나(Al_2O_3) 함량이 많을수록 내화도가 높아지고 일반적으로 기공률이 크고 비교적 낮은 온도에서 연화되며 내스폴링성, 내마모성이 크다.
점토질 단열재의 열전도율은 비교적 작은 편이다. 내화도는 SK 28~34 정도이다.
② 탄소질 벽돌
③ 고알루미나 벽돌
④ 마그네시아질 벽돌

77. 고압 배관용 탄소강관에 대한 설명 중 틀린 것은?

① 관의 소재로는 킬드강을 사용하여 이음매 없이 제조된다.
② KS 규격 기호로 SPPS 라고 표기한다.
③ 350 ℃ 이하, 100 kg/cm² 이상의 압력범위에서 사용이 가능하다.
④ NH_3 합성용 배관, 화학공업의 고압유체 수송용에 사용한다.

【해설】(2014-1회-72번 기출반복)

❷ 고압배관용 탄소강관(SPPH, carbon Steel Pipe High Pressure)
• 압력배관용 탄소강관(SPPS, carbon Steel Pipe Pressure Service)

78. 관의 신축량에 대한 설명으로 옳은 것은?

① 신축량은 관의 열팽창계수, 길이, 온도차에 반비례한다.
② 신축량은 관의 열팽창계수, 길이, 온도차에 비례한다.
③ 신축량은 관의 길이, 온도차에는 비례하지만 열팽창계수에는 반비례한다.
④ 신축량은 관의 열팽창계수에 비례하고 온도차와 길이에 반비례한다.

【해설】(2013-2회-71번 기출반복)

• 신축량 $L_2 = L_1(1 + \alpha \cdot \Delta t)$

여기서, L : 관의 길이, α : 열팽창계수, Δt : 온도차

76-① 77-② 78-②

79. 길이 7 m, 외경 200 mm, 내경 190 mm의 탄소강관에 360 ℃의 과열증기를 통과시키면 이 때 늘어나는 관의 길이는 몇 mm 인가?
(단, 주위온도는 20 ℃이고, 관의 선팽창계수는 0.000013 mm/mm·℃ 이다.)

① 21.15   ② 25.71   ③ 30.94   ④ 36.48

【해설】 (2009-4회-76번 기출반복)
- 늘어난 길이는 선팽창 길이만 이므로,

$$\Delta \ell = \ell_1 \cdot \alpha \cdot \Delta t = 7\,m \times \frac{1000\,mm}{1\,m} \times 0.000013 \times (360 - 20) = 30.94\,mm$$

【참고】 ※ 온도증가에 따른 길이팽창과 체적팽창의 비교.
- 길이팽창 : $\ell_2 = \ell_1(1 + \alpha \cdot \Delta t)$ 여기서, α : 선팽창계수
- 체적팽창 : $V_2 = V_1(1 + \beta \cdot \Delta t)$ 여기서, β : 부피팽창계수

80. 배관의 신축이음에 대한 설명 중 틀린 것은?

① 슬리브형은 단식과 복식의 2종류가 있으며, 고온, 고압에 사용한다.
② 루프형은 고압에 잘 견디며, 주로 고압증기의 옥외 배관에 사용한다.
③ 벨로즈형은 신축으로 인한 응력을 받지 않는다.
④ 스위블형은 온수 또는 저압증기의 배관에 사용하며, 큰 신축에 대하여는 누설의 염려가 있다.

【해설】 (2013-4회-75번 기출반복)
❶ 슬리브(Sleeve, 미끄럼)형은 슬리브와 본체사이에 석면으로 만든 패킹을 넣어 온수나 증기의 누설을 방지한다. 8 kgf/cm² 이하의 공기, 가스, 기름배관에 사용하며 고온, 고압에는 부적당하다.
- 신축이음 중에 단식과 복식의 2종류가 있는 것은 벨로즈(Bellows)형이다.

제5과목 열설비설계

81. 공기예열기의 효과에 대한 설명 중 틀린 것은?

① 연소효율을 증가시킨다.   ② 과잉공기량을 줄일 수 있다.
③ 배기가스 저항이 줄어든다.   ④ 저질탄 연소에 효과적이다.

【해설】 (2013-1회-94번 기출반복)
❸ 배기가스가 배출되는 연도에 폐열회수장치인 공기예열기를 설치하는 것이므로 **배기가스 통풍저항이 증가**하게 되어 강제통풍이 요구되기도 한다.

82. 연관식 패키지 보일러와 랭카셔 보일러의 장·단점에 대한 비교 설명으로 틀린 것은?

① 열효율은 연관식 패키지 보일러가 좋다.
② 부하변동에 대한 대응성은 랭카셔 보일러가 적다.
③ 설치 면적당의 증발량은 연관식 패키지 보일러가 크다.
④ 수처리는 연관식 패키지 보일러가 더 간단하다.

【해설】(2016-2회-82번 기출유사)
- 연관식 패키지 보일러는 **노통연관식** 보일러에 해당하며, 랭카셔 보일러는 **노통식** 보일러에 해당한다는 것에 착안해서 비교하여 판단하는 문제이다.
  ① 열효율은 노통연관식인 패키지보일러가 연관으로 인해 전열면적이 커서, 노통식인 랭카셔 보일러보다 좋다.
  ② 부하변동에 대한 대응성은 보유수량이 많은 노통식 보일러인 랭카셔 보일러가 보유수량이 많지 않은 노통연관식 보일러보다 압력변동이 적다.
  ③ 설치 면적당의 증발량은 전열면적당 보유수량이 적은 노통연관식 패키지 보일러가 증기발생시간이 비교적 짧으므로 노통식 보일러보다 크다.
  ❹ 연관이 부착되어 있어 내부구조가 복잡하고 증기발생속도가 비교적 빠른 노통연관식 패키지 보일러가 노통식 보일러보다 복잡한(까다로운) 급수처리를 필요로 한다.

83. 저온부식의 방지 방법이 아닌 것은?

① 과잉공기를 적게 하여 연소한다
② 발열량이 높은 황분을 사용한다
③ 연료첨가제(수산화마그네슘)을 이용하여 노점온도를 낮춘다
④ 연소 배기가스의 온도가 너무 낮지 않게 한다

【해설】(2014-2회-88번 기출반복)   암기법 : 고바, 황저

※ 저온부식
연료 중에 포함된 황(S)분이 많으면 연소에 의해 산화하여 SO_2(아황산가스)로 되는데, 과잉공기가 많아지면 배가스 중의 산소에 의해, $SO_2 + \frac{1}{2}O_2 \rightarrow SO_3$ (무수황산)으로 되어, 연도의 배가스온도가 노점(150~170℃)이하로 낮아지게 되면 SO_3가 배가스 중의 수분과 화합하여 $SO_3 + H_2O \rightarrow H_2SO_4$ (황산)으로 되어 연도에 설치된 폐열회수장치인 절탄기·공기예열기의 금속표면에 부착되어 표면을 부식시키는 현상을 저온부식이라 한다.
따라서, 방지대책으로는 아황산가스의 산화량이 증가될수록 저온부식이 촉진되므로 공기비를 적게 해야 한다. 또한, 연도의 배기가스 온도를 이슬점(150~170℃) 이상의 높은 온도로 유지해 주어야 한다.
염기성 물질인 $Mg(OH)_2$을 첨가제로 사용하면 $H_2SO_4 + Mg(OH)_2 \rightarrow MgSO_4 + 2H_2O$로 중화되어 연도의 배기가스 중 황산가스의 농도가 낮아져서 황산가스의 노점온도를 낮춘다.

84. 그림과 같이 가로 × 세로 × 높이가 3 × 1.5 × 0.03 m인 탄소강판이 놓여 있다. 열전도계수(k)가 43 W/m·K이며, 표면온도는 20 ℃였다. 이 때 탄소강판 아래 면에 열유속(q″ = q/A) 600 kcal/m²·h 을 가할 경우, 탄소강판에 대한 표면온도 상승 [ΔT(℃)]은 약 얼마인가?

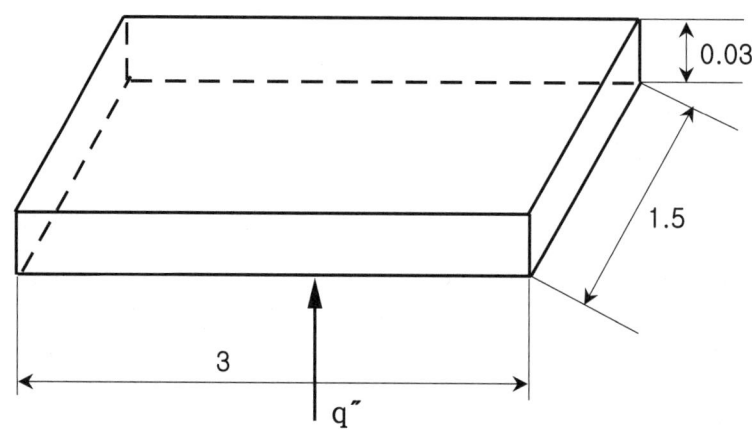

① 0.243 ℃   ② 0.264 ℃   ③ 0.486 ℃   ④ 1.973 ℃

【해설】 (2016-2회-83번 기출유사)   암기법 : 교전온면두

• 단위면적당 열유속(heat flux, q″ = q/A)은 일정하므로,

$$600 \text{ kcal/m}^2 \cdot h = \frac{k \cdot \Delta T}{d}$$

$$\frac{600\, kcal \times \frac{4.1868\, kJ}{1\, kcal} \times \frac{10^3\, J}{1\, kJ}}{m^2 \times h \times \frac{3600\, \sec}{1\, h}} = \frac{43\, W/m \cdot ℃ \times \Delta T}{0.03\, m}$$

$$697.8\, J/m^2 \cdot \sec = \frac{43\, W/m \cdot ℃ \times \Delta T}{0.03\, m}$$

$$697.8\, W/m^2 = \frac{43\, W/m \cdot ℃ \times \Delta T}{0.03\, m}$$

∴ 표면온도차(즉, 온도상승) ΔT = 0.4868 ≒ 0.486 ℃

85. 동일 조건에서 열교환기의 온도효율이 높은 순서대로 나열한 것은?

① 향류 > 직교류 > 병류   ② 병류 > 직교류 > 향류
③ 직교류 > 향류 > 병류   ④ 직교류 > 병류 > 향류

【해설】 (2013-4회-86번 기출반복)

❶ 열전달은 유체의 흐름이 층류일 때보다 난류일 때 열전달이 더 양호하게 이루어지므로, 흐름방식에 따른 온도효율의 크기는 향류형 > 직교류형 > 병류형의 순서가 된다.

86. 금속판을 전열체로 하여 유체를 가열하는 방식으로 열팽창에 대한 염려가 없고 플랜지이음으로 되어 있어 내부수리가 용이한 열교환기 형식은?

① 유동두식   ② 플레이트식
③ 융그스트롬식   ④ 스파이럴식

【해설】(2011-4회-82번 기출반복)
- 스파이럴(spiral, 나선형)식 열교환기는 두 장의 금속 전열판을 일정한 간격으로 유지시키고 열팽창을 감쇠시킬 수 있는 나선형 튜브를 감아놓은 것으로서, 스팀이 난류를 형성하게 되어 고형물이 함유된 유체나 고점도 유체에도 사용이 적합하며 플랜지 이음으로 되어 있어 내부수리가 용이하다.

87. 노통식 보일러에서 파형부의 길이가 230 mm 미만인 파형 노통의 최소두께(t)를 결정하는 식은?
(단, P는 최고사용압력(MPa), D는 노통의 파형부에서의 최대내경과 최소 내경의 평균치(mm), C는 노통의 종류에 따른 상수이다.)

① $10\,PD$ ② $\dfrac{10\,P}{D}$ ③ $\dfrac{C}{10\,PD}$ ④ $\dfrac{10\,PD}{C}$

【해설】(2013-2회-86번 기출반복)
- 파형노통에서 그 끝의 평행부(즉, 파형부)의 길이가 230 mm 미만의 것의 최소두께 및 최고사용압력은 다음 식을 따른다.   암기법 : 노 PD = C·t 촬영
  $P \cdot D = C \cdot t$
  여기서, 사용압력단위(kg/cm²), 두께 및 지름단위(mm)인 것에 주의해야 한다.
  $\therefore t = \dfrac{PD}{C}$
  한편, 문제에서 제시된 압력단위의 환산은 1 MPa = 10 kg/cm² 이므로
  $= \dfrac{10\,PD}{C}$

88. 보일러수로서 가장 적절한 pH는?

① 5 전후   ② 7 전후   ③ 11 전후   ④ 14 전후

【해설】(2016-2회-91번 기출유사)
- 보일러는 일반적으로 금속이므로, 고온의 물에 의한 강판의 부식은 pH 12 이상의 강알칼리에서 부식량이 최대가 된다. 따라서 pH가 12이상으로 높거나 이보다 훨씬 낮아도 부식성은 증가하게 되므로 보일러수 중에 적당량의 강알칼리인 수산화나트륨(NaOH)을 포함시켜 pH 10.5 ~ 11.5 정도의 약알칼리로 유지해줌으로써 연화되어 보일러의 부식 및 스케일 부착을 방지할 수 있다.

89. 보일러의 용량을 산출하거나 표시하는 값으로 적합하지 <u>않은</u> 것은?

① 상당증발량 ② 보일러마력
③ 전열면적 ④ 재열계수

【해설】(2014-1회-100번 기출유사)

① 보일러의 상당증발량 $w_e = \dfrac{w_2 \times (H_x - H_1)}{539}$

② 보일러 마력(BHP) = $\dfrac{w_e}{15.65 \, kg/h}$

③ 보일러의 증발율 e = $\dfrac{w_2}{A_b} \left(\dfrac{실제증발량, \ kg/h}{보일러전열면적, \ m^2} \right)$ = $kg/m^2 \cdot h$

❹ 재열사이클이란 터빈일을 증가시키기 위하여 고압 터빈내에서 팽창 도중의 증기를 뽑아내어 재열기로 다시 가열하여 과열도를 높인 다음 저압 터빈으로 보내어 일을 하게 함으로써 터빈의 이론적 열효율을 증가시킬 수 있다.

재열계수(再熱係數, reheat factor)는 재열사이클의 터빈 효율을 계산할 때 쓰인다.

90. 보일러의 성능시험방법 및 기준에 대한 설명으로 옳은 것은?

① 증기건도의 기준은 강철제 또는 주철제로 나누어 정해져 있다.
② 측정은 매 1시간 마다 실시한다.
③ 수위는 최초 측정치에 비해서 최종 측정치가 적어야 한다.
④ 측정기록 및 계산양식은 제조사에서 정해진 것을 사용한다.

【해설】(2012-4회-87번 기출반복) [보일러의 계속사용검사 중 운전성능 검사기준 25.2.4]

※ 보일러의 성능시험방법은 KS B 6205(육용 보일러 열정산 방식) 및 다음에 따른다.

(1) 유종별 비중, 발열량은 〈표 25.3〉에 따르되 실측이 가능한 경우 실측치에 따른다.

〈표 25.3〉 유종별 비중 및 발열량

유종		경유	벙커-A유	벙커-B유	벙커-C유
비중		0.83	0.86	0.92	0.95
저위발열량	(kJ/kg)	43116	42697	41441	40814
	(kcal/kg)	10300	10200	9900	9750

(2) 증기건도는 다음에 따르되 실측이 가능한 경우 실측치에 따른다.
• 강철제 보일러 : 0.98
• 주철제 보일러 : 0.97
(3) 측정은 **매 10분마다** 실시한다.
(4) 수위는 최초 측정치와 최종 측정치가 일치하여야 한다.
(5) 측정기록 및 계산양식은 **검사기관에서** 따로 정할 수 있으며, 이 계산에 필요한 증기의 물성치, 물의 비중, 연료별 이론공기량, 이론배기가스량, CO_2 최대치 및 중유의 용적 보정계수 등은 **검사기관에서** 지정한 것을 사용한다.

91. 어떤 연료 1 kg당 발열량이 6320 kcal 이다. 이 연료 50 kg/h을 연소시킬 때 발생하는 열이 모두 일로 전환된다면 이 때 발생하는 동력은?

① 300 PS ② 400 PS ③ 500 PS ④ 600 PS

【해설】(2011-1회-97번 기출반복)
- 연료의 총발열량 공식 $Q = m \cdot H_\ell$
$$= 50 \text{ kg/h} \times 6320 \text{ kcal/kg} = 316000 \text{ kcal/h}$$
$$= 316000 \text{ kcal/h} \times \frac{1 \, PS}{632 \, kcal/h} = 500 \text{ PS}$$

【참고】
- 1 HP (국제마력, Horse power) = 746 W
- 1 PS (프랑스마력, Pferde stärke) = 75 kgf·m/s = 75 × 9.8 N·m/s = 735 W
- 1 PS = 735 W = 735 J/s = $\dfrac{735 \, J \times \frac{1 \, cal}{4.1868 \, J}}{1 \sec \times \frac{1 \, h}{3600 \sec}}$ = 631986 cal/h ≒ 632 kcal/h
- 1 RT = 3320 kcal/h = 3320 kcal/h × $\dfrac{1 \, PS}{632 \, kcal/h}$ = 5.25 PS

92. 유체의 압력손실은 배관 설계 시 중요한 인자이다. 다음 중 압력손실과의 관계로 틀린 것은?

① 압력손실은 관마찰계수에 비례한다.
② 압력손실은 유속의 제곱에 비례한다.
③ 압력손실은 관의 길이에 반비례한다.
④ 압력손실은 관의 내경에 반비례한다.

【해설】(2013-2회-88번 기출반복)
- 유체가 배관 내를 흐를 때 마찰에 의한 압력손실수두 공식 $h_\ell = f \cdot \dfrac{\ell}{d} \cdot \dfrac{v^2}{2g}$ 에서,
❸ 압력손실은 배관의 길이에 비례한다.

93. 보일러 송풍장치의 회전수 변환을 통한 급기풍량 제어를 위하여 2극 유도전동기에 인버터를 설치하였다. 주파수가 55 Hz일 때 유도전동기의 회전수는?

① 1650 RPM ② 1800 RPM ③ 3300 RPM ④ 3600 RPM

【해설】
- 유도전동기의 회전수(또는, 회전속도, 동기속도)
$$N = \frac{120 f}{P} = \frac{120 \times 55}{2} = 3300 \text{ RPM}$$
여기서, N : 회전수(rpm, 분당회전속도), P : 극수, f : 주파수(Hz)

91-③ 92-③ 93-③

94. 인젝터의 작동순서로서 가장 적정한 것은?

> 가. 인젝터의 정지변을 연다. 나. 증기변을 연다.
> 다. 급수변을 연다. 라. 인젝터의 핸들을 연다.

① 가 → 나 → 다 → 라
② 가 → 다 → 나 → 라
③ 라 → 나 → 다 → 가
④ 라 → 다 → 나 → 가

【해설】(2014-1회-90번 기출반복)
※ 인젝터 개폐순서.

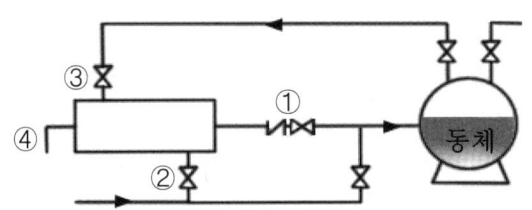

① 출구정지 밸브.(정지변)
② 급수 밸브.(급수변)
③ 증기 밸브.(증기변)
④ 핸들

• 여는 순서 : ① → ② → ③ → ④
• 닫는 순서 : ④ → ③ → ② → ①

암기법 : 출급증핸
암기법 : 핸증급출

95. 강제 순환식 수관 보일러는?

① 라몬트(Lamont) 보일러
② 타쿠마(Takuma) 보일러
③ 슐저(Sulzer)
④ 벤슨(Benson) 보일러

【해설】(2013-1회-85번 기출반복)
※ 수관식 보일러의 종류

암기법 : 수자 강관
(관)

㉠ 자연순환식

암기법 : 자는 바·가·(야로)·다, 스네기찌
(모두 다 일본식 발음을 닮았음.)

- 바브콕, 가르베, 야로, 다쿠마,(주의 : 다우삼 아님!) 스네기찌.

㉡ 강제순환식

암기법 : 강제로 베라~

- 베록스, 라몬트

㉢ 관류식

암기법 : 관류 람진과 벤슨이 앤모르게 슐처먹었다

- 람진, 벤슨, 앤모스, 슐저(슐처) 보일러

96. 급수에서 ppm 단위에 대한 설명으로 옳은 것은?

① 물 1 mL 중에 함유한 시료의 양을 g 으로 표시한 것
② 물 100 mL 중에 함유한 시료의 양을 mg 으로 표시한 것
③ 물 1000 mL 중에 함유한 시료의 양을 g 으로 표시한 것
④ 물 1000 mL 중에 함유한 시료의 양을 mg 으로 표시한 것

【해설】(2014-1회-85번 기출반복)

- ppm (parts per million, 백만분율) = mg/L = $\dfrac{mg}{L \times \dfrac{1000\,mL}{1\,L}}$ = mg/1000 mL

97. 프라이밍 및 포밍 발생 시의 조치에 대한 설명으로 <u>틀린</u> 것은?

① 안전밸브를 전개하여 압력을 강하시킨다.
② 증기 취출을 서서히 한다.
③ 연소량을 줄인다.
④ 저압운전을 하지 않는다.

【해설】(2007-4회-97번 기출유사)

❶ 안전밸브를 개방하여 압력을 낮추게 되면 프라이밍 및 포밍 현상이 오히려 더욱 잘 일어나게 되므로, 주증기 밸브를 잠가서 압력을 증가시켜 주어야 한다.

【참고】※ 프라이밍 및 포밍 현상이 발생한 경우에 취하는 **조치사항**
㉠ 연소를 억제하여 연소량을 낮추면서, 보일러를 정지시킨다.
㉡ 보일러수의 일부를 분출하고 새로운 물을 넣는다.(불순물 농도를 낮춘다)
㉢ 주증기 밸브를 잠가서 압력을 증가시켜 수위를 안정시킨다.
㉣ 안전밸브, 수면계의 시험과 압력계 등의 연락관을 취출하여 살펴본다.
    (계기류의 막힘상태 등을 점검한다.)
㉤ 수위가 출렁거리면 조용히 취출을 하여 수위안정을 시킨다.
㉥ 보일러수에 대하여 검사한다.(보일러수의 농축장해에 따른 급수처리 철저)

98. 연료 1 kg이 연소하여 발생하는 증기량의 비를 무엇이라고 하는가?

① 열발생률   ② 환산증발배수
③ 전열면 증발률   ④ 증기량 발생률

【해설】(2008-1회-82번 기출유사) <u>암기법</u> : 배연실

- 환산증발배수(또는, 상당증발배수) Re = $\dfrac{w_e}{m_f}$ $\left(\dfrac{상당증발량}{연료소비량} \right)$

99. 이중 열교환기의 총괄전열계수가 69 kcal/m² · h · ℃ 일 때 더운 액체와 찬 액체를 향류로 접속시켰더니 더운 면의 온도가 65 ℃에서 25 ℃로 내려가고 찬 면의 온도가 20 ℃에서 53 ℃로 올라갔다. 단위면적당의 열교환량은 약 몇 kcal/m² · h 인가?

① 498　　　② 552　　　③ 2415　　　④ 2760

【해설】(2008-1회-84번 기출반복)　　　　　　　　　　암기법 : 교관 온면
• 교환열 공식 Q = K · Δtm · A　(여기서, Δtm : 대수평균온도차)

$$\frac{Q}{A} = K \cdot \Delta t_m$$

$$= K \times \frac{\Delta t_1 - \Delta t_2}{\ln\left(\frac{\Delta t_1}{\Delta t_2}\right)} = 69 \times \frac{(65-53)-(25-20)}{\ln\left(\frac{65-53}{25-20}\right)}$$

$$= 551.70 ≒ 552 \, kcal/m^2 \cdot h$$

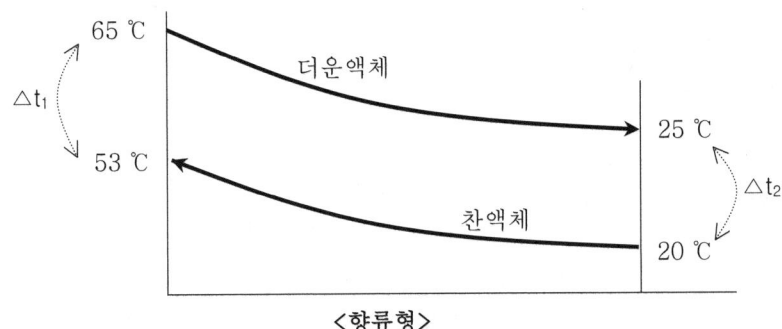
<향류형>

100. 방열 유체의 전열유닛수(NTU)가 3.5, 온도차가 105 ℃이고 열교환기의 전열 효율이 1일 때 대수평균온도차(LMTD)는?

① 22.3 ℃　　　② 30 ℃　　　③ 62 ℃　　　④ 367.5 ℃

【해설】(2010-4회-91번 기출반복)
※ 열교환기의 전열유닛수(NTU, Number of heat Transfer Unit)

• 전열효율 $\eta = \frac{C \cdot m \cdot \Delta t}{K \cdot \Delta t_m \cdot A}$ $\left(\frac{수열유체가\ 흡수한\ 열량}{방열유체가\ 전달한\ 열량}\right)$

여기서, NTU ≡ $\frac{K \cdot A}{C \cdot m} = \frac{\Delta t}{\Delta t_m \times \eta}$ 로 정의한다.

$$3.5 = \frac{105\,℃}{\Delta t_m \times 1}$$

∴ Δtm(대수평균온도차, LMTD) = $\frac{105\,℃}{3.5}$ = 30 ℃

2017년 제2회 에너지관리기사
(2017.5.7. 시행)

평균점수

제1과목 연소공학

1. 고위발열량이 9000 kcal/kg인 연료 3 kg이 연소할 때의 총저위발열량은 약 몇 kcal 인가?
   (단, 이 연료 1 kg당 수소분은 15 %, 수분은 1 %의 비율로 들어 있다.)

   ① 12300   ② 24552   ③ 43882   ④ 51888

【해설】(2014-4회-1번 기출반복)

※ 연료의 단위중량당 저위발열량(H_ℓ) 공식은

$H_\ell = H_h - R_w$ 여기서, H_h : 고위발열량, R_w : 물의 증발잠열

한편, 연료속의 H에 의한 물의 양은

$$H_2 + \frac{1}{2}O_2 \rightarrow H_2O$$

(2kg) -----→ (18kg)

1   :   9 이므로

∴ 물의 양은 (9H + w)가 된다.

다른한편, 물의 증발잠열은 0℃를 기준으로 하여

$$\frac{10800\,kcal}{18\,kg} = 600 \text{ kcal/kg}$$

$$\frac{10800\,kcal}{22.4\,Nm^3} = 480 \text{ kcal/Nm}^3 \text{ 이므로}$$

∴ 물의 전체증발잠열 = 600 × (9H + w)

= H_h - 600 × (9H + w)
= 9000 kcal/kg - 600 kcal/kg × (9 × 0.15 + 0.01)
= 8184 kcal/kg

∴ 총 H_ℓ = 8184 kcal/kg × 3 kg = 24552 kcal

2. 집진장치 중 하나인 사이클론의 특징으로 틀린 것은?

① 원심력 집진장치이다.
② 다량의 물 또는 세정액을 필요로 한다.
③ 함진가스의 충돌로 집진기의 마모가 쉽다.
④ 사이클론 전체로서의 압력손실은 입구 헤드의 4배 정도이다.

【해설】(2011-1회-8번 기출유사)
❷ 다량의 물 또는 세정액을 필요로 하는 집진장치는 습식(또는, 세정식) 집진장치이다.

【참고】 ※ 집진장치의 분류와 형식.
- 건식 집진장치 - 사이클론, 멀티클론, 백필터,
- 습식 집진장치 - 스크러버, 벤튜리 스크러버, 사이클론 스크러버, 충전탑, 분무탑
- 전기식 집진장치 - 코트렐식 : 집진기기 효율이 가장 높다.(90 ~ 100%)

※ 원심력 집진장치.
함진가스(분진을 포함하고 있는 가스)를 선회 운동시키면 입자에 원심력이 작용하여 분진입자를 가스로부터 분리하는 장치이다.
종류에는 사이클론(cyclone)식과 소형사이클론을 몇 개 병렬로 조합하여 처리량을 크게 하고 집진효율을 높인 멀티-(사이)클론(Multi-cyclone)식이 있다.

【key】
- 사이클론(cyclone) : "회오리(선회)"를 뜻하므로 빠른 회전에 의해 원심력이 작용한다.
- 스크러버(scrubber) : "(물기를 닦는) 솔"이라는 뜻이 있으므로 습식(세정식)을 떠올리면 된다.

3. 증기운 폭발의 특징에 대한 설명으로 틀린 것은?

① 폭발보다 화재가 많다.
② 연소에너지의 약 20%만 폭풍파로 변한다.
③ 증기운의 크기가 클수록 점화될 가능성이 커진다.
④ 점화위치가 방출점에서 가까울수록 폭발위력이 크다.

【해설】(2011-1회-6번 기출반복)

※ 증기운 폭발.(Vapor cloud explosion)
가연성 가스나 증발이 쉬운 가연성 액체가 다량으로 급격하게 대기 중에 유출되면 공기와 혼합가스를 형성한 증기운으로 확산되며, 물질의 연소하한계 이상의 상태에서 점화원과 접촉시 착화되어 거대한 화구의 형태로 폭발하는 현상으로, 석유화학공장에서 자주 일어나는 폭발사고이다.
① 폭발보다 화재가 많다.
② 연소에너지의 약 20%만 폭풍파로 변한다.
③ 증기운의 크기가 클수록 점화될 가능성이 커진다.
❹ 점화위치가 **멀수록** 그 만큼 가연성 증기가 많이 유출된 것이므로, **폭발위력이 커진다.**

4. 보일러의 열정산 시 출열에 해당하지 않는 것은?

① 연소배가스 중 수증기의 보유열
② 불완전연소에 의한 손실열
③ 건연소배가스의 현열
④ 급수의 현열

【해설】(2009-1회-9번 기출반복)
※ 보일러 열정산 시 입·출열 항목의 구별.
  • [입열항목]   암기법 : 연(발,현) 공급증
    연료의 발열량, 연료의 현열, 연소용공기의 현열, 급수의 현열, 공급증기 보유열
  • [출열항목]   암기법 : 증,손(배불방미기)
    수증기 흡수열량, 손실열(배기가스, 불완전연소, 방열, 미연소, 기타)

5. 연소를 계속 유지시키는데 필요한 조건에 대한 설명으로 옳은 것은?

① 연료에 산소를 공급하고 착화온도 이하로 억제한다.
② 연료에 발화온도 미만의 저온 분위기를 유지시킨다.
③ 연료에 산소를 공급하고 착화온도 이상으로 유지한다.
④ 연료에 공기를 접촉시켜 연소속도를 저하시킨다.

【해설】(2013-4회-12번 기출반복)
❸ 연료가 완전연소되기 위한 조건으로는 연료를 착화온도 이상으로 유지하면서 충분한 산소의 공급이 있어야 한다.

【참고】• 착화온도란 충분한 공기 공급하에서 연료를 가열할 때 어느 일정온도에 도달하면 더 이상 외부에서 점화하지 않더라도 연료자체의 연소열에 의해 저절로 연소가 시작되는 최저 온도를 말한다.

6. 비중이 0.8 (60°F/60°F)인 액체연료의 API도는?

① 10.1   ② 21.9   ③ 36.8   ④ 45.4

【해설】(2011-4회-5번 기출유사)
• 액체연료의 비중은 온도에 따라 달라지므로 기준온도에 대한 비중으로의 환산이 필요하게 된다.

(API도와 비중사이의 관계 공식) API도 = $\dfrac{141.5}{비중(60°F/60°F)}$ - 131.5

= $\dfrac{141.5}{0.8}$ - 131.5 = 45.375 ≒ 45.4

7. 액체연료의 미립화 시 평균 분무입경에 직접적인 영향을 미치는 것이 아닌 것은?

① 액체연료의 표면장력 ② 액체연료의 점성계수
③ 액체연료의 탁도 ④ 액체연료의 밀도

【해설】(2014-2회-20번 기출반복)

※ 액체연료의 미립화(무화) 특성을 결정하는 인자 중 평균 분무입경.(분무입자의 직경)

- 액체연료를 무화시키는 이유는 연료의 단위중량당 표면적을 크게 하여 연소용 공기와의 접촉 증가에 의해 혼합을 촉진시켜 연소효율을 높이기 위해서이다.

  연료의 점성계수, 밀도(비중), 표면장력이 클수록 분무화 평균입경($\overline{D_s}$)은 커지므로 액체연료를 약 80℃로 예열하여 분무화가 잘되도록 하여야 한다.

  - 액체방울의 평균 분무입경 $\overline{D_s} \propto \dfrac{\rho \cdot \mu \cdot \sigma}{n}$

    여기서, ρ : 액체의 밀도, μ : 액체의 점성계수(점도),
           σ : 액체의 표면장력, n : 원판의 회전속도

❸ 액체연료 속에 떠다니는 물질에 의해 유발되는 탁도(탁한 정도)는 그 크기가 매우 작아서 비중이 물과 거의 같기 때문에 평균 분무입경 계산과는 직접적 영향을 미치지 않는다.

8. 다음의 혼합 가스 1 Nm³의 이론공기량은(Nm³/Nm³)?
(단, C_3H_8 : 70 %, C_4H_{10} : 30 % 이다.)

① 24   ② 26   ③ 28   ④ 30

【해설】(2014-2회-1번 기출유사)   암기법 : 3,4,5   암기법 : 4,5, 6.5

- 공기중에 산소가 차지하는 체적비는 21 %이므로

  A_0 (이론공기량) × 0.21 = O_0 (이론산소량) 에서, $A_0 = \dfrac{O_0}{0.21}$

- 탄화수소의 완전연소반응식 $C_mH_n + \left(m + \dfrac{n}{4}\right)O_2 \rightarrow m\,CO_2 + \dfrac{n}{2}H_2O$

  프로판 가스 1 Nm³의 완전연소에 필요한 O_0양은
    C_3H_8 + 5 O_2 → 3 CO_2 + 4 H_2O
    (1 Nm³)   (5 Nm³)

  부탄 가스 1 Nm³의 완전연소에 필요한 O_0양은
    C_4H_{10} + 6.5 O_2 → 4 CO_2 + 5 H_2O
    (1 Nm³)   (6.5 Nm³)

  혼합 가스 1 Nm³의 완전연소에 필요한 O_0양은
    O_0 = (5 × 0.7 + 6.5 × 0.3)
        = 5.45 Nm³/Nm³-연료

  ∴ 이론공기량 $A_0 = \dfrac{5.45}{0.21}$ = 25.952 ≒ 26 Nm³/Nm³-연료

7-③   8-②

9. 일반적인 천연가스에 대한 설명으로 가장 거리가 먼 것은?

① 주성분은 메탄이다.
② 발열량이 비교적 높다.
③ 프로판 가스보다 무겁다.
④ LNG는 대기압 하에서 비등점이 -162 ℃인 액체이다.

【해설】(2016-1회-13번 기출유사)

① 천연가스(NG, 유전가스, 수용성가스, 탄전가스 등)의 주성분은 메탄(CH_4)이 대부분을 차지하고 있다.
② 발열량이 비교적 높다.
❸ 메탄(CH_4)의 분자량은 16이고, 프로판(C_3H_8)의 분자량은 44이므로 천연가스가 프로판 가스보다 **가볍다**.
④ LNG(액화천연가스)는 대기압 하에서 비등점이 -162 ℃인 무색투명한 액체이다.

10. 다음 중 일반적으로 연료가 갖추어야 할 구비조건이 아닌 것은?

① 연소 시 배출물이 많아야 한다.
② 저장과 운반이 편리해야 한다.
③ 사용 시 위험성이 적어야 한다.
④ 취급이 용이하고 안전하며 무해하여야 한다.

【해설】❶ 연료의 연소시 대기오염도를 가중시키는 매연의 발생 및 공해물질의 배출이 **적어야** 한다.

11. 연료의 발열량에 대한 설명으로 틀린 것은?

① 기체 연료는 그 성분으로부터 발열량을 계산할 수 있다.
② 발열량의 단위는 고체와 액체 연료의 경우 단위중량당(통상 연료 kg당) 발열량으로 표시한다.
③ 고위발열량은 연료의 측정열량에 수증기 증발잠열을 포함한 연소열량이다.
④ 일반적으로 액체 연료는 비중이 크면 체적당 발열량은 감소하고, 중량당 발열량은 증가한다.

【해설】(2012-2회-1번 기출반복)

- 액체연료의 대부분은 주로 석유계 연료를 말하는 것인데, 일반적으로 석유의 비중이 클수록 탄수소비$\left(\dfrac{C}{H}\right)$는 커지고 따라서, **체적당 발열량은 증가하고 중량당 발열량은 감소한다.**
  왜냐하면, 원소의 단위중량당 발열량은 고위발열량을 기준으로 C (8100 kcal/kg), H (34,000 kcal/kg)이다. 즉, 탄소가 수소보다 발열량이 적다.

12. 다음 중 열정산의 목적이 아닌 것은?

① 열효율을 알 수 있다.
② 장치의 구조를 알 수 있다.
③ 새로운 장치설계를 위한 기초자료를 얻을 수 있다.
④ 장치의 효율향상을 위한 개조 또는 운전조건의 개선 등의 자료를 얻을 수 있다.

【해설】(2008-1회-10번 기출반복)
❷ 열사용 장치의 구조는 [열사용기자재 관리규칙]에 의한 구조검사 시에 알 수 있다.

13. 다음 중 분젠식 가스버너가 아닌 것은?

① 링 버너
② 슬릿 버너
③ 적외선 버너
④ 블라스트 버너

【해설】(2013-2회-6번 기출반복)
❹ 블라스트(Blast)버너는 연소용 공기를 가압하여 강제혼합시켜 공급하는 방식이다.

【보충】 분젠식 버너는 가스를 연소하는데 필요한 공기의 대부분을 1차 공기로써 미리 가스에 혼합하여 놓고, 연소할 때 나머지 필요한 공기를 불꽃의 주위로부터 공급받아 연소케 하는 것이다

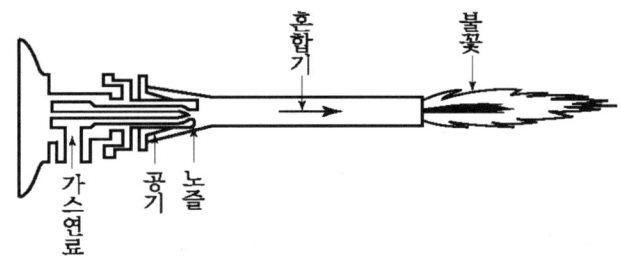

14. 200 kg의 물체가 10 m의 높이에서 지면으로 떨어졌다. 최초의 위치 에너지가 모두 열로 변했다면 약 몇 kcal의 열이 발생하겠는가?

① 2.5
② 3.6
③ 4.7
④ 5.8

【해설】(2010-4회-3번 기출반복)
• 에너지보존법칙에 의해 물체가 지닌 위치에너지가 지면에서 열에너지로 모두 변하였다.
$$Q = E_p = m \cdot g \cdot h = 200 \text{ kg} \times 9.8 \text{ m/s}^2 \times 10 \text{ m}$$
$$= 19600 \text{ J} = 19600 \text{ J} \times \frac{1 \, cal}{4.1868 \, J} \times \frac{1 \, kcal}{10^3 \, cal} = 4.68 ≒ 4.7 \text{ kcal}$$

15. 연돌의 통풍력은 외기온도에 따라 변화한다. 만일 다른 조건이 일정하게 유지되고 외기온도만 높아진다면 통풍력은 어떻게 되겠는가?

① 통풍력은 감소한다. ② 통풍력은 증가한다.
③ 통풍력은 변화하지 않는다. ④ 통풍력은 증가하다 감소한다.

【해설】(2008-1회-12번 기출반복)

- 통풍력 $Z = \left(\dfrac{273\,\gamma_a}{273 + t_a} - \dfrac{273\,\gamma_g}{273 + t_g} \right) h$

  여기서, γ_a : 외부공기의 비중량
  γ_g : 배기가스의 비중량
  h : 굴뚝의 높이
  t_a : 외기의 온도(℃)
  t_g : 배기가스의 온도(℃)

❶ 외기온도가 높을수록 통풍력은 감소하게 된다.

16. 액체연료 연소장치 중 회전식 버너의 특징에 대한 설명으로 틀린 것은?

① 분무각은 10 ~ 40° 정도이다.
② 유량조절범위는 1 : 5 정도이다.
③ 자동제어에 편리한 구조로 되어 있다.
④ 부속설비가 없으며 화염이 짧고 안정한 연소를 얻을 수 있다.

【해설】(2008-2회-18번 기출유사) 암기법 : 버너회사 팔분, 오영삼

❶ 분무각은 안내깃 등의 각도에 따라 40 ~ 80° 정도로 비교적 넓은 범위로 변화한다.
② 유량조절범위는 1 : 5 정도로 비교적 넓다
③ 설비가 간단하여 자동제어에 편리한 구조로 되어 있다.
④ 부속설비가 없으며, 중유와 공기의 혼합이 양호하므로 화염이 짧고 연소가 안정하다.
⑤ 분무컵의 회전수는 3,000 ~ 10,000 rpm 정도이다.
⑥ 점도가 작을수록 분무가 잘 되므로, 점도가 큰 C-중유와 B-중유는 오일-프리히터(오일 예열기)로 연료를 예열하여 사용하게 된다.
⑦ 연료사용유압은 0.3 ~ 0.5kg/cm² (30 ~ 50kPa)정도로 가압하여 공급한다.

17. 연료를 공기 중에서 연소시킬때 질소산화물에서 가장 많이 발생하는 오염 물질은?

① NO ② NO_2 ③ N_2O ④ NO_3

【해설】(2016-2회-9번 기출유사) 암기법 : 고질병

- 연소실내의 고온조건에서 질소는 산소와 결합하여 **일산화질소(NO)**, 이산화질소(NO_2) 등의 NO_x(질소산화물)로 매연이 증가되어 밖으로 배출되므로 대기오염을 일으킨다.
  질소산화물 중에서 가장 많이(90% 이상) 발생하는 오염물질은 $N_2 + O_2 \rightarrow 2NO$ 이다.

18. 최소 점화에너지에 대한 설명으로 틀린 것은?

① 혼합기의 종류에 의해서 변한다.
② 불꽃 방전 시 일어나는 에너지의 크기는 전압의 제곱에 비례한다.
③ 최소 점화에너지는 연소속도 및 열전도가 작을수록 큰 값을 갖는다.
④ 가연성 혼합기체를 점화시키는데 필요한 최소 에너지를 최소 점화에너지라 한다.

【해설】(2013-1회-9번 기출반복)

※ 최소 점화에너지(MIE)가 작아지는 조건.
  ㉠ 온도가 높을수록
  ㉡ 압력이 높을수록
  ㉢ **연소속도가 빠를수록**
  ㉣ 산소농도가 클수록
  ㉤ 열전도율이 작을수록
  ㉥ 불꽃 방전시의 방전에너지 $E = \frac{1}{2}CV^2$ (여기서, C : 정전용량, V : 전압)

19. 연소장치의 연소효율(E_C)식이 아래와 같을 때 H_2는 무엇을 의미하는가?
(단, H_C : 연료의 발열량, H_1 : 연재 중의 미연탄소에 의한 손실이다.)

$$E_C = \frac{H_C - H_1 - H_2}{H_C}$$

① 전열손실
② 현열손실
③ 연료의 저발열량
④ 불완전연소에 따른 손실

【해설】(2013-2회-11번 기출반복) 암기법 : 소발년↑

• 연소효율 = $\frac{\text{연소열}}{\text{발열량}}$ = $\frac{\text{발열량} - (\text{연소에 의한}) \text{손실열}}{\text{발열량}}$

= $\frac{\text{발열량} - (\text{미연분에 의한손실} + \text{불완전연소에 의한 손실})}{\text{발열량}}$

20. 어떤 연도가스의 조성이 아래와 같을 때 과잉공기의 백분율은 얼마인가?
(단, CO_2는 11.9%, CO는 1.6%, O_2는 4.1%, N_2는 82.4% 이고 공기 중 질소와 산소의 부피비는 79 : 21 이다.)

① 15.7%   ② 17.7%   ③ 19.7%   ④ 21.7%

【해설】(2013-4회-18번 기출반복)
  • 연도의 연소가스 분석 결과 O_2 (4.1%)가 존재하므로 과잉공기임을 알 수 있으며,

18-③   19-④   20-②

- 연소가스 분석에서 CO (1.6%)가 존재하므로 불완전연소에 해당한다.
  따라서 불완전연소일 때의 공기비 공식으로 이용해야 한다.

  즉, 공기비 $m = \dfrac{N_2}{N_2 - 3.76(O_2 - 0.5\,CO)}$

  $= \dfrac{82.4}{82.4 - 3.76(4.1 - 0.5 \times 1.6)} = 1.177 = 117.7\,\%$

∴ 과잉공기율 $= (m - 1) \times 100\% = (1.177 - 1) \times 100\% = 17.7\,\%$ 이다.

제2과목   열역학

21. 체적이 3 L, 질량이 15 kg인 물질의 비체적(cm^3/g)은?

① 0.2   ② 1.0   ③ 3.0   ④ 5.0

【해설】 (2009-2회-24번 기출유사)

- 비체적 $V_s = \dfrac{1}{\rho(밀도)} = \dfrac{V}{m} = \dfrac{3\,L \times \dfrac{1000\,cm^3}{1\,L}}{15\,kg \times \dfrac{1000\,g}{1\,kg}} = 0.2\,cm^3/g$

22. 압력 1 MPa, 온도 400 ℃의 이상기체 2 kg이 가역단열과정으로 팽창하여 압력이 500 kPa로 변화한다. 이 기체의 최종온도는 약 몇 ℃ 인가?
(단, 이 기체의 정적비열은 3.12 kJ/(kg·K), 정압비열은 5.21 kJ/(kg·K)이다.)

① 237   ② 279   ③ 510   ④ 622

【해설】 (2008-1회-33번 기출유사)

- 단열변화 공식을 반드시 암기하고 있어야 한다.

  $\dfrac{P_1 V_1}{T_1} = \dfrac{P_2 V_2}{T_2}$ 에서, 분모 T_1을 우변으로 이항하고, 그 다음에 V_1을 이항한다.

  $\dfrac{P_1}{P_2} = \left(\dfrac{T_1}{T_2}\right)^{\frac{k}{k-1}} = \left(\dfrac{V_2}{V_1}\right)^k$ 한편, 비열비 $k = \dfrac{C_p}{C_v} = \dfrac{5.21}{3.12} ≒ 1.67$

  $\dfrac{1\,MPa}{0.5\,MPa} = \left(\dfrac{273 + 400}{T_2}\right)^{\frac{1.67}{1.67-1}}$

  한편, 에너지아카데미 카페에 있는 "방정식계산기 사용법"을 활용하여

  ∴ $T_2 = 509.61 ≒ 510\,K = 510 - 273 = $ **237 ℃**

23. 100℃ 건포화증기 2 kg이 온도 30℃인 주위로 열을 방출하여 100℃ 포화액으로 되었다. 전체(증기 및 주위)의 엔트로피 변화는 약 얼마인가?
(단, 100℃에서의 증발잠열은 2257 kJ/kg 이다.)

① -12.1 kJ/K ② 2.8 kJ/K ③ 12.1 kJ/K ④ 24.2 kJ/K

【해설】(2014-1회-33번 기출유사)
- 건포화증기의 엔트로피변화량 $\Delta S_1 = \dfrac{dQ}{T_1} = \dfrac{-2257\,kJ/kg \times 2\,kg}{(273+100)K} ≒ -12.1\,kJ/K$
  계에서 방출된(즉, 나가는) 열량의 부호는 ⊖이다.
- 증기 주위의 엔트로피변화량 $\Delta S_2 = \dfrac{dQ}{T_2} = \dfrac{+2257\,kJ/kg \times 2\,kg}{(273+30)K} ≒ 14.9\,kJ/K$
- ∴ 계(系) 전체의 엔트로피 변화량 $\Delta S_총 = \Delta S_1 + \Delta S_2$ = -12.1 + 14.9 = **2.8 kJ/K**
  (따라서, 총 엔트로피가 증가되었으므로 이 과정은 비가역적이다.)

24. 증기 동력 사이클의 구성요소 중 복수기(condenser)가 하는 역할은?

① 물을 가열하여 증기로 만든다.
② 터빈에 유입되는 증기의 압력을 높인다.
③ 증기를 팽창시켜서 동력을 얻는다.
④ 터빈에서 나오는 증기를 물로 바꾼다.

【해설】(2015-4회-27번 기출유사)
❹ 복수기(또는, 응축기 condenser)의 역할은 고온·고압의 증기가 터빈일을 끝내고 나오는 저압의 증기를 물로 회복(回復)해 주는 역할을 하는 기기라는 뜻으로 붙여진 명칭이다.

【참고】 ※ 랭킨 사이클(Rankine cycle)의 구성.

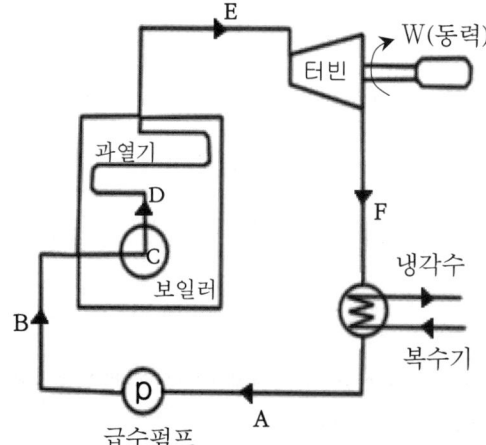

A → B : 펌프 단열압축에 의해 공급해준 일
B → C : 보일러에서 등압가열.(포화수)
C → D : 보일러에서 가열.(건포화증기)
D → E : 과열기에서 등압가열.(과열증기)
E → F : 터빈에서의 단열팽창.(습증기)
F → A : 복수기에서 등압방열.(포화수)

25. 대기압이 100 kPa인 도시에서 두 지점의 계기압력비가 "5 : 2"라면 절대압력비는?

① 1.5 : 1
② 1.75 : 1
③ 2 : 1
④ 주어진 정보로는 알 수 없다.

【해설】(2011-2회-32번 기출반복) 　　　　　　　　　　　　　암기법 : 절대계

- 계기압력비 $\dfrac{P_{g1}}{P_{g2}} = \dfrac{5}{2}$ 에서, $P_{g1} = 2.5\, P_{g2}$

- 절대압력 = 대기압(기압계) + 계기압력 이므로,

  절대압력비 $\dfrac{P_A}{P_B} = \dfrac{P_0 + P_{g1}}{P_0 + P_{g2}} = \dfrac{P_0 + 2.5\,P_{g2}}{P_0 + P_{g2}} = \dfrac{100 + 2.5\,P_{g2}}{100 + P_{g2}}$

∴ 주어진 정보인 계기압력비만으로는 절대압력비를 계산할 수 없다.

26. 다음 중 어떤 압력 상태의 과열 수증기 엔트로피가 가장 작은가?
(단, 온도는 동일하다고 가정한다.)

① 5기압　　　② 10기압　　　③ 15기압　　　④ 20기압

【해설】(2013-2회-34번 기출반복)

- T-S 선도를 간단히 그려 놓고, 등온 하에서 증기의 상태변화를 알아보면 쉽다.

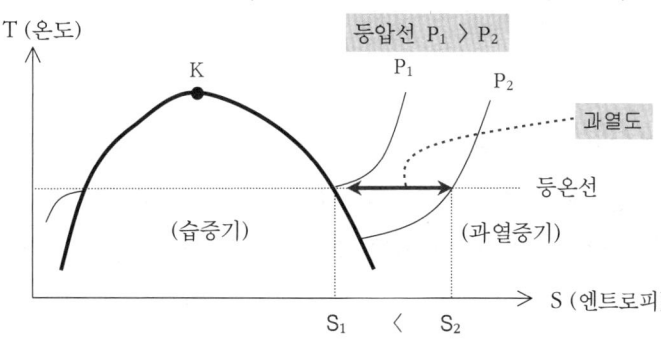

- 등온 하에서는 **압력이 높을수록** 수증기의 과열도는 감소되므로 엔트로피가 작아짐을 알 수 있다.

27. 물의 삼중점(triple point)의 온도는?

① 0 K　　　② 273.16 ℃　　　③ 73 K　　　④ 273.16 K

【해설】(2012-1회-22번 기출반복)

물질은 온도와 압력에 따라 화학적인 성질의 변화없이 물리적인 성질만이 변화하는 상이 존재하는데 물의 경우에는 온도에 따라 고체, 액체, 기체의 3상이 동시에 존재하는 점을 삼중점이라 한다. (물의 삼중점 : 0.01 ℃ = (0.01 + 273.15) K = **273.16 K**, 0.61 kPa)

25-④　　26-④　　27-④

28. 다음 중 이상적인 교축과정(throttling process)은?

① 등온 과정
② 등엔트로피 과정
③ 등엔탈피 과정
④ 정압 과정

【해설】 (2007-2회-28번 기출반복)

※ **교축과정** (throttling process, 스로틀링 프로세스)
이상기체의 교축과정은 비가역 단열과정으로 열전달이 없고 일을 하지 않으므로 **엔탈피는 일정하고**($H_1 = H_2$ = constant), 엔트로피는 항상 증가하며, 압력은 항상 낮아지고, 온도변화는 생기지 않는다. (∵ 엔탈피는 온도만의 함수이기 때문에 이상기체의 등엔탈피 과정에는 온도변화가 없다.)

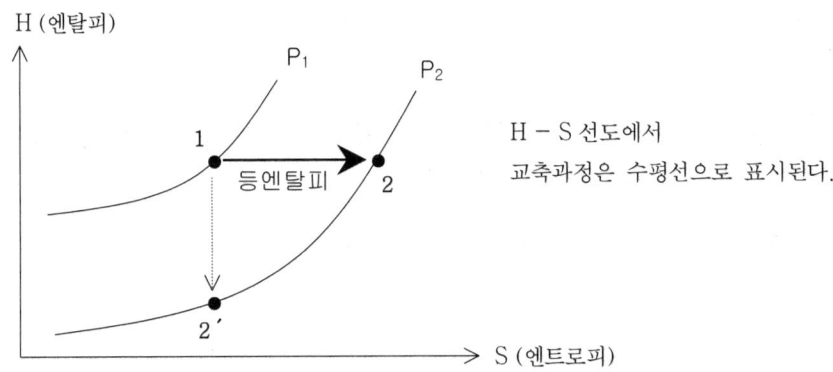

H – S 선도에서 교축과정은 수평선으로 표시된다.

29. 피스톤이 장치된 용기속의 온도 100 ℃, 압력 200 kPa, 체적 0.1 m³의 이상기체 0.5 kg이 압력이 일정한 과정으로 체적이 0.2 m³으로 되었다. 이 때 전달된 열량은 약 몇 kJ 인가? (단, 이 기체의 정압비열은 5 kJ/(kg·K)이다.)

① 200   ② 250   ③ 746   ④ 933

【해설】 (2012-4회-29번, 2011-4회-36번 기출유사)

- 보일-샤를의 법칙 $\dfrac{P_1 V_1}{T_1} = \dfrac{P_2 V_2}{T_2} = \dfrac{P_1 \times 2V_1}{T_2}$ 에서, 정압($P_1 = P_2$)과정이므로
  ∴ $T_2 = 2T_1 = 2 \times (100 + 273)K = 746\,K$

- 등압가열에 의한 체적팽창이므로, 열역학 제1법칙 $dQ = dH - VdP$를 이용하여 구한다.
  전달열량(또는, 가열량) $dQ = dH = m \cdot C_P\, dT = m \cdot C_P\,(T_2 - T_1)$
  $= m \cdot C_P\,(2T_1 - T_1)$
  $= m \cdot C_P \cdot T_1$
  $= 0.5\,kg \times 5\,kJ/kg\cdot K \times 373\,K = 932.5 ≒ 933\,kJ$

30. 역카르노 사이클로 운전되는 냉방장치가 실내온도 10 ℃에서 30 kW의 열량을 흡수하여 20 ℃ 응축기에서 방열한다. 이 때 냉방에 필요한 최소동력은 약 몇 kW 인가?

① 0.03   ② 1.06   ③ 30   ④ 60

【해설】 (2015-1회-28번, 2017-1회-34번 기출유사)   암기법 : 따뜻함과 차가움의 차이는 1 이다.

- 응축기에서 방열한 열펌프의 $COP_{(H)} = \dfrac{Q_1}{W}\left(\dfrac{방출열량}{소요동력}\right) = \dfrac{Q_1}{Q_1 - Q_2} = \dfrac{T_1}{T_1 - T_2}$

$$= \dfrac{(20+273)}{(20+273)-(10+273)} = 29.3$$

한편, 열펌프와 냉동기의 성능계수 관계식 $COP_{(H)} - COP_{(R)} = 1$ 이므로
$$29.3 - COP_{(R)} = 1$$
$$\therefore COP_{(R)} = 28.3$$

- 냉동기의 성능계수 $COP_{(R)} = \dfrac{Q_2}{W}\left(\dfrac{흡수열량}{소요동력}\right)$ 에서, $28.3 = \dfrac{30\,kW}{W}$

$$\therefore 압축기에 소요되는 동력\ W = 1.06\,kW$$

31. 이상기체의 단위 질량당 내부에너지 u, 엔탈피 h, 엔트로피 s 에 관한 다음의 관계식 중에서 모두 옳은 것은?

(단, T는 온도, p는 압력, v는 비체적을 나타낸다.)

① Tds = du − vdp, Tds = dh − pdv
② Tds = du + pdv, Tds = dh − vdp
③ Tds = du − vdp, Tds = dh + pdv
④ Tds = du + pdv, Tds = dh + vdp

【해설】 (2014-4회-30번 기출반복)

- 열역학 제1법칙 dQ = dU + P·dV

           한편, $dS = \dfrac{dQ}{T}$ 에서 dQ = T·dS

    T·dS = dU + P·dV

           한편, H = U + PV
             U = H − PV

    T·dS = d(H − PV) + P·dV
       = dH − P·dV − V·dP + P·dV
       = dH − V·dP

32. 그림과 같이 작동하는 열기관 사이클(cycle)은?
(단, γ는 비열비이고, P는 압력, V는 체적, T는 온도, S는 엔트로피이다.)

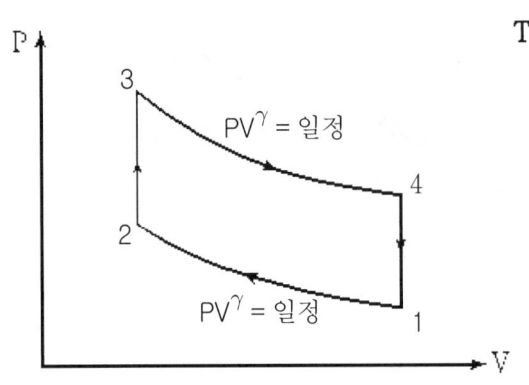
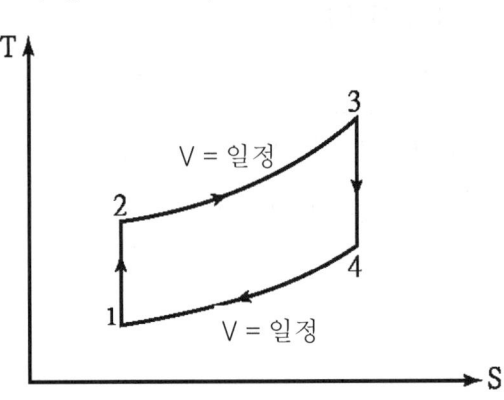

① 스털링(Stirling) 사이클
② 브레이턴(Brayton) 사이클
③ 오토(Otto) 사이클
④ 카르노(Carnot) 사이클

【해설】(2010-4회-32번 기출유사)   암기법 : 단적단적한 오디사

- T – S 선도에서 오토사이클의 과정 : 단열압축 - 정적가열 - 단열팽창 - 정적방열

※ T-S 선도

1→2 단열압축 : $W < 0$
  (일을 소비하는 과정)
2→3 정적가열 : 연소
3→4 단열팽창 : $W > 0$
  (일을 생산하는 과정)
4→1 정적방열 : 냉각

암기법 : 적앞은 폴리단.(적압온 폴리단)

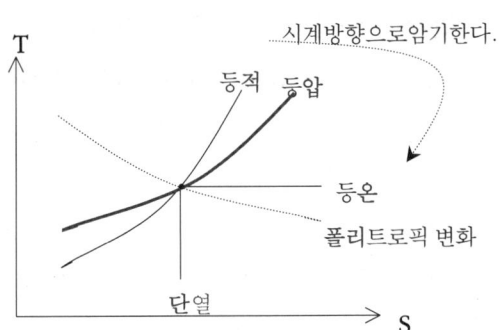

33. 성능계수가 4.8인, 증기압축냉동기의 냉동능력 1 kW당 소요동력(kW)은?

① 0.21   ② 1.0   ③ 2.3   ④ 4.8

【해설】(2011-4회-35번 기출유사)

- 냉동기의 성능계수 $COP = \dfrac{Q_2}{W_c} \left(\dfrac{냉동능력}{소요동력} \right)$

  $4.8 = \dfrac{1\,kW}{W_c}$ ∴ 압축기에 소요되는 동력 W_c = 0.208 ≒ 0.21 kW

32-③   33-①

34. 이상기체가 등온과정에서 외부에 하는 일에 대한 관계식으로 틀린 것은?
(단, R은 기체상수이고, 계에 대해서 m은 질량, V는 부피, P는 압력을 나타낸다. 또한 하첨자 "1"은 변경 전, 하첨자 "2"는 변경 후를 나타낸다.)

① $P_1 V_1 \ln \dfrac{V_2}{V_1}$
② $P_1 V_1 \ln \dfrac{P_2}{P_1}$
③ $mRT \ln \dfrac{P_1}{P_2}$
④ $mRT \ln \dfrac{V_2}{V_1}$

【해설】(2010-1회-24번 기출유사)

※ 등온과정.
계가 외부에 일을 함과 동시에 일에 상당하는 열량을 주위로부터 받아들인다면 系의 내부에너지가 일정하게 유지되면서 상태변화는 온도 일정하에서 진행되는 것을 말한다.

$\delta Q = dU + PdV$
한편, 등온($T_1 = T_2$, $dT = 0$, $dU = C_v \cdot dT = 0$) 이므로
$= PdV$

$Q = \int_1^2 P\,dV$ 한편, 기체의 상태방정식 $PV = mRT$ 에서, $P = \dfrac{mRT}{V}$ 이므로

$= \int_1^2 \dfrac{mRT}{V}\,dV = mRT \int_1^2 \dfrac{1}{V}\,dV = mRT_1 \cdot \ln\left(\dfrac{V_2}{V_1}\right)$

한편, $\dfrac{P_1 V_1}{T_1} = \dfrac{P_2 V_2}{T_2}$ 에서 등온이므로 $\dfrac{P_1}{P_2} = \dfrac{V_2}{V_1}$

$= mRT \cdot \ln\left(\dfrac{P_1}{P_2}\right)$

한편, 초기조건에서 공기의 질량 $m = \dfrac{P_1 V_1}{RT}$ 을 대입

$= mRT \cdot \ln\left(\dfrac{P_1}{P_2}\right) = \dfrac{P_1 V_1}{RT} \times RT \times \ln\left(\dfrac{P_1}{P_2}\right)$

$= P_1 V_1 \times \ln\left(\dfrac{P_1}{P_2}\right) = P_1 V_1 \times \ln\left(\dfrac{V_2}{V_1}\right)$

---

35. 오존층 파괴와 지구 온난화 문제로 인해 냉동장치에 사용되는 냉매의 선택에 있어서 주의를 요한다. 이와 관련하여 다음 중 오존파괴 지수가 가장 큰 냉매는?

① R-134a   ② R-123   ③ 암모니아   ④ R-11

【해설】(2015-2회-23번 기출유사)   암기법 : 탄수염불

● 프레온계 냉매의 화학식에서 염소(Cl)원자의 포함 비율이 많을수록 오존층 파괴지수가 커진다.
① R-134a : $C_2H_2F_4$
② R-123 : $C_2HCl_2F_3$
③ 암모니아는 무기냉매(NH_3)이다.
❹ R-11 : CCl_3F

34-②   35-④

36. 랭킨 사이클의 순서를 차례대로 옳게 나열한 것은?

① 단열압축 → 정압가열 → 단열팽창 → 정압냉각
② 단열압축 → 등온가열 → 단열팽창 → 정적냉각
③ 단열압축 → 등적가열 → 등압팽창 → 정압냉각
④ 단열압축 → 정압가열 → 단열팽창 → 정적냉각

【해설】(2011-1회-26번 기출반복)

· 랭킨   합단~합단 (정압-단열-정압-단열)   암기법 : 링컨 가랭이, 가!~단합해

4→1 : 펌프 단열압축에 의해 공급해준 일
1→1′ : 보일러에서 등압가열.(포화수)
1′→1″ : 보일러에서 가열.(건포화증기)
1″→2 : 과열기에서 등압가열.(과열증기)
2→3 : 터빈에서의 단열팽창.(습증기)
3→4 : 복수기에서 등압방열.(포화수)

37. 체적 4 m³, 온도 290 K의 어떤 기체가 가역 단열과정으로 압축되어 체적 2 m³, 온도 340 K로 되었다. 이상기체라고 가정하면 기체의 비열비는 약 얼마인가?

① 1.091   ② 1.229   ③ 1.407   ④ 1.667

【해설】(2012-1회-23번 기출반복) · 단열변화 공식을 반드시 암기하고 있어야 한다.

$\frac{P_1 V_1}{T_1} = \frac{P_2 V_2}{T_2}$ 에서, 분모 T_1을 우변으로 이항하고, 그 다음에 V_1을 이항한다.

$\frac{P_1}{P_2} = \left(\frac{T_1}{T_2}\right)^{\frac{k}{k-1}} = \left(\frac{V_2}{V_1}\right)^k$, $\left(\frac{T_1}{T_2}\right)^{\frac{k}{k-1}} = \left(\frac{V_2}{V_1}\right)^k$, $\left(\frac{T_1}{T_2}\right)^{\frac{1}{k-1}} = \left(\frac{V_2}{V_1}\right)$

$\left(\frac{290}{340}\right)^{\frac{1}{k-1}} = \left(\frac{2}{4}\right)$, ∴ k = 1.2294 ≒ 1.229

38. 다음 중 열역학적 계에 대한 에너지 보존의 법칙에 해당하는 것은?

① 열역학 제0법칙   ② 열역학 제1법칙
③ 열역학 제2법칙   ④ 열역학 제3법칙

【해설】(2012-4회-26번 기출반복)

① 열역학 제 0법칙 : 열적 평형의 법칙
시스템 A가 시스템 B와 열적 평형을 이루고 동시에 시스템 C와도 열적평형을 이룰 때 시스템 B와 C의 온도는 동일하다.

② 열역학 제 1법칙 : 에너지보존 법칙
$Q_1 = Q_2 + W$
③ 열역학 제 2법칙 : 열 이동의 법칙 또는, 에너지전환 방향에 관한 법칙
T_1(고온부) → T_2(저온부) 로 이동한다, $dS \geq 0$
④ 열역학 제 3법칙 : 엔트로피의 절대값 정리.
절대온도 0 K에서, $dS = 0$

39. 이상기체 1 kg의 압력과 체적이 각각 P_1, V_1 에서 P_2, V_2 로 등온 가역적으로 변할 때 엔트로피의 변화($\triangle S$)은? (단, R은 기체상수이다.)

① $\triangle S = R \ln \dfrac{P_1}{P_2}$

② $\triangle S = \dfrac{V_1}{V_2} \ln R$

③ $\triangle S = R \ln \dfrac{V_1}{V_2}$

④ $\triangle S = \dfrac{P_1}{P_2} \ln R$

【해설】(2014-1회-34번 기출유사)　　　　　　　　　　　　　　암기법 : 피티네, 알압

• 엔트로피 변화량의 일반식 $\triangle S = C_P \cdot \ln\left(\dfrac{T_2}{T_1}\right) - R \cdot \ln\left(\dfrac{P_2}{P_1}\right)$ 에서

한편, 등온인 경우에는 $T_1 = T_2$, $\ln(1) = 0$ 이므로

$= - R \cdot \ln\left(\dfrac{P_2}{P_1}\right) = R \cdot \ln\left(\dfrac{P_1}{P_2}\right)$

40. 다음 가스 동력 사이클에 대한 설명으로 틀린 것은?

① 오토사이클의 이론 열효율은 작동유체의 비열비와 압축비에 의해서 결정된다.
② 카르노사이클의 최고 및 최저온도와 스털링사이클의 최고 및 최저온도가 서로 같을 경우 두 사이클의 이론 열효율은 동일하다.
③ 디젤사이클에서는 가열과정은 정적과정으로 이루어진다.
④ 사바테사이클의 가열과정은 정적과 정압과정이 복합적으로 이루어진다.

【해설】(2007-4회-32번 기출유사)

❸ 디젤사이클의 가열과정은 정압(또는, 등압)과정으로 이루어진다.

【참고】사이클(cycle) 과정은 반드시 암기하고 있어야 한다.

　　　　　　　　　　　　　　암기법 : 단적단적한.. 내, 오디사 가(부러),예스 랭!
　　　　　　　　　　　　　　　　　　　　↳ 내연기관.　↳ 외연기관

오	단적~단적		오토	(단열-등적-단열-등적)
디	단합~ 〃		디젤	(단열-등압-단열-등적)
사	단적합 〃		사바테	(단열-등적-등압-단열-등적)

39-① 　40-③

제3과목   계측방법

41. 피토관 유량계에 관한 설명이 아닌 것은?

① 흐름에 대해 충분한 강도를 가져야 한다.
② 더스트가 많은 유체측정에는 부적당하다.
③ 피토관의 단면적은 관 단면적의 10 % 이상이여야 한다.
④ 피토관을 유체흐름의 방향으로 일치시킨다.

【해설】(2015-2회-42번 기출유사)
① 유속이 빠른 유체의 수류에 삽입되는 피토관은 진동하여 기계적으로 손상될 우려가 있으므로 빠른 흐름에 대해 견디도록 충분한 강도를 가져야 한다.
② 관내 유속의 분포가 레이놀즈수에 영향을 받으므로 더스트(Dust), 미스트(Mist) 등이 많은 유체에는 정확도가 더욱 낮아지므로 부적당하다.
❸ 피토관(pitot tube)의 단면적은 관 단면적의 1 % 이하이어야 하고, 앞 쪽은 관경의 20배 이상의 직관부를 설치하여야 한다.
④ 피토관의 머리 부분은 흐르는 유체의 유동방향으로 평행하게 일치시켜 부착한다.
⑤ 유속이 5 m/s 이하로 너무 느린 기체에는 작은구멍을 통해 측정되는 정압 측정이 곤란하므로 적용할 수 없다

42. 자동제어의 일반적인 동작 순서로 옳은 것은?

① 검출 → 판단 → 비교 → 조작
② 검출 → 비교 → 판단 → 조작
③ 비교 → 검출 → 판단 → 조작
④ 비교 → 판단 → 검출 → 조작

【해설】(2008-4회-49번 기출반복)   암기법 : 검찰, 비판조
• 자동제어계의 동작순서 : 검출 → 비교 → 판단 → 조작.

43. 램, 실린더, 기름탱크, 가압펌프 등으로 구성되어 있으며 탄성식 압력계의 일반 교정용으로 주로 사용되는 압력계는?

① 분동식 압력계
② 격막식 압력계
③ 침종식 압력계
④ 벨로즈식 압력계

【해설】(2008-4회-44번 기출반복)
• 램, 실린더, 기름탱크, 가압펌프 등으로 구성되어 있는 분동식 표준 압력계는 분동에 의해 압력을 측정하는 형식으로, 탄성식 압력계의 일반 교정용 및 피검정 압력계의 검사 (시험)를 행하는데 주로 이용된다.

44. 온도의 정의정점 중 평형수소의 삼중점은 얼마인가?

① 13.80 K
② 17.04 K
③ 20.24 K
④ 27.10 K

【해설】(2012-4회-50번 기출반복)

- 평형수소의 3중점 : 절대온도 K = −259.34 ℃ + 273.14 = 13.80 K

【참고】 국제 실용온도 눈금이란 국제적으로 통용되고 있는 온도점을 말한다.
온도의 기준점이 되는데, 해당 온도의 정의점은 다음과 같다.

물질의 종류	3중점	비등점
평형수소	−259.34 ℃	−252.87 ℃
물	0.01 ℃	100 ℃
산소	−218.789 ℃	−182.962 ℃

45. 물을 함유한 공기와 건조공기의 열전도율 차이를 이용하여 습도를 측정하는 것은?

① 고분자 습도센서
② 염화리듐 습도센서
③ 서미스터 습도센서
④ 수정진동자 습도센서

【해설】(2013-2회-45번 기출반복)

※ 습도센서(senser)

공기 중의 수분에 관련된 여러 가지 현상(물리·화학현상)을 이용하여 습도를 측정하기 위해서 사용되는 센서를 가리킨다. 그 종류로는 다음과 같이 다양하다.
건습구 습도계, 모발 습도계, 염화리튬 습도센서, 전해질계 습도센서(P_2O_5 습도센서), 고분자막 습도센서, 수정진동자 습도센서, 산화알루미늄 습도센서, 세라믹 습도센서, 서미스터 습도센서, 마이크로파 습도센서, 방사선 습도센서, 결로센서, 노점센서 등으로 다양하다.

① 염화리튬 습도센서 : 전해질의 흡습성과 전기저항의 변화를 이용한다.
② 고분자 습도센서 : 도전성 고분자의 전기적 특성이 물의 흡·탈착에 따라 변하는 성질을 이용한다.
❸ 서미스터 습도센서 : 온도변화에 저항값이 민감하게 변화하는 반도체 감온소자인 서미스터를 이용하여 물을 함유한 공기와 건조공기의 열전도율의 차이를 이용한다.
④ 수정진동자 습도센서 : 수정 진동자를 폴리아미드계 흡습성 수지(막)를 이용하여 코팅하여 흡습에 따른 고분자막의 중량변화로 진동자의 공진주파수가 변화함을 이용한다.
⑤ 산화알루미늄 습도센서 : 다공성 산화알루미늄(Al_2O_3)에 물을 흡착할 경우 유전율의 변화를 용량의 변화로서 검출하거나 인덕턴스의 변화로 보완하는 것을 이용한다.
⑥ 세라믹 습도센서 : 다공질 세라믹 표면에 수증기가 흡·탈착함에 따라 세라믹의 전기저항이 변화하는 것을 이용한다.
⑦ 초음파 습도센서 : 초음파 온도계와 저항 온도계의 조합에 의한 것으로서 초음파의 전달 속도가 기온에 의해 변화하는 것을 이용한다.

46. 순간치를 측정하는 유량계에 속하지 않는 것은?

① 오벌(Oval) 유량계
② 벤튜리(Venturi) 유량계
③ 오리피스(Orifice) 유량계
④ 플로우노즐(Flow-nozzle) 유량계

【해설】(2017-1회-55번 기출유사)
❶ 적산식 유량계는 시간에 대한 통과 체적을 총합한량을 측정하는 것을 말하는데, 오벌식(Oval)은 용적식(체적식) 유량계로서 적산측정용이며, 차압식 유량계인 벤튜리, 오리피스, 플로우노즐은 순간치 측정용이다.

47. 열전대 온도계의 보호관으로 사용되는 다음 재료 중 상용 사용 온도가 높은 순으로 옳게 나열된 것은?

① 석영관 > 자기관 > 동관
② 석영관 > 동관 > 자기관
③ 자기관 > 석영관 > 동관
④ 동관 > 자기관 > 석영관

【해설】(2011-4회-52번 기출반복)   암기법 : 카보 자, 석스동
① 카보런덤관은 다공질로서 급냉, 급열에 강하며 단망관, 2중 보호관의 외관으로 주로 사용된다.(1600 ℃)
② 자기관은 급냉, 급열에 약하며 알카리에도 약하다. 기밀성은 좋다.(1450 ℃)
③ 석영관은 급냉, 급열에 강하며, 알카리에는 약하지만 산성에는 강하다. (1000 ℃)
④ 황동관은 증기 등 저온 측정에 쓰인다.(400 ℃)

48. 측정하고자 하는 상태량과 독립적 크기를 조정할 수 있는 기준량과 비교하여 측정, 계측하는 방법은?

① 보상법
② 편위법
③ 치환법
④ 영위법

【해설】(2013-2회-44번 기출반복)
※ 계측기기의 측정방법
① 보상법(補償法) : 측정하고자 하는 양을 표준치와 비교하여 양자의 근소한 차이를 정교하게 측정하는 방식이다.
② 편위법(偏位法) : 측정하고자 하는 양의 작용에 의하여 계측기의 지침에 편위를 일으켜 이 편위를 눈금과 비교함으로써 측정을 행하는 방식이다.
③ 치환법(置換法) : 측정량과 기준량을 치환해 2회의 측정결과로부터 구하는 측정방식이다.
❹ 영위법(零位法) : 측정하고자 하는 양과 같은 종류로서 크기를 독립적으로 조정할 수가 있는 기준량을 준비하여 기준량을 측정량에 평형시켜 계측기의 지침이 0의 위치를 나타낼 때의 기준량 크기로부터 측정량의 크기를 알아내는 방법이다.
⑤ 차동법(差動法) : 같은 종류인 두 양의 작용의 차를 이용하는 방법이다.

49. 다음 중 접촉식 온도계가 아닌 것은?

① 저항온도계
② 방사온도계
③ 열전온도계
④ 유리온도계

【해설】(2011-4회-42번 기출반복)
❷ 방사온도계는 비접촉식이다.

【참고】※ **비접촉식** 온도계의 종류.
측정할 물체에서의 열방사시 색, 파장, 방사열 등을 이용하여 접촉시키지 않고도 온도를 측정하는 방법이다.
암기법 : 비방하지 마세요. 적색 광(고·전)
㉠ **방사** 온도계 (또는, 복사온도계)
㉡ **적외선** 온도계
㉢ **색** 온도계
㉣ **광**-고온계
㉤ **광전**관식 온도계

※ **접촉식** 온도계의 종류.
온도를 측정하고자 하는 물체에 온도계의 검출소자(檢出素子)를 직접 접촉시켜 열적으로 평형을 이루었을때 온도를 측정하는 방법이다.
암기법 : 접전, 저 압유리바, 제
㉠ **열전**대 온도계 (또는, 열전식 온도계)
㉡ **저항**식 온도계 (또는, 전기저항식 온도계) : 서미스터, 니켈, 구리, 백금 저항소자
㉢ **압력**식 온도계 : 액체팽창식, 기체팽창식, 증기팽창식
㉣ **액체봉입유리** 온도계
㉤ **바**이메탈식(열팽창식 또는, 고체팽창식) 온도계
㉥ **제**겔콘

50. 다음 각 습도계의 특징에 대한 설명으로 틀린 것은?

① 노점 습도계는 저습도를 측정할 수 있다.
② 모발 습도계는 2년마다 모발을 바꾸어 주어야 한다.
③ 통풍 건습구 습도계는 2.5 ~ 5 m/s 의 통풍이 필요하다.
④ 저항식 습도계는 직류전압을 사용하여 측정한다.

【해설】(2013-2회-50번 기출반복)
① 일반적으로 타 습도계는 저온·저습일 때는 감도가 나빠지는데 비해, 염화리튬 노점 습도계는 저습도를 측정할 수 있다.
② 모발 습도계는 2년마다 모발을 바꾸어 주어야 한다.
③ 통풍 건습구 습도계는 정확한 습도를 구하려면 시계장치로 팬(fan)을 돌려서 2.5 ~ 5 m/s 의 통풍이 건습구에 필요하다.
❹ 저항식 습도계는 **교류전압**을 사용하여 저항치를 측정하여 상대습도를 측정한다.

51. 다음 중 유도단위에 속하지 않는 것은?

① 비열   ② 압력   ③ 습도   ④ 열량

【해설】 (2012-2회-45번 기출유사)

❸ 습도는 특수단위에 속한다.

【참고】 • 계측기기의 SI **기본단위**는 7종류가 있다.　　　암기법 : mks mKc A

기호	m	kg	s	mol	K	cd	A
명칭	미터	킬로그램	초	몰	캘빈	칸델라	암페어
기본량	길이	질량	시간	물질량	절대온도	광도	전류

- **유도단위** : 기본단위의 조합에 의해서 유도되는 단위이다.
  (면적, 부피, 속도, 압력, 열량, 비열, 점도, 전기저항 등)
- **보조단위** : 기본단위와 유도단위의 사용상 편의를 위하여 정수배하여 표시한 단위이다.
  (℃, °F 등)
- **특수단위** : 기본단위, 유도단위, 보조단위로 계측할 수 없는 특수한 용도에 쓰이는 단위.
  (비중, **습도**, 인장강도, 내화도, 굴절률 등)

52. 광고온계의 사용상 주의점이 아닌 것은?

① 광학계의 먼지, 상처 등을 수시로 점검한다.
② 측정자간의 오차가 발생하지 않고 정확하다.
③ 측정하는 위치와 각도를 같은 조건으로 한다.
④ 측정체와의 사이에 연기나 먼지 등이 생기지 않도록 주의한다.

【해설】 (2016-4회-43번 기출유사)

❷ 인력에 의한 수동측정이므로 측정자간의 오차가 크게 발생한다. 따라서 여러 사람이 모여서 측정한다.

53. 자동제어계와 직접 관련이 없는 장치는?

① 기록부   ② 검출부   ③ 조절부   ④ 조작부

【해설】 (2014-1회-47번 기출반복)

- 자동제어계 구성에 필요한 시스템 장치로 검출부, 조절부, 조작부, 전송부, 변환부 등은 반드시 필요한 구성요소에 해당된다.
- ❶ 제어계에서 기록장치(기록부)는 직접적으로 관련이 있는 것은 아니므로 꼭 필요하지는 않은 부분이다.

54. 부자(Float)식 액면계의 특징으로 틀린 것은?

① 원리 및 구조가 간단하다.
② 고압에도 사용할 수 있다.
③ 액면이 심하게 움직이는 곳에 사용하기 좋다.
④ 액면 상, 하한계에 경보용 리미트 스위치를 설치할 수 있다.

【해설】(2009-2회-49번 기출반복)
- 부자식(또는, 플로트식) 액면계는 플로트(Float, 부자)를 액면에 직접 띄워서 상·하의 움직임에 따라 측정하는 방식이므로 액면이 심하게 움직이는 곳에는 부적당하며, 고온·고압 밀폐탱크의 경보용 및 액면제어용으로 널리 사용된다.

55. 바이메탈 온도계의 특징으로 틀린 것은?

① 구조가 간단하다.
② 온도변화에 대하여 응답이 빠르다.
③ 오래 사용 시 히스테리시스 오차가 발생한다.
④ 온도자동 조절이나 온도 보상장치에 이용된다.

【해설】(2011-4회-58번 기출유사)

고체팽창식 온도계인 바이메탈 온도계는 열팽창계수가 서로 다른 2개의 물질을 마주 접합한 것으로 온도변화에 의해 선팽창계수가 다르므로 휘어지는 현상을 이용하여 온도를 측정한다. 온도의 자동제어에 쉽게 이용되며, 구조가 간단하고 경년변화가 적다.
그러나, 정확도가 낮고 오래 사용 시 히스테리시스 오차가 발생하며 온도변화에 대하여 응답시간이 늦다는 단점이 있으므로 신호전송용보다는 정확도나 응답시간이 크게 중요하지 않는 On-off제어용 신호에 주로 쓰인다.

56. 가스크로마토그래피의 특징에 대한 설명으로 틀린 것은?

① 미량성분의 분석이 가능하다.
② 분리성능이 좋고 선택성이 우수하다.
③ 1대의 장치로는 여러 가지 가스를 분석할 수 없다.
④ 응답속도가 다소 느리고 동일한 가스의 연속측정이 불가능하다.

【해설】(2011-2회-55번 기출반복)
❸ 가스크로마토그래피(Gas Chromatograpy)법은 활성탄 등의 흡착제를 채운 세관을 통과하는 가스의 이동속도 차를 이용하여 시료가스를 분석하는 방식으로,
한 대의 장치로 O_2와 NO_2를 제외한 다른 여러 성분의 가스를 모두 분석할 수 있으며, 캐리어 가스로는 H_2, He, N_2, Ar 등이 사용된다.

54-③　　55-②　　56-③

57. 보일러 자동제어 중에서 A.C.C.이 나타내는 것은 무엇인가?

① 연소제어 ② 급수제어
③ 온도제어 ④ 유압제어

【해설】(2013-1회-49번 기출유사)

※ 보일러의 자동제어(ABC, Automatic Boiler Control)의 종류.
- 연소제어(ACC, Automatic Combustion Control)
- 급수제어(FWC, Feed Water Control)
- 증기온도제어(STC, Steam Temperature Control)

58. 화학적 가스분석계인 연소식 O_2계의 특징이 아닌 것은?

① 원리가 간단하다.
② 취급이 용이하다.
③ 가스의 유량 변동에도 오차가 없다.
④ O_2 측정 시 팔라듐계가 이용된다.

【해설】(2011-2회-42번 기출반복)

- 가스분석기인 연소식 O_2계는 원리가 간단하며 취급이 용이하고 선택성도 많이 가지고 있으며, O_2의 측정에는 촉매로 팔라듐(Palladium)계가 사용된다.
측정가스의 유량 변동은 그대로 오차가 연결되기 때문에, 이 유량은 압력조정밸브 등을 설치하여 항상 일정하도록 억제하여 둘 필요가 있다.

59. 유량 측정기기 중 유체가 흐르는 단면적이 변함으로써 직접 유체의 유량을 읽을 수 있는 기기, 즉 압력차를 측정할 필요가 없는 장치는?

① 피토 튜브 ② 로터 미터
③ 벤투리 미터 ④ 오리피스 미터

【해설】(2014-2회-41번 기출반복)   암기법 : 로면

❷ 면적식 유량계인 로터미터(Rota meter)는 차압식 유량계와는 달리 관로에 있는 교축기구 차압을 일정하게 유지하고, 떠 있는 부표(Float, 플로트)의 높이로 단면적 차이에 의하여 유량을 측정하는 방식이다.

【참고】• 차압식 유량계에서 유량은 속도의 수두차 h 를 측정하여, 공식 $Q = A \cdot v = A \cdot C \sqrt{2gh}$ 로 구한다. (여기서, Q : 유량, A : 관의 단면적, v : 유속, C ; 유량계수, g : 중력가속도)

60. 관로의 유속을 피토관으로 측정할 때 마노미터의 높이가 50 cm 였다. 이때 유속은 약 몇 m/s 인가?

① 3.13 ② 2.21 ③ 1.0 ④ 0.707

【해설】(2015-2회-58번 기출유사)
- 피토관 유속 $v = C_p \cdot \sqrt{2gh}$ 에서, 별도의 제시가 없으면 피토관 계수 $C_p = 1$로 한다.
  $= 1 \times \sqrt{2 \times 9.8\,m/s^2 \times 0.5\,m} = 3.1304 ≒ 3.13\,m/s$

제4과목 열설비재료 및 관계법규

61. 에너지이용합리화법에 따라 냉난방온도의 제한 대상 건물에 해당하는 것은?

① 연간 에너지사용량이 5백 티오이 이상인 건물
② 연간 에너지사용량이 1천 티오이 이상인 건물
③ 연간 에너지사용량이 1천5백 티오이 이상인 건물
④ 연간 에너지사용량이 2천 티오이 이상인 건물

【해설】(2014-4회-64번 기출반복) 암기법 : 에이, 쌍!~ 다소비네

❹ 에너지다소비사업자라 함은 연료·열 및 전력의 연간 사용량의 합계(연간 에너지사용량)가 2,000 TOE 이상인 자를 말한다. [에너지이용합리화법 시행령 제42조의2]

62. 다음 중 에너지이용 합리화법에 따라 에너지관리산업기사의 자격을 가진 자가 관리할 수 없는 보일러는?

① 용량이 10 t/h인 보일러
② 용량이 20 t/h인 보일러
③ 용량이 581.5 kW인 온수 발생 보일러
④ 용량이 40 t/h인 보일러

【해설】(2017-1회-64번 기출유사)

❹ 용량이 30 ton/h를 초과하는 보일러의 관리자는 에너지관리기능장 또는 에너지관리기사 자격을 가진 자가 해당된다.

【참고】※ 검사대상기기 관리자의 자격 및 관리범위. [에너지이용합리화법 시행규칙 **별표3의9**.]

관리자의 자격	관리 범위
에너지관리기능장 또는 에너지관리기사	용량이 30 ton/h를 초과하는 보일러
에너지관리기능장, 에너지관리기사 또는 에너지관리산업기사	용량이 10 ton/h를 초과하고 30 ton/h 이하인 보일러

63. 에너지이용 합리화법에 따라 산업통상자원부장관은 에너지이용 합리화에 관한 기본계획을 몇 년 마다 수립하여야 하는가?

① 3년   ② 5년   ③ 7년   ④ 10년

【해설】(2017-1회-62번 기출반복)　　　　　　　　　　　[에너지이용합리화법시행령 제3조1항]
　　　・ 산업통상자원부장관은 5년마다 에너지이용합리화에 관한 기본계획을 수립하여야 한다.

64. 에너지이용합리화법에 따라 검사대상기기의 적용범위에 해당하는 것은?

① 최고사용압력이 0.05 MPa이고, 동체의 안지름이 300 mm이며, 길이가 500 mm인 강철제보일러
② 정격용량이 0.3 MW인 철금속가열로
③ 내용적이 0.05 m³, 최고사용압력이 0.3 MPa인 기체를 보유하는 2종 압력용기
④ 가스사용량이 10 kg/h인 소형온수보일러

【해설】(2009-4회-63번 기출유사)
　　※ 검사대상기기의 적용범위.　　　　　　[에너지이용합리화법 시행규칙 별표3의3.]
　　　① 최고사용압력이 0.1 MPa 이하이고, 동체의 안지름이 300 mm 이하이며, 길이가 600 mm 이하인 강철제・주철제 보일러는 제외한다.
　　　② 정격용량이 0.58 MW를 초과하는 철금속가열로
　　　❸ 내용적이 0.04 m³이상 최고사용압력이 0.2 MPa를 초과하는 기체를 그 안에 보유하는 2종 압력용기　　　암기법 : 이영희는, 용사 아니다.(안2다)
　　　④ 가스사용량이 17 kg/h (도시가스는 232.6 kW)를 초과하는 소형온수보일러

65. 에너지이용합리화법에 따라 검사를 받아야 하는 검사대상기기 중 소형온수보일러의 적용범위 기준은?

① 가스사용량이 10 kg/h를 초과하는 보일러
② 가스사용량이 17 kg/h를 초과하는 보일러
③ 가스사용량이 21 kg/h를 초과하는 보일러
④ 가스사용량이 25 kg/h를 초과하는 보일러

【해설】(2013-4회-63번 기출반복)
　　※ 검사대상기기의 적용범위.　　　　　　[에너지이용합리화법 시행규칙 별표 3의3]
　　　❷ 가스사용량이 17 kg/h (도시가스는 232.6 kW)를 초과하는 소형온수보일러

66. 에너지이용합리화법에 따라 에너지 수급안정을 위해 에너지공급을 제한 조치하고자 할 경우, 산업통상자원부장관은 조치 예정일 며칠 전에 이를 에너지공급자 및 에너지 사용자에게 예고하여야 하는가?

① 3일   ② 7일   ③ 10일   ④ 15일

【해설】 (2014-2회-70번 기출반복) [에너지이용합리화법 시행령 제13조]
- 산업통상자원부장관은 에너지수급의 안정을 위한 조치를 하려는 경우에는 그 사유·기간 및 대상자 등을 정하여 조치 예정일 **7일** 이전에 에너지사용자, 에너지공급자 또는 에너지 사용기자재의 소유자와 관리자에게 제한내용을 예고하여야 한다.

67. 에너지이용합리화법에 따라 에너지다소비사업자가 그 에너지사용시설이 있는 지역을 관할하는 시·도지사에게 신고하여야 하는 사항이 아닌 것은?

① 전년도의 분기별 에너지사용량·제품생산량
② 해당 연도의 분기별 에너지사용예정량·제품생산예정량
③ 내년도의 분기별 에너지이용 합리화 계획
④ 에너지사용기자재의 현황

【해설】 (2016-2회-62번 기출유사)   암기법 : 전해, 전기관
※ 에너지다소비업자의 신고. [에너지이용합리화법 제31조]
- 에너지사용량이 대통령령으로 정하는 기준량(2000 TOE)이상인 에너지다소비업자는 산업통상자원부령으로 정하는 바에 따라 매년 1월 31일까지 그 에너지사용시설이 있는 지역을 관할하는 시·도지사에게 다음 사항을 신고하여야 한다.
  1. 전년도의 분기별 에너지사용량·제품생산량
  2. 해당 연도의 분기별 에너지사용예정량·제품생산예정량
  3. 에너지사용기자재의 현황
  4. 전년도의 분기별 에너지이용 합리화 실적 및 해당 연도의 분기별 계획
  5. 에너지관리자의 현황

68. 에너지이용합리화법에 따라 에너지다소비사업자에게 에너지손실요인의 개선명령을 할 수 있는 자는?

① 산업통상자원부장관   ② 시·도지사
③ 한국에너지공단이사장   ④ 에너지관리진단기관협회장

【해설】 (2014-2회-61번 기출반복) [에너지이용합리화법 시행령 제40조]
- ❶ **산업통상자원부장관**이 에너지다소비사업자에게 개선명령을 할 수 있는 경우는 에너지관리지도 결과 10% 이상의 에너지효율 개선이 기대되고 효율 개선을 위한 투자의 경제성이 있다고 인정되는 경우로 한다.

69. 다음 보온재 중 최고안전사용온도가 가장 높은 것은?

① 석면　　　② 펄라이트　　　③ 폼글라스　　　④ 탄화마그네슘

【해설】(2007-4회-73번 기출반복)

※ 최고 안전사용온도에 따른 무기질 보온재의 종류.

-50　-100　◀사▶　+100　+50
탄　　G　　암,　　규　　석면, 규산리 650필지의 세라믹화이버 무기공장
250,　300,　400,　500,　550,　　650℃↓　(×2배) 1300↓ 무기질
탄산마그네슘,
　　　　　Glass울(유리섬유),
　　　　　　　　　　암면,
　　　　　　　　　　　규조토, 석면, 규산칼슘,
　　　　　　　　　　　　　　　　　　　펄라이트(석면+ 진주암),
　　　　　　　　　　　　　　　　　　　　　　　세라믹화이버

70. 용광로를 고로라고도 하는데, 이는 무엇을 제조하는데 사용되는가?

① 주철　　　② 주강　　　③ 선철　　　④ 포금

【해설】(2014-4회-80번 기출반복)

※ 용광로(일명 高爐, 고로)는 벽돌을 쌓아서 구성된 샤프트 형으로서 철광석을 용융시켜 **선철**을 제조하는데 사용되며, 그 구조체는 상부로부터 노구(Throat) → 샤프트(Shaft) → 보시(Bosh) → 노상(Hearth) 부분으로 구성되어 있다.

71. 노재의 화학적 성질을 잘못 짝지은 것은?

① 샤모트질 벽돌 : 산성　　　　　② 규석질 벽돌 : 산성
③ 돌로마이트질 벽돌 : 염기성　　④ 크롬질 벽돌 : 염기성

【해설】(2017-1회-73번 기출유사)

❹ 크롬질 벽돌의 화학적 성질은 중성이다.

【참고】• 산성 내화물　　　　　　　　　　　　　　　　　암기법 : 상규 납점샤
　　　　- 규석질(석영질), 납석질(반규석질), 샤모트질, 점토질 등이 있다.
　　　• 중성 내화물　　　　　　　　　　　　　　　　　암기법 : 중이 C 알
　　　　- 탄소질, 크롬질, 고알루미나질(Al_2O_3계 50% 이상), 탄화규소질 등이 있다.
　　　• 염기성 내화물　　　　　　　　　　　　　　　　암기법 : 염병할~ 포돌이 마크
　　　　- 포스테라이트질(Forsterite, $MgO-SiO_2$계), 돌로마이트질(Dolomite, $CaO-MgO$계),
　　　　　마그네시아질(Magnesite, MgO계), 마그네시아-크롬질(Magnesite Chromite, $MgO-Cr_2O_3$계)

72. 중성내화물 중 내마모성이 크며 스폴링을 일으키기 쉬운 것으로 염기성 평로에서 산성벽돌과 염기성벽돌을 섞어서 축로할 때 서로의 침식을 방지하는 목적으로 사용하는 것은?

① 탄소질 벽돌
② 크롬질 벽돌
③ 탄화규소질 벽돌
④ 폴스테라이트 벽돌

【해설】(2017-1회-73번 기출유사)

❷ 크롬질 벽돌은 내마모성이 크며, 하중연화점이 낮고 스폴링을 일으키기 쉽다는 특징을 가지고 있으며 용도는 염기성 평로에서 산성벽돌과 염기성벽돌을 섞어서 축로할 때 이들 서로의 침식을 방지하기 위한 절연을 목적으로 그 사이에 끼워서 사용한다.

【참고】 • 산성 내화물 　　　　　　　　　　　　　　　　　암기법 : 상규 납점샤
　　　　　- 규석질(석영질), 납석질(반규석질), 샤모트질, 점토질 등이 있다.
　　　• 중성 내화물 　　　　　　　　　　　　　　　　　암기법 : 중이 C 알
　　　　　- 탄소질, 크롬질, 고알루미나질(Al_2O_3계 50% 이상), 탄화규소질 등이 있다.
　　　• 염기성 내화물 　　　　　　　　　　　　　　　　암기법 : 염병할~ 포돌이 마크
　　　　　- 포스테라이트질(Forsterite, $MgO-SiO_2$계), 돌로마이트질(Dolomite, $CaO-MgO$계),
　　　　　　마그네시아질(Magnesite, MgO계), 마그네시아-크롬질(Magnesite Chromite, $MgO-Cr_2O_3$계)

73. 다음 중 연속식 요가 아닌 것은?

① 등요
② 윤요
③ 터널요
④ 고리가마

【해설】(2014-4회-74번 기출반복)

※ 조업방식(작업방식)에 따른 요로의 분류
　　• 연속식 : 터널요, 윤요(輪窯, 고리가마), 견요(堅窯, 샤프트로), 회전요(로타리 가마)
　　• 불연속식 : 횡염식, 승염식, 도염식　　　　　　　암기법 : 불횡 승도
　　• 반연속식 : 셔틀요, 등요

74. 온수탱크의 나면과 보온면으로부터 방산열량을 측정한 결과 각각 1000 kcal/m²h, 300 kcal/m²h 이었을 때, 이 보온재의 보온효율(%)은?

① 30
② 70
③ 93
④ 233

【해설】(2010-4회-69번 기출반복)

• 보온효율 $\eta = \dfrac{\Delta Q}{Q_1} = \dfrac{Q_1 - Q_2}{Q_1} = \dfrac{1000 - 300}{1000} = 0.7 ≒ 70\%$

여기서, Q_1 : 보온전 (나관일 때) 손실열량
Q_2 : 보온후 손실열량

72-② 　73-① 　74-②

75. 윤요(Ring kiln)에 대한 설명으로 옳은 것은?

① 석회소성용으로 사용된다.
② 열효율이 나쁘다.
③ 소성이 균일하다.
④ 종이 칸막이가 있다.

【해설】(2013-1회-78번 기출유사)
- 윤요(輪窯, Ring kiln, 고리가마)는 연속식 가마로서 피열물을 정지시켜 놓고 소성대의 위치를 점차 바꾸어 가면서 주로 벽돌, 기와, 타일 등의 **건축 재료의 소성**에 널리 사용되는 가마로서 소성실, 주연도 및 연돌로 구성되어 있으며 호프만(Hoffman)식이 대표적이다. 주요 특징으로는 **열효율이 좋으며, 종이 칸막이가 있으며, 소성이 불균일하다.**
① 석회소성용으로 사용되는 가마는 견요(Shaft kiln 샤프트로 또는, 선가마)이다.

76. 다이어프램 밸브(diaphragm valve)의 특징이 아닌 것은?

① 유체의 흐름이 주는 영향이 비교적 적다.
② 기밀을 유지하기 위한 패킹이 불필요하다.
③ 주된 용도가 유체의 역류를 방지하기 위한 것이다.
④ 산 등의 화학약품을 차단하는데 사용하는 밸브이다.

【해설】(2013-4회-80번 기출유사)
- 다이어프램 밸브는 내열, 내약품 고무제의 막판(膜板)을 밸브시트에 밀어 붙이는 구조로 되어 있어서 기밀을 유지하기 위한 패킹이 필요 없으며, 금속부분이 부식될 염려가 없으므로 산 등의 화학약품을 차단하여 금속부분의 부식을 방지하는 관로에 주로 사용한다.
❸ 체크밸브(check valve, 역지밸브)는 유체의 역류를 방지하기 위한 것이다.

77. 배관용 강관의 기호로서 틀린 것은?

① SPP : 일반배관용 탄소강관
② SPPS : 압력배관용 탄소강관
③ SPHT : 고온배관용 탄소강관
④ STS : 저온배관용 탄소강관

【해설】(2009-4회-77번 기출반복)
① 일반배관용 탄소강관(SPP, carbon Steel Pipe Piping)   "Pipe" : 배관용
② 압력배관용 탄소강관(SPPS, carbon Steel Pipe Pressure Service)
③ 고온배관용 탄소강관(SPHT, carbon Steel Pipe High Temperature Service)
❹ 저온배관용 탄소강관(SPLT, carbon Steel Pipe Low Temperature Service)
⑤ 배관용 스테인레스강관(STS, STainless Steel Pipe)

78. 내화 모르타르의 구비조건으로 틀린 것은?

① 시공성 및 접착성이 좋아야 한다.
② 화학성분 및 광물조성이 내화벽돌과 유사해야 한다.
③ 건조, 가열 등에 의한 수축 팽창이 커야 한다.
④ 필요한 내화도를 가져야 한다.

【해설】(2009-1회-70번 기출유사)
- 일정한 규격을 갖지 않는 부정형(不定形) 내화물의 일종인 내화 모르타르(motar)는 내화벽돌을 쌓아올릴 때 결합제로 사용되는 메지용 재료로서, 건조, 가열, 소성 등에 의한 수축·팽창이 **적어야 한다.**

79. 글로브 밸브(globe valve)에 대한 설명 중 틀린 것은?

① 유량조절이 용이하므로 자동조절밸브 등에 응용시킬 수 있다.
② 유체의 흐름방향이 밸브 몸통 내부에서 변한다.
③ 디스크 형상에 따라 앵글밸브, Y형밸브, 니들(needle)밸브 등으로 분류된다.
④ 조작력이 적어 고압의 대구경 밸브에 적합하다.

【해설】(2011-4회-77번 기출반복)   암기법 : 유글레나
- 글로브(globe, 둥근) 밸브는 **유량**을 조절하거나 유체의 흐름을 차단하는 밸브이다.
❹ 유체의 흐름 방향이 밸브 몸통 내부에서 S자로 갑자기 바뀌기 때문에 유체의 저항이 크므로 압력손실이 커서 고압을 필요로 하지 않는 **소구경 밸브에 적합하다.**

80. 요로의 정의가 아닌 것은?

① 전열을 이용한 가열장치
② 원재료의 산화반응을 이용한 장치
③ 연료의 환원반응을 이용한 장치
④ 열원에 따라 연료의 발열반응을 이용한 장치

【해설】(2014-1회-70번 기출유사)
- 요로란 물체를 가열하여 용융시키거나 소성을 통하여 가공 생산하는 공업장치로서, 열원에 따라 연료의 발열반응을 이용한 장치, 전열을 이용한 가열장치 및 연료의 환원반응을 이용한 장치의 3종류로 크게 구분할 수 있다.

제5과목 열설비설계

81. 노통 보일러의 수면계 최저 수위 부착 기준으로 옳은 것은?

① 노통 최고부 위 50 mm
② 노통 최고부 위 100 mm
③ 연관의 최고부 위 10 mm
④ 연소실 천정판 최고부 위 연관길이의 1/3

【해설】(2007-4회-89번 기출반복)
  ※ 원통형 보일러의 안전저수위.(수면계 최하단부의 부착위치)

보일러의 종류	안전저수위
입형 횡관 보일러	화실 천정판 최고부 위 75 mm
노통 보일러	**노통 최고부 위 100 mm**
입형 연관 보일러	화실(연소실) 천정판 최고부 위 연관길이의 1/3
노통 연관 보일러	연관의 최고부 위 75 mm, 노통 최고부 위 100 mm

82. 증기 및 온수보일러를 포함한 주철제 보일러의 최고사용압력이 0.43 MPa 이하일 경우의 수압시험 압력은?

① 0.2 MPa로 한다.
② 최고사용압력의 2 배의 압력으로 한다.
③ 최고사용압력의 2.5 배의 압력으로 한다.
④ 최고사용압력의 1.3 배에 0.3 MPa를 더한 압력으로 한다.

【해설】(2012-1회-88번 기출반복)
  ※ [보일러 설치검사 기준.] 수압시험 압력은 다음과 같다.

보일러의 종류		보일러의 최고사용압력	시험 압력
강철제		0.43 MPa 이하 (4.3 kg/cm²이하)	최고사용압력의 2배
		0.43 MPa 초과 ~ 1.5 MPa 이하 (4.3 kg/cm²초과 ~ 15 kg/cm²이하)	최고사용압력의 1.3배 + 0.3 (최고사용압력의 1.3배 + 3)
		1.5 MPa 초과 (15 kg/cm²초과)	최고사용압력의 1.5배
주철제		**0.43 MPa 이하 (4.3 kg/cm²이하)**	**최고사용압력의 2배**
		0.43 MPa 초과 (4.3 kg/cm²초과)	최고사용압력의 1.3배 + 0.3 (최고사용압력의 1.3배 + 3)

  * 압력단위 환산 : 0.1 MPa = 1 kg/cm² 이다.

83. 수관식보일러에서 핀패널식 튜브가 한쪽 면에 방사열, 다른 면에는 접촉열을 받을 경우 열전달계수를 얼마로 하여 전열면적을 계산하는가?

① 0.4   ② 0.5   ③ 0.7   ④ 1.0

【해설】(2010-1회-97번 기출반복)

※ 튜브(관)의 [핀패널식] 배열에 따른 전열면적 계산 시 열전달계수의 적용은 다음과 같이 하여야 한다.

열전달의 종류	열전달계수(α)
양면에 방사열을 받는 경우	1.0
한쪽 면에 방사열, 다른 면에는 접촉열을 받는 경우	0.7
양면에 접촉열을 받는 경우	0.4

84. 과열기(Super heater)에 대한 설명으로 틀린 것은?

① 보일러에서 발생한 포화증기를 가열하여 증기의 온도를 높이는 장치이다.
② 저압 보일러의 효율을 상승시키기 위하여 주로 사용된다.
③ 증기의 열에너지가 커 열손실이 많아질 수 있다.
④ 고온부식의 우려와 연소가스의 저항으로 압력손실이 크다.

【해설】(2012-4회-88번 기출반복)

• 보일러 본체에서 발생된 포화증기를 일정한 압력 하에 과열기(Super heater)로 더욱 가열하여 온도를 높여서, 사이클 효율 증가를 위하여 과열증기로 만들어 사용한다.
연소실내의 고온 전열면인 과열기 및 재열기에는 바나듐이 산화된 V_2O_5(오산화바나듐)이 부착되어 표면을 부식시키는 고온부식이 발생한다.
❷ 고압 보일러의 효율을 증가시키기 위하여 주로 사용된다.

85. 온수보일러에 있어서 급탕량이 500 kg/h 이고 공급 주관의 온수온도가 80 ℃, 환수 주관의 온수온도가 50 ℃라 할 때, 이 보일러의 출력은?
(단, 물의 평균비열은 1 kcal/kg·℃ 이다.)

① 10000 kcal/h   ② 12500 kcal/h
③ 15000 kcal/h   ④ 17500 kcal/h

【해설】(2008-2회-82번 기출반복)

• 열량의 계산 공식 Q = C·m·Δt   암기법 : 큐는, 씨암탉
= 1 kcal/kg℃ × 500 kg/h × (80 - 50)℃
= 15000 kcal/h

86. 순환식(자연 또는 강제) 보일러가 아닌 것은?

① 타쿠마 보일러
② 야로우 보일러
③ 벤손 보일러
④ 라몬트 보일러

【해설】(2017-1회-95번 기출유사)
※ 수관식 보일러의 종류   암기법 : 수자 강관
                                    (관)
  ㉠ 자연순환식   암기법 : 자는 바·가·(야로)·다, 스네기찌
                        (모두 다 **일본식 발음**을 닮았음.)
    - 바브콕, 가르베, 야로, 다쿠마,*(주의 : 다우삼 아님!)* 스네기찌 보일러
  ㉡ 강제순환식   암기법 : 강제로 베라~
    - 베록스, 라몬트 보일러
  ㉢ 관류식   암기법 : 관류 람진과 벤손이 앤모르게 슐처먹었다
    - 람진, 벤손, 앤모스, 슐저(슐처) 보일러

87. 보일러의 열정산시 출열 항목이 아닌 것은?

① 배기가스에 의한 손실열
② 발생증기 보유열
③ 불완전연소에 의한 손실열
④ 공기의 현열

【해설】(2014-2회-97번 기출반복)
※ 보일러 열정산시 입·출열 항목의 구별.
  • 입열항목   암기법 : 연(발,현) 공급증
    - 연료의 발열량, 연료의 현열, 연소용**공기의 현열**, 급수의 현열, 공급증기 보유열
  • 출열항목   암기법 : 증,손(배불방미기)
    - 증기 보유열량, 손실열 (배기가스, 불완전연소, 방열, 미연소, 기타)

88. 용접봉 피복제의 역할이 아닌 것은?

① 용융금속의 정련작용을 하며 탈산제 역할을 한다.
② 용융금속의 급냉을 촉진시킨다.
③ 용융금속에 필요한 원소를 보충해 준다.
④ 피복제의 강도를 증가시킨다.

【해설】(2009-4회-97번 기출반복)
❷ 용접봉 피복제는 용융금속의 표면을 뒤덮어 **급냉을 방지**한다.

86-③   87-④   88-②

89. 보일러의 노통이나 화실과 같은 원통 부분이 외측으로부터의 압력에 견딜 수 없게 되어 눌려 찌그러져 찢어지는 현상을 무엇이라 하는가?

① 블리스터
② 압궤
③ 팽출
④ 라미네이션

【해설】(2014-1회-83번 기출반복)
① 블리스터(Blister)란 화염에 접촉하는 라미네이션의 재료 쪽이 외부로부터 강하게 열을 받아 소손되어 부풀어 오르는 현상을 말한다.
❷ 압궤란 노통이나 화실과 같은 원통 부분이 외측 압력에 견딜 수 없게 되어 짓눌려지는 현상으로서 압축응력을 받는 부위(노통상부면, 화실천정판, 연소실의 연관 등)에 발생한다.
③ 팽출(Bulge)이란 동체, 수관, 겔로웨이관 등과 같이 인장응력을 받는 부분이 압력을 견딜 수 없게 되어 바깥쪽으로 볼록하게 부풀어 튀어나오는 현상을 말한다.
④ 라미네이션(Lamination)이란 보일러 강판이나 배관 재질의 두께 속에 제조 당시의 가스체 함입으로 인하여 두 장의 층을 형성하고 있는 것을 말한다.

90. 스팀 트랩(steam trap)을 부착 시 얻는 효과가 아닌 것은?

① 베이퍼락 현상을 방지한다.
② 응축수로 인한 설비의 부식을 방지한다.
③ 응축수를 배출함으로써 수격작용을 방지한다.
④ 관내 유체의 흐름에 대한 마찰 저항을 감소시킨다.

【해설】(2016-1회-83번 기출유사) 암기법: 응수부방
• 증기트랩의 설치목적은 증기배관내의 응축수를 자동적으로 배출하여 유체의 유동에 따른 마찰저항을 감소하고, 배관의 수격작용 발생 억제 및 부식을 방지한다.
❶ "베이퍼락(Vapor lock)"이란 배관 속을 흐르는 액체가 파이프 속에서 가열, 기화되어 압력이 변화하고 이 때문에 액체의 흐름이나 운동력 전달을 저해하는 현상을 말한다.

91. 10 kg/cm²의 압력하에 2000 kg/h로 증발하고 있는 보일러의 급수온도가 20 ℃ 일 때 환산증발량은? (단, 발생증기의 엔탈피는 600 kcal/kg 이다.)

① 2152 kg/h
② 3124 kg/h
③ 4562 kg/h
④ 5260 kg/h

【해설】(2013-1회-88번 기출반복)

• 상당증발량 $w_e = \dfrac{w_2(h_x - h_1)}{539} = \dfrac{2000\,kg/h \times (600 - 20)\,kcal/kg}{539\,kcal/kg} ≒ 2152\,kg/h$

92. 스케일(scale)에 대한 설명으로 틀린 것은?

① 스케일로 인하여 연료소비가 많아진다.
② 스케일은 규산칼슘, 황산칼슘이 주성분이다.
③ 스케일로 인하여 배기가스의 온도가 낮아진다.
④ 스케일은 보일러에서 열전도의 방해물질이다.

【해설】(2013-1회-86번 기출반복)
- 스케일(Scale, 관석)이란 보일러수에 용해되어 있는 칼슘염, 마그네슘염, 규산염 등의 불순물이 농축되어 포화점에 달하면 고형물로서 석출되어 보일러의 내면에 딱딱하게 부착하는 것을 말한다. 생성된 스케일은 보일러에 여러 가지의 악영향을 끼치게 되는데 열전도율을 저하시키므로 전열량이 감소하고, 배기가스의 온도가 높아지게 되어, 보일러 열효율이 저하되고, 연료소비량이 증대된다.

93. 보일러의 일상점검 계획에 해당하지 않는 것은?

① 급수배관 점검　　② 압력계 상태점검
③ 자동제어장치 점검　　④ 연료의 수요량 점검

【해설】※ 보일러의 일상 점검사항
- 수면계의 수위 점검
- 급수장치(저수량, 급수배관, 급수펌프, 자동급수장치)의 점검
- 분출장치의 점검
- 압력계의 지침상태 점검
- 자동제어장치의 점검

94. 열교환기의 격벽을 통해 정상적으로 열교환이 이루어지고 있을 경우 단위시간에 대한 교환열량 $\dot{q}$(열유속, kcal/m² · h)의 식은?
(단, $\dot{Q}$ 는 열교환량(kcal/h), A는 전열면적(m²) 이다.)

① $\dot{q} = A\dot{Q}$　　　　② $\dot{q} = \dfrac{A}{\dot{Q}}$

③ $\dot{q} = \dfrac{\dot{Q}}{A}$　　　　④ $\dot{q} = A(\dot{Q} - 1)$

【해설】(2017-1회-84번 기출유사)
- 열유속(熱流速)이란 단위면적당의 단위시간당 열전달량(열교환량)을 말한다.

$$\dot{q} = \dfrac{\dot{Q}}{A} \quad [\text{단위확인} : \dfrac{kcal/h}{m^2} = kcal/m^2 \cdot h \text{ 가 됨을 알 수 있다.}]$$

92-③　93-④　94-③

95. 다음 [그림]의 용접이음에서 생기는 인장응력은 약 몇 kgf/cm² 인가?

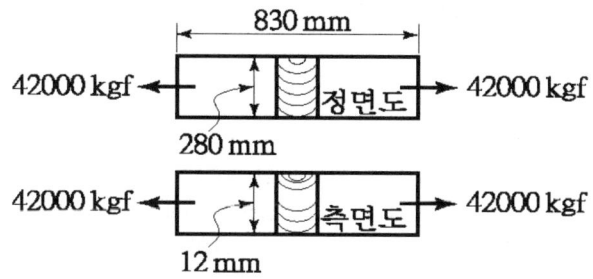

① 1250　　　② 1400　　　③ 1550　　　④ 1600

【해설】(2009-2회-93번 기출반복)

※ 용접이음의 강도계산 중 맞대기 용접이음의 경우이므로,
　하중 W = σ·h·ℓ
　42000 kgf = σ × 12 mm × 280 mm
∴ 인장응력 σ = 12.5 kgf/mm² = $\dfrac{12.5\ kgf}{\left(mm \times \dfrac{1\ cm}{10\ mm}\right)^2}$ = 1250 kgf/cm²

96. 전열면에 비등기포가 생겨 열유속이 급격하게 증대하며, 가열면상에 서로 다른 기포의 발생이 나타나는 비등과정을 무엇이라고 하는가?

① 단상액체 자연대류
② 핵비등(nucleate boiling)
③ 천이비등(transition boiling)
④ 포밍(foaming)

【해설】(2013-2회-95번 기출반복)

※ 초과온도에 대한 열유속과 초과온도에 대한 물의 비등(boiling) 곡선

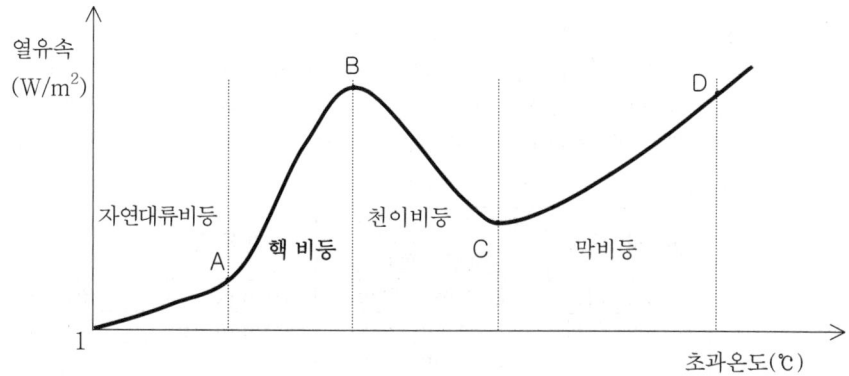

97. 보일러 부하의 급변으로 인하여 동 수면에서 작은 입자의 물방울이 증기와 혼입하여 튀어 오르는 현상을 무엇이라고 하는가?

① 캐리오버 ② 포밍 ③ 프라이밍 ④ 피팅

【해설】(2014-1회-87번 기출반복)
❸ 보일러 부하가 갑자기 증가하면 증기발생량을 급작스럽게 많이 해야 하므로 기포가 거품상태로 다량 발생하게 되어 수면에서 파괴될 때 미세 물방울이 증기와 함께 혼입하여 튀어 올라 증기배관으로 송출되는 프라이밍(飛水, 비수)현상이 일어난다.

98. 수관식과 비교하여 노통연관식 보일러의 특징으로 옳은 것은?

① 설치면적이 크다
② 연소실을 자유로운 형상으로 만들 수 있다
③ 파열시 비교적 위험하다
④ 청소가 곤란하다

【해설】(2015-4회-82번 기출유사)
① 원통형 보일러에 속하는 노통연관식 보일러는 설치면적이 적다.
② 노통연관식 보일러는 내분식이므로 연소실의 형태를 자유롭게 설계할 수 없다.
❸ 원통형 보일러에 속하는 노통연관식 보일러는 보유수량이 많으므로 보일러 파열 사고 시 피해가 커서 비교적 위험하다.
④ 노통연관식 보일러는 다른 원통형 보일러(노통식, 연관식)보다는 내부구조가 복잡하므로 청소가 곤란하지만, 수관식 보일러와 비교해서는 구조가 간단하여 청소가 용이하다.

99. 노통 보일러에 두께 13 mm 이하의 경판을 부착하였을 때 가셋 스테이의 하단과 노통 상단과의 완충폭(브레이징 스페이스)은 몇 mm 이상으로 하여야 하는가?

① 230 ② 260 ③ 280 ④ 300

【해설】(2011-2회-87번 기출반복)
※ 브레이징-스페이스(Breathing space, 완충구역)
노통보일러의 경판에 부착하는 거싯스테이 하단과 노통 상부 사이의 거리를 말하며, 경판의 일부가 노통의 고열에 의한 신축에 따라 탄성작용을 하는 역할을 한다.
완충폭은 아래 [표]에서와 같이 최소한 230 mm 이상을 유지하여야 한다.

※ 경판 두께에 따른 브레이징-스페이스

경판의 두께	브레이징-스페이스 (완충폭)	경판의 두께	브레이징-스페이스 (완충폭)
13 mm 이하	230 mm 이상	19 mm 이하	300 mm 이상
15 mm 이하	260 mm 이상	19 mm 초과	320 mm 이상
17 mm 이하	280 mm 이상		

100. 보일러 수의 분출 목적이 아닌 것은?

① 물의 순환을 촉진한다.
② 가성취화를 방지한다.
③ 프라이밍 및 포밍을 촉진하다.
④ 관수의 pH를 조절한다.

【해설】(2013-4회-85번 기출반복)
※ 보일러수 분출의 목적
- 보일러 수에 포함된 불순물은 보일러 내에서 물의 증발과 더불어 점점 농축되므로 동체의 바닥면에 침전물(퇴적된 슬러지)이 생긴다. 이러한 불순물을 배출하기 위하여 분출장치(분출밸브)를 설치한다.
① 물의 순환을 촉진하기 위해서
② 가성취화를 방지하기 위해서
❸ 프라이밍 및 포밍을 방지하기 위해서
④ 관수의 pH를 조절하기 위해서
⑤ 고수위를 방지하기 위해서
⑥ 관수의 농축을 방지하고 열대류를 높이기 위하여

2017년 제4회 에너지관리기사
(2017.9.23. 시행)

제1과목 연소공학

1. 다음 중 연소온도에 직접적인 영향을 주는 요소로 가장 거리가 먼 것은?

① 공기 중의 산소농도
② 연료의 저위발열량
③ 연소실 크기
④ 공기비

【해설】 (2012-1회-19번 기출유사)

• 연소실의 실제 연소온도 $t_g = \dfrac{\eta \times H_\ell - Q_{손실}}{C_g \cdot G} + t_0$ 여기서, η : 연소효율

① 연소용 공기 중의 산소농도가 높아지면 과잉공기량이 적어지게 되어 연소가스량(G)이 적어지므로 연소온도(t_g)는 높아진다.
② 연료의 저위발열량이 커지면 연소가스량(G)도 많아질 뿐만 아니라, 높은 배기가스 온도에 의한 배가스 열손실량($Q_{손실}$)이 따라서 증가하게 되므로 결국, 연소온도에는 별로 차이가 생기지 않는다.
❸ 연소실 체적은 연소실 부하율에 영향을 주므로 연소온도에 직접적인 영향을 주지는 않는다.
④ 가장 큰 영향을 주는 원인은 연소용 공기의 공기비인데, 공기비가 클수록 질소(흡열반응)에 의한 연소가스량(G)이 많아지므로 연소온도(t_g)는 낮아진다.

2. 연료시험에 사용되는 장치 중에서 주로 기체연료 시험에 사용되는 것은?

① 세이볼트(Saybolt) 점도계
② 톰슨(Thomson) 열량계
③ 오르잣(Orsat) 분석장치
④ 펜스키 마텐스(Pensky martens) 장치

【해설】 (2008-4회-44번 기출유사)

① 세이볼트(Saybolt) 점도계 : 액체연료의 점도 크기 측정 시험에 사용된다.
② 톰슨(Thomson) 열량계 : 일의 열당량을 측정하는데 사용된다.
❸ 오르잣(Orsat) 분석장치 : 기체연료의 화학적 분석 시험에 사용된다.
④ 펜스키 마텐스(Pensky martens) 장치 : 액체연료의 인화점 시험에 사용된다.

3. 중유의 성질에 대한 설명 중 옳은 것은?

① 점도에 따라 1, 2, 3급 중유로 구분한다.
② 원소 조성은 H가 가장 많다.
③ 비중은 약 0.72 ~ 0.76 정도이다.
④ 인화점은 약 60 ~ 150 ℃ 정도이다.

【해설】(2011-4회-10번 기출반복)　　　　　　　　암기법 : 중점,시비에(C>B>A)
　　※ 중유의 특징.
　　　① 점도에 따라서 A중유, B중유, C중유(또는 벙커C유)로 구분한다.
　　　② 원소 조성은 탄소(85 ~ 87 %), 수소(13 ~ 15 %), 산소 및 기타(0 ~ 2 %)이다.
　　　③ 중유의 비중 : 0.89 ~ 0.99
　　　❹ 인화점은 약 60 ~ 150 ℃ 정도이며, 비중이 작은 A중유의 인화점이 가장 낮다.

4. 산포식 스토커를 이용한 강제통풍일 때 일반적인 화격자 부하는 어느 정도인가?

① 90 ~ 110 kg/m²·h
② 150 ~ 200 kg/m²·h
③ 210 ~ 250 kg/m²·h
④ 260 ~ 300 kg/m²·h

【해설】(2016-1회-4번 기출유사)
　● 일반적인 화격자 부하(또는, 화격자 연소율)는 산포식 스토커(화격자)를 이용한 자연통풍 방식일 때 150 kg/m²·h 미만이고, 강제통풍 방식일 때 150 ~ 200 kg/m²·h 정도이다.

5. 공기를 사용하여 중유를 무화시키는 형식으로 아래의 조건을 만족하면서 부하변동이 많은데 가장 적합한 버너의 형식은?

　　○ 유량 조절범위 = 1 : 10 정도
　　○ 연소 시 소음이 발생
　　○ 점도가 커도 무화가 가능
　　○ 분무각도가 30° 정도로 작음

① 로터리식
② 저압기류식
③ 고압기류식
④ 유압식

【해설】(2007-1회-7번 기출유사)
　※ 고압기류 분무식 버너(또는, 공기 분무식 버너)의 특징.
　　① 고압(0.2 ~ 0.8 MPa)의 공기를 사용하여 중유를 무화시키는 형식이다.
　　② 유량조절범위가 1 : 10 정도로 가장 커서 고점도 연료도 무화가 가능하다.
　　③ 분무각(무화각)은 30° 정도로 가장 좁은 편이다.
　　④ 외부혼합 방식보다 내부혼합 방식이 무화가 잘 된다.
　　⑤ 연소 시 소음이 크다.

6. 다음 중 착화온도가 가장 높은 연료는?

① 갈탄 　　② 메탄 　　③ 중유 　　④ 목탄

【해설】(2010-2회-3번 기출유사)

※ 각종 연료의 착화온도

연료	착화온도(℃)	연료	착화온도(℃)
목재(장작), 갈탄	250 ~ 300	중유	530 ~ 580
목탄	320 ~ 370	수소	580 ~ 600
무연탄	450 ~ 500	**메탄**	650 ~ 750
프로판	약 500	탄소	약 800

• 착화온도는 측정장치나 방법에 따라 다르며 연료의 특성값으로서 절대적인 것은 아니다.

7. 공기나 연료의 예열효과에 대한 설명으로 옳지 않은 것은?

① 연소실 온도를 높게 유지
② 착화열을 감소시켜 연료를 절약
③ 연소효율 향상과 연소상태의 안정
④ 이론공기량이 감소함

【해설】❹ 이론공기량은 공기나 연료의 예열효과에 상관없이 일정하며, 적은 공기비로 완전연소 시킬 수 있으므로 과잉공기량이 적어져서 실제공기량이 감소한다.

8. 탄화수소계 연료(C_xH_y)를 연소시켜 얻은 연소생성물을 분석한 결과, CO_2 9%, CO 1%, O_2 8%, N_2 82%의 체적비를 얻었다. y/x의 값은 얼마인가?

① 1.52 　　② 1.72 　　③ 1.92 　　④ 2.12

【해설】(2008-1회-16번 기출유사)

연소생성물 분석한 결과 H_2O의 체적비율이 없는 이유는 생성된 H_2O를 흡수탑에서 흡수하여 제거시키고 나온 가스를 분석한 것을 의미한다.

• 화학식 　$C_mH_n + x\left(O_2 + \dfrac{79}{21}N_2\right) \rightarrow 9\,CO_2 + 1\,CO + 8\,O_2 + y\,H_2O + 82\,N_2$

한편, 반응 전·후의 원자수는 일치해야 하므로

$C : m = 9 + 1 = 10$
$N_2 : 3.76\,x = 82$ 에서 $x = 21.8085 ≒ 21.8$
$O : 2x = 18 + 1 + 16 + y$ 에서 $y = 8.6$
$H : n = 2y = 2 \times 8.6 = 17.2$

∴ $C_{10}H_{17.2} + 21.8(O_2 + 3.76\,N_2) \rightarrow 9\,CO_2 + 1\,CO + 8\,O_2 + 8.6\,H_2O + 82\,N_2$

따라서, $y/x = \dfrac{17.2}{10} = 1.72$

6-② 　7-④ 　8-②

9. 다음 집진장치의 특성에 대한 설명으로 옳지 않은 것은?

① 사이클론 집진기는 분진이 포함된 가스를 선회운동 시켜 원심력에 의해 분진을 분리한다.
② 전기식 집진장치는 대치시킨 2개의 전극사이에 고압의 교류전장을 가해 통과하는 미립자를 집진하는 장치이다.
③ 가스흡입구에 벤투리관을 조합하여 먼지를 세정하는 장치를 벤투리 스크러버라 한다.
④ 백필터는 바닥을 위쪽으로 달아매고 하부에서 백내부로 송입하여 집진하는 방식이다.

【해설】 ❷ 전기식 집진장치는 대치시킨 2개의 전극사이에 특고압(30 ~ 60 kV)의 **직류전장을** 가해 통과하는 미립자를 대전시켜 집진하는 장치이다.

10. 1차, 2차 연소 중 2차 연소에 대한 설명으로 가장 적절한 것은?

① 불완전 연소에 의해 발생한 미연가스가 연도 내에서 다시 연소하는 것
② 공기보다 먼저 연료를 공급했을 경우 1차, 2차 반응에 의하여 연소하는 것
③ 완전 연소에 의한 연소가스가 2차 공기에 의하여 폭발되는 것
④ 점화할 때 착화가 늦었을 경우 재점화에 의해서 연소하는 것

【해설】 (2015-1회-3번 기출반복)

❶ 연료 중의 C(탄소)가 불완전연소 $\left(C + \frac{1}{2}O_2 \rightarrow CO\right)$ 에 의해 미연가스인 CO가 발생된다. 미연가스가 연도를 통과시 일부의 공기가 혼합하여 CO가 $\left(CO + \frac{1}{2}O_2 \rightarrow CO_2\right)$ 로 재연소(2차연소)되어 완전연소가 된다.

11. $(CO_2)_{max}$ 가 24.0 %, (CO_2)가 14.2 %, (CO)가 3.0 %라면 연소가스 중의 산소는 약 몇 % 인가?

① 3.8   ② 5.0   ③ 7.1   ④ 10.1

【해설】 (2010-1회-17번 기출유사)

- 연소가스 분석에서 CO(3.0 %)가 존재하므로 불완전연소에 해당한다.
  따라서 불완전연소일 때 최대탄산가스함유량 $(CO_2)_{max}$ 를 구하는 식으로 계산한다.

  즉, $(CO_2)_{max} = \dfrac{21 \times (CO_2 + CO)_v}{21 - (O_2)_v + 0.395 \times (CO)_v}$

  $24 = \dfrac{21 \times (14.2 + 3)}{21 - O_2 + 0.395 \times 3}$

  ∴ O_2(산소)의 체적농도 = 7.135 % ≒ 7.1 %

12. 기체연료의 체적 분석결과 H₂가 45%, CO가 40%, CH₄가 15%, 이 연료 1 m³를 연소하는데 필요한 이론공기량은 몇 m³ 인가?

    (단, 공기 중의 산소 : 질소의 체적비는 1 : 3.77 이다.)

    ① 3.12　　　　② 2.14　　　　③ 3.46　　　　④ 4.43

【해설】(2007-1회-16번 기출유사)

- 공기량을 구하려면 연료조성에서 가연성분(H_2, CO, CH_4)의 연소에 필요한 산소량을 먼저 알아내야 한다.
  따라서, 기체연료 1 m³ 중에 연소되는 성분들의 완전연소에 필요한 이론산소량(O_0)은

  $$H_2 + \frac{1}{2}O_2 \rightarrow H_2O$$
  $$CO + \frac{1}{2}O_2 \rightarrow CO_2$$
  $$CH_4 + 2O_2 \rightarrow CO_2 + 2H_2O$$

  $O_0 = (0.5 \times H_2 + 0.5 \times CO + 2 \times CH_4)$
  $= (0.5 \times 0.45 + 0.5 \times 0.4 + 2 \times 0.15)$
  $= 0.725 \text{ m}^3/\text{m}^3\text{-연료}$

- 이론공기량(A_0) = 질소(N_2) + 산소(O_2) = $3.77 \times O_2 + 1 \times O_2 = 4.77 \times O_2$
  = $4.77 \times O_0 = 4.77 \times 0.725 \text{ m}^3/\text{m}^3\text{-연료} = 3.458 ≒ 3.46 \text{ m}^3/\text{m}^3\text{-연료}$

---

13. 다음 연소반응식 중 옳은 것은?

    ① $C_2H_6 + 3O_2 \rightarrow 2CO_2 + 4H_2O$　　② $C_3H_8 + 5O_2 \rightarrow 2CO_2 + 6H_2O$
    ③ $C_4H_{10} + 6O_2 \rightarrow 4CO_2 + 5H_2O$　　④ $CH_4 + 2O_2 \rightarrow CO_2 + 2H_2O$

【해설】(2017-2회-8번 기출유사)　　　　암기법 : 3,4,5　　암기법 : 4,5,6.5

- 탄화수소의 완전연소반응식 $C_mH_n + \left(m + \frac{n}{4}\right)O_2 \rightarrow mCO_2 + \frac{n}{2}H_2O$ 를 이용하여,

  ① 에탄 : $C_2H_6 + 3.5O_2 \rightarrow 2CO_2 + 3H_2O$　　② 프로판 : $C_3H_8 + 5O_2 \rightarrow 3CO_2 + 4H_2O$
  ③ 부탄 : $C_4H_{10} + 6.5O_2 \rightarrow 4CO_2 + 5H_2O$　　❹ 메탄 : $CH_4 + 2O_2 \rightarrow CO_2 + 2H_2O$

---

14. 중량비로 탄소 84%, 수소 13%, 유황 2%의 조성으로 되어 있는 경유의 이론 공기량은 약 몇 Nm³/kg 인가?

    ① 5　　　　② 7　　　　③ 9　　　　④ 11

【해설】(2014-4회-7번 기출유사)

- 이론공기량 $A_0 = \dfrac{O_0}{0.21}$ (Nm³/kg) = $\dfrac{1.867\,C + 5.6\,H + 0.7\,S}{0.21}$

  $= \dfrac{1.867 \times 0.84 + 5.6 \times 0.13 + 0.7 \times 0.02}{0.21}$

  $= 11.001 ≒ 11 \text{ Nm}^3/\text{kg-경유}$

12-③　　13-④　　14-④

15. 단일기체 10 Nm³의 연소가스를 분석한 결과 CO_2 : 8 Nm³, CO : 2 Nm³, H_2O : 20 Nm³을 얻었다면 이 기체연료는?

① CH_4 ② C_2H_2 ③ C_2H_4 ④ C_2H_6

【해설】 (2010-4회-9번 기출반복)
- 기체에서 분자식 앞의 계수는 부피비(또는, 몰수)를 뜻한다.
- 탄화수소의 연소반응식 $10\,C_mH_n + a\,O_2 \rightarrow 20\,H_2O + 2\,CO + 8\,CO_2$

 한편, 반응 전·후의 원자수는 일치해야 하므로
 O : 2a = 20 + 2 + 16 = 38 에서 a = 19
 C : 10m = 2 + 8 = 10 에서 m = 1
 H : 10n = 40 에서 n = 4

∴ $10\,CH_4 + 19\,O_2 \rightarrow 20\,H_2O + 2\,CO + 8\,CO_2$

16. 다음 대기오염 방지를 위한 집진장치 중 습식집진장치에 해당하지 않는 것은?

① 백필터   ② 충진탑
③ 벤츄리 스크러버   ④ 사이클론 스크러버

【해설】 (2014-2회-7번 기출반복)

여과식 집진기는 필터(여과재) 사이로 함진가스를 통과시키며 집진하는 방식인데,
습한 함진가스의 경우 필터에 수분과 함께 부착한 입자의 제거가 곤란하므로
일정량 이상의 입자가 부착되면 새로운 필터(여과재)로 교환해줘야 한다
따라서 여과(필터)식 집진기는 일반적으로 건식의 함진가스에 사용된다.
한편, 여과식 집진장치의 대표적인 집진기로는 백필터가 있는데 여과실내에 지름이
15~50cm, 길이 1~5m의 원통형 백(bag)을 매달아 밑에서 함진가스를 내부로 들여보내어
여과·분리하는 방식이다.

【key】 가정용 청소기의 필터를 떠올리게 되면, 젖은 먼지의 흡진은 곤란하다는 것을 이해할 수 있다!

17. 폭굉(detonation)현상에 대한 설명으로 옳지 않은 것은?

① 확산이나 열전도의 영향을 주로 받는 기체역학적 현상이다.
② 물질 내에 충격파가 발생하여 반응을 일으킨다.
③ 충격파에 의해 유지되는 화학 반응 현상이다.
④ 반응의 전파속도가 그 물질 내에서 음속보다 빠른 것을 말한다.

【해설】 (2010-4회-18번 기출반복)
※ 폭굉(detonation, 데토네이션) 현상
 - 화염의 전파속도가 음속(340m/s)보다 빠르며(1000 ~ 3500 m/s) 반응대가 충격파와
  일체가 되어 파면 선단에서 심한 파괴작용을 동반하는 연소 폭발현상을 말한다.
❶ 폭굉은 확산이나 열전도에 따른 역학적 현상이 아니라,
 화염의 빠른 전파에 의해 발생하는 충격파(압력파)에 의한 역학적 현상이다.

18. 다음 중 연소범위에 대한 설명으로 옳은 것은?

① 온도가 높아지면 좁아진다.
② 압력이 상승하면 좁아진다.
③ 연소상한계 이상의 농도에서는 산소농도가 너무 높다.
④ 연소하한계 이하의 농도에서는 가연성증기의 농도가 너무 낮다.

【해설】(2014-2회-19번 기출유사)

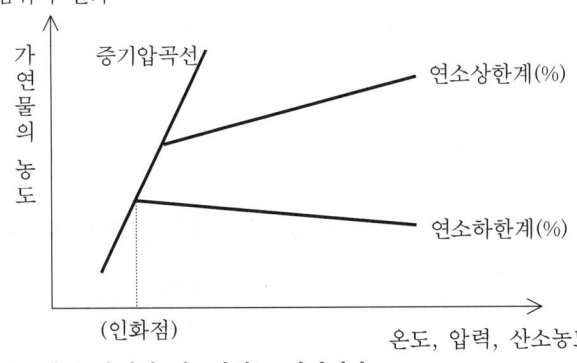

※ 연소범위의 변화

① 온도가 높아지면 연소범위는 넓어진다.
② 압력이 상승하면 연소범위는 넓어진다.
③ 연소상한계 이상의 농도에서는 가연성증기의 농도가 너무 높고, 산소농도가 너무 낮다.
❹ 연소하한계 이하의 농도에서는 가연성증기의 농도가 너무 낮고, 산소농도가 너무 높다.

19. 다음의 무게조성을 가진 중유의 저위발열량은 약 몇 kcal/kg 인가?
(단, 아래의 조성은 중유 1 kg당 함유된 각 성분의 양이다.)

| C : 84%, H : 13%, O : 0.5%, S : 2%, W : 0.5% |

① 8600 ② 10590 ③ 13600 ④ 17600

【해설】(2015-2회-7번 기출반복)

$$H_L = 8100\,C + 28600\left(H - \frac{O}{8}\right) + 2500\,S - 600\left(w + \frac{9}{8}O\right) \text{ [kcal/kg]}$$

$$= 8100 \times 0.84 + 28600\left(0.13 - \frac{0.005}{8}\right) + 2500 \times 0.02 - 600\left(0.005 + \frac{9}{8} \times 0.005\right)$$

$$= 10547.75 ≒ \mathbf{10590} \text{ [kcal/kg]}$$

【참고】※ 고체·액체연료의 중량조성에 따른 고위(H_h)·저위(H_L) 발열량 계산 (Dulong 식)

$$H_h = 8100\,C + 34000\left(H - \frac{O}{8}\right) + 2500\,S \text{ [kcal/kg]}$$

$$= 33.9\,C + 144\left(H - \frac{O}{8}\right) + 10.5\,S \text{ [MJ/kg]}$$

$$H_L = 8100\,C + 28600\left(H - \frac{O}{8}\right) + 2500\,S - 600\left(w + \frac{9}{8}O\right) \text{ [kcal/kg]}$$
$$= H_h - 2.5(9H + w) \text{ [MJ/kg]}$$
$$= 33.9\,C + 119.6\left(H - \frac{O}{8}\right) + 10.5\,S \text{ [MJ/kg]}$$

20. 다음 중 중유 첨가제의 종류에 포함되지 <u>않는</u> 것은?

① 슬러지 분산제 ② 안티녹제 ③ 조연제 ④ 부식방지제

【해설】 ※ 중유에는 여러 가지 목적 때문에 각종의 첨가제를 가하는데 그 종류에는 조연제, 부식방지제, 슬러지 분산제(또는, 연소안정제), 연소촉진제, 탈수제, 회분개질제 등이 있다.

❷ 안티녹제(antiknock 劑)는 가솔린 연료를 사용하는 기관의 노킹(knocking) 현상을 방지하기 위하여 첨가제로 사용한다.

제2과목 　　　　　　　열역학

21. 폐쇄계(System)에서 경로 A → C → B를 따라 110 J의 열이 계로 들어오고 50 J의 일을 외부에 할 경우 B → D → A를 따라 계가 되돌아 올 때 계가 40 J의 일을 받는다면 이 과정에서 계는 얼마의 열을 방출 또는 흡수하는가?

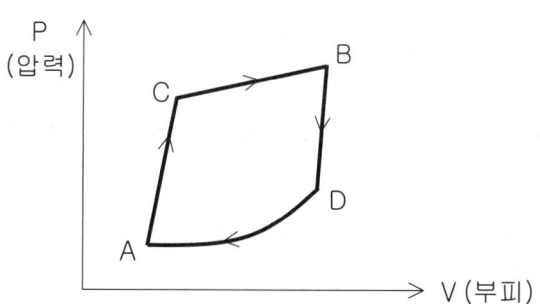

① 30 J 방출　　　　　　　　② 30 J 흡수
③ 100 J 방출　　　　　　　　④ 100 J 흡수

【해설】 (2007-1회-26번 기출유사)

※ 폐쇄계에서 열량은 보존된다는 열역학 제1법칙(에너지 보존)에 따르면, 계(系)가 110 J의 열을 받았으므로 +110 J 에서, 외부에 일을 50 J만큼 했으므로 계(系)에는 110 J − 50 J = 60 J 만큼의 내부에너지가 증가하였다. 계(系)가 원래 상태인 A점으로 되돌아오기 위하여 +40 J의 일을 받는다는 것은, 내부에너지(60 J) + 외부로부터(40 J) = 100 J 만큼의 열을 **방출**했기 때문이다.

22. 그림은 단열, 등압, 등온, 등적을 나타내는 압력(P)-부피(V), 온도(T)-엔트로피(S) 선도이다. 각 과정에 대한 설명으로 옳은 것은?

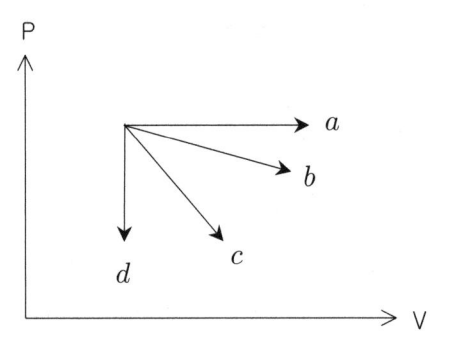
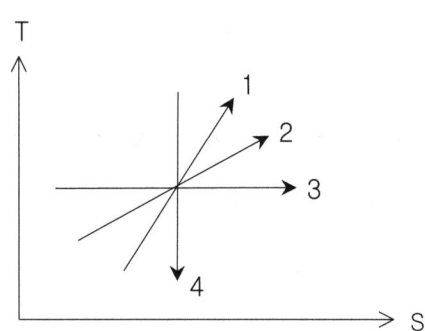

① a는 등적과정이고 4는 가역단열과정이다.
② b는 등온과정이고 3은 가역단열과정이다.
③ c는 등적과정이고 2는 등압과정이다.
④ d는 등적과정이고 4는 가역단열과정이다.

【해설】(2007-4회-31번 기출반복)
a : 등압, b : 등온, c : 단열, d : 등적
1 : 등적, 2 : 등압, 3 : 등온, 4 : 단열

23. 역카르노 사이클로 작동하는 냉동사이클이 있다. 저온부가 -10 ℃로 유지되고, 고온부가 40 ℃로 유지되는 상태를 A상태라고 하고, 저온부가 0 ℃, 고온부가 50 ℃로 유지되는 상태를 B상태라 할 때, 성능계수는 어느 상태의 냉동사이클이 얼마나 높은가?

① A상태의 사이클이 약 0.8만큼 높다.   ② A상태의 사이클이 약 0.2만큼 높다.
③ B상태의 사이클이 약 0.8만큼 높다.   ④ B상태의 사이클이 약 0.2만큼 높다.

【해설】(2013-2회-27번 기출유사)
• 역카르노 사이클의 냉동기 성능계수(COP)는 온도만의 함수로 나타낼 수 있으므로,

$$COP = \frac{Q_2}{W} = \frac{Q_2}{Q_1 - Q_2} = \frac{T_2}{T_1 - T_2}$$ (여기서, T_1 : 고온부, T_2 : 저온부)

$$COP_{(A)} = \frac{(-10 + 273)}{(40 + 273) - (-10 + 273)} = 5.26$$

$$COP_{(B)} = \frac{(0 + 273)}{(50 + 273) - (0 + 273)} = 5.46$$

∴ $COP_{(B)} - COP_{(A)} = 5.46 - 5.26 =$ **0.2** (즉, B상태의 성능계수가 0.2 만큼 높다.)

24. 다음 중 과열증기(superheated steam)의 상태가 아닌 것은?

① 주어진 압력에서 포화증기 온도보다 높은 온도
② 주어진 비체적에서 포화증기 압력보다 높은 압력
③ 주어진 온도에서 포화증기 비체적보다 낮은 비체적
④ 주어진 온도에서 포화증기 엔탈피보다 높은 엔탈피

【해설】 (2011-2회-21번 기출유사)

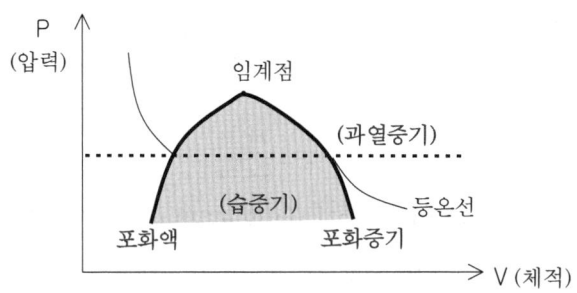

① 주어진 압력에서 포화증기 온도보다 높은 온도이면 P-V선도에서 오른쪽으로 이동하므로 과열증기 구역에 해당한다.
② 주어진 비체적에서 포화증기 압력보다 높은 압력이면 P-V선도에서 위쪽으로 이동하므로 과열증기 구역에 해당한다.
❸ 주어진 온도에서 포화증기 비체적보다 낮은 비체적이면 P-V선도에서 왼쪽으로 이동하므로 습증기 구역에 해당한다.
④ 주어진 온도에서 포화증기 엔탈피보다 높은 엔탈피이면 P-H선도에서 오른쪽으로 이동하므로 과열증기 구역에 해당한다.

25. 1 MPa의 포화증기가 등온 상태에서 압력이 700 kPa까지 내려갈 때 최종상태는?

① 과열증기   ② 습증기   ③ 포화증기   ④ 포화액

【해설】 (2011-1회-23번 기출유사)

• P-V선도 상의 포화증기 등온선에서 압력을 낮추면 포화증기선 우하향으로 벗어나게 되므로 과열증기 구역에 해당하게 된다.

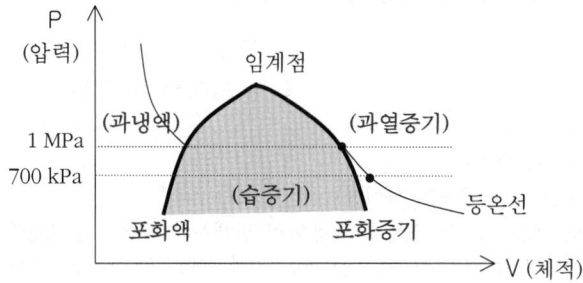

24-③   25-①

26. 다음 중 압력이 일정한 상태에서 온도가 변하였을 때의 체적팽창계수 β에 관한 식으로 옳은 것은? (단, 식에서 V는 부피, T는 온도, P는 압력을 의미한다.)

① $\beta = -\dfrac{1}{P}\left(\dfrac{\partial P}{\partial T}\right)_V$ 　　　② $\beta = -\dfrac{1}{V}\left(\dfrac{\partial V}{\partial P}\right)_T$

③ $\beta = \dfrac{1}{V}\left(\dfrac{\partial V}{\partial T}\right)_P$ 　　　④ $\beta = \dfrac{1}{T}\left(\dfrac{\partial T}{\partial P}\right)_V$

【해설】(2015-1회-37번 기출유사)
- 체적팽창계수(β)는 일정한 압력 하에서의 온도변화에 대한 부피의 변화율로서 정의된다.

$$\beta = \lim_{\Delta T \to 0}\left(\dfrac{\dfrac{\Delta V}{V}}{\Delta T}\right) = \dfrac{1}{V}\cdot\dfrac{dV}{dT} = \dfrac{1}{V}\left(\dfrac{\partial V}{\partial T}\right)_P$$

- 고체와 액체의 β값은 압력에 따라서는 크게 변하지 않으나, 온도에 따라서는 크게 변화한다.

【key】정압과정이므로 일정한 상수는 $\left(-\right)_P$ 이어야 하므로 ①, ②, ④번은 무조건 틀린 표현이고, 체적의 팽창이므로 체적의 변화량은 온도의 변화량에 서로 비례에 해당한다.
∴ 공식의 표현에서 "서로 비례"를 뜻하는 (+)가 들어있는 ③번에 있는 표현만이 정답이 된다.

27. 일반적으로 사용되는 냉매로 가장 거리가 먼 것은?
① 암모니아　　　② 프레온
③ 이산화탄소　　④ 오산화인

【해설】(2015-1회-23번 기출반복)　　　　　　　　　　　암기법 : 암물프공이
- 냉동장치내를 순환하면서 저온부로부터 열을 흡수하여 고온부로 열을 운반하는 작업유체를 냉매(冷媒, Refrigerant)라고 한다.
- 냉매의 전열이 양호한 순서 : NH_3 > H_2O > Freon(프레온) > Air(공기) > CO_2(이산화탄소)
❹ 오산화인(P_2O_5)은 공기 중의 습기를 빨아들이는 흡습성이 매우 강하여 건조제나 탈수제, 계면활성제로 사용된다.

28. 다음 중 수증기를 사용하는 증기동력 사이클은?
① 랭킨 사이클　　② 오토 사이클
③ 디젤 사이클　　④ 브레이턴 사이클

【해설】(2014-2회-27번 기출반복)
● 랭킨 사이클(또는, 증기원동소 사이클)
　- 연료의 연소열로 증기보일러를 이용하여 발생시킨 **수증기를 작동유체로 하므로** 증기 원동기라 부르며, 기계적 일로 바꾸기까지에는 부속장치(증기보일러, 터빈, 복수기, 급수펌프)가 포함되어야 하므로 증기원동소(蒸氣原動所)라고 부르게 된 것이다.

29. 다음 중 랭킨 사이클의 열효율을 높이는 방법으로 옳지 않은 것은?

① 복수기의 압력을 상승시킨다.
② 사이클의 최고 온도를 높인다.
③ 보일러의 압력을 상승시킨다.
④ 재열기를 사용하여 재열 사이클로 운전한다.

【해설】(2015-2회-32번 기출유사)
• 랭킨사이클의 이론적 열효율 공식. (여기서 1 : 급수펌프 입구를 기준으로 하였음)

$$\eta = \frac{W_{net}}{Q_1} = \frac{Q_1 - Q_2}{Q_1} = 1 - \frac{Q_2}{Q_1}$$ 에서,

보일러의 가열에 의하여 발생증기의 **초온, 초압**(터빈 입구의 온도, 압력)이 **높을수록**
일에 해당하는 T-S선도의 면적이 커지므로 열효율이 증가하고,
배압 (응축기 또는 복수기 압력)이 낮을수록 방출열량이 적어지므로 **열효율이 증가한다.**

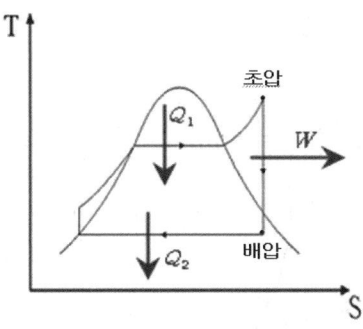

30. 밀폐계의 등온과정에서 이상기체가 행한 단위 질량당 일은?
(단, 압력과 부피는 P_1, V_1에서 P_2, V_2로 변하며, T는 온도, R은 기체상수이다.)

① $RT \ln\left(\dfrac{P_1}{P_2}\right)$ 　　② $\ln\left(\dfrac{V_1}{V_2}\right)$

③ $(P_2 - P_1)(V_2 - V_1)$ 　　④ $R \ln\left(\dfrac{P_1}{P_2}\right)$

【해설】(2010-2회-27번 기출반복)
등온(T = T_1 = T_2, dT = 0)과정에서는 dU = C_v·dT = 0 이므로, 열역학 제1법칙의 미분형
δQ = dU + PdV = PdV 에서,

$Q = {}_1W_2 = \int_1^2 P\, dV$ 　한편, 기체의 상태방정식 PV = mRT에서

$= \int_1^2 \dfrac{mRT}{V}\, dV = mRT\int_1^2 \dfrac{1}{V}\, dV = mRT\,[\ln V]_1^2 = mRT \cdot \ln\left(\dfrac{V_2}{V_1}\right)$

한편, 보일-샤를의 법칙 $\dfrac{P_1 V_1}{T_1} = \dfrac{P_2 V_2}{T_2}$ 에서 등온이므로 $\dfrac{P_1}{P_2} = \dfrac{V_2}{V_1}$

$$Q = mRT_1 \cdot \ln\left(\frac{P_1}{P_2}\right)$$

한편, 문제의 조건에서 단위질량당(m = 1 kg)과 등온($T_1 = T_2 = T$)이므로

$$= RT \cdot \ln\left(\frac{P_1}{P_2}\right)$$

31. 이상적인 카르노(Carnot) 사이클의 구성에 대한 설명으로 옳은 것은?

① 2개의 등온과정과 2개의 단열과정으로 구성된 가역 사이클이다.
② 2개의 등온과정과 2개의 정압과정으로 구성된 가역 사이클이다.
③ 2개의 등온과정과 2개의 단열과정으로 구성된 비가역 사이클이다.
④ 2개의 등온과정과 2개의 정압과정으로 구성된 비가역 사이클이다.

【해설】(2014-4회-25번 기출유사)   암기법 : 카르노 온단다.

❶ 카르노 사이클은 2개의 **등온**과정과 2개의 **단열**과정으로 구성된 가역 사이클이다.

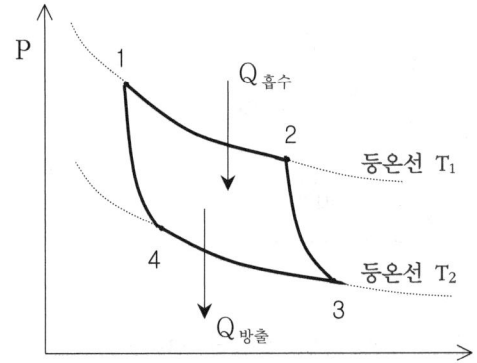

1 → 2 : 등온팽창.(열흡수)
2 → 3 : 단열팽창.
  (열출입없이 외부에 일을 한다.
  ∴ 온도하강)
3 → 4 : 등온압축.(열방출)
4 → 1 : 단열압축.
  (열출입없이 외부에서 일을 받는다.
  ∴ 온도상승)

32. 성능계수가 5.0, 압축기에서 냉매의 단위 질량당 압축하는데 요구되는 에너지는 200 kJ/kg인 냉동기에서 냉동능력 1 kW당 냉매의 순환량(kg/h)은?

① 1.8   ② 3.6   ③ 5.0   ④ 20.0

【해설】(2010-1회-25번 기출유사)   암기법 : 순효능

- m(냉매순환량) $= \dfrac{Q_2(\text{냉동능력})}{q_2(\text{냉동효과})}$

  한편, 냉동기의 성능계수 COP $= \dfrac{q_2}{W}\left(\dfrac{\text{냉동효과}}{\text{압축일량}}\right)$

  $5 = \dfrac{q_2}{200\,kJ/kg}$ 에서, $q_2 = 1000$ kJ/kg 이므로

  $= \dfrac{1\,kW}{1000\,kJ/kg} = \dfrac{1\,J/\sec}{1000\,J/kg} = \dfrac{1\,kg}{1000\,\sec} = \dfrac{1\,kg}{1000\,\sec \times \dfrac{1\,h}{3600\,\sec}}$

  = 3.6 kg/h

33. 다음 중 열역학 제1법칙을 설명한 것으로 가장 옳은 것은?

① 제3의 물체와 열평형에 있는 두 물체는 그들 상호간에도 열평형에 있으며, 물체의 온도는 서로 같다.
② 열을 일로 변환할 때 또는 일을 열로 변환할 때 전체 계의 에너지 총량은 변화하지 않고 일정하다.
③ 흡수한 열을 전부 일로 바꿀 수는 없다.
④ 절대 영도 즉 0 K에는 도달할 수 없다.

【해설】 (2017-2회-38번 기출유사)
① 열역학 제0법칙   ❷ 열역학 제1법칙(에너지보존법칙)
③ 열역학 제2법칙   ④ 열역학 제3법칙

34. 비가역 사이클에 대한 클라우시우스(Clausius) 적분에 대하여 옳은 것은? (단, Q는 열량, T는 온도이다.)

① $\oint \dfrac{dQ}{T} > 0$ ② $\oint \dfrac{dQ}{T} \geq 0$ ③ $\oint \dfrac{dQ}{T} = 0$ ④ $\oint \dfrac{dQ}{T} < 0$

【해설】 (2013-2회-35번 기출반복)
※ 클라우시우스(Clausius) 적분의 열역학 제2법칙 표현 : $\oint \dfrac{dQ}{T} \leq 0$ 에서,

- 가역 사이클일 경우 : $\oint_{가역} \dfrac{dQ}{T} = 0$
- 비가역 사이클일 경우 : $\oint_{비가역} \dfrac{dQ}{T} < 0$ 으로 표현한다.

35. 디젤 사이클에서 압축비가 20, 단절비(Cut-off ratio)가 1.7 일 때 열효율은 약 몇 % 인가? (단, 비열비는 1.4 이다.)

① 43   ② 66   ③ 72   ④ 84

【해설】 (2011-2회-33번 기출반복)
압축비 ϵ = 20, 단절비(차단비) σ = 1.7, 비열비 k = 1.4 일 때

- 디젤사이클의 열효율 공식 $\eta = 1 - \left(\dfrac{1}{\epsilon}\right)^{k-1} \times \dfrac{\sigma^k - 1}{k(\sigma - 1)}$

$= 1 - \left(\dfrac{1}{20}\right)^{1.4-1} \times \dfrac{1.7^{1.4} - 1}{1.4(1.7 - 1)}$

$= 0.6607 \fallingdotseq 66\%$

36. 이상기체 2 kg을 정압과정으로 50 ℃에서 150 ℃로 가열할 때, 필요한 열량은 약 몇 kJ 인가?
   (단, 이 기체의 정적비열은 3.1 kJ/(kg · K)이고 기체상수는 2.1 kJ/(kg · K) 이다.)

   ① 210　　　② 310　　　③ 620　　　④ 1040

   【해설】(2012-2회-26번 기출반복)
   - 정압가열이므로 비열은 정압비열을 구해서 대입해 주어야 한다.
     $Q = m \cdot C_p \Delta T$
     　　여기서, Q : 전달열량, m : 질량, C_p : 정압비열, ΔT : 온도변화량
     　　$= m \cdot (C_v + R) \times (T_2 - T_1)$
     　　$= 2 \, kg \times (3.1 + 2.1) kJ/kg \cdot K \times (150 - 50) K = 1040 \, kJ$

37. 저위발열량 40000 kJ/kg인 연료를 쓰고 있는 열기관에서 이 열이 전부 일로 바꾸어지고, 연료소비량이 20 kg/h이라면 발생되는 동력은 몇 kW 인가?

   ① 110　　　② 222　　　③ 316　　　④ 820

   【해설】(2016-4회-39번 기출유사)　　　　　암기법 : (효율좋은) 보일러 사저유
   - 열기관의 열효율 $\eta = \dfrac{Q_{out} \,(유효출력)}{Q_{in} \,(입열)} \times 100 = \dfrac{Q_{out}}{m_f \cdot H_\ell} \times 100$

     $1 = \dfrac{Q_{out}}{20 \, kg/h \times 40000 \, kJ/kg}$

   ∴ 동력 $Q_{out} = 800000 \, kJ/h = \dfrac{800000 \, kJ}{h \times \dfrac{3600 \sec}{1 \, h}} = 222.22 \, kW ≒ 222 \, kW$

38. N_2와 O_2의 기체상수는 각각 0.297 kJ/(kg · K) 및 0.260 kJ/(kg · K) 이다.
   N_2가 0.7 kg, O_2가 0.3 kg인 혼합가스의 기체상수는 약 몇 kJ/(kg · K) 인가?

   ① 0.213　　　② 0.254　　　③ 0.286　　　④ 0.312

   【해설】(2012-2회-6번 기출유사)
   - 혼합가스의 평균분자량은 각 성분가스의 중량%와 그 성분가스 분자량의 총합으로 표시한다.
     - 질소의 중량 $M_1 = 0.7 \, kg$, $R_1 = 0.297$
     - 산소의 중량 $M_2 = 0.3 \, kg$, $R_2 = 0.260$
     - 혼합가스의 중량 $M = M_1 + M_2$

   ∴ 혼합가스의 기체상수 $= \dfrac{M_1 \cdot R_1 + M_2 \cdot R_2}{M_1 + M_2} = \dfrac{0.7 \times 0.297 + 0.3 \times 0.260}{0.7 + 0.3}$
   　　　　　　　　　　　　　　$= 0.2859 ≒ 0.286 \, kJ/(kg \cdot K)$

36-④　37-②　38-③

39.
압력이 100 kPa인 공기를 정적과정으로 200 kPa가 되었다. 그 후 정압과정으로 비체적이 1 m³/kg에서 2 m³/kg으로 변하였다고 할 때, 이 과정 동안의 총 엔트로피의 변화량은 약 몇 kJ/(kg·K)인가?

(단, 공기의 정적비열은 0.7 kJ/(kg·K), 정압비열은 1.0 kJ/(kg·K)이다.)

① 0.31　　② 0.52　　③ 1.04　　④ 1.18

【해설】(2011-1회-30번 기출유사)　　　　　　　　　암기법 : 피부 부피

- 엔트로피 변화량의 일반식 $\Delta S = C_P \cdot \ln\left(\dfrac{V_2}{V_1}\right) + C_V \cdot \ln\left(\dfrac{P_2}{P_1}\right)$ 을 이용하면,

  총 엔트로피 변화량 $\Delta S_{총} = \Delta S_{정적} + \Delta S_{정압} = C_V \cdot \ln\left(\dfrac{P_2}{P_1}\right) + C_P \cdot \ln\left(\dfrac{V_4}{V_3}\right)$

  $= 0.7 \times \ln\left(\dfrac{200}{100}\right) + 1.0 \times \ln\left(\dfrac{2}{1}\right)$

  $= 1.178 ≒ 1.18 \text{ kJ/kg·K}$

【해설】　　　　　　　　　　　　　　　　　　　　암기법 : 브티알(VTR) 보자

- 엔트로피 변화량의 일반식 $\Delta S = C_V \cdot \ln\left(\dfrac{T_2}{T_1}\right) + R \cdot \ln\left(\dfrac{V_2}{V_1}\right)$ 에서

  한편, 기체의 상태방정식 $PV = mRT$ 에서, $T = \dfrac{PV}{mR} = \dfrac{P \cdot V_s}{R}$

  여기서, 기체상수 $R = C_P - C_V = 1 - 0.7 = 0.3 \text{ kJ/kg·K}$

  $T_1 = \dfrac{P_1 \cdot V_{s1}}{R} = \dfrac{100 \, kPa \times 1 \, m^3/kg}{0.3 \, kJ/kg·K} = 333.3 \text{ K}$

  $T_2 = \dfrac{P_2 \cdot V_{s2}}{R} = \dfrac{200 \, kPa \times 2 \, m^3/kg}{0.3 \, kJ/kg·K} = 1333.3 \text{ K}$

  ∴ $\Delta S_{총} = C_v \cdot \ln\left(\dfrac{T_2}{T_1}\right) + R \cdot \ln\left(\dfrac{V_2}{V_1}\right)$

  $= 0.7 \times \ln\left(\dfrac{1333.3}{333.3}\right) + 0.3 \times \ln\left(\dfrac{2}{1}\right) = 1.178 ≒ 1.18 \text{ kJ/kg·K}$

40. 온도와 관련된 설명으로 옳지 않은 것은?

① 온도 측정의 타당성에 대한 근거는 열역학 제 0 법칙이다.
② 온도가 0 ℃에서 10 ℃로 변화하면 절대온도는 0 K에서 283.15 K로 변환다.
③ 섭씨온도는 물의 어는점과 끓는점을 기준으로 삼는다.
④ SI 단위계에서 온도의 단위는 켈빈 단위를 사용한다.

【해설】(2013-2회-25번 기출반복)

❷ 절대온도 공식 T(K) = 섭씨온도 t(℃) + 273.15 에서,
　섭씨온도 10 ℃에 해당하는 절대온도는 T = 10 + 273.15 = 283.15 K 이다.
　하지만, 섭씨온도와 절대온도의 변화는 눈금간격이 동일하므로 섭씨온도가 10 ℃ 변화하면
　절대온도 역시도 10 K 만큼 변화한다.

제3과목 계측방법

41. 벨로우즈(Bellows) 압력계에서 Bellows 탄성의 보조로 코일 스프링을 조합하여 사용하는 주된 이유는?

① 감도를 증대시키기 위하여
② 측정압력 범위를 넓히기 위하여
③ 측정지연 시간을 없애기 위하여
④ 히스테리시스 현상을 없애기 위하여

【해설】 (2011-1회-58번 기출반복)
❹ 탄성식인 벨로우즈 압력계는 벨로우즈가 팽창하여 발생하는 변위로써 측정하는 방식인데, 변위에 따르는 **히스테리시스(hysteresis) 현상을 없애기 위하여** 벨로우즈에 코일 스프링을 조합하여 사용한다.

42. 유량계의 교정방법 중 기체 유량계의 교정에 가장 적합한 방법은?

① 밸런스를 사용하여 교정한다.
② 기준 탱크를 사용하여 교정한다.
③ 기준 유량계를 사용하여 교정한다.
④ 기준 체적관을 사용하여 교정한다.

【해설】 (2011-4회-59번 기출반복)
❹ 기체의 유량은 측정시의 온도 및 압력에 따라 그 체적의 변화가 매우 크므로, 기체유량계의 교정은 대유량용의 시험 및 교정용인 **기준체적관을 사용**하여 교정한다.

43. 제어시스템에서 조작량이 제어 편차에 의해서 정해진 두 개의 값이 어느 편인가를 택하는 제어방식으로 제어결과가 다음과 같은 동작은?

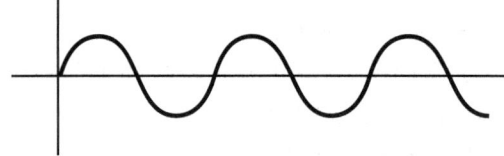

① 온오프동작   ② 비례동작   ③ 적분동작   ④ 미분동작

【해설】 (2008-4회-52번 기출반복)
• 편차의 (+), (−)에 의해 조작신호가 최대, 최소가 되는 제어동작을 ON-OFF(온오프) 동작 이라 한다.

44. 수직관 속에 비중이 0.9인 기름이 흐르고 있다. 아래 그림과 같이 액주계를 설치하였을 때 압력계의 지시값은 몇 kg/cm² 인가?

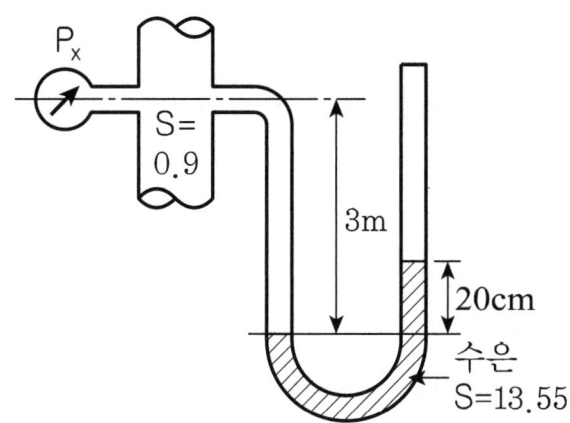

① 0.001   ② 0.01   ③ 0.1   ④ 1.0

【해설】 (2013-4회-54번 기출유사)
※ 유체가 흐르는 수직관로의 압력차 측정
• 액주 하단부 "경계면 A, B에 작용하는 압력은 서로 같다"는 파스칼의 법칙에 의해

$$P_A = P_B$$
$$P_1 + \gamma_{기름} \cdot R = P_2 + \gamma_{수은} \cdot h + \gamma_{공기} \cdot K$$

여기서, 공기의 밀도는 액체에 비해 매우 작으므로 무시하면
$$P_1 + \gamma_{기름} \cdot R = P_2 + \gamma_{수은} \cdot h$$
$$\therefore P_X = P_1 - P_2 = \gamma_{수은} \cdot h - \gamma_{기름} \cdot R$$

한편, 어떤 물질의 비중량 $\gamma = s \times \gamma_w$ 이므로
$$= s_{수은} \times \gamma_w \times h - s_{기름} \times \gamma_w \times R$$

한편, 물의 비중량 $\gamma_w = 1\ g/cm^3$ 이므로
$$= 13.55 \times 1\ g/cm^3 \times 20\ cm - 0.9 \times 1\ g/cm^3 \times 300\ cm$$
$$= 1\ g/cm^2 = \frac{1g \times \frac{kg}{1000g}}{cm^2} = 0.001\ \text{kg/cm}^2$$

45. 가스분석 방법 중 CO₂의 농도를 측정할 수 없는 방법은?

① 자기법   ② 도전율법   ③ 적외선법   ④ 열전도율법

【해설】 (2014-4회-42번 기출반복)
• 자기장에 흡인되는 특성을 가지고 있는 것을 이용하는 자기식 가스분석계로는 자성을 거의 지니지 않는 이산화탄소(CO_2)의 농도를 측정할 수 없다.

46. 차압식 유량계에 대한 설명으로 옳지 않은 것은?

① 관로에 오리피스, 플로우 노즐 등이 설치되어 있다.
② 정도(精度)가 좋으나, 측정범위가 좁다.
③ 유량은 압력차의 평방근에 비례한다.
④ 레이놀즈수가 10^5 이상에서 유량계수가 유지된다.

【해설】(2012-4회-52번 기출반복)
❷ 차압식 유량계는 유로에 고정된 교축기구(오리피스, 노즐, 벤츄리)를 두므로 흐르는 유체의 압력손실이 있기는 하지만 정도가 0.5 ~ 3%로 좋은 편이며 측정할 수 있는 압력범위가 비교적 거의 모든 유체의 유량범위에 광범위하게 사용할 수 있다.

47. 다음 중 바이메탈 온도계의 측온 범위는?

① -200 ℃ ~ 200 ℃　　② -30 ℃ ~ 360 ℃
③ -50 ℃ ~ 500 ℃　　④ -100 ℃ ~ 700 ℃

【해설】(2017-1회-53번 기출유사)　　　　　　　　암기법 : 바이오(5)
• 고체팽창식 온도계인 바이메탈 온도계는 열팽창계수가 서로 다른 2개의 물질을 마주 접합한 것으로 온도변화에 의해 선팽창계수가 다르므로 휘어지는 현상을 이용하여 온도를 측정한다. 온도의 자동제어에 쉽게 이용되며, 구조가 간단하고 경년변화가 적으며 측정할 수 있는 온도 범위는 -50 ℃ ~ 500 ℃ 이다.
그러나, 정확도가 낮고 오래 사용 시 히스테리시스 오차가 발생하며 온도변화에 대하여 응답시간이 늦다는 단점이 있으므로 신호전송용보다는 정확도나 응답시간이 크게 중요하지 않는 On-off 제어용 신호에 주로 쓰인다.

48. 베크만 온도계에 대한 설명으로 옳은 것은?

① 빠른 응답성의 온도를 얻을 수 있다.
② -60 ~ 350 ℃ 정도의 측정온도 범위인 것이 보통이다.
③ 저온용으로 적합하여 약 -100 ℃까지 측정할 수 있다.
④ 모세관의 상부에 수은을 봉입한 부분에 대해 측정온도에 따라 남은 수은의 양을 가감하여 그 온도부분의 온도차를 0.01 ℃까지 측정할 수 있다.

【해설】※ 베크만 온도계(Beckmann's Thermometer)
- 미소한 범위의 온도변화를 극히 정밀하게 측정할 수 있어서 열량계의 온도측정 등에 많이 사용되는 수은 온도계의 일종으로 모세관의 상부에 수은을 모이게 하는 U자로 굽어진 곳이 있어서 측정온도에 따라 모세관에 남은 수은의 양을 조절하여 5 ~ 6 ℃의 사이를 100분의 1 ℃까지도 측정이 가능하며 측정온도범위는 -20 ~ 150 ℃ 까지이다.

49. 자동제어에서 동작신호의 미분값을 계산하여 이것과 동작신호를 합한 조작량 변화를 나타내는 동작은?

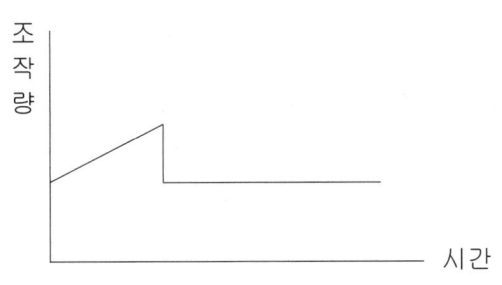

① D동작   ② P동작   ③ PD동작   ④ PID동작

【해설】(2009-2회-45번 기출반복)
❸ 문제에서 제시된 그림은 P동작, D동작을 조합한 PD복합동작이다.

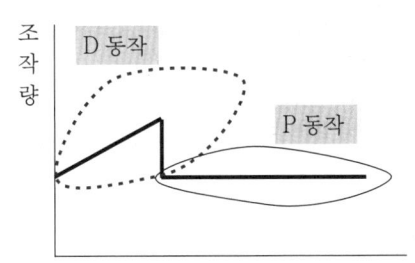

- 조작량이 일정한 부분은 P동작,
- 갑자기 증가하였다가 감소되는 것은 D동작,
- 직선적으로 증가만 하는 것은 I동작이다.

50. 측정량과 크기가 거의 같은 미리 알고 있는 양의 분동을 준비하여 분동과 측정량의 차이로부터 측정량을 구하는 방식은?

① 편위법   ② 보상법   ③ 치환법   ④ 영위법

【해설】(2017-2회-48번 기출유사)
※ 계측기기의 측정방법
① 편위법(偏位法) : 측정하고자 하는 양의 작용에 의하여 계측기의 지침에 편위를 일으켜 이 편위를 눈금과 비교함으로써 측정을 행하는 방식이다.
❷ 보상법(補償法) : 측정하고자 하는 양을 표준치와 비교하여 양자의 근소한 차이로부터 측정량을 정교하게 구하는 방식이다.
③ 치환법(置換法) : 측정량과 기준량을 치환해 2회의 측정결과로부터 구하는 측정방식이다.
④ 영위법(零位法) : 측정하고자 하는 양과 같은 종류로서 크기를 독립적으로 조정할 수가 있는 기준량을 준비하여 기준량을 측정량에 평형시켜 계측기의 지침이 0의 위치를 나타낼 때의 기준량 크기로부터 측정량의 크기를 알아내는 방법이다.
⑤ 차동법(差動法) : 같은 종류인 두 양의 작용의 차를 이용하는 방법이다.

51. 관로의 유속을 피토관으로 측정할 때 수주의 높이가 30 cm 이었다. 이 때 유속은 약 몇 m/s 인가?

① 1.88 　　② 2.42 　　③ 3.88 　　④ 5.88

【해설】(2010-4회-41번 기출반복, 2017-2회-60번 기출유사)
- 피토관 유속 $v = C_p\sqrt{2gh}$ 에서, 별도의 제시가 없으면 피토관 계수 $C_p = 1$ 로 한다.
  $= 1 \times \sqrt{2 \times 9.8\, m/s^2 \times 0.3\, m} = 2.424 ≒ 2.42\, m/s$

52. 액체와 고체연료의 열량을 측정하는 열량계는?

① 봄브식 　　② 융커스식 　　③ 클리브랜드식 　　④ 타그식

【해설】(2012-2회-55번 기출반복)
❶ 고체·액체 연료의 발열량 측정은 봄브(Bombe, 봄베)식 열량계가 사용된다.
② 기체연료의 발열량 측정은 융커스식 열량계가 사용된다.
③ 클리브랜드식은 인화점 시험방법 중 개방식 시험법을 말한다.
④ 타그식은 인화점 시험방법 중 밀폐식 시험법을 말한다.

53. 열전 온도계에 대한 설명으로 틀린 것은?

① 접촉식 온도계에서 비교적 낮은 온도 측정에 사용한다.
② 열기전력이 크고 온도증가에 따라 연속적으로 상승해야 한다.
③ 기준접점의 온도를 일정하게 유지해야 한다.
④ 측온 저항체와 열전대는 소자를 보호관 속에 넣어 사용한다.

【해설】(2014-4회-46번 기출유사)
❶ 접촉식 온도계 중에서는 열전 온도계(또는, 열전대 온도계)가 가장 높은 온도(-200 ℃ ~ 1600 ℃)의 측정에 사용한다.

54. 연소가스 중의 CO 와 H_2 의 측정에 주로 사용되는 가스분석계는?

① 과잉공기계 　　② 질소가스계 　　③ 미연소가스계 　　④ 탄산가스계

【해설】(2007-2회-49번 기출반복)
- 미연소가스계(미연가스계 또는, CO + H_2 분석계)
  - 시료가스에 산소(O_2)를 공급하여 백금선의 촉매로 연소시키면 미연가스의 양에 따라 그 온도가 상승하게 되므로 온도상승으로 인한 저항의 증가로 미연소가스(CO, H_2)를 분석하는 방식으로 측정한다.

55. 다음 중 스로틀(throttle) 기구에 의하여 유량을 측정하지 않는 유량계는?

① 오리피스미터 ② 플로우 노즐
③ 벤투리미터 ④ 오벌미터

【해설】(2010-1회-52번 기출반복)
- 간접 측정식의 차압식(교축) 유량계 : 벤츄리식, 오리피스식, 플로우 노즐식이 있다.
- ❹ 오벌미터는 용적식 유량계의 일종으로서, 액체에만 측정할 수 있으며 기체의 유량 측정은 불가능하다.

56. 2.2 kΩ의 저항에 220V의 전압이 사용되었다면 1초당 발생한 열량은 몇 W 인가?

① 12 ② 22 ③ 32 ④ 42

【해설】(2016-2회-29번 기출유사)
- 전열기의 소비전력 $P = \dfrac{E}{t}\left(\dfrac{전기에너지}{사용시간}\right) = \dfrac{Q}{t}\left(\dfrac{발열량}{사용시간}\right) = I \cdot V$ (전류 × 전압)

  여기서, 발열량 $Q = I \cdot V \cdot t$, 옴의 법칙 $I = \dfrac{V}{R}$ 에 의하여

  따라서, 소비전력 $P = \dfrac{V^2}{R} = \dfrac{(220\,V)^2}{2.2 \times 10^3\,\Omega} = 22\ V^2/\Omega = 22\ W$

57. 미리 정해진 순서에 따라 순차적으로 진행하는 제어방식은?

① 시퀀스 제어 ② 피드백 제어
③ 피드포워드 제어 ④ 적분 제어

【해설】(2013-4회-58번 기출반복) 암기법 : 미정순, 시쿤동
- 시퀀스(Sequence) 제어
  미리 **정**해진 **순**서에 따라 순차적으로 각 단계를 진행하는 자동제어 방식으로서 작동명령은 기동·정지·개폐 등의 타이머, 릴레이 등을 이용하여 행하는 제어를 말한다.
- 피드백(Feed back) 제어
  출력측의 제어량을 입력측에 되돌려 설정된 목표값과 비교하여 일치하도록 반복시켜 동작하는 제어 방식을 말한다.
- 피드 포워드(Feed forward) 제어
  외란(外亂)에 의한 제어량의 변화를 미리 상정하여 이것에 대응한 제어동작을 수행시켜 응답을 빨리하게 하는 제어 방식을 말한다. 피드포워드 제어는 자체적으로 정정 동작의 능력이 없기 때문에 일반적으로 피드백 제어와 병용하여 사용된다.
- 적분(Integral) 제어
  조작량이 동작신호의 적분값에 비례하는 제어동작이므로 출력변화의 속도가 편차에 비례하게 된다.

58. 다음 중 가스분석 측정법이 아닌 것은?

① 오르사트법
② 적외선 흡수법
③ 플로우 노즐법
④ 가스크로마토그래피법

【해설】 (2016-4회-58번 기출유사)
❸ 플로우 노즐법은 압력차(차압식)를 이용하여 유량을 측정하는 방법이다.

【참고】　　　　　　　　　　　　　　　　　암기법 : 세자가, 밀도적 열명을 물리쳤다.
※ 가스분석계의 분류는 물질의 물리적, 화학적 성질에 따라 다음과 같이 분류한다.
- 물리적 가스분석방법 : 세라믹식, 자기식, 가스크로마토그래피법, 밀도법, 도전율법, 적외선식, 열전도율법
- 화학적 가스분석방법 : 오르사트 분석기, 연소열식 O_2계, 자동화학식 CO_2계, 미연소식

59. 마노미터의 종류 중 압력 계산 시 유체의 밀도에는 무관하고 단지 마노미터 액의 밀도에만 관계되는 마노미터는?

① open-end 마노미터
② sealed-end 마노미터
③ 차압(differential) 마노미터
④ open-end 마노미터와 sealed-end 마노미터

【해설】 ※ 액주식 압력계(또는, manometer 마노미터)
- 높은 압력에도 액주가 많이 올라가지 않도록 U자관에 무거운 제3의 액체(물, 수은 등)를 넣어 둔 액주계를 **차압식(또는, 시차식)마노미터**라고 하는데, 측정하고자 하는 유체의 밀도에는 무관하고 단지 마노미터 액체의 밀도에만 관계된다.

60. 다음 중 열전대 온도계에서 사용되지 않는 것은?

① 동 - 콘스탄탄
② 크로멜 - 알루멜
③ 철 - 콘스탄탄
④ 알루미늄 - 철

【해설】 (2014-4회-44번 기출유사)　　　　　　　암기법 : 열기, ㅋㅋ~ 철동크백
※ 열전대의 종류 및 특징.

종류	호칭	(+)전극	(-)전극	측정온도범위(℃)	암기법
PR	R형	백금로듐	백금	0 ~ 1600	PRR
CA	K형	크로멜	알루멜	-20 ~ 1200	CAK (칵~)
IC	J형	철	콘스탄탄	-20 ~ 800	아이씨 재바
CC	T형	구리(동)	콘스탄탄	-200 ~ 350	CCT(V)

| 제4과목 | 열설비재료 및 관계법규 |

61. 에너지이용 합리화법에 따라 고효율에너지 인증대상기자재에 해당되지 않는 것은?

① 펌프
② 무정전 전원장치
③ 가정용 가스보일러
④ 발광다이오드 등 조명기기

【해설】(2014-1회-66번 기출반복)

※ 고효율에너지 인증대상 기자재
1. **발**광다이오드(LED) 등 조명기기
2. **펌**프
3. **무**정전 전원장치
4. **산**업건물용 보일러
5. **폐**열회수형 환기장치
6. 그 밖에 산업통상자원부장관이 특히 에너지이용의 효율성이 높아 보급을 촉진할 필요가 있다고 인정하여 고시하는 기자재 및 설비

암기법 : 발품(펌) 무산, 폐버려!
[에너지이용합리화법 시행규칙 제20조1항.]

62. 에너지이용 합리화법에 따라 산업통상자원부장관이 국내외 에너지 사정의 변동으로 에너지 수급에 중대한 차질이 발생될 경우 수급안정을 위해 취할 수 있는 조치 사항이 아닌 것은?

① 에너지의 배급
② 에너지의 비축과 저장
③ 에너지의 양도·양수의 제한 또는 금지
④ 에너지 수급의 안정을 위하여 산업통상자원부령으로 정하는 사항

【해설】(2014-1회-62번 기출유사) [에너지이용합리화법 제7조2항]
- 에너지 수급안정을 위한 조정·명령 및 조치 사항
  - 지역별·수급자별 에너지 할당, 에너지공급설비의 가동 및 조업, 에너지의 비축과 저장, 에너지의 도입·수출입 및 위탁가공, 에너지의 배급, 에너지의 유통시설과 유통경로, 에너지의 양도·양수의 제한 또는 금지 등 그 밖에 **대통령령**으로 정하는 사항

61-③   62-④

63. 에너지이용 합리화법에서 정한 에너지다소비사업자의 에너지관리기준이란?

① 에너지를 효율적으로 관리하기 위하여 필요한 기준
② 에너지관리 현황에 대한 조사에 필요한 기준
③ 에너지 사용량 및 제품 생산량에 맞게 에너지를 소비하도록 만든 기준
④ 에너지관리 진단 결과 손실요인을 줄이기 위하여 필요한 기준

【해설】(2009-1회-66번 기출반복)
❶ 산업통상자원부장관은 관계 행정기관의 장과 협의하여 에너지다소비사업자가 **에너지를 효율적으로 관리하기 위하여 필요한 기준**인 "에너지관리기준"을 부문별로 정하여 고시하여야 한다. [에너지이용합리화법 제32조 1항.]

64. 에너지이용 합리화법에 따라 에너지다소비사업자는 연료·열 및 전력의 연간사용량의 합계가 얼마 이상인자를 나타내는가?

① 1천 티오이 이상인 자   ② 2천 티오이 이상인 자
③ 3천 티오이 이상인 자   ④ 5천 티오이 이상인 자

【해설】(2009-1회-67번 기출반복)   암기법: 에이, 쌍!~ 다소비네
• 에너지다소비사업자라 함은 연료·열 및 전력의 연간 사용량의 합계(연간 에너지사용량)가 2,000 TOE 이상인 자를 말한다. [에너지이용합리화법 시행령 제35조]

65. 에너지이용 합리화법에 따라 에너지이용합리화에 관한 기본계획 사항에 포함되지 않는 것은?

① 에너지 절약형 경제구조로의 전환
② 에너지이용합리화를 위한 기술개발
③ 열사용 기자재의 안전관리
④ 국가에너지정책목표를 달성하기 위하여 대통령령으로 정하는 사항

【해설】(2010-4회-62번 기출반복)   [에너지이용합리화법 제4조 2항.]
※ 에너지이용합리화 기본계획에 포함되는 사항.
1. 에너지 절약형 경제구조로의 전환
2. 에너지이용효율의 증대
3. 에너지이용합리화를 위한 기술개발
4. 에너지이용합리화를 위한 홍보 및 교육
5. 에너지원간 대체(代替)
6. 열사용 기자재의 안전관리
7. 에너지이용합리화를 위한 가격예시제의 시행에 관한 사항
8. 에너지의 합리적인 이용을 통한 온실가스의 배출을 줄이기 위한 대책
9. 그 밖에 에너지이용 합리화를 추진하기 위하여 필요한 사항으로서 **산업통상자원부령으로** 정하는 사항

66. 에너지이용 합리화법에 따라 검사대상기기의 설치자가 변경된 경우 새로운 검사대상기기의 설치자는 그 변경일로부터 최대 며칠 이내에 검사대상기기 설치자 변경 신고서를 제출하여야 하는가?

① 7일 ② 10일 ③ 15일 ④ 20일

【해설】(2009-2회-63번 기출반복)
　　　　※ 검사대상기기 설치자의 변경신고.　　[에너지이용합리화법 시행규칙 제31조의 24.]
　　　　　- 검사대상기기의 설치자가 변경된 경우 새로운 대상기기의 설치자는 그 변경일로부터 15일 이내에 설치자 변경신고서를 한국에너지공단 이사장에게 신고하여야 한다.

67. 에너지이용 합리화법에서 에너지의 절약을 위해 정한 "자발적 협약"의 평가 기준이 아닌 것은?

① 계획대비 달성률 및 투자실적
② 자원 및 에너지의 재활용 노력
③ 에너지 절약을 위한 연구개발 및 보급촉진
④ 에너지 절감량 또는 에너지의 합리적인 이용을 통한 온실가스배출 감축량

【해설】(2009-2회-64번 기출반복)　　　　암기법 : 자발적으로 투자했는데 감자되었다.
　　　　※ 자발적 협약의 평가기준.　　[에너지이용합리화법 시행령 시행규칙 제26조2항.]
　　　　　① 계획대비 달성률 및 **투자**실적
　　　　　② 에너지 절감량 또는 에너지의 합리적인 이용을 통한 온실가스의 배출 **감축**량
　　　　　③ **자**원 및 에너지의 재활용 노력
　　　　　④ 그밖에 에너지절감 또는 에너지의 합리적인 이용을 통한 온실가스배출 감축에 관한 사항.

68. 에너지이용 합리화법에 따라 열사용기자재 중 2종 압력용기의 적용범위로 옳은 것은?

① 최고사용압력이 0.1 MPa를 초과하는 기체를 그 안에 보유하는 용기로서 내부 부피가 0.05 m^3 이상인 것
② 최고사용압력이 0.2 MPa를 초과하는 기체를 그 안에 보유하는 용기로서 내부 부피가 0.04 m^3 이상인 것
③ 최고사용압력이 0.1 MPa를 초과하는 기체를 그 안에 보유하는 용기로서 내부 부피가 0.03 m^3 이상인 것
④ 최고사용압력이 0.2 MPa를 초과하는 기체를 그 안에 보유하는 용기로서 내부 부피가 0.02 m^3 이상인 것

【해설】(2013-1회-61번 기출유사)　　　　암기법 : 이영희는, 용사 아니다.(안2다)

※ 2종 압력용기의 적용범위.　　　　　　　　[에너지이용합리화법 시행규칙 별표1.]
- 최고사용압력이 0.2 MPa를 **초과**하는 기체를 그 안에 보유하는 용기로서 다음 각 호의 어느 하나에 해당하는 것.
- 내용적이 0.04 m³ 이상인 것.
- 동체의 안지름이 200 mm 이상 (증기헤더의 경우에는 동체의 안지름이 300 mm 초과)이고, 그 길이가 1000 mm이상인 것.

69. 보온을 두껍게 하면 방산열량(Q)은 적게 되지만 보온재의 비용(P)은 증대된다. 이 때 경제성을 고려한 최소치의 보온재 두께를 구하는 식은?

① Q + P
② Q^2 + P
③ Q + P^2
④ Q^2 + P^2

【해설】(2012-1회-73번 기출유사)
❶ 보온재 시공 시, 보온재의 경제적 두께 = P + Q의 값이 최소일 때이다.

70. 고알루미나(high alumina) 내화물의 특성에 대한 설명으로 옳은 것은?

① 급열, 급냉에 대한 저항성이 적다.
② 고온에서 부피변화가 크다.
③ 하중 연화온도가 높다.
④ 내마모성이 적다.

【해설】(2008-1회-69번 기출반복)
- 중성 내화물인 고알루미나(Al_2O_3계 50 % 이상)질 성분이 많을수록 고온에 잘 견딘다. 따라서, **하중 연화온도가 높고**, 고온에서 부피변화가 작고, 내화도·내마모성이 크다.

71. 견요의 특징에 대한 설명으로 틀린 것은?

① 석회석 클링커 제조에 널리 사용된다.
② 하부에서 연료를 장입하는 형식이다.
③ 제품의 예열을 이용하여 연소용 공기를 예열한다.
④ 이동 화상식이며 연속요에 속한다.

【해설】(2010-2회-76번 기출반복)
※ 견요(堅窯, 샤프트로, 선 가마)의 특징
① 석회석(시멘트) 클링커 제조용 가마는 견요, 회전요, 윤요 이다.
❷ **상부에서 연료를 장입하고, 하부에서 공기를 흡입하는 형식이다.**
③ 제품의 예열을 이용하여 연소용 공기를 예열한다.
④ 이동화상식이며 연속요에 속한다.
〈연속식 요〉: 터널요, 윤요(輪窯, 고리가마), 견요(堅窯, 샤프트로), 회전요(로타리 가마)

72. 내화물의 제조공정의 순서로 옳은 것은?

① 혼련 → 성형 → 분쇄 → 소성 → 건조
② 분쇄 → 성형 → 혼련 → 건조 → 소성
③ 혼련 → 분쇄 → 성형 → 소성 → 건조
④ 분쇄 → 혼련 → 성형 → 건조 → 소성

【해설】(2010-4회-75번 기출반복) **암기법**: 혼수성,건소

❹ 일반적으로 소성 내화물의 제조는 내화원료 → 분쇄(粉碎) → 혼련(混鍊) → 수련(水鍊) → 성형(成形) → 건조(乾燥) → 소성(燒成) → 제품의 기본공정에 의해 제품이 완성된다.

73. 다음 중 배관의 호칭법으로 사용되는 스케줄 번호를 산출하는데 직접적인 영향을 미치는 것은?

① 관의 외경 ② 관의 사용온도
③ 관의 허용응력 ④ 관의 열팽창계수

【해설】(2007-1회-65번 기출반복) **암기법**: 스케줄 허사 ↑, 허전강 ↑

- 배관의 호칭법에서 스케줄 번호가 클수록 배관의 두께가 두껍다.
- 스케줄(Schedule)수 = $\dfrac{P\,(\text{사용압력})}{S\,(\text{허용응력})} \times 10$
- 허용응력 = $\dfrac{\text{인장강도}}{\text{안전율}}$

74. 터널가마(tunnel kiln)의 장점이 아닌 것은?

① 소성이 균일하여 제품의 품질이 좋다.
② 온도조절과 자동화가 쉽다.
③ 열효율이 좋아 연료비가 절감된다.
④ 사용연료의 제한을 받지 않고 전력소비가 적다.

【해설】(2011-2회-71번 기출반복)

- 터널요(Tunnel Kiln)는 가늘고 긴(70 ~ 100 m) 터널형의 가마로써, 피소성품을 실은 대차는 레일 위를 연소가스가 흐르는 방향과 반대로 진행하면서 예열 → 소성 → 냉각 과정을 거쳐 제품이 완성된다.
장점으로는 소성시간이 짧고 소성이 균일화하며 온도조절이 용이하여 자동화가 용이하고, 연속공정이므로 대량생산이 가능하며 인건비·유지비가 적게 든다.
단점으로는 제품이 연속적으로 처리되므로 생산량 조정이 곤란하여 다종 소량 생산에는 부적당하다. 도자기를 구울 때 유약이 함유된 산화금속을 환원하기 위하여 가마 내부의 공기소통을 제한하고 연료를 많이 공급하여 산소가 부족한 상태인 환원염을 필요로 할 때에는 사용연료의 제한을 받으므로 전력소비가 크다.

75. 내화물의 스폴링(spalling) 시험방법에 대한 설명으로 틀린 것은?

① 시험체는 표준형 벽돌을 110±5℃에서 건조하여 사용한다.
② 전 기공율 45% 이상의 내화벽돌은 공랭법에 의한다.
③ 시험편을 노 내에 삽입 후 소정의 시험온도에 도달하고 나서 약 15분간 가열한다.
④ 수냉법의 경우 노 내에서 시험편을 꺼내어 재빠르게 가열면 측을 눈금의 위치까지 물에 잠기게 하여 약 10분간 냉각한다.

【해설】 ④ [국가표준-요업 2013.10.26.] KS L 3315 내화벽돌 및 내화물의 스폴링 시험방법에 따르면, 수냉법의 경우 노 내에서 시험편을 꺼내어 재빠르게 가열면 측을 눈금의 위치까지 물에 잠기게 하여 약 **3분간** 냉각한다.

76. 요로에 대한 설명으로 틀린 것은?

① 재료를 가열하여 물리적 및 화학적 성질을 변화시키는 가열장치이다.
② 석탄, 석유, 가스, 전기 등의 에너지를 다량으로 사용하는 설비이다.
③ 사용목적은 연료를 가열하여 수증기를 만들기 위함이다.
④ 조업방식에 따라 불연속식, 반연속식, 연속식으로 분류된다.

【해설】 (2015-1회-80번 기출유사)
❸ 요로의 사용목적은 피열물을 열처리하여 가공하거나 생산하는 수단으로 열을 이용하는 공업적 장치이다.

77. 다음 중 전로법에 의한 제강 작업시의 열원은?

① 가스의 연소열
② 코크스의 연소열
③ 석회석의 반응열
④ 용선내의 불순원소의 산화열

【해설】 (2015-2회-71번 기출유사)
❹ 전로(轉爐)는 선철을 강철로 만들기 위해 연료를 사용하지 않고 용광로로부터 나온 용선(熔銑)의 보유열과 용선내의 불순원소(P, C, Si, Mn 등)를 산화시켜 슬래그로 하여 제거함과 아울러 불순원소의 **산화에 의한 발열량**을 열원으로 시종 노 내의 온도를 유지하면서 용강(熔鋼)을 얻는 방법이므로, 별도의 연료가 필요 없다.

78. 배관 내 유체의 흐름을 나타내는 무차원 수인 레이놀즈 수(Re)의 층류흐름 기준은?

① Re < 1000
② Re < 2100
③ 2100 < Re
④ 2100 < Re < 4000

【해설】 (2014-2회-50번 기출유사)

※ 레이놀즈수(Reynolds number)에 따른 유체유동의 형태
- **층류**   : Re < 2100 (또는, 2320) 이하인 흐름.
- **임계영역** : 2100 (또는, 2320) ≤ Re ≤ 4000 으로서 층류와 난류 사이의 흐름.
- **난류**   : Re > 4000 이상인 흐름.

79. 규산칼슘 보온재에 대한 설명으로 가장 거리가 먼 것은?

① 규산에 석회 및 석면 섬유를 섞어서 성형하고 다시 수증기로 처리하여 만든 것이다.
② 플랜트 설비의 탑조류, 가열로, 배관류 등의 보온공사에 많이 사용된다.
③ 가볍고 단열성과 내열성은 뛰어나지만 내산성이 적고 끓는 물에 쉽게 붕괴된다.
④ 무기질 보온재로 다공질이며 최고 안전사용온도는 약 650℃ 정도이다.

【해설】(2007-4회-75번 기출반복)
- 규산칼슘 보온재는 규조토와 석회에 무기질인 석면섬유를 3 ~ 15% 정도 혼합·성형하여 수증기 처리로 경화시킨 것으로서, 가벼우며 기계적강도·내열성·**내산성**도 크고 내수성이 강하여 비등수(끓는 물)에서도 붕괴되지 않는다.

80. 보온 단열재의 재료에 따른 구분에서 약 850 ~ 1200 ℃ 정도까지 견디며, 열손실을 줄이기 위해 사용되는 것은?

① 단열재   ② 보온재   ③ 보냉재   ④ 내화단열재

【해설】(2016-4회-76번 기출유사)
※ 보냉재, 보온재, 단열재, 내화단열재, 내화재의 구분은 최고 안전사용온도에 따라 분류한다.

암기법 : 128백 보유무기, 12월35일 단   내단   내

보냉재	- 유기질(보온재)	- 무기질(보온재)	- **단열재**	- **내화**단열재	- **내화**재
1↓	2↓	8↓	12↓	13~15↓	1580℃↑ (이상)
0	0	0			(SK 26번)
0	0				

(100단위를 숫자아래에 모두 다 추가해서 암기한다.)

제5과목   열설비설계

81. 보일러에 부착되어 있는 압력계의 최고눈금은 보일러의 최고사용압력의 최대 몇 배 이하의 것을 사용해야 하는가?

① 1.5 배   ② 2.0 배   ③ 3.0 배   ④ 3.5 배

【해설】(2014-4회-64번 기출반복)
❸ 압력계의 최고눈금은 보일러의 최고사용압력의 1.5배 이상 최대 **3배** 이하로 한다.

79-③   80-①   81-③

82. 다음 무차원수에 대한 설명으로 틀린 것은?

① Nusselt수는 열전달계수와 관계가 있다.
② Prandtl수는 동점성계수와 관계가 있다.
③ Reynolds수는 층류 및 난류와 관계가 있다.
④ Stanton수는 확산계수와 관계가 있다.

【해설】(2012-2회-86번 기출반복)
※ 열전달 특성에 주로 사용되는 무차원수를 제시해 놓은 것이다.

① Nusselt (넛셀)수 $Nu = \left(\dfrac{대류열전달계수}{전도열전달계수}\right)$ 는 열전달계수와 관계가 있다.

② Prandtl (프랜틀)수 $Pr = \left(\dfrac{동점성계수}{열전도계수}\right) = \left(\dfrac{운동량의 퍼짐도}{열적 퍼짐도}\right) = \left(\dfrac{열전도계수}{열확산계수}\right)$

③ Reynolds (레이놀즈)수 $Re = \left(\dfrac{관성력}{점성력}\right)$ 는 층류와 난류로 구분된다.

❹ Stanton (스텐톤)수 $St = \left(\dfrac{Nu수}{Re수 \times Pr수}\right)$ 는 **열전달계수**와 관계가 있다.

⑤ Eckert (에거트)수 $Ec = \left(\dfrac{운동에너지}{엔탈피}\right)$ 는 확산계수와 관계가 있다.

⑥ Schmidt(슈미트)수 $Sc = \left(\dfrac{운동량}{확산계수}\right)$ 는 물질전달계수와 관계가 있다.

⑦ Grashof(그라슈프)수 $Gr = \left(\dfrac{부력}{점성력}\right)$ 는 자연대류의 흐름과 관계가 있다.

⑧ Sherwood(슈워드)수 $Sh = Re수 \times Sc수$

⑨ Lewis(루이스)수 $Le = \dfrac{Sc수}{Pr수}$ 는 열확산계수와 관계가 있다.

83. NaOH 8g을 200 L의 수용액에 녹이면 pH는?

① 9   ② 10   ③ 11   ④ 12

【해설】• 수산화나트륨의 분자량은 40 이므로, NaOH의 몰(mol)수 = $\dfrac{8\,g}{40\,g/mol}$ = 0.2 mol

한편, 수용액의 밀도가 별도로 제시되어 있지 않으므로 밀도를 $1\,g/L$로 가정한다.

물의 수산화이온 몰농도 $[OH^-] = \dfrac{0.2\,mol}{200\,L} = 10^{-3}\,mol/L$

물의 이온곱상수(또는, 해리상수) K_w는 상온에서 10^{-14} 의 값을 지니므로
$K_w = [H^+] \times [OH^-]$ 에서

물의 수소이온 몰농도 $[H^+] = \dfrac{10^{-14}}{[OH^-]} = \dfrac{10^{-14}}{10^{-3}} = 10^{-11}\,mol/L$

따라서, 수소이온농도지수 $pH = -\log[H^+] = -\log[10^{-11}] = 11$

84. 보일러수의 분출시기가 아닌 것은?

① 보일러 가동 전 관수가 정지되었을 때
② 연속운전일 경우 부하가 가벼울 때
③ 수위가 지나치게 낮아졌을 때
④ 프라이밍 및 포밍이 발생할 때

【해설】(2017-1회-100번 기출유사)
❸ 보일러수의 농축 및 수위가 지나치게 높아졌을 때 보일러수의 일부를 배출시키는 분출작업을 실시해야 한다.

85. 최고사용압력 1.5 MPa, 파형 형상에 따른 정수(C)를 1100 으로 할 때 노통의 평균지름이 1100 mm인 파형노통의 최소 두께는?

① 10 mm   ② 15 mm   ③ 20 mm   ④ 25 mm

【해설】(2013-4회-81번 기출반복)   암기법 : 노 PD = C·t 촬영

• 파형노통의 최소두께 산출은 다음 식으로 계산한다.

$P \cdot D = C \cdot t$ 여기서, 사용압력단위(kg/cm²), 지름단위(mm)인 것에 주의해야 한다.

$1.5 \text{ MPa} \times \dfrac{1 \, kg/cm^2}{0.1 \, MPa} \times 1100 \text{ mm} = 1100 \times t$, ∴ 최소두께 t = 15 mm

86. 동체의 안지름이 2000 mm, 최고사용압력이 12 kg/cm²인 원통보일러 동판의 두께(mm)는? (단, 강판의 인장강도 40 kg/mm², 안전율 4.5, 용접부의 이음효율 η = 0.71, 부식여유는 2 mm 이다.)

① 12   ② 16   ③ 19   ④ 21

【해설】(2009-2회-90번 기출반복) [관 및 밸브에 관한 규정.]   암기법 : 허전강↑

※ 파이프(원통) 설계시 압축강도 계산은 다음 식을 따른다.

$P \cdot D = 200 \, \sigma \cdot (t - C) \times \eta$

여기서, 압력단위(kg/cm²), 지름 및 두께의 단위(mm)인 것에 주의해야 한다.

한편, 허용응력 $\sigma = \dfrac{\sigma_a}{S} \left(\dfrac{\text{인장강도}}{\text{안전율}} \right)$ 이므로,

$P \cdot D = 200 \dfrac{\sigma_a}{S} \cdot (t - C) \times \eta$

$12 \times 2000 = 200 \times \dfrac{40}{4.5} \times (t - 2) \times 0.71$

∴ 두께 t = 21.01 ≒ 21 mm

87. 아래 벽체구조의 열관류율(kcal/h·m²·℃)은?
(단, 내측 열전도저항 값은 0.05 m²·h·℃/kcal 이며, 외측 열전도저항 값은 0.13 m²·h·℃/kcal 이다.)

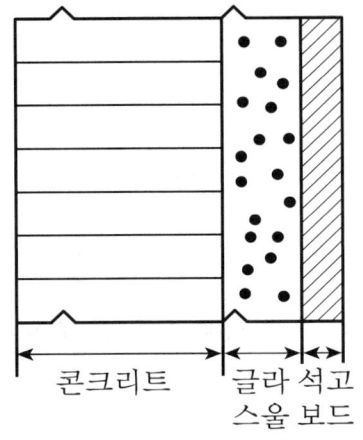

재료	두께 (mm)	열전도율 (kcal/h·m·℃)
내측		
① 콘크리트	200	1.4
② 글라스울	75	0.033
③ 석고보드	20	0.21
외측		

① 0.37   ② 0.57   ③ 0.87   ④ 0.97

【해설】(2011-1회-93번 기출유사)

- 열관류율 $K = \dfrac{1}{\Sigma R} = \dfrac{1}{R_{in} + R_{구조체} + R_{out}} = \dfrac{1}{R_{in} + \sum_n \dfrac{d_n}{\lambda_n} + R_{out}}$

여기서, ΣR : 열저항의 합, R_i : 내측 열전도저항, R_o : 외측 열전도저항, λ : 열전도율, d : 재료의 두께(m)

$= \dfrac{1}{R_{in} + \dfrac{d_1}{\lambda_1} + \dfrac{d_2}{\lambda_2} + \dfrac{d_3}{\lambda_3} + R_{out}} = \dfrac{1}{0.05 + \dfrac{0.2}{1.4} + \dfrac{0.075}{0.033} + \dfrac{0.02}{0.21} + 0.13}$

$= 0.371 ≒ 0.37 \text{ kcal/m}^2\cdot h \cdot ℃$

88. 보일러 응축수 탱크의 가장 적절한 설치위치는?

① 보일러 상단부와 응축수 탱크의 하단부를 일치시킨다.
② 보일러 하단부와 응축수 탱크의 하단부를 일치시킨다.
③ 응축수 탱크는 응축수 회수배관 보다 낮게 설치한다.
④ 응축수 탱크는 송출 증기관과 동일한 양정을 갖는 위치에 설치한다.

【해설】❸ 증기사용 배관계통에서 증기트랩을 설치하여 응축수를 회수하는 경우, 증기트랩에서 회수되는 응축수가 중력작용으로 응축수 탱크에 집결되기 용이하도록 응축수 탱크는 응축수 회수배관보다 낮게 설치하여야 한다.

89. 프라이밍 및 포밍 발생한 경우 조치 방법으로 틀린 것은?

① 압력을 규정압력으로 유지한다.
② 보일러수의 일부를 분출하고 새로운 물을 넣는다.
③ 증기밸브를 열고 수면계의 수위 안정을 기다린다.
④ 안전밸브, 수면계의 시험과 압력계 연락관을 취출하여 본다.

【해설】(2017-1회-97번 기출유사)
❸ 주증기밸브를 열면 프라이밍 및 포밍이 오히려 더욱 잘 일어나게 되므로, **주중기 밸브를 잠가서 압력을 증가시켜서 수면계의 수위 안정을 기다린다.**

【참고】※ 프라이밍 및 포밍 현상이 발생한 경우에 취하는 조치사항
㉠ 연소를 억제하여 연소량을 낮추면서, 보일러를 정지시킨다.
㉡ 보일러수의 일부를 분출하고 새로운 물을 넣는다.(불순물 농도를 낮춘다)
㉢ 주중기 밸브를 잠가서 압력을 증가시켜 수위를 안정시킨다.
㉣ 안전밸브, 수면계의 시험과 압력계 등의 연락관을 취출하여 살펴본다.
   (계기류의 막힘상태 등을 점검한다.)
㉤ 수위가 출렁거리면 조용히 취출을 하여 수위안정을 시킨다.
㉥ 보일러수에 대하여 검사한다.(보일러수의 농축장해에 따른 급수처리 철저)

90. 상향 버킷식 증기트랩에 대한 설명으로 틀린 것은?

① 응축수의 유입구와 유출구의 차압이 없어도 배출이 가능하다.
② 가동 시 공기빼기를 하여야 하며 겨울철 동결 우려가 있다.
③ 배관계통에 설치하여 배출용으로 사용된다.
④ 장치의 설치는 수평으로 한다.

【해설】❶ 버킷식 증기트랩은 그 작동상 응축수의 유입구와 유출구의 $0.1 \, kg/cm^2$ 이상의 차압이 있어야 배출이 가능하다.

91. 결정조직을 조정하고 연화시키기 위한 열처리 조작으로 용접에서 발생한 잔류응력을 제거하기 위한 것은?

① 뜨임(tempering)   ② 풀림(annealing)
③ 담금질(quenching)   ④ 불림(normalizing)

【해설】(2015-2회-90번 기출반복)
❷ 기계가공(용접)을 할 때에는 고열이 발생하여 모재와 용착부에 이 열의 영향으로 재료의 내부에 잔류응력이 생기게 된다. 잔류응력을 제거하기 위하여 약 600℃로 가열한 다음 서서히 냉각시키는데 이러한 열처리 조작을 **풀림(Annealing)**이라고 한다.

92. 피복 아크 용접에서 루트 간격이 크게 되었을 때 보수하는 방법으로 틀린 것은?

① 맞대기 이음에서 간격이 6 mm 이하일 때에는 이음부의 한 쪽 또는 양 쪽에 덧붙이를 하고 깎아내어 간격을 맞춘다.
② 맞대기 이음에서 간격이 16 mm 이상일 때에는 판의 전부 혹은 일부를 바꾼다.
③ 필릿 용접에서 간격이 1.5 ~ 4.5 mm일 때에는 그대로 용접해도 좋지만 벌어진 간격만큼 각장을 작게 한다.
④ 필릿 용접에서 간격이 1.5 mm 이하일 때에는 그대로 용접한다.

【해설】(2015-2회-82번 기출반복)
　　※ 피복 아크 용접에서 홈을 보수하는 방법.
　　(1) 맞대기 이음일 때
　　　① 간격이 6 mm 이하일 때에는 이음부의 한 쪽 또는 양 쪽에 덧붙이기를 하고, 깎아내어 간격을 맞춘다.
　　　② 간격이 6 ~ 16 mm 이상일 때에는 이음부에 두께 6 mm 정도의 뒤판을 대고, 용접한다.
　　　③ 간격이 16 mm 이상일 때에는 판의 전부 혹은 일부를 바꾼다.
　　(2) 필릿 용접일 때
　　　① 간격이 1.5 mm 이하일 때에는 그대로 용접한다.
　　　② 간격이 1.5 ~ 4.5 mm 일 때에는 그대로 용접해도 좋지만 벌어진 간격만큼 **각장을 크게** 한다.
　　　③ 간격이 4.5 ~ 6 mm 일 때에는 루트 간격을 6 mm 정도로 하고 최저 45°의 한 쪽 홈이음으로, 뒷면에는 두께 3 mm 이상의 뒤판을 대고 용접하든지 라이너(liner)를 넣는다.
　　　④ 간격이 6 mm 이상일 때, 앞의 방법을 사용할 수 없을 때에는 폭이 150 ~ 300 mm 정도의 판으로 바꾼다.

93. 보일러 설치공간의 계획 시 바닥으로부터 보일러 동체의 최상부까지의 높이가 4.4 m 라면, 바닥으로부터 상부 건축구조물까지의 최소높이는 얼마 이상을 유지하여야 하는가?

① 5.0 m 이상　　② 5.3 m 이상　　③ 5.6 m 이상　　④ 5.9 m 이상

【해설】(2016-4회-100번 기출유사)
　　❸ [보일러 옥내설치 기준]에 의하면, 보일러 동체의 최상부로부터 천정, 배관 등 보일러 상부에 있는 건축구조물까지의 거리는 **1.2 m 이상**이어야 한다.
　　　(다만, 소형보일러 및 주철제보일러의 경우에는 0.6 m 이상으로 할 수 있다.)
　　　따라서, 보일러 동체 최상부까지의 높이가 4.4 m 이므로 그로부터 1.2 m를 더하면 바닥으로부터의 상부 건축구조물까지의 최소높이는 **5.6 m 이상**을 유지하여야 한다.

94. 증발량 2 ton/h, 최고사용압력이 10 kg/cm², 급수온도 20℃, 최대 증발율 25 kg/m²·h 인 원통보일러에서 평균 증발률을 최대 증발률의 90 %로 할 때, 평균 증발량 (kg/h)은?

① 1200   ② 1500   ③ 1800   ④ 2100

【해설】(2012-2회-97번 기출반복)

- 보일러 증발률 $e = \dfrac{w_2}{A_b}$ $\left(\begin{array}{l}\text{실제증발량, } kg/h \\ \text{보일러 전열면적, } m^2\end{array}\right)$

  $25 \, kg/m^2 h = \dfrac{2 \times 10^3 \, kg/h}{A_b}$, ∴ 보일러의 전열면적 $A_b = 80 \, m^2$

- 보일러 평균증발률 $\overline{e} = \dfrac{\overline{w}}{A_b}$ $\left(\begin{array}{l}\text{평균증발량, } kg/h \\ \text{보일러 전열면적, } m^2\end{array}\right)$

  $25 \, kg/m^2 h \times 0.9 = \dfrac{\overline{w}}{80 \, m^2}$ ∴ 보일러의 평균증발량 $\overline{w} = 1800 \, kg/h$

95. 수관보일러에서 수냉 노벽의 설치 목적으로 가장 거리가 먼 것은?

① 고온의 연소열에 의해 내화물이 연화, 변형되는 것을 방지하기 위하여
② 물의 순환을 좋게 하고 수관의 변형을 방지하기 위하여
③ 복사열을 흡수시켜 복사에 의한 열손실을 줄이기 위하여
④ 전열면적을 증가시켜 전열효율을 상승시키고, 보일러 효율을 높이기 위하여

【해설】(2010-4회-100번 기출반복)
- 노벽에 수냉벽(water wall)을 설치하여 노벽의 지주 역할도 하며, 수냉관으로 하여금 복사열을 흡수시켜 복사에 의한 열손실을 줄일 수 있으며, 전열면적이 증가하여 전열효율이 상승하여 보일러 효율이 높아지고, 고온의 연소열에 의하여 내화물인 노벽이 과열되어 손상 (연화 및 변형)되는 것을 방지할 수 있다.

96. 이온 교환체에 의한 경수의 연화 원리에 대한 설명으로 옳은 것은?

① 수지의 성분과 Na형의 양이온이 결합하여 경도성분 제거
② 산소 원자와 수지가 결합하여 경도성분 제거
③ 물속의 음이온과 양이온이 동시에 수지와 결합하여 경도성분 제거
④ 수지가 물속의 모든 이물질과 결합하여 경도성분 제거

【해설】(2011-4회-81번 기출반복)
- ❶ 보일러 용수의 급수처리 방법 중 화학적 처리방법인 이온교환법은 수지의 양이온 성분과 Na형의 경수 성분인 Ca^{2+}, Mg^{2+} 양이온을 결합시켜 경도 성분을 제거하여 연화시킨다.

97. 노통보일러에서 갤로웨이관(Galloy tube)을 설치하는 이유가 아닌 것은?

① 전열면적의 증가
② 물의 순환 증가
③ 노통의 보강
④ 유동저항 감소

【해설】(2011-1회-84번 기출유사)
- 노통보일러에는 노통에 직각으로 겔로웨이관을 2~3개 정도 설치함으로써 노통을 보강하고, 전열면적을 증가시키며, 보일러수의 순환을 촉진시킨다.
- ❹ 유동저항은 오히려 증가한다.

98. 보일러의 과열에 의한 압궤(Collapse) 발생부분이 아닌 것은?

① 노통 상부
② 화실 천장
③ 연관
④ 가셋스테이

【해설】(2013-1회-81번 기출반복)
- 압궤란 노통이나 화실처럼 원통 부분이 외측 압력에 견딜 수 없어서 짓눌려지는 현상으로서 압축응력을 받는 부위(**노통 상부면, 화실 천장판, 연소실의 연관** 등)에 발생하게 된다.

99. 유량 7 m³/s의 주철제 도수관의 지름(mm)은?
(단, 평균유속(V)은 3 m/s 이다.)

① 680
② 1312
③ 1723
④ 2163

【해설】(2007-4회-90번 기출반복)
- 유량계산 공식 $Q = A \cdot v = \dfrac{\pi D^2}{4} \times v$ 에서,

  $7 \, m^3/s = \dfrac{\pi D^2}{4} \times 3 \, m/s$

  ∴ 지름 D = 1.7236 m = 1723.6 mm ≒ 1723 mm

100. 코르니시 보일러의 노통을 한쪽으로 편심 부착시키는 주된 목적은?

① 강도상 유리하므로
② 전열면적을 크게 하기 위하여
③ 내부청소를 간편하게 하기 위하여
④ 보일러 물의 순환을 좋게 하기 위하여

【해설】(2011-1회-96번 기출반복)
- ❹ 노통이 1개짜리인 코르니시(Cornish) 보일러의 노통을 중앙에서 한쪽으로 기울어지게(편심) 되게 부착하는 이유는 보일러수의 순환을 잘되게 하기 위한 것이다.

2018년 제1회 에너지관리기사
(2018.3.4. 시행)

제1과목   연소공학

1. 고체연료에 대비 액체연료의 성분 조성비는?

① H_2 함량이 적고 O_2 함량이 적다.
② H_2 함량이 크고 O_2 함량이 적다.
③ O_2 함량이 크고 H_2 함량이 크다.
④ O_2 함량이 크고 H_2 함량이 적다.

【해설】(2012-2회-7번 기출유사)

❷ 고체연료의 주성분은 C, O, H로 조성되며, 액체연료에 비해서 산소함유량이 많아서 수소가 적다. 그러므로 고체연료의 탄수소비가 가장 크다.
따라서, 액체연료의 성분 조성비는 고체연료에 비하여 H_2 함량이 크고 O_2 함량이 적다.

【보충】※ 연료의 종류에 따른 조성비.

연료의 종류	C (%)	H (%)	O 및 기타 (%)	탄수소비 $\left(\dfrac{C}{H}\right)$
고체연료	95 ~ 50	6 ~ 3	44 ~ 2	15 ~ 20
액체연료	87 ~ 85	15 ~ 13	2 ~ 0	5 ~ 10
기체연료	75 ~ 0	100 ~ 0	57 ~ 0	1 ~ 3

2. 연소관리에 있어 연소배기가스를 분석하는 가장 직접적인 목적은?

① 공기비 계산
② 노내압 조절
③ 연소열량 계산
④ 매연농도 산출

【해설】(2011-4회-1번 기출유사)

※ 적정공기비 운전 : 공기량이 적으면 산소와의 접촉이 용이하지 못하게 되어 불완전연소에 의한 열손실이 발생하고, 공기량이 많으면 과잉공기에 의한 배가스 증가에 따른 배가스 열손실이 증가하므로, 연소관리에 있어서 이 두 손실량의 합이 최소가 되도록 하는 **적정한 공기비**로 운전해야 한다.

1-②   2-①

3. 연돌에서 배출되는 연기의 농도를 1시간 동안 측정한 결과가 다음과 같을 때 매연의 농도율은 몇 % 인가?

> [측정결과]
> ○ 농도 4도 : 10분,   ○ 농도 3도 : 15분
> ○ 농도 2도 : 15분,   ○ 농도 1도 : 20분

① 25   ② 35   ③ 45   ④ 55

【해설】(2014-2회-9번 기출유사)
- 링겔만의 매연 농도율(%) = $\dfrac{\text{총 매연값(도수} \times \text{측정시간)}}{\text{총 측정시간(분)}} \times 20(\%)$

  = $\dfrac{(4 \times 10) + (3 \times 15) + (2 \times 15) + (1 \times 20)}{60\text{분}} \times 20(\%)$

  = 45 %

4. 탄산가스최대량($CO_{2\,max}$)에 대한 설명 중 (   )에 알맞은 것은?

> (   )으로 연료를 완전연소시킨다고 가정을 할 경우에 연소가스 중 탄산가스량을 이론 건연소가스량에 대한 백분율로 표시한 것이다.

① 실제공기량   ② 과잉공기량
③ 부족공기량   ④ 이론공기량

【해설】(2012-4회-9번 기출유사)   암기법 : 최대리
- 연료 중의 C (탄소)가 완전연소하여 연소생성물인 CO_2 (이산화탄소)가 되는데, 연소용공기가 이론공기량을 넘게 되면 연소가스 중에 과잉공기가 들어가기 때문에 **최대 탄산가스 함유율** CO_{2max}(%)는 이론공기량일 때보다 희석되어 그 함유율이 낮아지게 된다. 따라서, 연소가스 분석결과 CO_2가 최대의 백분율이 되려면 연료를 **이론공기량**으로 완전연소 하였을 경우이다.

5. 연소 배기가스 중 가장 많이 포함된 기체는?

① O_2 ② N_2 ③ CO_2 ④ SO_2

【해설】(2015-1회-10번 기출반복)
- 가연성 연료가 연소되려면 일반적으로 연소용 공기 (공기 성분의 **체적비율**은 산소 21 %, 질소 79 %)가 필요하므로, 연료가 완전연소 되었다고 생각한다면 배기가스의 조성은 과잉산소(O_2), 탄산가스(CO_2), 아황산가스(SO_2), 질소(N_2), 수증기(H_2O)가 되는데, 공기 중에 있던 질소(N_2)는 불연성이라서 반응하지 않고 그대로 배기가스로 나오므로 배기가스 중에는 질소(N_2)가 가장 많이 포함되어 있다.

6. 다음 중 매연의 발생 원인으로 가장 거리가 먼 것은?

① 연소실 온도가 높을 때
② 연소장치가 불량한 때
③ 연료의 질이 나쁠 때
④ 통풍력이 부족할 때

【해설】(2015-2회-94번 기출유사)   암기법 : 숯!~ (연소실의) 온용운은 통 ↓ (이 작다.)

※ 매연(Soot, 그을음, 분진, CO 등) 발생원인.
① 연소실의 **온도가 낮을 때**
② 연소실의 **용적이 작을 때**
③ 운전관리자의 **운전미숙**일 때
④ **통풍력이 작을 때**
⑤ 연료의 **예열온도가 맞지 않을 때**
⑥ **연소장치가 불량한 때**
⑦ 연료의 질이 나쁠 때

7. 일반적으로 기체연료의 연소방식을 크게 2가지로 분류한 것은?

① 등심연소와 분산연소
② 액면연소와 증발연소
③ 증발연소와 분해연소
④ 예혼합연소와 확산연소

【해설】(2010-1회-14번 기출반복)

※ 연료별 연소방식의 종류.

1) 고체연료의 연소방식(연소형태)의 종류.   암기법 : 고 자증나네, 표분
  ① 자기연소(또는 내부연소)   암기법 : 내 자기, 피티니?
    - 피크린산, TNT(트리니트로톨루엔), 니트로글리세린 (위험물 제5류)
  ② 증발연소   암기법 : 황나양파 휘발유, 증발사건
    - 황, 나프탈렌, 양초, 파라핀, 휘발유(가등경중), 알코올, 〈증발〉
  ③ 표면연소(또는 작열연소)   암기법 : 시간표, 수목금코
    - 숯, 목탄, 금속분, 코크스
  ④ 분해연소   암기법 : 아플땐 중고종목 분석해~
    - 아스팔트, 플라스틱, 중유, 고무, 종이, 목재, 석탄(무연탄), 〈분해〉

2) 액체연료의 연소
  ① 증발연소(또는 액면연소) : 가솔린, 등유, 경유, 알코올, 아세톤. (즉, 인화성 액체)
  ② 분해연소 : 중유, 아스팔트 (즉, 점도가 높고 비중이 큰 액체가연물)
  ③ 분무연소(또는 액적연소) : 벙커C유
    ↳ 안개상태로 분출하여 공기와의 접촉면을 많게 함으로써 연소

3) 기체의 연소
  ① **확산**연소 : 연료와 연소용공기를 각각 노내에 분출시켜 확산 혼합하면서 연소시키는 방식으로 가연성 가스(수소, 아세틸렌, LPG)의 일반적인 연소를 말한다
    • 역화 위험이 없다.
  ② **예혼합**연소 : 가연성 연료와 공기를 미리 혼합시킨 후 분사시켜 연소시키는 방식.
    • 화염의 온도가 높고, 역화 위험이 있다.
  ③ 폭발연소 : 밀폐된 용기에 공기와 혼합가스가 있을 때 점화되면 연소속도가 증가하여 폭발적으로 연소되는 현상. ex> 폭연, 폭굉

8. 액화석유가스(LPG)의 성질에 대한 설명으로 <u>틀린</u> 것은?

① 인화·폭발의 위험성이 크다
② 상온, 대기압에서는 액체이다
③ 가스의 비중은 공기보다 무겁다
④ 기화잠열이 커서 냉각제로도 이용 가능하다

【해설】(2013-2회-7번 기출유사)
- LPG(액화석유가스)의 특징.
  ① LPG 가스의 비중은 1.52로써 공기의 비중 1.2보다 무거우므로 누설되었을 시 확산되기 어려우므로 밑부분에 정체되어 폭발위험이 크므로 가스경보기를 바닥 가까이에 부착한다.
  ❷ 상온, 대기압에서는 **기체 상태로 존재한다.** (참고로, 액화압력은 6 ~ 7 kg/cm^2 이다.)
  ③ 가스의 비중은 공기보다 무겁다
  ④ 기화잠열(90 ~ 100 kcal/kg)이 커서 냉각제로도 이용이 가능하다
  ⑤ 천연고무나 페인트 등을 잘 용해시키므로 패킹이나 누설장치에 주의를 요한다.
  ⑥ 무색, 무취이며 물에는 녹지 않으며, 유기용매(석유류, 동식물유)에 잘 녹는다.

9. 세정 집진장치의 입자 포집원리에 대한 설명으로 <u>틀린</u> 것은?

① 액적에 입자가 충돌하여 부착한다.
② 입자를 핵으로 한 증기의 응결에 의하여 응집성을 증가시킨다.
③ 미립자의 확산에 의하여 액적과의 접촉을 좋게 한다.
④ 배기의 습도 감소에 의하여 입자가 서로 응집한다.

【해설】(2007-1회-12번 기출반복)
※ 세정 집진장치(또는, 습식 집진장치)
- 분진을 포함한 배기가스를 세정액과 충돌 또는 접촉시켜서 입자를 액중에 포집하는 방식이므로, 배기의 **습도 증가**에 의하여 입자가 서로 응집하게 된다.

10. 프로판가스 1 kg을 연소시킬 때 필요한 이론공기량은 약 몇 Sm^3/kg 인가?

① 10.2   ② 11.3   ③ 12.1   ④ 13.2

【해설】(2011-4회-13번 기출반복) |암기법| : 3,4,5
- 이론공기량을 구하려면 연료의 완전연소 반응식에서 이론산소량을 먼저 구해야 한다.

C_3H_8 + $5O_2$ → $3CO_2$ + $4H_2O$
(1 kmol)   (5 kmol)
44 kg   (5 × 22.4 = 112 Sm^3)

즉, 이론산소량 O_0 = $\dfrac{112\, Sm^3_{-산소}}{44\, kg_{-연료}}$ ∴ $A_0 = \dfrac{O_0}{0.21} = \dfrac{\frac{112}{44}}{0.21}$ ≒ 12.1 $Sm^3/kg_{-연료}$

11. 석탄을 연소시킬 경우 필요한 이론산소량은 약 몇 Nm³/kg 인가?
(단, 중량비 조성은 C : 86%, H : 4%, O : 8%, S : 2% 이다.)

① 1.49 ② 1.78 ③ 2.03 ④ 2.45

【해설】 (2013-2회-8번 기출유사)
- 고체·액체연료의 이론산소량 $O_0 = 1.867C + 5.6\left(H - \dfrac{O}{8}\right) + 0.7S$ [Nm³/kg-연료]

$= 1.867 \times 0.86 + 5.6\left(0.04 - \dfrac{0.08}{8}\right) + 0.7 \times 0.02$

$= 1.7876 ≒ 1.78$ [Nm³/kg-연료]

【참고】 • 고체·액체연료의 조성 비율에서 가연성분인 C, H, S의 연소반응식을 기억해서 활용한다.

$C + O_2 \rightarrow CO_2 \qquad \dfrac{22.4\ Sm^3}{12\ kg} = 1.867$

$H_2 + \dfrac{1}{2}O_2 \rightarrow H_2O \qquad \dfrac{11.2\ Sm^3}{2\ kg} = 5.6$

$S + O_2 \rightarrow SO_2 \qquad \dfrac{22.4\ Sm^3}{32\ kg} = 0.7$

∴ 이론산소량의 체적(Sm³/kg-f) 계산 공식 : $O_0 = 1.867C + 5.6\left(H - \dfrac{O}{8}\right) + 0.7S$

12. 불꽃연소(Flaming combustion)에 대한 설명으로 <u>틀린</u> 것은?

① 연소속도가 느리다. ② 연쇄반응을 수반한다.
③ 연소사면체에 의한 연소이다. ④ 가솔린의 연소가 이에 해당한다.

【해설】 (2013-4회-5번 기출반복)

연소에는 불꽃(Flame, 화염)을 형성하는 **불꽃연소**와 불꽃을 내지 않고 연소하는 **작열연소**(Glowing combustion)로 구분한다.

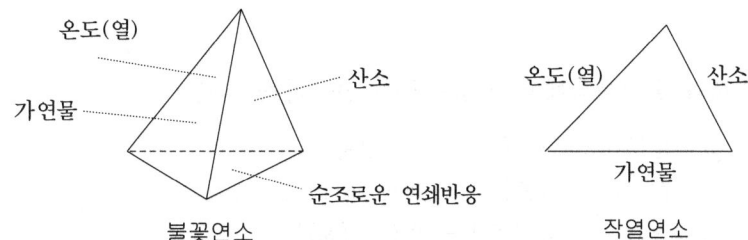

불꽃연소는 연소사면체(Fire tetrahedron, 연소의 4요소 : 가연물, 산소, 점화원, 연쇄반응)에 의한 연소로, 연소가 기(氣)상에서 일어나는 경우에는 **연소속도가 매우 빠르고 불꽃을 형성하며 열을 낸다.**
고체의 열분해, 액체의 증발에 따른 기체의 확산 등 매우 복잡한 연쇄반응을 수반하며, 발생열량의 2/3정도는 방출연소가스 가열에 소모되고 1/3은 주위로 복사 방출된다.
이에 반하여, 작열연소(또는, 표면연소)의 연소속도는 느리다.

13. N_2와 O_2의 가스정수가 다음과 같을 때, N_2가 70%인, N_2와 O_2의 혼합가스의 가스정수는 약 몇 kgf · m/kg · K 인가?
   (단, 가스정수는 N_2 : 30.26 kgf · m/kg · K, O_2 : 26.49 kgf · m/kg · K 이다.)

   ① 19.24   ② 23.24   ③ 29.13   ④ 34.47

【해설】(2012-2회-6번 기출반복)
   혼합가스의 평균분자량은 각 성분가스의 중량%와 그 성분가스 분자량의 총합으로 표시한다.
   • 질소의 중량 M_1 = 0.7 kg, R_1 = 30.26
   • 산소의 중량 M_2 = 0.3 kg, R_2 = 26.49
   • 혼합가스의 전체중량 M = M_1 + M_2

   ∴ 혼합가스의 가스정수 = $\dfrac{M_1 \cdot R_1 + M_2 \cdot R_2}{M_1 + M_2}$ = $\dfrac{0.7 \times 30.26 + 0.3 \times 26.49}{0.7 + 0.3}$
   = 29.129 ≒ 29.13 kgf · m/kg · K

---

14. 다음 대기오염물 제거방법 중 분진의 제거방법으로 가장 거리가 먼 것은?

   ① 습식세정법   ② 원심분리법
   ③ 촉매산화법   ④ 중력침전법

【해설】(2017-1회-8번 기출유사)
   ※ 집진장치의 형식에 따른 분류.
   • 습식(또는, 세정식) 집진장치 - 회전식, 가압수식, 유수식   암기법 : 세회 가유
   • 건식 집진장치 - 중력식(침강식), 원심력식, 관성력식, 여과식(백필터식)
                                                      암기법 : 집기는 중원관여
   • 전기식 집진장치 - 코트렐식 : 집진장치 중에서 효율이 가장 높다.(90 ~ 100%)
   ❸ 배기가스를 금속 촉매에 접촉시켜 저온연소시키는 촉매산화법은 악취의 제거방법에 속한다.

---

15. 고체연료의 공업분석에서 고정탄소를 산출하는 식은?

   ① 100 - [수분(%) + 회분(%) + 질소(%)]
   ② 100 - [수분(%) + 회분(%) + 황분(%)]
   ③ 100 - [수분(%) + 황분(%) + 휘발분(%)]
   ④ 100 - [수분(%) + 회분(%) + 휘발분(%)]

【해설】(2012-2회-5번 기출반복)   암기법 : 고백마, 휘수회
   고체연료(석탄)에 대해서는 비교적 간단하게 공업분석을 행하여 널리 사용되는데,
   공업분석이란 휘발분·수분·회분을 측정하고 고정탄소는 다음과 같이 계산하여 구한다.
   • 고정탄소(%) = 100 - (휘발분 + 수분 + 회분)

16. 코크스로가스를 $100\,\mathrm{Nm^3}$을 연소한 경우 습연소가스량과 건연소가스량의 차이는 약 몇 $\mathrm{Nm^3}$인가?

(단, 코크스로가스의 조성(용량%)은 CO_2 3 %, CO 8 %, CH_4 30 %, C_2H_4 4 %, H_2 50 %, N_2 5 % 이다.)

① 108 ② 118 ③ 128 ④ 138

【해설】 (2015-4회-11번 기출유사)

※ 기체연료의 (건·습)연소가스량을 계산해야 하는 문제는 고난이도에 해당된다.

- 공기량을 구하려면 연료조성에서 가연성분(H_2, CO, CH_4, C_2H_4)들의 완전연소에 필요한 이론산소량(O_0)을 먼저 구해야 한다.

  한편, 연료성분 가스의 단위체적($1\,\mathrm{Nm^3}$)당 완전연소에 필요한 이론산소량(O_0)은

  $$H_2 + \frac{1}{2}O_2 \rightarrow H_2O, \quad CO + \frac{1}{2}O_2 \rightarrow CO_2$$

  $$CH_4 + 2O_2 \rightarrow CO_2 + 2H_2O, \quad C_2H_4 + 3O_2 \rightarrow 2CO_2 + 2H_2O$$

  $O_0 = (0.5 \times H_2 + 0.5 \times CO + 2 \times CH_4 + 3 \times C_2H_4)$
  $= (0.5 \times 0.5 + 0.5 \times 0.08 + 2 \times 0.3 + 3 \times 0.04)$
  $= 1.01\,\mathrm{Nm^3/Nm^3_{-연료}}$

- 이론공기량 $A_0 = \dfrac{O_0}{0.21} = \dfrac{1.01}{0.21} \fallingdotseq 4.8095\,\mathrm{Nm^3/Nm^3_{-연료}}$

- 이론 건연소가스량 G_{0d} = 연료중 불연성분 + 이론공기중의 질소량 + 생성된 CO_2의 양
  $= CO_2 + n_2 + 0.79\,A_0 + $ **생성된 CO_2의 양**

  한편, 생성된 연소가스(CO_2)의 양을 연소반응식에서 구한다.
  $(1 \times 0.08) + (1 \times 0.3) + (2 \times 0.04) = 0.46\,\mathrm{Nm^3/Nm^3_{-연료}}$
  $= 0.03 + 0.05 + 0.79 \times 4.8095 + 0.46$
  $= 4.3395 \fallingdotseq 4.40\,\mathrm{Nm^3/Nm^3_{-연료}}$

- 이론 습연소가스량 $G_{0w} = G_{0d} + $ **생성된 H_2O의 양**

  한편, 생성된 연소가스(H_2O)의 양을 연소반응식에서 구한다.
  $(1 \times 0.5) + (2 \times 0.3) + (2 \times 0.04) = 1.18\,\mathrm{Nm^3/Nm^3_{-연료}}$
  $= 4.40 + 1.18 = 5.58\,\mathrm{Nm^3/Nm^3_{-연료}}$

  $\therefore\ G_{0w} - G_{0d} = (5.58 - 4.40)\,\mathrm{Nm^3/Nm^3_{-연료}} \times 100\,\mathrm{Nm^3_{-연료}} = 118\,\mathrm{Nm^3}$

【빠른풀이】
- 습연소가스량과 건연소가스량의 차이는 생성된 연소가스 중 H_2O양만의 차이이므로,
  $G_{0w} - G_{0d}$ = 기체연료의 단위체적당 생성된 H_2O양 × 총사용연료량
  $= 1.18\,\mathrm{Nm^3/Nm^3_{-연료}} \times 100\,\mathrm{Nm^3_{-연료}} = 118\,\mathrm{Nm^3}$

---

17. 다음 중 연료 연소 시 최대탄산가스농도(CO_{2max})가 가장 높은 것은?

① 탄소 ② 연료유 ③ 역청탄 ④ 코크스로가스

【해설】
- 배가스 성분 분석결과 CO_2 (%)가 최대로 함유되어 있으려면 연료 중에 C가 많으면서 이론공기량으로 완전연소될 경우이다.

16-②   17-①

18. 다음 기체 중 폭발범위가 가장 넓은 것은?

① 수소　　　② 메탄　　　③ 벤젠　　　④ 프로판

【해설】(2014-4회-10번 기출반복)

※ 공기 중에서 가스연료의 폭발범위(또는, 연소범위)

종류별	폭발범위 (연소범위, v%)		암기법
아세틸렌	2.5 ~ 81 %	← 가장 넓다	아이오 팔하나
수소	4 ~ 75 %		사칠오수
에틸렌	2.7 ~ 36 %		이칠삼육에
메틸알코올	6.7 ~ 36 %		
메탄	5 ~ 15 %		메오시오
프로판	2.2 ~ 9.5 %		프둘이구오
벤젠	1.4 ~ 7.4 %		

19. 연소에 관한 용어, 단위 및 수식의 표현으로 옳은 것은?

① 화격자 연소율의 단위 : $kg/m^2 \cdot h$

② 공기비(m) : $\dfrac{\text{이론공기량}(A_0)}{\text{실제공기량}(A)}$ (m > 1.0)

③ 이론연소가스량(고체연료인 경우) : Nm^3/Nm^3

④ 고체연료의 저위발열량(H_ℓ)의 관계식 : $H_\ell = H_h + 600(9H - W)$ (kcal/kg)

【해설】(2016-1회-4번 기출유사)

❶ 화격자 연소율(b) = $\dfrac{m_f}{A}$ = $\dfrac{\text{연료사용량}(kg/h)}{\text{화격자 면적}(m^2)}$ = $kg/m^2 \cdot h$

② 공기비(m) = $\dfrac{\text{실제공기량}(A)}{\text{이론공기량}(A_0)}$ (m > 1.0)

③ 이론연소가스량(고체연료인 경우) : Nm^3/kg

④ 고체연료의 저위발열량(H_ℓ)의 관계식 : $H_\ell = H_h - 600(9H + W)$ (kcal/kg)

20. "전압은 분압의 합과 같다."는 법칙은?

① 아마겟의 법칙　　　② 뤼삭의 법칙
③ 달톤의 법칙　　　　④ 헨리의 법칙

【해설】(2014-1회-11번 기출반복)

※ 기체에서 성립하는 법칙들.
① 보일의 법칙 : "온도가 일정할 때 기체의 부피는 압력에 반비례한다."
② 게이-뤼삭의 법칙 : 샤를의 법칙("압력이 일정할 때 기체의 부피는 절대온도에 비례한다.")을 실험적으로 설명하였다.

③ 주울의 법칙 : "이상기체(완전가스)의 내부에너지는 온도만의 함수이다."
④ 보일-샤를의 법칙 : "일정량의 기체의 부피와 압력의 곱은 절대온도에 비례한다."
⑤ 아보가드로의 법칙 : "온도와 압력이 일정할 때 모든 기체의 분자는 같은 부피에 같은 분자수를 갖는다."
⑥ **달톤(Dalton)의 법칙** : "혼합기체의 전체압력(전압)은 각 기체의 부분압력(분압)의 합과 같다."
⑦ 아마겟(Amagat)의 법칙 : "혼합기체가 차지하는 전체부피는 각 기체성분 부피의 합과 같다."
⑧ 헨리(Henry)의 법칙 : "온도와 기체의 부피가 일정할 때 기체의 용해도는 용매와 평형을 이루고 있는 기체의 분압에 비례한다."

제2과목 열역학

21. 그림과 같은 브레이턴 사이클에서 효율(η)은?
(단, P는 압력, v는 비체적이며, T_1, T_2, T_3, T_4는 각각의 지점에서의 온도이다. 또한, Q_{in}과 Q_{out}은 사이클에서 열이 들어오고 나감을 의미한다.)

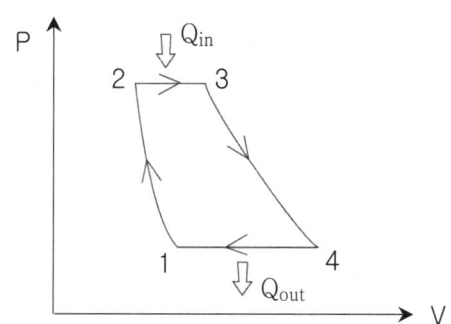

① $\eta = 1 - \dfrac{T_3 - T_2}{T_4 - T_1}$ ② $\eta = 1 - \dfrac{T_1 - T_2}{T_3 - T_4}$

③ $\eta = 1 - \dfrac{T_4 - T_1}{T_3 - T_2}$ ④ $\eta = 1 - \dfrac{T_3 - T_4}{T_1 - T_2}$

【해설】 (2013-2회-23번 기출유사)   암기법 : 가(부러)~단합해
- 가스터빈기관의 이상적 사이클인 브레이턴(Brayton) 사이클에서, 가열열량과 방출열량은 **정압과정**에서 이루어지므로

공급열량 Q_1(또는 Q_{in}) = dH = $C_P \cdot dT = C_P \cdot (T_3 - T_2)$
방출열량 Q_2(또는 Q_{out}) = dH = $C_P \cdot dT = C_P \cdot (T_4 - T_1)$을 대입하면,

열효율 $\eta = \dfrac{W_{net}}{Q_1}\left(\dfrac{유효일}{공급열}\right) = \dfrac{Q_1 - Q_2}{Q_1} = 1 - \dfrac{Q_2}{Q_1} = 1 - \dfrac{C_P \cdot (T_4 - T_1)}{C_P \cdot (T_3 - T_2)}$

$= 1 - \dfrac{T_4 - T_1}{T_3 - T_2}$

21-③

22. 그림과 같은 압력-부피선도(P-V선도)에서 A에서 C로의 정압과정 중 계는 50 J의 일을 받아들이고 25 J의 열을 방출하며, C에서 B로의 정적과정 중 75 J의 열을 받아들인다면, B에서 A로의 과정이 단열일 때 계가 얼마의 일(J)을 하겠는가?

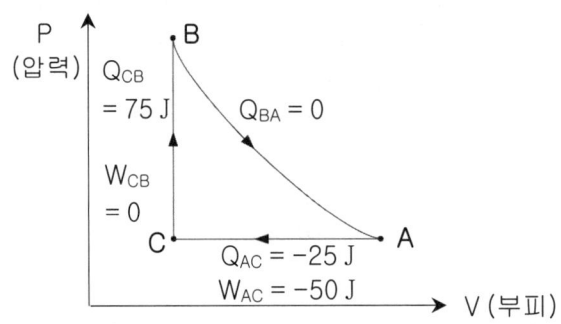

① 25 J ② 50 J ③ 75 J ④ 100 J

【해설】(2017-4회-21번 기출유사)

※ 열역학 제1법칙(에너지 보존)에 따르면, 계(系)가 A → C 과정 중에 50 J의 일을 받아서 25 J의 열을 방출하였으므로 계의 내부에너지는 25 J이 증가하였고, C → B 과정 중에 75 J의 열을 흡수하였으므로 계의 내부에너지는 총 증가량이 +25 J + 75 J = 100 J 이다.
B → A 과정은 단열과정으로 열출입은 없이 원상태점인 A점으로 되돌아 왔으므로 사이클 동안에 A점에서의 온도변화(dT = 0)는 없다. 따라서 계의 내부에너지 총 증가량 100 J은 모두 다 외부로 W_{BA} = 100 J의 일을 하는 데에 쓰인다.

23. 폴리트로픽 과정을 나타내는 다음 식에서 폴리트로픽 지수 n과 관련하여 옳은 것은? (단, P는 압력, V는 부피이고, C는 상수이다. 또한 k는 비열비이다.)

$$PV^n = C$$

① n = ∞ : 단열과정 ② n = 0 : 정압과정
③ n = k : 등온과정 ④ n = 1 : 정적과정

【해설】(2016-1회-36번 기출유사)   암기법 : 적압온 폴리단

※ 폴리트로픽 과정의 일반식 : PV^n = 1 (여기서, n : 폴리트로픽 지수라고 한다.)
• n = 0 일 때 : $P \times V^0 = P \times 1 = 1$ ∴ P = 1 (**정압과정**)
• n = 1 일 때 : $P \times V^1 = P \times V = 1$ ∴ PV = T (등온과정)
• n = k 일 때 : $PV^k = 1$ (단열과정)
• n = ∞ 일 때 : $PV^\infty = P^{\frac{1}{\infty}} \times V = P^0 \times V = 1 \times V = 1$ ∴ V = 1 (등적과정)

24. 다음 엔트로피에 관한 설명으로 옳은 것은?

① 비가역 사이클에서 클라우시우스(clausius)의 적분은 영(0)이다.
② 두 상태 사이의 엔트로피 변화는 경로에는 무관하다.
③ 여러 종류의 기체가 서로 확산되어 혼합하는 과정은 엔트로피가 감소한다고 볼 수 있다.
④ 우주 전체의 엔트로피는 궁극적으로 감소되는 방향으로 변화한다.

【해설】 (2016-2회-26번 기출유사)

① 클라우시우스(Clausius)의 적분.(열역학 제2법칙 표현)
- 가역 사이클일 경우 : $\oint_{가역} \dfrac{dQ}{T} = 0$
- 비가역 사이클일 경우 : $\oint_{비가역} \dfrac{dQ}{T} < 0$ 으로 표현한다.

❷ 엔트로피 공식 $dS = \dfrac{\delta Q}{T}$ ∴ 엔트로피 변화는 경로에는 무관한 상태함수이다.
- 상태(d)함수 = 점함수 = 계(系)의 성질.
- 경로(δ)함수 = 도정함수 = 계(界)의 과정.

③ 자유팽창, 혼합, 확산 등은 역과정이 불가능한 비가역 변화에 속하는 요인들이므로 엔트로피가 증가한다고 볼 수 있다.
④ 우주의 모든 현상에서 가역조건을 모두 만족하는 이상적(理想的)인 과정은 실제로 존재하지 않는다. 대부분은 비가역변화($\Delta S > 0$)에 속한다고 볼 수 있으므로, 우주의 모든 현상은 총 엔트로피가 증가하는 방향으로 변화한다.

25. 증기 터빈의 노즐 출구에서 분출하는 수증기의 이론속도와 실제속도를 각각 C_t 와 C_a 라고 할 때 노즐효율(η_n)의 식으로 옳은 것은?
(단, 노즐 입구에서의 속도는 무시한다.)

① $\eta_n = \dfrac{C_a}{C_t}$
② $\eta_n = \left(\dfrac{C_a}{C_t}\right)^2$
③ $\eta_n = \sqrt{\dfrac{C_a}{C_t}}$
④ $\eta_n = \left(\dfrac{C_a}{C_t}\right)^3$

【해설】 (2013-2회-29번 기출반복)

- 에너지보존법칙에 따라 열에너지가 운동에너지로 전환되는 노즐출구에서의 단열팽창과정으로 풀자.

$Q = \Delta E_k$ 여기서, ΔE_k : 운동에너지의 변화량
$m \cdot \Delta H = \dfrac{1}{2}mv^2$ 여기서, ΔH : 입·출구의 엔탈피차

- 노즐효율 = $\dfrac{\Delta H_{실제}}{\Delta H_{이론}} \left(\dfrac{실제\ 단열\ 열낙차}{이론\ 단열\ 열낙차}\right) = \dfrac{\frac{1}{2}v_{실제}^2}{\frac{1}{2}v_{이론}^2} = \dfrac{v_{실제}^2}{v_{이론}^2} = \left(\dfrac{v_{실제}}{v_{이론}}\right)^2 = \left(\dfrac{C_a}{C_t}\right)^2$

24-② 25-②

26. 다음 설명과 가장 관계되는 열역학적 법칙은?

> • 열은 그 자신만으로는 저온의 물체로부터 고온의 물체로 이동할 수 없다.
> • 외부에 어떠한 영향을 남기지 않고 한 사이클 동안에 계가 열원으로부터 받은 열을 모두 일로 바꾸는 것은 불가능하다.

① 열역학 제 0 법칙 ② 열역학 제 1 법칙
③ 열역학 제 2 법칙 ④ 열역학 제 3 법칙

【해설】(2015-2회-39번 기출유사)

※ **열역학 제 2 법칙** : 열 이동의 법칙 또는 에너지전환 방향에 관한 법칙
- 공급된 열을 전부 일로 바꾸는 것은 불가능하다.
- <u>제 2 종 영구기관</u>(공급받은 열을 모두 일로 바꾸는 기관)은 제작이 불가능하다.
  ↳효율이 100 %인 열기관은 존재하지 않는다.
- 열은 저온의 물체에서 고온의 물체 쪽으로 그 자신만으로는 스스로 이동할 수 없다. 따라서, 반드시 일을 소비하는 열펌프(Heat pump)를 필요로 한다.

27. 가역적으로 움직이는 열기관이 300 ℃의 고열원으로부터 200 kJ의 열을 흡수하여 40 ℃의 저열원으로 열을 배출하였다. 이 때 40 ℃의 저열원으로 배출한 열량은 약 몇 kJ 인가?

① 27 ② 45 ③ 73 ④ 109

【해설】(2007-2회-26번 기출유사)

- 열효율 $\eta = \dfrac{W}{Q_1} = \dfrac{Q_1 - Q_2}{Q_1} = 1 - \dfrac{Q_2}{Q_1} = 1 - \dfrac{T_2}{T_1}$

  $\dfrac{W}{200\,kJ} = 1 - \dfrac{273 + 40}{273 + 300}$ 에서 방정식 계산기사용법을 이용하면

  ∴ 동력 W = 90.75 ≒ 91 kJ

  따라서, 열역학 제1법칙(에너지보존)에 의하여 $Q_1 = Q_2 + W$

  저열원으로 방출한 열량 $Q_2 = Q_1 - W$ = 200 kJ − 91 kJ = 109 kJ

【참고】※ 열기관의 원리

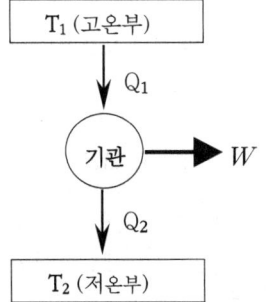

여기서 η : 열기관의 열효율
W : 열기관이 외부로 한 일
Q_1 : 고온부(T_1)에서 흡수한 열량
Q_2 : 저온부(T_2)로 방출한 열량

28. 임계점(Critical point)에 대한 설명 중 옳지 <u>않은</u> 것은?

① 액상, 기상, 고상이 함께 존재하는 점을 말한다.
② 임계점에서는 액상과 기상을 구분할 수 없다.
③ 임계압력 이상이 되면 상변화 과정에 대한 구분이 나타나지 않는다.
④ 물의 임계점에서의 압력과 온도는 약 22.09 MPa, 374.14 ℃ 이다.

【해설】(2010-1회-34번 기출유사)

❶ 물질은 온도와 압력에 따라 화학적인 성질의 변화없이 물리적인 성질만이 변화하는 상이 존재하는데 물의 경우에는 온도에 따라 고체, 액체, 기체의 3상이 동시에 존재하는 점을 **삼중점**이라 한다. (물의 삼중점 : 0.01 ℃, 0.61 kPa)
② 임계점에서는 액상과 기상을 구분할 수 없으며, 포화액과 포화증기의 구별이 없어진다.
③ 임계온도·압력 이상에서는 기체 상태로만 존재하므로 액화되지 않는다.

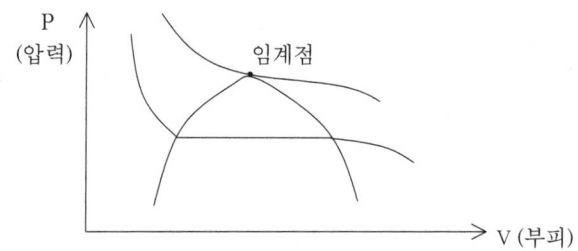

④ 물의 임계점에서의 압력과 온도는 약 22.09 MPa, 374.14 ℃ 이다.

29. 그림과 같은 피스톤-실린더 장치에서 피스톤의 질량은 40 kg이고, 피스톤 면적이 0.05 m²일 때 실린더 내의 절대 압력은 약 몇 bar 인가?
(단, 국소 대기압은 0.96 bar 이다.)

```
┌─────────────────┐
│ P_atm = 0.96 bar │
├─────────────────┤
│                 │
├─────────────────┤
│                 │
│     P = ?       │
│                 │
└─────────────────┘
```

① 0.964 ② 0.982 ③ 1.038 ④ 1.122

【해설】(2014-4회-51번 기출유사)　　　　　　　　　　　　　　　　　　　암기법 : 절대계

• 게이지압력 $P = \dfrac{F_{피스톤}}{A_{단면적}} = \dfrac{40\,kgf}{0.05\,m^2} = 800\,kgf/m^2 = 800\,kgf/m^2 \times \dfrac{1.01325\,bar}{10332\,kgf/m^2}$
　　　　　　≒ 0.078 bar

• 절대압력 = (국소)대기압 + 게이지압
　　　　　 = 0.96 bar + 0.078 bar = **1.038 bar**

30. 랭킨 사이클로 작동하는 증기 동력 사이클에서 효율을 높이기 위한 방법으로 거리가 먼 것은?

① 복수기에서의 압력을 상승시킨다.
② 터빈 입구의 온도를 높인다.
③ 보일러의 압력을 상승시킨다.
④ 재열 사이클(reheat cycle)로 운전한다.

【해설】(2017-4회-29번 기출유사)

- 랭킨사이클의 이론적 열효율 공식. (여기서 1 : 급수펌프 입구를 기준으로 하였음)

$$\eta = \frac{W_{net}}{Q_1} = \frac{Q_1 - Q_2}{Q_1} = 1 - \frac{Q_2}{Q_1}$$ 에서,

보일러의 가열에 의하여 발생증기의 **초온, 초압**(터빈 입구의 온도, 압력)이 **높을수록** 일에 해당하는 T-S선도의 면적이 커지므로 열효율이 증가하고,
배압 (복수기 또는, 응축기의 압력)이 **낮을수록** 방출열량이 적어지므로 **열효율이 증가한다.**

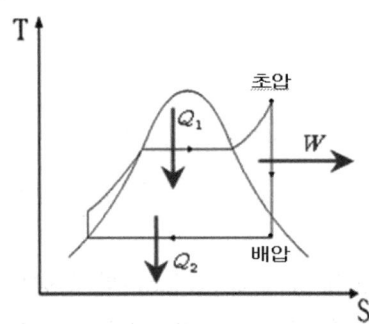

31. 어떤 연료의 1 kg의 발열량이 36000 kJ이다. 이 열이 전부 일로 바뀌고, 1시간마다 30 kg의 연료가 소비된다고 하면 발생하는 동력은 약 몇 kW 인가?

① 4   ② 10   ③ 300   ④ 1200

【해설】(2017-4회-37번 기출유사)   암기법 : (효율좋은) 보일러 사저유

- 열기관의 열효율 $\eta = \frac{Q_{out} \,(\text{유효출력})}{Q_{in}\,(\text{입열})} \times 100 = \frac{Q_{out}}{m_f \cdot H_\ell} \times 100$

$$1 = \frac{Q_{out}}{30\,kg/h \times 36000\,kJ/kg}$$

∴ 동력 $Q_{out} = 1080000 \text{ kJ/h} = \frac{1080000\,kJ}{h \times \frac{3600\,\sec}{1\,h}} = 300 \text{ kW}$

32. 온도 30 ℃, 압력 350 kPa에서 비체적이 0.449 m³/kg인 이상기체의 기체 상수는 몇 kJ/(kg · K) 인가?

① 0.143　　② 0.287　　③ 0.518　　④ 0.842

【해설】(2012-2회-30번 기출반복)
- 기체의 상태방정식 PV = mRT 에서,

$$P \cdot \frac{V}{m} = RT \quad \text{여기서, 비체적 } V_s = \frac{1}{\rho(\text{밀도})} = \frac{V}{m}$$

$$P \cdot V_s = RT$$

$$\therefore R = \frac{P \cdot V_s}{T} = \frac{350\,kPa \times 0.449\,m^3/kg}{(273.15 + 30)K} = 0.51839 ≒ 0.518\,kJ/kg \cdot K$$

---

33. 다음 중 일반적으로 냉매로 쓰이지 <u>않는</u> 것은?

① 암모니아　　② CO　　③ CO_2　　④ 할로겐화탄소

【해설】(2017-4회-27번 기출유사)　　　　　　　　　암기법 : 암물프공이
- 냉동장치내를 순환하면서 저온부로부터 열을 흡수하여 고온부로 열을 운반하는 작업유체를 냉매(冷媒, Refrigerant)라고 한다.
- 냉매의 전열이 양호한 순서 : NH_3 〉 H_2O 〉 프레온(할로겐화탄소) 〉 Air(공기) 〉 CO_2

---

34. 카르노 사이클에서 최고온도는 600 K이고, 최저온도는 250 K일 때 이 사이클의 효율은 약 몇 % 인가?

① 41　　② 49　　③ 58　　④ 64

【해설】(2012-4회-21번 기출유사)
- 카르노 사이클의 효율 $\eta = \dfrac{W}{Q_1} = \dfrac{Q_1 - Q_2}{Q_1} = 1 - \dfrac{Q_2}{Q_1} = 1 - \dfrac{T_2}{T_1}$

$$= 1 - \frac{250}{600} = 0.583 ≒ 0.58 = 58\,\%$$

---

35. CO_2 기체 20 kg을 15 ℃에서 215 ℃로 가열할 때 내부에너지의 변화는 약 몇 kJ 인가? (단, 이 기체의 정적비열은 0.67 kJ/(kg · K) 이다.)

① 134　　② 200　　③ 2680　　④ 4000

【해설】(2012-1회-37번 기출유사)
- 내부에너지 변화량 $dU = m\,C_V \cdot dT = m\,C_v(T_2 - T_1)$

$$= 20\,kg \times 0.67\,kJ/kg \cdot K \times (215 - 15)K ≒ 2680\,kJ$$

32-③　　33-②　　34-③　　35-③

36. 다음 괄호 안에 들어갈 말로 옳은 것은?

> 일반적으로 교축(throttling) 과정에서는 외부에 대하여 일을 하지 않고, 열교환이 없으며, 속도변화가 거의 없음에 따라 (   )(은)는 변하지 않는다고 가정한다.

① 엔탈피   ② 온도   ③ 압력   ④ 엔트로피

【해설】(2016-2회-39번 기출유사)
※ 교축(Throttling, 스로틀링) 과정.
비가역 정상류 과정으로 열전달이 전혀 없고, 일을 하지 않는 과정으로서 **엔탈피는 일정**하게 유지된다.($H_1 = H_2$ = constant) 또한, 엔트로피는 항상 증가하며 압력과 온도는 항상 감소한다.

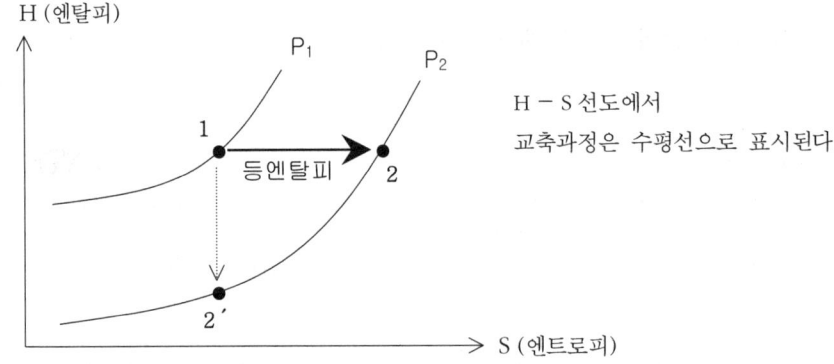

H - S 선도에서
교축과정은 수평선으로 표시된다.

37. 열펌프(heat pump)사이클에 대한 성능계수(COP)는 다음 중 어느 것을 입력 일(work input)로 나누어 준 것인가?

① 고온부 방출열
② 저온부 흡수열
③ 고온부가 가진 총에너지
④ 저온부가 가진 총에너지

【해설】(2015-1회-28번 기출반복)
• 열펌프(히트펌프)의 성능계수 $COP_{(H)} = \dfrac{Q_1}{W}$ 여기서, Q_1 : 고온부로 방출한 열량.

【비교】 • 냉동기의 성능계수 $COP_{(R)} = \dfrac{Q_2}{W}$ 여기서, Q_2 : 저온부에서 흡수한 열량.
• 냉동기와 열펌프의 성능계수 관계 : $COP_{(R)} + 1 = COP_{(H)}$

38. 처음온도, 압축비, 공급열량이 같을 경우 열효율의 크기를 옳게 나열한 것은?

① Otto cycle > Sabathe cycle > Diesel cycle
② Sabathe cycle > Diesel cycle > Otto cycle
③ Diesel cycle > Sabathe cycle > Otto cycle
④ Sabathe cycle > Otto cycle > Diesel cycle

【해설】(2017-1회-38번 기출반복)　　　　　　　　　암기법 : 아〉사〉디
• 공기표준사이클(Air standard cycle)의 T-S선도에서 초온, 초압, **압축비**, 단절비, 공급열량이 같을 경우에 각 사이클의 이론열효율을 비교하면 <u>오토</u> 〉 <u>사바테</u> 〉 <u>디젤</u>의 순서이다.

39. 냉장고가 저온체에서 30 kW 의 열을 흡수하여 고온체로 40 kW 의 열을 방출한다. 이 냉장고의 성능계수는?

① 2　　　② 3　　　③ 4　　　④ 5

【해설】(2014-1회-22번 기출반복)

• 냉장·냉동기의 성능계수 공식 $COP = \dfrac{Q_2}{W} = \dfrac{Q_2}{Q_1 - Q_2} = \dfrac{30}{40 - 30} = 3$

　　　　　여기서, Q_1 : 고온부로 방출한 열
　　　　　　　　　Q_2 : 저온부에서 흡수한 열

40. -30 ℃, 200 atm의 질소를 단열과정을 거쳐서 5 atm까지 팽창했을 때의 온도는 약 얼마인가? (단, 이상기체의 가역과정이고 질소의 비열비는 1.41 이다.)

① 6 ℃　　　② 83 ℃　　　③ -172 ℃　　　④ -190 ℃

【해설】(2013-4회-13번 기출유사)

• 단열변화의 P-V-T 관계 방정식은 반드시 암기하고 있어야 한다.

$\dfrac{P_1 V_1}{T_1} = \dfrac{P_2 V_2}{T_2}$ 에서, 분모 T_1을 우변으로 이항하고, 그 다음에 V_1을 이항한다.

$\dfrac{P_1}{P_2} = \left(\dfrac{T_1}{T_2}\right)^{\frac{k}{k-1}}$

$\dfrac{200\ atm}{5\ atm} = \left(\dfrac{-30 + 273}{T_2 + 273}\right)^{\frac{1.41}{1.41 - 1}}$　　∴ 나중온도 T_2 = -189.86 ≒ -190 ℃

제3과목 계측방법

41. 불연속 제어동작으로 편차의 정(+), 부(-)에 의해서 조작신호가 최대, 최소가 되는 제어동작은?

① 미분 동작 ② 적분 동작
③ 비례 동작 ④ 온-오프 동작

【해설】(2015-1회-42번 기출반복)
· 편차의 (+), (-)에 의해 조작신호가 최대, 최소가 되는 제어동작을 ON-OFF 동작이라 한다.

42. 다음 중 1000 ℃ 이상의 고온을 측정하는데 적합한 온도계는?

① CC(동-콘스탄탄)열전 온도계 ② 백금저항 온도계
③ 바이메탈 온도계 ④ 광고온계

【해설】(2017-1회-53번 기출유사)
· 일반적으로 비접촉식 온도계는 700 ℃ 이상의 고온 측정에 적합하며,
  접촉식 온도계는 1000 ℃ 이하의 저온 측정에 적합하다.
  ① CC열전 온도계 : -200 ~ 350 ℃   ② 백금저항 온도계 : -200 ~ 500 ℃
  ③ 바이메탈 온도계 : -50 ~ 500 ℃   ④ 광고온계 : 700 ~ 3000 ℃

【key】비접촉식 온도계는 피측정체에 직접 접촉하는 접촉식 온도계보다 높은 온도의 측정이 가능하다.

【참고】※ **비접촉식** 온도계의 종류
- 측정할 물체에서의 열방사시 색, 파장, 방사열 등을 이용하여 접촉시키지 않고도 온도를 측정하는 방법이다.   **암기법** : 비방하지 마세요. 적색 광(고·전)
  ㉠ **방사** 온도계 (또는, 복사온도계)
  ㉡ **적외선** 온도계
  ㉢ **색** 온도계
  ㉣ **광고**온계
  ㉤ **광전**관식 온도계

※ **접촉식** 온도계의 종류
- 온도를 측정하고자 하는 물체에 온도계의 검출소자(檢出素子)를 직접 접촉시켜 열적으로 평형을 이루었을 때 온도를 측정하는 방법이다.
  암기법 : 접전, 저 압유리바, 제
  ㉠ **열전**대 온도계 (또는, 열전식 온도계)
  ㉡ **저항**식 온도계 (또는, 전기저항식 온도계) : 서미스터, 니켈, 구리, 백금 저항소자
  ㉢ **압력**식 온도계 : 액체팽창식, 기체팽창식, 증기팽창식
  ㉣ 액체봉입**유리** 온도계
  ㉤ **바이메탈**식 (열팽창식 또는, 고체팽창식) 온도계
  ㉥ **제**겔콘

43. 기준 수위에서의 압력과 측정 액면계에서의 압력의 차이로부터 액위를 측정하는 방식으로 고압 밀폐형 탱크의 측정에 적합한 액면계는?

① 차압식 액면계
② 편위식 액면계
③ 부자식 액면계
④ 유리관식 액면계

【해설】 ※ 측정방식에 따른 액면계의 종류   암기법 : 직접 유리 부검

분류	측정방식	측정의 원리	종류
직접법	직관식 (유리관식)	액면의 높이가 유리관에도 나타나므로 육안으로 높이를 읽는다	원형유리 평형반사식 평형투시식 2색 수면계
	부자식 (플로트식)	액면에 띄운 부자의 위치를 이용하여 액위를 측정	
	검척식	검척봉으로 직접 액위를 측정	후크 게이지 포인트 게이지
간접법	압력식 (액저압식)	액면의 높이에 따른 압력을 측정하여 액위를 측정	기포식(퍼지식) 다이어프램식
	차압식	기준수위에서의 압력과 측정액면에서의 차압을 이용하여 밀폐용기 내의 액위를 측정	U자관식 액면계 변위 평형식 액면계 햄프슨식 액면계
	편위식	플로트가 잠기는 아르키메데스의 부력 원리를 이용하여 액위를 측정	고정 튜브식 토크 튜브식 슬립 튜브식
	초음파식 (음향식)	탱크 밑에서 초음파를 발사하여 반사시간을 측정하여 액위를 측정	액상 전파형 기상 전파형
	정전용량식	정전용량 검출소자를 비전도성 액체 중에 넣어 측정	
	방사선식 (γ 선식)	방사선 세기의 변화를 측정	조사식 투과식 가반식
	저항 전극식 (전극식)	전극을 전도성 액체 내부에 설치하여 측정	

44. 서로 맞서 있는 2개 전극사이의 정전 용량은 전극사이에 있는 물질 유전율의 함수이다. 이러한 원리를 이용한 액면계는?

① 정전 용량식 액면계
② 방사선식 액면계
③ 초음파식 액면계
④ 중추식 액면계

【해설】 (2012-2회-52번 기출유사)
- **정전용량**(Capacitance)**식 액면계**는 탐침과 탱크 벽과의 정전용량 변화를 전자회로로 측정하여 눈금으로 측정하는 방식으로서, 유전율(ϵ)이 온도에 따라 변하는 곳에는 오차가 발생하므로 사용할 수 없다.

43-①   44-①

45. 자동제어에서 전달함수의 블록선도를 그림과 같이 등가변환시킨 것으로 적합한 것은?

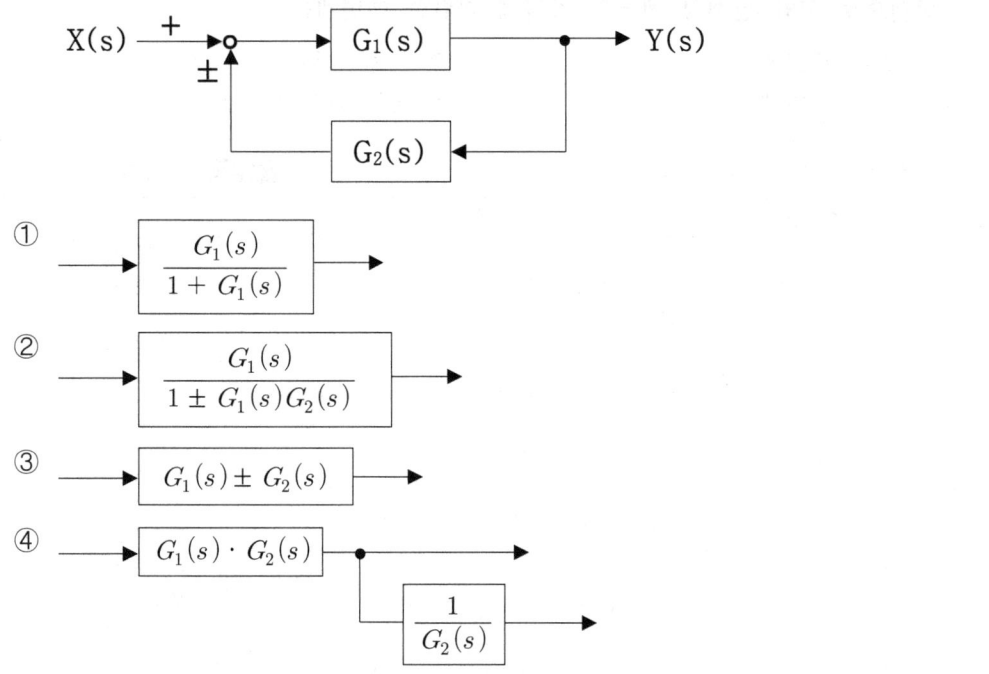

【해설】(2016-2회-46번 기출유사)
- "블록선도의 등가변환"이란 전체의 전달함수가 서로 같도록 단순화시키는 것을 말한다.

  피드백제어계의 합성전달함수 G(s) = $\dfrac{G_1(s)}{1 \pm G_1(s)G_2(s)}$

46. 다음 중 압력식 온도계를 이용하는 방법으로 가장 거리가 먼 것은?

① 고체 팽창식 ② 액체 팽창식
③ 기체 팽창식 ④ 증기 팽창식

【해설】(2014-4회-54번 기출유사)
※ 접촉식 온도계의 종류. 암기법 : 접전, 저 압유리바, 제
  온도를 측정하고자 하는 물체에 온도계의 검출소자(檢出素子)를 직접 접촉시켜
  열적으로 평형을 이루었을때 온도를 측정하는 방법이다.
  ㉠ 열전대 온도계 (또는, 열전식 온도계)
  ㉡ 저항식 온도계 (또는, 전기저항식 온도계) : 서미스터, 니켈, 구리, 백금 저항소자
  ㉢ 압력식 온도계 : 액체팽창식, 기체팽창식, 증기팽창식
  ㉣ 액체봉입유리 온도계
  ㉤ 바이메탈식 온도계 : 열팽창식, 고체팽창식
  ㉥ 제겔콘

45-② 46-①

47. 전기저항 온도계의 특징에 대한 설명으로 틀린 것은?

① 원격측정에 편리하다
② 자동제어의 적용이 용이하다
③ 1000 ℃ 이상의 고온 측정에서 특히 정확하다
④ 자기 가열 오차가 발생하므로 보정이 필요하다

【해설】(2015-4회-51번 기출유사)

※ 전기저항식(또는, 저항식) 온도계의 특징
- 원격측정에 적합하고 자동제어, 기록, 조절이 가능하다.
- **비교적 낮은 온도(500 ℃ 이하)의 정밀측정에 적합하다.**
- 검출시간 지연이 있으며, 측온저항체가 가늘어 진동에 단선되기 쉽다.
- 측온체의 주울열에 의해 자기가열(自己加熱) 오차가 발생하므로 보정이 필요하다.

【참고】일반적으로 접촉식 온도계 중에서 공업계측용으로는 전기저항 온도계와 열전 온도계가 사용되는데, 열전 온도계는 고온의 측정(-200 ~ 1600 ℃)에 전기저항 온도계(-200 ~ 500 ℃)는 저온의 정밀측정에 적합하다.

48. 다음 중 액면측정 방법으로 가장 거리가 먼 것은?

① 유리관식   ② 부자식   ③ 차압식   ④ 박막식

【해설】(2007-4회-53번 기출유사)

❹ 박막식(薄膜式)은 액면계가 아니고 압력계의 일종으로서 직접 지시계를 읽는 방식이다.

49. 피드백 제어에 대한 설명으로 틀린 것은?

① 폐회로 방식이다.
② 다른 제어계보다 정확도가 증가한다.
③ 보일러 점화 및 소화 시 제어한다.
④ 다른 제어계보다 제어폭이 증가한다.

【해설】(2016-4회-57번 기출유사)   암기법 : 시팔연, 피보기

- 보일러의 **기본**(급수, 온도, 압력 등)제어는 **피드백**(Feed back) 제어이다.
- 보일러의 **연소**(점화 및 소화 등)제어는 **시퀀스**(Sequence) 제어이다.

【참고】※ 피드백 제어(feedback control)
- 출력측의 제어량을 입력측에 되돌려 설정된 목표값과 비교하여 일치하도록 반복시켜 정정 동작을 행하는 제어 방식을 말하는 폐회로 방식으로서, 다른 제어계보다 정확도가 증가하며, 피드백을 시키면 1차계의 경우 시정수(time constant)가 작아진다.
따라서, 제어 폭(Band width)이 증가되며, 응답속도가 빨라진다.

47-③   48-④   49-③

50. 물리적 가스분석계의 측정법이 아닌 것은?

① 밀도법　　　　　　　　② 세라믹법
③ 열전도율법　　　　　　④ 자동오르자트법

【해설】(2017-4회-58번 기출유사)　　　　암기법 : 세자가, 밀도적 열명을 물리쳤다.
※ 가스분석계의 분류는 물질의 물리적, 화학적 성질에 따라 다음과 같이 분류한다.
- 물리적 가스분석방법 : 세라믹식, 자기식, 가스크로마토그래피법, 밀도법, 도전율법, 적외선식, 열전도율법
- 화학적 가스분석방법 : 오르자트 분석기, 연소열식 O_2계, 자동화학식 CO_2계, 미연소식

51. 유속 10 m/s의 물속에 피토관을 세울 때 수주의 높이는 약 몇 m 인가? (단, 여기서 중력가속도 g = 9.8 m/s² 이다.)

① 0.51　　　② 5.1　　　③ 0.12　　　④ 1.2

【해설】(2017-4회-51번 기출유사)
- 피토관 유속 $v = C_p \sqrt{2gh}$ 에서, 별도의 제시가 없으면 피토관 계수 C_p = 1 로 한다.
  10 m/s = 1 × $\sqrt{2 \times 9.8 \, m/s^2 \times h}$ = 5.102 ≒ 5.1 m

52. 내경이 50 mm인 원관에 20 ℃의 물이 흐르고 있다. 층류로 흐를 수 있는 최대 유량은 약 몇 m³/s 인가? (단, 임계 레이놀즈수(Re)는 2320 이고, 20 ℃일 때 동점성계수(ν) = 1.0064 × 10⁻⁶ m²/s 이다.)

① 5.33 × 10⁻⁵　　　　　② 7.36 × 10⁻⁵
③ 9.16 × 10⁻⁵　　　　　④ 15.23 × 10⁻⁵

【해설】(2015-1회-59번 기출유사)　　　　암기법 : 레이놀 동 내유?
- $Reno$수 = $\dfrac{Dv}{\nu}$　여기서, ν : 동점성계수, D : 내경, v : 유속

  $2320 = \dfrac{0.05 \times v}{1.0064 \times 10^{-6}}$

  ∴ v = 0.04669 m/s ≒ 0.0467 m/s
- 유량 Q = A · v = $\left(\dfrac{\pi D^2}{4}\right) \cdot v$ = $\left(\dfrac{3.14 \times 0.05^2}{4}\right) \times 0.0467$ ≒ 9.16 × 10⁻⁵ m³/s

【참고】레이놀즈수(Reynolds number)에 따른 유체유동의 형태
- 층류　　　: Re ≤ 2320 이하인 흐름.
- 임계영역 : 2320 < Re < 4000 으로서 층류와 난류 사이의 흐름.
- 난류　　　: Re ≥ 4,000 이상인 흐름.

53. 2개의 수은 유리온도계를 사용하는 습도계는?

① 모발 습도계　　　　　　② 건습구 습도계
③ 냉각식 습도계　　　　　④ 저항식 습도계

【해설】(2012-2회-49번 기출반복)
- 건습구 습도계는 2개의 수은 유리제 온도계를 사용하여 한쪽 측온부는 공기의 온도를 측정하고, 다른 쪽 측온부를 물에 적셔진 얇은 백색 헝겊을 씌워서 건·습구온도 및 상대습도를 측정한다.

54. 액주에 의한 압력측정에서 정밀 측정을 위한 보정(補正)으로 반드시 필요로 하지 않는 것은?

① 모세관 현상의 보정　　　② 중력의 보정
③ 온도의 보정　　　　　　　④ 높이의 보정

【해설】(2013-4회-42번 기출유사)　　　　　　　암기법 : 보온중 앞으로 모이세
- 액주식 압력계는 구부러진 유리관에 기름, 물, 수은 등을 넣어 한쪽 끝에 측정하려고 하는 압력을 도입하여 양 액면의 높이차에 의해 압력을 측정하는데 U자관의 크기는 보통 2m 정도로 한정되며 주로 통풍력을 측정하는데 사용되고 있다.
  측정의 정도는 모세관현상 등의 영향을 받으므로 정밀한 측정을 위해서는 온도, 중력, 압력 및 모세관현상에 대한 보정이 필요하다.

55. 다음 중 습도계의 종류로 가장 거리가 먼 것은?

① 모발 습도계　　　　　　② 듀셀 노점계
③ 초음파식 습도계　　　　④ 전기저항식 습도계

【해설】(2017-1회-48번 기출유사)
❸ 초음파식은 습도계의 종류가 아니고 유량계 및 액면계의 종류이다.

56. 다음 유량계 중 유체압력 손실이 가장 적은 것은?

① 유속식(Impeller식) 유량계　　② 용적식 유량계
③ 전자식 유량계　　　　　　　　④ 차압식 유량계

【해설】(2017-1회-58번 기출유사)
전자식 유량계는 파이프 내에 흐르는 도전성의 유체에 직각방향으로 자기장을 형성시켜 주면 패러데이(Faraday)의 전자유도 법칙에 의해 발생되는 유도기전력(E)으로 유량을 측정한다.
(패러데이 법칙 : $E = Blv$) 따라서, 도전성 액체의 유량측정에만 쓰인다.
유로에 장애물이 없으므로 압력손실이 거의 없으며, 이물질의 부착 및 침식의 염려가 없으므로 높은 내식성을 유지할 수 있다. 또한, 검출의 시간지연이 없으므로 응답이 매우 빠른 특징이 있다.

57. 다음 중 백금 – 백금·로듐 열전대 온도계에 대한 설명으로 가장 적절한 것은?

① 측정 최고온도는 크로멜-알루멜 열전대보다 낮다.
② 열기전력이 다른 열전대에 비하여 가장 높다.
③ 안정성이 양호하여 표준용으로 사용된다.
④ 200 ℃ 이하의 온도측정에 적당하다.

【해설】(2015-1회-43번 기출유사)
※ 백금 – 백금·로듐 열전대 온도계
  ① 측정 최고온도는 크로멜-알루멜(-20 ~ 1200 ℃) 열전대보다 **높다**.
  ② 열기전력이 다른 열전대에 비하여 가장 **낮다**.   암기법 : 열기 ㅋㅋ~, 철동크백
  ❸ 정도가 높고 내열성이 강해서 고온에서도 안정성이 양호하여 표준용으로 사용된다.
  ④ 접촉식온도계 중에서 가장 높은 온도(0 ~ 1600 ℃)의 측정이 가능하다.

58. 다음 중 차압식 유량계가 <u>아닌</u> 것은?

① 오리피스(orifice)   ② 벤투리관(venturi)
③ 로터미터(rotameter)   ④ 플로우-노즐(flow-nozzle)

【해설】(2015-1회-50번 기출반복)   암기법 : 로면
  ❸ 면적식 유량계인 **로터미터**는 차압식 유량계와는 달리 관로에 있는 교축기구 차압을
    일정하게 유지하고, 떠 있는 부표(Float, 플로트)의 높이로 단면적 차이에 의하여 유량을
    측정하는 방식이다.
【참고】• 차압식 유량계는 유로의 관에 고정된 교축(조리개) 기구인 **벤츄리, 오리피스, 노즐**을 넣어
    두므로 흐르는 유체의 압력손실이 발생하는데, 조리개부가 유선형으로 설계된 벤츄리의
    압력손실이 가장 적다.

59. 다이어프램 압력계의 특징이 <u>아닌</u> 것은?

① 점도가 높은 액체에 부적합하다.
② 먼지가 함유된 액체에 적합하다.
③ 대기압과의 차가 적은 미소압력의 측정에 사용한다.
④ 다이어프램으로 고무, 스테인리스 등의 탄성체 박판이 사용된다.

【해설】(2011-2회-41번 기출유사)
  ❶ 보통의 압력계는 부식성, 고점도 유체의 압력을 직접 측정하기에는 곤란하지만,
    다이어프램식(격막식)은 측정유체로부터 압력계가 격리되는 방식의 구조이므로 먼지 등을
    함유한 액체나 **고점도 액체의 압력측정에도 적합하다**.

60. 다음 중 SI 단위계에서 물리량과 기호가 틀린 것은?

① 질량 : kg
② 온도 : ℃
③ 물질량 : mol
④ 광도 : cd

【해설】 (2013-4회-41번 기출유사)

※ SI 단위계의 기본단위는 7가지가 있다.   암기법 : mks mKc A

단위기호	m	kg	s	mol	K	cd	A
명칭	미터	킬로그램	초	몰	캘빈	칸델라	암페어
물리량	길이	질량	시간	물질량	절대온도	광도	전류

제4과목 열설비재료 및 관계법규

61. 에너지이용 합리화법에 따라 대통령령으로 정하는 일정규모 이상의 에너지를 사용하는 사업을 실시하거나 시설을 설치하려는 경우 에너지사용계획을 수립하여, 사업 실시 전 누구에게 제출하여야 하는가?

① 대통령
② 시·도지사
③ 산업통상자원부장관
④ 에너지 경제연구원장

【해설】 (2017-1회-65번 기출유사)   [에너지이용합리화법 제10조1항.]

❸ 도시개발사업이나 산업단지개발사업 등 대통령령으로 정하는 일정규모 이상의 에너지를 사용하는 사업을 실시하거나 시설을 설치하려는 자는 그 사업의 실시와 시설의 설치로 에너지수급에 미칠 영향과 에너지 소비로 인한 온실가스(이산화탄소)의 배출에 미칠 영향을 분석하고 "에너지사용계획"을 수립하여, 그 사업의 실시 또는 시설의 설치 전에 **산업통상자원부장관에게 제출**하여야 한다.

62. 에너지이용 합리화법에 따라 용접검사가 면제되는 대상범위에 해당되지 않는 것은?

① 주철제보일러
② 강철제 보일러 중 전열면적이 5 m² 이하이고, 최고사용압력이 0.35 MPa 이하인 것
③ 압력용기 중 동체의 두께가 6 mm 미만인 것으로서 최고사용압력(MPa)과 내부 부피 (m³)를 곱한 수치가 0.02 이하인 것
④ 온수보일러로서 전열면적이 20 m² 이하이고, 최고사용압력이 0.3 MPa 이하인 것

【해설】 (2010-1회-63번 기출반복)   암기법 : 십팔, 대령삼오 (035)

※ 검사의 면제대상 중 용접검사의 면제대상 범위.   [에너지이용합리화법 시행규칙 별표3의6.]

❹ 온수보일러 중 전열면적이 18 m² 이하이고, 최고사용압력이 0.35 MPa 이하인 것.

63. 에너지이용 합리화법에 따라 에너지이용합리화 기본계획에 포함되지 않는 것은?

① 에너지이용 합리화를 위한 기술개발
② 에너지의 합리적인 이용을 통한 공해성분(SOx, NOx)의 배출을 줄이기 위한 대책
③ 에너지이용 합리화를 위한 가격예시제의 시행에 관한 사항
④ 에너지이용 합리화를 위한 홍보 및 교육

【해설】(2011-4회-68번 기출반복)　　　　　　　　　　　　[에너지이용합리화법 제4조2항]
　　　※ 에너지이용합리화 기본계획에 포함되는 사항.
　　　　　1. 에너지절약형 경제구조로의 전환
　　　　　2. 에너지이용효율의 증대
　　　　　3. 에너지이용 합리화를 위한 기술개발
　　　　　4. 에너지이용 합리화를 위한 홍보 및 교육
　　　　　5. 에너지원간 대체(代替)
　　　　　6. 열사용기자재의 안전관리
　　　　　7. 에너지이용 합리화를 위한 가격예시제의 시행에 관한 사항
　　　　　8. 에너지의 합리적인 이용을 통한 **온실가스**의 배출을 줄이기 위한 대책
　　　　　9. 그 밖에 에너지이용 합리화를 추진하기 위하여 필요한 사항으로서 산업통상자원부령
　　　　　　 으로 정하는 사항

64. 에너지원별 에너지열량 환산기준으로 총발열량(kcal)이 가장 높은 연료는?
　　(단, 1 L 또는 1 kg 기준이다.)

① 휘발유　　　　　　　　　　② 항공유
③ B-C유　　　　　　　　　　④ 천연가스

【해설】(2014-2회-62번 기출반복)　　　　　　　[에너지법 시행령 시행규칙 제5조1항 별표.]
　　• 에너지원별 총발열량 비교 : ① 휘발유 7810 kcal/L　② 항공유 8720 kcal/L
　　　　　　　　　　　　　　　　 ③ B-C유 9960 kcal/L　❹ 천연가스 13060 kcal/kg

65. 에너지법에 따른 용어의 정의에 대한 설명으로 틀린 것은?

① 에너지사용시설이란 에너지를 사용하는 공장·사업장 등의 시설이나 에너지를 전환하여 사용하는 시설을 말한다.
② 에너지사용자란 에너지를 사용하는 소비자를 말한다.
③ 에너지공급자란 에너지를 생산·수입·전환·수송·저장 또는 판매하는 사업자를 말한다.
④ 에너지란 연료·열 및 전기를 말한다.

【해설】(2011-4회-63번 기출유사)　　　　　　　　암기법 : 사용자, 소관
　　❷ "에너지사용자"란 에너지사용시설의 소유자 또는 관리자를 말한다.　　[에너지법 제2조]

66. 에너지이용 합리화법에 따라 에너지사용안정을 위한 에너지저장의무 부과대상자에 해당되지 않는 사업자는?

① 전기사업법에 따른 전기사업자
② 석탄산업법에 따른 석탄가공업자
③ 집단에너지사업법에 따른 집단에너지사업자
④ 액화석유가스사업법에 따른 액화석유가스사업자

【해설】 (2015-1회-62번 기출반복)　　　　　　　　　　　　[에너지이용합리화법 시행령 제12조]
- 에너지수급 차질에 대비하기 위하여 산업통상자원부장관이 에너지저장의무를 부과할 수 있는 대상에 해당되는 자는 전기사업자, **도시가스사업자**, 석탄가공업자, 집단에너지사업자, 연간 **2만 TOE** 이상의 에너지사용자이다.

　　　　　　　　　　　　　　　　　　암기법 : 에이, 쌍!~ 다소비네. 10배 저장해야지

67. 에너지이용 합리화법에 따라 에너지다소비사업자가 산업통상자원부령으로 정하는 바에 따라 신고하여야 하는 사항이 아닌 것은?

① 전년도의 분기별 에너지 사용량·제품생산량
② 해당 연도의 분기별 에너지 사용예정량·제품생산예정량
③ 에너지사용기자재의 현황
④ 에너지이용효과·에너지수급체계의 영향분석 현황

【해설】 (2017-2회-67번 기출유사)　　　　　　　암기법 : 전해, 전기관

※ 에너지다소비업자의 신고.　　　　　　　　　　[에너지이용합리화법 제31조]
- 에너지사용량이 대통령령으로 정하는 기준량(2000 TOE)이상인 에너지다소비업자는 산업통상자원부령으로 정하는 바에 따라 매년 1월 31일까지 그 에너지사용시설이 있는 지역을 관할하는 시·도지사에게 다음 사항을 신고하여야 한다.
  1. **전**년도의 분기별 에너지사용량·제품생산량
  2. **해**당 연도의 분기별 에너지사용예정량·제품생산예정량
  3. **전**년도의 분기별 에너지이용 합리화 실적 및 해당 연도의 분기별 계획
  4. 에너지사용**기**자재의 현황
  5. 에너지**관**리자의 현황

68. 에너지이용 합리화법에 따른 특정열사용기자재 품목에 해당하지 않는 것은?

① 강철제 보일러　　　　　　② 구멍탄용 온수보일러
③ 태양열 집열기　　　　　　④ 태양광 발전기

【해설】 (2016-1회-66번 기출유사)　　　　　　[에너지이용합리화법 시행규칙 별표3의2.]
❹ (태양광) 발전기는 특정열사용기자재 품목에 해당되지 않는다.

66-④　67-④　68-④

69. 에너지이용 합리화법에 따라 효율기자재의 제조업자가 효율관리시험기관으로부터 측정결과를 통보받은 날 또는 자체측정을 완료한 날부터 그 측정결과를 며칠 이내에 한국에너지공단에 신고하여야 하는가?

① 15일　　　② 30일　　　③ 60일　　　④ 90일

【해설】(2013-4회-79번 기출반복)　　　　　[에너지이용합리화법 시행령 시행규칙 제9조]
- 효율관리기자재의 제조업자 또는 수입업자는 효율관리시험기관으로부터 측정결과를 통보받은 날 또는 자체측정을 완료한 날로부터 각각 90일 이내에 그 측정결과를 한국에너지공단에 신고하여야 한다.

70. 에너지법에 따라 지역에너지계획은 몇 년 이상을 계획 기간으로 하여 수립·시행 하는가?

① 3년　　　② 5년　　　③ 7년　　　④ 10년

【해설】(2010-4회-65번 기출유사)　　　　　암기법: 오!~ 도사님
- "시·도지사"는 관할 구역의 지역적 특성을 고려하여 「저탄소 녹색성장 기본법」제41조에 따른 에너지기본계획의 효율적인 달성과 지역경제의 발전을 위한 지역에너지계획을 5년마다, 5년 이상을 계획기간으로 하여 수립·시행하여야 한다.　[에너지법 제7조 1항]

71. 내화물 SK-26번이면 용융온도 1580℃에 견디어야 한다. SK-30번이라면 약 몇 ℃에 견디어야 하는가?

① 1460℃　　　② 1670℃　　　③ 1780℃　　　④ 1800℃

【해설】(2015-2회-73번 기출반복)　　　　　암기법: 내화도(SK) 번호

```
26 + 10개  = 36번까지
36 + 6개   = 42번  --------> 2000℃   ↓-40     41
                                      ↓-40     40
                                      ↓-40     39
                             1850  (중간)       38
                            (825) 빨리 와~      37

26 : 1580 ℃ ↓+30        37 : 1825 ℃(빨리 와~)
27 : 1610 ℃ ↓+20        38 : 1850 ℃
28 : 1630 ℃ (↓+20)      39 : 1880 ℃
29 : 1650               40 : 1920 ℃
30 : 1670               41 : 1960 ℃
31 : 1690               42 : 2000 ℃
32 : 1710
33 : 1730
34 : 1750
35 : 1770
36 : 1790 ℃
```

69-④　70-②　71-②

72. 관의 신축량에 대한 설명으로 옳은 것은?

① 신축량은 관의 열팽창계수, 길이, 온도차에 반비례한다.
② 신축량은 관의 길이, 온도차에는 비례하지만 열팽창계수에는 반비례한다.
③ 신축량은 관의 열팽창계수, 길이, 온도차에 비례한다.
④ 신축량은 관의 열팽창계수에 비례하고 온도차와 길이에 반비례한다.

【해설】(2017-1회-76번 기출반복)
- 신축량 $L_2 = L_1(1 + \alpha \cdot \Delta t)$

여기서, L : 관의 길이, α : 열팽창계수, Δt : 온도차

73. 유체가 관내를 흐를 때 생기는 마찰로 인한 압력손실에 대한 설명으로 <u>틀린</u> 것은?

① 유체의 흐르는 속도가 빨라지면 압력손실도 커진다.
② 관의 길이가 짧을수록 압력손실은 작아진다.
③ 비중량이 큰 유체일수록 압력손실이 작다.
④ 관의 내경이 커지면 압력손실은 작아진다.

【해설】(2017-1회-92번 기출유사)
- 관로 유동에서 마찰저항에 의한 압력손실수두의 계산은 달시-바이스바하(Darcy-Weisbach)의 공식으로 계산한다.

  즉, 마찰손실수두 $h_L = f \cdot \dfrac{v^2}{2g} \cdot \dfrac{L}{d}$ [m] $= \dfrac{\Delta P}{\gamma}$ 에서,

  압력강하 $\Delta P = \gamma \cdot h_L = f \cdot \dfrac{v^2}{2g} \cdot \dfrac{L}{d} \cdot \gamma$ [kg/m² 또는, mmAq]

❸ 비중량(γ)이 큰 유체일수록 압력손실이 커진다.

74. 열팽창에 의한 배관의 측면 이동을 구속 또는 제한하는 장치가 <u>아닌</u> 것은?

① 앵커   ② 스톱   ③ 브레이스   ④ 가이드

【해설】(2016-4회-98번 기출유사)
※ 리스트레인트(restraint)는 열팽창 등에 의한 신축이 발생될 때 배관 상·하, 좌·우의 이동을 구속 또는 제한하는데 사용하는 것으로 다음과 같은 것들이 있다.
- 앵커(Anchor) : 배관이동이나 회전을 모두 구속한다.
- 스톱(Stop) : 특정방향에 대한 이동과 회전을 구속하고, 나머지 방향은 자유롭게 이동할 수 있다
- 가이드(Guide) : 배관라인의 축방향 이동을 허용하는 안내 역할을 하며 축과 직각 방향의 이동을 구속한다.

❸ 브레이스(Brace) : 진동을 방지하거나 감쇠시키는데 사용하는 ㅅ자형의 지지대이다.

75. 제철 및 제강공정 중 배소로의 사용 목적으로 가장 거리가 먼 것은?

① 유해성분의 제거
② 산화도의 변화
③ 분상광석의 괴상으로의 소결
④ 원광석의 결합수의 제거와 탄산염의 분해

【해설】 (2007-1회-63번 기출반복)
- 배소로(焙燒爐)는 용광로에 장입되는 철광석(인이나 황을 포함하고 있음)을 용융되지 않을 정도로 공기의 존재하에서 가열하여 불순물(P, S 등의 유해성분)의 제거 및 금속산화물로 산화도(酸化度)의 변화, 균열 등의 물리적 변화를 주어 제련상 유리한 상태로 전처리함으로써 용광로의 출선량을 증가시켜 준다.
- ❸ 분상의 철광석을 용광로에 장입하면 용광로의 능률이 저하되므로 **괴상화용로(塊狀化用爐)**를 설치하여 분상의 철광석을 발생가스 및 회 등과 함께 괴상으로 소결시켜 장입시키게 되면 통풍이 잘되고 용광로의 능률이 향상된다.

76. 규조토질 단열재의 안전사용온도는?

① 300℃ ~ 500℃
② 500℃ ~ 800℃
③ 800℃ ~ 1200℃
④ 1200℃ ~ 1500℃

【해설】 (2012-4회-78번 기출반복)
- 일반용 무기질 보온재로서의 규조토는 안전사용온도가 500 ℃ 이지만, 규조토에 톱밥이나 가소성 점토를 섞어 소성시켜 다공질로 한 것인 **규조토질 단열재**의 안전사용온도는 800 ~ 1200 ℃ 정도이며 열팽창율이 크고, 내스폴링성이 적고, 가격도 저렴하다.

77. 용광로에서 코크스가 사용되는 이유로 가장 거리가 먼 것은?

① 열량을 공급한다.
② 환원성 가스를 생성시킨다.
③ 일부의 탄소는 선철 중에 흡수된다.
④ 철광석을 녹이는 용제 역할을 한다.

【해설】 (2016-2회-70번 기출유사)
※ 용광로(일명 高爐, 고로)에 장입되는 **코크스**의 역할
 - 열원으로 사용되는 연료이므로 열량을 공급하며, 연소시 생성된 CO, H_2 등의 환원성 가스에 의해 산화철(FeO)을 환원시킴과 아울러 가스성분인 탄소의 일부는 선철 중에 흡수되는 흡탄작용으로 선철 중에 흡수된다.
 ❹ 석회석 : 원료인 철광석 중에 포함되어 있는 SiO_2, P 등을 흡수하고 용융상태의 광재를 형성하여 선철위에 떠서 철과 불순물이 잘 분리되도록 하는 **매용제(媒溶劑)** 역할을 한다.   암기법 : 매점 매석

78. 내화물의 부피비중을 바르게 표현한 것은?

(단, W_1 : 시료의 건조중량(kg), W_2 : 함수시료의 수중중량(kg), W_3 : 함수시료의 중량(kg) 이다.)

① $\dfrac{W_1}{W_3 - W_2}$ ② $\dfrac{W_3}{W_1 - W_2}$ ③ $\dfrac{W_3 - W_2}{W_1}$ ④ $\dfrac{W_2 - W_3}{W_1}$

【해설】(2014-4회-70번 기출반복)

※ 내화물의 비중 공식   암기법 : 겉은 건수건, (부) 함수건

겉 = 건△수, 부피 = 함△수

- 겉비중 = $\dfrac{W_1}{W_1 - W_2}$ = $\dfrac{건조무게}{건조무게 - 수중무게}$

- 부피비중 = $\dfrac{W_1}{W_3 - W_2}$ = $\dfrac{건조무게}{함수무게 - 수중무게}$

79. 다음 중 피가열물이 연소가스에 의해 오염되지 않는 가마는?

① 직화식가마   ② 반머플가마
③ 머플가마   ④ 직접식가마

【해설】(2010-2회-73번 기출반복)

❸ 머플가마(Muffle kiln)는 피가열체에 직접 불꽃이 닿지 않도록 내열강재의 용기를 내부에서 가열하고 그 용기 속에 열처리품을 장입하여 **피가열물을 간접식으로 가열하는** 가열로이므로 연소가스에 직접 닿지 않는다. 따라서 피가열물이 연소가스에 의해 오염되지 않는다.

80. 시멘트 제조에 사용하는 회전가마(rotary kiln)는 다음 여러 구역으로 구분된다. 다음 중 탄산염 원료가 주로 분해되어지는 구역은?

① 예열대   ② 하소대
③ 건조대   ④ 소성대

【해설】(2015-2회-80번 기출유사)

- 회전가마(rotary kiln)는 각 부분의 온도에 따라 건조대, 예열대, 하소대(또는, 가소대), 소성대, 냉각대 등으로 구분되는데, **하소대**(煆燒帶)에서는 광석 원료 등을 고온으로 가열해서 화학적으로 결합해 있는 수분이나 탄산염($CaCO_3$)을 CaO와 CO_2로 분해하여 제거하는 조작이 이루어지는 구역이다. 따라서 탈탄산 반응구역이라고도 부르고 있다.

| 제5과목 | 열설비설계 |

81. 내화벽의 열전도율이 0.9 kcal/m · h · ℃인 재질로 된 평면 벽의 양측 온도가 800 ℃와 100 ℃ 이다. 이 벽을 통한 단위면적당 열전달량이 1400 kcal/m² · h 일 때 벽 두께는 약 몇 cm 인가?

① 25　　　　② 35　　　　③ 45　　　　④ 55

【해설】(2010-2회-98번 기출반복)　　　　　　　　　　　　암기법 : 교전온면두

- 평면벽에서의 교환열(전달열량) 계산공식 $Q = \dfrac{\lambda \cdot \Delta t \cdot A}{d}$ 에서, $\dfrac{Q}{A} = \dfrac{\lambda \cdot \Delta t}{d}$

$$1400 \, kcal/m^2 \cdot h = \dfrac{0.9 \, kcal/mh℃ \times (800-100)℃}{d}$$

∴ 두께 d = 0.45 m = 0.45 m × $\dfrac{100 \, cm}{1 \, m}$ = 45 cm

82. 보일러에서 용접 후에 풀림처리를 하는 주된 이유는?

① 용접부의 열응력을 제거하기 위해
② 용접부의 균열을 제거하기 위해
③ 용접부의 연신률을 증가시키기 위해
④ 용접부의 강도를 증가시키기 위해

【해설】(2017-4회-91번 기출유사)

❶ 기계가공(용접)을 할 때에는 고열이 발생하여 모재와 용착부에 이 열의 영향으로 재료의 내부에 잔류응력이 생기게 된다. **용접부의 잔류응력을 제거하기 위하여** 약 600 ℃로 가열한 다음 서서히 냉각시키는데 이러한 열처리 조작을 **풀림**(Annealing)이라고 한다.

83. 보일러 운전 및 성능에 대한 설명으로 <u>틀린</u> 것은?

① 보일러 송출증기의 압력을 낮추면 방열손실이 감소한다.
② 보일러의 송출압력이 증가할수록 가열에 이용할 수 있는 증기의 응축잠열은 작아진다.
③ LNG를 사용하는 보일러의 경우 총 발열량의 약 10 %는 배기가스 내부의 수증기에 흡수된다.
④ LNG를 사용하는 보일러의 경우 배기가스로부터 발생되는 응축수의 pH는 11 ~ 12 범위에 있다.

【해설】❹ LNG(주성분은 CH_4)를 사용하는 보일러의 경우 배기가스에 포함되어 있던 수증기가 노점온도 이하에서 응축되어 발생되는 응축수의 pH는 3 ~ 4 범위의 약산성을 띤다.

84. 과열증기의 특징에 대한 설명으로 옳은 것은?

① 관내 마찰저항이 증가한다.
② 응축수로 되기 어렵다.
③ 표면에 고온부식이 발생하지 않는다.
④ 표면의 온도를 일정하게 유지한다.

【해설】(2011-4회-86번 기출반복)
- 보일러 본체에서 발생된 포화증기를 일정한 압력 하에 과열기(Super heater)로 더욱 가열하여 온도를 높여주면 증기엔탈피의 증가로 **응축수로 되기 어렵고**, 물방울이 제거되어 **관내 마찰저항이 감소되는** 등의 사이클 효율 증가를 위하여 과열증기로 만들어 사용하게 되는 것이다.
  연소실내의 고온 전열면인 과열기 및 재열기에는 바나듐이 산화된 V_2O_5(오산화바나듐)이 부착되어 전열면의 표면을 부식시키는 **고온부식이 발생하여, 표면의 온도가 일정하지 못하다.**

85. 프라이밍이나 포밍의 방지대책에 대한 설명으로 <u>틀린</u> 것은?

① 주증기밸브를 급히 개방한다.
② 보일러수를 농축시키지 않는다.
③ 보일러수 중의 불순물을 제거한다.
④ 과부하가 되지 않도록 한다.

【해설】(2013-1회-84번 기출반복)
❶ 주증기밸브를 급개방하여 압력이 갑자기 낮아지게 되면 프라이밍(비수) 및 포밍(거품) 현상이 오히려 더욱 잘 일어나게 되므로, 주증기 밸브를 서서히 **개방**시켜 주어야 한다.

【참고】※ 비수현상 발생원인　　　암기법 : 프라밍은 부유·농 과부를 개방시키는데 고수다
　　　　① 보일러수내의 **부유물**·불순물 함유
　　　　② 보일러수의 **농축**
　　　　③ **과부하** 운전
　　　　④ 주증기밸브의 급**개방**
　　　　⑤ **고수위** 운전
　　　　⑥ 비수방지관 미설치 및 불량

※ 비수현상 방지대책.　　　암기법 : 프라이밍 발생원인을 방지하면 된다.
　　　　① 보일러수내의 **부유물**·불순물이 제거되도록 철저한 급수처리를 한다.
　　　　② 보일러수의 **농축**을 방지할 것.
　　　　③ **과부하** 운전을 하지 않는다.
　　　　④ 주증기밸브를 급**개방** 하지 않는다. (천천히 연다.)
　　　　⑤ **고수위** 운전을 하지 않는다. (정상수위로 운전한다.)
　　　　⑥ 비수방지관을 설치한다.

86. 보일러수 5 ton 중에 불순물이 40 g 검출되었다. 함유량은 몇 ppm 인가?

① 0.008   ② 0.08   ③ 8   ④ 80

【해설】(2008-4회-98번 기출유사)

- 불순물 농도(ppm) = $\dfrac{\text{불순물의 양}}{\text{보일러수의 양}} \times 10^6 = \dfrac{40\,g}{5 \times 10^6\,g} \times 10^6 = 8\text{ ppm}$

87. 2중관 열교환기에 있어서 열관류율(K)의 근사식은?

(단, F_i : 내관 내면적, F_o : 내관 외면적, α_i : 내관 내면과 유체사이의 경막계수, α_o : 내관 외면과 유체 사이의 경막계수, 전열계산은 내관 외면 기준일 때이다.)

① $\dfrac{1}{\left(\dfrac{1}{\alpha_i F_i} + \dfrac{1}{\alpha_o F_o}\right)}$ ② $\dfrac{1}{\left(\dfrac{1}{\alpha_i \dfrac{F_i}{F_o}} + \dfrac{1}{\alpha_o}\right)}$

③ $\dfrac{1}{\left(\dfrac{1}{\alpha_i} + \dfrac{1}{\alpha_o \dfrac{F_i}{F_o}}\right)}$ ④ $\dfrac{1}{\left(\dfrac{1}{\alpha_o F_i} + \dfrac{1}{\alpha_i F_o}\right)}$

【해설】(2011-2회-89번 기출반복)

- 원통배관 내·외면의 경막계수(대류열전달계수, α)에 의한 총괄전열계수(열관류율, K)

$K = \dfrac{1}{\Sigma R(\text{총괄열저항계수})} = \dfrac{1}{\dfrac{1}{\alpha_i \cdot A_i} + \dfrac{1}{\alpha_o \cdot A_o}}$

88. 24500 kW의 증기원동소에 사용하고 있는 석탄의 발열량이 7200 kcal/kg 이고, 원동소의 열효율이 23 %이라면, 매 시간당 필요한 석탄의 양(ton/h)은?

(단, 1 kW는 860 kcal/h 로 한다.)

① 10.5   ② 12.7   ③ 15.3   ④ 18.2

【해설】(2014-4회-94번 기출반복)   암기법 : (효율좋은) 보일러 사저유

- 열기관의 열효율 $\eta = \dfrac{Q_s}{Q_{in}} = \dfrac{\text{유효출열.(유효출력)}}{\text{총입열량}} = \dfrac{Q_s}{m_f \cdot H_\ell}$

$0.23 = \dfrac{24500\,kW \times \dfrac{860\,kcal/h}{1\,kW}}{m_f \times 7200\,kcal/kg}$

∴ 연료사용량 m_f = 12723.4 kg/h ≒ **12.7 ton/h**

89. 보일러 내처리제와 그 작용에 대한 연결로 틀린 것은?

① 탄산나트륨 - pH 조정
② 수산화나트륨 - 연화
③ 탄닌 - 슬러지 조정
④ 암모니아 - 포밍방지

【해설】(2016-4회-82번 기출유사)
❹ 암모니아는 pH 조정제로 쓰이는 약품이다.

【key】※ 보일러 급수 내처리 시 사용되는 약품의 종류 및 작용
① pH 조정제
  ㉠ 낮은 경우 : (염기로 조정) 암기법 : 모니모니해도 탄산소다가 제일인가봐
      암모니아, 탄산소다(탄산나트륨), 가성소다(수산화나트륨), 제1인산소다.
      NH_3, Na_2CO_3, $NaOH$, Na_3PO_4
  ㉡ 높은 경우 : (산으로 조정) 암기법 : 높으면, 인황산!~
      인산,   황산.
      H_3PO_4, H_2SO_4
② 탈산소제   암기법 : 아황산, 히드라 산소, 탄니?
    : 아황산소다(아황산나트륨 Na_2SO_3), 히드라진(고압), 탄닌.
③ 슬러지 조정   암기법 : 슬며시, 리그들 녹말 탄니?
    : 리그린, 녹말, 탄닌.
④ 경수연화제   암기법 : 연수(부드러운 염기성) ∴ pH조정의 "염기"를 가리킴.
    : 탄산소다(탄산나트륨), 가성소다(수산화나트륨), 인산소다(인산나트륨)
⑤ 기포방지제
    : 폴리아미드, 고급지방산알코올
⑥ 가성취화방지제
    : 질산나트륨, 인산나트륨, 리그린, 탄닌

90. 자연순환식 수관보일러에서 물의 순환에 관한 설명으로 틀린 것은?

① 순환을 높이기 위하여 수관을 경사지게 한다.
② 발생증기의 압력이 높을수록 순환력이 커진다.
③ 순환을 높이기 위하여 수관 직경을 크게 한다.
④ 순환을 높이기 위하여 보일러수의 비중차를 크게 한다.

【해설】(2015-1회-92번 기출반복)
• 자연순환식 수관보일러의 **발생증기 압력이 높을수록** 포화수와 포화증기의 비중량의 차이가 점점 줄어들기 때문에 **자연적인 순환력이 작아져서**, 자연적 순환력을 확보할 수가 없다. 이러한 결점을 보완하기 위하여 순환펌프를 보일러수의 순환회로 도중에 설치하여 펌프에 의해 보일러수를 강제순환 촉진시킨다.

91. 내압을 받는 어떤 원통형 탱크의 압력은 3 kg/cm², 직경은 5 m, 강판 두께는 10 mm 이다. 이 탱크의 이음 효율을 75%로 할 때, 강판의 인장강도(kg/mm²)는 얼마로 하여야 하는가?
(단, 탱크의 반경방향으로 두께에 응력이 유기되지 않는 이론값을 계산한다.)

① 10 ② 20 ③ 300 ④ 400

【해설】(2011-1회-100번 기출반복)   암기법: 허전강↑

※ 원통파이프(원통보일러) 설계시 압축강도 계산은 다음 식을 따른다.
  P·D = 200 σ·(t − C) × η
     여기서, 압력단위(kg/cm²), 지름 및 두께의 단위(mm)인 것에 주의해야 한다.
  한편, 허용응력 $\sigma = \dfrac{\sigma_a}{S} \left(\dfrac{인장강도}{안전율} \right)$ 이므로,
  P·D = 200 $\dfrac{\sigma_a}{S}$ ·(t − C) × η   위 문제에서는 부식여유 C = 0 으로 본다.
  3 × 5000 = 200 × $\dfrac{\sigma_a}{1}$ × (10 − 0) × 0.75   ∴ 인장강도 σ_a = 10 kg/mm²

【참고】• 압력의 단위를 공학에서는 kgf/cm² 에서 포오스(f)를 생략하고 kg/cm² 를 주로 사용한다.

92. 저온가스 부식을 억제하기 위한 방법이 아닌 것은?

① 연료중의 유황성분을 제거한다
② 첨가제를 사용한다
③ 공기예열기 전열면 온도를 높인다
④ 배기가스 중 바나듐의 성분을 제거한다

【해설】(2017-1회-83번 기출유사)   암기법: 고바, 황저

※ 저온부식
  연료 중에 포함된 황(S)분이 많으면 연소에 의해 산화하여 SO_2(아황산가스)로 되는데, 과잉공기가 많아지면 배가스 중의 산소에 의해, $SO_2 + \dfrac{1}{2}O_2 \rightarrow SO_3$ (무수황산)으로 되어, 연도의 배가스온도가 노점(150 ~ 170℃)이하로 낮아지게 되면 SO_3가 배가스 중의 수분과 화합하여 $SO_3 + H_2O \rightarrow H_2SO_4$ (황산)으로 되어 연도에 설치된 폐열회수장치인 절탄기·공기예열기의 금속표면에 부착되어 표면을 부식시키는 현상을 저온부식이라 한다. 따라서, 방지대책으로는 연료 중의 유황(S)성분 제거 및 아황산가스의 산화량이 증가될수록 저온부식이 촉진되므로 공기비를 적게 해야 한다. 또한, 연도의 공기예열기에 전열되는 배기가스 온도를 이슬점(150 ~ 170℃) 이상의 높은 온도로 유지해 주어야 한다. 염기성 물질인 $Mg(OH)_2$ 을 연료첨가제로 사용하면 $H_2SO_4 + Mg(OH)_2 \rightarrow MgSO_4 + 2H_2O$ 로 중화되어 연도의 배기가스 중 황산가스의 농도가 낮아져서 황산가스의 노점온도를 낮춘다.
  ❹ 바나듐(V)은 **고온부식**의 원인이 되는 연료 성분이다.

93. 연도(굴뚝) 설계시 고려사항으로 틀린 것은?

① 가스유속을 적당한 값으로 한다.
② 적절한 굴곡저항을 위해 굴곡부를 많이 만든다.
③ 급격한 단면 변화를 피한다.
④ 온도강하가 적도록 한다.

【해설】 (2013-1회-79번 기출유사)

※ 연소실의 연도 설계시 고려사항.
- 배기가스의 유속이 빠르면 내면과의 마찰에 의한 압력손실이 커지므로 가스 유속을 적당한 값으로 한다.
- 굴곡부분이 너무 많으면 배기가스의 통풍력이 지나치게 약해져서 충분한 통풍을 유지하기 어려우므로 적절한 굴곡저항을 위해 **가능한 한 굴곡부분의 곳이 적도록 설치한다.**
- 연도의 단면적이 넓거나 좁은 부분의 차를 줄인다.(급격한 단면 변화를 피한다.)
- 연도 내 배기가스의 온도강하가 적도록 하여 통풍력이 원활하여야 한다.
- 가스 정체 공극(틈)을 만들지 않는다.
- 출구에 설치하는 댐퍼로부터 연도까지의 길이를 짧게 하여 댐퍼의 개도 조절을 통한 통풍이 원활하도록 한다.

94. 보일러에서 연소용 공기 및 연소가스가 통과하는 순서로 옳은 것은?

① 송풍기 → 절탄기 → 과열기 → 공기예열기 → 연소실 → 굴뚝
② 송풍기 → 연소실 → 공기예열기 → 과열기 → 절탄기 → 굴뚝
③ 송풍기 → 공기예열기 → 연소실 → 과열기 → 절탄기 → 굴뚝
④ 송풍기 → 연소실 → 공기예열기 → 절탄기 → 과열기 → 굴뚝

【해설】 (2015-1회-92번 기출유사)
- 송풍기에 의해 압입송풍된 연소용공기는 연도에서 공기예열기를 거쳐 연소실에 공급되어 연료와 연소하여 연소가스로 된다. 연소가스는 과열기를 거쳐 연도의 절탄기를 통과하여 굴뚝으로 배출된다.

95. 급수처리 방법 중 화학적 처리방법은?

① 이온교환법
② 가열연화법
③ 증류법
④ 여과법

【해설】 (2007-1회-82번 기출반복)

※ 보일러 용수의 급수처리 방법.   **암기법** : 화약이, 물증 탈가여 ?
- 물리적 처리 : 증류법, 탈기법, 가열연화법, 여과법
- **화학적** 처리 : 약품첨가법(또는, 석회소다법), 이온교환법

93-② 94-③ 95-①

96. 최고사용압력이 1 MPa인 수관보일러의 보일러수 수질관리 기준으로 옳은 것은?
    (pH는 25℃ 기준으로 한다.)

    ① pH 7 ~ 9, M알칼리도 100 ~ 800 mgCaCO$_3$/L
    ② pH 7 ~ 9, M알칼리도 80 ~ 600 mgCaCO$_3$/L
    ③ pH 11 ~ 11.8, M알칼리도 100 ~ 800 mgCaCO$_3$/L
    ④ pH 11 ~ 11.8, M알칼리도 80 ~ 600 mgCaCO$_3$/L

【해설】 ❸ 수관식 보일러는 최고사용압력에 따라 다르게 적용되는데, 최고사용압력이 1 MPa인 수관식 보일러의 보일러수 수질관리 기준 적정치는 약알칼리성인 pH 11 ~ 11.8 이며, M알칼리도(ppm)는 100 ~ 800 mgCaCO$_3$/L 이다.

97. 보일러 운전시 유지해야 할 최저 수위에 관한 설명으로 틀린 것은?

    ① 노통연관보일러에서 노통이 높은 경우에는 노통 상면보다 75 mm 상부(플랜지 제외)
    ② 노통연관보일러에서 연관이 높은 경우에는 연관 최상위보다 75 mm 상부
    ③ 횡연관보일러에서 연관 최상위보다 75 mm 상부
    ④ 입형보일러에서 연소실 천정판 최고부보다 75 mm 상부(플랜지 제외)

【해설】 (2016-1회-84번 기출유사)
  ※ 원통형 보일러의 안전저수위.(수면계 최하단부의 부착위치)

보일러의 종류별	부착위치
직립형 횡관보일러	연소실 천정판 최고부(플랜지부 제외) 상부 75 mm
직립형 연관보일러	연소실 천정판 최고부 상부 연관길이의 1/3
수평(횡)연관보일러	연관의 최고부 상부 75 mm
노통 연관보일러	연관의 최고부 상부 75 mm, 노통 최고부(플랜지부를 제외) 상부 100 mm
노통 보일러	노통 최고부(플랜지부를 제외) 상부 100 mm

98. 태양열 보일러가 800 W/m^2 의 비율로 열을 흡수한다. 열효율이 9 %인 장치로 12 kW 의 동력을 얻으려면 전열 면적(m^2)의 최소 크기는 얼마이어야 하는가?

    ① 0.17   ② 1.35   ③ 107.8   ④ 166.7

【해설】 (2009-1회-91번 기출반복)
  • 동력 P = 단위면적당 흡수열량(Q) × 전열면적(A) × 열교환기의 효율(η)
    12×10^3 W = 800 W/m^2 × A × 0.09
    ∴ 전열면적 A = 166.66 ≒ 166.7 m^2

99. 다음 중 증기관의 크기를 결정할 때 고려해야 할 사항으로 가장 거리가 먼 것은?
   ① 가격
   ② 열손실
   ③ 압력강하
   ④ 증기온도

   【해설】❹ 증기배관의 관경을 결정할 때 고려해야 할 사항으로는 배관의 재질에 따른 가격, 열손실, 압력강하(압력손실), 유속 등이 있다.

100. 긴 관의 일단에서 급수를 펌프로 압입하여 도중에서 가열, 증발, 과열을 한꺼번에 시켜 과열증기로 내보내는 보일러로서 드럼이 없고, 관만으로 구성된 보일러는?
   ① 이중 증발 보일러
   ② 특수 열매 보일러
   ③ 연관 보일러
   ④ 관류 보일러

   【해설】(2015-4회-92번 기출반복)
   ❹ 긴 관으로 급수를 직접 흘려보내는 형식으로 가열 → 증발 → 과열을 순차적으로 관류하므로서 과열증기로 내보내므로 "관류(貫流)식" 보일러라고 명명한다.

2018년 제2회 에너지관리기사
(2018.4.28. 시행)

평균점수

제1과목 연소공학

1. 연도가스 분석결과 CO_2 12%, O_2 6%, CO 0.0% 이라면 CO_{2max}는 몇 % 인가?

① 13.8   ② 14.8   ③ 15.8   ④ 16.8

【해설】(2011-2회-16번 기출반복)
- 완전연소일 경우 연소가스 분석 결과 CO가 없으므로 공기비 공식 중에서 O_2(%)로만

$$m = \frac{CO_{2max}}{CO_2} = \frac{21}{21 - O_2}$$ 으로 간단히 계산한다.

$$\frac{CO_{2max}}{12} = \frac{21}{21 - 6}$$

∴ CO_{2max} = 16.8%

2. 연소관리에 있어서 과잉공기량 조절시 다음 중 최소가 되게 조절하여야 할 것은?
(단, Ls : 배가스에 의한 열손실량,
 Li : 불완전연소에 의한 열손실량,
 Lc : 연소에 의한 열손실량,
 Lr : 열복사에 의한 열손실량일 때를 나타낸다.)

① Ls + Li   ② Ls + Lr
③ Li + Lc   ④ Li

【해설】(2011-4회-1번 기출반복)
※ 적정공기비 운전.
공기량이 적으면 산소와의 접촉이 용이하지 못하게 되어 불완전연소에 의한 열손실이 발생하고, 공기량이 많으면 과잉공기에 의한 배가스 증가에 따른 배가스 열손실이 증가하므로, 이 두 손실량의 합(Ls + Li)이 최소가 되도록 하는 적정공기비로 운전해야 한다.

【참고】연소에 의한 열손실량(Lc)과 열복사에 의한 열손실량(Lr)은 연소장치에서 발생하는 것이다.

1-④   2-①

3. 최소 착화에너지(MIE)의 특징에 대한 설명으로 옳은 것은?

① 질소농도의 증가는 최소착화에너지를 감소시킨다.
② 산소농도가 많아지면 최소착화에너지는 증가한다.
③ 최소착화에너지는 압력증가에 따라 감소한다.
④ 일반적으로 분진의 최소착화에너지는 가연성가스보다 작다.

【해설】(2013-4회-16번 기출반복)
※ 최소 착화에너지(MIE, 최소 점화에너지)가 감소하는 조건.
㉠ 온도가 높을수록
㉡ **압력이 높을수록**
㉢ 연소속도가 빠를수록
㉣ 산소농도가 클수록(상대적으로 질소농도가 작을수록)
㉤ 열전도율이 작을수록
㉥ 불꽃 방전시의 방전에너지 $E = \frac{1}{2}CV^2$ (여기서, C : 정전용량, V : 전압)
㉦ 일반적으로 분자구조가 복잡할수록 착화온도가 낮아지므로, 가연성가스는 분진(착화온도가 높음)보다 최소착화에너지가 작다

● 최소착화에너지(Minimum Ignition Energy)란 가연성 물질이 공기와 섞여 있는 상태에서 착화(점화)시켜 연소가 지속되도록 하기 위한 최소의 에너지를 말한다.

4. 기체연료용 버너의 구성요소가 아닌 것은?

① 가스량 조절부
② 공기/가스 혼합부
③ 보염부
④ 통풍구

【해설】※ 기체연료용 버너는 연소장치로서 구성요소는 공기량 조절부, 가스량 조절부, 공기/가스의 혼합부, 보염부 등으로 이루어져 있다.
❹ 통풍구(通風口)는 공기가 통하도록 낸 구멍으로서, 통풍장치의 구성요소(송풍기, 댐퍼, 통풍구, 연도, 통풍계, 연돌 등)에 속한다.

5. 연소가스에 들어있는 성분을 CO_2, C_mH_n, O_2, CO 의 순서로 흡수 분리시킨 후 체적 변화로 조성을 구하고, 이어 잔류가스에 공기나 산소를 혼합, 연소시켜 성분을 분석하는 기체연료 분석 방법은?

① 헴펠법
② 치환법
③ 리비히법
④ 에슈카법

【해설】(2011-2회-7번 기출반복)
• **헴펠**의 가스분석법 : 이(CO_2) → 탄(C_mH_n) → 산(O_2) → 일(CO)
• 오르삿트 가스분석법 : 이(CO_2) → 산(O_2) → 일(CO)의 순서대로 선택적으로 흡수하여 분리시킨다.

6. 다음 중 분해폭발성 물질이 아닌 것은?

① 아세틸렌　② 히드라진　③ 에틸렌　④ 수소

【해설】(2009-4회-13번 기출반복)

- 폭발성 물질인 제5류 위험물은 공기가 전혀 없어도 자기**분해**에 의해 폭발할 수 있다.
  ex) 아세틸렌(C_2H_2), 에틸렌(C_2H_4), 히드라진(N_2H_4) 등
- ❹ 수소(H_2)는 산화에 의한 폭발성 물질이다.

7. 과잉공기량이 연소에 미치는 영향으로 가장 거리가 먼 것은?

① 열효율　　　　　　　　② CO 배출량
③ 노 내 온도　　　　　　④ 연소 시 와류 형성

【해설】(2014-1회-1번 기출반복)

① 과잉공기량이 많아지면 배기가스량의 증가로 배기가스열 손실량($Q_{손실}$)도 증가하므로 열효율이 낮아진다.
② 연소 시 과잉공기량이 많아지면 공기 중 산소와의 접촉이 용이하게 되어 불완전연소물인 CO의 발생이 적어진다.
③ 연소온도에 가장 큰 영향을 주는 원인은 연소용 공기의 공기비인데, 과잉공기량이 많아질수록 과잉된 질소(흡열반응)에 의한 노내 연소가스량이 많아지므로 노내 연소온도는 낮아진다.
❹ 연소 시 **와류**(渦流)는 공기·연료 혼합기에서 생기는데 서로 다른 속도의 공기와 연료가 만났을 때 발생하는 혼돈상태의 소용돌이 현상을 말하는 것으로, **유속에 기인한다.**

8. 다음 중 중유연소의 장점이 아닌 것은?

① 회분을 전혀 함유하지 않으므로 이것에 의한 장해는 없다.
② 점화 및 소화가 용이하며, 화력의 가감이 자유로워 부하 변동에 적용이 용이하다
③ 발열량이 석탄보다 크고, 과잉공기가 적어도 완전연소시킬 수 있다.
④ 재가 적게 남으며, 발열량, 품질 등이 고체연료에 비해 일정하다.

【해설】(2012-4회-18번 기출반복)

❶ 회분의 양이 매우 적게 함유되어 있기는 하나, 미량의 회분에 의한 재가 전열면에 부착하여 전열을 저해하며 회분 중의 바나듐은 연소에 의해 산화하여 오산화바나듐으로 되어 고온전열면인 과열기·재열기에 부탁하여 고온부식의 장해를 일으킨다.
② 점화 및 소화가 용이하며 화력의 가감이 자유로우므로 연료조절에 의한 온도조절이 용이하여 부하 변동에 적용이 용이하다.
③ 액체연료는 고체연료인 석탄에 비해서 회분의 양이 매우 적게 함유되어 있으므로 발열량이 크고, 연료의 품질이 균일하므로 과잉공기가 적어도 완전연소 시킬 수 있다.
④ 회분이 적으므로 재가 적게 남으며, 유체(액체·기체)연료는 고체연료에 비해 품질이 균일하다.

9. 다음 중 습식집진장치의 종류가 아닌 것은?

① 멀티클론(multiclone)   ② 제트 스크러버(jet scrubber)
③ 사이클론 스크러버(cyclone scrubber)   ④ 벤츄리 스크러버(venturi scrubber)

【해설】(2015-4회-17번 기출유사)
※ 집진장치의 분류와 형식.
- 건식 집진장치 - 사이클론, **멀티클론**, 백필터(여과식)
- 습식 집진장치 - 스크러버, 벤튜리 스크러버, 사이클론 스크러버, 충전탑, 분무탑
- 전기식 집진장치 - 코트렐식 : 집진기기 효율이 가장 높다.(90 ~ 100%)

【key】스크러버(scrubber) : "(물기를 닦는) 솔"이라는 뜻이 있으므로 습식을 떠올리면 된다.

10. 다음 중 연소 전에 연료와 공기를 혼합하여 버너에서 연소하는 방식인 예혼합 연소방식 버너의 종류가 아닌 것은?

① 저압버너   ② 중압버너
③ 고압버너   ④ 송풍버너

【해설】※ 예혼합 연소방식에 따른 버너의 종류로는 **고압**버너(가스압력 : 2 kg/cm² 이상), **저압**버너(가스압력 : 0.01 kg/cm² 이상), **송풍**버너 등이 있다.

11. 다음 석탄의 성질 중 연소성과 가장 관계가 적은 것은?

① 비열   ② 기공률   ③ 점결성   ④ 열전도율

【해설】❸ 석탄의 **점결성**(粘結性)이란 석탄을 건류하면 용융 분해되어 휘발분을 유출한 후의 잔류물이 덩어리(코크스)로 굳어지는 성질을 말하며, 점결성이 강할수록 석탄의 강도가 높아진다. 예를 들어, 점결성이 강한 석탄은 연소 중 화격자 위에서 점결하여 통풍을 해쳐 보일러용 석탄으로는 부적합하다.

12. 버너에서 발생하는 역화의 방지대책과 거리가 먼 것은?

① 버너 온도를 높게 유지한다.
② 리프트 한계가 큰 버너를 사용한다.
③ 다공 버너의 경우 각각의 연료분출구를 작게 한다.
④ 연소용 공기를 분할 공급하여 일차공기를 착화범위보다 적게 한다.

【해설】(2011-4회-89번 기출유사)
❶ 버너 온도를 높게 유지하면 버너가 과열되어 역화(逆火) 현상을 초래한다.

13. 보일러실에 자연환기가 안될 때 실외로부터 공급하여야 할 연소공기는 벙커C유 1L 당 최소 몇 Nm^3이 필요한가? (단, 벙커C유 이론공기량은 10.24 Nm^3/kg, 비중은 0.96, 연소장치의 공기비는 1.3 으로 한다.)

① 11.34   ② 12.78   ③ 15.69   ④ 17.85

【해설】(2010-1회-3번 기출반복)

$A = m A_0 \times F$

(여기서 A : 실제공기량, m : 공기비, A_0 : 이론공기량, F : 사용연료량)

$= m A_0 \times (V \cdot d)$

(여기서 V : 체적은 L로 측정, d : 비중의 단위는 엄밀히 kg/L이다)

$= 1.3 \times 10.24 \, Nm^3/kg \times 1 L \times 0.96 \, kg/L$

$= 12.78 \, Nm^3$

14. 수소가 완전 연소하여 물이 될 때, 수소와 연소용 산소와 물의 몰(mol)비는?

① 1 : 1 : 1   ② 1 : 2 : 1
③ 2 : 1 : 2   ④ 2 : 1 : 3

【해설】(2014-4회-13번 기출반복)

• 수소의 완전연소 연소반응식 $H_2 \, + \, \frac{1}{2} O_2 \, \rightarrow \, H_2O$

                                       (1 mol)   (0.5 mol)   (1 mol)

∴ 몰수비(수소 : 산소 : 물) = $1 : \frac{1}{2} : 1 = \frac{2 : 1 : 2}{2}$ = 2 : 1 : 2

15. 미분탄 연소의 특징이 아닌 것은?

① 큰 연소실이 필요하다.
② 마모부분이 많아 유지비가 많이 든다.
③ 분쇄시설이나 분진처리시설이 필요하다.
④ 중유 연소기에 비해 소요 동력이 적게 필요하다.

【해설】(2013-1회-17번 기출반복)

※ 미분탄연소

석탄을 미세한 가루로 잘게 부수어 분말상(200 mesh 이하)으로 하여 연소용공기와 함께 버너로 분출시켜 연소시키는 방법을 말하며,
수분이나 회분이 많은 저질탄 연소에도 가능하므로 그 사용연료의 범위가 넓다.
단점으로는 공간연소를 시키므로 큰 연소실이 필요하며, 미분탄 과정에서 비산분진(회, 먼지)이 많이 발생하여 연도로 배출되므로 고효율의 집진장치를 필요로 하게 된다.
또한, 중유 연소장치에 비하여 **소요동력이 많이 필요하고**, 소규모 보일러에는 부적합하다.

16. 등유($C_{10}H_{20}$)를 연소시킬 때 필요한 이론공기량은 약 몇 Nm^3/kg 인가?

① 15.6 ② 13.5 ③ 11.4 ④ 9.2

【해설】(2018-1회-10번 기출유사)

- 이론공기량(A_0)을 구하려면 연료의 완전연소 반응식에서 이론산소량을 먼저 구해야 한다.

  탄화수소의 완전연소반응식 $C_mH_n + \left(m + \dfrac{n}{4}\right)O_2 \rightarrow mCO_2 + \dfrac{n}{2}H_2O$ 를 이용하여,

  $C_{10}H_{20}$ + $15O_2$ → $10CO_2$ + $10H_2O$
  (1 kmol)   (15 kmol)
  140 kg   (15 × 22.4 = 336 Nm^3)

  즉, 이론산소량 $O_0 = \dfrac{336\,Nm^3_{-산소}}{140\,kg_{-연료}}$ ∴ $A_0 = \dfrac{O_0}{0.21} = \dfrac{\frac{336}{140}}{0.21} ≒ 11.4\,Nm^3/kg_{-연료}$

17. 연소상태에 따라 매연 및 먼지의 발생량이 달라진다. 다음 설명 중 <u>잘못된</u> 것은?

① 매연은 탄화수소가 분해 연소할 경우에 미연의 탄소입자가 모여서 된 것이다.
② 매연의 종류 중 질소산화물 발생을 방지하기 위해서는 과잉공기량을 늘리고 노내압을 높게 한다.
③ 배기 먼지를 적게 배출하기 위한 건식집진장치는 사이클론, 멀티클론, 백필터 등이 있다.
④ 먼지입자는 연료에 포함된 회분의 양, 연소방식, 생산물질의 처리방법 등에 따라서 발생하는 것이다.

【해설】(2014-4회-15번 기출유사)

❷ 연소 시 과잉공기량이 많아지면 공기 중 산소와의 접촉이 용이하게 되어 완전연소가 이루어지므로 불완전연소에 의한 CO 매연은 감소한다. 그러나, 과잉공기량이 많아질수록 과잉된 질소에 의해 연소가스 중의 NO_x(질소산화물) 발생이 증가하여 대기오염을 초래한다. 따라서, NO_x의 발생을 방지하려면 과잉공기량을 줄이고 노내압을 낮게 해야 한다.

18. 액체연료 1 kg 중에 같은 질량의 성분이 포함될 때, 다음 중 고위발열량에 가장 크게 기여하는 성분은?

① 수소 ② 탄소 ③ 황 ④ 회분

【해설】(2015-2회-17번 기출유사)

❶ 고위발열량(총발열량)과 저위발열량(진발열량)의 차이는 연료 중의 **수소**(H_2) 일부가 산소(O_2)와 화합하여 결합수인 액체(물, H_2O)이 되기 때문에 차이가 난다.

19. 연소가스 중의 질소산화물 생성을 억제하기 위한 방법으로 <u>틀린</u> 것은?

① 2단 연소
② 고온 연소
③ 농담 연소
④ 배기가스 재순환 연소

【해설】(2015-1회-4번 기출반복)　　　　　　　　　　　　　　　　　암기법 : 고질병
　　연소실내의 고온조건에서 질소는 산소와 결합하여 일산화질소(NO), 이산화질소(NO_2) 등의 NO_x(질소산화물)로 매연이 증가되어 밖으로 배출되므로 대기오염을 일으킨다.

【보충】배기가스 중의 질소산화물 억제 방법.
　　㉠ 저농도 산소 연소법(농담연소, 과잉공기량 감소)　㉡ **저온도** 연소법 (공기온도 조절)
　　㉢ 2단 연소법　　　　　　　　　　　　　　　　　　㉣ 배기가스 재순환 연소법
　　㉤ 물 분사법(수증기 분무)　　　　　　　　　　　　　㉥ 버너 및 연소실 구조 개량
　　㉦ 연소부분 냉각법　　　　　　　　　　　　　　　　㉧ 연료의 전환

20. 프로판(Propane)가스 2 kg을 완전 연소시킬 때 필요한 이론공기량은 약 몇 Nm^3 인가?

① 6　　　　　　② 8　　　　　　③ 16　　　　　　④ 24

【해설】(2015-1회-5번 기출반복)

- 이론공기량(A_0)을 구하기 전에 항상 이론산소량(O_0)을 먼저 알아야 한다.

　　　　C_3H_8　　+　　$5O_2$　　→　　$3CO_2$　+　$4H_2O$　　　　암기법 : 3,4,5
　　　(1 kmol)　　(5 kmol)
　　　　44 kg　　($5 \times 22.4 = 112\ Nm^3$)

　　즉, $O_0 = \dfrac{112\ Nm^3_{\ 산소}}{44\ kg_{\ 연료}}$ ∴ $A_0 = \dfrac{O_0}{0.21} = \dfrac{\frac{112}{44}}{0.21} ≒ 12\ Nm^3/kg_{\ 연료}$

　　따라서, 프로판 가스량 2 kg 일 때에는 $A_0 = 12\ Nm^3/kg_{\ 연료} \times 2\ kg_{\ 연료} = 24\ Nm^3$

제2과목　　　　　열역학

21. 동일한 온도, 압력 조건에서 포화수 1 kg과 포화증기 4 kg을 혼합하여 습증기가 되었을 때 이 증기의 건도는?

① 20 %　　　　② 25 %　　　　③ 75 %　　　　④ 80 %

【해설】(2015-2회-34번 기출반복)

- 혼합물의 증기건도 = $\dfrac{(건)포화증기}{(습)포화증기} \times 100 = \dfrac{(건)포화증기}{포화수 + (건)포화증기} \times 100$

　　　　　　　　　= $\dfrac{4\ kg}{1\ kg + 4\ kg} \times 100 = 80\ \%$

22. 다음 공기 표준 사이클(air standard cycle) 중 두 개의 등온과정과 두 개의 정압과정으로 구성된 사이클은?

① 디젤(Diesel) 사이클
② 사바테(Savathe) 사이클
③ 에릭슨(Erikson) 사이클
④ 스터링(Sterling) 사이클

【해설】(2010-1회-30번 기출유사)　　　　　　　　　　　암기법 : 예혼합
- 에릭슨 사이클 : 온합~온합 (등온압축 – 등압가열 – 등온팽창 – 등압냉각)

【참고】T – S 선도에서 변화과정 외우기.
(x축과의 면적은 열량에 해당한다.)

암기법 : 적앞은 폴리단.(적압온 폴리단)

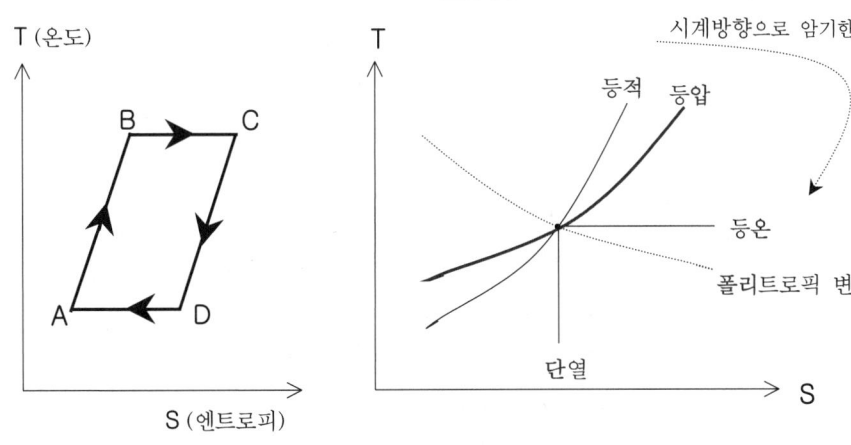

23. 압력 200 kPa, 체적 1.66 m³의 상태에 있는 기체가 정압조건에서 초기체적의 $\frac{1}{2}$로 줄었을 때 이 기체가 행한 일은 약 몇 kJ인가?

① -166
② -198.5
③ -236
④ -245.5

【해설】(2014-1회-26번 기출반복)
- 정압방열(냉각)에 의한 부피수축이므로,

$$_1W_2 = \int_1^2 P\,dV = P\int_1^2 dV = P \cdot (V_2 - V_1)$$
$$= 200\,\text{kPa} \times \left(\frac{V_1}{2} - V_1\right)$$
$$= 200\,\text{kPa} \times \left(-\frac{V_1}{2}\right)$$
$$= 200\,\text{kPa} \times \left(-\frac{1.66\,m^3}{2}\right)$$
$$= -166\,\text{kJ}$$

24. 공기를 작동유체로 하는 Diesel cycle의 온도범위가 32 ℃ ~ 3200 ℃ 이고, 이 cycle의 최고 압력이 6.5 MPa, 최초 압력이 160 kPa일 경우 열효율은 약 얼마인가? (단, 공기의 비열비는 1.4 이다.)

① 41.4 % ② 46.5 % ③ 50.9 % ④ 55.8 %

【해설】(2014-2회-26번 기출반복)
- 디젤사이클의 열효율 공식 $\eta = 1 - \left(\frac{1}{\epsilon}\right)^{k-1} \times \frac{\sigma^k - 1}{k(\sigma - 1)}$ 으로 계산해야 한다.

한편, 연료 단절비(차단비) $\sigma = \frac{T_3}{T_2}$ 이므로 T_2를 먼저 구해야 한다.

1 → 2 과정 : 단열압축 변화의 TP 관계 방정식인 $\frac{T_1}{T_2} = \left(\frac{P_1}{P_2}\right)^{\frac{k-1}{k}}$

$$\frac{32 + 273}{T_2} = \left(\frac{0.16\,MPa}{6.5\,MPa}\right)^{\frac{1.4-1}{1.4}} \quad \therefore\ T_2 \fallingdotseq 878.9\,K$$

따라서, 단절비 $\sigma = \frac{T_3}{T_2} = \frac{(3200 + 273)K}{878.9\,K} \fallingdotseq 3.95$

한편, 압축비 $\epsilon = \frac{V_1}{V_2}$ 를 구해야 한다.

1 → 2 과정 : 단열압축 변화의 TV 관계 방정식인 $\left(\frac{T_1}{T_2}\right)^{\frac{k}{k-1}} = \left(\frac{V_2}{V_1}\right)^k$

$\left(\frac{T_1}{T_2}\right)^{\frac{1}{k-1}} = \left(\frac{V_2}{V_1}\right)$, $\left(\frac{V_1}{V_2}\right) = \left(\frac{T_2}{T_1}\right)^{\frac{1}{k-1}} = \left(\frac{878.9\,K}{305\,K}\right)^{\frac{1}{1.4-1}} \fallingdotseq 14.1$

따라서, 압축비 $\epsilon = 14.1$

∴ 열효율 공식 $\eta = 1 - \left(\frac{1}{\epsilon}\right)^{k-1} \times \frac{\sigma^k - 1}{k(\sigma - 1)}$

$= 1 - \left(\frac{1}{14.1}\right)^{1.4-1} \times \frac{3.95^{1.4} - 1}{1.4 \times (3.95 - 1)} \fallingdotseq 0.509 = 50.9\,\%$

25. 밀폐계에서 비가역 단열과정에 대한 엔트로피 변화를 옳게 나타내는 식은?

① dS = 0
② dS > 0
③ dS = $C_P \frac{dT}{T} - R \frac{dP}{P}$
④ dS = $\frac{\delta Q}{T}$

【해설】(2014-1회-31번 기출반복)
단열은 열출입이 없으므로(dQ = 0), 엔트로피 변화 공식 dS = $\frac{dQ}{T} = \frac{0}{T} = 0$
- 단열 가역변화 : dS = 0
- 단열 비가역변화 : dS > 0
∴ 자연계의 모든 변화는 실제로 비가역적이므로 ΔS(엔트로피 변화량)이 항상 증가한다.

26.
압력이 1000 kPa이고 온도가 400 ℃인 과열증기의 엔탈피는 약 몇 kJ/kg인가? (단, 압력이 1000 kPa일 때 포화온도는 179.1 ℃, 포화증기의 엔탈피는 2775 kJ/kg이고, 과열증기의 평균비열은 2.2 kJ/(kg · K) 이다.)

① 1547 ② 2452 ③ 3261 ④ 4453

【해설】(2009-2회-27번 기출유사)
- 과열증기의 엔탈피 $h_2'' = h_2 + \Delta h$
  $= h_2 + C_P \cdot (t_2'' - t_2)$
  $= 2775 + 2.2 \times (400 - 179.1) = 3260.98 ≒ 3261$ kJ/kg

【key】p-h 선도에서 증기의 상태변화를 이해할 수 있으면,
과열증기의 엔탈피는 포화증기($x = 1$)의 엔탈피인 $h_2 = 2775$ 보다도 커야함을 쉽게 알 수 있다.
∴ 정답은 ③, ④번 중에서 나오게 된다.

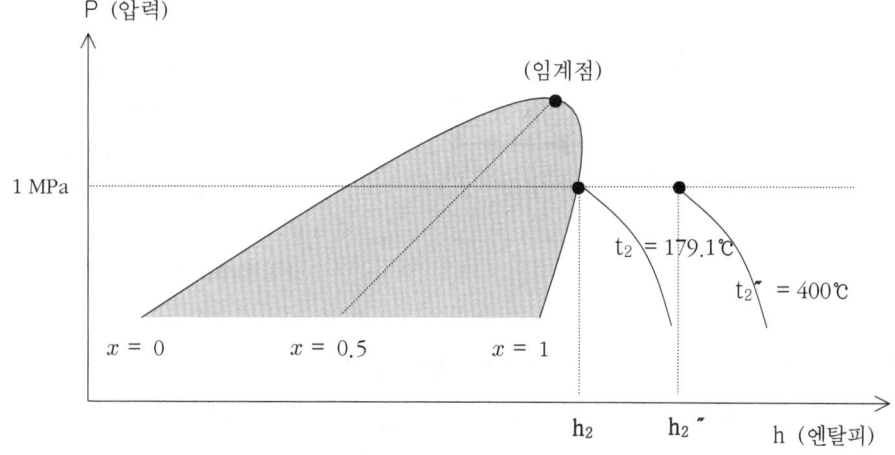

27.
실린더 속에 100 g의 기체가 있다. 이 기체가 피스톤의 압축에 따라서 2 kJ의 일을 받고 외부로 3 kJ의 열을 방출했다. 이 기체의 단위 kg당 내부에너지는 어떻게 변화하는가?

① 1 kJ/kg 증가한다. ② 1 kJ/kg 감소한다.
③ 10 kJ/kg 증가한다. ④ 10 kJ/kg 감소한다.

【해설】(2013-1회-25번 기출유사)
- 폐쇄계(실린더)에서의 열역학 제1법칙(에너지 보존)의 이해.
  계(系)가 2 kJ의 일을 받았으므로 2 kJ에서, 외부로 열을 3 kJ만큼 방출했으므로
  계(系)에는 2 kJ − 3 kJ = −1 kJ 만큼의 내부에너지가 감소하였다.
  한편, 단위질량(1 kg) 당 내부에너지 변화량(dU)은 기체의 양인 100 g 보다 10배 많으므로,
  ∴ dU = −1 kJ × 10 = −10 kJ 여기서, (−)부호는 "감소"를 뜻한다.

28. 표준 증기압축 냉동사이클을 설명한 것으로 옳지 않은 것은?

① 압축과정에서는 기체상태의 냉매가 단열압축되어 고온고압의 상태가 된다.
② 증발과정에서는 일정한 압력상태에서 저온부로부터 열을 공급받아 냉매가 증발한다.
③ 응축과정에서는 냉매의 압력이 일정하며 주위로의 열방출을 통해 냉매가 포화액으로 변한다.
④ 팽창과정은 단열상태에서 일어나며, 대부분 등엔트로피 팽창을 한다.

【해설】(2017-1회-29번 기출유사)
※ 표준 증기압축식 냉동사이클의 T - S 선도를 그려놓고 이해한다.

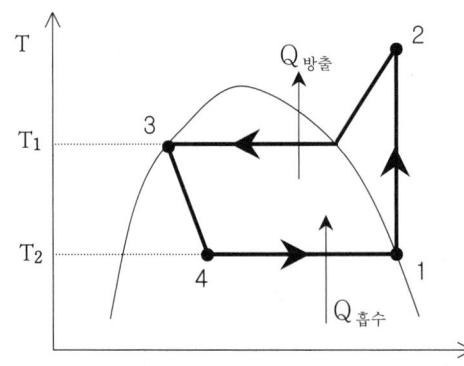

1 → 2 : 단열 압축 과정
    (압축기에 의해 과열증기로 만든다.)
    ∴ 온도상승)
2 → 3 : 등온 냉각 과정
    (열을 방출하고 포화액으로 된다.)
3 → 4 : **등엔탈피 팽창** 과정
    (팽창밸브의 교축에 의해 온도·압력이 하강하여 습증기가 된다.)
4 → 1 : 등온·등압 팽창과정(증발과정)
    (열을 흡수하여 건포화증기로 된다.)

29. Rankine cycle의 4개 과정으로 옳은 것은?

① 가역단열팽창 → 정압방열 → 가역단열압축 → 정압가열
② 가역단열팽창 → 가역단열압축 → 정압가열 → 정압방열
③ 정압가열 → 정압방열 → 가역단열압축 → 가역단열팽창
④ 정압방열 → 정압가열 → 가역단열압축 → 가역단열팽창

【해설】(2013-1회-29번 기출유사)   암기법 : 링컨 가랭이, 가 단합해!

랭킨   합단~합단 (정압-단열-정압-단열)

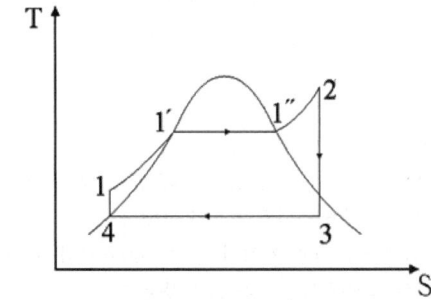

4→1 : 펌프 단열압축에 의해 공급해준 일
1→1′ : 보일러에서 정압가열.(포화수)
1′→1″: 보일러에서 가열.(건포화증기)
1″→2 : 과열기에서 정압가열.(과열증기)
2→3 : 터빈에서의 단열팽창.(습증기)
3→4 : 복수기에서 정압방열.(포화수)

30. 그림과 같은 카르노 냉동 사이클에서 성적계수는 약 얼마인가?

(단, 각 사이클에서의 엔탈피(h)는 $h_1 \simeq h_4 = 98\,kJ/kg$, $h_2 = 231\,kJ/kg$, $h_3 = 282\,kJ/kg$ 이다.)

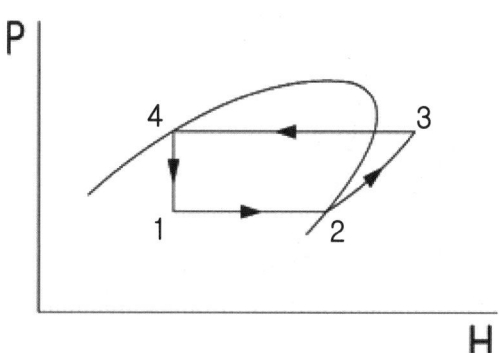

① 1.9   ② 2.3   ③ 2.6   ④ 3.3

【해설】(2014-4회-38번 기출유사)
- 냉동사이클의 성능계수(또는, 성적계수 COP) = $\dfrac{q_2}{W}\left(\dfrac{냉동효과}{압축일량}\right) = \dfrac{h_2 - h_1}{h_3 - h_2}$

  $= \dfrac{231 - 98}{282 - 231} = 2.607 \fallingdotseq 2.6$

31. 이상기체를 등온과정으로 초기 체적의 $\dfrac{1}{2}$로 압축하려 한다. 이 때 필요한 압축일의 크기는? (단, m은 질량, R은 기체상수, T는 온도이다.)

① $\dfrac{1}{2}mRT \times \ln 2$
② $mRT \times \ln\dfrac{1}{2}$
③ $2mRT \times \ln 2$
④ $mRT \times \left(\ln\dfrac{1}{2}\right)^2$

【해설】(2013-2회-22번 기출유사)
- 열역학 제1법칙 미분형 ①식을 이용하여,

  $\delta Q = dU + P \cdot dV$

  한편, 등온과정(T = T_1 = T_2, dT = 0, dU = $C_v \cdot dT$ = 0)이므로,

  $\delta Q = P \cdot dV$

  $Q = W_t = {}_1W_2 = \int_1^2 P\,dV$

  한편, 이상기체의 상태방정식 PV = mRT 에서 P = $\dfrac{mRT}{V}$ 이므로,

  $= \int_1^2 \dfrac{mRT}{V}\,dV = mRT\int_1^2 \dfrac{1}{V}\,dV = mRT \cdot \ln[V]_1^2 = mRT \cdot \ln\left(\dfrac{V_2}{V_1}\right)$

  $= mRT \cdot \ln\left(\dfrac{\dfrac{V_1}{2}}{V_1}\right) = mRT \cdot \ln\left(\dfrac{1}{2}\right)$

32. 이상기체 1 mol이 그림의 b 과정(2 → 3 과정)을 따를 때 내부에너지의 변화량은 몇 J 인가? (단, 정적비열은 1.5 × R 이고, 기체상수 R은 8.314 kJ/(kmol · K)이다.)

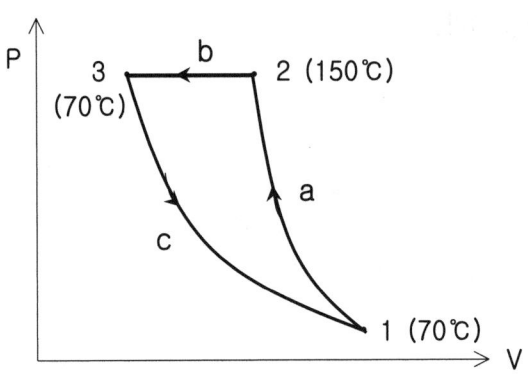

① -333   ② -665   ③ -998   ④ -1662

【해설】 (2011-1회-38번 기출유사)
- 초기상태 2에서 b 과정으로 70 ℃까지 정압 방열 과정이다.
- 내부에너지 변화량 $\Delta U = U_2 - U_1 = n C_v \int_2^3 dT = n C_v (T_3 - T_2)$
  $= n \times 1.5 \times R \times (T_3 - T_2)$
  $= 1 \text{ mol} \times 1.5 \times 8.314 \text{ J/mol} \cdot K \times (70 - 150)K$
  $= -997.68 ≒ -998 \text{ J}$

33. 98.1 kPa, 60 ℃에서 질소 2.3 kg, 산소 1.8 kg의 기체 혼합물이 등엔트로피 상태로 압축되어 압력이 343 kPa로 되었다. 이 때 내부에너지 변화는 약 몇 kJ 인가? (단, 혼합기체의 정적비열은 0.711 kJ/(kg · K)이고, 비열비는 1.4 이다.)

① 325   ② 417   ③ 498   ④ 562

【해설】 (2009-2회-26번 기출유사)
- 등엔트로피 압축(dS = 0)이므로 단열압축에 해당한다.
- 내부에너지 변화량 $dU = m C_v \cdot dT = m C_v \cdot (T_2 - T_1)$

한편, T_2를 구해야 하므로

$$\frac{P_1}{P_2} = \left(\frac{T_1}{T_2}\right)^{\frac{k}{k-1}},$$

$$\frac{98.1}{343} = \left(\frac{60 + 273}{T_2}\right)^{\frac{1.4}{1.4-1}}$$

$$\therefore T_2 = 476.17 \text{ K}$$

$= (2.3 + 1.8) \text{ kg} \times 0.711 \text{ kJ/kg} \cdot K \times (476.17 - 333)K$
$= 417.35 ≒ 417 \text{ kJ}$

34. 다음 온도(T)−엔트로피(s) 선도에 나타난 랭킨(Rankine) 사이클의 효율을 바르게 나타낸 것은?

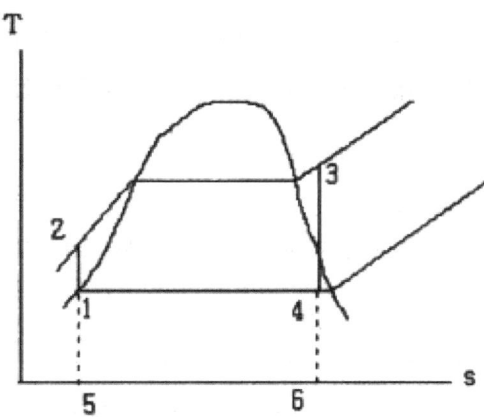

① $\dfrac{\text{면적 } 1-2-3-4-1}{\text{면적 } 5-2-3-6-5}$

② $1 - \dfrac{\text{면적 } 1-2-3-4-1}{\text{면적 } 5-2-3-6-5}$

③ $\dfrac{\text{면적 } 1-4-6-5-1}{\text{면적 } 5-2-3-6-5}$

④ $\dfrac{\text{면적 } 1-2-3-4-1}{\text{면적 } 5-1-4-6-5}$

【해설】(2016-1회-23번 기출유사)
- 랭킨사이클의 이론적 열효율(η) 공식

$$\eta = \frac{W_{net}}{Q_1}\left(\frac{\text{유효일량}}{\text{공급열량}}\right) = \frac{Q_1 - Q_2}{Q_1}$$

한편, T−s 선도에서 x축과의 면적은 사이클에 출입한 열량을 뜻한다.

$$= \frac{\text{면적 } 1-2-3-4-1}{\text{면적 } 5-2-3-6-5}$$

Q_1 : 보일러 및 과열기에 공급한 열량
Q_2 : 복수기에서 방출하는 열량
W_{net} : 사이클에서 유용하게 이용된 에너지.(즉, 유효일 또는 순일 $W_{net} = W_T - W_P$)

35. 어떤 기체의 이상기체상수는 2.08 kJ/(kg·K) 이고 정압비열은 5.24 kJ/(kg·K) 일 때, 이 가스의 정적비열은 약 몇 kJ/(kg·K) 인가?

① 2.18 ② 3.16 ③ 5.07 ④ 7.20

【해설】(2011-4회-24번 기출반복)
- 비열과 기체상수와의 관계식 $C_P - C_V = R$ 에서,

$$\therefore C_V = C_P - R$$
$$= 5.24 - 2.08 = 3.16 \text{ kJ/kg·K}$$

34-①   35-②

36. 일정한 질량유량으로 수평하게 증기가 흐르는 노즐이 있다. 노즐 입구에서 엔탈피는 3205 kJ/kg이고, 증기 속도는 15 m/s 이다. 노즐 출구에서의 증기 엔탈피가 2994 kJ/kg일 때 노즐 출구에서의 증기의 속도는 약 몇 m/s인가? (단, 정상상태로서 외부와의 열교환은 없다고 가정한다.)

① 500　　　② 550　　　③ 600　　　④ 650

【해설】 (2016-2회-27번 기출유사)
- 정상상태에서 유동하고 있는 유체(증기)에 관한 에너지보존법칙을 써서 풀어보자.

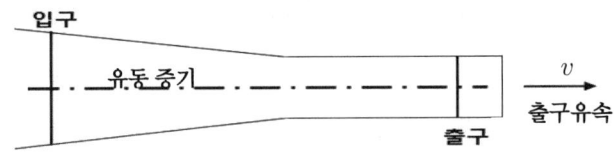
노즐관

$$mH_1 + \frac{1}{2}mv_1^2 + mgZ_1 = mH_2 + \frac{1}{2}mv_2^2 + mgZ_2$$

한편, 기준면으로부터의 높이는 $Z_1 = Z_2$ 이므로

$$H_1 + \frac{v_1^2}{2} = H_2 + \frac{v_2^2}{2}$$

여기서, 1 : 노즐의 입구　2 : 노즐의 출구
한편, 입구에서의 속도가 제시되어 있음에 주의하여

$$\therefore v_2 = \sqrt{v_1^2 + 2(H_1 - H_2)}$$
$$= \sqrt{(15\,m/s)^2 + 2\times(3205-2994)\times 10^3\,N\cdot m/kg}$$
$$= \sqrt{(15\,m/s)^2 + 2\times(3205-2994)\times 10^3\,kg\cdot m/s^2 \times m/kg}$$
$$= 649.78 ≒ 650\,m/s$$

37. 냉동기에 사용되는 냉매의 구비조건으로 옳지 않은 것은?

① 응고점이 낮을 것　　　② 액체의 표면장력이 작을 것
③ 임계점(critical point)이 낮을 것　　　④ 비열비가 작을 것

【해설】 (2017-1회-27번 기출유사)
※ 냉매의 구비조건.
　암기법 : 냉전증인임↑
　암기법 : 압점표값과 비(비비)는 내린다↓

① 전열이 양호할 것. (전열이 양호한 순서 : NH_3 > H_2O > Freon > Air)
② 증발잠열이 클 것. (1 RT당 냉매순환량이 적어지므로 냉동효과가 증가된다.)
③ 인화점이 높을 것. (폭발성이 적어서 안정하다.)
④ 임계점(임계온도)가 높을 것. (상온에서 비교적 저압으로도 응축이 용이하다.)
⑤ 상용압력범위가 낮을 것.
⑥ 점성도와 표면장력이 작아 순환동력이 적을 것.
⑦ 값이 싸고 구입이 쉬울 것.

⑧ 비체적이 작을 것.(한편, 비중량이 크면 동일 냉매순환량에 대한 관경이 가늘어도 됨)
⑨ 비열비가 작을 것.(비열비가 작을수록 압축후의 토출가스 온도 상승이 적다)
⑩ 비등점이 낮을 것.
⑪ 저온장치이므로 응고점이 낮을 것.
⑫ 금속 및 패킹재료에 대한 부식성이 적을 것.
⑬ 환경 친화적일 것.
⑭ 독성이 적을 것.

38. 온도가 800 K이고 질량이 10 kg인 구리를 온도 290 K인 100 kg의 물 속에 넣었을 때 이 계 전체의 엔트로피 변화는 몇 kJ/K 인가? (단, 구리와 물의 비열은 각각 0.398 kJ/(kg·K), 4.185 kJ/(kg·K)이고, 물은 단열된 용기에 담겨 있다.)

① -3.973   ② 2.897   ③ 4.424   ④ 6.870

【해설】(2012-2회-25번 기출반복) • 혼합후의 열평형온도를 t 라 두면, 암기법 : 큐는, 씨암탁

구리가 잃은 열량 = 물이 얻은 열량

$C_1 \cdot m_1 \cdot (t_1 - t) = C_2 \cdot m_2 \cdot (t - t_2)$

$0.398 \times 10 \times (800 - t) = 4.185 \times 100 \times (t - 290)$

∴ t = 294.8 K

• 엔트로피의 정의 $dS = \dfrac{dQ}{T}$

한편, 정압과정이므로   암기법 : 피티네, 알압

$= \dfrac{m C_p \cdot dT}{T}$

$\int_1^2 dS = m C_p \int_1^2 \dfrac{dT}{T}$

$S_2 - S_1 = \Delta S = m C_p \cdot \ln\left(\dfrac{T_2}{T_1}\right)$ 으로 계산한다.

• 구리의 $\Delta S = 10 \text{ kg} \times 0.398 \text{ kJ/kg·K} \times \ln\left(\dfrac{294.8}{800}\right) = -3.973 \text{ kJ/K}$

• 물의 $\Delta S = 100 \text{ kg} \times 4.185 \text{ kJ/kg·K} \times \ln\left(\dfrac{294.8}{290}\right) = 6.870 \text{ kJ/K}$

∴ 계(系) 전체의 엔트로피 변화량 $\Delta S = \Delta S_{구리} + \Delta S_{물}$
= -3.973 + 6.870 = **2.897 kJ/K**

39. 비압축성 유체의 체적팽창계수 β에 대한 식으로 옳은 것은?

① $\beta = 0$ ② $\beta = 1$ ③ $\beta > 0$ ④ $\beta > 1$

【해설】(2007-1회-24번 기출반복)

• 비압축성이므로 압력 P = 1(일정), dP = 0 ∴ 체적팽창계수 $\beta = -V \dfrac{dP}{dV} = 0$

40. 다음 중 포화액과 포화증기의 비엔트로피 변화량에 대한 설명으로 옳은 것은?

① 온도가 올라가면 포화액의 비엔트로피는 감소하고 포화증기의 비엔트로피는 증가한다.
② 온도가 올라가면 포화액의 비엔트로피는 증가하고 포화증기의 비엔트로피는 감소한다.
③ 온도가 올라가면 포화액과 포화증기의 비엔트로피는 감소한다.
④ 온도가 올라가면 포화액과 포화증기의 비엔트로피는 증가한다.

【해설】(2016-2회-35번 기출유사)
• T-S 선도를 간단히 그려 놓고, 온도가 상승할 때의 비엔트로피 변화를 알아보면 쉽다.

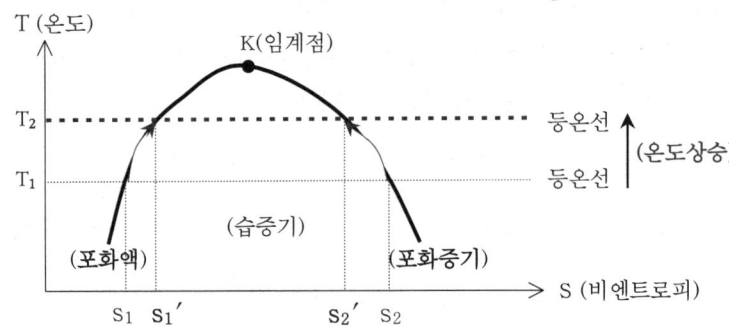

∴ 온도가 올라가면 포화액의 비엔트로피 S_1은 S_1'으로 **증가**하고,
포화증기의 비엔트로피 S_2는 S_2'로 **감소**함을 확인할 수 있다.

제3과목　　계측방법

41. 다음 중 비접촉식 온도계는?

① 색온도계　　② 저항온도계
③ 압력식온도계　　④ 유리온도계

【해설】(2014-4회-53번 기출유사)
※ 비접촉식 온도계의 종류
- 측정할 물체에서의 열방사시 색, 파장, 방사열 등을 이용하여 접촉시키지 않고도 온도를 측정하는 방법이다.
　　암기법 : 비방하지 마세요. 적색 광(고·전)
㉠ 방사 온도계 (또는, 복사온도계)
㉡ 적외선 온도계
㉢ **색 온도계**
㉣ 광고온계
㉤ 광전관식 온도계

42. 다음 중 용적식 유량계에 해당되는 것은?

① 오리피스미터   ② 습식가스미터
③ 로터미터   ④ 피토관

【해설】(2007-4회-49번 기출반복)
① 차압식 유량계 ❷ 용적식 유량계 ③ 면적식 유량계 ④ 속도수두식 유량계

43. 다음 중 계량단위에 대한 일반적인 요건으로 가장 적절하지 <u>않은</u> 것은?

① 정확한 기준이 있을 것
② 사용하기 편리하고 알기 쉬울 것
③ 대부분의 계량단위를 60진법으로 할 것
④ 보편적이고 확고한 기반을 가진 안정된 원기가 있을 것

【해설】"계량단위"란 계량법상 어떤 양을 측정하는데 정확한 기준이 되는 일정량을 말하는데, 현재 대부분의 계량단위는 **10진법**으로 통일되어 있다.

44. 베르누이 정리를 응용하여 유량을 측정하는 방법으로 액체의 전압과 정압의 차로부터 순간치 유량을 측정하는 유량계는?

① 로터미터   ② 피토관
③ 임펠러   ④ 휘트스톤 브릿지

【해설】(2013-1회-51번 기출반복)
- 피토관에서의 유속을 구하기 위하여, 유체의 흐름을 정상상태인 유동(즉, 정상류)로 가정하여 베르누이 방정식을 이용한다.
- 전수두(H) = 압력수두(압력에너지) + 속도수두(운동에너지) + 위치수두(위치에너지)
- $H = \dfrac{P_1}{\gamma} + \dfrac{v_1^2}{2g} + Z_1 = \dfrac{P_2}{\gamma} + \dfrac{v_2^2}{2g} + Z_2$

  한편, $Z_1 = Z_2$, 피토관 속에서는 $v_2 = 0$ 이므로

  $\dfrac{P_1 \,(\text{정압})}{\gamma} + \dfrac{v_1^2}{2g} = \dfrac{P_2 \,(\text{전압})}{\gamma}$

  ∴ 관로에 흐르는 유체의 유속 $v_1 = \sqrt{2g(P_2 - P_1)/\gamma}$
  $= \sqrt{2g\,\Delta P/\gamma}$

  한편, 유량계수(또는, 피토관 정수) k를 포함하면
  $= k\sqrt{2g\,\Delta P/\gamma}$

- 유량 $Q = A \cdot v_1$ 이므로
  $= A \cdot k\sqrt{2g\,\Delta P/\gamma}$ 가 된다. (여기서, ΔP는 전압과 정압의 차인 동압이다.)

45. 다음 중 공기식 전송을 하는 계장용 압력계의 공기압신호는 몇 kg/cm² 인가?

① 0.2 ~ 1.0
② 1.5 ~ 2.5
③ 3 ~ 5
④ 4 ~ 20

【해설】(2015-1회-51번 기출유사) 암기법 : 신호는 영희일.

※ 공기압식 신호 전송방법.
① 신호로 사용되는 공기압은 약 0.2 ~ 1.0 kg/cm² 으로 공기 배관으로 전송된다.
② 공기는 압축성유체이므로 관로저항에 의해 전송지연이 발생한다.
③ 신호의 전송거리는 실용상 100 ~ 150 m 정도로 가장 짧은 것이 단점이다.
④ 신호 공기압은 충분히 제습, 제진한 것이 요구된다.

46. 다음 가스분석 방법 중 물리적 성질을 이용한 것이 아닌 것은?

① 밀도법
② 연소열법
③ 열전도율법
④ 가스크로마토그래프법

【해설】(2016-4회-58번 기출유사) 암기법 : 세자가, 밀도적 열명을 물리쳤다.

※ 가스분석계의 분류는 물질의 물리적, 화학적 성질에 따라 다음과 같이 분류한다.
• 물리적 가스분석계 : 세라믹법, 자기법, 가스크로마토그래피법, 밀도법, 도전율법, 적외선법, 열전도율법
• 화학적 가스분석계 : 흡수분석법(오르사트식, 헴펠식), 자동화학식법, **연소열법**(연소식, 미연소식)

47. 다음 그림과 같은 U자관에서 유도되는 식은?

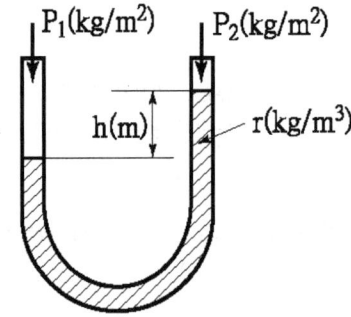

① $P_1 = P_2 - h$
② $h = \gamma (P_1 - P_2)$
③ $P_1 + P_2 = \gamma h$
④ $P_1 = P_2 + \gamma h$

【해설】(2012-4회-49번 기출반복)
• 파스칼의 원리에 의하면 액주 하단부 경계면의 수평선에 작용하는 압력은 서로 같다.
  $P_A = P_B$, ∴ $P_1 = P_2 + \gamma h$

48. 다음 중 송풍량을 일정하게 공급하려고할 때 가장 적당한 제어방식은?

① 프로그램제어 ② 비율제어 ③ 추종제어 ④ 정치제어

【해설】(2008-1회-60번 기출반복)

※ 목표값에 따른 제어의 분류
① 프로그램제어 : 목표값이 미리 정해진 시간에 따라 일정한 프로그램으로 진행된다.
② 비율제어 : 목표값이 어떤 다른 양과 일정한 비율로 변화된다.
③ 추종제어 : 목표값이 시간에 따라 임의로 변화되는 값으로 주어진다.
❹ 정치(定値)제어 : 목표값이 시간적으로 변하지 않고 일정(一定)한 값을 유지한다.

49. 열전대 온도계 보호관 중 내열강 SEH-5에 대한 설명으로 옳지 않은 것은?

① 내식성, 내열성 및 강도가 좋다.
② 자기관에 비해 저온측정에 사용된다.
③ 유황가스 및 산화염에도 사용이 가능하다.
④ 상용온도는 800 ℃ 이고 최고 사용 온도는 850 ℃ 까지 가능하다.

【해설】(2013-1회-57번 기출반복)
• 금속 보호관의 특징 : 비금속(자기관) 보호관에 비해 열전도율이 크므로 비교적 저온측정에 사용된다.

종류	상용사용온도(℃)	최고 사용온도(℃)	특징
황동관	400	650	증기 등의 저온측정에 쓰인다.
연강관	600	800	가격이 싸며, 기계적강도가 크고, 내산성이 있다.
13Cr 강관	800	950	기계적강도가 크고, 산화염, 환원염에도 사용할 수 있다.
내열강 SEH-5	1050	1200	내열성, 내식성이 크고, 유황을 포함하는 산화염, 환원염에도 사용할 수 있다

50. 온도계의 동작 지연에 있어서 온도계의 최초 지시치가 T_0(℃), 측정한 온도가 X(℃)일 때, 온도계 지시치 T(℃)와 시간 τ 와의 관계식은?
(단, λ는 시정수이다.)

① $dT/d\tau = (X - T_0)/\lambda$ ② $dT/d\tau = \lambda/(X - T_0)$
③ $dT/d\tau = (\lambda - X)/T_0$ ④ $dT/d\tau = T_0/(\lambda - X)$

【해설】• 측정한 온도 $X = T_0 + \lambda \dfrac{dT}{d\tau}$ 이므로,
$$\dfrac{dT}{d\tau} = (X - T_0)/\lambda$$

48-④ 49-④ 50-①

51. 열전대온도계의 보호관 중 상용 사용온도가 약 1000 ℃ 이며 내열성, 내산성이 우수하나 환원성가스에 기밀성이 약간 떨어지는 것은?

① 카보런덤관 ② 자기관 ③ 석영관 ④ 황동관

【해설】(2011-1회-45번 기출반복)　　　　　　　　　　　암기법 : 석청
① 카보런덤관은 다공질로서 급냉, 급열에 강하며 단망관이나 2중 보호관의 외관으로 주로 사용된다(1600 ℃).
② 자기관은 급냉, 급열에 약하며 알카리에도 약하다. 기밀성은 좋다(1450 ℃).
❸ 석영관은 급냉, 급열에 강하며, 알카리에는 약하지만 산성에는 강하다(1000 ℃). 환원성가스에 기밀성이 약간 떨어진다.
④ 황동관은 증기 등 저온 측정에 쓰인다(400 ℃).
⑤ 내열강관은 내열성, 내식성이 크고 유황을 포함하는 산화염, 환원염에도 사용할 수 있다(1200 ℃).

52. 20 ℓ인 물의 온도를 15 ℃에서 80 ℃까지 올리려고 한다. 상승시키는데 필요한 열량은 약 몇 kJ 인가?

① 4680 ② 5442 ③ 6320 ④ 6860

【해설】(2011-2회-34번 기출유사)　　　　　　　　　　　암기법 : 큐는, 씨암탉
- 가열량 $Q = C \cdot m \cdot \Delta t$

　　　한편, 물의 질량 $m = \rho_물 \cdot V = 1000 \, kg/m^3 \times 20 \, \ell \times \dfrac{1 \, m^3}{1000 \, \ell} = 20 \, kg$

　　　$= 1 \, kcal/kg \cdot ℃ \times 20 \, kg \times (80 - 15) ℃$

　　　$= 1300 \, kcal = 1300 \, kcal \times \dfrac{4.1868 \, kJ}{1 \, kcal} = 5442.84 ≒ 5442 \, kJ$

53. 1차 제어 장치가 제어량을 측정하여 제어명령을 발하고, 2차 제어 장치가 이 명령을 바탕으로 제어량을 조절할 때, 다음 중 측정제어로 가장 적절한 것은?

① 추치제어 ② 프로그램제어
③ 캐스케이드제어 ④ 시퀀스제어

【해설】(2015-2회-49번 기출반복)
① 추치(追値)제어 : 목표값이 시간에 따라 변화하는 자동제어를 말한다.
　　　　(예 : 추종제어, 프로그램제어)
② 프로그램제어 : 목표값이 미리 정해진 시간에 따라 일정한 프로그램으로 진행된다.
❸ 캐스케이드제어 : 2개의 제어계를 조합하여, 1차 제어 장치가 제어량을 측정하여 제어명령을 발하고, 2차 제어 장치가 이 명령을 바탕으로 제어량을 조절하는 제어방식으로 출력측에 낭비시간이나 지연이 큰 프로세스의 제어에 널리 이용된다.
⑤ 시퀀스제어 : 미리 정해진 순서에 따라 순차적으로 각 단계를 진행하는 자동제어 방식으로서 작동명령은 기동·정지·개폐 등의 타이머, 릴레이 등을 이용하여 행하는 제어를 말한다.

54. 다음 중 가스의 열전도율이 가장 큰 것은?

① 공기　　　② 메탄　　　③ 수소　　　④ 이산화탄소

【해설】(2013-1회-73번 기출유사)
- 기체의 열전도율 비교 : H_2 > CH_4 > N_2 > 공기 > O_2 > CO_2 > SO_2
  (즉, 가스의 분자량이 작을수록 분자운동이 더 활발하므로 열전도율이 커진다.)

55. 폐루프를 형성하여 출력측의 신호를 입력측에 되돌리는 제어를 의미하는 것은?

① 뱅뱅　　　② 리셋　　　③ 시퀀스　　　④ 피드백

【해설】(2012-2회-54번 기출반복)
- **피드백 제어**(feed back control)
  − 출력측의 제어량을 입력측에 되돌려 설정된 목표값과 비교하여 일치하도록 반복시켜 동작하는 제어 방식을 말한다.

【key】되돌리는 것을 "**피드백**(feed back)"이라 한다.

56. 다음 집진장치 중 코트렐식과 관계가 있는 방식으로 코로나 방전을 일으키는 것과 관련 있는 집진기로 가장 적절한 것은?

① 전기식 집진기　　　② 세정식 집진기
③ 원심식 집진기　　　④ 사이클론 집진기

【해설】(2017-1회-8번 기출유사)
- 전기식 집진장치는 방전극(−)에서의 코로나(corona) 방전에 의하여 배기가스 중의 분진 입자는 (−)전하로 대전되어 전기력(쿨롱의 힘)에 의해 집진극인 (+)극으로 끌려가서 벽 표면에 포집되어 퇴적된다. 이것을 추타장치로 일정한 시간마다 전극을 진동시켜서 포집된 분진을 아래로 떨어뜨리는 형식으로 대표적인 장치로 "코트렐(Cottrell)식 집진기"가 있다.

57. 다음 용어에 대한 설명으로 옳지 않은 것은?

① 측정량 : 측정하고자 하는 양
② 값 : 양의 크기를 함께 표현하는 수와 기준
③ 제어편차 : 목표치에 제어량을 더한 값
④ 양 : 수와 기준으로 표시할 수 있는 크기를 갖는 현상이나 물체 또는 물질의 성질

【해설】❸ 제어편차 : 목표치(제어량의 목표가 되는 값)와 제어량의 차이

54-③　　55-④　　56-①　　57-③

58. 다음 중 수분흡수법에 의해 습도를 측정할 때 흡수제로 사용하기에 가장 적절하지 않은 것은?

① 오산화인 ② 피크린산
③ 실리카겔 ④ 황산

【해설】(2015-2회-59번 기출유사)   암기법 : 흐흐, 황실 오염
- 수분흡수법은 습도를 측정하고자 하는 일정 체적의 공기를 취하여 그 속에 함유된 수증기를 흡수제로 흡습시켜서 흡수제의 중량변화를 이용하여 정량하는 방법이다.
사용하는 흡수제로는 **황산**(H_2SO_4), **실리카겔**($SiO_2 \cdot nH_2O$), **오산화인**(P_2O_5), **염화칼슘**($CaCl_2$) 등이 있다.

59. U자관 압력계에 사용되는 액주의 구비조건이 아닌 것은?

① 열팽창계수가 작을 것 ② 모세관현상이 적을 것
③ 화학적으로 안정될 것 ④ 점도가 클 것

【해설】(2009-4회-50번 기출반복)
- 액주식 압력계는 액면에 미치는 압력을 밀도와 액주높이차를 가지고 $P = \gamma \cdot h$ 식에 의해서 측정하므로 액주 내면에 있어서 표면장력에 의한 모세관현상 등의 영향이 적어야 한다.
- 액주식 압력계에서 액주(액체)의 구비조건.
    ① 열팽창계수가 작을 것   ② 모세관 현상이 적을 것
    ③ 일정한 화학성분일 것   ❹ 점도가 작을 것
    ⑤ 휘발성, 흡수성이 적을 것

【key】액주에 쓰이는 액체의 구비조건 특징은 모든 성질이 작을수록 좋다!

60. 다음 중 오리피스(orifice), 벤투리관(venturi tube)을 이용하여 유량을 측정하고자 할 때 필요한 값으로 가장 적절한 것은?

① 측정기구 전후의 압력차
② 측정기구 전후의 온도차
③ 측정기구 입구에 가해지는 압력
④ 측정기구의 출구 압력

【해설】(2013-2회-53번 기출반복)
❶ 차압식 유량계의 측정원리는 유로의 관에 고정된 교축기구(오리피스, 노즐, 벤츄리)를 넣어서 **조리개(교축기구) 전·후의 차압(압력차)**을 발생시켜 베르누이 정리를 이용하여 유량을 측정한다. 흐르는 유체의 압력손실이 있기는 하지만 정도가 0.5 ~ 3 %로 좋은 편이며 측정할 수 있는 압력범위가 비교적 광범위하게 사용할 수 있다.

제4과목　열설비재료 및 관계법규

61. 에너지이용 합리화법에서 목표에너지원단위란 무엇인가?

① 연료의 단위당 제품생산목표량
② 제품의 단위당 에너지사용목표량
③ 제품의 생산목표량
④ 목표량에 맞는 에너지사용량

【해설】(2014-4회-62번 기출반복)　　　　　　　　　　　[에너지이용합리화법 제35조.]
- 산업통상자원부장관은 에너지의 이용효율을 높이기 위하여 필요하다고 인정하면 관계행정 기관의 장과 협의하여 에너지를 사용하여 만드는 **제품의 단위당 에너지사용 목표량** 또는 건축물의 단위면적당 에너지사용 목표량(이하 "**목표에너지원단위**"라 한다)을 정하여 고시하여야 한다.

62. 에너지법에서 정의하는 용어에 대한 설명으로 <u>틀린</u> 것은?

① "에너지사용자"란 에너지사용시설의 소유자 또는 관리자를 말한다.
② "에너지사용시설"이란 에너지를 사용하는 공장, 사업장 등의 시설이나 에너지를 전환하여 사용하는 시설을 말한다.
③ "에너지공급자"란 에너지를 생산, 수입, 전환, 수송, 저장, 판매하는 사업자를 말한다.
④ "연료"란 석유, 석탄, 대체에너지 기타 열 등으로 제품의 원료로 사용되는 것을 말한다.

【해설】(2011-4회-63번 기출반복)　　　　　　　　　　　　　　　[에너지법 제2조.]
❹ "연료"라 함은 석유·가스·석탄, 그 밖에 열을 발생하는 열원을 말한다.
　(다만, 제품의 원료로 사용되는 것은 **제외**한다.)

63. 에너지이용 합리화법에 따라 인정검사 대상기기 관리자의 교육을 이수한 자의 관리범위에 해당하지 <u>않는</u> 것은?

① 용량이 3 t/h인 노통 연관식 보일러
② 압력용기
③ 온수를 발생하는 보일러로서 용량이 300 kW인 것
④ 증기 보일러로서 최고사용압력이 0.5 MPa 이고 전열면적이 9 m^2 인 것

【해설】(2012-1회-61번 기출반복)　　　　　　[에너지이용합리화법 시행규칙 별표3의9.]
※ 검사대상기기 관리자의 자격 및 관리범위
- 증기 보일러로서 최고사용압력이 1 MPa 이하이고, 전열면적이 10 m^2 이하인 것
- 온수발생 및 열매체를 가열하는 보일러로서 용량이 581.5 kW (0.58 MW) 이하인 것
- 압력용기

61-②　　62-④　　63-①

64. 에너지이용 합리화법에 따라 검사대상기기 관리자의 해임신고는 신고 사유가 발생한 날로부터 며칠 이내에 하여야 하는가?

① 15일 ② 20일 ③ 30일 ④ 60일

【해설】(2014-1회-68번 기출반복) [에너지이용합리화법 시행규칙 제31조의28제2항.]
- 검사대상기기의 설치자는 검사대상기기관리자의 선임(해임, 퇴직)신고를 신고 사유가 발생한 날부터 30일 이내에 하여야 한다.

65. 에너지이용 합리화법에 따라 검사대상기기의 설치자가 사용 중인 검사대상기기를 폐기한 경우에는 폐기한 날로부터 최대 며칠 이내에 검사대상기기 폐기신고서를 한국에너지공단 이사장에게 제출하여야 하는가?

① 7일 ② 10일 ③ 15일 ④ 20일

【해설】(2010-4회-67번 기출반복) [에너지이용합리화법 시행규칙 제31조의23.]
- 검사대상기기의 설치자가 사용 중인 검사대상기기를 폐기한 경우에는 폐기한 날부터 15일 이내에 검사대상기기 폐기신고서를 한국 에너지공단 이사장에게 제출하여야 한다.

66. 에너지이용 합리화법에 따라 냉난방온도의 제한온도 기준 및 건물의 지정기준에 대한 설명으로 틀린 것은?

① 공공기관의 건물은 냉방온도 26℃ 이상, 난방온도 20℃ 이하의 제한온도를 둔다.
② 판매시설 및 공항은 냉방온도의 제한온도는 25℃ 이상으로 한다.
③ 숙박시설 중 객실 내부 구역은 냉방온도의 제한온도는 26℃ 이상으로 한다.
④ 의료법에 의한 의료기관의 실내구역은 제한온도를 적용하지 않을 수 있다.

【해설】(2015-2회-69번 기출유사) [에너지이용합리화법 시행령 시행규칙 제31조의2.]
- ※ 냉·난방온도의 제한온도를 정하는 기준은 다음과 같다. 암기법 : 냉면육수, 판매요?
  1. 냉방 : 26℃ 이상 (다만, 판매시설 및 공항의 경우에 냉방온도는 25℃ 이상으로 한다.)
  2. 난방 : 20℃ 이하 암기법 : 난리(2)
- ※ 냉·난방온도의 제한건물 중 다음 각 호의 어느 하나에 해당하는 구역에는 제한온도를 적용하지 않을 수 있다. [에너지이용합리화법 시행령 시행규칙 제31조의3.]
  1. 의료법에 의한 의료기관의 실내구역
  2. 식품 등의 품질관리를 위해 냉난방온도의 제한온도 적용이 적절하지 않은 구역
  3. **숙박시설 중 객실 내부구역**
  4. 그 밖에 관련 법령 또는 국제기준에서 특수성을 인정하거나 건물의 용도상 냉난방온도의 제한온도를 적용하는 것이 적절하지 않다고 산업통상자원부장관이 고시하는 구역

67. 에너지이용 합리화법에 따라 자발적 협약체결기업에 대한 지원을 받기 위해 에너지사용자와 정부 간 자발적 협약의 평가기준에 해당하지 않는 것은?

① 에너지 절감량 또는 온실가스 배출 감축량
② 계획 대비 달성률 및 투자실적
③ 자원 및 에너지의 재활용 노력
④ 에너지이용합리화자금 활용실적

【해설】(2011-1회-68번 기출반복)   암기법 : 자발적으로 투자했는데 감자되었다.
※ 자발적 협약의 평가기준   [에너지이용합리화법 시행령 시행규칙 제26조2항.]
① 계획대비 달성률 및 **투자실적**
② 에너지 절감량 또는 에너지의 합리적인 이용을 통한 온실가스의 배출**감축량**
③ **자원** 및 에너지의 재활용 노력
❹ 그밖에 에너지절감 또는 에너지의 합리적인 이용을 통한 온실가스배출 감축에 관한 사항

68. 에너지이용 합리화법에 따른 검사대상기기에 해당하지 않는 것은?

① 가스 사용량이 17 kg/h를 초과하는 소형온수보일러
② 정격용량이 0.58 MW를 초과하는 철금속가열로
③ 온수를 발생시키는 보일러로서 대기개방형인 주철제 보일러
④ 최고사용압력이 0.2 MPa를 초과하는 증기를 보유하는 용기로서 내용적이 0.004 m³ 이상인 용기

【해설】(2017-2회-64번 기출유사)
※ 검사대상기기의 적용범위   [에너지이용합리화법 시행규칙 별표3의3.]
① 가스사용량이 17 kg/h (도시가스는 232.6 kW)를 초과하는 소형온수보일러
② 정격용량이 0.58 MW를 초과하는 철금속가열로
③ 온수를 발생시키는 보일러로서 대기개방형인 강철제, 주철제 보일러
❹ 최고사용압력이 0.2 MPa를 초과하는 기체를 그 안에 보유하는 용기로서 내용적이 0.04 m³ 이상인 2종 압력용기   암기법 : 이영희는, 용사 아니다.(안2다)

69. 다음 열사용기자재에 대한 설명으로 가장 적절한 것은?

① 연료 및 열을 사용하는 기기, 축열식 전기기기와 단열성 자재를 말한다.
② 일명 특정 열사용기자재라고도 한다.
③ 연료 및 열을 사용하는 기기만을 말한다.
④ 기기의 설치 및 시공에 있어 안전관리, 위해방지 또는 에너지이용의 효율관리가 특히 필요하다고 인정되는 기자재를 말한다.

【해설】(2014-4회-66번 기출유사)   [에너지법 제2조.]
• "열사용기자재" : 연료 및 열을 사용하는 기기, 축열식 전기기기와 단열성 자재로서 산업통상자원부령으로 정하는 것을 말한다.

70. 연료를 사용하지 않고 용선의 보유열과 용선 속 불순물의 산화열에 의해서 노 내 온도를 유지하며 용강을 얻는 것은?

① 평로 ② 고로 ③ 반사로 ④ 전로

【해설】(2015-2회-71번 기출반복)
❹ 전로(轉爐)는 선철을 강철로 만들기 위해 연료를 사용하지 않고 용광로로부터 나온 용선(熔銑)의 보유열과 용선속의 불순물(P, C, Si, Mn 등)을 산화시켜 슬래그로 하여 제거함과 아울러 불순물 산화에 의한 발열량으로 시종 노내의 온도를 유지하면서 용강을 얻는 방법이다.

71. 보온재 내 공기 이외의 가스를 사용하는 경우 가스분자량이 공기의 분자량보다 적으면 보온재의 열전도율의 변화는?

① 동일하다. ② 낮아진다.
③ 높아진다. ④ 높아지다가 낮아진다.

【해설】(2015-1회-75번 기출반복)
• 가스의 열전도율 비교.(H_2 > N_2 > 공기 > O_2 > CO_2 > SO_2)
  - 가스의 분자량이 작을수록 분자운동이 더 활발해지므로 열전도율은 높아진다.

72. 연속가마, 반연속가마, 불연속가마의 구분 방식은 어떤 것인가?

① 온도상승속도 ② 사용목적
③ 조업방식 ④ 전열방식

【해설】(2017-2회-73번 기출유사)
※ 조업방식(작업방식)에 따른 요로의 분류
• 연속식 : 터널요, 윤요(輪窯, 고리가마), 견요(堅窯, 샤프트로), 회전요(로타리 가마)
• 불연속식 : 횡염식요, 승염식요, 도염식요   암기법 : 불횡 승도
• 반연속식 : 셔틀요, 등요

73. 다음 중 고온용 보온재가 아닌 것은?

① 우모펠트 ② 규산칼슘
③ 세라믹화이버 ④ 펄라이트

【해설】(2007-1회-80번 기출반복)
• 유기질 보온재(코르크, 종이, 펄프, 양모, **우모**, **펠트**, **폼** 등)는 최고안전사용온도의 범위가 100 ~ 200℃ 정도로서 무기질 보온재보다 훨씬 낮으므로 주로 **저온용 보온재**로 쓰인다.

70-④ 71-③ 72-③ 73-①

74. 관로의 마찰손실수두의 관계에 대한 설명으로 틀린 것은?

① 유체의 비중량에 반비례한다.
② 관 지름에 반비례한다.
③ 유체의 속도에 비례한다.
④ 관 길이에 비례한다.

【해설】(2018-1회-73번 기출유사)
- 관로 유동에서 마찰저항에 의한 압력손실수두의 계산은 달시-바이스바하(Darcy-Weisbach)의 공식으로 계산한다.

  즉, 마찰손실수두 $h_L = f \cdot \dfrac{v^2}{2g} \cdot \dfrac{L}{d}$ [m] $= \dfrac{\Delta P}{\gamma}$ 에서,

  압력강하 $\Delta P = \gamma \cdot h_L = f \cdot \dfrac{v^2}{2g} \cdot \dfrac{L}{d} \cdot \gamma$ [kg/m² 또는, mmAq]

❸ 유체의 속도의 제곱에 비례한다.

75. 외경 65 mm의 증기관에 두께 15 mm, 열전도율이 0.068 kcal/m·h·℃인 보온재가 시공되어 있다. 보온재 내면온도가 55 ℃이고 외면온도가 20 ℃일 때 관의 길이 1 m당 열손실량(W)은? (단, 이 때 복사열은 무시한다.)

① 29.5   ② 36.6   ③ 45.8   ④ 60.0

【해설】(2015-4회-72번 기출유사)
- 원통형 배관에서의 손실열(교환열) 계산공식   암기법: 교전온면두

  $Q = \dfrac{\lambda \cdot \Delta t \cdot 2\pi \ell}{\ln\left(\dfrac{r_2}{r_1}\right)} = \dfrac{0.068 \times (55-20) \times 2\pi \times 1}{\ln\left(\dfrac{0.0475}{0.0325}\right)} \fallingdotseq 39.4$ kcal/h

  $= 39.4 \times \dfrac{4.1868 \times 10^3 J}{3600 \sec} = 45.8$ W

76. 작업이 간편하고 조업주기가 단축되며 요체의 보유열을 이용할 수 있어 경제적인 반연속식 요는?

① 셔틀요   ② 윤요   ③ 터널요   ④ 도염식요

【해설】(2013-2회-75번 기출반복)
※ 조업방식(작업방식)에 따른 요로의 분류.
- 연속식 : **터널요**, **윤요**(輪窯, 고리가마), 견요(堅窯, 샤프트로), 회전요(로타리 가마)
- 불연속식 : 횡염식요, 승염식요, 도염식요   암기법: 불횡 승도
- 반연속식 : 셔틀요, 등요

74-③   75-③   76-①

77. 다음 중 중성내화물에 속하는 것은?

① 납석질 내화물
② 고알루미나질 내화물
③ 반규석질 내화물
④ 샤모트질 내화물

【해설】(2017-2회-72번 기출유사)
　　　① 납석질 내화물 : 산성　　❷ 고알루미나질 내화물 : 중성
　　　③ 반규석질 내화물 : 산성　　④ 샤모트질 내화물 : 산성

【참고】• 산성 내화물　　　　　　　　　　　　　　　　암기법 : 산규 납점샤
　　　　　- 규석질(석영질), 납석질(반규석질), 샤모트질, 점토질 등이 있다.
　　　• 중성 내화물　　　　　　　　　　　　　　　　암기법 : 중이 C 알
　　　　　- 탄소질, 크롬질, 고알루미나질(Al_2O_3계 50% 이상), 탄화규소질 등이 있다.
　　　• 염기성 내화물　　　　　　　　　　　　　　　암기법 : 염병할~ 포돌이 마크
　　　　　- 포스테라이트질(Forsterite, MgO-SiO_2계), 돌로마이트질(Dolomite, CaO-MgO계),
　　　　　　마그네시아질(Magnesite, MgO계), 마그네시아-크롬질(Magnesite Chromite, MgO-Cr_2O_3계)

78. 터널가마에서 샌드 시일(sand seal) 장치가 마련되어 있는 주된 이유는?

① 내화벽돌 조각이 아래로 떨어지는 것을 막기 위하여
② 열 절연의 역할을 하기 위하여
③ 찬바람이 가마 내로 들어가지 않도록 하기 위하여
④ 요차를 잘 움직이게 하기 위하여

【해설】(2013-1회-77번 기출반복)
　　　• 터널요(Tunnel Kiln)는 가늘고 긴(70 ~ 100 m) 터널형의 가마로써, 피소성품을 실은 대차는
　　　　레일 위를 연소가스가 흐르는 방향과 반대로 진행하면서 예열 → 소성 → 냉각 과정을 거쳐
　　　　제품이 완성된다. 대차의 바닥에 **샌드 시일(sand seal) 장치**를 설치하는 이유는 로 내부의
　　　　고온 열가스와 차축부 간에 **열 절연의 역할을 하기 위함**이다.

79. 보온재의 열전도율에 대한 설명으로 틀린 것은?

① 재료의 두께가 두꺼울수록 열전도율이 낮아진다.
② 재료의 밀도가 클수록 열전도율이 낮아진다.
③ 재료의 온도가 낮을수록 열전도율이 낮아진다.
④ 재질내 수분이 작을수록 열전도율이 낮아진다.

【해설】(2015-2회-75번 기출반복)　　　　　　암기법 : 열전도율 ∝ 온·습·밀·부
　　❷ 보온재의 열전도율(λ)은 재료의 온도, 습도, 밀도, 부피비중에 비례한다.

80. 다이어프램 밸브(diaphragm valve)에 대한 설명으로 틀린 것은?

① 화학약품을 차단함으로써 금속부분의 부식을 방지한다.
② 기밀을 유지하기 위한 패킹을 필요로 하지 않는다.
③ 저항이 적어 유체의 흐름이 원활하다.
④ 유체가 일정 이상의 압력이 되면 작동하여 유체를 분출시킨다.

【해설】(2013-4회-80번 기출반복)
- 다이어프램 밸브는 내열, 내약품 고무제의 막판(膜板)을 밸브시트에 밀어 붙이는 구조로 되어 있어서 기밀을 유지하기 위한 패킹이 필요 없으며, 금속부분이 부식될 염려가 없으므로 산 등의 화학약품을 차단하여 금속부분의 부식을 방지하는 관로에 주로 사용한다.
- ❹ 조압밸브(safety valve)는 유체가 일정 이상의 압력이 되면 작동하여 유체를 분출시킨다.

제5과목　　열설비설계

81. 맞대기 용접은 용접방법에 따라 그루브를 만들어야 한다. 판 두께 10 mm에 할 수 있는 그루브의 형상이 아닌 것은?

① V형　　② R형　　③ H형　　④ J형

【해설】(2013-4회-88번 기출반복)
※ 맞대기 용접이음은 접합하려는 강판의 두께에 따라 끝벌림을 다음과 같이 만든다.

판의 두께	그루브(Groove, 홈)의 형상
6 mm 이상 16 mm 이하	V형, R형 또는 J형
12 mm 이상 38 mm 이하	X형, K형, 양면 J형 또는 U형
19 mm 이상	H형

82. 보일러와 압력용기에서 일반적으로 사용되는 계산식에 의해 산정되는 두께로서 부식여유를 포함한 두께를 무엇이라 하는가?

① 계산 두께　　② 실제 두께
③ 최소 두께　　④ 최대 두께

【해설】(2013-2회-82번 기출반복)
- 보일러와 압력용기에서 일반적으로 사용되는 계산식에 의해 산정되는 두께로서 부식·마모에 대한 여유를 포함한 두께를 **"최소두께"** 라 한다.

83. 물의 탁도(turbidity)에 대한 설명으로 옳은 것은?

① 증류수 1 L 속에 정제카올린 1 mg을 함유하고 있는 색과 동일한 색의 물을 탁도 1도의 물로 한다.
② 증류수 1 L 속에 정제카올린 1 g을 함유하고 있는 색과 동일한 색의 물을 탁도 1도의 물로 한다.
③ 증류수 1 L 속에 황산칼슘 1 mg을 함유하고 있는 색과 동일한 색의 물을 탁도 1도의 물로 한다.
④ 증류수 1 L 속에 황산칼슘 1 g을 함유하고 있는 색과 동일한 색의 물을 탁도 1도의 물로 한다.

【해설】(2008-1회-98번 기출반복)
- 물의 "탁도(Turbidity, 濁度)"란 증류수 1 L 속에 **정제카올린** 1 mg을 함유하고 있는 색과 동일한 색의 물을 탁도 1도의 물로 규정한다.(농도 단위는 백만분율인 ppm 을 사용한다.)
- ppm = mg/L = $\dfrac{10^{-3}g}{10^{-3}m^3}$ = g/m^3 = $\dfrac{g}{(10^2 cm)^3}$ = $\dfrac{1}{10^6}$ g/cm^3 = g/ton = mg/kg

84. 증기 10 t/h를 이용하는 보일러의 에너지 진단 결과가 아래 표와 같다. 이 때, 공기비 개선을 통한 에너지 절감률(%)은?

명칭	결과값
입열합계(kcal/kg-연료)	9800
개선전 공기비	1.8
개선후 공기비	1.1
배기가스온도(℃)	110
이론공기량(Nm³/kg-연료)	10.696
연소공기 평균비열(kcal/Nm³·℃)	0.31
송풍공기온도(℃)	20
연료의 저위발열량(kcal/kg-연료)	9540

① 1.6   ② 2.1   ③ 2.8   ④ 3.2

【해설】※ 공기비 감소에 의한 에너지절감량 계산 　　　　　　　암기법 : 배, 씨배터

- $Q_{절감}$ = $C_a \cdot \Delta G \cdot \Delta t$
  　　　　　　　한편, 배기가스량 감소량 ΔG = G − G′ = $(m - m')A_0$
  = $C_a \times (m - m')A_0 \times (t_g - t_a)$
  = 0.31 kcal/Nm³·℃ × (1.8 − 1.1) × 10.696 Nm³/kg-연료 × (110 − 20)℃
  = 208.89 kcal/kg-연료

∴ 에너지 절감률 S = $\dfrac{Q_{절감}}{Q_{in}}$ × 100 = $\dfrac{208.89}{9800}$ × 100 = 2.13 % ≒ **2.1 %**

85. 해수 마그네시아 침전 반응을 바르게 나타낸 식은?

① $3MgO \cdot 2SiO_2 \cdot 2H_2O + 3CO_2 \rightarrow 3MgCO_3 + 2SO_2 + 2H_2O$
② $CaCO_3 + MgCO_3 \rightarrow CaMg(CO_3)_2$
③ $CaMg(CO_3)_2 + MgCO_3 \rightarrow 2MgCO_3 + CaCO_3$
④ $MgCO_3 + Ca(OH)_2 \rightarrow Mg(OH)_2 + CaCO_3$

【해설】(2010-2회-94번 기출반복)
- 산화마그네슘(MgO)을 마그네시아(Magnesia)라 하며 내화물로 널리 이용되고 있는데, 천연적으로도 산출은 되지만 양이 적어 공업적 용도에는 많이 미치지 못한다.
  따라서 마그네시아의 공급원료로 일반적으로 쓰이는 것은 마그네사이트(Magnesite)와 바닷물에 용해되어 있는 마그네슘 이온(Mg^{2+})을 소석회($Ca(OH)_2$), 가성소다(NaOH) 등을 작용시켜 수산화마그네슘($Mg(OH)_2\downarrow$)으로 침전 반응시켜서 얻은 것을 "**해수 마그네시아** (海水, Seawater Magnesia)"라고 부른다.
- 해수 마그네시아 제조의 근본이 되는 두 식은 다음과 같다.
  $MgCO_3 + Ca(OH)_2 \rightarrow Mg(OH)_2\downarrow + CaCO_3\downarrow$
  $MgCO_3 + 2NaOH \rightarrow Mg(OH)_2\downarrow + Na_2CO_3$

86. 다음 중 인젝터의 시동순서로 옳은 것은?

> 가. 핸들을 연다.
> 나. 증기 밸브를 연다.
> 다. 급수 밸브를 연다.
> 라. 급수 출구관에 정지 밸브가 열렸는지 확인한다.

① 라 → 다 → 나 → 가 ② 나 → 다 → 가 → 라
③ 다 → 나 → 가 → 라 ④ 라 → 다 → 가 → 나

【해설】(2014-4회-83번 기출반복)
※ 인젝터 개폐순서

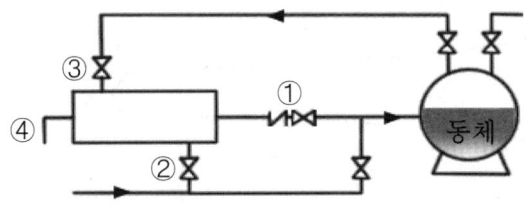

① 출구정지 밸브.(정지변)
② 급수 밸브.(급수변)
③ 증기 밸브.(증기변)
④ 핸들

- 여는 순서 : ① → ② → ③ → ④   암기법: 출급증핸
- 닫는 순서 : ④ → ③ → ② → ①   암기법: 핸증급출

85-④   86-①

87. 육용강제 보일러에서 오목면에 압력을 받는 스테이가 없는 접시모양 경판으로 노통을 설치할 경우, 경판의 최소 두께 t(mm)를 구하는 식으로 옳은 것은?
(단, P : 최고 사용압력(kgf/cm²)
R : 접시모양 경판의 중앙부에서의 내면 반지름(mm)
σ_a : 재료의 허용 인장응력(kg/mm²)
η : 경판자체의 이음효율, A : 부식여유(mm) 이다.)

① $t = \dfrac{PR}{150\,\sigma_a\eta} + A$ ② $t = \dfrac{150\,PR}{(\sigma_a + \eta)\,A}$

③ $t = \dfrac{PA}{150\,\sigma_a\eta} + R$ ④ $t = \dfrac{AR}{\sigma_a\,\eta} + 150$

【해설】(2014-4회-82번 기출반복)　　　　　　　　[경판 및 평판의 강도 설계 규정.]
　　※ 접시형 경판으로 노통을 설치할 경우 다음 식을 따른다.
　　　　$P \cdot D = 150\,\sigma_a \cdot (t - C) \times \eta$
　　　　여기서, 압력단위(kg/cm²), 지름 및 두께의 단위(mm)인 것에 주의해야 한다.
　　　　C는 부식여유 두께로 보통은 1 mm 정도로 한다.
　　∴ 최소두께 $t = \dfrac{PD}{150\,\sigma_a\eta} + C$ → 문제에서 제시된 기호로 표현하면, $t = \dfrac{PR}{150\,\sigma_a\eta} + A$

88. 열교환기에 입구와 출구의 온도차가 각각 $\Delta\theta'$, $\Delta\theta''$ 일 때 대수평균 온도차 ($\Delta\theta_m$)의 식은? (단, $\Delta\theta' > \Delta\theta''$ 이다.)

① $\dfrac{\ln\dfrac{\Delta\theta'}{\Delta\theta''}}{\Delta\theta' - \Delta\theta''}$ ② $\dfrac{\ln\dfrac{\Delta\theta''}{\Delta\theta'}}{\Delta\theta' - \Delta\theta''}$ ③ $\dfrac{\Delta\theta' - \Delta\theta''}{\ln\dfrac{\Delta\theta'}{\Delta\theta''}}$ ④ $\dfrac{\Delta\theta' - \Delta\theta''}{\ln\dfrac{\Delta\theta''}{\Delta\theta'}}$

【해설】(2010-2회-84번 기출반복)

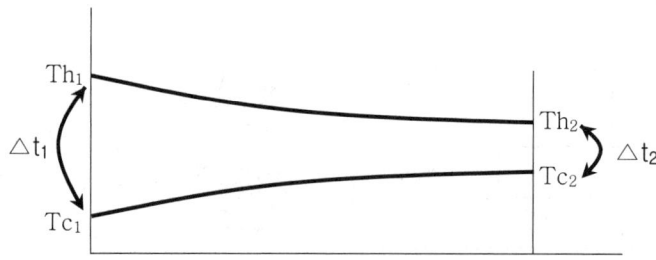

• 대수평균온도차 공식 $\Delta t_m = \dfrac{\Delta t_1 - \Delta t_2}{\ln\left(\dfrac{\Delta t_1}{\Delta t_2}\right)} = \dfrac{\Delta\theta' - \Delta\theta''}{\ln\dfrac{\Delta\theta'}{\Delta\theta''}}$

89. 다음 [보기]에서 설명하는 보일러 보존 방법은?

[보기]
- 보존기간이 6개월 이상인 경우 적용한다.
- 1년 이상 보존할 경우 방청도료를 도포한다.
- 약품의 상태는 1~2주마다 점검하여야 한다.
- 동 내부의 산소제거는 숯불 등을 이용한다.

① 석회밀폐 건조보존법 ② 만수보존법
③ 질소가스 봉입보존법 ④ 가열건조법

【해설】(2016-1회-87번 기출유사)

❶ 건조보존법(석회밀폐식, 장기보존법) : 6개월 이상인 경우에 흡습제(실리카겔) 약품을 넣고 밀폐시켜 보존하는 방법으로, 동 내부의 산소제거는 숯불을 용기에 넣어서 태운다.
② 만수보존법(습식보존법) : 2~3개월 이내인 경우에 탈산소제(약품)를 넣어 물을 가득 채워두는 방법이다.
③ 질소건조법(질소가스 봉입법, 기체보존법) : 보일러 동 내부의 산소제거는 질소가스를 봉입하여 밀폐시킨다.
④ 가열건조법 : 장기보존법인 석회밀폐건조법과 방법 및 요령은 비슷하지만, 건조제를 봉입하지 않는 것으로 1개월 이내의 단기보존법으로 사용된다.
⑤ 페인트도장법(특수보존법) : 보일러에 도료(흑연, 아스팔트, 타르 등)를 칠하여 보존한다.

90. 바이메탈 트랩에 대한 설명으로 옳은 것은?

① 배기능력이 탁월하다.   ② 과열증기에도 사용할 수 있다.
③ 개폐온도의 차가 적다.   ④ 밸브폐색의 우려가 있다.

【해설】(2016-1회-89번 기출유사)

※ 바이메탈식 트랩(bimetal type trap)의 특징
❶ 배기능력이 탁월하다.(대용량)   ② 과열증기에 사용할 수 없다.
③ 개폐온도의 차가 크다.   ④ 동결 및 밸브폐색의 우려가 없다.

91. 보일러의 증발량이 20 ton/h 이고, 보일러 본체의 전열면적이 450 m² 일 때, 보일러의 증발률(kg/m²·h)은?

① 24   ② 34   ③ 44   ④ 54

【해설】(2008-1회-87번 기출반복)

- 보일러 증발률 $e = \dfrac{w_2}{A_b} \left(\dfrac{\text{실제증발량, } kg/h}{\text{보일러 전열면적, } m^2} \right) = \dfrac{20 \times 10^3 \, kg/h}{450 \, m^2} = 44.44 \, kg/m^2 \cdot h$

92. 다음 중 기수분리의 방법에 따른 분류로 가장 거리가 먼 것은?
   ① 장애판을 이용한 것
   ② 그물을 이용한 것
   ③ 방향전환을 이용한 것
   ④ 압력을 이용한 것

   【해설】(2013-4회-96번 기출반복)
   ※ 기수분리기의 종류   암기법 : 기스난 (건) 배는 싸다
   ① 스크레버식(스크러버식) : 파도형의 다수 강판(**장애판**)을 조합한 것
   ② 건조 스크린식 : 금속 **그물**망의 판을 조합한 것
   ③ 배플식 : 장애판(배플판)으로 증기의 진행**방향 전환**을 이용한 것
   ④ 싸이클론식 : 원심분리기를 사용한 것
   ⑤ 다공판식 : 다수의 구멍판을 이용한 것

   【참고】기수분리기(Steam separator)는 수관식 보일러에서 발생한 습증기 속에 포함되어 있는 물방울을 분리·제거하기 위하여 기수드럼의 증기 취출구나 주증기배관 내에 부착하는 내부 부속장치로서, 건도가 높은 증기를 얻을 수 있으므로 부식 방지 및 수격작용을 예방할 수 있다.

93. 히트파이프의 열교환기에 대한 설명으로 틀린 것은?
   ① 열저항이 적어 낮은 온도차에서도 열회수가 가능
   ② 전열면적을 크게 하기 위해 핀튜브를 사용
   ③ 수평, 수직, 경사구조로 설치 가능
   ④ 별도 구동장치의 동력이 필요

   【해설】※ 히트파이프(heat pipe)식 열교환기의 특징
   ㉠ 열저항이 적어서 낮은 온도차에서도 열회수 효율이 높으므로 대량회수에 용이하다.
   ㉡ 공조배기등 저온열회수 효과가 매우 우수하다.
   ㉢ 구조가 간단하여 가볍고, 유지관리 및 제작에 용이하다
   ㉣ 전열면적을 증가시키기 위해 핀 또는 휜 튜브 및 침상튜브 등을 사용한다.
   ㉤ 간접식 열교환방식이므로 직접식보다 환경오염의 우려가 적다.
   ㉥ 수평, 수직, 경사 구조로도 설치가 가능하다.
   ㉦ 작동하는데 별도 구동장치의 **동력원**을 필요로 하지 않는다.

94. 원수(原水) 중의 용존 산소를 제거할 목적으로 사용되는 약제가 아닌 것은?
   ① 탄닌
   ② 히드라진
   ③ 아황산나트륨
   ④ 폴리아미드

   【해설】(2010-1회-93번 기출반복)   암기법 : 아황산, 히드라 산소, 탄니?
   • 탈산소제 : **아황산나트륨**(또는, 아황산소다), **히드라진**, **탄닌**.
   ❹ 기포방지제로 사용되는 약품에는 폴리아미드, 에스테르, 알코올 등이 있다.

95. 저압용으로 내식성이 크고, 청소하기 쉬운 구조이며, 증기압이 2 kg/cm² 이하의 경우에 사용되는 절탄기는?

① 강관식
② 이중관식
③ 주철관식
④ 황동관식

【해설】(2015−4회−83번 기출반복)
※ 절탄기의 재료
- **주철관식 절탄기** : 증기압력 2 kg/cm² 이하의 저압용으로 내식성·내마모성이 크고 평활한 직관을 사용함으로 청소하기 쉬운 구조로서, 절탄기 내로 공급되는 물의 온도는 50 ℃ 이상이 되어야 한다.
- **강관식 절탄기** : 고압용으로 전열량이 많으나 부식의 우려가 있다. 절탄기 내로 공급되는 물의 온도는 70 ℃ 이상이 되어야 한다.

96. 노통 보일러의 평형 노통을 일체형으로 제작하면 강도가 약해지는 결점이 있다. 이러한 결점을 보완하기 위하여 몇 개의 플랜지형 노통으로 제작하는데 이 때의 이음부를 무엇이라 하는가?

① 브리징 스페이스
② 가세트 스테이
③ 평형 조인트
④ 아담슨 조인트

【해설】(2014−2회−94번 기출유사)
※ 아담슨 조인트(Adamson's joint, 아담슨 이음)
노통보일러의 노통은 전열범위가 크기 때문에 불균일하게 가열되어 열팽창에 의한 신축이 심하므로, 노통의 변형을 방지하기 위하여 노통을 여러 개로 나누어 접합할 때 양끝부분을 굽혀서 만곡부를 형성하고 윤관을 중간에 넣어 보강시키는 이음이다.

97. 지름이 5 cm인 강관(50 W/m·K) 내에 온도 98 K의 온수가 0.3 m/s로 흐를 때, 온수의 열전달계수(W/m²·K)는?
(단, 온수의 열전도도는 0.68 W/m·K이고, Nu수(Nusselt number)는 160 이다.)

① 1238 ② 2176 ③ 3184 ④ 4232

【해설】(2015−4회−84번 기출반복)
- 유체의 열전달 특성에 주로 사용되는 무차원수 중 하나인 누셀수(Nu수)의 정의는

$$Nu수 \equiv \frac{\alpha \cdot d}{\lambda} \text{ 이므로, } 160 = \frac{\alpha \times 0.05 \, m}{0.68 \, W/m \cdot K}$$

∴ 유체의 대류열전달계수 α = 2176 W/m²·K

95-③ 96-④ 97-②

98. 급수처리에서 양질의 급수를 얻을 수 있으나 비용이 많이 들어 보급수의 양이 적은 보일러 또는 선박보일러에서 해수로부터 청수를 얻고자 할 때 주로 사용하는 급수처리 방법은?

① 증류법
② 여과법
③ 석회소다법
④ 이온교환법

【해설】(2015-2회-92번 기출반복)
❶ 보일러 용수의 급수처리 방법 중 물리적 처리방법인 **증류법**은 증발기를 사용하여 물을 증류하는 것으로 물속에 용해된 광물질은 비휘발성이므로 극히 양질의 급수를 얻을 수 있으나, 그 처리 비용이 비싸다.

99. 육용강제 보일러에서 길이 스테이 또는 경사 스테이를 핀 이음으로 부착할 경우, 스테이 휠 부분의 단면적은 스테이 소요 단면적의 얼마 이상으로 하여야 하는가?

① 1.0배
② 1.25배
③ 1.5배
④ 1.75배

【해설】(2011-2회-98번 기출반복)
※ 핀 이음에 의한 스테이의 부착. [보일러 제조검사 기준 8.12]
길이스테이 또는 경사스테이를 핀 이음으로 부착할 때는 핀이 2곳에서 전단력을 받도록 하고, 핀의 단면적은 스테이 소요 단면적의 3/4 이상으로 하며, 스테이 휠 부분의 단면적은 스테이 소요 단면적의 **1.25배 이상**으로 하여야 한다.

100. 보일러 사고의 원인 중 제작상의 원인으로 가장 거리가 먼 것은?

① 재료불량
② 구조 및 설계불량
③ 용접불량
④ 급수처리불량

【해설】(2007-1회-88번 기출반복)
※ 보일러 운전 중 사고의 원인
• **제작상의 원인** - 재료불량, 구조불량, 설계불량, 용접불량, 강도부족, 부속장치 미비.
• **취급상의 원인** - 압력초과, 저수위사고, **급수처리불량**, 부식, 과열, 부속장치 정비불량, 가스폭발 등

【참고】2018년 제2회 에너지관리기사(B형) 31번, 75번, 84번으로 출제되었던 문제원본으로는 정답이 없거나, 문제 질문의 성립 자체가 되지 않는 것임에도 불구하고 최종정답을 *엉터리로* 발표한 사례에 해당된다는 것을, 본 저자가 한국산업인력공단 필기시험 출제팀 측에 추후에 의견을 주고받은 끝에 오류 인정사실을 확인받은 바 있음. 물론 우리 교재에서는 정상적인 문제로 회복시켜 놓았음을 알려드리오니, 수험자들은 시험 후의 이의제기 기간에 적극적으로 의견을 개진하여 위와 같은 불이익이 발생되지 않도록 노력해야 할 것이다!

2018년 제4회 에너지관리기사
(2018. 9. 15. 시행)

제1과목 연소공학

1. 연돌에서의 배기가스 분석결과 CO_2 14.2%, O_2 4.5%, CO 0%일 때 탄산가스의 최대량 $[CO_2]max$(%)는?

① 10.5 ② 15.5 ③ 18.0 ④ 20.5

【해설】(2012-2회-14번 기출반복)
- 완전연소일 경우에는 연소가스 분석 결과 CO가 없으므로 공기비 공식 중에서 O_2(%)로만
$$m = \frac{CO_{2\,max}}{CO_2} = \frac{21}{21 - O_2}$$ 으로 간단히 계산한다.
$$\frac{CO_{2\,max}}{14.2} = \frac{21}{21 - 4.5}$$
$$\therefore CO_{2\,max} = 18.07 ≒ 18.0\,\%$$

2. 표준 상태에서 고위발열량과 저위발열량의 차이는?

① 80 cal/g
② 539 kcal/mol
③ 9200 kcal/g
④ 9702 cal/mol

【해설】(2008-2회-6번 기출반복)

연료 중에 포함된 수분 및 수소가 연소한 물의 증발잠열까지 포함한 고위발열량과 증발잠열을 제외한 저위발열량으로 구분한다.
- 고위발열량(H_h) = 저위발열량(H_l) + 물의 증발잠열(R_w)
- 표준상태(100℃, 1 atm)에서 물의 증발잠열은 **539 kcal/kg** 또는 **539 cal/g**를 숙지해야 한다.
  한편, 물(H_2O) 1mol의 분자량은 18g이므로
$$\therefore 539\,\frac{kcal}{kg} = 539\,\frac{cal}{g} \times \frac{18\,g}{1\,mol} = 9702\,cal/mol$$

1-③ 2-④

3. 순수한 CH_4를 건조공기로 연소시키고 난 기체 화합물을 응축기로 보내 수증기를 제거시킨 다음, 나머지 기체를 Orsat법으로 분석한 결과, 부피비로 CO_2가 8.21 %, CO가 0.41 %, O_2가 5.02 %, N_2가 86.36 % 이었다. CH_4 1 kg-mol당 약 몇 kg-mol의 건조공기가 필요한가?

① 7.3   ② 8.5   ③ 10.3   ④ 12.1

【해설】 (2015-4회-6번 기출반복)

- 실제공기량 $A = mA_0 = m \times \dfrac{O_0}{0.21}$

  한편, 연소가스 중에 CO가 제시되어 있으므로 불완전연소에 해당한다. 따라서 불완전연소일 때의 공기비 공식으로 이용해야 한다.

  즉, 공기비 $m = \dfrac{N_2}{N_2 - 3.76(O_2 - 0.5\, CO)}$

  $= \dfrac{86.36}{86.36 - 3.76(5.02 - 0.5 \times 0.41)}$

  $= 1.2652 ≒ 1.27$

  한편, $CH_4 + 2O_2 \rightarrow CO_2 + 2H_2O$
  (1 kmol)   (2 kmol)

  즉, 이론산소량 $O_0 = \dfrac{2\, kmol_{-산소}}{1\, kmol_{-연료}}$

∴ 실제공기량 $A = 1.27 \times \dfrac{2\, kmol_{-공기} / kmol_{-연료}}{0.21} = 12.09 ≒ 12.1\, kmol_{-공기} / kmol_{-연료}$

4. 부탄가스의 폭발 하한값은 1.8 v% 이다. 크기가 10m×20m×3m인 실내에서 부탄의 질량이 최소 약 몇 kg일 때 폭발할 수 있는가? (단, 실내 온도는 25 ℃ 이다.)

① 24.1   ② 26.1   ③ 28.5   ④ 30.5

【해설】 (2009-2회-14번 기출반복)

실내의 체적(600 m³)에 부탄(C_4H_{10})이 최소 1.8 % 이상의 농도로 존재하면 폭발하게 되므로 최소폭발량의 체적 $V_{부탄}$ = 600m³ × 0.018 = 10.8 m³

환산 부피 $\dfrac{P_0 V_0}{T_0} = \dfrac{P_1 V_1}{T_1}$ 에 의해, $\dfrac{1 \times V_0}{0 + 273} = \dfrac{1 \times 10.8\, m^3}{273 + 25}$ ∴ $V_0 = 9.894\, Nm^3$

C_4H_{10}
(1 kmol)   따라서, 비례식을 세우면
(22.4 Nm^3) $\dfrac{58\, kg}{22.4\, Nm^3} = \dfrac{x}{9.894\, Nm^3}$
(58 kg)   ∴ $x = 25.6\, kg$

그러므로, 주어진 문항에서 폭발범위를 만족하는 최소값은 26.1 이 해당된다.

5. 공기비 1.3에서 메탄을 연소시킨 경우 단열 연소온도는 약 몇 K 인가?
(단, 메탄의 저발열량은 49 MJ/kg, 배기가스의 평균비열은 1.29 kJ/kg·K 이고 고온에서의 열분해는 무시하고, 연소 전 온도는 25 ℃ 이다.)

① 1663　　② 1932　　③ 1965　　④ 2230

【해설】(2012-1회-7번 기출반복)

- 저위발열량(H_ℓ) = 연소가스열량(Q_g)
  $= C_g \cdot G \cdot \Delta t_g = C_g \cdot G \cdot (t_g - t_0)$

- 연소가스량(G)을 알아내야 하므로,

  완전연소반응식　$C_mH_n + \left(m + \dfrac{n}{4}\right)O_2 \rightarrow m\,CO_2 + \dfrac{n}{2}H_2O$

  　　　　　　　　$CH_4\ \ +\ \ 2\,O_2\ \ \rightarrow\ \ CO_2\ \ +\ \ 2\,H_2O$
  　　　　　　　　(1kmol)　　(2kmol)　　(1kmol)　　(2kmol)
  　　　　　　　　(16 kg)　　(2×32 kg)　(44 kg)　　(2×18 kg)
  　　　　　　　　1 kg　　　4 kg　　　2.75 kg　　2.25 kg

  한편, 이 문제의 출제자는 공기 중 산소의 중량비를 23.2% 대신에 23.37%를 적용하여 풀이를 하였음에 유의한다.

- 이론산소량은 $O_0 = 4$ kg/kg-연료 이므로　∴ $A_0 = \dfrac{O_0}{0.2337} = \dfrac{4}{0.2337}$ (kg/kg-연료)

- 연소가스량 $G = G_W = (m - 0.2337)\,A_0 +$ 생성된 $CO_2 +$ 생성된 H_2O

  　　　　　　　　$= (m - 0.2337) \times \dfrac{O_0}{0.2337} +$ 생성된 $CO_2 +$ 생성된 H_2O

  　　　　　　　　$= (1.3 - 0.2337) \times \dfrac{4}{0.2337} + 2.75 + 2.25$

  　　　　　　　　≒ 23.2507 kg/kg-연료

∴ 연소온도 $t_g = \dfrac{H_\ell}{C_g \cdot G} + t_0 = \dfrac{49 \times 10^3\ kJ/kg_{-연료}}{1.29\ kJ/kg \cdot K \times 23.2507\ kg/kg_{-연료}} + (273 + 25)\ K$

　　　　　　　　= 1931.69 ≒ **1932 K**

【주의】제시된 비열, 발열량, 최종온도의 단위에 유의해가면서 풀이를 진행하여야 한다!

---

6. 연소기의 배기가스 연도에 댐퍼를 부착하는 이유로 가장 거리가 먼 것은?

① 통풍력을 조절한다.
② 과잉공기를 조절한다.
③ 배기가스의 흐름을 차단한다.
④ 주연도, 부연도가 있는 경우에는 가스의 흐름을 바꾼다.

【해설】(2015-4회-10번 기출반복)

❷ 연소용 공기의 과잉공기 풍량 조절은 주로 **송풍기(Fan)**로 한다.

7. 로터리 버너를 장시간 사용하였더니 노벽에 카본이 많이 붙어 있었다. 다음 중 주된 원인은?

① 공기비가 너무 컸다. ② 화염이 닿는 곳이 있었다.
③ 연소실 온도가 너무 높았다. ④ 중유의 예열 온도가 높았다.

【해설】(2014-2회-6번 기출반복)
- 연소실 노벽에 카본(Carbon, 탄소부착물, 그을음)이 부착되는 것은 연료의 불완전연소에 기인하는데, 로터리(회전식) 버너의 무화불량 및 버너의 **화염이 노벽에 닿는 곳**이 있어서 분무된 연료가 불완전연소 되었기 때문이다.

8. 경유 1000 L를 연소시킬 때 발생하는 탄소량은 약 몇 TC 인가?
(단, 경유의 석유환산계수는 0.92 TOE/kL, 탄소배출계수는 0.837 TC/TOE이다.)

① 77 ② 7.7 ③ 0.77 ④ 0.077

【해설】(2013-1회-13번 기출반복)
- 탄소배출량 = $1 \, kL \times \dfrac{0.92 \, TOE}{1 \, kL} \times \dfrac{0.837 \, TC}{TOE}$ = 0.77 TC

9. 체적이 0.3 m³인 용기 안에 메탄(CH_4)과 공기 혼합물이 들어있다. 공기는 메탄을 연소시키는데 필요한 이론 공기량보다 20% 더 들어 있고, 연소 전 용기의 압력은 300 kPa, 온도는 90 ℃ 이다. 연소 전 용기 안에 있는 메탄의 질량은 약 몇 g 인가?

① 27.6 ② 33.7 ③ 38.4 ④ 42.1

【해설】(2009-1회-19번 기출반복)
- 용기안의 혼합기체 연소반응식을 써놓고 풀어야 한다.
$$CH_4 + 2\left(O_2 + \dfrac{0.79}{0.21} N_2\right) \rightarrow CO_2 + 2H_2O + 2 \times \dfrac{0.79}{0.21} N_2$$
- 성분기체의 분압은 $P_{(CH_4)}$ = $P_{혼합기체}$ × 몰비(부피비)
$$= P_{혼합기체} \times \dfrac{CH_4 \text{만의 부피}}{\text{전체부피}}$$
$$= 300 \, kPa \times \dfrac{1}{1 + (2 \times 1.2) + (2 \times 3.76 \times 1.2)}$$
$$= 24.1468 \, kPa$$
- 이상기체의 상태방정식 PV = mRT 에서
$$m = \dfrac{PV}{RT} = \dfrac{PV}{\dfrac{\overline{R}}{M} \cdot T} = \dfrac{24.1468 \, kPa \times 0.3 \, m^3}{\dfrac{8.314 \, kJ/kg \cdot K}{16} \times (273 + 90) K} = 0.0384 \, kg = 38.4 \, g$$

10. 다음과 같이 조성된 발생로 내 가스를 15%의 과잉공기로 완전 연소시켰을 때 건연소가스량(Sm^3/Sm^3)은?

(단, 발생로 가스의 조성은 CO 31.3%, CH_4 2.4%, H_2 6.3%, CO_2 0.7%, N_2 59.3% 이다.)

① 1.99　　　② 2.54　　　③ 2.87　　　④ 3.01

【해설】 (2011-4회-3번 기출반복)

※ 기체연료의 연소가스량을 계산하는 문제는 가장 복잡한 경우라고 볼 수 있다.

- 공기량을 구하려면 연료조성에서 가연성분의 연소에 필요한 산소량부터 알아야 한다.

  한편, 연료성분 가스 $1Sm^3$의 완전연소에 필요한 O_0양은

  $$H_2 + \frac{1}{2}O_2 \rightarrow H_2O$$

  $$CO + \frac{1}{2}O_2 \rightarrow CO_2$$

  $$CH_4 + 2O_2 \rightarrow CO_2 + 2H_2O$$

  $$O_0 = (0.5 \times H_2 + 0.5 \times CO + 2 \times CH_4) - O_2$$
  $$= (0.5 \times 0.063 + 0.5 \times 0.313 + 2 \times 0.024) - 0$$
  $$= 0.236 \ Sm^3/Sm^3_{-연료}$$

- 이론공기량 $A_0 = \dfrac{O_0}{0.21} = \dfrac{0.236}{0.21} = 1.124 \ Sm^3/Sm^3_{-연료}$

- 실제공기량 $A = mA_0 = 1.15 \times 1.124 \ Sm^3/Sm^3_{-연료} = 1.2926 \ Sm^3/Sm^3_{-연료}$

- 실제건연소가스량 G_d = 연료중 $CO_2 + n_2 + (m - 0.21)A_0 +$ (생성된 CO_2의 양)

  한편, 생성된 건연소가스(CO_2)만을 연소반응식에서 구한다.

  $$(1 \times 0.313) + (1 \times 0.024) = 0.337 \ Sm^3/Sm^3_{-연료}$$

  ∴ $G_d = 0.007 + 0.593 + (1.15 - 0.21) \times 1.124 + 0.337$
  $$= 1.9935 ≒ 1.99 \ Sm^3/Sm^3_{-연료}$$

【연습】 위 문제에서 실제습연소가스량을 계산해보자.

- 실제습연소가스량 G_w = 연료중 $CO_2 + n_2 + (m - 0.21)A_0 +$ (생성된 CO_2와 H_2O의 양)

  한편, 생성된 습연소가스(CO_2와 H_2O)를 연소반응식에서 구한다.

  $$(1 \times 0.063) + (1 \times 0.313) + (3 \times 0.024) = 0.448 \ Sm^3/Sm^3_{-연료}$$

  ∴ $G_w = 0.007 + 0.593 + (1.15 - 0.21) \times 1.124 + 0.448$
  $$= 2.1045 ≒ 2.10 \ Sm^3/Sm^3_{-연료}$$

11. 다음 중 습한 함진가스에 가장 적절하지 않은 집진장치는?

① 사이클론 ② 멀티클론
③ 스크러버 ④ 여과식 집진기

【해설】(2015-2회-8번 기출반복)
- 여과식 집진기는 필터(여과재) 사이로 함진가스를 통과시키며 집진하는 방식인데, 습한(습식) 함진가스의 경우 필터에 수분과 함께 부착한 입자의 제거가 곤란하므로 일정량 이상의 입자가 부착되면 새로운 필터(여과재)로 교환해줘야 한다.
  따라서 여과식 집진기는 일반적으로 **건식**의 함진가스에 사용되는 집진장치이다.

【key】가정용 청소기의 필터를 떠올리면 이해가 빠르다!

12. 다음 중 기상폭발에 해당되지 않는 것은?

① 가스폭발 ② 분무폭발
③ 분진폭발 ④ 수증기폭발

【해설】(2013-4회-19번 기출반복)
- 폭발(Explosion)이란 물질이 급속하게 반응하여 소리를 내며 주위로 압력전파를 일으켜 고압으로 팽창 또는 파열현상을 일으키는 것으로 물리적 또는 화학적 에너지가 기계적 에너지(열, 압력파)로 빠르게 변화하는 현상을 말한다.
  폭발원인 물질의 상태에 의하여 기상(氣相)폭발과 응상(固相과 液相의 총칭)폭발로 분류하며 **기상폭발**이란 폭발을 일으키기 이전의 물질 상태가 기상인 경우의 폭발을 말하는데, (혼합)가스폭발, 분해폭발, 분진폭발, 분무폭발, 박막폭발, 증기운폭발 등이 있다.
  응상폭발에는 **수증기폭발**, 증기폭발, 전선폭발, 고상간의 전이에 의한 폭발 등이 있다.

13. 다음 기체연료에 대한 설명 중 틀린 것은?

① 고온연소에 의한 국부가열의 염려가 크다.
② 연소조절 및 점화, 소화가 용이하다.
③ 연료의 예열이 쉽고 전열효율이 좋다.
④ 적은 공기로 완전 연소시킬 수 있으며 연소효율이 높다.

【해설】(2012-2회-19번 기출반복)
❶ 액체연료는 연소온도가 높아 국부적인 과열을 일으키기 쉽다.
② 연소가 균일하므로 자동제어에 의한 연소조절 및 점화·소화가 용이하다.
③ 연료의 예열이 쉽고 전열효율이 높다.
④ 적은 공기비로 완전 연소시킬 수 있어서 연소효율이 높다.

14. 내화재로 만든 화구에서 공기와 가스를 따로 연소실에 송입하여 연소시키는 방식으로 대형 가마에 적합한 가스연료 연소장치는?

① 방사형 버너
② 포트형 버너
③ 선회형 버너
④ 건타입형 버너

【해설】(2011-4회-19번 기출반복)
※ 포트형(Port type) 버너.
- 내화재로 만든 단면적이 큰 화구에서 공기와 가스를 따로 연소실로 분출시켜 확산 혼합하여 연소시키는 방식으로, 연소속도가 느리므로 긴 화염을 얻을 수 있어서 평로, 유리용융로 등과 같은 대형 가마에 적합하다.

15. 가스버너로 연료가스를 연소시키면서 가스의 유출 속도를 점차 빠르게 하였다. 이 때 어떤 현상이 발생하겠는가?

① 불꽃이 엉클어지면서 짧아진다.
② 불꽃이 엉클어지면서 길어진다.
③ 불꽃형태는 변함없으나 밝아진다.
④ 별다른 변화를 찾기 힘들다.

【해설】(2013-2회-12번 기출반복)
• 연료가스의 유출속도가 빨라지면 가스의 흐름이 흐트러져 난류현상을 일으키게 되어 공기 중의 산소와 접촉이 빠르게 이루어지므로 연소상태가 층류현상일 때보다 연소속도가 빨라지고 불꽃은 엉클어지면서 짧아진다.

16. 다음 액체 연료 중 비중이 가장 낮은 것은?

① 중유
② 등유
③ 경유
④ 가솔린

【해설】(2013-1회-5번 기출반복)
※ 비중이 작을수록 비등점(끓는점)이 낮다.   암기법 : 가등경중
비등점 :   가솔린 - 등유 - 경유 - 중유
         (낮다) <--------> (높다)
비중 : 가솔린(0.7 ~ 0.75) 등유(0.78 ~ 0.85) 경유(0.85 ~ 0.89) 중유(0.89 ~ 0.99)

17. 다음 석탄류 중 연료비가 가장 높은 것은?

① 갈탄
② 무연탄
③ 흑갈탄
④ 반역청탄

【해설】(2011-4회-17번 기출유사)   암기법 : 연휘고 ↑

14-②   15-①   16-④   17-②

- 석탄의 탄화도가 증가할수록 휘발분이 감소하여 석탄의 연료비$\left(=\dfrac{\text{고정탄소 \%}}{\text{휘발분 \%}}\right)$가 커지고 품질은 양호하다.
- 석탄의 연료비 : **무연탄** 〉 반무연탄 〉 반역청탄 〉 역청탄 〉 흑갈탄 〉 갈탄 〉 토탄

18. 프로판가스(C_3H_8) 1 Nm^3을 완전연소시키는데 필요한 이론공기량은 약 몇 Nm^3 인가?

① 23.8　　　② 11.9　　　③ 9.52　　　④ 5

【해설】(2013-4회-9번 기출반복)　　　　　　　　　　　　　　　암기법 : 3, 4, 5

$$C_3H_8 \;+\; 5O_2 \;\rightarrow\; 3CO_2 + 4H_2O$$
(1 kmol)　　(5 kmol)
(22.4 Nm^3)　(5×22.4 Nm^3)
약분하면, (1 Nm^3)　(5 Nm^3)

따라서, 이론산소량 O_0 = 5 Nm^3　∴ 이론공기량 $A_0 = \dfrac{O_0}{0.21} = \dfrac{5}{0.21} ≒ 23.8 \; Nm^3/Nm^3$

19. 탄소 1 kg의 연소에 소요되는 공기량은 약 몇 Nm^3 인가?

① 5.0　　　② 7.0　　　③ 9.0　　　④ 11.0

【해설】(2015-4회-1번 기출반복)

- 탄소의 완전연소 반응식 :　C　　+　　O_2　　→　　CO_2
　　　　　　　　　　　　(1 kmol)　:　(1 kmol)
　　　　　　　　　　　　(12 kg)　:　(22.4 Nm^3)　:　(22.4 Nm^3)
　　　　　　　　　　　　　1 kg　:　1.867 Nm^3　:　1.867 Nm^3

- 이론공기량 $A_0 = \dfrac{O_0}{0.21} = \dfrac{1.867}{0.21} = 8.8904 ≒ 9.0 \; Nm^3/kg$

20. 석탄을 완전 연소시키기 위하여 필요한 조건에 대한 설명 중 틀린 것은?

① 공기를 예열한다.
② 통풍력을 좋게 한다.
③ 연료를 착화온도 이하로 유지한다.
④ 공기를 적당하게 보내 피연물과 잘 접촉시킨다.

【해설】(2015-1회-1번 기출반복)
- 착화온도 또는 발화온도.
　충분한 공기의 존재하에 연료를 가열하였을 때 외부로부터 불꽃없이도 스스로 불꽃을
　일으킬 수 있는 최저온도를 말하며,
　연료가 완전 연소되기 위한 조건으로는 연료를 **착화온도 이상**으로 유지해야 한다.

제2과목 　　　　　　　　　　　　　열역학

21. 비열이 일정한 이상기체 1 kg에 대하여 다음 식 중 옳은 식은?
(단, P는 압력, V는 체적, T는 온도, C_P는 정압비열, C_V는 정적비열, U는 내부에너지이다.)

① $\Delta U = C_p \times \Delta T$
② $\Delta U = C_p \times \Delta V$
③ $\Delta U = C_V \times \Delta T$
④ $\Delta U = C_V \times \Delta P$

【해설】(2014-4회-37번 기출반복)
- 정적(C_V)과정에서는 열역학 제1법칙(에너지보존) $dQ = dU + PdV$
  　　　　　　　　한편, 정적 하(V = 1, dV = 0)이므로
  $dQ = dU$ (즉, 가열량은 내부에너지 변화량과 같다.)
  　　　 $= C_V \cdot dT$
- 정압(C_P)과정에서는 열역학 제1법칙(에너지보존) $dQ = dU + PdV$
  　　　　　　　　한편, $H = U + PV$ 에서 $U = H - PV$ 이므로
  $dQ = d(H - PV) + PdV$
  　　 $= dH - PdV - VdP + PdV$
  　　 $= dH - VdP$
  　　　　　　한편, 정압 하(P = 1, dP = 0)이므로
  　　 $= dH$ (즉, 가열량은 엔탈피 변화량과 같다.)
  　　 $= C_P \cdot dT$

22. 제1종 영구기관이 실현 불가능한 것과 관계있는 열역학 법칙은?

① 열역학 제0법칙
② 열역학 제1법칙
③ 열역학 제2법칙
④ 열역학 제3법칙

【해설】(2013-1회-39번 기출반복)
① 열역학 제 0 법칙 : 열적 평형의 법칙
　　시스템 A가 시스템 B와 열적 평형을 이루고 동시에 시스템 C와도 열적평형을 이룰 때 시스템 B와 C의 온도는 동일하다.
② 열역학 **제 1 법칙** : 에너지보존 법칙 (**제1종 영구기관** 불가능)
　　　 $Q_1 = Q_2 + W$　　　↳에너지의 공급없이 일을 하는 열기관
③ 열역학 **제 2 법칙** : 열 이동의 법칙 또는 에너지전환 방향에 관한 법칙
　　　　　　　　　　　　　(**제2종 영구기관** 불가능)
　　　 $T_1 \rightarrow T_2$로 이동한다, $dS \geq 0$　↳효율이 100 %인 열기관은 존재하지 않는다.
④ 열역학 제 3 법칙 : 엔트로피의 절대값 정리.
　　절대온도 0 K에서, $dS = 0$

23. 400 K로 유지되는 항온조 내의 기체에 80 kJ의 열이 공급되었을 때, 기체의 엔트로피 변화량은 몇 kJ/K 인가?

① 0.01　　② 0.03　　③ 0.2　　④ 0.3

【해설】(2009-4회-39번 기출유사)

- 엔트로피 변화량 $dS = \dfrac{dQ}{T} = \dfrac{80\ kJ}{400\ K} = 0.2\ kJ/K$

24. 다음 그림은 어떤 사이클에 가장 가까운가?
 (단, T는 온도, S는 엔트로피이며, 사이클 순서는 A→B→C→D→E→F→A 순으로 작동한다.)

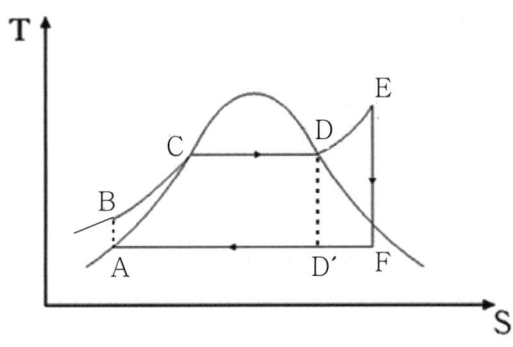

① 디젤 사이클　　② 냉동 사이클
③ 오토 사이클　　④ 랭킨 사이클

【해설】(2015-4회-27번 기출반복)

- 랭킨 사이클(Rankine cycle)의 구성.

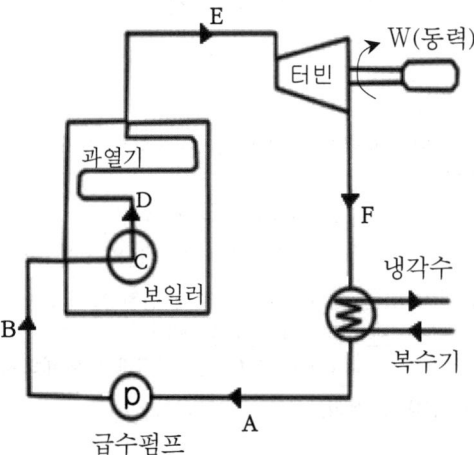

A→B : 펌프 단열압축에 의해 공급해준 일
B→C : 보일러에서 등압가열.(포화수)
C→D : 보일러에서 가열.(건포화증기)
D→D′ : 과열기를 사용하지 않음.(습증기)
D→E : 과열기에서 등압가열.(과열증기)
E→F : 터빈에서의 단열팽창.(습증기)
F→A : 복수기에서 등압방열.(포화수)

25.
증기터빈에서 증기 유량이 1.1 kg/s 이고, 터빈 입구와 출구의 엔탈피는 각각 3100 kJ/kg, 2300 kJ/kg 이다. 증기 속도는 입구에서 15 m/s, 출구에서는 60 m/s 이고, 이 터빈의 축 출력이 800 kW일 때 터빈과 주위 사이에서 발생하는 열전달량은?

① 주위로 78.1 kW의 열을 방출한다.
② 주위로 95.8 kW의 열을 방출한다.
③ 주위로 124.9 kW의 열을 방출한다.
④ 주위로 168.4 kW의 열을 방출한다.

【해설】(2007-4회-26번, 2018-2회-36번 기출유사)
- 정상상태의 유동유체에 관한 에너지보존법칙을 써서 풀어보자.

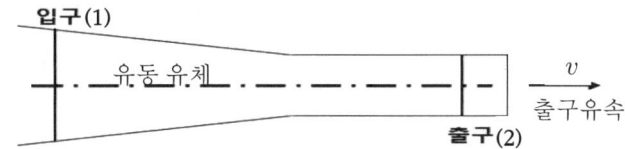

$$mH_1 + \frac{1}{2}mv_1^2 + mgZ_1 = mH_2 + \frac{1}{2}mv_2^2 + mgZ_2 + W_{축일} + Q_{전달열량}$$

한편, 기준면으로부터의 높이는 $Z_1 = Z_2$ 이므로

$$\therefore Q_{전달열량} = m(H_1 - H_2) + \frac{1}{2}m(v_1^2 - v_2^2) - W_{축일}$$

$$= 1.1\,kg/s(3100-2300)kJ/kg + \frac{1}{2} \times 1.1 \times (15^2 - 60^2) \times \frac{1}{1000} - 800\,kW$$

$$= 78.14 ≒ 78.1\,kW$$

【참고】 · 단위확인 : $kg/s \times (m/sec)^2 = kg \cdot m/sec^2 \times m/sec = N \times m/sec = J/sec = W$
$= W \times \frac{1\,kW}{1000\,W} = \frac{1}{1000}\,kW$

26. 열펌프(Heat Pump)의 성능계수에 대한 설명으로 옳은 것은?

① 냉동 사이클의 성능계수와 같다.
② 가해준 일에 의해 발생한 저온체에서 흡수한 열량과의 비이다.
③ 가해준 일에 의해 발생한 고온체에서 방출한 열량과의 비이다.
④ 열펌프의 성능계수는 1보다 작다.

【해설】(2009-4회-24번 기출유사)
① 냉동기와 열펌프의 성능계수 관계는 COP(R) + 1 = COP(H)
② 냉동기의 성능계수는 저온체에서 흡수한 열량과 가해준 입력일의 비 $\left(\frac{Q_2}{W}\right)$ 로 나타낸다.
❸ 열펌프의 성능계수는 고온체에서 방출한 열량과 가해준 입력일의 비 $\left(\frac{Q_1}{W}\right)$ 로 나타낸다.
④ 열펌프의 성능계수는 1 보다 크다.

27. 다음 그림은 Otto Cycle을 기반으로 작동하는 실제 내연기관에서 나타나는 압력(P)-부피(V) 선도이다. 다음 중 이 사이클에서 일(Work) 생산과정에 해당하는 것은?

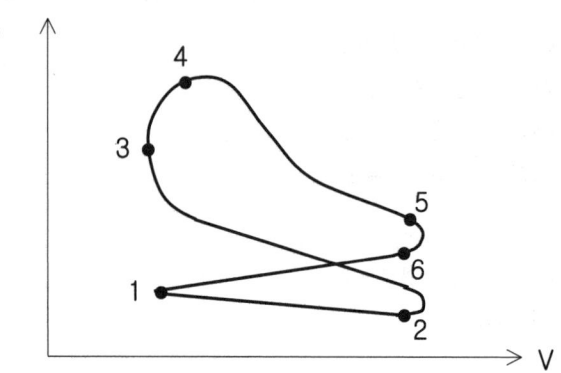

① 2 → 3   ② 3 → 4   ③ 4 → 5   ④ 5 → 6

【해설】(2008-4회-21번 기출반복)
    1→2 흡입행정 : 공기가 실린더 내로 흡입된다.
    2→3 단열압축 : $W < 0$ (일을 소비하는 과정)
    3→4 정적가열 : 연소
    4→5 단열팽창 : $W > 0$ (일을 생산하는 과정)
    5→6 정적방열 : 냉각
    6→1 배기행정 : 실린더내의 연소생성가스를 배출한다.

【참고】 ※ 내연기관의 사이클　　　　　　　　　　　암기법 : 단적단적한.. 내, 오디사
    오　　**단적~단적.**　　오토　(단열-등적-단열-등적)　　　　↳내연기관.
    디　　**단합~ ″.**　　디젤　(단열-등압-단열-등적)
    사　　**단적합 ″.**　　사바테　(단열-등적-등압-단열-등적)

28. 증기압축 냉동사이클에서 증발기 입·출구에서서의 냉매의 엔탈피는 각각 29.2, 306.8 kcal/kg 이다. 1시간에 1 냉동 톤당의 냉매 순환량(kg/(h·RT))은 얼마인가? (단, 1냉동톤(RT)은 3320 kcal/h 이다.)

① 15.04　　② 11.96　　③ 13.85　　④ 18.06

【해설】(2017-4회-32번 기출유사)　　　　　　　　　　　　암기법 : 순효능

- $m(냉매순환량) = \dfrac{Q_2(냉동능력)}{q_2(냉동효과)}$

　　　　　　한편, 냉동효과 $q_2 = H_2 - H_1 = 306.8 - 29.2 = 277.6 \text{ kcal/kg}$

　　　$= \dfrac{3320 \text{ kcal/h}}{277.6 \text{ kcal/kg}} = 11.959 ≒ $ **11.96 kg/h**

29. 피스톤이 설치된 실린더에 압력 0.3 MPa, 체적 0.8 m³ 인 습증기 4 kg 이 들어 있다. 압력이 일정한 상태에서 가열하여 습증기의 건도가 0.9가 되었을 때 수증기에 의한 일은 몇 kJ 인가?

(단, 0.3 MPa에서 비체적은 포화액이 0.001 m³/kg, 건포화증기가 0.60 m³/kg 이다.)

① 205.5 ② 237.2 ③ 305.5 ④ 408.1

【해설】(2010-4회-31번 기출유사)

- 초기 습증기의 비체적 공식 $V_s = \dfrac{V}{m} = \dfrac{0.8\,m^3}{4\,kg} = 0.2\,m^3/kg$
- 건도 x인 습증기의 비체적 공식 $V_x = V_1 + x(V_2 - V_1)$
  $= 0.001 + 0.9 \times (0.6 - 0.001) = 0.5401\,m^3/kg$
- 문제에서 열역학적 과정은 정압가열에 의한 부피팽창 이므로

$$_1W_2 = dQ = \int_1^2 P\,dV = P\int_1^2 dV = P \cdot (V_2 - V_1)$$

한편, $V_s = \dfrac{1}{\rho} = \dfrac{V}{m}$ 에서, 부피 $V = m \cdot V_s$

$= P \cdot m(V_x - V_1)$
$= 0.3 \times 10^3\,kPa \times 4\,kg \times (0.5401 - 0.2)m^3/kg$
$= 408.12\,kN/m^2 \times m^3 ≒ 408.1\,kN \cdot m = 408.1\,kJ$

---

30. 다음 중 냉매가 구비해야 할 조건으로 옳지 <u>않은</u> 것은?

① 비체적이 클 것
② 비열비가 작을 것
③ 임계점(critical point)이 높을 것
④ 액화하기가 쉬울 것

【해설】(2018-2회-37번 기출유사)

※ 냉매의 구비조건.

암기법 : 냉전증인임↑
암기법 : 압점표값과 비(비비)는 내린다↓

① 전열이 양호할 것. (전열이 양호한 순서 : $NH_3 > H_2O >$ Freon $>$ Air $> CO_2$)
② 증발잠열이 클 것. (1 RT당 냉매순환량이 적어지므로 냉동효과가 증가된다.)
③ 인화점이 높을 것. (폭발성이 적어서 안정하다.)
④ 임계점(임계온도)가 높을 것. (상온에서 비교적 저압으로도 응축(액화)이 용이할 것.)
⑤ 상용압력범위가 낮을 것.
⑥ 점성도와 표면장력이 작아 순환동력이 적을 것.
⑦ 값이 싸고 구입이 쉬울 것.
⑧ **비체적이 작을 것**.(한편, 비중량이 크면 동일 냉매순환량에 대한 관경이 가늘어도 됨)
⑨ 비열비가 작을 것.(비열비가 작을수록 압축후의 토출가스 온도 상승이 적다)
⑩ 비등점이 낮을 것.
⑪ 저온장치이므로 응고점이 낮을 것.
⑫ 금속 및 패킹재료에 대한 부식성이 적을 것.
⑬ 환경 친화적일 것.
⑭ 독성이 적을 것.

31. 이상기체 상태식은 사용 조건이 극히 제한되어 있어서 이를 실제 조건에 적용하기 위한 여러 상태식이 개발되었다. 다음 중 실제기체(real gas)에 대한 상태식에 속하지 <u>않는</u> 것은?

① 오일러(Euler) 상태식
② 비리얼(Virial) 상태식
③ 반데르발스(Van der Waals) 상태식
④ 비티-브리지먼(Beattie-Bridgeman) 상태식

【해설】(2010-4회-25번 기출반복)

❶ 오일러 식은 유체의 운동에 관한 상태방정식이다. $\dfrac{dP}{\gamma} + \dfrac{v\,dv}{g} + dZ = 0$
② 비리얼 식 $PV = ZRT$
③ 반데르-발스 식 $\left(P + \dfrac{a}{V^2}\right)(V-b) = RT$ 은 실제기체에 적용되는 식이다.
④ 비티-브릿지먼 식 $PV^2 = RT\left[V + B_0\left(1 - \dfrac{b}{V}\right)\right]\left(1 - \dfrac{c}{VT^3}\right) - A_0\left(1 - \dfrac{a}{V}\right)$

32. 어떤 압축기에 23 ℃의 공기 1.2 kg이 들어있다. 이 압축기를 등온과정으로 하여 100 kPa에서 800 kPa까지 압축하고자 할 때 필요한 일은 약 몇 kJ 인가? (단, 공기의 기체상수는 0.287 kJ/(kg·K) 이다.)

① 212   ② 367   ③ 509   ④ 673

【해설】(2010-1회-24번 기출유사)

※ 등온과정.
계가 외부에 일을 함과 동시에 일에 상당하는 열량을 주위로부터 받아들인다면 系의 내부에너지가 일정하게 유지되면서 상태변화는 온도 일정 하에서 진행되는 것을 말한다.
따라서, 등온과정에서는 계의 전달열량과 일(절대일, 공업일)의 양은 모두 같다.

$\delta Q = {}_1W_2 = \int_1^2 P\,dV$

한편, 기체의 상태방정식 PV = mRT 에서, $P = \dfrac{mRT}{V}$ 이므로

$= \int_1^2 \dfrac{mRT}{V}\,dV = mRT\int_1^2 \dfrac{1}{V}\,dV = mRT_1 \cdot \ln\left(\dfrac{V_2}{V_1}\right)$

한편, $\dfrac{P_1 V_1}{T_1} = \dfrac{P_2 V_2}{T_2}$ 에서 등온변화이므로 $\dfrac{V_2}{V_1} = \dfrac{P_1}{P_2}$

$= mRT_1 \cdot \ln\left(\dfrac{P_1}{P_2}\right)$

$= 1.2\,\text{kg} \times 0.287\,\text{kJ/kg·K} \times (23 + 273)\text{K} \times \ln\left(\dfrac{100}{800}\right) = -211.9 ≒ -212\,\text{kJ}$

여기서, (-)는 외부로부터 압축되었으므로 일을 받은 것을 의미한다.

31-①   32-①

33. 카르노사이클에서 온도 T의 고열원으로부터 열량 Q를 흡수하고, 온도 T_0의 저열원으로 열량 Q_0를 방출할 때, 방출열량 Q_0에 대한 식으로 옳은 것은? (단, η_c는 카르노사이클의 열효율이다.)

① $\left(1 - \dfrac{T_0}{T}\right)Q$ 　② $(1 + \eta_c)Q$ 　③ $(1 - \eta_c)Q$ 　④ $\left(1 + \dfrac{T_0}{T}\right)Q$

【해설】(2007-2회-25번 기출반복)

- 카르노사이클의 열효율 공식 $\eta_c = \dfrac{W}{Q_1} = \dfrac{Q_1 - Q_2}{Q_1} = 1 - \dfrac{Q_2}{Q_1}$

$$\therefore Q_2 = (1 - \eta_c)Q_1$$

여기서 η : 열기관 사이클의 열효율
W : 열기관이 외부로 한 일
Q_1 : 고온부(T_1)에서 흡수한 열량
Q_2 : 저온부(T_2)로 방출한 열량

문제에서 제시된 기호로 표현하면, $Q_0 = (1 - \eta_c)Q$

34. 0 ℃, 1기압(101.3 kPa)하에 공기 10 m³가 있다. 이를 정압 조건으로 80 ℃까지 가열하는 데 필요한 열량은 약 몇 kJ 인가?
(단, 공기의 정압비열은 1.0 kJ/(kg·K)이고, 정적비열은 0.71 kJ/(kg·K)이며 공기의 분자량은 28.96 kg/kmol 이다.)

① 238　　② 546　　③ 1033　　④ 2320

【해설】(2007-2회-23번 기출유사)　　　　　　　　　　　암기법 : 큐는, 씨암탉

$Q = C_P \cdot m \cdot \Delta t$ 　 여기서, Q : 열량, C_P : 정압비열, m : 질량, Δt : 온도변화량

한편, 필요한 열량을 구하기 위해서는 공기 10 Nm³의 질량을 구해야 하므로,

$= 10\,Nm^3 \times \dfrac{1\,kmol}{22.4\,Nm^3} \times \dfrac{28.96\,kg}{1\,kmol} \times 1\,kJ/kg\cdot K \times (80 - 0)K$

$= 1034.2 ≒ 1033\,kJ$

35. 보일러의 게이지 압력이 800 kPa 일 때 수은기압계가 측정한 대기 압력이 856 mmHg를 지시했다면 보일러 내의 절대압력은 약 몇 kPa 인가?

① 810　　② 914　　③ 1320　　④ 1656

【해설】(2013-1회-31번 기출반복)　　　　　　　　　　　암기법 : 절대계

- 절대압력 = 대기압 + 게이지압 = $856\,mmHg \times \dfrac{101.325\,kPa}{760\,mmHg} + 800\,kPa ≒ 914\,kPa$

36. 건포화증기(dry saturated vapor)의 건도는 얼마인가?

① 0   ② 0.5   ③ 0.7   ④ 1

【해설】(2014-2회-23번 기출반복)

※ p-h 선도에서 증기의 상태변화

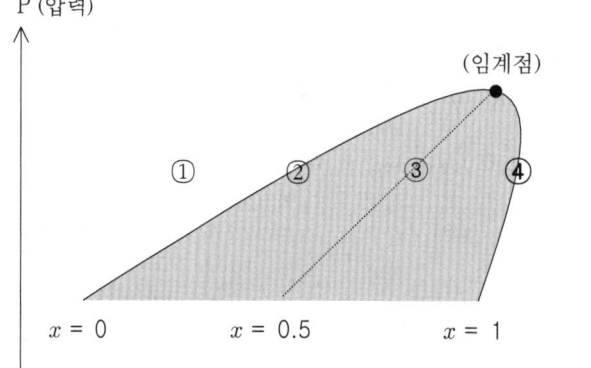

① 불포화수
② 포화수(포화액)
③ 건도 0.5인 습증기
④ 건(건조)포화증기
⑤ 과포화증기

37. 온도 127℃에서 포화수 엔탈피는 560 kJ/kg, 포화증기의 엔탈피는 2720 kJ/kg 일 때 포화수 1 kg이 포화증기로 변화하는데 따르는 엔트로피의 증가는 몇 kJ/K 인가?

① 1.4   ② 5.4   ③ 9.8   ④ 21.4

【해설】(2015-2회-27번 기출유사)

- 가열량 $dQ = h_2 - h_1 = 2720\,kJ - 560\,kJ = 2160\,kJ$ 이므로,

  엔트로피 변화량 $dS = \dfrac{dQ}{T} = \dfrac{2160\,kJ}{(127+273)\,K} = 5.4\,kJ/K$

38. 다음 4개의 물질에 대해 비열비가 거의 동일하다고 가정할 때, 동일한 온도 T에서 음속이 가장 큰 것은?

① Ar (평균분자량 : 40 g/mol)   ② 공기 (평균분자량 : 29 g/mol)
③ CO (평균분자량 : 28 g/mol)   ④ H_2 (평균분자량 : 2 g/mol)

【해설】• 음파는 전달되는 매질에 따른 역학적 파동으로 음파의 진행속도는 기체의 분자량이 작을수록 밀도가 작아져서 분자의 진동운동이 더 빨라지므로 음속이 빠르다.

36-④   37-②   38-④

39. 어떤 기체의 정압비열(C_p)이 다음 식으로 표현될 때 32℃와 800℃ 사이에서 이 기체의 평균정압비열($\overline{C_P}$)은 약 몇 kJ/(kg·℃) 인가?
(단, C_p의 단위는 kJ/(kg·℃)이고, T의 단위는 ℃ 이다.)

$$C_p = 353 + 0.24\,T - 0.9 \times 10^{-4}\,T^2$$

① 353   ② 433   ③ 574   ④ 698

【해설】 (2011-1회-21번 기출유사)
- 기체의 비열은 온도에 따라 변하므로, 열용량(엔탈피) = $C \cdot \Delta t$ 도 온도에 따라 변한다.

$$\Delta H = \int_1^2 C_P\,dT \text{ 에서 T에 대하여 적분을 취하면}$$

$$= \int_{32}^{800} (353 + 0.24\,T - 0.9 \times 10^{-4}\,T^2)\,dT$$

$$= \left(353\,T + \frac{0.24}{2}T^2 - \frac{0.9}{3 \times 10^4}T^3 \right)_{32}^{800}$$

$$= 353 \times (800 - 32) + \frac{0.24}{2}(800^2 - 32^2) - \frac{0.9}{3 \times 10^4}(800^3 - 32^3)$$

$$= 332422\,kJ$$

- 엔탈피 공식 $\Delta H = m\,\overline{C_P} \cdot \Delta t$ 에서,

평균정압비열 $\overline{C_P} = \dfrac{\Delta H}{m \cdot \Delta t} = \dfrac{\Delta H}{m(t_2 - t_1)}$

$= \dfrac{332422\,kJ}{1\,kg \times (800 - 32)\,℃} = 432.8 ≒ 433\,kJ/kg \cdot ℃$

40. 그림과 같이 역카르노 사이클로 운전하는 냉동기의 성능계수(COP)는 약 얼마인가?
(단, T_1는 24℃, T_2는 -6℃ 이다.)

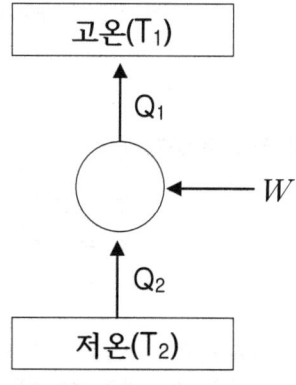

① 7.124   ② 8.905   ③ 10.048   ④ 12.845

【해설】 (2017-4회-23번 기출유사)

39-②   40-②

- 역카르노 사이클의 냉동기 성능계수(COP)는 온도만의 함수로 나타낼 수 있으므로,

$$\text{COP} = \frac{Q_2}{W} = \frac{Q_2}{Q_1 - Q_2} = \frac{T_2}{T_1 - T_2} \quad (\text{여기서, } T_1 : \text{고온부}, T_2 : \text{저온부})$$

$$= \frac{(-6 + 273.15)}{(24 + 273.15) - (-6 + 273.15)} = 8.905$$

제3과목　　계측방법

41. 다음 제어방식 중 잔류편차(off set)를 제거하여 응답시간이 가장 빠르며 진동이 제거되는 제어방식은?

① P　　　　② PI　　　　③ I　　　　④ PID

【해설】(2010-2회-46번 기출반복)　　　　　　　　　　　　**암기법** : 아이(I)편
- P : 비례 동작, PI : 비례적분 동작, I : 적분동작, PID : 비례적분미분 동작.
- PID동작은 잔류편차가 제거되고 **응답시간이 가장 빠르며** 진동이 제거된다.

42. 보일러 공기예열기의 공기유량을 측정하는데 가장 적합한 유량계는?

① 면적식 유량계　　　　② 차압식 유량계
③ 열선식 유량계　　　　④ 용적식 유량계

【해설】(2011-4회-48번 기출반복)
- 공기예열기는 보일러 연도에 설치되므로, 고온의 배기가스가 배출되는 연도와 같은 불리한 조건하에서의 공기유량 계측은 고온용인 **열선식 유량계**(열선풍속계, 토마스식 유량계, 서멀 유량계)로 한다.

43. 다음 유량계 종류 중에서 적산식 유량계는?

① 용적식 유량계　　　　② 차압식 유량계
③ 면적식 유량계　　　　④ 동압식 유량계

【해설】(2013-4회-56번 기출유사)
　　용적식 유량계의 측정원리는 로터와 케이스, 피스톤과 실린더 등을 이용하여 유체를 일정 용적의 계량실 내에 가두어 넣고, 다음에 방출하기를 반복하여 단위 시간당의 횟수에서 유량을 얻는 방식으로서 정밀도가 가장 높으므로 **적산식 유량계**(가정용, 주유소 등)에 많이 이용된다.
　　종류로는 오벌(Oval)식 유량계, 회전원판식 유량계, 가스미터(Gas meter) 등이 있다.

41-④　　42-③　　43-①

44. 다음 액주계에서 γ, γ_1 이 비중을 표시할 때 압력(P_X)을 구하는 식은?

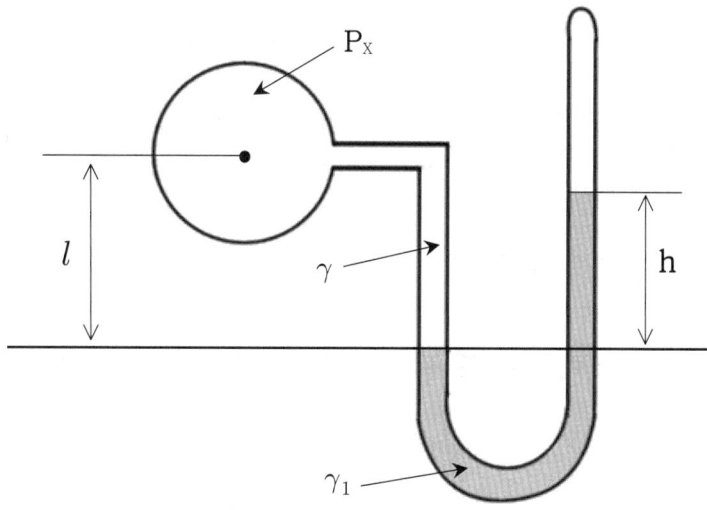

① $P_X = \gamma_1 h + \gamma l$
② $P_X = \gamma_1 h - \gamma l$
③ $P_X = \gamma_1 l - \gamma h$
④ $P_X = \gamma_1 l + \gamma h$

【해설】 (2010-2회-51번 기출반복)
- 파스칼의 원리에 의하면 액주 경계면의 수평선에 작용하는 압력은 서로 같다.

압력 $P = \dfrac{F}{A}$
$= \dfrac{mg}{A}$
$= \dfrac{\rho V g}{A}$
$= \dfrac{\rho g V}{A}$
$= \dfrac{\rho g (A \cdot h)}{A}$
$= \rho g h$
$= \gamma \cdot h$

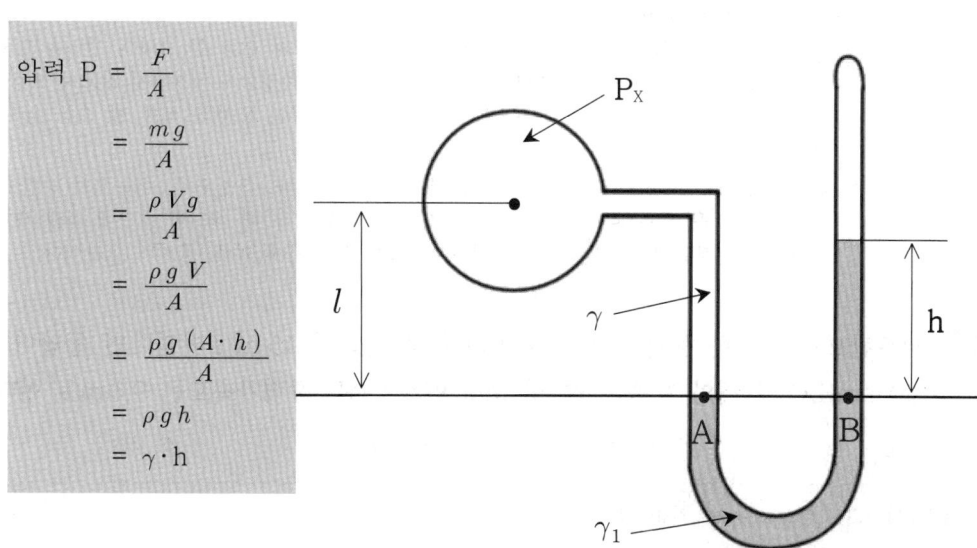

$P_A = P_B$
$P_X + \gamma l = \gamma_1 h$ 에서, ∴ $P_X = \gamma_1 h - \gamma l$

44-②

45. 다음 중 가장 높은 온도를 측정할 수 있는 온도계는?

① 저항 온도계   ② 열전대 온도계
③ 유리제 온도계   ④ 광전관 온도계

【해설】(2014-4회-46번 기출반복)   암기법 : 접전, 저 압유리바, 제
- 접촉식 : 열전대 온도계(-200 ~ 1600 ℃), 저항식 온도계(-200 ~ 500 ℃),
  유리제 온도계(-100 ~ 600 ℃)
- 비접촉식 : 광전관식 온도계(700 ~ 3000 ℃), 색 온도계(600 ~ 2500 ℃)

【key】비접촉식 온도계는 피측정체에 직접 접촉하는 접촉식 온도계보다 높은 온도 측정이 가능하다.

46. 원인을 알 수 없는 오차로서 측정할 때 마다 측정값이 일정하지 않고 분포 현상을 일으키는 오차는?

① 계량기 오차   ② 과오에 의한 오차
③ 계통적 오차   ④ 우연 오차

【해설】(2013-4회-57번 기출반복)

※ 오차 (誤差, error)의 종류
- 과오(실수)에 의한 오차 (mistake error)
  측정 순서의 오류, 측정값을 읽을 때의 착오, 기록 오류 등 측정자의 실수에 의해 생기는 오차이며, 우연오차에서처럼 매번마다 발생하는 것이 아니고 극히 드물게 나타난다.
- 우연 오차 (accidental error)
  측정실의 기온변동, 공기의 교란, 측정대의 진동, 조명도의 변화 등 오차의 원인을 명확히 알 수 없는 우연한 원인으로 인하여 발생하는 오차로서, 측정값이 일정하지 않고 분포 현상을 일으키므로 측정을 여러 번 반복하여 평균값을 추정하여 오차를 작게 할 수는 있으나 보정은 불가능하다.
- 계통적 오차 (systematic error) : 개인오차, 계량기오차, 환경오차, 이론오차(방법오차)
  계측기를 오래 사용하면 지시가 맞지 않거나, 눈금을 읽을 때 개인적 습관에 의해 생기는 오차 등 측정값에 편차를 주는 것과 같은 어떠한 원인에 의해 생기는 오차이다.

47. 피토관으로 측정한 동압이 10 mmH₂O일 때 유속이 15 m/s 이었다면 동압이 20 mmH₂O 일 때의 유속은 약 몇 m/s 인가? (단, 중력가속도는 9.8 m/s² 이다.)

① 18   ② 21.2   ③ 30   ④ 40.2

【해설】(2011-2회-48번 기출반복)

- 피토관 유속 $v = \sqrt{2gh} = \sqrt{2g \times \dfrac{\Delta P}{\gamma}}$ 여기서, ΔP는 수두차에 의한 동압이다.

  비례식 $\dfrac{v_1}{v_2} = \dfrac{\sqrt{\Delta P_1}}{\sqrt{\Delta P_2}}$ ∴ $v_2 = v_1 \times \dfrac{\sqrt{\Delta P_2}}{\sqrt{\Delta P_1}} = 15 \text{ m/s} \times \sqrt{\dfrac{20}{10}} ≒ 21.2 \text{ m/s}$

45-④   46-④   47-②

48. 다음 연소가스 중 미연소가스계로 측정 가능한 것은?

① CO ② CO_2 ③ NH_3 ④ CH_4

【해설】(2014-2회-47번 기출반복)
- 미연가스계(미연소가스계 또는, CO + H_2 분석계)
  시료가스에 산소(O_2)를 공급하여 백금선의 촉매로 연소시키면 미연소가스의 양에 따라 그 온도가 상승하게 되므로 온도상승으로 인한 저항의 증가로 미연소가스(CO, H_2)를 분석하는 방식으로 측정한다.

49. 가스 크로마토그래피법에서 사용하는 검출기 중 수소염 이온화검출기를 의미하는 것은?

① ECD ② FID ③ HCD ④ FTD

【해설】(2015-2회-41번 기출반복)　　　　　　　　　　암기법 : 이/피/퍽/탁
※ 가스크로마토그래피법에서 사용하는 검출기의 종류와 분석대상 가스.

약어	명칭		캐리어 가스	분석대상 가스
ECD	Electronic Capture Detector	전자 포획형 검출기	He, N_2	벤조피렌
FID	Flame Ionization Detector	**수소염이온화 검출기** (불꽃 이온화 검출기)	He, N_2	CS_2, 벤젠, 페놀
FPD	Flame Photometric Detector	염광(불꽃) 광도 검출기	He, N_2	CS_2
TCD	Thermal Conductivity Detector	열전도도 검출기	H_2, He	CS_2, 벤젠, CO
FTD	Flame Thermionic Detector	알카리성 이온화 검출기	He, N_2	벤젠

50. 편차의 정(+), 부(-)에 의해서 조작신호가 최대, 최소가 되는 제어동작은?

① 온·오프동작 ② 다위치동작
③ 적분동작 ④ 비례동작

【해설】(2015-1회-42번 기출반복)
- 편차의 (+), (-)에 의해 조작신호가 최대, 최소가 되는 제어동작을 ON-OFF(온·오프)동작이라 한다.

48-①　49-②　50-①

51. 시즈(Sheath) 열전대의 특징이 아닌 것은?

① 응답속도가 빠르다.
② 국부적인 온도측정에 적합하다.
③ 피측온체의 온도저하 없이 측정할 수 있다.
④ 매우 가늘어서 진동이 심한 곳에는 사용할 수 없다.

【해설】(2014-4회-47번 기출반복)
　시즈(Sheath) 열전대 온도계는 열전대 보호관속에 마그네시아(MgO), 알루미나(Al_2O_3)를 넣은 것으로써 관의 직경을 0.25 ~ 12 mm 정도로 매우 가늘게 만든 보호관으로서,
국부적인 온도측정에 적합하고 응답속도가 빠르고 **진동이 심한 곳에도 사용이 가능하며**,
피측온체의 온도저하 없이 측정할 수 있다.

52. 전기저항식 온도계 중 백금(Pt) 측온 저항체에 대한 설명으로 틀린 것은?

① 0 ℃에서 500 Ω을 표준으로 한다.
② 측정온도는 최고 약 500 ℃ 정도이다.
③ 저항온도계수는 작으나 안정성이 좋다.
④ 온도 측정 시 시간 지연의 결점이 있다.

【해설】(2015-2회-48번 기출반복)
❶ 보통 0 ℃에서의 저항값 25 Ω, 50 Ω, 100 Ω 의 것을 표준적인 측온저항체로 사용한다.
※ 저항온도계의 측온저항체 사용온도범위.

써미스터	-100 ~ 300 ℃
니켈	-50 ~ 150 ℃
구리	0 ~ 120 ℃
백금	-200 ~ 500 ℃

53. -200 ~ 500 ℃ 의 측정범위를 가지며 측온저항체 소선으로 주로 사용되는 저항소자는?

① 구리선　　　　　　　② 백금선
③ Ni선　　　　　　　　④ 서미스터

【해설】(2010-4회-53번 기출반복)
- 저항온도계 중 백금 저항온도계는 온도범위가 -200 ~ 500℃ 이므로, 저온에 대해서도 정밀측정용으로 적합하다.
- 저항온도계의 측온저항체 사용온도범위

써미스터	-100 ~ 300 ℃
니켈	-50 ~ 150 ℃
구리	0 ~ 120 ℃
백금	-200 ~ 500 ℃

54. 차압식 유량계에서 교축 상류 및 하류에서의 압력이 P₁, P₂ 일 때 체적 유량이 Q₁ 이라면, 압력이 각각 처음보다 2배 만큼씩 증가했을 때의 Q₂는 얼마인가?

① $Q_2 = 2 Q_1$
② $Q_2 = \dfrac{1}{2} Q_1$
③ $Q_2 = \sqrt{2}\, Q_1$
④ $Q_2 = \dfrac{1}{\sqrt{2}} Q_1$

【해설】 (2012-1회-53번 기출반복)
- 차압식 유량계에서 유량, 유속은 차압의 제곱근(평방근)에 비례한다.
- 압력과 유량의 관계 공식 Q = A · v 에서,

$$= \dfrac{\pi D^2}{4} \times \sqrt{2gh} = \dfrac{\pi D^2}{4} \times \sqrt{2g \times \dfrac{\Delta P}{\gamma}}$$

비례식을 세우면 $\dfrac{Q_1}{Q_2} \propto \dfrac{\sqrt{\Delta P_1}}{\sqrt{\Delta P_2}} = \dfrac{\sqrt{\Delta P_1}}{\sqrt{2 \times \Delta P_1}} = \dfrac{1}{\sqrt{2}}$, ∴ $Q_2 = \sqrt{2}\, Q_1$

55. 다음 중 압력식 온도계가 아닌 것은?

① 고체팽창식
② 기체팽창식
③ 액체팽창식
④ 증기팽창식

【해설】 (2014-4회-54번 기출반복)
※ **접촉식** 온도계의 종류   암기법 : 접전, 저 압유리바, 제
온도를 측정하고자 하는 물체에 온도계의 검출소자(檢出素子)를 직접 접촉시켜 열적으로 평형을 이루었을때 온도를 측정하는 방법이다.
  ㉠ 열전대 온도계 (또는, 열전식 온도계)
  ㉡ 저항식 온도계 (또는, 전기저항식 온도계) : 서미스터, 니켈, 구리, 백금 저항소자
  ㉢ **압력식 온도계 : 액체팽창식, 기체팽창식, 증기팽창식**
  ㉣ 액체봉입유리 온도계
  ㉤ 바이메탈식 온도계 : 열팽창식, 고체팽창식
  ㉥ 제겔콘

56. 저항식 습도계의 특징으로 틀린 것은?

① 저온도의 측정이 가능하다.
② 응답이 늦고 정도가 좋지 않다.
③ 연속기록, 원격측정, 자동제어에 이용된다.
④ 교류전압에 의하여 저항치를 측정하여 상대습도를 표시한다.

【해설】 (2016-2회-56번 기출반복)
❷ (전기)저항식 습도계는 교류전압을 사용하여 저항치를 측정하여 상대습도를 측정한다. 자동제어가 용이하며, 응답이 빠르고 **정도가 ±2%로 좋다.**

57. 스프링저울 등 측정량이 원인이 되어 그 직접적인 결과로 생기는 지시로부터 측정량을 구하는 방법으로 정밀도는 낮으나 조작이 간단한 것은?

① 영위법   ② 치환법   ③ 편위법   ④ 보상법

【해설】(2017-4회-50번 기출유사)

※ 계측기기의 측정방법

① 영위법(零位法) : 측정하고자 하는 양과 같은 종류로서 크기를 독립적으로 조정할 수가 있는 기준량을 준비하여 기준량을 측정량에 평형시켜 계측기의 지침이 0의 위치를 나타낼 때의 기준량 크기로부터 측정량의 크기를 알아내는 방법이다.

② 치환법(置換法) : 측정량과 기준량을 치환해 2회의 측정결과로부터 구하는 측정방식이다.

❸ 편위법(偏位法) : 측정하고자 하는 양의 작용에 의하여 계측기의 지침에 편위를 일으켜 이 편위를 계측기의 지시눈금과 비교함으로써 측정을 행하는 방식이다.

④ 보상법(補償法) : 측정하고자 하는 양을 표준치와 비교하여 양자의 근소한 차이로부터 측정량을 정교하게 구하는 방식이다.

⑤ 차동법(差動法) : 같은 종류인 두 양의 작용의 차를 이용하는 방법이다.

58. 정전 용량식 액면계의 특징에 대한 설명 중 <u>틀린</u> 것은?

① 측정범위가 넓다.
② 구조가 간단하고 보수가 용이하다.
③ 유전율이 온도에 따라 변화되는 곳에도 사용할 수 있다.
④ 습기가 있거나 전극에 피측정체를 부착하는 곳에는 부적당하다.

【해설】(2012-2회-52번 기출반복)

정전용량(Capacitance)식 액면계는 탐침과 탱크 벽과의 정전용량 변화를 전자회로로 측정하여 눈금으로 측정하는 방식으로서, 유전율(ϵ)이 온도에 따라 변하는 곳에는 오차가 발생하므로 **사용할 수 없다.**

59. 출력측의 신호를 입력측에 되돌려 비교하는 제어방법은?

① 인터록(inter lock)   ② 시퀀스(sequence)
③ 피드백(feed back)   ④ 리셋(reset)

【해설】(2015-2회-54번 기출반복)

• **피드백 제어**(feed back control)
  - 출력측의 제어량을 입력측에 되돌려 설정된 목표값과 비교하여 일치하도록 반복시켜 동작하는 제어 방식을 말한다.

【key】 되돌리는 것을 "**피드백**(feed back)"이라 한다.

60. 헴펠식(Hempel type) 가스분석장치에 흡수되는 가스와 사용하는 흡수제의 연결이 잘못된 것은?

① CO - 차아황산소다
② O_2 - 알칼리성 피로갈롤용액
③ CO_2 - 30% KOH 수용액
④ C_mH_n - 진한 황산

【해설】(2012-4회-46번 기출반복)
※ 화학적 가스분석장치에는 헴펠식과 오르사트식이 있다.
- 헴펠 식 : 햄릿과 의(순신) → 탄 → 산 → 일 (여기서, 탄화수소 C_mH_n)
  (K   S   피   구)
  수산화칼륨(KOH), 발열황산, 피로가놀, 염화제1구리 〈----------- 흡수제
- 오르사트 식 : 이(CO_2) → 산(O_2) → 일(CO) 순서대로 선택적 흡수됨

제4과목   열설비재료 및 관계법규

61. 에너지이용 합리화법에 따라 특정열사용기자재의 설치·시공이나 세관을 업으로 하는 자는 어디에 등록을 하여야 하는가?

① 행정안전부장관
② 한국열관리시공협회
③ 한국에너지공단 이사장
④ 시·도지사

【해설】(2008-4회-64번 기출유사)
※ 특정열사용기자재   [에너지이용합리화법 제37조]
- 열사용기자재 중 제조, 설치·시공 및 사용에서의 안전관리, 위해방지 또는 에너지이용의 효율관리가 특히 필요하다고 인정되는 것으로서 산업통상자원부령으로 정하는 열사용기자재 (이하 "특정열사용기자재"라 한다)의 설치·시공이나 세관(洗罐: 물이 흐르는 관 속에 낀 물때나 녹따위를 벗겨 냄)을 업(이하 "시공업"이라 한다)으로 하는 자는 「건설산업기본법」 제9조제1항에 따라 시·도지사에게 등록하여야 한다.

【key】 ❹ 법규에서의 시공업은 대부분 시·도지사에게 등록하는 것이 특징이다.

62. 에너지법에서 정의하는 에너지가 아닌 것은?

① 연료   ② 열   ③ 원자력   ④ 전기

【해설】(2016-4회-65번 기출반복)   [에너지법 제2조]
- 에너지란 연료·열 및 전기를 말한다.

63. 에너지이용 합리화법에 따라 가스를 사용하는 소형온수보일러인 경우 검사대상기기의 적용 기준은?

① 가스사용량이 17 kg/h을 초과하는 것
② 가스사용량이 20 kg/h을 초과하는 것
③ 가스사용량이 27 kg/h을 초과하는 것
④ 가스사용량이 30 kg/h을 초과하는 것

【해설】(2017-2회-65번 기출반복)
※ 검사대상기기의 적용범위 　　　　　[에너지이용합리화법 시행규칙 별표 3의3]
- 가스사용량이 17 kg/h (도시가스는 232.6 kW)를 **초과**하는 소형온수보일러

64. 에너지이용 합리화법에 따라 대기전력 경고표지 대상 제품인 것은?

① 디지털 카메라　　　　　　② 텔레비젼
③ 셋톱박스　　　　　　　　④ 유무선전화기

【해설】(2012-1회-63번 기출유사)
※ 대기전력 경고표지 대상 제품.(16개)　　[에너지이용합리화법 시행령 시행규칙 제14조1항]
- 컴퓨터, 모니터, 프린터, 복합기, 전자레인지, **유무선전화기**, 라디오카세트, 팩시밀리, 복사기, 스캐너, 비데, 모뎀, 오디오, DVD플레이어, 도어폰, 홈 게이트웨이가 해당된다.

65. 에너지이용 합리화법에 에너지공급자의 수요관리 투자계획에 대한 설명으로 **틀린** 것은?

① 한국지역난방공사는 수요관리투자계획 수립대상이 되는 에너지공급자이다.
② 연차별 수요관리투자계획은 해당 연도 개시 2개월 전까지 제출하여야 한다.
③ 제출된 수요관리투자 계획을 변경하는 경우에는 그 변경한 날로부터 15일 이내에 변경사항을 제출하여야 한다.
④ 수요관리투자계획 시행 결과는 다음 연도 6월 말일까지 산업통상자원부장관에게 제출하여야 한다.

【해설】(2007-4회-61번 기출반복)
※ 에너지 공급자의 수요관리 투자계획　　　　　[에너지이용합리화법 시행령 제16조]
❹ 수요관리투자계획 시행 결과는 다음 연도 **2월** 말일까지 산업통상자원부장관에게 제출하여야 한다.

63-① 　64-④ 　65-④

66. 에너지이용 합리화법에 따라 열사용기자재 관리에 대한 내용 중 **틀린** 것은?

① 계속사용검사는 검사유효기간의 만료일이 속하는 연도의 말까지 연기할 수 있으며, 연기하려는 자는 검사대상기기 검사연기신청서를 한국에너지공단이사장에게 제출하여야 한다.
② 한국에너지공단이사장은 검사에 합격한 검사 대상기기에 대해서 검사 신청인에게 검사일로부터 7일 이내에 검사증을 발급하여야 한다.
③ 검사대상기기 관리자의 선임신고는 신고 사유가 발생한 날로부터 20일 이내에 하여야 한다.
④ 검사대상기기의 설치자가 사용 중인 검사대상기기를 폐기한 경우에는 폐기한 날로부터 15일 이내에 검사대상기기 폐기신고서를 한국에너지공단이사장에게 신고하여야 한다.

【해설】(2011-4회-64번 기출반복) [에너지이용합리화법 시행규칙 제31조의28.]
❸ 검사대상기기 관리자의 선임·해임 또는 퇴직 등의 신고사유가 발생한 경우 신고는 신고사유가 발생한 날로부터 **30일** 이내에 하여야 한다.

67. 에너지이용 합리화법에 따라 연간에너지사용량이 30만 티오이인 자가 구역별로 나누어 에너지 진단을 하고자 할 때 에너지진단주기는?

① 1년 ② 2년 ③ 3년 ④ 5년

【해설】(2013-2회-65번 기출반복)   암기법 : 20만 호(5)
※ 에너지 진단주기   [에너지이용합리화법 시행령 별표3.]

연간 에너지 사용량	에너지 진단주기
20만 티오이 이상	1. 전체진단 : 5년 2. 부분진단 : 3년
20만 티오이 미만	5년

68. 에너지이용 합리화법에 따라 검사대상기기의 검사유효 기간으로 **틀린** 것은?

① 보일러의 개조검사는 2년이다.
② 보일러의 계속사용검사는 1년이다.
③ 압력용기의 계속사용검사는 2년이다.
④ 보일러의 설치장소 변경검사는 1년이다.

【해설】(2010-4회-64번 기출유사) [에너지이용합리화법 시행규칙 별표3의5.]
❶ 보일러의 개조검사는 **1년**이다.

【key】검사대상기기의 검사 유효기간 : 보일러는 **1년**, 압력용기, 철금속가열로는 : **2년**으로 한다.

69. 에너지이용 합리화법에 따라 에너지사용계획을 수립하여 산업통상자원부장관에게 제출하여야 하는 사업주관자가 실시하려는 사업의 종류가 아닌 것은?

① 도시개발사업
② 항만건설사업
③ 관광단지개발사업
④ 박람회 조경사업

【해설】(2010-2회-63번 기출반복)　　　　　　　　　　　　　암기법 : 에관공 도산
- 에너지사용계획을 수립하여 산업통상자원부장관에게 제출하여야 하는 사업은 **에**너지개발사업, **관**광단지개발사업, **공**항건설사업, **도**시개발사업, **산**업단지개발사업, 항만건설사업, 철도건설사업, 개발촉진지구개발사업, 지역종합개발사업 이다.
　　　　　　　　　　　　　　　　　　　　　　　[에너지이용합리화법 시행령 제20조1항]

70. 에너지이용합리화법에 따라 에너지사용량이 대통령령으로 정하는 기준량 이상인 자는 산업통상자원부령으로 정하는 바에 따라 매년 언제까지 시·도지사에게 신고하여야 하는가?

① 1월 31일까지
② 3월 31일까지
③ 6월 30일까지
④ 12월 31일까지

【해설】(2016-4회-67번 기출반복)　　　　　[에너지이용합리화법 제31조 에너지다소비업자의 신고]
- 에너지사용량이 대통령령으로 정하는 기준량(2000 TOE) 이상인 에너지다소비업자는 산업통상자원부령으로 정하는 바에 따라 **매년 1월 31일까지** 그 에너지사용시설이 있는 지역을 관할하는 시·도지사에게 다음 사항을 신고하여야 한다.
  1. 전년도의 분기별 에너지사용량·제품생산량
  2. 해당 연도의 분기별 에너지사용예정량·제품생산예정량
  3. 에너지사용기자재의 현황
  4. 전년도의 분기별 에너지이용 합리화 실적 및 해당 연도의 분기별 계획
  5. 에너지관리자의 현황

【key】❶ 전년도의 분기별 에너지사용량을 신고하는 것이므로 매년 1월 31일까지인 것이다.

71. 도염식요는 조업방법에 의해 분류할 경우 어떤 형식에 속하는가?

① 불연속식
② 반연속식
③ 연속식
④ 불연속식과 연속식의 절충형식

【해설】(2018-2회-76번 기출유사)
※ 조업방식(작업방식)에 따른 요로의 분류
- 연속식 : 터널요, 윤요(輪窯, 고리가마), 견요(堅窯, 샤프트로), 회전요(로터리 가마)
- **불연속식** : 횡염식요, 승염식요, **도염식요**　　　　　　암기법 : 불횡 승도
- 반연속식 : 셔틀요, 등요

72. 원관을 흐르는 층류에 있어서 유량의 변화는?

① 관의 반지름의 제곱에 반비례해서 변한다.
② 압력강하에 반비례하여 변한다.
③ 점성계수에 비례하여 변한다.
④ 관의 길이에 반비례해서 변한다.

【해설】(2015-2회-78번 기출유사)
- 관로 유동에서 층류로 운동하는 유체의 유량을 계산하는 식은 **하겐-포아젤의 공식**으로 계산한다. (아래의 공식에서 분자에 있는 것은 **비례**하고, 분모에 있는 것은 **반비례**한다.)

즉, 유량 $Q = A \cdot \bar{v} = \dfrac{\pi \cdot D^2}{4} \times \dfrac{\Delta P \cdot D^2}{32 \mu l} = \dfrac{\Delta P \cdot \pi \cdot D^4}{128 \mu l}$

여기서, ΔP : 압력강하, D : 원관의 직경, μ : 점성계수, l : 관의 길이

73. 샤모트(Chamotte) 벽돌의 원료로서 샤모트 이외에 가소성 생점토(生粘土)를 가하는 주된 이유는?

① 치수 안정을 위하여
② 열전도성을 좋게 하기 위하여
③ 성형 및 소결성을 좋게 하기 위하여
④ 건조 소성, 수축을 미연에 방지하기 위하여

【해설】(2010-1회-76번 기출반복)
❸ 샤모트 벽돌은 골재 원료로서 샤모트를 사용하고 미세한 부분은 가소성 생점토를 10 ~ 30 % 정도를 가하고 있다. 이것을 혼합된 상태로 성형하여 소성공정을 거치면 소결성이 좋은 점토질 벽돌이 얻어진다.

74. 다음 보온재 중 재질이 유기질 보온재에 속하는 것은?

① 우레탄 폼
② 펄라이트
③ 세라믹 파이버
④ 규산칼슘 보온재

【해설】(2010-2회-71번 기출유사)
※ 최고 안전사용온도에 따른 유기질 보온재의 종류.

암기법 : 유비(B)가, 콜 택시타고 벨트를 폼나게 맸다.
　　　　　　　　　　　(텍스)　(펠트)
유기질, (B)130↓ 120↓ ← 100↓ → 80℃↓(이하)
　　　　　　　　(+20) (기준) (-20)
　　　　　탄화코르크, 텍스, 펠트, 폼

75. 일반적으로 압력 배관용에 사용되는 강관의 온도 범위는?

① 800 ℃ 이하　　　　　　　② 750 ℃ 이하
③ 550 ℃ 이하　　　　　　　④ 350 ℃ 이하

【해설】(2015-4회-78번 기출유사)
　❹ 압력 배관용 탄소강관(SPPS, carbon Steel Pipe Pressure Service)은 350 ℃ 이하의 온도에서 사용압력이 1 ~ 10 MPa 이하까지의 배관에 사용한다.

76. 보온재 시공 시 주의해야 할 사항으로 가장 거리가 먼 것은?

① 사용개소의 온도에 적당한 보온재를 선택한다.
② 보온재의 열전도성 및 내열성을 충분히 검토한 후 선택한다.
③ 사용처의 구조 및 크기 또는 위치 등에 적합한 것을 선택한다.
④ 가격이 가장 저렴한 것을 선택한다.

【해설】(2012-1회-73번 기출반복)
　※ 보온재 시공 시 주의사항
　　① 사용개소의 온도에 적당한 보온재를 선택한다.
　　② 보온재의 열전도성 및 내열성을 충분히 검토한 후 선택한다.
　　③ 사용처의 구조 및 크기 또는 위치 등에 적합한 것을 선택한다.
　　④ 보온재의 기계적 강도 및 내구성을 고려하여 선택한다.
　　⑤ 배관의 진동, 신축 등에 대비하여 보강할 것을 고려하여야 한다.
　　⑥ 보온재의 가격은 경제적 두께를 고려하여 선택하여야 한다.

77. 열처리로 경화된 재료를 변태점 이상의 적당한 온도로 가열한 다음 서서히 냉각하여 강의 입도를 미세화하여 조직을 연화, 내부응력을 제거하는 로는?

① 머플로　　　　　　　　　② 소성로
③ 풀림로　　　　　　　　　④ 소결로

【해설】(2014-1회-69번 기출반복)
　① 머플로(Muffle) : 피가열체에 직접 불꽃이 닿지 않도록 내화재로 2중벽을 만들어 피가열물을 간접 가열하는 방식의 가열로.
　② 소성로 : 조합된 원료를 가열하여 경화성 물질로 만드는 것.
　❸ 풀림로(annealing, 소둔로) : 가열된 금속을 서서히 냉각시켜 강의 입도를 미세화하여 조직을 연화, 내부응력을 제거하는 열처리 조작.
　④ 소결로(괴상화용로) : 가루(분)상의 철광석을 괴상화(덩어리모양)하여 소결시키는 것.

78. 그림의 배관에서 보온하기 전 표면 열전달율(α)이 12.3 kcal/m²·h·℃ 이었다. 여기에 글라스울 보온통으로 시공하여 방산열량이 28 kcal/m·h가 되었다면 보온효율은 얼마인가? (단, 외기온도는 20℃ 이다.)

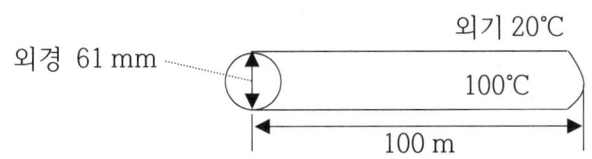
〈배관에서의 열손실(보온되지 않은 것)〉

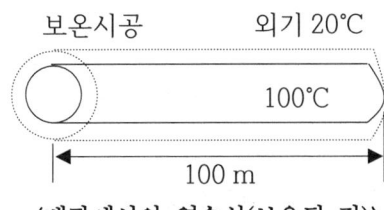
〈배관에서의 열손실(보온된 것)〉

① 44 % ② 56 % ③ 85 % ④ 93 %

【해설】(2016-2회-80번 기출유사)   암기법 : 교관온면
- 보온전 $Q_1 = \alpha \cdot \Delta t \cdot A$
  $= \alpha \times (t_i - t_o) \times \pi D L$
  $= 12.3 \text{ kcal/m}^2\cdot\text{h}\cdot℃ \times (100 - 20)℃ \times \pi \times 0.061 \text{ m} \times 100 \text{ m}$
  $= 18857 \text{ kcal/h}$
- 보온후 $Q_2 = \beta \times L$ 여기서, β는 단위길이당 방산열량
  $= 28 \text{ kcal/m}\cdot\text{h} \times 100 \text{ m}$
  $= 2800 \text{ kcal/h}$
- 보온효율 $\eta = \dfrac{\Delta Q}{Q_1} = \dfrac{Q_1 - Q_2}{Q_1} = 1 - \dfrac{Q_2}{Q_1} = 1 - \dfrac{2800}{18857} = 0.8515 ≒ 85\%$

여기서, Q_1 : 보온전 (나관일 때) 방산열량
Q_2 : 보온후 방산열량

79. 다음 중 노체 상부로부터 노구(throat), 샤프트(shaft), 보시(bosh), 노상(hearth)으로 구성된 노(爐)는?

① 평로 ② 고로 ③ 전로 ④ 코크스로

【해설】(2013-1회-69번 기출반복)
※ 용광로(일명 高爐, 고로)는 벽돌을 쌓아서 구성된 샤프트 형으로서 철광석을 용융시켜 선철을 제조하는데 사용되며, 그 구조체는 상부로부터 노구(Throat) → 샤프트(Shaft) → 보시(Bosh) → 노상(Hearth) 부분으로 구성되어 있다.

80. 요로 내에서 생성된 연소가스의 흐름에 대한 설명으로 틀린 것은?

① 가열물의 주변에 저온 가스가 체류하는 것이 좋다.
② 같은 흡입 조건 하에서 고온 가스는 천정쪽으로 흐른다.
③ 가연성가스를 포함하는 연소가스는 흐르면서 연소가 진행된다.
④ 연소가스는 일반적으로 가열실 내에 충만되어 흐르는 것이 좋다.

【해설】 ❶ 가열물의 주변에 고온의 연소가스의 대류가 균일하게 이루어지도록 한다.

제5과목 열설비설계

81. 보일러 사용 중 저수위 사고의 원인으로 가장 거리가 먼 것은?

① 급수펌프가 고장이 났을 때
② 급수내관이 스케일로 막혔을 때
③ 보일러의 부하가 너무 작을 때
④ 수위 검출기가 이상이 있을 때

【해설】 ※ 안전 저수위면 보다 낮아지는 저수위 사고(이상감수)의 원인
  • 급수펌프가 고장이 났을 때
  • 급수내관이 스케일로 막혔을 때
  • **보일러의 부하가 너무 클 때**
  • 수위 검출기가 이상이 있을 때
  • 수면계의 연락관이 막혔을 때
  • 수면계의 수위를 오판했을 때
  • 분출장치의 누수가 있을 때

82. 연소실에서 연도까지 배치된 보일러 부속 설비의 순서를 바르게 나타낸 것은?

① 과열기 → 절탄기 → 공기예열기
② 절탄기 → 과열기 → 공기예열기
③ 공기예열기 → 과열기 → 절탄기
④ 과열기 → 공기예열기 → 절탄기

【해설】 (2013-4회-87번 기출반복)   암기법 : 과 → 재 → 절 → 공
  ※ 폐열회수장치 순서(연소실에 가까운 곳으로부터) : 과열기 - 재열기 - 절탄기 - 공기예열기

83. 인젝터의 장·단점에 관한 설명으로 틀린 것은?

① 급수를 예열하므로 열효율이 좋다.
② 급수온도가 55 ℃ 이상으로 높으면 급수가 잘 된다.
③ 증기압이 낮으면 급수가 곤란하다.
④ 별도의 소요동력이 필요 없다.

【해설】(2015-1회-100번 기출유사)
- 보조급수장치의 일종인 **인젝터**(injector)는 구조가 간단하고 소형의 저압보일러에 사용되며 보조증기관에서 보내어진 증기로 급수를 흡입하여 증기분사력으로 급수를 토출하게 되므로 별도의 소요동력을 필요로 하지 않는다.(즉, 비동력 급수장치이다.)
또한, 급수를 예열할 수 있으므로 열효율이 높아진다.
그러나, 단점으로는 급수용량이 부족하고 급수에 시간이 많이 걸리므로 급수량의 조절이 용이하지 않으며, 증기압이 낮으면 급수가 곤란하며, 급수온도가 50 ℃ 이상으로 너무 높으면 증기와의 온도차가 적어져 분사력이 약해지므로 작동이 불가능하다.

84. 서로 다른 고체 물질 A, B, C인 3개의 평판이 서로 밀착되어 복합체를 이루고 있다. 정상 상태에서의 온도 분포가 [그림]과 같을 때, 어느 물질의 열전도도가 가장 작은가? (단, T_1 = 1000 ℃, T_2 = 800 ℃, T_3 = 550 ℃, T_4 = 250 ℃이다.)

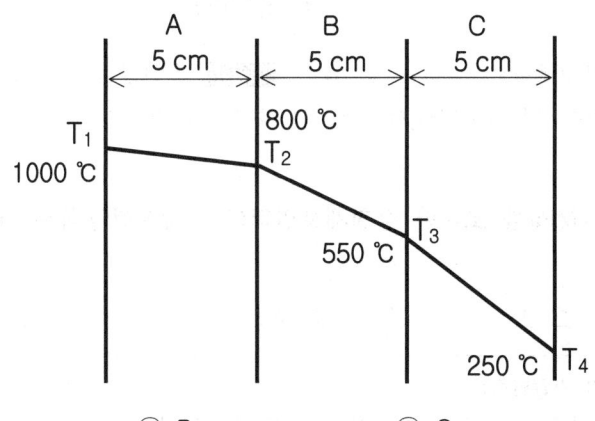

① A   ② B   ③ C   ④ 모두 같다

【해설】(2014-2회-100번 기출반복)   암기법 : 손전온면두
- 평면 판에서 전달되는 열유속은 일정하므로 $\dfrac{Q}{A}$ = 1, 판의 두께 d = 5 cm = 1 (일정)
손실열량 Q = $\dfrac{\lambda \cdot \Delta T \cdot A}{d}$ 에서,
열전도도 $\lambda \propto \dfrac{1}{\Delta T}$ 이므로, 온도차(온도구배)인 ΔT가 **클수록** λ는 **작아진다**.
[그림]에서 ΔT_{12} = 200 ℃, ΔT_{23} = 250 ℃, ΔT_{34} = 300 ℃ (∴ λ_c가 가장 작다.)

85. [그림]과 같이 폭 150 mm, 두께 10 mm의 맞대기 용접이음에 작용하는 인장응력은?

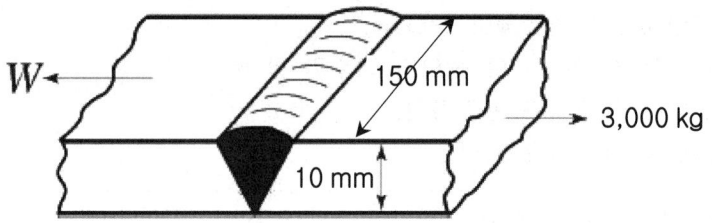

① 2 kg/cm²
② 15 kg/cm²
③ 100 kg/cm²
④ 200 kg/cm²

【해설】 (2008-2회-85번 기출반복)
※ 맞대기 용접이음의 강도계산 중 V형 이음의 경우,
하중 $W = \sigma \cdot h \cdot \ell$
$3000 \, kg = \sigma \times 10 \, mm \times 150 \, mm$
∴ 인장응력 $\sigma = 2 \, kg/mm^2 = 200 \, kg/cm^2$

86. 보일러수 내의 산소를 제거할 목적으로 사용하는 약품이 아닌 것은?
① 탄닌
② 아황산나트륨
③ 가성소다
④ 히드라진

【해설】 (2018-2회-94번 기출유사) 암기법 : 아황산, 히드라 산소, 탄니?
• 탈산소제 : **아황산나트륨**(또는, 아황산소다), **히드라진**, **탄닌**.

87. 최고사용압력이 1.5 MPa를 초과한 강철제보일러의 수압시험압력은 최고사용압력의 몇 배로 하는가?
① 1.5
② 2
③ 2.5
④ 3

【해설】 (2013-2회-83번 기출반복)
[보일러 설치검사 기준.] • 강철제보일러의 수압시험압력은 다음과 같다.

보일러의 종류	최고사용압력	수압시험압력
강철제 보일러	0.43 MPa 이하 (4.3 kg/cm² 이하)	최고사용압력의 2배
	0.43 MPa 초과 ~ 1.5 MPa 이하 (4.3 kg/cm² 초과 ~ 15 kg/cm² 이하)	최고사용압력의 1.3배 + 0.3 (최고사용압력의 1.3배 + 3)
	1.5 MPa 초과 (15 kg/cm² 초과)	최고사용압력의 1.5배

* 압력단위 환산 : 0.1 MPa = 1 kg/cm² 이다.

88. 판형 열교환기의 일반적인 특징에 대한 설명으로 틀린 것은?

① 구조상 압력손실이 적고 내압성은 크다.
② 다수의 파형이나 반구형의 돌기를 프레스 성형하여 판을 조합한다.
③ 전열면의 청소나 조립이 간단하고, 고점도에도 적용할 수 있다.
④ 판의 매수 조절이 가능하여 전열면적 증감이 용이하다.

【해설】(2012-1회-86번 기출반복)
❶ 전열면적이 Plate(판)형으로 넓기 때문에 높은 열전달 능력을 가지고 있다.
그러나 온도변화가 크거나 압력이 큰 곳에는 내압성이 **작으므로** 사용이 불가능하다.
또한 구조상 Plate(판) 표면과 유체의 마찰에 의해 압력손실이 크게 발생하므로
열교환 유체의 속도가 증가할수록 압력손실은 더욱 커진다.

89. 다음 보일러 중에서 드럼이 없는 구조의 보일러는?

① 야로우 보일러   ② 슐저 보일러
③ 타쿠마 보일러   ④ 베록스 보일러

【해설】(2013-1회-85번 기출유사)
• 드럼이 없는 보일러는 **관류식** 보일러 밖에 없다.

【참고】※ 수관식 보일러의 종류   암기법 : 수자 강간
                                              (관)
  ㉠ 자연순환식   암기법 : 자는 바·가·(야로)·다, 스네기찌
                                      (모두 다 **일본식 발음**을 닮았음.)
    - 바브콕, 가르베, 야로우, 다쿠마,(주의: 다우삼 아님!!) 스네기찌 보일러.

  ㉡ 강제순환식   암기법 : 강제로 베라~
    - 베록스, 라몬트 보일러.

  ㉢ 관류식   암기법 : 관류 람진과 벤슨이 앤모르게 슐쳐먹었다
    - 람진, 벤슨, 앤모스, **슐쳐(슐저)** 보일러.

90. 보일러의 발생증기가 보유한 열량이 3.2×10^6 kcal/h일 때, 이 보일러의 상당 증발량은?

① 2500 kg/h   ② 3512 kg/h   ③ 5937 kg/h   ④ 6847 kg/h

【해설】(2017-2회-91번 기출유사)

• 상당증발량 $w_e = \dfrac{발생증기의\ 보유열량}{539\ kcal/kg} = \dfrac{3.2 \times 10^6\ kcal/h}{539\ kcal/kg}$ = 5936.9 ≒ **5937 kg/h**

88-①   89-②   90-③

91. 노통 연관 보일러의 노통 바깥면과 이에 가장 가까운 연관의 면과는 얼마 이상의 틈새를 두어야 하는가?

① 5 mm ② 10 mm ③ 20 mm ④ 50 mm

【해설】(2015-1회-81번 기출반복) [열설비 강도 설계기준, 노통과 연관의 틈새]
- 노통연관 보일러의 노통의 바깥면(노통에 돌기를 설치하는 경우에는 돌기의 바깥면)과 이것에 가장 가까운 연관의 면 사이에는 50 mm 이상, 노통에 돌기를 설치하는 경우에는 30 mm 이상의 틈새를 두어야 한다.

92. 압력용기를 옥내에 설치하는 경우에 관한 설명으로 옳은 것은?

① 압력용기와 천장과의 거리는 압력용기 본체 상부로부터 1 m 이상이어야 한다.
② 압력용기의 본체와 벽과의 거리는 1 m 이상이어야 한다.
③ 인접한 압력용기와의 거리는 최소 1 m 이상이어야 한다.
④ 유독성 물질을 취급하는 압력용기는 1개 이상의 출입구 및 환기장치가 있어야 한다.

【해설】(2013-2회-89번 기출반복) [압력용기 설치검사기준 46.1.2 옥내설치.]
※ 압력용기를 옥내에 설치하는 경우에는 다음에 따른다.
  (1) 압력용기와 천정과의 거리는 압력용기 본체 상부로부터 1 m 이상이어야 한다.
  (2) 압력용기의 본체와 벽과의 거리는 0.3 m 이상이어야 한다.
  (3) 인접한 압력용기와의 거리는 0.3 m 이상이어야 한다.
     다만, 2개 이상의 압력용기가 한 장치를 이룬 경우에는 예외로 한다.
  (4) 유독성 물질을 취급하는 압력용기는 2개 이상의 출입구 및 환기장치가 되어 있어야 한다.

93. 열의 이동에 대한 설명으로 틀린 것은?

① 전도란 정지하고 있는 물체 속을 열이 이동하는 현상을 말한다.
② 대류란 유동 물체가 고온 부분에서 저온 부분으로 이동하는 현상을 말한다.
③ 복사란 전자파의 에너지 형태로 열이 고온 물체에서 저온 물체로 이동하는 현상을 말한다.
④ 열관류란 유체가 열을 받으면 밀도가 작아져서 부력이 생기기 때문에 상승현상이 일어나는 것을 말한다.

【해설】(2011-1회-92번 기출반복)
❹ 열관류란 고체 벽 내부의 열전도와 그 양측 표면에서의 열전달이 조합된 것을 말한다.
- 열부력이란 유체가 열을 받으면 밀도가 작아져서 부력이 생기기 때문에 상승현상이 일어나는 것을 말한다.

94. 수증기관에 만곡관을 설치하는 주된 목적은?

① 증기관 속의 응결수를 배제하기 위하여
② 열팽창에 의한 관의 팽창작용을 흡수하기 위하여
③ 증기의 통과를 원활히 하고 급수의 양을 조절하기 위하여
④ 강수량의 순환을 좋게 하고 급수량의 조절을 쉽게 하기 위하여

【해설】(2012-2회-88번 기출반복)
- 뜨거운 수증기가 들어있는 증기배관은 열을 받으면 팽창하므로 고압의 경우 10 m에 1개씩, 저압의 경우 20 ~ 30 m에 1개씩, 관의 팽창작용을 흡수하기 위하여 루프(Loop)형 신축 이음인 만곡관(彎曲管)을 설치한다.

95. 보일러의 성능시험시 측정은 매 몇 분마다 실시하여야 하는가?

① 5분   ② 10분   ③ 15분   ④ 20분

【해설】(2009-4회-96번 기출반복)
※ 보일러 열정산 기준은 원칙적으로 정격부하 이상에서 정상상태로 1 ~ 2시간 이상을 연속 가동한 후에 측정하는데 측정시간은 1시간 이상의 운전결과를 이용하며, 보일러의 성능시험 시 **측정은 매 10분마다** 실시하여야 한다.

96. 보일러의 연소가스에 의해 보일러 급수를 예열하는 장치는?

① 절탄기   ② 과열기   ③ 재열기   ④ 복수기

【해설】(2014-2회-87번 기출유사)
- **절탄기**(節炭器, economizer, 이코노마이저)   암기법 : 절수 공예
  보일러 연소 시 배기가스 연도(煙道)에 설치하여 연도의 배기가스 폐열을 회수하여 **급수를 예열**하는 폐열회수장치이다.

97. 보일러 안전사고의 종류가 아닌 것은?

① 노통, 수관, 연관 등의 파열 및 균열
② 보일러 내의 스케일 부착
③ 동체, 노통, 화실의 압궤 및 수관, 연관 등 전열면의 팽출
④ 연도나 노내의 가스폭발, 역화 그 외의 이상연소

【해설】(2014-4회-87번 기출반복)
❷ 보일러 내의 스케일 부착은 열전도율을 감소시켜 보일러 효율을 저하시키는 장해 현상이다.

94-②   95-②   96-①   97-②

98. 보일러 급수처리 방법에서 수중에 녹아 있는 기체 중 탈기기 장치에서 분리, 제거하는 대표적 용존 가스는?

① O_2, CO_2
② SO_2, CO
③ NO_3, CO
④ NO_2, CO_2

【해설】(2007-4회-85번 기출반복)

❶ 탈기기는 급수 중에 녹아 있는 O_2 와 CO_2 등의 용존가스를 분리, 제거하는데 사용된다.

【참고】• 용존산소(O_2) : $4Fe + 3O_2 \rightarrow 2Fe_2O_3$ 의 반응으로 철을 산화시켜 부식을 생기게 한다.
• 탄산가스(CO_2) : $CO_2 + H_2O \rightarrow H_2CO_3$,
  $Fe + 2H_2CO_3 \rightarrow Fe(HCO_3)_2 + H_2$ 의 반응으로 철을 산화시켜 부식을 생기게 한다.

99. 두께 25 mm인 철판의 넓이 1 m²당 전열량이 매시간 2000 kcal가 되려면 양면의 온도차는 얼마여야 하는가? (단, 철판의 열전도율은 50 kcal/m·h·℃ 이다.)

① 1 ℃
② 2 ℃
③ 3 ℃
④ 4 ℃

【해설】(2016-2회-83번 기출유사)   암기법 : 교전온면두

• 전도에 의한 열전달량(Q) 계산 공식은 $Q = \dfrac{\lambda \cdot \Delta t \cdot A}{d}$ 이므로,

$$2000\ kcal/h = \dfrac{50\ kcal/m \cdot h \cdot ℃ \times \Delta t \times 1\ m^2}{0.025\ m}$$

∴ 온도차 Δt = 1 ℃

100. 노통보일러에서 브레이징 스페이스란 무엇을 말하는가?

① 노통과 가셋트 스테이와의 거리
② 관군과 가셋트 스테이 사이의 거리
③ 동체와 노통 사이의 최소거리
④ 가셋트 스테이간의 거리

【해설】(2013-1회-82번 기출반복)

※ 브레이징-스페이스(Breathing space, 완충구역)
  노통보일러의 경판에 부착하는 거싯스테이 하단과 노통 상부 사이의 거리를 말하며, 경판의 일부가 노통의 고열에 의한 신축에 따라 탄성작용을 하는 역할을 한다. 완충폭은 경판의 두께에 따라 달라지며, 최소한 230 mm 이상을 유지하여야 한다.

2019년 제1회 에너지관리기사
(2019.3.3. 시행)

평균점수

제1과목 연소공학

1. 중유의 탄수소비가 증가함에 따른 발열량의 변화는?

① 무관하다.　　　　　　　　② 증가한다.
③ 감소한다.　　　　　　　　④ 초기에는 증가하다가 점차 감소한다.

【해설】(2012-1회-5번 기출반복)

- 석유계 연료의 탄수소비 $\left(\dfrac{C}{H}\right)$가 증가하면 (즉, C가 많아지고 H는 적어지게 되면) 비중이 커지고 **발열량은 감소**하게 된다.
  왜냐하면, 원소의 단위중량당 발열량은 고위발열량을 기준으로 탄소 C (8100 kcal/kg), 수소 H (34000 kcal/kg) 이다. 따라서, 탄소가 수소보다 발열량이 적다.

2. 다음 조성의 액체연료를 완전 연소시키기 위해 필요한 이론공기량은 약 몇 Sm^3/kg 인가?

C : 0.70 kg,	H : 0.10 kg,	O : 0.05 kg
S : 0.05 kg,	N : 0.09 kg,	ash : 0.01 kg

① 8.9　　　　② 11.5　　　　③ 15.7　　　　④ 18.9

【해설】(2014-4회-8번 기출반복)

공기량을 구하려면 연료조성에서 가연성분의 연소에 필요한 이론산소량부터 알아야 한다.

- 이론산소량 $O_0 = 1.867C + 5.6\left(H - \dfrac{O}{8}\right) + 0.7S$ [$Sm^3/kg_{연료}$]

  $= 1.867 \times 0.7 + 5.6 \times \left(0.1 - \dfrac{0.05}{8}\right) + 0.7 \times 0.05$ [$Sm^3/kg_{연료}$]

  $= 1.8669$

- 이론공기량 $A_0 = \dfrac{O_0}{0.21} = \dfrac{1.8669}{0.21} = 8.89 ≒ 8.9$ [$Sm^3/kg_{연료}$]

1-③　2-①

3. 통풍방식 중 평형통풍에 대한 설명으로 틀린 것은?
   ① 통풍력이 커서 소음이 심하다.
   ② 안정한 연소를 유지할 수 있다.
   ③ 노내 정압을 임의로 조절할 수 있다.
   ④ 중형 이상의 보일러에는 사용할 수 없다.

   【해설】(2015-4회-4번 기출반복)
   - 평형통풍은 노 앞의 압입통풍과 연도에 흡입통풍을 병용한 것으로서 노 내 정압을 임의로 조절할 수 있으므로 항상 안정한 연소를 위한 조절이 쉬우며 통풍저항이 큰 중·대형의 보일러에 사용한다.
     단점으로는 통풍력이 커서 소음이 심하며 설비·유지비가 많이 든다.

4. 목탄이나 코크스 등 휘발분이 없는 고체연료에서 일어나는 일반적인 연소형태는?
   ① 표면연소   ② 분해연소   ③ 증발연소   ④ 확산연소

   【해설】(2009-4회-9번 기출반복)
   ※ 연료별 연소방식의 종류.
     1) 고체연료의 연소방식(연소형태)의 종류.   암기법 : 고 자증나내, 표분
       ① 자기연소(또는 내부연소)   암기법 : 내 자기, 피티니?
         - 피크린산, TNT(트리니트로톨루엔), 니트로글리세린 (위험물 제5류)
       ② 증발연소   암기법 : 황나양파 휘발유, 증발사건
         - 고체 : 황, 나프탈렌, 양초, 파라핀.   액체 : 휘발유(가등경중), 알코올, 〈증발〉
       ③ 표면연소(또는 작열연소)   암기법 : 시간표, 수목금코
         - 숯, 목탄, 금속분, 코크스
       ④ 분해연소   암기법 : 아플땐 중고종목 분석해~
         - 아스팔트, 플라스틱, 중유, 고무, 종이, 목재, 석탄(무연탄), 〈분해〉

5. 기체연료가 다른 연료에 비하여 연소용 공기가 적게 소요되는 가장 큰 이유는?
   ① 확산연소가 되므로   ② 인화가 용이하므로
   ③ 열전도도가 크므로   ④ 착화온도가 낮으므로

   【해설】(2014-1회-14번 기출반복)
   - 기체연료의 두드러진 특징인 확산에 의해 공기와의 접촉이 용이하므로 과잉공기가 10 ~ 20 % 정도로 적더라도 완전연소가 가능하다.

   【참고】연료별 연소용 공기비가 큰 순서 : 고체 〉 액체 〉 기체

6. 다음 기체연료 중 고위발열량(MJ/Sm³)이 가장 큰 것은?

① 고로가스　　　② 천연가스
③ 석탄가스　　　④ 수성가스

【해설】(2013-2회-10번 기출반복)　암기법 : 부-P-프로-N, 코-오-석탄-도, 수-전-발-고

※ 단위체적당 총발열량(고위발열량) 비교.

기체연료의 종류	고위발열량 (kcal/Sm³)
부탄	29150
LPG (액화석유가스 = 프로판+부탄)	26000
프로판	22450
LNG (액화천연가스 = 메탄)	11000
코우크스로 가스	5000
오일가스	4700
석탄가스	4500
도시가스	3600 ~ 5000
수성가스	2600
전로가스	2300
발생로가스	1500
고로가스	900

❷ 천연적으로 발생하는 가스인 천연가스(NG)에는 메탄(CH_4)을 주성분으로 하는 유전가스, 탄전가스 등이 있으며 발열량은 비교적 높다.

7. 증기의 성질에 대한 설명으로 틀린 것은?

① 증기의 압력이 높아지면 증발열이 커진다.
② 증기의 압력이 높아지면 비체적이 감소한다.
③ 증기의 압력이 높아지면 엔탈피가 커진다.
④ 증기의 압력이 높아지면 포화온도가 높아진다.

【해설】(2013-4회-15번 기출유사) 몰리에르 선도(P – h 선도)를 그려놓고 이해하면 쉽다.

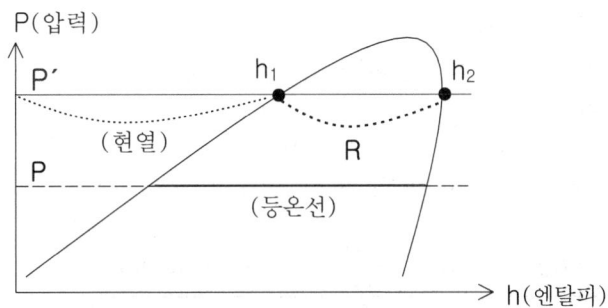

❶ 그림에서 증기의 온도가 높아지면(습증기 구간내에서는 등압선과 일치하므로 P → P'로 이동시키면) 증발열(R)이 작아짐을 확인할 수 있다.

8. 댐퍼를 설치하는 목적으로 가장 거리가 먼 것은?

① 통풍력을 조절한다.
② 가스의 흐름을 조절한다.
③ 가스가 새어나가는 것을 방지한다.
④ 덕트 내 흐르는 공기 등의 양을 조절한다.

【해설】 (2018-4회-6번 기출유사)
❸ 댐퍼의 설치목적은 배가스의 기밀유지와는 상관이 없다.

9. 다음 중 중유의 착화온도(℃)로 가장 적합한 것은?

① 250 ~ 300
② 325 ~ 400
③ 400 ~ 440
④ 530 ~ 580

【해설】 (2017-4회-6번 기출유사)
※ 각종 연료의 착화온도

연료	착화온도(℃)	연료	착화온도(℃)
목재(장작), 갈탄	250 ~ 300	중유	530 ~ 580
목탄	320 ~ 370	수소	580 ~ 600
무연탄	450 ~ 500	메탄	650 ~ 750
프로판	약 500	탄소	약 800

10. 고체 및 액체연료의 발열량을 측정할 때 정압 열량계가 주로 사용된다. 이 열량계 중에 2L의 물이 있는데 5g의 시료를 연소시킨 결과물의 온도가 20℃ 상승하였다. 이 열량계의 열손실율을 10%라고 가정할 때의 발열량은 약 몇 cal/g 인가?

① 4800
② 6800
③ 8800
④ 10800

【해설】 (2012-1회-1번 기출반복)
• 열량계에서 측정한 결과는 고위발열량(Hh)을 나타낸다.

$$Hh = \frac{Q_{열량계} + Q_{열손실}}{M_{시료}} = \frac{c \cdot m \cdot \Delta t + Q_{열손실}}{M_{시료}}$$

$$= \left(\frac{물의 비열 \times 내통수량 \times 상승온도차 + 열손실}{시료량}\right)$$

$$= \frac{1\,cal/g \cdot ℃ \times 2L \times \frac{1000\,g}{1L} \times 20℃ + 4000\,cal}{5\,g}$$

$$= \frac{44000}{5} = 8800\,cal/g$$

11. 다음 중 연료의 발열량을 측정하는 방법으로 가장 거리가 먼 것은?

① 열량계에 의한 방법
② 연소방식에 의한 방법
③ 공업분석에 의한 방법
④ 원소분석에 의한 방법

【해설】(2007-1회-11번 기출유사)
 • 연료의 발열량 측정방법 – 열량계, 원소분석, 공업분석으로 측정한다.
【참고】고체연료의 연소방식 – 미분탄 연소, 화격자 연소, 유동층 연소. 암기법 : 고미화~유

12. 저탄장 바닥의 구배와 실외에서의 탄층높이로 가장 적절한 것은?

① 구배 1/50 ~ 1/100, 높이 2 m 이하
② 구배 1/100 ~ 1/150, 높이 4 m 이하
③ 구배 1/150 ~ 1/200, 높이 2 m 이하
④ 구배 1/200 ~ 1/250, 높이 4 m 이하

【해설】(2014-1회-15번 기출반복)   암기법 : 아니이(2),석탄을 밖에 싸(4)나?
 ※ 석탄의 저장방법.
   ① 자연발화를 방지하기 위하여 탄층 내부온도는 60 ℃ 이하로 유지시킨다.
   ② 자연발화를 억제하기 위하여 탄층의 높이는 옥외 저장시 4 m 이하,
      옥내 저장시 2 m 이하로 가급적 낮게 쌓아야 하며, 산은 약간 평평하게 한다.
   ③ 저탄장 바닥의 경사도(구배)를 1/100 ~ 1/150 로 하여 배수가 양호하도록 한다.
   ④ 30 m²마다 1개소 이상의 통기구를 마련하여 통풍이 잘 되도록 한다.
   ⑤ 신, 구탄을 구별·분리하여 저장한다.
   ⑥ 탄종, 인수시기, 입도별로 구별해서 쌓는다.
   ⑦ 직사광선과 한서를 피하기 위하여 지붕을 만들어야 한다.
   ⑧ 석탄의 풍화현상이 가급적 억제되도록 하여야 한다.

13. 위험성을 나타내는 성질에 관한 설명으로 옳지 않은 것은?

① 착화온도와 위험성은 반비례한다.
② 비등점이 낮으면 인화 위험성이 높아진다.
③ 인화점이 낮은 연료는 대체로 착화온도가 낮다.
④ 물과 혼합하기 쉬운 가연성 액체는 물과의 혼합에 의해 증기압이 높아져 인화점이 낮아진다.

【해설】(2014-1회-4번 기출유사)
 ❹ 물과 혼합하기 쉬운 가연성 액체는 물과의 혼합에 의해 액체의 비중이 커져서 **가연성 증기의 압력이 낮아지므로 인화점은 높아진다.**

14. 보일러의 열효율[η] 계산식으로 옳은 것은?
    (단, h_s : 발생증기의 엔탈피, h_w : 급수의 엔탈피,
    G_a : 발생증기량, G_f : 연료소비량, H_l : 연료의 저위발열량이다.)

    ① $\eta = \dfrac{H_l \times G_f}{(h_s + h_w)G_a}$

    ② $\eta = \dfrac{(h_s - h_w)G_a}{H_l \times G_f}$

    ③ $\eta = \dfrac{(h_s + h_w)G_a}{H_l \times G_f}$

    ④ $\eta = \dfrac{(h_s - h_w)G_a G_f}{H_l}$

【해설】(2014-1회-99번 기출유사)　　　　　　　　암기법 : (효율좋은) 보일러 사저유

❷ 보일러 열효율 $\eta = \dfrac{Q_s}{Q_{in}} = \dfrac{\text{유효출열.(발생증기의 흡수열)}}{\text{총입열량}}$

$= \dfrac{w_2(H_x - H_1)}{m_f \cdot H_\ell}$ = (문제에서 제시된 기호로는) $\dfrac{(h_s - h_w)G_a}{H_l \times G_f}$

15. 질량 기준으로 C 85%, H 12%, S 3%의 조성으로 되어 있는 중유를 공기비 1.1로 연소할 때 건연소가스량은 약 몇 Nm³/kg 인가?

    ① 9.7　　　　　② 10.5　　　　　③ 11.3　　　　　④ 12.1

【해설】(2007-4회-18번 기출반복)

● 이론공기량 $A_0 = \dfrac{O_0}{0.21}$ (Nm³/kg) $= \dfrac{1.867\,C + 5.6\,H + 0.7\,S}{0.21}$

$= \dfrac{1.867 \times 0.85 + 5.6 \times 0.12 + 0.7 \times 0.03}{0.21}$ = 10.8569 Nm³/kg-연료

실제 건연소가스량 G_d = 이론건연소가스량(G_{0d}) + 과잉공기량(A′)
　　　　　　　　　= G_{0d} + (m − 1) A_0
　　　　　한편, G_{0d} = 0.79 A_0 + 생성된 CO_2 + 생성된 SO_2
　　　　　= (m − 0.21) A_0 + 1.867C + 0.7S
　　　　　= (1.1 − 0.21) × 10.8569 + 1.867 × 0.85 + 0.7 × 0.03
　　　　　= 11.2706 ≒ 11.3 Nm³/kg-연료

【참고】※ 위 문제에서 액체연료의 습연소가스량을 계산해 보자.

● 실제 습연소가스량 G_w = G_d + W_g
　　　　한편, W_g는 연료중의 수소가 연소되어 생성된 수증기량이다
　　　　　　W_g = 11.2 H = 11.2 × 0.12 = 1.344 Nm³/kg-연료
　　　　= 11.2706 + 1.344
　　　　= 12.6 Nm³/kg-연료

16. 99% 집진을 요구하는 어느 공장에서 70% 효율을 가진 전처리 장치를 이미 설치하였다. 주처리 장치는 약 몇 %의 효율을 가진 것이어야 하는가?

① 98.7   ② 96.7   ③ 94.7   ④ 92.7

【해설】(2009-2회-6번 기출반복)
- 설비를 추가하여 조합된 집진장치의 종합집진효율(또는, 총집진효율) 계산 공식

$$\eta_t = \eta_1 + \eta_2 - \eta_1 \cdot \eta_2$$
$$0.99 = 0.7 + \eta_2 - 0.7 \times \eta_2$$
$$\therefore \eta_2 = 0.9666 ≒ 96.7\%$$

17. 그림은 어떤 로의 열정산도이다. 발열량이 2000 kcal/Nm³ 인 연료를 이 가열로에서 연소시켰을 때 추출 강재가 함유하는 열량은 약 몇 kcal/Nm³ 인가?

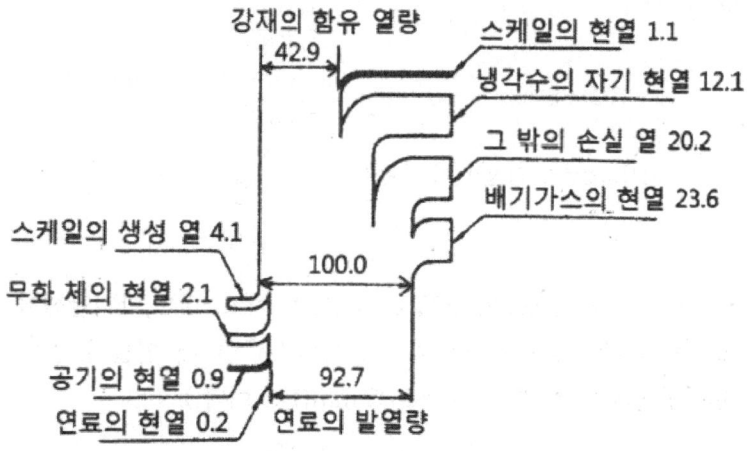

① 259.75   ② 592.25   ③ 867.43   ④ 925.57

【해설】 ※ 열정산의 결과를 숫자로 표시하여 놓고 이것을 그림으로 열의 수지를 한 눈으로 알아볼 수 있도록 나타낸 것을 "열정산도(또는, 열흐름도)" 라고 한다.
여기서, "추출강재의 함열량" 이란 출열항목 중 실제 사용된 열로서 연료사용의 발열에 따른 유효열량에 해당한다.

따라서, $\dfrac{\text{추출강재의 함열량}}{\text{추출강재의 함열량\%}} = \dfrac{\text{연료의 발열량}}{\text{연료의 입열\%}}$

$$\dfrac{x}{42.9\%} = \dfrac{2000\,kcal/Nm^3}{92.7\%}$$

∴ 추출된 강재가 함유하는 열량 x = 925.566 ≒ 925.57 kcal/Nm³

18. 공기와 연료의 혼합기체의 표시에 대한 설명 중 옳은 것은?

① 공기비는 연공비의 역수와 같다.
② 연공비(fuel air ratio)라 함은 가연 혼합기 중의 공기와 연료의 질량비로 정의된다.
③ 공연비(air fuel ratio)라 함은 가연 혼합기 중의 연료와 공기의 질량비로 정의된다.
④ 당량비(equivalence ratio)는 실제연공비와 이론연공비의 비로 정의된다.

【해설】(2010-4회-20번 기출반복)
※ 공기와 연료의 혼합비 표시 방법.
① 공기비는 당량비(등가비)의 역수와 같다. $\left(m = \dfrac{1}{\varphi}\right)$
② 연공비는 연료와 공기의 질량비로 정의된다. $\left(FAR = \dfrac{연료의\ 질량}{공기의\ 질량}\right)$
③ 공연비는 공기와 연료의 질량비로 정의된다. $\left(AFR = \dfrac{공기의\ 질량}{연료의\ 질량}\right)$

❹ 당량비(φ) = $\dfrac{실제\ 반응\ 연공비}{이론반응\ 연공비}$ = $\dfrac{\dfrac{실제반응\ 연료량}{실제반응\ 공기량}}{\dfrac{이론반응\ 연료량}{이론반응\ 공기량}}$

= $\dfrac{이론공기량 \times 실제연료량}{실제공기량 \times 이론연료량}$

여기서, 연료가 일정할 때 당량비 $\varphi = \dfrac{이론공기량}{실제공기량} = \dfrac{1}{m}$ $\left(즉,\ \dfrac{1}{공기비}\right)$

19. 배기가스와 외기의 평균온도가 220 ℃ 와 25 ℃ 이고, 0 ℃, 1기압에서 배기가스와 외기의 밀도는 각각 0.770 kg/m³ 와 1.186 kg/m³ 일 때 연돌의 높이는 약 몇 m 인가? (단, 연돌의 통풍력 Z = 52.85 mmH₂O 이다.)

① 60   ② 80   ③ 100   ④ 120

【해설】(2016-1회-1번 기출유사)
• 외기와 배기가스의 온도, 표준상태(0℃, 1기압)에서의 밀도(비중량)이 각각 제시된 경우, 외기와 배기가스의 온도차 및 밀도(비중량)차에 의한 계산은 다음의 공식으로 구한다.
• 이론통풍력 $Z\ [\text{mmH}_2\text{O}] = 273 \times h\ [m] \times \left(\dfrac{\gamma_a}{273 + t_a} - \dfrac{\gamma_g}{273 + t_g}\right)$

여기서, 비중량 $\gamma = \rho \cdot g$ 의 단위를 [kgf/m³] 또는 [kg/m³]으로 표현한다.

$52.85\ \text{kgf/m}^2 = 273 \times h \times \left(\dfrac{1.186}{273 + 25} - \dfrac{0.77}{273 + 220}\right)$ kgf/m³

∴ 연돌의 높이 h = 80.06 ≒ 80 m

참고로, 통풍압력(통풍력, 통풍압)의 단위 관계는 : mmH₂O = mmAq = kgf/m² 이다.

20. 석탄에 함유되어 있는 성분 중 ㉮ 수분, ㉯ 휘발분, ㉰ 황분이 연소에 미치는 영향으로 가장 적합하게 각각 나열한 것은?

① ㉮ 발열량 감소 ㉯ 연소 시 긴 불꽃 생성 ㉰ 연소기관의 부식
② ㉮ 매연발생 ㉯ 대기오염 감소 ㉰ 착화 및 연소방해
③ ㉮ 연소방해 ㉯ 발열량 감소 ㉰ 매연발생
④ ㉮ 매연발생 ㉯ 발열량 감소 ㉰ 점화방해

【해설】 (2014-1회-19번 기출유사)
※ 연료 중에 각 성분이 연소에 끼치는 영향.
㉮ 수분은 증발잠열을 흡수하여 발열량을 감소시키므로 열손실을 초래한다.
㉯ 휘발분은 연소 시 긴 불꽃을 생성하며, 불완전연소일 때는 매연을 발생한다.
㉰ 황분은 연소기관의 저온부에 부식을 일으키는 원인이 된다.
㉱ 회분은 석탄을 완전연소시키고 남은 찌꺼기로서 열에너지가 없는 불순물로 취급한다.
㉲ 고체연료의 유효한 에너지 성분으로는 고정탄소와 휘발분을 더한 것을 주로 의미한다.

제2과목　　열역학

21. 물체의 온도변화 없이 상(phase, 相) 변화를 일으키는데 필요한 열량은?

① 비열　　② 점화열　　③ 잠열　　④ 반응열

【해설】 • 물체의 상태변화 없이 온도변화만을 일으키는데 필요한 열량은 현열(顯熱)이라고 하며, 물체의 온도변화 없이 상태변화만을 일으키는데 필요한 열량을 잠열(潛熱)이라고 한다. 또한, 현열과 잠열을 합친 총열량을 전열(全熱)이라고 부른다.

22. 열역학 2법칙과 관련하여 가역 또는 비가역 사이클 과정 중 항상 성립하는 것은? (단, Q는 시스템에 출입하는 열량이고, T는 절대온도이다.)

① $\oint \dfrac{\delta Q}{T} = 0$　② $\oint \dfrac{\delta Q}{T} > 0$　③ $\oint \dfrac{\delta Q}{T} \geq 0$　④ $\oint \dfrac{\delta Q}{T} \leq 0$

【해설】 (2009-1회-39번 기출유사)
※ 클라우지우스(Clausius)적분의 열역학 제2법칙 표현 : $\oint \dfrac{\delta Q}{T} \leq 0$ 에서,
• 가역 과정일 경우 : $\oint_{가역} \dfrac{\delta Q}{T} = 0$
• 비가역 과정일 경우 : $\oint_{비가역} \dfrac{\delta Q}{T} < 0$ 으로 표현한다.

23. 어느 밀폐계와 주위 사이에 열의 출입이 있다. 이것으로 인한 계와 주위의 엔트로피의 변화량을 각각 ΔS_1, ΔS_2 로 하면 엔트로피 증가의 원리를 나타내는 식으로 옳은 것은?

① $\Delta S_1 > 0$
② $\Delta S_2 > 0$
③ $\Delta S_1 + \Delta S_2 > 0$
④ $\Delta S_1 - \Delta S_2 > 0$

【해설】 (2014-1회-37번 기출반복)
❸ 우주의 모든 현상에서 가역조건을 모두 만족하는 이상적(理想的)인 과정은 실제로 존재하지 않는다. 대부분은 비가역변화($\Delta S > 0$)에 속한다고 볼 수 있으므로, 우주의 모든 현상은 총 엔트로피가 증가하는 방향으로 진행된다는 것을 "엔트로피 증가의 원리"라 한다.
• 총 엔트로피 변화량 $\Delta S_{총} = \Delta S_1 + \Delta S_2 > 0$

24. 100 kPa의 포화액이 펌프를 통과하여 1000 kPa까지 단열압축된다. 이 때 필요한 펌프의 단위 질량당 일은 약 몇 kJ/kg 인가?
(단, 포화액의 비체적은 $0.001 \, m^3/kg$ 으로 일정하다.)

① 0.9
② 1.0
③ 900
④ 1000

【해설】 • 단열압축에 필요한 공업일(W_t) = $-\int_1^2 V \cdot dP$ 에서 포화액은 비압축성이므로

$= -V \int_1^2 dP = -V \times [P]_1^2 = -V(P_2 - P_1)$

$= -0.001 \, m^3/kg \times (1000 - 100) kPa$

$= -0.9 \, m^3/kg \times kN/m^2$

$= -0.9 \, kNm/kg = -0.9 \, kJ/kg$

25. 어떤 열기관이 역카르노 사이클로 운전하는 열펌프와 냉동기로 작동될 수 있다. 동일한 고온열원과 저온열원 사이에서 작동될 때, 열펌프와 냉동기의 성능계수 (COP)는 다음과 같은 관계식으로 표시될 수 있는데, (   ) 안에 알맞은 값은?

$$COP_{열펌프} = COP_{냉동기} + (\quad)$$

① 0
② 1
③ 1.5
④ 2

【해설】 (2014-1회-25번 기출반복)   에너지보존법칙에 의하여 $Q_1 = Q_2 + W$ 이므로,
• 냉동기의 성능계수 $COP_{(R)} = \dfrac{Q_2}{W}$ (여기서, Q_1 : 방출열량, Q_2 : 흡수열량)
• 열펌프의 성능계수 $COP_{(H)} = \dfrac{Q_1}{W} = \dfrac{Q_2 + W}{W} = \dfrac{Q_2}{W} + 1 = COP_{(R)} + 1$

26. -50 ℃의 탄산가스가 있다. 이 가스가 정압과정으로 0 ℃가 되었을 때 변경 후의 체적은 변경 전의 체적 대비 약 몇 배가 되는가?
(단, 탄산가스는 이상기체로 간주한다.)

① 1.094 배 ② 1.224 배 ③ 1.375 배 ④ 1.512 배

【해설】(2015-1회-40번 기출유사)
- 정압가열에 의한 체적팽창이 되므로, 보일-샤를의 법칙을 이용하면
$\dfrac{P_1 V_1}{T_1} = \dfrac{P_2 V_2}{T_2}$ 에서 정압과정은 $P_1 = P_2$ 이므로,

$\dfrac{V_2}{V_1} = \dfrac{T_2}{T_1} = \dfrac{(273 + 0)K}{(273 - 50)K} = 1.2242 ≒ $ **1.224 배**

27. 다음 중 랭킨 사이클의 과정을 옳게 나열한 것은?

① 단열압축 → 정적가열 → 단열팽창 → 정압냉각
② 단열압축 → 정압가열 → 단열팽창 → 정적냉각
③ 단열압축 → 정압가열 → 단열팽창 → 정압냉각
④ 단열압축 → 정적가열 → 단열팽창 → 정적냉각

【해설】(2017-2회-36번 기출반복)
- **랭킨** 합단~합단 (정압-단열-정압-단열)   암기법 : 링컨 가랭이, 가!~단합해

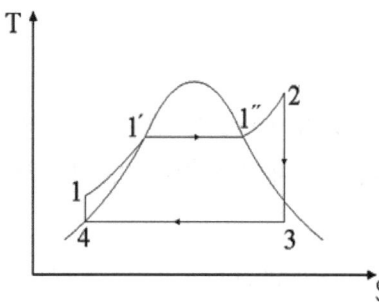

4→1 : 펌프 단열압축에 의해 공급해준 일
1→1' : 보일러에서 정압가열.(포화수)
1'→1" : 보일러에서 가열.(건포화증기)
1"→2 : 과열기에서 정압가열.(과열증기)
2→3 : 터빈에서의 단열팽창.(습증기)
3→4 : 복수기에서 정압방열냉각.(포화수)

28. 물 1 kg 이 100 ℃의 포화액 상태로부터 동일 압력에서 100 ℃의 건포화증기로 증발할 때까지 2280 kJ 을 흡수하였다. 이 때 엔트로피의 증가는 약 몇 kJ/K 인가?

① 6.1 ② 12.3 ③ 18.4 ④ 25.6

【해설】(2015-1회-27번 기출유사)
- 엔트로피의 정의 $dS = \dfrac{dQ}{T} = \dfrac{2280 \, kJ}{(273 + 100)K} = 6.11 ≒ $ **6.1 kJ/K**

29. 냉동사이클에서 냉매의 구비조건으로 가장 거리가 먼 것은?

① 임계온도가 높을 것
② 증발열이 클 것
③ 인화 및 폭발의 위험성이 낮을 것
④ 저온, 저압에서 응축이 잘 되지 않을 것

【해설】(2015-2회-29번 기출반복)

※ 냉매의 구비조건.

암기법 : 냉전증인임↑
암기법 : 압점표값과 비(비비)는 내린다↓

① 전열이 양호할 것.(전열이 양호한 순서 : NH_3 〉 H_2O 〉 Freon 〉 Air)
② 증발잠열이 클 것.(1 RT당 냉매순환량이 적어지므로 냉동효과가 증가된다.)
③ 인화점이 높을 것.(폭발성이 적어서 안정하다.)
④ 임계온도가 높을 것.(상온에서 비교적 저압으로도 **응축이 용이할 것**.)
⑤ 상용압력범위가 낮을 것.
⑥ 점성도와 표면장력이 작아 순환동력이 적을 것.
⑦ 값이 싸고 구입이 쉬울 것.
⑧ 비체적이 작을 것.
   (한편, 비중량이 크면 동일 냉매순환량에 대한 관경이 가늘어도 됨)
⑨ 비열비가 작을 것.
   (비열비가 작을수록 압축후의 토출가스 온도 상승이 적다)
⑩ 비등점이 낮을 것.
⑪ 금속 및 패킹재료에 대한 부식성이 적을 것.
⑫ 환경 친화적일 것.
⑬ 독성이 적을 것.

30. 압력이 1.2 MPa이고 건도가 0.65인 습증기 10 m³의 질량은 약 몇 kg인가? (단, 1.2 MPa에서 포화액과 포화증기의 비체적은 각각 0.0011373 m³/kg, 0.1662 m³/kg 이다.)

① 87.83   ② 92.23   ③ 95.11   ④ 99.45

【해설】(2009-2회-24번 기출유사)

- 밀도 $\rho = \dfrac{m}{V}\left(\dfrac{질량}{체적}\right) = \dfrac{1}{v}\left(\dfrac{1}{비체적}\right)$ 에서,

  습증기의 질량 $m = V \times \dfrac{1}{v_x}$

  한편, 습증기의 건도에 따른 비체적 $v_x = v_1 + x(v_2 - v_1)$

  $= 10 \, m^3 \times \dfrac{1}{0.0011373 + 0.65 \times (0.1662 - 0.0011373)}$

  $= 92.227 ≒ $ **92.23 kg**

31. 랭킨사이클의 열효율 증대 방안으로 가장 거리가 먼 것은?

① 복수기의 압력을 낮춘다.   ② 과열 증기의 온도를 높인다.
③ 보일러의 압력을 상승시킨다.   ④ 응축기의 온도를 높인다.

【해설】(2017-4회-29번 기출유사)

- 랭킨사이클의 이론적 열효율 공식. (여기서 1 : 급수펌프 입구를 기준으로 하였음)

$$\eta = \frac{W_{net}}{Q_1} = \frac{Q_1 - Q_2}{Q_1} = 1 - \frac{Q_2}{Q_1}$$ 에서,

보일러의 가열에 의하여 발생증기의 **초온, 초압**(터빈 입구의 온도, 압력)이 **높을수록**
일에 해당하는 T-S선도의 면적이 커지므로 열효율이 증가하고,
배압(응축기 또는, 복수기 압력)이 **낮을수록** 방출열량이 적어지므로 **열효율이 증가한다**.

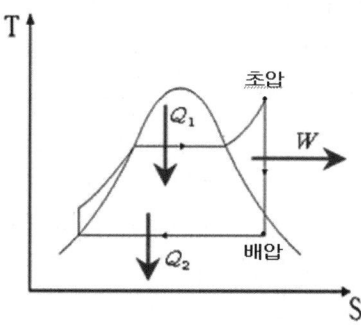

❹ T-S 선도에서 응축기의 온도를 높이면 면적(W_{net})이 작아지므로 열효율은 감소한다.

32. 비열비가 1.41인 이상기체가 1 MPa, 500 L에서 가역단열과정으로 120 kPa로 변할 때 이 과정에서 한 일은 약 몇 kJ 인가?

① 561   ② 625   ③ 715   ④ 825

【해설】(2008-2회-32번 기출유사)

- 단열팽창 과정에서 계가 외부에 한 일(절대일)의 공식유도는 이론교재를 활용하기 바람.

$$\text{절대일 } {}_1W_2 = \frac{1}{k-1}(P_1V_1 - P_2V_2)$$

$$= \frac{P_1V_1}{k-1}\left[1 - \frac{P_2}{P_1} \times \left(\frac{P_1}{P_2}\right)^{\frac{1}{k}}\right]$$

$$= \frac{P_1V_1}{k-1}\left[1 - \left(\frac{P_2}{P_1}\right)^{\frac{k-1}{k}}\right]$$

$$= \frac{1000 \times 0.5}{1.41 - 1}\left[1 - \left(\frac{120}{1000}\right)^{\frac{1.41-1}{1.41}}\right] = 561.20 \text{ kJ} ≒ 561 \text{ kJ}$$

33. 이상기체에서 정적비열(Cv)과 정압비열(Cp)의 관계를 나타낸 것으로 옳은 것은?
(단, R은 기체상수이고, k는 비열비이다.)

① Cv = k × Cp   ② Cv = $\frac{1}{2}$ × Cp

③ Cv = Cp + R   ④ Cv = Cp − R

【해설】(2014-1회-23번 기출유사)
- 정적비열(Cv) : 부피(체적)를 일정하게 유지하면서 물질 1 kg의 온도를 1 K (또는, 1℃) 높이는데 필요한 열량.
- 정압비열(Cp) : 압력을 일정하게 유지하면서 물질 1 kg의 온도를 1 K (또는, 1℃) 높이는데 필요한 열량.

열역학 제1법칙(에너지보존) dQ = dU + P·dV 이고,
정압하에서 공급해 준 열량 dQ = dH − V·dP = dH = Cp·dT 이므로

∴ Cp = $\frac{dQ}{dT}$ = $\frac{dU + P \cdot dV}{dT}$ = $\frac{dU}{dT}$ + P · $\frac{dV}{dT}$

한편, 이상기체의 상태방정식 PV = RT에서
온도를 dT 높일 때 체적이 dV 로 증가된다면
P·dV = R·dT 에서, 기체상수 R = P · $\frac{dV}{dT}$

= $\frac{dU}{dT}$ + R

= Cv + R

∴ Cp − Cv = R
    Cv = Cp − R 의 관계가 성립한다.

【참고】• 기체의 비열비 (또는, 단열지수 k)
기체의 정압비열(Cp)은 기체가 팽창하는데 외부에 일을 하게 되므로 이에 필요한 에너지가 더 소요되어 항상 정적비열 Cv 보다 R 만큼 더 크다.

k = $\frac{C_P}{C_V}$ = $\frac{C_V + R}{C_V}$ = 1 + $\frac{R}{C_V}$

따라서, 비열비(k)의 값은 항상 1보다 크고 분자의 구조가 복잡할수록 정적비열은 커지고 비열비는 작아진다.

34. 40 m³의 실내에 있는 공기의 질량은 몇 kg 인가? (단, 공기의 압력은 100 kPa, 온도는 27℃이며, 공기의 기체상수는 0.287 kJ/(kg·K) 이다.)

① 93   ② 46   ③ 10   ④ 2

【해설】(2013-1회-38번 기출반복)
- 상태방정식 PV = mRT (여기서, R : 해당기체의 기체상수)

∴ 질량 m = $\frac{PV}{RT}$ = $\frac{100\,kPa \times 40\,m^3}{0.287\,kJ/kg \cdot K \times (273 + 27)K}$ = 46.45 ≒ 46 kg

35. 냉동용량 6 RT(냉동톤)인 냉동기의 성능계수가 2.4 이다. 이 냉동기를 작동하는데 필요한 동력은 약 몇 kW 인가? (단, 1 RT(냉동톤)은 3.86 kW 이다.)

① 3.33 ② 5.74 ③ 9.65 ④ 18.42

【해설】(2013-4회-30번 기출유사)

- 냉동기의 성능계수 COP = $\dfrac{Q_2 (냉동용량)}{W (소요동력)}$

$$2.4 = \dfrac{6\,RT}{W} = \dfrac{6\,RT \times \dfrac{3.86\,kW}{1\,RT}}{W}$$

∴ 소요동력(W) = 9.65 kW

36. 자동차 타이어의 초기온도와 압력은 각각 15 ℃, 150 kPa 이었다. 이 타이어에 공기를 주입하여 타이어 안의 온도가 30 ℃ 가 되었다고 하면 타이어의 압력은 약 몇 kPa 인가?

(단, 타이어 내의 부피는 0.1 m³ 이고, 부피변화는 없다고 가정한다.)

① 158 ② 177 ③ 211 ④ 233

【해설】(2013-4회-31번 기출유사)

- 보일-샤를의 법칙 $\dfrac{P_1 V_1}{T_1} = \dfrac{P_2 V_2}{T_2}$ 에서, 정적변화($V_1 = V_2$)이므로

$$\dfrac{P_1}{T_1} = \dfrac{P_2}{T_2}$$

$$\dfrac{150\,kPa}{(273+15)K} = \dfrac{P_2}{(273+30)K}$$

∴ 나중압력 P_2 = 157.8 ≒ 158 kPa

37. 디젤 사이클에서 압축비는 16, 기체의 비열비는 1.4, 체절비(또는, 분사 단절비)는 2.5 라고 할 때 이 사이클의 효율은 약 몇 % 인가?

① 59 % ② 62 % ③ 65 % ④ 68 %

【해설】(2017-4회-35번 기출유사)

압축비 ϵ = 16, 체절비(단절비, 차단비) σ = 2.5, 비열비 k = 1.4 일 때

- 디젤사이클의 열효율 공식 $\eta = 1 - \left(\dfrac{1}{\epsilon}\right)^{k-1} \times \dfrac{\sigma^k - 1}{k(\sigma - 1)}$

$$= 1 - \left(\dfrac{1}{16}\right)^{1.4-1} \times \dfrac{2.5^{1.4} - 1}{1.4(2.5 - 1)}$$

$$= 0.5905 = 59.05\,\% ≒ 59\,\%$$

35-③ 36-① 37-①

38. 노즐에서 가역단열 팽창하여 분출하는 이상기체가 있다고 할 때 노즐 출구에서의 유속에 대한 관계식으로 옳은 것은?

(단, 노즐입구에서의 유속은 무시할 수 있을 정도로 작다고 가정하고, 노즐 입구의 단위질량당 엔탈피는 h_i, 노즐 출구의 단위질량당 엔탈피는 h_o 이다.)

① $\sqrt{h_i - h_o}$
② $\sqrt{h_o - h_i}$
③ $\sqrt{2(h_i - h_o)}$
④ $\sqrt{2(h_o - h_i)}$

【해설】(2010-2회-28번 기출유사)
- 에너지보존법칙에 따라 **열**에너지가 운동에너지로 전환되는 노즐출구에서의 단열팽창과정으로 간단히 풀자.

$$Q = \Delta E_k$$
$$m \cdot \Delta H = \frac{1}{2}mv^2$$ 여기서, ΔH : 노즐 입·출구의 엔탈피차($h_i - h_o$)

∴ 출구 유속 $v = \sqrt{2 \times \Delta H}$
$= \sqrt{2(h_i - h_o)}$

---

39. 다음 중 가스터빈의 사이클로 가장 많이 사용되는 사이클은?

① 오토 사이클
② 디젤 사이클
③ 랭킨 사이클
④ 브레이턴 사이클

【해설】(2009-1회-25번 기출반복)
- 내연기관의 사이클 : 오토 사이클, 디젤 사이클, 사바테 사이클.
- 가스터빈의 사이클 : **브레이턴 사이클**, 에릭슨 사이클, 스털링 사이클.

【참고】사이클(cycle) 과정은 반드시 암기하고 있어야 한다.

암기법 : 단적단적한.. 내, 오디사 가(부러),예스 랭!
↳내연기관. ↳외연기관

오	단적~단적	오토 (단열-등적-단열-등적)
디	단합~ 〃	디젤 (단열-등압-단열-등적)
사	단적합 〃	사바테 (단열-등적-등압-단열-등적)
가(부)	단합~단합.	가스터빈(부레이턴) (단열-등압-단열-등압)	암기법 : 가!~단합해
예	온합~온합	에릭슨 (등온-등압-등온-등압)	암기법 : .예혼합.
스	온적~온적	스털링 (등온-등적-등온-등적)	암기법 : 스탈린 온적있니?
랭킨	합단~합단	랭킨 (등압-단열-등압-단열)	암기법 : 링컨 가랭이,
↳증기 원동소의 기본 사이클.

40. 다음 중 용량성 상태량(extensive property)에 해당하는 것은?

① 엔탈피 ② 비체적 ③ 압력 ④ 절대온도

【해설】(2015-2회-38번 기출유사)　　　　　　　　　암기법 : 인(in)세 강도
  ❶ 용량성(또는, 크기) 상태량은 질량에 관계되는 성질이므로 질량이 변하면 그 상태량이 변한다.

【참고】 모든 물리량은 질량에 관계되는 크기(또는, 시량적, **용량적**) 성질(extensive property)과 질량에는 무관한 세기(또는, 시강적, 강도성) 성질(intensive property) 로 나눌 수 있다.
  ● 크기(용량성) 성질 - 질량, 부피(체적), 일, 내부에너지, **엔탈피**, 엔트로피 등으로 사칙연산이 가능하다.
  ● 세기(강도성) 성질 - 온도, **압력**, 밀도, **비체적**, 농도, 비열, 열전달률 등으로 사칙연산이 불가능하다.

제3과목　　계측방법

41. 단요소식 수위제어에 대한 설명으로 옳은 것은?

① 발전용 고압 대용량 보일러의 수위제어에 사용되는 방식이다.
② 보일러의 수위만을 검출하여 급수량을 조절하는 방식이다.
③ 부하변동에 의한 수위변화 폭이 대단히 적다.
④ 수위조절기의 제어동작은 PID동작이다.

【해설】(2013-1회-43번 기출반복)
  ※ 보일러의 수위제어 방식에는 다음과 같은 3가지가 있다.
    ㉠ 1 요소식(단요소식) : **수위만을 검출하여 급수량을 조절**하는 방식.
    ㉡ 2 요소식 : 수위, 증기유량을 검출하여 급수량을 조절하는 방식.
    ㉢ 3 요소식 : 수위, 증기유량, 급수유량을 검출하여 급수량을 조절하는 방식.

42. 지름이 10 cm 되는 관속을 흐르는 유체의 유속이 16 m/s 이었다면 유량은 약 몇 m³/s 인가?

① 0.125 ② 0.525 ③ 1.605 ④ 1.725

【해설】(2016-4회-55번 기출유사)
  ● 체적유량 공식 $Q = A \cdot v = \pi r^2 \cdot v = \dfrac{\pi D^2}{4} \times v$
  $= \dfrac{\pi \times (0.1\,m)^2}{4} \times 16\,m/s ≒ 0.125\ m^3/s$

43. 다음 중 액면측정 방법이 아닌 것은?

① 액압측정식   ② 정전용량식   ③ 박막식   ④ 부자식

【해설】(2018-1회-48번 기출유사)

❸ 박막(薄膜式)은 액면계가 아니고 **압력계**의 일종으로서 직접 지시계를 읽는 방식이다.

【참고】※ 측정방식에 따른 **액면계의 종류**   암기법 : 직접 유리 부검

분류	측정방식	측정의 원리	종류
직접법	직관식 (유리관식)	액면의 높이가 유리관에도 나타나므로 육안으로 높이를 읽는다	원형유리 평형반사식 평형투시식 2색 수면계
	부자식 (플로트식)	액면에 띄운 부자의 위치를 이용하여 액위를 측정	
	검척식	검척봉으로 직접 액위를 측정	후크 게이지 포인트 게이지
간접법	압력식 (**액압측정식**)	액면의 높이에 따른 압력을 측정하여 액위를 측정	기포식(퍼지식) 다이어프램식
	차압식	기준수위에서의 압력과 측정액면에서의 차압을 이용하여 밀폐용기 내의 액위를 측정	U자관식 액면계 변위 평형식 액면계 햄프슨식 액면계
	편위식	플로트가 잠기는 아르키메데스의 부력 원리를 이용하여 액위를 측정	고정 튜브식 토크 튜브식 슬립 튜브식
	초음파식 (음향식)	탱크 밑에서 초음파를 발사하여 반사시간을 측정하여 액위를 측정	액상 전파형 기상 전파형
	정전용량식	정전용량 검출소자를 비전도성 액체 중에 넣어 측정	
	방사선식 (γ선식)	방사선 세기의 변화를 측정	조사식 투과식 가반식
	저항 전극식 (전극식)	전극을 전도성 액체 내부에 설치하여 측정	

44. 다음 중 직접식 액위계에 해당하는 것은?

① 정전용량식   ② 초음파식   ③ 플로트식   ④ 방사선식

【해설】(2015-2회-44번 기출반복)

- 부자식(또는, 플로트식) 액면계는 플로트(Float, 부자)를 액면에 직접 띄워서 상·하의 움직임에 따라 측정하는 방식이다.

【참고】※ 액면계의 관측방법에 따른 분류.   암기법 : 직접 유리 부검
- **직접법** : 유리관식(평형반사식 포함), **부자식**(플로트식), 검척식
- **간접법** : 압력식(차압식, 액저압식, 퍼지식), 기포식, 저항전극식, 초음파식(음향식), 방사선식, 정전용량식

45. 측정하고자 하는 액면을 직접 자로 측정, 자의 눈금을 읽음으로서 액면을 측정하는 방법의 액면계는?

① 검척식 액면계
② 기포식 액면계
③ 직관식 액면계
④ 플로트식 액면계

【해설】(2014-4회-43번 기출반복)
- **직관식** : 육안으로 액면계에 표시된 눈금을 직접 읽는다.
- **검척식** : 액면의 높이를 눈금자로 측정하여 자의 눈금을 직접 읽는다.
- **플로트식(또는, 부자식)** : 플로트(Float, 부자)를 액면에 띄워서 상·하의 움직임에 따라 표시하는 눈금을 직접 읽는다.
- **유리관식** : 유리나 플라스틱의 투명한 세관을 탱크의 측면에 부착하여 탱크 속의 액면 변화를 세관에 표시된 눈금을 직접 읽는다.
- **기포식** : 탱크 속에 기포관을 삽입하고 압축공기를 보내어 탱크 속에 기포를 일으켜 압축공기의 유량에 의한 압력으로 액위를 측정하는 간접식의 액면계이다.

46. 서미스터(Thermistor)의 특징이 아닌 것은?

① 소형이며 응답이 빠르다.
② 온도계수가 금속에 비하여 매우 작다.
③ 흡습 등에 의하여 열화 되기 쉽다.
④ 전기저항체 온도계이다.

【해설】(2014-2회-42번 기출유사)
※ (전기)저항식 온도계 중 서미스터 온도계의 특징.
① 측온부를 작게 제작할 수 있으므로 좁은 장소에도 설치가 가능하여 편리하다.
❷ 저항온도계수(α)가 금속에 비하여 크다.(써미스터 > 니켈 > 구리 > 백금)
③ 흡습 등으로 열화 되기 쉬우므로, 재현성이 좋지 않다.
④ 전기저항이 온도에 따라 크게 변하는 반도체이므로 응답이 빠르다.
⑤ 일반적인 저항의 성질과는 달리 반도체인 서미스터는 온도가 높아질수록 저항이 오히려 감소하는 부특성(負特性)을 지닌다.(절대온도의 제곱에 반비례한다.)

47. 응답이 빠르고 강도가 높으며, 도선저항에 의한 오차를 작게 할 수 있으나, 재현성이 없고 흡습 등으로 열화 되기 쉬운 특징을 가진 온도계는?

① 광고온계
② 열전대 온도계
③ 서미스터 저항체 온도계
④ 금속 측온 저항체 온도계

【해설】(2015-1회-47번 기출반복)
❸ 저항식 온도계 중 서미스터 온도계는 흡습 등으로 열화 되기 쉬우므로 특성을 고르게 얻기 어려우므로 재현성이 좋지 않다.

48. 다이어프램식 압력계의 압력증가 현상에 대한 설명으로 옳은 것은?

① 다이어프램에 가해진 압력에 의해 격막이 팽창한다.
② 링크가 아래 방향으로 회전한다.
③ 섹터기어가 시계방향으로 회전한다.
④ 피니언은 시계방향으로 회전한다.

【해설】 (2012-4회-55번 기출반복)

※ 다이어프램(diaphragm, 격막·칸막이) 압력계의 구조.

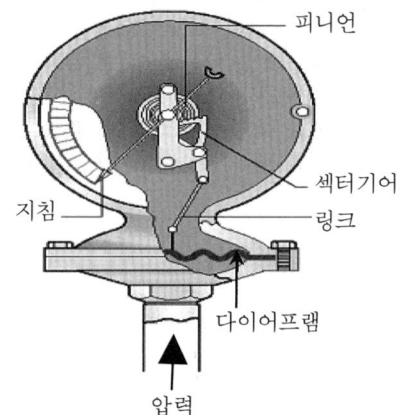

※ 압력이 증가할 경우 부속장치의 운동방향.
① 다이어프램에 가해진 압력에 의해 **격막의 변위가 일어난다.**
② 링크가 **위쪽 방향**으로 회전한다.
③ 섹터기어가 **반시계방향**으로 회전한다.
④ 피니언은 **시계방향**으로 회전한다.

49. 램, 실린더, 기름탱크, 가압펌프 등으로 구성되어 있으며 탄성식 압력계의 기준기로 사용되는 것은?

① 환상스프링식 압력계   ② 부르동관식 압력계
③ 액주형 압력계   ④ 분동식 압력계

【해설】 (2017-2회-43번 기출유사)

• 램, 실린더, 기름탱크, 가압펌프 등으로 구성되어 있는 **분동식 표준 압력계**는 분동에 의해 압력을 측정하는 형식으로, 탄성식 압력계의 일반 교정용 및 피검정 압력계의 검사(시험)를 행하는데 주로 이용된다.

50. 다음 중 사용온도 범위가 넓어 저항온도계의 저항체로서 가장 우수한 재질은?

① 백금   ② 니켈   ③ 동   ④ 철

【해설】 (2015-1회-41번 기출반복)

• (전기)저항식 온도계 중에서 **백금** 측온 저항체는 측정온도 범위(-200 ~ 500 ℃)가 넓고 안정성과 재현성이 우수하며, 고온에서 열화가 적은 가장 우수한 재질로서 저항온도계수는 비교적 작다.

51. 전자유량계로 유량을 측정하기 위해서 직접 계측하는 것은?

① 유체에 생기는 과전류에 의한 온도 상승
② 유체에 생기는 압력 상승
③ 유체 내에 생기는 와류
④ 유체에 생기는 기전력

【해설】(2009-1회-46번 기출반복)
- **전자식 유량계**는 파이프 내에 흐르는 도전성의 유체에 직각방향으로 자기장을 형성시켜 주면 패러데이(Faraday)의 전자기유도 법칙에 의해 발생되는 **유도기전력(E)**으로 유량을 측정한다. (패러데이 법칙 : $E = Blv$)
따라서, 도전성 액체의 유량측정에만 쓰인다.
유로에 장애물이 없으므로 다른 유량계와는 달리 압력손실이 거의 없으며,
이물질의 부착 및 침식의 염려가 없으므로 높은 내식성을 유지할 수 있으며,
슬러지가 들어있거나 고점도 유체에 대하여도 측정이 가능하다.
또한, 검출의 시간지연이 없으므로 응답이 매우 빠른 특징이 있으며, 미소한 측정전압에 대하여 고성능 증폭기를 필요로 한다.

52. 유로에 고정된 교축기구를 두어 그 전후의 압력차를 측정하여 유량을 구하는 유량계의 형식이 아닌 것은?

① 벤투리미터
② 플로우 노즐(Flow nozzle, 유량노즐)
③ 로터미터
④ 오리피스

【해설】(2007-1회-47번 기출반복)
- 간접 측정방식의 **차압식**(교축) **유량계** : 오리피스식, 플로우노즐식, 벤츄리식이 있다.
❸ 로터미터는 차압식 유량계와는 달리 교축기구 차압을 일정하게 유지하고 교축기구의 면적을 변화시켜서 유량을 측정하는 플로트형의 **면적식 유량계**이다.

53. 조절계의 제어작동 중 제어편차에 비례한 제어 동작은 잔류편차(offset)가 생기는 결점이 있는데, 이 잔류편차를 없애기 위한 제어동작은?

① 비례동작
② 미분동작
③ 2위치동작
④ 적분동작

【해설】(2017-1회-41번 기출유사)   암기법 : 아이(I) 편
- P 동작(비례동작)은 잔류편차를 남기므로 단독으로는 사용하지 않고 다른 동작과 조합하여 사용된다.
- I 동작(적분동작)은 잔류편차(off-set)를 제거하기 위한 제어동작이다..

51-④   52-③   53-④

54. 오차와 관련된 설명으로 틀린 것은?

① 흩어짐이 큰 측정을 정밀하다고 한다.
② 오차가 적은 계량기는 정확도가 높다.
③ 계측기가 가지고 있는 고유의 오차를 기차(器差)라고 한다.
④ 눈금을 읽을 때 시선의 방향에 따른 오차를 시차라고 한다.

【해설】(2015-4회-59번 기출반복)
- 정밀도 : 동일한 계측기기로 같은 양을 몇 번이고 반복하여 측정하면 측정값은 흩어진다.
  흩어짐이 작은 측정을 정밀하다고 하며, 흩어짐이 작은 정도를 정밀도(Precision)라고 한다.
- 정확도 : 동일한 조건하에서 무수히 많은 횟수의 측정을 하여 그 측정값을 평균해보아도 참값에는 일치하지 않는다. 이 평균값과 참값과의 차를 오차라 하고,
  오차가 적은 측정을 **정확하다고** 하며, 오차가 작은 정도를 정확도(Accuracy)라고 한다.

55. 고온물체로부터 방사되는 특정파장을 온도계 속으로 통과시켜 온도계 내의 전구 필라멘트의 휘도를 육안으로 직접 비교하여 온도를 측정하는 것은?

① 열전온도계   ② 광고온계
③ 색온도계   ④ 방사온도계

【해설】(2013-1회-42번 기출유사)
※ 광고온계(또는, 광고온도계)의 특징.
① 700 ℃를 초과하는 고온의 물체에서 방사되는 에너지 중 **육안으로 직접** 관측하므로 가시광선을 이용한다.
② 온도계 중에서 가장 높은 온도(700 ~ 3000℃)를 측정할 수 있으며 정도가 가장 높다.
③ 인력에 의한 수동측정이므로 기록, 경보, 자동제어가 불가능하다.
④ 방사온도계보다 방사율에 의한 보정량이 적다.
   왜냐하면 피측온체와의 사이에 수증기, CO_2, 먼지 등의 영향을 적게 받는다.
⑤ 저온(700 ℃ 이하)의 물체 온도측정은 곤란하다.(∵ 저온에서 발광에너지가 약하다.)

56. 다음 중 1000 ℃ 이상의 고온체의 연속 측정에 가장 적합한 온도계는?

① 저항 온도계   ② 방사 온도계
③ 바이메탈식 온도계 ④ 액체압력식 온도계

【해설】(2010-4회-43번 기출반복)   암기법 : 비방하지 마세요. 적색 광(고·전)
❷ 비접촉식 온도계인 방사온도계는 접촉식 온도계인 열전대 온도계로 측정할 수 없는 비교적 높은 온도인 1000 ℃이상의 고온체의 측정에 적합하다.
수냉 또는 공냉 장치에 의하여 고온에서 연속측정을 할 수 있다.

57. 다음 중 열전대의 구비조건으로 가장 적절하지 않은 것은?

① 열기전력이 크고 온도 증가에 따라 연속적으로 상승할 것
② 저항온도 계수가 높을 것
③ 열전도율이 작을 것
④ 전기저항이 작을 것

【해설】 (2016-2회-57번 기출유사)
- 전기저항, **저항온도계수**, 열전도율, 이력현상(履歷現象)이 **작아야 한다**.
  왜냐하면, 열전대 온도계는 발생하는 열기전력을 이용하는 원리이므로 열전도율이 작을수록 금속의 냉·온 접점의 온도차가 커져서 열기전력이 커지게 되는 것이며, 온도증가에 따라 연속적으로 상승해야 한다.

58. 환상천평식(링밸런스식) 압력계에 대한 설명으로 옳은 것은?

① 경사관식 압력계의 일종이다.
② 히스테리시스 현상을 이용한 압력계이다.
③ 압력에 따른 금속의 신축성을 이용한 것이다.
④ 저압가스의 압력측정이나 드레프트게이지로 주로 이용된다.

【해설】 (2008-2회-46번 기출반복)
❹ 액주식 압력계의 일종인 링밸런스식(환상천평식) 압력계는 도너츠 모양의 측정실에 봉입하는 물질이 액체(오일, 수은)이므로 액체의 압력은 측정할 수 없으며, 저압가스의 압력측정에만 사용되며, 연도의 송풍압을 측정하는 드레프트(통풍) 게이지로 주로 이용된다.

59. 휴대용으로 상온에서 비교적 정도가 좋은 아스만(Asman) 습도계는 다음 중 어디에 속하는가?

① 저항 습도계
② 냉각식 노점계
③ 간이 건습구 습도계
④ 통풍형 건습구 습도계

【해설】 (2015-4회-48번 기출반복)
※ 아스만(Asman) 통풍 건습구 습도계.
2개의 수은 유리 온도계를 사용하여 습도를 측정하며, 증발속도는 풍속의 영향을 받으므로 정확한 습도를 측정하기 위해서 일정한 풍속(3 ~ 5 m/s)을 유지해 주는 통풍장치가 필요하다. 대표적인 것으로는 독일의 아스만(Asman)이 휴대용으로 발명하였다.

60. 2개의 제어계를 조합하여 1차 제어장치의 제어량을 측정하여 제어명령을 발하고 2차 제어 장치의 목표치로 설정하는 제어방법은?
   ① on-off 제어
   ② cascade 제어
   ③ program 제어
   ④ 수동 제어

   【해설】(2018-2회-53번 기출유사)
   ❷ 캐스케이드(cascade) 제어 : 2개의 제어계를 조합하여, 1차 제어장치가 제어량을 측정하여 제어명령을 발하고, 2차 제어 장치가 이 명령을 바탕으로 목표치로 설정하여 제어량을 조절하는 제어방법으로, 출력측에 낭비시간이나 지연이 큰 프로세스의 제어에 널리 이용된다.

제4과목   열설비재료 및 관계법규

61. 에너지이용 합리화법에 따라 효율관리기자재의 제조업자가 광고매체를 이용하여 효율관리기자재의 광고를 하는 경우에 그 광고내용에 포함시켜야 할 사항은?
   ① 에너지 최고효율
   ② 에너지 사용량
   ③ 에너지 소비효율
   ④ 에너지 평균소비량

   【해설】(2015-2회-64번 기출반복)   [에너지이용합리화법 제15조4항]
   ❸ 효율관리기자재의 제조업자, 수입업자, 판매업자가 산업통상자원부령으로 정하는 광고매체를 이용하여 효율관리기자재의 광고를 하는 경우에는 그 광고내용에 에너지소비효율등급 또는 **에너지소비효율**을 포함하여야 한다.

62. 에너지이용 합리화법의 목적이 아닌 것은?
   ① 에너지의 합리적인 이용을 증진
   ② 국민경제의 건전한 발전에 이바지
   ③ 지구온난화의 최소화에 이바지
   ④ 신재생에너지의 기술개발에 이바지

   【해설】(2015-1회-65번 기출유사)   [에너지이용합리화법 제1조.]
   • 에너지의 수급을 안정시키고 에너지의 합리적이고 효율적인 이용을 증진하며 에너지 소비로 인한 환경피해를 줄임으로써 국민경제의 건전한 발전 및 국민복지의 증진과 지구온난화의 최소화에 이바지함을 목적으로 한다.

   【key】에너지이용합리화법 목적.   암기법 : 이경복은 온국수에 환장한다.
   - 에너지이용 효율증진, **경제**발전, **복지**증진, **온난화**의 최소화, **국민경제**, **수급**안정, **환경**피해 감소.

63. 에너지이용 합리화법에 의해 에너지사용의 제한 또는 금지에 관한 조정·명령, 기타 필요한 조치를 위반한 자에 대한 과태료 기준은 얼마인가?

① 50만원 이하
② 100만원 이하
③ 300만원 이하
④ 500만원 이하

【해설】 • 에너지사용의 제한 또는 금지에 관한 조정·명령, 그 밖에 필요한 조치를 위반한 자에게는 **3백만원** 이하의 과태료를 부과한다. [에너지이용합리화법 제78조(과태료) 4항.]

64. 에너지이용 합리화법에 따라 검사대상기기에 해당되지 <u>않는</u> 것은?

① 정격용량이 0.4 MW인 철금속가열로
② 가스 사용량이 18 kg/h인 소형온수보일러
③ 최고사용압력이 0.1 MPa이고, 전열면적이 5 m²인 주철제보일러
④ 최고사용압력이 0.1 MPa이고, 동체의 안지름이 300 mm이며, 길이가 600 mm인 강철제보일러

【해설】 (2017-2회-64번 기출유사)

※ 검사대상기기의 적용범위 [에너지이용합리화법 시행규칙 별표3의3.]
❶ 정격용량이 0.58 MW를 초과하는 철금속가열로
② 가스사용량이 17 kg/h (도시가스는 232.6 kW)를 **초과**하는 소형온수보일러
③ 최고사용압력이 0.1 MPa 이하이고, 전열면적이 5 m² 이하인 강철제, 주철제 보일러는 제외한다.
④ 최고사용압력이 0.1 MPa 이하이고, 동체의 안지름이 300 mm 이하이며, 길이가 600 mm 이하인 강철제, 주철제 보일러는 제외한다.

【참고】 2019 제1회 에너지관리기사 B형 64번 문제로 출제되었던 위 문제는 최종정답을 **오답으로** 발표한 사례에 해당되므로, 수험자들은 시험 후의 이의제기에 대하여 한국산업인력공단 측에 보다 더 적극적인 의견을 개진하여 위와 같은 불이익이 없도록 노력해야 할 것이다!
"검사대상기기에 해당되는 것은?"이라고 질문해야 했으며 그 때에 정답은 ❷번이 되어야 한다.

65. 에너지이용 합리화법에 따라 시공업의 기술인력 및 검사대상기기 관리자에 대한 교육과정과 교육기간의 연결로 <u>틀린</u> 것은?

① 난방시공업 제1종기술자 과정 : 1일
② 난방시공업 제2종기술자 과정 : 1일
③ 소형 보일러·압력용기관리자 과정 : 1일
④ 중·대형 보일러관리자 과정 : 2일

【해설】 (2016-2회-66번 기출반복) [에너지이용합리화법 시행규칙 별표4의2.]
• 난방시공업의 기술인력 및 검사대상기기 관리자에 대한 **교육기간은** 하루(1일) 이다.

66. 에너지이용 합리화법에 따라 검사대상기기의 검사유효기간의 기준으로 틀린 것은?

① 검사유효기간은 검사에 합격한 날의 다음날부터 계산한다.
② 검사에 합격한 날이 검사유효기간 만료일 이전 60일 이내인 경우 검사유효기간 만료일의 다음 날부터 계산한다.
③ 검사를 연기한 경우의 검사유효기간은 검사유효기간 만료일의 다음 날부터 계산한다.
④ 산업통상자원부장관은 검사대상기기의 안전관리 또는 에너지효율 향상을 위하여 부득이하다고 인정할 때에는 검사유효기간을 조정할 수 있다.

【해설】(2015-1회-66번 기출반복)
  ※ 검사의 유효기간. [에너지이용합리화법 시행규칙 31조의8.]
  ❷ 검사에 합격한 날이 검사유효기간 만료일 이전 **30일** 이내인 경우 검사유효기간 만료일의 다음날부터 기산한다.

67. 에너지이용 합리화법에 따라 매년 1월 31일까지 전년도의 분기별 에너지사용량·제품생산량을 신고하여야 하는 대상은 연간 에너지사용량의 합계가 얼마 이상인 경우 해당되는가?

① 1천 티오이 ② 2천 티오이
③ 3천 티오이 ④ 5천 티오이

【해설】(2017-4회-64번 기출유사)   암기법: 에이, 쌩!~ 다소비네
  • 에너지다소비사업자라 함은 연료·열 및 전력의 연간 사용량의 합계(**연간 에너지사용량**)가 **2000 TOE** 이상인 자를 말한다. [에너지이용합리화법 시행령 제35조]

68. 에너지이용 합리화법에 따라 에너지 저장의무 부과대상자가 아닌 것은?

① 전기사업자
② 석탄생산자
③ 도시가스사업자
④ 연간 2만 석유환산톤 이상의 에너지를 사용하는 자

【해설】(2018-1회-66번 기출유사) [에너지이용합리화법 시행령 제12조]
  • 에너지수급 차질에 대비하기 위하여 산업통상자원부장관이 에너지저장의무를 부과할 수 있는 대상에 해당되는 자는 전기사업자, 도시가스사업자, **석탄가공업자**, 집단에너지사업자, 연간 2만 TOE(석유환산톤) 이상의 에너지사용자이다.
  암기법: 에이, 쌩!~ 다소비네. 10배 저장해야지

69. 에너지이용 합리화법에 따른 한국에너지공단의 사업이 아닌 것은?

① 에너지의 안정적 공급
② 열사용기자재의 안전관리
③ 신에너지 및 재생에너지 개발사업의 촉진
④ 집단에너지 사업의 촉진을 위한 지원 및 관리

【해설】(2016-1회-64번 기출반복) [에너지이용합리화법 제57조.]
❶ 에너지의 안정적 공급은 시·도지사가 수립·시행하는 "지역에너지계획"에 포함되는 사항이다.

70. 에너지이용 합리화법에 따라 냉난방온도의 제한온도 기준 중 난방온도는 몇 ℃ 이하로 정해져 있는가?

① 18   ② 20   ③ 22   ④ 26

【해설】(2018-2회-66번 기출유사) [에너지이용합리화법 시행령 시행규칙 제31조의2.]
※ 냉·난방온도의 제한온도를 정하는 기준은 다음과 같다. 암기법 : 냉면육수, 판매요?
　1. 냉방 : 26 ℃ 이상 (다만, 판매시설 및 공항의 경우에 냉방온도는 25 ℃ 이상으로 한다.)
　2. 난방 : 20 ℃ 이하   암기법 : 난리(2)
※ 냉·난방온도의 제한건물 중 다음 각 호의 어느 하나에 해당하는 구역에는 제한온도를 적용하지 않을 수 있다.   [에너지이용합리화법 시행령 시행규칙 제31조의3.]
　1. 의료법에 의한 의료기관의 실내구역
　2. 식품 등의 품질관리를 위해 냉난방온도의 제한온도 적용이 적절하지 않은 구역
　3. 숙박시설 중 객실 내부구역
　4. 그 밖에 관련 법령 또는 국제기준에서 특수성을 인정하거나 건물의 용도상 냉난방온도의 제한온도를 적용하는 것이 적절하지 않다고 산업통상자원부장관이 고시하는 구역

71. 보온재의 열전도계수에 대한 설명 중 틀린 것은?

① 보온재의 함수율이 크게 되면 열전도계수도 증가한다.
② 보온재의 기공율이 클수록 열전도계수는 작아진다.
③ 보온재는 열전도계수가 작을수록 좋다.
④ 보온재의 온도가 상승하면 열전도계수는 감소된다.

【해설】(2013-2회-78번 기출반복)
① 보온재의 함수율이 크게 되면 수분(액체)이 많은 것이므로 열전도율이 증가한다.
② 열전도율(또는, 열전도계수) : 고체 > 액체 > 기체의 순서이므로 기공이 많을수록 열전도율은 감소한다.
③ 보온재의 구비조건 : 열전도율이 작을 것.   암기법 : 흡열장비다↓
❹ 보온재의 온도가 상승하면 열전도율(λ)은 증가한다. ($\lambda = \lambda_0 + m \cdot t$ 여기서, t : 온도)

72. 다음 중 용광로에 장입되는 물질 중 탈황 및 탈산을 위해 첨가하는 것으로 가장 적당한 것은?

① 철광석   ② 망간광석   ③ 코크스   ④ 석회석

【해설】(2016-2회-70번 기출반복)
※ 용광로(일명 高爐, 고로)에 장입되는 물질의 역할.
① 철광석 : 고로(용광로)에서 선철의 제조에 쓰이는 원료
② 망간광석 : 탈황 및 탈산을 위해서 첨가된다.   암기법 : 망황산
③ 코크스 : 열원으로 사용되는 연료이며, 연소시 발생된 CO, H_2 등의 환원성 가스에 의해 산화철(FeO)을 환원시킴과 아울러 가스성분인 탄소의 일부는 선철 중에 흡수되는 흡탄작용으로 선철의 성분이 된다.
④ 석회석 : 철광석 중에 포함되어 있는 SiO_2, P 등을 흡수하고 용융상태의 광재를 형성하여 선철위에 떠서 철과 불순물이 잘 분리되도록 하는 매용제(媒溶劑) 역할을 한다.   암기법 : 매점 매석

73. 다음 보온재 중 최고 안전 사용온도가 가장 낮은 것은?

① 석면   ② 규조토
③ 우레탄 폼   ④ 펄라이트

【해설】(2013-4회-66번 기출유사)
• 최고안전사용온도는 유기질 보온재(우레탄 폼 등)가 무기질 보온재보다 훨씬 더 낮다!
① 석면(550 ℃)   ② 규조토(500 ℃)   ❸ 우레탄 폼(80 ℃)   ④ 펄라이트(650 ℃)

74. 연소실의 연도를 축조하려 할 때 유의사항으로 가장 거리가 먼 것은?

① 넓거나 좁은 부분의 차이를 줄인다.
② 가스 정체 공극을 만들지 않는다.
③ 가능한 한 굴곡 부분을 여러 곳에 설치한다.
④ 댐퍼로부터 연도까지의 길이를 짧게 한다.

【해설】(2013-1회-79번 기출반복)
※ 연소실의 연도 축조 시 유의사항.
• 연도의 단면적이 넓거나 좁은 부분의 차를 줄인다.
• 가스 정체 공극(틈)을 만들지 않는다.
• 굴곡부분이 너무 많으면 배기가스의 통풍력이 지나치게 약해져서 충분한 통풍을 유지하기 어려우므로, 가능한 한 굴곡부분의 곳이 적도록 설치한다.
• 출구에 설치하는 댐퍼로부터 연도까지의 길이를 짧게 하여 댐퍼의 개도 조절을 통한 통풍이 원활하도록 한다.

75. 버터플라이 밸브(butterfly valve)의 특징에 대한 설명으로 틀린 것은?

① 90° 회전으로 개폐가 가능하다.
② 유량조절이 가능하다.
③ 완전 열림 시 유체저항이 크다.
④ 밸브몸통 내에서 밸브대를 축으로 하여 원판형태의 디스크의 움직임으로 개폐하는 밸브이다.

【해설】(2012-2회-79번 기출유사)
❸ 기밀을 완전하게 폐쇄하는 것은 어렵지만, 완전 열림 시 유체의 흐름에 주는 저항이 적다.

76. 가스로 중 주로 내열강재의 용기를 내부에서 가열하고 그 용기 속에 열처리품을 장입하여 간접 가열하는 로를 무엇이라고 하는가?

① 레토르트로　　　　　② 오븐로
③ 머플로　　　　　　　④ 라디안트튜브로

【해설】(2010-1회-78번 기출반복)
❸ 머플로(Muffle furnace)는 피가열체에 직접 불꽃이 닿지 않도록 내열강재의 용기를 내부에서 가열하고 그 용기 속에 열처리품을 장입하여 피가열물을 간접식으로 가열하는 로이다.

77. 파이프의 열변형에 대응하기 위해 설치하는 이음은?

① 가스이음　　　　　　② 플랜지이음
③ 신축이음　　　　　　④ 소켓이음

【해설】(2007-2회-72번 기출반복)
❸ 신축이음은 배관(Pipe)의 온도상승에 따른 열팽창(열변형)을 흡수하기 위한 이음이다.

78. 도염식 가마의 구조에 해당되지 않는 것은?

① 흡입구　　② 대차　　③ 지연도　　④ 화교

【해설】(2016-2회-75번 기출유사)
- 도염식 가마(down draft klin, 꺾임불꽃식 가마)의 구조에는 화구, 소성실, 흡입구멍 주연도, 가지연도(지연도), 냉각구멍, 화교(火橋, bag wall 불다리) 등이 있다.
❷ 대차, 샌드시일 등은 터널식 가마의 구성부분에 해당된다.

79. 마그네시아 또는 돌로마이트를 원료로 하는 내화물이 수증기의 작용을 받아 Ca(OH)$_2$나 Mg(OH)$_2$를 생성하게 된다. 이 때 체적변화로 인해 노벽에 균열이 발생하거나 붕괴하는 현상을 무엇이라고 하는가?

① 버스팅　　　② 스폴링　　　③ 슬래킹　　　④ 에로존

【해설】(2011-2회-72번 기출유사)　　　　　　　　　　암기법 : 염수슬

❸ 슬래킹(Slaking)은 마그네시아질, 돌로마이트질 노재의 성분인 산화마그네슘(MgO), 산화칼슘(CaO) 등 **염기성** 내화벽돌이 **수증기**와 작용하여 Ca(OH)$_2$, Mg(OH)$_2$를 생성하게 되는 비중변화에 의해 체적팽창을 일으키며 균열이 발생하고 붕괴되는 현상을 말한다.

80. 85 ℃의 물 120 kg의 온탕에 10 ℃의 물 140 kg을 혼합하면 약 몇 ℃의 물이 되는가?

① 44.6　　　② 56.6　　　③ 66.9　　　④ 70.0

【해설】(2012-2회-70번 기출반복)　　　　　　　　　　암기법 : 큐는 씨암탉

- 열량보존의 법칙에 의해 혼합한 후의 열평형시 물의 온도를 t_x라 두고,
  고온의 물체가 잃은 열량(Q_1) = 저온의 물체가 얻은 열량(Q_2) 으로 계산한다.

$$c \cdot m_1 \cdot \Delta t_1 = c \cdot m_2 \cdot \Delta t_2$$
$$c \cdot m_1 \cdot (t_1 - t_x) = c \cdot m_2 \cdot (t_x - t_2)$$
$$120 \times (85 - t_x) = 140 \times (t_x - 10)$$
$$\therefore t_x = 44.61 \fallingdotseq 44.6 \text{℃}$$

제5과목　　　열설비설계

81. 보일러를 사용하지 않고, 장기간 휴지상태로 놓을 때 부식을 방지하기 위해서 채워두는 가스는?

① 이산화탄소　　② 질소가스　　③ 아황산가스　　④ 메탄가스

【해설】(2018-2회-89번 기출유사)

❷ **질소건조법**(또는, 질소가스 봉입법, 기체보존법)
　보일러의 가동을 중지하고 장기간 휴지상태로 방치하면 내·외면에 부식이 발생되므로, 보일러수를 완전히 배출하고 동 내부를 완전히 건조시킨 후 **질소가스**를 0.06 MPa 정도로 봉입하여 밀폐시켜 동 내부의 산소를 배제함으로서 부식을 방지하는 방법이다.

82. 육용 강재 보일러의 구조에 있어서 동체의 최소두께 기준으로 틀린 것은?

① 안지름이 900 mm 이하의 것은 4 mm
② 안지름이 900 mm 초과 1350 mm 이하의 것은 8 mm
③ 안지름이 1350 mm 초과 1850 mm 이하의 것은 10 mm
④ 안지름이 1850 mm 초과하는 것은 12 mm

【해설】(2016-4회-84번 기출유사)
  ※ 육용 강재 보일러의 구조에 있어서 동체의 최소두께 기준.
   ❶ 안지름 900 mm 이하의 것은 **6 mm** (단, 스테이를 부착하는 경우는 8 mm로 한다.)
   ② 안지름이 900 mm를 초과 1350 mm 이하의 것은 8 mm
   ③ 안지름이 1350 mm 초과 1850 mm 이하의 것은 10 mm
   ④ 안지름이 1850 mm를 초과하는 것은 12 mm 이상

83. 압력용기의 설치상태에 대한 설명으로 틀린 것은?

① 압력용기의 본체는 바닥보다 30 mm 이상 높이 설치되어야 한다.
② 압력용기를 옥내에 설치하는 경우 유독성 물질을 취급하는 압력용기는 2개 이상의 출입구 및 환기장치가 되어 있어야 한다.
③ 압력용기를 옥내에 설치하는 경우 압력용기의 본체와 벽과의 거리는 0.3 m 이상이어야 한다.
④ 압력용기의 기초가 약하여 내려앉거나 갈라짐이 없어야 한다.

【해설】(2015-2회-83번, 2018-4회-92번 기출유사)
  [압력용기 설치검사기준 46.1.2 옥내설치 & 46.1.3 설치상태.]
   ※ 압력용기를 옥내에 설치하는 경우에는 다음에 따른다.
      (1) 압력용기와 천정과의 거리는 압력용기 본체 상부로부터 1 m 이상이어야 한다.
      (2) 압력용기의 본체와 벽과의 거리는 0.3 m 이상이어야 한다.
      (3) 인접한 압력용기와의 거리는 0.3 m 이상이어야 한다.
          다만, 2개 이상의 압력용기가 한 장치를 이룬 경우에는 예외로 한다.
      (4) 유독성 물질을 취급하는 압력용기는 2개 이상의 출입구 및 환기장치가 되어 있어야 한다.
      (5) 기초가 약하여 내려앉거나 갈라짐이 없어야 한다.
      (6) 압력용기의 화상 위험이 있는 본체 및 고온배관은 보온되어야 한다.
          다만, 공정상 냉각을 필요로 하는 등 부득이한 경우에는 예외로 한다.
      (7) 압력용기와 접속된 배관은 팽창과 수축의 장애가 없어야 한다.
      (8) 압력용기 본체는 바닥보다 **100 mm 이상** 높이 설치되어 있어야 한다.
      (9) 압력용기의 본체는 충격 등에 의하여 흔들리지 않도록 충분히 지지되어야 한다.
      (10) 횡형식 압력용기의 지지대는 본체 원둘레의 1/3 이상을 받쳐야 한다.
      (11) 압력용기의 사용압력이 어떠한 경우에도 최고사용압력을 초과할 수 없도록 설치되어야 한다.
      (12) 압력용기를 바닥에 설치하는 경우에는 바닥 지지물에 반드시 고정시켜야 한다.
      (13) 압력용기는 1개소 이상 접지되어 있어야 한다.

84. 보일러 운전 시 캐리오버(carry-over)를 방지하기 위한 방법으로 틀린 것은?

① 주증기 밸브를 서서히 연다. ② 관수의 농축을 방지한다.
③ 증기관을 냉각한다.   ④ 과부하를 피한다.

【해설】 (2016-1회-85번, 2018-1회-85번 기출유사)
    ❸ 증기관을 냉각하면 배관내 응축수 발생으로 수격작용이 오히려 더욱 잘 발생한다.
- 보일러를 과부하 운전하게 되면 프라이밍(飛水, 비수현상)이나 포밍(물거품)이 발생하여 보일러수가 미세물방울과 거품으로 증기에 혼입되어 증기배관으로 송출되는 캐리오버 (carry over, 기수공발) 현상이 일어나는데, 증기부하가 지나치게 크거나(즉, 과부하일 때) 증발수 면적이 좁거나 증기 취출구가 작을 때 잘 발생하게 된다.
    따라서, 캐리오버 현상을 방지하기 위한 방법으로는 프라이밍(비수) 현상이나 포밍 현상의 발생원인을 제거하면 된다.

【참고】 ※ 비수현상 발생원인 　암기법 : 프라밍은 부유·농 과부를 개방시키는데 고수다
    ① 보일러수내의 **부유물 · 불순물** 함유
    ② 보일러수의 **농축**
    ③ **과부하** 운전
    ④ 주증기밸브의 급**개방**
    ⑤ **고수위** 운전
    ⑥ 비수방지관 미설치 및 불량

※ 비수현상 방지대책. 　암기법 : 프라이밍 발생원인을 방지하면 된다.
    ① 보일러수내의 **부유물 · 불순물**이 제거되도록 철저한 급수처리를 한다.
    ② 보일러수의 **농축**을 방지할 것.
    ③ **과부하** 운전을 하지 않는다.
    ④ 주증기밸브를 급**개방** 하지 않는다. (천천히 연다.)
    ⑤ **고수위** 운전을 하지 않는다. (정상수위로 운전한다.)
    ⑥ 비수방지관을 설치한다.

85. 강판의 두께가 20 mm이고, 리벳의 직경이 28.2 mm이며, 피치 50.1 mm의 1줄 겹치기 리벳조인트가 있다. 이 강판의 효율은?

① 34.7 % 　② 43.7 % 　③ 53.7 % 　④ 63.7 %

【해설】 (2016-2회-84번 기출반복) [리벳이음의 설계]
※ 리벳이음의 **강판의 효율**(η)이란 리벳구멍이나 노치(notch) 등이 전혀 없는 무지(無地) 상태인 강판의 인장강도와 리벳이음을 한 강판의 인장강도와의 비를 말한다.

$$\eta = \frac{\text{1피치 폭에 있어서의 구멍이 있는 강판의 인장강도}}{\text{1피치 폭에 있어서의 무지의 강판의 인장강도}} \times 100$$

$$= \frac{(p-d)\,t\,\sigma}{p\,t\,\sigma} = \frac{p-d}{p} = 1 - \frac{d}{p} \quad \text{여기서, } p : 피치(mm), \; d : 리벳직경$$

$$= 1 - \frac{28.2}{50.1} = 0.4371 ≒ 43.7\%$$

86. 보일러 수냉관과 연소실벽 내에 설치된 방사과열기의 보일러 부하에 따른 과열온도 변화에 대한 설명으로 옳은 것은?

① 보일러의 부하증대에 따라 과열온도는 증가하다가 최대 이후 감소한다.
② 보일러의 부하증대에 따라 과열온도는 감소하다가 최소 이후 감소한다.
③ 보일러의 부하증대에 따라 과열온도는 증가한다.
④ 보일러의 부하증대에 따라 과열온도는 감소한다.

【해설】(2010-1회-92번 기출유사)　　　　　　　　　　　암기법 : 보복하러 온대

❹ 보일러 부하(보일러의 증발량)가 증가할수록 발생증기가 흡수한 유효열량이 많아지므로 복사열 흡수는 감소되어 복사과열기(또는, **방사과열기**)의 온도는 감소하고, 대류과열기의 온도는 증가한다.

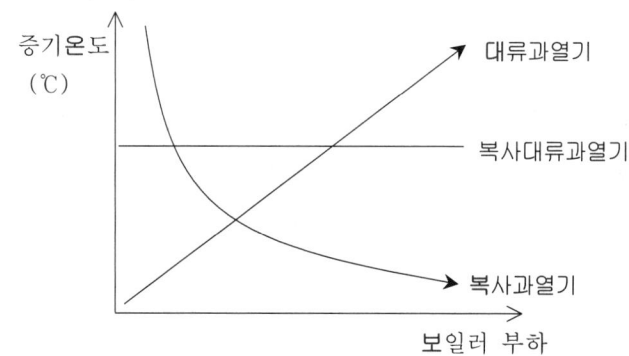

87. 유속을 일정하게 하고 관의 직경을 2배로 증가시켰을 경우 유량은 어떻게 변하는가?

① 2배로 증가　　② 4배로 증가　　③ 6배로 증가　　④ 8배로 증가

【해설】(2009-4회-90번 기출반복)

- 체적유량 공식 $Q = A \cdot v = \dfrac{\pi D^2}{4} \times v$ 에서, 유량 $Q \propto D^2 = 2^2 = 4$ 배

88. 보일러의 파형노통에서 노통의 평균지름을 1000 mm, 최고사용압력을 11 kgf/cm² 라 할 때 노통의 최소두께(mm)는?
 (단, 평형부 길이가 230 mm 미만이며, 정수 C는 1100 이다.)

① 5　　　　　　② 8　　　　　　③ 10　　　　　　④ 13

【해설】(2017-4회-85번 기출유사)　　　　　　　　　　암기법 : 노 PD = C·t 촬영

- 파형노통의 최소두께 산출은 다음 식으로 계산한다.
  $P \cdot D = C \cdot t$　여기서, 사용압력단위(kgf/cm²), 지름단위(mm)인 것에 주의해야 한다.
  11 kgf/cm² × 1000 mm = 1100 × t , ∴ 최소두께 t = 10 mm

89. "어떤 주어진 온도에서 최대 복사강도에서의 파장(λ_{max})은 절대온도에 반비례 한다." 와 관련된 법칙은?

① Wien 의 법칙　　　　　　　　② Planck 의 법칙
③ Fourier 의 법칙　　　　　　　④ Stefan-Boltzmann 의 법칙

【해설】(2008-4회-95번 기출반복)

❶ Wien(빈)의 법칙 : $\lambda_{max} \propto \dfrac{1}{T}$　　(여기서, T : 절대온도)

② Planck(플랑크)의 법칙 : $E = h\nu = \dfrac{c}{\lambda}$　　(여기서, ν : 진동수, λ : 파장, c : 광속)

③ Fourier(퓨리에)의 법칙 : $Q = \dfrac{\lambda \cdot \Delta t \cdot A}{d} \times T$　　(여기서, T : 열전달시간)

④ Stefan-Boltzmann(스테판-볼쯔만)의 법칙 : $Q = \sigma \cdot T^4$　　(여기서, T : 절대온도)

90. 연소실의 체적을 결정할 때 고려사항으로 가장 거리가 먼 것은?

① 연소실의 열부하　　　　　　② 연소실의 열발생률
③ 연료의 연소량　　　　　　　④ 내화벽돌의 내압강도

【해설】(2013-4회-92번 기출반복)

• 연소실의 열발생률 $Q_V(kcal/m^3h) = \dfrac{Q_{in}}{V} = \dfrac{m_f \cdot (H_\ell + 연료의 현열 + 공기의 현열)}{V}$

∴ 연소실 체적 $V = \dfrac{m_f \cdot (H_\ell + 연료의 현열 + 공기의 현열)}{Q_V}$

91. 급수 및 보일러수의 순도 표시방법에 대한 설명으로 틀린 것은?

① ppm의 단위는 100만분의 1의 단위이다.
② epm은 당량농도라 하고 용액 1kg 중에 용존되어 있는 물질의 mg 당량수를 의미한다.
③ 알칼리도는 수중에 함유하는 탄산염 등의 알칼리성 성분의 농도를 표시하는 척도이다.
④ 보일러수에서는 재료의 부식을 방지하기 위하여 pH가 7인 중성을 유지하여야 한다.

【해설】(2015-4회-95번 기출유사)

① ppm(parts per million, 백만분율)
② epm(equivalent per million, 당량 백만분율)
③ 알칼리도(산소비도)는 물속에 녹아 있는 알칼리분을 중화시키기 위해 필요한 산의 양을 말한다.
❹ 고온의 보일러수에 의한 강판의 부식은 pH 12 이상의 강알칼리에서 부식량이 최대가 된다. 따라서, 보일러수의 pH는 10.5 ~ 11.5의 **약알칼리 성질**을 유지하여야 한다.
(참고로, 급수는 고온이 아니므로 이보다 낮은 pH 8 ~ 9의 값을 유지한다.)

92. 계속사용검사기준에 따라 설치한 날로부터 15년 이내인 보일러에 대한 순수처리 수질기준으로 틀린 것은?

① 총경도 (mg CaCO₃ / ℓ) : 0
② pH (298 K{25℃}에서) : 7 ~ 9
③ 실리카 (mg SiO₂ / ℓ) : 흔적이 나타나지 않음
④ 전기 전도율 (298 K{25℃}에서의) : 0.05 µs/cm 이하

【해설】(2013-2회-90번 기출반복) [보일러의 계속사용검사기준 중 순수처리 수질기준 24.3.3.1]
※ 순수처리라 함은 다음 각 호 수질기준을 만족하여야 한다.
(a) 총경도(mg CaCO₃ / ℓ) : 0
(b) pH(298K {25℃}에서) : 7 ~ 9
(c) 실리카(mg SiO₂ / ℓ) : 흔적이 나타나지 않음
(d) 전기 전도율(298K {25℃}에서의) : 0.5 µs/㎝ 이하

93. 보일러 수처리의 약제로서 pH를 조정하여 스케일을 방지하는데 주로 사용되는 것은?

① 리그닌 ② 인산나트륨 ③ 아황산나트륨 ④ 탄닌

【해설】(2013-1회-92번 기출반복)
※ 보일러 수처리 시 사용되는 약품 중 pH 조정제
㉠ 낮은 경우 : (염기로 조정)   암기법 : 모니모니해도 탄산소다가 제일인가봐
암모니아, 탄산소다, 가성소다, 제1인산소다(인산나트륨)
NH_3 Na_2CO_3 $NaOH$ Na_3PO_4

㉡ 높은 경우 : (산으로 조정)   암기법 : 높으면, 인황산!~
인산,   황산
H_3PO_4 H_2SO_4

94. 용접부에서 부분 방사선 투과시험의 검사 길이 계산은 몇 mm 단위로 하는가?

① 50   ② 100   ③ 200   ④ 300

【해설】(2013-1회-87번 기출반복)
※ 용접부의 비파괴시험 시 방사선 투과시험. [보일러 제조검사 기준.]
• **전체길이** 방사선투과시험 : 방사선투과시험의 검사길이 계산은 **250 mm** 단위로 하며, 250 mm 미만은 250 mm로 한다.   암기법 : 전방이오?
• **부분 방사선 투과시험** : 방사선투과시험의 검사길이 계산은 **300 mm** 단위로 하며, 300 mm 미만은 300 mm로 한다.   암기법 : 삼백리길

92-④ 93-② 94-④

95. 내경 250 mm, 두께 3 mm의 주철관에 압력 4 kgf/cm²의 증기를 통과시킬 때 원주방향의 인장응력(kgf/mm²)은?

① 1.23　　② 1.66　　③ 2.12　　④ 3.28

【해설】(2015-4회-99번 기출유사)
- 내압(내면의 압력)을 받는 배관에 생기는, 원주 방향의 인장응력을 σ_2 라 두면

$$\sigma_2 = \frac{PD}{2t} = \frac{4\,kgf/cm^2 \times 250\,mm}{2 \times 3\,mm} ≒ 166\,kgf/cm^2 = 1.66\,kgf/mm^2$$

96. 보일러 재료로 이용되는 대부분의 강철제는 200 ~ 300 ℃에서 최대의 강도를 유지하나 몇 ℃ 이상이 되면 재료의 강도가 급격히 저하되는가?

① 350 ℃　　② 450 ℃　　③ 550 ℃　　④ 650 ℃

【해설】(2011-1회-87번 기출반복)
❶ 대부분의 강철제는 온도 350 ℃를 초과하게 되면 재료의 강도가 급격히 저하된다. 바로 이러한 이유로 일반배관용 탄소강관(SPP, carbon Steel Pipe Piping)은 350 ℃ 이하에서 사용압력이 1 MPa 이하로 비교적 낮은 배관에 사용하게 되는 것이다.

97. 다음 중 보일러 안전장치로 가장 거리가 먼 것은?

① 방폭문　　② 안전밸브
③ 체크밸브　　④ 고저수위경보기

【해설】(2015-1회-94번 기출반복)
※ 보일러 안전장치 - 안전밸브, 방출밸브, 가용마개, 방폭문(폭발구), 압력계, 고저수위 경보기, 증기압력 제한기, 증기압력 조절기, 화염검출기.
❸ 체크밸브(Check valve)는 유체를 한쪽 방향으로만 흐르게 하고 역류를 방지하는 목적으로 사용되는 밸브이다.

98. 강제 순환식 보일러의 특징에 대한 설명으로 틀린 것은?

① 증기발생 소요시간이 매우 짧다.
② 자유로운 구조의 선택이 가능하다.
③ 고압보일러에 대해서도 효율이 좋다.
④ 동력소비가 적어 유지비가 비교적 적게 든다.

【해설】(2010-2회-93번 기출유사)
❹ 보일러수의 강제순환에 따르는 순환펌프의 동력소비가 많고 유지비가 많이 든다.

99. 어느 가열로에서 노벽의 상태가 다음과 같을 때 노벽을 관류하는 열량(kcal/h)은 얼마인가?

(단, 노벽의 상하 및 둘레가 균일하며, 평균방열면적 120.5 m², 노벽의 두께 45 cm, 내벽표면온도 1300 ℃, 외벽표면온도 175 ℃, 노벽 재질의 열전도율 0.1 kcal/mh℃ 이다.)

① 301.25   ② 30125   ③ 13.556   ④ 13556

【해설】(2011-4회-93번 기출반복)
- 평면벽에서의 손실열(교환열) 계산공식   암기법 : 교전온면두

$$Q = \frac{\lambda \cdot \Delta t \cdot A}{d} = \frac{0.1\,kcal/mh℃ \times (1300 - 175)℃ \times 120.5\,m^2}{0.45\,m} = 30125\,kcal/h$$

100. 급수조절기를 사용할 경우 수압시험 또는 보일러를 시동할 때 조절기가 작동하지 않게 하거나, 모든 자동 또는 수동제어 밸브 주위에 수리, 교체하는 경우를 위하여 설치하는 설비는?

① 블로우 오프관   ② 바이패스관
③ 과열 저감기   ④ 수면계

【해설】(2016-1회-97번 기출반복)
❷ 급수조절기를 사용할 경우 충수 수압시험 또는 보일러를 시동할 때 조절기가 작동하지 않게 하거나, 모든 자동 또는 수동제어 밸브 주위에 수리, 교체하는 경우를 위하여 **바이패스 배관**을 설치하여야 한다.

2019년 제2회 에너지관리기사
(2019.4.27. 시행)

제1과목 연소공학

1. 여과 집진장치의 여과재 중 내산성, 내알칼리성 모두 좋은 성질을 갖는 것은?

① 테트론 ② 사란
③ 비닐론 ④ 글라스

【해설】(2015-4회-3번 기출반복)
- 각종 여과재의 특징

여과재	내산성	내알칼리성	강도	흡습성
목면	×	△	1	8%
사란(플라스틱)	△	×	0.6	0%
비닐론	○	○	1.5	5%
글라스(유리섬유)	○	×	1	0%
테트론(나일론)	○	×	1.6	0.4%

2. $C_m H_n$ 1 Nm³를 완전 연소시켰을 때 생기는 H_2O의 양(Nm³)은?
(단, 분자식의 첨자 m, n과 답항의 n은 상수이다.)

① $\dfrac{n}{4}$ ② $\dfrac{n}{2}$ ③ n ④ $2n$

【해설】(2017-4회-13번 기출유사)
- 각종 탄화수소(C_mH_n) 연료의 완전연소 반응식

[화학반응식] $C_mH_n + \left(m + \dfrac{n}{4}\right) O_2 \rightarrow m\,CO_2 + \dfrac{n}{2} H_2O$ 에서

[체적비] $1 : \left(m + \dfrac{n}{4}\right) : m : \dfrac{n}{2}$

기체연료의 경우에 분자식 앞의 계수는 부피(체적)비를 뜻하므로, 완전연소 생성물질 중 수증기의 양은 $\dfrac{n}{2}$ (Nm³)이 된다.

1-③   2-②

3. 다음 기체연료 중 고발열량(kcal/Sm³)이 가장 큰 것은?

① 고로가스   ② 수성가스
③ 도시가스   ④ 액화석유가스

【해설】(2011-4회-4번 기출반복)　**암기법** : 부-P-프로-N, 코-오-석탄-도, 수-전-발-고

※ 단위체적당 총발열량(고위발열량) 비교.

기체연료의 종류	고위발열량 (kcal/Sm³)
부탄	29150
LPG (액화석유가스 = 프로판 + 부탄)	26000
프로판	22450
LNG (액화천연가스 = 메탄)	11000
코우크스로 가스	5000
오일가스	4700
석탄가스	4500
도시가스	3600 ~ 5000
수성가스	2600
전로가스	2300
발생로가스	1500
고로가스	900

4. 다음 중 고체연료의 공업분석에서 계산만으로 산출되는 것은?

① 회분   ② 수분
③ 휘발분   ④ 고정탄소

【해설】(2013-1회-12번 기출반복)　**암기법** : 고백마, 휘수회

고체연료(석탄)에 대해서는 비교적 간단하게 공업분석을 행하여 널리 사용되는데, 공업분석이란 휘발분·수분·회분을 측정하고 **고정탄소**는 다음과 같이 계산에 의해 구한다.

- **고정탄소(%)** = 100 − (휘발분 + 수분 + 회분)

5. 탄소 1 kg을 완전 연소시키는 데 필요한 공기량(Nm³)은?

① 6.75   ② 7.23   ③ 8.89   ④ 9.97

【해설】(2015-4회-1번 기출반복)

- 탄소의 완전연소 반응식 :　C　　+　O₂　　→　CO₂
  　　　　　　　　　　　　(1 kmol)　:　(1 kmol)
  　　　　　　　　　　　　(12 kg)　:　(22.4 Nm³)　:　(22.4 Nm³)
  　　　　　　　　　　　　1 kg　:　1.867 Nm³　:　1.867 Nm³

- 이론공기량 $A_0 = \dfrac{O_0}{0.21} = \dfrac{1.867}{0.21} = 8.8904 ≒ $ **8.89 Nm³/kg**

3-④　4-④　5-③

6. 다음 중 매연 생성에 가장 큰 영향을 미치는 것은?

① 연소속도　　② 발열량　　③ 공기비　　④ 착화온도

【해설】(2014-2회-2번 기출반복)
- 매연은 연료가 불완전연소를 일으킬 때 다량으로 발생하는 일산화탄소, 그을음, 회분, 분진, 황산화물 등을 말하는 것으로서 매연의 생성을 방지하기 위해서는 우선 먼저, 공기량이 부족하지 않도록 공기를 과잉시켜 **적정한 공기비**로 연소하여야 한다.

7. 탄소 87 %, 수소 10 %, 황 3 %의 중유가 있다. 이 때 중유의 탄산가스최대량 (CO_2 max)는 약 몇 % 인가?

① 10.23　　② 16.58　　③ 21.35　　④ 25.83

【해설】(2016-2회-3번 기출유사)
- 원소성분 분석결과에 따라 고체 및 액체연료인 경우 최대탄산가스 함유율(CO_2 max)은

$$CO_2 \text{ max} = \frac{1.867\,C + 0.7\,S}{G_{0d}} \times 100\,(\%) \text{ 으로 계산한다.}$$

한편, $A_0 = \dfrac{1}{0.21} \times \left\{ 1.867\,C + 5.6\left(H - \dfrac{O}{8}\right) + 0.7\,S \right\}$

$\qquad\quad = \dfrac{1}{0.21} \times \left\{ 1.867 \times 0.87 + 5.6\left(0.1 - \dfrac{0}{8}\right) + 0.7 \times 0.03 \right\}$

$\qquad\quad ≒ 10.50\ Sm^3/kg$

다른 한편, G_{0d} = 이론공기중의 질소량 + 연소생성물(수증기 제외)
$\qquad\quad = 0.79\,A_0 + 1.867\,C + 0.7\,S + 0.8\,n$
$\qquad\quad = 0.79 \times 10.50 + 1.867 \times 0.87 + 0.7 \times 0.03 + 0$
$\qquad\quad = 9.94\ Sm^3/kg$

$CO_2 \text{ max} = \dfrac{1.867\,C + 0.7\,S}{G_{0d}} \times 100 = \dfrac{1.867 \times 0.87 + 0.7 \times 0.03}{9.94} \times 100$

$\qquad\quad ≒ 16.55 ≒ 16.58\,\%$

8. 도시가스의 호환성을 판단하는데 사용되는 지수는?

① 웨베지수 (Webbe Index)
② 듀롱지수 (Dulong Index)
③ 릴리지수 (Lilly Index)
④ 제이도비흐지수 (Zeidovich Index)

【해설】(2009-2회-5번 기출반복)
- 도시가스의 호환성 판단지수.(웨베지수) $WI = \dfrac{\text{도시가스의 총발열량}\ (kcal/m^3)}{\sqrt{\text{도시가스의 비중}}}$

9. 연소 설비에서 배출되는 다음의 공해물질 중 산성비의 원인이 되며 가성소다 석회 등을 통해 제거할 수 있는 것은?

① SO_X ② NO_X ③ CO ④ 매연

【해설】(2015-2회-19번 기출유사)

❶ SO_x(황산화물)은 대기 중의 수분과 반응하여 산성비(H_2SO_4)의 주된 원인이 되며 가성소다(NaOH)나 석회(CaO) 등의 흡수제를 사용하여 제거할 수 있다.

10. 보일러의 급수 및 발생증기의 엔탈피를 각각 150, 670 kcal/kg 이라고 할 때 20000 kg/h의 증기를 얻으려면 공급열량은 몇 kcal/h 인가?

① 9.6×10^6 ② 10.4×10^6
③ 11.7×10^6 ④ 12.2×10^6

【해설】(2014-4회-2번 기출반복)

• 발생증기에 공급한 열량은 증기가 흡수한 열량과 같으므로,
  발생증기의 흡수열량 $Q = w_2 \cdot \Delta H$
  $= w_2 \times (H_x - H_1)$

  여기서, w_2 : 발생증기량
  H_x : 발생증기의 엔탈피
  H_1 : 급수의 엔탈피

  $= 20000 \text{ kg/h} \times (670 - 150) \text{ kcal/kg}$
  $= 10.4 \times 10^6 \text{ kcal/h}$

11. 어느 용기에서 압력(P)과 체적(V)의 관계는 $P = (50V + 10) \times 10^2$ kPa 과 같을 때 체적이 2 m^3 에서 4 m^3 로 변하는 경우 일량은 몇 MJ 인가? (단, 체적의 단위는 m^3 이다.)

① 32 ② 34 ③ 36 ④ 38

【해설】(2014-2회-14번 기출반복)

• 실린더내의 기체가 밀폐계의 상태 1에서 2로 변화를 하는 경우에 부피 V_1 에서 V_2 로 팽창하는 사이에 외부에 대하여 한 일은 다음과 같다.

$${}_1W_2 = W_2 - W_1 = \int P\,dV = \int_{V_1}^{V_2} P\,dV = \int_2^4 (50V + 10) \times 10^5 \, dV \, [\text{Pa} \cdot \text{m}^3 = \text{J}]$$

$$= \left[\frac{50}{2}V^2 + 10V\right]_2^4 \times 10^5 = [25V^2 + 10V]_2^4 \times 10^5$$

$$= [25 \times 4^2 + 10 \times 4 - (25 \times 2^2 + 10 \times 2)] \times 10^5$$

$$= 32{,}000{,}000 \text{ J} = 32 \text{ MJ}$$

12. 다음 중 폭발의 원인이 나머지 셋과 크게 다른 것은?

① 분진 폭발 ② 분해 폭발
③ 산화 폭발 ④ 증기 폭발

【해설】(2018-4회-12번 기출유사)
※ 폭발(Explosion)이란 물질이 급속하게 반응하여 소리를 내며 주위로 압력전파를 일으켜 고압으로 팽창 또는 파열현상을 일으키는 것으로 물리적 또는 화학적 에너지가 기계적 에너지(열, 압력파)로 빠르게 변화하는 현상을 말하며, 폭발음과 함께 심한 파괴작용을 동반한다. 또한, 폭발의 원인에 따라 물리적 폭발과 화학적 폭발로 구분된다.
- 물리적 폭발 : 폭발의 원인이 화학적인 반응을 수반하지 않고 단순히 물리적 변화인 상태변화에 의해 압력이 발생되는 폭발형태로서 원인계와 생성계가 같다.
  (예 : 보일러폭발, 수증기폭발, **증기폭발**, 고압용기폭발 등)
- 화학적 폭발 : 폭발의 원인이 화학적인 반응을 수반하여 압력이 발생되는 폭발형태로서 원인계와 생성계가 다르다.
  (예 : 가스폭발, 분진폭발, 분해폭발, 산화폭발 등)

13. 과잉 공기가 너무 많을 때 발생하는 현상으로 옳은 것은?

① 이산화탄소 비율이 많아진다.
② 연소 온도가 높아진다.
③ 보일러 효율이 높아진다.
④ 배기가스의 열손실이 많아진다.

【해설】(2015-2회-10번 기출반복)
- 연소 시 **과잉공기량이 많아지면** 공기 중 산소와의 접촉이 용이하게 되어 불완전연소물의 발생이 적어지고, 배기가스량의 증가로 **배기가스의 열손실이 많아진다.**

14. 연료 중에 회분이 많을 경우 연소에 미치는 영향으로 옳은 것은?

① 발열량이 증가한다.
② 연소상태가 고르게 된다.
③ 클링커의 발생으로 통풍을 방해한다.
④ 완전연소되어 잔류물을 남기지 않는다.

【해설】(2016-4회-8번 기출반복)
① 연료 중에 회분이 많아지면 가연성분인 C가 적어지므로 발열량이 감소한다.
② 연소상태가 불안정하게 된다.
❸ 클링커란 연료 중 회분인 재가 녹아서 굳어진 것을 말하는데, 고체연료의 경우 클링커가 발생되면 화격자의 간격을 막아 통풍저항을 증가시킨다.
④ 불완전연소로 인해 잔류물이 많이 남는다.

15. 연소 배기가스량의 계산식(Nm^3/kg)으로 틀린 것은?
    (단, 습연소가스량 V, 건연소가스량 V′, 공기비 m, 이론공기량 A이고,
    H, O, N, C, S는 원소, W는 수분이다.)

① V = mA + 5.6H + 0.7O + 0.8N + 1.25W
② V = (m - 0.21)A + 1.87C + 11.2H + 0.7S + 0.8N + 1.25W
③ V′ = mA - 5.6H - 0.7O + 0.8N
④ V′ = (m - 0.21)A + 1.87C + 0.7S + 0.8N

【해설】(2013-2회-4번 기출유사)
- 실제건연소가스량 G_d = 이론건연소가스량 + 과잉공기량
    = 이론공기중의 질소량 + 연소생성물(수증기는 제외) + 과잉공기량
    = (m - 0.21)A_0 + 1.867C + 0.7S + 0.8N
    = mA_0 - 0.21A_0 + 1.867C + 0.7S + 0.8N
    = mA_0 - (1.867C + 5.6H - 0.7O + 0.7S) + 1.867C + 0.7S + 0.8N
    = mA_0 - 1.867C - 5.6H + 0.7O - 0.7S + 1.867C + 0.7S + 0.8N
    = mA_0 - 5.6H + 0.7O + 0.8N
- 실제습연소가스량 G_w = 이론습연소가스량 + 과잉공기량
    = 이론공기중의 질소량 + 연소생성물(수증기를 포함) + 과잉공기량
    = (m - 0.21)A_0 + 1.867C + 0.7S + 0.8N + 11.2H + 1.25W
    = mA_0 - (1.867C + 5.6H - 0.7O + 0.7S) + 1.867C + 0.7S + 0.8N + 11.2H + 1.25W
    = mA_0 - 1.867C - 5.6H + 0.7O - 0.7S + 1.867C + 0.7S + 0.8N + 11.2H + 1.25W
    = mA_0 + 5.6H + 0.7O + 0.8N + 1.25W

【참고】• 위 공식 표현의 변환에 사용된 이론공기량(A_0)과 이론산소량(O_0)의 관계식
    $A_0 = \dfrac{O_0}{0.21}$ 에서, 0.21A_0 = O_0 = 1.867C + 5.6(H - $\dfrac{O}{8}$) + 0.7S
    = 1.867C + 5.6H - 0.7O + 0.7S

16. 액체의 인화점에 영향을 미치는 요인으로 가장 거리가 먼 것은?

① 온도　　　② 압력　　　③ 발화지연시간　　　④ 용액의 농도

【해설】(2014-1회-4번 기출반복)
- 인화점이란 가연성 액체가 외부로부터 점화원(불꽃)을 접근시킬 때 연소범위 내의 가연성 증기를 만들어 불이 붙을 수 있는 최저의 액체온도를 말하며,
    ① 일반적으로 액체의 비중이 적을수록, 액체의 비점이 낮을수록, 액체의 온도가 높을수록 인화점은 낮아진다.
    ② 압력이 높아지면 증발이 어려워져서 비점이 높아지므로 인화점은 높아진다.
    ❸ 발화지연시간이란 어느 온도에서 가열하기 시작하여 발화에 이르끼까지의 시간을 말하며, 발화온도(발화점 또는, 착화점)에 영향을 미치는 요인이다.
    ④ 인화는 인화성액체가 증발하면서 생긴 가연성 증기와 공기가 만나서 이루어지는 것으로, 용액의 농도가 클수록 증기압이 낮아지므로 인화점은 높아진다.

17. 고부하의 연소설비에서 연료의 점화나 화염 안정화를 도모하고자 할 때 사용할 수 있는 장치로서 가장 적절하지 <u>않은</u> 것은?

① 분젠 버너
② 파일럿 버너
③ 플라즈마 버너
④ 스파크 플러그

【해설】 (2013-2회-6번 기출유사)

❶ 분젠(Bunsen) 버너는 가스연료를 연소하는데 필요한 공기의 대부분을 1차 공기로써 미리 가스에 혼합하여 놓고, 연소할 때 나머지 필요한 공기를 불꽃의 주위로부터 공급받아 연소케 하는 장치로서, 연료의 점화나 화염 안정화를 도모하고자 할 때 사용하는 고부하 연소설비에는 해당되지 않는다.

18. 연소 생성물(CO_2, N_2) 등의 농도가 높아지면 연소속도에 미치는 영향은?

① 연소속도가 빨라진다.
② 연소속도가 저하된다.
③ 연소속도가 변화없다.
④ 처음에는 저하되나, 나중에는 빨라진다.

【해설】 (2008-2회-5번 기출반복)

• 연소는 연료의 산화에 의한 발열반응이므로 연소속도란 산화하는 속도라 할 수 있는데, 연료에 접하여 공기가 공급되고 연소가 시작되면 연소로 인하여 생성된 물질(CO_2, N_2, H_2O) 등의 농도가 높아지면 연료와 산소와의 접촉이 방해되므로 **연소속도가 저하된다**.

19. 열정산을 할 때 입열 항에 해당하지 <u>않는</u> 것은?

① 연료의 연소열
② 연료의 현열
③ 공기의 현열
④ 발생 증기열

【해설】 (2016-4회-89번 기출유사)

※ 보일러 열정산 시 입·출열 항목의 구별.

• 입열항목   암기법 : 연(발,현) 공급증
  - 연료의 발열량(연소열), 연료의 현열, 연소용 공기의 현열, 급수의 현열, 공급증기 보유열
• 출열항목   암기법 : 증,손(배불방미기)
  - 증기보유열량(**발생증기열**), 손실열 (배기가스, 불완전연소, 방열, 미연소, 기타)

17-①   18-②   19-④

20. $1\,Nm^3$의 메탄가스를 공기를 사용하여 연소시킬 때 이론 연소온도는 약 몇 ℃ 인가? (단, 대기 온도 15℃이고, 메탄가스의 고발열량은 $39767\,kJ/Nm^3$ 이고, 물의 증발잠열은 $2017.7\,kJ/Nm^3$ 이고, 연소가스의 평균정압비열은 $1.423\,kJ/Nm^3 \cdot ℃$ 이다.)

① 2387   ② 2402
③ 2417   ④ 2432

【해설】 (2013-2회-4번 기출유사)
- 이론 연소온도(또는, 이론 화염온도)는 연료를 이론공기량으로 완전연소 시킬 때 화염이 도달할 수 있는 최고온도를 이론 연소온도 또는 이론 화염온도라 하는데, 기준온도제시가 없을 때는 0℃로 하고, 기준온도(t_0)제시가 있을 때는 제시된 온도를 대입하여 계산한다.
- 저위발열량(H_ℓ) = 연소가스열량(Q_g)

$$= C_g \cdot G \cdot \Delta t_g = C_g \cdot G \cdot (t_g - t_0)$$

이론연소온도 $t_g = \dfrac{H_\ell}{C_g \cdot G} + t_0$

한편, 메탄(CH₄)의 저위발열량(H_ℓ) = 고위발열량(H_h) − 물의 증발잠열(R_w)
  = 고위발열량(H_h) − 2H₂O
  = $39767\,kJ/Nm^3$ − $2 \times 2017.7\,kJ/Nm^3$
  = $35731.6\,kJ/Nm^3_{-연료}$

한편, 연소가스량(G)을 구해야 하므로,

탄화수소의 완전연소반응식 $C_mH_n + \left(m + \dfrac{n}{4}\right)O_2 \rightarrow m\,CO_2 + \dfrac{n}{2}H_2O$

  CH₄ + 2O₂ → CO₂ + 2H₂O
  $(1\,Nm^3)$ $(2\,Nm^3)$ $(1\,Nm^3)$ $(2\,Nm^3)$

$G = G_w$ = 이론공기량중 질소량(N₂) + 생성된 CO₂ + 생성된 H₂O
  = $0.79\,A_0$ + 생성된 CO₂ + 생성된 H₂O
  = $0.79 \times \dfrac{O_0}{0.21}$ + 생성된 CO₂ + 생성된 H₂O
  = $0.79 \times \dfrac{2}{0.21}$ + 1 + 2
  = $10.5238\,Nm^3/Nm^3_{-연료}$

∴ 이론연소온도 $t_g = \dfrac{H_\ell}{C_g \cdot G} + t_0$

$= \dfrac{35731.6\,kJ/Nm^3_{-연료}}{1.423\,kJ/Nm^3 \cdot ℃ \times 10.5238\,Nm^3/Nm^3_{-연료}} + 15\,℃$

= 2401.02 ≒ 2402 ℃

| 제2과목 | 열역학 |

21. 초기온도가 20℃인 암모니아(NH_3) 3 kg을 정적과정으로 가열시킬 때, 엔트로피가 1.255 kJ/K만큼 증가하는 경우 가열량은 약 몇 kJ 인가?
(단, 암모니아 정적비열은 1.56 kJ/(kg · K) 이다.)

① 62.2 ② 101 ③ 238 ④ 422

【해설】(2017-1회-23번 기출유사) 　　　　　　　　　암기법 : 브티알(VTR) 보자

- 정적과정일 경우 엔트로피 변화량 공식 $\Delta S = C_V \cdot \ln\left(\dfrac{T_2}{T_1}\right) \times m$

  $1.255 \text{ kJ/K} = 1.56 \text{ kJ/kg·K} \times \ln\left(\dfrac{T_2}{273+20}\right) \times 3 \text{ kg}$

  ∴ 가열한 후의 온도 $T_2 = 383.11$ K

  열역학 제1법칙의 전달열량(가열량) $dQ = dU + P \cdot dV$ 에서, 정적과정이므로 $dV = 0$ 이다.
  $dQ = dU = C_V \cdot dT \times m$
  　　　　$= C_V (T_2 - T_1) \times m$
  　　　　$= 1.56 \text{ kJ/kg·K} \times (383.11 - 293)\text{K} \times 3 \text{ kg}$
  　　　　$= 421.71 \text{ kJ} ≒ 422 \text{ kJ}$

22. 압력 100 kPa, 체적 3 m³인 이상기체가 등엔트로피 과정을 통하여 체적이 2 m³으로 변하였다. 이 과정 중에 기체가 한 일은 약 몇 kJ 인가?
(단, 기체상수는 0.488 kJ/(kg · K), 정적비열은 1.642 kJ/(kg · K) 이다.)

① -113 ② -129 ③ -137 ④ -143

【해설】(2012-2회-37번 기출유사)

- 열역학 제1법칙(에너지보존)에 의하면 $dQ = dU + W$ 에서,
  단열($dQ = 0$, 등엔트로피)과정이므로 $0 = dU + W$
  ∴ 기체가 한 일 $W = -dU = -C_v \cdot dT = -C_v \cdot (T_2 - T_1)$
  한편, 기체의 단위질량당의 상태방정식 $P_1 V_1 = mRT_1$ 에서

  처음온도 $T_1 = \dfrac{P_1 V_1}{mR} = \dfrac{100 \, kPa \times 3 \, m^3}{1 \, kg \times 0.488 \, kJ/kg \cdot K} ≒ 614.75$ K

  한편, 비열비 $k = \dfrac{C_p}{C_v} = \dfrac{C_v + R}{C_v} = \dfrac{1.642 + 0.488}{1.642} ≒ 1.297$

  한편, 단열과정의 TV 관계 공식 $T_1 \cdot V_1^{k-1} = T_2 \cdot V_2^{k-1}$ 에서
  　　　　$614.75 \text{ K} \times 3^{1.297-1} = T_2 \times 2^{1.297-1}$
  　　　　나중온도 $T_2 ≒ 693.42$ K

  따라서, $W = -C_v \cdot (T_2 - T_1) \times m$
  　　　　$= -1.642 \text{ kJ/kg·K} \times (693.42 - 614.75)\text{K} \times 1 \text{ kg}$
  　　　　$= -129.17 \text{ kJ} ≒ \mathbf{-129 \text{ kJ}}$ 즉, 기체가 외부로부터 받은 압축일이므로 (-)로 표시됨.

23. 밀도가 800 kg/m³인 액체와 비체적이 0.0015 m³/kg인 액체를 질량비 1 : 1로 잘 섞으면 혼합액의 밀도는 약 몇 kg/m³ 인가?

① 721 ② 727 ③ 733 ④ 739

【해설】(2015-2회-28번 기출반복)

- 액체(2)의 밀도 $\rho_2 = \dfrac{1}{v_2(비체적)} = \dfrac{1}{0.0015\ kg/m^3} = \dfrac{2000}{3}\ kg/m^3$

  한편, 액체 1 kg의 부피는 각각 $V_1 = \dfrac{1}{800}\ m^3$, $V_2 = \dfrac{3}{2000}\ m^3$ 이므로

∴ 혼합액의 밀도 $\rho_t = \dfrac{m_t}{V_t} = \dfrac{m_1 + m_2}{V_1 + V_2} = \dfrac{1\ kg + 1\ kg}{\dfrac{1}{800}\ m^3 + \dfrac{3}{2000}\ m^3} ≒ 727\ kg/m^3$

24. 성능계수(COP)가 2.5인 냉동기가 있다. 15 냉동톤(refrigeration ton)의 냉동용량을 얻기 위해서 냉동기에 공급해야할 동력(kW)은?
(단, 1 냉동톤은 3.861 kW 이다.)

① 20.5 ② 23.2 ③ 27.5 ④ 29.7

【해설】(2013-4회-30번 기출반복)

- 냉동기의 성능계수 $COP = \dfrac{Q_2}{W_c}\left(\dfrac{냉동능력}{압축기의\ 소요동력}\right)$

  $2.5 = \dfrac{15\ RT}{W_c} = \dfrac{15\ RT \times \dfrac{3.861\ kW}{1\ RT}}{W_c}$

∴ 소요동력(W_c) = 23.16 kW ≒ 23.2 kW

25. 동일한 압력에서 100 ℃, 3 kg의 수증기와 0 ℃, 3 kg의 물의 엔탈피 차이는 약 몇 kJ 인가?
(단, 물의 평균정압비열은 4.184 kJ/(kg·K)이고, 100 ℃에서 물의 증발잠열은 2250 kJ/kg 이다.)

① 8005 ② 2668 ③ 1918 ④ 638

【해설】(2015-4회-31번 기출반복)

- 수증기의 엔탈피 H = 현열 + 증발잠열
  = m·C_P·Δt + m·R
  = 3 kg × 4.184 kJ/kg·K × (100 - 0)K + 3 kg × 2250 kJ/kg
  = 8005.2 ≒ 8005 kJ

- 물의 엔탈피 기준은 0℃일 때 0 kJ로 한다.
  따라서, 수증기와 물의 엔탈피 차이는 8005 kJ - 0 kJ = 8005 kJ 이 된다.

26. 증기 압축 냉동사이클에서 압축기 입구의 엔탈피는 223 kJ/kg, 응축기 입구의 엔탈피는 268 kJ/kg, 증발기 입구의 엔탈피는 91 kJ/kg인 냉동기의 성적계수는 약 얼마인가?

① 1.8   ② 2.3   ③ 2.9   ④ 3.5

【해설】(2018-2회-30번 기출유사)

• 냉동기의 성적계수 COP $= \dfrac{q_2}{W_c}\left(\dfrac{냉동효과}{압축일량}\right) = \dfrac{h_1 - h_4}{h_2 - h_1} = \dfrac{223 - 91}{268 - 223} = 2.93 ≒ 2.9$

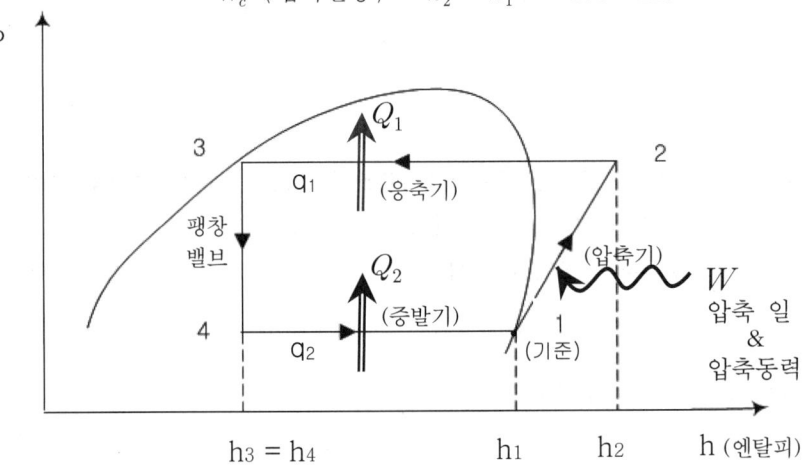

27. 다음과 관계있는 법칙은?

"계가 흡수한 열을 완전히 일로 전환할 수 있는 장치는 없다."

① 열역학 제3법칙   ② 열역학 제2법칙
③ 열역학 제1법칙   ④ 열역학 제0법칙

【해설】(2016-4회-32번 기출유사)

※ 열역학 제2법칙의 여러 가지 표현.
① 열은 고온의 물체에서 저온의 물체 쪽으로 자연적으로 흐른다.(즉, 열이동의 방향성)
② **제2종 영구기관(즉, 100 % 효율을 가진 열기관)** 은 제작이 불가능하다.
  ↳ 저열원에서 열을 흡수하여 움직이는 기관 또는 **공급받은 열을 모두 일로 바꾸는 가상적인 기관**을 말하며, 이것은 **열역학 제2법칙에 위배**되므로 그러한 기관은 존재 할 수 없다.
③ 고립된 계의 비가역변화는 엔트로피가 증가하는 방향(확률이 큰 방향, 무질서한 방향) 으로 진행한다.
④ 역학적에너지에 의한 일을 열에너지로 변환하는 것은 용이하지만, 열에너지를 일로 변환하는 것은 용이하지 못하다.

28. 압력 1 MPa, 온도 210 ℃인 증기는 어떤 상태의 증기인가?
(단, 1 MPa에서의 포화온도는 179 ℃ 이다.)

① 과열증기 ② 포화증기 ③ 건포화증기 ④ 습증기

【해설】(2010-2회-34번 기출반복)
- 정압하에서 건포화증기를 다시 가열하여 포화증기의 온도 이상이므로 온도, 체적이 증가된 **과열증기** 상태에 해당한다.

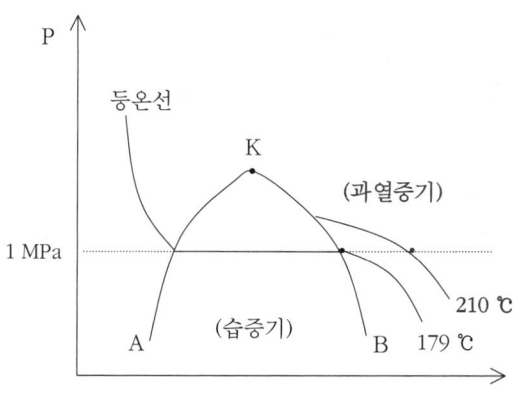

그림에서,
A-K : 포화액체선.(포화액, 포화수)
　K : 임계점
B-K : 건조포화증기선.(건포화증기, 포화증기)

29. 디젤 사이클로 작동되는 디젤 기관의 각 행정의 순서를 옳게 나타낸 것은?

① 단열압축 → 정적가열 → 단열팽창 → 정적방열
② 단열압축 → 정압가열 → 단열팽창 → 정압방열
③ 등온압축 → 정적가열 → 등온팽창 → 정적방열
④ 단열압축 → 정압가열 → 단열팽창 → 정적방열

【해설】(2016-1회-31번 기출반복)
- 사이클(cycle) 과정은 반드시 암기하고 있어야 한다.

암기법 : 단적단적한.. 내, 오디사 가(부러),예스 랭!
　　　　　　　　　　↳내연기관.　↳외연기관

오	단적~단적	오토	(단열압축-등적가열-단열팽창-등적방열)
디	단합~단적	디젤	(단열압축-등압가열-**단열팽창**-등**적**방열)
사	단적 합단적	사바테	(단열압축-등적가열-등압가열-단열팽창-등적방열)
가(부)	단합~단합.	가스터빈(브레이튼)	(단열압축-등압가열-단열팽창-등압방열)

암기법 : 가!~단합해

| 예 | 온합~온합 | 에릭슨 | (등온압축-등압가열-등온팽창-등압방열) |

암기법 : 예혼합.

| 스 | 온적~온적 | 스털링 | (등온압축-등적가열-등온팽창-등적방열) |

암기법 : 스탈린 온적있니?

| 랭킨 | 합단~합단 | 랭킨 | (등압가열-단열팽창-등압방열-단열압축) |
↳ 증기 원동소의 기본 사이클.

암기법 : 링컨 가랭이

30. 다음 사이클(cycle) 중 물과 수증기를 오가면서 동력을 발생시키는 플랜트에 적용하기 적합한 것은?

① 랭킨 사이클
② 오토 사이클
③ 디젤 사이클
④ 브레이턴 사이클

【해설】(2014-2회-27번 기출유사)
- 랭킨 사이클(또는, 증기원동소 사이클)
  - 연료의 연소열로 증기보일러를 이용하여 물에서 발생시킨 **수증기를 작동유체로** 하므로 증기 원동기라 부르며, 기계적 일로 바꾸기까지에는 부속장치(증기보일러, 터빈, 복수기, 급수펌프)가 포함되어야 하므로 증기원동소(蒸氣原動所)라고 부르게 된 것이다.

31. 카르노 사이클(Carnot cycle)로 작동하는 가역기관에서 650 ℃의 고열원으로부터 18830 kJ/min의 에너지를 공급받아 일을 하고 65 ℃의 저열원에 방열시킬 때 방열량은 약 몇 kW 인가?

① 1.92   ② 2.61   ③ 115.0   ④ 156.5

【해설】(2018-1회-27번 기출유사)

- 열효율 $\eta = \dfrac{W_{net}}{Q_1} = \dfrac{Q_1 - Q_2}{Q_1} = 1 - \dfrac{Q_2}{Q_1} = 1 - \dfrac{T_2}{T_1}$

  $\dfrac{W_{net}}{\dfrac{18830\,kJ}{60\sec}} = 1 - \dfrac{273 + 65}{273 + 650}$ 에서 방정식 계산기사용법을 이용하면

  열기관이 한 일 W_{net} = 198.90 ≒ 198.9 kW

  열기관이 고열원으로부터 공급받은 열량 $Q_1 = \dfrac{18830\,kJ}{60\sec}$ ≒ 313.8 kW

  따라서, 열역학 제1법칙(에너지보존)에 의하여 $Q_1 = Q_2 + W_{net}$ 에서
  저열원으로 방출한 열량 $Q_2 = Q_1 - W$
  = 313.8 kW - 198.9 kW
  = 114.9 kW ≒ **115.0 kW**

【참고】※ 열기관의 원리

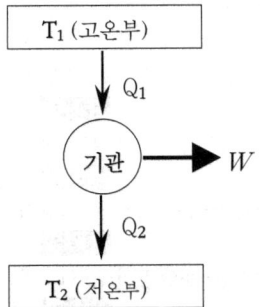

여기서 η : 열기관의 열효율
W_{net} : 열기관이 외부로 한 일
Q_1 : 고온부(T_1)에서 흡수한 열량
Q_2 : 저온부(T_2)로 방출한 열량

32. 오토(Otto)사이클을 온도-엔트로피(T - S) 선도로 표시하면 그림과 같다. 작동유체가 열을 방출하는 과정은?

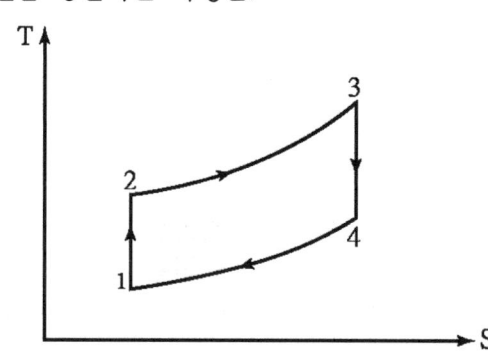

① 1→2과정 ② 2→3과정 ③ 3→4과정 ④ 4→1과정

【해설】 (2010-4회-32번 기출반복)

※ T - S 선도에서의 오토사이클

1→2 단열압축 : $W < 0$
　　　　　　(일을 소비하는 과정)

2→3 정적가열 : 연소

3→4 단열팽창 : $W > 0$
　　　　　　(일을 생산하는 과정)

4→1 정적방열 : 냉각

암기법 : 단적단적한 오디사

※ T - S 선도
암기법 : 적앞은 폴리단.(적압온 폴리단)

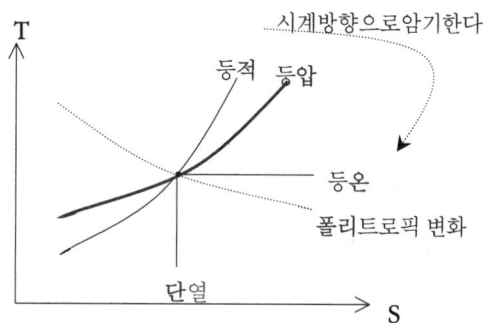

시계방향으로암기한다.

---

33. 반지름이 0.55 cm이고, 길이가 1.94 cm인 원통형 실린더 안에 어떤 기체가 들어있다. 이 기체의 질량이 8 g이라면, 실린더 안에 들어있는 기체의 밀도는 약 몇 g/cm³ 인가?

① 2.9　　② 3.7　　③ 4.3　　④ 5.1

【해설】 (2010-1회-54번 기출유사)　　　암기법 : 밀도는 하트(♡)다.

- 밀도 공식 $\rho = \dfrac{M}{V}\left(\dfrac{Mass\ 질량}{Volume\ 부피}\right) = \dfrac{M}{\pi r^2 \times l}$

$= \dfrac{8\,g}{\pi \times (0.55\,cm)^2 \times 1.94\,cm} = 4.33 ≒ 4.3\,g/cm^3$

32-④　33-③

34. 냉동기의 냉매로서 갖추어야 할 요구조건으로 옳지 <u>않은</u> 것은?

① 비체적이 커야 한다.
② 불활성이고 안정적이어야 한다.
③ 증발온도에서 높은 잠열을 가져야 한다.
④ 액체의 표면장력이 작아야 한다.

【해설】(2016-1회-26번 기출유사)

※ 냉매의 구비조건.

암기법 : 냉전증인임↑
암기법 : 압점표값과 비(비비)는 내린다↓

① 전열이 양호할 것. (전열이 양호한 순서 : NH_3 〉 H_2O 〉 Freon 〉 Air)
② 증발잠열이 클 것. (1 RT당 냉매순환량이 적어지므로 냉동효과가 증가된다.)
③ 인화점이 높을 것. (폭발성이 적어서 안정하다.)
④ 임계온도가 높을 것. (상온에서 비교적 저압으로도 응축이 용이하다.)
⑤ 상용압력범위가 낮을 것.
⑥ 점성도와 표면장력이 작아 순환동력이 적을 것.
⑦ 값이 싸고 구입이 쉬울 것.
❽ 비체적이 작을 것.(한편, 비중량이 크면 동일 냉매순환량에 대한 관경이 가늘어도 됨)
⑨ 비열비가 작을 것.
　(비열비가 작을수록 압축후의 토출가스 온도 상승이 적다)
⑩ 비등점이 낮을 것.
⑪ 금속 및 패킹재료에 대한 부식성이 적을 것.
⑫ 환경 친화적일 것.
⑬ 독성이 적을 것.

35. 1.5 MPa, 250 ℃의 공기 5 kg이 폴리트로픽 지수 1.3인 폴리트로픽 변화를 통해 팽창비가 5가 될 때까지 팽창하였다. 이 때 내부에너지의 변화는 약 몇 kJ 인가? (단, 공기의 정적비열은 0.72 kJ/(kg · K) 이다.)

① -1002　　② -721　　③ -144　　④ -72

【해설】(2010-2회-26번 기출유사)

$$\Delta U = U_2 - U_1 = m\,C_v \int_1^2 dT = m\,C_v(T_2 - T_1) = m\,C_v\,dT = m\,C_v(T_2 - T_1)$$

한편, $PV^n = C$(일정)은 폴리트로픽 변화이므로

T-V 관계방정식은 $\left(\dfrac{T_1}{T_2}\right)^{\frac{1}{n-1}} = \left(\dfrac{V_2}{V_1}\right)$ 한편, 팽창비가 5 이므로 $V_2 = 5\,V_1$

$\left(\dfrac{273 + 250}{T_2}\right)^{\frac{1}{1.3-1}} = 5$

∴ T_2 = 322.7 K 가 된다.

ΔU = 5 kg × 0.72 kJ/kg · K × (322.7 − 523)K
　　= −721.08 kJ ≒ **−721 kJ**

36. 다음 과정 중 가역적인 과정이 아닌 것은?

① 과정은 어느 방향으로나 진행될 수 있다.
② 마찰을 수반하지 않아 마찰로 인한 손실이 없다.
③ 변화 경로의 어느 점에서도 역학적, 열적, 화학적 등의 모든 평형을 유지하면서 주위에 어떠한 영향도 남기지 않는다.
④ 과정은 이를 조절하는 값을 무한소만큼씩 변화시켜도 역행할 수는 없다.

【해설】(2014-4회-27번 기출유사)
- 가역적 과정 : 외부에 어떤 변화도 남기지 않고 원래의 상태로 되돌아갈 수 있는 변화로서, 그 과정은 어느 방향으로나 진행될 수 있으며 작용 물체는 전 과정을 통하여 변화 경로의 어느 점에서도 역학적, 열적, 화학적 등의 모든 평형상태를 항상 유지하면서 주위에 어떠한 영향도 남기지 않는다.
- 비가역적 과정 : 실제로는 공기의 저항이나 마찰 등에 의해 외부에 어떤 변화도 남기지 않고는 원래의 상태로 되돌아갈 수 없는 변화로서, 그 과정은 이를 조절하는 값을 무한소만큼씩 변화시켜도 역행할 수는 없다.

37. 80 ℃의 물 100 kg과 50 ℃의 물 50 kg을 혼합한 물의 온도는 약 몇 ℃ 인가? (단, 물의 비열은 일정하다.)

① 70　　　② 65　　　③ 60　　　④ 55

【해설】(2019-1회-80번 기출유사)　　　　　　　　　　　암기법 : 큐는 씨암탉
- 열량보존의 법칙에 의해 혼합한 후의 열평형시 물의 온도를 t_x라 두고, 고온의 물체가 잃은 열량(Q_1) = 저온의 물체가 얻은 열량(Q_2) 으로 계산한다.
$$C \cdot m_1 \cdot \Delta t_1 = C \cdot m_2 \cdot \Delta t_2$$
$$C \cdot m_1 \cdot (t_1 - t_x) = C \cdot m_2 \cdot (t_x - t_2)$$
$$100 \times (80 - t_x) = 50 \times (t_x - 50)$$
∴ 혼합한 물의 온도 t_x = 70 ℃

38. 이상적인 가역 단열변화에서 엔트로피는 어떻게 되는가?

① 감소한다.　　　　　　　　② 증가한다.
③ 변하지 않는다.　　　　　　④ 감소하다 증가한다.

【해설】(2010-2회-36번 기출반복)
- 단열(dQ = 0)변화이므로, 엔트로피변화 $dS = \dfrac{dQ}{T} = 0$
(즉, 엔트로피는 변하지 않는다, 등엔트로피 과정이다.)

39. 수증기를 사용하는 기본 랭킨사이클에서 응축기의 압력을 낮출 경우 발생하는 현상에 대한 설명으로 옳지 않은 것은?

① 열이 방출되는 온도가 낮아진다.
② 열효율이 높아진다.
③ 터빈 날개의 부식 발생 우려가 커진다.
④ 터빈 출구에서 건도가 높아진다.

【해설】(2011-4회-34번 기출유사)

- 랭킨사이클의 이론적 열효율 공식. (여기서 1 : 급수펌프 입구를 기준으로 하였음)

  $\eta = \dfrac{W_{net}}{Q_1} = \dfrac{Q_1 - Q_2}{Q_1} = 1 - \dfrac{Q_2}{Q_1}$ 에서,

  초온, 초압(터빈 입구의 온도, 압력)이 높을수록 일에 해당하는 T-S선도의 면적이 커지므로 열효율이 증가하고, 배압(응축기 압력)이 낮을수록 방출열량이 적어지므로 열효율이 증가한다.
  ① 응축기에서 열이 방출되는 온도가 낮아진다.
  ② 유효일에 해당하는 T-S선도의 면적이 커지므로 이론 열효율이 높아진다.
  ③ 초압(터빈입구의 압력)을 높이거나 배압(응축기 또는 복수기의 압력)을 낮출수록 열효율은 증가하지만, 터빈에서 팽창 중 증기의 건도가 낮아지게 되어 터빈 날개의 마모 및 부식 발생 우려가 커진다.
  ❹ 터빈 출구에서 습증기의 **건도가 낮아진다.**

40. 열역학 제1법칙은 기본적으로 무엇에 관한 내용인가?

① 열의 전달   ② 온도의 정의
③ 엔트로피의 정의   ④ 에너지의 보존

【해설】(2011-2회-29번 기출반복)

① **열역학 제 0 법칙** : 열적 평형의 법칙
   시스템 A가 시스템 B와 열적 평형을 이루고 동시에 시스템 C와도 열적평형을 이룰 때 시스템 B와 C의 온도는 동일하다.
② **열역학 제 1 법칙** : 에너지의 보존 법칙
   $Q_1 = Q_2 + W$
③ **열역학 제 2 법칙** : 열 이동의 법칙 또는 에너지전환 방향에 관한 법칙
   T_1(고온) → T_2(저온) 쪽으로 이동한다, $dS \geq 0$
④ **열역학 제 3 법칙** : 엔트로피의 절대값 정리.
   절대온도 0 K에서, $dS = 0$

제3과목 계측방법

41. 국제단위계(SI)를 분류한 것으로 옳지 않은 것은?

① 기본단위 　② 유도단위 　③ 보조단위 　④ 응용단위

【해설】(2017-2회-51번 기출유사)

• 계측기기의 SI(국제단위계) **기본단위**는 7 종류가 있다.　암기법 : mks mKc A

기호	m	kg	s	mol	K	cd	A
명칭	미터	킬로그램	초	몰	캘빈	칸델라	암페어
기본량	길이	질량	시간	물질량	절대온도	광도	전류

• **유도단위** : 기본단위의 조합에 의해서 유도되는 단위이다.
　　　　　(면적, 부피, 속도, 압력, 열량, 비열, 점도, 전기저항 등)
• **보조단위** : 기본단위와 유도단위의 사용상 편의를 위하여 정수배하여 표시한 단위이다.
　　　　　(℃, ℉ 등)
• **특수단위** : 기본단위, 유도단위, 보조단위로 계측할 수 없는 특수한 용도에 쓰이는 단위.
　　　　　(비중, 습도, 인장강도, 내화도, 굴절률 등)

42. 색온도계의 특징이 아닌 것은?

① 방사율의 영향이 크다.
② 광흡수에 영향이 적다.
③ 응답이 빠르다.
④ 구조가 복잡하며 주위로부터 빛 반사의 영향을 받는다.

【해설】(2015-2회-47번 기출반복)

❶ 비접촉식 온도계는 측정할 물체에서의 열방사 등을 이용하여 온도를 측정하는 방식이므로 피측정체 사이에 먼지, 가스, 연기 등의 영향을 받아서 방사율에 의한 보정을 필요로 한다. 그러나 색온도계는 발광체의 밝고 어두움을 이용하여 온도를 측정하므로, 다른 비접촉식 온도계보다 먼지나 연기 등의 흡수제에 영향을 거의 받지 않으므로 응답이 빠르고 방사율의 영향이 **적다**.

43. 다음 중 융해열을 측정할 수 있는 열량계는?

① 금속 열량계　　　　　　② 융커스형 열량계
③ 시차주사 열량계　　　　④ 디페닐에테르 열량계

【해설】❸ 시차주사 **열량계**(示差走査 熱量計, Differential Scanning Calorymeter)는 시료의 상전이에 필요한 잠열(융해열)을 측정할 수 있다.

41-④　42-①　43-③

44. 탄성 압력계에 속하지 않는 것은?

① 부자식 압력계　　　② 다이아프램 압력계
③ 벨로우즈식 압력계　④ 부르동관 압력계

【해설】(2007-1회-46번 기출반복)
❶ 부자식(또는, 플로트식)은 압력계가 아니라 액면계의 종류에 속한다.

【참고】• 탄성식 압력계의 종류별 압력 측정범위.　　　　　암기법 : 탄돈 벌다
　　　　－ 부르돈관식 〉 벨로스식 〉 다이어프램식

45. 다음 중 차압식 유량계가 아닌 것은?

① 플로우 노즐　　　② 로터미터
③ 오리피스미터　　④ 벤투리미터

【해설】(2019-1회-52번 기출유사)
❷ 로터미터는 차압식 유량계와는 달리 교축기구 차압을 일정하게 유지하고
　교축기구의 면적을 변화시켜서 유량을 측정하는 플로트형의 **면적식 유량계**이다.

【참고】• 간접 측정방식의 **차압식**(교축) 유량계 : **벤츄리식, 오리피스식, 플로우노즐식**이 있다.

46. 용적식 유량계에 대한 설명으로 틀린 것은?

① 측정유체의 맥동에 의한 영향이 적다.
② 점도가 높은 유량의 측정은 곤란하다.
③ 고형물의 혼입을 막기 위해 입구 측에 여과기가 필요하다.
④ 종류에는 오벌식, 루트식, 로터리피스톤식 등이 있다.

【해설】(2008-2회-41번 기출유사)
• 용적식 유량계는 일정한 용적을 가진 용기에 유체를 도입하게 되면 회전자의 회전에
　의한 회전수를 적산하여 유량을 측정하는 방식이다.
• 용적식 유량계의 종류로는 오벌 유량계, 루트식 유량계, 가스미터, 로터리-팬 유량계,
　로터리-피스톤식 유량계가 있다.
• 용적식 유량계의 특징.
　① 적산유량의 측정에 적합하므로, 적산치의 정도가 높다.(±0.2 ~ 0.5 %)
　❷ 도입되는 유체에 의한 힘으로 회전자가 회전하게 됨으로써 일반적으로 **점도가 높은
　　고점도 유체의 유량측정**에 사용된다.
　③ 측정 유체의 맥동에 의한 영향이 거의 없다.
　④ 내부에 회전자가 있으므로 구조가 다소 복잡하다.
　⑤ 설치는 간단하다.
　⑥ 고형물의 혼입을 막기 위하여 유량계 입구에는 반드시 스트레이너 필터를 설치한다.

47. 측온저항체의 구비조건으로 틀린 것은?

① 호환성이 있을 것
② 저항의 온도계수가 작을 것
③ 온도와 저항의 관계가 연속적일 것
④ 저항 값이 온도 이외의 조건에서 변하지 않을 것

【해설】 ※ 측온(測溫)저항체의 구비조건.
① 내열성이 있어야 하며, 호환성이 있어야 한다.
❷ 저항의 온도계수(α)가 커야 한다.
③ 온도와 저항의 관계가 연속적이며, 일정온도에서 일정한 저항값을 가져야 한다.
④ 물리, 화학적으로 규칙적이며, 저항값이 온도 이외의 조건에서 변하지 않아야 한다.

48. 비접촉식 온도측정 방법 중 가장 정확한 측정을 할 수 있으나 연속측정이나 자동제어에 응용할 수 없는 것은?

① 광고온계
② 방사온도계
③ 압력식 온도계
④ 열전대 온도계

【해설】 (2016-2회-59번 기출유사)
※ 비접촉식 온도계 중 **광고온계**의 특징.
① 700 ℃를 초과하는 고온의 물체에서 방사되는 에너지 중 육안으로 관측하므로 가시광선을 이용한다.
② 온도계 중에서 가장 높은 온도(700 ~ 3000℃)를 측정할 수 있으며 정도가 가장 높다.
③ 수동측정이므로 기록, 경보, **자동제어 및 연속측정이 불가능**하다.
④ 방사온도계보다 방사율에 의한 보정량이 적다.
   왜냐하면 피측온체와의 사이에 수증기, CO_2, 먼지 등의 영향을 적게 받는다.
⑤ 저온(700 ℃ 이하)의 물체 온도측정은 곤란하다.(저온에서는 발광에너지가 약하다.)

49. 화염 검출방식으로 가장 거리가 먼 것은?

① 화염의 열을 이용
② 화염의 빛을 이용
③ 화염의 색을 이용
④ 화염의 전기전도성을 이용

【해설】 (2016-2회-54번 기출반복)
※ 화염검출기의 종류
① 스택(Stack) 스위치 : 연소가스 화염의 **열**에 의한 바이메탈의 신축작용을 이용한다.
② 프레임 아이(Frame eye) : 연소 중에 발생하는 화염의 **발광**체를 이용한다.
③ 프레임 로드(Frame Rod) : 버너와 전극(로드)간에 교류전압을 가해 화염의 이온화에 의한 **도전**현상을 이용한 것으로서 가스연료 점화버너에 주로 사용한다.

47-②   48-①   49-③

50. 자동제어시스템의 입력신호에 따른 출력 변화의 설명으로 과도응답에 해당하는 것은?

① 1차보다 응답속도가 느린 지연요소
② 정상상태에 있는 계에 격한 변화의 입력을 가했을 때 생기는 출력의 변화
③ 입력변화에 따른 출력에 지연이 생겨 시간이 경과 후 어떤 일정한 값에 도달하는 요소
④ 정상상태에 있는 요소의 입력을 스텝형태로 변화할 때 출력이 새로운 값에 도달하는 스텝입력에 의한 출력의 변화 상태

【해설】 ① 2차 지연요소 ❷ 과도응답 ③ 1차 지연요소 ④ 스텝응답에 관한 설명이다.

51. 보일러의 계기에 나타난 압력이 $6\,kg/cm^2$이다. 이를 절대압력으로 표시할 때 가장 가까운 값은 몇 kg/cm^2 인가?

① 3 ② 5 ③ 6 ④ 7

【해설】 (2007-1회-45번 기출반복)　　　　　　　　　　　암기법 : 절대계
• 절대압력 = 대기압 + 게이지압(계기압력) = $1.0332\,kg/cm^2$ + $6\,kg/cm^2$ ≒ $7\,kg/cm^2$

52. 세라믹식 O_2계의 특징에 대한 설명으로 틀린 것은?

① 연속측정이 가능하며, 측정범위가 넓다.
② 측정부의 온도유지를 위해 온도 조절용 전기로가 필요하다.
③ 측정가스의 유량이나 설치장소 주위의 온도 변화에 의한 영향이 적다.
④ 저농도 가연성가스의 분석에 적합하고 대기오염관리 등에서 사용된다.

【해설】 (2015-2회-50번 기출반복)
• 지르코니아(ZrO_2, 산화지르코늄)를 원료로 하는 세라믹(ceramic)은 온도를 높여주면 산소이온만 통과시키는 성질을 이용하여 전기화학전지의 기전력을 측정함으로써 측정가스 중의 O_2 농도를 분석하는 방식이므로, 가연성가스가 포함되어 있으면 사용할 수 없다.

53. 화씨(°F)와 섭씨(℃)의 눈금이 같게 되는 온도는 몇 ℃ 인가?

① 40 ② 20 ③ -20 ④ -40

【해설】 (2014-2회-43번 기출반복)　　　　암기법 : 화씨는 오구씨보다 32살 많다
• 화씨온도(°F) = $\frac{9}{5}$℃ + 32 에서, 화씨온도 = 섭씨온도일 때의 온도를 x 라고 두면

$x = \frac{9}{5}x + 32$,　$\left(1 - \frac{9}{5}\right)x = 32$,　$-\frac{4}{5}x = 32$　∴ $x = -40$℃ = -40°F

54. 다음 중 파스칼의 원리를 가장 바르게 설명한 것은?

① 밀폐 용기 내의 액체에 압력을 가하면 압력은 모든 부분에 동일하게 전달된다.
② 밀폐 용기 내의 액체에 압력을 가하면 압력은 가한 점에만 전달된다.
③ 밀폐 용기 내의 액체에 압력을 가하면 압력은 가한 반대편으로만 전달된다.
④ 밀폐 용기 내의 액체에 압력을 가하면 압력은 가한 점으로부터 일정 간격을 두고 차등적으로 전달된다.

【해설】 (2011-1회-46번 기출반복)
 ❶ 파스칼(Pascal)의 원리.
  "정지상태의 유체 내부에 작용하는 압력은 작용하는 방향에 관계없이 어느 방향에서나 일정하게 작용하며, 각 작용면에 수직으로 전달된다."

55. 가스온도를 열전대 온도계를 써서 측정할 때 주의해야 할 사항으로 틀린 것은?

① 열전대는 측정하고자 하는 곳에 정확히 삽입하며 삽입된 구멍에 냉기가 들어가지 않게 한다.
② 주위의 고온체로부터의 복사열의 영향으로 인한 오차가 생기지 않도록 해야 한다.
③ 단자의 +, -를 보상도선의 -, +와 일치하도록 연결하여 감온부의 열팽창에 의한 오차가 발생하지 않도록 한다.
④ 보호관의 선택에 주의한다.

【해설】 (2015-2회-43번 기출반복)
 ❸ 단자의 +, -를 보상도선의 같은 극끼리인 +, -와 일치하도록 연결해야 한다.

56. 공기압식 조절계에 대한 설명으로 틀린 것은?

① 신호로 사용되는 공기압은 약 0.2 ~ 1.0 kg/cm² 이다.
② 관로저항으로 전송지연이 생길 수 있다.
③ 실용상 2000 m 이내에서는 전송지연이 없다.
④ 신호 공기압은 충분히 제습, 제진한 것이 요구된다.

【해설】 (2015-1회-51번 기출반복)
 ※ 공기압식 신호 전송방법   암기법 : 신호는 영희일
  ① 신호로 사용되는 공기압은 약 0.2 ~ 1.0 kg/cm²으로 공기 배관으로 전송된다.
  ② 공기는 압축성 유체이므로 관로저항에 의해 전송지연이 발생한다.
  ❸ 신호의 전송거리는 실용상 100 ~ 150 m 정도로 가장 짧은 것이 단점이다.
  ④ 신호 공기압은 충분히 제습, 제진한 것이 요구된다.

57. 전자유량계의 특징이 아닌 것은?

① 유속검출에 지연시간이 없다.
② 유체의 밀도와 점성의 영향을 받는다.
③ 유로에 장애물이 없고 압력손실, 이물질 부착의 염려가 없다.
④ 다른 물질이 섞여있거나 기포가 있는 액체도 측정이 가능하다.

【해설】(2014-4회-49번 기출반복)
전자식 유량계는 파이프 내에 흐르는 도전성의 유체에 직각방향으로 자기장을 형성시켜 주면 패러데이(Faraday)의 전자기유도 법칙에 의해 발생되는 유도기전력(E)으로 유량을 측정한다. (패러데이 법칙 : $E = Blv$) 따라서, 도전성 액체의 유량측정에만 쓰인다.
유로에 장애물이 없으므로 다른 유량계와는 달리 압력손실이 거의 없으며, 이물질의 부착 및 침식의 염려가 없으므로 높은 내식성을 유지할 수 있으며, **유체의 밀도와 점성의 영향을 받지 않으므로** 슬러지가 들어있거나 고점도 유체에 대하여도 측정이 가능하다.
또한, 검출의 시간지연이 없으므로 응답이 매우 빠른 특징이 있으며, 미소한 측정전압에 대하여 고성능 증폭기를 필요로 한다.

58. 다음 중 자동제어에서 미분동작을 설명한 것으로 가장 적절한 것은?

① 조절계의 출력 변화가 편차에 비례하는 동작
② 조절계의 출력 변화의 크기와 지속시간에 비례하는 동작
③ 조절계의 출력 변화가 편차의 변화 속도에 비례하는 동작
④ 조작량이 어떤 동작 신호의 값을 경계로 하여 완전히 전개 또는 전폐되는 동작

【해설】(2011-1회-54번 기출반복)
- Y는 출력변화, e는 편차라고 두면,
  ① 비례동작 $\left(Y = e \right)$ ② 적분동작 $\left(\dfrac{dY}{dt} = e \text{ 또는, } Y = \int e\, dt \right)$
  ❸ 미분동작 $\left(Y = \dfrac{de}{dt} \right)$ ④ 2위치 동작(On-Off 동작)

59. 일반적으로 오르자트 가스분석기로 어떤 가스를 분석할 수 있는가?

① CO_2, SO_2, CO
② CO_2, SO_2, O_2
③ SO_2, CO, O_2
④ CO_2, O_2, CO

【해설】(2018-4회-60번 기출유사)
※ 화학적 가스분석장치에는 헴펠식과 **오르사트식**이 있다.
- 헴펠 식 : 햄릿과 <u>이</u>(순신) → 탄 → 산 → 일 (여기서, 탄화수소 CmHn)
                  (K   S   피   구)
          수산화칼륨(KOH), 발열황산, 피로가놀, **염화제1구리** ← 흡수제
- 오르사트 식 : 이(CO_2) → 산(O_2) → 일(CO) 순서대로 선택적 흡수됨

60. 다음 중 화학적 가스 분석계에 해당하는 것은?

① 고체 흡수제를 이용하는 것
② 가스의 밀도와 점도를 이용하는 것
③ 흡수용액의 전기전도도를 이용하는 것
④ 가스의 자기적 성질을 이용하는 것

【해설】(2014-1회-45번 기출반복)
※ 가스분석계의 분류는 물질의 물리적, 화학적 성질에 따라 다음과 같이 분류한다.
[물리적 가스분석계]
- 가스의 밀도와 점도를 이용하는 것
- 흡수용액의 전기전도도를 이용하는 것
- 가스의 자기적 성질을 이용하는 것
- 가스의 열전도율을 이용하는 것
- 빛의 간섭을 이용하는 것
- 가스의 반응성을 이용하는 것
- 적외선의 흡수를 이용하는 것

[화학적 가스분석계]
- **고체 흡수제**를 이용하는 것
- 용액 흡수제를 이용하는 것

제4과목　　열설비재료 및 관계법규

61. 에너지이용 합리화법에 따른 양벌규정 사항에 해당되지 않는 것은?

① 에너지 저장시설의 보유 또는 저장의무의 부과 시 정당한 이유 없이 이를 거부하거나 이행하지 아니한 자
② 검사대상기기의 검사를 받지 아니한 자
③ 검사대상기기관리자를 선임하지 아니한 자
④ 공무원이 효율관리기자재 제조업자 사무소의 서류를 검사할 때 검사를 방해한 자

【해설】(2016-4회-63번 기출유사)　　　[에너지이용합리화법 제77조(양벌규정), 78조2항3.]
❹항은 벌금형을 부과하는 양벌규정 사항에 해당되지 않고, 1천만원의 '**과태료**'가 부과된다.

【참고】※ 위반행위에 해당하는 벌칙(징역, 벌금액) 암기법

2.2 - 에너지 저장, 수급 위반	이~이가 저 수위다.
1.1 - 검사대상기기 위반	한명 한명씩 검사대를 통과했다.
0.2 - 효율기자재 위반	영희가 효자다.
0.1 - 미선임, 미확인, 거부, 기피	영일은 미선과 거부기피를 먹었다.
0.05- 광고, 표시 위반	영오는 광고표시를 쭉~ 위반했다.

62. 에너지이용 합리화법에 따라 에너지사용의 제한 또는 금지에 관한 조정·명령, 그 밖에 필요한 조치를 위반한 에너지사용자에 대한 과태료 기준은?

① 300만원 이하
② 100만원 이하
③ 50만원 이하
④ 10만원 이하

【해설】 (2019-1회-63번 기출유사)
- 에너지사용의 제한 또는 금지에 관한 조정·명령, 그 밖에 필요한 조치를 위반한 자에게는 **3백만원** 이하의 과태료를 부과한다. [에너지이용합리화법 제78조(과태료) 4항.]

63. 에너지이용 합리화법에 따라 검사대상기기 관리대행기관으로 지정(변경지정)을 받으려는 자가 첨부하여 제출해야 하는 서류가 아닌 것은?

① 장비명세서
② 기술인력 명세서
③ 향후 3년 간의 안전관리대행 사업계획서
④ 변경사항을 증명할 수 있는 서류(변경지정의 경우만 해당)

【해설】 (2016-1회-69번 기출유사)
※ 검사대상기기 관리대행기관의 지정 신청시 제출서류
- 장비명세서 및 기술인력명세서 　[에너지이용합리화법 시행규칙 제31조의29 제3항.]
- 향후 1년 간의 안전관리대행 사업계획서
- 변경사항을 증명할 수 있는 서류(변경지정의 경우만 해당한다)

64. 에너지이용 합리화법에 따라 평균에너지소비효율의 산정방법에 대한 설명으로 틀린 것은?

① 기자재의 종류별 에너지소비효율의 산정방법은 산업통상자원부장관이 정하여 고시한다.
② 평균에너지소비효율은 $\dfrac{\text{기자재 판매량}}{\sum\left[\dfrac{\text{기자재 종류별 국내판매량}}{\text{기자재 종류별 에너지소비효율}}\right]}$ 이다.
③ 평균에너지소비효율의 개선기간은 개선명령을 받은 날부터 다음해 1월 31일까지로 한다.
④ 평균에너지소비효율의 개선명령을 받은 자는 개선명령을 받은 날부터 60일 이내에 개선명령 이행계획을 수립하여 제출하여야 한다.

【해설】 (2011-1회-66번 기출유사) 　[에너지이용합리화법 시행규칙 제12조]
❸ 평균에너지소비효율의 개선기간은 개선명령을 받은 날부터 다음 해 **12월 31일**까지로 한다.

65. 에너지법에 따른 지역에너지계획에 포함되어야 할 사항이 아닌 것은?

① 해당 지역에 대한 에너지 수급의 추이와 전망에 관한 사항
② 해당 지역에 대한 에너지의 안정적 공급을 위한 대책에 관한 사항
③ 해당 지역에 대한 에너지의 효율적 사용을 위한 기술개발에 관한 사항
④ 해당 지역에 대한 미활용 에너지원의 개발·사용을 위한 대책에 관한 사항

【해설】• 시·도지사는 "지역에너지계획"을 수립·시행하여야 한다. [에너지법 제7조 2항.]
❸ "에너지기술개발계획"에 포함되어야 할 사항에 해당된다. [에너지법 제11조 3항.]

66. 에너지이용 합리화법에 따라 소형 온수보일러의 적용범위에 대한 설명으로 옳은 것은? (단, 구멍탄용 온수보일러·축열식 전기보일러 및 가스사용량이 17 kg/h 이하인 가스용 온수보일러는 제외한다.)

① 전열면적이 10 m² 이하이며, 최고사용압력이 0.35 MPa이하의 온수를 발생하는 보일러
② 전열면적이 14 m² 이하이며, 최고사용압력이 0.35 MPa이하의 온수를 발생하는 보일러
③ 전열면적이 10 m² 이하이며, 최고사용압력이 0.45 MPa이하의 온수를 발생하는 보일러
④ 전열면적이 14 m² 이하이며, 최고사용압력이 0.45 MPa이하의 온수를 발생하는 보일러

【해설】(2009-4회-61번 기출반복) [에너지이용합리화법 시행규칙 별표1.]
• 열사용기자재의 품목인 소형 온수보일러의 적용범위는 전열면적이 14 m² 이하이며, 최고사용압력이 0.35 MPa 이하의 온수를 발생하는 것으로 한다.
(다만, 구멍탄용 온수보일러·축열식 전기보일러 및 가스사용량이 17 kg/h 이하인 가스용 온수보일러는 제외한다.)

67. 에너지이용 합리화법에 따라 산업통상자원부장관 또는 시·도지사가 한국에너지공단 이사장에게 위탁한 업무가 아닌 것은?

① 에너지사용계획의 검토
② 에너지절약전문기업의 등록
③ 냉난방온도의 유지·관리 여부에 대한 점검 및 실태 파악
④ 에너지이용 합리화 기본계획의 수립

【해설】(2015-1회-69번 기출유사) [에너지이용합리화법 시행령 제51조 1항 (업무의 위탁)]
❹ 산업통상자원부장관은 에너지를 합리적으로 이용하게 하기 위하여 에너지이용 합리화에 관한 기본계획을 수립하여야 한다. [에너지이용합리화법 제4조 1항.]

68. 에너지이용 합리화법에 따라 효율관리기자재의 제조업자는 효율관리시험기관으로부터 측정결과를 통보받은 날부터 며칠 이내에 그 측정결과를 한국에너지공단에 신고하여야 하는가?

① 15일   ② 30일   ③ 60일   ④ 90일

【해설】(2018-1회-69번 기출유사)   [에너지이용합리화법 시행령 시행규칙 제9조1항.]
- 효율관리기자재의 제조업자 또는 수입업자는 효율관리시험기관으로부터 측정결과를 통보받은 날 또는 자체측정을 완료한 날로부터 각각 **90일** 이내에 그 측정결과를 한국에너지공단에 신고하여야 한다.

69. 에너지이용 합리화법에 따라 온수발생 및 열매체를 가열하는 보일러의 용량은 몇 kW를 1 t/h로 구분하는가?

① 477.8   ② 581.5   ③ 697.8   ④ 789.5

【해설】(2013-2회-67번 기출반복)   [에너지이용합리화법 시행규칙 별표3의9.]
- 온수발생 및 열매체를 가열하는 보일러의 용량 산정은 **697.8 kW**를 1 ton/h로 본다.

【참고】
- 물 1 ton/h 의 증발잠열 = 1000 kg/h × 600 kcal/kg
  = 600,000 kcal/h
  = 600,000 kcal/h × $\dfrac{1\ kW}{860\ kcal/h}$ = 697.67 ≒ 697.8 kW

70. 다음은 에너지이용 합리화법에서의 보고 및 검사에 관한 내용이다. ⓐ, ⓑ에 들어갈 단어를 나열한 것으로 옳은 것은?

> 공단이사장 또는 검사기관의 장은 매달 검사대상기기의 검사 실적을 다음 달 (ⓐ)일까지 (ⓑ)에게 보고하여야 한다.

① ⓐ : 5,   ⓑ : 시·도지사
② ⓐ : 10,   ⓑ : 시·도지사
③ ⓐ : 5,   ⓑ : 산업통상자원부장관
④ ⓐ : 10,   ⓑ : 산업통상자원부장관

【해설】[에너지이용합리화법 시행규칙 제33조 (보고 및 검사 등) 3항.]
- 공단이사장 또는 검사기관의 장은 매달 검사대상기기의 검사 실적을 다음 달 **10일**까지 별지 제30호서식에 따라 작성하여 **시·도지사**에게 보고하여야 한다.
  다만, 검사 결과 불합격한 경우에는 즉시 그 검사 결과를 시·도지사에게 보고하여야 한다.

71. 소성이 균일하고 소성시간이 짧고 일반적으로 열효율이 좋으며 온도조절의 자동화가 쉬운 특징의 연속식 가마는?

① 터널 가마   ② 도염식 가마
③ 승염식 가마   ④ 도염식 둥근가마

【해설】(2015-4회-80번 기출유사)
- 터널요(Tunnel Kiln)는 가늘고 긴(70 ~ 100 m) 터널형의 가마로써, 피소성품을 실은 대차는 레일 위를 연소가스가 흐르는 방향과 반대로 진행하면서 예열 → 소성 → 냉각 과정을 거쳐 제품이 완성된다.
  장점으로는 소성시간이 짧고 소성이 균일화하며 온도조절이 용이하여 자동화가 쉬우며, 열효율이 높아서 연료가 절약되고, 연속공정이므로 대량생산이 가능하며 인건비·유지비가 적게 든다.
  단점으로는 제품이 연속적으로 처리되므로 생산량 조정이 곤란하여 다종 소량생산에는 부적당하다. 도자기를 구울 때 유약이 함유된 산화금속을 환원하기 위하여 가마 내부의 공기소통을 제한하고 연료를 많이 공급하여 산소가 부족한 상태인 환원염을 필요로 할 때에는 사용연료의 제한을 받으므로 전력소비가 크다.

【key】 • 불연속식 가마 - 횡염식, 승염식, 도염식 가마가 있다.   **암기법** : 불횡 승도

72. 실리카(silica) 전이특성에 대한 설명으로 옳은 것은?

① 규석(quartz)은 상온에서 가장 안정된 광물이며 상압에서 573℃ 이하 온도에서 안정된 형이다.
② 실리카(silica)의 결정형은 규석(quartz), 트리디마이트(tridymite), 크리스토발라이트(cristobalite), 카올린(kaoline)의 4가지 주형으로 구성된다.
③ 결정형이 바뀌는 것을 전이라고 하며 전이속도를 빠르게 작용토록 하는 성분을 광화제라 한다.
④ 크리스토발라이트(cristobalite)에서 용융실리카(fused silica)로 전이에 따른 부피변화 시 20 %가 수축한다.

【해설】(2016-2회-71번 기출반복)
- 석영 또는 규석(주성분 SiO_2, 실리카)은 상온에서 약 700℃까지의 온도범위에서 벽돌을 구성하는 광물상의 팽창이 크기 때문에 불안정하여 열충격에 대하여 상당히 취약하다. 반면에 700℃ 이상의 고온으로 가열하면 팽창계수가 적고 열충격에도 강한 결정모양으로 변화되는 것을 전이라고 부르는데, 저온형 전이와 고온형 전이가 있으며 중요한 것은 고온형 변태의 결정형이다.
  실리카(SiO_2)는 가열하면 결정구조에 전이가 일어나 팽창하게 되는데 전이속도가 완만한 완만형 전이와 전이속도가 급격한 β형 전이로 나뉜다.
  완만형 전이는 표면에서 시작되어 내부로 진행되며 전이속도를 빠르게 작용토록 하는 성분인 용제(溶劑, flux)나 **광화제**(鑛化劑)를 첨가하기도 하는데 광화제로는 일반적으로 생석회(CaO), 철분 등이 쓰인다. 고온형 전이가 되면 실리카(SiO_2)는 개방형 구조인 크리스토발라이트(Cristobalite), 트리디마이트(Tridymite), β-석영으로 되어 부피가 팽창하여 비중이 낮아진다.

73. 다음 중 MgO-SiO₂계 내화물은?

① 마그네시아질 내화물
② 돌로마이트질 내화물
③ 마그네시아-크롬질 내화물
④ 포스테라이트질 내화물

【해설】(2016-1회-70번 기출반복) 　　　　　암기법 : 염병할~ 포돌이 마크
　　※ 염기성 내화물의 종류.
　　　① 마그네시아질(Magnesite, MgO계)
　　　② 돌로마이트질(Dolomite, CaO-MgO계)
　　　③ 마그네시아-크롬질(Magnesite Chromite, MgO-Cr₂O₃계)
　　　❹ 포스테라이트질(Forsterite, MgO-SiO₂계)

74. 소성내화물의 제조공정으로 가장 적절한 것은?

① 분쇄 → 혼련 → 건조 → 성형 → 소성
② 분쇄 → 혼련 → 성형 → 건조 → 소성
③ 분쇄 → 건조 → 혼련 → 성형 → 소성
④ 분쇄 → 건조 → 성형 → 소성 → 혼련

【해설】(2017-4회-72번 기출반복)　　　　　　암기법 : 혼수성,건소
　❷ 일반적으로 소성 내화물의 제조는 내화원료 → 분쇄(粉碎) → 혼련(混鍊) → 수련(水鍊) → 성형(成形) → 건조(乾燥) → 소성(燒成) → 제품의 기본공정에 의해 제품이 완성된다.

75. 내화물에 대한 설명 중 틀린 것은?

① 샤모트질 벽돌은 카올린을 미리 SK10~14정도로 1차 소성하여 탈수 후 분쇄한 것으로서 고온에서 광물상을 안정화한 것이다.
② 제겔콘 22번의 내화도는 1530 ℃이며, 내화물은 제겔콘 26번 이상의 내화도를 가진 벽돌을 말한다.
③ 중성질 내화물은 고알루미나질, 탄소질, 탄화규소질, 크롬질 내화물이 있다.
④ 용융내화물은 원료를 일단 용융상태로 한 다음에 주조한 내화물이다.

【해설】(2015-4회-77번 기출반복)
　❷ 내화도는 독일공업규격에 따른 Seger cone(제겔콘) 26번 이상을 사용온도범위에 따라 SK 번호로 나타낸다.
　　SK 20번(1530 ℃), SK 26번(1580 ℃)으로, 21번~25번까지는 번호가 존재하지 않는다.

76. 내화물의 구비조건으로 틀린 것은?

① 사용온도에서 연화, 변형되지 않을 것
② 상온 및 사용온도에서 압축강도가 클 것
③ 열에 의한 팽창 수축이 클 것
④ 내마모성 및 내침식성을 가질 것

【해설】(2016-2회-72번 기출유사) 암기법 : 내화물차 강내 안 스내?↑, 변소(小)↓가야하는데..
 ※ 내화물 구비조건.
  ① 압축강도(압축에 대한 기계적 강도)가 클 것
  ② 내마모성, 내침식성이 클 것
  ③ 안정성이 클 것
  ④ 내열성 및 내스폴링성이 클 것
  ⑤ 열에 의한 변형이 적을 것.(열에 의한 팽창 수축이 적어야 한다.)

77. 파형노통에 대한 설명으로 틀린 것은?

① 강도가 크다.
② 제작비가 비싸다.
③ 스케일의 생성이 쉽다.
④ 열의 신축에 의한 탄력성이 나쁘다.

【해설】(2014-4회-73번 기출반복)
 • 파형노통은 평판의 금속판을 프레스에 눌러 파형으로 만든 것으로 평형노통에 비하여 장점으로는 열에 의한 신축에 대해서 탄력성이 좋으므로, 외압에 대한 강도가 크고 신축과 팽창이 용이하고 전열면적이 크다.
  단점으로는 스케일 생성이 쉬우며 제작이 어려워서 제작비가 비싸고 청소 및 검사가 어렵다.

78. 볼밸브의 특징에 대한 설명으로 틀린 것은?

① 유로가 배관과 같은 형상으로 유체의 저항이 적다.
② 밸브의 개폐가 쉽고 조작이 간편하여 자동조작밸브로 활용된다.
③ 이음쇠 구조가 없기 때문에 설치공간이 작아도 되며 보수가 쉽다.
④ 밸브대가 90° 회전하므로 패킹과의 원주방향 움직임이 크기 때문에 기밀성이 약하다.

【해설】(2013-4회-78번 기출반복)
 ❹ 볼(ball) 밸브는 구멍이 뚫리고 활동하는 공 모양의 몸체가 있는 밸브로서 밸브대(핸들)를 1/4 회전인 90°로 회전시켜 개폐하므로 개폐시간이 짧고 원주방향의 움직임이 작기 때문에 외부누설에 대해서 기밀성이 우수하다.

79. 보온재의 열전도율이 작아지는 조건으로 틀린 것은?

① 재료의 두께가 두꺼워야 한다.
② 재료의 온도가 낮아야 한다.
③ 재료의 밀도가 높아야 한다.
④ 재료내 기공이 작고 기공률이 커야 한다.

【해설】(2018-2회-79번 기출유사)　　　　　　　　암기법 : 열전도율 ∝ 온·습·밀·부
❸ 보온재의 열전도율(λ)은 재료의 온도, 습도, 밀도, 부피비중에 비례하므로, 보온재료의 밀도가 높을수록 열전도율이 커진다.

80. 제강 평로에서 채용되고 있는 배열회수 방법으로서 배기가스의 현열을 흡수하여 공기나 연료가스 예열에 이용될 수 있도록 한 장치는?

① 축열실　　　　　　　　　　　　② 환열기
③ 폐열 보일러　　　　　　　　　　④ 판형 열교환기

【해설】(2011-4회-79번 기출반복)
❶ 격자로 쌓은 내화벽돌로 이루어진 **축열실**은 고체를 고온으로 용해하는 공업용 평로(爐)에서 배출되는 배기가스 열량을 회수하여 연소용 공기의 예열(豫熱)이나 연료가스 예열에 이용하고자 설치한 열교환 장치이다.

제5과목　　　　　　　열설비설계

81. 최고사용압력이 3 MPa 이하인 수관보일러의 급수 수질에 대한 기준으로 옳은 것은?

① pH(25℃) :　8.0 ~ 9.5, 경도 : 0 mg CaCO₃/L, 용존산소 : 0.1 mg O/L 이하
② pH(25℃) :　10.5 ~ 11.0, 경도 : 2 mg CaCO₃/L, 용존산소 : 0.1 mg O/L 이하
③ pH(25℃) :　8.5 ~ 9.6, 경도 : 0 mg CaCO₃/L, 용존산소 : 0.007 mg O/L 이하
④ pH(25℃) :　8.5 ~ 9.6, 경도 : 2 mg CaCO₃/L, 용존산소 : 1 mg O/L 이하

【해설】(2018-1회-96번 기출유사)
❶ 수관식 보일러는 최고사용압력에 따라 다르게 적용되는데, 최고사용압력이 3 MPa 이하인 수관식 보일러의 급수 수질관리 기준 적정치는 약알칼리성인 pH 8.0 ~ 9.5 이며, 경도는 0 mg CaCO₃/L(ppm), 용존산소는 0.1 mg O/L(ppm) 이하이다.

82.
내경 800 mm이고, 최고사용압력이 12 kgf/cm²인 보일러의 동체를 설계하고자 한다. 세로이음에서 동체판의 두께(mm)는 얼마이어야 하는가?
(단, 강판의 인장강도는 35 kgf/mm², 안전계수는 5, 이음효율은 85 %, 부식여유는 1 mm로 한다.)

① 7   ② 8   ③ 9   ④ 10

【해설】(2014-2회-92번 기출유사) 　　　　　　　　　　　암기법 : 허전강↑

※ 파이프(원통) 설계시 압축강도 계산은 다음 식을 따른다. [관 및 밸브에 관한 규정.]

$$P \cdot D = 200\, \sigma \cdot (t - C) \times \eta$$

여기서, 압력단위(kg/cm²), 지름 및 두께의 단위(mm)인 것에 주의해야 한다.

한편, 허용응력 $\sigma = \dfrac{\sigma_a}{S} \left(\dfrac{인장강도}{안전계수}\right)$ 이므로,

$$P \cdot D = 200\, \dfrac{\sigma_a}{S} \cdot (t - C) \times \eta$$

$$12 \times 800 = 200 \times \dfrac{35}{5} \times (t - 1) \times 0.85$$

∴ t = 9.06 ≒ 9 mm

83.
보일러 전열면에서 연소가스가 1000 ℃로 유입하여 500 ℃로 나가며 보일러수의 온도는 210 ℃로 일정하다. 열관류율이 150 kcal/m²·h·℃일 때, 단위 면적당 열교환량(kcal/m²·h)은? (단, 대수평균온도차를 활용한다.)

① 21118   ② 46812   ③ 67135   ④ 74839

【해설】(2017-1회-99번 기출유사)　　　　　　　　　　　암기법 : 교관 온면

• 교환열 공식 $Q = K \cdot \Delta t_m \cdot A$ (여기서, Δt_m : 대수평균온도차)

$$\dfrac{Q}{A} = K \cdot \Delta t_m$$

$$= K \times \dfrac{\Delta t_1 - \Delta t_2}{\ln\left(\dfrac{\Delta t_1}{\Delta t_2}\right)} = 150\ \text{kcal/m}^2 \cdot h \cdot ℃ \times \dfrac{790 - 290}{\ln\left(\dfrac{790}{290}\right)} ℃$$

$$= 74838.9 ≒ 74839\ \text{kcal/m}^2 \cdot h$$

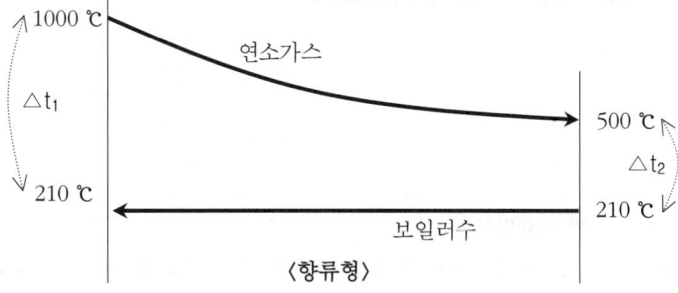
〈향류형〉

84. 맞대기 용접은 용접방법에 따라서 그루브를 만들어야 한다. 판의 두께가 50 mm 이상인 경우에 적합한 그루브의 형상은? (단, 자동용접은 제외한다.)

① V형   ② H형   ③ R형   ④ A형

【해설】(2016-4회-93번 기출반복)

※ 맞대기 용접이음은 접합하려는 강판의 두께에 따라 끝벌림(그루브)을 만들어야 한다.

판의 두께	그루브(Groove)의 형상
6 mm 이상 16 mm 이하	V형, R형 또는 J형
12 mm 이상 38 mm 이하	X형, K형, 양면 J형 또는 U형
19 mm 이상	H형

85. 육용강제 보일러에서 동체의 최소 두께로 틀린 것은?

① 안지름이 900 mm 이하의 것은 6 mm (단, 스테이를 부착할 경우)
② 안지름이 900 mm 초과 1350 mm 이하의 것은 8 mm
③ 안지름이 1350 mm 초과 1850 mm 이하의 것은 10 mm
④ 안지름이 1850 mm 초과하는 것은 12 mm

【해설】(2016-4회-84번 기출반복)

※ 육용 강제 보일러의 구조에 있어서 동체의 최소두께 기준.
  ❶ 안지름 900 mm 이하의 것은 6 mm(단, 스테이를 부착하는 경우는 8 mm로 한다.)
  ② 안지름이 900 mm를 초과 1350 mm 이하의 것은 8 mm
  ③ 안지름이 1350 mm 초과 1850 mm 이하의 것은 10 mm
  ④ 안지름이 1850 mm를 초과하는 것은 12 mm 이상

86. 다음 그림과 같은 V형 용접이음의 인장응력(σ)을 구하는 식은?

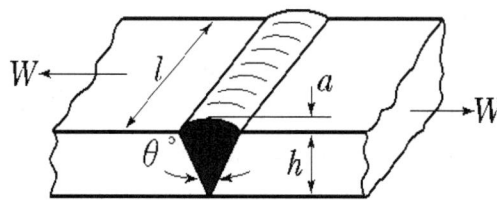

① $\sigma = \dfrac{W}{hl}$ ② $\sigma = \dfrac{2W}{hl}$

③ $\sigma = \dfrac{W}{ha}$ ④ $\sigma = \dfrac{W}{2hl}$

【해설】(2015-1회-84번 기출반복)

• 맞대기 용접이음의 강도계산 중 V형 이음의 경우, 하중 $W = \sigma \cdot h \cdot \ell$ 에서, $\sigma = \dfrac{W}{h\ell}$

87. 보일러의 형식에 따른 종류의 연결로 틀린 것은?

① 노통식 원통보일러 - 코르니시 보일러
② 노통연관식 원통보일러 - 라몽트 보일러
③ 자연순환식 수관보일러 - 다쿠마 보일러
④ 관류보일러 - 슐처 보일러

【해설】(2012-2회-99번 기출반복)
① 노통식 원통보일러 - 코르니시(Cornish) 보일러
❷ 강제순환식 수관보일러 - 라몽트(Lamont) 보일러   암기법 : 강제로 베라~
③ 자연순환식 수관보일러 - 다쿠마(Takuma) 보일러
④ 관류식 수관보일러 - 슐처(Sulzer) 보일러

【key】 "보일러의 형식에 따른 종류"는 2차 실기에서도 출제빈도수가 매우 높으므로 반드시 암기를 하고 있어야 한다.

① 원통형 보일러 (대용량 × , 보유수량 ○)   암기법 : 원수같은 특수보일러
    ㉠ 입형 보일러 - 코크란.   암기법 : 원일이는 입·코가 크다
    ㉡ 횡형 보일러   암기법 : 원일이 행은 노통과 연관이 있다 (횡)
        ⓐ 노통식 보일러
            - 랭커셔.(노통이 2개짜리), 코니쉬.(노통이 1개짜리)
            암기법 : 노랭코
        ⓑ 연관식 - 케와니(철도 기관차형)   암기법 : 연기 켁
        ⓒ 노통·연관식 - 패키지, 스카치, 로코모빌, 하우든 존슨, 보로돈카프스

② 수관식 보일러 (대용량 ○ , 보유수량 ×)   암기법 : 수자 강간 (관)
    ㉠ 자연순환식   암기법 : 자는 바·가·(야로)·다, 스네기찌
        (모두 다 일본식 발음을 닮았음.)
        - 바브콕, 가르베, 야로, 다꾸마,(주의 : 다우삼 아님!) 스네기찌
    ㉡ 강제순환식   암기법 : 강제로 베라~
        - 베록스, 라몬트.
    ㉢ 관류식   암기법 : 관류 람진과 벤슨이 앤모르게 슐처먹었다
        - 람진, 벤슨, 앤모스, 슐처 보일러

③ 특수 보일러   암기법 : 특수 열매전
    ㉠ 특수연료 보일러
        - 톱밥, 바크, 버개스
    ㉡ 열매체 보일러   암기법 : 열매 세모다수
        - 세큐리티, 모빌썸, 다우삼, 수은
    ㉢ 전기 보일러
        - 전극형, 저항형

88. 라미네이션의 재료가 외부로부터 강하게 열을 받아 소손되어 부풀어 오르는 현상을 무엇이라고 하는가?

① 크랙　　　　　② 압궤　　　　　③ 블리스터　　　　　④ 만곡

【해설】(2017-2회-89번 기출유사)
※ 보일러의 손상
① 응력부식균열이란 끊임없이 반복해서 응력을 받게 됨으로서 이음부분에 부식으로 인하여 균열(crack 크랙, 금)이 가는 현상을 말한다.
② 압궤란 노통이나 화실과 같은 원통 부분이 외측 압력에 견딜 수 없게 되어 짓눌려지는 현상으로서 압축응력을 받는 부위(노통상부면, 화실천정판, 연소실의 연관 등)에 발생한다.
❸ 블리스터(Blister)란 화염에 접촉하는 라미네이션의 재료 쪽이 외부로부터 강하게 열을 받아 소손되어 부풀어 오르는 현상을 말한다.
④ 만곡(彎曲)이란 연관이나 수관, 과열기 등이 과열(오버히트)에 의해 심하게 굽어버리는 손상을 말한다.
⑤ 팽출(Bulge, swelling)이란 동체, 수관, 겔로웨이관 등과 같이 인장응력을 받는 부분이 압력을 견딜 수 없게 되어 바깥쪽으로 볼록하게 부풀어 튀어나오는 현상을 말한다.
⑥ 라미네이션(Lamination)이란 보일러 강판이나 배관 재질의 두께 속에 제조 당시의 가스체 함입으로 인하여 두 장의 층을 형성하고 있는 것을 말한다.

89. 보일러수에 녹아있는 기체를 제거하는 탈기기가 제거하는 대표적인 용존 가스는?

① O_2　　　　　② H_2SO_4　　　　　③ H_2S　　　　　④ SO_2

【해설】(2015-2회-88번 기출반복)
• 탈기기(脫氣機)는 급수 중에 녹아 있는 기체인 O_2(산소)와 CO_2 등의 용존가스를 분리, 제거하는데 사용되는 장치이며, 주목적은 **산소(O_2) 제거**이다.

90. 보일러 연소량을 일정하게 하고 저부하 시 잉여증기를 축적시켰다가 갑작스런 부하변동이나 과부하 등에 대처하기 위해 사용되는 장치는?

① 탈기기　　　　　　　　② 인젝터
③ 재열기　　　　　　　　④ 어큐뮬레이터

【해설】(2015-4회-87번 기출반복)
① 탈기기 : 보일러수 속에 녹아있는 기체(O_2, CO_2)를 제거하는 급수처리 장치이다.
② 인젝터 : 폐열을 회수하여 보일러 급수를 가열하여 공급하는 보조 급수펌프이다.
③ 재열기 : 고압터빈에서 팽창이 끝난 증기가 응축되기 직전에 회수하여 재가열함으로서 과열증기를 만들어 저압터빈을 가동하는 장치이다.
❹ 어큐뮬레이터(Accumulator) : 용기 내부에 증기사용처의 온도 및 압력보다 높은 온도와 압력의 포화수를 저장하였다가, 저부하시 증기부하를 조절하는 용기이다.

91. 물의 탁도에 대한 설명으로 옳은 것은?

① 카올린 1 g이 증류수 1L 속에 들어 있을 때의 색과 같은 색을 가지는 물을 탁도 1도의 물이라 한다.
② 카올린 1 mg이 증류수 1L 속에 들어 있을 때의 색과 같은 색을 가지는 물을 탁도 1도의 물이라 한다.
③ 탄산칼슘 1 g이 증류수 1L 속에 들어 있을 때의 색과 같은 색을 가지는 물을 탁도 1도의 물이라 한다.
④ 탄산칼슘 1 mg이 증류수 1L 속에 들어 있을 때의 색과 같은 색을 가지는 물을 탁도 1도의 물이라 한다.

【해설】(2014-1회-84번 기출반복)
- 물의 탁도(Turbidity, 濁度)란 증류수 1L 속에 정제**카올린** 1mg을 함유하고 있는 색과 동일한 색의 물을 탁도 1의 물로 규정한다. (농도단위는 백만분율인 ppm을 사용한다.)
- ppm = mg/L = $\dfrac{10^{-3}g}{10^{-3}m^3}$ = g/m^3 = $\dfrac{g}{(10^2 cm)^3}$ = $\dfrac{1}{10^6}$ g/cm^3 = g/ton = mg/kg

92. 다음 급수펌프 종류 중 회전식 펌프는?

① 워싱턴펌프 ② 피스톤펌프
③ 플런저펌프 ④ 터빈펌프

【해설】(2015-1회-97번 기출유사)
- 원심식 펌프는 다수의 임펠러가 케이싱내에서 고속 회전을 하면 흡입관내에는 거의 진공상태가 되므로 물이 흡입되어 임펠러의 중심부로 들어가 회전하면 원심력에 의해 물에 에너지를 주고 속도에너지를 압력에너지로 변환시켜 토출구로 물이 방출된다.
- ※ 펌프의 종류 [암기법] : 왕, 워플웨. 피
  - 원심식(회전식) - 볼류트(Volute) 펌프, 터빈(Turbine) 펌프, 보어홀(Borehole) 펌프
  - 왕복식 - 워싱턴(Worthington) 펌프, 플런저(Plunger) 펌프, 웨어(Weir) 펌프, 피스톤(Piston) 펌프

93. 다음 보일러 부속장치와 연소가스의 접촉과정을 나타낸 것으로 가장 적합한 것은?

① 과열기 → 공기예열기 → 절탄기
② 절탄기 → 공기예열기 → 과열기
③ 과열기 → 절탄기 → 공기예열기
④ 공기예열기 → 절탄기 → 과열기

【해설】(2018-4회-82번 기출유사) [암기법] : 과 → 재 → 절 → 공
※ 폐열회수장치 순서(연소실에 가까운 곳으로부터) : **과**열기 → **재**열기 → **절**탄기 → **공**기예열기

94. 다음 중 보일러수를 pH 10.5 ~ 11.5의 약알칼리로 유지하는 주된 이유는?

① 첨가된 염산이 강재를 보호하기 때문에
② 보일러의 부식 및 스케일 부착을 방지하기 위하여
③ 과잉 알칼리성이 더 좋으나 약품이 많이 소요되므로 원가를 절약하기 위하여
④ 표면에 딱딱한 스케일이 생성되어 부식을 방지하기 때문에

【해설】(2016-2회-91번 기출반복)
- 보일러는 일반적으로 금속이므로, 고온의 물에 의한 강관의 부식은 pH 12 이상의 강알칼리에서 부식량이 최대가 된다. 따라서 pH가 12이상으로 높거나 이보다 훨씬 낮아도 부식성은 증가하게 되므로 보일러수 중에 적당량의 강알칼리인 수산화나트륨(NaOH)을 포함시켜 pH 10.5 ~ 11.5 정도의 약알칼리로 유지해줌으로써 연화되어 **보일러의 부식 및 스케일 부착을 방지**할 수 있다.

95. 노 앞과 연도 끝에 통풍 팬을 설치하여 노 내의 압력을 임의로 조절할 수 있는 방식은?

① 자연통풍식　　　　　　② 압입통풍식
③ 유인통풍식　　　　　　④ 평형통풍식

【해설】(2019-1회-3번 기출유사)
- **평형통풍** 방식은 노 앞의 압입통풍과 연도 끝에 흡입통풍을 병용한 것으로서 노 내의 압력을 정(+)압이나 부(-)압으로 임의로 조절할 수 있으므로, 항상 안정한 연소를 위한 조절이 쉬우며 통풍저항이 큰 중·대형의 보일러에 사용한다.
  단점으로는 통풍력이 커서 소음이 심하며 설비·유지비가 많이 든다.

96. 보일러의 전열면적이 10 m² 이상, 15 m² 미만인 경우 방출관의 안지름은 최소 몇 mm 이상이어야 하는가?

① 10　　　　② 20　　　　③ 30　　　　④ 50

【해설】(2010-4회-96번 기출반복)
※ 온수보일러에서 안전밸브 대신에 안전장치로 쓰이는 방출밸브 및 방출관은 전열면적에 비례하여 다음과 같은 크기로 하여야 한다.　　　　　　[관 및 밸브에 관한 규정.]

전열면적 (m²)	방출관의 안지름 (mm)
10 미만	25 이상
10 이상 ~ 15 미만	30 이상
15 이상 ~ 20 미만	40 이상
20 이상	50 이상

* 2차실기에 자주 출제 반복되므로, 암기법 : 전열면적(구간의)최대값 × 2 = 안지름 값↑

94-②　95-④　96-③

97. 직경 200 mm 철관을 이용하여 매분 1500 L의 물을 흘려보낼 때 철관 내의 유속(m/s)은?

① 0.59　　　② 0.79　　　③ 0.99　　　④ 1.19

【해설】(2015-2회-85번 기출반복)

- 체적유량 공식 $\dot{V} = A \cdot v = \dfrac{\pi D^2}{4} \times v$

$$\dfrac{1500\,L \times \dfrac{1\,m^3}{1000\,L}}{60\,\sec} = \dfrac{\pi \times (0.2\,m)^2}{4} \times v$$

∴ 유속 $v = 0.7957 ≒ 0.79\,m/s$

98. 랭카셔 보일러에 대한 설명으로 틀린 것은?

① 노통이 2개이다.
② 부하변동 시 압력변화가 적다.
③ 연관보일러에 비해 전열면적이 작고 효율이 낮다.
④ 급수처리가 까다롭고 가동 후 증기 발생시간이 길다.

【해설】(2011-4회-98번 기출반복)　　　　　　　　　　암기법 : 노랭코

❹ 원통형 보일러는 전열면적에 비해 수부가 커서 시동 후 증기발생시간이 길다.
즉, 보유수량이 많고 증기발생속도가 느리므로 수관식 보일러나 관류식 보일러의 철저한 급수처리에 비하여 원통형 보일러인 랭카셔(Lancashire) 보일러는 **급수처리가 까다롭지 않다.**

99. 표면 응축기의 외측에 증기를 보내며 관속에 물이 흐른다. 사용하는 강관의 내경이 30 mm, 두께가 2 mm이고 증기의 전열계수는 6000 kcal/m²·h·℃, 물의 전열계수는 2500 kcal/m²·h·℃ 이다. 강관의 열전도도가 35 kcal/m·h·℃일 때 총괄전열계수(kcal/m²·h·℃)는?

① 16　　　② 160　　　③ 1603　　　④ 16031

【해설】(2004-1회-81번 기출반복, 2015-2회-91번 기출유사)

- 다층벽에서의 총괄열전달계수(총괄전열계수 또는, 관류율)를 K 라고 두면,

$$K = \dfrac{1}{\sum R(\text{열저항})} = \dfrac{1}{\dfrac{1}{\alpha_{in}} + \sum \dfrac{d}{\lambda} + \dfrac{1}{\alpha_{out}}}$$

$$= \dfrac{1}{\dfrac{1}{2500} + \dfrac{0.002}{35} + \dfrac{1}{6000}}$$

$$= 1603.05 ≒ 1603\,kcal/m^2 \cdot h \cdot ℃$$

100. 부식 중 점식에 대한 설명으로 <u>틀린</u> 것은?

① 전기화학적으로 일어나는 부식이다.
② 국부부식으로서 그 진행상태가 느리다.
③ 보호피막이 파괴되었거나 고열을 받은 수열면 부분에 발생되기 쉽다.
④ 수중 용존산소를 제거하면 점식 발생을 방지할 수 있다.

【해설】 (2008-4회-90번 기출반복)

※ 보일러 내면 부식의 약 80 %를 차지하고 있는 "점식(點蝕, Pitting, 피팅)" 부식이란 보호피막을 이루던 산화철이 파괴되면서 보일러수 속에 함유된 O_2, CO_2의 전기화학적 작용에 의해 보일러 내면에 반점 모양의 구멍을 형성하는 촉수면의 **전체부식으로서 고온에서는 그 진행상태가 매우 빠르다.**

2019년 제4회 에너지관리기사
(2019. 9. 21. 시행)

평균점수

제1과목   연소공학

1. 배기가스 출구 연도에 댐퍼를 부착하는 주된 이유가 아닌 것은?

① 통풍력을 조절한다.
② 과잉공기를 조절한다.
③ 가스의 흐름을 차단한다.
④ 주연도, 부연도가 있는 경우에는 가스의 흐름을 바꾼다.

【해설】(2015-4회-10번 기출반복)
❷ 연소용 공기의 과잉공기 풍량 조절은 주로 **송풍기**(Fan)로 한다.

2. 도시가스의 조성을 조사하니 H_2 30 v%, CO 6 v%, CH_4 40 v%, CO_2 24 v% 이었다. 이 도시가스를 연소하기 위해 필요한 이론 산소량 보다 20 % 많게 공급했을 때 실제공기량은 약 몇 Nm^3/Nm^3 인가? (단, 공기 중 산소는 21 v% 이다.)

① 2.6   ② 3.6   ③ 4.6   ④ 5.6

【해설】(2010-1회-12번 기출반복)
기체연료의 조성 성분 중 연소되는 것만의 완전연소반응식을 써서 O_0를 먼저 구한다.

- $H_2 + \frac{1}{2}O_2 \rightarrow H_2O$
  ($1Nm^3$) ($0.5Nm^3$)

- $CO + \frac{1}{2}O_2 \rightarrow CO_2$
  ($1Nm^3$) ($0.5Nm^3$)

- $CH_4 + 2O_2 \rightarrow CO_2 + 2H_2O$
  ($1Nm^3$) ($2Nm^3$)

이론산소량 O_0 = (0.5 × 0.3) + (0.5 × 0.06) + (2 × 0.4) = 0.98 $Nm^3/Nm^3_{-연료}$

이론공기량 $A_0 = \dfrac{O_0}{0.21}$, 과잉공기가 20 % 이므로 공기비 m = 1.2 가 된다.

∴ 실제공기량 A = m · A_0 = 1.2 × $\dfrac{0.98}{0.21}$ = 5.6 $Nm^3/Nm^3_{-연료}$

1-② 2-④

3. A회사에 입하된 석탄의 성질을 조사하였더니 회분 6%, 수분 3%, 수소 5% 및 고위발열량이 6000 kcal/kg 이었다. 실제 사용할 때의 저위발열량은 약 몇 kcal/kg 인가?

① 3341　　　　② 4341　　　　③ 5712　　　　④ 6341

【해설】(2018-1회-19번 기출유사)
- 고체 및 액체연료의 고위・저위발열량(H_ℓ) 관계식을 이용해서 계산한다.
  $H_\ell = H_h - 600(9H + W)$ (kcal/kg)　여기서, H : 수소함량, W : 수분함량
  　　$= 6000 - 600(9 \times 0.05 + 0.03)$
  　　$= 5712$ kcal/kg

4. 액체연료의 미립화 방법이 아닌 것은?

① 고속기류　　　　　　　　② 충돌식
③ 와류식　　　　　　　　　④ 혼합식

【해설】(2012-4회-20번 기출반복)　　　　　　　　암기법 : 미진정, 고충와유~
　※ 액체연료의 미립화(무화) 방법의 종류
　① 진동식 : 음파 또는 초음파에 의해서 연료를 진동・분열시켜 무화시킨다.
　② 정전기식 : 연료에 고압 정전기를 통과시켜서 무화시킨다.
　③ 고속기류식(고압기류식, 이류체식) : 압축된 공기 또는 증기를 불어넣은 2유체 방식으로 무화시킨다.
　④ 충돌식 : 연료를 금속판에 고속으로 충돌시켜 무화시킨다.
　⑤ 와류식(회전식) : 고속 회전하는 컵이나 원반에 연료를 공급하여 원심력에 의해 무화시킨다.
　⑥ 유압식 : 펌프로 연료를 가압하여 노즐로 고속 분출시켜 무화시킨다.

5. 분무기로 노내에 분사된 연료에 연소용 공기를 유효하게 공급하여 연소를 좋게 하고, 확실한 착화와 화염의 안정을 도모하기 위해서 공기류를 적당히 조정하는 장치는?

① 자연통풍(Natural draft)
② 에어레지스터(Air register)
③ 압입 통풍 시스템(Forced draft system)
④ 유인 통풍 시스템Induced draft system)

【해설】(2015-4회-8번 기출유사)
　❷ 스테빌라이저(stabilizer) 또는 에어레지스터(air-register, 공기조절장치)
　　- 버너의 선단에 디퓨저(선회기)를 부착한 방식과 보염판을 부착한 방식이 있다.
　　　분무기로 노내에 분사된 연료에 공급된 연소용 공기를 버너의 선단에서 선회깃에 의하여 공기류의 유속방향을 적당히 조절함으로써 공기를 유효하게 공급하여 연소를 좋게 하고, 확실한 착화와 동시에 화염의 안정을 도모하는 보염장치이다.

6. 연소 배출가스 중 CO_2 함량을 분석하는 이유로 가장 거리가 먼 것은?

① 연소상태를 판단하기 위하여
② CO 농도를 판단하기 위하여
③ 공기비를 계산하기 위하여
④ 열효율을 높이기 위하여

【해설】(2012-4회-4번 기출반복)

연소 배출가스 분석결과 (O_2 농도, CO_2 농도, N_2 농도)를 이용하여 공기비를 계산함으로써, 연료에 공급되는 공기량의 과부족을 파악하여 손실열 감소 및 연소기기의 연료소비량을 줄일 수 있다.

7. 연료를 구성하는 가연원소로만 나열된 것은?

① 질소, 탄소, 산소
② 탄소, 질소, 불소
③ 탄소, 수소, 황
④ 질소, 수소, 황

【해설】(2016-4회-3번 기출유사)

❸ 연소란 연료 성분 중의 가연성 원소(C, H, S)가 공기 중의 산소와 화합하면서 빛과 열을 발생하는 현상을 말하며, 질소(N)는 불활성기체에 해당한다.

8. 다음 분진의 중력침강속도에 대한 설명으로 틀린 것은?

① 점도에 반비례한다.
② 밀도차에 반비례한다.
③ 중력가속도에 비례한다.
④ 입자직경의 제곱에 비례한다.

【해설】(2008-1회-5번 기출반복)

- 중력침강속도(또는, 분리속도) $v_g = \dfrac{\Delta\rho \cdot g \cdot d^2}{18\,\mu}$ 이므로,

  즉, 중력침강속도는 **밀도차(ρ)에 비례**하고, 중력가속도(g)에 비례하고, 입자직경(d)의 제곱에 비례하고, 점도(μ)에는 반비례한다.

9. 메탄(CH_4) 64 kg을 연소시킬 때 이론적으로 필요한 산소량은 몇 kmol 인가?

① 1
② 2
③ 4
④ 8

【해설】(2009-4회-20번 기출유사)

- 이론산소량은 탄화수소 기체연료의 연소반응식을 쓰면 알 수 있다.

  CH_4 + $2O_2$ → CO_2 + $2H_2O$
  (1 kmol)   (2 kmol)
  (16 kg)
  × 4배   × 4배
  ∴ 64 kg : 2 kmol × 4 = 8 kmol

10. 연소가스는 연돌에 200 ℃로 들어가서 30 ℃가 되어 대기로 방출된다. 배기가스가 일정한 속도를 가지려면 연돌 입구와 출구의 면적비를 어떻게 하여야 하는가?

① 1.56　　　② 1.93　　　③ 2.24　　　④ 3.02

【해설】(2011-1회-2번 기출유사)

- 연돌의 단면적 $A = \dfrac{\dot{V}(1 + \dfrac{1}{273}t)}{3600\,v}$ 에서, 배기가스의 유동속도(v)가 일정하므로,

  $A \propto 1 + \dfrac{1}{273}t$ 에 비례한다. 여기서, t : 연소가스 온도(℃)

  따라서, 입구와 출구의 면적비 $\dfrac{A_{입구}}{A_{출구}} \propto \dfrac{1 + \dfrac{1}{273} \times 200}{1 + \dfrac{1}{273} \times 30} = 1.561 ≒ 1.56$

【참고】
- 연돌은 상부로 갈수록 방열 등으로 인하여 배기가스의 온도 저하로 그 체적이 감소되므로 연돌의 상부 단면적이 하부 단면적보다 작아야 한다.

11. 다음 중 층류연소속도의 측정방법이 아닌 것은?

① 비누거품법　　　② 적하수은법
③ 슬롯노즐버너법　④ 평면화염버너법

【해설】(2010-1회-11번 기출반복)

※ 층류의 연소속도는 온도, 압력, 유속, 농도에 따라 결정된다.
- 비누거품법(Soap bubble method)
  - 비누방울이 연소의 진행으로 팽창되는 것을 이용하여 측정한다.
- 슬롯노즐 버너법(Slot nozzle Bunner method)
  - 노즐에 의해 혼합기 주위에 화염이 둘러싸여 있다.
- 평면화염 버너법(Flat flame Bunner method)
  - 혼합기에 유속을 일정하게 하여 유속으로 측정한다.
- 분젠 버너법(Bunsen Bunner method)
  - 버너 내부의 시간당 화염이 소비되는 체적을 이용하여 측정한다.

12. 화염 면이 벽면 사이를 통과할 때 화염 면에서의 발열량보다 벽면으로의 열손실이 더욱 커서 화염이 더 이상 진행하지 못하고 꺼지게 될 때 벽면 사이의 거리는?

① 소염거리　　　② 화염거리
③ 연소거리　　　④ 점화거리

【해설】● 화염 면이 평행한 벽면 사이를 통과할 때 화염 면에서의 발열량보다 벽면으로의 열복사 등에 의한 열손실이 더욱 커서, 열의 발생과 방출이 균형을 이룰 수 없기 때문에 화염이 더 이상 진행하지 못하고 꺼지게 될 때 벽면 사이의 거리를 "**소염거리**(消炎距離)"라 한다.

13. 액체연료의 유동점은 응고점보다 몇 ℃ 높은가?

① 1.5　　② 2.0　　③ 2.5　　④ 3.0

【해설】(2015-2회-11번 기출반복)　　　　　　　　　　암기법 : 6·25
- 일정한 조건 아래서 냉각하였을 때 유동할 수 있는 최저온도를 유동점이라 하는데, 액체연료의 유동점은 일반적으로 응고점보다 2.5 ℃ 높다.

14. 연료의 조성(wt%)이 다음과 같을 때의 고위발열량은 약 몇 kcal/kg 인가?
(단, C, H, S의 고위발열량은 각각 8100 kcal/kg, 34200 kcal/kg, 2500 kcal/kg 이다.)

> C : 47.20,　H : 3.96,　O : 8.36,　S : 2.79,　N : 0.61,
> H_2O : 14.54,　Ash : 22.54

① 4129　　② 4329　　③ 4890　　④ 4998

【해설】(2016-4회-4번 기출유사)　　암기법 : 씨팔일수세상이, 황이오
- 연료의 조성 중 유효수소(H)를 고려한 고위발열량(H_h) 계산식을 이용해야 한다.

$$H_h = 8100\,C + 34200\left(H - \frac{O}{8}\right) + 2500\,S \text{ [kcal/kg]}$$

$$= 8100 \times 0.472 + 34200\left(0.0396 - \frac{0.0836}{8}\right) + 2500 \times 0.0279$$

$$= 4889.88 ≒ 4890 \text{ kcal/kg}$$

15. 상온, 상압에서 프로판-공기의 가연성 혼합기체를 완전 연소시킬 때 프로판 1 kg을 연소시키기 위하여 공기는 몇 kg이 필요한가?
(단, 공기 중 산소는 23.15 wt% 이다.)

① 13.6　　② 15.7　　③ 17.3　　④ 19.2

【해설】(2013-1회-6번 기출반복)

C_3H_8 + $5O_2$ → $3CO_2$ + $4H_2O$　　　　암기법 : 3,4,5
(1 kmol)　(5 kmol)
44 kg　　(5 × 32 = 160 kg)

즉, 완전연소시 이론산소량 $O_0 = \dfrac{160\ kg_{-산소}}{44\ kg_{-연료}}$

∴ 이론공기량 $A_0 = \dfrac{O_0}{0.2315} = \dfrac{\frac{160}{44}}{0.2315} ≒ 15.7 \text{ kg/kg}_{-연료}$

16. 연돌 내의 배기가스 비중량 γ_1, 외기 비중량 γ_2, 연돌의 높이가 H일 때 연돌의 이론 통풍력(Z)을 구하는 식은?

① $Z = \dfrac{H}{\gamma_1 - \gamma_2}$
② $Z = \dfrac{\gamma_2 - \gamma_1}{H}$
③ $Z = \dfrac{\gamma_2 - 2\gamma_1}{2H}$
④ $Z = (\gamma_2 - \gamma_1) \times H$

【해설】(2015-1회-8번 기출유사)
- 통풍력 : 연돌(굴뚝)내의 배기가스와 연돌밖의 외부공기와의 밀도차(비중량차)에 의해 생기는 압력차를 말하며 단위는 mmAq를 쓴다.
- 이론통풍력 $Z = P_2 - P_1$
  $= (\gamma_2 - \gamma_1) \times H$
  여기서, P_2 : 굴뚝 외부공기의 압력
  P_1 : 굴뚝 하부(유입구)의 압력
  γ_2 : 외부공기의 비중량
  γ_1 : 배기가스의 비중량
  H : 굴뚝의 높이

17. 연소 시 배기가스량을 구하는 식으로 옳은 것은?
  (단, G : 배기가스량, G_0 : 이론배기가스량, A_0 : 이론공기량, m : 공기비이다.)

① $G = G_0 + (m-1)A_0$
② $G = G_0 + (m+1)A_0$
③ $G = G_0 - (m+1)A_0$
④ $G = G_0 + (1-m)A_0$

【해설】(2015-1회-18번 기출반복)
- 실제 배기가스량 G = 이론 배기가스량 + 과잉공기량
  $= G_0 + (m-1)A_0$
  여기서, G_0 = 질소량($0.79A_0$) + 생성된 연소가스량

18. 다음 연소범위에 대한 설명 중 틀린 것은?

① 연소 가능한 상한치와 하한치의 값을 가지고 있다.
② 연소에 필요한 혼합 가스의 농도를 말한다.
③ 연소 범위가 좁으면 좁을수록 위험하다.
④ 연소범위의 하한치가 낮을수록 위험도는 크다.

【해설】(2014-2회-19번 기출반복)
- 폭발 위험도 = $\dfrac{H - L}{L}$ 에서, 연소범위(폭발범위)가 넓을수록 위험도는 커진다.
  여기서, H : 폭발 상한계, 상한치(%)
  L : 폭발 하한계, 하한치(%)

16-④　17-①　18-③

19. 다음 중 연소효율(η_c)을 옳게 나타낸 식은?

(단, H_L : 저위발열량, L_i : 불완전연소에 따른 손실열,
L_c : 탄 찌꺼기 속의 미연탄소분에 의한 손실열이다.)

① $\dfrac{H_L - (L_c + L_i)}{H_L}$
② $\dfrac{H_L + (L_c - L_i)}{H_L}$
③ $\dfrac{H_L}{H_L + (L_c + L_i)}$
④ $\dfrac{H_L}{H_L - (L_c - L_i)}$

【해설】(2013-1회-7번 기출반복)　　　　　　　　　　　　　암기법 : 소발년↑

연소에 의한 열손실 중에서 L_i 와 L_c는 연료의 저위발열량(H_L) 일부가 실제로는 열로 변환되지 않은 것을 나타내고 있다.

- 연소효율 = $\dfrac{\text{연소열}}{\text{발열량}}$

　　　　= $\dfrac{\text{발열량} - (\text{연소에 의한}) \text{손실열}}{\text{발열량}}$

　　　　= $\dfrac{\text{발열량} - (\text{미연분에 의한손실} + \text{불완전연소에 의한 손실})}{\text{발열량}}$

20. 가연성 혼합가스의 폭발한계 측정에 영향을 주는 요소로 가장 거리가 먼 것은?

① 온도
② 산소농도
③ 점화에너지
④ 용기의 두께

【해설】(2013-2회-19번 기출반복)

※ 폭발한계의 측정에 영향을 주는 요소

- 폭발한계를 결정하기 위한 점화원은 충분한 에너지(**점화에너지**)가 필요하고, 하한계를 결정하기 위하여 필요한 점화에너지보다도 상한계를 결정하기 위한 점화에너지가 훨씬 더 크다.
- 혼합가스의 **온도**가 높아지면 폭발범위는 넓어진다.
- 측정용기의 **직경** : 폭발한계의 측정을 가는 관에서 하면 화염이 관벽에 냉각되어 소멸 되는 일도 있으므로 폭발범위가 좁혀지게 된다.
　　　　　　　 따라서 관벽의 영향이 없는 충분한 직경의 관이 필요하다.
- 혼합가스 중의 **산소농도**가 클수록 연소상한값이 커지므로 폭발범위는 넓어진다.
- 혼합가스의 **압력**이 높아지면 폭발하한값은 약간 낮아지나, 폭발상한값은 크게 높아지므로 고온,고압의 경우 폭발범위는 넓어지게 되어 위험도가 증가한다.

19-①　20-④

제2과목 열역학

21. 카르노 열기관이 600 K의 고열원과 300 K의 저열원 사이에서 작동하고 있다. 고열원으로부터 300 kJ의 열을 공급받을 때 기관이 하는 일(kJ)은 얼마인가?

① 150 ② 160 ③ 170 ④ 180

【해설】(2014-2회-13번 기출유사)

- 고열원과 저열원의 두 열저장소 사이에서 작동되는 가역사이클인 카르노사이클의 열효율(η_c)은 동작물질에 관계없으며, 두 열저장소의 온도만으로 결정된다.

$$\eta_c = \frac{W}{Q_1}\left(\frac{한\ 일}{공급열량}\right) = \frac{Q_1 - Q_2}{Q_1} = 1 - \frac{Q_2}{Q_1} = 1 - \frac{T_2}{T_1}$$

$$= 1 - \frac{300\ K}{600\ K} = 0.5 = 50\,\%$$

$\eta_c = \dfrac{W}{Q_1}$ 에 의하여 $0.5 = \dfrac{W}{300\ kJ}$ ∴ 외부에 하는 일 $W = 150\ kJ$

22. 표준 증기 압축식 냉동사이클의 주요 구성요소는 압축기, 팽창밸브, 응축기, 증발기이다. 냉동기가 동작할 때 작동 유체(냉매)의 흐름의 순서로 옳은 것은?

① 증발기 → 응축기 → 압축기 → 팽창밸브 → 증발기
② 증발기 → 압축기 → 팽창밸브 → 응축기 → 증발기
③ 증발기 → 응축기 → 팽창밸브 → 압축기 → 증발기
④ 증발기 → 압축기 → 응축기 → 팽창밸브 → 증발기

【해설】(2019-2회-26번 기출유사)   암기법 : 압→응→팽→증

※ 증기 압축식 냉동사이클의 P-h선도상의 경로 : **압축기 → 응축기 → 팽창밸브 → 증발기**

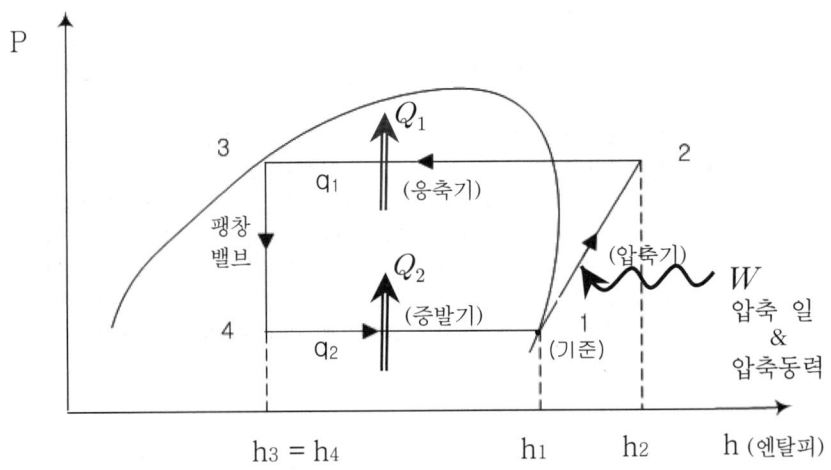

23. 랭킨 사이클로 작동되는 발전소의 효율을 높이려고 할 때 초압(터빈입구의 압력)과 배압(복수기 압력)은 어떻게 하여야 하는가?

① 초압과 배압 모두 올림 ② 초압은 올리고 배압을 낮춤
③ 초압은 낮추고 배압을 올림 ④ 초압과 배압 모두 낮춤

【해설】(2016-1회-23번 기출반복)

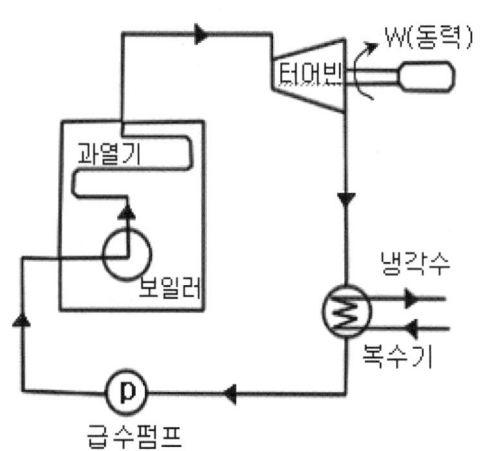
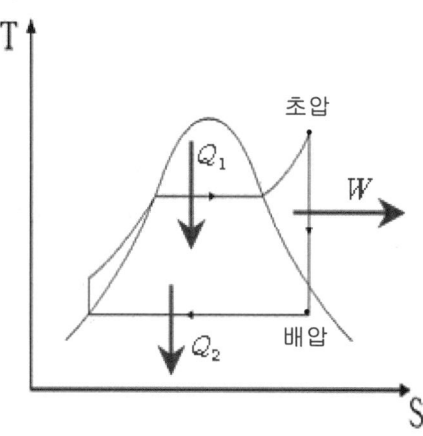

Q_1 : 보일러 및 과열기에 공급한 열량
Q_2 : 복수기에서 방출하는 열량
Wnet : 사이클에서 유용하게 이용된 에너지.(즉, 유효일 또는 순일 Wnet = $W_T - W_P$)

- 랭킨사이클의 이론적 열효율(η) 공식. (여기서 1 : 급수펌프 입구를 기준으로 하였음)

$$\eta = \frac{W_{net}}{Q_1} = \frac{Q_1 - Q_2}{Q_1} = 1 - \frac{Q_2}{Q_1}$$ 에서,

초온, 초압(터빈 입구의 온도, 압력)이 **높을수록** 일에 해당하는 T-S선도의 면적이 커지므로 열효율이 증가하고, **배압**(복수기 압력)이 **낮을수록** 방출열량이 적어지므로 **열효율이 증가한다.**

24. 다음 중 증발열이 커서 중형 및 대형의 산업용 냉동기에 사용하기에 가장 적정한 냉매는?

① 프레온-12 ② 탄산가스
③ 아황산가스 ④ 암모니아

【해설】(2015-2회-23번 기출유사)   **암기법** : 암물프공이

- 냉동능력 $Q_2 = cm\Delta t = m \cdot R$ 에서,
증발잠열(R)이 약 313 kcal/kg 으로 가장 큰 **암모니아**(NH_3) 냉매의 냉동능력이 가장 좋다.
따라서, 암모니아(NH_3) 냉매는 동일 냉동능력에 대하여 냉매의 순환량이 가장 적다.

25. 카르노사이클에서 공기 1 kg이 1사이클마다 하는 일이 100 kJ 이고 고온 227 ℃, 저온 27 ℃ 사이에서 작용한다. 이 사이클의 작동 과정에서 저온 열원의 엔트로피 증가(kJ/K)는?

① 0.2 ② 0.4 ③ 0.5 ④ 0.8

【해설】 (2011-4회-26번 기출유사)

- 고온열원에서 발생한 열량을 Q_1, 저온열원이 흡수한 열량을 Q_2 라고 두면,

카르노사이클의 열효율 $\eta = \dfrac{W}{Q_1} = \dfrac{Q_1 - Q_2}{Q_1} = \dfrac{T_1 - T_2}{T_1} = 1 - \dfrac{T_2}{T_1}$

$\dfrac{100\ kJ}{Q_1} = 1 - \dfrac{27 + 273}{227 + 273}$

∴ $Q_1 = 250\ kJ$

이제, 에너지보존법칙에 의해 $Q_2 = Q_1 - W$
$= 250\ kJ - 100\ kJ = 150\ kJ$

∴ 저온열원의 엔트로피 변화량(증가량) $\Delta S_2 = \dfrac{dQ}{T_2} = \dfrac{150\ kJ}{(273 + 27)\ K} = 0.5\ kJ/K$

26. 이상적인 교축 과정(throttling process)에 대한 설명으로 옳은 것은?

① 압력이 증가한다.
② 엔탈피가 일정하다.
③ 엔트로피가 감소한다.
④ 온도는 항상 증가한다.

【해설】 (2018-1회-36번 기출유사)

※ **교축**(Throttling, 스로틀링) 과정.
비가역 정상류 과정으로 열전달이 전혀 없고, 일을 하지 않는 과정으로서 **엔탈피는 일정**하게 유지된다.(등엔탈피 과정 $H_1 = H_2 = $ constant) 또한, 엔트로피는 항상 증가하며 압력과 온도는 항상 감소한다.

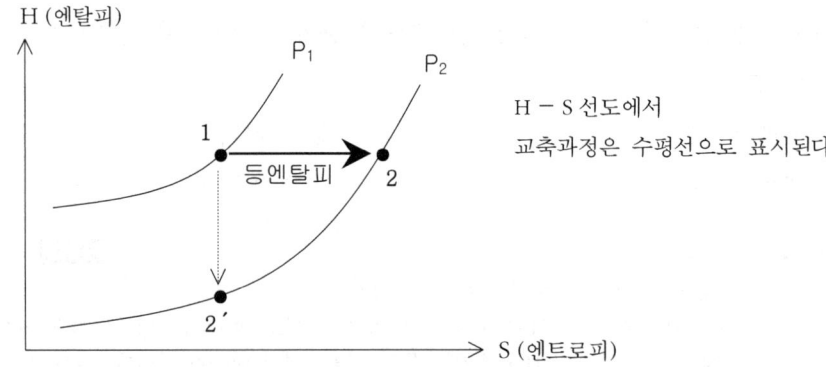

H - S 선도에서
교축과정은 수평선으로 표시된다.

27. 암모니아 냉동기의 증발기 입구의 엔탈피가 377 kJ/kg, 증발기 출구의 엔탈피가 1668 kJ/kg이며 응축기 입구의 엔탈피가 1894 kJ/kg이라면 성능계수는 얼마인가?

① 4.44   ② 5.71   ③ 6.90   ④ 9.84

【해설】(2014-4회-38번 기출유사)

- 냉동기의 성능계수 $COP = \dfrac{q_2}{W}\left(\dfrac{냉동효과}{압축일량}\right) = \dfrac{h_1 - h_4}{h_2 - h_1} = \dfrac{1668 - 377}{1894 - 1668} ≒ 5.71$

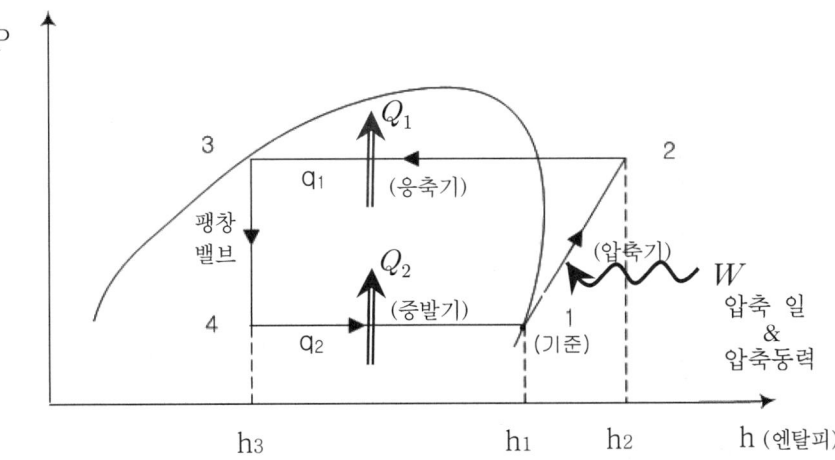

28. 증기원동기의 랭킨사이클에서 열을 공급하는 과정에서 일정하게 유지되는 상태량은 무엇인가?

① 압력   ② 온도   ③ 엔트로피   ④ 비체적

【해설】(2019-2회-29번 기출유사)

- 열기관의 사이클(cycle) 과정은 반드시 암기하고 있어야 한다.

　　　　　　　　　　　암기법 : 단적단적한.. 내, 오디사 가(부러),예스 랭!
　　　　　　　　　　　　　　　　　　↳내연기관.　↳외연기관

오	단적~단적	오토	(단열압축-등적가열-단열팽창-등적방열)
디	단합~단적	디젤	(단열압축-등압가열-단열팽창-등적방열)
사	단적 합단적	사바테	(단열압축-등적가열-등압가열-단열팽창-등적방열)
가(부)	단합~단합.	가스터빈(브레이튼)	(단열압축-등압가열-단열팽창-등압방열)

　　　　　　　　　　　　　　　　　　　　　　　　　　암기법 : 가!~단합해

| 예 | 온합~온합 | 에릭슨 | (등온압축-등압가열-등온팽창-등압방열) |

　　　　　　　　　　　　　　　　　　　　　　　　　　암기법 : 예혼합.

| 스 | 온적~온적 | 스털링 | (등온압축-등적가열-등온팽창-등적방열) |

　　　　　　　　　　　　　　　　　　　　　　　　　　암기법 : 스탈린 온적있니?

| 랭킨 | 합단~합단 | 랭킨 | (**등압가열**-단열팽창-등압방열-단열압축) |
　↳중기 원동소의 기본 사이클.　　　　　　　　　　암기법 : 링컨 가랭이

27-②　28-①

29. 증기의 속도가 빠르고, 입·출구 사이의 높이차도 존재하여 운동에너지 및 위치에너지를 무시할 수 없다고 가정하고, 증기는 이상적인 단열상태에서 개방시스템 내로 흘러 들어가 단위질량유량당 축일(w_s)을 외부로 제공하고 시스템으로부터 흘러나온다고 할 때, 단위질량유량당 축일을 어떻게 구할 수 있는가?
   (단, v는 비체적, P는 압력, V는 속도, g는 중력가속도, Z는 높이를 나타내며, 하첨자 i는 입구, e는 출구를 나타낸다.)

   ① $w_s = \int_i^e P\,dv$

   ② $w_s = -\int_i^e v\,dP$

   ③ $w_s = \int_i^e P\,dv + \frac{1}{2}(V_i^2 - V_e^2) + g(z_i - z_e)$

   ④ $w_s = -\int_i^e v\,dP + \frac{1}{2}(V_i^2 - V_e^2) + g(z_i - z_e)$

【해설】(2016-4회-33번 기출반복)

- 개방계에서 유체의 정상유동 상태(1 → 2)에 대한 일반적인 에너지 방정식

$$h_1 + \frac{v_1^2}{2} + gz_1 + {_1Q_2} = h_2 + \frac{v_2^2}{2} + gz_2 + w_s$$ 에서,

$$w_s = {_1Q_2} + (h_1 - h_2) + \frac{1}{2}(v_1^2 - v_2^2) + g(z_1 - z_2)$$

$$= -\int_1^2 v\,dP + \frac{1}{2}(v_1^2 - v_2^2) + g(z_1 - z_2)$$

여기서, ${_1Q_2}$: 계의 유체에 단위질량당 공급된 열량
w_s : 계의 외부로 단위질량당 한 축일(shaft work)

---

30. 압력 1000 kPa, 부피 1 m³의 이상기체가 등온과정으로 팽창하여 부피가 1.2 m³이 되었다. 이 때 기체가 한 일(kJ)은?

   ① 82.3   ② 182.3   ③ 282.3   ④ 382.3

【해설】(2017-2회-34번 기출유사)

※ 등온과정에서 계가 외부에 한 일(${_1W_2}$)의 기본 공식을 이용하여 계산한다.

$${_1W_2} = P_1 V_1 \times \ln\left(\frac{V_2}{V_1}\right) = 1000\,\text{kPa} \times 1\,\text{m}^3 \times \ln\left(\frac{1.2}{1}\right) = 182.32 ≒ 182.3\,\text{kJ}$$

31. 이상기체의 상태변화와 관련하여 폴리트로픽(Polytropic) 지수 n에 대한 설명으로 옳은 것은?

① 'n = 0'이면 단열 변화
② 'n = 1'이면 등온 변화
③ 'n = 비열비'이면 정적 변화
④ 'n = ∞'이면 등압 변화

【해설】(2016-1회-36번 기출반복)   암기법 : 적압온 폴리단
※ 폴리트로픽 변화의 일반식 : $PV^n = 1$ (여기서, n : 폴리트로픽 지수라고 한다.)
- $n = 0$ 일 때 : $P \times V^0 = P \times 1 = 1$ ∴ $P = 1$ (등압변화)
- $n = 1$ 일 때 : $P \times V^1 = P \times V = 1$ ∴ $PV = T$ (등온변화)
- $n = k$ 일 때 : $PV^k = 1$ (단열변화)
- $n = \infty$ 일 때 : $PV^\infty = P^{\frac{1}{\infty}} \times V = P^0 \times V = 1 \times V = 1$ ∴ $V = 1$ (정적변화)

32. 다음 중 등엔트로피 과정에 해당하는 것은?

① 등적과정
② 등압과정
③ 가역단열과정
④ 가역등온과정

【해설】(2019-2회-38번 기출유사)
- 단열($\delta Q = 0$)과정이므로, 엔트로피변화 $dS = \dfrac{\delta Q}{T} = 0$
  (즉, 엔트로피는 변하지 않으므로 등엔트로피 과정이다.)

33. 애드벌룬에 어떤 이상기체 100 kg을 주입하였더니 팽창 후의 압력이 150 kPa, 온도 300 K가 되었다. 애드벌룬의 반지름(m)은?
(단, 애드벌룬은 완전한 구형(sphere)이라고 가정하며, 기체상수는 250 J/kg·K 이다.)

① 2.29
② 2.73
③ 3.16
④ 3.62

【해설】(2019-1회-34번 기출유사)
- 이상기체의 상태방정식 PV = mRT (여기서, R : 해당기체의 기체상수)
  $$P \times \frac{4}{3}\pi r^3 = mRT$$
  $$150 \times 10^3 \, Pa \times \frac{4}{3}\pi r^3 = 100 \, kg \times 250 \, J/kg \cdot K \times 300 \, K$$
  ∴ 애드벌룬의 반지름 r = 2.285 ≒ **2.29 m**

34. 피스톤이 장치된 용기속의 온도 T_1 [K], 압력 P_1 [Pa], 체적 V_1 [m³]의 이상기체 m [kg]의 압력이 일정한 과정으로 체적이 원래의 2배로 되었다. 이 때 이상기체로 전달된 열량은? (단 C_V는 정적비열이다.)

① mC_vT_1 ② $2mC_vT_1$
③ $mC_vT_1 + P_1V_1$ ④ $mC_vT_1 + 2P_1V_1$

【해설】(2011−4회−36번 기출반복)

- 등압가열(연소)에 의한 부피팽창이므로, 기체가 한 일($_1W_2$)은
$$_1W_2 = \int_1^2 P\,dV = P\int_1^2 dV = P\cdot(V_2 - V_1) = P\cdot(2V_1 - V_1) = PV_1 = P_1V_1$$

- 계(系)가 받은 열량 $\delta Q = dU + {_1W_2} = m\cdot C_v(T_2 - T_1) + {_1W_2}$

한편, $\dfrac{P_1V_1}{T_1} = \dfrac{P_2V_2}{T_2} = \dfrac{P_1 \times 2V_1}{T_2}$ 에서

∴ 나중온도 $T_2 = 2T_1$ 이다.

$= m\cdot C_v(2T_1 - T_1) + {_1W_2}$
$= m\cdot C_v T_1 + P_1V_1$

35. 80 ℃의 물(엔탈피 335 kJ/kg)과 100 ℃의 건포화수증기(엔탈피 2676 kJ/kg)를 질량비 1 : 2로 혼합하여 열손실 없는 정상유동과정으로 95 ℃의 포화액−증기 혼합물 상태로 내보낸다. 95 ℃ 포화상태에서의 포화액 엔탈피가 398 kJ/kg, 포화증기의 엔탈피가 2668 kJ/kg 이라면 혼합실 출구의 건도는 얼마인가?

① 0.44   ② 0.58   ③ 0.66   ④ 0.72

【해설】(2011−2회−35번 기출유사)

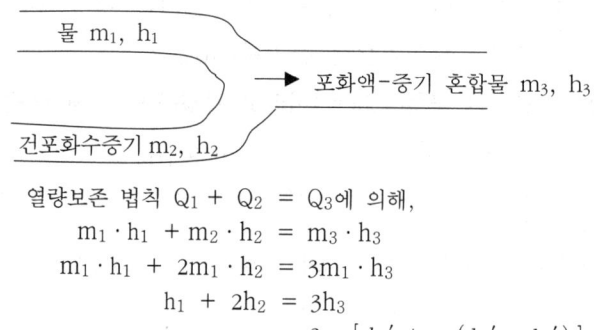

열량보존 법칙 $Q_1 + Q_2 = Q_3$에 의해,
$m_1 \cdot h_1 + m_2 \cdot h_2 = m_3 \cdot h_3$
$m_1 \cdot h_1 + 2m_1 \cdot h_2 = 3m_1 \cdot h_3$
$h_1 + 2h_2 = 3h_3$
$= 3 \times [h_1' + x(h_2' - h_1')]$
$335 + 2 \times 2676 = 3 \times [398 + x(2668 - 398)]$

∴ 혼합실 출구에서 습증기의 건도 $x = 0.659 ≒ 0.66$

36. 열역학 제1법칙에 대한 설명으로 틀린 것은?

① 열은 에너지의 한 형태이다.
② 일을 열로 또는 열을 일로 변환할 때 그 에너지 총량은 변하지 않고 일정하다.
③ 제1종의 영구기관을 만드는 것은 불가능하다.
④ 제1종의 영구기관은 공급된 열에너지를 모두 일로 전환하는 가상적인 기관이다.

【해설】(2016-4회-32번 기출유사)

※ 열역학 제1법칙의 여러 가지 표현
  ① 열은 에너지의 한 형태이다.
  ② 일을 열로 또는 열을 일로 변환할 때 그 에너지 총량은 변하지 않고 일정하다.
    (즉, 에너지 보존법칙에 해당한다.)
  ③ 제1종의 영구기관(효율이 100 %를 초과하는 가상적인 열기관)을 만드는 것은 불가능하다.

❹항은 열역학 제2법칙에 대한 설명으로서, 역학적에너지에 의한 일을 열에너지로 변환하는 것은 용이하지만, 열에너지를 일로 변환하는 것은 용이하지 못하다. 따라서 **제2종의 영구기관** (효율이 100 %인 가상적인 열기관, 공급받은 열에너지를 모두 일로 전환하는 가상적인 기관)은 **열역학 제2법칙**에 위배되므로 제작이 불가능하다.

37. 랭킨사이클의 구성요소 중 단열 압축이 일어나는 곳은?

① 보일러   ② 터빈   ③ 펌프   ④ 응축기

【해설】(2019-1회-27번 기출유사)

• **랭킨** 합단~합단 (정압-단열-정압-단열)   암기법 : 링컨 가랭이

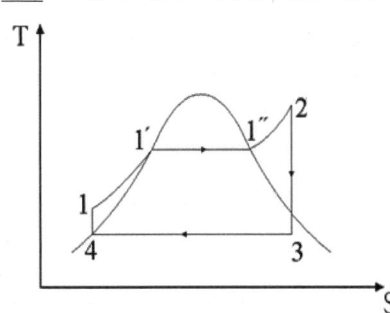

4→1 : **펌프 단열압축**에 의해 공급해준 일
1→1′ : 보일러에서 정압가열.(포화수)
1′→1″ : 보일러에서 가열.(건포화증기)
1″→2 : 과열기에서 정압가열.(과열증기)
2→3 : 터빈에서의 단열팽창.(습증기)
3→4 : 복수기에서 정압방열냉각.(포화수)

38. 열역학적 계란 고려하고자 하는 에너지 변화에 관계되는 물체를 포함하는 영역을 말하는데 이 중 폐쇄계(closed system)는 어떤 양의 교환이 없는 계를 말하는가?

① 질량   ② 에너지   ③ 일   ④ 열

【해설】• 열역학적 계(系, system)의 종류 중에서 "밀폐계(Closed system, 닫힌 계, **폐쇄계** 또는, 비유동계)"는 계(系)의 경계를 통하여 열이나 일은 전달(교환)되지만 **동작물질(즉, 질량)**이 **교환되지 않는 계**를 말한다. 따라서 계의 질량은 변하지 않는다.

39. 공기 표준 디젤사이클에서 압축비가 17 이고 단절비(cut-off ratio)가 3일 때 열효율(%)은? (단, 공기의 비열비는 1.4 이다.)

① 52 ② 58 ③ 63 ④ 67

【해설】 (2015-1회-30번 기출반복)

압축비 $\epsilon = 17$, 단절비(차단비) $\sigma = 3$, 비열비 k = 1.4 일 때

- 디젤사이클의 열효율(η) 공식 $\eta = 1 - \left(\dfrac{1}{\epsilon}\right)^{k-1} \times \dfrac{\sigma^k - 1}{k(\sigma - 1)}$

$= 1 - \left(\dfrac{1}{17}\right)^{1.4-1} \times \dfrac{3^{1.4} - 1}{1.4(3-1)}$

$= 0.5796 ≒ 0.58 = 58\%$

40. 비열비 1.3의 고온 공기를 작동 물질로 하는 압축비 5의 오토사이클에서 최소압력이 206 kPa, 최고압력이 5400 kPa일 때 평균 유효압력(kPa)은?

① 594 ② 794 ③ 1190 ④ 1390

【해설】
- 평균유효압력(P_m)은 열기관이 1사이클 하는 동안에 하는 일량 W를 행정체적($V_1 - V_2$)으로 나눈 값을 말한다.

$P_m = \dfrac{W}{V_1 - V_2} = \dfrac{Q_1 - Q_2}{V_1 - V_2} = \cdots$(공식의 유도 과정이 길기 때문에 지면상 생략하고)$\cdots$

$= \dfrac{P_1}{k-1} \times \dfrac{(\rho - 1) \times (\epsilon^k - \epsilon)}{\epsilon - 1}$

한편, 압력비(ρ)를 구하기 위해서 단열변화의 식에 의한 중간압력을 P_2라 두면

$P_2 = P_1 \times \epsilon^k = 206 \text{ kPa} \times 5^{1.3} ≒ 1669.27 \text{ kPa}$

따라서, $\rho = \dfrac{P_3}{P_2}\left(\dfrac{최고압력}{중간압력}\right) = \dfrac{5400 \, kPa}{1669.27 \, kPa} ≒ 3.235$

$P_m = \dfrac{206 \, kPa}{1.3 - 1} \times \dfrac{(3.235 - 1) \times (5^{1.3} - 5)}{5 - 1} ≒ 1190.65 \text{ kPa}$

제3과목 계측방법

41. 가스열량 측정 시 측정 항목에 해당되지 않는 것은?

① 시료가스의 온도 ② 시료가스의 압력
③ 실내온도 ④ 실내습도

【해설】 ❹ 시료가스의 온도, 압력, 실내온도의 변화에서 가스 열량 측정 시 측정오차를 일으킬 우려가 있으므로 측정 항목에 해당되지만, 실내습도는 측정항목에 해당되지 않는다.

42. U자관 압력계에 대한 설명으로 틀린 것은?

① 측정압력은 1 ~ 1000 kPa 정도이다.
② 주로 통풍력을 측정하는데 사용된다.
③ 측정의 정도는 모세관 현상의 영향을 받으므로 모세관 현상에 대한 보정이 필요하다.
④ 수은, 물, 기름 등을 넣어 한쪽 또는 양쪽 끝에 측정압력을 도입한다.

【해설】(2016-1회-53번 기출유사)
- 액주식 압력계의 일종인 U자관 압력계는 구부러진 유리관에 수은, 물, 기름 등을 넣어 한쪽 또는 양쪽 끝에 측정하려고 하는 압력을 도입하여 양 액면의 높이차에 의해 압력을 측정하는데, U자관의 크기는 보통 2m 정도로 한정되며 주로 통풍력을 측정하는데 사용되고 있다. 측정의 정도는 모세관현상 등의 영향을 받으므로 정밀한 측정을 위해서는 온도, 중력, 압력 및 모세관현상에 대한 보정이 필요하다.
- ❶ 측정압력 범위는 0.1 ~ 20 kPa (= 10 ~ 2000 mmH$_2$O) 정도이다.

43. 다음 중 유량측정의 원리와 유량계를 바르게 연결한 것은?

① 유체에 작용하는 힘 - 터빈 유량계
② 유속변화로 인한 압력차 - 용적식 유량계
③ 흐름에 의한 냉각효과 - 전자기 유량계
④ 파동의 전파 시간차 - 조리개 유량계

【해설】(2013-2회-55번 기출반복)
※ 유량측정의 원리에 따른 유량계의 종류
  ❶ 유체에 작용하는 힘 - 유속식 유량계(임펠러식, **터빈식 유량계**)
  ② 유속변화로 인한 압력차 - 차압식 유량계 (또는, 조리개식 유량계)
  ③ 유체흐름에 의한 가열선의 냉각효과 - 열선식 유량계
  ④ 파동의 전파 시간차 - 초음파식 유량계

44. 산소의 농도를 측정할 때 기전력을 이용하여 분석, 계측하는 분석계는?

① 자기식 O$_2$ 계
② 세라믹식 O$_2$ 계
③ 연소식 O$_2$ 계
④ 밀도식 O$_2$ 계

【해설】(2015-4회-52번 기출반복)
- 지르코니아(ZrO$_2$)를 원료로 하는 전기화학전지의 기전력을 측정하여 가스 중의 O$_2$ 농도를 분석하는 세라믹(ceramic)식 O$_2$ 계측기를 가장 많이 사용한다.

【보충】※ 세라믹식 산소(O$_2$)계
센서가 샘플 가스에 노출이 되면 튜브내의 산소 양과 튜브 바깥쪽을 감싸는 공기중 (기준용 공기)의 산소량의 차이로 인해 산소의 분압차가 발생하고 산소 농도차에 따르는 기전력이 양 전극에 발생 한다. 이 전압의 크기를 증폭, 변환 시켜 산소의 양을 숫자로 표시한다.

42-① 43-① 44-②

45. 염화리튬이 공기 수증기압과 평형을 이룰 때 생기는 온도저하를 저항온도계로 측정하여 습도를 알아내는 습도계는?

① 듀셀 노점계
② 아스만 습도계
③ 광전관식 노점계
④ 전기저항식 습도계

【해설】(2017-1회-48번 기출반복)
  ※ 습도계의 종류
   ① 건습구 습도계
      2개의 수은 유리 온도계를 사용하여 습도를 측정하며 정확한 습도를 구하려면, 3~5 m/s 의 통풍이 필요하다. ex) 아스만(Asman) 습도계
   ② 듀셀(dew-cell) 노점계(이슬점 습도계 또는, 가열식 노점계)
      염화리튬의 포화수용액의 수증기압이 공기 중의 수증기압과 평형을 이룰 때 생기는 온도저하를 저항측온체로 측정하여 해당 온도에서 노점을 환산하여 지시하는 것을 이용하여 습도를 표시한다. 장점으로는 자동제어가 가능하며, 고온에서도 정도가 높다.
      그러나 습도측정 시 가열이 필요하다는 단점이 있다.
   ③ 전기저항식 습도계
      염화리튬(LiCl) 용액을 절연판 위에 도포하여 전극을 두고 그 저항치를 측정하면 저항치가 상대습도에 따라 변하는 것을 이용하여 습도를 표시한다.
   ④ 광전관식 노점계
      거울의 표면에 이슬 또는 서리가 붙어 있는 상태를 거울에서의 반사광을 광전관으로 받아서 검출하고 거울의 온도를 제어해서 노점으로 유지하여 온도를 열전대 온도계 등으로 측정한다.
   ⑤ 저항온도계식 노점계
      한 쌍의 니켈 또는 저항체를 건습구 온도계와 같이 배치하여 각각의 저항체를 브리지 회로로 조립하여 놓은 자동평형 계기로서 직접 상대습도를 지시하게 된다.

46. 직경 80 mm인 원관내에 비중 0.9인 기름이 유속 4 m/s로 흐를 때 질량유량은 약 몇 kg/s 인가?

① 18 ② 24 ③ 30 ④ 36

【해설】(2016-4회-55번 기출유사)
  • 질량유량 $\dot{m} = \rho \cdot \dot{V}$ 에서
      한편, 체적유량 $\dot{V} = A \cdot v$ 이므로
      $= \rho \cdot A \cdot v = \rho \cdot \pi r^2 \cdot v = \rho \times \dfrac{\pi D^2}{4} \times v$
      한편, 기름의 밀도 $\rho = \rho_{물} \times s$ 이므로
      $= \rho_{물} \times s \times \dfrac{\pi D^2}{4} \times v$
      $= 1000 \text{ kg/m}^3 \times 0.9 \times \dfrac{\pi \times (0.08 m)^2}{4} \times 4 \text{ m/s}$
      $= 18.09 ≒ \mathbf{18 \text{ kg/s}}$

47. 가스 채취 시 주의하여야 할 사항에 대한 설명으로 틀린 것은?
  ① 가스의 구성 성분의 비중을 고려하여 적정 위치에서 측정하여야 한다.
  ② 가스 채취구는 외부에서 공기가 잘 유통할 수 있도록 하여야 한다.
  ③ 채취된 가스의 온도, 압력의 변화로 측정오차가 생기지 않도록 한다.
  ④ 가스성분과 화학반응을 일으키지 않는 관을 이용하여 채취한다.

【해설】(2012-4회-42번 기출반복)
  ❷ 가스분석계의 가스 채취 시 주의사항 중, 시료가스 채취구는 외부에서 **공기 등의 침입이 없는 곳으로 하여야 한다.**(즉, 기밀에 특별히 주의를 하여야 한다.)

48. 다음 중 온도는 국제단위계(SI 단위계)에서 어떤 단위에 해당하는가?
  ① 보조단위   ② 유도단위
  ③ 특수단위   ④ 기본단위

【해설】(2012-2회-45번 기출반복)
  ❹ 온도는 국제단위계(SI단위계)에서 기본단위에 해당하며 계량단위는 K(캘빈)을 사용한다.

【참고】• 계측기기의 SI단위계(국제단위계) **기본단위**는 7종류가 있다. 암기법 : mks mKc A

기호	m	kg	s	mol	K	cd	A
명칭	미터	킬로그램	초	몰	캘빈	칸델라	암페어
기본량	길이	질량	시간	물질량	절대온도	광도	전류

  • 유도단위 : 기본단위의 조합에 의해서 유도되는 단위이다.
        (면적, 부피, 속도, 압력, 열량, 비열, 점도, 전기저항 등)
  • 보조단위 : 기본단위와 유도단위의 사용상 편의를 위하여 정수배하여 표시한 단위이다.
        (℃, ℉ 등)
  • 특수단위 : 기본단위, 유도단위, 보조단위로 계측할 수 없는 특수한 용도에 쓰이는 단위.
        (비중, 습도, 인장강도, 내화도, 굴절률 등)

49. 액주에 의한 압력측정에서 정밀 측정을 할 때 다음 중 필요하지 않은 보정은?
  ① 온도의 보정   ② 중력의 보정
  ③ 높이의 보정   ④ 모세관 현상의 보정

【해설】(2018-1회-54번 기출반복)   암기법 : 보은중 앞으로 모이세
  • 액주식 압력계는 구부러진 유리관에 기름, 물, 수은 등을 넣어 한쪽 끝에 측정하려고 하는 압력을 도입하여 양 액면의 높이차에 의해 압력을 측정하는데 U자관의 크기는 보통 2m 정도로 한정되며 주로 통풍력을 측정하는데 사용되고 있다.
    측정의 정도는 모세관현상 등의 영향을 받으므로 정밀한 측정을 위해서는 **온도, 중력, 압력 및 모세관현상**에 대한 **보정**이 필요하다.

50. 방사온도계의 발신부를 설치할 때 다음 중 어떠한 식이 성립하여야 하는가?
    (단, l : 렌즈로부터 수열판까지의 거리,
    d : 수열판의 직경,
    L : 렌즈로부터 물체까지의 거리,
    D : 물체의 직경이다.)

    ① L / D < l / d
    ② L / D > l / d
    ③ L / D = l / d
    ④ L / l < d / D

【해설】 (2014-4회-58번 기출반복)
- 방사온도계 및 광고온계의 측정원리는 피측온물체의 표면온도에 따른 방사에너지를 대물렌즈로 집속하여 수열판에 상으로 맺히게 한다. 수열판에 맺어지는 상의 크기가 그 구조상 일정면적을 가져야 하므로 수열판에 맺어지는 상의 크기 및 거리에 있어서 물체와의 상관관계인 "거리계수(L/D, l/d)"의 조정 시, 발신부에서는 L/D < l/d 이 성립하도록 (즉, 수열판쪽의 거리계수가 크도록) 설치하여야 한다.

51. 다음 각 물리량에 대한 SI 유도단위의 기호로 틀린 것은?

    ① 압력 - Pa
    ② 에너지 - cal
    ③ 일률 - W
    ④ 자기선속 - Wb

【해설】 (2013-4회-47번 기출유사)
※ SI 유도단위(International System of Unit) : 기본단위의 조합에 의해서 유도되는 단위이다.

단위기호	Hz	m/s	N	Pa	J	W	lm	Wb
명칭	헤르츠	초당 미터	뉴턴	파스칼	줄	와트	루멘	웨버
물리량	진동수	속력,속도	힘	압력	일, 에너지, 열량	일률, 전력	광선속	자기선속

- 그 밖의 유도단위 : 면적, 부피, 점도, 전기저항, 전하량, 전압, 자기장, 인턱턴스 등

52. 1차 지연요소에서 시정수(T)가 클수록 어떻게 되는가?

    ① 응답속도가 빨라진다.
    ② 응답속도가 느려진다.
    ③ 응답속도가 일정해진다.
    ④ 시정수와 응답속도는 상관이 없다.

【해설】 (2011-1회-51번 기출반복)
- 1차 지연요소에서 시간정수(Time constant)는 계통 응답의 빠른 정도를 표시하는 지표이다. **시정수가 클수록 응답속도가 느리고**, 시정수가 작을수록 응답속도가 빨라진다.

53. 수은 및 알코올 온도계를 사용하여 온도를 측정할 때 계측의 기본원리는 무엇인가?

① 비열 ② 열팽창 ③ 압력 ④ 점도

【해설】(2008-2회-44번 기출반복)
- **액체봉입 유리온도계**는 액체의 온도에 따른 **열팽창의 원리**를 이용한 것으로서, 취급이 가장 용이하고 가격이 싸다. 봉입액으로는 수은, 알코올이 많이 사용된다.

54. 다음 중에서 비접촉식 온도 측정 방법이 아닌 것은?

① 광고온계 ② 색온도계
③ 서미스터 ④ 광전관식 온도계

【해설】(2014-4회-53번 기출유사)
※ 비접촉식 온도계의 종류
- 측정할 물체에서의 열방사시 색, 파장, 방사열 등을 이용하여 접촉시키지 않고도 온도를 측정하는 방법이다.   암기법 : 비방하지 마세요. 적색 광(고·전)
  ㉠ **방**사 온도계 (또는, 복사온도계)
  ㉡ **적**외선 온도계
  ㉢ **색** 온도계
  ㉣ **광고**온계
  ㉤ **광전**관식 온도계

※ 접촉식 온도계의 종류
- 온도를 측정하고자 하는 물체에 온도계의 검출소자(檢出素子)를 직접 접촉시켜 열적으로 평형을 이루었을 때 온도를 측정하는 방법이다.
  암기법 : 접전, 저 압유리바, 제
  ㉠ **열전**대 온도계 (또는, 열전식 온도계)
  ㉡ **저**항식 온도계 (또는, 전기저항식 온도계) : 서미스터, 니켈, 구리, 백금 저항소자
  ㉢ **압**력식 온도계 : 액체팽창식, 기체팽창식, 증기팽창식
  ㉣ 액체봉입**유리** 온도계
  ㉤ **바**이메탈식(열팽창식 또는, 고체팽창식) 온도계
  ㉥ **제**겔콘

55. 유체의 와류를 이용하여 측정하는 유량계는?

① 오벌 유량계 ② 델타 유량계
③ 로터리 피스톤 유량계 ④ 로터미터

【해설】(2012-1회-57번 기출반복)   암기법 : 와!~ 카스델
- **와류식**(渦流式) 유량계는 유체 중에 인위적인 소용돌이(와류)를 일으켜 와류의 발생수, 즉 주파수가 유속에 비례한다는 사실을 응용하여 유량을 측정하는 방식이다.
  그 종류로는 **카**르만(Kalman) 유량계, **스**와르 미터(Strouh meter), **델타**(Delta) 유량계가 있다.

56. 아르키메데스의 부력 원리를 이용한 액면측정 기기는?

① 차압식 액면계 ② 퍼지식 액면계
③ 기포식 액면계 ④ 편위식 액면계

【해설】(2012-4회-45번 기출반복)   암기법 : 아편

- 편위식(Displacement) 액면계는 측정액 중에 플로트(Float)가 잠기는 깊이에 의한 부력으로부터 액면을 측정하는 방식으로 아르키메데스의 부력 원리를 이용하고 있다.

57. 보일러의 자동제어에서 인터록 제어의 종류가 아닌 것은?

① 압력초과 ② 저연소 ③ 고온도 ④ 불착화

【해설】(2016-1회-48번 기출반복)

※ 보일러의 인터록 제어의 종류   암기법 : 저 압불프저

보일러 운전 중 작동상태가 원활하지 못할 때 다음 동작을 진행하지 못하도록 제어하여, 보일러 사고를 미연에 방지하는 안전관리장치를 말한다.

① **저수위** 인터록 : 수위감소가 심할 경우 부저를 울리고 안전저수위까지 수위가 감소하면 보일러 운전을 정지시킨다.

② **압력초과** 인터록 : 보일러의 운전시 증기압력이 설정치를 초과할 때 전자밸브를 닫아서 운전을 정지시킨다.

③ **불착화** 인터록 : 연료의 노내 착화과정에서 착화에 실패할 경우, 미연소가스에 의한 폭발 또는 역화현상을 막기 위하여 전자밸브를 닫아서 연료공급을 차단시켜 운전을 정지시킨다

④ **프리퍼지** 인터록 : 송풍기의 고장으로 노내에 통풍이 되지 않을 경우, 연료공급을 차단시켜서 보일러 운전을 정지시킨다.

⑤ **저연소** 인터록 : 노내에 처음 점화시 온도의 급변으로 인한 보일러 재질의 악영향을 방지하기 위하여 최대부하의 약 30 % 정도에서 연소를 진행시키다가 차츰씩 부하를 증가시켜야 하는데, 이것이 순조롭게 이행되지 못하고 급격한 연소로 인해 저연소 상태가 되지 않을 경우 연료를 차단시킨다.

58. 다음 중 단위에 따른 차원식으로 틀린 것은?

① 동점도 : L^2T^{-1} ② 압력 : $ML^{-1}T^{-2}$
③ 가속도 : LT^{-2} ④ 일 : MLT^{-2}

【해설】(2014-2회-58번 기출유사)

※ 물리량의 단위에 따른 차원식은 단위를 먼저 알아야 [차원식]으로 표시할 수 있다.

① 동점도(또는 동점성도, 동점성계수) : $m^2/s = L^2T^{-1}$
② 압력 : $Pa = N/m^2 = kg \times m/s^2 \times m^{-2} = ML^{-1}T^{-2}$
③ 가속도 : $m/s^2 = LT^{-2}$
❹ 일 : $J = N \cdot m = kg \times m/s^2 \times m = ML^2T^{-2}$

56-④   57-③   58-④

59. 피드백(feedback) 제어계에 관한 설명으로 틀린 것은?

① 입력과 출력을 비교하는 장치는 반드시 필요하다.
② 다른 제어계보다 정확도가 증가된다.
③ 다른 제어계보다 제어 폭이 감소된다.
④ 급수제어에 사용된다.

【해설】(2016-4회-57번 기출반복)

- 피드백 제어(feed back control)
  - 출력측의 제어량을 입력측에 되돌려 설정된 목표값과 비교하여 일치하도록 반복시켜 정정 동작을 행하는 제어 방식을 말하는 것으로서, 다른 제어계보다 정확도가 증가되며 피드백을 시키면 1차계의 경우 시정수(time constant)가 작아진다.
  따라서, **제어 폭**(Band width)이 **증가되며**, 응답속도가 빨라진다.

60. 다음 중 가장 높은 압력을 측정할 수 있는 압력계는?

① 부르동관 압력계 ② 다이어프램식 압력계
③ 벨로스식 압력계 ④ 링밸런스식 압력계

【해설】(2009-1회-52번 기출반복)

- 탄성식 압력계의 종류별 압력 측정범위   암기법 : 탄돈 벌다
  - 부르돈관식   >   벨로스식   >   다이어프램식
    (0.5 ~ 3000 kg/cm^2)   (0.01 ~ 10 kg/cm^2)   (0.002 ~ 0.5 kg/cm^2)

④ 링밸런스(Ring balance) 압력계는 0.3 kg/cm^2 이하인 저압가스의 압력측정에만 사용된다.

제4과목 열설비재료 및 관계법규

61. 에너지법에 의한 에너지 총 조사는 몇 년 주기로 시행하는가?

① 2년   ② 3년   ③ 4년   ④ 5년

【해설】(2016-4회-68번 기출반복)   암기법 : 3총사

- 에너지 총조사는 **3년**마다 실시하되, 산업통상자원부 장관이 필요하다고 인정할 때에는 간이조사를 실시할 수 있다.
  [에너지법 시행령 시행규칙 제15조 3항.]

59-③   60-①   61-②

62. 에너지이용 합리화법에 따라 에너지이용합리화 기본계획에 대한 설명으로 <u>틀린</u> 것은?

① 기본계획에는 에너지이용효율의 증대에 관한 사항이 포함되어야 한다.
② 기본계획에는 에너지절약형 경제구조로의 전환에 관한 사항이 포함되어야 한다.
③ 산업통상자원부장관은 기본계획을 수립하기 위하여 필요하다고 인정하는 경우 관계 행정기관의 장에게 필요자료 제출을 요청할 수 있다.
④ 시·도지사는 기본계획을 수립하려면 관계 행정기관의 장과 협의한 후 산업통상자원부장관의 심의를 거쳐야 한다.

【해설】(2017-4회-65번 기출유사) [에너지이용합리화법 제4조.]
  ※ 에너지이용합리화 '기본계획'에 포함되는 사항
    1. 에너지절약형 경제구조로의 전환
    2. 에너지이용효율의 증대
    3. 에너지이용 합리화를 위한 기술개발
    4. 에너지이용 합리화를 위한 홍보 및 교육
    5. 에너지원간 대체(代替)
    6. 열사용기자재의 안전관리
    7. 에너지이용 합리화를 위한 가격예시제의 시행에 관한 사항
    8. 에너지의 합리적인 이용을 통한 온실가스의 배출을 줄이기 위한 대책
    9. 그 밖에 에너지이용 합리화를 추진하기 위하여 필요한 사항으로서 산업통상자원부령으로 정하는 사항

  ❹ 에너지이용합리화에 관한 '기본계획'의 수립은 시·도지사의 업무가 아니고, **산업통상자원부장관이 수립**하여야 한다.

63. 에너지이용 합리화법에 따라 공공사업주관자는 에너지사용계획의 조정 등 조치요청을 받은 경우에는 산업통상자원부령으로 정하는 바에 따라 조치 이행계획을 작성하여 제출하여야 한다. 다음 중 이행계획에 반드시 포함되어야 하는 항목이 <u>아닌</u> 것은?

① 이행 예산   ② 이행 주체
③ 이행 방법   ④ 이행 시기

【해설】(2011-2회-64번 기출반복) 암기법 : 주방 내시
  • 에너지사용계획의 조정·보완 등의 조치요청을 받은 경우 다음 사항을 포함하여 "이행계획"을 제출하여야 한다. [에너지이용합리화법 시행령 시행규칙 제5조.]
    1. 이행**주**체
    2. 이행**방**법
    3. 요청받은 조치의 **내**용
    4. 이행**시**기

62-④   63-①

64. 에너지이용 합리화법에 따라 에너지다소비사업자의 신고에 대한 설명으로 옳은 것은?

① 에너지다소비사업자는 매년 12월 31일까지 사무소가 소재하는 지역을 관할하는 시·도지사에게 신고하여야 한다.
② 에너지다소비사업자의 신고를 받은 시·도지사는 이를 매년 2월 말일까지 산업통상자원부장관에게 보고하여야 한다.
③ 에너지다소비사업자의 신고에는 에너지를 사용하여 만드는 제품·부가가치 등의 단위당 에너지이용효율 향상목표 또는 온실가스배출 감소목표 및 이행방법을 포함하여야 한다.
④ 에너지다소비사업자는 연료·열의 연간 사용량의 합계가 2천 티오이 이상이고, 전력의 연간 사용량이 4백만 킬로 와트시 이상인 자를 의미한다.

【해설】(2019-1회-67번 기출유사)
① 에너지다소비사업자는 매년 **1월** 31일까지 사무소가 소재하는 지역을 관할하는 시·도지사에게 신고하여야 한다.
② 에너지다소비사업자의 신고를 받은 시·도지사는 이를 매년 2월 말일까지 산업통상자원부장관에게 보고하여야 한다.
③ 에너지사용자 또는 에너지공급자가 수립하는 "**자발적 협약**"의 이행 계획에는 에너지를 사용하여 만드는 제품·부가가치 등의 단위당 에너지이용효율 향상목표 또는 온실가스배출 감소목표 및 이행방법을 포함하여야 한다.
④ 에너지다소비사업자는 **연료·열 및 전력**의 연간 사용량의 합계가 2천 티오이 이상인 자를 의미한다.

65. 에너지이용 합리화법에 따라 에너지절약형 시설투자 시 세제지원이 되는 시설투자가 아닌 것은?

① 노후 보일러 등 에너지다소비 설비의 대체
② 열병합발전사업을 위한 시설 및 기기류의 설치
③ 5% 이상의 에너지절약 효과가 있다고 인정되는 설비
④ 산업용 요로 설비의 대체

【해설】(2007-4회-64번 기출반복)
※ 에너지절약형 시설투자　　　　　　　　　　[에너지이용합리화법 시행령 제27조.]
① 노후 보일러 및 산업용 요로(燎爐) 등 에너지다소비 설비의 대체
② 집단에너지사업, 열병합발전사업, 폐열이용사업과 대체연료사용을 위한 시설 및 기기류의 설치
③ 10% 이상의 에너지 절약이나 온실가스의 배출감소를 위하여 필요하다고 산업통상자원부장관이 인정하는 에너지절약형 시설투자, 에너지절약형 기자재의 제조·설치·시공

64-② 　65-③

66. 에너지이용 합리화법에 따라 용접검사가 면제되는 대상범위에 해당되지 <u>않는</u> 것은?

① 용접이음이 없는 강관을 동체로 한 헤더
② 최고사용압력이 0.35 MPa 이하이고, 동체의 안지름이 600 mm인 전열교환식 1종 압력용기
③ 전열면적이 30 m² 이하의 유류용 강철제 증기보일러
④ 전열면적이 18 m² 이하이고, 최고사용압력이 0.35 MPa인 온수보일러

【해설】(2015-2회-61번 기출유사)　　　　　　　　　　　암기법 : 십팔, 대령삼오 (035)
　　※ 검사의 면제대상 중 용접검사의 면제대상 범위.　　[에너지이용합리화법 시행규칙 별표3의6.]
　　❸ 전열면적이 30 m² 이하의 유류용 **주철제** 증기보일러는 **설치검사**가 면제되는 적용범위이다.

67. 다음 중 에너지이용 합리화법에 따라 에너지 다소비사업자에게 에너지관리 개선명령을 할 수 있는 경우는?

① 목표원단위보다 과다하게 에너지를 사용하는 경우
② 에너지관리지도 결과 10 % 이상의 에너지효율 개선이 기대되는 경우
③ 에너지 사용실적이 전년도보다 현저히 증가한 경우
④ 에너지 사용계획 승인을 얻지 아니한 경우

【해설】(2007-4회-65번 기출반복)　　　　　　　　　　　[에너지이용합리화법 시행령 제40조.]
　　❷ 에너지다소비사업자에게 개선명령을 할 수 있는 경우는 **에너지관리지도 결과 10 % 이상의** 에너지효율 개선이 기대되고 효율 개선을 위한 투자의 경제성이 있다고 인정되는 경우로 한다.

68. 에너지이용 합리화법에 따라 에너지 저장의무 부과 대상자가 <u>아닌</u> 자는?

① 전기사업법에 따른 전기 사업자
② 석탄산업법에 따른 석탄가공업자
③ 액화가스사업법에 따른 액화가스 사업자
④ 연간 2만 석유환산톤 이상의 에너지를 사용하는 자

【해설】(2013-4회-76번 기출유사)　　　　　　　　　　　[에너지이용합리화법 시행령 제12조.]
　　• 에너지수급 차질에 대비하기 위하여 산업통상자원부장관이 에너지저장의무를 부과할 수 있는 대상에 해당되는 자는 전기사업자, **도시가스사업자**, 석탄가공업자, 집단에너지사업자, 연간 2만 TOE(석유환산톤) 이상의 에너지사용자이다.
　　　　　　　　　　　암기법 : 에이(2000), 쌍!~ 다소비네. 10배(20000) 저장해야지

69. 다음 중 에너지이용 합리화법에 따른 에너지사용계획의 수립대상 사업이 아닌 것은?

① 고속도로건설사업
② 관광단지개발사업
③ 항만건설사업
④ 철도건설사업

【해설】 (2011-4회-62번 기출반복) [에너지이용합리화법 시행령 제20조1항.]
- 에너지사용계획을 수립하여 산업통상자원부장관에게 제출하여야 하는 사업은 에너지개발사업, 관광단지개발사업, 공항건설사업, 도시개발사업, 산업단지개발사업, 항만건설사업, 철도건설사업, 개발촉진지구개발사업, 지역종합개발사업이다.

70. 에너지이용 합리화법에서 규정한 수요관리 전문기관에 해당하는 것은?

① 한국가스안전공사
② 한국에너지공단
③ 한국전력공사
④ 전기안전공사

【해설】 (2015-1회-63번 기출반복) [에너지이용합리화법 시행령 제18조.]
- 대통령령으로 정하는 수요관리전문기관이란 **"한국에너지공단"**을 말한다.

71. 다음 중 최고사용온도가 가장 낮은 보온재는?

① 유리면 보온재
② 페놀 폼
③ 펄라이트 보온재
④ 폴리에틸렌 폼

【해설】 (2019-1회-73번 기출유사)
- 최고안전사용온도는 유기질 보온재(폼 종류)가 무기질 보온재(유리면, 펄라이트 등)보다 훨씬 더 낮다.
  ① 유리면(300 ℃) ② 페놀 폼(100 ℃) ③ 펄라이트(650 ℃) ④ 폴리에틸렌 폼(60 ℃)
- 저온용 유기질 보온재의 최고 안전사용온도   암기법 : 폴리에스 노루(놀우)폼
  - 폴리에틸렌 폼(60℃) 〈 폴리스틸렌 폼(70℃) 〈 페놀 폼(100℃) 〈 폴리우레탄 폼(130℃)

72. 산화 탈산을 방지하는 공구류의 담금질에 가장 적합한 로는?

① 용융염류 가열로
② 직접저항 가열로
③ 간접저항 가열로
④ 아크 가열로

【해설】 ❶ 공구류의 경도를 높이기 위해서 일정 온도로 고온 가열하여 물, 기름, 염욕 등에 급냉 시키는 담금질에 가장 적합한 전기로의 가열 방식은 **용융염류 가열로**가 사용된다.

73. 마그네시아질 내화물이 수증기에 의해서 조직이 약화되어 노벽에 균열이 발생하여 붕괴하는 현상은?

① 슬래킹 현상
② 더스팅 현상
③ 침식 현상
④ 스폴링 현상

【해설】(2016-2회-73번 기출유사)
  ※ 내화물의 손상에 따른 현상
  ❶ 슬래킹(Slaking) : 마그네시아질, 돌로마이트질 노재의 성분인 산화마그네슘(MgO), 산화칼슘(CaO) 등 **염기성 내화벽돌**이 수증기와 작용하여 $Ca(OH)_2$, $Mg(OH)_2$를 생성하게 되는 비중변화에 의해 체적팽창을 일으키며 균열이 발생하고 붕괴되는 현상.   암기법 : 염수술
  ② 더스팅(Dusting) : 단단하게 굳어 있는 내화벽돌이 어떠한 원인에 의해 분말화 되어 먼지(dust)를 일으키는 현상.
  ③ 필링(Peeling) : 슬래그의 침입으로 내화벽돌에 **침식**이 발생되어 본래의 물리·화학적 성질이 변화됨으로서 벽돌의 균열 및 층상으로 벗겨짐이 발생되는 현상.
  ④ 스폴링(Spalling) : 불균일한 가열 및 급격한 가열·냉각에 의한 심한 온도차로 벽돌에 균열이 생기고 표면이 갈라져서 떨어지는 현상.
  ⑤ 스웰링(Swelling) : 액체를 흡수한 고체가 구조조직은 변화하지 않고 용적이 커지는 현상.
  ⑥ 용손(熔損) : 내화물이 고온에서 접촉하여 열전도 또는 화학반응에 의하여 내화도가 저하되고 녹아내리는 현상.
  ⑦ 버드네스트(Bird nest) : 석탄연료의 스토커, 미분탄 연소에 의하여 생긴 재가 용융상태로 고온부인 과열기 전열면에 들러붙어 새의 둥지와 같이 되는 현상.
  ⑧ 하중연화점 : 축요 후, 하중을 일정하게 하고 내화재를 가열했을 때 하중으로 인해서 평소보다 더 낮은 온도에서 변형이 일어나는 온도를 말한다.
  ⑨ 버스팅(Bursting) : 크롬을 원료로 하는 염기성내화벽돌은 1,600℃ 이상의 고온에서는 산화철을 흡수하여 표면이 부풀어 오르고 떨어져나가는 현상.   암기법 : 크~롬멜버스

74. 셔틀요(shuttle kiln)의 특징으로 틀린 것은?

① 가마의 보유열보다 대차의 보유열이 열 절약의 요인이 된다.
② 급랭파가 생기지 않을 정도의 고온에서 제품을 꺼낸다.
③ 가마 1개당 2대 이상의 대차가 있어야 한다.
④ 작업이 불편하여 조업하기가 어렵다.

【해설】(2016-4회-74번 기출반복)
  • 셔틀요(Shuttle kiln)는 가마 1개당 2대 이상의 대차를 각각 사용하여 소성시킨 제품을 급랭파가 생기지 않을 정도의 고온까지 냉각하여 제품을 꺼내는 방식의 가마로서 **작업이 간편하여** 작업하기가 쉬워 조업주기가 단축되며, 가마의 보유열을 여열로 이용할 수 있다. 손실열에 해당하는 대차의 보유열로 저온의 제품을 예열하는데 이용하므로 경제적이다.

73-① 74-④

75. 두께 230 mm의 내화벽돌, 114 mm의 단열벽돌, 230 mm의 보통벽돌로 된 노의 평면 벽에서 내벽면의 온도가 1200 ℃이고 외벽면의 온도가 120 ℃일 때, 노벽 1 m²당 열손실(W)은?
(단, 내화벽돌, 단열벽돌, 보통벽돌의 열전도도는 각각 1.2, 0.12, 0.6 W/m℃ 이다.)

① 376.9　　② 563.5　　③ 708.2　　④ 1688.1

【해설】(2012-1회-70번 기출반복)
- 평면벽에서의 손실열(교환열) 계산공식 $Q = K \cdot \Delta t \cdot A$　　　암기법 : 교관온면

한편, 총괄열전달계수(관류율) $K = \dfrac{1}{\dfrac{d_1}{\lambda_1} + \dfrac{d_2}{\lambda_2} + \dfrac{d_3}{\lambda_3}}$ 이므로

$$Q = \dfrac{(t_1 - t_2) \times A}{\dfrac{d_1}{\lambda_1} + \dfrac{d_2}{\lambda_2} + \dfrac{d_3}{\lambda_3}} = \dfrac{(1200 - 120) \times 1}{\dfrac{0.23}{1.2} + \dfrac{0.114}{0.12} + \dfrac{0.23}{0.6}} = 708.19 ≒ 708.2 \text{ W}$$

76. 주철관에 대한 설명으로 틀린 것은?

① 제조방법은 수직법과 원심력법이 있다.
② 수도용, 배수용, 가스용으로 사용된다.
③ 인성이 풍부하여 나사이음과 용접이음에 적합하다.
④ 주철은 인장강도에 따라 보통 주철과 고급 주철로 분류된다.

【해설】(2013-1회-72번 기출유사)
- 주철관은 강관보다 무겁고 약하나 내식성이 크고 가격이 저렴하므로 수도, 배수, 가스 등의 매설관으로 사용된다. 배관의 접합방식으로는 인성이 부족하여 플랜지 이음에 적합하며, 나사이음과 용접이음 방식은 부적합하다.

77. 보온재의 열전도율에 대한 설명으로 옳은 것은?

① 열전도율이 클수록 좋은 보온재이다.
② 보온재 재료의 온도에 관계없이 열전도율은 일정하다.
③ 보온재 재료의 밀도가 작을수록 열전도율은 커진다.
④ 보온재 재료의 수분이 적을수록 열전도율은 작아진다.

【해설】(2019-2회-79번 기출유사)　　　암기법 : 열전도율 ∝ 온·습·밀·부
- 보온재의 열전도율(λ)은 재료의 **온**도, **습**도, **밀**도, **부**피비중에 비례하므로, 보온재 재료의 수분이 적을수록 열전도율은 작아진다.

75-③　76-③　77-④

78. 다음 중 규석벽돌로 쌓은 가마 속에서 소성하기에 가장 적절하지 <u>못한</u> 것은?

① 규석질 벽돌   ② 샤모트질 벽돌   ③ 납석질 벽돌   ④ 마그네시아질 벽돌

【해설】(2018-2회-77번 기출유사)
- 산성 내화물인 규석벽돌은 염기성 내화물인 마그네시아질 벽돌과 가까이 있으면 화학반응을 일으키므로 적절하지 못하다.

【참고】
- 산성 내화물   암기법 : 산규 납점샤
  - 규석질(석영질), 납석질(반규석질), 샤모트질, 점토질 등이 있다.
- 중성 내화물   암기법 : 중이 C 알
  - 탄소질, 크롬질, 고알루미나질(Al_2O_3계 50% 이상), 탄화규소질 등이 있다.
- 염기성 내화물   암기법 : 염병할~ 포돌이 마크
  - 포스테라이트질(Forsterite, $MgO-SiO_2$계), 돌로마이트질(Dolomite, $CaO-MgO$계), 마그네시아질(Magnesite, MgO계), 마그네시아-크롬질(Magnesite Chromite, $MgO-Cr_2O_3$계)

79. 유체의 역류를 방지하기 위한 것으로 밸브의 무게와 밸브의 양면 간 압력차를 이용하여 밸브를 자동으로 작동시켜 유체가 한쪽 방향으로만 흐르도록 한 밸브는?

① 슬루스밸브   ② 회전밸브   ③ 체크밸브   ④ 버터플라이밸브

【해설】(2015-1회-74번 기출반복)
❸ 체크밸브(Check valve)는 유체를 한쪽 방향으로만 흐르게 하고 역류를 방지하는 목적으로 사용되며, 밸브의 구조에 따라 스윙(swing)형과 리프트(lift)형이 있다.

80. 요로를 균일하게 가열하는 방법이 <u>아닌</u> 것은?

① 노내 가스를 순환시켜 연소 가스량을 많게 한다.
② 가열시간을 되도록 짧게 한다.
③ 장염이나 축차연소를 행한다.
④ 벽으로부터의 방사열을 적절히 이용한다.

【해설】(2011-1회-72번 기출반복)
※ 요로(가마)에서 피열물을 균일하게 가열하는 방법.(균일한 가열의 특성)
① 불꽃이 직접 닿으면 hot spot(과열점)이라는 국부과열 및 균열 우려 때문에 직접가열방식 보다는 간접가열방식이 좋으며, **충분한 시간동안 가열**해야 한다.
② 노내 가스를 순환시켜 연소가스량을 많게 한다.
③ 피열물에 화염이 직접 닿지 않도록 간접 가열한다.
④ 긴 불꽃(장염)을 사용하거나 축차(roter, 회전자)연소를 한다.
⑤ 노내 연소가스를 순환시켜 팬으로 휘저어 대류가 균일하게 일어나게 한다.
⑥ 벽으로부터의 방사열을 적절히 이용한다.

제5과목	열설비설계

81. 점식(pitting) 부식에 대한 설명으로 옳은 것은?

① 연료 내의 유황성분이 연소할 때 발생하는 부식이다.
② 연료 중에 함유된 바나듐에 의해서 발생하는 부식이다.
③ 산소농도차에 의한 전기 화학적으로 발생하는 부식이다.
④ 급수 중에 함유된 암모니아가스에 의해 발생하는 부식이다.

【해설】(2008-1회-92번 기출반복)

① 저온부식   암기법 : 고바, 황저
② 고온부식
❸ 점식(點蝕, Pitting, 피팅) 부식이란 보일러수 속에 함유된 O_2, CO_2의 전기화학적 작용에 의하여 보일러 내면에 반점 모양의 부식을 형성한다.
④ 알칼리 부식

82. 노통 보일러에 가셋트스테이를 부착할 경우 경판과의 부착부 하단과 노통 상부 사이에는 완충폭(브레이징 스페이스)이 있어야 한다. 이 때 경판의 두께가 20 mm 인 경우 완충폭은 최소 몇 mm 이상이어야 하는가?

① 230
② 280
③ 320
④ 350

【해설】(2017-2회-99번 기출유사)

※ 브레이징-스페이스(Breathing space, 완충구역)
  노통보일러의 경판에 부착하는 거싯스테이 하단과 노통 상부 사이의 거리를 말하며, 경판의 일부가 노통의 고열에 의한 신축에 따라 탄성작용을 하는 역할을 한다.
  완충폭은 아래 [표]에서와 같이 최소한 230 mm 이상을 유지하여야 한다.

※ 경판 두께에 따른 브레이징-스페이스

경판의 두께	브레이징-스페이스 (완충폭)	경판의 두께	브레이징-스페이스 (완충폭)
13 mm 이하	230 mm 이상	19 mm 이하	300 mm 이상
15 mm 이하	260 mm 이상	19 mm 초과	320 mm 이상
17 mm 이하	280 mm 이상		

83. 노통보일러 중 원통형의 노통이 2개 설치된 보일러를 무엇이라고 하는가?

① 랭커셔보일러　　　　　　② 라몬트보일러
③ 바브콕보일러　　　　　　④ 다우삼보일러

【해설】(2016-2회-82번 기출반복)　　　　　　　　　암기법 : 노랭코
- 보일러의 명칭은 최초개발회사명 또는 개발지역의 도시이름 등으로 붙여진 것이다.

【key】〈보일러의 종류 쓰기〉는 2차 실기에서도 매우 자주 출제되므로 반드시 암기해야 한다.
　　　　　　　　　　　　　　　　　　　　　　　암기법 : 원수같은 특수보일러

① 원통형 보일러 (대용량 ×, 보유수량 ○)
　　㉠ 입형 보일러 - 코크란.　　암기법 : 원일이는 입·코가 크다
　　㉡ 횡형 보일러　　　　　　　암기법 : 원일이 행은 노통과 연관이 있다
　　　　　　　　　　　　　　　　　　　　(횡)
　　　　ⓐ 노통식 보일러
　　　　　- 랭커셔.(노통이 2개짜리), 코니쉬.(노통이 1개짜리)
　　　　　　　　　　　　　　　　　　　　　　　암기법 : 노랭코
　　　　ⓑ 연관식 - 케와니(철도 기관차형)
　　　　ⓒ 노통·연관식 - 패키지, 스카치, 로코모빌, 하우든 존슨, 보로돈카프스

② 수관식 보일러 (대용량○, 보유수량 ×)　　암기법 : 수자 강간
　　　　　　　　　　　　　　　　　　　　　　　　　　　　　(관)
　　㉠ 자연순환식
　　　　　　암기법 : 자는 바·가·(야로)·다, 스네기찌
　　　　　　　　　(모두 다 일본식 발음을 닮았음.)
　　　- 바브콕, 가르베, 야로, 다꾸마,(주의 : 다우삼 아님!) 스네기찌.
　　㉡ 강제순환식
　　　　　　　　　　　　　　　　　　　　　암기법 : 강제로 베라~
　　　- 베록스, 라몬트.
　　㉢ 관류식
　　　　　　　　　암기법 : 관류 람진과 벤슨이 앤모르게 슐처먹었다
　　　- 람진, 벤슨, 앤모스, 슐처 보일러

③ 특수 보일러　　　　　　　　　　　　　암기법 : 특수 열매전
　　㉠ 특수연료 보일러
　　　　- 톱밥, 바크, 버개스
　　㉡ 열매체 보일러　　　　　　　　　　암기법 : 열매 세모다수
　　　　- 세큐리티, 모빌썸, 다우삼, 수은
　　㉢ 전기 보일러
　　　　- 전극형, 저항형

84. 열사용 설비는 많은 전열면을 가지고 있는데, 이러한 전열면이 오손되면 전열량이 감소하고, 열설비의 손상을 초래한다. 이에 대한 방지대책으로 <u>틀린</u> 것은?

① 황분이 적은 연료를 사용하여 저온부식을 방지한다.
② 첨가제를 사용하여 배기가스의 노점을 상승시킨다.
③ 과잉공기를 적게 하여 저공기비 연소를 시킨다.
④ 내식성이 강한 재료를 사용한다.

【해설】(2012-4회-86번 기출반복) 암기법 : 고바, 황저
❷ 연료에 첨가제(회분개질제)를 사용하여 **회분**(바나듐 등)의 **융점을 높여서 고온부식을** 방지한다.

85. 지름 5 cm 의 파이프를 사용하여 매 시간 4 t의 물을 공급하는 수도관이 있다. 이 수도관에서의 물의 속도(m/s)는? (단, 물의 비중은 1 이다.)

① 0.12   ② 0.28   ③ 0.56   ④ 8.1

【해설】(2014-2회-82번 기출반복)

- 체적유량 계산 공식 $\dot{V} = A \cdot v = \dfrac{\pi D^2}{4} \times v$ 한편, 물의 비중량은 1000 kg/m³ 이다.

$$\dfrac{4 \times 10^3 \, kg \times \dfrac{1 \, m^3}{1000 \, kg}}{3600 \, sec} = \dfrac{\pi \times (0.05 \, m)^2}{4} \times v$$

∴ 유속 v = 0.565 ≒ 0.56 m/s

86. 물을 사용하는 설비에서 부식을 초래하는 인자로 가장 거리가 <u>먼</u> 것은?

① 용존 산소   ② 용존 탄산가스
③ pH   ④ 실리카

【해설】(2016-2회-86번 기출반복)

※ 보일러 내부 부식의 종류
① 일반 부식(전면부식) : pH가 높다거나, 용존산소가 많이 함유되어 있을 때 금속 표면에서 대체로 똑같이 쉽게 일어나는 부식을 말한다
② 점식 : 보호피막을 이루던 산화철이 파괴되면서 용존가스인 O_2, CO_2의 전기화학적 작용에 의한 보일러 내면에 반점 모양의 구멍을 형성하는 촉수면의 전체부식으로서 보일러 내면 부식의 약 80 %를 차지하고 있다.
③ 알칼리 부식 : 보일러수 중에 알칼리의 농도가 지나치게 pH 12 이상으로 많을 때 일어나는 부식이다.
❹ 실리카(SiO_2) : 농축되면 보일러 내면에 스케일로 부착하여 전열을 감소시킨다.

87. 보일러의 만수보존법에 대한 설명으로 틀린 것은?
① 밀폐 보존방식이다.
② 겨울철 동결에 주의하여야 한다.
③ 보통 2~3개월의 단기보존에 사용된다.
④ 보일러수는 pH 6 정도 유지되도록 한다.

【해설】(2016-4회-83번 기출반복)
- 2~3개월 이내의 단기보존법인 만수보존법은 탄산나트륨, 인산나트륨과 같은 알칼리 성분과 탈산소제(약품)을 넣어 관수(보일러수)의 pH 12 정도로 약간 높게 하여 약알칼리성으로 만수 보존한다. (알칼리 부식은 pH 13 이상에서 발생한다.)

88. 보일러 동체, 드럼 및 일반적인 원통형 고압용기 두께(t)를 구하는 계산식으로 옳은 것은?
(단, P는 최고사용압력, D는 원통 안지름, σ는 허용인장응력(원주방향)이다.)

① $t = \dfrac{PD}{\sqrt{2}\,\sigma}$ ② $t = \dfrac{PD}{\sigma}$

③ $t = \dfrac{PD}{2\sigma}$ ④ $t = \dfrac{PD}{3\sigma}$

【해설】(2015-1회-93번 기출반복)
- 원통형 고압용기의 원주방향의 인장응력 $\sigma_2 = 2 \cdot \sigma_1 = 2 \times \dfrac{PD}{4t} = \dfrac{PD}{2t}$
  여기서, σ_1 : 길이방향, σ_2 : 원주방향
  ∴ 두께 $t = \dfrac{PD}{2\sigma_2}$ 이다.

89. 내경이 150 mm인 연동제 파이프의 인장강도가 80 MPa이라 할 때, 파이프의 최고사용압력이 4000 kPa이면 파이프의 최소두께(mm)는?
(단, 이음효율은 1, 부식여유는 1 mm, 안전계수는 1로 한다.)

① 2.63 ② 3.71 ③ 4.75 ④ 5.22

【해설】(2019-2회-82번 기출유사) 암기법 : 허전강↑
※ 파이프(원통) 설계시 압축강도 계산은 다음 식을 따른다. [관 및 밸브에 관한 규정.]
  $P \cdot D = 2\sigma \cdot (t - C) \times \eta$
  여기서, 압력단위(kPa), 지름 및 두께의 단위(mm)인 것에 주의해야 한다.
  4000 kPa × 150 mm = 2 × 80 × 10³ kPa × (t − 1) × 1
  ∴ 최소두께 t = 4.75 mm

87-④   88-③   89-③

90. 보일러의 효율 향상을 위한 운전 방법으로 틀린 것은?

① 가능한 정격부하로 가동되도록 조업을 계획한다.
② 여러 가지 부하에 대해 열정산을 행하여, 그 결과로 얻은 결과를 통해 연소를 관리한다.
③ 전열면의 오손, 스케일 등을 제거하여 전열효율을 향상시킨다.
④ 블로우 다운을 조업중지 때마다 행하여, 이상 물질이 보일러 내에 없도록 한다.

【해설】❹ 보일러 동체의 하부에 있는 슬러지나 침전물이 농축된 보일러수를 밖으로 분출시키는 블로우 다운을 조업중지 때마다 자주 행하면 보일러수의 보유열 손실이 많아져서 보일러의 효율이 저하된다.

91. 보일러수 1500 kg 중에 불순물이 30 g이 검출되었다. 이는 몇 ppm 인가?
(단, 보일러수의 비중은 1 이다.)

① 20   ② 30   ③ 50   ④ 60

【해설】(2008-4회-98번 기출반복)

- 불순물 농도(ppm) = $\dfrac{\text{불순물의 양}}{\text{보일러수의 양}} \times 10^6 = \dfrac{30\,g}{1500 \times 10^3\,g} \times 10^6 = 20\,\text{ppm}$

92. 다음 [보기]의 특징을 가지는 증기트랩의 종류는?

[보기]
- 다량의 드레인을 연속적으로 처리할 수 있다.
- 증기누출이 거의 없다.
- 가동 시 공기빼기를 할 필요가 없다.
- 수격작용에 다소 약하다.

① 플로트식 트랩   ② 버킷형 트랩
③ 바이메탈식 트랩   ④ 디스크식 트랩

【해설】(2011-2회-92번 기출반복)

❶ 플로트식 트랩(float type trap)은 공기빼기가 자동적으로 이루어지는 에어밴트가 내장되어 있으므로 가동 시 공기빼기를 할 필요가 없으며, 드레인 양이 적을 때에는 플로트가 밸브시트를 눌러 멈추고 있으나, 어느 이상이 되면 적은 양의 드레인이 들어오더라도 그 양만큼 배출하므로 다량의 드레인을 연속적으로 처리할 수 있다.
구조상 증기 입·출구 면이 수평 하므로 수격작용(워터해머)에 다소 약한 단점이 있다.

93. 다음 중 스케일의 주성분에 해당되지 않는 것은?

① 탄산칼슘
② 규산칼슘
③ 탄산마그네슘
④ 과산화수소

【해설】 (2015-4회-100번 기출반복)

※ 스케일(Scale, 관석)의 종류   암기법 : CMF, 연
- 경질 스케일 : $CaSO_4$, $CaSiO_3$(규산칼슘), $CaCl_2$ 등
- 연질 스케일 : $Ca(HCO_3)_2$(탄산칼슘), $Mg(HCO_3)_2$(탄산마그네슘), $Fe(HCO_3)_2$

94. 테르밋(thermit) 용접에서 테르밋이란 무엇과 무엇의 혼합물인가?

① 붕사와 붕산의 분말
② 탄소와 규소의 분말
③ 알루미늄과 산화철의 분말
④ 알루미늄과 납의 분말

【해설】 (2013-1회-100번 기출반복)

- 용접의 종류 중 '테르밋 용접'이란 외부에서 열을 가하지 않고 **알루미늄과 산화철**(Fe_3O_4)의 분말을 1 : 3 의 비율로 혼합한 혼합물의 테르밋 반응에 의해서 생기는 강렬한 발열반응에 의해 용접을 행하는 방법으로 축, 프레임, 레일의 접합 등에 이용된다.

95. 줄-톰슨계수(Joule-Thomson coefficient, μ)에 대한 설명으로 옳은 것은?

① μ의 부호는 열량의 함수이다.
② μ의 부호는 온도의 함수이다.
③ μ가 (-)일 때 유체의 온도는 교축과정 동안 온도는 내려간다.
④ μ가 (+)일 때 유체의 온도는 교축과정 동안 일정하게 유지된다.

【해설】 (2016-4회-96번 기출반복)

- Joule - Thomson 효과
  고압으로 압축된 실제기체를 고압측에서 저압측으로 작은 구멍(교축밸브)을 통해서 연속적으로 단열팽창시키면 압력이 감소함에 따라 온도가 감소하는 현상을 말한다. 이 때, 엔탈피는 일정하고 엔트로피는 증가한다.

- 줄-톰슨 계수 $\mu = \left(\dfrac{\partial T}{\partial P}\right)_{H=const} = \dfrac{\Delta T}{\Delta P} = \dfrac{T_2 - T_1}{P_2 - P_1}$

  여기서, $\mu > 0$: (+) : 온도 감소
  $\mu = 0$: 온도 불변 (또는, 역전온도 또는 전환점)
  $\mu < 0$: (-) : 온도 증가

96. 보일러에서 스케일 및 슬러지의 생성 시 나타나는 현상에 대한 설명으로 <u>먼</u> 것은?

① 스케일이 부착되면 보일러 전열면을 과열시킨다.
② 스케일이 부착되면 배기가스 온도가 떨어진다.
③ 보일러에 연결한 코크, 밸브, 그 외의 구멍을 막히게 한다.
④ 보일러 전열 성능을 감소시킨다.

【해설】(2017-2회-92번 기출유사)
- 스케일(Scale, 관석)이란 보일러수에 용해되어 있는 칼슘염, 마그네슘염, 규산염 등의 불순물이 농축되어 포화점에 달하면 고형물로서 석출되어 보일러의 내면에 딱딱하게 부착하는 것을 말한다. 생성된 스케일은 보일러에 여러 가지의 악영향을 끼치게 되는데 열전도율을 저하시키므로 전열량이 감소하고, 배기가스의 온도가 높아지게 되어, 보일러 열효율이 저하되고, 연료소비량이 증대된다.

97. 흑체로부터 복사에너지는 절대온도의 몇 제곱에 비례하는가?

① $\sqrt{2}$ ② 2   ③ 3   ④ 4

【해설】(2016-2회-98번 기출반복)
- 흑체의 복사(방사)에너지는 스테판-볼쯔만의 법칙에 따라 절대온도의 **4제곱**에 비례한다.

  $E = \varepsilon \cdot \sigma T^4 \times A$ 여기서, ε : 흑체의 표면 복사율(방사율) 또는 흑도
  σ : 스테판-볼쯔만 상수
  $(4.88 \times 10^{-8} \text{ kcal/m}^2 \cdot \text{h} \cdot \text{K}^4 = 5.7 \times 10^{-8} \text{ W/m}^2 \cdot \text{K}^4)$
  T : 흑체의 표면온도(K)
  A : 방열 표면적

98. 보일러의 부대장치 중 공기예열기 사용 시 나타나는 특징으로 <u>틀린</u> 것은?

① 과잉공기가 많아진다.
② 가스온도 저하에 따라 저온부식을 초래할 우려가 있다.
③ 보일러 효율이 높아진다.
④ 질소산화물에 의한 대기오염의 우려가 있다.

【해설】(2010-4회-98번 기출유사)
❶ 연소용 공기를 예열함으로써 연료의 착화열을 줄일 수 있고, 적은 공기비로 연료를 완전 연소 시킬 수 있으므로 **과잉공기가 적어진다.**

96-②   97-④   98-①

99. 아래 표는 소용량 주철제 보일러에 대한 정의이다. (가), (나)에 들어갈 내용으로 옳은 것은?

> 주철제보일러 중 전열면적이 (가)m^2 이하이고 최고사용압력이 (나)MPa 이하인 것

① (가) 4 (나) 1
② (가) 5 (나) 0.1
③ (가) 5 (나) 1
④ (가) 4 (나) 0.1

【해설】 (2011-2회-82번 기출유사)
※ 검사대상기기의 적용에 제외되는 소용량의 범위   [열사용기자재 관리규칙 제31조 별표7.]
① 가스사용량이 17 kg/h (도시가스는 232.6 kW) 이하의 소형온수보일러
② 최고사용압력이 0.1 MPa 이하이고, 전열면적이 5 m^2 이하인 강철제 · 주철제 보일러
③ 최고사용압력이 1 MPa 이하이고, 전열면적이 5 m^2 이하의 관류보일러
④ 정격용량이 0.58 MW 이하의 철금속가열로

100. 용접이음에 대한 설명으로 틀린 것은?

① 두께의 한도가 없다.
② 이음효율이 우수하다.
③ 폭음이 생기지 않는다.
④ 기밀성이나 수밀성이 낮다.

【해설】 (2015-4회-70번 기출유사)
• 용접이음은 리벳이음에 비하여 강판의 두께에 관계없이 100 %까지도 할 수 있으므로 이음효율이 우수하며, 사용관의 두께에 한도가 없으며, 기밀성(氣密性) 및 수밀성(水密性)이 높고, 리벳팅과 같은 폭음이 생기지 않는다.

2020년 제1, 2회 통합 에너지관리기사
(코로나로 2020.6.6. 시행)

평균점수

제1과목   연소공학

1. (고체)연료의 일반적인 연소 반응의 종류로 <u>틀린</u> 것은?

① 유동층연소   ② 증발연소
③ 표면연소   ④ 분해연소

【해설】(2018-2회-14번 기출반복)
    ❶ 유동층연소는 고체 연료의 연소장치 종류 중 하나에 해당한다.
【보충】※ 고체연료의 연소반응(연소형태)의 종류.   암기법 : 고 자증나네, 표분
    ① 자기연소(또는 내부연소)   암기법 : 내 자기, 피티니?
        - 피크린산, TNT(트리니트로톨루엔), 니트로글리세린 (위험물 제5류)
    ② 증발연소   암기법 : 황나양파 휘발유, 증발사건
        - 황, 나프탈렌, 양초, 파라핀, 휘발유(가등경중), 알코올, 〈증발〉
    ③ 표면연소(또는 작열연소)   암기법 : 시간표, 수목금코
        - 숯, 목탄, 금속분, 코크스
    ④ 분해연소   암기법 : 아플땐 중고종목 분석해~
        - 아스팔트, 플라스틱, 중유, 고무, 종이, 목재, 석탄(무연탄), 〈분해〉

2. 고체연료의 연소방식으로 옳은 것은?

① 포트식 연소   ② 화격자 연소
③ 심지식 연소   ④ 증발식 연소

【해설】(2017-2회-13번 기출반복)   암기법 : 고미화~유
- 고체연료의 연소방식 : 미분탄연소, 화격자연소(스토커연소), 유동층연소
- 액체연료의 연소방식 : 증발식연소, 분해식연소, 분무식연소, 포트식연소, 심지식연소
- 기체연료의 연소방식 : 확산연소, 예혼합연소, 부분 예혼합연소

1-①   2-②

3. 공기와 혼합 시 가연범위(폭발범위)가 가장 넓은 것은?

① 메탄　　　　② 프로판　　　　③ 메틸알코올　　　　④ 아세틸렌

【해설】(2009-4회-5번 기출반복)
※ 공기 중에서 가스연료의 연소범위 (또는, 폭발범위)

종류별	연소범위 (폭발범위, v%)	암기법
아세틸렌	2.5 ~ 81% ← 가장 넓다	아이오 팔하나
수소	4 ~ 75%	사칠오수
에틸렌	2.7 ~ 36%	이칠삼육에
메틸알코올	6.7 ~ 36%	
메탄	5 ~ 15%	메오시오
프로판	2.2 ~ 9.5%	프둘이구오

4. 11g의 프로판이 완전연소 시 생성되는 물의 질량(g)은?

① 44　　　　② 34　　　　③ 28　　　　④ 18

【해설】(2018-1회-10번 기출유사)　　　　　　　　　　　　　　　　　암기법 : 3,4,5
- 프로판 연료의 완전연소 반응식을 이용해서 구해야 한다.

C_3H_8(프로판) + $5O_2$ → $3CO_2$ + $4H_2O$(물)
(1 mol)　　　　　　　　　　　　　　　　(4 mol)
44 g　　　　　　　　　　　　　　　　(4 mol × $\frac{18g}{1mol}$ = 72 g)

따라서, 11 g　　　　　　　　　　　　　(72 g × $\frac{1}{4}$ = 18 g)

5. 다음 중 역화의 위험성이 가장 큰 연소방식으로서, 설비의 시동 및 정지 시에 폭발 및 화재에 대비한 안전 확보에 각별한 주의를 요하는 방식은?

① 예혼합 연소　　　　　　② 미분탄 연소
③ 분무식 연소　　　　　　④ 확산 연소

【해설】(2018-1회-7번 기출유사)
※ 기체연료의 연소방법 종류에는 확산연소와 예혼합연소 그리고 폭발연소가 있다.
　㉠ 확산연소 : 연료와 연소용공기를 각각 노내에 분출시켜 확산 혼합하면서 연소시키는 방식으로 가연성 가스(수소, 아세틸렌, LPG)의 일반적인 연소를 말한다.
　　　　　　• 역화의 위험성이 없다.
　㉡ 예혼합연소 : 가연성 연료와 공기를 미리 혼합시킨 후 분사시켜 연소시키는 방식.
　　　　　　• 화염의 온도가 높고, 역화의 위험성이 가장 크다.
　㉢ 폭발연소 : 밀폐된 용기에 공기와 혼합가스가 있을 때 점화되면 연소속도가 증가하여 폭발적으로 연소되는 현상. ex> 폭연, 폭굉

6. 다음과 같은 조성을 가진 석탄의 완전연소에 필요한 이론공기량(kg/kg)은 약 얼마인가?

> C : 64.0%,   H : 5.3%,   S : 0.1%,   O : 8.8%
> N : 0.8%,   ash : 12.0%,   water : 9.0%

① 7.5   ② 8.8   ③ 9.7   ④ 10.4

【해설】 (2012-4회-8번 기출반복)

- 연료의 조성 비율에서 가연성분인 C, H, S의 연소반응식을 기억해서 활용해야 한다.

$$C + O_2 \rightarrow CO_2 \quad \frac{22.4\ Nm^3}{12\ kg} = 1.867, \quad \frac{32\ kg}{12\ kg} = 2.67$$

$$H_2 + \frac{1}{2}O_2 \rightarrow H_2O \quad \frac{11.2\ Nm^3}{2\ kg} = 5.6, \quad \frac{16\ kg}{2\ kg} = 8$$

$$S + O_2 \rightarrow SO_2 \quad \frac{22.4\ Nm^3}{32\ kg} = 0.7, \quad \frac{32\ kg}{32\ kg} = 1$$

- 체적(N·m³/kg-f)당 계산 : $O_0 = 1.867\,C + 5.6\left(H - \frac{O}{8}\right) + 0.7\,S$ 의 공식을 사용하고,

- 중량(kg/kg-f)당 계산 : $O_0 = 2.67\,C + 8\left(H - \frac{O}{8}\right) + S$ 의 공식을 사용한다.

$$= 2.67 \times 0.64 + 8 \times \left(0.053 - \frac{0.088}{8}\right) + 1 \times 0.001 = 2.0458\ kg/kg\text{-f}$$

- 이론공기량 A_0(kg/kg-f) = $\frac{O_0}{0.232} = \frac{2.0458}{0.232} = 8.8181 ≒ 8.8\ kg/kg\text{-f}$

7. 다음 중 배기가스와 접촉되는 보일러 전열면으로 증기나 압축공기를 직접 분사시켜서 보일러에 회분, 그을음 등 열전달을 막는 퇴적물을 청소하고 쌓이지 않도록 유지하는 설비는?

① 수트블로워   ② 압입통풍 시스템
③ 흡입통풍 시스템   ④ 평형통풍 시스템

【해설】 (2014-2회-86번 기출유사)

※ 슈트 블로어(Soot blower)
- 배기가스와 접촉되는 보일러 전열면에 부착된 회분, 그을음 등 열전달을 막는 퇴적물을 물, 증기, 압축공기를 분사하여 청소하고 쌓이지 않도록 제거하는 매연 취출장치로서는 다음과 같은 종류가 있다.
① 로터리형(회전형) : 연도에 있는 절탄기 등의 저온의 전열면에 사용.
② 에어히터 클리너형(예열기 클리너형) : 공기예열기에 클리너로 사용.
③ 쇼트 리트랙터블형 : 연소 노벽 등의 전열면에 사용.
④ 롱 리트랙터블(long Retractable)형 : 과열기 등의 고온 전열면에는 집어넣을 수 있는 (Retractable) 삽입형이 사용된다.
⑤ 건형(gun type) : 일반적 전열면에 사용.

8. 백 필터(bag-filter)에 대한 설명으로 틀린 것은?

① 여과면의 가스 유속은 미세한 더스트 일수록 적게 한다.
② 더스트 부하가 클수록 집진율은 커진다.
③ 여포재에 더스트(Dust) 일차부착층이 형성되면 집진율은 낮아진다.
④ 백의 밑에서 가스백 내부로 송입하여 집진한다.

【해설】(2015-1회-16번 기출반복)

여과식 집진장치는 필터(여과재) 사이로 함진가스를 통과시키며 집진하는 건식방식인데,
습한 함진가스의 경우 필터에 수분과 함께 부착한 입자의 제거가 곤란하므로
일정량 이상의 입자가 부착되면 새로운 필터(여과재)로 교환해줘야 한다
따라서 여과(필터)식 집진기는 일반적으로 건식의 함진가스에 사용된다.
한편, 여과식 집진장치의 대표적인 집진기로는 백필터가 있는데 여과실내에 지름이
15~50cm, 길이 1~5m의 원통형 백(bag)을 매달아 밑에서 함진가스를 내부로 들여보내어
여과·분리하는 방식이다.

❸ 여포재에 1차부착층이 형성되면 C_o(출구 분진량)이 감소하므로 집진율은 **높아진다**.

【참고】※ 집진율 $\eta = \dfrac{C_c}{C_i} = \dfrac{C_i - C_o}{C_i} \times 100\,(\%)$

여기서, C_i : 집진기 입구 분진량(g/Nm³)
C_o : 집진기 출구 분진량(g/Nm³)
C_c : 집진기에서 포집한 분진량(g/Nm³)

9. 표준 상태인 공기 중에서 완전 연소비로 아세틸렌이 함유되어 있을 때 이 혼합 기체 1 L 당 발열량(kJ)은 얼마인가?
(단, 아세틸렌의 발열량은 1308 kJ/mol 이다.)

① 4.1 ② 4.5 ③ 5.1 ④ 5.5

【해설】(2011-4회-20번 기출반복)

• 생성물의 몰(mol)수는 부피(용적)%와 같다.
• 표준상태(0℃, 1atm)이므로 $\dfrac{1\,kmol}{22.4\,Nm^3} = \dfrac{10^3\,mol}{22.4\,m^3} = \dfrac{10^3\,mol}{22.4 \times 10^3\,L} = \dfrac{1\,mol}{22.4\,L}$
• 아세틸렌의 완전연소 반응식 $C_2H_2 + 2.5\,O_2 \rightarrow 2CO_2 + H_2O$
(1몰)   (2.5몰)
• 완전연소시 이론공기량의 mol수 $A_0 = \dfrac{O_0}{0.21} = \dfrac{2.5\,몰}{0.21} = 11.905\,몰$
• 혼합기체의 mol수 = 아세틸렌의 몰수 + 공기의 몰수 = 1몰 + 11.905 몰 = 12.905 몰
• 혼합기체 1L의 발열량 = $\dfrac{1308\,kJ}{1\,mol_{-아세틸렌} \times \dfrac{12.905\,몰_{-혼합기체}}{1\,mol_{-아세틸렌}} \times \dfrac{22.4\,L}{1\,몰_{-혼합기체}}}$

= 4.525 ≒ 4.5 kJ/L-혼합기체

10. 링겔만 농도표의 측정 대상은?

① 배출가스 중 매연 농도
② 배출가스 중 CO 농도
③ 배출가스 중 CO_2 농도
④ 화염의 투명도

【해설】(2014-2회-9번 기출유사)　　　　　　　　　암기법 : 매연먹고 링겔 주사 맞았다.

※ 링겔만 매연농도표(Ringelman smoke chart)에 의한 매연 농도 측정방법
① 6개의 농도표(0도 ~ 5도)와 배출 매연의 색을 연돌(굴뚝) 출구에서 비교한다.
② 농도표는 측정자로부터 16 m 떨어진 곳에 측정자의 눈높이로 설치한다.
③ 연돌출구로부터 30 ~ 45 m 정도 떨어진 부분의 연기를 측정한다.
④ 연기가 흐르는 방향의 직각의 위치에서 측정한다.
⑤ 측정자는 굴뚝으로부터 39 m 떨어진 위치에서 측정한다.
⑥ 태양의 직사광선을 피하여, 10초 간격으로 몇 회 반복 실시한다.

11. 액체연료에 대한 가장 적합한 연소방법은?

① 화격자연소
② 스토커연소
③ 버너연소
④ 확산연소

【해설】(2016-2회-19번 기출반복)

❸ 공업용 연료로는 값이 싼 이유로 대부분이 중유를 사용하고 있으므로 연소방식은 **버너를 사용**하게 되며, 연료의 입경을 작게 하여 로(爐)내로 마치 안개와 같은 상태로 분사시키는 무화방식을 널리 채택하고 있다.

【참고】• 고체연료의 연소장치 : 미분탄연소, 화격자연소(스토커연소), 유동층연소
• 기체연료의 연소장치 : 확산연소, 예혼합연소, 부분 예혼합연소

12. 연료의 발열량에 대한 설명으로 틀린 것은?

① 기체 연료는 그 성분으로부터 발열량을 계산할 수 있다.
② 발열량의 단위는 고체와 액체 연료의 경우 단위중량당(통상 연료 kg당) 발열량으로 표시한다.
③ 고위발열량은 연료의 측정열량에 수증기 증발잠열을 포함한 연소열량이다.
④ 일반적으로 액체 연료는 비중이 크면 체적당 발열량은 감소하고, 중량당 발열량은 증가한다.

【해설】(2017-2회-11번 기출반복)

• 액체연료의 대부분은 주로 석유계 연료를 말하는 것인데, 일반적으로 석유의 비중이 클수록 탄수소비 $\left(\dfrac{C}{H}\right)$는 커지고 따라서, **체적당 발열량은 증가**하고, **중량당 발열량은 감소**한다.
왜냐하면, 원소의 단위중량당 발열량은 고위발열량을 기준으로 C (8100 kcal/kg), H (34,000 kcal/kg)이다. 즉, 탄소가 수소보다 발열량이 적다.

10-① 11-③ 12-④

13. 다음 중 연소 시 발생하는 질소산화물(NO$_X$)의 감소 방안으로 틀린 것은?

① 질소 성분이 적은 연료를 사용한다.
② 화염의 온도를 높게 연소한다.
③ 화실을 크게 한다.
④ 배기가스 순환을 원활하게 한다.

【해설】(2018-2회-19번 기출유사)　　　　　　　　　　　　　　암기법 : 고질병

❷ 연소실내의 화염온도를 높게(고온) 연소하면 질소는 산소와 결합하여 일산화질소(NO), 이산화질소(NO$_2$) 등의 NO$_x$(질소산화물)로 매연이 증가되어 밖으로 배출되므로 대기오염을 일으키게 된다.

【보충】※ 배기가스 중의 질소산화물 억제 방법
　　　㉠ 저농도 산소 연소법(농담연소, 과잉공기량 감소)　　㉡ 저온도 연소법 (공기온도 조절)
　　　㉢ 2단 연소법　　　　　　　　　　　　　　　　　　㉣ 배기가스 재순환 연소법
　　　㉤ 물 분사법(수증기 분무)　　　　　　　　　　　　　㉥ 버너 및 연소실 구조 개량
　　　㉦ 연소부분 냉각법　　　　　　　　　　　　　　　　㉧ 연료의 전환

14. 고체연료의 연료비(Fuel Ratio)를 옳게 나타낸 것은?

① $\dfrac{고정탄소(\%)}{휘발분(\%)}$　　② $\dfrac{휘발분(\%)}{고정탄소(\%)}$

③ $\dfrac{고정탄소(\%)}{수분(\%)}$　　④ $\dfrac{수분(\%)}{고정탄소(\%)}$

【해설】(2015-4회-20번 기출유사)　　　　　　　　　　　　　　암기법 : 연휘고 ↑

• 연료비(Fuel Ratio) = $\dfrac{고정탄소(\%)}{휘발분(\%)}$

　　여기서, 고정탄소(%) = 100 − (휘발분 + 수분 + 회분)

15. 유압분무식 버너의 특징에 대한 설명으로 틀린 것은?

① 유량 조절 범위가 좁다.
② 연소의 제어범위가 넓다.
③ 무화매체인 증기나 공기가 필요하지 않다.
④ 보일러 가동 중 버너교환이 가능하다.

【해설】(2016-1회-2번 기출반복)

• 연료인 유체에 펌프로 직접 압력을 가하여 노즐을 통해 분사시키는 방식의 버너이므로 무화매체인 증기나 공기가 별도로 필요치 않으며, 유량조절범위가 1 : 2로 가장 좁으며, 유압이 0.5 MPa 이하이거나 점도가 큰 유류에는 무화가 나빠지므로 연소의 제어범위가 **좁다.**

16. 연소장치의 연소효율(E_C)식이 아래와 같을 때 H_2는 무엇을 의미하는가?
(단, H_C : 연료의 발열량, H_1 : 연재 중의 미연탄소에 의한 손실이다.)

$$E_C = \frac{H_C - H_1 - H_2}{H_C}$$

① 전열손실
② 현열손실
③ 연료의 저발열량
④ 불완전연소에 따른 손실

【해설】(2017-2회-19번 기출반복)　　　　　　　　　　　　　　암기법 : 소발년↑

- 연소효율 = $\dfrac{\text{연소열}}{\text{발열량}}$ = $\dfrac{\text{발열량} - (\text{연소에 의한}) \text{손실열}}{\text{발열량}}$

　　　　　= $\dfrac{\text{발열량} - (\text{미연분에 의한 손실} + \text{불완전연소에 의한 손실})}{\text{발열량}}$

17. 관성력 집진장치의 집진율을 높이는 방법이 아닌 것은?

① 방해판이 많을수록 집진효율이 우수하다.
② 충돌 직전 처리가스 속도가 느릴수록 좋다.
③ 출구가스 속도가 느릴수록 미세한 입자가 제거된다.
④ 기류의 방향 전환각도가 작고, 전환회수가 많을수록 집진효율이 증가한다.

【해설】(2008-2회-20번 기출반복)
　　※ 관성력 집진장치의 집진율 기능 향상 조건.
　　　❷ 함진 배기가스가 방해판에 충돌 직전 및 방향전환 직전의 처리가스 유속이 빠를수록 미세한 입자의 제거에 효과적이다.

18. 보일러 연소장치에 과잉공기 10 %가 필요한 연료를 완전연소할 경우 실제 건연소 가스량(Nm^3/kg)은 얼마인가?
(단, 연료의 이론공기량 및 이론 건연소가스량은 각각 10.5, 9.9(Nm^3/kg)이다.)

① 12.03　　② 11.84　　③ 10.95　　④ 9.98

【해설】(2019-1회-15번 기출유사)
- 실제 건연소가스량 G_d = 이론건연소가스량(G_{0d}) + 과잉공기량(A')
　　　　　　　　　　한편, 과잉공기량 $A' = A - A_0 = mA_0 - A_0$ 이므로
　　　　　　　　= $G_{0d} + (m - 1) A_0$
　　　　　　　　= 9.9 + (1.1 - 1) × 10.5
　　　　　　　　= 10.95 $Nm^3/kg_{-연료}$

16-④　17-②　18-③

19. 고체연료의 연소가스 관계식으로 옳은 것은?
   (단, G : 연소가스량, G_0 : 이론연소가스량, A : 실제공기량, A_0 : 이론공기량, a : 연소생성 수증기량)

   ① $G_0 = A_0 + 1 - a$
   ② $G = G_0 - A + A_0$
   ③ $G = G_0 + A - A_0$
   ④ $G_0 = A_0 - 1 + a$

   【해설】(2019-2회-15번 기출유사)
   • 실제(습)연소가스량 G_W = 이론(습)연소가스량(G_{0W}) + 과잉공기량(A′)
   한편, 실제공기량 $A = A_0 + A′$ 이므로
   $= G_{0W} + A - A_0$
   따라서, 문제에서 제시해준 기호로 표현하면
   $G = G_0 + A - A_0$

20. 연소가스량 10 Nm³/kg, 연소가스의 정압비열 1.34 kJ/Nm³·℃인 어떤 연료의 저위 발열량이 27200 kJ/kg 이었다면 이론 연소온도(℃)는?
    (단, 연소용 공기 및 연료 온도는 5℃이다.)

    ① 1000
    ② 1500
    ③ 2000
    ④ 2500

   【해설】(2013-1회-15번 기출유사)
   ※ 이론연소온도 (또는, 이론화염온도)
   - 연료를 이론공기량으로 완전연소 시킬 때 화염이 도달할 수 있는 최고온도를 이론 화염온도 또는 이론 연소온도라 하는데, 기준온도(t_0)제시가 있을 때는 제시된 온도를 대입하여 계산한다.
   • 저위발열량(H_ℓ) = 연소가스열량(Q_g)
   $= C_g \cdot G \cdot \Delta t_g = C_g \cdot G \cdot (t_g - t_0)$
   ∴ 이론연소온도 $t_g = \dfrac{H_\ell}{C_g \cdot G} + t_0 = \dfrac{27200\,kJ/kg_{-연료}}{1.34\,kJ/Nm^3 \cdot ℃ \times 10\,Nm^3/kg_{-연료}} + 5$
   $= 2034.85 ≒ 2000\,℃$

제2과목   열역학

21. 이상기체를 가역단열 팽창시킨 후의 온도는?

    ① 처음상태보다 낮게 된다.
    ② 처음상태보다 높게 된다.
    ③ 변함이 없다.
    ④ 높을 때도 있고 낮을 때도 있다.

   【해설】(2011-4회-29번 기출반복)

$$dQ = dU + PdV \text{ 에서, 단열}(dQ = 0)\text{과정이므로}$$
$$dU = -PdV$$
$$\text{한편, } dU = C_V \cdot dT \text{ 이므로}$$
$$C_V \cdot dT = C_V (T_2 - T_1) = -PdV$$
$$\text{한편, 정적비열 } C_V > 0\text{은 항상 성립하므로,}$$
$$\text{따라서, } T_2 - T_1 < 0$$
$$\therefore T_2 < T_1 \quad (\text{즉, } T_2\text{는 처음상태의 온도인 } T_1 \text{ 보다 낮아진다.})$$

【key】 단열된 상태에서 계가 가지고 있던 내부에너지가 체적 팽창한 일로 쓰였으므로, 외부에 대하여 일을 한 만큼의 내부온도가 낮아지게 되는 것임.

22. 공기 100 kg을 400℃에서 120℃로 냉각할 때 엔탈피(kJ) 변화는?
(단, 일정 정압비열은 1.0 kJ/kg · K 이다.)

① -24000　　② -26000　　③ -28000　　④ -30000

【해설】(2016-2회-32번 기출반복)
- 열역학 제1법칙(에너지보존)에 의하여 $\delta Q = dU + PdV$

  한편, $H = U + PV$ 에서 $U = H - PV$ 이므로

  $$\delta Q = d(H - PV) + PdV = dH - PdV - VdP + PdV$$
  $$= dH - VdP$$

  한편, 정압 하에서(P = 1, dP = 0)이므로

  $$= dH \text{ (즉, 가열량 및 냉각열량은 엔탈피 변화량과 같다.)}$$

- 정압 하에서의 가열량 및 냉각열량 $Q = m \cdot dH$
  $$= m \cdot C_P \cdot dT$$
  $$= m \cdot C_P \cdot (T_2 - T_1)$$
  $$= 100 \text{ kg} \times 1 \text{ kJ/kg} \cdot \text{K} \times (120 - 400) \text{ K}$$
  $$= -28000 \text{ kJ}$$

  여기서, (-)부호는 열의 "방출"을 뜻한다.

23. 오토사이클에서 열효율이 56.5 %가 되려면 압축비는 얼마인가?
(단, 비열비는 1.4 이다.)

① 3　　② 4　　③ 8　　④ 10

【해설】(2013-1회-26번 기출유사)
- 오토사이클의 열효율 공식 $\eta = 1 - \left(\dfrac{1}{\epsilon}\right)^{k-1}$ 에서,

  $$0.565 = 1 - \left(\dfrac{1}{\epsilon}\right)^{1.4 - 1}$$

  이제, "방정식 계산기 사용법"을 활용하면

  $$\therefore \text{압축비 } \epsilon = 8.01 \fallingdotseq 8$$

24. 성능계수가 2.5인 증기 압축 냉동사이클에서 냉동용량이 4 kW 일 때 소요일은 몇 kW 인가?

① 1　　　　② 1.6　　　　③ 4　　　　④ 10

【해설】(2011-2회-26번 기출유사)

• 냉장·냉동기의 성능계수 $COP = \dfrac{Q_2}{W_c} \left(\dfrac{냉동용량}{소요일} \right)$

$2.5 = \dfrac{4\,kW}{W_c}$　∴ 소요일 $W_c = 1.6\,kW$

25. 열역학 제2법칙을 설명한 것이 아닌 것은?

① 사이클로 작동하면서 하나의 열원으로부터 열을 받아서 이 열을 전부 일로 바꾸는 것은 불가능하다.
② 에너지는 한 형태에서 다만 다른 형태로 바뀔 뿐이다.
③ 제2종 영구기관을 만든다는 것은 불가능하다.
④ 주위에 아무런 변화를 남기지 않고 열을 저온의 열원으로부터 고온의 열원으로 전달하는 것은 불가능하다.

【해설】(2015-2회-39번 기출반복)

※ 열역학 제2법칙 : 열 이동의 법칙 또는 에너지전환 방향에 관한 법칙
① 공급된 열을 전부 일로 바꾸는 것은 불가능하다.
❷ 열역학 제1법칙 : 에너지는 결코 생성되지도 소멸되지도 않고 다만 한 형태에서 다른 형태로 바뀔 뿐이다. 따라서 열과 일 사이에는 에너지 보존의 법칙이 성립한다.
③ 제2종 영구기관은 제작이 불가능하다.
　↳ 효율이 100%인 열기관은 존재하지 않는다.
④ 열은 저온의 물체에서 고온의 물체 쪽으로 스스로 이동할 수는 없다.
　따라서, 반드시 일을 소비하는 열펌프(Heat pump)를 필요로 한다.

26. 다음 중 터빈에서 증기의 일부를 배출하여 급수를 가열하는 증기사이클은?

① 사바테 사이클　　　　② 재생 사이클
③ 재열 사이클　　　　　④ 오토 사이클

【해설】(2015-4회-24번 기출반복)

• 재생(再生, Regenerative) 사이클
랭킨사이클에서 비교적 큰 비율의 증기 보유열량인 증발열을 복수기에서 버리게 되는데, 이 열량의 일부를 회수함으로서 열효율 향상을 도모한 증기사이클이다.
즉, 터빈 내에서 팽창중인 증기의 일부를 빼내어서 그 증기에 의해 복수기에서 나오는 저온의 급수를 가열하여 온도를 높여 보일러 급수로 사용하는 사이클이다.

27. 80℃의 물 50 kg과 20℃의 물 100 kg을 혼합하면 이 혼합된 물의 온도는 약 몇 ℃ 인가? (단, 물의 비열은 4.2 kJ/kg·K 이다.)

① 33 ② 40 ③ 45 ④ 50

【해설】(2010-1회-21번 기출유사)   암기법 : 큐는 씨암탉

- 열평형법칙에 의해 혼합된 후의 열평형시 물의 온도를 t 라 두면,

  혼합 전의 열량의 합 = 혼합 후의 열량

  $Q_1 + Q_2 = Q$

  $c \cdot m_1 \cdot \Delta t_1 + c \cdot m_2 \cdot \Delta t_2 = c \cdot (m_1 + m_2) \cdot \Delta t$

  $50 \times (80 - 0) + 100 \times (20 - 0) = (50 + 100) \times (t - 0)$

  ∴ t = 40 ℃

28. 랭킨(Rankine) 사이클에서 각 지점의 엔탈피가 다음과 같을 때 사이클의 효율은 약 몇 % 인가?

- 펌프 입구 : 190 kJ/kg,   보일러 입구 : 200 kJ/kg
- 터빈 입구 : 2900 kJ/kg,   응축기 입구 : 2000 kJ/kg

① 25 ② 30 ③ 33 ④ 37

【해설】(2011-4회-23번 기출유사)

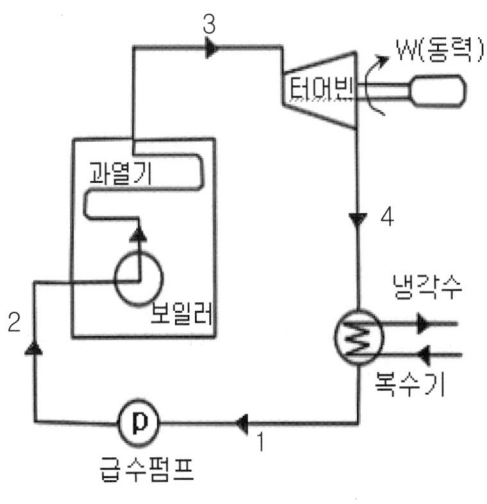
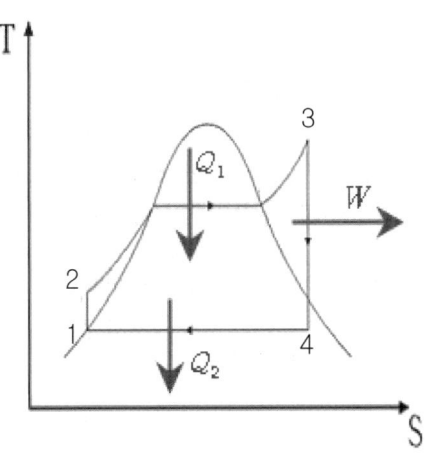

- 랭킨사이클의 이론적 열효율 공식. (여기서, 1 : 급수펌프 입구를 기준으로 하였음)

$$\eta = \frac{W_{net}}{Q_1} = \frac{Q_1 - Q_2}{Q_1} = 1 - \frac{Q_2}{Q_1} = 1 - \frac{(h_4 - h_1)}{(h_3 - h_2)} = 1 - \frac{2000 - 190}{2900 - 200}$$

$$= 0.3296 = 32.96\% ≒ 33\%$$

27-② 28-③

29. 30 ℃에서 150 L의 이상기체를 20 L로 가역 단열압축 시킬 때 온도가 230 ℃로 상승하였다. 이 기체의 정적 비열은 약 몇 kJ/kg·K 인가?
(단, 기체상수는 0.287 kJ/kg·K 이다.)

① 0.17   ② 0.24   ③ 1.14   ④ 1.47

【해설】(2012-1회-39번 기출반복)
- 단열변화 공식 중 T-V 관계식을 반드시 암기하고 있어야 한다.

$$T \cdot V^{k-1} = 1(\text{일정})$$ 에서,
$$T_1 \cdot V_1^{k-1} = T_2 \cdot V_2^{k-1}$$
양변의 지수에 $\frac{1}{k-1}$ 을 곱해주면,
$$\left(\frac{T_1}{T_2}\right)^{\frac{1}{k-1}} = \left(\frac{V_2}{V_1}\right)$$

한편, 비열비 $k = \frac{C_p}{C_v}\left(\frac{\text{정압비열}}{\text{정적비열}}\right) = \frac{C_v + R}{C_v}$ 이므로

$$\left(\frac{273+30}{273+230}\right)^{\frac{1}{\frac{C_v + 0.287}{C_v} - 1}} = \frac{20}{150}$$

이제, 에너지아카데미 카페의 "방정식 계산기 사용법"을 익혀서 입력해 주면
∴ 정적비열 C_v = 1.1409 ≒ 1.14 kJ/kg·K

30. 증기에 대한 설명 중 <u>틀린</u> 것은?

① 포화액 1 kg을 정압 하에서 가열하여 포화증기로 만드는 데 필요한 열량을 증발잠열이라 한다.
② 포화증기를 일정 체적 하에서 압력을 상승시키면 과열증기가 된다.
③ 온도가 높아지면 내부에너지가 커진다.
④ 압력이 높아지면 증발잠열이 커진다.

【해설】(2008-2회-21번 기출반복)
- 물-수증기의 상태변화를 표시하는 P-V선도에서, 증기의 압력이 높아지면 증발잠열이 감소한다.

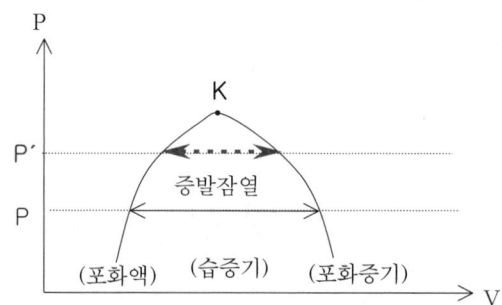

31. 최고온도 500℃와 최저온도 30℃ 사이에서 작동되는 열기관의 이론적 효율(%)은?

① 6   ② 39   ③ 61   ④ 94

【해설】 (2017-1회-21번 기출유사)
- 최대효율은 카르노사이클일 때이므로 $\eta_c = \dfrac{W}{Q_1} = \dfrac{Q_1 - Q_2}{Q_1} = 1 - \dfrac{Q_2}{Q_1} = 1 - \dfrac{T_2}{T_1}$

  여기서 η : 열기관의 열효율
  W : 열기관이 외부로 한 일
  Q_1 : 고온부(T_1)에서 흡수한 열량
  Q_2 : 저온부(T_2)로 방출한 열량

  $= 1 - \dfrac{273 + 30}{273 + 500} = 0.608 = 60.8\% ≒ 61\%$

32. 비열이 $\alpha + \beta t + \gamma t^2$ 로 주어질 때, 온도가 t_1으로부터 t_2까지 변화할 때의 평균 비열(C_m)의 식은? (단, α, β, γ는 상수이다.)

① $C_m = \alpha + \dfrac{1}{2}\beta(t_2 + t_1) + \dfrac{1}{3}\gamma(t_2^2 + t_2 t_1 + t_1^2)$

② $C_m = \alpha + \dfrac{1}{2}\beta(t_2 - t_1) + \dfrac{1}{3}\gamma(t_2^2 + t_2 t_1 + t_1^2)$

③ $C_m = \alpha - \dfrac{1}{2}\beta(t_2 + t_1) + \dfrac{1}{3}\gamma(t_2^2 - t_2 t_1 - t_1^2)$

④ $C_m = \alpha - \dfrac{1}{2}\beta(t_2 + t_1) - \dfrac{1}{3}\gamma(t_2^2 + t_2 t_1 + t_1^2)$

【해설】 (2011-1회-21번 기출유사)
- 평균비열 공식 $C_m = \dfrac{1}{t_2 - t_1} \int_1^2 C\, dt$ 이므로

  $= \dfrac{1}{t_2 - t_1} \int_1^2 (\alpha + \beta t + \gamma t^2)\, dt$

  $= \dfrac{1}{t_2 - t_1} \left[\alpha t + \dfrac{\beta}{2} t^2 + \dfrac{\gamma}{3} t^3 \right]_{t_1}^{t_2}$

  $= \dfrac{1}{t_2 - t_1} \left[\alpha(t_2 - t_1) + \dfrac{\beta(t_2^2 - t_1^2)}{2} + \dfrac{\gamma(t_2^3 - t_1^3)}{3} \right]$

  $= \dfrac{1}{t_2 - t_1} \left[\alpha(t_2 - t_1) + \dfrac{\beta(t_2 + t_1)(t_2 - t_1)}{2} + \dfrac{\gamma(t_2 - t_1)(t_2^2 + t_2 t_1 + t_1^2)}{3} \right]$

  $= \left[\alpha + \dfrac{\beta(t_2 + t_1)}{2} + \dfrac{\gamma(t_2^2 + t_2 t_1 + t_1^2)}{3} \right]$

  $= \alpha + \dfrac{1}{2}\beta(t_2 + t_1) + \dfrac{1}{3}\gamma(t_2^2 + t_2 t_1 + t_1^2)$

33. 다음은 열역학 기본법칙을 설명한 것이다. 0법칙, 1법칙, 2법칙, 3법칙 순으로 옳게 나열된 것은?

> 가. 에너지 보존에 관한 법칙이다.
> 나. 에너지 전달 방향에 관한 법칙이다.
> 다. 절대온도 0K에서 완전 결정질의 절대 엔트로피는 0이다.
> 라. 시스템 A가 시스템 B와 열적 평형을 이루고 동시에 시스템 C와도 열적평형을 이룰 때 시스템 B와 C의 온도는 동일하다.

① 가 - 나 - 다 - 라
② 라 - 가 - 나 - 다
③ 다 - 라 - 가 - 나
④ 나 - 다 - 라 - 가

【해설】 (2007-4회-21번 기출반복)
① 열역학 제0법칙 : 열적 평형의 법칙
　　시스템 A가 시스템 B와 열적 평형을 이루고 동시에 시스템 C와도 열적평형을 이룰 때 시스템 B와 C의 온도는 동일하다.
② 열역학 제1법칙 : 에너지 보존 법칙
　　$Q_1 = Q_2 + W$
③ 열역학 제2법칙 : 열 이동의 법칙 또는 에너지전환 방향에 관한 법칙
　　$T_1 \rightarrow T_2$로 이동한다, $dS \geqq 0$
④ 열역학 제3법칙 : 엔트로피의 절대값 정리
　　절대온도 0K에서, $dS = 0$

34. 그림은 물의 압력-체적 선도(P-V)를 나타낸다. A'ACBB' 곡선은 상들 사이의 경계를 나타내며, T_1, T_2, T_3는 물의 P-V 관계를 나타내는 등온곡선들이다. 이 그림에서 점 C는 무엇을 의미하는가?

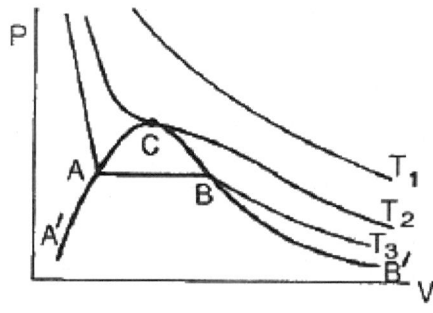

① 변곡점　　② 극대점　　③ 삼중점　　④ 임계점

【해설】 (2007-4회-27번 기출반복) • P-V선도에서 C점을 "임계점"이라고 한다.

35. 어떤 상태에서 질량이 반으로 줄면 강도성질(intensive property) 상태량의 값은?

① 반으로 줄어든다.
② 2배로 증가한다.
③ 4배로 증가한다.
④ 변하지 않는다.

【해설】(2013-4회-28번 기출반복)   암기법 : 인(in)세 강도

❹ 강도성질은 질량과는 무관하므로 질량이 변하더라도 그 상태량이 **변하지 않는다**.

【참고】 모든 물리량은 질량에 관계되는 크기(또는, 시량적, 용량적) 성질(extensive property)과 질량에는 무관한 세기(또는, 시강적)성질 또는 강도성질(intensive property) 로 나눌 수 있다.
- 크기(용량성) 성질 – 질량, 부피(체적), 일, 내부에너지, 엔탈피, 엔트로피 등으로 사칙연산이 가능하다.
- 세기(강도성) 성질 – 온도, 압력, 밀도, 비체적, 농도, 비열, 열전달률 등으로 사칙연산이 불가능하다.

36. 카르노(Carnot) 냉동 사이클의 설명 중 틀린 것은?

① 성능계수가 가장 좋다.
② 실제적인 냉동 사이클이다.
③ 카르노 열기관 사이클의 역이다.
④ 냉동 사이클의 기준이 된다.

【해설】(2011-4회-31번 기출반복)
- 역카르노 사이클(카르노 냉동 사이클)은 이론적으로 열손실이 없는 가장 **이상적인 냉동** 사이클로서, 성능계수가 가장 크다.
  (실제적인 사이클에서는 마찰 등 여러 형태의 열에너지 손실이 발생하게 된다.)

37. 유체가 담겨 있는 밀폐계가 어떤 과정을 거칠 때 그 에너지식은 $\Delta U_{12} = Q_{12}$ 으로 표현된다. 이 밀폐계와 관련된 일은 팽창일 또는 압축일 뿐이라고 가정할 경우 이 계가 거쳐 간 과정에 해당하는 것은?

(단, U는 내부에너지를, Q는 전달된 열량을 나타낸다.)

① 등온과정
② 정압과정
③ 단열과정
④ 정적과정

【해설】(2013-2회-36번 기출반복)
- 열역학 제1법칙(에너지보존)에 의하여 전달열량 $\delta Q = dU + P \cdot dV$
  한편, **정적과정**(V = 1, dV = 0)에서는
  $\delta Q = dU$ (즉, 내부에너지의 변화량)
  $Q_{12} = \Delta U_{12}$

38. 냉동 사이클의 작동유체인 냉매의 구비조건으로 틀린 것은?

① 화학적으로 안정될 것
② 임계 온도가 상온보다 충분히 높을 것
③ 응축 압력이 가급적 높을 것
④ 증발 잠열이 클 것

【해설】(2019-2회-34번 기출유사)

※ 냉매의 구비조건.

암기법 : 냉전증인임↑
암기법 : 압점표값과 비(비비)는 내린다↓

① **전**열이 양호할 것.(전열이 양호한 순서 : NH_3 〉 H_2O 〉 Freon 〉 Air)
② **증**발잠열이 클 것.(1 RT당 냉매순환량이 적어지므로 냉동효과가 증가된다.)
③ **인**화점이 높을 것.(폭발성이 적어서 안정하다.)
④ **임**계온도가 높을 것.(상온에서 비교적 **저압으로도 응축이 용이할 것**.)
⑤ 상용**압**력범위가 낮을 것.
⑥ **점**성도와 **표**면장력이 작아 순환동력이 적을 것.
⑦ **값**이 싸고 구입이 쉬울 것.
⑧ **비**체적이 작을 것.
   (한편, 비중량이 크면 동일 냉매순환량에 대한 관경이 가늘어도 됨)
⑨ **비**열비가 작을 것.
   (비열비가 작을수록 압축후의 토출가스 온도 상승이 적다)
⑩ **비**등점이 낮을 것.
⑪ 금속 및 패킹재료에 대한 부식성이 적을 것.
⑫ 환경 친화적일 것.
⑬ 독성이 적을 것.

39. 비열비는 1.3이고 정압비열이 0.845 kJ/kg·K인 기체의 기체상수(kJ/kg·K)는 얼마인가?

① 0.195   ② 0.5   ③ 0.845   ④ 1.345

【해설】(2012-1회-30번 기출유사)

• 비열비 $k = \dfrac{C_P}{C_V}$ 에서,

$1.3 = \dfrac{0.845}{C_V}$ 이므로, 정적비열 C_V = 0.65 kJ/kg·K 이다.

따라서, 기체상수 R = $C_P - C_V$ 에서
= 0.845 - 0.65 = 0.195 kJ/kg·K

40. 압력 500 kPa, 온도 240 ℃인 과열증기와 압력 500 kPa의 포화수가 정상상태로 흘러들어와 섞인 후 같은 압력의 포화증기 상태로 흘러나간다. 1 kg의 과열증기에 대하여 필요한 포화수의 양은 약 몇 kg 인가?

(단, 과열증기의 엔탈피는 3063 kJ/kg 이고, 포화수의 엔탈피는 636 kJ/kg, 증발열은 2109 kJ/kg 이다.)

① 0.15   ② 0.45   ③ 1.12   ④ 1.45

【해설】 (2015-2회-24번 기출반복)

과열증기 m_1, h_1
포화수 m_2, h'
→ 포화증기 m_3, h''

$$m_1 \cdot h_1 + m_2 \cdot h' = m_3 \cdot h''$$
$$1 \times h_1 + m_2 \cdot h' = (m_1 + m_2) \cdot h'' = (1 + m_2) \cdot h''$$
$$h_1 + m_2 \cdot h' = (1 + m_2) \cdot h''$$
$$h_1 - h'' = m_2(h'' - h')$$
$$m_2 = \frac{h_1 - h''}{h'' - h'} \quad \text{한편, 포화증기의 } h'' = h' + R \text{ 이므로}$$
$$m_2 = \frac{h_1 - (h' + R)}{h' + R - h'} = \frac{h_1 - (h' + R)}{R} = \frac{3063 - (636 + 2109)}{2109}$$
$$= 0.1507 ≒ 0.15 \text{ kg}$$

제3과목   계측방법

41. 적분동작(I동작)에 대한 설명으로 옳은 것은?

① 조작량이 동작신호의 값을 경계로 완전 개폐되는 동작
② 출력변화가 편차의 제곱근에 반비례하는 동작
③ 출력변화가 편차의 제곱근에 비례하는 동작
④ 출력변화의 속도가 편차에 비례하는 동작

【해설】 (2012-2회-58번 기출반복)

① 2위치 동작(On-Off 동작)
② 의미없음
③ 의미없음
❹ 적분동작 $\left(\frac{dY}{dt} = e \text{ 또는, } Y = \int e \, dt \right)$ 여기서, Y : 출력변화, e : 편차

40-①   41-④

42. 피드백 제어에 대한 설명으로 틀린 것은?

① 고액의 설비비가 요구된다.
② 운영하는데 비교적 고도의 기술이 요구된다.
③ 일부 고장이 있어도 전체 생산에 영향을 미치지 않는다.
④ 수리가 비교적 어렵다.

【해설】 ※ 피드백 제어(feedback control)
- 출력측의 제어량을 입력측에 되돌려 설정된 목표값과 비교하여 일치하도록 반복시켜 정정 동작을 행하는 제어 방식을 말하는 폐회로 방식이다.
장점으로는 제품의 품질 향상, 연료 및 동력 절감, 생산속도를 증가시켜 생산량 증대 및 설비의 수명을 연장시킬 수 있어 생산 원가를 절감한다. 단점으로는 피드백 제어 시스템 구축에 많은 비용과 고도의 기술이 필요하므로 수리가 어렵고, 제어장치의 운전에 고도의 지식과 능숙한 기술이 요구되며, 시스템에 일부 고장이 있으면 **전체 생산에 영향을 미친다.**

43. 가스의 상자성을 이용하여 만든 세라믹식 가스 분석계는?

① O_2 가스계
② CO_2 가스계
③ SO_2 가스계
④ 가스크로마토그래피

【해설】 (2010-2회-60번 기출반복)
• 세라믹식 O_2 계는 O_2(산소)가 다른 가스에 비하여 강한 상자성체(常磁性體)이기 때문에 세라믹의 온도를 높여주면 산소이온만 통과시키는 성질을 이용하여 전기화학전지의 기전력을 측정함으로써 가스 중의 O_2 농도를 분석하는 가스분석장치이다.

44. 하겐 - 포하젤의 법칙을 이용한 점도계는?

① 세이볼트 점도계
② 낙구식 점도계
③ 스토머 점도계
④ 맥미첼 점도계

【해설】 (2014-1회-57번 기출반복)   암기법 : 낙스, 하세오.

※ **점도계**(粘度計, Viscometer)
- 가는 관에 액체를 서서히 흐르게 하여 생기는 층류를 이용하여 점도의 크기를 측정한다.

점도계 종류	관련 방정식
낙구식(Falling Ball) 점도계	스토크스(Stokes)의 법칙
스토머(Stomer) 점도계	뉴턴의 점성법칙
맥미첼(Macmichael) 점도계	뉴턴의 점성법칙
세이볼트(Saybolt) 점도계	하겐 - 포하젤(Hagen - Poiseuille)의 법칙
오스트발트(Ostwald) 점도계	하겐 - 포하젤(Hagen - Poiseuille)의 법칙

45. 흡습염(염화리튬)을 이용하여 습도 측정을 위해 대기 중의 습도를 흡수하면 흡수체 표면에 포화용액층을 형성하게 되는데, 이 포화용액과 대기와의 증기 평형을 이루는 온도를 측정하는 방법은?

① 흡습법
② 이슬점법
③ 건구습도계법
④ 습구습도계법

【해설】(2016-2회-50번 기출반복)

※ 듀셀(dew-cell) 노점계(이슬점 습도계 또는, 가열식 노점계)
염화리튬의 포화수용액의 수증기압이 공기 중의 수증기압과 **증기 평형**을 이룰 때 생기는 온도지하를 저항측온체로 측정하여 해당 온도에서 노점을 환산하여 지시하는 것을 이용하여 습도를 표시한다. 장점으로는 자동제어가 가능하며, 고온에서도 정도가 높다. 그러나, 습도측정 시 가열이 필요하다는 단점이 있다.

46. 실온 22℃, 습도 45%, 기압 765 mmHg인 공기의 증기분압(Pw)은 약 몇 mmHg 인가? (단, 공기의 가스상수는 29.27 kg·m/kg·K, 22℃에서 포화압력(Ps)은 18.66 mmHg 이다.)

① 4.1
② 8.4
③ 14.3
④ 20.7

【해설】(2011-2회-46번 기출반복)

- 상대습도 $\varphi = \dfrac{P_w}{P_s} \times 100$ 에서

    $45 = \dfrac{P_w}{18.66\, mmHg} \times 100$

∴ 현재수증기 분압 P_w = 8.397 ≒ 8.4 mmHg

47. 다음에서 열전온도계 종류가 아닌 것은?

① 철과 콘스탄탄을 이용한 것
② 백금과 백금·로듐을 이용한 것
③ 철과 알루미늄을 이용한 것
④ 동과 콘스탄탄을 이용한 것

【해설】(2014-4회-44번 기출유사) 암기법 : 열기, ㅋㅋ~ 철동크백

※ 열전대(또는, 열전쌍)의 종류 및 특징

종류	호칭	(+)전극	(-)전극	측정온도범위(℃)	암기법
PR	R 형	백금로듐	백금	0 ~ 1600	PRR
CA	K 형	크로멜	알루멜	-20 ~ 1200	CAK (칵~)
IC	J 형	철	콘스탄탄	-20 ~ 800	아이씨 재바
CC	T 형	구리(동)	콘스탄탄	-200 ~ 350	CCT(V)

45-② 46-② 47-③

48. 다음 중 자동조작 장치로 쓰이지 않는 것은?

① 전자개폐기　　　　　　　② 안전밸브
③ 전동밸브　　　　　　　　④ 댐퍼

【해설】(2015-2회-56번 기출반복)
※ 자동제어에 의한 조작 장치로 쓰이는 것에는 전자개폐기, 전동밸브, 댐퍼, 화염검출기, 조절밸브, 감압밸브 등이 있다.
❷ 안전밸브는 자동제어에 의한 조작 장치가 아니고 자체적인 스프링이 지닌 탄성의 원리를 이용한 안전장치이다.

49. 액주식 압력계에서 액주에 사용되는 액체의 구비조건으로 틀린 것은?

① 모세관 현상이 클 것
② 점도나 팽창계수가 작을 것
③ 항상 액면을 수평으로 만들 것
④ 증기에 의한 밀도 변화가 되도록 적을 것

【해설】(2016-4회-60번 기출유사)
• 액주식 압력계는 액면에 미치는 압력을 밀도와 액주높이차를 가지고 P = γ·h 식에 의해서 측정하므로 액주 내면에 있어서 표면장력에 의한 모세관현상 등의 영향이 적어야 한다.
※ 액주식 압력계에서 액주(액체)의 구비조건
　① 점도가 작을 것　　　　　　② 열팽창계수가 작을 것
　③ **모세관 현상이 적을 것**　　④ 일정한 화학성분일 것
　⑤ 휘발성, 흡수성이 적을 것　⑥ 온도변화에 의한 밀도변화가 작아야 한다.
　⑦ 액면은 항상 수평이 되어야 한다.
【key】액주에 쓰이는 액체의 구비조건 특징은 모든 성질이 작을수록 좋다!

50. 다음 중 물리적 가스분석계와 거리가 먼 것은?

① 가스 크로마토그래프법　　② 자동오르자트법
③ 세라믹식　　　　　　　　④ 적외선 흡수식

【해설】(2018-2회-46번 기출유사)　　암기법 : 세자가, 밀도적 열영을 물리쳤다.
※ 가스분석계의 분류는 물질의 물리적, 화학적 성질에 따라 다음과 같이 분류한다.
• 물리적 가스분석계 : 세라믹법, 자기법, 가스크로마토그래피법, 밀도법, 도전율법, 적외선(흡수)법, 열전도율법
• 화학적 가스분석계 : 흡수분석법(**오르자트식**, 헴펠식), 자동화학식법, 연소열법(연소식, 미연소식)

51. 다음 계측기 중 열관리용에 사용되지 않는 것은?

① 유량계
② 온도계
③ 다이얼 게이지
④ 부르동관 압력계

【해설】(2013-1회-46번 기출반복)
❸ 다이얼 게이지는 마이크로미터 헤드가 장착된 **길이측정용** 계측기구이다.

52. 압력을 측정하는 계기가 그림과 같을 때 용기 안에 들어있는 물질로 적절한 것은?

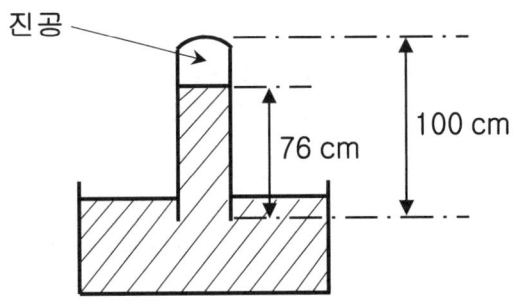

① 알코올
② 물
③ 공기
④ 수은

【해설】(2013-1회-45번 기출유사)
※ 표준대기압(standard atmosphere pressure, 즉 atm)
 - 중력이 $9.807 \, m/s^2$ 이고 온도가 0 ℃ 일 때, 단면적이 $1 \, cm^2$ 이고 상단이 완전진공인 수은주(Hg)를 76 cm 만큼 밀어 올리는 대기의 압력을 말한다.
 • 1 atm = 76 cmHg = 760 mmHg

53. 차압식 유량계에서 압력차가 처음보다 4배 커지고 관의 지름이 $\frac{1}{2}$로 되었다면 나중 유량(Q_2)과 처음 유량(Q_1)의 관계를 옳게 나타낸 것은?

① $Q_2 = 0.71 \times Q_1$
② $Q_2 = 0.5 \times Q_1$
③ $Q_2 = 0.35 \times Q_1$
④ $Q_2 = 0.25 \times Q_1$

【해설】(2011-1회-57번 기출반복)
• 압력과 유량의 관계 공식 $Q = A \cdot v$ 에서,

$$= \frac{\pi D^2}{4} \times \sqrt{2gh} = \frac{\pi D^2}{4} \times \sqrt{2g \times \frac{\Delta P}{\gamma}}$$

비례식을 세우면 $\dfrac{Q_1}{Q_2} \propto \dfrac{D^2 \times \sqrt{P}}{\left(\dfrac{D}{2}\right)^2 \times \sqrt{4P}} = \dfrac{1}{\dfrac{\sqrt{4}}{4}}$, ∴ $Q_2 = \dfrac{\sqrt{4}}{4} Q_1 = 0.5 \, Q_1$

54. 다음 중 계통오차(Systematic error)가 아닌 것은?

① 계측기오차 ② 환경오차
③ 개인오차 ④ 우연오차

【해설】(2018-4회-46번 기출유사)
※ 오차 (誤差, error)의 종류
- 과오(실수)에 의한 오차 (mistake error)
  측정 순서의 오류, 측정값을 읽을 때의 착오, 기록 오류 등 측정자의 실수에 의해 생기는 오차이며, 우연오차에서처럼 매번마다 발생하는 것이 아니고 극히 드물게 나타난다.
- 우연 오차 (accidental error)
  측정실의 기온변동, 공기의 교란, 측정대의 진동, 조명도의 변화 등 오차의 원인을 명확히 알 수 없는 우연한 원인으로 인하여 발생하는 오차로서, 측정값이 일정하지 않고 분포 현상을 일으키므로 측정을 여러 번 반복하여 평균값을 추정하여 오차를 작게 할 수는 있으나 보정은 불가능하다.
- 계통적 오차 (systematic error) : **개인오차, 계측기오차, 환경오차**, 이론오차(방법오차)
  계측기를 오래 사용하면 지시가 맞지 않거나, 눈금을 읽을 때 개인적 습관에 의해 생기는 오차 등 측정값에 편차를 주는 것과 같은 어떠한 원인에 의해 생기는 오차이다.

55. 다음 중 탄성 압력계의 탄성체가 아닌 것은?

① 벨로스 ② 다이어프램
③ 리퀴드 벌브 ④ 부르동관

【해설】(2007-4회-43번 기출유사) 암기법 : 탄돈 벌다.
- 탄성식 압력계의 종류별 압력 측정범위
  - 부르돈관(Bourdon tube)식 〉 벨로스(Bellows)식 〉 다이어프램(Diaphragm)식
❸ 리퀴드 벌브(Liquid bulb)는 탄성체가 아니고 액체압력(팽창)식 온도계이다.

56. 다음 중 광고온계의 측정원리는?

① 열에 의한 금속팽창을 이용하여 측정
② 이종금속 접합점의 온도차에 따른 열기전력을 측정
③ 피측정물의 전파장의 복사 에너지를 열전대로 측정
④ 피측정물의 휘도와 전구의 휘도를 비교하여 측정

【해설】(2009-4회-42번 기출반복)
① 바이메탈식 온도계 ② 열전대 온도계 ③ 방사 온도계
❹ 광고온계는 고온 물체의 방사에너지에 의한 휘도를 표준온도의 전구 필라멘트의 휘도와 비교하여 측정한다.

57. 초음파 유량계의 특징이 아닌 것은?

① 압력손실이 없다.
② 대 유량 측정용으로 적합하다.
③ 비전도성 액체의 유량측정이 가능하다.
④ 미소기전력을 증폭하는 증폭기가 필요하다.

【해설】 ❹ 전자 유량계(또는, 자기 유량계)는 미소한 측정전압에 대하여 고성능 증폭기를 필요로 한다.

58. 전기저항 온도계의 특징에 대한 설명으로 틀린 것은?

① 자동기록이 가능하다
② 원격측정이 용이하다
③ 1000 ℃ 이상의 고온측정에서 특히 정확하다
④ 온도가 상승함에 따라 금속의 전기 저항이 증가하는 현상을 이용한 것이다

【해설】 (2015-4회-51번 기출반복)
※ 전기저항식(또는, 저항식) 온도계의 특징
- 원격측정에 적합하고 자동제어, 기록, 조절이 가능하다.
- 비교적 **낮은 온도(500 ℃이하)의 정밀측정에 적합하다.**
- 검출시간 지연이 있으며, 측온저항체가 가늘어 진동에 단선되기 쉽다.

【참고】 일반적으로 접촉식 온도계 중에서 공업계측용으로는 전기저항 온도계와 열전 온도계가 사용되는데, 열전 온도계는 고온의 측정(-200 ~ 1600 ℃)에 전기저항 온도계(-200 ~ 500 ℃)는 저온의 정밀측정에 적합하다.

59. 유량계에 대한 설명으로 틀린 것은?

① 플로트형 면적유량계는 정밀측정이 어렵다.
② 플로트형 면적유량계는 고점도 유체에 사용하기 어렵다.
③ 플로트형 노즐식 교축유량계는 고압유체의 유량측정에 적합하다.
④ 플로트형 노즐식 교축유량계는 노즐의 교축을 완만하게 하여 압력손실을 줄인 것이다.

【해설】 (2011-1회-50번 기출유사)
- 부자식(float) 면적유량계는 차압식 유량계와는 달리 교축기구 차압을 일정하게 유지하고 교축기구의 단면적을 변화시켜서 유량을 측정하는 방식이다.
 유로의 단면적 차이를 이용하므로 **압력손실이 적으며**, 유체의 밀도가 변하면 보정해주어야 하기 때문에 정도는 ±1 ~ 2 % 로서 아주 좋지는 않으므로 **정밀측정용으로는 부적합하다.**
 유량계수는 비교적 낮은 레이놀즈수의 범위까지 일정하기 때문에 **고점도 유체**나 적은 유량(소유량)의 측정에 적합하다. 유량에 따라 측정치는 직선의 균등유량 눈금으로 얻어지므로 수직배관에만 적용이 가능하다.

60. 방사고온계로 물체의 온도를 측정하니 1000 ℃였다. 전방사율이 0.7이면 진온도는 약 몇 ℃ 인가?

① 1119 ② 1196 ③ 1284 ④ 1392

【해설】 (2010-1회-43번 기출유사)
- 열방사에 의한 전방사에너지(E)는 스테판-볼쯔만의 법칙으로 계산된다.

$$E = \epsilon_t \cdot \sigma \cdot T_{진}^4 \quad \text{여기서, } \epsilon_t : \text{전방사율}, \; T_{실제온도(진온도)} : \text{절대온도(K)}$$
$$\sigma : \text{스테판-볼쯔만 상수}$$

$$T_{진} = \frac{T_{측정}}{\sqrt[4]{\epsilon_t}} \text{ 에서}$$

$$(t_{진} + 273) = \frac{(1000 + 273)}{\sqrt[4]{0.7}}$$

∴ 피측정체의 실제온도(또는, 진온도) $t_{진}$ = 1118.72 ℃ ≒ 1119 ℃

제4과목 열설비재료 및 관계법규

61. 에너지이용 합리화법상 특정열사용기자재 및 설치·시공범위에 해당하지 <u>않는</u> 품목은?

① 압력용기 ② 태양열 집열기
③ 태양광 발전장치 ④ 금속요로

【해설】 (2018-1회-68번 기출유사) [에너지이용합리화법 시행규칙 별표3의2.]
❸ (태양광) 발전장치는 특정열사용기자재 품목에 해당되지 않는다.

62. 에너지이용 합리화법에서 정한 에너지저장시설의 보유 또는 저장의무의 부과시 정당한 이유 없이 이를 거부하거나 이행하지 아니한 자에 대한 벌칙 기준은?

① 500만원 이하의 벌금
② 1천만원 이하의 벌금
③ 1년 이하의 징역 또는 1천만원 이하의 벌금
④ 2년 이하의 징역 또는 2천만원 이하의 벌금

【해설】 (2012-2회-68번 기출유사) [에너지이용합리화법 제72조.]
- 에너지저장시설의 보유 또는 저장의무의 부과시 정당한 이유 없이 이를 거부하거나 이행하지 아니한 자는 **2년** 이하의 징역 또는 **2천만원** 이하의 벌금에 처한다.

【참고】 ※ 위반행위에 해당하는 벌칙(징역, 벌금액) 암기법
    2.2 – 에너지 저장, 수급 위반　　　　　　이~이가 저 수위다.
    1.1 – 검사대상기기 위반　　　　　　　　한명 한명씩 검사대를 통과했다.
    0.2 – 효율기자재 위반　　　　　　　　　영희가 효자다.
    0.1 – 미선임, 미확인, 거부, 기피　　　　영일은 미선과 거부기피를 먹었다.
    0.05– 광고, 표시 위반　　　　　　　　　영오는 광고표시를 쭉~ 위반했다.

63. 에너지이용 합리화법상 검사대상기기 설치자가 해당기기를 검사를 받지 않고 사용하였을 경우 벌칙기준으로 옳은 것은?

① 2년 이하의 징역 또는 2천만원 이하의 벌금
② 1년 이하의 징역 또는 1천만원 이하의 벌금
③ 2천만원 이하의 과태료
④ 1천만원 이하의 과태료

【해설】 (2013-4회-72번 기출반복)　　　　　　　　　　[에너지이용합리화법 제73조.]
  ❷ 검사대상기기의 검사를 받지 아니한 자는 1년 이하의 징역 또는 1천만원 이하의 벌금에 처한다.

【참고】 ※ 위반행위에 해당하는 벌칙(징역, 벌금액) 암기법
    2.2 – 에너지 저장, 수급 위반　　　　　　이~이가 저 수위다.
    1.1 – 검사대상기기 위반　　　　　　　　한명 한명씩 검사대를 통과했다.
    0.2 – 효율기자재 위반　　　　　　　　　영희가 효자다.
    0.1 – 미선임, 미확인, 거부, 기피　　　　영일은 미선과 거부기피를 먹었다.
    0.05– 광고, 표시 위반　　　　　　　　　영오는 광고표시를 쭉~ 위반했다.

64. 에너지이용 합리화법상 공공사업주관자는 에너지사용계획을 수립하여 산업통상자원부 장관에게 제출하여야 한다. 공공사업주관자가 설치하려는 시설 기준으로 옳은 것은?

① 연간 2500 TOE 이상의 연료 및 열을 사용, 또는 연간 2천만 kWh 이상의 전력을 사용
② 연간 2500 TOE 이상의 연료 및 열을 사용, 또는 연간 1천만 kWh 이상의 전력을 사용
③ 연간 5000 TOE 이상의 연료 및 열을 사용, 또는 연간 2천만 kWh 이상의 전력을 사용
④ 연간 5000 TOE 이상의 연료 및 열을 사용, 또는 연간 1천만 kWh 이상의 전력을 사용

【해설】 (2015-2회-70번 기출유사)
  ※ 에너지사용계획 제출 대상사업 기준.　　[에너지이용합리화법 시행령 제20조2항.]
  • 공공사업주관자의　　　　　　　　　　　　암기법 : 공이오?~ 천만에!
    1. 연간 **2천5백** 티오이(TOE) 이상의 연료 및 열을 사용하는 시설
    2. 연간 **1천만** 킬로와트시(kWh) 이상의 전력을 사용하는 시설
  • 민간사업주관자의　　　　　　　　　　　　암기법 : 민간 = 공 × 2
    1. 연간 5천 티오이(TOE) 이상의 연료 및 열을 사용하는 시설
    2. 연간 2천만 킬로와트시(kWh) 이상의 전력을 사용하는 시설

65. 에너지이용 합리화법상 온수발생 용량이 0.5815 MW를 초과하며 10 t/h 이하인 보일러에 대한 검사대상기기관리자의 자격으로 모두 고른 것은?

> ㄱ. 에너지관리기능장
> ㄴ. 에너지관리기사
> ㄷ. 에너지관리산업기사
> ㄹ. 에너지관리기능사
> ㅁ. 인정검사대상기기관리자의 교육을 이수한 자

① ㄱ, ㄴ
② ㄱ, ㄴ, ㄷ
③ ㄱ, ㄴ, ㄷ, ㄹ
④ ㄱ, ㄴ, ㄷ, ㄹ, ㅁ

【해설】(2018-2회-63번 기출유사) [에너지이용합리화법 시행규칙 별표 3의9.]
❸ 가장 하위자격에 해당하는 (한국에너지공단에서 검사대상기기 관리에 관한) 관리자 교육을 이수한 자는 용량이 10 ton/h 이하인 보일러를 관리할 자격이 없다.

【참고】[별표 3의9.] 검사대상기기관리자의 자격 및 관리범위.(제31조의26제1항 관련)

관리자의 자격	관리범위
에너지관리기능장 또는 에너지관리기사	용량이 30 ton/h를 초과하는 보일러
에너지관리기능장, 에너지관리기사 또는 에너지관리산업기사	용량이 10 ton/h를 초과하고 30 ton/h 이하인 보일러
에너지관리기능장, 에너지관리기사, 에너지관리산업기사, 에너지관리기능사	용량이 10 ton/h 이하인 보일러
에너지관리기능장, 에너지관리기사, 에너지관리산업기사, 에너지관리기능사 또는 인정검사대상기기관리자의 교육을 이수한 자	1) 증기보일러로서 최고사용압력이 1 MPa 이하이고, 전열면적이 $10 m^2$ 이하인 것 2) 온수발생 및 열매체를 가열하는 보일러로서 용량이 581.5 kW(0.5815 MW) 이하인 것 3) 압력용기

66. 에너지법에서 정한 용어의 정의에 대한 설명으로 틀린 것은?

① 에너지란 연료·열 및 전기를 말한다.
② 연료란 석유·가스·석탄, 그 밖에 열을 발생하는 열원을 말한다.
③ 에너지사용자란 에너지를 전환하여 사용하는 소비자를 말한다.
④ 에너지사용기자재란 열사용기자재나 그 밖에 에너지를 사용하는 기자재를 말한다.

【해설】(2018-1회-65번 기출유사) 암기법: 사용자, 소관
❸ "에너지사용자"란 에너지사용시설의 소유자 또는 관리자를 말한다. [에너지법 제2조.]

67.
에너지이용 합리화법에 따라 산업통상자원부장관은 국내의 에너지 사정 등의 변동으로 에너지수급에 중대한 차질이 발생할 우려가 있다고 인정되면 필요한 범위에서 에너지사용자, 공급자 등에게 조정·명령 그 밖에 필요한 조치를 할 수 있다. 이에 해당되지 <u>않는</u> 항목은?

① 에너지의 개발
② 지역별·주요 수급자별 에너지 할당
③ 에너지의 비축
④ 에너지의 배급

【해설】(2014-1회-62번 기출반복) [에너지이용합리화법 제7조2항.]
- 에너지 수급안정을 위한 조정·명령 및 조치에 해당되는 사항
  - **지역별·수급자별 에너지 할당**, 에너지공급설비의 가동 및 조업, **에너지의 비축**과 저장, 에너지의 도입·수출입 및 위탁가공, **에너지의 배급**, 에너지의 유통시설과 유통경로, 에너지사용의 시기·방법 및 에너지사용기자재의 사용 제한 또는 금지 등

68. 에너지이용 합리화법에서 정한 열사용기자재의 적용범위로 옳은 것은?

① 전열면적이 20 m² 이하인 소형 온수보일러
② 정격소비전력이 50 kW 이하인 축열식 전기보일러
③ 1종 압력용기로서 최고사용압력(MPa)과 부피(m³)를 곱한 수치가 0.01을 초과하는 것
④ 2종 압력용기로서 최고사용압력이 0.2 MPa를 초과하는 기체를 그 안에 보유하는 용기로서 내부 부피가 0.04 m³ 이상인 것

【해설】(2017-4회-68번 기출유사) [에너지이용합리화법 시행규칙 별표 1.]
① 전열면적이 14 m² 이하인 소형 온수보일러
② 정격소비전력이 30 kW 이하인 축열식 전기보일러
③ 1종 압력용기로서 최고사용압력(MPa)과 부피(m³)를 곱한 수치가 0.004을 초과하는 것
❹ 2종 압력용기로서 최고사용압력이 0.2 MPa를 초과하는 기체를 그 안에 보유하는 용기로서 내부 부피가 0.04 m³ 이상인 것   암기법 : 이영희는, 용사 아니다.(안2다)

69. 에너지법에서 정한 열사용기자재의 정의에 대한 내용이 <u>아닌</u> 것은?

① 연료를 사용하는 기기
② 열을 사용하는 기기
③ 단열성 자재 및 축열식 전기기기
④ 폐열 회수장치 및 전열장치

【해설】(2009-1회-65번 기출반복) [에너지법 제2조.]
- 열사용기자재라 함은 연료 및 열을 사용하는 기기, 축열식 전기기기와 단열성 자재로서 산업통상자원부령으로 정하는 것을 말한다.

67-①   68-④   69-④

70. 에너지이용합리화법에 따라 검사대상기기 검사 중 개조검사의 적용 대상이 아닌 것은?

① 온수보일러를 증기보일러로 개조하는 경우
② 보일러 섹션의 증감에 의하여 용량을 변경하는 경우
③ 동체·경판·관판·관모음 또는 스테이의 변경으로서 산업통상자원부장관이 정하여 고시하는 대수리의 경우
④ 연료 또는 연소방법을 변경하는 경우

【해설】 (2016-2회-67번 기출반복)　　　　　　　　　　　　암기법 : 걔한테 증→온 오까?
❶ 증기보일러를 온수보일러로 개조하는 경우에는 개조검사의 적용대상이 된다.
[에너지이용합리화법 시행규칙 별표3의4.]

71. 매끈한 원관 속을 흐르는 유체의 레이놀즈수가 1800일 때의 관마찰계수는?

① 0.013　　　② 0.015　　　③ 0.036　　　④ 0.053

【해설】 (2014-2회-74번 기출반복)
- 매끈한 원관내를 흐르는 유체는 거칠기에 상관이 없으므로 층류(Re = 1800)흐름의 형태이다.
- 층류일 경우에는 벽면의 거칠기에 상관없이 레이놀즈수만의 함수이며 다음 식으로 계산한다.

  마찰계수 $f = \dfrac{64}{R_e} = \dfrac{64}{1800} = 0.0355 \fallingdotseq 0.036$

72. 사용압력이 비교적 낮은 증기, 물 등의 유체 수송관에 사용하며, 백관과 흑관으로 구분되는 강관은?

① SPP　　　② SPPH　　　③ SPPY　　　④ SPA

【해설】 (2015-4회-78번 기출유사)

❶ 일반배관용 탄소강관(SPP, carbon Steel Pipe Piping)은 350 ℃ 이하에서 사용압력 (1.0 MPa 이하)이 비교적 낮은 배관에 사용하며 탄소강관(SPP)에 1차 방청도장만 한 것을 **흑관**, 부식성을 개선시키기 위하여 흑관에 아연(Zn)도금을 한 것을 **백관** 이라고 한다.
② 고압배관용 탄소강관(SPPH, carbon Steel Pipe High Pressure)
③ 압력배관용 탄소강관(SPPS, carbon Steel Pipe Pressure Service)
④ 배관용 합금강관(SPA, Steel Pipe Alloy)
⑤ 배관용 스테인레스강관(STS, STainless Steel Pipe)
⑥ 고온배관용 탄소강관(SPHT, carbon Steel Pipe High Temperature Service)
⑦ 저온배관용 탄소강관(SPLT, carbon Steel Pipe Low Temperature Service)

73. 축요(築窯) 시 가장 중요한 것은 적합한 지반(地盤)을 고르는 것이다. 다음 중 지반의 적부시험으로 틀린 것은?

① 지내력시험 ② 토질시험
③ 팽창시험 ④ 지하탐사

【해설】(2014-4회-79번 기출반복)
- 요로를 설치하는데 기초적으로 가장 중요한 것은 지반을 잘 골라야 한다.
  지반의 적부 결정은 지내력시험, 토질시험, 지하탐사 등을 행하여 결정하게 된다.
- ❸ 팽창시험은 축조재료의 팽창 성질을 살피는 시험이므로 **지반의 적부결정과는 무관하다.**

74. 밸브의 몸통이 둥근 달걀형 밸브로서 유체의 압력 감소가 크므로 압력이 필요로 하지 않을 경우나 유량 조절용이나 차단용으로 적합한 밸브는?

① 글로브 밸브 ② 체크 밸브
③ 버터플라이 밸브 ④ 슬루스 밸브

【해설】(2014-4회-77번 기출반복) 암기법 : 유글레나
- 글로브(Glove, 둥근) 밸브는 **유량을 조절**하거나 유체의 흐름을 차단하는 밸브이다.

75. 다음 중 내화모르타르의 분류에 속하지 않는 것은?

① 열경성 ② 화경성 ③ 기경성 ④ 수경성

【해설】(2009-1회-70번 기출반복)
- 일정한 규격을 갖지 않는 부정형(不定形) 내화물의 일종인 내화 모르타르(mortar, 습식)는 내화벽돌을 쌓아올릴 때 결합제로 사용되는 내화벽돌의 보조 재료로서 내화몰탈의 종류는 경화시키는 방법에 따라 **열경성**(熱硬性), **기경성**(氣硬性), **수경성**(水硬性)으로 분류한다.

76. 공업용 로에 있어서 폐열회수장치로 가장 적합한 것은?

① 댐퍼 ② 백필터
③ 바이패스 연도 ④ 레큐퍼레이터

【해설】(2014-2회-73번 기출반복)
- **레큐퍼레이터**(Recuperator, 환열실) : 연소 배기가스의 폐열을 연도에서 연소용 공기의 예열에 이용하고자 필요한 열을 회수하는 장치로서 여러 개의 관으로 구성되어 있다. 관외를 배기가스, 관내의 공기를 통해 관벽을 통해서 연소용 공기를 예열하는 구조이다.

73-③ 74-① 75-② 76-④

77. 염기성 슬래그나 용융금속에 대한 내침식성이 크므로 염기성 제강로의 노재로 주로 사용되는 내화벽돌은?

① 마그네시아질　　　　　　② 규석질
③ 샤모트질　　　　　　　　④ 알루미나질

【해설】(2013-4회-77번 기출반복)　　　　　암기법 : 염병할~ 포돌이 마크
- 슬래그(slag, 鎔滓, 용제)는 녹아 있는 금속 표면위에 떠서 금속 표면이 공기에 의해 산화되는 것을 방지하고 그 표면을 보존하는 역할을 한다.
- 염기성 슬래그를 쓰려면 염기성 제강로의 내벽도 염기성 산화물(MgO, CaO)을 다량 함유하고 있는 염기성 내화벽돌이어야 염기성 슬래그나 용융금속 침입에 의한 침식의 발생을 막을 수 있다.
❶ 염기성　② 산성　③ 산성　④ 중성

78. 다음 중 산성 내화물에 속하는 벽돌은?

① 고알루미나질　　　　　　② 크롬-마그네시아질
③ 마그네시아질　　　　　　④ 샤모트질

【해설】(2018-2회-77번 기출유사)
① 고알루미나질 : 중성　　　② 크롬-마그네시아질 : 염기성
③ 마그네시아질 : 염기성　　❹ 샤모트질 : 산성

【참고】
- 산성 내화물　　　　　　　　　　　　　　　암기법 : 산규 납점샤
  - 규석질(석영질), 납석질(반규석질), 샤모트질, 점토질 등이 있다.
- 중성 내화물　　　　　　　　　　　　　　　암기법 : 중이 C 알
  - 탄소질, 크롬질, 고알루미나질(Al_2O_3계 50% 이상), 탄화규소질 등이 있다.
- 염기성 내화물　　　　　　　　　　　　　　암기법 : 염병할~ 포돌이 마크
  - 포스테라이트질(Forsterite, $MgO-SiO_2$계), 돌로마이트질(Dolomite, $CaO-MgO$계), 마그네시아질(Magnesite, MgO계), 마그네시아-크롬질(Magnesite Chromite, $MgO-Cr_2O_3$계)

79. 보온재의 열전도율에 대한 설명으로 옳은 것은?

① 배관 내 유체의 온도가 높을수록 열전도율은 감소한다.
② 재질 내 수분이 많을 경우 열전도율은 감소한다.
③ 비중이 클수록 열전도율은 작아진다.
④ 밀도가 작을수록 열전도율은 작아진다.

【해설】(2016-1회-75번 기출유사)　　　　　암기법 : 열전도율 ∝ 온·습·밀·부
- 보온재의 열전도율(λ)은 온도, 습도, 밀도, 부피(체적), 비중에 비례한다.

80. 다음 중 불연속식 요에 해당하지 않는 것은?

① 횡염식 요
② 승염식 요
③ 터널 요
④ 도염식 요

【해설】 (2018-4회-71번 기출유사)
※ 조업방식(작업방식)에 따른 요로의 분류
- 연속식 : **터널요**, 윤요(輪窯, 고리가마), 견요(堅窯, 샤프트로), 회전요(로터리 가마)
- 불연속식 : 횡염식요, 승염식요, 도염식요   암기법 : 불횡 승도
- 반연속식 : 셔틀요, 등요

제5과목   열설비설계

81. 입형 횡관 보일러의 안전저수위로 가장 적당한 것은?

① 하부에서 75 mm 지점
② 횡관 전길이의 1/3 높이
③ 화격자 하부에서 100 mm 지점
④ 화실 천장판에서 상부 75 mm 지점

【해설】 (2011-4회-100번 기출반복)
※ 원통형 보일러의 안전저수위.(수면계 최하단부의 부착위치)

보일러의 종류	안전저수위
입형 횡관 보일러	화실 천정판 최고부 위 75 mm
노통 보일러	노통 최고부 위 100 mm
입형 연관 보일러	화실 천정판 최고부 위 연관길이의 1/3
노통 연관 보일러	연관의 최고부 위 75 mm, 노통 최고부 위 100 mm

82. 보일러의 과열 방지 대책으로 가장 거리가 먼 것은?

① 보일러의 수위를 낮게 유지할 것
② 고열부분에 스케일 슬러지를 부착시키지 말 것
③ 보일러수를 농축하지 말 것
④ 보일러수의 순환을 좋게 할 것

【해설】 (2015-4회-88번 기출반복)
❶ 보일러의 수위가 너무 낮을 경우 보일러 과열의 원인이 되므로, 보일러의 수위를 너무 낮게 유지하지 말아야 한다.

83. 외경과 내경이 각각 6 cm, 4 cm이고 길이가 2 m인 강관이 두께 2 cm인 단열재로 둘러 쌓여있다. 이때 관으로부터 주위 공기로의 열손실이 400 W 라 하면 관 내벽과 단열재 외면의 온도차는?
(단, 주어진 강관과 단열재의 열전도율은 각각 15 W/m·℃, 0.2 W/m·℃ 이다.)

① 53.5 ℃   ② 82.2 ℃   ③ 120.6 ℃   ④ 155.6 ℃

【해설】 (2012-2회-92번 기출유사)   암기법 : 교관온면

• 길이가 L인 두 겹의 원통형 배관에서 손실열(교환열) 계산공식

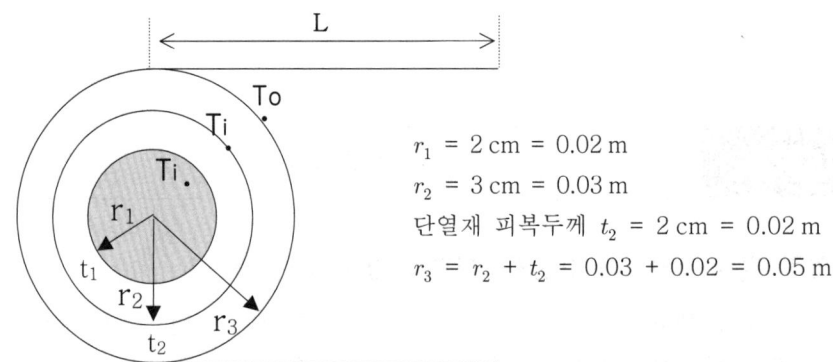

$$Q = K \cdot \Delta t \cdot A_m = \frac{\Delta t \cdot 2\pi L}{\sum_{i=1}^{n} \frac{1}{\lambda_i} \ln\left(\frac{r_{n+1}}{r_i}\right)} = \frac{\Delta t \cdot 2\pi L}{\frac{1}{\lambda_1} \ln\left(\frac{r_2}{r_1}\right) + \frac{1}{\lambda_2} \ln\left(\frac{r_3}{r_2}\right)}$$ 이므로

$$400\ W = \frac{\Delta t \times 2\pi \times 2m}{\frac{1}{15\ W/m \cdot ℃} \times \ln\left(\frac{0.03}{0.02}\right) + \frac{1}{0.2\ W/m \cdot ℃} \times \ln\left(\frac{5}{3}\right)}$$

∴ 온도차 Δt = 82.16 ≒ 82.2 ℃

84. 평형노통과 비교한 파형노통의 장점이 아닌 것은?

① 청소 및 검사가 용이하다.
② 고열에 의한 신축과 팽창이 용이하다.
③ 전열면적이 크다.
④ 외압에 대한 강도가 크다.

【해설】 (2010-2회-87번 기출반복)
• 파형 노통은 외압에 대한 강도가 크며 전열면적이 크다.
• 열에 의한 신축에 대해서 탄력성이 크므로, 신축과 팽창이 용이하다.
❶ 파형노통은 평형 노통에 비하여 제작이 어렵고 **청소 및 검사가 어렵다.**

85. 보일러 설치·시공기준상 보일러를 옥내에 설치하는 경우에 대한 설명으로 틀린 것은?

① 불연성 물질의 격벽으로 구분된 장소에 설치한다.
② 보일러 동체 최상부로부터 천장, 배관 등 보일러상부에 있는 구조물까지의 거리는 0.3 m 이상으로 한다.
③ 연도의 외측으로부터 0.3 m 이내에 있는 가연성 물체에 대하여는 금속 이외의 불연성 재료로 피복한다.
④ 연료를 저장할 때에는 소형보일러의 경우 보일러 외측으로부터 1 m 이상 거리를 두거나 반격벽으로 할 수 있다.

【해설】(2016-4회-100번 기출반복)
　　　[보일러 설치 기준] 시공업자는 보일러 옥내 설치 시 다음기준을 만족시켜야 한다.
　　① 보일러는 불연성물질의 격벽으로 구분된 장소에 설치하여야 한다.
　　　다만, 소용량강철제보일러, 소용량주철제보일러, 가스용온수보일러, 소형관류보일러(이하 "소형보일러"라 한다)는 반격벽으로 구분된 장소에 설치할 수 있다.
　　❷ 보일러 동체 최상부로부터(보일러의 검사 및 취급에 지장이 없도록 작업대를 설치한 경우에는 작업대로부터) 천정, 배관 등 보일러 상부에 있는 구조물까지의 거리는 **1.2 m 이상**이어야 한다.
　　　다만, 소형보일러 및 주철제보일러의 경우에는 0.6 m 이상으로 할 수 있다.
　　③ 보일러 동체에서 벽, 배관, 기타 보일러 측부에 있는 구조물(검사 및 청소에 지장이 없는 것은 제외)까지 거리는 0.45 m 이상이어야 한다.
　　　다만, 소형보일러는 0.3 m 이상으로 할 수 있다.
　　④ 보일러 및 보일러에 부설된 금속제의 굴뚝 또는 연도의 외측으로부터 0.3 m 이내에 있는 가연성 물체에 대하여는 금속 이외의 불연성 재료로 피복하여야 한다.
　　⑤ 연료를 저장할 때에는 보일러 외측으로부터 2 m 이상 거리를 두거나 방화격벽을 설치하여야 한다.
　　　다만, 소형보일러의 경우에는 1 m 이상 거리를 두거나 반격벽으로 할 수 있다.
　　⑥ 보일러에 설치된 계기들을 육안으로 관찰하는데 지장이 없도록 충분한 조명시설이 있어야 한다.
　　⑦ 보일러실은 연소 및 환경을 유지하기에 충분한 급기구 및 환기구가 있어야 하며 급기구는 보일러 배기가스 닥트의 유효단면적 이상이어야 하고 도시가스를 사용하는 경우에는 환기구를 가능한 한 높이 설치하여 가스가 누설되었을 때 체류하지 않는 구조이어야 한다.

86. 보일러의 과열에 의한 압궤의 발생부분이 아닌 것은?

① 노통 상부　　　　　　② 화실 천장
③ 연관　　　　　　　　④ 가셋스테이

【해설】(2017-4회-98번 기출반복)
　　• **압궤**란 노통이나 화실처럼 원통 부분이 외측 압력에 견딜 수 없어서 짓눌려지는 현상으로서 압축응력을 받는 부위(**노통 상부면, 화실 천장판, 연소실의 연관** 등)에 발생하게 된다.

87. 보일러의 성능시험방법 및 기준에 대한 설명으로 옳은 것은?

① 증기건도의 기준은 강철제 또는 주철제로 나누어 정해져 있다.
② 측정은 매 1시간 마다 실시한다.
③ 수위는 최초 측정치에 비해서 최종 측정치가 적어야 한다.
④ 측정기록 및 계산양식은 제조사에서 정해진 것을 사용한다.

【해설】(2017-1회-90번 기출반복)　　　[보일러의 계속사용검사 중 운전성능 검사기준 25.2.4]

※ 보일러의 성능시험방법은 KS B 6205(육용 보일러 열정산 방식) 및 다음에 따른다.

(1) 유종별 비중, 발열량은 〈표 25.3〉에 따르되 실측이 가능한 경우 실측치에 따른다.

〈표 25.3〉 유종별 비중 및 발열량

유종		경유	벙커-A유	벙커-B유	벙커-C유
비중		0.83	0.86	0.92	0.95
저위발열량	(kJ/kg)	43116	42697	41441	40814
	(kcal/kg)	10300	10200	9900	9750

(2) 증기건도는 다음에 따르되 실측이 가능한 경우 실측치에 따른다.
　• 강철제 보일러 : 0.98
　• 주철제 보일러 : 0.97
(3) 측정은 매 10분마다 실시한다.
(4) 수위는 최초 측정치와 최종 측정치가 **일치하여야 한다**.
(5) 측정기록 및 계산양식은 **검사기관에서** 따로 정할 수 있으며, 이 계산에 필요한 증기의 물성치, 물의 비중, 연료별 이론공기량, 이론배기가스량, CO_2 최대치 및 중유의 용적 보정계수 등은 **검사기관에서 지정한** 것을 사용한다.

88. 내부로부터 155 mm, 97 mm, 224 mm의 두께를 가지는 3층의 노벽이 있다. 이들의 열전도율(W/m·℃)은 각각 0.121, 0.069, 1.21 이다. 내부의 온도 710 ℃ 이고 외벽의 온도 23 ℃ 일 때, 벽면 1 m²당 열손실량(W/m²)은?

① 58　　　② 120　　　③ 239　　　④ 564

【해설】(2015-2회-97번 기출유사)

$Q = K \cdot \Delta t \cdot A$　　　　　　　　　　　　　암기법 : 교관온면

한편, 총괄전열계수 $K = \dfrac{1}{\sum R} = \dfrac{1}{\sum \dfrac{d}{\lambda}} = \dfrac{1}{\dfrac{d_1}{\lambda_1} + \dfrac{d_2}{\lambda_2} + \dfrac{d_3}{\lambda_3}}$ 이므로,

$Q/A = K \cdot \Delta t$

$= \dfrac{1}{\dfrac{0.155}{0.121} + \dfrac{0.097}{0.069} + \dfrac{0.224}{1.21}} \times (710 - 23)$

$= 239.21 \text{ W/m}^2 ≒ 239 \text{ W/m}^2$

89. 안지름이 30 mm, 두께가 2.5 mm인 절탄기용 주철관의 최소 분출압력(MPa)은? (단, 재료의 허용인장응력은 80 MPa이고 핀붙이를 하였다.)

① 0.92   ② 1.14   ③ 1.31   ④ 2.61

【해설】(2013-4회-93번 기출유사)   [보일러 제조검사 기준 11.11 절탄기용 주철관의 최소두께]

- 절탄기용 주철관의 최소두께(t)는 다음 식에 따른다.

$$t = \frac{PD}{2\sigma_a - 1.2P} + \alpha$$

여기서, t : 주철관의 최소두께(mm)
P : 급수에 지장이 없는 압력 또는 릴리프밸브의 분출압력(MPa)
D : 주철관의 안지름(mm)
σ_a : 재료의 허용인장응력(MPa)
α : 핀을 부착하지 않은 것 ……… 4 mm,
핀을 부착한 것 …………… 2 mm

$$2.5 = \frac{P \times 30}{2 \times 80 - 1.2 \times P} + 2$$

∴ 최소분출 압력 $P = 2.614 ≒ 2.61$ MPa

90. 외경 30 mm의 철관에 두께 15 mm의 보온재를 감은 증기관이 있다. 관 표면의 온도가 100 ℃, 보온재의 표면온도가 20 ℃인 경우 관의 길이 15 m인 관의 표면으로부터의 열손실(W)은? (단, 보온재의 열전도율은 0.06 W/m·℃이다.)

① 312   ② 464   ③ 542   ④ 653

【해설】(2015-4회-72번 기출유사)   암기법 : 교전온면두

- 길이가 L인 한 겹의 원통형 배관에서 손실열(교환열) 계산공식

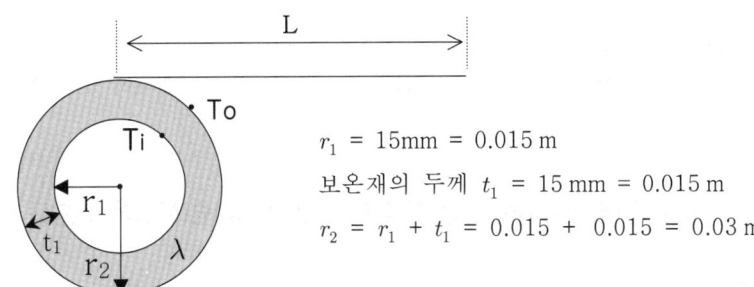

r_1 = 15mm = 0.015 m
보온재의 두께 t_1 = 15 mm = 0.015 m
$r_2 = r_1 + t_1 = 0.015 + 0.015 = 0.03$ m

$$Q = \frac{\lambda \cdot \Delta t \cdot 2\pi L}{\ln\left(\frac{r_2}{r_1}\right)} = \frac{0.06 \times (100 - 20) \times 2\pi \times 15}{\ln\left(\frac{0.03}{0.015}\right)} = 652.65 ≒ 653 \text{ W}$$

91. 보일러에 설치된 기수분리기에 대한 설명으로 틀린 것은?

① 발생된 증기 중에서 수분을 제거하고 건포화증기에 가까운 증기를 사용하기 위한 장치이다.
② 증기부의 체적이나 높이가 작고 수면의 면적이 증발량에 비해 작은 때는 기수공발이 일어날 수 있다.
③ 압력이 비교적 낮은 보일러의 경우는 압력이 높은 보일러보다 증기와 물의 비중량 차이가 극히 작아 기수분리가 어렵다.
④ 사용원리는 원심력을 이용한 것, 스크러버를 지나게 하는 것, 스크린을 사용하는 것 또는 이들의 조합을 이루는 것 등이 있다.

【해설】(2014-1회-97번 기출반복)
❸ 보일러 내의 압력이 높은 고압용 보일러일수록 용해도가 크므로 증기와 물의 비중량 차이가 극히 작아져서 증기에 다량의 물방울이 혼합되어 증기의 건도가 낮아지게 되므로 기수분리가 어렵다.
따라서, 압력이 비교적 낮은 저압용 보일러의 경우는 기수분리가 더 쉬워진다.

【참고】※ 기수분리기(Steam separator)의 종류   암기법 : 기스낟 (건) 배는 싸다
① 스크러버식 : 파형의 다수 강판(장애판)을 조합한 것
② 건조 스크린식 : 금속 그물망의 판을 조합한 것
③ 배플식 : 장애판(배플판)으로 증기의 진행방향 전환(관성력)을 이용한 것
④ 싸이클론식 : 원심분리기(원심력)를 사용한 것
⑤ 다공판식 : 다수의 구멍판을 이용한 것

92. 보일러 수압시험에서 시험수압은 규정된 압력의 몇 % 이상 초과하지 않도록 하여야 하는가?

① 3% ② 6% ③ 9% ④ 12%

【해설】(2007-1회-83번 기출반복)   암기법 : 수육
※ [압력용기 제조 검사기준]
- 시험수압은 규정된 압력의 6% 이상 초과하지 않도록 모든 경우에 대한 적절한 제어를 마련하여야 한다.

93. 보일러 급수 중에 함유되어 있는 칼슘(Ca) 및 마그네슘(Mg)의 농도를 나타내는 척도는?

① 탁도 ② 경도 ③ BOD ④ pH

【해설】(2015-2회-98번 기출반복)
❷ 경도(硬度)란 물에 함유되어 있는 Ca와 Mg의 농도를 나타내는 척도로서 Ca 경도 및 Mg 경도라 부르며 ppm (parts per million, 백만분율) 단위로 나타낸다.

94. 보일러 운전 중 경판의 탄성을 유지하기 위한 완충폭을 무엇이라고 하는가?

① 아담슨 조인트 ② 브레이징 스페이스
③ 용접 간격 ④ 그루빙

【해설】(2014-1회-82번 기출유사)
※ 브레이징-스페이스(Breathing space, 완충구역)
- 노통보일러의 경판에 부착하는 거싯스테이 하단과 노통 상부 사이의 거리를 말하며, 경판의 일부가 노통의 고열에 의한 신축에 따라 탄성작용을 하는 역할을 한다.

95. 보일러 장치에 대한 설명으로 틀린 것은?

① 절탄기는 연료공급을 적당히 분배하여 완전연소를 위한 장치이다.
② 공기예열기는 연소가스의 예열로 공급공기를 가열시키는 장치이다.
③ 과열기는 포화증기를 가열시키는 장치이다.
④ 재열기는 원동기에서 팽창한 포화증기를 재가열시키는 장치이다.

【해설】(2012-4회-82번 기출반복)
❶ 절탄기는 연도의 배기가스 열로 급수를 예열하는 폐열회수장치이다.

96. 보일러수의 처리방법 중 탈기장치가 아닌 것은?

① 가압 탈기장치 ② 가열 탈기장치
③ 진공 탈기장치 ④ 막식 탈기장치

【해설】• 탈기장치는 보일러수 속에 녹아있는 기체(O_2, CO_2)를 제거하는 급수처리장치로서, 가열 탈기장치, 막식 탈기장치, 진공 탈기장치 등이 있다.

97. 다음 중 수관식 보일러의 장점이 아닌 것은?

① 드럼이 작아 구조상 고온 고압의 대용량에 적합하다.
② 연소실 설계가 자유롭고 연료의 선택범위가 넓다.
③ 보일러수의 순환이 좋고 전열면 증발율이 크다.
④ 보유수량이 많아 부하변동에 대하여 압력변동이 적다.

【해설】(2008-1회-86번 기출반복)
❹ 원통형 보일러(노통식, 연관식, 노통연관식)는 보유수량이 많아서 일시적인 부하변동에 대하여 압력의 변동이 적다.

98. 최고사용압력이 3.0 MPa 초과 5.0 MPa 이하인 수관보일러의 급수 수질기준에 해당하는 것은? (단, 25℃를 기준으로 한다.)

① pH 7 ~ 9,   경도 0 mg $CaCO_3$/L
② pH 7 ~ 9,   경도 1 mg $CaCO_3$/L 이하
③ pH 8 ~ 9.5, 경도 0 mg $CaCO_3$/L
④ pH 8 ~ 9.5, 경도 1 mg $CaCO_3$/L 이하

【해설】(2019-2회-81번 기출유사)
❸ 수관식 보일러는 최고사용압력에 따라 다르게 적용되는데, 최고사용압력이 3 MPa 초과 5 MPa 이하인 수관식 보일러의 급수 수질관리 기준 적정치는 pH 8.0 ~ 9.5 이며, 경도(ppm)는 0 mg $CaCO_3$/L 이다.

99. 다음 중 보일러 본체의 구조가 아닌 것은?

① 노통   ② 노벽   ③ 수관   ④ 절탄기

【해설】❹ 보일러 "본체"란 열원에 의해 물을 증발시키는 강철제 용기와 다수의 관군(승수관, 강수관 등) 으로 이루어져 있으며, "**절탄기**"는 보일러 본체에 해당하지 않으며 보일러의 연도에 설치하여 배기가스의 폐열을 회수해서 보일러를 효율적으로 운전할 수 있도록 하는 보일러 부속장치에 해당한다.

100. 다음 중 보일러의 탈산소제로 사용되지 않는 것은?

① 탄닌   ② 하이드라진
③ 수산화나트륨   ④ 아황산나트륨

【해설】(2015-2회-84번 기출반복)   암기법 : 아황산, 히드라 산소, 탄니?
※ 탈산소제 : 아황산나트륨(아황산소다), 히드라진(하이드라진), 탄닌.

2020년 제3회 에너지관리기사
(2020.8.22. 시행)

평균점수

제1과목 연소공학

1. 링겔만 농도표는 어떤 목적으로 사용되는가?

① 연돌에서 배출되는 매연농도 측정
② 보일러수의 pH 측정
③ 연소가스 중의 탄산가스 농도 측정
④ 연소가스 중의 SO_x 농도 측정

【해설】(2014-2회-9번 기출반복) 　　　　　　　　　암기법 : 매연먹고 링겔 주사 맞았다.

※ 링겔만 **매연농도표**(Ringelman smoke chart)에 의한 매연 농도 측정방법.
　① 6개의 농도표(0도~5도)와 배출 매연의 색을 연돌(굴뚝) 출구에서 비교한다
　② 농도표는 측정자로부터 16 m 떨어진 곳에 측정자의 눈높이로 설치한다
　③ 연돌출구로부터 30~45m 정도 떨어진 부분의 연기를 측정한다
　④ 연기가 흐르는 방향의 직각의 위치에서 측정한다
　⑤ 측정자는 굴뚝으로부터 39m 떨어진 위치에서 측정한다
　⑥ 태양의 직사광선을 피하여, 10초 간격으로 몇 회 반복 실시한다.

2. 연소가스를 분석한 결과 CO_2 : 12.5 %, O_2 : 3.0 %일 때 $(CO_2)_{max}$ %는?
(단, 해당 연소가스에 CO는 없는 것으로 가정한다.)

① 12.62　　　② 13.45　　　③ 14.58　　　④ 15.03

【해설】(2008-4회-11번 기출반복)

- 완전연소일 경우 연소가스 분석 결과 CO가 없으므로 공기비(m) 공식 중에서 O_2(%)로만

$$m = \frac{CO_{2\,max}}{CO_2} = \frac{21}{21 - O_2}$$ 으로 간단히 계산한다.

$$\frac{CO_{2\,max}}{12.5} = \frac{21}{21-3}$$ 에서　∴ $CO_{2\,max}$ = 14.583 ≒ 14.58

1-①　2-③

3. 화염온도를 높이려고 할 때 조작방법으로 틀린 것은?
① 공기를 예열한다.
② 과잉공기를 사용한다.
③ 연료를 완전 연소시킨다.
④ 노 벽 등의 열손실을 막는다.

【해설】 (2016-4회-15번 기출반복)
- 연소실의 실제 연소온도 $t_g = \dfrac{\eta \times H_h - Q_{손실}}{C_g \cdot G} + t_0$ 여기서, η : 연소효율
- ❷ 연소온도에 가장 큰 영향을 주는 원인은 연소용공기의 공기비인데, 공기비가 클수록 과잉된 질소(흡열반응)에 의한 연소가스량(G)이 많아지므로 연소온도(t_g)는 낮아진다.

4. 일반적인 정상연소의 연소속도를 결정하는 요인으로 가장 거리가 먼 것은?
① 산소농도   ② 이론공기량
③ 반응온도   ④ 촉매

【해설】
- 연소반응의 속도를 결정하는 요인으로는 산소농도 증가, 반응온도 증가, 촉매 사용, 활성화 에너지, 혼합확산속도 등이 있다.
- ❷ "이론공기량"은 연료를 완전연소 시키는데 필요한 최소한의 공기량을 말하므로 연소속도를 결정하는 요인에는 해당되지 않는다.

5. LPG 용기의 안전관리 유의사항으로 틀린 것은?
① 밸브는 천천히 열고 닫는다.
② 통풍이 잘되는 곳에 저장한다.
③ 용기의 저장 및 운반 중에는 항상 40℃ 이상을 유지한다.
④ 용기의 전락 또는 충격을 피하고 가까운 곳에 인화성 물질을 피한다.

【해설】 (2018-1회-8번 기출유사)
※ LPG 용기의 관리
① 밸브는 천천히 열고 닫는다.
② 통풍이 잘되는 한냉한 곳에 저장하고, 누설유무를 수시로 점검한다.
❸ 용기의 저장 및 운반 중에는 항상 40℃ 이하로 유지하며, 용기, 밸브 또는 도관을 가열할 때는 40℃ 이하의 온수를 사용한다.
④ 용기의 전락 또는 충격을 피하고 2m 이내의 가까운 곳에는 인화성 및 발화성 물질을 피한다.

6. 다음과 같은 조성의 석탄가스를 연소시켰을 때의 이론 습연소가스량(Nm^3/Nm^3)은?

성분	CO	CO_2	H_2	CH_4	N_2
부피(%)	8	1	50	37	4

① 2.94 ② 3.94 ③ 4.61 ④ 5.61

【해설】(2015-4회-11번 기출반복)

※ 기체연료의 습연소가스량을 계산해야 하는 문제는 고난이도에 해당된다.

- 공기량을 구하려면 연료조성에서 가연성분(CO, H_2, CH_4)의 연소에 필요한 이론산소량(O_0)을 먼저 알아내야 한다.

  한편, 연료성분 가스 1 Nm^3의 완전연소에 필요한 이론산소량(O_0)는

$$H_2 + \frac{1}{2}O_2 \rightarrow H_2O$$

$$CO + \frac{1}{2}O_2 \rightarrow CO_2$$

$$CH_4 + 2O_2 \rightarrow CO_2 + 2H_2O$$

$$O_0 = (0.5 \times H_2 + 0.5 \times CO + 2 \times CH_4) - O_2$$
$$= (0.5 \times 0.5 + 0.5 \times 0.08 + 2 \times 0.37) - 0$$
$$= 1.03 \ Nm^3/Nm^3_{-연료}$$

- 이론공기량 $A_0 = \dfrac{O_0}{0.21} = \dfrac{1.03}{0.21} = 4.904 \ Nm^3/Nm^3_{-연료}$

- 이론 습연소가스량 $G_{0w} = CO_2 + n_2 + (1 - 0.21)A_0 +$ (생성된 CO_2와 H_2O의 양)

  한편, 생성된 연소가스(CO_2와 H_2O)의 양을 연소반응식에서 구한다.

  $(1 \times 0.5) + (1 \times 0.08) + (3 \times 0.37) = 1.69 \ Nm^3/Nm^3_{-연료}$

∴ $G_{0w} = 0.01 + 0.04 + 0.79 \times 4.904 + 1.69 = 5.614 ≒ $ **5.61 $Nm^3/Nm^3_{-연료}$**

---

7. 헵테인(C_7H_{16}) 1 kg을 완전 연소하는데 필요한 이론공기량(kg)은?
(단, 공기 중 산소 질량비는 23% 이다.)

① 11.64 ② 13.21 ③ 15.30 ④ 17.17

【해설】(2019-4회-15번 기출유사)

- 탄화수소의 완전연소반응식 $C_mH_n + \left(m + \dfrac{n}{4}\right)O_2 \rightarrow m\,CO_2 + \dfrac{n}{2}H_2O$ 에서,

$$C_7H_{16} + \left(7 + \frac{16}{4}\right)O_2 \rightarrow 7\,CO_2 + \frac{16}{2}H_2O$$

$$C_7H_{16} \quad + \quad 11\,O_2 \quad \rightarrow \quad 7\,CO_2 + 8\,H_2O$$

$(12 \times 7 + 1 \times 16 = 100 \ kg) \quad (11 \times 32 = 352 \ kg)$

$(1 \ kg_{-연료}) \quad\quad\quad (3.52 \ kg)$

즉, 헵테인 1 kg의 완전연소에 필요한 이론산소량 $O_0 = 3.52$ kg 이다.

∴ 이론공기량 $A_0 = \dfrac{O_0}{0.23} = \dfrac{3.52}{0.23} = 15.304 ≒ $ **15.30 kg/kg$_{-연료}$**

8. 다음 연소가스의 성분 중 대기오염 물질이 아닌 것은?

① 입자상물질
② 이산화탄소
③ 황산화물
④ 질소산화물

【해설】(2012-4회-16번 기출반복) [대기환경보전법]
- '대기오염물질'이라 함은 매연, 가스 및 악취 등으로서 사람의 건강상 또는 재산상에 해를 미치거나 동·식물의 생육환경 등 자연환경에 영향을 끼치는 물질을 말하며 가스상 물질과 입자상 물질(粒子狀 物質)로 대별할 수 있다. '가스'라 함은 물질의 연소·합성·분해 시에 발생하거나 물질적 성질에 의해 발생하는 기체상 물질로서 황산화물(SO_x), 질소산화물(NO_x), 일산화탄소(CO), 오존(O_3) 등이 여기에 속한다. '입자상 물질'이라 함은 물질의 파쇄·선별 등 기계적 처리 또는 연소·합성·분해 시에 발생하는 고체상 또는 액체상의 미세한 물질을 말한다.

9. 액체연료 중 고온 건류하여 얻은 타르계 중유의 특징에 대한 설명으로 틀린 것은?

① 화염의 방사율이 크다.
② 황의 영향이 적다.
③ 슬러지를 발생시킨다.
④ 석유계 액체연료이다.

【해설】(2015-1회-11번 기출유사)
중유의 원료에 따라 석유계 중유와 타르(tar)계 중유로 분류하는데,
석탄을 저온 또는 고온하에서 건류할 때 부산물로서 얻어지는 오일이 타르계 중유이며
타르계 오일은 증류 등의 방법으로 정제되어 버너 연료로 사용되며,
다음과 같은 특징이 있다.
① 점성도가 비교적 크므로, 화염의 방사율이 크다
　　　비교　타르계 중유 : C/H = 14,　석유계 중유 : C/H = 6,　기체연료 : C/H = 2.5
② 석유계 중유에 비해서, 유황에 의한 영향이 적다 (S : 0.5 % 이하)
③ 연료의 원소조성 C/H 비가 클수록, 탄소 슬러지(그을음)를 발생시킨다.
④ 단위 용적당의 발열량이 비교적 크다.

10. 고체연료의 연료비를 식으로 바르게 나타낸 것은?

① $\dfrac{고정탄소(\%)}{휘발분(\%)}$
② $\dfrac{회분(\%)}{휘발분(\%)}$
③ $\dfrac{고정탄소(\%)}{회분(\%)}$
④ $\dfrac{가연성성분 중 탄소(\%)}{유리 수소(\%)}$

【해설】(2017-1회-6번 기출반복)　　　　　　　　　　　　암기법 : 연휘고 ↑
- 고체연료의 연료비 $\left(= \dfrac{고정탄소 \%}{휘발분 \%}\right)$
　　　　　　　　　　　　여기서, 고정탄소(%) = 100 - (휘발분 + 수분 + 회분)

8-②　　9-④　　10-①

11. 어떤 탄화수소 C_aH_b의 연소가스를 분석한 결과, 용적 %에서 CO_2 : 8.0 %, CO : 0.9 %, O_2 : 8.8 %, N_2 : 82.3 %이다. 이 경우의 공기와 연료의 질량비(공연비)는? (단, 공기 분자량은 28.96 이다.)

① 6 　　② 24 　　③ 39 　　④ 162

【해설】(2017-4회-8번 기출유사)
- 연소가스를 분석한 결과 O_2(8.8 %)가 존재하므로 과잉공기임을 알 수 있으며, H_2O의 체적비율이 없는 이유는 생성된 H_2O를 흡수탑에서 흡수 제거시키고 나온 가스를 분석한 것을 의미하는 것이다.
- 화학식 $C_aH_b + x\left(O_2 + \dfrac{79}{21}N_2\right) \rightarrow 8\,CO_2 + 0.9\,CO + 8.8\,O_2 + y\,H_2O + 82.3\,N_2$
  한편, 반응 전·후의 원자수는 일치해야 하므로
  C : $a = 8 + 0.9 = 8.9$
  N_2 : $3.76\,x = 82.3$ 에서 $x \fallingdotseq 21.89$
  O : $2x = 16 + 0.9 + 17.6 + y$ 에서 $y = 9.28$
  H : $b = 2y = 2 \times 9.28 = 18.56$
  ∴ $C_{8.9}H_{18.56} + 21.89(O_2 + 3.76\,N_2) \rightarrow 8\,CO_2 + 0.9\,CO + 8.8\,O_2 + 9.28\,H_2O + 82.3\,N_2$
- 실제공기량 $A = m\,A_0 = m \times \dfrac{O_0}{0.21}$
  한편, 연소가스 중에 CO가 제시되어 있으므로 불완전연소에 해당한다. 따라서 불완전연소일 때의 공기비 공식을 이용해야 한다.
  즉, 공기비 $m = \dfrac{N_2}{N_2 - 3.76(O_2 - 0.5\,CO)}$
  $= \dfrac{82.3}{82.3 - 3.76(8.8 - 0.5 \times 0.9)}$
  $\fallingdotseq 1.617$
  $= 1.617 \times \dfrac{21.89\,kmol}{0.21} \fallingdotseq 168.55\,kmol$
- 공연비 AFR(질량기준) $= \dfrac{공기의\ 질량}{연료의\ 질량} = \dfrac{168.55 \times 28.96}{12 \times 8.9 + 1 \times 18.56} = 38.9 \fallingdotseq 39$

12. 연소가스 부피조성이 CO_2 : 13 %, O_2 : 8 %, N_2 : 79 %일 때 공기 과잉계수(공기비)는?

① 1.2 　　② 1.4 　　③ 1.6 　　④ 1.8

【해설】(2016-2회-20번 기출반복)
연소가스분석 결과 CO 가 없으며, N_2 = 79 %이고 O_2 가 8 % 이므로 완전연소일 때의 공기비(또는, 공기과잉계수) 공식으로 계산하면 된다.

∴ $m = \dfrac{21}{21 - O_2(\%)} = \dfrac{21}{21 - 8} = 1.615 \fallingdotseq 1.6$

13. 옥테인(C_8H_{18})이 과잉공기율 2로 연소 시 연소가스 중의 산소 부피비(%)는?

① 6.4　　　　② 10.1　　　　③ 12.9　　　　④ 20.2

【해설】 (2013-2회-2번 기출유사)

- 부피비율은 몰분율과 같으므로, 연소반응식을 세워서 산소의 부피를 구해야 한다.

  탄화수소의 완전연소반응식 $C_mH_n + \left(m + \dfrac{n}{4}\right)O_2 \rightarrow m\,CO_2 + \dfrac{n}{2}H_2O$

  $$C_8H_{18} + \left(8 + \dfrac{18}{4}\right)O_2 \rightarrow 8\,CO_2 + \dfrac{18}{2}H_2O$$

  C_8H_{18} + 12.5 O_2 → 8 CO_2 + 9H_2O
  (1 Nm³)　　(12.5 Nm³)　　(8 Nm³)　　(9 Nm³)

  습연소가스 $G = G_w = (m - 0.21)A_0$ + 생성된 CO_2 + 생성된 H_2O

  　　　　　 $= (m - 0.21) \times \dfrac{O_0}{0.21}$ + 생성된 CO_2 + 생성된 H_2O

  　　　　　 $= (2 - 0.21) \times \dfrac{12.5}{0.21} + 8 + 9 = 123.547 \text{ Nm}^3/\text{Nm}^3_{-\text{연료}}$

  ∴ 연소가스 중 O_2의 부피비율(%) $= \dfrac{O_2}{G_w} \times 100 = \dfrac{12.5}{123.547} \times 100 = 10.117 ≒ \mathbf{10.1\,\%}$

14. C_2H_6 1 Nm³을 연소했을 때의 건연소가스량(Nm³)은?
(단, 공기 중 산소의 부피비는 21% 이다.)

① 4.5　　　　② 15.2　　　　③ 18.1　　　　④ 22.4

【해설】 (2014-1회-6번 기출유사)

- 에탄(C_2H_6)의 연소반응식을 통하여 이론 산소량(O_0)을 먼저 알아내야 한다.

  　　C_2H_6 + 3.5O_2 → 2CO_2 + 3H_2O
  　　(1 Nm³)　 (3.5 Nm³)

  즉, 이론 산소량 $O_0 = 3.5$ Nm³ 이다.

- 이론 공기량 $A_0 = \dfrac{O_0}{0.21} = \dfrac{3.5}{0.21} ≒ 16.67 \text{ Nm}^3/\text{Nm}^3_{-\text{연료}}$

- 이론 건연소가스량 G_{0d} = 공기중의 질소 부피량(0.79 × A_0) + 생성된 CO_2
  　　　　　　　　　　　= 0.79 × 16.67 + 2
  　　　　　　　　　　　= 15.16 ≒ **15.2 Nm³/Nm³₋연료**

【참고】
- 에탄 연료가 연소되어 생성된 연소가스인 H_2O(수증기)는 습(윤)연소가스에 포함된다.
- 이론 습연소가스량 $G_{0w} = G_{0d} + W_g$
  　　　　　　여기서, W_g는 연료 중의 수소가 연소되어 생성된 수증기량이다.
  　　　　　= 15.2 Nm³/Nm³₋연료 + 3 Nm³/Nm³₋연료
  　　　　　= 18.2 Nm³/Nm³₋연료

15. 연소장치의 연돌통풍에 대한 설명으로 틀린 것은?

① 연돌의 단면적은 연도의 경우와 마찬가지로 연소량과 가스의 유속에 관계한다.
② 연돌의 통풍력은 외기온도가 높아짐에 따라 통풍력이 감소하므로 주의가 필요하다.
③ 연돌의 통풍력은 공기의 습도 및 기압에 관계없이 외기온도에 따라 달라진다.
④ 연돌의 설계에서 연돌 상부 단면적을 하부 단면적 보다 작게 한다.

【해설】(2010-1회-10번 기출반복)
- 통풍력 : 연돌(굴뚝)내의 배기가스와 연돌밖의 외부공기와의 밀도차(비중량차)에 의해 생기는 압력차를 말하며 단위는 mmAq를 쓴다.
- 통풍력 $Z = P_2 - P_1$ 여기서, P_2 : 굴뚝 외부공기의 압력
  P_1 : 굴뚝 하부(유입구)의 압력
  $= (\gamma_a - \gamma_g) h$ 여기서, γ_a : 외부공기의 비중량
  γ_g : 배기가스의 비중량
  h : 굴뚝의 높이
  $= \left(\dfrac{273\, \gamma_a}{273 + t_a} - \dfrac{273\, \gamma_g}{273 + t_g} \right) h$ 여기서, t_a : 대기의 온도(℃)
  t_g : 배기가스의 온도(℃)
- 연돌 상부 단면적 $A = \dfrac{V(1 + 0.0037t)}{3600\, v}$ 여기서, V : 배기가스 유량(Nm³/h)
  t : 배기가스 온도(℃)
  v : 배기가스 유속(m/sec)
- 공기의 기압이 높을수록, 배기가스온도가 높을수록, 굴뚝의 높이가 높을수록, 외기온도가 낮을수록, 공기중의 습도가 낮을수록 통풍력은 증가한다.

16. 액체연료의 미립화 시 평균 분무입경에 직접적인 영향을 미치는 것이 아닌 것은?

① 액체연료의 표면장력
② 액체연료의 점성계수
③ 액체연료의 탁도
④ 액체연료의 밀도

【해설】(2017-2회-7번 기출반복)
※ 액체연료의 미립화(무화) 특성을 결정하는 인자 중 평균 분무입경.(분무입자의 직경)
- 액체연료를 무화시키는 이유는 연료의 단위중량당 표면적을 크게 하여 연소용 공기와의 접촉 증가에 의해 혼합을 촉진시켜 연소효율을 높이기 위해서이다.
  연료의 점성계수, 밀도(비중), 표면장력이 클수록 분무화 평균입경($\overline{D_s}$)은 커지므로 액체연료를 약 80℃로 예열하여 분무화가 잘되도록 하여야 한다.
- 액체방울의 평균 분무입경 $\overline{D_s} \propto \dfrac{\rho \cdot \mu \cdot \sigma}{n}$
  여기서, ρ : 액체의 밀도, μ : 액체의 점성계수(점도),
  σ : 액체의 표면장력, n : 원판의 회전속도
❸ 액체연료 속에 떠다니는 물질에 의해 유발되는 **탁도**(탁한 정도)는 그 크기가 매우 작아서 비중이 물과 거의 같기 때문에 평균 분무입경 계산과는 직접적인 영향을 미치지 않는다.

17. 연료비가 크면 나타나는 일반적인 현상이 아닌 것은?

① 고정탄소량이 증가한다.
② 불꽃은 단염이 된다.
③ 매연의 발생이 적다.
④ 착화온도가 낮아진다.

【해설】(2011-4회-17번 기출반복)　　　　　　　　　　　암기법 : 연휘고 ↑

- 고체연료의 연료비 $\left(= \dfrac{\text{고정탄소 \%}}{\text{휘발분 \%}}\right)$

　　　여기서, 고정탄소(%) = 100 - (휘발분 + 수분 + 회분)

① 연료비가 크면 고정탄소량이 증가한다
② 휘발분이 많으면 화염이 길어지는데, 고정탄소량이 많아서 불꽃이 짧은 단염이다
③ 고정탄소량이 많다는 것은 찌꺼기인 회분이 적다는 의미이므로 매연발생을 적게 일으킨다.
❹ 고정탄소량이 증가할수록 휘발분은 감소하므로 착화온도가 **높아진다**.

18. 1 Nm³의 질량이 2.59 kg인 기체는 무엇인가?

① 메테인(CH_4)
② 에테인(C_2H_6)
③ 프로페인(C_3H_8)
④ 뷰테인(C_4H_{10})

【해설】(2012-2회-15번 기출유사)

어떤 기체연료 C_mH_n 에서,
　　(1kmol)
　　($22.4 \, Nm^3$)　　　　　　：　($1 \, Nm^3$)
　　($12 \times m + 1 \times n = x$ kg)　：　(2.59 kg)

비례식을 세우면 $\dfrac{1 \, Nm^3}{2.59 \, kg} = \dfrac{22.4 \, Nm^3}{x \, kg}$ 에서,

연료 1 kmol의 분자량 x = 58.016 ≒ **58 kg**이 얻어지므로
부탄 또는 뷰테인(C_4H_{10} = 12 × 4 + 1 × 10 = 58)에 해당한다.

19. 고체연료 연소장치 중 쓰레기 소각에 적합한 스토커는?

① 계단식 스토커
② 고정식 스토커
③ 산포식 스토커
④ 하입식 스토커

【해설】(2014-1회-18번 기출유사)　　　　　　　　　　　암기법 : 개(계) 쓰레기

❶ 계단식 스토커(Stoker : 기계로 넣기) 연소장치
　- 계단식(階段式)으로 배열한 화격자면 위쪽에 달린 투입구에서 고체연료를 미끄러져 떨어지는 사이에 착화 연소시키는 방식으로서, 저질탄의 연소나 쓰레기 소각에 가장 적합한 형식이다.

20. 품질이 좋은 고체연료의 조건으로 옳은 것은?

① 고정탄소가 많을 것
② 회분이 많을 것
③ 황분이 많을 것
④ 수분이 많을 것

【해설】 (2007-1회-3번 기출반복)

- 고체연료의 연료비 $\left(=\dfrac{\text{고정탄소 \%}}{\text{휘발분 \%}}\right)$ 가 클수록(고정탄소가 많을수록) 발열량이 크다.

  여기서, 고정탄소(%) = 100 - (휘발분 + 수분 + 회분)   **암기법** : 고백마, 휘수회

제2과목   열역학

21. 디젤 사이클에서 압축비가 20, 단절비(Cut-off ratio)가 1.7 일 때 열효율은 약 몇 % 인가? (단, 비열비는 1.4 이다.)

① 43   ② 66   ③ 72   ④ 84

【해설】 (2017-4회-35번 기출반복)

압축비 $\epsilon = 20$, 단절비(차단비) $\sigma = 1.7$, 비열비 $k = 1.4$ 일 때

- 디젤사이클의 열효율 공식 $\eta = 1 - \left(\dfrac{1}{\epsilon}\right)^{k-1} \times \dfrac{\sigma^k - 1}{k(\sigma - 1)}$

  $= 1 - \left(\dfrac{1}{20}\right)^{1.4 - 1} \times \dfrac{1.7^{1.4} - 1}{1.4(1.7 - 1)}$

  $= 0.6607 \fallingdotseq 66\%$

---

22. 열역학적 사이클에서 열효율이 고열원과 저열원의 온도만으로 결정되는 것은?

① 카르노 사이클
② 랭킨 사이클
③ 재열 사이클
④ 재생 사이클

【해설】 (2015-1회-34번 기출반복)

고열원과 저열원의 두 열저장소 사이에서 작동되는 가역사이클인 카르노사이클의 열효율은 동작물질에 관계없으며 두 열저장소의 온도만으로 결정된다.
따라서 카르노사이클은 열기관의 이론적인 사이클로서 열효율이 가장 좋으며,
다른 열기관과의 효율을 비교하는데 쓰인다.

$\eta_c = \dfrac{W}{Q_1} = \dfrac{Q_1 - Q_2}{Q_1} = 1 - \dfrac{Q_2}{Q_1} = 1 - \dfrac{T_2}{T_1}$ 즉, $\left(\dfrac{Q_2}{Q_1} = \dfrac{T_2}{T_1}\right)$ 가 성립한다.

23. 비엔탈피가 326 kJ/kg 인 어떤 기체가 노즐을 통하여 단열적으로 팽창되어 비엔탈피가 322 kJ/kg 으로 되어 나간다. 유입 속도를 무시할 때 유출 속도(m/s)는? (단, 노즐 속의 유동은 정상류이며 손실은 무시한다.)

① 4.4 ② 22.6 ③ 64.7 ④ 89.4

【해설】(2015-4회-21번 기출반복)
- 정상상태에서 유동하고 있는 유체(증기)에 관한 에너지보존법칙을 써서 풀어보자.

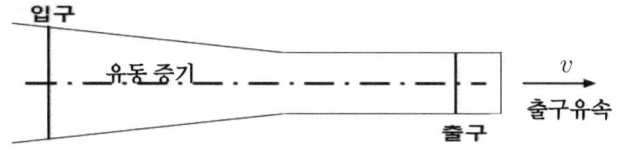

노즐관

$$mH_1 + \frac{1}{2}mv_1^2 + mgZ_1 = mH_2 + \frac{1}{2}mv_2^2 + mgZ_2$$

한편, 기준면으로부터의 높이는 $Z_1 = Z_2$ 이므로

$$H_1 + \frac{v_1^2}{2} = H_2 + \frac{v_2^2}{2}$$

여기서, 1 : 노즐의 입구 2 : 노즐의 출구

한편, 노즐 입구에서의 속도는 무시했으므로($v_1 = 0$)

$$\therefore v_2 = \sqrt{v_1^2 + 2(H_1 - H_2)} = \sqrt{v_1^2 + 2 \times \Delta H}$$
$$= \sqrt{0 + 2 \times (326 - 322) \times 10^3 \, J/kg}$$
$$= \sqrt{2 \times (326 - 322) \times 10^3 \, N \cdot m/kg}$$
$$= \sqrt{2 \times (326 - 322) \times 10^3 \, kg \cdot m/s^2 \times m/kg}$$
$$= 89.44 ≒ 89.4 \, m/sec$$

24. 열역학 제 2법칙에 대한 설명이 아닌 것은?

① 제 2종 영구기관의 제작은 불가능하다.
② 고립계의 엔트로피는 감소하지 않는다.
③ 열은 자체적으로 저온에서 고온으로 이동이 곤란하다.
④ 열과 일은 변환이 가능하며, 에너지보존 법칙이 성립한다.

【해설】(2013-1회-39번 기출유사)
※ 열역학 제 2 법칙 : 열 이동의 법칙 또는 에너지전환 방향에 관한 법칙
① 제 2 종 영구기관의 제작은 불가능하다.
  ↳ 효율이 100 %인 열기관은 존재하지 않는다.
② 고립계의 엔트로피는 $dS ≧ 0$ 이다
③ 열의 이동은 고온(T_1)에서 저온(T_2)으로 흐른다
  ∴ 열은 자체적으로 저온에서 고온으로 자연적 이동이 곤란하다
❹ 열역학 제 1법칙 : 에너지보존 법칙 (제 1 종 영구기관의 제작은 불가능하다.)
  $Q_1 = Q_2 + W$ ↳ 에너지의 공급 없이 일을 하는 열기관

25. 다음 T-S 선도에서 냉동사이클의 성능계수를 옳게 표시한 것은?
(단, u는 내부에너지, h는 엔탈피를 나타낸다.)

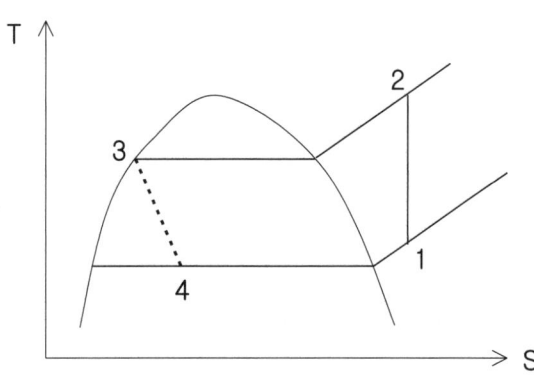

① $\dfrac{h_1 - h_4}{h_2 - h_1}$ ② $\dfrac{h_2 - h_1}{h_1 - h_4}$ ③ $\dfrac{u_1 - u_4}{u_2 - u_1}$ ④ $\dfrac{u_2 - u_1}{u_1 - u_4}$

【해설】(2016-1회-39번 기출반복)

- 냉동사이클의 성능계수 COP = $\dfrac{q_2}{W_c}\left(\dfrac{냉동효과}{압축일량}\right)$ = $\dfrac{h_1 - h_4}{h_2 - h_1}$

26. 좋은 냉매의 특성으로 틀린 것은?

① 낮은 응고점
② 낮은 증기의 비열비
③ 낮은 열전달계수
④ 단위 질량당 높은 증발열

【해설】(2018-4회-30번 기출유사)

※ 냉매의 구비조건.

암기법 : 냉전증인임↑
암기법 : 압점표값과 비(비비)는 내린다↓

① 전열(열전도율)이 양호할 것. (전열이 양호한 순서 : NH_3 〉 H_2O 〉 Freon 〉 Air 〉 CO_2)
② **증발잠열이 클 것**. (1 RT당 냉매순환량이 적어지므로 냉동효과가 증가된다.)
③ 인화점이 높을 것. (폭발성이 적어서 안정하다.)
④ 임계점(임계온도)가 높을 것. (상온에서 비교적 저압으로도 응축(액화)이 용이할 것.)
⑤ 상용압력범위가 낮을 것.
⑥ 점성도와 표면장력이 작아 순환동력이 적을 것.
⑦ 값이 싸고 구입이 쉬울 것.
⑧ 비체적이 작을 것.(한편, 비중량이 크면 동일 냉매순환량에 대한 관경이 가늘어도 됨)
⑨ **비열비가 작을 것**.(비열비가 작을수록 압축후의 토출가스 온도 상승이 적다)
⑩ 비등점이 낮을 것.
⑪ 저온장치이므로 **응고점이 낮을 것**.
⑫ 금속 및 패킹재료에 대한 부식성이 적을 것.
⑬ 환경 친화적일 것.
⑭ 독성이 적을 것.

27. 그림은 랭킨사이클의 온도-엔트로피(T-S) 선도이다. 상태 1~4의 비엔탈피 값이 $h_1 = 192\,kJ/kg$, $h_2 = 194\,kJ/kg$, $h_3 = 2802\,kJ/kg$, $h_4 = 2010\,kJ/kg$ 이라면 열효율(%)은?

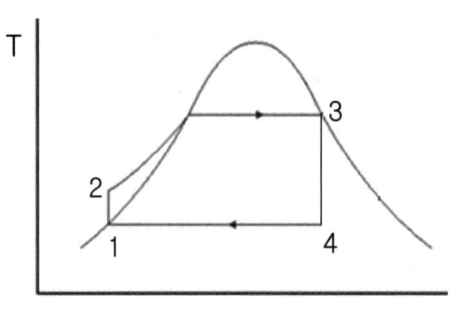

① 25.3　　② 30.3　　③ 43.6　　④ 49.7

【해설】(2014-4회-35번 기출반복)

- 1 → 2 : 펌프 단열압축에 의해 보일러수에 공급해 준 일(W_P)
- 2 → 3 : 보일러에서 포화수의 등압가열.(건포화증기)(Q_1)
- 3 → 4 : 터빈에서의 단열팽창.(습증기)(W_T)
- 4 → 1 : 복수기에서 등압방열.(포화수)(Q_2)
- 랭킨사이클의 이론적 열효율 공식. (여기서, 첨자 1 : 급수펌프 입구를 기준으로 함)

$$\eta = \frac{W_{net}}{Q_1} = \frac{Q_1 - Q_2}{Q_1} = \frac{(h_3 - h_2) - (h_4 - h_1)}{(h_3 - h_2)} = 0.3029 \fallingdotseq 30.3\,\%$$

28. 그림에서 압력 P_1, 온도 t_s의 과열증기의 비엔트로피는 $6.16\,kJ/kg \cdot K$ 이다. 상태1로부터 2까지의 가역단열 팽창 후, 압력 P_2에서 습증기로 되었으면 상태2인 습증기의 건도 x는 얼마인가?

(단, 압력 P_2에서 포화수, 건포화증기의 비엔트로피는 각각 $1.30\,kJ/kg \cdot K$, $7.36\,kJ/kg \cdot K$ 이다.)

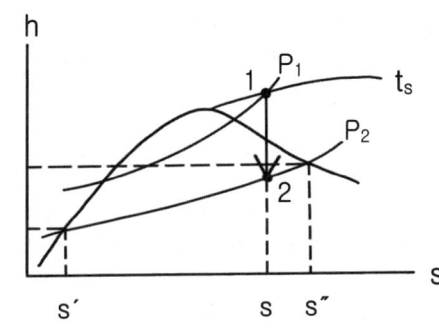

① 0.69　　② 0.75　　③ 0.79　　④ 0.80

【해설】(2017-1회-36번 기출유사)

- 비엔트로피 변화량 $dS = \dfrac{dQ}{T}$ 에서, 가역단열($dQ = 0$) 과정이므로 비엔트로피의 변화는 없다. 따라서, 과열증기의 S_1 = 습증기의 S_2 = S = 6.16 kJ/kg·K
- 습증기의 비엔트로피 $S = S' + x(S'' - S')$ 이므로
$$6.16 = 1.3 + x(7.36 - 1.3)$$
∴ 증기건도 $x = 0.801 ≒ 0.80$

29. 압력이 일정한 용기 내에 이상기체를 외부에서 가열하였다. 온도가 T_1에서 T_2로 변화하였고, 기체의 부피가 V_1에서 V_2로 변하였다. 공기의 정압비열 C_P에 대한 식으로 옳은 것은?
(단, 이상기체의 압력은 p, 전달된 단위질량당 열량은 q이다.)

① $C_P = \dfrac{q}{p}$ ② $C_P = \dfrac{q}{T_2 - T_1}$

③ $C_P = \dfrac{q}{V_2 - V_1}$ ④ $C_P = p \times \dfrac{V_2 - V_1}{T_2 - T_1}$

【해설】(2016-2회-21번 기출유사)
- 정압하에서의 전달열량은 열역학 제1법칙 dQ = dH - VdP를 이용하여 구한다.
단위질량당 전달열량(또는, 가열량) $dq = dH = C_P \cdot dT = C_P(T_2 - T_1)$
∴ 정압비열 $C_P = \dfrac{q}{T_2 - T_1}$

30. 최저 온도, 압축비 및 공급 열량이 같을 경우 사이클의 효율이 큰 것부터 작은 순서대로 옳게 나타낸 것은?

① 오토사이클 > 디젤사이클 > 사바테사이클
② 사바테사이클 > 오토사이클 > 디젤사이클
③ 디젤사이클 > 오토사이클 > 사바테사이클
④ 오토사이클 > 사바테사이클 > 디젤사이클

【해설】(2017-1회-38번 기출반복)   암기법 : 아〉사〉디
- 공기표준사이클(Air standard cycle)의 T-S선도에서 초온, 초압, **압축비**, 단절비, 공급 열량이 같을 경우 각 사이클의 이론열효율을 비교하면 오토 〉사바테 〉디젤의 순서이다.

31. 다음 중 상온에서 비열비 값이 가장 큰 기체는?

① He ② O_2 ③ CO_2 ④ CH_4

【해설】(2016-4회-21번 기출반복)

- 비열비 또는 단열지수 k = $\dfrac{C_p}{C_v}$ $\left(\dfrac{정압비열}{정적비열}\right)$는 단원자 기체일수록 k값이 커진다.
- 1원자 기체 (He, Ne, Ar) : k = 1.66
  2원자 기체 (N_2, O_2, 공기) : k = 1.40
  3원자 기체 (H_2O, CO_2) : k = 1.33
  4원자 기체 (NH_3) : k = 1.31
  5원자 기체 (CH_4) : k = 1.31

32. 다음 관계식 중에서 틀린 것은?
(단, m은 질량, U는 내부에너지, H는 엔탈피, W는 일, C_P와 C_V는 각각 정압비열과 정적비열이다.)

① dU = $mC_V dT$ ② $C_P = \dfrac{1}{m}\left(\dfrac{\partial H}{\partial T}\right)_P$

③ $\delta W = mC_P dT$ ④ $C_V = \dfrac{1}{m}\left(\dfrac{\partial U}{\partial T}\right)_V$

【해설】 (2013-4회-21번 기출유사)
- 내부에너지 변화량 dU = m · C_V · dT
- 엔탈피 변화량 dH = m · C_P · dT

33. 랭킨 사이클에서 복수기 압력을 낮추면 어떤 현상이 나타나는가?

① 복수기의 포화온도는 상승한다.
② 열효율이 낮아진다.
③ 터빈 출구부에 부식문제가 생긴다.
④ 터빈 출구부의 증기 건도가 높아진다.

【해설】 (2011-4회-33번 기출유사)
- 랭킨사이클의 이론적 열효율 공식. (여기서 1 : 급수펌프 입구를 기준으로 하였음)
  $\eta = \dfrac{W_{net}}{Q_1} = \dfrac{Q_1 - Q_2}{Q_1} = 1 - \dfrac{Q_2}{Q_1}$ 에서,
  보일러의 가열에 의하여 발생증기의 초온, 초압(터빈 입구의 온도, 압력)이 높을수록 일에 해당하는 T-S선도의 면적이 커지므로 열효율이 증가하고, 배압(응축기 압력)이 낮을수록 방출열량이 적어지므로 열효율이 증가한다.
  ① 복수기의 포화온도는 낮아진다.
  ② 이론적 열효율이 높아진다.
  ❸ 초압(터빈입구의 압력)을 높이거나 배압(복수기 또는 응축기의 압력)을 낮출수록 열효율은 증가하지만, 터빈에서 팽창 중 증기의 건도가 낮아지게 되어 터빈 날개의 마모 및 부식을 초래하는 원인이 된다.
  ④ 응축기내의 절대압력이 감소한다.

34. 유동하는 기체의 압력을 P, 속력을 V, 밀도를 ρ, 중력가속도를 g, 높이를 Z, 절대온도 T, 정적비열 Cv 라고 할 때, 기체의 단위질량당 역학적 에너지에 포함되지 않는 것은?

① $\dfrac{P}{\rho}$ ② $\dfrac{V^2}{2}$ ③ gZ ④ $C_v T$

【해설】(2013-2회-30번 기출반복)

베르누이 방정식은 유체의 유동 중에 생기는 압력손실을 전혀 고려하지 않고 에너지보존 법칙에 의하여 유도된 식으로서,
비점성 유체, 비압축성 유체, 정상상태인 유동(즉, 정상류)로 가정하여 성립한다.

- 전수두(H) = 압력수두(압력에너지) + 속도수두(운동에너지) + 위치수두(위치에너지)

- $H = \dfrac{P_1}{\gamma} + \dfrac{v_1^2}{2g} + Z_1 = \dfrac{P_2}{\gamma} + \dfrac{v_2^2}{2g} + Z_2$

  (단, P : 압력, v : 유속, γ : 유체의 비중량, ρ : 밀도, Z : 높이)

$= \dfrac{P_1}{\rho g} + \dfrac{v_1^2}{2g} + Z_1 = \dfrac{P_2}{\rho g} + \dfrac{v_2^2}{2g} + Z_2$ 에서 양 변에 g를 곱해 주면

$= \dfrac{P_1}{\rho} + \dfrac{v_1^2}{2} + gZ_1 = \dfrac{P_2}{\rho} + \dfrac{v_2^2}{2} + gZ_2$

35. 압력이 1300 kPa인 탱크에 저장된 건포화 증기가 노즐로부터 100 kPa로 분출되고 있다. 임계압력 Pc는 몇 kPa 인가? (단, 비열비는 1.135 이다.)

① 751   ② 643   ③ 582   ④ 525

【해설】(2012-4회-33번 기출유사)

임계압력비 = $\dfrac{P_c}{P_1}$ $\left(\dfrac{\text{노즐목에서의 임계압력}}{\text{노즐입구의 압력}}\right)$ = $\left(\dfrac{2}{k+1}\right)^{\frac{k}{k-1}}$ 의 공식을 이용한다.

$\therefore P_c = P_1 \times \left(\dfrac{2}{k+1}\right)^{\frac{k}{k-1}} = 1300 \text{ kPa} \times \left(\dfrac{2}{1.135+1}\right)^{\frac{1.135}{1.135-1}} = 750.65 ≒ \textbf{751 kPa}$

36. 다음 중에서 가장 높은 압력을 나타내는 것은?

① 1 atm   ② 10 kgf/cm^2
③ 105 Pa   ④ 14.7 psi

【해설】 ※ 표준대기압 1 atm = 76 cmHg = 10332 mmAq = 10332 kgf/m^2 = 1.0332 kgf/cm^2
= 101325 Pa = 1.01325 bar = 14.7 psi

❷ 10 kgf/cm^2 ≒ 10 atm = 29.4 psi = 202650 Pa 에 해당한다.

37. 역카르노 사이클로 작동하는 냉장고가 있다. 냉장고 내부의 온도가 0℃이고 이 곳에서 흡수한 열량이 10 kW이고, 30℃의 외기로 열이 방출된다고 할 때 냉장고를 작동하는데 필요한 동력(kW)은?

① 1.1 ② 10.1 ③ 11.1 ④ 21.1

【해설】(2017-2회-30번 기출유사)   암기법 : 따뜻함과 차가움의 차이는 1 이다.

- 응축기에서 방열한 열펌프의 $COP_{(H)} = \dfrac{Q_1}{W_c}\left(\dfrac{방출열량}{소요동력}\right) = \dfrac{Q_1}{Q_1 - Q_2} = \dfrac{T_1}{T_1 - T_2}$

$$= \dfrac{(30+273)}{(30+273)-(0+273)} = 10.1$$

한편, 열펌프와 냉장고의 성능계수 관계식 $COP_{(H)} - COP_{(R)} = 1$ 이므로

$$10.1 - COP_{(R)} = 1$$
$$\therefore COP_{(R)} = 9.1$$

- 냉장고의 성능계수 $COP_{(R)} = \dfrac{Q_2}{W_c}\left(\dfrac{흡수열량}{소요동력}\right)$에서, $9.1 = \dfrac{10\,kW}{W_c}$

∴ 압축기에 소요되는 동력 $W_c = 1.09 ≒ \mathbf{1.1\,kW}$

38. 1 kg의 이상기체(C_P = 1.0 kJ/kg·K, C_V = 0.71 kJ/kg·K)가 가역단열과정으로 P_1 = 1 MPa, V_1 = 0.6 m³에서 P_2 = 100 kPa 으로 변한다. 가역단열과정 후 이 기체의 부피 V_2와 온도 T_2는 각각 얼마인가?

① V_2 = 2.24 m³, T_2 = 1000 K ② V_2 = 3.08 m³, T_2 = 1000 K
③ V_2 = 2.24 m³, T_2 = 1060 K ④ V_2 = 3.08 m³, T_2 = 1060 K

【해설】(2018-1회-40번 기출유사)

- 단열변화에서는 비열비 k를 먼저 구하고, P-V-T 관계 방정식을 이용해서 풀이를 한다.

한편, 비열비 $k = \dfrac{C_P}{C_V} = \dfrac{1}{0.71} = 1.408 ≒ 1.41$

한편, 기체의 상태방정식 $P_1 V_1 = mRT_1$ 에서

처음온도 $T_1 = \dfrac{P_1 V_1}{mR} = \dfrac{P_1 V_1}{m(C_P - C_V)}$

$$= \dfrac{10^3\,kPa \times 0.6\,m^3}{1\,kg \times (1 - 0.71)\,kJ/kg\cdot K} ≒ 2069\,K$$

단열과정의 PT 관계식 $\dfrac{P_1}{P_2} = \left(\dfrac{T_1}{T_2}\right)^{\frac{k}{k-1}}$ 에서, $\dfrac{1000\,kPa}{100\,kPa} = \left(\dfrac{2069}{T_2}\right)^{\frac{1.41}{1.41-1}}$

∴ 나중온도 T_2 = 1059 ≒ **1060 K**

단열과정의 TV 관계 공식 $T_1 \cdot V_1^{k-1} = T_2 \cdot V_2^{k-1}$ 에서,

$$2069\,K \times 0.6^{1.41-1} = 1060\,K \times V_2^{1.41-1}$$

∴ 나중부피 V_2 = 3.066 ≒ **3.08 m³**

39. 압력 500 kPa, 온도 423 K의 공기 1 kg이 압력이 일정한 상태로 변하고 있다. 공기의 일이 122 kJ이라면 공기에 전달된 열량(kJ)은 얼마인가?
(단, 공기의 정적비열은 0.7165 kJ/kg · K, 기체상수는 0.287 kJ/kg · K 이다.)

① 426   ② 526   ③ 626   ④ 726

【해설】(2017-2회-29번 기출유사)

- 기체의 상태방정식 $P_1V_1 = mRT_1$ 에서

  처음부피 $V_1 = \dfrac{mRT_1}{P_1} = \dfrac{1 \times 0.287 \times 423}{500} ≒ 0.2428\,m^3$

- 기체(공기)가 한 일 $W = P \cdot dV = P(V_2 - V_1)$ 에서

  $122\,kJ = 500\,kPa\,(V_2 - 0.2428)m^3$ ∴ 나중부피 $V_2 = 0.4868\,m^3$

- 샤를의 법칙 $\dfrac{V_1}{T_1} = \dfrac{V_2}{T_2}$ 에서, $\dfrac{0.2428}{423} = \dfrac{0.4868}{T_2}$ ∴ 나중온도 $T_2 ≒ 848\,K$

- 정압가열에 의한 체적팽창이므로, 열역학 제1법칙 $dQ = dH - VdP$ 를 이용하여 구한다.

  전달열량(또는, 가열량) $dQ = dH = m \cdot C_P\,dT = m \cdot C_P\,(T_2 - T_1)$
  $= m \cdot (C_V + R) \cdot (T_2 - T_1)$
  $= 1 \times (0.7165 + 0.287) \times (848 - 423)$
  $= 426.48 ≒ 426\,kJ$

40. -35 ℃, 22 MPa의 질소를 가역단열과정으로 500 kPa까지 팽창했을때의 온도(℃)는?
(단, 비열비는 1.41 이고 질소를 이상기체로 가정한다.)

① -180   ② -194   ③ -200   ④ -206

【해설】(2018-1회-40번 기출유사)

- 단열과정의 P-V-T 관계 방정식은 반드시 암기하고 있어야 한다.

  $\dfrac{P_1}{P_2} = \left(\dfrac{T_1}{T_2}\right)^{\frac{k}{k-1}}$ 에서

  $\dfrac{22\,MPa}{0.5\,MPa} = \left(\dfrac{-35 + 273}{T_2 + 273}\right)^{\frac{1.41}{1.41 - 1}}$ ∴ 나중온도 $T_2 = -193.80 ≒ -194\,℃$

| 제3과목 | 계측방법 |

---

41. 국소대기압이 740 mmHg인 곳에서 게이지압력이 0.4 bar일 때 절대압력(kPa)은?

① 100   ② 121   ③ 139   ④ 156

【해설】(2014-4회-51번 기출유사)   암기법 : 절대계

39-①   40-②   41-③

- 절대압력 = (국소)대기압 + 게이지압

    = 740 mmHg × $\dfrac{1.01325\ bar}{760\ mmHg}$ + 0.4 bar = 1.386 ≒ 1.39 bar

    = 1.39 bar × $\dfrac{10^2\ kPa}{1\ bar}$ = 139 kPa

42. 다음 온도계 중 비접촉식 온도계로 옳은 것은?

① 유리제 온도계　　　　② 압력식 온도계
③ 전기저항식 온도계　　④ 광고온계

【해설】(2019-4회-54번 기출유사)

※ 비접촉식 온도계의 종류
 - 측정할 물체에서의 열방사시 색, 파장, 방사열 등을 이용하여 접촉시키지 않고도 온도를 측정하는 방법이다.　　[암기법] : 비방하지 마세요. 적색 광(고·전)
   ㉠ 방사 온도계 (또는, 복사온도계)
   ㉡ 적외선 온도계
   ㉢ 색 온도계
   ㉣ 광고온계
   ㉤ 광전관식 온도계

※ 접촉식 온도계의 종류
 - 온도를 측정하고자 하는 물체에 온도계의 검출소자(檢出素子)를 직접 접촉시켜 열적으로 평형을 이루었을 때 온도를 측정하는 방법이다.
　　　[암기법] : 접전, 저 압유리바, 제
   ㉠ 열전대 온도계 (또는, 열전식 온도계)
   ㉡ 저항식 온도계 (또는, 전기저항식 온도계) : 서미스터, 니켈, 구리, 백금 저항소자
   ㉢ 압력식 온도계 : 액체팽창식, 기체팽창식, 증기팽창식
   ㉣ 액체봉입유리 온도계 (또는, 유리제 온도계)
   ㉤ 바이메탈식(열팽창식 또는, 고체팽창식) 온도계
   ㉥ 제겔콘

43. 금속의 전기 저항값이 변화되는 것을 이용하여 압력을 측정하는 전기저항압력계의 특성으로 맞는 것은?

① 응답속도가 빠르고 초고압에서 미압까지 측정한다.
② 구조가 간단하여 압력검출용으로 사용한다.
③ 먼지의 영향이 적고 변동에 대한 적응성이 적다.
④ 가스폭발 등 급속한 압력변화를 측정하는데 사용한다.

【해설】(2014-2회-60번 기출반복)

• 전기저항식 압력계는 금속의 전기저항이 압력에 따라 변화되는 것을 이용한 것으로, 망간, 구리, 니켈의 합금인 망가닌선을 코일로 감아 전기저항을 측정하는 방식이므로 응답속도가 빠르고 초고압에서 미압까지 측정한다.

44. 0℃에서 저항이 80 Ω이고 저항온도계수가 0.002인 저항온도계를 노 안에 삽입했더니 저항이 160 Ω이 되었을 때 노 안의 온도는 약 몇 ℃이겠는가?

① 160 ℃ ② 320 ℃ ③ 400 ℃ ④ 500 ℃

【해설】(2012-1회-45번 기출반복)
- 온도변화에 따른 저항값 $R_t = R_0(1 + \alpha t)$
$$160 = 80(1 + 0.002 \times t) \quad \therefore t = 500\,℃$$

45. 차압식 유량계에 관한 설명으로 옳은 것은?

① 유량은 교축기구 전후의 차압에 비례한다.
② 유량은 교축기구 전후의 차압의 제곱근에 비례한다.
③ 유량은 교축기구 전후의 차압의 근사값이다.
④ 유량은 교축기구 전후의 차압에 반비례한다.

【해설】(2008-2회-43번 기출반복)
- 유량 $Q \propto \sqrt{\Delta P(압력차)}$ 이다. (여기서, $\sqrt{}$: 제곱근 또는 평방근)

46. 다음 각 습도계의 특징에 대한 설명으로 틀린 것은?

① 노점 습도계는 저습도를 측정할 수 있다.
② 모발 습도계는 2년마다 모발을 바꾸어 주어야 한다.
③ 통풍 건습구 습도계는 2.5~5 m/s 의 통풍이 필요하다.
④ 저항식 습도계는 직류전압을 사용하여 측정한다.

【해설】(2017-2회-50번 기출반복)
① 일반적으로 타 습도계는 저온·저습일 때는 감도가 나빠지는데 비해, 염화리튬 노점 습도계는 저습도를 측정할 수 있다.
② 모발 습도계는 2년마다 모발을 바꾸어 주어야 한다.
③ 통풍 건습구 습도계는 정확한 습도를 구하려면 시계장치로 팬(fan)을 돌려서 2.5~5 m/s 의 통풍이 건습구에 필요하다.
❹ 저항식 습도계는 **교류전압**을 사용하여 저항치를 측정하여 상대습도를 측정한다.

47. 기준입력과 주 피드백 신호와의 차에 의해서 일정한 신호를 조작요소에 보내는 제어장치는?

① 조절기 ② 전송기 ③ 조작기 ④ 계측기

【해설】(2012-1회-48번 기출반복)   암기법 : 절부 → 작부
- 제어장치의 구성 : 기준입력요소 → **조절부** → 조작부 → 검출부

44-④ 45-② 46-④ 47-①

48. 전자유량계의 특징에 대한 설명 중 틀린 것은?

① 압력손실이 거의 없다.
② 내식성 유지가 곤란하다.
③ 전도성 액체에 한하여 사용할 수 있다.
④ 미소한 측정전압에 대하여 고성능의 증폭기가 필요하다.

【해설】 (2013-1회-54번 기출반복)
전자식 유량계는 파이프 내에 흐르는 도전성의 유체에 직각방향으로 자기장을 형성시켜 주면 패러데이(Faraday)의 전자기유도 법칙에 의해 발생되는 유도기전력(E)으로 유량을 측정한다. (패러데이 법칙 : $E = Blv$) 따라서, 도전성 액체의 유량측정에만 쓰인다.
유로에 장애물이 없으므로 다른 유량계와는 달리 압력손실이 거의 없으며, 이물질의 부착 및 침식의 염려가 없으므로 **높은 내식성을 유지할 수 있으며**, 유체의 밀도와 점성의 영향을 받지 않으므로 슬러지가 들어있거나 고점도 유체에 대하여도 측정이 가능하다.
또한, 검출의 시간지연이 없으므로 응답이 매우 빠른 특징이 있으며, 미소한 측정전압에 대하여 고성능 증폭기를 필요로 한다.

49. 기체크로마토그래피는 기체의 어떤 특성을 이용하여 분석하는 장치인가?

① 분자량 차이
② 부피 차이
③ 분압 차이
④ 확산속도 차이

【해설】 (2013-1회-55번 기출반복)
- 기체크로마토그래피(Gas Chromatograpy)법은 활성탄 등의 흡착제를 채운 세관을 통과하는 가스의 이동속도(**확산속도**) 차이를 이용하여 시료가스를 분석하는 방식으로서, O_2와 NO_2를 제외한 다른 여러 성분의 가스를 모두 분석할 수 있으며 캐리어(carrier, 운반) 가스로는 H_2, He, N_2, Ar 등이 사용된다.

50. 피토관에 의한 유속 측정식은 다음과 같다.

$v = \sqrt{\dfrac{2g(P_1 - P_2)}{\gamma}}$ 이 때 P_1, P_2의 각각의 의미는?

(단, v는 유속, g는 중력가속도이고, γ는 비중량이다.)

① 동압과 전압을 뜻한다.
② 전압과 정압을 뜻한다.
③ 정압과 동압을 뜻한다.
④ 동압과 유체압을 뜻한다.

【해설】 (2018-2회-44번 기출유사)
- 피토관에서의 유속 $v = \sqrt{\dfrac{2g \cdot \Delta P}{\gamma}} = \sqrt{\dfrac{2g(P_1 - P_2)}{\gamma}}$
여기서, ΔP는 **전압**(P_1)과 **정압**(P_2)의 차인 동압이다.

48-②   49-④   50-②

51. 다음 각 압력계에 대한 설명으로 틀린 것은?

① 벨로즈 압력계는 탄성식 압력계이다.
② 다이어프램 압력계의 박판재료로 인청동, 고무를 사용할 수 있다.
③ 침종식 압력계는 압력이 낮은 기체의 압력 측정에 적당하다.
④ 탄성식 압력계의 일반교정용 시험기로는 전기식 표준압력계가 주로 사용된다.

【해설】(2013-4회-51번 기출반복)
❹ 램, 실린더, 기름탱크, 가압펌프 등으로 구성되어 있는 **분동식 표준 압력계**는 분동에 의해 압력을 측정하는 형식으로, 탄성식 압력계의 일반 교정용 및 피검정 압력계의 검사(시험)를 행하는데 주로 이용된다.

52. 서로 다른 2개의 금속판을 접합시켜서 만든 바이메탈 온도계의 기본 작동원리는?

① 두 금속판의 비열의 차
② 두 금속판의 열전도도의 차
③ 두 금속판의 열팽창계수의 차
④ 두 금속판의 기계적 강도의 차

【해설】(2015-4회-41번 기출반복)
• 고체팽창식 온도계인 바이메탈 온도계는 **열팽창계수**가 서로 다른 2개의 금속판을 마주 접합한 것으로 온도변화에 의해 선팽창계수가 다르므로 휘어지는 현상을 이용하여 온도를 측정한다. 온도의 자동제어에 쉽게 이용되며 구조가 간단하고 경년변화가 적다.

53. 제백(Seebeck)효과에 대하여 가장 바르게 설명한 것은?

① 어떤 결정체를 압축하면 기전력이 일어난다.
② 성질이 다른 두 금속의 접점에 온도차를 두면 열기전력이 일어난다.
③ 고온체로부터 모든 파장의 전방사에너지는 절대온도의 4승에 비례하여 커진다.
④ 고체가 고온이 되면 단파장 성분이 많아진다.

【해설】(2010-2회-43번 기출반복)
❷ 제백(Seebeck) 효과
두 가지의 서로 다른 금속선을 접합시켜 양 접점(냉접점, 온접점)의 온도를 서로 다르게 해주면 열기전력이 발생하는 현상을 말한다.

【참고】열진단시 온도 측정에 많이 사용되는 열전대(thermo couple) 온도계는 제백효과를 이용한 온도계로서 측정오차가 적고, 측정이 용이하며, 측정온도의 범위가 매우 큰 접촉식 온도계이다.

54. 저항온도계에 활용되는 측온저항체 종류에 해당되는 것은?

① 서미스터(thermistor) 저항 온도계
② 철-콘스탄탄(IC) 저항 온도계
③ 크로멜(chromel) 저항 온도계
④ 알루멜(alumel) 저항 온도계

【해설】(2016-1회-45번 기출반복)

※ 저항온도계의 측온저항체 종류에 따른 사용온도범위

써미스터	-100 ~ 300 ℃
니켈	-50 ~ 150 ℃
구리	0 ~ 120 ℃
백금	-200 ~ 500 ℃

55. 유량 측정에 사용되는 오리피스가 아닌 것은?

① 베나탭   ② 게이지탭   ③ 코너탭   ④ 플랜지탭

【해설】(2014-4회-57번 기출유사)
• 차압식 유량계에서 압력을 측정하기 위해 중간에 설치하는 탭(tap)의 위치에 따른 종류.
  ① 베나(vena)탭 : 입구측은 배관 안지름만큼의 거리에, 출구측은 배관 안지름의 0.2 ~ 0.8배 거리에 설치
  ② 베벨(Bevel)탭 : 교축기구 직전·직후에 베벨을 설치
  ③ 코너(corner, 모서리)탭 : 교축기구 바로 직전·직후에 설치
  ④ 플랜지(flange)탭 : 교축기구 전·후(즉, 상·하류) 각 25 mm 거리에 플랜지를 설치

56. 자동연소제어 장치에서 보일러 증기압력의 자동제어에 필요한 조작량은?

① 연료량과 증기압력
② 연료량과 보일러수위
③ 연료량과 공기량
④ 증기압력과 보일러수위

【해설】(2009-2회-56번 기출유사)
• 보일러 증기압력의 자동제어는 증기압력을 일정 범위내로 유지하기 위하여 **연료공급량과 연소용공기량**을 조작한다.

57. 유량계의 교정방법 중 기체 유량계의 교정에 가장 적합한 방법은?

① 밸런스를 사용하여 교정한다.
② 기준 탱크를 사용하여 교정한다.
③ 기준 유량계를 사용하여 교정한다.
④ 기준 체적관을 사용하여 교정한다.

【해설】(2017-4회-42번 기출반복)
❹ 기체의 유량은 측정시의 온도 및 압력에 따라 그 체적의 변화가 매우 크므로, 기체유량계의 교정은 대유량용의 시험 및 교정용인 **기준체적관을 사용**하여 교정한다.

58. 다음 가스분석계 중 화학적 가스분석계가 아닌 것은?

① 밀도식 CO_2계
② 오르자트식
③ 헴펠식
④ 자동화학식 CO_2계

【해설】 (2018-2회-46번 기출유사)   암기법 : 세자가, 밀도적 열명을 물리쳤다.
※ 가스분석계의 분류는 물질의 물리적, 화학적 성질에 따라 다음과 같이 분류한다.
- 물리적 가스분석계 : 세라믹법, 자기법, 가스크로마토그래피법, 밀도법, 도전율법, 적외선(흡수)법, 열전도율법
- 화학적 가스분석계 : 흡수분석법(오르자트식, 헴펠식), 자동화학식법(또는, 자동화학식 CO_2계), 연소열법(연소식, 미연소식)

59. 공기 중에 있는 수증기 양과 그때의 온도에서 공기 중에 최대로 포함할 수 있는 수증기의 양을 백분율로 나타낸 것은?

① 절대 습도
② 상대 습도
③ 포화 증기압
④ 혼합비

【해설】 (2012-2회-35번 기출유사)
- 상대습도 공식 $\varphi(\%) = \dfrac{e}{e_s} \left(\dfrac{현재수증기량, 또는 현재수증기압}{포화수증기량, 또는 포화수증기압} \right) \times 100$

60. 가스크로마토그래피의 구성요소가 아닌 것은?

① 유량계
② 칼럼검출기
③ 직류증폭장치
④ 캐리어 가스통

【해설】 (2014-4회-59번 기출반복)
- 가스크로마토그래피(Gas Chromatograpy)의 구성요소
  - 캐리어가스(운반가스) 용기, 유량계, 주사기, 칼럼(Column, 흡착제를 채운 통), 칼럼검출기, 전위계, 기록계

제4과목   열설비재료 및 관계법규

61. 에너지이용 합리화법령에 따라 검사대상기기 관리자는 선임된 날부터 얼마 이내에 교육을 받아야 하는가?

① 1개월
② 3개월
③ 6개월
④ 1년

【해설】 (2015-2회-66번 기출반복)

※ 검사대상기기 관리자에 대한 교육.　　　　　　　[에너지이용합리화법 시행규칙 별표4의2.]
　　❸ 검사대상기기 관리자는 검사대상기기 관리자로 선임된 날부터 **6개월** 이내에, 그 후에는 교육을 받은 날부터 3년마다 교육을 받아야 한다.

62. 에너지이용 합리화법의 목적으로 가장 거리가 먼 것은?

① 에너지의 합리적 이용을 증진
② 에너지 소비로 인한 환경피해 감소
③ 에너지원의 개발
④ 국민 경제의 건전한 발전과 국민복지의 증진

【해설】(2007-1회-74번 기출반복)　　　　　　　　　　　[에너지이용합리화법 제1조.]
　　• 에너지의 수급을 안정시키고 에너지의 합리적이고 효율적인 이용을 증진하며 에너지 소비로 인한 환경피해를 줄임으로써 국민경제의 건전한 발전 및 국민복지의 증진과 지구온난화의 최소화에 이바지함을 목적으로 한다.

【key】 에너지이용합리화법 목적.　　　　　　**암기법** : 이경복은 온국수에 환장한다.
　　- 에너지**이**용 효율증진, **경**제발전, **복**지증진, **온**난화의 최소화, **국**민경제, **수**급안정, **환**경피해감소.

63. 에너지이용 합리화법령에 따른 에너지이용 합리화 기본계획에 포함되어야 할 내용이 아닌 것은?

① 에너지 이용 효율의 증대
② 열사용기자재의 안전관리
③ 에너지 소비 최대화를 위한 경제구조로의 전환
④ 에너지원간 대체

【해설】(2018-1회-63번 기출유사)　　　　　　　　　[에너지이용합리화법 제4조 2항.]
　　❸ 에너지절약형 경제구조로의 전환

64. 에너지이용 합리화법령상 산업통상자원부장관이 에너지다소비사업자에게 개선명령을 할 수 있는 경우는 에너지 관리지도 결과 몇 % 이상의 에너지 효율개선이 기대될 때로 규정하고 있는가?

① 10　　　　② 20　　　　③ 30　　　　④ 50

【해설】(2012-4회-63번 기출반복)　　　　　　　　　[에너지이용합리화법 시행령 제40조.]
　　❶ 에너지다소비사업자에게 개선명령을 할 수 있는 경우는 **에너지관리지도** 결과 **10 % 이상**의 에너지효율 개선이 기대되고 효율 개선을 위한 투자의 경제성이 있다고 인정되는 경우로 한다.

62-③　　　63-③　　　64-①

65. 에너지이용 합리화법령에 따라 검사대상기기 관리대행기관으로 지정을 받기 위하여 산업통상자원부장관에게 제출하여야 하는 서류가 아닌 것은?

① 장비명세서
② 기술인력 명세서
③ 기술인력 고용계약서 사본
④ 향후 1년간 안전관리대행 사업계획서

【해설】(2016-1회-69번 기출반복) [에너지이용합리화법 시행규칙 제31조의29 제3항.]
 ※ 검사대상기기 관리대행기관의 지정 신청시 제출서류
  • 장비명세서 및 기술인력 명세서
  • 향후 1년간의 안전관리대행 사업계획서
  • 변경사항을 증명할 수 있는 서류(변경지정의 경우만 해당한다)

66. 에너지이용 합리화법령상 특정열사용 기자재 설치·시공 범위가 아닌 것은?

① 강철제보일러 세관
② 철금속가열로의 시공
③ 태양열 집열기 배관
④ 금속균열로의 배관

【해설】(2013-2회-62번 기출반복) [에너지이용합리화법 시행규칙 별표3의2.]
 ※ 특정 열사용기자재 및 그 설치·시공 범위
  - 보일러(일반보일러, 축열식전기보일러, 태양열집열기 등)의 설치·배관 및 세관
    태양열 집열기의 설치·배관 및 세관
    압력용기(1종, 2종)의 설치·배관 및 세관
    금속요로(용선로, 철금속가열로, 금속균열로 등)의 설치를 위한 시공
    요업요로(셔틀가마, 터널가마, 연속식유리용융가마 등)의 설치를 위한 시공
 ❹ 요업요로 및 금속요로의 "설치·배관 및 세관"
  → 금속요로 및 요업요로의 "설치를 위한 시공"으로 2013.3.23일 일부개정 되었음을 유의한다.

67. 에너지이용 합리화법령에 따라 산업통상자원부장관은 에너지 수급안정을 위하여 에너지사용자에게 필요한 조치를 할 수 있는데 이 조치의 해당사항이 아닌 것은?

① 지역별·주요 수급자별 에너지 할당
② 에너지 공급설비의 정지명령
③ 에너지의 비축과 저장
④ 에너지사용기자재의 사용 제한 또는 금지

【해설】(2020-1회-67번 기출유사) [에너지이용합리화법 제7조2항]
 • 에너지 수급안정을 위한 조정·명령 및 조치에 해당되는 사항
  - 지역별·주요 수급자별 에너지 할당, **에너지공급설비의 가동 및 조업**, 에너지의 비축과 저장, 에너지의 도입·수출입 및 위탁가공, 에너지의 배급, 에너지의 유통시설과 유통경로, 에너지사용의 시기·방법 및 에너지사용기자재의 사용 제한 또는 금지 등

68. 에너지이용 합리화법령에서 에너지사용의 제한 또는 금지에 대한 내용으로 <u>틀린</u> 것은?

① 에너지 사용의 시기 및 방법의 제한
② 에너지 사용시설 및 에너지사용기자재에 사용할 에너지의 지정 및 사용에너지의 전환
③ 특정 지역에 대한 에너지 사용의 제한
④ 에너지 사용 설비에 관한 사항

【해설】(2019-2회-62번 기출유사)　　　　　　　　　　　[에너지이용합리화법 시행령 제14조1항.]
　　　　　※ 에너지사용의 제한 또는 금지에 관한 사항
　　　　　　　1. 에너지사용시설 및 에너지사용기자재에 사용할 에너지의 지정 및 사용 에너지의 전환
　　　　　　　2. 위생 접객업소 및 그 밖의 에너지사용시설에 대한 에너지사용의 제한
　　　　　　　3. **차량 등 에너지사용기자재의 사용제한**
　　　　　　　4. 에너지사용의 시기 및 방법의 제한
　　　　　　　5. 특정 지역에 대한 에너지사용의 제한

69. 에너지이용 합리화법령에 따라 인정검사대상기기 관리자의 교육을 이수한 자가 관리할 수 <u>없는</u> 검사 대상기기는?

① 압력 용기
② 열매체를 가열하는 보일러로서 용량이 581.5 kW 이하인 것
③ 온수를 발생하는 보일러로서 용량이 581.5 kW 이하인 것
④ 증기보일러로서 최고사용압력이 2 MPa 이하이고, 전열면적이 5 m^2 이하인 것

【해설】(2015-2회-63번 기출반복)
　　　　　※ 검사대상기기 관리자의 자격 및 관리범위.　　[에너지이용합리화법 시행규칙 별표3의9.]
　　　　　　　• 증기보일러로서 최고사용압력이 1 MPa 이하이고, 전열면적이 10 m^2 이하인 것.
　　　　　　　• 온수발생 및 열매체를 가열하는 보일러로서 용량이 581.5 kW (0.58 MW) 이하인 것.
　　　　　　　• 압력용기

70. 에너지이용 합리화법령에서 정한 에너지사용자가 수립하여야 할 자발적 협약 이행계획에 포함되지 <u>않는</u> 것은?

① 협약 체결 전년도의 에너지소비 현황
② 에너지관리체제 및 관리방법
③ 전년도의 에너지사용량·제품생산량
④ 효율향상목표 등의 이행을 위한 투자계획

【해설】(2015-1회-67번 기출반복)　　　　　　　　　　　[에너지이용합리화법 시행령 시행규칙 제26조1항.]

※ 에너지사용자 또는 에너지공급자가 수립하는 자발적 협약 이행계획에 포함되는 사항
- 협약 체결 전년도의 에너지소비 현황
- 에너지이용효율 향상목표 또는 이산화탄소배출 감소목표
- 에너지관리체제 및 에너지관리방법
- 효율향상목표 등의 이행을 위한 투자계획

❸ 전년도의 에너지사용량·제품생산량은 에너지다소비업자가 신고하는 사항이다.

71. 내화물 사용 중 온도의 급격한 변화 혹은 불균일한 가열 등으로 균열이 생기거나 표면이 박리되는 현상을 무엇이라 하는가?

① 스폴링　　② 버스팅　　③ 연화　　④ 수화

【해설】(2013-1회-71번 기출반복)　　암기법 : 뽈(폴)차로, 벽균표
- 스폴링(Spalling) : 불균일한 가열 및 급격한 가열·냉각에 의한 심한 온도차로 내화 벽돌에 균열이 생기고 표면이 갈라져서 떨어지는 현상.

72. 무기질 보온재에 대한 설명으로 틀린 것은?

① 일반적으로 안전사용온도범위가 넓다.
② 재질 자체가 독립기포로 안정되어 있다.
③ 비교적 강도가 높고 변형이 적다.
④ 최고사용온도가 높아 고온에 적합하다.

【해설】❷ 유기질 보온재는 일반적으로 그 재질 자체가 독립기포로 된 다공질인 것에 비하여, 무기질 보온재는 재료에 발포제를 가하여 독립기포를 형성시켜 제조한 것이다.

73. 용광로에서 선철을 만들 때 사용되는 주원료 및 부재료가 아닌 것은?

① 규선석　　② 석회석　　③ 철광석　　④ 코크스

【해설】(2012-1회-80번 기출반복)
※ 용광로에 장입되는 주원료 및 부재료 물질의 역할
① 철광석 : 고로(용광로)에서 선철의 제조에 쓰이는 원료
② 망간광석 : 탈황 및 탈산을 위해서 첨가된다.　　암기법 : 망황산
③ 코크스 : 열원으로 사용되는 연료이며, 연소시 발생된 CO, H_2 등의 환원성 가스에 의해 산화철(FeO)을 환원시킴과 아울러 가스성분인 탄소의 일부는 선철 중에 흡수되는 흡탄작용으로 선철의 성분이 된다.
④ 석회석 : 철광석 중에 포함되어 있는 SiO_2, P 등을 흡수하고 용융상태의 광재를 형성하여 선철위에 떠서 철과 불순물이 잘 분리되도록 하는 매용제(媒溶劑) 역할을 한다.　　암기법 : 매점 매석

71-①　　72-②　　73-①

74. 단열재를 사용하지 않는 경우의 방출열량이 350 W이고, 단열재를 사용할 경우의 방출열량이 100 W라 하면 이 때의 보온효율은 약 몇 % 인가?

① 61   ② 71   ③ 81   ④ 91

【해설】(2018-4회-78번 기출유사)

- 보온효율 $\eta = \dfrac{\Delta Q}{Q_1} = \dfrac{Q_1 - Q_2}{Q_1} = 1 - \dfrac{Q_2}{Q_1} = 1 - \dfrac{100}{350} = 0.7142 ≒ 71\%$

여기서, Q_1 : 단열 전 (나관일 때) 방출열량
Q_2 : 단열 후 방출열량

75. 다음 밸브 중 유체가 역류하지 않고 한쪽 방향으로만 흐르게 한 밸브는?

① 감압밸브   ② 체크밸브
③ 팽창밸브   ④ 릴리프밸브

【해설】(2019-4회-79번 기출유사)

❷ 체크밸브(Check valve)는 유체를 한쪽 방향으로만 흐르게 하고 역류를 방지하는 목적으로 사용되며, 밸브의 구조에 따라 스윙(swing)형과 리프트(lift)형이 있다.

76. 단열효과에 대한 설명으로 틀린 것은?

① 열확산계수가 작아진다.   ② 열전도계수가 작아진다.
③ 노 내 온도가 균일하게 유지된다.   ④ 스폴링 현상을 촉진시킨다.

【해설】(2016-4회-70번 기출반복)

※ 단열재의 단열효과(斷熱效果)
① 열확산계수 감소   ② 열전도계수 감소
③ 축열용량 감소   ❹ 스폴링 현상 감소
⑤ 노 내의 온도가 균일하게 유지된다.

77. 중유 소성을 하는 평로에서 축열실의 역할로서 가장 옳은 것은?

① 제품을 가열한다   ② 급수를 예열한다
③ 연소용 공기를 예열한다   ④ 포화증기를 가열하여 과열증기로 만든다

【해설】(2014-4회-71번 기출반복)

❸ 격자로 쌓은 내화벽돌로 이루어진 축열실은 고체를 고온으로 용해하는 공업용 로(爐)에서 배출되는 배기가스 열량을 회수하여 연소용 공기의 예열(豫熱)로 이용하고자 설치한 열교환 장치이다.

74-②   75-②   76-④   77-③

78. 고압 증기의 옥외배관에 가장 적당한 신축이음 방법은?

① 오프셋형 ② 벨로즈형
③ 루프형   ④ 슬리브형

【해설】(2010-4회-74번 기출반복)
❸ 루프형은 고압에 잘 견디며 주로 고압증기의 옥외 배관에 사용한다.

79. 다음 중 셔틀요(Shuttle kiln)는 어디에 속하는가?

① 반연속 요 ② 승염식 요
③ 연속 요   ④ 불연속 요

【해설】(2016-1회-77번 기출반복)
※ 조업방식(작업방식)에 따른 요로의 분류
  • 연속식 : 터널요, 윤요(輪窯, 고리가마), 견요(堅窯, 샤프트로), 회전요(로타리 가마)
  • 불연속식 : 횡염식, 승염식, 도염식   암기법 : 불횡 승도
  • 반연속식 : 셔틀요, 등요

80. 터널가마(Tunnel kiln)의 특징에 대한 설명 중 틀린 것은?

① 연속식 가마이다.
② 사용연료에 제한이 없다.
③ 대량생산이 가능하고 유지비가 저렴하다.
④ 노내 온도조절이 용이하다.

【해설】(2013-4회-62번 기출반복)
  • 터널요(Tunnel Kiln)는 가늘고 긴(70 ~ 100m) 터널형의 가마로서, 피소성품을 실은 대차는 레일 위를 연소가스가 흐르는 방향과 반대로 진행하면서 예열 → 소성 → 냉각 과정을 거쳐 제품이 완성된다.
  장점으로는 소성시간이 짧고 소성이 균일화하며 온도조절이 용이하여 자동화가 용이하며, 연속공정이므로 대량생산이 가능하며 인건비·유지비가 적게 든다.
  단점으로는 제품이 연속적으로 처리되므로 생산량 조정이 곤란하여 다종 소량생산에는 부적당하다. 도자기를 구울 때 유약이 함유된 산화금속을 환원하기 위하여 가마 내부의 공기소통을 제한하고 연료를 많이 공급하여 산소가 부족한 상태인 환원염을 필요로 할 때에는 **사용연료의 제한을 받으므로** 전력소비가 크다.

| 제5과목 | 열설비설계 |

81. 유량 2200 kg/h인 80 ℃의 벤젠을 40 ℃까지 냉각시키고자 한다. 냉각수 온도를 입구 30 ℃, 출구 45 ℃로 하여 대향류열교환기 형식의 이중관식 냉각기를 설계할 때 적당한 관의 길이(m)는?
 (단, 벤젠의 평균비열은 1884 J/kg·℃, 관 내경 0.0427 m, 총괄전열계수는 600 W/m²·℃ 이다.)

① 8.7   ② 18.7   ③ 28.6   ④ 38.7

【해설】(2017-1회-99번 기출유사)   암기법 : 큐는 씨암탉

- 냉각기(증발기)에서 흡수열량(또는, 냉각능력, 냉각열량, 냉각용량)을 Q_e 라 두면

  $Q_e = C_{벤젠} \cdot m \cdot \Delta t$
  $= 1884 \text{ J/kg·℃} \times \dfrac{2200 \, kg}{3600 \sec} \times (80 - 40)℃$
  $\fallingdotseq 46053 \text{ W}$

- 냉각부하(Q_e 또는, 냉각능력, 냉각열량, 냉각용량)   암기법 : 교관온면

  $Q_e = K \cdot \Delta t_m \cdot A = K \cdot \Delta t_m \cdot (\pi D \times \ell)$

  여기서, Q_e : 증발기에서의 교환열량, K : 총괄전열계수(또는, 관류율),
  Δt_m : 대수평균온도차, A : 전열면적, D : 관의 내경, ℓ : 관의 길이

  $46053 \text{ W} = 600 \text{ W/m}^2 \cdot ℃ \times \dfrac{35 - 10}{\ln\left(\dfrac{35}{10}\right)}℃ \times \pi \times 0.0427 \, m \times \ell$

  ∴ 관의 길이 $\ell = 28.67 \fallingdotseq$ **28.6 m**

【참고】• 무리수 π 값의 계산은 공학용계산기에 있는 π 버튼을 그냥 눌러서 대입하여도 되며, 근사값인 3.14를 대입하여도 무방하다. 다만, 출제자의 취향에 따라 달라지는 것이므로 실기시험에서도 채점상의 불이익은 없다는 것을 알려드리는 바이다.

---

82. 지름이 d, 두께가 t인 얇은 살두께의 원통안에 압력 P가 작용할 때 원통에 발생하는 길이방향의 인장응력은?

① $\dfrac{\pi d P}{4 t}$ ② $\dfrac{\pi d P}{t}$ ③ $\dfrac{d P}{4 t}$ ④ $\dfrac{d P}{2 t}$

【해설】(2012-1회-94번 기출반복)   암기법 : 원주리(2), 축사(4)

 ※ 내압(내면의 압력)을 받는 원통형 동체에 생기는 응력

- 길이 방향의 인장응력 $\sigma_1 = \dfrac{Pd}{4t}$
- 원주 방향의 인장응력 $\sigma_2 = 2 \cdot \sigma_1 = \dfrac{Pd}{2t}$

83. 연도 등의 저온의 전열면에 주로 사용되는 슈트 블로어의 종류는?

① 삽입형   ② 예열기 클리너형
③ 로터리형   ④ 건형(gun type)

【해설】(2014-2회-86번 기출반복)

※ 슈트 블로어(Soot blower)

보일러 전열면에 부착된 그을음 등을 물, 증기, 공기를 분사하여 제거하는 매연 취출 장치로서는 다음과 같은 종류가 있다
① 로터리형(회전형) : 연도에 있는 절탄기 등의 저온의 전열면에 사용된다.
② 에어히터 클리너형(예열기 클리너형) : 공기예열기에 클리너로 사용된다.
③ 쇼트 리트랙터블형 : 연소 노벽 등의 전열면에 사용된다.
④ 롱 리트랙터블(long Retractable)형 : 과열기 등의 고온 전열면에는 집어넣을 수 있는 (Retractable) 삽입형이 사용된다.
⑤ 건형(gun type) : 일반적 전열면에 사용된다.

84. 플래시 탱크의 역할로 옳은 것은?

① 저압의 증기를 고압의 응축수로 만든다.
② 고압의 응축수를 저압의 증기로 만든다.
③ 고압의 증기를 저압의 응축수로 만든다.
④ 저압의 응축수를 고압의 증기로 만든다.

【해설】(2014-2회-91번 기출유사)

• 연속분출장치는 보일러수의 농도를 일정하게 유지하도록 조절밸브에 의하여 분출량을 조절하여 연속적으로 분출하는 역할을 해주는데, 분출수는 플래시 탱크에서 재증발(기화)되어 증기는 탈기기에 회수되고 플래시 탱크안에 남은 농도가 높은 물만 배출되도록 되어 있다. 플래시 탱크는 분출된 보일러수를 받아들여서 보일러 압력(고압)보다도 낮은 압력으로 하여 저압하의 증기가 되도록 하는 역할을 한다.

85. 수질(水質)을 나타내는 ppm의 단위는?

① 1만분의 1단위   ② 십만분의 1단위
③ 백만분의 1단위   ④ 1억분의 1단위

【해설】(2013-1회-91번 기출반복)

• 수질을 나타내는 탁도(Turbidity, 濁度)란 증류수 1L 속에 정제카올린 1mg을 함유하고 있는 색과 동일한 색의 물을 탁도 1의 물로 규정하고, 그 단위는 **백만분율인 ppm**을 사용한다.(parts per million)

• ppm = mg/L = $\dfrac{10^{-3}g}{10^{-3}m^3}$ = g/m³ = $\dfrac{g}{(10^2 cm)^3}$ = $\dfrac{1}{10^6}$ g/cm³ = g/ton = mg/kg

86. 다이어프램 밸브의 특징에 대한 설명으로 틀린 것은?

① 역류를 방지하기 위한 것이다.
② 유체의 흐름에 주는 저항이 작다.
③ 기밀(氣密)할 때 패킹이 불필요하다.
④ 화학약품을 차단하여 금속부분의 부식을 방지한다.

【해설】(2013-1회-90번 기출반복)
- 다이어프램 밸브는 내열, 내약품 고무제의 막판(膜板)을 밸브시트에 밀어 붙이는 구조로 되어 있어서 기밀을 유지하기 위한 패킹이 필요 없으며, 금속부분이 부식될 염려가 없으므로 산 등의 화학약품을 차단하여 금속부분의 부식을 방지하는 관로에 주로 사용한다.
- ❶ 체크밸브(Check valve)는 유체를 한쪽 방향으로만 흐르게 하고 역류를 방지하는 목적으로 사용되며, 밸브의 구조에 따라 스윙(swing)형과 리프트(lift)형이 있다.

87. 그림과 같은 노냉수벽의 전열면적(m^2)은?
(단, 수관의 바깥지름 30 mm, 수관의 길이 5 m, 수관의 수 200개 이다.)

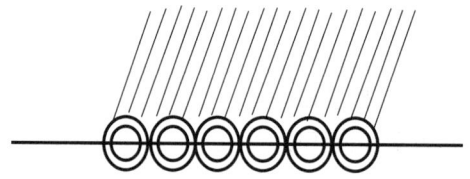

① 24　　　② 47　　　③ 72　　　④ 94

【해설】(2013-2회-99번 기출유사)　　　　　　　　　암기법 : 외수, 내연
- 수관의 전열면적 계산은 외경으로 하며, 연관의 전열면적은 내경으로 계산한다.
  위 그림에서는 수관이 벽체에 매입되어 있으므로 전열면적은 전체의 $\frac{1}{2}$이 된다.
- 전열면적 $A = 2\pi r \times L \times n \times \frac{1}{2} = \pi D \cdot L \times n \times \frac{1}{2}$
  $= 3.14 \times 0.03 \, m \times 5 \, m \times 200 \times \frac{1}{2}$
  $= 47.1 ≒ 47 \, m^2$

88. 가스용 보일러의 배기가스 중 이산화탄소에 대한 일산화탄소의 비는 얼마 이하 이어야 하는가?

① 0.001　　　② 0.002　　　③ 0.003　　　④ 0.005

【해설】(2012-2회-96번 기출반복)　　　　　[보일러의 계속사용검사 중 운전성능검사 기준.]
- ❷ 가스용 보일러의 배기가스 중 일산화탄소(CO)의 이산화탄소(CO_2)에 대한 비는 0.002 이하이어야 한다.

89. 스케일(scale)에 대한 설명으로 틀린 것은?

① 스케일로 인하여 연료소비가 많아진다.
② 스케일은 규산칼슘, 황산칼슘이 주성분이다.
③ 스케일은 보일러에서 열전달을 저하시킨다.
④ 스케일로 인하여 배기가스의 온도가 낮아진다.

【해설】 (2017-2회-92번 기출유사)

- 스케일(Scale, 관석)이란 보일러수에 용해되어 있는 칼슘염, 마그네슘염, 규산염 등의 불순물이 농축되어 포화점에 달하면 고형물로서 석출되어 보일러의 내면에 딱딱하게 부착하는 것을 말한다. 생성된 스케일은 보일러에 여러 가지의 악영향을 끼치게 되는데 열전도율을 저하시키므로 전열량이 감소하고, 배기가스의 온도가 높아지게 되어, 보일러 열효율이 저하되고, 연료소비량이 증대된다.

90. 노통연관식 보일러에서 평형부의 길이가 230 mm 미만인 파형노통의 최소두께(mm)를 결정하는 식은?
(단, P는 최고사용압력(MPa), D는 노통의 파형부에서의 최대 내경과 최소 내경의 평균치(모리슨형 노통에서는 최소내경에 50 mm를 더한 값)(mm), C는 노통의 종류에 따른 상수이다.)

① $10PDC$ ② $\dfrac{10PC}{D}$ ③ $\dfrac{C}{10PD}$ ④ $\dfrac{10PD}{C}$

【해설】 (2019-1회-88번 기출유사) 암기법: 노 PD = C·t 촬영

- 파형노통의 최소두께 산출은 다음 식으로 계산한다.
    P·D = C·t   여기서, 사용압력단위(kgf/cm^2), 지름단위(mm)인 것에 주의해야 한다.
    10 P·D = C·t   여기서, 사용압력단위(MPa), 지름단위(mm)인 것에 주의해야 한다.
    ∴ 최소두께 t = $\dfrac{10PD}{C}$

91. 가로 50 cm, 세로 70 cm인 300 ℃로 가열된 평판에 20 ℃의 공기를 불어주고 있다. 열전달계수가 25 W/m^2·℃ 일 때 열전달량은 몇 kW 인가?

① 2.45 ② 2.72 ③ 3.34 ④ 3.96

【해설】 (2018-4회-78번 기출유사) 암기법: 교관온면

- 열전달량 Q = α·Δt·A   여기서, α: 열전달계수, Δt: 온도차, A: 전열면적
    = 25 W/m^2·℃ × (300 − 20)℃ × 0.5 m × 0.7 m
    = 2450 W = 2.45 kW

89-④   90-④   91-①

92. 오일 버너로서 유량 조절범위가 가장 넓은 버너는?

① 스팀 제트
② 유압분무식 버너
③ 로터리 버너
④ 고압 공기식 버너

【해설】(2017-4회-5번 기출유사)

※ 고압기류 분무식 버너(또는, **고압 공기식 버너**)의 특징
 ① 고압(0.2 ~ 0.8 MPa)의 공기를 사용하여 중유를 무화시키는 형식이다.
 ② **유량조절범위가 1 : 10 정도로 가장 넓어서** 고점도의 액체연료도 무화가 가능하다.
 ③ 분무각(무화각)은 30° 정도로 가장 좁은 편이다.
 ④ 외부혼합 방식보다 내부혼합 방식이 무화가 잘 된다.
 ⑤ 연소 시 소음이 크다.

93. 원통형 보일러의 내면이나 관벽 등 전열면에 스케일이 부착될 때 발생하는 현상이 아닌 것은?

① 열전달률이 매우 작아 열전달 방해
② 보일러의 파열 및 변형
③ 물의 순환속도 저하
④ 전열면의 과열에 의한 증발량 증가

【해설】(2016-2회-92번 기출반복)   암기법 : (효율좋은) 보일러 사저유

❹ 보일러 내면에 스케일이 부착되면 열전도율이 감소되어 **증발량 감소**로 이어지므로 보일러 효율이 저하된다.

94. 보일러 수의 분출 목적이 아닌 것은?

① 프라이밍 및 포밍을 촉진한다.
② 물의 순환을 촉진한다.
③ 가성취화를 방지한다.
④ 관수의 pH를 조절한다.

【해설】(2017-2회-100번 기출반복)

※ 보일러수 분출의 목적
 - 보일러 수에 포함된 불순물은 보일러 내에서 물의 증발과 더불어 점점 농축되므로 동체의 바닥면에 침전물(퇴적된 슬러지)이 생긴다. 이러한 불순물을 배출하기 위하여 분출장치 (분출밸브)를 설치한다.
  ① 물의 순환을 촉진하기 위해서   ② 가성취화를 방지하기 위해서
  ② 프라이밍 및 포밍을 방지하기 위해서 ④ 관수의 pH를 조절하기 위해서
  ⑤ 고수위를 방지하기 위해서
  ⑥ 관수의 농축을 방지하고 열대류를 높이기 위하여

95. 배관용 탄소강관을 압력용기의 부분에 사용할 때에는 설계 압력이 몇 MPa 이하일 때 가능한가?

① 0.1 ② 1 ③ 2 ④ 3

【해설】(2009-4회-94번 기출반복) 암기법 : 일(1)베

❷ (일반)배관용 탄소강관(SPP, carbon Steel Pipe Piping)은 350℃ 이하에서 사용압력(1.0 MPa 이하)이 비교적 낮은 배관에 사용하며 탄소강관(SPP)에 1차 방청도장만 한 것을 흑관, 부식성을 개선시키기 위하여 흑관에 아연(Zn)도금을 한 것을 백관이라 한다.

96. 수관식 보일러에 대한 설명으로 틀린 것은?

① 증기 발생의 소요시간이 짧다.
② 보일러 순환이 좋고 효율이 높다.
③ 스케일의 발생이 적고 청소가 용이하다.
④ 드럼이 작아 구조적으로 고압에 적당하다.

【해설】(2008-2회-96번 기출반복)

❸ 수관식 보일러의 단점으로는 스케일 생성이 빨라서 양질의 급수 공급을 필요로 하며, **구조가 복잡하여 청소 및 보수가 불편하다.**

97. 수관식 보일러에 속하지 않는 것은?

① 코르니쉬 보일러 ② 바브콕 보일러
③ 라몬트 보일러 ④ 벤손 보일러

【해설】(2016-4회-95번 기출반복)

※ 수관식 보일러의 종류 암기법 : 수자 강간
　　　　　　　　　　　　　　　　(관)

㉠ 자연순환식 암기법 : 자는 바·가·(야로)·다, 스네기찌
　　　　　　　　　　(모두 다 일본식 발음을 닮았음.)
　- 바브콕, 가르베, 야로, 다꾸마,(주의 : 다우삼 아님!) 스네기찌.

㉡ 강제순환식 암기법 : 강제로 베라~
　- 베록스, 라몬트

㉢ 관류식 암기법 : 관류 람진과 벤슨이 앤모르게 슐처먹었다
　- 람진, 벤슨, 앤모스, 슐처 보일러

❶ 코르니쉬(Cornish) 보일러는 노통이 1개짜리인 **원통형** 보일러에 속한다.

95-②　96-③　97-①

98. 평노통, 파형노통, 화실 및 직립보일러 화실판의 최고두께는 몇 mm 이하이어야 하는가? (단, 습식화실 및 조합노통 중 평노통은 제외한다.)

① 12 ② 22 ③ 33 ④ 44

【해설】(2012-4회-98번 기출반복) [보일러 제조검사 기준 제7.1.2항]
※ 화실 및 노통용 판의 최고두께 제한
- 평노통, 파형노통, 화실 및 직립보일러 화실판의 최고두께는 22 mm 이하이어야 한다. 다만, 습식 화실 및 조합노통 중 평노통은 제외한다.

99. 다음 중 보일러의 전열효율을 향상시키기 위한 장치로 가장 거리가 먼 것은?

① 수트 블로어 ② 인젝터
③ 공기예열기 ④ 절탄기

【해설】(2018-4회-83번 기출유사)
• 보조급수장치의 일종인 인젝터(injector)는 구조가 간단하고 소형의 저압보일러에 사용되며 보조증기관에서 보내어진 증기로 급수를 흡입하여 증기분사력으로 급수를 토출하게 되므로 별도의 소요동력을 필요로 하지 않는다.(즉, 비동력 급수장치이다.)

100. 보일러의 급수처리방법에 해당되지 않는 것은?

① 이온교환법 ② 응집법
③ 희석법 ④ 여과법

【해설】(2012-4회-95번 기출반복)
※ 보일러 용수의 급수처리 방법 중 외처리 방법 암기법: 화약이, 물증 탈가여?
• 물리적 처리 : 증류법, 탈기법, 가열연화법, 여과법, 침전법(침강법), 응집법
• 화학적 처리 : 약품첨가법(또는, 석회소다법), 이온교환법

98-② 99-② 100-③

2020년 제4회 에너지관리기사
(2020.9.27. 시행)

평균점수

제1과목   연소공학

1. 집진장치에 대한 설명으로 틀린 것은?

① 전기 집진기는 방전극을 음(陰), 집진극을 양(陽)으로 한다.
② 전기집진은 쿨롱(coulomb)력에 의해 포집된다.
③ 소형 사이클론을 직렬시킨 원심력 분리장치를 멀티 스크러버(multi-scrubber)라 한다.
④ 여과 집진기는 함진 가스를 여과재에 통과시키면서 입자를 분리하는 장치이다.

【해설】(2015-2회-15번 기출반복)
① 전기집진기는 방전극을 (-)극으로 하여 코로나 방전에 의해 주위의 기체를 ⊖이온화하여 정전기력 인력에 의해 집진극인 (+)극에 집진되도록 하는 장치이다
② 정전기력을 쿨롱(Coulomb)력이라고도 한다.
❸ 소형사이클론을 병렬로 연결한 원심력 분리장치를 멀티사이클론(Multi-cyclone) 이라 한다.
④ 여과(Filter)집진기는 함진가스를 여과재에 통과시키면서 입자를 관성충돌, 차단, 확산 등에 의해 분리·포집하는 장치이다.

2. 가연성 혼합기의 공기비가 1.0 일 때 당량비는?

① 0   ② 0.5   ③ 1.0   ④ 1.5

【해설】(2015-2회-13번 기출반복)

- 당량비(φ) = $\dfrac{\text{실제 반응 연공비}}{\text{이론반응 연공비}}$ = $\dfrac{\frac{\text{실제반응 연료량}}{\text{실제반응 공기량}}}{\frac{\text{이론반응 연료량}}{\text{이론반응 공기량}}}$ = $\dfrac{\text{이론공기량} \times \text{실제연료량}}{\text{실제공기량} \times \text{이론연료량}}$

한편, 문제의 조건에서 공기비 m = 1 이므로,
실제연료량이 이론연료량에 비해서 연료과부족, 공기과부족 되지 않고
가장 이상적인 연소에 해당하는 이론연료량과 같다는 의미이다.

∴ 연료가 일정할 때 당량비(φ) = $\dfrac{\text{이론공기량}}{\text{실제공기량}}$ = $\dfrac{1}{m}$ = $\dfrac{1}{1.0}$ = 1.0 이 된다.

3. 저압공기 분무식 버너의 특징이 아닌 것은?
① 구조가 간단하여 취급이 간편하다.
② 공기압이 높으면 무화 공기량이 줄어든다.
③ 점도가 낮은 중유도 연소할 수 있다.
④ 대형보일러에 사용된다.

【해설】(2017-4회-5번 기출유사)
❹ 저압기류 분무식 버너(또는, 저압공기 분무식 버너)는 저압(0.02 ~ 0.2 MPa)의 공기나 증기를 사용하여 중유를 무화시키는 형식으로서, 고압공기 분무식 버너에 비해서 부하변동에 대한 적응성이 나쁘므로 부하변동이 적은 **소용량** 보일러에 사용된다.

4. 연료의 연소 시 CO_{2max}(%)는 어느 때의 값인가?
① 실제공기량으로 연소 시
② 이론공기량으로 연소 시
③ 과잉공기량으로 연소 시
④ 이론양보다 적은 공기량으로 연소 시

【해설】(2012-4회-9번 기출반복)　　　　　　　　　　　　　　　암기법 : 최대리
연료 중의 C(탄소)가 연소하여 연소생성물인 CO_2(이산화탄소)가 되는데,
연소용공기가 이론공기량을 넘게 되면 연소가스 중에 과잉공기가 들어가기 때문에
최대 탄산가스 함유율 CO_{2max}(%)는 이론공기량일 때보다 희석되어 그 함유율이 낮아지게 된다.
따라서, 연소가스 분석결과 CO_2가 최대의 백분율이 되려면 이론공기량으로 연소하였을 경우이다.

5. 환열실의 전열면적(m^2)과 전열량(W) 사이의 관계는?
(단, 전열면적은 F, 전열량은 Q, 총괄전열계수는 V 이며, $\triangle t_m$은 평균온도차이다.)

① $Q = \dfrac{F}{\triangle t_m}$　　　　　② $Q = F \times \triangle t_m$

③ $Q = F \times V \times \triangle t_m$　　　　　④ $Q = \dfrac{V}{F \times \triangle t_m}$

【해설】(2017-1회-15번 기출반복)　　　　　　　　　　　　　　암기법 : 교관온면
● 교환열(또는, 전달열량) Q = K · $\triangle t_m$ · A = V · $\triangle t_m$ · F
　　　　　　　　　　여기서, K : 총괄전열계수(또는, 관류율, 열통과율)
　　　　　　　　　　　　　$\triangle t_m$: 평균온도차(산술평균과 대수평균이 있다.)
　　　　　　　　　　　　　A : 전열면적
【참고】※ 환열실(Recuperator, 리큐퍼레이터)
　　　　- 공업용 요로에서 연소배기가스의 열량을 연도에서 회수하는 열교환 설비로서,
　　　　　여러 개의 관으로 구성되어 있으며 관외를 배기가스, 관내에 연소용 공기를 통해서
　　　　　예열한다.

6. 효율이 60%인 보일러에서 12000 kJ/kg의 석탄을 150 kg 연소시켰을 때의 열손실은 몇 MJ 인가?

① 720　　② 1080　　③ 1280　　④ 1440

【해설】• 보일러의 열손실율은 40%이므로, 손실열량 Q = 12 MJ/kg × 150 kg × 0.4 = 720 MJ

7. 중유의 저위발열량이 41860 kJ/kg인 원료 1 kg을 연소시킨 결과 연소열이 31400 kJ/kg이고 유효 출열이 30270 kJ/kg일 때, 전열효율과 연소효율은 각각 얼마인가?

① 96.4%, 70%　　② 96.4%, 75%
③ 72.3%, 75%　　④ 72.3%, 96.4%

【해설】(2016-2회-5번 기출유사)　　암기법 : 전연유, 소발연

- 전열효율 = $\dfrac{유효출열}{연소열} \times 100 = \dfrac{30270}{31400} \times 100 ≒ 96.4\%$
- 연소효율 = $\dfrac{연소열}{발열량} \times 100 = \dfrac{31400}{41860} \times 100 ≒ 75\%$

8. 이론습연소가스량 G_{0w}와 이론건연소가스량 G_{0d}의 관계를 나타낸 식으로 옳은 것은? (단, H는 수소체적비, w는 수분체적비를 나타내고, 식의 단위는 Nm^3/kg이다.)

① $G_{0d} = G_{0w} + 1.25(9H + w)$　　② $G_{0d} = G_{0w} - 1.25(9H + w)$
③ $G_{0d} = G_{0w} + (9H + w)$　　④ $G_{0d} = G_{0w} - (9H - w)$

【해설】(2016-2회-4번 기출반복)

- 연소생성 수증기량(W_g)은 연료 중의 **수소연소**와 포함된 **수분**에 의한 것인데,

$$H_2 + \dfrac{1}{2}O_2 \rightarrow H_2O$$

(2kg)　　　　　　(18kg)
1kmol　　　　　　1kmol
22.4 Nm^3　　　22.4 Nm^3 에서

∴ $W_g = \dfrac{22.4}{2}H + \dfrac{22.4}{18}w$ [단위 : Nm^3/kg]

= 11.2 H + 1.244 w
= 1.244(9H + w) ≒ 1.25(9H + w) 로 표현하기도 한다.

이론습윤연소가스량　$G_{0w} = G_{0d} + W_g$ 에서
이론건연소가스량　　$G_{0d} = G_{0w} - W_g$

따라서, 문제에서 제시된 기호로 표현하면 $G_{0d} = G_{0w} - 1.25(9H + w)$ 이다.

9. 중유에 대한 일반적인 설명으로 틀린 것은?

① A중유는 C중유보다 점성이 작다.
② A중유는 C중유보다 수분 함유량이 작다.
③ 중유는 점도에 따라 A급, B급, C급으로 나뉜다.
④ C중유는 소형디젤기관 및 소형보일러에 사용된다.

【해설】(2015-4회-2번 기출반복)　　　　　　　암기법 : 중점,시비에(C>B>A)
※ 중유의 특징
①,③ 중유는 점성도가 큰 순서에 따라 C중유(또는 벙커 C유) 〉 B중유 〉 A중유로 나눈다.
② 점도가 클수록 수분 함유량이 크다.
　　• 수분함유량 C중유(0.5%이하) 〉 B중유(0.4%이하) 〉 A중유(0.3%이하)
❹ C중유는 비중이 커서 인화점이 높으므로 대형디젤기관 및 대형보일러 등의 **대규모 산업용**으로 가장 널리 사용되고 있으며,
　A중유는 소형디젤기관 및 소형보일러에 사용된다.

10. 제조 기체연료에 포함된 성분이 아닌 것은?

① C　　　② H_2　　　③ CH_4　　　④ N_2

【해설】(2014-4회-16번 기출반복)
• 천연적으로 산출되는 것은 천연가스(주성분 : CH_4)뿐으로 그 밖의 것은 고체연료나 액체 연료의 열분해 과정에서 제조되는 것이며, 제조 기체연료에 포함된 성분들로는 C_mH_n, C_nH_{2n+2}, CO, H_2, N_2, O_2, CO_2 등이 있다.
❶ C(탄소)는 천연적인 고체, 액체연료의 주성분이다.

11. 다음 중 굴뚝의 통풍력을 나타내는 식은?

(단, h는 굴뚝높이, γ_a는 외기의 비중량, γ_g는 굴뚝속의 가스의 비중량, g는 중력가속도이다.)

① $h(\gamma_g - \gamma_a)$　　② $h(\gamma_a - \gamma_g)$　　③ $\dfrac{h(\gamma_g - \gamma_a)}{g}$　　④ $\dfrac{h(\gamma_a - \gamma_g)}{g}$

【해설】(2019-4회-16번 기출유사)
• 통풍력 : 연돌(굴뚝)내의 배기가스와 연돌밖의 외부공기와의 밀도차(비중량차)에 의해 생기는 압력차를 말하며 단위는 mmAq를 쓴다.
• 이론통풍력 $Z = P_2 - P_1$　　　　여기서, P_2 : 굴뚝 외부공기의 압력
　　　　　　　　$= (\gamma_2 - \gamma_1) \times h$　　　　P_1 : 굴뚝 하부(유입구)의 압력
　　　　　　　　$= (\gamma_a - \gamma_g) \times h$　　　　γ_2 : 외부공기의 비중량
　　　　　　　　　　　　　　　　　　　　　γ_1 : 배기가스의 비중량
　　　　　　　　　　　　　　　　　　　　　h : 굴뚝의 높이

12. 다음 각 성분의 조성을 나타낸 식 중에서 <u>틀린</u> 것은?
(단, m : 공기비, L_0 : 이론공기량, G : 가스량, G_0 : 이론 건연소 가스량이다.)

① $(CO_2) = \dfrac{1.867C - (CO)}{G} \times 100$

② $(O_2) = \dfrac{0.21(m-1)L_0}{G} \times 100$

③ $(N_2) = \dfrac{0.8N + 0.79mL_0}{G} \times 100$

④ $(CO_2)\max = \dfrac{1.867C + 0.7S}{G_0} \times 100$

【해설】(2015-2회-16번 기출유사)
  ※ (습)연소가스량(G_W)에 의한 고체·액체연료의 배기가스 중 각 성분의 백분율
  ❶ 연소로 생성된 탄산가스량(CO_2) = 1.867 C [Nm³/kg] 이므로
    탄산가스의 백분율은 $(CO_2) = \dfrac{1.867C}{G_W} \times 100$

---

13. 다음 성분 중 연료의 조성을 분석하는 방법 중에서 공업분석으로 알 수 <u>없는</u> 것은?

① 수분(W) ② 회분(A)
③ 휘발분(V) ④ 수소(H)

【해설】(2010-1회-9번 기출유사)
  • 연료의 "공업분석"이란 연소할 때의 성질을 좌우하는 **고정탄소, 휘발분, 수분, 회분** 등의 성분 비율을 분석하는 것을 말한다.
  ❹ 수소(H)는 원소분석 방법으로 알 수 있다.

---

14. 메탄 50 v%, 에탄 25 v%, 프로판 25 v%가 섞여 있는 혼합 기체의 공기 중에서 연소하한계는 약 몇 % 인가?
(단, 메탄, 에탄, 프로판의 연소하한계는 각각 5 v%, 3 v%, 2.1 v% 이다.)

① 2.3 ② 3.3 ③ 4.3 ④ 5.3

【해설】(2017-1회-5번 기출반복)
  • 혼합가스의 혼합율에 따른 폭발한계는 일반적으로 '르샤트리에 공식'으로 계산한다.

  $\dfrac{100}{L} = \dfrac{V_1}{L_1} + \dfrac{V_2}{L_2} + \dfrac{V_3}{L_3} + \cdots\cdots$
  여기서, L : 폭발하한값 또는 상한값(%)

  $\dfrac{100}{L} = \dfrac{50}{5} + \dfrac{25}{3} + \dfrac{25}{2.1}$

  ∴ $L = 3.307 ≒ 3.3\%$

15. 액체연료의 연소방법으로 <u>틀린</u> 것은?

① 유동층연소   ② 등심연소
③ 분무연소   ④ 증발연소

【해설】(2014-2회-17번 기출반복)
❶ 유동층연소는 고체의 연소장치 종류 중 하나에 해당한다.   암기법 : 고미화~유

【참고】 ※ 액체연료의 연소방식
- 분무연소(분무식) : 액체연료를 입자가 작은 안개상태로 분무하여 공기와의 접촉면을 많게 함으로써 연소시키는 방식으로 공업용 연료의 대부분이 중유를 사용하고 있으므로 무화방식이 가장 많이 이용되고 있다.
- 액면연소(포트식) : 연료를 접시모양의 용기(Pot)에 넣어 점화하는 증발연소로서, 가장 원시적인 방법이다.
- 심지연소 또는 등심연소(심지식) : 탱크속의 연료에 심지를 담가서 모세관현상으로 빨아올려 심지의 끝에서 증발연소시키는 방식으로, 공업용으로는 부적당하다.
- 증발연소(증발식) : 증발하기 쉬운 인화성 액체인 알코올, 가솔린, 등유 등에 점화하면 그 표면으로부터 증발하면서 연소된다.

16. 연소가스와 외부공기의 밀도차에 의해서 생기는 압력차를 이용하는 통풍 방법은?

① 자연 통풍   ② 평행 통풍
③ 압입 통풍   ④ 유인 통풍

【해설】(2016-4회-19번 기출반복)
※ 통풍방식의 종류에는 자연통풍과 강제통풍(압입통풍, 흡인통풍, 평형통풍)으로 나누는데, **자연통풍**이란 송풍기가 없이 오로지 연돌내의 연소가스와 외부공기의 **밀도차**에 의해서 생기는 압력차를 이용하여 이루어지는 대류현상을 말한다. 이 때, 노내압은 부압(-)이다.

17. 수소 1 kg을 완전히 연소시키는데 요구되는 이론산소량은 몇 Nm^3 인가?

① 1.86   ② 2.8   ③ 5.6   ④ 26.7

【해설】(2015-2회-3번 기출유사)
- 수소의 완전연소 반응식 : $H_2 + \frac{1}{2}O_2 \rightarrow H_2O$
  (1 kmol) : (0.5 kmol)
  (2 kg) : ($\frac{1}{2} \times 22.4\,Nm^3 = 11.2\,Nm^3$)
  (1 kg) : ($\frac{11.2}{2} = 5.6\,Nm^3$)

18. B중유 5 kg을 완전 연소시켰을 때 저위발열량은 약 몇 MJ 인가?
   (단, B중유의 고위발열량은 41900 kJ/kg, 중유 1 kg에 수소 H는 0.2 kg, 수증기 W는 0.1 kg 함유되어 있다.)

   ① 96   ② 126   ③ 156   ④ 186

   【해설】(2017-1회-18번 기출유사)
   - 고체·액체연료의 단위중량(1 kg)당 저위발열량(H_L) 계산공식은
     $H_L = H_h - R_w$
     한편, 물의 증발잠열(R_w)은 0℃를 기준으로 하여 $\dfrac{10800\,kcal}{18\,kg} = 600$ kcal/kg
     $R_w = 600 \times (9H + w)$
     $= H_h - 600 \times (9H + w)$ [kcal/kg]
     $= 41900$ kJ/kg $- 600$ kcal/kg $\times 4.1868$ kJ/kcal $\times (9 \times 0.2 + 0.1) ≒ 37127$ kJ/kg
   ∴ 총 $H_L = 37127$ kJ/kg $\times 5$ kg ≒ 185635 kJ $= 185.635$ MJ ≒ **186 MJ**

19. 기체연료의 장점이 아닌 것은?
   ① 열효율이 높다.
   ② 연소의 조절이 용이하다.
   ③ 다른 연료에 비하여 제조비용이 싸다.
   ④ 다른 연료에 비하여 회분이나 매연이 나오지 않고 청결하다.

   【해설】(2017-1회-4번 기출유사)
   ※ 기체연료의 특징
   〈장점〉 ㉠ 유동성이 좋으므로 연소효율$\left(=\dfrac{연소열}{발열량}\right)$이 높다.
          ㉡ 예열이 가능하므로 고온을 얻기가 쉽다.
          ㉢ 적은 공기비로도 완전연소가 가능하다.
          ㉣ 연료의 품질이 균일하므로 자동제어에 의한 연소의 조절이 용이하다.
          ㉤ 회분이나 매연이 없어 청결하다.
   〈단점〉 ㉠ 단위 용적당 발열량은 고체·액체연료에 비해서 극히 적다.
          ㉡ 고체·액체연료에 비해서 운반과 저장이 불편하다.
          ㉢ 누출되기 쉽고 폭발의 위험성이 있다.
          ㉣ 고체·액체 연료에 비하여 제조비용이 비싸다.

20. 분젠 버너를 사용할 때 가스의 유출 속도를 점차 빠르게 하면 불꽃 모양은 어떻게 되는가?
   ① 불꽃이 엉클어지면서 짧아진다.   ② 불꽃이 엉클어지면서 길어진다.
   ③ 불꽃의 형태는 변화 없고 밝아진다.   ④ 아무런 변화가 없다.

   【해설】(2009-1회-6번 기출반복)

- 연료가스의 유출속도가 빨라지면 가스의 흐름이 흐트러져 난류현상을 일으키게 되어 공기 중의 산소와 접촉이 빠르게 이루어지므로 연소상태가 층류현상일 때보다 연소속도가 빨라지고 **불꽃은 엉클어지면서 짧아진다.**

제2과목 열역학

21. 임의의 과정에 대한 가역성과 비가역성을 논의하는데 적용되는 법칙은?

① 열역학 제0법칙 ② 열역학 제1법칙
③ 열역학 제2법칙 ④ 열역학 제3법칙

【해설】(2010-4회-29번 기출반복)

클라우지우스(Clausius)적분의 **열역학 제2법칙** 표현 : $\oint \dfrac{dQ}{T} \leq 0$ 에서,

- **가역 과정**일 때는 : $\oint_{가역} \dfrac{dQ}{T} = 0$
- **비가역 과정**일 때는 : $\oint_{비가역} \dfrac{dQ}{T} < 0$ 으로 표현한다.

22. 랭킨사이클의 터빈출구 증기의 건도를 상승시켜 터빈날개의 부식을 방지하기 위한 사이클은?

① 재열 사이클 ② 오토 사이클
③ 재생 사이클 ④ 사바테 사이클

【해설】(2016-4회-25번 기출유사)

- 재열사이클이란 증기원동소 사이클(랭킨 사이클)에서 터빈 출구의 증기건조도를 증가시키기 위하여 터빈 내에서 팽창 도중의 증기를 취출하여 재열기로 적절한 온도까지 재열시켜서 터빈날개의 부식을 방지하도록 개선한 사이클이다.

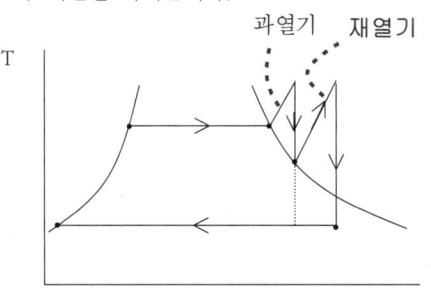

23. 그림은 공기 표준 오토 사이클이다. 효율 η에 관한 식으로 틀린 것은?
(단, ϵ은 압축비, k는 비열비이다.)

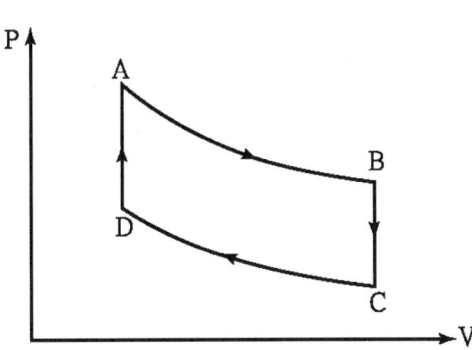

① $\eta = 1 - \dfrac{T_B - T_C}{T_A - T_D}$

② $\eta = 1 - \epsilon\left(\dfrac{1}{\epsilon}\right)^k$

③ $\eta = 1 - \dfrac{T_B}{T_A}$

④ $\eta = 1 - \dfrac{P_B - P_C}{P_A - P_D}$

【해설】 (2016-2회-22번 기출유사) 압축비 $\epsilon = \dfrac{V_C}{V_D}$, 비열비 k라 두면

- 오토사이클의 열효율 $\eta = \dfrac{W_{net}}{Q_{DA}} = \dfrac{Q_{DA} + Q_{BC}}{Q_{DA}}$

  한편, 공급열량 $Q_{DA} = C_v(T_A - T_D)$
  방출열량 $Q_{BC} = C_v(T_C - T_B)$

$= \dfrac{C_v(T_A - T_D) + C_v(T_C - T_B)}{C_v(T_A - T_D)}$

$= \dfrac{C_v(T_A - T_D) - C_v(T_B - T_C)}{C_v(T_A - T_D)}$

$= 1 - \left(\dfrac{T_B - T_C}{T_A - T_D}\right) = 1 - \left(\dfrac{T_B}{T_A}\right)$

$= 1 - \dfrac{T_B - T_C}{\epsilon^{k-1}(T_B - T_C)} = 1 - \dfrac{1}{\epsilon^{k-1}}$

$= 1 - \left(\dfrac{1}{\epsilon}\right)^{k-1} = 1 - \epsilon^{-(k-1)} = 1 - \epsilon^{1-k}$

$= 1 - \epsilon \cdot \epsilon^{-k} = 1 - \epsilon \cdot (\epsilon^{-1})^k = 1 - \epsilon\left(\dfrac{1}{\epsilon}\right)^k$

❹ $\eta = 1 - \dfrac{V_C}{V_D}\left(\dfrac{P_B - P_C}{P_A - P_D}\right) = 1 - \epsilon\left(\dfrac{P_B - P_C}{P_A - P_D}\right)$ 으로 표현되어야 한다.

24. 초기의 온도, 압력이 100 ℃, 100 kPa 상태인 이상기체를 가열하여 200 ℃, 200 kPa 상태가 되었다. 기체의 초기상태 비체적이 0.5 m³/kg일 때, 최종상태의 기체 비체적(m³/kg)은?

① 0.16　　② 0.25　　③ 0.32　　④ 0.50

【해설】(2008-2회-22번 기출유사)

- 보일-샤를의 법칙 $\dfrac{P_1 v_1}{T_1} = \dfrac{P_2 v_2}{T_2}$ 에서,

  $\dfrac{100 \times 0.5\ m^3/kg}{(100+273)} = \dfrac{200 \times v_2}{(200+273)}$

  ∴ 최종상태의 비체적 v_2 = 0.317 ≒ 0.32 m³/kg

25. 다음 중 강도성 상태량이 아닌 것은?

① 압력　　② 온도　　③ 비체적　　④ 체적

【해설】(2019-1회-40번 기출유사)　　　　　　　　　암기법 : 인(in)세 강도

※ 모든 물리량은 질량에 관계되는 크기(또는, 시량적, 용량적) 성질(extensive property)과 질량에는 무관한 세기(또는, 시강적, 강도성) 성질(intensive property) 로 나눌 수 있다.

- 크기(용량성) 성질 – 질량, 부피(**체적**), 일, 내부에너지, 엔탈피, 엔트로피 등으로 사칙연산이 가능하다.
- 세기(강도성) 성질 – 온도, 압력, 밀도, 비체적, 농도, 비열, 열전달률 등으로 사칙연산이 불가능하다.

26. 2 kg, 30 ℃인 이상기체가 100 kPa에서 300 kPa까지 가역 단열과정으로 압축되었다면 최종온도(℃)는?
(단, 이 기체의 정적비열은 750 J/kg·K, 정압비열은 1000 J/kg·K 이다.)

① 99　　② 126　　③ 267　　④ 399

【해설】(2017-2회-22번 기출유사)

- 단열변화 공식을 반드시 암기하고 있어야 한다.

  $\dfrac{P_1 V_1}{T_1} = \dfrac{P_2 V_2}{T_2}$ 에서, 분모 T_1을 우변으로 이항하고, 그 다음에 V_1을 이항한다.

  $\dfrac{P_1}{P_2} = \left(\dfrac{T_1}{T_2}\right)^{\frac{k}{k-1}} = \left(\dfrac{V_2}{V_1}\right)^k$ 한편, 비열비 k = $\dfrac{C_P}{C_V}$ = $\dfrac{1000}{750}$ = 1.333

  $\dfrac{100\,kPa}{300\,kPa} = \left(\dfrac{273+30}{T_2}\right)^{\frac{1.333}{1.333-1}}$

  한편, 에너지아카데미 카페에 있는 "방정식계산기 사용법"을 활용하여

  ∴ T_2 = 398.68 ≒ 399 K = 399 - 273 = **126 ℃**

27. 1 mol의 이상기체가 25℃, 2 MPa로부터 100 kPa까지 가역 단열적으로 팽창하였을 때 최종온도(K)는? (단, 정적비열 C_V는 $\frac{3}{2}R$ 이다.)

① 60 ② 70 ③ 80 ④ 90

【해설】(2017-1회-12번 기출유사)
- 단열변화의 P-V-T 관계공식은 반드시 암기하고 있어야 한다.

$\frac{P_1 V_1}{T_1} = \frac{P_2 V_2}{T_2}$ 에서, 분모 T_1을 우변으로 이항하고, 그 다음에 V_1을 이항한다.

$\frac{P_1}{P_2} = \left(\frac{T_1}{T_2}\right)^{\frac{k}{k-1}}$ 한편, 비열비 $k = \frac{C_P}{C_V} = \frac{C_V + R}{C_V} = \frac{\frac{3R}{2} + R}{\frac{3R}{2}} = \frac{5}{3} ≒ 1.67$

$\frac{2000\,kPa}{100\,kPa} = \left(\frac{273 + 25}{T_2}\right)^{\frac{1.67}{1.67-1}}$ ∴ 최종온도 $T_2 = 89.58\,K ≒ 90\,K$

28. 비열비(k)가 1.4인 공기를 작동유체로 하는 디젤엔진의 최고온도(T_3) 2500 K, 최저온도(T_1)가 300 K, 최고압력(P_3)이 4 MPa, 최저압력(P_1)이 100 kPa일 때 차단비(cut off ratio : r_c)는 얼마인가?

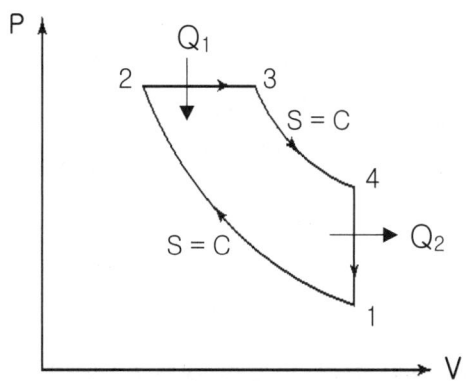

① 2.4 ② 2.9 ③ 3.1 ④ 3.6

【해설】(2014-4회-28번 기출반복)
- 연료 단절비(차단비) $\sigma = \frac{T_3}{T_2}$ 이므로 T_2를 먼저 구해야 한다.

1 → 2 과정 : 단열압축 변화의 TP 관계 방정식인 $\frac{T_1}{T_2} = \left(\frac{P_1}{P_2}\right)^{\frac{k-1}{k}} = \left(\frac{P_1}{P_3}\right)^{\frac{k-1}{k}}$ 에서

$\frac{300\,K}{T_2} = \left(\frac{0.1\,MPa}{4\,MPa}\right)^{\frac{1.4-1}{1.4}}$ ∴ $T_2 ≒ 860.7\,K$

따라서, $\sigma = \frac{T_3}{T_2} = \frac{2500\,K}{860.7\,K} ≒ 2.9$

29. 분자량이 29인 1 kg의 이상기체가 실린더 내부에 채워져 있다. 처음에 압력 400 kPa, 체적 0.2 m³인 이 기체를 가열하여 체적 0.076 m³, 온도 100 ℃가 되었다. 이 과정에서 받은 일(kJ)은? (단, 폴리트로픽 과정으로 가열한다.)

① 90　　　　② 95　　　　③ 100　　　　④ 104

【해설】• 기체의 상태방정식 $P_1V_1 = mRT_1$ 에서

$$P_1V_1 = m \cdot \frac{\overline{R}}{M} \cdot T_1$$

$$400 \text{ kPa} \times 0.2 \text{ m}^3 = 1 \text{ kg} \times \frac{8.314 \, kJ/kg \cdot K}{29} \times T_1$$

∴ 처음온도 $T_1 ≒ 279$ K

폴리트로픽 지수 n이 미지수이므로 폴리트로픽 과정의 P-V-T 관계 방정식

$$\frac{P_1}{P_2} = \left(\frac{T_1}{T_2}\right)^{\frac{n}{n-1}} = \left(\frac{V_2}{V_1}\right)^n \text{ 에서,}$$

$$\left(\frac{T_1}{T_2}\right)^{\frac{1}{n-1}} = \left(\frac{V_2}{V_1}\right)$$

$$\left(\frac{279 \, K}{373 \, K}\right)^{\frac{1}{n-1}} = \frac{0.076}{0.2}$$

에너지아카데미 카페에 있는 "방정식계산기 사용법"을 활용하여,

∴ 지수 $n ≒ 1.3$

폴리트로픽 과정에서 외부에 대한 일(절대일)의 공식유도는 이론교재를 활용하기 바람.

절대일 $_1W_2 = \frac{1}{n-1} \times R \times (T_1 - T_2) \times m$ 이므로

$$= \frac{1}{1.3-1} \times \frac{8.314 \, kJ/kg \cdot K}{29} \times (279-373)K \times 1 \text{ kg}$$

$$= -89.8 ≒ -90 \text{ kJ}$$

여기서, (−)는 외부로부터 압축되었으므로 일을 받은 것을 의미한다.

---

30. 열손실이 없는 단단한 용기 안에 20 ℃의 헬륨 0.5 kg을 15 W의 전열기로 20분간 가열하였다. 최종 온도(℃)는?

(단, 헬륨의 정적비열은 3.116 kJ/kg·K, 정압비열은 5.193 kJ/kg·K 이다.)

① 23.6　　　　② 27.1　　　　③ 31.6　　　　④ 39.5

【해설】(2016-2회-29번 기출유사)　　　　　　　　암기법 : 큐는 씨암탁

전열기의 가열량 = 소요전력량

$C_V \cdot m \cdot \Delta T = P \times t$

$3.116 \times 10^3 \, J/kg \cdot ℃ \times 0.5 \text{ kg} \times (T_2 - 20) = 15 \text{ W} \times 20 \times 60 \sec$

∴ 최종온도 $T_2 = 31.55 ≒ 31.6$ ℃

31. 표준 기압(101.3 kPa), 20℃에서 상대습도 65%인 공기의 절대습도(kg/kg)는? (단, 건조공기와 수증기는 이상기체로 간주하며, 각각의 분자량은 29, 18로 하고, 20℃의 수증기의 포화압력은 2.24 kPa로 한다.)

① 0.0091 ② 0.0202 ③ 0.0452 ④ 0.0724

【해설】(2012-2회-35번 기출유사)

- 절대습도 $Z = \dfrac{m_w(\text{수증기의 중량})}{m_a(\text{건공기의 중량})} = \dfrac{P_w \cdot V/R_w \cdot T}{P_a \cdot V/R_a \cdot T} = \dfrac{R_a}{R_w} \times \dfrac{P_w}{P_a} = \dfrac{R_a}{R_w} \times \dfrac{e}{P_a}$

$= \dfrac{29.24 \, kg \cdot m/kg \cdot K}{47.06 \, kg \cdot m/kg \cdot K} \times \dfrac{e}{P_a}$

한편, 상대습도 공식 $\varphi = \dfrac{e \, (\text{현재수증기압})}{e_s \, (\text{수증기 포화압력})} \times 100$

$0.65 = \dfrac{e}{2.24 \, kPa}$, ∴ $e = 1.456 \, kPa$

$= \dfrac{29.24}{47.06} \times \dfrac{e}{P_0 - e}$

여기서, $P_0 = P_a + e$
P_0 : 공기전체압(흔히, 760 mmHg = 101.3 kPa)
P_a : 건조공기압

$= \dfrac{29.24}{47.06} \times \dfrac{1.456}{101.3 - 1.456}$

$= 0.00906 ≒ 0.0091 \, \text{kg}_{\text{수증기}}/\text{kg}_{\text{건조공기}}$

32. 97℃로 유지되고 있는 항온조가 실내 온도 27℃인 방에 놓여 있다. 어떤 시간에 1000 kJ의 열이 항온조에서 실내로 방출되었다면 다음 설명 중 틀린 것은?

① 항온조 속의 물질의 엔트로피 변화는 약 -2.7 kJ/K 이다.
② 실내 공기의 엔트로피 변화는 약 3.3 kJ/K 이다.
③ 이 과정은 비가역적이다.
④ 항온조와 실내 공기의 총 엔트로피는 감소하였다.

【해설】(2012-4회-22번 기출유사)

- 항온조 속의 물질을 첨자 1, 방안의 실내공기를 첨자 2 라고 두면,

① $\Delta S_1 = \dfrac{dQ}{T_1} = \dfrac{-1000 \, kJ}{(273+97)K} ≒ -2.7 \, kJ/K$

② $\Delta S_2 = \dfrac{dQ}{T_2} = \dfrac{+1000 \, kJ}{(273+27)K} ≒ 3.3 \, kJ/K$

③ 항온조로부터 방안의 실내공기로 열손실이 있는 경우이므로, 비가역 과정이다.

❹ 총 엔트로피 변화량 $\Delta S_\text{총} = \Delta S_1 + \Delta S_2 = -2.7 + 3.3 = +0.6 \, kJ/K$
(즉, 총엔트로피가 +0.6 으로 **증가**하였으므로 비가역과정임이 확인된다.)

33. 증기의 기본적 성질에 대한 설명으로 틀린 것은?

① 임계 압력에서 증발열은 0 이다.
② 증발잠열은 포화 압력이 높아질수록 커진다.
③ 임계점에서는 액체와 기체의 상에 대한 구분이 없다.
④ 물의 3중점은 물과 얼음과 증기의 3상이 공존하는 점이며, 이 점의 온도는 0.01 ℃ 이다.

【해설】(2011-1회-34번 기출반복)
① 임계압력하에서는 기체 상태로만 존재하므로 증발잠열은 0 이 된다.
❷ 증발잠열은 표준대기압(101.3 kPa)하에서는 539 kcal/kg 이며, **포화압력이 높아질수록 작아진다**. 포화압력이 임계압력에 이르게 되면 증발잠열은 0 으로 되는 것이다.
③ 임계점에서는 액상과 기상을 구분할 수 없으며, 포화액과 포화증기의 구별이 없어진다.

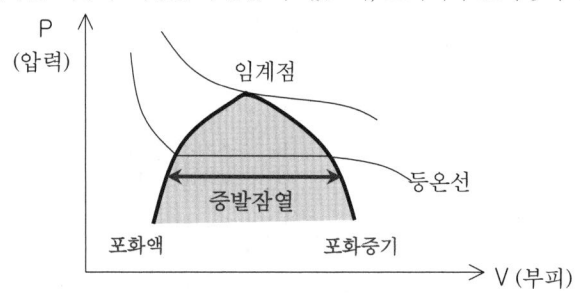

④ 물질은 온도와 압력에 따라 화학적인 성질의 변화없이 물리적인 성질만이 변화하는 상이 존재하는데 물의 경우에는 온도에 따라 고체, 액체, 기체의 3상이 동시에 존재하는 점을 삼중점이라 한다. (물의 삼중점 : 0.01 ℃ = 273.16 K, 0.61 kPa)

34. 정상상태에서 작동하는 개방시스템에 유입되는 물질의 비엔탈피가 h_1 이고, 이 시스템 내에 단위질량당 열을 q 만큼 전달해 주는 것과 동시에, 축을 통한 단위질량당 일을 w 만큼 시스템으로 가해 주었을 때, 시스템으로부터 유출되는 물질의 비엔탈피 h_2 를 옳게 나타낸 것은? (단, 위치에너지와 운동에너지는 무시한다.)

① $h_2 = h_1 + q - w$
② $h_2 = h_1 - q - w$
③ $h_2 = h_1 + q + w$
④ $h_2 = h_1$

【해설】(2019-4회-29번 기출유사)
• 개방계(系, 시스템)에서 유체의 정상유동 상태(1 → 2)에 대한 일반적인 에너지 방정식
$$h_1 + \frac{v_1^2}{2} + g z_1 + q + w = h_2 + \frac{v_2^2}{2} + g z_2$$ 에서,
운동에너지와 위치에너지는 무시하였으므로
$$h_1 + q + w = h_2$$

35. 이상기체가 등온과정에서 외부에 하는 일에 대한 관계식으로 틀린 것은?
(단, R은 기체상수이고, 계에 대해서 m은 질량, V는 부피, P는 압력을 나타낸다. 또한 하첨자 "1"은 변경 전, 하첨자 "2"는 변경 후를 나타낸다.)

① $P_1 V_1 \ln \dfrac{V_2}{V_1}$
② $P_1 V_1 \ln \dfrac{P_2}{P_1}$
③ $mRT \ln \dfrac{P_1}{P_2}$
④ $mRT \ln \dfrac{V_2}{V_1}$

【해설】 (2017-2회-34번 기출반복)
※ 등온과정.
계가 외부에 일을 함과 동시에 일에 상당하는 열량을 주위로부터 받아들인다면 系의 내부에너지가 일정하게 유지되면서 상태변화는 온도 일정하에서 진행되는 것을 말한다.

$\delta Q = dU + PdV$

한편, 등온($T_1 = T_2$, $dT = 0$, $dU = C_v \cdot dT = 0$)이므로
$= PdV = {}_1W_2$ (외부에 하는 일)

$Q = \int_1^2 P \, dV$ 한편, 기체의 상태방정식 $PV = mRT$에서, $P = \dfrac{mRT}{V}$ 이므로

$= \int_1^2 \dfrac{mRT}{V} \, dV = mRT \int_1^2 \dfrac{1}{V} \, dV = mRT_1 \cdot \ln\left(\dfrac{V_2}{V_1}\right)$

한편, $\dfrac{P_1 V_1}{T_1} = \dfrac{P_2 V_2}{T_2}$ 에서 등온이므로 $\dfrac{P_1}{P_2} = \dfrac{V_2}{V_1}$

$= mRT \cdot \ln\left(\dfrac{P_1}{P_2}\right)$

한편, 초기조건에서 공기의 질량 $m = \dfrac{P_1 V_1}{RT}$ 을 대입

$= mRT \cdot \ln\left(\dfrac{P_1}{P_2}\right) = \dfrac{P_1 V_1}{RT} \times RT \times \ln\left(\dfrac{P_1}{P_2}\right)$

$= P_1 V_1 \times \ln\left(\dfrac{P_1}{P_2}\right) = P_1 V_1 \times \ln\left(\dfrac{V_2}{V_1}\right)$

36. 다음 중 오존층을 파괴하며 국제협약에 의해 사용이 금지된 CFC 냉매는?

① R-12
② HFO1234yf
③ NH_3
④ CO_2

【해설】 (2017-2회-35번 기출유사)   암기법 : 탄수염불
• 프레온계 냉매의 화학식에서 **염소(Cl)원자의 포함 비율이 많을수록** 오존층 파괴지수가 커진다.
❶ R-12 : CCl_2F_2 ② HFO1234yf는 친환경 대체냉매이다.
③ 암모니아(NH_3)는 무기냉매이다.   ④ CO_2

35-② 36-①

37. 이상적인 표준 증기 압축식 냉동사이클에서 등엔탈피 과정이 일어나는 곳은?

① 압축기 ② 응축기
③ 팽창밸브 ④ 증발기

【해설】(2019-4회-22번 기출유사)   암기법 : 압→응→팽→증

※ 증기 압축식 냉동사이클의 P-h선도상의 경로 : **압축기 → 응축기 → 팽창밸브 → 증발기**에서 등엔탈피 과정이 일어나는 곳은 팽창밸브이다.

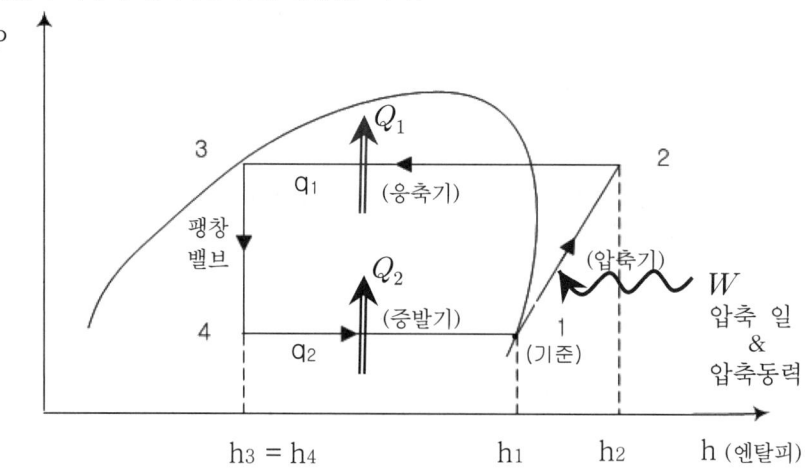

38. 수증기를 사용하는 기본 랭킨사이클의 복수기 압력이 10 kPa, 보일러 압력이 2 MPa, 터빈일이 792 kJ/kg, 복수기에서 방출되는 열량이 1800 kJ/kg일 때 열효율(%)은? (단, 펌프에서 물의 비체적은 1.01×10^{-3} m³/kg 이다.)

① 30.5 ② 32.5 ③ 34.5 ④ 36.5

【해설】(2020-2회-28번 기출유사)

- 랭킨사이클의 이론적 열효율(η) 공식

$$\eta = \frac{W_{net}}{Q_1}\left(\frac{유효일량}{공급열량}\right) = \frac{W_{net}}{Q_2 + W_{net}} = \frac{(W_T - W_P)}{Q_2 + (W_T - W_P)}$$

$$= \frac{(792 - 2)}{1800 + (792 - 2)} \times 100 \fallingdotseq 30.5\,\%$$

Q_1 : 보일러 및 과열기에 공급한 열량
Q_2 : 복수기에서 방출하는 열량
W_{net} : 사이클에서 유용하게 이용된 에너지.(즉, 유효일 또는 순일 $W_{net} = W_T - W_P$)
한편, 펌프에서 받은 일 $W_P = v(P_2 - P_1)$
  $= 1.01 \times 10^{-3}$ m³/kg × (2000 - 10) kPa
  $\fallingdotseq 2$ kJ/kg

39. 증기 압축 냉동사이클의 증발기 출구, 증발기 입구에서 냉매의 비엔탈피가 각각 1284 kJ/kg, 122 kJ/kg이면 압축기 출구측에서 냉매의 비엔탈피(kJ/kg)는? (단, 성능계수는 4.4 이다.)

① 1316 ② 1406 ③ 1548 ④ 1632

【해설】 (2019-2회-26번 기출유사)

- 냉동사이클의 성적계수 $COP = \dfrac{q_2}{W_c} \left(\dfrac{냉동효과}{압축일량}\right) = \dfrac{h_1 - h_4}{h_2 - h_1}$ 이므로,

$$4.4 = \dfrac{1284 - 122}{h_2 - 1284}$$

∴ 압축기 출구에서 냉매의 비엔탈피 $h_2 = 1548.09 ≒ 1548$ kJ/kg

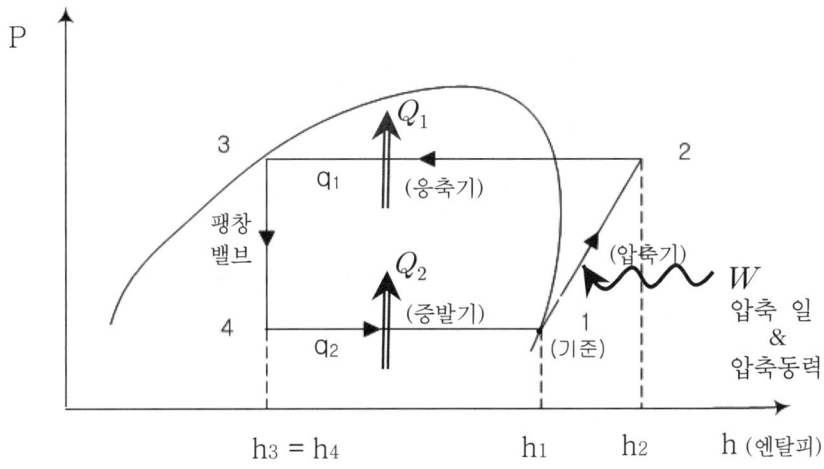

40. 100 kPa, 20℃의 공기를 0.1 kg/s의 유량으로 900 kPa 까지 등온 압축할 때 필요한 공기압축기의 동력(kW)은?
(단, 공기의 기체상수는 0.287 kJ/kg·K 이다.)

① 18.5 ② 64.5 ③ 75.7 ④ 185

【해설】 (2018-4회-32번 기출유사)

※ 등온과정

계가 외부에 일을 함과 동시에 일에 상당하는 열량을 주위로부터 받아들인다면 系의 내부에너지가 일정하게 유지되면서 상태변화는 온도 일정 하에서 진행되는 것을 말한다. 따라서, 등온과정에서는 계의 전달열량과 일(절대일, 공업일)의 양은 모두 같다.

$$\delta Q = {}_1W_2 = \int_1^2 P\, dV$$

한편, 기체의 상태방정식 $PV = mRT$ 에서, $P = \dfrac{mRT}{V}$ 이므로

$$= \int_1^2 \dfrac{mRT}{V}\, dV = mRT \int_1^2 \dfrac{1}{V}\, dV = mRT_1 \cdot \ln\left(\dfrac{V_2}{V_1}\right)$$

한편, $\dfrac{P_1 V_1}{T_1} = \dfrac{P_2 V_2}{T_2}$ 에서 등온변화이므로 $\dfrac{V_2}{V_1} = \dfrac{P_1}{P_2}$

$= mRT_1 \cdot \ln\left(\dfrac{P_1}{P_2}\right)$

$= 0.1 \text{ kg/sec} \times 0.287 \text{ kJ/kg} \cdot \text{K} \times (20 + 273)\text{K} \times \ln\left(\dfrac{100\,kPa}{900\,kPa}\right)$

$= -18.47 \text{ kJ/sec} ≒ -18.5 \text{ kW}$

여기서, (-)는 외부로부터 압축되었으므로 일을 받은 것을 의미한다.

제3과목   계측방법

41. 지름이 각각 0.6 m, 0.4 m인 파이프가 있다. (1)에서의 유속이 8 m/s 이면 (2)에서의 유속(m/s)은?

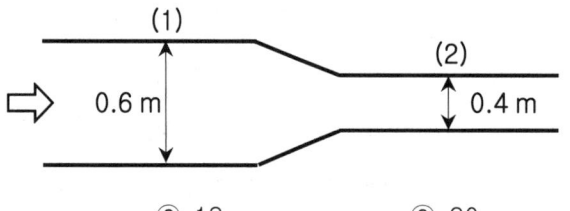

① 16   ② 18   ③ 20   ④ 22

【해설】(2010-4회-42번 기출반복)

- 유량보존법칙에 의하여 $Q_1 = Q_2$

$A_1 \cdot v_1 = A_2 \cdot v_2$ (여기서, A : 원통파이프의 단면적)

$\dfrac{\pi D_1^2}{4} \times v_1 = \dfrac{\pi D_2^2}{4} \times v_2$

$0.6^2 \times 8 \text{ m/s} = 0.4^2 \times v_2$

∴ 유속 v_2 = 18 m/s

42. 가스 크로마토그래피의 구성요소가 아닌 것은?

① 검출기   ② 기록계
③ 칼럼(분리관)   ④ 지르코니아

【해설】(2020-3회-60번 기출유사)

- 가스크로마토그래피(Gas Chromatograpy)의 구성요소
  - 캐리어가스(운반가스) 용기, 유량계, 주사기, 칼럼(Column, 흡착제를 채운 통, 분리관), 칼럼검출기, 전위계, 기록계

43. 관속을 흐르는 유체가 층류로 되려면?

① 레이놀즈수가 4000 보다 많아야 한다.
② 레이놀즈수가 2100 보다 적어야 한다.
③ 레이놀즈수가 4000 이어야 한다.
④ 레이놀즈수와는 관계가 없다.

【해설】(2016-1회-51번 기출반복)
　※ 레이놀즈수(Reynolds number)에 따른 유체유동의 형태
　　• **층류** 　　: Re ≤ 2320 (또는, 2100) 이하인 흐름.
　　• 임계영역 : 2320 < Re < 4,000 으로서 층류와 난류 사이의 흐름.
　　• 난류 　　: Re ≥ 4,000 이상인 흐름.
【참고】※ 층류와 난류
　　• 층류 : 유체입자들이 혼합되지 않고 질서정연하게 층과 층이 미끄러지면서 흐르는 흐름.
　　• 난류 : 유체입자들이 불규칙하게 운동하면서 층과 층이 혼합되어 흐르는 흐름.

44. 제어량에 편차가 생겼을 경우 편차의 적분차를 가감해서 조작량의 이동속도가 비례하는 동작으로서 잔류편차가 제어되나 제어 안정성은 떨어지는 특징을 가진 동작은 어느 것인가?

① 비례동작　　② 적분동작　　③ 미분동작　　④ 다위치동작

【해설】(2014-1회-41번 기출반복)　　　　　　　암기법 : 아이(I) 편
　　• I 동작(적분동작)은 잔류편차는 제거되지만 진동하는 경향이 있고 제어 안정성이 떨어진다.

45. 방사율에 의한 보정량이 적고 비접촉법으로는 정확한 측정이 가능하나 사람 손이 필요한 결점이 있는 온도계는?

① 압력계형 온도계　　② 전기저항 온도계
③ 열전대 온도계　　　④ 광고온계

【해설】(2019-2회-48번 기출유사)
　※ 비접촉식 온도계 중 **광고온계**의 특징
　　① 700 ℃를 초과하는 고온의 물체에서 방사되는 에너지 중 육안으로 관측하므로 가시광선을 이용한다.
　　② 온도계 중에서 가장 높은 온도(700 ~ 3000℃)를 측정할 수 있으며 정도가 가장 높다.
　　③ **수동측정**이므로 기록, 경보, 자동제어 및 연속측정이 불가능하다.
　　④ 방사온도계보다 방사율에 의한 보정량이 적다.
　　　 왜냐하면 피측온체와의 사이에 수증기, CO_2, 먼지 등의 영향을 적게 받는다.
　　⑤ 저온(700 ℃ 이하)의 물체 온도측정은 곤란하다.(저온에서는 발광에너지가 약하다.)

46. 물을 함유한 공기와 건조공기의 열전도율 차이를 이용하여 습도를 측정하는 것은?

① 고분자 습도센서 ② 염화리튬 습도센서
③ 서미스터 습도센서 ④ 수정진동자 습도센서

【해설】(2017-2회-45번 기출반복)
  ※ 습도센서(senser)
    공기 중의 수분에 관련된 여러 가지 현상(물리·화학현상)을 이용하여 습도를 측정하기 위해서 사용되는 센서를 가리킨다. 그 종류로는 다음과 같이 다양하다.
    건습구 습도계, 모발 습도계, 염화리튬 습도센서, 전해질계 습도센서(P_2O_5 습도센서), 고분자막 습도센서, 수정진동자 습도센서, 산화알루미늄 습도센서, 세라믹 습도센서, 서미스터 습도센서, 마이크로파 습도센서, 방사선 습도센서, 결로센서, 노점센서 등으로 다양하다.
    ① 고분자 습도센서 : 도전성 고분자의 전기적 특성이 물의 흡·탈착에 따라 변하는 성질을 이용한다.
    ② 염화리튬 습도센서 : 전해질의 흡습성과 전기저항의 변화를 이용한다.
    ❸ 서미스터 습도센서 : 온도변화에 저항값이 민감하게 변화하는 반도체 감온소자인 서미스터를 이용하여 **물을 함유한 공기와 건조공기의 열전도율의 차이를 이용**한다.
    ④ 수정진동자 습도센서 : 수정 진동자를 폴리아미드계 흡습성 수지(막)를 이용하여 코팅하여 흡습에 따른 고분자막의 중량변화로 진동자의 공진주파수가 변화함을 이용한다.
    ⑤ 산화알루미늄 습도센서 : 다공성 산화알루미늄(Al_2O_3)에 물을 흡착할 경우 유전율의 변화를 용량의 변화로서 검출하거나 인덕턴스의 변화로 보완하는 것을 이용한다.
    ⑥ 세라믹 습도센서 : 다공질 세라믹 표면에 수증기가 흡·탈착함에 따라 세라믹의 전기저항이 변화하는 것을 이용한다.
    ⑦ 초음파 습도센서 : 초음파 온도계와 저항 온도계의 조합에 의한 것으로서 초음파의 전달 속도가 기온에 의해 변화하는 것을 이용한다.

47. 측정량과 크기가 거의 같은 미리 알고 있는 양의 분동을 준비하여 분동과 측정량의 차이로부터 측정량을 구하는 방식은?

① 편위법 ② 보상법 ③ 치환법 ④ 영위법

【해설】(2017-4회-50번 기출반복)
  ※ 계측기기의 측정방법
    ① 편위법(偏位法) : 측정하고자 하는 양의 작용에 의하여 계측기의 지침에 편위를 일으켜 이 편위를 눈금과 비교함으로써 측정을 행하는 방식이다.
    ❷ 보상법(補償法) : 측정하고자 하는 양을 표준치와 비교하여 양자의 근소한 차이로부터 측정량을 정교하게 구하는 방식이다.
    ③ 치환법(置換法) : 측정량과 기준량을 치환해 2회의 측정결과로부터 구하는 측정방식이다.
    ④ 영위법(零位法) : 측정하고자 하는 양과 같은 종류로서 크기를 독립적으로 조정할 수가 있는 기준량을 준비하여 기준량을 측정량에 평형시켜 계측기의 지침이 0의 위치를 나타낼 때의 기준량 크기로부터 측정량의 크기를 알아내는 방법이다.
    ⑤ 차동법(差動法) : 같은 종류인 두 양의 작용의 차를 이용하는 방법이다.

48. 열전도율형 CO_2 분석계의 사용 시 주의사항에 대한 설명 중 틀린 것은?

① 브리지의 공급 전류의 점검을 확실하게 한다.
② 셀의 주위 온도와 측정가스 온도는 거의 일정하게 유지시키고 온도의 과도한 상승을 피한다.
③ H_2를 혼입시키면 정확도를 높이므로 같이 사용한다.
④ 가스의 유속을 일정하게 하여야 한다.

【해설】(2011-1회-60번 기출반복)
❸ 가스분석계 중 열전도율형 CO_2 분석계는 연소가스에 포함된 CO_2의 열전도율이 공기보다 매우 적다는 것을 이용한 것이므로, 열전도율이 매우 큰 H_2가 **혼입되면** 측정 지시값의 오차가 커지므로 **정확도가 낮아진다.**

【참고】※ 가스의 열전도율 비교
— 분자량이 작을수록 열전도율이 커진다. ($H_2 \gg N_2 >$ 공기 $> O_2 > CO_2 > SO_2$)

49. 자동제어계에서 응답을 나타낼 때 목표치를 기준한 앞뒤의 진동으로 시간의 지연을 필요로 하는 시간적 동작의 특성을 의미하는 것은?

① 동특성
② 스텝응답
③ 정특성
④ 과도응답

【해설】(2010-1회-48번 기출반복)
❶ **동특성** : 목표치를 기준한 앞뒤의 진동으로 시간의 지연을 필요로 하는 시간적 동작의 특성을 말한다.
② 스텝응답 : 입력을 단위량만큼 스텝(step) 상으로 변환할 때의 과도응답을 말한다.
③ 정특성 : 감도나 밀도 등 시간에 관계없이 정해진 동작의 특성을 말한다.
④ 과도응답 : 정상상태에 있는 요소의 입력측에 어떤 변화를 주었을 때 출력측에 생기는 변화의 시간적 경과를 말한다.

50. 점도 $1\,Pa \cdot s$와 같은 값은?

① $1\,kg/m \cdot s$
② $1\,P$
③ $1\,kgf \cdot s/m^2$
④ $1\,cP$

【해설】(2013-2회-59번 기출반복)   암기법 : 점도 바(Pa), 새끼(sec)야~

❶ 점도(또는, 점성도) $\mu = P \cdot t$ 에서, $1\,Pa \cdot s = \dfrac{N}{m^2} \times s = \dfrac{kg \cdot m}{s^2} \times \dfrac{1}{m^2} \times s = 1\,kg/m \cdot s$

암기법 : 김, 지미

② 점도(또는, 점성도)의 단위 : $1\,P$(포아즈) $= g/cm \cdot s$
③ $1\,kgf \cdot s/m^2 = 9.8\,N \cdot s/m^2 = 9.8\,Pa \cdot s$
④ $1\,cP$(센티 포아즈) $= 10^{-2}\,P$

51. 다음 중 그림과 같은 조작량 변화는?

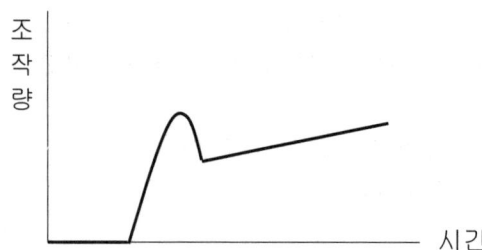

① P.I 동작
② ON-OFF 동작
③ P.I.D 동작
④ P.D 동작

【해설】(2013-1회-47번 기출반복)

❸ 문제에서의 그림은 P동작, I동작, D동작을 조합한 P.I.D(비례적분미분) 복합동작이다.

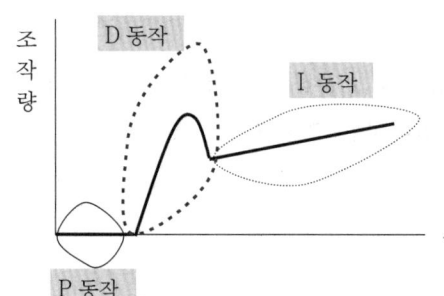

- 조작량이 일정한 부분은 P 동작,
- 갑자기 증가하였다가 감소되는 것은 D 동작,
- 직선적으로 증가만 하는 것은 I 동작이다.

52. 다음 중 사하중계(dead weight gauge)의 주된 용도는?

① 압력계 보정
② 온도계 보정
③ 유체 밀도 측정
④ 기체 무게 측정

【해설】(2011-4회-54번 기출반복)

❶ 사하중계(dead - weight gauge)는 **압력보정기**로서 기본적인 압력측정의 기준이 된다.

53. 액체와 고체연료의 열량을 측정하는 열량계는?

① 봄브식
② 융커스식
③ 클리브랜드식
④ 타그식

【해설】(2017-4회-52번 기출반복)

❶ 고체·액체 연료의 발열량 측정은 **봄브**(Bombe, 봄베)**식** 열량계가 사용된다.
② 기체연료의 발열량 측정은 융커스식 열량계가 사용된다.
③ 클리브랜드식은 인화점 시험방법 중 개방식 시험법을 말한다.
④ 타그식은 인화점 시험방법 중 밀폐식 시험법을 말한다.

54. 색온도계에 대한 설명으로 옳은 것은?

① 온도에 따라 색이 변하는 일원적인 관계로부터 온도를 측정한다.
② 바이메탈 온도계의 일종이다.
③ 유체의 팽창정도를 이용하여 온도를 측정한다.
④ 기전력의 변화를 이용하여 온도를 측정한다.

【해설】 (2010-1회-45번 기출반복)
❶ 색온도계 : 일반적으로 600 ℃ 이상의 고온체에서 발광하는 파장의 색을 색필터를 조절하여 표준색과 일치시켜 온도를 측정하는 방식이다.
② 바이메탈 온도계
③ 액체팽창식압력 온도계
④ 열전대 온도계

55. 오리피스 유량계에 대한 설명으로 틀린 것은?

① 베르누이의 정리를 응용한 계기이다.
② 기체와 액체에 모두 사용이 가능하다.
③ 유량계수 C는 유체의 흐름이 층류이거나 와류의 경우 모두 같고 일정하며 레이놀즈수와 무관하다.
④ 제작과 설치가 쉬우며, 경제적인 교축기구이다.

【해설】 (2010-4회-54번 기출유사)
• 에너지보존의 법칙을 흐르는 유체에 적용한 식이 베르누이의 정리(방정식)이다.
❸ 유량계수 C는 유체의 유동상태에 따라 영향을 크게 받으며, 레이놀즈수(Reynolds number)가 작아지면 유량계수가 감소한다.

56. 분동식 압력계에서 측정범위가 300 MPa 이상 측정할 수 있는 것에 사용되는 액체로 가장 적합한 것은?

① 경유　　　　　　　　　　　② 스핀들유
③ 피마자유　　　　　　　　　④ 모빌유

【해설】 (2010-4회-45번 기출반복)
• 분동식 표준 압력계는 분동에 의해 압력을 측정하는 형식으로, 탄성식 압력계의 교정용 및 피검정 압력계의 검사를 행하는데 이용된다.
※ 사용하는 기름에 따른 압력범위　　암기법 : 경사났네, 스피드백, 맹모삼천지교
  - 경유 : 40 ~ 100 kg/cm²
  - 스핀들유, 피마자유 : 100 ~ 1000 kg/cm²
  - 모빌유 : 3000 kg/cm² (300 MPa) 이상

54-①　　55-③　　56-④

57. 시스(Sheath) 열전대 온도계에서 열전대가 있는 보호관 속에 충전되는 물질로 구성된 것은?
① 실리카, 마그네시아
② 마그네시아, 알루미나
③ 알루미나, 보크사이트
④ 보크사이트, 실리카

【해설】(2013-4회-59번 기출유사)
  • 시스(Sheath : 보호하기 위한 외장피복) 열전대 온도계는 열전대의 보호관속에 **마그네시아**(MgO), **알루미나**(Al_2O_3)를 넣은 것으로서, 관의 직경을 0.25 ~ 12 mm 정도로 매우 가늘게 만든 보호관이므로 가소성이 있으며 진동에도 강하고, 국부적인 온도측정에 적합하고, 응답속도가 빠르며 진동이 심한 곳에도 사용이 가능하며 피측온체의 온도저하 없이 측정할 수 있다.

58. 다음 중 간접식 액면측정 방법이 아닌 것은?
① 방사선식 액면계
② 초음파식 액면계
③ 플로트식 액면계
④ 저항전극식 액면계

【해설】(2013-2회-54번 기출반복)
  ❸ **플로트식**(또는, 부자식) 액면계는 플로트(Float, 부자)를 액면에 직접 띄워서 상·하의 움직임에 따라 측정하는 방식이다.
【참고】※ 액면계의 관측방법에 따른 분류   암기법 : 직접 유리 부검
  • **직접법** : 유리관식(평형반사식 포함), **부자식(플로트식)**, 검척식.
  • **간접법** : 압력식(차압식, 액저압식, 퍼지식), 기포식, 저항전극식, 초음파식(음향식), 방사선식, 정전용량식, 편위식

59. 다음 중 미세한 압력차를 측정하기에 적합한 액주식 압력계는?
① 경사관식 압력계
② 부르동관 압력계
③ U자관식 압력계
④ 저항선 압력계

【해설】(2015-2회-55번 기출유사)   암기법 : 미경이
  • 액주형 압력계 중 **경사관식 압력계**는 U자관을 변형하여 한쪽 관을 경사시켜 놓은 것으로 약간의 압력변화에도 액주의 변화가 크므로 미세한 **압력**을 측정하는데 적당하며 정도가 가장 높다(±0.05 mmAq). 구조상 저압인 경우에만 한정되어 사용되고 있다.

60. 열전대 온도계에서 열전대선을 보호하는 보호관 단자로부터 냉접점까지는 보상도선을 사용한다. 이때 보상도선의 재료로서 가장 적합한 것은?
① 백금로듐
② 알루멜
③ 철선
④ 동-니켈 합금

【해설】(2016-1회-57번 기출반복)

- 보호관 단자에서 냉접점까지는 값이 비싼 열전대선을 길게 사용하는 것은 비경제적이므로, **값이 싼 구리 또는 구리-니켈의 합금선으로 열전대와 거의 같은 열기전력이 생기는 도선 (즉, 보상도선)으로** 길게 사용한다.

제4과목   열설비재료 및 관계법규

61. 에너지이용 합리화법령상 최고사용압력(MPa)과 내부 부피(m^3)을 곱한 수치가 0.004를 초과하는 압력용기 중 1종 압력용기에 해당되지 <u>않는</u> 것은?

① 증기를 발생시켜 액체를 가열하며 용기안의 압력이 대기압을 초과하는 압력용기
② 용기안의 화학반응에 의하여 증기를 발생하는 것으로 용기안의 압력이 대기압을 초과하는 압력용기
③ 용기안의 액체의 성분을 분리하기 위하여 해당 액체를 가열하는 것으로 용기안의 압력이 대기압을 초과하는 압력용기
④ 용기안의 액체의 온도가 대기압에서의 비점을 초과하지 않는 압력용기

【해설】(2012-1회-66번 기출반복)   [에너지이용합리화법 시행규칙 별표1.]
❹ 열사용기자재의 품목 중 **1종** 압력용기의 적용범위는 용기안의 액체의 온도가 대기압에서의 **비점을 초과하는** 것으로 한다.

62. 에너지이용 합리화법에 따라 에너지다소비사업자가 그 에너지사용시설이 있는 지역을 관할하는 시·도지사에게 신고하여야 할 사항에 해당되지 <u>않는</u> 것은?

① 전년도의 분기별 에너지 사용량·제품생산량
② 에너지사용기자재의 현황
③ 사용 에너지원의 종류 및 사용처
④ 해당 연도의 분기별 에너지 사용예정량·제품생산예정량

【해설】(2018-1회-67번 기출유사)   암기법 : 전해, 전기관
  ※ 에너지다소비업자의 신고   [에너지이용합리화법 제31조.]
  • 에너지사용량이 대통령령으로 정하는 기준량(2000 TOE)이상인 에너지다소비업자는 산업통상자원부령으로 정하는 바에 따라 매년 1월 31일까지 그 에너지사용시설이 있는 지역을 관할하는 시·도지사에게 다음 사항을 신고하여야 한다.
    1. **전**년도의 분기별 에너지사용량·제품생산량
    2. **해**당 연도의 분기별 에너지사용예정량·제품생산예정량
    3. **전**년도의 분기별 에너지이용 합리화 실적 및 해당 연도의 분기별 계획
    4. 에너지사용**기**자재의 현황
    5. 에너지**관**리자의 현황

63. 에너지절약전문기업 등록의 취소요건이 아닌 것은?

① 규정에 의한 등록기준에 미달하게 된 경우
② 사업수행과 관련하여 다수의 민원을 일으킨 경우
③ 동법에 따른 에너지절약전문기업에 대한 업무에 관한 보고를 하지 아니하거나 거짓으로 보고한 경우
④ 정당한 사유 없이 등록 후 3년 이상 계속하여 사업수행실적이 없는 경우

【해설】(2011-1회-63번 기출반복) [에너지이용합리화법 제26조.]
❷ 사업수행과 관련하여 다수의 민원을 일으킨 경우는 에너지절약전문기업 등록의 취소 요건에 해당되지 않는다.

64. 에너지이용 합리화법령상 열사용기자재에 해당하는 것은?

① 금속요로
② 선박용 보일러
③ 고압가스 압력용기
④ 철도차량용 보일러

【해설】(2013-4회-65번 기출반복)

※ **열사용기자재** [에너지이용합리화법 시행규칙 제1조의2, 별표 3의3.]
 - 보일러 (강철제·주철제 보일러, 소형온수보일러, 구멍탄용 온수보일러, 축열식전기보일러), 태양열 집열기, 압력용기(1종, 2종), 요로(요업로로, **금속요로**)가 해당한다.
   다만, 발전용 보일러 및 압력용기, 고압가스 압력용기, 철도차량용 보일러, 선박용 보일러 및 압력용기는 제외한다.

65. 에너지이용 합리화법령에서 정한 검사대상기기의 계속 사용검사에 해당하는 것은?

① 운전성능검사
② 개조검사
③ 구조검사
④ 설치검사

【해설】(2012-1회-65번 기출반복) [에너지이용합리화법 시행규칙 별표3의4.]
• 검사의 종류에는 제조검사(용접검사, 구조검사), 설치검사, 설치장소변경검사, 개조검사, 재사용검사, 계속사용검사(운전성능검사, 안전검사)로 분류한다.

암기법 : 계사요, 안운다.

66. 에너지이용 합리화법령에 따라 인정검사대상기기 관리자의 교육을 이수한 사람의 관리범위 기준은 증기보일러로서 최고사용 압력이 1 MPa 이하이고 전열면적이 최대 얼마 이하일 때 인가?

① 1 m^2
② 2 m^2
③ 5 m^2
④ 10 m^2

【해설】(2020-3회-69번 기출유사)

63-② 64-① 65-① 66-④

※ 검사대상기기 관리자의 자격 및 관리범위 　　[에너지이용합리화법 시행규칙 별표3의9.]
- 증기보일러로서 최고사용압력이 1 MPa 이하이고, 전열면적이 10 m² 이하인 것.
- 온수발생 및 열매체를 가열하는 보일러로서 용량이 581.5 kW (0.58 MW) 이하인 것.
- 압력용기

67. 에너지이용 합리화법상 에너지이용 합리화 기본계획에 따라 실시계획을 수립하고 시행하여야 하는 대상이 아닌 자는?

① 기초지방자치단체 시장　　② 관계 행정기관의 장
③ 특별자치도지사　　　　　 ④ 도지사

【해설】(2011-1회-62번 기출유사)　　　　　　　　　　[에너지이용합리화법 제6조.]
- 관계 행정기관의 장과 특별시장·광역시장·도지사 또는 특별자치도지사는 에너지이용합리화 기본계획에 따라 에너지이용 합리화에 관한 실시계획을 해당연도 1월31일까지 수립하고, 그 시행결과를 다음연도 2월말까지 각각 산업통상자원부장관에게 제출하여야 한다.

68. 에너지이용 합리화법령상 에너지사용계획을 수립하여 제출하여야 하는 사업주관자로서 해당되지 않는 사업은?

① 항만건설사업　　② 도로건설사업
③ 철도건설사업　　④ 공항건설사업

【해설】(2019-4회-69번 기출유사)　　　　　　　암기법 : 에관공 도산
- 에너지사용계획을 수립하여 산업통상자원부장관에게 제출하여야 하는 사업은 **에**너지개발사업, **관**광단지개발사업, **공**항건설사업, **도**시개발사업, **산**업단지개발사업, **항**만건설사업, **철**도건설사업, 개발촉진지구개발사업, 지역종합개발사업 이다.
　　　　　　　　　　　　　　　[에너지이용합리화법 시행령 제20조1항.]

69. 에너지이용 합리화법령상 산업통상자원부장관 또는 시·도지사가 한국에너지공단 이사장에게 권한을 위탁한 업무가 아닌 것은?

① 에너지관리지도
② 에너지사용계획의 검토
③ 열사용기자재 제조업의 등록
④ 효율관리기자재의 측정 결과 신고의 접수

【해설】(2015-1회-69번 기출반복)　　　　　　　[에너지이용합리화법 제69조3항.]
- ※ 대통령령으로 정하는 기관(한국에너지공단)에 권한의 위임·위탁.
- ❸ 열사용기자재 제조업의 등록은 산업통상자원부령에 따라 관할 시·도지사에게 등록한다.

67-①　　68-②　　69-③

70. 다음 강관의 표시기호 중 배관용 합금강 강관은?

① SPPH   ② SPHT   ③ SPA   ④ STA

【해설】(2012-1회-75번 기출반복)
① 고압배관용 탄소강관(SPPH, carbon Steel Pipe High Pressure)
② 고온배관용 탄소강관(SPHT, carbon Steel Pipe High Temperature)
❸ 배관용 합금강관(SPA, Steel Pipe Alloy)   "Pipe" : 배관용
④ 구조용 합금강관(STA, Steel Tube Alloy)   "Tube" : 구조용

71. 기밀을 유지하기 위한 패킹이 불필요하고 금속부분이 부식될 염려가 없어, 산 등의 화학약품을 차단하는데 주로 사용하는 밸브는?

① 앵글밸브   ② 체크밸브
③ 다이어프램 밸브   ④ 버터플라이 밸브

【해설】(2017-2회-76번 기출유사)
• 다이어프램 밸브는 내열, 내약품 고무제의 막판(膜板)을 밸브시트에 밀어 붙이는 구조로 되어 있어서 기밀을 유지하기 위한 패킹이 필요 없으며, 금속부분이 부식될 염려가 없으므로 산 등의 화학약품을 차단하여 금속부분의 부식을 방지하는 관로에 주로 사용한다.

72. 전기와 열의 양도체로서 내식성, 굴곡성이 우수하고 내압성도 있어 열교환기의 내관 및 화학공업용으로 사용되는 관은?

① 동관   ② 강관   ③ 주철관   ④ 알루미늄관

【해설】(2014-4회-75번 기출반복)
• 동관은 내식성, 굴곡성이 우수하고 전기 및 열의 양도체이며 내압성도 있어서 열교환기의 내관, 급수관, 압력계용 배관 및 화학공업용으로 많이 사용된다.

73. 용선로(Cupola)에 대한 설명으로 틀린 것은?

① 대량생산이 가능하다.
② 용해 특성상 용탕에 탄소, 황, 인 등의 불순물이 들어가기 쉽다.
③ 다른 용해로에 비해 열효율이 좋고 용해시간이 빠르다.
④ 동합금, 경합금 등 비철금속 용해로로 주로 사용된다.

【해설】(2013-2회-76번 기출반복)
• 주철·주물 용해로 : 용선로(Cupola, 큐폴라)
• 비철 합금 용해로 : 반사로, 회전로, 전기로가 사용된다.
❹ 동합금, 경합금 등 비철 금속 용해로로 주로 사용되는 것은 도가니로 이다.

74. 크롬이나 크롬마그네시아 벽돌이 고온에서 산화철을 흡수하여 표면이 부풀어 오르고 떨어져 나가는 현상은?

① 버스팅(bursting) ② 스폴링(spalling)
③ 슬래킹(slaking) ④ 큐어링(curing)

【해설】(2017-1회-70번 기출반복)　　　　　　　　　　　암기법 : 크~ 롬멜버스

- 버스팅(Bursting) : 크롬을 원료로 하는 염기성내화벽돌은 1600 ℃ 이상의 고온에서는 산화철을 흡수하여 표면이 부풀어 오르고 떨어져나가는 현상이 생긴다.

75. 요로의 정의가 아닌 것은?

① 전열을 이용한 가열장치
② 원재료의 산화반응을 이용한 장치
③ 연료의 환원반응을 이용한 장치
④ 열원에 따라 연료의 발열반응을 이용한 장치

【해설】(2017-2회-80번 기출반복)

- '요로'란 물체를 가열하여 용융시키거나 소성을 통하여 가공 생산하는 공업장치로서, 열원에 따라 연료의 발열반응을 이용한 장치, 전열을 이용한 가열장치 및 연료의 **환원반응**을 이용한 장치의 3종류로 크게 구분할 수 있다.

76. 다음 중 터널요에 대한 설명으로 옳은 것은?

① 예열, 소성, 냉각이 연속적으로 이루어지며 대차의 진행방향과 같은 방향으로 연소가스가 진행된다.
② 소성시간이 길기 때문에 소량생산에 적합하다.
③ 인건비, 유지비가 많이 든다.
④ 온도조절의 자동화가 쉽지만 제품의 품질, 크기, 형상 등에 제한을 받는다.

【해설】(2011-4회-71번 기출반복)

- 터널요(Tunnel Kiln)는 가늘고 긴(70 ~ 100m) 터널형의 가마로써, 피소성품을 실은 대차는 레일 위를 연소가스가 흐르는 방향과 **반대로 진행**하면서 예열 → 소성 → 냉각 과정을 거쳐 제품이 완성된다.
  장점으로는 **소성시간이 짧고** 소성이 균일화하며 온도조절이 용이하여 자동화가 용이하며, 연속공정이므로 **대량생산이 가능**하며 **인건비·유지비가 적게 든다.**
  단점으로는 초대형제품의 생산이 곤란하고, 제품이 연속적으로 처리되므로 생산량 조정이 곤란하여 다종 소량생산에는 부적당하다.(제품의 품질, 크기, 형상 등에 제한을 받는다.)
  도자기를 구울 때 유약이 함유된 산화금속을 환원하기 위하여 가마 내부의 공기 소통을 제한하고 연료를 많이 공급하여 산소가 부족한 상태인 환원염을 필요로 할 때에는 **사용연료의 제한을 받으므로** 전력소비가 크다.

74-①　　75-②　　76-④

77. 옥내온도는 15 ℃, 외기온도가 5 ℃일 때 콘크리트 벽 (두께 10 cm, 길이 10 m 및 높이 5 m)을 통한 열손실이 1700 W이라면 외부 표면 열전달계수(W/m²·℃)는? (단, 내부표면 열전달계수는 9.0 W/m²·℃이고 콘크리트 열전도율은 0.87 W/m·℃ 이다.)

① 12.7 ② 14.7 ③ 16.7 ④ 18.7

【해설】(2013-4회-70번 기출유사)   암기법 : 교관온면

- 평면벽에서의 손실열(교환열) 계산공식 $Q = K \cdot \Delta t \cdot A$

  한편, 총괄열전달계수(관류율) $K = \dfrac{1}{\dfrac{1}{\alpha_1} + \dfrac{d}{\lambda} + \dfrac{1}{\alpha_2}}$ 이므로

  $Q = \dfrac{\Delta t \times A}{\dfrac{1}{\alpha_1} + \dfrac{d}{\lambda} + \dfrac{1}{\alpha_2}}$ 에서, $1700 = \dfrac{(15-5) \times (10 \times 5)}{\dfrac{1}{9} + \dfrac{0.1}{0.87} + \dfrac{1}{\alpha_2}}$

  ∴ 외부표면 열전달계수(또는, 열전달율) $\alpha_2 = 14.69 ≒ 14.7$ W/m²·℃

78. 지르콘(ZrSiO₄) 내화물의 특징에 대한 설명 중 틀린 것은?

① 열팽창률이 작다.
② 내스폴링성이 크다.
③ 염기성 용재에 강하다.
④ 내화도는 일반적으로 SK 37 ~ 38 정도이다.

【해설】(2007-2회-71번 기출반복)

❸ 특수내화물인 **지르콘**(ZrO₂·SiO₂ 또는 ZrSiO₄) 벽돌은 산성 내화물에 속하므로 산성(SiO₂계) 용재(鎔滓)에 강하다.

79. 다음 중 연속가열로의 종류가 아닌 것은?

① 푸셔식 가열로 ② 워킹-빔식 가열로
③ 대차식 가열로 ④ 회전로상식 가열로

【해설】(2015-2회-79번 기출반복)   암기법 : 푸하하~ 워킹회

※ 강재 가열로는 강괴, 강편을 압연온도까지 재가열하여 가공을 목적으로 사용되는 설비로써 강재 이동방식에 따라 연속식과 뱃치(Batch)식의 두 가지로 분류한다.

- 연속식 가열로 : 푸셔(pusher)식, 워킹-빔(walking beam)식, 워킹-하아드(walking hearth)식, 롤러-하아드(Roller hearth)식, 회전로(Rotary)상식

❸ **대차식 가열로**는 압연온도까지 가열하는 사이에 강재를 노상에 고정해 놓고 **단속적**으로 작업을 행하는 **뱃치식 가열로**에 속한다.

80. 견요의 특징에 대한 설명으로 틀린 것은?

① 석회석 클링커 제조에 널리 사용된다.
② 하부에서 연료를 장입하는 형식이다.
③ 제품의 예열을 이용하여 연소용 공기를 예열한다.
④ 이동 화상식이며 연속요에 속한다.

【해설】 (2017-4회-71번 기출반복)

※ **견요**(堅窯, 샤프트로, 선 가마)의 특징
① 석회석(시멘트) 클링커 제조용 가마는 견요, 회전요, 윤요 이다.
❷ **상부에서 연료를 장입**하고, 하부에서 공기를 흡입하는 형식이다.
③ 제품의 예열을 이용하여 연소용 공기를 예열한다.
④ 이동화상식이며 연속요에 속한다.
〈연속식 요〉: 터널요, 윤요(輪窯, 고리가마), 견요(堅窯, 샤프트로), 회전요(로타리 가마)

제5과목 열설비설계

81. 수관보일러의 특징에 대한 설명으로 옳은 것은?

① 최대 압력이 1 MPa 이하인 중소형 보일러에 적용이 일반적이다.
② 연소실 주위에 수관을 배치하여 구성한 수냉벽을 노에 구성한다.
③ 수관의 특성상 기수분리의 필요가 없는 드럼리스 보일러의 특징을 갖는다.
④ 열량을 전열면에서 잘 흡수시키기 위해 2-패스, 3-패스, 4-패스 등의 흐름구성을 갖도록 설계한다.

【해설】 (2013-1회-99번 기출유사)

① 수관식은 일반적으로 국내에서는 용량이 10 ton/h, 보일러 본체의 증기압력 10 kg/cm² (≒ 10 bar = 1 MPa) 이상의 고압, **대용량의 보일러**에 적합하다
② 연소실 주위에 울타리 모양 상태로 수관을 배치하여 연소실 벽을 구성한 **수냉벽**을 로에 구성하여, 고온의 연소가스에 의해서 내화벽돌이 연화·변형되는 것을 방지한다.
③ 수관의 특성상 **기수분리의 필요가 있는** 드럼 보일러의 특징을 갖는다.
 (참고로, 드럼이 없는 보일러는 관류식 보일러 밖에 없다.)
④ 보유수량이 적으므로 전열면적이 상대적으로 크기 때문에 단위시간당 증발량이 많아서 증기 발생 소요시간이 매우 짧다.
 따라서, 열량을 전열면에서 잘 흡수시키기 위한 별도의 설계를 하지 않아도 된다.

【참고】 **노통 연관식 보일러**는 보일러 동의 수부에 연소가스의 통로가 되는 다수의 연관을 설치하여 노통을 포함하여 2-패스, 3-패스, 4-패스 등의 흐름구성을 갖도록 설계하여 전열면적을 증가시킨다.

82. 두께 10 mm의 판을 지름 18 mm의 리벳으로 1열 겹치기 이음 할 때, 피치는 최소 몇 mm 이상이어야 하는가?

(단, 리벳구멍의 지름은 21.5 mm이고, 리벳의 허용 인장응력은 40 N/mm², 허용 전단응력은 36 N/mm²으로 하며, 강판의 인장응력과 전단응력은 같다.)

① 40.4 ② 42.4 ③ 44.4 ④ 46.4

【해설】(2013-1회-97번 기출유사)
- 1피치당 하중을 W, 리벳의 피치를 P, 리벳의 직경을 D, 리벳구멍의 직경을 d, 강판의 두께를 t, 전단응력을 τ, 인장응력을 σ라 두고 하중(W)을 먼저 알아내야 한다.

$$\text{리벳이음의 전단응력 } \tau = \frac{W \,(\text{하중})}{A\,(\text{단면적})} = \frac{W}{\frac{\pi D^2}{4}}$$

$$36 \text{ N/mm}^2 = \frac{W}{\frac{3.14 \times (18\,mm)^2}{4}} \text{ 에서, } W = 9156.24 \text{ N}$$

하중 $W = (P - d) \times t \times \sigma$

9156.24 N = (P - 21.5)mm × 10 mm × 40 N/mm²

∴ 피치 P = 44.39 ≒ **44.4 mm**

83. 보일러의 부속장치 중 여열장치가 아닌 것은?

① 공기예열기 ② 송풍기 ③ 재열기 ④ 절탄기

【해설】(2015-2회-86번 기출반복)   암기법 : 과 → 재 → 절 → 공
※ 폐열(또는, 여열)회수장치 순서.(연소실에 가까운 곳으로부터)
 : 과열기 - 재열기 - 절탄기 - 공기예열기

84. 관석(scale)에 대한 설명으로 틀린 것은?

① 규산칼슘, 황산칼슘 등이 관석의 주성분이다.
② 관석에 의해 배기가스의 온도가 올라간다.
③ 관석에 의해 관내수의 순환이 불량해 진다
④ 관석의 열전도율이 아주 높아 전열면이 과열되어 각종 부작용을 일으킨다.

【해설】(2020-3회-89번 기출유사)
- **스케일**(Scale, **관석**)이란 보일러수에 용해되어 있는 칼슘염, 마그네슘염, 규산염 등의 불순물이 농축되어 포화점에 달하면 고형물로서 석출되어 보일러의 내면에 딱딱하게 부착하는 것을 말한다. 스케일은 보일러에 여러 가지의 악영향을 끼치게 되는데 스케일이 부착하면 **열전도율이 저하**되므로 **전열량이 감소**하고, 배기가스의 온도가 높아지게 되어, 보일러 열효율이 저하되고, 연료소비량이 증대된다.

85. 그림과 같이 내경과 외경이 Di, Do일 때, 온도는 각각 Ti, To, 관 길이가 L인 중공 원관이 있다. 관 재질에 대한 열전도율을 k라 할 때, 열저항 R을 나타낸 식으로 옳은 것은?

(단, 전열량(W)은 $Q = \dfrac{T_i - T_o}{R}$ 로 나타낸다.)

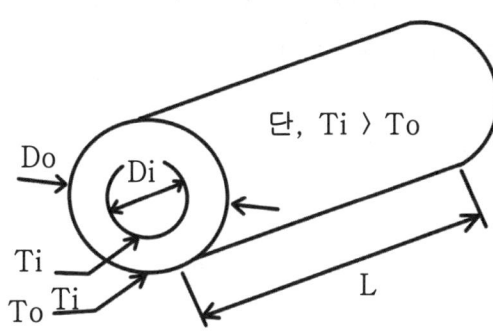

① $\dfrac{D_o - D_i}{2}$

② $\dfrac{D_o - D_i}{2\pi(D_o - D_i)Lk}$

③ $\dfrac{D_o - D_i}{2\pi(D_o + D_i)Lk}$

④ $\dfrac{\ln\dfrac{D_o}{D_i}}{2\pi Lk}$

【해설】 (2018-2회-75번 기출유사)

- 원통형 배관에서의 손실열(전열량) 계산공식 　　암기법 : 손전온면두

$$Q = \frac{\Delta T}{R} = \frac{T_i - T_o}{R} = \frac{k \cdot \Delta T \cdot A_m}{d} = \frac{k \cdot \Delta T \cdot 2\pi L}{\ln\left(\dfrac{D_o}{D_i}\right)} = \frac{k \cdot 2\pi L(T_i - T_o)}{\ln\left(\dfrac{D_o}{D_i}\right)}$$

∴ 전도열저항 $R = \dfrac{\ln\dfrac{D_o}{D_i}}{2\pi Lk}$

【key】 • 원통형 배관에서의 전열량은 평면벽에서의 일정한 면적과는 달리, 그 내면과 외면의 면적이 같지 않으므로 내·외면의 대수평균면적(A_m)을 구하여 열전도 공식에 적용해야 한다.

한편, 내·외면의 대수평균면적 $A_m = \dfrac{2\pi L \cdot (D_o - D_i)}{\ln\left(\dfrac{D_o}{D_i}\right)}$ 이므로 ln함수로 표현된다.

86. 급수 불순물과 그에 따른 보일러 장해와의 연결이 틀린 것은?

① 철 - 수지산화
② 용존산소 - 부식
③ 실리카 - 캐리오버
④ 경도성분 - 스케일 부착

【해설】 ❶ 급수 중의 철분은 보일러수를 오염시켜 녹물이 생기고 스케일과 슬러지로 배관에 부착되어 보일러수의 순환 장해 및 열교환 장해를 일으키므로, 보일러수의 외처리 방법 중 기폭법으로 급수처리를 한다.

87. 주위 온도가 20 ℃, 방사율이 0.3인 금속 표면의 온도가 150 ℃인 경우에 금속 표면으로부터 주위로 대류 및 복사가 발생될 때의 열유속(heat flux)은 약 몇 W/m² 인가? (단, 대류 열전달계수는 h = 20 W/m² · K, 스테판-볼츠만 상수는 $\sigma = 5.7 \times 10^{-8}$ W/m² · K⁴ 이다.)

① 3020　　② 3330　　③ 4270　　④ 4630

【해설】(2011-4회-84번 기출유사)
- 복사에 의한 전달열량 Q_r, 대류에 의한 전달열량 Q_c라 두면

$Q_r = \varepsilon \cdot \sigma \, T^4 \times A$ 에서
　　$= \varepsilon \cdot \sigma (T_1^4 - T_2^4) \times A$

여기서, σ : 스테판-볼츠만 상수
ε : 표면 복사율(방사율) 또는 흑도
A : 방열 표면적

　　$= 0.3 \times 5.7 \times 10^{-8}$ W/m² · K⁴ $\times (423^4 - 293^4)$ K⁴ $\times 1$ m²
　　≒ 421 W

$Q_c = h \cdot \Delta t \cdot A$ 에서
　　$= 20$ W/m² · K $\times (150 - 20)$ K $\times 1$ m²
　　≒ 2600 W

- 열유속(熱流速, $\dot{q}$)이란 단위면적당의 단위시간당 열전달량(열교환량)을 말한다.

$$\dot{q} = \frac{Q_\text{총}}{A} = \frac{Q_r + Q_c}{A} = \frac{(421 + 2600) \, W}{1 \, m^2} = 3021 ≒ 3020 \text{ W/m}^2$$

88. 입형 보일러의 특징에 대한 설명으로 <u>틀린</u> 것은?
① 설치 면적이 좁다.
② 전열면적이 적고 효율이 낮다.
③ 증발량이 적으며 습증기가 발생한다.
④ 증기실이 커서 내부 청소 및 검사가 쉽다.

【해설】(2013-2회-100번 기출반복)
※ 입형 보일러의 특징
① 입형보일러는 보일러 본체를 수직으로 세운 보일러이므로 설치 면적이 좁다.
② 전열면적이 적고 효율이 낮다(40 ~ 50 %).
③ 증발량이 적으며 증기실이 적어서 습증기가 발생한다.
❹ 증기실이 **적어서** 내부 청소 및 검사가 곤란하다.

89. 보일러의 노통이나 화실과 같은 원통 부분이 외측으로부터의 압력에 견딜 수 없게 되어 눌려 찌그러져 찢어지는 현상을 무엇이라 하는가?

① 블리스터
② 압궤
③ 팽출
④ 라미네이션

【해설】 (2017-2회-89번 기출반복)
※ 보일러의 손상
① 블리스터(Blister)란 화염에 접촉하는 라미네이션의 재료 쪽이 외부로부터 강하게 열을 받아 소손되어 부풀어 오르는 현상을 말한다.
❷ 압궤란 노통이나 화실과 같은 원통 부분이 외측 압력에 견딜 수 없게 되어 짓눌려지는 현상으로서 압축응력을 받는 부위(노통상부면, 화실천정판, 연소실의 연관 등)에 발생한다.
③ 팽출(Bulge)이란 동체, 수관, 겔로웨이관 등과 같이 인장응력을 받는 부분이 압력을 견딜 수 없게 되어 바깥쪽으로 볼록하게 부풀어 튀어나오는 현상을 말한다.
④ 라미네이션(Lamination)이란 보일러 강관이나 배관 재질의 두께 속에 제조 당시의 가스체 함입으로 인하여 두 장의 층을 형성하고 있는 것을 말한다.

90. 증발량이 1200 kg/h 이고 상당증발량이 1400 kg/h일 때 사용 연료가 140 kg/h 이고, 비중이 0.8 kg/L 이면 상당 증발배수는 얼마인가?

① 8.6
② 10
③ 10.7
④ 12.5

【해설】 (2008-1회-82번 기출반복)

- 상당증발배수 $Re = \dfrac{w_e}{m_f} \left(\dfrac{상당증발량}{연료소비량} \right) = \dfrac{1400 \, kg_{-증기}/h}{140 \, kg_{-연료}/h} = 10$

【참고】 · 증발배수 $R = \dfrac{w_2}{m_f} \left(\dfrac{실제증발량}{연료소비량} \right) = \dfrac{1200 \, kg_{-증기}/h}{140 \, kg_{-연료}/h} = 8.57 ≒ 8.6$

91. 보일러수의 분출시기가 아닌 것은?

① 보일러 가동 전 관수가 정지되었을 때
② 연속운전일 경우 부하가 가벼울 때
③ 수위가 지나치게 낮아졌을 때
④ 프라이밍 및 포밍이 발생할 때

【해설】 (2017-4회-84번 기출반복)
❸ 보일러수의 농축 및 수위가 지나치게 높아졌을 때 보일러수의 일부를 배출시키는 분출작업을 실시해야 한다.

92. 보일러에서 용접 후에 풀림처리를 하는 주된 이유는?

① 용접부의 열응력을 제거하기 위해
② 용접부의 균열을 제거하기 위해
③ 용접부의 연신률을 증가시키기 위해
④ 용접부의 강도를 증가시키기 위해

【해설】 (2018-1회-82번 기출반복)

❶ 기계가공(용접)을 할 때에는 고열이 발생하여 모재와 용착부에 이 열의 영향으로 재료의 내부에 잔류응력이 생기게 된다. **용접부의 잔류응력을 제거하기 위하여** 약 600 ℃로 가열한 다음 서서히 냉각시키는데 이러한 열처리 조작을 **풀림**(Annealing)이라고 한다.

93. 두께 150 mm인 적벽돌과 100 mm인 단열벽돌로 구성되어 있는 내화벽돌의 노벽이 있다. 적벽돌과 단열벽돌의 열전도율은 각각 1.4 W/m·℃, 0.07 W/m·℃일 때 단위면적당 손실열량은 약 몇 W/m² 인가?

(단, 노 내 벽면의 온도는 800 ℃이고, 외벽면의 온도는 100 ℃ 이다.)

① 336   ② 456   ③ 587   ④ 635

【해설】 (2015-2회-97번 기출유사)   암기법 : 교관온면

- 평면벽에서의 손실열(교환열) 계산공식 $Q = K \cdot \Delta t \cdot A$

  한편, 총괄열전달계수(관류율) $K = \dfrac{1}{\Sigma R} = \dfrac{1}{\Sigma \dfrac{d}{\lambda}} = \dfrac{1}{\dfrac{d_1}{\lambda_1} + \dfrac{d_2}{\lambda_2}}$ 이므로

  $\dfrac{Q}{A} = \dfrac{\Delta t}{\dfrac{d_1}{\lambda_1} + \dfrac{d_2}{\lambda_2}} = \dfrac{(800 - 100)}{\dfrac{0.15}{1.4} + \dfrac{0.1}{0.07}} = 455.8 ≒ 456 \, W/m^2$

94. 보일러의 일상점검 계획에 해당하지 <u>않는</u> 것은?

① 급수배관 점검   ② 압력계 상태점검
③ 자동제어장치 점검   ④ 연료의 수요량 점검

【해설】 (2017-2회-93번 기출반복)

※ 보일러의 일상 점검사항 계획
- 수면계의 수위 점검
- 급수장치(저수량, 급수배관, 급수펌프, 자동급수장치)의 점검
- 분출장치의 점검
- 압력계의 지침상태 점검
- 자동제어장치의 점검

95. 점식(pitting)에 대한 설명으로 틀린 것은?

① 진행속도가 아주 느리다.
② 양극반응의 독특한 형태이다.
③ 스테인리스강에서 흔히 발생한다.
④ 재료 표면의 성분이 고르지 못한 곳에 발생하기 쉽다.

【해설】(2016-1회-88번 기출반복)
- 보일러 내면 부식의 약 80%를 차지하고 있는 **점식**(點蝕, Pitting, 피팅, 공식) 부식이란 보일러수 속에 함유된 O_2, CO_2의 전기화학적 작용에 의한 보일러 내면에 반점 모양의 구멍을 형성하는 촉수면의 전체부식으로서, 고온에서는 그 **진행속도가 매우 빠르다**.

96. 외경 76 mm, 내경 68 mm, 유효길이 4800 mm의 수관 96개로 된 수관식 보일러가 있다. 이 보일러의 시간당 증발량은 약 몇 kg/h 인가? (단, 수관이외 부분의 전열면적은 무시하며, 전열면적 1 m²당의 증발량은 26.9 kg/h 이다.)

① 2660   ② 2760   ③ 2860   ④ 2960

【해설】(2016-2회-81번 기출반복)　　　　　　　　　　　　암기법 : 외수, 내연
- **수관의 전열면적** 계산은 **외경**으로 하며, 연관의 전열면적은 내경으로 계산한다.
- 전열면적 $A = 2\pi r \times l \times n$
  $= \pi \cdot D \cdot l \cdot n$
  $= \pi \times 0.076 \text{ m} \times 4.8 \text{ m} \times 96$
  $≒ 110.02 \text{ m}^2$
- 보일러의 시간당 실제증발량 w_2 = 전열면의 단위면적당 증발량(e) × 전열면적(A)
  $= 26.9 \text{ kg/m}^2 \cdot \text{h} \times 110.02 \text{ m}^2 = 2959.5 ≒ \mathbf{2960 \text{ kg/h}}$

97. 과열기에 대한 설명으로 틀린 것은?

① 포화증기를 과열증기로 만드는 장치이다.
② 포화증기의 온도를 높이는 장치이다.
③ 고온부식이 발생하지 않는다.
④ 연소가스의 저항으로 압력손실이 크다.

【해설】(2009-4회-89번 기출반복)
- 보일러 본체에서 발생된 포화증기를 일정한 압력 하에 과열기(Super heater)로 더욱 가열하여 온도를 높여서, 사이클 효율 증가를 위하여 과열증기로 만들어 사용한다. 연소실내의 고온 전열면인 과열기 및 재열기에는 바나듐이 산화된 V_2O_5(오산화바나듐)이 부착되어 표면을 부식시키는 **고온부식이 발생한다**.

98. 보일러에서 발생하는 저온부식의 방지 방법이 아닌 것은?

① 연료 중의 황 성분을 제거한다.
② 배기가스의 온도를 노점온도 이하로 유지한다.
③ 과잉공기를 적게 하여 배기가스 중의 산소를 감소시킨다.
④ 전열면 표면에 내식재료를 사용한다.

【해설】 (2015-1회-89번 기출반복)

※ 저온부식　　　　　　　　　　　　　　　　　　　　암기법 : 고바, 황저
연료 중에 포함된 황(S)이 연소에 의해 산화하여 SO_2(아황산가스)로 되는데, 과잉공기가 많아지면 배가스 중의 산소에 의해, $SO_2 + \frac{1}{2}O_2 \rightarrow SO_3$ (무수황산)으로 되어, 연도의 배가스온도가 노점(150~170℃)이하로 낮아지게 되면 SO_3가 배가스 중의 수분과 화합하여 $SO_3 + H_2O \rightarrow H_2SO_4$ (황산)으로 되어 연도에 설치된 폐열회수장치인 절탄기·공기예열기의 금속표면에 부착되어 표면을 부식시키는 현상을 저온부식이라 한다.
따라서, **방지대책**으로는 아황산가스의 산화량이 증가될수록 저온부식이 촉진되므로 공기비를 적게 해야 한다. 또한, 연도의 배기가스 온도를 **노점(150~170℃)**온도 이상의 높은 온도로 유지해 주어야 한다.

99. 보일러의 성능계산 시 사용되는 증발률(kg/m²·h)에 대하여 가장 옳게 나타낸 것은?

① 실제증발량에 대한 발생증기 엔탈피와의 비
② 연료소비량에 대한 상당증발량과의 비
③ 상당증발량에 대한 실제증발량과의 비
④ 전열 면적에 대한 실제증발량과의 비

【해설】 (2007-1회-85번 기출반복)

❹ 보일러 증발률 $e = \dfrac{w_2}{A_b} \left(\dfrac{\text{실제 증발량,} \quad kg/h}{\text{보일러 전열면적,} \quad m^2} \right) = kg/m^2 \cdot h$

100. 열정산에 대한 설명으로 틀린 것은?

① 원칙적으로 정격부하 이상에서 정상상태로 적어도 2시간 이상의 운전결과에 따른다.
② 발열량은 원칙적으로 사용 시 원료의 총발열량으로 한다.
③ 최대 출열량을 시험할 경우에는 반드시 최대부하에서 시험을 한다.
④ 증기의 건도는 98 % 이상인 경우에 시험함을 원칙으로 한다.

【해설】 (2016-2회-100번 기출반복)

❸ 최대 출열량을 시험할 경우에는 반드시 **정격부하에서 시험을** 한다.

2021년 제1회 에너지관리기사
(2021.3.7. 시행)

평균점수

제1과목 연소공학

1. 고체연료의 연소방법이 아닌 것은?

① 미분탄 연소   ② 유동층 연소
③ 화격자 연소   ④ 액중 연소

【해설】(2015-4회-95번 기출유사)   **암기법** : 고미화~유
- 고체연료의 연소방법에는 미분탄 연소, 화격자 연소, 유동층 연소가 있다.
- ❹ 액중연소(液中燃燒) 방법은 물 또는 수용액 중에서 기체연료를 공기와 동시에 연소시켜, 피가열물을 직접 가열하는 연소방법이다.

2. C_8H_{18} 1 mol을 공기비 2로 연소시킬 때 연소가스 중 산소의 몰분율은?

① 0.065 ② 0.073 ③ 0.086 ④ 0.101

【해설】(2011-2회-3번 기출반복)
- 몰분율은 부피비율과 같으므로, 연소반응식에서 산소와 연소생성물의 부피를 구해야 한다.

$$\text{탄화수소의 완전연소반응식} \quad C_mH_n + \left(m + \frac{n}{4}\right)O_2 \rightarrow m\,CO_2 + \frac{n}{2}H_2O$$

$$\text{옥탄} \quad C_8H_{18} + 12.5\,O_2 \rightarrow 8\,CO_2 + 9\,H_2O$$
$$(1\,Nm^3) \quad (12.5\,Nm^3) \quad (8\,Nm^3) \quad (9\,Nm^3)$$

$$G = G_w = (m - 0.21)\,A_0 + \text{생성된}\,CO_2 + \text{생성된}\,H_2O$$

$$= (m - 0.21) \times \frac{O_0}{0.21} + \text{생성된}\,CO_2 + \text{생성된}\,H_2O$$

$$= (2 - 0.21) \times \frac{12.5}{0.21} + 8 + 9 = 123.547\,Nm^3/Nm^3_{\text{연료}}$$

∴ 연소가스 중 산소(O_2)의 몰분율 $= \dfrac{O_2}{G_w} = \dfrac{(m-1)A_0 \times 0.21}{G_w} = \dfrac{(2-1)O_0}{G_w}$

$$= \frac{12.5}{123.547} = 0.10117 ≒ \mathbf{0.101} \ (\text{즉, }10.1\,\%)$$

3. 다음 연료 중 저위발열량이 가장 높은 것은?

　① 가솔린　　　　② 등유　　　　③ 경유　　　　④ 중유

【해설】 (2011-2회-15번 기출유사)　　　　　　　　　　　암기법 : 가등경중
- 단위중량당 발열량 : 가솔린 - 등유 - 경유 - 중유
  높다 ← (발열량) → 낮다
  작다 ← (비중) → 크다

[key] • 비중이 작을수록 [가솔린(0.75), 등유(0.85), 경유(0.89), 중유(0.99)] C가 적어지고 H가 상대적으로 많으므로 발열량이 높아진다.

4. 고체연료를 사용하는 어떤 열기관의 출력이 3000 kW이고 연료소비율이 1400 kg/h 일 때, 이 열기관의 열효율은 약 몇 %인가?
(단, 이 고체연료의 저위발열량은 28 MJ/kg 이다.)

　① 28　　　　② 38　　　　③ 48　　　　④ 58

【해설】 (2010-2회-11번 기출반복)　　　　　　　　암기법 : (효율좋은) 보일러 사저유
- 열기관(보일러)의 열효율 $\eta = \dfrac{Q_{out} \text{(출열)}}{Q_{in} \text{(입열)}} \times 100 = \dfrac{Q_{out}}{m_f \cdot H_\ell} \times 100$

$$= \dfrac{3000\,kW \times \dfrac{3600\,kJ/h}{1\,kW} \times \dfrac{1\,MJ}{10^3\,kJ}}{1400\,kg/h \times 28\,MJ/kg} \times 100 = 27.55 ≒ 28\,\%$$

5. 기체 연료의 장점이 아닌 것은?

　① 연소조절이 용이하다.　　　　② 운반과 저장이 용이하다.
　③ 회분이나 매연이 적어 청결하다.　　　　④ 적은 공기로 완전연소가 가능하다.

【해설】 (2015-4회-7번 기출반복)

※ 기체연료의 특징.

〈장점〉 ㉠ 연소효율 $\left(= \dfrac{연소열}{발열량}\right)$ 이 높다.
㉡ 고온을 얻기가 쉽다.
㉢ 적은 공기비로도 완전연소가 가능하다.
㉣ 연료의 품질이 균일하므로 자동제어에 의한 연소조절이 매우 용이하다.
㉤ 회분이나 매연이 적어 청결하다.

〈단점〉 ㉠ 단위 용적당 발열량은 고체·액체연료에 비해서 극히 적다.
㉡ 고체·액체연료에 비해서 취급 시 누출의 염려로 **운반과 저장이 불편하다**.
㉢ 누출되기 쉽고 폭발의 위험성이 있다.

3-①　　4-①　　5-②

6.
메탄(CH_4)가스를 공기 중에 연소시키려 한다. CH_4의 저위발열량이 50000 kJ/kg 이라면 고위발열량은 약 몇 kJ/kg인가?
(단, 물의 증발잠열은 2450 kJ/kg으로 한다.)

① 51700 ② 55500 ③ 58600 ④ 64200

【해설】(2011-2회-20번 기출유사)

- H_h(고위발열량) = H_L(저위발열량) + R_w(물의 증발잠열)

  한편, CH_4 + $2O_2$ → CO_2 + $2H_2O$

  (1 kmol)   (2 kmol)
  (16 kg)   (36 kg)
  (1 kg)   (2.25 kg)

  = 50000 kJ/kg + 2450 kJ/kg × 2.25
  = 55512.5 kJ/kg ≒ 55500 kJ/kg

7.
연돌의 실제 통풍압이 35 mmH₂O, 송풍기의 효율은 70%, 연소가스량이 200 m³/min 일 때 송풍기의 소요동력은 약 몇 kW인가?

① 0.84 ② 1.15 ③ 1.63 ④ 2.21

【해설】(2013-2회-84번 기출유사)

- 송풍기 동력 $L[kW] = \dfrac{9.8\,H\,Q}{\eta}$ (여기서, H : 압력, Q : 유량)

  $= \dfrac{9.8 \times 35\,mmH_2O \times \dfrac{1\,m}{1000\,mm} \times \dfrac{200\,m^3}{60\,sec}}{0.7}$

  = 1.633 ≒ 1.63 [kW]

8.
연소가스 중의 질소산화물 생성을 억제하기 위한 방법으로 틀린 것은?

① 2단 연소 ② 고온 연소
③ 농담 연소 ④ 배기가스 재순환 연소

【해설】(2018-2회-19번 기출반복)   암기법 : 고질병

- 연소실내의 **고온**조건에서 **질소**는 산소와 결합하여 일산화질소(NO), 이산화질소(NO_2) 등의 NO_x(질소산화물)로 매연이 증가되어 밖으로 배출되므로 대기오염을 일으킨다.

【보충】배기가스 중의 질소산화물 억제 방법
  ㉠ 저농도 산소 연소법(농담연소, 과잉공기량 감소)   ㉡ **저온도 연소법** (공기온도 조절)
  ㉢ 2단 연소법   ㉣ 배기가스 재순환 연소법
  ㉤ 물 분사법(수증기 분무)   ㉥ 버너 및 연소실 구조 개량
  ㉦ 연소부분 냉각법   ㉧ 연료의 전환

6-② 7-③ 8-②

9. 질량비로 프로판 45 %, 공기 55 %인 혼합가스가 있다. 프로판 가스의 발열량이 100 MJ/m³일 때 혼합가스의 발열량은 약 몇 MJ/m³ 인가?
   (단, 공기의 발열량은 무시한다.)

   ① 29　　　　② 31　　　　③ 33　　　　④ 35

【해설】(2014-4회-6번 기출반복)
- 혼합가스에서 성분가스의 질량비를 부피비(또는, 몰비)로 나타내려면 분자량으로 나누면 된다.

  C_3H_8의 경우 1 kmol = 22.4 Sm³ = 44 kg에서, 1 kg일 때의 부피 = $\frac{22.4}{44}$ = 0.509 Sm³

  공기의 경우 1 kmol = 22.4 Sm³ = 29 kg에서, 1 kg일 때의 부피 = $\frac{22.4}{29}$ = 0.772 Sm³

- 혼합가스 중에 각각 차지하고 있는 성분기체의 질량비를 고려하여 부피비를 계산하면
  혼합가스의 발열량은 Q = $Q_{프로판}$ × 부피비

  $= Q_{프로판} × \frac{C_3H_8 만의 부피}{전체부피}$

  $= 100 \text{ MJ/m}^3 × \frac{0.509 × 0.45}{(0.509 × 0.45) + (0.772 × 0.55)}$

  $= 35.04 ≒ 35 \text{ MJ/m}^3$

10. 연소가스 분석결과가 CO_2 13 %, O_2 8 %, CO 0 %일 때 공기비는 약 얼마인가?
    (단, $(CO_2)_{max}$는 21 % 이다.)

    ① 1.22　　　　② 1.42　　　　③ 1.62　　　　④ 1.82

【해설】(2010-4회-14번 기출반복)
- 배기가스 분석결과 CO가 0 % 이므로 공기비 공식 중에서 CO_{2max}를 이용하여 계산한다.

  공기비 m = $\frac{CO_{2\,max}}{CO_2}$ = $\frac{21}{13}$ = 1.615 ≒ 1.62

11. 연소에서 고온부식의 발생에 대한 설명으로 옳은 것은?
    ① 연료 중 황분의 산화에 의해서 일어난다.
    ② 연료 중 바나듐의 산화에 의해서 일어난다.
    ③ 연료 중 수소의 산화에 의해서 일어난다.
    ④ 연료의 연소 후 생기는 수분이 응축해서 일어난다.

【해설】(2013-4회-8번 기출반복)　　　　암기법 : 고바, 황저
- ※ 고온부식 현상
  - 중유 중에 포함된 바나듐(V)이 연소에 의해 산화하여 V_2O_5(오산화바나듐)으로 되어 연소실내의 고온 전열면인 과열기·재열기에 부착되어 표면을 부식시킨다.

12. 중유의 성질에 대한 설명 중 옳은 것은?

① 점도에 따라 1, 2, 3급 중유로 구분한다.
② 원소 조성은 H가 가장 많다.
③ 비중은 약 0.72 ~ 0.76 정도이다.
④ 인화점은 약 60 ~ 150 ℃ 정도이다.

【해설】(2017-4회-3번 기출반복)　　　　　　　　　암기법 : 중점,시비에(C>B>A)

※ 중유의 특징
① 점도에 따라서 A중유, B중유, C중유(또는 벙커C유)로 구분한다.
② 원소 조성은 탄소(85 ~ 87 %), 수소(13 ~ 15 %), 산소 및 기타(0 ~ 2 %)이다.
③ 중유의 비중 : 0.89 ~ 0.99
❹ 인화점은 약 60 ~ 150 ℃ 정도이며, 비중이 작은 A중유의 인화점이 가장 낮다.

13. 다음 반응식을 가지고 CH_4의 생성엔탈피를 구하면 약 몇 kJ인가?

$$C + O_2 \rightarrow CO_2 + 394 \text{ kJ}$$
$$H_2 + \frac{1}{2}O_2 \rightarrow H_2O + 241 \text{ kJ}$$
$$CH_4 + 2O_2 \rightarrow CO_2 + 2H_2O + 802 \text{ kJ}$$

① -66　　② -70　　③ -74　　④ -78

【해설】(2008-1회-20번 기출유사)　　　　　　　　　암기법 : 발생마반

• 엔탈피(H)는 계(系)의 입장에서 본 에너지이므로, $\Delta H < 0$ 으로 표현된다.
어떤 물질의 **발생** 엔탈피(ΔH) = Σ(생성물질의) 엔탈피 − Σ(반응물질의) 엔탈피
　　　　　　　　　　　　= $[-394 + 2(-241)] - (-802)$
　　　　　　　　　　　　= -74 kJ
참고로, 열화학방정식에서 ΔH 의 (−)부호는 "발열"을 뜻한다.
　　　　　$C + 2H_2 \rightarrow CH_4 \; -74 \text{ kJ/mol}$

14. 연소 시 점화 전에 연소실가스를 몰아내는 환기를 무엇이라 하는가?

① 프리퍼지　　　　　　② 가압퍼지
③ 불착화퍼지　　　　　④ 포스트퍼지

【해설】(2016-4회-11번 기출반복)

❶ 프리퍼지(Prepurge) : 노내에 잔류한 누설가스나 미연소가스로 인하여 역화나 가스폭발 사고의 원인이 되므로, 이에 대비하기 위하여 보일러 점화 전에 노내의 미연소가스를 송풍기로 배출시키는 조작을 말한다.

15. 다음 연료 중 이론공기량(Nm^3/Nm^3)이 가장 큰 것은?

① 오일가스 ② 석탄가스
③ 액화석유가스 ④ 천연가스

【해설】(2012-4회-10번 기출반복)
- 연료의 원소분석이 제시되어 있지 않은 경우에, 연료발열량과 이론공기량의 상관관계식을 이용하여 이론공기량을 개략적으로 구할 수 있다.
- 기체연료의 이론공기량 계산 간이식 A_0 (Nm^3/Sm^3) = $\dfrac{1.1\, H_L}{1000}$ − 0.32 이므로,
  발열량이 클수록 이론공기량이 커진다.(즉, **액화석유가스** 〉 천연가스 〉 오일가스 〉 석탄가스)

16. 다음 중 매연의 발생 원인으로 가장 거리가 먼 것은?

① 연소실 온도가 높을 때 ② 연소장치가 불량한 때
③ 연료의 질이 나쁠 때 ④ 통풍력이 부족할 때

【해설】(2018-1회-6번 기출반복)   암기법 : 숯!~ (연소실의) 온용운은 통 ↓ (이 작다)
※ 매연 (Soot, 그을음, 분진, CO 등) 발생원인
① 연소실의 온도가 낮을 때 ② 연소실의 용적이 작을 때
③ 운전관리자의 운전미숙일 때 ④ 통풍력이 작을 때
⑤ 연료의 예열온도가 맞지 않을 때 ⑥ 연소장치가 불량한 때
⑦ 연료의 질이 나쁠 때

17. 로터리 버너로 벙커 C유를 연소시킬 때 분무가 잘 되게 하기 위한 조치로서 가장 거리가 먼 것은?

① 점도를 낮추기 위하여 중유를 예열한다.
② 중유 중의 수분을 분리, 제거한다.
③ 버너 입구 배관부에 스트레이너를 설치한다.
④ 버너 입구의 오일 압력을 100 kPa 이상으로 한다.

【해설】(2015-2회-12번 기출반복)   암기법 : 버너회사 팔분, 오영삼
※ 회전식 버너 (수평 로터리형 버너)의 특징
① B중유 및 C중유는 점도가 높기 때문에 상온에서는 무화되지 않으므로 예열하여 점도를 낮추어 버너에 공급한다.
② 연료유에 수분이 함유됐을 때 연소 중 화염이 꺼지거나 진동연소의 원인이 되며 여과기(스트레이너)의 능률을 저하시키게 되므로 수분을 분리, 제거한다.
③ 연료유에 있는 불순물 제거를 위해 버너 입구에 여과기(스트레이너)를 설치한다.
❹ 연료사용유압은 0.3 ~ 0.5 kg/cm^2 (30 ~ 50 kPa)정도로 가압하여 공급한다.

18. 다음 기체 중 폭발범위가 가장 넓은 것은?

① 수소 ② 메탄
③ 벤젠 ④ 프로판

【해설】(2018-1회-18번 기출반복)

※ 공기 중에서 가스연료의 폭발범위 (또는, 연소범위)

종류별	폭발범위 (연소범위, v%)	암기법
아세틸렌	2.5 ~ 81 % ← 가장 넓다	아이오 팔하나
수소	4 ~ 75 %	사칠오수
에틸렌	2.7 ~ 36 %	이칠삼육에
메틸알코올	6.7 ~ 36 %	
메탄	5 ~ 15 %	메오시오
프로판	2.2 ~ 9.5 %	프둘이구오
벤젠	1.4 ~ 7.4 %	

19. 가연성 액체에서 발생한 증기의 공기 중 농도가 연소범위 내에 있을 경우 불꽃을 접근시키면 불이 붙는데 이때 필요한 최저 온도를 무엇이라고 하는가?

① 기화온도 ② 인화온도
③ 착화온도 ④ 임계온도

【해설】(2015-2회-9번 기출반복)

• 인화점(引火點) : 가연성 액체가 외부로부터 불꽃을 접근시킬 때 연소범위 내의 가연성 증기를 만들어 불이 붙을 수 있는 최저의 온도를 말한다.

20. 분자식이 $C_m H_n$ 인 탄화수소가스 $1\,Nm^3$을 완전 연소시키는데 필요한 이론공기량은 약 몇 Nm^3인가? (단, $C_m H_n$의 m, n은 상수이다.)

① m + 0.25n ② 1.19m + 4.76n
③ 4m + 0.5n ④ 4.76m + 1.19n

【해설】(2016-1회-14번 기출반복)

• 탄화수소 연료의 완전연소 반응식 $C_m H_n + \left(m + \dfrac{n}{4}\right) O_2 \rightarrow m\,CO_2 + \dfrac{n}{2} H_2O$ 에서 분자식 앞의 계수는 부피(체적)비를 뜻하므로,

• 이론공기량 $A_0 = \dfrac{O_0}{0.21} = \dfrac{1}{0.21}\left(m + \dfrac{n}{4}\right) = \dfrac{1}{0.21}m + \dfrac{1}{0.21 \times 4}n$
$= 4.76\,m + 1.19\,n$

18-① 19-② 20-④

제2과목　열역학

21. 원통형 용기에 기체상수 0.529 kJ/kg·K의 가스가 온도 15℃에서 압력 10 MPa로 충전되어 있다. 이 가스를 대부분 사용한 후에 온도가 10℃로, 압력이 1 MPa로 떨어졌다. 소비된 가스는 약 몇 kg인가?
(단, 용기의 체적은 일정하며 가스는 이상기체로 가정하고, 초기상태에서 용기 내의 가스 질량은 20 kg 이다.)

① 12.5　　② 18.0　　③ 23.7　　④ 29.0

【해설】(2019-1회-34번 기출유사)
- 상태방정식 PV = mRT 을 이용하면 (여기서, R : 해당가스의 기체상수)
  용기의 체적 $V = \dfrac{mRT}{P} = \dfrac{20\,kg \times 0.529\,kJ/kg \cdot K \times (273+15)K}{10 \times 10^3\,kPa} \fallingdotseq 0.3\,m^3$
  용기내 남아있는 가스의 질량 $m' = \dfrac{P'V}{RT'} = \dfrac{10^3\,kPa \times 0.3\,m^3}{0.529\,kJ/kg \cdot K \times (273+10)K} \fallingdotseq 2.0\,kg$
- ∴ 소비된 가스의 질량 Δm = m − m′ = 20 kg − 2.0 kg = 18.0 kg

22. 그림은 Carnot 냉동사이클을 나타낸 것이다. 이 냉동기의 성능계수를 옳게 표현한 것은?

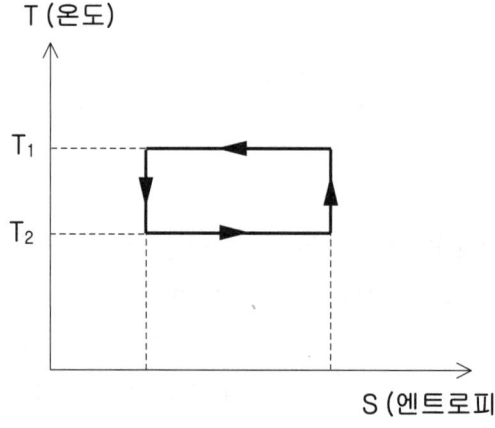

① $\dfrac{T_1 - T_2}{T_1}$　　② $\dfrac{T_1 - T_2}{T_2}$　　③ $\dfrac{T_2}{T_1 - T_2}$　　④ $\dfrac{T_1}{T_1 - T_2}$

【해설】(2008-4회-36번 기출반복)
- 냉동기(역카르노 사이클)의 성능계수 $COP = \dfrac{Q_2}{W_c} = \dfrac{Q_2}{Q_1 - Q_2} = \dfrac{T_2}{T_1 - T_2}$
  (여기서, Q_1 : 방출열량, Q_2 : 흡수열량)

23. 단열변화에서 압력, 부피, 온도를 각각 P, V, T로 나타낼 때, 항상 일정한 식은? (단, k는 비열비이다.)

① PV^{k-1} ② $TV^{\frac{1-k}{k}}$ ③ TP^k ④ $TP^{\frac{1-k}{k}}$

【해설】(2016-2회-23번 기출유사)

※ 단열변화에서 P, V, T 관계 방정식 표현

① $P \cdot V^k$ = Const (일정)

② $P \cdot V^k$ = Const (일정) 에서,
한편, 이상기체의 상태방정식 PV = mRT에서 단위질량일 때 $P = \frac{RT}{V}$ 이므로

$\frac{RT}{V} \times V^k = C$

$T \cdot V^k \times V^{-1} = \frac{C}{R} = C_1$

$T \cdot V^{k-1}$ = Const (일정)

③ $P \cdot V^k$ = Const (일정) 에서,
한편, 이상기체의 상태방정식 PV = mRT에서 단위질량일 때 $V = \frac{RT}{P}$ 이므로

$P \times \left(\frac{RT}{P}\right)^k = C$

$P \times \frac{R^k \cdot T^k}{P^k} = C$

$P^{(1-k)} \times R^k \times T^k = C$

한편, 양변에 T지수인 k의 역수인 $\left(\frac{1}{k}\right)$를 곱하여 정리하면,

$P^{\frac{1-k}{k}} \times R \times T = C^{\frac{1}{k}}$

$P^{\frac{1-k}{k}} \times T = \frac{C^{\frac{1}{k}}}{R} = C_2$ 에서 좌변을 다시 정리하면,

❹ $T \cdot P^{\frac{1-k}{k}}$ = Const (일정)

24. 오존층 파괴와 지구 온난화 문제로 인해 냉동장치에 사용하는 냉매의 선택에 있어서 주의를 요한다. 이와 관련하여 다음 중 오존 파괴지수가 가장 큰 냉매는?

① R-134a ② R-123 ③ 암모니아 ④ R-11

【해설】(2012-2회-35번 기출반복) 암기법 : 탄수염불

- 프레온계 냉매의 화학식에서 **염소(Cl)원자의 포함 비율이 많을수록** 오존층 파괴지수가 커진다.

① R-134a : $C_2H_2F_4$ ② R-123 : $C_2HCl_2F_3$

③ 암모니아는 무기냉매(NH_3)이다. ❹ R-11 : CCl_3F

25. 다음 그림은 Rankine 사이클의 h-s선도이다. 등엔트로피 팽창과정을 나타내는 것은?

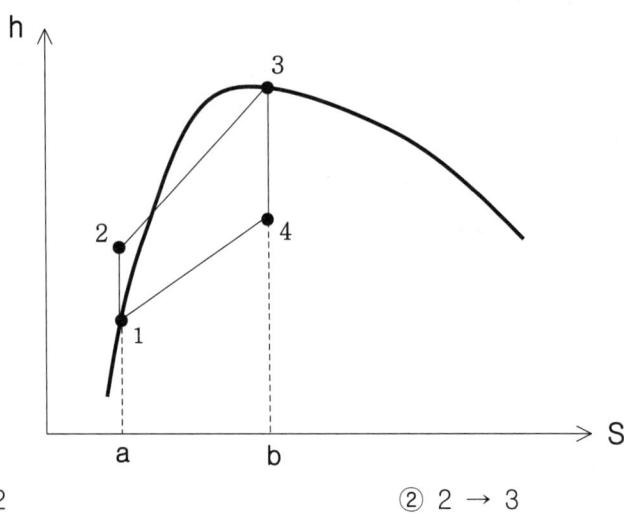

① 1 → 2
② 2 → 3
③ 3 → 4
④ 4 → 1

【해설】 (2013-4회-23번 기출반복)

※ h-s선도에서 랭킨 사이클의 과정. (여기서 1 : 급수펌프 입구를 기준으로 하였음)

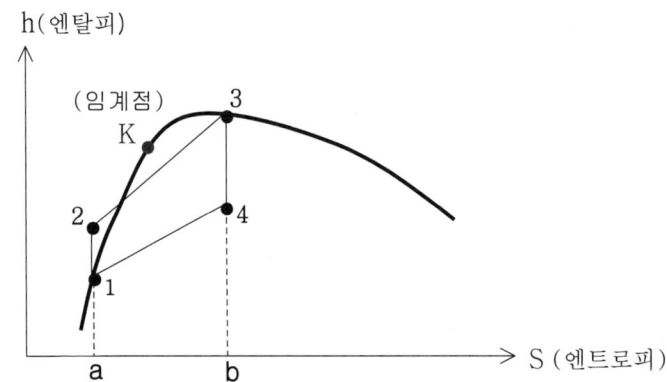

1 → 2 : 포화수(1)은 급수펌프의 단열(등엔트로피)압축에 의해 압축수(2)가 되어 보일러의 급수로 공급된다.

2 → 3 : 보일러에서의 등압가열로 온도가 상승하여 압축수(2)는 먼저 포화수가 되었다가 계속 증발하여 건포화증기(3)로 된다.

3 → 4 : 건포화증기(3)은 터빈입구로 들어가서 단열(등엔트로피)팽창에 의해 일을 하므로 습증기(4)가 되어 터빈출구로 배출된다.

4 → 1 : 배출된 습증기(4)는 복수기(응축기)내에서 등압방열에 의해 냉각·응축되어 처음의 포화수(1)로 되돌아간다.

[주의] : 위 문제에서는 과열과정은 거치지 않는 것으로 그림이 제시되었음.

26. 부피 500 L인 탱크 내에 건도 0.95의 수증기가 압력 1600 kPa로 들어 있다. 이 수증기의 질량은 약 몇 kg인가?

(단, 이 압력에서 건포화증기의 비체적은 v_g = 0.1237 m³/kg, 포화수의 비체적은 v_f = 0.001 m³/kg이다.)

① 4.83　　　② 4.55　　　③ 4.25　　　④ 3.26

【해설】 (2007-4회-34번 기출유사)

- 기체의 질량 $m = \rho \cdot V = \dfrac{V}{v}\left(\dfrac{체적}{비체적}\right)$

　　한편, 건도 x일 때 습증기의 비체적 $v = v_f + x(v_g - v_f)$ 이므로

$$= \dfrac{500\,L \times \dfrac{1\,m^3}{1000\,L}}{0.001 + 0.95(0.1237 - 0.001)} = 4.2529 ≒ 4.25 \text{ kg}$$

27. 이상기체의 내부에너지 변화 du를 옳게 나타낸 것은?

(단, C_P는 정압비열, C_V는 정적비열, T는 온도이다.)

① $C_P\,dT$　　② $C_V\,dT$　　③ $\dfrac{C_P}{C_V}\,dT$　　④ $C_V C_P\,dT$

【해설】 (2010-1회-39번 기출반복)

- 이상기체의 내부에너지에 대한 줄(Joule)의 법칙 : 내부에너지는 온도만의 함수이다.

$$dU = \Delta U = U_2 - U_1 = m\,C_v \int_1^2 dT = m\,C_v(T_2 - T_1) = m\,C_v\,dT$$

$$du = \dfrac{dU}{m} = \dfrac{m\,C_V\,dT}{m} = C_v\,dT$$

28. 분자량이 16, 28, 32 및 44인 이상기체를 각각 같은 용적으로 혼합하였다. 이 혼합가스의 평균 분자량은?

① 30　　　② 33　　　③ 35　　　④ 40

【해설】 (2018-1회-13번 기출유사)

- 기체에서 각각 같은 용적(체적)으로 혼합하였으므로 몰수가 같다. 따라서, 평균 분자량은 각각의 성분가스의 몰비에 분자량을 곱한 총합과 같다.

$$M = \dfrac{V_1}{V}M_1 + \dfrac{V_2}{V}M_2 + \dfrac{V_3}{V}M_3 + \dfrac{V_4}{V}M_4$$

　　여기서, 각각의 성분가스 체적 $V_1 = V_2 = V_3 = V_4$ 이므로
　　　전체체적 $V = V_1 + V_2 + V_3 + V_4 = 4V_1$

$$= \dfrac{V_1}{4V_1}(M_1 + M_2 + M_3 + M_4) = \dfrac{1}{4}(16 + 28 + 32 + 44) = 30$$

26-③　27-②　28-①

29. 피스톤이 장치된 실린더 안의 기체가 체적 V_1 에서 V_2 로 팽창할 때 피스톤에 해준 일은 $W = \int_{V_1}^{V_2} P\,dV$ 로 표시될 수 있다. 이 기체는 이 과정을 통하여 $PV^2 = C$ (상수)의 관계를 만족시켜 준다면 W를 옳게 나타낸 것은?

① $P_1V_1 - P_2V_2$
② $P_2V_2 - P_1V_1$
③ $P_1V_1^2 - P_2V_2^2$
④ $P_2V_2^2 - P_1V_1^2$

【해설】(2010-4회-28번 기출반복)
- **단열팽창**에서 실린더 안의 기체가 피스톤에 한 일

$$W = \int P\,dV = \int_{V_1}^{V_2} P\,dV$$

한편, $P_1V_1^n = P_2V_2^n = Const$(일정)이므로 $P = \dfrac{C}{V^n} = C \cdot V^{-n}$

$$= \int_{V_1}^{V_2} C V^{-n}\,dV = C \int_{V_1}^{V_2} V^{-n}\,dV$$

$$= C\left[\dfrac{V^{-n+1}}{-n+1}\right]_{V_1}^{V_2} = C\left[\dfrac{V^{1-n}}{1-n}\right]_{V_1}^{V_2} = C\left(\dfrac{V_2^{1-n} - V_1^{1-n}}{1-n}\right)$$

$$= C\left(\dfrac{V_2 \times V_2^{-n} - V_1 \times V_1^{-n}}{1-n}\right) = \left(\dfrac{V_2 \times CV_2^{-n} - V_1 \times CV_1^{-n}}{1-n}\right)$$

$$= \left(\dfrac{V_2 \times P_2 - V_1 \times P_1}{1-n}\right) = \dfrac{P_2V_2 - P_1V_1}{1-n} = \dfrac{P_2V_2 - P_1V_1}{1-2}$$

$$= -(P_2V_2 - P_1V_1) = P_1V_1 - P_2V_2$$

【예제】위 문제에서 만약, n = 1 일 때에는 $PV = C$ 이므로

$$W = \int P\,dV = \int \dfrac{C}{V}\,dV = C\int \dfrac{1}{V}\,dV = C\ln\left(\dfrac{V_2}{V_1}\right)$$

$$= P_1V_1 \ln\left(\dfrac{V_2}{V_1}\right) = RT_1 \ln\left(\dfrac{V_2}{V_1}\right)$$

즉, **등온변화**에서 실린더 안의 기체가 외부에 한 일에 해당한다.

30. 0 ℃의 물 1000 kg을 24시간 동안에 0 ℃의 얼음으로 냉각하는 냉동 능력은 약 몇 kW인가? (단, 얼음의 융해열은 335 kJ/kg 이다.)

① 2.15 ② 3.88 ③ 14 ④ 14000

【해설】(2016-4회-35번 기출반복)
- 냉동능력 $Q_2 = \dfrac{m \cdot R}{24h} = \dfrac{1000\,kg \times 335\,kJ/kg}{24 \times 3600\,\sec} = 3.877 ≒ 3.88\,kW$

【비교】• 냉동능력 $Q_2 = 1\,RT = 3320\,kcal/h = 3320\,kcal/h \times \dfrac{1\,kW}{860\,kcal/h} = 3.86\,kW$

31. 다음 설명과 가장 관계되는 열역학적 법칙은?

> • 열은 그 자신만으로는 저온의 물체로부터 고온의 물체로 이동할 수 없다.
> • 외부에 어떠한 영향을 남기지 않고 한 사이클 동안에 계가 열원으로부터 받은 열을 모두 일로 바꾸는 것은 불가능하다.

① 열역학 제 0 법칙　　② 열역학 제 1 법칙
③ 열역학 제 2 법칙　　④ 열역학 제 3 법칙

【해설】(2018-1회-26번 기출반복)

※ **열역학 제2법칙** : 열 이동의 법칙 또는 에너지전환 방향에 관한 법칙
- 공급된 열을 전부 일로 바꾸는 것은 불가능하다.
- 제2종 영구기관(공급받은 열을 모두 일로 바꾸는 기관)은 제작이 불가능하다.
　↳ 효율이 100%인 열기관은 존재하지 않는다.
- 열은 저온의 물체에서 고온의 물체 쪽으로 그 자신만으로는 스스로 이동할 수 없다. 따라서, 반드시 일을 소비하는 열펌프(Heat pump)를 필요로 한다.

32. 이상기체가 A상태(T_A, P_A)에서 B상태(T_B, P_B)로 변화하였다. 정압비열 C_P가 일정할 경우 엔트로피의 변화 $\triangle S$를 옳게 나타낸 것은?

① $\triangle S = C_P \ln \dfrac{T_A}{T_B} + R \ln \dfrac{P_B}{P_A}$　　② $\triangle S = C_P \ln \dfrac{T_B}{T_A} + R \ln \dfrac{P_B}{P_A}$

③ $\triangle S = C_P \ln \dfrac{T_A}{T_B} - R \ln \dfrac{P_B}{P_A}$　　④ $\triangle S = C_P \ln \dfrac{T_B}{T_A} - R \ln \dfrac{P_B}{P_A}$

【해설】(2014-1회-34번 기출반복)　　　암기법 : 피티네, 알압

- 엔트로피 변화량의 일반식 $\triangle S = C_V \cdot \ln\left(\dfrac{T_2}{T_1}\right) + R \cdot \ln\left(\dfrac{V_2}{V_1}\right)$ 에서

　　한편, 정적인 경우에는 $V_1 = V_2$, $\ln 1 = 0$ 이므로,

$$= C_V \cdot \ln\left(\dfrac{T_2}{T_1}\right) = (C_P - R) \cdot \ln\left(\dfrac{T_2}{T_1}\right)$$

$$= C_P \cdot \ln\left(\dfrac{T_2}{T_1}\right) - R \cdot \ln\left(\dfrac{T_2}{T_1}\right)$$

　　한편, $\dfrac{P_1 V_1}{T_1} = \dfrac{P_2 V_2}{T_2}$ 에서 정적이므로 $\dfrac{T_2}{T_1} = \dfrac{P_2}{P_1}$

$$= C_P \cdot \ln\left(\dfrac{T_2}{T_1}\right) - R \cdot \ln\left(\dfrac{P_2}{P_1}\right)$$

$$= C_P \cdot \ln\left(\dfrac{T_B}{T_A}\right) - R \cdot \ln\left(\dfrac{P_B}{P_A}\right)$$

33. 교축과정에서 일정한 값을 유지하는 것은?

① 압력 ② 엔탈피 ③ 비체적 ④ 엔트로피

【해설】(2017-2회-28번 기출유사)

※ 교축과정 (throttling process, 스로틀링 프로세스)

이상기체의 교축과정은 비가역 단열과정으로 열전달이 없고 일을 하지 않으므로 **엔탈피는 일정하고**($H_1 = H_2$ = constant), 엔트로피는 항상 증가하며, 압력은 항상 낮아지고, 온도변화는 생기지 않는다. (∵ 엔탈피는 온도만의 함수이기 때문에 이상기체의 등엔탈피 과정에는 온도변화가 없다.)

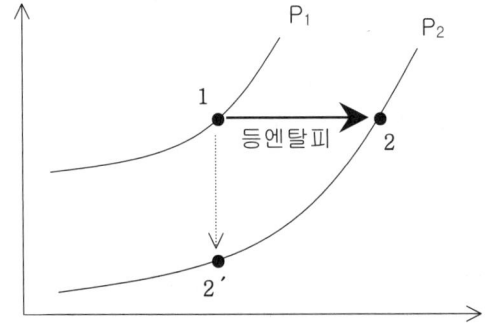

H - S 선도에서 교축과정은 수평선으로 표시된다.

34. 터빈 입구에서의 내부에너지 및 엔탈피가 터빈 입구에서 각각 3000 kJ/kg, 3300 kJ/kg인 수증기가 압력이 100 kPa, 건도 0.9인 습증기로 터빈을 나간다. 이 때 터빈의 출력은 약 몇 kW인가?

(단, 발생되는 수증기의 질량유량은 0.2 kg/s이고, 입출구의 속도차와 위치에너지는 무시한다. 100 kPa에서의 상태량은 아래 표와 같다.)

(단위 : kJ/kg)	포화수	건포화증기
내부에너지 u	420	2510
엔탈피 h	420	2680

① 46.2 ② 93.6 ③ 124.2 ④ 169.2

【해설】(2012-4회-23번 기출유사)

• 터빈의 출력 $Q = m \cdot \Delta H = m \cdot (H_1 - H_2)$ 여기서, 1 : 터빈입구, 2 : 터빈출구

한편, 증기건도 x = 0.9인 습증기의 엔탈피 $h_x = h_1 + x(h_2 - h_1)$ 이므로

h_x = 420 + 0.9 × (2680 - 420) = 2454 kJ/kg

$Q = m \cdot (H_1 - H_2) = m \cdot (H_1 - h_x)$

= 0.2 kg/s × (3300 - 2454) kJ/kg

= 169.2 kJ/s = **169.2 kW**

35. 다음 그림은 물의 상평형도를 나타내고 있다. a ~ d에 대한 용어로 옳은 것은?

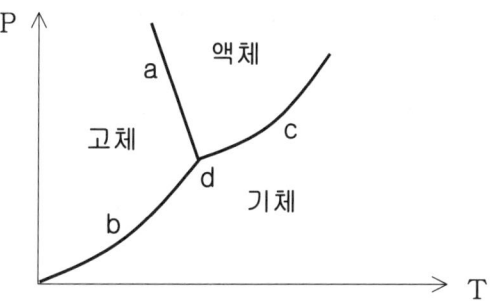

① a : 승화 곡선
② b : 용융 곡선
③ c : 증발 곡선
④ d : 임계점

【해설】(2014-1회-29번 기출유사)

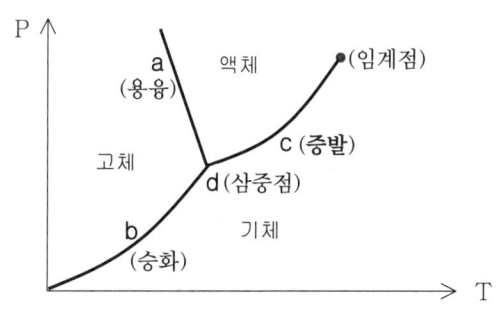

- 임계온도 이상에서는 압력이 아무리 높더라도 기체 상태로만 존재하므로 액화되지 않는다.
- 임계점은 액상과 기상이 평형상태로 존재할 수 있는 최고온도 및 최고압력을 말한다.
- 물질은 온도와 압력에 따라 화학적인 성질의 변화없이 물리적인 성질만이 변화하는 상이 존재하는데 물의 경우에는 온도에 따라 고체, 액체, 기체의 3상이 동시에 존재하는 점을 삼중점이라 한다. ex〉 물의 삼중점 : 0.01 ℃ = 273.16 K, 0.61 kPa
- P - T 선도에서 경계선은 **상태변화**를 의미한다.

36. 오토사이클의 열효율에 영향을 미치는 인자들만 모은 것은?

① 압축비, 비열비
② 압축비, 차단비
③ 차단비, 비열비
④ 압축비, 차단비, 비열비

【해설】(2013-1회-26번 기출유사)

- 오토사이클의 열효율 공식 $\eta = 1 - \left(\dfrac{1}{\epsilon}\right)^{k-1}$

  여기서, ϵ : 압축비$\left(\dfrac{V_1}{V_2}\right)$, k : 비열비 또는 단열지수$\left(\dfrac{C_P}{C_V}\right)$ 이다.

37. 초기조건이 100 kPa, 60 ℃인 공기를 정적과정을 통해 가열한 후, 정압에서 냉각과정을 통하여 500 kPa, 60 ℃로 냉각할 때 이 과정에서 전체 열량의 변화는 약 몇 kJ/kmol 인가?
   (단, 정적비열은 20 kJ/kmol · K, 정압비열은 28 kJ/kmol · K이며 이상기체로 가정한다.)

   ① -964   ② -1964   ③ -10656   ④ -20656

【해설】 (2017-1회-22번 기출반복)
- 정적과정 ($V_1 = V_2$)으로 가열한 후의 온도를 T_2라고 두면,

   $\dfrac{P_1 V_1}{T_1} = \dfrac{P_2 V_2}{T_2}$ 에서 $\dfrac{100\,kPa}{(60+273)K} = \dfrac{500\,kPa}{T_2}$ ∴ $T_2 = 1665\,K = 1392\,℃$

   정적가열 : $dQ = dU = C_V \cdot dT = C_V (T_2 - T_1) = 20 \times (1392 - 60) = 26640\,kJ/kmol$
   정압냉각 : $dQ' = dH = C_P \cdot dT = C_P (T_3 - T_2) = 28 \times (60 - 1392) = -37296\,kJ/kmol$
   ∴ 전체열량의 변화량 = $dQ + dQ' = 26640 + (-37296) = -10656\,kJ/kmol$

38. 보일러에서 송풍기 입구의 공기가 15℃, 100 kPa 상태에서 공기예열기로 500 m³/min가 들어가 일정한 압력하에서 140℃까지 올라갔을 때 출구에서의 공기유량은 몇 m³/min 인가? (단, 이상기체로 가정한다.)

   ① 617   ② 717   ③ 817   ④ 917

【해설】 (2016-4회-34번 기출반복)
- 보일-샤를의 법칙 $\dfrac{P_1 V_1}{T_1} = \dfrac{P_2 V_2}{T_2}$ 에서, 정압과정($P_1 = P_2$)이므로

   $\dfrac{V_2}{V_1} = \dfrac{T_2}{T_1}$ 으로 계산된다.

   $\dfrac{V_2}{500\,m^3/min} = \dfrac{(140+273)}{(15+273)}$

   ∴ 출구 공기의 체적유량 $V_2 = 717.01 ≒ 717\,m^3/min$

39. 스로틀링(throttling) 밸브를 이용하여 Joule-Thomson 효과를 보고자 한다. 압력이 감소함에 따라 온도가 반드시 감소하게 되는 Joule-Thomson 계수 μ의 값으로 옳은 것은?

   ① $\mu = 0$ ② $\mu > 0$ ③ $\mu < 0$ ④ $\mu \neq 0$

【해설】 (2017-1회-28번 기출반복)

- Joule-Thomson(줄-톰슨) 효과.
  실제기체를 고압측에서 저압측으로 작은 구멍(교축밸브)을 통해서 연속적으로 단열팽창 시키면 온도 및 압력이 감소하는 현상을 말한다.
  이 때, 엔탈피는 일정하고 엔트로피는 증가한다.
- 줄-톰슨 계수 $\mu = \left(\dfrac{\partial T}{\partial P}\right)_{H=const} = \dfrac{\Delta T}{\Delta P} = \dfrac{T_2 - T_1}{P_2 - P_1}$

  여기서, $\mu > 0$: (+) : 온도 감소
  $\mu = 0$: 온도 불변 (또는, 역전온도, 전환점)
  $\mu < 0$: (-) : 온도 증가

40. Rankine cycle의 4개 과정으로 옳은 것은?

① 가역단열팽창 → 정압방열 → 가역단열압축 → 정압가열
② 가역단열팽창 → 가역단열압축 → 정압가열 → 정압방열
③ 정압가열 → 정압방열 → 가역단열압축 → 가역단열팽창
④ 정압방열 → 정압가열 → 가역단열압축 → 가역단열팽창

【해설】(2018-2회-29번 기출반복) 　　　　　 암기법 : 링컨 가랭이, 가 단합해!
랭킨　합단~합단　(정압-단열-정압-단열)

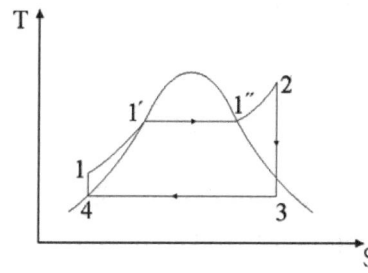

4→1 : 펌프 단열압축에 의해 공급해준 일
1→1' : 보일러에서 정압가열.(포화수)
1'→1" : 보일러에서 가열.(건포화증기)
1"→2 : 과열기에서 정압가열.(과열증기)
2→3 : 터빈에서의 단열팽창.(습증기)
3→4 : 복수기에서 정압방열.(포화수)

제3과목　　　　　계측방법

41. 복사온도계에서 전복사에너지는 절대온도의 몇 승에 비례하는가?

① 2　　　　② 3　　　　③ 4　　　　④ 5

【해설】(2012-4회-57번 기출반복)
- 전표면적에서 방사되는 복사에너지는 스테판-볼츠만의 법칙($E = Q = \varepsilon \cdot \sigma T^4 \times A$)에 따라, 절대온도의 4승에 비례한다.

42. 레이놀즈수를 나타낸 식으로 옳은 것은?
(단, D는 관의 내경, μ는 유체의 점도, ρ는 유체의 밀도, U는 유체의 속도이다.)

① $\dfrac{D\mu U}{\rho}$ ② $\dfrac{DU\rho}{\mu}$ ③ $\dfrac{D\mu\rho}{U}$ ④ $\dfrac{\mu\rho U}{D}$

【해설】(2014-4회-55번 기출반복) 　　　　　　　　　　　암기법 : 레이놀 동 내유?

- 레이놀즈수 $Reno = \dfrac{Dv}{\nu} = \dfrac{Dv\rho}{\mu}$

　여기서, ν:동점성계수$\left(\dfrac{\mu}{\rho}\right)$, μ:점도, D:내경, ρ:밀도, v:유속

43. 물리량과 SI 기본단위의 기호가 틀린 것은?

① 질량 : kg ② 온도 : ℃
③ 물질량 : mol ④ 광도 : cd

【해설】(2018-1회-60번 기출반복)

※ SI 단위계의 기본단위는 7가지가 있다.　　　암기법 : mks mKc A

단위기호	m	kg	s	mol	K	cd	A
명칭	미터	킬로그램	초	몰	켈빈	칸델라	암페어
물리량	길이	질량	시간	물질량	절대온도	광도	전류

44. 단열식 열량계로 석탄 1.5 g을 연소시켰더니 온도가 4℃ 상승하였다. 통내 물의 질량이 2000 g, 열량계의 물당량이 500 g일 때 이 석탄의 발열량은 약 몇 J/g 인가? (단, 물의 비열은 4.19 J/g·K 이다.)

① 2.23×10^4 ② 2.79×10^4
③ 4.19×10^4 ④ 6.98×10^4

【해설】(2017-1회-52번 기출반복)

※ 열량계에 의한 발열량 계산방법　　　　　　암기법 : 큐는, 씨암탉

- 단열식일 때의 발열량 $Q = \dfrac{\text{물의 비열} \times \text{상승온도} \times (\text{내통수량} + \text{물당량})}{\text{시료량}}$

$= \dfrac{4.19\,J/g\cdot℃ \times 4℃ \times (2000+500)g}{1.5\,g}$

$= 27933\,J/g \fallingdotseq 2.79 \times 10^4\,J/g$

【참고】• 비단열식일 때의 발열량 $= \dfrac{\text{물의 비열} \times (\text{상승온도}+\text{냉각보정}) \times (\text{내통수량}+\text{물당량})}{\text{시료량}}$

45. 다음 그림과 같이 수은을 넣은 차압계를 이용하는 액면계에 있어서 수은면의 높이차(h)가 50.0 mm일 때 상부의 압력 취출구에서 탱크 내 액면까지의 높이(H)는 약 몇 mm 인가?

(단, 액의 밀도(ρ)는 999 kg/m³이고, 수은의 밀도(ρ_0)는 13550 kg/m³ 이다.)

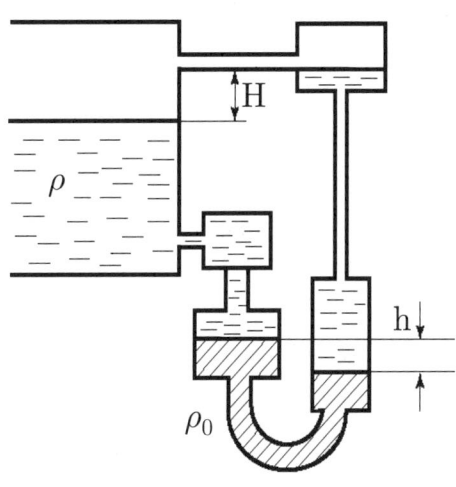

① 578　　　　② 628　　　　③ 678　　　　④ 728

【해설】(2011-4회-43번 기출반복)
- 파스칼의 원리에 의하면 액주 경계면의 수평선에 작용하는 압력은 서로 같다.

$$P_A = P_B$$
$$\gamma_0 \cdot h + P_x = \gamma \cdot h + P_x + \gamma \cdot H$$
$$(\gamma_0 - \gamma) h = \gamma \cdot H$$

∴ 높이차 $H = \left(\dfrac{\gamma_0}{\gamma} - 1\right) h = \left(\dfrac{13550}{999} - 1\right) \times 50 \text{ mm} = 628.178 ≒ 628 \text{ mm}$

46. 다음 중 가스분석 측정법이 <u>아닌</u> 것은?

① 오르사트법　　　　② 적외선 흡수법
③ 플로우 노즐법　　　④ 열전도율법

【해설】(2017-4회-58번 기출유사)
❸ 플로우 노즐법은 압력차(차압식)를 이용하여 유량을 측정하는 방법이다.

【참고】　　　　　　　　　　　　암기법 : 세자가, 밀도적 열명을 물리쳤다.

※ 가스분석계의 분류는 물질의 물리적, 화학적 성질에 따라 다음과 같이 분류한다.
- 물리적 가스분석방법 : 세라믹식, 자기식, 가스크로마토그래피법, 밀도법, 도전율법, 적외선식, 열전도율법
- 화학적 가스분석방법 : 오르사트 분석기, 연소열식 O_2계, 자동화학식 CO_2계, 미연소식

47. 열전대 온도계에 대한 설명으로 옳은 것은?

① 흡습 등으로 열화된다.
② 밀도차를 이용한 것이다.
③ 자기가열에 주의해야 한다.
④ 온도에 의한 열기전력이 크며 내구성이 좋다.

【해설】(2017-1회-56번 기출반복)

❹ 온도에 의해 발생하는 열기전력이 큰 것을 이용하는 원리이며, 열전대 재료의 내열성으로 고온에도 기계적 강도를 가지고 있으므로 내구성이 좋다.

【참고】 ※ 서미스터 온도계
– 반도체인 서미스터는 흡습 등으로 열화(劣化)되기 쉽고, 열질량(thermal mass)이 작으므로 자기가열 현상에 의한 오차가 크게 발생할 수가 있으므로 주의해야 한다.

48. 다음 중 탄성 압력계에 속하는 것은?

① 침종 압력계　　　　　　② 피스톤 압력계
③ U자관 압력계　　　　　④ 부르동관 압력계

【해설】(2020-1회-55번 기출반복)　　　　　　　　　　　암기법 : 탄돈 벌다.

• 탄성식 압력계의 종류별 압력 측정범위
  – 부르돈관(Bourdon tube)식 〉벨로스(Bellows)식 〉다이어프램(Diaphragm)식

49. 액주식 압력계에 사용되는 액체의 구비조건으로 틀린 것은?

① 온도변화에 의한 밀도변화가 커야 한다.
② 액면은 항상 수평이 되어야 한다.
③ 점도와 팽창계수가 작아야 한다.
④ 모세관 현상이 적어야 한다.

【해설】(2016-4회-60번 기출반복)

• 액주식 압력계는 액면에 미치는 압력을 밀도와 액주높이차를 가지고 P = $\gamma \cdot h$ 식에 의해서 측정하므로 액주 내면에 있어서 표면장력에 의한 모세관현상 등의 영향이 적어야 한다.

• 액주식 압력계에서 액주(액체)의 구비조건.
　① 점도가 작을 것　　　　　② 열팽창계수가 작을 것
　③ 모세관 현상이 적을 것　　④ 일정한 화학성분일 것
　⑤ 휘발성, 흡수성이 적을 것　❻ 온도변화에 의한 밀도변화가 **작아야** 한다.
　⑦ 액면은 항상 수평이 되어야 한다

【key】액주에 쓰이는 액체의 구비조건 특징은 모든 성질이 작을수록 좋다!

50. 아래 열교환기의 제어에 해당하는 제어의 종류로 옳은 것은?

> 유체의 온도를 제어하는데 온도조절의 출력으로 열교환기에 유입되는 증기의 유량을 제어하는 유량조절기의 설정치를 조절한다.

① 추종제어
② 프로그램제어
③ 정치제어
④ 캐스케이드제어

【해설】(2016-2회-49번 기출반복)
① 추종제어 : 목표값이 시간에 따라 임의로 변화되는 값으로 주어진다.
② 프로그램제어 : 목표값이 미리 정해진 시간에 따라 일정한 프로그램으로 진행된다.
③ 정치(定値)제어 : 목표값이 시간적으로 변하지 않고 일정(一定)한 값을 유지한다.
❹ 캐스케이드제어 : 2개의 제어계를 조합하여, 1차 제어장치가 제어량을 측정하여 제어명령을 발하고, 2차 제어 장치가 이 명령을 바탕으로 제어량을 조절하는 종속(복합) 제어방식으로 출력측에 낭비시간이나 지연이 큰 프로세스의 제어에 널리 이용된다.
⑤ 비율제어 : 목표값이 어떤 다른 양과 일정한 비율로 변화된다.

51. 다음 중 수분 흡수법에 의해 습도를 측정할 때 흡수제로 사용하기에 가장 적절하지 않은 것은?

① 오산화인
② 피크린산
③ 실리카겔
④ 황산

【해설】(2018-2회-58번 기출반복) 　　　　　　　　　　　 암기법 : 흐흐, 황실 오염
- 수분흡수법은 습도를 측정하고자 하는 일정 체적의 공기를 취하여 그 속에 함유된 수증기를 흡수제로 흡습시켜서 흡수제의 중량변화를 이용하여 정량하는 방법이다.
  사용하는 흡수제로는 황산(H_2SO_4), 실리카겔($SiO_2 \cdot nH_2O$), 오산화인(P_2O_5), 염화칼슘($CaCl_2$) 등이 있다.

52. 가스크로마토그래피는 다음 중 어떤 원리를 응용한 것인가?

① 증발
② 증류
③ 건조
④ 흡착

【해설】(2012-2회-41번 기출반복)
- 가스크로마토그래피(Gas Chromatograpy)법은 활성탄 등의 흡착제를 채운 세관을 통과하는 가스의 이동속도 차를 이용하여 시료가스를 분석하는 방식으로, 한 대의 장치로 O_2, NO_2를 제외한 다른 여러 성분의 가스를 모두 분석할 수 있으며, 캐리어(carrier, 운반) 가스로는 H_2, He, N_2, Ar 등이 사용된다.

53. 저항 온도계에 관한 설명 중 틀린 것은?

① 구리는 -200 ~ 500 ℃에서 사용한다.
② 시간지연이 적어 응답이 빠르다.
③ 저항선의 재료로는 저항온도계수가 크며, 화학적으로나 물리적으로 안정한 백금, 니켈 등을 쓴다.
④ 저항 온도계는 금속의 가는 선을 절연물에 감아서 만든 측온저항체의 저항치를 재어서 온도를 측정한다.

【해설】 (2018-1회-47번 기출유사)

※ 저항 온도계의 측온저항체 종류에 따른 사용온도범위

써미스터	-100 ~ 300 ℃
니켈	-50 ~ 150 ℃
구리	0 ~ 120 ℃
백금	-200 ~ 500 ℃

【참고】 일반적으로 접촉식 온도계 중에서 공업계측용으로는 열전 온도계와 전기저항 온도계가 사용되는데, 열전 온도계는 고온의 측정(-200 ~ 1600 ℃)에 전기저항 온도계(-200 ~ 500 ℃)는 저온의 정밀측정에 적합하다.

54. 관로에 설치한 오리피스 전·후의 차압이 1.936 mmH₂O일 때 유량이 22 m³/h 이다. 차압이 1.024 mmH₂O이면 유량은 몇 m³/h인가?

① 15 ② 16 ③ 17 ④ 18

【해설】 (2012-1회-46번 기출반복)

- 압력과 유량의 관계 공식 $Q = A \cdot v$ 에서,

  한편, $v = \sqrt{2gh} = \sqrt{2g \times 10P} = \sqrt{2 \times 9.8 \times 10P} = 14\sqrt{P}$

  $Q = \dfrac{\pi D^2}{4} \times 14\sqrt{P} = K\sqrt{P}$ 즉, $Q \propto \sqrt{P}$ 를 암기하고 있어야 한다.

  따라서, 비례식 $\dfrac{Q_1}{Q_2} \propto \dfrac{\sqrt{\Delta P_1}}{\sqrt{\Delta P_2}}$ 에서, $\dfrac{22 \, m^3/h}{Q_2} = \dfrac{\sqrt{1.936}}{\sqrt{1.024}}$ ∴ $Q_2 = 16 \, m^3/h$

55. 액체의 팽창하는 성질을 이용하여 온도를 측정하는 것은?

① 수은 온도계
② 저항 온도계
③ 서미스터 온도계
④ 백금-로듐 열전대 온도계

【해설】 (2015-1회-52번 기출유사)

❶ 액체봉입 유리제 온도계(알코올 온도계, **수은 온도계**)는 액체의 온도에 따른 **열팽창** 현상을 이용한 것으로 취급이 용이하고 가격이 가장 싸다.

56. 다음 중 유도단위 대상에 속하지 않는 것은?

① 비열   ② 압력   ③ 습도   ④ 열량

【해설】(2017-2회-52번 기출반복)

❸ 습도는 "특수단위"에 속한다.

【참고】※ 계측기기의 SI **기본단위**는 7 종류가 있다.   암기법 : mks mKc A

기호	m	kg	s	mol	K	cd	A
명칭	미터	킬로그램	초	몰	캘빈	칸델라	암페어
기본량	길이	질량	시간	물질량	절대온도	광도	전류

- **유도단위** : 기본단위의 조합에 의해서 유도되는 단위이다.
  (면적, 부피, 속도, **압력**, **열량**, **비열**, 점도, 전기저항 등)
- **보조단위** : 기본단위와 유도단위의 사용상 편의를 위하여 정수배하여 표시한 단위이다.
  (℃, ℉ 등)
- **특수단위** : 기본단위, 유도단위, 보조단위로 계측할 수 없는 특수한 용도에 쓰이는 단위.
  (비중, **습도**, 인장강도, 내화도, 굴절률 등)

57. 전자 유량계에 대한 설명으로 틀린 것은?

① 응답이 매우 빠르다.   ② 제작 및 설치비용이 비싸다.
③ 고점도 액체는 측정이 어렵다.   ④ 액체의 압력에 영향을 받지 않는다.

【해설】(2011-4회-47번 기출유사)

전자식 유량계는 파이프 내에 흐르는 도전성의 유체에 직각방향으로 자기장을 형성시켜 주면 패러데이(Faraday)의 전자유도 법칙에 의해 발생되는 유도기전력(E)로 유량을 측정한다.
(패러데이 법칙 : $E = Blv$)
따라서, 도전성 액체의 유량측정에만 쓰인다.
유로에 장애물이 없으므로 다른 유량계와는 달리 압력손실이 거의 없으며, 이물질의 부착 및 침식의 염려가 없으므로 높은 내식성을 유지할 수 있으며, 슬러지가 들어있거나 **고점도 유체에 대하여도 측정이 가능하다.**
또한, 검출의 시간지연이 없으므로 응답이 매우 빠른 특징이 있으며, 미소한 측정전압에 대하여 고성능 증폭기를 필요로 한다.

58. 비례동작만 사용할 경우와 비교할 때 적분동작을 같이 사용하면 제거할 수 있는 문제로 옳은 것은?

① 오프셋   ② 외란
③ 안정성   ④ 빠른 응답

【해설】(2019-1회-53번 기출유사)   암기법 : 아이(I) 편

- 비례동작(P동작)에 의해 잔류편차(off-set, 오프셋)가 발생하므로, I동작(적분동작)을 같이 조합하여 사용하면 잔류편차가 제거된다.

59. 직각으로 굽힌 유리관의 한쪽을 수면 바로 밑에 넣고 다른 쪽은 연직으로 세워 수평방향으로 0.5 m/s의 속도로 움직이면 물은 관속에서 약 몇 m 상승하는가?

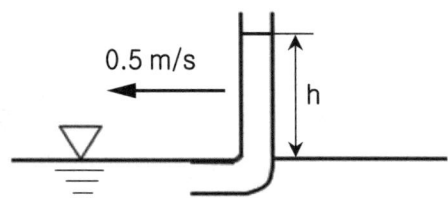

① 0.01 ② 0.02 ③ 0.03 ④ 0.04

【해설】 (2018-1회-51번 기출유사)

- 피토관 유속 $v = \sqrt{2gh}$ 에서,

  수주의 높이 $h = \dfrac{v^2}{2g} = \dfrac{(0.5\,m/s)^2}{2 \times 9.8\,m/s^2} = 0.0127 ≒ 0.01\,m$

60. 피드백 제어에 대한 설명으로 <u>틀린</u> 것은?

① 폐회로로 구성된다.
② 제어량에 대한 수정동작을 한다.
③ 미리 정해진 순서에 따라 순차적으로 제어한다.
④ 반드시 입력과 출력을 비교하는 장치가 필요하다.

【해설】 (2020-1회-42번 기출유사)

※ 피드백 제어(Feedback control)
- 출력측의 제어량을 입력측에 되돌려 설정된 목표값과 **비교**하여 일치하도록 반복시켜 정정(**수정**) 동작을 행하는 제어 방식을 말하는 **폐회로** 방식이다.
  장점으로는 제품의 품질 향상, 연료 및 동력 절감, 생산속도를 증가시켜 생산량 증대 및 설비의 수명을 연장시킬 수 있어 생산 원가를 절감한다. 단점으로는 피드백 제어 시스템 구축에 많은 비용과 고도의 기술이 필요하므로 수리가 어렵고, 제어장치의 운전에 고도의 지식과 능숙한 기술이 요구되며, 시스템에 일부 고장이 있으면 전체 생산에 영향을 미친다.

※ 시퀀스(Sequence) 제어   암기법 : 미정순, 시쿤둥
- **미**리 **정**해진 **순**서에 따라 순차적으로 각 단계를 진행하는 자동제어 방식으로서 작동명령은 기동·정지·개폐 등의 타이머, 릴레이 등을 이용하여 행하는 제어를 말한다.

제4과목   열설비재료 및 관계법규

61. 에너지이용 합리화법령상 에너지사용계획을 수립하여 산업통상자원부장관에게 제출하여야 하는 공공사업주관자가 설치하려는 시설 기준으로 옳은 것은?

① 연간 1천 티오이 이상의 연료 및 열을 사용하는 시설
② 연간 2천 티오이 이상의 연료 및 열을 사용하는 시설
③ 연간 2천5백 티오이 이상의 연료 및 열을 사용하는 시설
④ 연간 1만 티오이 이상의 연료 및 열을 사용하는 시설

【해설】(2020-1회-64번 기출유사)
※ 에너지사용계획 제출 대상사업 기준. [에너지이용합리화법 시행령 제20조2항.]
- 공공사업주관자의   암기법 : 공이오?~ 천만에!
  1. 연간 **2천5백** 티오이(TOE) 이상의 연료 및 열을 사용하는 시설
  2. 연간 **1천만** 킬로와트시(kWh) 이상의 전력을 사용하는 시설
- 민간사업주관자의   암기법 : 민간 = 공 × 2
  1. 연간 5천 티오이(TOE) 이상의 연료 및 열을 사용하는 시설
  2. 연간 2천만 킬로와트시(kWh) 이상의 전력을 사용하는 시설

62. 에너지이용 합리화법령에 따라 에너지절약전문기업의 등록이 취소된 에너지절약전문기업은 원칙적으로 등록 취소일로부터 최소 얼마의 기간이 지나면 다시 등록을 할 수 있는가?

① 1년   ② 2년   ③ 3년   ④ 5년

【해설】(2016-2회-61번 기출반복)   [에너지이용합리화법 제27조.]
❷ 등록이 취소된 에너지절약전문기업은 등록취소일로부터 2년이 지나지 아니하면 등록을 할 수 없다.   암기법 : 에이(2), 절약해야겠다~

63. 에너지이용합리화법에 따라 에너지다소비사업자에게 에너지손실요인의 개선명령을 할 수 있는 자는?

① 산업통상자원부장관   ② 시·도지사
③ 한국에너지공단이사장   ④ 에너지관리진단기관협회장

【해설】(2017-2회-68번 기출반복)   [에너지이용합리화법 시행령 제40조.]
❶ **산업통상자원부장관**이 에너지다소비사업자에게 개선명령을 할 수 있는 경우는 에너지관리지도 결과 10% 이상의 에너지효율 개선이 기대되고 효율 개선을 위한 투자의 경제성이 있다고 인정되는 경우로 한다.

64. 에너지이용 합리화법령상 검사대상기기의 검사유효기간에 대한 설명으로 옳은 것은?

① 설치 후 3년이 지난 보일러로서 설치장소 변경검사 또는 재사용검사를 받은 보일러는 검사 후 1개월 이내에 운전성능검사를 받아야 한다.
② 보일러의 계속사용검사 중 운전성능검사에 대한 검사유효기간은 해당 보일러가 산업통상자원부장관이 정하여 고시하는 기준에 적합한 경우에는 3년으로 한다.
③ 개조검사 중 연료 또는 연소방법의 변경에 따른 개조검사의 경우에는 검사유효기간을 1년으로 한다.
④ 철금속가열로의 재사용검사의 검사유효기간은 1년으로 한다.

【해설】(2010-4회-64번 기출반복)

※ 검사의 유효기간. [에너지이용합리화법 시행규칙 별표3의5.]
❶ 설치 후 3년이 경과한 보일러로서 설치장소 변경검사 또는 재사용검사를 받은 보일러는 검사 후 1개월 이내에 운전성능검사를 받아야 한다.
② 보일러의 계속사용검사 중 운전성능검사에 대한 검사유효기간은 산업통상자원부장관이 고시하는 기준에 적합한 경우에는 **2년**으로 한다.
③ 개조검사 중 보일러의 연료 또는 연소방법의 변경에 따른 개조검사의 경우에는 검사유효기간을 **적용하지 않는다**.
④ 철금속가열로의 재사용검사는 **2년**으로 한다.

65. 에너지이용 합리화법령에 따라 에너지사용량이 대통령령이 정하는 기준량 이상이 되는 에너지다소비사업자는 전년도의 분기별 에너지사용량·제품생산량 등의 사항을 언제까지 신고하여야 하는가?

① 매년 1월 31일 ② 매년 3월 31일
③ 매년 6월 30일 ④ 매년 12월 31일

【해설】(2016-4회-67번 기출반복) [에너지이용합리화법 제31조 에너지다소비업자의 신고]

• 에너지사용량이 대통령령으로 정하는 기준량(2000 TOE) 이상인 에너지다소비업자는 산업통상자원부령으로 정하는 바에 따라 **매년 1월 31일까지** 그 에너지사용시설이 있는 지역을 관할하는 **시·도지사**에게 다음 사항을 신고하여야 한다.
  1. **전년도**의 분기별 에너지사용량·제품생산량
  2. **해당** 연도의 분기별 에너지사용예정량·제품생산예정량
  3. **전년도**의 분기별 에너지이용 합리화 실적 및 해당 연도의 분기별 계획
  4. 에너지사용기자재의 현황
  5. 에너지**관**리자의 현황

【key】❶ 전년도의 분기별 에너지사용량을 신고하는 것이므로 매년 1월 31일까지인 것이다.

66. 에너지이용 합리화법령상 산업통상자원부장관이 에너지저장의무를 부과할 수 있는 대상자의 기준으로 틀린 것은?

① 연간 1만 석유환산톤 이상의 에너지를 사용하는 자
② 전기사업법에 따른 전기사업자
③ 석탄산업법에 따른 석탄가공업자
④ 집단에너지사업법에 따른 집단에너지사업자

【해설】(2019-4회-68번 기출유사) [에너지이용합리화법 시행령 제12조.]
- 에너지수급 차질에 대비하기 위하여 산업통상자원부장관이 에너지저장의무를 부과할 수 있는 대상에 해당되는 자는 전기사업자, 도시가스사업자, 석탄가공업자, 집단에너지사업자, 연간 2만 TOE(석유환산톤) 이상의 에너지사용자이다.

  암기법 : 에이(2000), 쌍!~ 다소비네. 10배(20000) 저장해야지

67. 에너지이용 합리화법령에 따라 산업통상자원부령으로 정하는 광고매체를 이용하여 효율관리기자재의 광고를 하는 경우에는 그 광고내용에 동법에 따른 에너지소비효율 등급 또는 에너지소비효율을 포함하여야 한다. 이 때 효율관리기자재 관련 업자에 해당하지 않는 것은?

① 제조업자 ② 수입업자
③ 판매업자 ④ 수리업자

【해설】(2010-2회-65번 기출반복)
- 효율관리기자재의 **제조업자, 수입업자, 판매업자**가 산업통상자원부령으로 정하는 광고매체를 이용하여 효율관리기자재의 광고를 하는 경우에는 그 광고내용에 에너지소비효율등급 또는 에너지소비효율을 포함하여야 한다. [에너지이용합리화법 제15조4항.]

68. 신재생에너지법령상 신·재생에너지 중 의무공급량이 지정되어 있는 에너지 종류는?

① 해양에너지 ② 지열에너지
③ 태양에너지 ④ 바이오에너지

【해설】(2014-2회-64번 기출반복)
※ 신·재생에너지의 종류 및 의무공급량. [신에너지 및 재생에너지 개발·이용·보급 촉진법 시행령 별표4.]
1. 종류는 **태양에너지**(태양의 빛에너지를 변환시켜 전기를 생산하는 방식에 한정한다)
2. 연도별 의무 공급량

해당연도	의무공급량(단위 : GWh)
2012년	276
2013년	723
2014년	1,353
2015년 이후	1,971

66-① 67-④ 68-③

69. 신재생에너지법령상 바이오에너지가 아닌 것은?

① 식물의 유지를 변환시킨 바이오디젤
② 생물유기체를 변환시켜 얻어지는 연료
③ 폐기물의 소각열을 변환시킨 고체의 연료
④ 쓰레기매립장의 유기성폐기물을 변환시킨 매립지가스

【해설】(2014-4회-63번 기출반복)
　　　※ 바이오에너지의 범위　　[신에너지 및 재생에너지 개발·이용·보급 촉진법 제2조 별표1.]
　　　　1. 생물유기체를 변환시킨 바이오가스, 바이오에탄올, 바이오액화유 및 합성가스
　　　　2. 쓰레기매립장의 유기성폐기물을 변환시킨 매립지가스
　　　　3. 동물·식물의 유지(油脂)를 변환시킨 바이오디젤
　　　　4. 생물유기체를 변환시킨 땔감, 목재칩, 펠릿 및 목탄 등의 고체연료
　　❸ 폐기물의 소각열을 변환시킨 고체의 연료는 **폐기물에너지**에 속한다.

70. 용광로의 원료 중 코크스의 역할로 옳은 것은?

① 탈황작용　　　　　　　　　② 흡탄작용
③ 매용제(煤熔劑)　　　　　　④ 산화작용

【해설】(2013-4회-74번 기출반복)
　　　※ 용광로에 장입되는 주원료 물질의 역할.
　　　① 철광석 : 고로(용광로)에서 선철의 제조에 쓰이는 원료
　　　② 망간광석 : 탈황 및 탈산을 위해서 첨가된다.　　　　암기법 : 망황산
　　　③ 코크스 : 열원으로 사용되는 연료이며, 연소시 발생된 CO, H_2 등의 환원성 가스에 의해
　　　　　　　　산화철(FeO)을 환원시킴과 아울러 가스성분인 탄소의 일부는 선철 중에
　　　　　　　　흡수되는 **흡탄작용**으로 선철의 성분이 된다.　　암기법 : 코로호흡
　　　④ 석회석 : 철광석 중에 포함되어 있는 SiO_2, P 등을 흡수하고 용융상태의 광재를 형성하여
　　　　　　　　선철위에 떠서 철과 불순물이 잘 분리되도록 하는 매용제(媒溶劑) 역할을
　　　　　　　　한다.　　　　　　　　　　　　　　　　　　　　암기법 : 매점 매석

71. 단조용 가열로에서 재료에 산화스케일이 가장 많이 생기는 가열방식은?

① 반간접식　　　　　　　　　② 직화식
③ 무산화 가열방식　　　　　　④ 급속 가열방식

【해설】• 단조용 가열로의 재료의 가열방식 중 **직화식**(直火式, 직접 가열방식)은 가열실 내에서
　　　　연소를 시켜 직접 가열하는 방식으로 연료는 적게 들지만 불꽃과 직접 접촉하므로 공기
　　　　(산소)와의 접촉이 쉬워서 재료에 산화스케일이 가장 많이 발생하는 가열방식이다.

72. 고온용 무기질 보온재로서 석영을 녹여 만들며, 내약품성이 뛰어나고, 최고사용온도가 1100 ℃ 정도인 것은?

① 유리섬유(glass wool)　　② 석면(asbestos)
③ 펄라이트(pearlite)　　④ 세라믹 화이버(ceramic fiber)

【해설】(2015-2회-77번 기출반복)
❹ 세라믹 화이버는 석영을 녹여 만들었으며, 융점이 높고 내약품성이 우수하며 최고안전 사용온도는 약 1100 ~ 1300 ℃ 이다.

【참고】※ 최고 안전사용온도에 따른 무기질 보온재의 종류.

-50　-100　◀사▶　+100　+50
탄　G　암,　규　석면, 규산리 650필지의 세라믹화이버 무기공장
250, 300, 400, 500, 550,　　650℃↓　(×2배) 1300↓ 무기질
탄산마그네슘,
　　　　Glass울(유리섬유),
　　　　　암면
　　　　　　규조토, 석면, 규산칼슘
　　　　　　　　펄라이트(석면＋진주암),
　　　　　　　　　세라믹화이버

73. 보온이 안 된 어떤 물체의 단위면적당 손실열량이 1600 kJ/m²이었는데, 보온한 후에 단위면적당 손실열량이 1200 kJ/m²이라면 보온효율은 얼마인가?

① 1.33　　② 0.75　　③ 0.33　　④ 0.25

【해설】(2020-3회-74번 기출유사)

• 보온효율 $\eta = \dfrac{\Delta Q}{Q_1} = \dfrac{Q_1 - Q_2}{Q_1} = 1 - \dfrac{Q_2}{Q_1} = 1 - \dfrac{1200}{1600} = 0.25$

여기서, Q_1 : 보온 전 (나관일 때) 손실열량
Q_2 : 보온 후 손실열량

74. 내화물의 분류방법으로 적합하지 않는 것은?

① 원료에 의한 분류　　② 형상에 의한 분류
③ 내화도에 의한 분류　　④ 열전도율에 의한 분류

【해설】(2009-4회-73번 기출유사)

※ 내화물의 다양한 분류방법
① 원료의 종류에 의한 분류　　② 형상에 의한 분류
③ 내화도에 의한 분류　　④ 열처리법에 의한 분류
⑤ 화학조성에 따른 분류　　⑥ 주원료의 종류에 의한 분류

75. 고압 배관용 탄소 강관(KS D 3564)의 호칭지름의 기준이 되는 것은?

① 배관의 안지름
② 배관의 바깥지름
③ 배관의 $\dfrac{\text{안지름} + \text{바깥지름}}{2}$
④ 배관나사의 바깥지름

【해설】(2015-1회-72번 기출반복)

[산업통상자원부 국가기술표준원.] 금속(D)자재 관련 KS번호(KS D 3564) 및 KS기호(SPPH)
- 고압 배관용 탄소 강관(SPPH, carbon Steel Pipe High Pressure)은 사용온도 350 ℃ 이하, 사용압력 100 kgf/cm² 이상의 고압의 압력범위에서 사용이 가능하다.
  배관의 호칭은 A와 B로 표시하는데 (A)는 **배관의 바깥지름**을 mm 단위로 표시한 것이고, (B)는 인치(inch) 단위로 표시한 것이다.
  예를 들어 호칭지름 25A = 1B (바깥지름은 34.0 mm)으로 호칭지름은 실제치수는 아니며 대표성 이름일 뿐이다.

76. 배관의 신축이음에 대한 설명 중 틀린 것은?

① 슬리브형은 단식과 복식의 2종류가 있으며, 고온, 고압에 사용한다.
② 루프형은 고압에 잘 견디며, 주로 고압증기의 옥외 배관에 사용한다.
③ 벨로즈형은 신축으로 인한 응력을 받지 않는다.
④ 스위블형은 온수 또는 저압증기의 배관에 사용하며, 큰 신축에 대하여는 누설의 염려가 있다.

【해설】(2017-1회-80번 기출반복)

❶ 슬리브(Sleeve, 미끄럼)형은 슬리브와 본체사이에 석면으로 만든 패킹을 넣어 온수나 증기의 누설을 방지한다. 8 kgf/cm²이하의 공기, 가스, 기름배관에 사용하며 고온, 고압에는 부적당하다.
- 신축이음 중에 **단식과 복식**의 2종류가 있는 것은 **벨로즈**(Bellows)형이다.

77. 유체의 역류를 방지하여 한쪽 방향으로만 흐르게 하는 밸브로 리프트식과 스윙식으로 대별되는 것은?

① 회전밸브
② 게이트밸브
③ 체크밸브
④ 앵글밸브

【해설】(2016-4회-71번 기출반복)　　　　　　　　　　　암기법 : 책, 스리

❸ 체크밸브(Check valve)는 유체를 한쪽 방향으로만 흐르게 하고 역류를 방지하는 목적으로 사용되며, 밸브의 구조에 따라 스윙(swing)식과 리프트(lift)식이 있다.

75-② 　 76-① 　 77-③

78. 다음 중 전기로에 해당되지 않는 것은?

① 푸셔로 ② 아크로 ③ 저항로 ④ 유도로

【해설】(2011-2회-77번 기출반복)
❶ 푸셔(Pusher)식은 입구 측에서 밀어내어 이동시키면서 가열하는 방식의 연속식 강제 가열로이다.

79. 연소가스(화염)의 진행방향에 따라 요로를 분류할 때 종류로 옳은 것은?

① 연속식 가마 ② 도염식 가마
③ 직화식 가마 ④ 셔틀 가마

【해설】(2012-1회-72번 기출반복)　　　　　　　　　　　　암기법 : 불횡 승도
• 불연속식 가마는 화염의 진행방식에 따라 횡염식, 승염식, 도염식 으로 분류한다.

80. 고알루미나(high alumina)질 내화물의 특성에 대한 설명으로 옳은 것은?

① 내마모성이 적다. ② 하중 연화온도가 높다.
③ 고온에서 부피변화가 크다. ④ 급열, 급냉에 대한 저항성이 적다.

【해설】(2017-4회-70번 기출반복)
• 중성 내화물인 고알루미나(Al_2O_3계 50 % 이상)질 성분이 많을수록 고온에 잘 견딘다. 따라서, **하중 연화온도가** 높고, 고온에서 부피변화가 작고, 내화도·내마모성이 크다.

제5과목	열설비설계

81. 노통보일러에서 브레이징 스페이스란 무엇을 말하는가?

① 노통과 가셋트 스테이와의 거리 ② 관군과 가셋트 스테이와의 거리
③ 동체와 노통 사이의 최소거리 ④ 가셋트 스테이간의 거리

【해설】(2018-4회-100번 기출반복)
※ 브레이징-스페이스(Breathing space, 완충구역)
노통보일러의 경판에 부착하는 **거싯스테이 하단과 노통 상부 사이의 거리**를 말하며, 경판의 일부가 노통의 고열에 의한 신축에 따라 탄성작용을 하는 역할을 한다. 완충폭은 경판의 두께에 따라 달라지며, 최소한 230 mm 이상을 유지하여야 한다.

82. 연관의 바깥지름이 75 mm인 연관보일러 관판의 최소두께는 몇 mm 이상이어야 하는가?

① 8.5　　　　② 9.5　　　　③ 12.5　　　　④ 13.5

【해설】(2014-4회-81번 기출반복)

※ 연관보일러 관판의 최소두께 계산. [보일러 제조검사 기준 6.2]
　연관보일러 관판의 최소두께는 〈표 6.1〉의 값 이상이며,
　또한, **연관의 바깥지름이 38 ~ 102 mm인 경우**에는 다음 식의 값 이상이어야 한다.
　　$t = 5 + \dfrac{d}{10}$　　여기서 t : 관판의 최소두께(mm), d : 관 구멍의 지름(mm)

〈표 6.1〉 연관보일러 관판의 최소두께

관판의 바깥지름(mm)	관판의 최소두께(mm)
1350 이하	10
1350 초과 1850 이하	12
1850을 초과하는 것	14

∴ 최소두께 $t = 5 + \dfrac{d}{10} = 5 + \dfrac{75}{10} = 12.5$ mm 이상이어야 한다.

83. 보일러 부하의 급변으로 인하여 동 수면에서 작은 입자의 물방울이 증기와 혼입하여 튀어 오르는 현상을 무엇이라고 하는가?

① 캐리오버　　　② 포밍　　　③ 프라이밍　　　④ 피팅

【해설】(2017-2회-97번 기출반복)

❸ 보일러 부하가 갑자기 증가하면 증기발생량을 급작스럽게 많이 해야 하므로
기포가 거품상태로 다량 발생하게 되어 수면에서 파괴될 때 미세 물방울이 증기와 함께
혼입하여 튀어 올라 증기배관으로 송출되는 **프라이밍**(飛水, 비수)현상이 일어난다.

84. 맞대기 용접이음에서 질량 120 kg, 용접부의 길이가 3 cm, 판의 두께가 2 mm라 할 때 용접부의 인장응력은 몇 MPa 인가?

① 4.9　　　　② 19.6　　　　③ 196　　　　④ 490

【해설】(2015-4회-93번 기출유사)

※ 용접이음의 강도계산 중 맞대기 용접이음의 경우,
　　하중 $W = \sigma \cdot h \cdot \ell$
　　$120 \text{ kgf} = \sigma \times 2 \text{ mm} \times 30 \text{ mm}$
　∴ 인장응력 $\sigma = 2 \text{ kgf/mm}^2$
　　$= \dfrac{2\, kgf}{mm^2 \times \left(\dfrac{1\,m}{1000\,mm}\right)^2} \times \dfrac{0.101325\, MPa}{10332\, kgf/m^2} = 19.61 ≒ 19.6 \text{ MPa}$

85. 급수에서 ppm 단위에 대한 설명으로 옳은 것은?

① 물 1 mL 중에 함유한 시료의 양을 g 으로 표시한 것
② 물 100 mL 중에 함유한 시료의 양을 mg 으로 표시한 것
③ 물 1000 mL 중에 함유한 시료의 양을 g 으로 표시한 것
④ 물 1000 mL 중에 함유한 시료의 양을 mg 으로 표시한 것

【해설】 (2017-1회-96번 기출반복)

- ppm (parts per million, 백만분율) = mg/L = $\dfrac{mg}{L \times \dfrac{1000\,mL}{1\,L}}$ = mg/1000 mL

86. 다음 그림과 같이 길이가 L인 원통 벽에서 전도에 의한 열전달률 q[W]을 아래 식으로 나타낼 수 있다. 아래 식 중 R을 그림에 주어진 r_o, r_i, L로 표시하면? (단, k는 원통 벽의 열전도율이다.)

$$q = \frac{T_i - T_o}{R}$$

① $\dfrac{2\pi L}{\ln(r_o/r_i)k}$
② $\dfrac{\ln(r_o/r_i)}{2\pi L k}$
③ $\dfrac{2\pi L}{\ln(r_o - r_i)k}$
④ $\dfrac{\ln(r_o - r_i)}{2\pi L k}$

【해설】 (2020-4회-85번 기출유사)

- 원통형 배관에서의 손실열(전달열량) 계산공식   암기법: 손전온면두

$$Q = \frac{\Delta T}{R} = \frac{T_i - T_o}{R} = \frac{k \cdot \Delta T \cdot A_m}{d} = \frac{k \cdot \Delta T \cdot 2\pi L}{\ln\left(\dfrac{r_o}{r_i}\right)} = \frac{k \cdot 2\pi L (T_i - T_o)}{\ln\left(\dfrac{r_o}{r_i}\right)}$$

∴ 전도열저항 $R = \dfrac{\ln\left(\dfrac{r_o}{r_i}\right)}{2\pi L k}$

87. 보일러에 스케일이 1 mm 두께로 부착되었을 때 연료의 손실은 몇 % 인가?

① 0.5 ② 1.1 ③ 2.2 ④ 4.7

【해설】(2020-4회-84번 기출유사)

※ 스케일(Scale, 관석)의 두께에 따른 연료의 손실

스케일 두께(mm)	0.5	1	2	3	4	5	6
연료의 손실(%)	1.2	2.2	4	4.7	6.3	6.8	8.2

88. 급수펌프인 인젝터의 특징에 대한 설명으로 틀린 것은?

① 구조가 간단하여 소형에 사용된다.
② 별도의 소요동력이 필요하지 않다.
③ 송수량의 조절이 용이하다.
④ 소량의 고압증기로 다량의 급수가 가능하다.

【해설】(2016-4회-91번 기출반복)
- 보조급수장치의 일종인 **인젝터**(injector)는 구조가 간단하고 소형의 저압보일러에 사용되며 보조증기관에서 보내어진 증기로 급수를 흡입하여 증기분사력으로 급수를 토출하게 되므로 별도의 소요동력을 필요로 하지 않는다.(즉, 비동력 급수장치이다.)
또한, 급수를 예열할 수 있으므로 열효율이 높아진다.
그러나, 단점으로는 급수용량이 부족하고 급수에 시간이 많이 걸리므로 **송수량의 조절이 용이하지 않으며**, 증기압이 낮으면 급수가 곤란하며, 급수온도가 50 ℃ 이상으로 너무 높으면 증기와의 온도차가 적어져 분사력이 약해지므로 작동이 불가능하다.

89. 연관의 안지름이 140 mm이고, 두께가 5 mm일 때 연관의 최고사용압력은 약 몇 MPa 인가?

① 1.12 ② 1.63 ③ 2.25 ④ 2.83

【해설】(2013-1회-95번 기출유사)

※ 연관보일러에서 연관의 바깥지름이 150 mm 이하인 경우에 연관의 최소두께는 다음 식을 따른다. [보일러 제조검사 기준.]

$$t = \frac{P \cdot D}{70} + 1.5$$

여기서, t : 연관의 최소두께(mm), P : 최고사용압력(MPa)
D : 연관의 바깥지름(mm) = $d + 2t$ = 140 + 2 × 5 = 150 mm

$$5 = \frac{P \times 150}{70} + 1.5$$

이제, 네이버에 있는 에너지아카데미 카페의 "방정식 계산기 사용법"을 익혀서 입력해 주면

∴ 최고사용압력 P = 1.633 ≒ **1.63 MPa**

90. 다음 중 용해 경도성분 제거방법으로 적절하지 않은 것은?

① 침전법　　② 소다법　　③ 석회법　　④ 이온법

【해설】(2017-4회-96번 기출유사)
❶ 침전법은 보일러수 중에 용해되지 않는 불순물(유지분이나 부유물)인 현탁질 고형물의 제거 방법에 속한다.

91. 최고사용압력 1.5 MPa, 파형 형상에 따른 정수(C)를 1100, 노통의 평균 안지름이 1100 mm일 때, 파형노통 판의 최소 두께는 몇 mm인가?

① 12　　② 15　　③ 24　　④ 30

【해설】(2017-4회-85번 기출반복)　　　　　　　　암기법 : 노 PD = C·t 촬영
- 파형노통의 최소두께 산출은 다음 식으로 계산한다.
  P·D = C·t　여기서, 사용압력단위(kg/cm²), 지름단위(mm)인 것에 주의해야 한다.
  $1.5 \, MPa \times \dfrac{1 \, kg/cm^2}{0.1 \, MPa} \times 1100 \, mm = 1100 \times t$, ∴ 최소두께 t = 15 mm

92. 육용강제 보일러에서 오목면에 압력을 받는 스테이가 없는 접시형 경판으로 노통을 설치할 경우, 경판의 최소 두께 t(mm)를 구하는 식으로 옳은 것은?

(단, P : 최고 사용압력(MPa)
　　R : 접시모양 경판의 중앙부에서의 내면 반지름(mm)
　　σ_a : 재료의 허용 인장응력(MPa)
　　η : 경판자체의 이음효율, A : 부식여유(mm)이다.)

① $t = \dfrac{PR}{1.5 \, \sigma_a \eta} + A$　　　② $t = \dfrac{1.5 \, PR}{(\sigma_a + \eta) A}$

③ $t = \dfrac{PA}{1.5 \, \sigma_a \eta} + R$　　　④ $t = \dfrac{AR}{\sigma_a \eta} + 1.5$

【해설】(2018-2회-87번 기출반복)　　　　　　　[경판 및 평판의 강도 설계 규정.]
※ 접시형 경판으로 노통을 설치할 경우 다음 식을 따른다.
　　P·D = 1.5 σ_a · (t - C) × η
　　여기서, 압력단위(MPa), 지름 및 두께의 단위(mm)인 것에 주의해야 한다.
　　C는 부식여유 두께로 보통은 1 mm 정도로 한다.
∴ 최소두께 $t = \dfrac{PD}{1.5 \, \sigma_a \eta} + C$ → 문제에서 제시된 기호로 표현하면, $t = \dfrac{PR}{1.5 \, \sigma_a \eta} + A$

90-① 　91-② 　92-①

93. 상당증발량이 5.5 t/h, 연료소비량이 350 kg/h인 보일러의 효율은 약 몇 %인가? (단, 효율 산정 시 연료의 저위발열량 기준으로 하며, 값은 40000 kJ/kg이다.)

① 38   ② 52   ③ 65   ④ 89

【해설】(2016-1회-81번 기출유사)　　　　　　　　　　　　암기법 : (효율좋은) 보일러 사저유

- 보일러 열효율 $\eta = \dfrac{Q_s}{Q_{in}} = \dfrac{\text{유효출열(발생증기의 흡수열)}}{\text{총입열량}} \times 100$

$= \dfrac{w_2(H_2 - H_1)}{m_f \cdot H_\ell} \times 100$

한편, 상당증발량(w_e)과 실제증발량(w_2)의 관계식
$w_e \times 539 = w_2 \times (H_2 - H_1)$ 이므로

$= \dfrac{w_e \times 539}{m_f \cdot H_\ell} \times 100$

$= \dfrac{5.5 \times 10^3 \, kg/h \times 539 \, kcal/kg \times \dfrac{4.1868 \, kJ}{1 \, kcal}}{350 \, kg/h \times 40000 \, kJ/kg} \times 100$

$= 88.65 ≒ 89 \%$

94. 보일러 사고의 원인 중 제작상의 원인으로 가장 거리가 먼 것은?

① 재료불량　　　　　　　　② 구조 및 설계불량
③ 용접불량　　　　　　　　④ 급수처리불량

【해설】(2018-2회-100번 기출반복)
　※ 보일러 운전 중 사고의 원인
　　• **제작상의 원인** – 재료불량, 구조불량, 설계불량, 용접불량, 강도부족, 부속장치 미비.
　　• **취급상의 원인** – 압력초과, 저수위사고, **급수처리불량**, 부식, 과열, 부속장치 정비불량, 가스폭발 등

95. 노통보일러의 설명으로 틀린 것은?

① 구조가 비교적 간단하다.
② 노통에는 파형과 평형이 있다.
③ 내분식 보일러의 대표적인 보일러이다.
④ 코르니쉬 보일러와 랭카셔 보일러의 노통은 모두 1개이다.

【해설】(2019-4회-83번 기출유사)　　　　　　　　　　　　　　　　암기법 : 노랭코
　• **노통식 보일러의 종류** : **랭**카셔 보일러(노통이 **2**개), **코**르니쉬 보일러(노통이 **1**개)

96. 보일러 내처리를 위한 pH 조정제가 아닌 것은?

① 수산화나트륨 ② 암모니아
③ 제1인산나트륨 ④ 아황산나트륨

【해설】(2016-2회-87번 기출유사)

❹ 아황산나트륨은 탈산소제로 쓰이는 약품이다.

【key】※ 보일러 급수 내처리에 사용되는 약품 및 작용

① pH 조정제
　㉠ 낮은 경우 : (염기로 조정)　암기법 : 모니모니해도 탄산소다가 제일인가봐
　　　암모니아,　탄산소다,　가성소다(수산화나트륨),　제1인산소다.
　　　NH_3　　Na_2CO_3　　$NaOH$　　　　　　　Na_3PO_4
　㉡ 높은 경우 : (산으로 조정)　암기법 : 높으면, 인황산!~
　　　인산,　황산.
　　　H_3PO_4,　H_2SO_4

② 탈산소제　　　　　　　암기법 : 아황산, 히드라 산소, 탄니?
　: 아황산소다(아황산나트륨, Na₂SO₃), 히드라진(고압), 탄닌.

③ 슬럿지 조정　　　　　암기법 : 슬며시, 리그들 녹말 탄니?
　: 리그린, 녹말, 탄닌.

④ 경수연화제　암기법 : 연수(부드러운 염기성) ∴ pH조정의 "염기"를 가리킴.
　: 탄산소다(탄산나트륨), 가성소다(수산화나트륨), 인산소다(인산나트륨)

⑤ 기포방지제
　: 폴리아미드, 고급지방산알코올

⑥ 가성취화방지제
　: 질산나트륨, 인산나트륨, 리그린, 탄닌

97. 실제증발량이 1800 kg/h인 보일러에서 상당증발량은 약 몇 kg/h 인가? (단, 증기엔탈피와 급수엔탈피는 각각 2780 kJ/kg, 80 kJ/kg 이다.)

① 1210　② 1480　③ 2020　④ 2150

【해설】(2015-1회-98번 기출유사)

- 상당증발량(w_e)과 실제증발량(w_2)의 관계식
　$w_e \times 539 = w_2 \times (H_2 - H_1)$ 에서,
　$w_e \times 539 \text{ kcal/kg} \times \dfrac{4.1868\, kJ}{1\, kcal} = 1800 \text{ kg/h} \times (2780 - 80) \text{ kJ/kg}$
　∴ 상당증발량 w_e = 2153.6 ≒ 2150 kg/h

98. 노벽의 두께가 200 mm 이고, 그 외측은 75 mm의 보온재로 보온되어 있다. 노벽의 내부온도가 400 ℃이고, 외측온도가 38 ℃일 경우 노벽의 면적이 10 m² 라면 열손실은 약 몇 W인가?
    (단, 노벽과 보온재의 평균 열전도율은 각각 3.3 W/m·℃, 0.13 W/m·℃이다.)

① 4678　　　② 5678　　　③ 6678　　　④ 7678

【해설】 (2011-1회-93번 기출반복)　　　　　　　　　　　　암기법 : 교관온면

- 평면벽의 손실열량 $Q = K \cdot \Delta t \cdot A$

$$\text{한편, 총괄전열계수 } K = \frac{1}{\sum R} = \frac{1}{\sum \frac{d}{\lambda}} = \frac{1}{\frac{d_1}{\lambda_1} + \frac{d_2}{\lambda_2}}$$

$$= \frac{1}{\frac{0.2}{3.3} + \frac{0.075}{0.13}} \times (400 - 38) \times 10$$

$$= 5678.17 ≒ 5678 \text{ W}$$

99. 횡연관식 보일러에서 연관의 배열을 바둑판 모양으로 하는 주된 이유는?

① 보일러 강도 증가　　　② 증기발생 억제
③ 물의 원활한 순환　　　④ 연소가스의 원활한 흐름

【해설】 (2013-4회-97번 기출유사)

- 원통형의 다른 보일러(노통보일러, 노통연관식 보일러)에 비하여 횡연관식 보일러는 보유수량이 적은 편이므로 증기발생속도가 빠르다. 따라서 연관의 배열을 바둑판 모양으로 규칙적으로 배치하는 주된 이유는 **보일러수의 순환을 빠르게 흐르도록 촉진**하기 위해서이다.

100. 보일러 안전사고의 종류가 아닌 것은?

① 노통, 수관, 연관 등의 파열 및 균열
② 보일러 내의 스케일 부착
③ 동체, 노통, 화실의 압궤 및 수관, 연관 등 전열면의 팽출
④ 연도나 노 내의 가스폭발, 역화 그 외의 이상연소

【해설】 (2018-4회-97번 기출반복)

❷ 보일러 내의 스케일 부착은 열전도율을 감소시켜 보일러 효율을 저하시키는 **장해 현상**이다.

2021년 제2회 에너지관리기사
(2021.5.15. 시행)

평균점수

제1과목 연소공학

1. 다음 가스 중 저위발열량(MJ/kg)이 가장 낮은 기체는?

① 수소 ② 메탄 ③ 일산화탄소 ④ 에탄

【해설】(2009-4회-2번 기출유사)
  ※ 저위발열량(kcal/kg당)의 비교
  • 수소(28600), 메탄(11950), 에탄(11530), 프로판(10980), 아세틸렌(10970), 부탄(10920), 일산화탄소(2420)

【참고】 기체 연료의 발열량 순서.(저위발열량 기준)   암기법 : 수메중, 부체
  ① 단위체적당 (kcal/Nm³) : 부(LPG) 〉 프 〉 에 〉 아 〉 메 〉 일 〉 수
      부탄〉부틸렌〉프로판〉프로필렌〉에탄〉에틸렌〉아세틸렌〉메탄〉일산화탄소〉수소
  ② 단위중량당 (kcal/kg)   : 일 〈 부 〈 아 〈 프 〈 에 〈 메(LNG) 〈 수

【참고】 가스연료의 열량은 단위체적(Nm³), 단위중량(kg)에 따라 발열량이 다르다.
  그 이유는 아보가드로 법칙에 의한 것인데, 체적은 똑같이 1 kmol의 체적이 22.4 Nm³로 같지만 그 체적에서의 질량(분자량)은 서로 다르기 때문에 발생한다.

2. 저질탄 또는 조분탄의 연소방식이 아닌 것은?

① 분무식   ② 산포식
③ 쇄상식   ④ 계단식

【해설】(2014-1회-18번 기출반복)
  ※ 고체연료의 스토커(Stoker : 기계로 넣기) 연소.
    - 국산 무연탄과 같이 발열량이 적은 저질탄의 연소에는 스토커 연소장치 및 미분탄 연소장치가 사용된다.
    • 스토커 형식 : 산포(散布)식, 계단(階段)식, 쇄상(鎖床)식, 하급(下級)식
    ❶항의 "분무식"은 액체연료의 연소방식이다.

3. 액체연료 연소장치 중 회전식 버너의 특징에 대한 설명으로 틀린 것은?

① 분무각은 10 ~ 40° 정도이다.
② 유량조절범위는 1 : 5 정도이다.
③ 자동제어에 편리한 구조로 되어 있다.
④ 부속설비가 없으며 화염이 짧고 안정한 연소를 얻을 수 있다.

【해설】(2017-2회-16번 기출반복)   암기법 : 버너회사 팔분, 오영삼

❶ 분무각은 안내깃 등의 각도에 따라 40 ~ 80° 정도로 비교적 넓은 범위로 변화한다.
② 유량조절범위는 1 : 5 정도로 비교적 넓다.
③ 설비가 간단하여 자동제어에 편리한 구조로 되어 있다.
④ 부속설비가 없으며, 중유와 공기의 혼합이 양호하므로 화염이 짧고 연소가 안정하다.
⑤ 분무컵의 회전수는 3,000 ~ 10,000 rpm 정도이다.
⑥ 점도가 작을수록 분무가 잘 되므로, 점도가 큰 C-중유와 B-중유는 오일-프리히터(오일 예열기)로 연료를 예열하여 사용하게 된다.
⑦ 연료사용유압은 0.3 ~ 0.5 kg/cm^2 (30 ~ 50 kPa) 정도로 가압하여 공급한다.

4. 고체연료의 공업분석에서 고정탄소를 산출하는 식은?

① 100 - [수분(%) + 회분(%) + 질소(%)]
② 100 - [수분(%) + 회분(%) + 황분(%)]
③ 100 - [수분(%) + 황분(%) + 휘발분(%)]
④ 100 - [수분(%) + 회분(%) + 휘발분(%)]

【해설】(2018-1회-15번 기출반복)   암기법 : 고백마, 휘수회

고체연료(석탄)에 대해서는 비교적 간단하게 공업분석을 행하여 널리 사용되는데, 공업분석이란 휘발분·수분·회분을 측정하고 고정탄소는 다음과 같이 계산에 의해 구한다.

• 고정탄소(%) = 100 - (휘발분 + 수분 + 회분)

5. 연돌에서의 배기가스 분석결과 CO_2 14.2%, O_2 4.5%, CO 0%일 때 탄산가스의 최대량 [CO_2]max(%)는?

① 10   ② 15   ③ 18   ④ 20

【해설】(2018-4회-1번 기출반복)

• 완전연소일 경우에는 연소가스 분석 결과 CO가 없으므로 공기비 공식 중에서 O_2(%)로만

$$m = \frac{CO_{2\,max}}{CO_2} = \frac{21}{21 - O_2}$$ 으로 간단히 계산한다.

$$\frac{CO_{2\,max}}{14.2} = \frac{21}{21 - 4.5}$$

∴ $CO_{2\,max}$ = 18.07 ≒ 18%

6. 연소실에서 연소된 연소가스의 자연통풍력을 증가시키는 방법으로 틀린 것은?

① 연돌의 높이를 높인다.   ② 배기가스의 비중량을 크게 한다.
③ 배기가스의 온도를 높인다.   ④ 연도의 길이를 짧게 한다.

【해설】(2015-1회-8번 기출반복)
- 통풍력 : 연돌(굴뚝)내의 배기가스와 연돌밖의 외부공기와의 밀도차(비중량차)에 의해 생기는 압력차를 말하며 단위는 mmAq를 쓴다.
- 통풍력 $Z = P_2 - P_1$ 여기서, P_2 : 굴뚝 외부공기의 압력
  P_1 : 굴뚝 하부(유입구)의 압력
  $= (\gamma_a - \gamma_g) h$ 여기서, γ_a : 외부공기의 비중량
  γ_g : 배기가스의 비중량
  h : 굴뚝의 높이
  $= \left(\dfrac{273 \gamma_a}{273 + t_a} - \dfrac{273 \gamma_g}{273 + t_g} \right) h$ 여기서, t_a : 대기의 온도(℃)
  t_g : 배기가스의 온도(℃)
- 공기의 기압이 높을수록, 배기가스의 온도가 높을수록, 굴뚝의 높이가 높을수록, **배기가스의 비중량이 작을수록**, 외기온도가 낮을수록, 공기중의 습도가 낮을수록, 연도의 길이가 짧을수록(통풍마찰저항이 작을수록) 통풍력은 증가한다.

7. 액체연료가 갖는 일반적인 특징이 아닌 것은?

① 연소온도가 높기 때문에 국부과열을 일으키기 쉽다.
② 발열량은 높지만 품질이 일정하지 않다.
③ 화재, 역화 등의 위험이 크다.
④ 연소할 때 소음이 발생한다.

【해설】(2015-1회-19번 기출반복)
- 액체연료의 주종을 이루고 있는 것은 석유계로서 발열량이 높은 게 특징이며, 유체인 (액체·기체) 연료이므로 유동성에 의해 그 품질은 고체에 비해서 훨씬 균일하다.

8. 황 2 kg을 완전연소 시키는데 필요한 산소의 양은 몇 Nm^3 인가?
   (단, S의 원자량은 32 이다.)

① 0.70   ② 1.00   ③ 1.40   ④ 3.33

【해설】(2008-1회-1번 기출유사)
- 황(S) 연료의 완전연소 반응식을 먼저 써놓는다.
  $S \quad + \quad O_2 \quad \rightarrow \quad SO_2$
  (1 kmol)   (1 kmol)   (1 kmol)
  32 kg   (22.4 Nm^3)   (22.4 Nm^3)
- 황 2 kg의 이론산소량 $O_0 = \dfrac{22.4 \, Nm^3}{16 \, kg} = 1.40 \, Nm^3/kg$

6-②   7-②   8-③

9. 위험성을 나타내는 성질에 관한 설명으로 옳지 않은 것은?

① 착화온도와 위험성은 반비례한다.
② 비등점이 낮으면 인화 위험성이 높아진다.
③ 인화점이 낮은 연료는 대체로 착화온도가 낮다.
④ 물과 혼합하기 쉬운 가연성 액체는 물과의 혼합에 의해 증기압이 높아져 인화점이 낮아진다.

【해설】(2019-1회-13번 기출반복)

❹ 물과 혼합하기 쉬운 가연성 액체는 물과의 혼합에 의해 액체의 비중이 커져서 **가연성 증기의 압력이 낮아지므로 인화점은 높아진다.**

10. 다음 연소 반응식 중에서 틀린 것은?

① $CH_4 + 2O_2 \rightarrow CO_2 + 2H_2O$
② $C_2H_6 + 3\frac{1}{2}O_2 \rightarrow 2CO_2 + 3H_2O$
③ $C_3H_8 + 5O_2 \rightarrow 3CO_2 + 4H_2O$
④ $C_4H_{10} + 9O_2 \rightarrow 4CO_2 + 5H_2O$

【해설】(2017-4회-13번 기출유사)   암기법 : 3,4,5   암기법 : 4,5, 6.5

- 탄화수소의 완전연소반응식 $C_mH_n + \left(m + \frac{n}{4}\right)O_2 \rightarrow mCO_2 + \frac{n}{2}H_2O$ 를 이용하여,
  ① 메탄 : $CH_4 + 2O_2 \rightarrow CO_2 + 2H_2O$
  ② 에탄 : $C_2H_6 + 3.5O_2$ (또는, $3\frac{1}{2}O_2$) $\rightarrow 2CO_2 + 3H_2O$
  ③ 프로판 : $C_3H_8 + 5O_2 \rightarrow 3CO_2 + 4H_2O$
  ❹ 부탄 : $C_4H_{10} + 6.5O_2 \rightarrow 4CO_2 + 5H_2O$

11. 매연을 발생시키는 원인이 아닌 것은?

① 통풍력이 부족할 때
② 연소실 온도가 높을 때
③ 연료를 너무 많이 투입했을 때
④ 공기와 연료가 잘 혼합되지 않을 때

【해설】(2018-1회-6번 기출반복)   암기법 : 숯!~ (연소실의) 온용운은 통 ↓ (이 작다)

※ 매연(Soot, 그을음, 분진, CO 등) 발생원인
  ① 연소실의 **온**도가 낮을 때
  ② 연소실의 **용**적이 작을 때
  ③ **운**전관리자의 운전미숙일 때
  ④ **통**풍력이 작을 때
  ⑤ 연료의 예열온도가 맞지 않을 때
  ⑥ 연소장치가 불량한 때.(공기와 연료가 잘 혼합되지 않을 때)
  ⑦ 연료의 질이 나쁠 때.
  ⑧ 연료를 너무 많이 투입했을 때

12. 연소 배기가스의 분석결과 CO_2의 함량이 13.4 % 이다. 벙커C유(55L/h)의 연소에 필요한 공기량은 약 몇 Nm^3/min 인가?

(단, 벙커C유의 이론공기량은 12.5 Nm^3/kg 이고, 밀도는 0.93 g/cm^3 이며 ${\{CO_2\}}_{max}$는 15.5 % 이다.)

① 12.33   ② 49.03   ③ 63.12   ④ 73.99

【해설】 (2010-1회-18번 기출반복)

- $A = m A_0 \times F$
  (여기서 A : 실제공기량, m : 공기비, A_0 : 이론공기량, F : 사용연료량)

  $= m A_0 \times (V \cdot d)$
  (여기서 V : 체적은 L로 측정, d : 밀도의 단위는 g/cm^3)

  한편, 공기비 $m = \dfrac{CO_{2\,max}}{CO_2} = \dfrac{15.5\,\%}{13.4\,\%} = 1.1567$

  $= 1.1567 \times 12.5\,Nm^3/kg \times 55\,L/h \times 0.93\,g/cm^3$

  $= 1.1567 \times 12.5\,Nm^3/kg \times \dfrac{55\,L \times \dfrac{10^3 cm^3}{1\,L}}{h \times \dfrac{60\,min}{1\,h}} \times \dfrac{0.93\,g \times \dfrac{1\,kg}{10^3\,g}}{cm^3}$

  $= 12.326 ≒ 12.33\,Nm^3/min$

【참고】 단위의 환산을 틀리지 않게 하려면 단위를 소거시켜 나가는 방식으로 하면 좋다!
에너지관리기사 실기시험에서도 매우 유용하게 써먹을 수 있으니 적극 활용하기 바랍니다.

13. 수소가 완전 연소하여 물이 될 때, 수소와 연소용 산소와 물의 몰(mol)비는?

① 1 : 1 : 1   ② 1 : 2 : 1   ③ 2 : 1 : 2   ④ 2 : 1 : 3

【해설】 (2018-2회-14번 기출반복)

- 수소의 완전연소 연소반응식 $H_2 + \dfrac{1}{2} O_2 \rightarrow H_2O$
  (1 mol)   (0.5 mol)   (1 mol)

  ∴ 몰수비(수소 : 산소 : 물) $= 1 : \dfrac{1}{2} : 1 = \dfrac{2 : 1 : 2}{2} = 2 : 1 : 2$

14. 폐열회수에 있어서 검토해야 할 사항이 아닌 것은?

① 폐열의 증가 방법에 대해서 검토한다.
② 폐열회수의 경제적 가치에 대해서 검토한다.
③ 폐열의 양 및 질과 이용 가치에 대해서 검토한다.
④ 폐열회수 방법과 이용 방안에 대해서 검토한다.

【해설】 (2011-1회-15번 기출반복)

❶ 폐열의 감소 방법에 대해서 검토하여야 연료를 절감할 수 있다.

15. 프로판(C_3H_8) 및 부탄(C_4H_{10})이 혼합된 LPG를 건조공기로 연소시킨 가스를 분석하였더니 CO_2 11.32%, O_2 3.76%, N_2 84.92%의 조성을 얻었다. LPG 중의 프로판의 부피는 부탄의 약 몇 배인가?

① 8 배　　　② 11 배　　　③ 15 배　　　④ 20 배

【해설】(2014-2회-8번 기출반복)
- 연소가스를 분석한 결과 O_2 (3.76%)가 존재하므로 과잉공기임을 알 수 있으며, H_2O의 체적비율이 없는 이유는 생성된 H_2O를 흡수탑에서 흡수 제거시키고 나온 가스를 분석한 것을 의미하는 것이다.
- 기체에서 분자식 앞의 계수는 부피비(또는, 몰수)를 뜻한다.
- 화학식 $m\,C_3H_8 + n\,C_4H_{10} + x\left(O_2 + \dfrac{79}{21}N_2\right) \rightarrow 11.32\,CO_2 + 3.76\,O_2 + y\,H_2O + 84.92\,N_2$

　한편, 반응 전·후의 원자수는 일치해야 하므로
　C : 3m + 4n = 11.32 ---------------- ①
　H : 8m + 10n = 2y ---------------- ②
　N_2 : 3.76 x = 84.92 에서, x = 22.585
　O : 2x = 11.32 × 2 + 3.76 × 2 + y 에서 y = 15.01 ≒ 15
　C : 3m + 4n = 11.32 ---------------- ①'
　H : 8m + 10n = 2 × 15 ---------------- ②'

　②' 식의 $m = \dfrac{30 - 10n}{8}$ 을 ①'에 대입하여 계산기를 두드리면,

　∴ n = 0.28, m = 3.4

따라서, 프로판 : 부탄의 부피비 = $\dfrac{3.4}{3.4 + 0.28}$: $\dfrac{0.28}{3.4 + 0.28}$

= 0.9239 : 0.0760 ≒ 92% : 8% = 11.5 ≒ **11 배**

---

16. 기체연료의 저장방식이 <u>아닌</u> 것은?

① 유수식　　　　　　② 고압식
③ 가열식　　　　　　④ 무수식

【해설】(2017-1회-16번 기출반복)
- 가스(Gas)를 제조량과 공급/수요량을 조절하고, 균일한 품질을 유지시키기 위해 일시적으로 압력탱크인 가스홀더(Holder)에 저장하여 두고 공급하며, 구조에 따라 다음과 같이 분류한다.
  ① 유수식(流水式) 홀더 - 물통 속에 뚜껑이 있는 원통을 설치하여 저장한다.
  ② 무수식(無水式) 홀더 - 다각통형과 원형의 외통과 그 내벽을 위, 아래로 유동하는 피스톤이 가스량의 증감에 따라 오르내리도록 하여 저장한다.
  ③ 압력식 홀더 - 저압식의 원통형 홀더와 고압식의 구형 홀더로서 저장량은 가스의 압력변화에 따라 증감된다.

【key】❸ 가스를 가열하는 것은 폭발의 위험성이 크므로 절대 엄금사항이다.

17. CH_4와 공기를 사용하는 열 설비의 온도를 높이기 위해 산소(O_2)를 추가로 공급하였다. 연료 유량 $10\,Nm^3/h$의 조건에서 완전연소가 이루어졌으며, 수증기 응축 후 배기가스에서 계측된 산소의 농도가 5%이고 이산화탄소(CO_2)의 농도가 10%라면, 추가로 공급된 산소의 유량은 약 몇 Nm^3/h인가?

① 2.4   ② 2.9   ③ 3.4   ④ 3.9

【해설】
- 위 문제는 〈가답안〉 발표 시 수험자들로부터 정답이 없는 것으로 이의제기가 아주 많았던 문제로서, 메탄의 완전연소가 과잉공기에 의한 것이 아니고 온도를 높이기 위해 추가로 공급된 산소(O_2)에 의해 이루어진 것임에 유의해서 풀이를 하여야 하는데 수험자들이 그 점을 간과한 채로 섣불리 판단하였음을 본 저자가 올바로 지적해 준 바 있음을 밝혀두는 바이다!

- 메탄(CH_4)의 완전연소반응식 : $CH_4\ +\ 2O_2\ \rightarrow\ CO_2\ +\ 2H_2O$ 에서
  $\qquad\qquad\qquad\qquad\ (10\,Nm^3)\ \ (20\,Nm^3)\ \ \ (10\,Nm^3)\ \ (20\,Nm^3,\,응축됨)$

  배기가스 중 CO_2의 농도(vol%) = 10% 라고 제시되었으므로 그 체적은 $10\,Nm^3$ 이다.
  배기가스 중 O_2의 농도(vol%) = 5% 라고 제시되었으므로 그 체적은 $5\,Nm^3$ 이다.
  한편, 메탄(CH_4)과 반응한 공기 중의 질소(N_2)의 농도(vol%)
  $\quad N_2(\%) = 100 - (CO_2 + O_2 + CO) = 100 - (10 + 5 + 0) = 85\%$
  따라서, N_2의 체적은 $85\,Nm^3$ 이다.

  이제, 산소(O_2)를 추가로 공급하기 전의 질소량이 $85\,Nm^3$ 이었으므로 공기에 들어 있던 산소(O_2)량을 공기 중의 질소와 산소의 체적비를 이용하여 구하면
  $\dfrac{O_2}{N_2} = \dfrac{21}{79}$ 에서, $O_2 = \dfrac{21}{79} \times 85\,Nm^3 = 22.59 ≒ 22.6\,Nm^3$

  배기가스로 배출된 O_2의 체적 = 공기 중 O_2의 체적 - 이론산소량(O_0)
  $\qquad\qquad\qquad\qquad\qquad\ = 22.6\,Nm^3 - 20\,Nm^3$
  $\qquad\qquad\qquad\qquad\qquad\ = 2.6\,Nm^3$

  ∴ 추가로 공급된 O_2의 체적 = 배기가스 중 O_2의 총체적 - 공기에서 배출된 O_2의 체적
  $\qquad\qquad\qquad\qquad\quad\ = 5\,Nm^3 - 2.6\,Nm^3$
  $\qquad\qquad\qquad\qquad\quad\ = 2.4\,Nm^3$

---

18. 폭굉(detonation)현상에 대한 설명으로 옳지 <u>않은</u> 것은?

① 확산이나 열전도의 영향을 주로 받는 기체역학적 현상이다.
② 물질 내에 충격파가 발생하여 반응을 일으킨다.
③ 충격파에 의해 유지되는 화학 반응 현상이다.
④ 반응의 전파속도가 그 물질 내에서 음속보다 빠른 것을 말한다.

【해설】(2017-4회-17번 기출반복)
※ 폭굉(detonation, 데토네이션) 현상
- 화염의 전파속도가 음속(340m/s)보다 빠르며(1000 ~ 3500 m/s) 반응대가 충격파와 일체가 되어 파면 선단에서 심한 파괴작용을 동반하는 연소 폭발현상을 말한다.
❶ 폭굉은 확산이나 열전도에 따른 역학적 현상이 아니라,
  화염의 빠른 전파에 의해 발생하는 **충격파(압력파)**에 의한 역학적 현상이다.

19. 탄소 1 kg을 완전 연소시키는 데 필요한 공기량은 몇 Nm^3 인가?

① 22.4　　　② 11.2　　　③ 9.6　　　④ 8.89

【해설】(2019-2회-5번 기출반복)
- 탄소의 완전연소 반응식 :　　C　　　+　　O₂　　　→　　CO₂
　　　　　　　　　　　　　　(1 kmol)　:　(1 kmol)
　　　　　　　　　　　　　　(12 kg)　:　($22.4\ Nm^3$)　:　($22.4\ Nm^3$)
　　　　　　　　　　　　　　1 kg　　:　$1.867\ Nm^3$　:　$1.867\ Nm^3$

- 이론공기량 $A_0 = \dfrac{O_0\,[Nm^3/kg]}{0.21} = \dfrac{1.867}{0.21} = 8.8904 ≒ 8.89\ Nm^3/kg$

20. 중유의 탄수소비가 증가함에 따른 발열량의 변화는?

① 무관하다.　　　　　　② 증가한다.
③ 감소한다.　　　　　　④ 초기에는 증가하다가 점차 감소한다.

【해설】(2012-1회-5번 기출반복)
- 석유계 연료의 탄수소비 $\left(\dfrac{C}{H}\right)$ 가 증가하면 (즉, C가 많아지고 H는 적어지게 되면) 비중이 커지고 **발열량은 감소**하게 된다.
　왜냐하면, 원소의 단위중량당 발열량은 고위발열량을 기준으로 탄소 C (8100 kcal/kg), 수소 H (34000 kcal/kg) 이다. 따라서, 탄소가 수소보다 발열량이 작다.

제2과목　　　열역학

21. 20 ℃의 물 10 kg을 대기압 하에서 100 ℃의 수증기로 완전히 증발시키는데 필요한 열량은 약 몇 kJ 인가?
(단, 수증기의 증발잠열은 2257 kJ/kg 이고, 물의 평균비열은 4.2 kJ/kg · K이다.)

① 800　　　② 6190　　　③ 25930　　　④ 61900

【해설】(2016-1회-40번 기출반복)
- 가열 열량 Q = 현열 + 잠열
　　　　　　　= $mc\Delta t + mR$
　　　　　　　= 10 kg × 4.2 kJ/kg℃ × (100 − 20)℃ + 10 kg × 2257 kJ/kg
　　　　　　　≒ 25930 kJ

22. 노즐에서 임계상태에서의 압력을 P_c, 비체적을 v_c, 최대유량을 G_c, 비열비를 k라 할 때, 임계 단면적에 대한 식으로 옳은 것은?

① $2G_c\sqrt{\dfrac{v_c}{kP_c}}$ ② $G_c\sqrt{\dfrac{v_c}{2kP_c}}$ ③ $G_c\sqrt{\dfrac{v_c}{kP_c}}$ ④ $G_c\sqrt{\dfrac{2v_c}{kP_c}}$

【해설】• 노즐을 통과하는 최대유량 $G_c = A_c\sqrt{k\left(\dfrac{2}{k+1}\right)^{\frac{k+1}{k-1}} \times \dfrac{P_1}{v_1}}$

$= A_c\sqrt{\dfrac{k \cdot P_c}{v_c}}$ 이므로,

노즐 최소단면적(임계단면적) $A_c = G_c \times \sqrt{\dfrac{v_c}{k \cdot P_c}}$

23. 증기압축 냉동사이클을 사용하는 냉동기에서 냉매의 상태량은 압축 전·후 엔탈피가 각각 379.11 kJ/kg와 424.77 kJ/kg이고 교축팽창 후 엔탈피가 241.46 kJ/kg이다. 압축기의 효율이 80%, 소요 동력이 4.14 kW라면 이 냉동기의 냉동용량은 약 몇 kW인가?

① 6.98   ② 9.98   ③ 12.98   ④ 15.98

【해설】(2020-4회-39번 기출유사)

• 냉동사이클의 성적계수 COP $= \dfrac{Q_2}{W_c}\left(\dfrac{냉동용량}{소요동력}\right) = \dfrac{h_1 - h_4}{h_2 - h_1}$ 이므로,

$\dfrac{Q_2}{4.14\,kW \times 0.8} = \dfrac{379.11 - 241.46}{424.77 - 379.11}$

∴ $Q_2 = 9.984 ≒ 9.98\,kW$

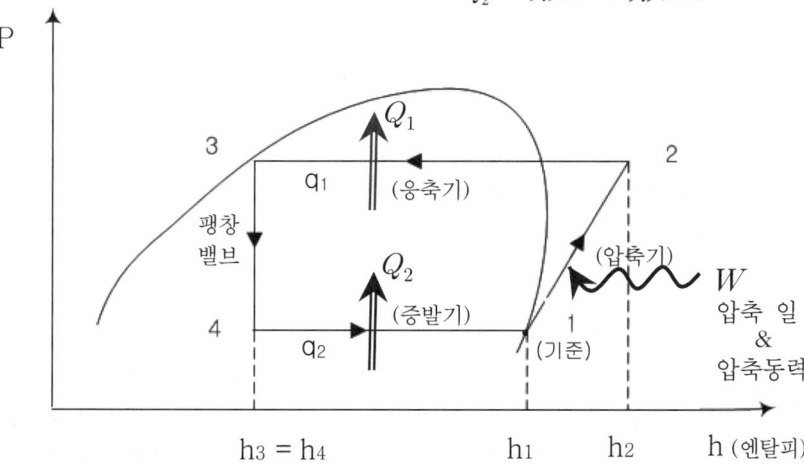

24. 초기체적이 V_i 상태에 있는 피스톤이 외부로 일을 하여 최종적으로 체적이 V_f 인 상태로 되었다. 다음 중 외부로 가장 많은 일을 한 과정은?
    (단, n은 폴리트로픽 지수이다.)

    ① 등온 과정
    ② 정압 과정
    ③ 단열 과정
    ④ 폴리트로픽 과정(n > 0)

【해설】(2011-2회-27번 기출반복)
- P-V선도에서 x축과의 면적은 기체가 외부에 한 일의 양 ($W = P \cdot dV$) 에 해당한다.

  암기법 : 적앞은 폴리단.(적압온 폴리단)

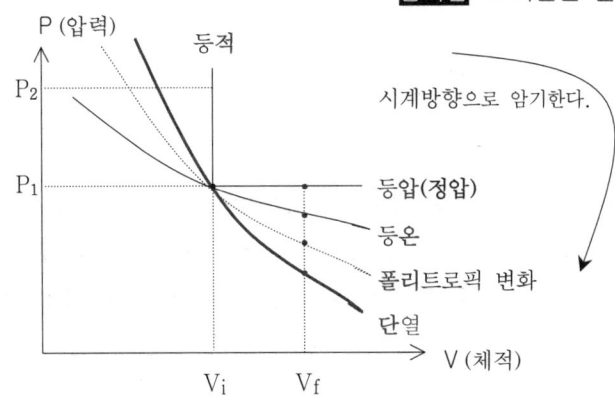

시계방향으로 암기한다.

25. 랭킨사이클에 과열기를 설치할 경우 과열기의 영향으로 발생하는 현상에 대한 설명으로 틀린 것은?

    ① 열이 공급되는 평균 온도가 상승한다.
    ② 열효율이 증가한다.
    ③ 터빈 출구의 건도가 높아진다.
    ④ 펌프일이 증가한다.

【해설】(2018-4회-24번 기출유사)
- 랭킨 사이클(Rankine cycle)의 T-S선도에서 과열기 설치 유무에 상관없이 **펌프일(A→B)**은 변화가 없음을 알 수 있다.

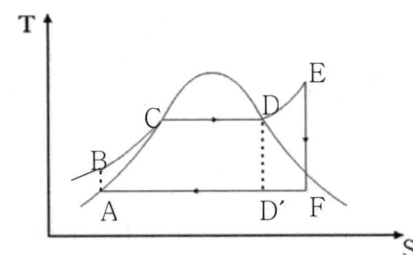

A→B : 펌프 단열압축에 의해 공급해준 일
B→C : 보일러에서 등압가열.(포화수)
C→D : 보일러에서 가열.(건포화증기)
D→D′ : 과열기를 사용하지 않음.(습증기)
D→E : 과열기에서 등압가열.(과열증기)
E→F : 터빈에서의 단열팽창.(습증기)
F→A : 복수기에서 등압방열.(포화수)

26. 노점온도(dew point temperature)에 대한 설명으로 옳은 것은?

① 공기, 수증기의 혼합물에서 수증기의 분압에 대한 수증기 과열상태 온도
② 공기, 가스의 혼합물에서 가스의 분압에 대한 가스의 과냉상태 온도
③ 공기, 수증기의 혼합물을 가열시켰을 때 증기가 없어지는 온도
④ 공기, 수증기의 혼합물에서 수증기의 분압에 해당하는 수증기의 포화온도

【해설】(2015-4회-32번 기출반복)

※ (습)공기선도에서 노점온도란 습윤공기(건조공기와 수증기의 혼합물)에서 현재수증기의 분압에 해당하는 수증기의 포화온도이다.

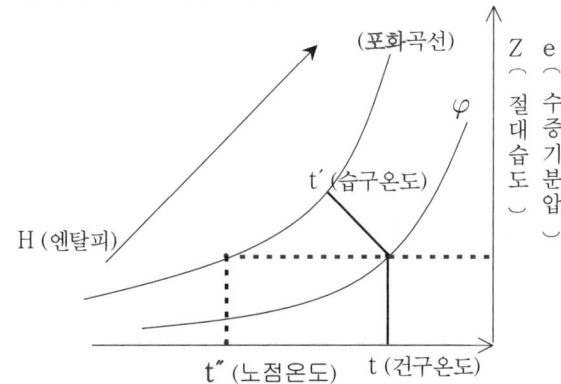

27. 온도와 관련된 설명으로 틀린 것은?

① 온도 측정의 타당성에 대한 근거는 열역학 제 0 법칙이다.
② 온도가 0 ℃에서 10 ℃로 변화하면 절대온도는 0 K에서 283.15 K로 변화한다.
③ 섭씨온도는 물의 어는점과 끓는점을 기준으로 삼는다.
④ SI 단위계에서 온도의 단위는 켈빈 단위를 사용한다.

【해설】(2017-4회-40번 기출반복)

❷ 절대온도 공식 T(K) = 섭씨온도 t(℃) + 273.15 에서,
 섭씨온도 10 ℃에 해당하는 절대온도는 T = 10 + 273.15 = 283.15 K 이다.
 하지만, 섭씨온도와 절대온도의 변화는 눈금간격이 동일하므로 섭씨온도가 10 ℃ 변화하면 절대온도 역시도 10 K 만큼 변화한다.

28. 물의 임계압력에서의 잠열은 몇 kJ/kg 인가?

① 0   ② 333   ③ 418   ④ 2260

【해설】(2009-2회-31번 기출반복)

• 물의 임계점(374.15 ℃, 약 22 MPa)에서 발생하는 증기는 포화증기로서 포화온도는 최고 온도이며, 임계압력 상태에서는 더 이상 증발현상을 일으키지 않는다.(∴ 증발잠열 = 0)

29. 아래와 같이 몰리에르(엔탈피-엔트로피) 선도에서 가역 단열과정을 나타내는 선의 형태로 옳은 것은?

① 엔탈피축에 평행하다.　　　② 기울기가 양수(+)인 곡선이다.
③ 기울기가 음수(-)인 곡선이다.　④ 엔트로피축에 평행하다.

【해설】 (2008-2회-30번 기출반복)

- 단열변화 과정은 열 출입이 없으므로 dQ = 0,　$dS = \dfrac{dQ}{T} = 0$

  ∴ 엔트로피 변화량 ΔS = 0 (**등엔트로피 과정**)

  dS = 0 이므로 **엔탈피축에 평행하다!**

- 증기 몰리에르 선도 : h-s 선도
- 냉동 몰리에르 선도 : p-h 선도

30. 110 kPa, 20℃의 공기가 반지름 20 cm, 높이 40 cm인 원통형 용기 안에 채워져 있다. 이 공기의 무게는 몇 N 인가? (단, 공기의 기체상수는 287 J/kg·K 이다.)

① 0.066　　② 0.64　　③ 6.7　　④ 66

【해설】 (2019-1회-34번 기출유사)

- 상태방정식 PV = mRT (여기서, R : 해당기체의 기체상수)

$$\text{질량 } m = \dfrac{PV}{RT} = \dfrac{P \times \pi r^2 \times h}{RT}$$

$$= \dfrac{110 \times 10^3 \, Pa \times \pi \times (0.2 \, m)^2 \times 0.4 \, m}{287 \, J/kg \cdot K \times (273 + 20) \, K}$$

$$= \dfrac{110 \times 10^3 \, N/m^2 \times \pi \times (0.2 \, m)^2 \times 0.4 \, m}{287 \, J/kg \cdot K \times (273 + 20) \, K} = 0.06575 \, \dfrac{N \cdot m}{J/kg}$$

$$= 0.06575 \, kg$$

∴ 무게 F = m·g 이므로
$$= 0.06575 \, kg \times 9.8 \, m/sec^2$$
$$= 0.644 \fallingdotseq \textbf{0.64 N}$$

31. 증기터빈에서 상태 ⓐ의 증기를 규정된 압력까지 단열에 가깝게 팽창시켰다. 이 때 증기터빈 출구에서의 증기 상태는 그림의 각각 ⓑ, ⓒ, ⓓ, ⓔ 이다. 이 중 터빈의 효율이 가장 좋을 때 출구의 증기 상태로 옳은 것은?

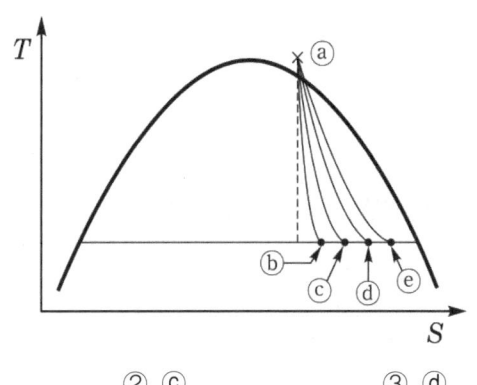

① ⓑ   ② ⓒ   ③ ⓓ   ④ ⓔ

【해설】 (2021-1회-40번 기출유사)
- 실제로는 터빈의 기계적 손실 등에 의하여 엔트로피가 증가하는 방향인 비단열팽창으로 진행하므로 터빈의 단열효율이 커질수록 터빈 출구에서 습증기의 건도가 감소하는 것으로 나타난다. 따라서, 단열(등엔트로피)에 가장 가까운 ⓑ일 경우가 터빈의 단열효율이 가장 좋다!

32. 이상기체가 '$Pv^n = $ 일정' 과정을 가지고 변하는 경우에 적용할 수 있는 식으로 옳은 것은?
(단, q : 단위 질량당 공급된 열량, u : 단위 질량당 내부에너지, T : 온도, P : 압력, v : 비체적, R : 기체상수, n : 상수이다.)

① $\delta q = du + \dfrac{nRdT}{1-n}$ ② $\delta q = du + \dfrac{RdT}{1-n}$

③ $\delta q = du + \dfrac{(1-n)RdT}{n}$ ④ $\delta q = du + (1-n)RdT$

【해설】 (2020-4회-29번 기출유사)
- 폴리트로픽 과정($Pv^n = $ 일정)에서의 단위질량당 외부에 대한 일(절대일) 공식유도는 이론교재를 활용하기 바람.

열역학 제1법칙 $\delta q = du + {}_1W_2$ 에서

한편, 절대일 ${}_1W_2 = \dfrac{1}{n-1}R(T_1 - T_2)$

$= \dfrac{1}{1-n}R(T_2 - T_1) = \dfrac{RdT}{1-n}$ 이므로

$\delta q = du + \dfrac{RdT}{1-n}$

33. 가스동력 사이클에 대한 설명으로 틀린 것은?

① 에릭슨 사이클은 2개의 정압과정과 2개의 단열과정으로 구성된다.
② 스털링 사이클은 2개의 등온과정과 2개의 정적과정으로 구성된다.
③ 아트킨스 사이클은 2개의 단열과정과 정적 및 정압과정으로 구성된다.
④ 르누아 사이클은 정적과정으로 급열하고 정압과정으로 방열하는 사이클이다.

【해설】(2019-2회-29번 기출유사)
- 열기관의 사이클(cycle) 과정은 반드시 암기하고 있어야 한다.

  암기법 : 단적단적한.. 내, 오디사 가(부러),예스 랭!
                        ↳내연기관.   ↳외연기관

오	단적~단적	오토	(단열압축-등적가열-단열팽창-등적방열)
디	단합~단적	디젤	(단열압축-등압가열-단열팽창-등적방열)
사	단적 합단적	사바테	(단열압축-등적가열-등압가열-단열팽창-등적방열)
가(부)	단합~단합	가스터빈(브레이튼)	(단열압축-등압가열-단열팽창-등압방열)

  암기법 : 가!~단합해

  | 예 | 온합~온합 | 에릭슨 | (등온압축-정압가열-등온팽창-정압방열) |

  암기법 : 예혼합

  | 스 | 온적~온적 | 스털링 | (등온압축-등적가열-등온팽창-등적방열) |

  암기법 : 스탈린 온적있니?

  | 랭킨 | 합단~합단 | 랭킨 | (등압가열-단열팽창-등압방열-단열압축) |
  ↳ 증기 원동소의 기본 사이클.

  암기법 : 링컨 가랭이

【참고】
- 아트킨슨(Atkinson) 사이클 : 단열압축-등적가열-단열팽창-등압방열
- 르누아(Lenoir) 사이클 : (단열압축과정 없이)-등적가열-단열팽창-등압방열

---

34. 열역학적 관계식 $T \cdot dS = dH - V \cdot dP$ 에서 용량성 상태량(extensive property)이 아닌 것은?

(단, S : 엔트로피, H : 엔탈피, V : 체적, P : 압력, T : 절대온도이다.)

① S   ② H   ③ V   ④ P

【해설】(2020-4회-25번 기출유사)   암기법 : 인(in)세 강도

※ 모든 물리량은 질량에 관계되는 크기(또는, 시량적, 용량적) 성질(extensive property)과 질량에는 무관한 세기(또는, 시강적, 강도성) 성질(intensive property) 로 나눌 수 있다.
- 크기(용량성) 성질 – 질량, 부피(체적), 일, 내부에너지, 엔탈피, 엔트로피 등으로 사칙연산이 가능하다.
- 세기(강도성) 성질 – 온도, 압력, 밀도, 비체적, 농도, 비열, 열전달률 등으로 사칙연산이 불가능하다.

33-①   34-④

35. 정압과정에서 어느 한 계(system)에 전달된 열량은 그 계에서 어떤 상태량의 변화량과 같은가?

① 내부에너지 ② 엔트로피
③ 엔탈피 ④ 절대일

【해설】(2017-1회-35번 기출유사)
- 정압(dp = 0)과정이므로, 전달열량 공식 $\delta Q = dU + \delta W$ 에서,
  한편, 엔탈피 $h \equiv u + p \cdot v$ 로 정의되므로,
  $\delta Q = d(h - p \cdot v) + p \cdot dv$
  $= dh - v \cdot dp - p \cdot dv + p \cdot dv$
  $= dh - v \cdot dp$
  $= dh$ (엔탈피 변화량)

36. 다음과 같은 압축비와 차단비를 가지고 공기로 작동되는 디젤사이클 중에서 효율이 가장 높은 것은? (단, 공기의 비열비는 1.4 이다)

① 압축비 11, 차단비 2 ② 압축비 11, 차단비 3
③ 압축비 13, 차단비 2 ④ 압축비 13, 차단비 3

【해설】(2009-2회-38번 기출반복)
- 압축비 ϵ, 단절비(또는, 차단비) σ, 비열비 k = 1.4 일 때
  디젤사이클의 열효율 공식 $\eta = 1 - \left(\dfrac{1}{\epsilon}\right)^{k-1} \times \dfrac{\sigma^k - 1}{k(\sigma - 1)}$ 에서,
  - 분모의 ϵ(압축비)가 클수록 η(효율)은 증가하고
  - 분자의 σ(단절비, 차단비)가 작을수록 η(효율)은 증가한다.

37. 냉동효과가 200 kJ/kg인 냉동사이클에서 4 kW의 열량을 제거하는데 필요한 냉매 순환량은 몇 kg/min 인가?

① 0.02 ② 0.2 ③ 0.8 ④ 1.2

【해설】(2017-4회-32번 기출유사) 암기법 : 순효능

- m(냉매순환량) $= \dfrac{Q_2(\text{냉동능력})}{q_2(\text{냉동효과})}$

  $= \dfrac{4\,kW}{200\,kJ/kg} = \dfrac{4\,J/\sec}{200\,J/kg} = \dfrac{0.02\,kg}{\sec} = \dfrac{0.02\,kg}{\sec \times \dfrac{1\,\min}{60\,\sec}}$

  $= 1.2 \text{ kg/min}$

35-③ 36-③ 37-④

38. 냉매가 갖추어야 하는 요건으로 거리가 먼 것은?

① 증발잠열이 작아야 한다.
② 화학적으로 안정되어야 한다.
③ 임계온도가 높아야 한다.
④ 증발온도에서 압력이 대기압보다 높아야 한다.

【해설】(2019-2회-34번 기출유사)
  ※ 냉매의 구비조건

  암기법 : 냉전증인임↑
  암기법 : 압점표값과 비(비비)는 내린다↓

  ① 전열이 양호할 것. (전열이 양호한 순서 : NH_3 > H_2O > Freon > Air)
  ② **증발잠열이 클 것.** (1 RT당 냉매순환량이 적어지므로 냉동효과가 증가된다.)
  ③ 인화점이 높을 것. (화학적으로 폭발성이 적어서 안정하다.)
  ④ 임계온도가 높을 것. (상온에서 비교적 저압으로도 응축이 용이하다.)
  ⑤ 상용압력범위가 낮을 것.
  ⑥ 점성도와 표면장력이 작아 순환동력이 적을 것.
  ⑦ 값이 싸고 구입이 쉬울 것.
  ⑧ 비체적이 작을 것.(한편, 비중량이 크면 동일 냉매순환량에 대한 관경이 가늘어도 됨)
  ⑨ 비열비가 작을 것.
      (비열비가 작을수록 압축후의 토출가스 온도 상승이 적다)
  ⑩ 비등점이 낮을 것.
  ⑪ 금속 및 패킹재료에 대한 부식성이 적을 것.
  ⑫ 환경 친화적일 것.
  ⑬ 독성이 적을 것.

39. 30 ℃에서 기화잠열이 173 kJ/kg인 어떤 냉매의 포화액-포화증기 혼합물 4 kg을 가열하여 건도가 20 % 에서 70 % 로 증가되었다. 이 과정에서 냉매의 엔트로피 증가량은 약 몇 kJ/K 인가?

① 11.5   ② 2.31   ③ 1.14   ④ 0.29

【해설】(2013-4회-37번 기출유사)

• 엔트로피의 정의 $dS = \dfrac{dQ}{T}$ 에서 온도가 일정하면서 건도 x만 50 % 증가하였으므로,

$$\Delta S = S_2 - S_1 = \int_1^2 \dfrac{dQ}{T} = \dfrac{Q_{12}}{T}$$

한편, 가열량 $Q_{12} = m \cdot xR$
        = 4 kg × 0.5 × 173 kJ/kg = 346 kJ

$$= \dfrac{346\,kJ}{(273+30)\,K}$$

= 1.1419 ≒ **1.14** kJ/K

40. 압력 3000 kPa, 온도 400 ℃ 인 증기의 내부에너지가 2926 kJ/kg이고 엔탈피는 3230 kJ/kg 이다. 이 상태에서 비체적은 약 몇 m^3/kg 인가?

① 0.0303 ② 0.0606 ③ 0.101 ④ 0.303

【해설】(2010-4회-39번 기출유사)
- 엔탈피 공식 $H \equiv U + Pv$ 에서,
  3230 kJ/kg $= 2926$ kJ/kg $+ (3000$ kPa $\times v)$
  $= 2926$ kJ/kg $+ (3000$ kJ/$m^3 \times v)$
  ∴ 비체적 $v = 0.1013 ≒ 0.101$ m^3/kg

제3과목   계측방법

41. 용적식 유량계에 대한 설명으로 옳은 것은?

① 적산유량의 측정에 적합하다.
② 고점도에는 사용할 수 없다.
③ 발신기 전후에 직관부가 필요하다.
④ 측정유체의 맥동에 의한 영향이 크다.

【해설】(2008-2회-41번 기출반복)
- 용적식 유량계는 일정한 용적을 가진 용기에 유체를 도입하게 되면 회전자의 회전에 의한 회전수를 적산하여 유량을 측정하는 방식이다.
- 용적식 유량계의 종류로는 오벌 유량계, 루트식 유량계, 가스미터, 로터리-팬 유량계, 로터리-피스톤식 유량계가 있다.
- 용적식 유량계의 특징
  ❶ 적산유량의 측정에 적합하므로, 적산치의 정도가 높다.(±0.2 ~ 0.5 %)
  ② 도입되는 유체에 의한 힘으로 회전자가 회전하게 됨으로써 일반적으로 점도가 큰 고점도 유체의 유량측정에 사용된다.
  ③ 맥동에 의한 영향이 거의 없다.
  ④ 내부에 회전자가 있으므로 구조가 다소 복잡하다.
  ⑤ 설치는 간단하다.
  ⑥ 고형물의 혼입을 막기 위하여 유량계 입구에는 반드시 스트레이너 필터를 설치한다.

42. 1차 지연요소에서 시정수 T가 클수록 응답속도는 어떻게 되는가?

① 일정하다.
② 빨라진다.
③ 느려진다.
④ T와 무관하다.

【해설】(2019-4회-52번 기출반복)
- 1차 지연요소에서 시간정수(Time constant)는 계통 응답의 빠른 정도를 표시하는 지표이다. 시정수(T)가 클수록 응답속도가 느려지고, 시정수가 작을수록 응답속도가 빨라진다.

43. 압력 측정에 사용되는 액체의 구비조건 중 틀린 것은?
    ① 열팽창계수가 클 것
    ② 모세관 현상이 작을 것
    ③ 점성이 작을 것
    ④ 일정한 화학성분을 가질 것

【해설】(2021-1회-49번 기출유사)
- 액주식 압력계는 액면에 미치는 압력을 밀도와 액주높이차를 가지고 $P = \gamma \cdot h$ 식에 의해서 측정하므로 액주 내면에 있어서 표면장력에 의한 모세관현상 등의 영향이 적어야 한다.
- 액주식 압력계에서 액주(액체)의 구비조건.
  ① 점도가 작을 것
  ② **열팽창계수가 작을 것**
  ③ 모세관 현상이 적을 것
  ④ 일정한 화학성분일 것
  ⑤ 휘발성, 흡수성이 적을 것
  ⑥ 온도변화에 의한 밀도변화가 작아야 한다.
  ⑦ 액면은 항상 수평이 되어야 한다

【key】액주에 쓰이는 액체의 구비조건 특징은 모든 성질이 작을수록 좋다!

44. 차압식 유량계에 있어 조리개 전후의 압력 차이가 P_1에서 P_2로 변할 때, 유량은 Q_1에서 Q_2로 변했다. Q_2에 대한 식으로 옳은 것은? (단, $P_2 = 2P_1$ 이다.)
    ① $Q_2 = Q_1$
    ② $Q_2 = \sqrt{2}\, Q_1$
    ③ $Q_2 = 2\, Q_1$
    ④ $Q_2 = 4\, Q_1$

【해설】(2011-4회-51번 기출유사)
- 차압식 = 교축 = 조리개는 같은 의미이다.
- 압력과 유량의 관계 공식 $Q = A \cdot v$ 에서,
$$= \frac{\pi D^2}{4} \times \sqrt{2gh} = \frac{\pi D^2}{4} \times \sqrt{2g \times \frac{\Delta P}{\gamma}} \propto \sqrt{\Delta P}$$
따라서, 비례식을 세우면 $\dfrac{Q_1}{Q_2} \propto \dfrac{\sqrt{\Delta P_1}}{\sqrt{\Delta P_2}} = \dfrac{\sqrt{P_1}}{\sqrt{2P_1}} = \dfrac{1}{\sqrt{2}}$, ∴ $Q_2 = \sqrt{2}\, Q_1$

45. 다음 중 1000 ℃ 이상의 고온체의 연속 측정에 가장 적합한 온도계는?
    ① 저항 온도계
    ② 방사 온도계
    ③ 바이메탈식 온도계
    ④ 액체압력식 온도계

【해설】(2019-1회-56번 기출반복)   암기법 : 비방하지 마세요. 적색 광(고·전)
❷ 비접촉식 온도계인 **방사온도계**는 접촉식 온도계인 열전대 온도계로 측정할 수 없는 비교적 높은 온도인 1000 ℃ 이상의 고온체의 측정에 적합하다.
수냉 또는 공냉 장치에 의하여 고온에서 연속측정을 할 수 있다.

43-①   44-②   45-②

46. 가스분석계의 특징에 관한 설명으로 틀린 것은?

① 적정한 시료가스의 채취장치가 필요하다.
② 선택성에 대한 고려가 필요 없다.
③ 시료가스의 온도 및 압력의 변화로 측정오차를 유발할 우려가 있다.
④ 계기의 교정에는 화학분석에 의해 검정된 표준시료 가스를 이용한다.

【해설】(2016-4회-42번 기출반복)
❷ 시료가스 중의 특정 성분에 대하여 선택성 검출기에 대한 고려가 항상 필요하다.

47. 20 L인 물의 온도를 15 ℃에서 80 ℃로 상승시키는데 필요한 열량은 약 몇 kJ 인가?

① 4200 ② 5400 ③ 6300 ④ 6900

【해설】(2018-2회-52번 기출반복)   암기법 : 큐는, 씨암탉
- 가열량 Q = C · m · Δt

  한편, 물의 질량 m = $\rho_물 \cdot V$ = 1000 kg/m³ × 20 L × $\dfrac{1 \, m^3}{1000 \, L}$ = 20 kg

  = 1 kcal/kg·℃ × 20 kg × (80 − 15)℃
  = 1300 kcal = 1300 kcal × $\dfrac{4.1868 \, kJ}{1 \, kcal}$ = 5442.84 ≒ 5400 kJ

48. 편차의 정(+), 부(-)에 의해서 조작신호가 최대, 최소가 되는 제어동작은?

① 온·오프동작   ② 다위치동작
③ 적분동작   ④ 비례동작

【해설】(2018-4회-50번 기출반복)
- 편차의 (+), (−)에 의해 조작신호가 최대, 최소가 되는 제어동작을 ON-OFF(온·오프)동작이라 한다.

49. 액면계에 대한 설명으로 틀린 것은?

① 유리관식 액면계는 경유탱크의 액면을 측정하는 것이 가능하다.
② 부자식은 액면이 심하게 움직이는 곳에는 사용하기 곤란하다.
③ 차압식 유량계는 정밀도가 좋아서 액면제어용으로 가장 많이 사용된다.
④ 편위식 액면계는 아르키메데스의 원리를 이용하는 액면계이다.

【해설】(2011-2회-57번 기출유사)
❸ 차압식 액면계는 고압 밀폐형 탱크의 액면 측정에 적합하며,
부자식(또는, 플로트식) 액면계는 액면 상·하한계에 경보용 리미트 스위치를 설치하여 주로 고압 밀폐형 탱크의 경보용 및 액면제어용으로 가장 많이 사용된다.

46-②   47-②   48-①   49-③

50. 액주식 압력계의 종류가 아닌 것은?

① U자관형   ② 경사관식
③ 단관형   ④ 벨로즈식

【해설】(2015-4회-43번 기출유사)
  ❹ 벨로즈식 압력계는 탄성식 압력계의 종류에 속한다.
【참고】• 탄성식 압력계의 종류별 압력 측정범위.   암기법 : 탄돈 벌다
  - 부르돈관식 〉 벨로즈식 〉 다이어프램식

51. 피토관에 대한 설명으로 틀린 것은?

① 5 m/s 이하의 기체에서는 적용하기 힘들다.
② 먼지나 부유물이 많은 유체에는 부적당하다.
③ 피토관의 머리 부분은 유체의 방향에 대하여 수직으로 부착한다.
④ 흐름에 대하여 충분한 강도를 가져야 한다.

【해설】(2012-2회-59번 기출반복)
  ① 유속이 5 m/s 이하로 너무 느린 기체에서는 작은 구멍을 통해 측정되는 정압 측정이
    곤란하므로 적용할 수 없다.
  ② 관내 유속의 분포가 레이놀즈수에 영향을 받으므로 먼지나 부유물이 많은 유체에는 정확도가
    더욱 낮아지므로 부적당하다.
  ❸ 피토관의 머리 부분은 흐르는 유체의 유동방향에 대하여 **평행하게 부착**한다.
  ④ 유속이 빠른 유체의 수류에 삽입되는 피토관은 진동에 의해 기계적으로 손상될 우려가
    있으므로 빠른 흐름에 대하여 견디도록 충분한 강도를 가져야 한다.

52. 다음 중 압력식 온도계가 아닌 것은?

① 액체팽창식 온도계   ② 열전 온도계
③ 증기압식 온도계   ④ 가스압력식 온도계

【해설】(2014-2회-48번 기출반복)
  ※ 접촉식 온도계의 종류   암기법 : 접전, 저 압유리바, 제
  - 온도를 측정하고자 하는 물체에 온도계의 검출소자(檢出素子)를 직접 접촉시켜
    열적으로 평형을 이루었을때 온도를 측정하는 방법이다.
    ㉠ 열전대 온도계 (또는, 열전식 온도계)
    ㉡ 저항식 온도계 (또는, 전기저항식 온도계) : 서미스터, 니켈, 구리, 백금 저항소자
    ㉢ **압력식 온도계 : 액체팽창식, 기체(가스)팽창식, 증기팽창식**
    ㉣ 액체봉입유리 온도계
    ㉤ 바이메탈식(열팽창식 또는 고체팽창식) 온도계
    ㉥ 제겔콘

53. 다음 중 습도계의 종류로 가장 거리가 먼 것은?

① 모발 습도계　　　　　　　② 듀셀 노점계
③ 초음파식 습도계　　　　　④ 전기저항식 습도계

【해설】(2018-1회-55번 기출반복)
❸ 초음파식은 습도계의 종류가 아니고 유량계 및 액면계의 종류이다.

54. 방사고온계의 장점이 아닌 것은?

① 고온 및 이동물체의 온도측정이 쉽다.　② 측정시간의 지연이 작다.
③ 발신기를 이용한 연속기록이 가능하다.　④ 방사율에 의한 보정량이 작다.

【해설】(2016-4회-45번 기출유사)
❹ 방사온도계(또는, 복사온도계, 방사고온계)의 눈금은 비접촉식의 측정에 대한 것이므로 방사율에 의한 보정량이 가장 크다.

55. 차압식 유량계의 종류가 아닌 것은?

① 벤투리　　　　　　　　② 오리피스
③ 터빈유량계　　　　　　④ 플로우노즐

【해설】(2017-1회-55번 기출반복)
❸ 터빈식 유량계는 유속식 유량계에 속한다.

【참고】• 차압식 유량계는 유로의 관에 고정된 교축(조리개) 기구인 **벤츄리, 오리피스, 노즐**을 넣어 두므로 흐르는 유체의 압력손실이 발생하는데, 조리개부가 유선형으로 설계된 벤츄리의 압력손실이 가장 적다.

56. 기체 크로마토그래피에 대한 설명으로 틀린 것은?

① 캐리어 기체로는 수소, 질소 및 헬륨 등이 사용된다.
② 충전재로는 활성탄, 알루미나 및 실리카겔 등이 사용된다.
③ 기체의 확산속도 특성을 이용하여 기체의 성분을 분리하는 물리적인 가스분석기이다.
④ 적외선 가스분석기에 비하여 응답속도가 빠르다.

【해설】(2017-2회-56번 기출유사)
❹ 기체크로마토그래피(Gas Chromatograpy)법은 활성탄 등의 흡착제를 채운 세관을 통과하는 가스의 이동속도(확산속도) 차이를 이용하여 시료가스를 분석하는 방식으로서, 1대의 장치로 O_2와 NO_2를 제외한 다른 여러 성분의 가스를 모두 분석할 수 있으며, 캐리어 가스로는 H_2, He, N_2, Ar 등이 사용되고 있으며, **응답속도가 다소 느리고** 동일한 가스의 연속측정이 불가능하다.

53-③　54-④　55-③　56-④

57. 다이어프램 압력계의 특징이 아닌 것은?

① 점도가 높은 액체에 부적합하다.
② 먼지가 함유된 액체에 적합하다.
③ 대기압과의 차가 적은 미소압력의 측정에 사용한다.
④ 다이어프램으로 고무, 스테인리스 등의 탄성체 박판이 사용된다.

【해설】 (2018-1회-59번 기출반복)
❶ 보통의 압력계는 부식성, 고점도 유체의 압력을 직접 측정하기에는 곤란하지만, 다이어프램식(격막식)은 측정유체로부터 압력계가 격리되는 방식의 구조이므로 먼지 등을 함유한 액체나 고점도 액체의 압력측정에도 적합하다.

58. 열전대(thermo couple)는 어떤 원리를 이용한 온도계인가?

① 열팽창율 차   ② 전위 차
③ 압력 차   ④ 전기저항 차

【해설】 (2015-2회-46번 기출반복)
• 양 접점의 온도차에 의하여 발생되는 **열기전력(전위차)**을 이용하여 측정하는 열전대 온도계는 기준접점의 온도를 일정하게 유지하기 위하여 듀워병에 얼음과 증류수 등의 혼합물을 채운 냉각기를 사용하여 냉접점의 온도를 반드시 0 ℃로 유지해야 한다.
만일, 냉접점(기준접점)의 온도가 0 ℃가 아닐 때에는 지시온도의 보정이 필요하다.

59. 불규칙하게 변하는 주변 온도와 기압 등이 원인이 되며, 측정 횟수가 많을수록 오차의 합이 0에 가까운 특징이 있는 오차의 종류는?

① 개인오차   ② 우연오차
③ 과오오차   ④ 계통오차

【해설】 (2020-1회-54번 기출유사)
※ 오차 (誤差, error)의 종류
• **과오(실수)에 의한 오차 (mistake error)**
  측정 순서의 오류, 측정값을 읽을 때의 착오, 기록 오류 등 측정자의 실수에 의해 생기는 오차이며, 우연오차에서처럼 매번마다 발생하는 것이 아니고 극히 드물게 나타난다.
• **우연 오차 (accidental error)**
  측정실의 기온변동, 공기의 교란, 측정대의 진동, 조명도의 변화 등 오차의 원인을 명확히 알 수 없는 우연한 원인으로 인하여 발생하는 오차로서, 측정값이 일정하지 않고 분포현상을 일으키므로 측정을 여러 번 반복하여 평균값을 추정하여 오차의 합이 0에 가깝도록 작게 할 수는 있으나 보정은 불가능하다.
• **계통적 오차 (systematic error) : 개인오차, 계측기오차, 환경오차, 이론오차(방법오차)**
  계측기를 오래 사용하면 지시가 맞지 않거나, 눈금을 읽을 때 개인적 습관에 의해 생기는 오차 등 측정값에 편차를 주는 것과 같은 어떠한 원인에 의해 생기는 오차이다.

60. 다음 중 송풍량을 일정하게 공급하려고할 때 가장 적당한 제어방식은?

① 프로그램제어　　　　　② 비율제어
③ 추종제어　　　　　　　④ 정치제어

【해설】(2018-2회-48번 기출반복)
　　※ 목표값에 따른 제어의 분류
　　　① 프로그램제어 : 목표값이 미리 정해진 시간에 따라 일정한 프로그램으로 진행된다.
　　　② 비율제어 : 목표값이 어떤 다른 양과 일정한 비율로 변화된다.
　　　③ 추종제어 : 목표값이 시간에 따라 임의로 변화되는 값으로 주어진다.
　　　❹ 정치(定値)제어 : 목표값이 시간적으로 변하지 않고 일정(一定)한 값을 유지한다.

제4과목　열설비재료 및 관계법규

61. 에너지이용 합리화법령에 따라 자발적 협약체결기업에 대한 지원을 받기 위해 에너지사용자와 정부 간 자발적 협약의 평가기준에 해당하지 않는 것은?

① 계획 대비 달성률 및 투자실적
② 에너지이용 합리화 자금 활용실적
③ 자원 및 에너지의 재활용 노력
④ 에너지 절감량 또는 에너지의 합리적인 이용을 통한 온실가스배출 감축량

【해설】(2017-4회-67번 기출유사)　　　　　암기법 : 자발적으로 투자했는데 감자되었다.
　　※ 자발적 협약의 평가기준. [에너지이용합리화법 시행령 시행규칙 제26조2항.]
　　　① 계획 대비 달성률 및 투자실적
　　　② 에너지 절감량 또는 에너지의 합리적인 이용을 통한 온실가스의 배출감축량
　　　③ 자원 및 에너지의 재활용 노력
　　　④ 그밖에 에너지절감 또는 에너지의 합리적인 이용을 통한 온실가스배출 감축에 관한 사항.

62. 에너지법령상 시·도지사는 관할 구역의 지역적 특성을 고려하여 저탄소 녹색성장 기본법에 따른 에너지기본계획의 효율적인 달성과 지역경제의 발전을 위한 지역 에너지계획을 몇 년마다 수립·시행하여야 하는가?

① 2년　　　　② 3년　　　　③ 4년　　　　④ 5년

【해설】(2018-1회-70번 기출유사)　　　　　암기법 : 오!~ 도사님
　• "시·도지사"는 관할 구역의 지역적 특성을 고려하여「저탄소 녹색성장 기본법」제41조에 따른 에너지기본계획의 효율적인 달성과 지역경제의 발전을 위한 지역에너지계획을 5년마다, 5년 이상을 계획기간으로 하여 수립·시행하여야 한다.　　[에너지법 제7조 1항.]

63. 다음 중 에너지이용 합리화법에 따른 검사대상기기에 해당하는 것은?

① 정격용량이 0.5 MW인 철금속가열로
② 가스사용량이 20 kg/h인 소형 온수보일러
③ 최고사용압력이 0.1 MPa이고, 전열면적이 4 m²인 강철제 보일러
④ 최고사용압력이 0.1 MPa이고, 동체 안지름이 300 mm이며, 길이가 500 mm인 강철제 보일러

【해설】(2019-1회-64번 기출유사)
　　　※ 검사대상기기의 적용범위　　　　　[에너지이용합리화법 시행규칙 별표3의3.]
　　　　① 정격용량이 0.58 MW를 초과하는 철금속가열로
　　　　❷ 가스사용량이 17 kg/h (도시가스는 232.6 kW)를 **초과**하는 소형온수보일러
　　　　③ 최고사용압력이 0.1 MPa 이하이고, 전열면적이 5 m² 이하인 강철제, 주철제 보일러는 **제외**한다.
　　　　④ 최고사용압력이 0.1 MPa 이하이고, 동체의 안지름이 300 mm 이하이며, 길이가 600 mm 이하인 강철제, 주철제 보일러는 **제외**한다.

【참고】2019년 제1회 에너지관리기사 B형 64번 문제로 출제되었던 위 문제는 최종정답을 **오답으로 발표**하였던 사례에 해당하였던 바, 본 저자의 추후 이의제기로 인하여 위 내용처럼 올바로 수정되어 다시금 기출유사 문제로 출제되었음을 밝혀 두는 바이다!

64. 에너지이용 합리화법령상 검사의 종류가 아닌 것은?

① 설계검사　　　　　　　　② 제조검사
③ 계속사용검사　　　　　　④ 개조검사

【해설】(2010-4회-66번 기출반복)　　　　[에너지이용합리화법 시행규칙 별표3의4.]
　　• 검사의 종류에는 제조검사(용접검사, 구조검사), **설치검사**, 설치장소변경검사, 개조검사, 재사용검사, 계속사용검사(운전성능검사, 안전검사)로 분류한다.

65. 아래는 에너지이용 합리화법령상 에너지의 수급차질에 대비하기 위하여 산업통상자원부장관이 에너지저장의무를 부과할 수 있는 대상자의 기준이다. (　　)에 들어갈 용어는?

| 연간 (　　) 석유환산톤 이상의 에너지를 사용하는 자 |

① 1천　　　② 5천　　　③ 1만　　　④ 2만

【해설】(2021-1회-66번 기출유사) 암기법 : 에이(2000), 쌍!~ 다소비네, 10배(20000) 저장해야지
　　• 에너지수급 차질에 대비하기 위하여 산업통상자원부장관이 에너지저장의무를 부과할 수 있는 대상에 해당되는 자는 전기사업자, 도시가스사업자, 석탄가공업자, 집단에너지사업자, 연간 **2만 TOE**(석유환산톤) 이상의 에너지사용자이다. [에너지이용합리화법 시행령 제12조.]

63-②　64-①　65-④

66. 에너지이용 합리화법령상 효율관리기자재에 대한 에너지소비효율등급을 거짓으로 표시한 자에 해당하는 과태료는?

① 3백만원 이하
② 5백만원 이하
③ 1천만원 이하
④ 2천만원 이하

【해설】 (2013-1회-67번 기출반복)　　　　　　[에너지이용합리화법 제78조 과태료 1항.]
- 효율관리기자재에 대한 에너지소비효율등급 또는 에너지소비효율을 표시하지 아니하거나 거짓으로 표시를 한 자에게는 **2천만원** 이하의 과태료를 부과한다.

【참고】 ※ 위반행위에 해당하는 벌칙(징역. 벌금액) 암기법
　　　　2.2 - 에너지 저장, 수급 위반　　　　이~이가 저 수위다.
　　　　1.1 - 검사대상기기 위반　　　　　　한명 한명씩 검사대를 통과했다.
　　　　0.2 - 효율관리기자재 위반　　　　　영희가 효자다.
　　　　0.1 - 미선임, 미확인, 거부, 기피　　영일은 미선과 거부기피를 먹었다.
　　　　0.05- 광고, 표시 위반　　　　　　　영오는 광고표시를 쭉~ 위반했다.

67. 에너지이용 합리화법령에 따라 효율관리기자재의 제조업자 또는 수입업자는 효율관리시험기관에서 해당 효율관리기자재의 에너지 사용량을 측정 받아야 한다. 이 시험기관은 누가 지정하는가?

① 과학기술정보통신부장관
② 산업통상자원부장관
③ 기획재정부장관
④ 환경부장관

【해설】 (2018-1회-69번 기출유사)　　　　　　[에너지이용합리화법 제15조2항.]
- 효율관리기자재의 제조업자 또는 수입업자는 **산업통상자원부장관**이 지정하는 시험기관(이하 "효율관리시험기관"이라 한다)에서 해당 효율관리기자재의 에너지 사용량을 측정받아 에너지소비효율등급 또는 에너지소비효율을 해당 효율관리기자재에 표시하여야 한다.

68. 에너지이용 합리화법령에 따라 에너지절약전문기업의 등록신청 시 등록신청서에 첨부해야할 서류가 아닌 것은?

① 사업계획서
② 보유장비명세서
③ 기술인력명세서(자격증명서 사본 포함)
④ 감정평가업자가 평가한 자산에 대한 감정평가서(법인의 경우)

【해설】 (2012-1회-67번 기출유사)
　　※ 에너지절약전문기업의 등록신청서 첨부서류.　　[에너지이용합리화법 시행규칙 제24조2항.]
　　　① 사업계획서　　② 보유장비명세서
　　　③ 기술인력명세서(자격증명서 사본 포함)
　　　④ 감정평가업자가 평가한 자산에 대한 감정평가서(**개인의 경우만 해당**한다.)

66-④　　67-②　　68-④

69. 에너지이용 합리화법령상 특정열사용기자재의 설치·시공이나 세관(洗罐)을 업으로 하는 자는 어떤 법령에 따라 누구에게 등록을 하여야 하는가?

① 건설산업기본법, 시·도지사
② 건설산업기본법, 과학기술정보통신부장관
③ 건설기술 진흥법, 시장·구청장
④ 건설기술 진흥법, 산업통상자원부장관

【해설】(2018-4회-61번 기출유사)

※ 특정열사용기자재 　　　　　　　　　　　　　　　[에너지이용합리화법 제37조.]
- 열사용기자재 중 제조, 설치·시공 및 사용에서의 안전관리, 위해방지 또는 에너지이용의 효율관리가 특히 필요하다고 인정되는 것으로서 산업통상자원부령으로 정하는 열사용기자재(이하 "특정열사용기자재"라 한다)의 설치·시공이나 세관(洗罐: 물이 흐르는 관 속에 낀 물때나 녹따위를 벗겨 냄)을 업(이하 "시공업"이라 한다)으로 하는 자는 「건설산업기본법」 제9조제1항에 따라 시·도지사에게 등록하여야 한다.

【key】❶ 법규에서의 시공업은 대부분 시·도지사에게 등록하는 것이 특징이다.

70. 에너지이용 합리화법령에 따라 열사용기자재 관리에 대한 설명으로 틀린 것은?

① 계속사용검사는 검사유효기간의 만료일이 속하는 연도의 말까지 연기할 수 있으며, 연기하려는 자는 검사대상기기 검사연기신청서를 한국에너지공단이사장에게 제출하여야 한다.
② 한국에너지공단이사장은 검사에 합격한 검사 대상기기에 대해서 검사 신청인에게 검사일로부터 7일 이내에 검사증을 발급하여야 한다.
③ 검사대상기기관리자의 선임신고는 신고 사유가 발생한 날로부터 20일 이내에 하여야 한다.
④ 검사대상기기의 설치자가 사용 중인 검사대상기기를 폐기한 경우에는 폐기한 날로부터 15일 이내에 검사대상기기 폐기신고서를 한국에너지공단이사장에게 제출하여야 한다.

【해설】(2018-4회-66번 기출반복)　　　　　　　　[에너지이용합리화법 시행규칙 제31조의28.]
❸ 검사대상기기 관리자의 선임·해임 또는 퇴직 등의 신고사유가 발생한 경우 신고는 신고사유가 발생한 날로부터 30일 이내에 하여야 한다.

71. 소성가마 내 열의 전열방법으로 가장 거리가 먼 것은?

① 복사　　　② 전도　　　③ 전이　　　④ 대류

【해설】(2016-2회-77번 기출반복)
- 열의 전달(전열)방법 3가지는 전도, 대류, 복사이다.

72. 크롬 벽돌이나 크롬-마그 벽돌이 고온에서 산화철을 흡수하여 표면이 부풀어 오르고 떨어져 나가는 현상은?

① 버스팅　　② 큐어링　　③ 슬래킹　　④ 스폴링

【해설】(2015-1회-76번 기출반복)　　　　　　　　　　　암기법 : 크~ 롬멜버스
- 버스팅(Bursting) : 크롬을 원료로 하는 염기성내화벽돌은 1,600℃ 이상의 고온에서는 산화철을 흡수하여 표면이 부풀어 오르고 떨어져나가는 현상이 생긴다.

73. 고온용 무기질 보온재로서 경량이고 기계적 강도가 크며 내열성, 내수성이 강하고 내마모성이 있어 탱크, 노벽 등에 적합한 보온재는?

① 암면
② 석면
③ 규산칼슘
④ 탄산마그네슘

【해설】(2012-4회-68번 기출반복)
- **규산칼슘** 보온재는 규조토와 석회에 무기질인 석면섬유를 3 ~ 15% 정도 혼합·성형하여 수증기 처리로 경화시킨 것으로서. 가벼우며 기계적강도·내열성·내산성도 크고 내수성이 강하여 비등수 중에서도 붕괴되지 않는다.

74. 작업이 간편하고 조업주기가 단축되며 요체의 보유열을 이용할 수 있어 경제적인 반연속식 요는?

① 셔틀요　　② 윤요　　③ 터널요　　④ 도염식요

【해설】(2018-2회-76번 기출반복)
　※ 조업방식(작업방식)에 따른 요로의 분류
- 연속식 : 터널요, 윤요(輪窯, 고리가마), 견요(堅窯, 샤프트로), 회전요(로타리 가마)
- 불연속식 : 횡염식요, 승염식요, 도염식요　　　암기법 : 불횡 승도
- 반연속식 : 셔틀요, 등요

75. 내식성, 굴곡성이 우수하고 양도체이며 내압성도 있어서 열교환기용 전열관, 급수관 등 화학공업용으로 주로 사용되는 것은?

① 주철관
② 동관
③ 강관
④ 알루미늄관

【해설】(2014-2회-76번 기출반복)
❷ 동관은 내식성, 굴곡성이 우수하고 전기 및 열의 양도체이며 내압성도 있어서 열교환기의 내관, 급수관, 압력계용 배관 및 화학공업용으로 많이 사용된다.

76. 도염식 가마(down draft klin)에서 불꽃의 진행방향으로 옳은 것은?

① 불꽃이 올라가서 가마천장에 부딪쳐 가마바닥의 흡입구멍으로 빠진다.
② 불꽃이 처음부터 가마바닥과 나란하게 흘러 굴뚝으로 나간다.
③ 불꽃이 연소실에서 위로 올라가 천장에 닿아서 수평으로 흐른다.
④ 불꽃의 방향이 일정하지 않으나 대개 가마 밑에서 위로 흘러나간다.

【해설】(2016-2회-75번 기출반복)   암기법 : 불횡승도
- 불연속식 가마는 화염의 진행방식에 따라 횡염식, 승염식, 도염식 으로 분류한다.
  ❶ 도염식(꺾임불꽃식) ② 횡염식(옆불꽃식) ③ 의미없음 ④ 승염식(오름불꽃식)

77. 배관의 축 방향 응력 σ(kPa)을 나타낸 식은?
(단, d : 배관의 내경[mm], p : 배관의 내압[kPa], t : 배관의 두께[mm]이며, t는 충분히 얇다.

① $\sigma = \dfrac{p\pi d}{4t}$ ② $\sigma = \dfrac{pd}{4t}$ ③ $\sigma = \dfrac{p\pi d}{2t}$ ④ $\sigma = \dfrac{pd}{2t}$

【해설】(2015-2회-74번 기출유사)   암기법 : 원주리(2), 축사(4)
※ 내압(내면의 압력)을 받는 파이프, 배관(또는, 원통형 동체)에 생기는 응력
- 길이 방향(또는, **축방향**)의 인장응력 $\sigma_1 = \dfrac{PD}{4t}$ [kg/cm^2] = $\dfrac{PD}{400t}$ [kg/mm^2]
- 원주 방향의 인장응력 $\sigma_2 = 2 \cdot \sigma_1 = \dfrac{PD}{2t}$ [kg/cm^2] = $\dfrac{PD}{200t}$ [kg/mm^2]

78. 제철 및 제강공정 중 배소로의 사용 목적으로 가장 거리가 먼 것은?

① 유해성분의 제거
② 산화도의 변화
③ 분상광석의 괴상으로의 소결
④ 원광석의 결합수의 제거와 탄산염의 분해

【해설】(2018-1회-75번 기출반복)
- 배소로(焙燒爐)는 용광로에 장입되는 철광석(인이나 황을 포함하고 있음)을 용융되지 않을 정도로 공기의 존재하에서 가열하여 불순물(P, S 등의 유해성분)의 제거 및 금속산화물로 산화도(酸化度)의 변화, 균열 등의 물리적 변화를 주어 제련상 유리한 상태로 전처리함으로써 용광로의 출선량을 증가시켜 준다.
- ❸ 분상의 철광석을 용광로에 장입하면 용광로의 능률이 저하되므로 **괴상화용로**(塊狀化用爐)를 설치하여 분상의 철광석을 발생가스 및 회 등과 함께 괴상으로 소결시켜 장입시키게 되면 통풍이 잘되고 용광로의 능률이 향상된다.

79. 보온재의 구비 조건으로 <u>틀린</u> 것은?

① 불연성일 것
② 흡수성이 클 것
③ 비중이 작을 것
④ 열전도율이 작을 것

【해설】(2015-1회-78번 기출유사)

※ 보온재의 구비조건 　　　　　　암기법 : 흡열장비다↓
　① 흡수성이 적을 것　　　② 열전도율이 작을 것
　③ 장시간 사용 시 변질되지 않을 것　④ 비중(밀도)이 작을 것
　⑤ 다공질일 것　　　　　⑥ 견고하고 시공이 용이할 것
　⑦ 불연성일 것

80. 샤모트(Chamotte) 벽돌의 원료로서 샤모트 이외에 가소성 생점토(生粘土)를 가하는 주된 이유는?

① 치수 안정을 위하여
② 열전도성을 좋게 하기 위하여
③ 성형 및 소결성을 좋게 하기 위하여
④ 건조 소성, 수축을 미연에 방지하기 위하여

【해설】(2018-4회-73번 기출반복)

❸ 샤모트 벽돌은 골재 원료로서 샤모트를 사용하고 미세한 부분은 가소성 생점토를 10 ~ 30 % 정도를 가하고 있다. 이것을 혼합된 상태로 성형하여 소성 공정을 거치면 소결성이 좋은 점토질 벽돌이 얻어진다.

제5과목　　　　　　　　열설비설계

81. 프라이밍 및 포밍의 발생 원인이 <u>아닌</u> 것은?

① 보일러를 고수위로 운전할 때
② 증기부하가 적고 증발수면이 넓을 때
③ 주증기밸브를 급히 열었을 때
④ 보일러수에 불순물, 유지분이 많이 포함되어 있을 때

【해설】(2010-2회-83번 기출반복)

❷ 보일러를 과부하 운전하게 되면 프라이밍(飛水, 비수현상)이나 포밍(물거품)이 발생하여 보일러수가 미세물방울과 거품으로 증기에 혼입되어 증기배관으로 송출되는 캐리오버 (carry over, 기수공발) 현상이 일어난다. 증기부하가 지나치게 크거나(즉, 과부하일 때) 증발수면의 면적이 좁거나 증기취출구가 작을 때 잘 발생하게 된다.

82. 증기압력 1.2 kPa의 포화증기(포화온도 104.25 ℃, 증발잠열 2245 kJ/kg)를 내경 52.9 mm, 길이 50 m인 강관을 통해 이송하고자 할 때 트랩 선정에 필요한 응축수량(kg)은?
(단, 외부온도 0 ℃, 강관의 질량 300 kg, 강관비열 0.46 kJ/kg·℃ 이다.)

① 4.4　　② 6.4　　③ 8.4　　④ 10.4

【해설】(2015-2회-99번 기출유사)　　　　　　　　　　　　암기법 : 씨암탉
- 포화증기가 강관을 통해 이송되는 동안 방열에 의해 응축수가 생성되는 것이므로 응축수 질량을 m_w, 증발잠열을 R 이라 두고 열량보존법칙에 의하여,

　　　　포화수가 잃은 열량 = 응축수가 얻은 열량
　　　　　　　　$C \cdot m \cdot \Delta t = m_w \cdot R$
　　0.46 kJ/kg℃ × 300 kg × (104.25 − 0)℃ = m_w × 2245 kJ/kg
　　　　　　∴ m_w = 6.408 ≒ 6.4 kg

83. 보일러의 용량을 산출하거나 표시하는 값으로 틀린 것은?

① 상당증발량　　　　② 보일러마력
③ 재열계수　　　　　④ 전열면적

【해설】(2017-1회-89번 기출반복)

① 보일러의 상당증발량 $w_e = \dfrac{w_2 \times (H_x - H_1)}{539}$

② 보일러마력(BHP) = $\dfrac{w_e}{15.65 \, kg/h}$

❸ 재열사이클이란 터빈일을 증가시키기 위하여 고압 터빈내에서 팽창 도중의 증기를 뽑아내어 재열기로 다시 가열하여 과열도를 높인 다음 저압 터빈으로 보내어 일을 하게 함으로써 터빈의 이론적 열효율을 증가시킬 수 있다.
　재열계수(再熱係數, reheat factor)는 재열사이클의 터빈 효율을 계산할 때 쓰인다.

④ 보일러의 증발율 e = $\dfrac{w_2}{A_b}\left(\dfrac{실제증발량, \quad kg/h}{보일러 전열면적, \quad m^2}\right)$ = kg/m²·h

84. 노통 보일러에 갤러웨이관을 직각으로 설치하는 이유로서 적절하지 않은 것은?

① 노통을 보강하기 위하여　　　② 보일러수의 순환을 돕기 위하여
③ 전열 면적을 증가시키기 위하여　④ 수격작용을 방지하기 위하여

【해설】(2017-4회-97번 기출유사)
- 노통 보일러에는 노통에 직각으로 겔로웨이관을 2~3개 정도 설치함으로서 노통을 보강하고, 전열면적을 증가시키며, 보일러수의 순환을 촉진시킨다.

85. 두께 20 cm의 벽돌의 내측에 10 mm의 모르타르와 5 mm의 플라스터 마무리를 시행하고, 외측은 두께 15 mm의 모르타르 마무리를 시공하였다. 아래 계수를 참고할 때, 다층벽의 총 열관류율(W/m²·℃)은?

- 실내측벽 열전달계수 h_1 = 8 W/m²·℃
- 실외측벽 열전달계수 h_2 = 20 W/m²·℃
- 플라스터 열전도율 λ_1 = 0.5 W/m·℃
- 모르타르 열전도율 λ_2 = 1.3 W/m·℃
- 벽돌 열전도율 λ_3 = 0.65 W/m·℃

① 1.95   ② 4.57   ③ 8.72   ④ 12.31

【해설】(2015-2회-91번 기출유사)

- 다층벽에서의 총괄열전달계수(또는, 관류율) $K = \dfrac{1}{\dfrac{1}{\alpha_{in}} + \sum \dfrac{d}{\lambda} + \dfrac{1}{\alpha_{out}}}$ 에서

$= \dfrac{1}{\dfrac{1}{8} + \dfrac{0.01}{1.3} + \dfrac{0.005}{0.5} + \dfrac{0.2}{0.65} + \dfrac{0.015}{1.3} + \dfrac{1}{20}} = 1.9534 ≒ 1.95 \; W/m^2·℃$

86. 보일러의 전열면에 부착된 스케일 중 연질 성분인 것은?

① $Ca(HCO_3)_2$ ② $CaSO_4$ ③ $CaCl_2$ ④ $CaSiO_3$

【해설】(2019-4회-93번 기출유사)

※ 스케일(Scale, 관석)의 종류
- 경질 스케일 : $CaSO_4$(황산칼슘), $CaSiO_3$(규산칼슘), $Mg(OH)_2$(수산화마그네슘)
- 연질 스케일 : $Ca(HCO_3)_2$(탄산칼슘), $Mg(HCO_3)_2$(탄산마그네슘), $Fe(HCO_3)_2$

87. 프라이밍 현상을 설명한 것으로 틀린 것은?

① 절탄기의 내부에 스케일이 생긴다.
② 안전밸브, 압력계의 기능을 방해한다.
③ 워터해머(water hammer)를 일으킨다.
④ 수면계의 수위가 요동해서 수위를 확인하기 어렵다.

【해설】(2017-4회-89번 기출유사)

- 프라이밍 현상이 발생하면 수면이 요동해서 수위를 확인하기 어렵고, 배관 내 응축수로 인하여 수격작용(water hammer, 워터 해머)을 일으키며, 계기류의 연락관이 막혀 안전밸브 및 압력계의 기능을 방해한다.

88. 이상적인 흑체에 대하여 단위면적당 복사에너지 E와 절대온도 T의 관계식으로 옳은 것은? (단, σ는 스테판-볼츠만 상수이다.)

① $E = \sigma T^2$　　② $E = \sigma T^4$　　③ $E = \sigma T^6$　　④ $E = \sigma T^8$

【해설】(2019-4회-97번 기출유사)
- 흑체의 복사(방사)에너지는 스테판-볼츠만의 법칙에 따라 절대온도의 **4제곱**에 비례한다.

  $E = \varepsilon \cdot \sigma T^4 \times A$　여기서, ε : 흑체의 표면 복사율(방사율) 또는 흑도
  　　　　　　　　　　　　　σ : 스테판-볼쯔만 상수
  　　　　　　　　　　　　　　$(4.88 \times 10^{-8} \text{ kcal/m}^2 \cdot \text{h} \cdot \text{K}^4 = 5.7 \times 10^{-8} \text{ W/m}^2 \cdot \text{K}^4)$
  　　　　　　　　　　　　　T : 흑체의 표면온도(K)
  　　　　　　　　　　　　　A : 방열 표면적

89. 100 kN의 인장하중을 받는 한쪽 덮개판 맞대기 리벳이음이 있다. 리벳의 지름이 15 mm, 리벳의 허용전단력이 60 MPa 일 때 최소 몇 개의 리벳이 필요한가?

① 10　　② 8　　③ 6　　④ 4

【해설】(2013-4회-82번 기출유사)
- 한쪽 덮개판 리벳이음은 1면 이음이므로 리벳의 전단력은 리벳수(n)의 1배가 된다.

  전단력 $\tau = \dfrac{W}{A}\left(\dfrac{\text{하중}}{\text{단면적}}\right) = P(\text{허용전단력}) \times n$　여기서, n : 리벳의 수

  $\dfrac{W}{\dfrac{\pi D^2}{4}} = P \times n$,

  $\dfrac{100 \times 10^3 \, N}{\dfrac{\pi \times (15\,mm)^2}{4}} = 60 \times 10^6 \,\text{Pa} \times n = 60 \times 10^6 \times \dfrac{N}{(10^3 \, mm)^2} \times n$

  ∴ 최소 리벳수 n = 9.43 따라서, 최소개수이므로 10개가 필요하다.

90. 공기예열기 설치에 따른 영향으로 틀린 것은?

① 연소효율을 증가시킨다.
② 과잉공기량을 줄일 수 있다.
③ 배기가스 저항이 줄어든다.
④ 질소산화물에 의한 대기오염의 우려가 있다.

【해설】(2019-4회-98번 기출유사)
- ❸ 연도의 배기가스로부터 연소용 공기를 예열함으로써 연료의 착화열을 줄일 수 있고, 적은 공기비로 연료를 완전연소 시킬 수 있으므로 과잉공기량을 줄일 수 있다.
  공기예열기 설치로 배기가스의 통풍저항이 증가하며, 연소용공기의 고온예열에 따른 질소산화물(NO_X)에 의한 대기오염의 우려가 있다.

91. 노통연관식 보일러의 특징에 대한 설명으로 옳은 것은?

① 외분식이므로 방산손실열량이 크다.
② 고압이나 대용량보일러로 적당하다.
③ 내부청소가 간단하므로 급수처리가 필요 없다.
④ 보일러의 크기에 비하여 전열면적이 크고 효율이 좋다.

【해설】(2011-1회-90번 기출반복)
※ 노통연관식 보일러의 특징
① 노통에 의한 **내분식(內焚式)**이므로 노벽을 통한 복사열의 흡수가 커서, 방산손실열량이 **적다**.
② 다른 원통형(노통, 연관식) 보일러 보다는 고압·대용량이지만 기본적으로 원통형 보일러는 고압·대용량에는 **부적합하다**.
  참고로, 고압이나 대용량보일러로 적당한 것은 수관식 보일러이다.
③ 구조가 복잡하여 내부청소가 **곤란하며**, 증기발생속도가 빨라서 **급수처리가 필요하다**.
❹ 노통과 연관의 복합식 보일러이므로 보일러의 크기에 비하여 전열면적이 크고 효율이 좋다.

92. 보일러의 내부청소 목적에 해당하지 않는 것은?

① 스케일 슬러지에 의한 보일러 효율 저하방지
② 수면계 노즐 막힘에 의한 장해방지
③ 보일러 수 순환 저해방지
④ 수트블로워에 의한 매연 제거

【해설】(2011-2회-81번 기출유사)
❹ 슈트블로워(Soot blower)는 보일러 외면의 전열면에 부착된 그을음 등을 증기나 공기를 분사하여 제거하는 매연취출장치이므로 **외부청소** 목적에 해당한다.

93. 다음 각 보일러의 특징에 대한 설명 중 틀린 것은?

① 입형 보일러는 좁은 장소에도 설치할 수 있다.
② 노통 보일러는 보유수량이 적어 증기발생 소요시간이 짧다.
③ 수관 보일러는 구조상 대용량 및 고압용에 적합하다.
④ 관류 보일러는 드럼이 없어 초고압보일러에 적합하다.

【해설】(2014-2회-81번 기출반복)
① 입형보일러는 보일러 본체를 수직으로 세운 보일러이므로 설치면적이 좁다.
❷ 노통보일러는 큰 동체를 가지고 있으므로 보유수량이 많아 **증기발생 소요시간이 느리다**.
③ 수관보일러는 드럼이 작아 보유수량이 적은 구조이므로 증기발생 소요시간이 짧아서 대용량(kg/h) 및 고압용에 적합하다.
④ 관류보일러는 드럼이 없고 긴 관만으로 이루어진 구조이므로 초고압보일러에 적합하다.

91-④   92-④   93-②

94. 내압을 받는 보일러 동체의 최고사용압력은?

(단, t : 두께(mm), P : 최고 사용압력(MPa), D_i : 동체 내경(mm),
η : 길이 이음효율, σ_a : 허용인장응력(MPa), α : 부식여유,
k : 온도상수 이다.)

① $P = \dfrac{2\sigma_a \eta (t-\alpha)}{D_i + (1-k)(t-\alpha)}$ ② $P = \dfrac{2\sigma_a \eta (t-\alpha)}{D_i + 2(1-k)(t-\alpha)}$

③ $P = \dfrac{4\sigma_a \eta (t-\alpha)}{D_i + 2(1-k)(t-\alpha)}$ ④ $P = \dfrac{4\sigma_a \eta (t-\alpha)}{D_i + (1-k)(t-\alpha)}$

【해설】※ 내면의 압력을 받는 보일러 동체의 최고사용압력(P) [ASME 규격에 의한 설계식]

- 동체의 내경 기준 : $P = \dfrac{2\sigma_a \eta (t-\alpha)}{D_i + 2(1-k)(t-\alpha)}$
- 동체의 외경 기준 : $P = \dfrac{2\sigma_a \eta (t-\alpha)}{D_o + 2k(t-\alpha)}$

95. 보일러의 스테이를 수리·변경하였을 경우 실시하는 검사는?

① 설치검사 ② 대체검사 ③ 개조검사 ④ 개체검사

【해설】※ 개조검사의 적용대상. [에너지이용합리화법 시행규칙 별표3의4.]
1) 증기보일러를 온수보일러로 개조하는 경우
2) 보일러 섹션의 증감에 의하여 용량을 변경하는 경우
3) 동체·돔·노통·연소실·경관·천정판·관판·관모음 또는 **스테이의 변경**으로서 산업통상자원부장관이 정하여 고시하는 대수리의 경우
4) 연료 또는 연소방법을 변경하는 경우
5) 철금속가열로로서 산업통상자원부장관이 정하여 고시하는 경우의 수리

96. 일반적으로 보일러에 사용되는 중화방청제가 아닌 것은?

① 암모니아 ② 히드라진
③ 탄산나트륨 ④ 포름산나트륨

【해설】(2021-1회-96번 기출유사)

※ 중화방청제
- 산세관후 부식 및 녹의 발생을 방지하기 위하여 9 ~ 10 이상이 될 때까지 사용되는 약품으로서, 그 종류로는 **탄산나트륨**(Na_2CO_3), 수산화나트륨($NaOH$, 가성소다), 인산나트륨(Na_3PO_4), 아황산나트륨(Na_2SO_3), 아질산나트륨($NaNO_2$), **암모니아**(NH_3), **히드라진**(N_2H_4) 등이 사용된다.

❹ 포름산나트륨($CHNaO_2$)은 직물염색 및 인쇄 공정에 사용된다.

97. 압력용기에 대한 수압시험 압력의 기준으로 옳은 것은?

① 최고 사용압력이 0.1 MPa 이상의 주철제 압력용기는 최고 사용압력의 3배이다.
② 비철금속제 압력용기는 최고 사용압력의 1.5배의 압력에 온도를 보정한 압력이다.
③ 최고 사용압력이 1 MPa 이하의 주철제 압력용기는 0.1 MPa 이다.
④ 법랑 또는 유리 라이닝한 압력용기는 최고 사용압력의 1.5배의 압력이다.

【해설】(2016-1회-82번 기출반복)
　※ 수압시험 압력은 다음과 같이 하여야 한다.[압력용기 제조 검사기준.]
　　① 최고 사용압력이 0.1 MPa를 초과하는 주철제 압력용기는 최고 사용압력의 2배이다
　　❷ 강제 또는 비철금속제의 압력용기는 최고 사용압력의 1.5배의 압력에 온도를 보정한 압력이다.
　　③ 최고 사용압력이 0.1 MPa 이하의 주철제 압력용기는 0.2 MPa이다.
　　④ 법랑 또는 유리 라이닝한 압력용기는 최고 사용압력이다.

98. 관판의 두께가 20 mm이고, 관 구멍의 지름이 51 mm인 연관의 최소피치(mm)는 얼마인가?

① 35.5　　② 45.5　　③ 52.5　　④ 62.5

【해설】(2015-2회-95번 기출유사)
　※ 연관보일러의 연관의 최소피치 계산은 다음 식을 따른다.
$$P = \left(1 + \frac{4.5}{t}\right)D \quad \text{여기서, 단위는 모두 mm 이다}$$
$$= \left(1 + \frac{4.5}{20}\right) \times 51 = 62.475 ≒ 62.5 \text{ mm}$$

99. 수관식 보일러에 급수되는 TDS가 2500 $\mu S/cm$이고, 보일러수의 TDS는 5000 $\mu S/cm$이다. 최대증기 발생량이 10000 kg/h라고 할 때 블로우다운량(kg/h)은?

① 2000　　② 4000　　③ 8000　　④ 10000

【해설】(2014-2회-96번 기출유사)
　• 블로우다운(Blow down, 하부배출, 드레인)량 = $\dfrac{w_2 \times W}{B - W}$　여기서, w_2 : 증기발생량
$$= \frac{10000 \, kg/h \times 2500 \, TDS}{(5000 - 2500) \, TDS} = 10000 \text{ kg/h}$$

【참고】• 수질 농도 TDS(total dissolved solid, 총용존 고형물)의 단위
　　　　 : $\mu S/cm$ (마이크로 시멘스 퍼 센티미터)

100. 원통형보일러의 노통이 편심으로 설치되어 관수의 순환작용을 촉진시켜 줄 수 있는 보일러는?
   ① 코르니시 보일러　　② 라몬트 보일러
   ③ 케와니 보일러　　　④ 기관차 보일러

   【해설】(2015-1회-87번 기출반복)
   ❶ 노통이 1개짜리인 코르니시(Cornish) 보일러의 노통을 중앙에서 한쪽으로 기울어지게 (편심으로) 부착하는 이유는 물의 밀도차이를 크게 하여 보일러수의 순환을 촉진시켜 주기 위한 것이다.

2021년 제4회 에너지관리기사
(2021.9.12. 시행)

제1과목 연소공학

1. 과잉공기를 공급하여 어떤 연료를 연소시켜 건연소가스를 분석하였다. 그 결과 CO_2, O_2, N_2의 함유율이 각각 16 %, 1 %, 83 % 이었다면 이 연료의 최대 탄산가스율은 몇 % 인가?

① 15.6 ② 16.8 ③ 17.4 ④ 18.2

【해설】(2010-1회-17번 기출반복)
- 연소가스분석 결과 CO가 없으며, N_2가 83% 이므로 완전연소일 때의 공기비 공식으로 계산하면 된다.

$$m = \frac{CO_{2\,max}}{CO_2(\%)} = \frac{N_2}{N_2 - 3.76\,O_2} \text{ 으로 계산한다.}$$

$$\frac{CO_{2\,max}}{16\,\%} = \frac{83}{83 - 3.76 \times 1} \quad \therefore CO_{2\,max} = 16.759 ≒ 16.8\,\%$$

2. 공기를 사용하여 기름을 무화시키는 형식으로, 200 ~ 700 kPa의 고압공기를 이용하는 고압식과 5 ~ 200 kPa의 저압공기를 이용하는 저압식이 있으며, 혼합 방식에 의해 외부혼합식과 내부혼합식으로도 구분하는 버너의 종류는?

① 유압분무식 버너 ② 회전식 버너
③ 기류분무식 버너 ④ 건타입 버너

【해설】(2020-3회-92번 기출유사)
※ 고압기류 분무식 버너(또는, 고압 공기식 버너)의 특징
① 고압(0.2 ~ 0.8 MPa)의 공기를 사용하여 중유를 무화시키는 형식이다.
② 유량조절범위가 1 : 10 정도로 가장 넓어서 고점도의 액체연료도 무화가 가능하다.
③ 분무각(무화각)은 30° 정도로 가장 좁은 편이다.
④ 외부혼합 방식보다 내부혼합 방식이 무화가 잘 된다.
⑤ 연소 시 소음이 크다.

1-② 2-③

3. 전기식 집진장치에 대한 설명 중 <u>틀린</u> 것은?

① 포집입자의 직경은 30 ~ 50 μm 정도이다.
② 집진효율이 90 ~ 99.9 %로서 높은 편이다.
③ 고전압장치 및 정전설비가 필요하다.
④ 낮은 압력손실로 대량의 가스처리가 가능하다.

【해설】(2016-1회-18번 기출반복)
❶ 포집입자의 직경은 0.1 μm 이하의 미세입자까지도 집진이 가능하다.

4. C_2H_4가 10 g 연소할 때 표준상태인 공기는 160 g 소모되었다. 이 때 과잉공기량은 약 몇 g인가? (단, 공기 중 산소의 중량비는 23.2 %이다.)

① 12.22 ② 13.22 ③ 14.22 ④ 15.22

【해설】• 에틸렌(C_2H_4)의 완전연소에 필요한 이론산소량(O_0)의 중량을 먼저 알아내야 한다.

$$C_2H_4 + 3O_2 \rightarrow 2CO_2 + 2H_2O$$
(1 mol) (3 mol)
(28 g) (3 × 32 g = 96 g)

에틸렌(C_2H_4)이 10 g일 때의 이론산소량(O_0)의 비례식 $\dfrac{28\,g}{10\,g} = \dfrac{96\,g}{O_0}$ 에서,

이론산소량(O_0) ≒ 34.286 g

이론공기량(A_0) = $\dfrac{34.286\,g}{0.232}$ ≒ 147.78 g

따라서, 실제공기량(A) = 이론공기량(A_0) + 과잉공기량(A′) 에서
 과잉공기량(A′) = 실제공기량(A) − 이론공기량(A_0)
       = 160 g − 147.78 g
       = 12.22 g

5. 다음 중 연소 전에 연료와 공기를 혼합하여 버너에서 연소하는 방식인 예혼합 연소 방식 버너의 종류가 <u>아닌</u> 것은?

① 포트형 버너   ② 저압버너
③ 고압버너   ④ 송풍버너

【해설】(2018-2회-10번 기출반복)   암기법 : 예고저송
※ 예혼합 연소방식에 따른 버너의 종류로는 **고압**버너(가스압력 : 2 kg/cm² 이상),
  저압버너(가스압력 : 0.01 kg/cm² 이상), **송풍**버너 등이 있다.

【참고】※ 포트형(Port type) 버너
  - 내화재로 만든 단면적이 큰 화구에서 공기와 가스를 **따로** 연소실로 분출시켜 확산 혼합
   하여 연소시키는 방식으로, 연소속도가 느리므로 긴 화염을 얻을 수 있어서 평로,
   유리용융로 등과 같은 대형 가마에 적합하다.

6. 프로판 $1\,Nm^3$를 공기비 1.1로서 완전 연소시킬 경우 건연소가스량은 약 몇 Nm^3인가?

① 20.2　　　　② 24.2　　　　③ 26.2　　　　④ 33.2

【해설】(2010-1회-20번 기출반복)　　　　　　　　　　　　　　　암기법 : 3,4,5

- 이론공기량과 이론건연소가스량을 먼저 알아내야 한다.
- 탄화수소의 완전연소반응식　$C_mH_n + \left(m + \dfrac{n}{4}\right)O_2 \rightarrow m\,CO_2 + \dfrac{n}{2}H_2O$

  　　　　　　　　　　　　　　$C_3H_8 + 5\,O_2 \rightarrow 3\,CO_2 + 4\,H_2O$

  　　　　　　　　　　　　　　$(1Nm^3)$　　$(5Nm^3)$

- 이론공기량　$A_0 = \dfrac{O_0}{0.21} = \dfrac{5}{0.21} = 23.81\,Nm^3/Nm^3_{-연료}$

- 이론 건연소가스량　$G_{0d} = (1 - 0.21)A_0 + 3 = 0.79 \times 23.81 + 3 = 21.81\,Nm^3/Nm^3_{-연료}$

- **실제 건연소가스량**　$G_d = G_{0d} + (m - 1)A_0$

  　　　　　　　　　　　$= 21.81 + (1.1 - 1) \times 23.81 = 24.19 ≒ 24.2\,Nm^3/Nm^3_{-연료}$

【빠른풀이】　$G_d = (m - 0.21)A_0 + 3$　　　← 이 공식을 암기해서 계산하면 쉽고 빠르다!
　　　　　　　$= (1.1 - 0.21) \times 23.81 + 3 = 24.19 ≒ 24.2\,Nm^3/Nm^3_{-연료}$

【보충】위 문제에서 "실제 습연소가스량(G_w)"을 계산해보자.
　　　　$G_w = G_{0w} + (m - 1)A_0$
　　　　　　$= (m - 0.21)A_0 + 3 + 4$　　　← 이 공식을 암기해서 계산하면 쉽고 빠르다!
　　　　　　$= (1.1 - 0.21) \times 23.81 + 3 + 4 = 28.19 ≒ \mathbf{28.2}\,Nm^3/Nm^3_{-연료}$

7. 증기운 폭발의 특징에 대한 설명으로 틀린 것은?

① 폭발보다 화재가 많다.
② 연소에너지의 약 20%만 폭풍파로 변한다.
③ 증기운의 크기가 클수록 점화될 가능성이 커진다.
④ 점화위치가 방출점에서 가까울수록 폭발위력이 크다.

【해설】(2017-2회-3번 기출반복)

　※ 증기운 폭발.(Vapor cloud explosion)

　　가연성 가스나 증발이 쉬운 가연성 액체가 다량으로 급격하게 대기 중에 유출되면
　　공기와 혼합가스를 형성한 증기운으로 확산되며, 물질의 연소하한계 이상의 상태에서
　　점화원과 접촉시 착화되어 거대한 화구의 형태로 폭발하는 현상으로,
　　석유화학공장에서 자주 일어나는 폭발사고이다.

　① 폭발보다 화재가 많다.
　② 연소에너지의 약 20%만 폭풍파로 변한다.
　③ 증기운의 크기가 클수록 점화될 가능성이 커진다.
　❹ 점화위치가 방출점에서 **멀수록** 그 만큼 가연성 증기가 많이 유출된 것이므로, **폭발위력**
　　이 커진다.

8. 인화점이 50 ℃ 이상인 원유, 경유 등에 사용되는 인화점 시험방법으로 가장 적절한 것은?

① 태그 밀폐식
② 아벨펜스키 밀폐식
③ 클리브렌드 개방식
④ 펜스키마텐스 밀폐식

【해설】(2015-2회-4번 기출반복)
시료를 규정된 조건으로 가열하여 불꽃을 가까이 했을 때 유면위의 유증기와 공기의 혼합기체에 인화되는 최저온도를 인화점이라고 말하며, 인화점 시험장치는 개방식과 밀폐식으로 구분된다.

인화점 시험방법의 종류	적용 범위
아벨-펜스키 밀폐식	인화점이 50 ℃ 이하의 휘발유, 등유 등에 사용
펜스키-마르텐스 밀폐식	인화점이 50 ℃ 이상의 등유, 경유, 중유 등에 사용
태그 밀폐식	인화점이 80 ℃ 이하의 석유제품 등에 사용
클리블랜드 개방식	인화점이 80 ℃ 이상의 아스팔트, 윤활유 등에 사용

9. 아래 표와 같은 질량분율을 갖는 고체 연료의 총 질량이 2.8 kg일 때 고위발열량과 저위발열량은 각각 약 몇 MJ 인가?

C(탄소) : 80.2 %,   H(수소) : 12.3 %,   S(황) : 2.5 %,
W(수분) : 1.2 %,   O(산소) : 1.1 %,   회분 : 2.7 %

반응식	고위발열량 (MJ/kg)	저위발열량 (MJ/kg)
$C + O_2 \rightarrow CO_2$	32.79	32.79
$H + \frac{1}{4}O_2 \rightarrow \frac{1}{2}H_2O$	141.9	120.0
$S + O_2 \rightarrow SO_2$	9.265	9.265

① 44, 41   ② 123, 115   ③ 156, 141   ④ 723, 786

【해설】(2019-4회-14번 기출유사)   암기법 : 씨팔일수세상, 황이오!

- 고체 연료의 조성 중 유효수소(H)를 고려한 고위발열량(H_h)을 반응식 [표]의 발열량을 반드시 이용해서 계산하여야 한다.

$$H_h = 2.8 \text{ kg} \times \left[32.79\,C + 141.9\left(H - \frac{O}{8}\right) + 9.265\,S \right] \text{ MJ/kg}$$

$$= 2.8 \times \left[32.79 \times 0.802 + 141.9\left(0.123 - \frac{0.011}{8}\right) + 9.265 \times 0.025 \right]$$

$$= 122.6 \text{ MJ/kg} \fallingdotseq 123 \text{ MJ/kg}$$

$$H_L = 2.8\,\text{kg} \times \left[32.79\,C + 120\left(H - \frac{O}{8}\right) + 9.265\,S - R_\text{물}\left(w + \frac{9}{8}O\right)\right]\,\text{MJ/kg}$$

$$= 2.8 \times \left[32.79 \times 0.802 + 120\left(0.123 - \frac{0.011}{8}\right) + 9.265 \times 0.025\right]\,\text{MJ}$$

$$- 2.8\,\text{kg} \times 2.512\,\text{MJ/kg}\left(0.012 + \frac{9}{8} \times 0.011\right) = 114.97 \fallingdotseq 115\,\text{MJ}$$

10. 탄소 12 kg을 과잉공기계수 1.2의 공기로 완전연소시킬 때 발생하는 연소가스량은 약 몇 Nm³ 인가?

① 84 ② 107 ③ 128 ④ 149

【해설】(2009-2회-2번 기출유사)

- 연소반응식 $C + O_2 \rightarrow CO_2$
  (1 kmol) (1 kmol) (1 kmol)
  12 kg   (22.4 Nm³) (22.4 Nm³)

- 실제 건연소가스량 G_d = 이론건연소가스량 + 과잉공기량
  $= G_{0d} + (m - 1)\,A_0$
  한편, $G_{0d} = (1 - 0.21)\,A_0$ + 생성된 CO_2
  $= A_0 - 0.21\,A_0 + m\,A_0 - A_0$ + 생성된 CO_2
  $= (m - 0.21)\,A_0$ + 생성된 CO_2
  $= (m - 0.21) \times \dfrac{O_0}{0.21}$ + 생성된 CO_2
  $= (1.2 - 0.21) \times \dfrac{22.4}{0.21} + 22.4 = 128\,\text{Nm}^3/\text{kg-연료}$

11. CH_4 가스 1 Nm³를 30% 과잉공기로 연소시킬 때 완전연소에 의해 생성되는 실제 연소가스의 총량은 약 몇 Nm³ 인가?

① 2.4 ② 13.4 ③ 23.1 ④ 82.3

【해설】(2016-1회-11번 기출반복)

- 연소반응식으로 메탄 1 Nm³을 완전연소시킬 때 필요한 이론공기량을 먼저 알아내야 한다.
  $CH_4 + 2O_2 \rightarrow CO_2 + 2H_2O$
  (1 kmol) (2 kmol) (1 kmol) (2 kmol)
  (22.4 Nm³) (2 × 22.4 Nm³) (22.4 Nm³) (2 × 22.4 Nm³)
  (1 Nm³) (2 Nm³) (1 Nm³) (2 Nm³)

  즉, 이론산소량 $O_0 = 2\,\text{Nm}^3$ ∴ $A_0 = \dfrac{O_0}{0.21} = \dfrac{2}{0.21} \fallingdotseq 9.5\,\text{Nm}^3/\text{Nm}^3\text{-연료}$

- 메탄이 연소되어 생성된 연소가스인 CO_2와 H_2O는 실제 습연소가스에 포함된다.
- 실제 (습)연소가스량 $G_w = G_{0w} + (m - 1)\,A_0$
  $= (m - 0.21)\,A_0 + 1 + 2$
  $= (1.3 - 0.21) \times 9.5 + 1 + 2$
  $= 13.355 \fallingdotseq 13.4\,\text{Nm}^3/\text{Nm}^3\text{-연료}$

10-③ 11-②

12. 다음 연소범위에 대한 설명으로 옳은 것은?

① 온도가 높아지면 좁아진다.
② 압력이 상승하면 좁아진다.
③ 연소상한계 이상의 농도에서는 산소농도가 너무 높다.
④ 연소하한계 이하의 농도에서는 가연성증기의 농도가 너무 낮다.

【해설】(2017-4회-18번 기출반복)

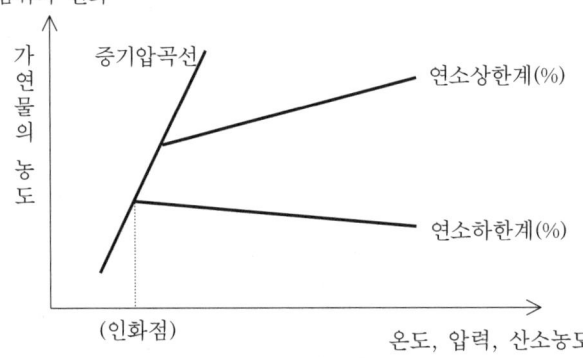

※ 연소범위의 변화

① 온도가 높아지면 연소범위는 **넓어진다**.
② 압력이 상승하면 연소범위는 **넓어진다**.
③ 연소상한계 이상의 농도에서는 가연성증기의 농도가 너무 높고, 산소농도가 너무 **낮다**.
❹ 연소하한계 이하의 농도에서는 가연성증기의 농도가 너무 **낮고**, 산소농도가 너무 높다.

13. 어떤 연료 가스를 분석하였더니 [보기]와 같았다. 이 가스 1 Nm³를 연소시키는데 필요한 이론산소량은 몇 Nm³ 인가?

[보기]		
수소 : 40 %,	일산화탄소 : 10 %,	메탄 : 10 %,
질소 : 25 %,	이산화탄소 : 10 %,	산소 : 5 %

① 0.2　　　　② 0.4　　　　③ 0.6　　　　④ 0.8

【해설】(2007-2회-11번 기출반복)
- 가스연료 성분 분석 결과, 연료 1 Nm³중에 연소될 수 있는 성분들만의 이론산소(O_0)량은

$$H_2 + \frac{1}{2}O_2 \rightarrow H_2O$$
$$CO + \frac{1}{2}O_2 \rightarrow CO_2$$
$$CH_4 + 2O_2 \rightarrow CO_2 + 2H_2O \text{ 에서,}$$

∴ 이론산소량 $O_0 = (0.5 \times H_2 + 0.5 \times CO + 2 \times CH_4) - O_2$
$= (0.5 \times 0.4 + 0.5 \times 0.1 + 2 \times 0.1) - 0.05 = 0.4 \text{ Nm}^3/\text{Nm}^3_{-연료}$

14. 298.15 K, 0.1 MPa 상태의 일산화탄소를 같은 온도의 이론공기량으로 정상유동 과정으로 연소시킬 때 생성물의 단일화염 온도를 주어진 [표]를 이용하여 구하면 약 몇 K 인가?

(단, 이 조건에서 CO 및 CO_2 의 생성엔탈피는 각각 -110529 kJ/kmol, -393522 kJ/kmol 이다.)

CO_2의 기준상태에서 각각의 온도까지 엔탈피 차	
온도 (K)	엔탈피 차 (kJ/kmol)
4800	266500
5000	279295
5200	292123

① 4835 ② 5058 ③ 5194 ④ 5306

【해설】(2010-2회-10번 기출반복)

열화학방정식에서 엔탈피의 (-)부호는 "발열"을 뜻한다.

CO의 완전연소 반응식 $CO + \frac{1}{2}O_2 \rightarrow CO_2 + \Delta H$ (엔탈피 차)에서

$$-110529 \text{ kJ/kmol} = -393522 \text{ kJ/kmol} + \Delta H$$

$$\therefore \Delta H = 393522 - 110529 = 282993 \text{ kJ/kmol}$$

보간법에 의해 $f(T) = 5000 K + \frac{5200 K - 5000 K}{292123 - 279295} \times (282993 - 279295)$

$= 5057.6 ≒ 5058 K$

【참고】보간법 이란?

: 어떤 간격을 가지는 2개 이상의 변수 x_1, x_2의 측정값이 알려져 있을 때 그 사이의 임의의 x 에 대한 함수값을 보간공식으로 계산해 낼 수 있다.

- 보간공식 : $f(x) = f(x_1) + \frac{f(x_2) - f(x_1)}{x_2 - x_1}(x - x_1)$

---

15. 가스 연소 시 강력한 충격파와 함께 폭발의 전파속도가 초음속이 되는 현상은?

① 폭발연소 ② 충격파연소
③ 폭연(deflagration) ④ 폭굉(detonation)

【해설】(2021-2회-18번 기출유사)

※ 폭굉(detonation, 데토네이션) 현상
- 가스 연소 시 화염의 전파속도가 음속(340m/s)보다 빠른 **초음속**(1000 ~ 3500 m/s)의 반응대가 충격파와 일체가 되어 파면 선단에서 심한 파괴작용을 동반하는 연소 폭발 현상을 말한다. 폭굉은 확산이나 열전도에 따른 역학적 현상이 아니라, 화염의 빠른 전파에 의해 발생하는 강력한 **충격파**(압력파)에 의한 역학적 현상이다.

16. 과잉공기량이 증가할 때 나타나는 현상이 아닌 것은?

① 연소실의 온도가 저하된다.
② 배기가스에 의한 열손실이 많아진다.
③ 연소가스 중의 SO_3이 현저히 줄어 저온부식이 촉진된다.
④ 연소가스 중의 질소산화물 발생이 심하여 대기오염을 초래한다.

【해설】(2018-2회-7번 기출유사)
① 연소온도에 가장 큰 영향을 주는 원인은 연소용 공기의 공기비인데, 과잉공기량이 많아질수록 과잉된 질소(흡열반응)에 의한 노내 연소가스량이 많아지므로 노내(연소실내) 연소온도는 낮아진다.
② 과잉공기량이 많아지면 배기가스량의 증가로 배기가스열 손실량($Q_{손실}$)도 증가하므로 열효율이 낮아진다.
❸ 과잉공기량이 많아지면 배기가스 중의 산소에 의해, $SO_2 + \frac{1}{2}O_2 \rightarrow SO_3$ (무수황산)이 현저히 **늘어** 저온부식이 촉진된다.
④ 연소 시 과잉공기량이 증가하면 공기 중 산소와의 접촉이 용이하게 되어 완전연소가 이루어지므로 불완전연소에 의한 CO 매연은 감소한다. 그러나, 과잉공기량이 많아질수록 과잉된 질소에 의해 연소가스 중의 NO_x(질소산화물) 발생이 증가하여 대기오염을 초래한다. 따라서, NO_x의 발생을 방지하려면 과잉공기량을 줄이고 노내압을 낮게 해야 한다.

17. 기체연료에 대한 일반적인 설명으로 틀린 것은?

① 회분 및 유해물질의 배출량이 적다.
② 연소조절 및 점화, 소화가 용이하다.
③ 인화의 위험성이 적고 연소장치가 간단하다.
④ 소량의 공기로 완전연소할 수 있다.

【해설】(2008-4회-13번 기출유사)
❸ 기체연료는 연소장치가 간단하다는 장점이 있지만, 인화성이 크므로 저장 및 사용 중 폭발의 위험성이 있는 단점이 있다.

18. 고체연료에 비해 액체연료의 장점에 대한 설명으로 틀린 것은?

① 화재, 역화 등의 위험이 적다.
② 회분이 거의 없다.
③ 연소효율 및 열효율이 좋다.
④ 저장운반이 용이하다.

【해설】(2015-2회-20번 기출반복)
❶ 고체에 비하여 인화성이 있으므로 화재, 역화 등의 **위험이 크다는 단점**을 지닌다.
② 회분이나 분진이 거의 없다.
③ 유체이므로 품질이 고체에 비해서 훨씬 균일하여 연소효율 및 열효율이 좋다.
④ 액체연료는 배관 및 용기에 담을 수 있으므로 운반, 저장이 용이하다.

19. 고온부식을 방지하기 위한 대책이 아닌 것은?

① 연료에 첨가제를 사용하여 바나듐의 융점을 낮춘다.
② 연료를 전처리하여 바나듐, 나트륨, 황분을 제거한다.
③ 배기가스온도를 550℃ 이하로 유지한다.
④ 전열면을 내식재료로 피복한다.

【해설】(2011-2회-1번 기출반복)　　　　　　　　　　　　암기법 : 고바, 황저
　　　※ 고온부식 현상
　　　　－ 연료 중에 포함된 **바나듐(V)**이 연소에 의해 산화하여 V_2O_5(오산화바나듐)으로 되어 연소실내의 고온 전열면인 **과열기 · 재열기**에 부착되어 표면을 부식시킨다.
　　　※ 고온부식 방지대책
　　　　① 연료에 첨가제(회분개질제)를 사용하여 **바나듐의 융점을 높인다.**
　　　　② 연료를 전처리하여 바나듐(V), 나트륨(Na), 황(S)분을 제거한다.
　　　　③ 배기가스온도를 바나듐 융점인 550℃ 이하가 되도록 유지시킨다.
　　　　④ 고온의 전열면을 내식재료로 피복한다.
　　　　⑤ 전열면의 온도가 높아지지 않도록 설계온도 이하로 유지한다.

20. 연돌의 설치 목적이 아닌 것은?

① 배기가스의 배출을 신속히 한다.　② 가스를 멀리 확산시킨다.
③ 유효 통풍력을 얻는다.　　　　　④ 통풍력을 조절해 준다.

【해설】(2020-3회-15번 기출유사)
　　　❹ 통풍력을 조절해 주는 장치는 연도 중에 설치되어 있는 댐퍼(damper)이다.

제2과목	열역학	

21. 보일러의 게이지 압력이 800 kPa 일 때 수은기압계가 측정한 대기 압력이 856 mmHg를 지시했다면 보일러 내의 절대압력은 약 몇 kPa 인가?
　　(단, 수은의 비중은 13.6 이다.)

① 810　　　② 914　　　③ 1320　　　④ 1656

【해설】(2018-4회-35번 기출반복)　　　　　　　　　　　　암기법 : 절대계
　　　• 절대압력 = 대기압 + 게이지압 = $856 \, mmHg \times \dfrac{101.325 \, kPa}{760 \, mmHg}$ + 800 kPa ≒ 914 kPa

22. 오토사이클과 디젤사이클의 열효율에 대한 설명 중 **틀린** 것은?

① 오토사이클의 열효율은 압축비와 비열비만으로 표시된다.
② 차단비가 1에 가까워질수록 디젤사이클의 열효율은 오토사이클의 열효율에 근접한다.
③ 압축 초기 압력과 온도, 공급열량, 최고온도가 같을 경우 디젤사이클의 열효율이 오토사이클의 열효율보다 높다.
④ 압축비와 차단비가 클수록 디젤사이클의 열효율은 높아진다.

【해설】(2013-1회-26번, 2021-2회-36번 기출유사)

- 오토사이클의 열효율 공식 $\eta = 1 - \left(\dfrac{1}{\epsilon}\right)^{k-1}$

- 디젤사이클의 열효율 공식 $\eta = 1 - \left(\dfrac{1}{\epsilon}\right)^{k-1} \times \dfrac{\sigma^k - 1}{k(\sigma - 1)}$ 에서,
  - 분모의 ϵ(압축비)가 클수록 η(효율)은 증가하고
  - 분자의 σ(단절비, 차단비)가 작을수록 η(효율)은 증가한다.

23. 온도가 T_1인 이상기체를 가역단열과정으로 압축하였다. 압력이 P_1에서 P_2로 변하였을 때, 압축 후의 온도 T_2를 옳게 나타낸 것은?
(단, k는 이상기체의 비열비를 나타낸다.)

① $T_2 = T_1 \left(\dfrac{P_2}{P_1}\right)^{\frac{k}{k-1}}$ ② $T_2 = T_1 \left(\dfrac{P_2}{P_1}\right)^{\frac{k}{1-k}}$

③ $T_2 = T_1 \left(\dfrac{P_2}{P_1}\right)^{\frac{k-1}{k}}$ ④ $T_2 = T_1 \left(\dfrac{P_2}{P_1}\right)^{\frac{1-k}{k}}$

【해설】(2011-1회-27번 기출반복)

- 단열변화 공식을 반드시 암기하고 있어야 한다!

$$\dfrac{P_1 V_1}{T_1} = \dfrac{P_2 V_2}{T_2}$$ 에서, 분모 T_1을 우변으로 이항하고, 그 다음에 V_1을 이항한다.

$$\dfrac{P_1}{P_2} = \left(\dfrac{T_1}{T_2}\right)^{\frac{k}{k-1}} = \left(\dfrac{V_2}{V_1}\right)^{k}$$

$$\left(\dfrac{P_1}{P_2}\right)^{\frac{k-1}{k}} = \dfrac{T_1}{T_2}$$

$$\therefore T_2 = T_1 \times \left(\dfrac{P_1}{P_2}\right)^{\frac{-(k-1)}{k}} = T_1 \times \left(\dfrac{P_2}{P_1}\right)^{\frac{k-1}{k}}$$

24.
공기가 압력 1 MPa, 체적 0.4 m³인 상태에서 50 ℃의 등온 과정으로 팽창하여 체적이 4배로 되었다. 엔트로피의 변화는 약 몇 kJ/K 인가?

① 1.72 ② 5.46 ③ 7.32 ④ 8.83

【해설】(2008-1회-36번 기출반복)
- 엔트로피 변화의 기본식 $\Delta S = C_V \cdot \ln\left(\dfrac{T_2}{T_1}\right) + R \cdot \ln\left(\dfrac{V_2}{V_1}\right)$ 에서,

  등온과정은 $T_1 = T_2$ 이므로, $\ln\left(\dfrac{T_2}{T_1}\right) = \ln(1) = 0$

  $\therefore \Delta S = m \times R \cdot \ln\left(\dfrac{V_2}{V_1}\right)$

  한편, 공기의 질량을 구하기 위해서 PV = mRT 에서 $m = \dfrac{PV}{RT}$ 이므로

  $= \dfrac{PV}{RT} \times R \cdot \ln\left(\dfrac{V_2}{V_1}\right) = \dfrac{PV}{T} \times \ln\left(\dfrac{V_2}{V_1}\right) = \dfrac{PV}{T} \times \ln\left(\dfrac{4V_1}{V_1}\right)$

  $= \dfrac{10^3\,kPa \times 0.4\,m^3}{(273 + 50)\,K} \times \ln 4$

  $= 1.716 \fallingdotseq 1.72\ kJ/K$

25.
정상상태로 흐르는 유체의 에너지방정식을 다음과 같이 표현할 때 ( )안에 들어갈 용어로 옳은 것은?

(단, 유체에 대한 기호의 의미는 아래와 같고, 첨자 1과 2는 각각 입·출구를 나타낸다.)

$$\dot{Q} + \dot{m}\left[h_1 + \dfrac{V_1^2}{2} + (\ )_1\right] = \dot{W}_s + \dot{m}\left[h_2 + \dfrac{V_2^2}{2} + (\ )_2\right]$$

기호	의미	기호	의미
$\dot{Q}$	시간당 받는 열량	$\dot{W}_s$	시간당 주는 일량
$\dot{m}$	질량유량	s	비엔트로피
h	비엔탈피	u	비내부에너지
V	속도	P	압력
g	중력가속도	z	높이

① s ② u ③ gz ④ P

【해설】 • 정상유동의 에너지방정식은 열역학적 계의 입구로 들어온 에너지와 공급된 열량은 출구로 나오는 에너지와 축일로 표현된다.

$$\dot{Q} + \dot{m}\left[h_1 + \dfrac{V_1^2}{2} + gz_1\right] = \dot{W}_s + \dot{m}\left[h_2 + \dfrac{V_2^2}{2} + gz_2\right]$$

공급된 열량 + 엔탈피 + 운동에너지 + 위치에너지 = 축일 + 엔탈피 + 운동에너지 + 위치에너지

26. 냉동기의 냉매로서 갖추어야 할 요구조건으로 틀린 것은?

① 증기의 비체적이 커야 한다.
② 불활성이고 안정적이어야 한다.
③ 증발온도에서 높은 잠열을 가져야 한다.
④ 액체의 표면장력이 작아야 한다.

【해설】 (2019-2회-34번 기출반복)

※ 냉매의 구비조건

암기법 : 냉전증인임↑
암기법 : 압점표값과 비(비비)는 내린다↓

① 전열이 양호할 것. (전열이 양호한 순서 : NH_3 > H_2O > Freon > Air)
② 증발잠열이 클 것. (1 RT당 냉매순환량이 적어지므로 냉동효과가 증가된다.)
③ 인화점이 높을 것. (폭발성이 적어서 안정하다.)
④ 임계온도가 높을 것. (상온에서 비교적 저압으로도 응축이 용이하다.)
⑤ 상용압력범위가 낮을 것.
⑥ 점성도와 표면장력이 작아 순환동력이 적을 것.
⑦ 값이 싸고 구입이 쉬울 것.
❽ 비체적이 작을 것.(한편, 비중량이 크면 동일 냉매순환량에 대한 관경이 가늘어도 됨)
⑨ 비열비가 작을 것.
  (비열비가 작을수록 압축후의 토출가스 온도 상승이 적다)
⑩ 비등점이 낮을 것.
⑪ 금속 및 패킹재료에 대한 부식성이 적을 것.
⑫ 환경 친화적일 것.
⑬ 독성이 적을 것.

27. 증기에 대한 설명 중 틀린 것은?

① 동일압력에서 포화증기는 포화수보다 온도가 더 높다.
② 동일압력에서 건포화증기를 가열한 것이 과열증기이다.
③ 동일압력에서 과열증기는 건포화증기보다 온도가 더 높다.
④ 동일압력에서 습포화증기와 건포화증기는 온도가 같다.

【해설】 (2015-2회-33번 기출반복)

❶ 동일압력(정압 하)에서는 포화수, 습(포화)증기, (건)포화증기의 **온도가 모두 같다.**

【참고】 물-수증기의 상태변화를 표시하는 증기선도 중에서 P-V선도를 이용하면 쉽게 알 수 있다.

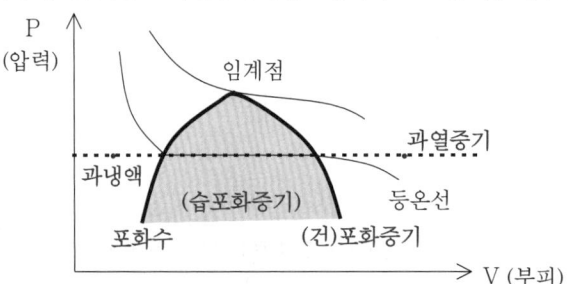

28.
공기 오토사이클에서 최고 온도가 1200 K, 압축 초기 온도가 300 K, 압축비가 8일 경우 열공급량은 약 몇 kJ/kg인가?
(단, 공기의 정적비열은 0.7165 kJ/kg·K, 비열비는 1.4 이다.)

① 366　　② 466　　③ 566　　④ 666

【해설】(2014-1회-38번 기출유사)

- 공급열량 Q_1은 정적변화이므로, $Q_1 = C_V \cdot (T_3 - T_2)$ 로 계산된다.
  따라서, 단열압축후의 온도인 T_2를 먼저 알아내야 한다.

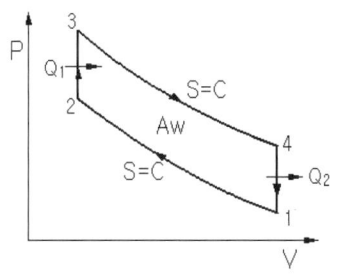

단열과정의 TV 관계방정식
$T_1 \cdot V_1^{k-1} = T_2 \cdot V_2^{k-1}$ 에서

$$T_2 = T_1 \cdot \left(\frac{V_1}{V_2}\right)^{k-1}$$
$$= T_1 \cdot \epsilon^{k-1}$$
$$= 300\,K \times 8^{1.4-1}$$
$$\fallingdotseq 689\,K$$

$Q_1 = C_V \cdot (T_3 - T_2) = 0.7165\,kJ/kg\cdot K \times (1200 - 689)K \fallingdotseq 366\,kJ/kg$

29.
일정한 압력 300 kPa으로, 체적 0.5 m³의 공기가 외부로부터 160 kJ의 열을 받아 그 체적이 0.8 m³로 팽창하였다. 내부에너지의 증가량은 몇 kJ 인가?

① 30　　② 70　　③ 90　　④ 160

【해설】(2015-2회-37번 기출유사)

- 정압 하에서 열역학 제1법칙(에너지보존)인 $dQ = dU + P \cdot dV$ 를 이용하여 계산한다.
  내부에너지 변화량 $dU = dQ - P \cdot dV$
  $= 160\,kJ - 300\,kPa \times (0.8 - 0.5)m^3 = +70\,kJ$
  여기서, (+)부호는 내부에너지의 "증가"를 의미한다.

30.
정상상태(steady state) 흐름에 대한 설명으로 옳은 것은?

① 특정 위치에서만 물성값을 알 수 있다.
② 모든 위치에서 열역학적 함수값이 같다.
③ 열역학적 함수값은 시간에 따라 변하기도 한다.
④ 유체 물성이 시간에 따라 변하지 않는다.

【해설】(2013-1회-24번 기출반복)

- 정상상태의 유동(즉, 定常流 정상류)이란 어느 한 점에서 유체의 흐름특성인 온도, 부피, 밀도, 압력, 속도, 수위 등의 물리적 성질이 **시간에 따라 변하지 않는** 흐름을 말한다.

31. 매시간 2000 kg의 포화수증기를 발생하는 보일러가 있다. 보일러내의 압력은 200 kPa이고, 이 보일러에는 매시간 150 kg의 연료가 공급된다. 이 보일러의 효율은 약 얼마인가?
    (단, 보일러에 공급되는 물의 엔탈피는 84 kJ/kg 이고, 200 kPa 에서의 포화증기의 엔탈피는 2700 kJ/kg이며, 이 연료의 발열량은 42000 kJ/kg이다.)
    ① 77%　　　　② 80%　　　　③ 83%　　　　④ 86%

【해설】(2014-2회-40번 기출반복)　　　　　　　　암기법 : (효율좋은) 보일러 사저유

- 보일러 열효율 $\eta = \dfrac{Q_s}{Q_{in}} = \dfrac{유효출열.(발생증기의 흡수열)}{총입열량}$

    $= \dfrac{w_2 \cdot (H_x - H_1)}{m_f \cdot H_\ell}$

    $= \dfrac{2000\ kg/h \times (2700 - 84)\ kJ/kg}{150\ kg/h \times 42000\ kJ/kg} = 0.8304 ≒ 83\%$

32. 수증기가 노즐 내를 단열적으로 흐를 때 출구 엔탈피가 입구 엔탈피보다 15 kJ/kg 만큼 작아진다. 노즐 입구에서의 속도를 무시할 때 노즐 출구에서의 수증기 속도는 약 몇 m/s 인가?
    ① 173　　　　② 200　　　　③ 283　　　　④ 346

【해설】(2016-1회-29번 기출반복)

- 노즐 입구에서의 속도는 무시하고 있으므로($v_1 = 0$)

    노즐 출구에서의 속도 $v_2 = \sqrt{2 \times \Delta H}$

    $= \sqrt{2 \times 15\ kJ/kg} = \sqrt{2 \times 15 \times 10^3\ N \cdot m/kg}$

    $= \sqrt{2 \times 15 \times 10^3\ kg \cdot m/\sec^2 \times m/kg}$

    $= 173.20 ≒ $ **173 m/s**

33. 이상기체의 폴리트로픽 변화에서 항상 일정한 것은? (단, k는 비열비이다.)
    (단, P : 압력, T : 온도, V : 부피, n : 폴리트로픽 지수)

    ① VT^{n-1}　　　② $\dfrac{PT}{V}$　　　③ TV^{1-n}　　　④ PV^n

【해설】(2016-2회-23번 기출유사)

- 폴리트로픽 변화에서 관계 방정식 : PV^n = Const (일정)　(여기서, n : 폴리트로픽 지수)

    TV^{n-1} = Const (일정)

34. 대기압이 100 kPa인 도시에서 두 지점의 계기압력비가 '5 : 2'라면 절대압력비는?

① 1.5 : 1
② 1.75 : 1
③ 2 : 1
④ 주어진 정보로는 알 수 없다.

【해설】(2017-2회-25번 기출반복)   암기법 : 절대계

- 계기압력비 $\dfrac{P_{g1}}{P_{g2}} = \dfrac{5}{2}$ 에서, $P_{g1} = 2.5\,P_{g2}$
- 절대압력 = 대기압(기압계) + 계기압력 = $P_0 + P_g$ 이므로,

  절대압력비 $\dfrac{P_A}{P_B} = \dfrac{P_0 + P_{g1}}{P_0 + P_{g2}} = \dfrac{P_0 + 2.5\,P_{g2}}{P_0 + P_{g2}} = \dfrac{100 + 2.5\,P_{g2}}{100 + P_{g2}}$

∴ 주어진 정보인 계기압력비만으로는 절대압력비를 계산할 수 없다.

35. 실온이 25 ℃인 방에서 역카르노사이클 냉동기가 작동하고 있다. 냉동공간은 -30 ℃로 유지되며, 이 온도를 유지하기 위해 작동유체가 냉동공간으로부터 100 kW를 흡열하려 할 때 전동기가 해야 할 일은 약 몇 kW인가?

① 22.6
② 81.5
③ 207
④ 414

【해설】(2007-1회-34번 기출반복)

- 역카르노사이클이므로 COP(성능계수)를 온도의 비로 계산할 수 있다.

  $$\text{COP} = \dfrac{Q_2}{W_c} = \dfrac{Q_2}{Q_1 - Q_2} = \dfrac{T_2}{T_1 - T_2}$$

  한편, 흡열량 $Q_2 = 100$ kW로 제시되어 있으므로

  $$\dfrac{100\,kW}{W_c} = \dfrac{(-30 + 273)}{(25 + 273) - (-30 + 273)}$$

∴ 전동기의 압축일량 $W_c = 22.63 ≒ 22.6$ kW

36. 열역학 제2법칙과 관련하여 가역 또는 비가역 사이클 과정 중 항상 성립하는 것은? (단, Q는 시스템에 출입하는 열량이고, T는 절대온도이다.)

① $\oint \dfrac{\delta Q}{T} = 0$
② $\oint \dfrac{\delta Q}{T} > 0$
③ $\oint \dfrac{\delta Q}{T} \geq 0$
④ $\oint \dfrac{\delta Q}{T} \leq 0$

【해설】(2019-1회-22번 기출반복)

※ 클라우지우스(Clausius)적분의 열역학 제2법칙 표현 : $\oint \dfrac{\delta Q}{T} \leq 0$ 에서,

- 가역 과정일 경우 : $\oint_{가역} \dfrac{\delta Q}{T} = 0$
- 비가역 과정일 경우 : $\oint_{비가역} \dfrac{\delta Q}{T} < 0$ 으로 표현한다.

37. 다음 중 열역학 제2법칙과 관련된 것은?

① 상태 변화 시 에너지는 보존된다.
② 일을 100% 열로 변환시킬 수 있다.
③ 사이클링과정에서 시스템이 한 일은 시스템이 받은 열량과 같다.
④ 열은 저온부로부터 고온부로 자연적으로 전달되지 않는다.

【해설】(2015-1회-35번 기출반복)
① 열역학 제1법칙(에너지보존 법칙)
② 열역학 제2법칙(일을 100% 열로 변환시킬 수 없다.)
③ 열역학 제1법칙(시스템이 한 일 $W = Q_1 - Q_2$)
❹ 열역학 제2법칙(열은 고온부에서 저온부로 자연적으로 전달되며, 저온부로부터 고온부로는 자연적으로 전달되지 않는다.)

38. 터빈에서 2 kg/s 의 유량으로 수증기를 팽창시킬 때 터빈의 출력이 1200 kW라면 열손실은 몇 kW인가?
(단, 터빈 입구와 출구에서 수증기의 엔탈피는 각각 3200 kJ/kg 와 2500 kJ/kg 이다.)

① 600　　② 400　　③ 300　　④ 200

【해설】(2016-2회-25번 기출반복)
- 단열되어 있는 터빈의 출력 $Q = m \cdot \Delta H = m \cdot (H_1 - H_2)$
  = 2 kg/s × (3200 − 2500) kJ/kg = 1400 kJ/s = 1400 kW
- ∴ 터빈이 단열되어 있지 않으므로 발생하는 열손실량 = 1400 kW − 1200 kW = **200 kW**

39. 온도 45 ℃인 금속 덩어리 40 g을 15 ℃인 물 100 g에 넣었을 때, 열평형이 이루어진 후 두 물질의 최종 온도는 몇 ℃인가?
(단, 금속의 비열은 0.9 J/g·℃, 물의 비열은 4 J/g·℃이다.)

① 17.5　　② 19.5　　③ 27.4　　④ 29.4

【해설】(2016-2회-36번 기출유사)　　　　　　　　　암기법 : 큐는 씨암탉
- 열량보존(잃은 열량 = 얻은 열량)의 법칙에 의해 혼합한 후의 열평형온도를 t 라 두면, 고온의 물체인 **금속이 잃은 열량**(Q_1) = 저온의 물체인 **물이 얻은 열량**(Q_2) 으로 계산한다.
  $C_1 \cdot m_1 \cdot \Delta t_1 = C_2 \cdot m_2 \cdot \Delta t_2$
  $C_1 \cdot m_1 \cdot (t_1 - t) = C_2 \cdot m_2 \cdot (t - t_2)$
  $0.9 × 40 × (45 - t) = 4 × 100 × (t - 15)$
- ∴ 평형상태에서의 최종 온도 t = 17.47 ≒ **17.5 ℃**

40. 온도차가 있는 두 열원 사이에서 작동하는 역카르노사이클을 냉동기로 사용할 때 성능계수를 높이려면 어떻게 해야 하는가?

① 저열원의 온도를 높이고 고열원의 온도를 높인다.
② 저열원의 온도를 높이고 고열원의 온도를 낮춘다.
③ 저열원의 온도를 낮추고 고열원의 온도를 높인다.
④ 저열원의 온도를 낮추고 고열원의 온도를 낮춘다.

【해설】(2021-1회-22번 기출유사)

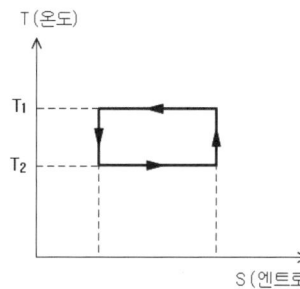

- 냉동기(역카르노 사이클)의 성능계수 COP

$$COP = \frac{Q_2}{W_c} = \frac{Q_2}{Q_1 - Q_2} = \frac{T_2}{T_1 - T_2}$$

여기서, Q_1 : 방출열량, Q_2 : 흡수열량
T_1 : 고열원의 온도, T_2 : 저열원의 온도

따라서, COP를 증가시키려면 T_2를 높이고 T_1을 낮춘다.

제3과목　　계측방법

41. 스프링저울 등 측정량이 원인이 되어 그 직접적인 결과로 생기는 지시로부터 측정량을 구하는 방법으로 정밀도는 낮으나 조작이 간단한 방법은?

① 영위법　　② 치환법　　③ 편위법　　④ 보상법

【해설】(2018-4회-57번 기출반복)

　※ 계측기기의 측정방법
　　① 영위법(零位法) : 측정하고자 하는 양과 같은 종류로서 크기를 독립적으로 조정할 수가 있는 기준량을 준비하여 기준량을 측정량에 평형시켜 계측기의 지침이 0의 위치를 나타낼 때의 기준량 크기로부터 측정량의 크기를 알아내는 방법이다.
　　② 치환법(置換法) : 측정량과 기준량을 치환해 2회의 측정결과로부터 구하는 측정방식이다.
　　❸ 편위법(偏位法) : 측정하고자 하는 양의 작용에 의하여 계측기의 지침에 편위를 일으켜 이 편위를 계측기의 지시눈금과 비교함으로써 측정을 행하는 방식이다.
　　④ 보상법(補償法) : 측정하고자 하는 양을 표준치와 비교하여 양자의 근소한 차이로부터 측정량을 정교하게 구하는 방식이다.
　　⑤ 차동법(差動法) : 같은 종류인 두 양의 작용의 차를 이용하는 방법이다.

42. 계측에 있어 측정의 참값을 판단하는 계의 특성 중 동특성에 해당하는 것은?

① 감도
② 직선성
③ 히스테리시스 오차
④ 응답

【해설】 (2013-4회-60번 기출유사)

※ 동특성
계측기를 구성하는 신호변환기 내부에는 에너지를 흡수하거나 방출하는 성질을 갖는 요소들로 인하여 입력신호인 측정량이 시간적으로 변동할 때 출력신호인 계측기가 지시하는 특성을 말한다.
- 응답 : 입력신호에 따른 출력을 말한다.
- 시간지연 : 출력신호가 입력신호의 변화에 응답할 때 생기는 시간의 지연을 필요로 한다.
- 동오차 : 임의의 순간에 있어서 측정의 참값(입력신호)과 지시값(출력신호) 사이에 존재하는 오차를 말한다.

43. 다음 중 가스크로마토그래피의 흡착제로 쓰이는 것은?

① 미분탄
② 활성탄
③ 유연탄
④ 신탄

【해설】 (2021-1회-57번 기출유사)
- 가스크로마토그래피(Gas Chromatograpy)법은 **활성탄**, 활성알루미나, 합성제올라이트, 실리카겔 등의 **흡착제**를 채운 컬럼(Column, 통)에 시료를 한쪽으로부터 통과시키면 친화력과 흡착력이 각 가스마다 다르기 때문에 이동속도 차이로 분리되어 측정실내로 도입해 휘스톤브릿지 회로를 측정하는 방식으로,
한 대의 장치로 O_2와 NO_2를 제외한 다른 여러 성분의 가스를 모두 분석할 수 있으며 캐리어가스(운반가스)로는 H_2, He, N_2, Ar 등이 사용된다.

44. 다음 유량계 중에서 압력손실이 가장 적은 것은?

① Float형 면적 유량계
② 열전식 유량계
③ Rotary piston형 용적식 유량계
④ 전자식 유량계

【해설】 (2021-1회-57번 기출유사)
전자식 유량계는 파이프 내에 흐르는 도전성의 유체에 직각방향으로 자기장을 형성시켜 주면 패러데이(Faraday)의 전자유도 법칙에 의해 발생되는 유도기전력(E)로 유량을 측정한다.
(패러데이 법칙 : $E = Blv$)
따라서, 도전성 액체의 유량측정에만 쓰인다.
유로에 장애물이 없으므로 다른 유량계와는 달리 **압력손실이 거의 없으며**, 이물질의 부착 및 침식의 염려가 없으므로 높은 내식성을 유지할 수 있으며, 슬러지가 들어있거나 고점도 유체에 대하여도 측정이 가능하다.
또한, 검출의 시간지연이 없으므로 응답이 매우 빠른 특징이 있으며, 미소한 측정전압에 대하여 고성능 증폭기를 필요로 한다.

45. 다음은 피드백 제어계의 구성을 나타낸 것이다. ( )안에 가장 적절한 것은?

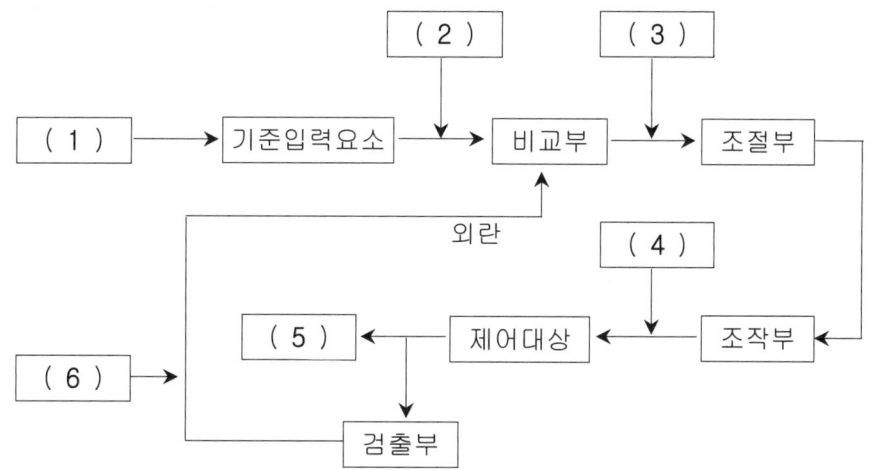

① (1)조작량, (2)동작신호, (3)목표치, (4)기준입력신호, (5)제어편차, (6)제어량
② (1)목표치, (2)기준입력신호, (3)동작신호, (4)조작량, (5)제어량, (6)주피드백 신호
③ (1)동작신호, (2)오프셋, (3)조작량, (4)목표치, (5)제어량, (6)설정신호
④ (1)목표치, (2)설정신호, (3)동작신호, (4)오프셋, (5)제어량, (6)주피드백 신호

【해설】 (2012-2회-47번 기출반복)
　　※ 자동제어계의 피드백 기본회로의 동작순서
　　① 제어계 : 제어의 대상이 되는 기기 또는 장치의 계통 전체를 말한다.
　　② 목표치 : 제어량의 목표가 되는 값으로 설정값을 말한다.
　　③ 기준입력신호 : 목표치가 설정부에 의하여 변화된 입력신호를 말한다.
　　④ 비교부 : 검출부에서 검출한 제어량과 목표치를 비교하는 부분을 말하며, 그 오차를 제어편차라 한다.
　　⑤ 외란 : 제어계의 상태에 영향을 주는 외적 신호나 변동을 말한다.
　　⑥ 동작신호 : 기준입력과 피드백 양을 비교하여 생기는 제어 편차량의 신호를 말한다.
　　⑦ 조절부 : 제어장치 중 기준입력과 검출부 출력과의 차를 조작부에 동작신호로 보내는 부분이다.
　　⑧ 조작부 : 조절부로부터 나오는 조작신호로서 제어대상에 어떤 조작을 가하기 위한 제어동작을 하는 부분이다.
　　⑨ 조작량 : 제어량을 지배하기 위하여 조작부가 제어대상에 부여하는 양을 말한다.
　　⑩ 제어대상 : 자동제어장치를 장착하는 대상이 되는 물체 또는 프로세스를 말한다.
　　⑪ 검출부 : 제어대상으로부터 온도, 압력, 유량 등의 제어량을 검출하여 그 값을 공기압, 전기 등의 신호로 변환시켜 비교부에 전송하는 부분이다.
　　⑫ 제어량 : 온도, 압력, 유량 등 제어되는 양들의 출력을 말한다.
　　⑬ 주피드백 신호 : 출력을 목표치를 비교해서 그 값이 일치하도록 정정동작을 행하는 신호.

46. 오리피스에 의한 유량측정에서 유량에 대한 설명으로 옳은 것은?

① 압력차에 비례한다. ② 압력차의 제곱근에 비례한다.
③ 압력차에 반비례한다. ④ 압력차의 제곱근에 반비례한다.

【해설】(2011-2회-53번 기출유사)

- 압력과 유량의 관계 공식 $Q = A \cdot v$ 에서, 압력차(또는, 차압)을 P 라고 두면

  한편, $v = C\sqrt{2gh} = C\sqrt{2g \times 10P} = C\sqrt{2 \times 9.8 \times 10P} = 14C\sqrt{P}$

  유량 $Q = \dfrac{\pi D^2}{4} \times 14C\sqrt{P} = K\sqrt{P}$

  따라서, $Q \propto \sqrt{P}$ (유량은 **압력차의 제곱근에 비례한다.**)

  $P \propto Q^2$ (압력차는 유량의 제곱에 비례한다.)

47. 휴대용으로 상온에서 비교적 정도가 좋은 아스만(Asman) 습도계는 다음 중 어디에 속하는가?

① 저항 습도계 ② 냉각식 노점계
③ 간이 건습구 습도계 ④ 통풍형 건습구 습도계

【해설】(2019-1회-59번 기출반복)

※ 아스만(Asman) 통풍형 건습구 습도계

2개의 수은 유리 온도계를 사용하여 습도를 측정하며, 증발속도는 풍속의 영향을 받으므로 정확한 습도를 측정하기 위해서 일정한 풍속(3 ~ 5 m/s)을 유지해 주는 **통풍장치**가 필요하다. 대표적인 것으로는 독일의 아스만(Asman)이 휴대용으로 발명하였다.

48. 서미스터 온도계의 특징이 아닌 것은?

① 소형이며 응답이 빠르다.
② 저항온도계수가 금속에 비하여 매우 작다.
③ 흡습 등에 의하여 열화되기 쉽다.
④ 전기저항체 온도계이다.

【해설】(2019-1회-46번 기출반복)

※ (전기)저항식 온도계 중 **서미스터** 온도계의 특징
① 측온부를 작게 제작할 수 있으므로 좁은 장소에도 설치가 가능하여 편리하다.
❷ 저항온도계수(α)가 **금속에 비하여 크다.**(써미스터 〉니켈 〉구리 〉백금)
③ 흡습 등으로 열화 되기 쉬우므로, 재현성이 좋지 않다.
④ 전기저항이 온도에 따라 크게 변하는 반도체이므로 응답이 빠르다.
⑤ 일반적인 저항의 성질과는 달리 반도체인 서미스터는 온도가 높아질수록 저항이 오히려 감소하는 부특성(負特性)을 지닌다.(절대온도의 제곱에 반비례한다.)

49. 특정파장을 온도계 내에 통과시켜 온도계 내의 전구 필라멘트의 휘도를 육안으로 직접 비교하여 온도를 측정하므로 정밀도는 높지만 측정인력이 필요한 비접촉 온도계는?

① 광고온계　　　　　　　　② 방사온도계
③ 열전대온도계　　　　　　④ 저항온도계

【해설】(2013-1회-42번 기출반복)
　　※ 광고온계(또는, 광고온도계)의 특징
　　　① 700℃를 초과하는 고온의 물체에서 방사되는 에너지 중 육안으로 직접 관측하므로 가시광선을 이용한다.
　　　② 온도계 중에서 가장 높은 온도(700 ~ 3000℃)를 측정할 수 있으며 정도가 가장 높다.
　　　③ 인력에 의한 수동측정이므로 기록, 경보, 자동제어가 불가능하다.
　　　④ 방사온도계보다 방사율에 의한 보정량이 적다.
　　　　왜냐하면 피측온체와의 사이에 수증기, CO_2, 먼지 등의 영향을 적게 받는다.
　　　⑤ 저온(700℃ 이하)의 물체 온도측정은 곤란하다.(∵ 저온에서 발광에너지가 약하다.)

50. 다음 중 상온·상압에서 열전도율이 가장 큰 기체는?

① 공기　　　　② 메탄　　　　③ 수소　　　　④ 이산화탄소

【해설】(2016-2회-93번 기출유사)
　　※ 주요 재료의 열전도율(kcal/mh℃) : 고체 > 액체 > 기체

재료	열전도율	재료	열전도율	재료	열전도율
은	360	스케일	2	그을음	0.1
구리	340	콘크리트	1.2	공기	0.022
알루미늄	175	유리	0.8	일산화탄소	0.020
니켈	50	물	0.5	이산화탄소	0.013
철 (탄소강)	40	수소	0.153		

【참고】※ 가스의 열전도율 비교
　　　　- 분자량이 작을수록 열전도율이 커진다.(H_2 ≫ N_2 > 공기 > O_2 > CO_2 > SO_2)

51. 측온 저항체의 설치 방법으로 틀린 것은?

① 내열성, 내식성이 커야 한다.
② 유속이 가장 빠른 곳에 설치하는 것이 좋다.
③ 가능한 한 파이프 중앙부의 온도를 측정할 수 있게 한다.
④ 파이프 길이가 아주 짧을 때에는 유체의 방향으로 굴곡부에 설치한다.

【해설】(2019-2회-47번 기출유사)
　　❷ 유속이 가장 빠른 곳에 측온저항체를 설치하면 진동이 예상되므로 오차가 발생할 우려가 있고 충격에 대한 기계적 강도가 떨어진다. 따라서 유속이 느린 곳에 설치하는 것이 좋다.

52. 압력 측정을 위해 지름 1 cm의 피스톤을 갖는 사하중계(dead weight gauge)를 이용할 때, 사하중계의 추, 피스톤 그리고 팬(pan)의 전체무게가 6.14 kgf 이라면 게이지압력은 약 몇 kPa 인가? (단, 중력가속도는 9.81 m/s² 이다.)

① 76.7 ② 86.7 ③ 767 ④ 867

【해설】(2011-4회-56번 기출유사)

- 압력의 공식 $P = \dfrac{F_{전체무게}}{A_{단면적}} = \dfrac{6.14\,kgf}{\dfrac{\pi \times (1\,cm)^2}{4}} ≒ 7.82\,kgf/cm^2$

$= 7.82\,kgf/cm^2 \times \dfrac{101.325\,kPa}{1.0332\,kgf/cm^2} = 766.9 ≒ 767\,kPa$

53. 오차와 관련된 설명으로 틀린 것은?

① 흩어짐이 큰 측정을 정밀하다고 한다.
② 오차가 적은 계량기는 정확도가 높다.
③ 계측기가 가지고 있는 고유의 오차를 기차라고 한다.
④ 눈금을 읽을 때 시선의 방향에 따른 오차를 시차라고 한다.

【해설】(2019-1회-54번 기출반복)

- 정밀도 : 동일한 계측기기로 같은 양을 몇 번이고 반복하여 측정하면 측정값은 흩어진다. **흩어짐이 작은 측정을 정밀하다고** 하며, 흩어짐이 작은 정도를 정밀도(Precision)라고 한다.
- 정확도 : 동일한 조건하에서 무수히 많은 횟수의 측정을 하여 그 측정값을 평균해보아도 참값에는 일치하지 않는다. 이 평균값과 참값과의 차를 오차라 하고, 오차가 적은 측정을 **정확하다고** 하며, 오차가 작은 정도를 정확도(Accuracy)라고 한다.

54. 열전대 온도계의 보호관으로 사용되는 다음 재료 중 상용 사용 온도가 높은 순으로 옳게 나열된 것은?

① 석영관 > 자기관 > 동관
② 석영관 > 동관 > 자기관
③ 자기관 > 석영관 > 동관
④ 동관 > 자기관 > 석영관

【해설】(2017-2회-47번 기출반복)   암기법 : 카보 자, 석스동

① 카보런덤관은 다공질로서 급냉, 급열에 강하며 단망관, 2중 보호관의 외관으로 주로 사용된다.(1600 ℃)
② 자기관은 급냉, 급열에 약하며 알카리에도 약하다. 기밀성은 좋다.(1450 ℃)
③ 석영관은 급냉, 급열에 강하며, 알카리에는 약하지만 산성에는 강하다. (1000 ℃)
④ 황동관은 증기 등 저온 측정에 쓰인다.(400 ℃)

55. 광고온계의 측정온도 범위로 가장 적합한 것은?

① 100 ~ 300 ℃
② 100 ~ 500 ℃
③ 700 ~ 2000 ℃
④ 4000 ~ 5000 ℃

【해설】(2010-4회-57번 기출유사) 　　　　　　　　　　　　　암기법 : 철이(7~2)네 광고
- 광고온계는 비접촉식으로서, 온도계 중에서 가장 높은 온도(700 ~ 3000℃)를 측정할 수 있으며 정도가 가장 높다.

56. 노 내압을 제어하는데 필요하지 않은 조작은?

① 급수량
② 공기량
③ 연료량
④ 댐퍼

【해설】(2016-2회-51번 기출반복)
- 연소실 내부의 압력을 정해진 범위 이내로 억제하기 위한 제어로서, 연소장치가 최적값으로 유지되기 위해서는 **연료량** 조작, **공기량** 조작, **연소가스 배출량** 조작(송풍기의 회전수 조작 및 **댐퍼**의 개도 조작)이 필요하다.

57. 오르사트식 가스분석계로 CO를 흡수제에 흡수시켜 조성을 정량하려 한다. 이 때 흡수제의 성분으로 옳은 것은?

① 발연 황산액
② 수산화칼륨 30% 수용액
③ 알칼리성 피로갈롤 용액
④ 암모니아성 염화 제1동 용액

【해설】(2014-4회-56번 기출반복)
※ 기체연료 가스분석 시험은 화학적 가스분석장치를 이용한다.
- 헴펠식 : **햄릿**과 **이**(순신) → **탄** → **산** → **일** (여기서, 탄화수소 CmHn)
　　　　　　　　(K　　　　S　　　　피　　　구)
　　　흡수액 ——→ 수산화칼륨, 　발열황산, 　피로가롤, 　염화제1구리(동)
- 오르사트 식 :　　　이(CO_2) 　→ 　산(O_2) → 　일(CO) 순서대로 선택적 흡수됨

58. 다음 중 면적식 유량계는?

① 오리피스미터
② 로터미터
③ 벤투리미터
④ 플로노즐

【해설】(2012-4회-51번 기출반복) 　　　　　　　　　　　　　　　　　　　암기법 : 로면
- **면적식** 유량계인 **로**터미터는 차압식 유량계와는 달리 관로에 있는 교축기구 차압을 일정하게 유지하고, 떠 있는 부표(Float, 플로트)의 높이로 단면적 차이에 의하여 유량을 측정하는 방식이다.

55-③　　56-①　　57-④　　58-②

59. -200 ~ 500 ℃의 측정범위를 가지며 측온저항체 소선으로 주로 사용되는 저항소자는?

① 백금선　　　② 구리선　　　③ Ni선　　　④ 서미스터

【해설】(2018-4회-53번 기출반복)
- 저항온도계 중 백금 저항온도계는 온도범위가 -200 ~ 500℃ 이므로, 저온에 대해서도 정밀측정용으로 적합하다.
- 저항온도계의 측온저항체 사용온도범위

써미스터	-100 ~ 300 ℃
니켈	-50 ~ 150 ℃
구리	0 ~ 120 ℃
백금	-200 ~ 500 ℃

60. 대기압 750 mmHg에서 계기압력이 325 kPa이다. 이 때 절대압력은 약 몇 kPa 인가?

① 223　　　② 327　　　③ 425　　　④ 501

【해설】(2018-4회-35번 기출유사)　　　　　　　　　　　암기법 : 절대계
- 절대압력 = 대기압 + 계기압력

  $= 750 \text{ mmHg} \times \dfrac{101.325 \, kPa}{760 \, mmHg} + 325 \text{ kPa} = 424.99 ≒ \mathbf{425 \text{ kPa}}$

제4과목　열설비재료 및 관계법규

61. 에너지이용 합리화법령상 특정열사용기자재와 설치·시공 범위 기준이 바르게 연결된 것은?

① 강철제 보일러 : 해당 기기의 설치·배관 및 세관
② 태양열 집열기 : 해당 기기의 설치를 위한 시공
③ 비철금속 용융로 : 해당 기기의 설치·배관 및 세관
④ 축열식 전기보일러 : 해당 기기의 설치를 위한 시공

【해설】(2016-1회-66번 기출반복)　　　　　　[에너지이용합리화법 시행규칙 별표3의2.]

※ 특정열사용기자재 및 그 설치·시공 범위
- 보일러(**강철제보일러**, **축열식 전기보일러**, 태양열집열기 등)의 설치·배관 및 세관
- **태양열 집열기**의 설치·배관 및 세관
- 압력용기(1종, 2종)의 설치·배관 및 세관
- 금속요로(용선로, **비철금속 용융로**, 철금속가열로 등)의 설치를 위한 시공
- 요업요로(셔틀가마, 터널가마, 연속식유리용융가마 등)의 설치를 위한 시공

62. 에너지이용 합리화법령상 에너지사용계획의 협의대상사업 범위 기준으로 옳은 것은?

① 택지의 개발사업 중 면적이 10만 m² 이상
② 도시개발사업 중 면적이 30만 m² 이상
③ 공항개발사업 중 면적이 20만 m² 이상
④ 국가산업단지의 개발사업 중 면적이 5만 m² 이상

【해설】 ※ 에너지사용계획의 협의대상사업 범위 기준 [에너지이용합리화법 시행령 별표 1.]
① 택지의 개발사업 중 면적이 30만 m² 이상
② 도시개발사업 중 면적이 30만 m² 이상
③ 공항개발사업 중 면적이 40만 m² 이상
④ 국가산업단지의 개발사업 중 면적이 15만 m² 이상

63. 에너지이용 합리화법령상 사용연료를 변경함으로써 검사대상이 아닌 보일러가 검사대상으로 되었을 경우에 해당되는 검사는?

① 구조검사
② 설치검사
③ 개조검사
④ 재사용검사

【해설】 (2015-1회-71번 기출반복) [에너지이용합리화법 시행규칙 별표3의4.]
❷ 검사대상기기를 신설한 경우 또는 사용연료의 변경에 의하여 검사대상이 아닌 보일러가 검사대상으로 되는 경우에 **설치검사**의 적용대상이 된다.

64. 에너지이용 합리화법령상 2종 압력용기에 해당하는 것은?

① 보유하고 있는 기체의 최고사용압력이 0.1 MPa이고 내용적이 0.05 m³인 압력용기
② 보유하고 있는 기체의 최고사용압력이 0.2 MPa이고 내용적이 0.02 m³인 압력용기
③ 보유하고 있는 기체의 최고사용압력이 0.3 MPa이고 동체의 안지름이 350 mm이며 그 길이가 1050 mm인 증기헤더
④ 보유하고 있는 기체의 최고사용압력이 0.4 MPa이고 동체의 안지름이 150 mm이며 그 길이가 1500 mm인 압력용기

【해설】 (2013-1회-61번 기출반복) 암기법: 이영희는, 용사 아니다.(안2다)
※ **2종 압력용기의 적용범위** [에너지이용합리화법 시행규칙 별표1.]
최고사용압력이 **0.2 MPa를** 초과하는 기체를 그 안에 보유하는 용기로서 다음 각 호의 어느 하나에 해당하는 것.
• 내용적이 0.04 m³ 이상인 것.
• **동체의 안지름이 200 mm 이상** (증기헤더의 경우에는 동체의 안지름이 300 mm 초과)이고, 그 길이가 **1000 mm 이상**인 것.

62-② 63-② 64-③

65. 에너지이용 합리화법령상 검사대상기기 검사 중 용접검사 면제 대상 기준이 <u>아닌</u> 것은?

① 압력용기 중 동체의 두께가 8 mm 미만인 것으로서 최고사용압력(MPa)과 내부 부피 (m³)를 곱한 수치가 0.02 이하인 것
② 강철제 또는 주철제 보일러이며, 온수보일러 중 전열면적이 18 m² 이하이고, 최고사용압력이 0.35 MPa 이하인 것
③ 강철제 보일러 중 전열면적이 5 m² 이하이고, 최고사용압력이 0.35 MPa 이하인 것
④ 압력용기 중 전열교환식인 것으로서 최고사용압력이 0.35 MPa 이하이고, 동체의 안지름이 600 mm 이하인 것

【해설】 (2018-1회-62번 기출유사)　　　　　　　　　　암기법 : 십팔, 대령삼오 (035)
※ 검사의 면제대상 중 용접검사의 면제대상 범위 　　[에너지이용합리화법 시행규칙 별표3의6.]
❶ 압력용기 중 동체의 두께가 6 mm 미만인 것으로서 최고사용압력(MPa)과 내부부피(m³)를 곱한 수치가 0.02 이하(난방용의 경우에는 0.05 이하)인 것

66. 다음 중 에너지이용 합리화법령상 에너지이용합리화 기본계획에 포함될 사항이 <u>아닌</u> 것은?

① 열사용 기자재의 안전관리
② 에너지절약형 경제구조로의 전환
③ 에너지이용합리화를 위한 기술개발
④ 한국에너지공단의 운영 계획

【해설】 (2017-4회-65번 기출유사)　　　　　　　　　　[에너지이용합리화법 제4조 2항.]
※ 에너지이용합리화 **기본계획**에 포함되는 사항
 1. 에너지 절약형 경제구조로의 전환
 2. 에너지이용효율의 증대
 3. 에너지이용합리화를 위한 기술개발
 4. 에너지이용합리화를 위한 홍보 및 교육
 5. 에너지원간 대체(代替)
 6. 열사용 기자재의 안전관리
 7. 에너지이용합리화를 위한 가격예시제의 시행에 관한 사항
 8. 에너지의 합리적인 이용을 통한 온실가스의 배출을 줄이기 위한 대책
 9. 그 밖에 에너지이용 합리화를 추진하기 위하여 필요한 사항으로서 산업통상자원부령으로 정하는 사항

67. 에너지이용 합리화법령상 에너지사용량이 대통령령으로 정하는 기준량 이상인 자는 산업통상자원부령으로 정하는 바에 따라 매년 언제까지 시·도지사에게 신고하여야 하는가?

① 1월 31일까지
② 3월 31일까지
③ 6월 30일까지
④ 12월 31일까지

【해설】(2018-4회-70번 기출반복)　　　　　　　　　[에너지이용합리화법 제31조 에너지다소비업자의 신고.]
- 에너지사용량이 대통령령으로 정하는 기준량(2000 TOE) 이상인 에너지다소비업자는 산업통상자원부령으로 정하는 바에 따라 **매년 1월 31일까지** 그 에너지사용시설이 있는 지역을 관할하는 시·도지사에게 다음 사항을 신고하여야 한다.
    1. 전년도의 분기별 에너지사용량·제품생산량
    2. 해당 연도의 분기별 에너지사용예정량·제품생산예정량
    3. 에너지사용기자재의 현황
    4. 전년도의 분기별 에너지이용 합리화 실적 및 해당 연도의 분기별 계획
    5. 에너지관리자의 현황

【key】❶ 전년도의 분기별 에너지사용량을 신고하는 것이므로 매년 1월 31일까지인 것이다.

68. 에너지이용 합리화법령상 효율관리기자재의 제조업자가 효율관리시험기관으로부터 측정결과를 통보받은 날 또는 자체측정을 완료한 날부터 그 측정결과를 며칠 이내에 한국에너지공단에 신고하여야 하는가?

① 15일　　　　　　　　　　　② 30일
③ 60일　　　　　　　　　　　④ 90일

【해설】(2019-2회-68번 기출유사)　　　　　　　[에너지이용합리화법 시행령 시행규칙 제9조1항.]
- 효율관리기자재의 제조업자 또는 수입업자는 효율관리시험기관으로부터 측정결과를 통보받은 날 또는 자체측정을 완료한 날로부터 각각 **90일** 이내에 그 측정결과를 한국에너지공단에 신고하여야 한다.

69. 에너지이용 합리화법령상 검사대상기기 중 검사에 불합격된 검사대상기기를 사용한 자의 벌칙 규칙은?

① 5백만원 이하의 벌금
② 1년 이하의 징역 또는 1천만원 이하의 벌금
③ 2년 이하의 징역 또는 2천만원 이하의 벌금
④ 3천만원 이하의 벌금

【해설】(2012-1회-77번 기출반복)　　　　　　　　　　　[에너지이용합리화법 제73조 벌칙.]
- 검사에 불합격한 검사대상기기를 임의로 사용한 자는 1년 이하의 징역 또는 1천만원 이하의 벌금에 처한다.

암기법 ※ 위반행위에 해당하는 벌칙(징역. 벌금액)
　　　2.2 - 에너지 저장, 수급 위반　　　　이~이가 저 수위다.
　　　1.1 - **검사대상기기 위반**　　　　　한명 한명씩 검사대를 통과했다.
　　　0.2 - 효율관리기자재 위반　　　　영희가 효자다.
　　　0.1 - 미선임, 미확인, 거부, 기피　　영일은 미선과 거부기피를 먹었다.
　　　0.05 - 광고, 표시 위반　　　　　　영오는 광고표시를 쭉~ 위반했다.

70. 염기성 내화벽돌이 수증기의 작용을 받아 생성되는 물질이 비중변화에 의하여 체적변화를 일으켜 노벽에 균열이 발생하는 현상은?

① 스폴링(Spalling)　　② 필링(Peeling)
③ 슬래킹(Slaking)　　④ 스웰링(Swelling)

【해설】(2019-4회-73번 기출유사)

※ 내화물의 손상에 따른 현상

① **슬래킹**(Slaking) : 마그네시아질, 돌로마이트질 노재의 성분인 산화마그네슘(MgO), 산화칼슘(CaO) 등 **염기성** 내화벽돌이 **수증기**와 작용하여 $Ca(OH)_2$, $Mg(OH)_2$를 생성하게 되는 비중변화에 의해 체적팽창을 일으키며 균열이 발생하고 붕괴되는 현상. 　　암기법 : 염수슬

② 더스팅(Dusting) : 단단하게 굳어 있는 내화벽돌이 어떠한 원인에 의해 분말화 되어 먼지(dust)를 일으키는 현상.

③ 필링(Peeling) : 슬래그의 침입으로 내화벽돌에 **침식**이 발생되어 본래의 물리·화학적 성질이 변화됨으로서 벽돌의 균열 및 층상으로 벗겨짐이 발생되는 현상.

④ 스폴링(Spalling) : 불균일한 가열 및 급격한 가열·냉각에 의한 심한 온도차로 벽돌에 균열이 생기고 표면이 갈라져서 떨어지는 현상.

⑤ 스웰링(Swelling) : 액체를 흡수한 고체가 구조조직은 변화하지 않고 용적이 커지는 현상.

⑥ 용손(熔損) : 내화물이 고온에서 접촉하여 열전도 또는 화학반응에 의하여 내화도가 저하되고 녹아내리는 현상.

⑦ 버드네스트(Bird nest) : 석탄연료의 스토커, 미분탄 연소에 의하여 생긴 재가 용융상태로 고온부인 과열기 전열면에 들러붙어 새의 둥지와 같이 되는 현상.

⑧ 하중연화점 : 축요 후, 하중을 일정하게 하고 내화재를 가열했을 때 하중으로 인해서 평소보다 더 낮은 온도에서 변형이 일어나는 온도를 말한다.

⑨ 버스팅(Bursting) : 크롬을 원료로 하는 염기성내화벽돌은 1,600℃ 이상의 고온에서는 산화철을 흡수하여 표면이 부풀어 오르고 떨어져나가는 현상. 　　암기법 : 크~ 롬멜버스

71. 배관용 강관 기호에 대한 명칭이 **틀린** 것은?

① SPP : 배관용 탄소 강관　　② SPPS : 압력 배관용 탄소 강관
③ SPPH : 고압 배관용 탄소 강관　　④ STS : 저온 배관용 탄소 강관

【해설】(2017-2회-77번 기출유사)

① 일반배관용 탄소강관(SPP, carbon Steel Pipe Piping)　　"Pipe" : 배관용
② 압력배관용 탄소강관(SPPS, carbon Steel Pipe Pressure Service)
③ 고압배관용 탄소강관(SPPH, carbon Steel Pipe High Pressure Service)
❹ 저온배관용 탄소강관(SPLT, carbon Steel Pipe Low Temperature Service)
⑤ 배관용 스테인레스강관(STS, STainless Steel Pipe)
⑥ 고온배관용 탄소강관(SPHT, carbon Steel Pipe High Temperature Service)

72. 요의 구조 및 형상에 의한 분류가 아닌 것은?

① 터널요　　　　　　　　② 셔틀요
③ 횡요　　　　　　　　　④ 승염식요

【해설】(2016-2회-79번 기출반복)　　　　　　　　　　　　암기법 : 불횡승도
- 불꽃(화염)진행 방식에 따른 불연속식 요는 횡염식, 승염식, 도염식으로 분류한다.

73. 제강 평로에서 채용되고 있는 배열회수 방법으로서 배기가스의 현열을 흡수하여 공기나 연료가스 예열에 이용될 수 있도록 한 장치는?

① 축열실　　　　　　　　② 환열기
③ 폐열 보일러　　　　　　④ 판형 열교환기

【해설】(2019-2회-80번 기출반복)
❶ 격자로 쌓은 내화벽돌로 이루어진 **축열실**은 고체를 고온으로 용해하는 공업용 평로(爐)에서 배출되는 배기가스 열량을 회수하여 연소용 공기의 예열(豫熱)이나 연료가스 예열에 이용하고자 설치한 열교환 장치이다.

74. 관의 신축량에 대한 설명으로 옳은 것은?

① 신축량은 관의 열팽창계수, 길이, 온도차에 반비례한다.
② 신축량은 관의 길이, 온도차에는 비례하지만 열팽창계수에는 반비례한다.
③ 신축량은 관의 열팽창계수, 길이, 온도차에 비례한다.
④ 신축량은 관의 열팽창계수에 비례하고 온도차와 길이에 반비례한다.

【해설】(2018-1회-72번 기출반복)
- 신축량 $L_2 = L_1(1 + \alpha \cdot \Delta t)$

　　　　　여기서, L : 관의 길이, α : 열팽창계수, Δt : 온도차

75. 산 등의 화학약품을 차단하는데 주로 사용하며 내약품성, 내열성의 고무로 만든 것을 밸브시트에 밀어붙여 기밀용으로 사용하는 밸브는?

① 다이어프램밸브　　　　② 슬루스밸브
③ 버터플라이밸브　　　　④ 체크밸브

【해설】(2020-4회-71번 기출유사)
- **다이어프램 밸브**는 내열, 내약품 고무제의 막판(膜板)을 밸브시트에 밀어 붙이는 구조로 되어 있어서 기밀을 유지하기 위한 패킹이 필요 없으며, 금속부분이 부식될 염려가 없으므로 산 등의 화학약품을 차단하여 금속부분의 부식을 방지하는 관로에 주로 사용한다.

76. 폴스테라이트에 대한 설명으로 옳은 것은?

① 주성분은 Mg$_2$SiO$_4$이다.
② 내식성이 나쁘고 기공률은 작다.
③ 돌로마이트에 비해 소화성이 크다.
④ 하중연화점은 크나 내화도는 SK 28로 작다.

【해설】(2010-4회-72번 기출유사)   암기법 : 염병할~ 포돌이 마크

※ 염기성 내화물인 포(폴)스테라이트질(Forsterite, MgO-SiO$_2$계)의 특징
   ❶ 주성분은 2MgO·SiO$_2$ (또는, Mg$_2$SiO$_4$)이다. (감람석에 마그네시아 클링커를 배합)
   ② 염기성 슬래그에 대하여 저항성이 커서 내식성이 우수하며, 기공률은 **크다**.
   ③ 돌로마이트에 비해 소화성이 **작다**.
   ④ 하중연화점이 높고 내화도(SK 35 ~ 38)가 **높다**.

77. 규산칼슘 보온재에 대한 설명으로 가장 거리가 먼 것은?

① 규산에 석회 및 석면 섬유를 섞어서 성형하고 다시 수증기로 처리하여 만든 것이다.
② 플랜트 설비의 탑조류, 가열로, 배관류 등의 보온공사에 많이 사용된다.
③ 가볍고 단열성과 내열성은 뛰어나지만 내산성이 적고 끓는 물에 쉽게 붕괴된다.
④ 무기질 보온재로 다공질이며 최고 안전사용온도는 약 650℃ 정도이다.

【해설】(2017-4회-79번 기출반복)

• 규산칼슘 보온재는 규조토와 석회에 무기질인 석면섬유를 3 ~ 15 % 정도 혼합·성형하여 수증기 처리로 경화시킨 것으로서, 가벼우며 기계적강도·내열성·**내산성도 크고 내수성이 강하여 비등수(끓는 물)에서도 붕괴되지 않는다.**

78. 용광로에 장입하는 코크스의 역할이 아닌 것은?

① 철광석 중의 황분을 제거
② 가스상태로 선철 중에 흡수
③ 선철을 제조하는 데 필요한 열원을 공급
④ 연소 시 환원성가스를 발생시켜 철의 환원을 도모

【해설】(2016-4회-80번 기출반복)

※ 용광로에 장입하는 코크스의 역할은 열원으로 사용되는 연료이며, 연소 시 CO, H$_2$ 등의 환원성 가스를 발생시켜 산화철(FeO)을 환원시킴과 아울러 가스성분인 탄소의 일부는 선철 중에 흡수되는 흡탄작용으로 선철의 성분이 된다.

❶ 철광석 중의 탈황, 탈산을 위해서 장입되는 물질은 망간광석이다.   암기법 : 망황산

79. 선철을 강철로 만들기 위하여 고압 공기나 산소를 취입시키고, 산화열에 의해 노 내 온도를 유지하며 용강을 얻는 노(furnace)는?

① 평로 　　② 고로 　　③ 반사로 　　④ 전로

【해설】(2018-2회-70번 기출유사)

❹ 전로(轉爐)는 선철을 강철로 만들기 위해 연료를 사용하지 않고 용광로부터 나온 용선(熔銑)의 보유열과 용선속의 불순물(P, C, Si, Mn 등)을 산화시켜 슬래그로 하여 제거함과 아울러 불순물 산화에 의한 발열량으로 시종 노 내의 온도를 유지하면서 용강을 얻는 방법이다.

80. 고 알루미나질 내화물의 특징에 대한 설명으로 거리가 가장 먼 것은?

① 중성내화물이다. 　　② 내식성, 내마모성이 적다.
③ 내화도가 높다. 　　④ 고온에서 부피변화가 적다.

【해설】(2012-1회-77번 기출반복)　　　　　　　　　암기법 : 중이 C 알

- 중성 내화물인 고알루미나(Al$_2$O$_3$계 50% 이상)질 성분이 많을수록 고온에 잘 견딘다. 그러므로 하중 연화온도가 높고, 고온에서 부피변화가 작고, 내화도(SK 35~38) · 내식성 · 내마모성이 크다.

제5과목　　열설비설계

81. 열매체 보일러에 대한 설명으로 틀린 것은?

① 저압으로 고온의 증기를 얻을 수 있다.
② 겨울철에도 동결의 우려가 적다.
③ 물이나 스팀보다 전열특성이 좋으며, 열매체 종류와 상관없이 사용온도한계가 일정하다.
④ 다우삼, 모빌섬, 카네크롤 보일러 등이 이에 해당한다.

【해설】(2015-1회-82번 기출반복)

- 보일러의 사용압력이 높아야만 고온의 포화증기를 얻을 수 있는 물에 비해서, 열매체 보일러는 물보다 비등점이 낮은 특수 유체(세큐리티, 모빌썸, 다우삼, 수은 등)를 열매체로 사용함으로서 낮은 압력으로도 고온의 증기를 얻을 수 있다. 그러나, 열매체의 대부분은 가연성의 물질특성을 지니고 있으므로 **열매체의 종류마다 사용온도한계가 있어 그 이내의 온도에서 사용하여야 하며, 물이나 스팀에 비하여 전열특성이 양호하지 못하다.**

79-④　　80-②　　81-③

82. 프라이밍이나 포밍의 방지대책에 대한 설명으로 틀린 것은?

① 주증기밸브를 급히 개방한다.
② 보일러수를 농축시키지 않는다.
③ 보일러수 중의 불순물을 제거한다.
④ 과부하가 되지 않도록 한다.

【해설】(2013-1회-84번 기출반복)

❶ 주증기밸브를 급개방하여 압력이 갑자기 낮아지게 되면 프라이밍(비수) 및 포밍(거품) 현상이 오히려 더욱 잘 일어나게 되므로, **주증기 밸브를 서서히 개방**시켜 주어야 한다.

【참고】※ 비수현상 발생원인   암기법 : 프라이밍은 부유·농 과부를 개방시키는데 고수다
  ① 보일러수내의 **부유물·불순물** 함유
  ② 보일러수의 **농축**
  ③ **과부하** 운전
  ④ 주증기밸브의 급**개방**
  ⑤ **고수위** 운전
  ⑥ 비수방지관 미설치 및 불량

※ 비수현상 방지대책   암기법 : 프라이밍 발생원인을 방지하면 된다.
  ① 보일러수내의 **부유물·불순물**이 제거되도록 철저한 급수처리를 한다.
  ② 보일러수의 **농축**을 방지할 것.
  ③ **과부**하 운전을 하지 않는다.
  ④ 주증기밸브를 급**개방** 하지 않는다. (천천히 연다.)
  ⑤ **고수위** 운전을 하지 않는다. (정상수위로 운전한다.)
  ⑥ 비수방지관을 설치한다.

83. 물의 탁도에 대한 설명으로 옳은 것은?

① 카올린 1 g이 증류수 1 L 속에 들어 있을 때의 색과 같은 색을 가지는 물을 탁도 1도의 물이라 한다.
② 카올린 1 mg이 증류수 1 L 속에 들어 있을 때의 색과 같은 색을 가지는 물을 탁도 1도의 물이라 한다.
③ 탄산칼슘 1 g이 증류수 1 L 속에 들어 있을 때의 색과 같은 색을 가지는 물을 탁도 1도의 물이라 한다.
④ 탄산칼슘 1 mg이 증류수 1 L 속에 들어 있을 때의 색과 같은 색을 가지는 물을 탁도 1도의 물이라 한다.

【해설】(2019-2회-91번 기출반복)   암기법 : 타카(탁카)

• 물의 탁도(Turbidity, 濁度)란 증류수 1 L 속에 정제**카올린** 1 mg을 함유하고 있는 색과 동일한 색의 물을 탁도 1의 물로 규정한다. (농도단위는 백만분율인 ppm 을 사용한다.)

• ppm = mg/L = $\dfrac{10^{-3} g}{10^{-3} m^3}$ = g/m^3 = $\dfrac{g}{(10^2 cm)^3}$ = $\dfrac{1}{10^6}$ g/cm^3 = g/ton = mg/kg

84. 다음 중 보일러수의 pH를 조절하기 위한 약품으로 적당하지 않은 것은?

① NaOH
② Na_2CO_3
③ Na_3PO_4
④ $Al_2(SO_4)_3$

【해설】 (2021-1회-96번 기출유사)
  ❹ $Al_2(SO_4)_3$ 황산알루미늄은 표백제 및 응집제로 사용되는 약품이다.

【key】 ※ 보일러 급수 내처리에 사용되는 약품 및 작용
  ① pH 조정제
    ㉠ 낮은 경우 : (염기로 조정) 암기법 : 모니모니해도 탄산소다가 제일인가봐
      암모니아, 탄산소다, 가성소다(수산화나트륨), 제1인산소다.
      NH_3 Na_2CO_3 $NaOH$ Na_3PO_4
    ㉡ 높은 경우 : (산으로 조정) 암기법 : 높으면, 인황산!~
      인산, 황산.
      H_3PO_4, H_2SO_4
  ② 탈산소제   암기법 : 아황산, 히드라 산소, 탄니?
    : 아황산소다(아황산나트륨, Na_2SO_3), 히드라진(고압), 탄닌.
  ③ 슬럿지 조정   암기법 : 슬며시, 리그들 녹말 탄니?
    : 리그린, 녹말, 탄닌.
  ④ 경수연화제 암기법 : 연수(부드러운 염기성) ∴ pH조정의 "염기"를 가리킴.
    : 탄산소다(탄산나트륨), 가성소다(수산화나트륨), 인산소다(인산나트륨)
  ⑤ 기포방지제
    : 폴리아미드 , 고급지방산알코올
  ⑥ 가성취화방지제
    : 질산나트륨, 인산나트륨, 리그린, 탄닌

85. 보일러에서 과열기의 역할로 옳은 것은?

① 포화증기의 압력을 높인다.
② 포화증기의 온도를 높인다.
③ 포화증기의 압력과 온도를 높인다.
④ 포화증기의 압력은 낮추고 온도를 높인다.

【해설】 (2015-1회-85번 기출유사)
  ❷ 보일러 본체에서 발생된 **포화증기를 일정한 압력 하에 과열기로 더욱 가열하여**, **포화증기의 온도를 높여서** 과열증기로 만들어 사용함으로써 보유엔탈피 증가에 의하여 사이클 효율을 증가시킨다.

86. 그림과 같이 가로×세로×높이가 3 m × 1.5 m × 0.03 m인 탄소 강판이 놓여 있다. 강판의 열전도율은 43 W/m·K이고, 탄소강판 아래 면에 열유속 700 W/m² 을 가한 후, 정상상태가 되었다면 탄소강판의 윗면과 아랫면의 표면온도 차이는 약 몇 ℃인가? (단, 열유속은 아래에서 위 방향으로만 진행한다.)

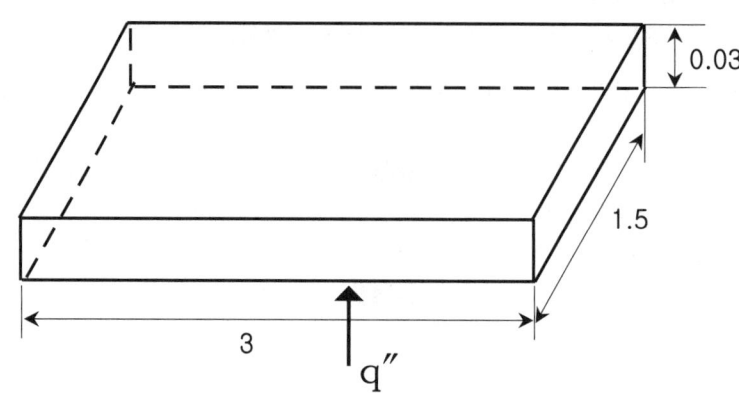

① 0.243　　② 0.264　　③ 0.488　　④ 1.973

【해설】(2016-2회-83번 기출유사)　　　　　　　암기법 : 교전온면두
- 전도에 의한 열전달량 계산공식
  $Q = \dfrac{\lambda \cdot \Delta t \cdot A}{d}$ 에서, $\dfrac{Q}{A}$(열유속) $= \dfrac{\lambda \cdot \Delta t}{d} \left(\dfrac{열전도율 \times 온도차}{두께} \right)$ 로 표현된다.

  $700 \, W/m^2 = \dfrac{43 \, W/m \cdot ℃ \times \Delta t}{0.03 \, m}$

  따라서, 온도차 Δt = 0.4883 ≒ **0.488 ℃**

87. 파형노통의 최소 두께가 10 mm, 노통의 평균지름이 1200 mm일 때, 최고사용 압력은 약 몇 MPa 인가?
    (단, 끝의 평형부 길이가 230 mm 미만이며, 정수 C는 985 이다.)

① 0.56　　② 0.63　　③ 0.82　　④ 0.95

【해설】(2019-1회-88번 기출유사)　　　　　　암기법 : 노 PD = C·t 촬영
- 파형노통의 최소두께 산출은 다음 식으로 계산한다.
  $P \cdot D = C \cdot t$　여기서, 사용압력단위(kg/cm²), 지름단위(mm)인 것에 주의해야 한다.
  한편, 압력의 단위 환산 관계는 1 kg/cm² = 0.1 MPa 이므로
  $10 \, P \cdot D = C \cdot t$　여기서, 사용압력단위(MPa), 지름단위(mm)인 것으로 변한다.
  $10 \times P(MPa) \times 1200 \, mm = 985 \times 10 \, mm$
  ∴ 최고사용압력 P = 0.8208 ≒ **0.82 MPa**

88. 내경 200 mm, 외경 210 mm의 강관에 증기가 이송되고 있다. 증기 강관의 내면 온도는 240 ℃, 외면온도는 25 ℃이며, 강관의 길이는 5 m일 경우 발열량(kW)은 얼마인가?
(단, 강관의 열전도율은 50 W/m · ℃, 강관의 내외면의 온도는 시간 경과에 관계없이 일정하다.)

① 6.6×10^3
② 6.9×10^3
③ 7.3×10^3
④ 7.6×10^3

【해설】(2020-1회-90번 기출유사)
· 원통형 배관에서의 손실열(전달열량) 계산공식   암기법 : 손전온면두

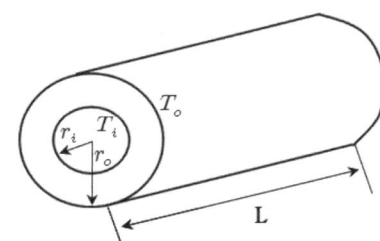

내경 D_i = 200 mm
외경 D_o = 210 mm 이므로

$$Q = \frac{\Delta T}{R} = \frac{T_i - T_o}{R} = \frac{\lambda \cdot \Delta T \cdot A_m}{d} = \frac{\lambda \cdot \Delta T \cdot 2\pi L}{\ln\left(\frac{D_o}{D_i}\right)} = \frac{\lambda \cdot (T_i - T_o) \times 2\pi L}{\ln\left(\frac{D_o}{D_i}\right)}$$

$$= \frac{50 \ W/m \cdot ℃ \times (240 - 25)℃ \times 2\pi \times 5 \ m}{\ln\left(\frac{210}{200}\right)}$$

$$\fallingdotseq 6921911 \ W = 6921.911 \ kW \fallingdotseq 6.9 \times 10^3 \ kW$$

89. 연관보일러에서 연관의 최소 피치를 구하는데 사용하는 식은?
(단, P는 연관의 최소 피치(mm), t는 관판의 두께(mm), d는 관 구멍의 지름 (mm)이다.)

① $P = \left(1 + \frac{t}{4.5}\right)d$
② $P = (1+d)\frac{4.5}{t}$
③ $P = \left(1 + \frac{4.5}{t}\right)d$
④ $P = \left(1 + \frac{d}{4.5}\right)t$

【해설】(2009-4회-81번 기출반복)
※ 연관보일러의 연관의 최소피치 계산은 다음 식을 따른다.
$P = \left(1 + \frac{4.5}{t}\right)D$ 여기서, 단위는 모두 mm 이다.

90. 저온가스 부식을 억제하기 위한 방법이 아닌 것은?

① 연료중의 유황성분을 제거한다.
② 첨가제를 사용한다.
③ 공기예열기 전열면 온도를 높인다.
④ 배기가스 중 바나듐의 성분을 제거한다.

【해설】 (2018-1회-92번 기출반복)　　　　　　　　　　　　　　　　　　암기법 : 고바, 황저

※ 저온부식

연료 중에 포함된 황(S)분이 많으면 연소에 의해 산화하여 SO_2(아황산가스)로 되는데, 과잉공기가 많아지면 배가스 중의 산소에 의해, $SO_2 + \frac{1}{2}O_2 \rightarrow SO_3$ (무수황산)으로 되어, 연도의 배가스온도가 노점(150 ~ 170℃)이하로 낮아지게 되면 SO_3가 배가스 중의 수분과 화합하여 $SO_3 + H_2O \rightarrow H_2SO_4$ (황산)으로 되어 연도에 설치된 폐열회수장치인 절탄기·공기예열기의 금속표면에 부착되어 표면을 부식시키는 현상을 저온부식이라 한다.
따라서, 방지대책으로는 연료 중의 유황(S)성분 제거 및 아황산가스의 산화량이 증가될수록 저온부식이 촉진되므로 공기비를 적게 해야 한다. 또한, 연도의 공기예열기에 전열되는 배기가스 온도를 이슬점(150 ~ 170℃) 이상의 높은 온도로 유지해 주어야 한다.
염기성 물질인 $Mg(OH)_2$ 을 연료첨가제로 사용하면 $H_2SO_4 + Mg(OH)_2 \rightarrow MgSO_4 + 2H_2O$ 로 중화되어 연도의 배기가스 중 황산가스의 농도가 낮아져서 황산가스의 노점온도를 낮춘다.

❹ 바나듐(V)은 **고온부식**의 원인이 되는 연료 성분이다.

91. 육용강제 보일러에서 길이 스테이 또는 경사 스테이를 핀 이음으로 부착할 경우, 스테이 휠 부분의 단면적은 스테이 소요 단면적의 얼마 이상으로 하여야 하는가?

① 1.0배　　② 1.25배　　③ 1.5배　　④ 1.75배

【해설】 (2018-2회-99번 기출반복)

※ 핀 이음에 의한 스테이의 부착. [보일러 제조검사 기준 8.12]
길이스테이 또는 경사스테이를 핀 이음으로 부착할 때는 핀이 2곳에서 전단력을 받도록 하고, 핀의 단면적은 스테이 소요 단면적의 3/4 이상으로 하며, **스테이 휠 부분의 단면적은 스테이 소요 단면적의 1.25배 이상**으로 하여야 한다.

92. 보일러수에 녹아있는 기체를 제거하는 탈기기가 제거하는 대표적인 용존 가스는?

① O_2　　② H_2SO_4　　③ H_2S　　④ SO_2

【해설】 (2019-2회-89번 기출반복)

• 탈기기(脫氣機)는 급수 중에 녹아 있는 기체인 O_2(산소) 와 CO_2 등의 용존가스를 분리, 제거하는데 사용되는 장치이며, 주목적은 **산소(O_2) 제거**이다.

93. 맞대기 용접은 용접방법에 따라서 그루브를 만들어야 한다. 판의 두께가 50 mm 이상인 경우에 적합한 그루브의 형상은? (단, 자동용접은 제외한다.)

① V형   ② R형   ③ H형   ④ A형

【해설】(2019-2회-84번 기출반복)

※ 맞대기 용접이음은 접합하려는 강관의 두께에 따라 끝벌림(그루브)을 만들어야 한다.

판의 두께	그루브(Groove)의 형상
6 mm 이상 16 mm 이하	V형, R형 또는 J형
12 mm 이상 38 mm 이하	X형, K형, 양면 J형 또는 U형
19 mm 이상	H형

94. 연료 1 kg이 연소하여 발생하는 증기량의 비를 무엇이라고 하는가?

① 열발생률   ② 증발배수
③ 전열면 증발률   ④ 증기량 발생률

【해설】(2017-1회-98번 기출반복)   암기법 : 배연실

- 증발배수(또는, 실제증발배수) $R_2 = \dfrac{w_2}{m_f} \left(\dfrac{실제증발량}{연료소비량} \right)$

95. 보일러의 과열 방지책이 아닌 것은?

① 보일러수를 농축시키지 않을 것
② 보일러수의 순환을 좋게 할 것
③ 보일러의 수위를 낮게 유지할 것
④ 보일러 동내면의 스케일 고착을 방지할 것

【해설】(2015-4회-88번 기출반복)

❸ 보일러의 수위가 너무 낮을 경우 보일러 과열의 원인이 되므로, 보일러의 수위를 너무 낮게 유지하지 말아야 한다.

96. 증기보일러에 수질관리를 위한 급수처리 또는 스케일 부착방지 및 제거를 위한 시설을 해야 하는 용량 기준은 t/h 이상인가?

① 0.5   ② 1   ③ 3   ④ 5

【해설】(2009-4회-81번 기출반복)   [열사용기자재의 검사 및 검사면제에 관한 기준.]

- 용량 1 t/h 이상의 증기보일러는 급수처리 시설이나 스케일 부착방지나 제거를 위한 시설을 설치하여야 한다.

93-③   94-②   95-③   96-②

97. 노통연관 보일러의 노통 바깥면과 이것에 가장 가까운 연관의 면 사이에는 몇 mm 이상의 틈새를 두어야 하는가?

① 10 ② 20 ③ 30 ④ 50

【해설】(2018-4회-91번 기출반복) [열설비 강도 설계기준, 노통과 연관의 틈새.]
- 노통연관 보일러의 노통의 바깥면(노통에 돌기를 설치하는 경우에는 돌기의 바깥면)과 이것에 가장 가까운 연관의 면 사이에는 **50 mm 이상**, 노통에 돌기를 설치하는 경우에는 30 mm 이상의 틈새를 두어야 한다.

98. 보일러에 대한 용어의 정의 중 잘못된 것은?

① 1종 관류보일러 : 강철제보일러 중 전열면적이 5 m² 이하이고 최고사용압력이 0.35 MPa 이하인 것
② 설계압력 : 보일러 및 그 부속품 등의 강도계산에 사용되는 압력으로서 가장 가혹한 조건에서 결정한 압력
③ 최고사용온도 : 설계압력을 정할 때 설계압력에 대응하여 사용조건으로부터 정해지는 온도
④ 전열면적 : 한쪽 면이 연소가스 등에 접촉하고 다른 면이 물에 접촉하는 부분의 면을 연소가스 등의 쪽에서 측정한 면적

【해설】❶ 1종 관류보일러 : 강철제보일러 중 헤더의 안지름이 150 mm 이하이고, 전열면적이 5 m² 초과 10 m² 이며, 최고사용압력이 1 MPa 이하인 관류보일러를 말한다.

99. 보일러의 열정산시 출열 항목이 아닌 것은?

① 배기가스에 의한 손실열
② 발생증기 보유열
③ 불완전연소에 의한 손실열
④ 공기의 현열

【해설】(2017-2회-87번 기출반복)
  ※ 보일러 열정산 시 입·출열 항목의 구별.
  - **입열**항목 암기법 : 연(발,현) 공급증
    - 연료의 발열량, 연료의 현열, 연소용**공기의 현열**, 급수의 현열, 공급증기 보유열
  - **출열**항목 암기법 : 증,손(배불방미기)
    - 증기 보유열량, 손실열 (배기가스, 불완전연소, 방열, 미연소, 기타)

100. 보일러에서 사용하는 안전밸브의 방식으로 가장 거리가 먼 것은?

① 중추식 ② 탄성식
③ 지렛대식 ④ 스프링식

【해설】(2016-1회-90번 기출반복)　　　　　　　　　암기법 : 스중, 지렛대
- 안전밸브의 조정형식에 따른 종류 : 스프링식, 중추식, 지렛대식(레버식)이 있다.

2022년 제1회 에너지관리기사
(2022.3.5. 시행)

평균점수

제1과목 연소공학

1. 보일러 등의 연소 장치에서 질소산화물(NO_x)의 생성을 억제 할 수 있는 연소 방법이 아닌 것은?

① 2단 연소 ② 저산소(저공기비) 연소
③ 배기의 재순환 연소 ④ 연소용 공기의 고온 예열

【해설】(2009-1회-3번 기출반복) **암기법** : 고질병
- 연소실내의 고온조건에서 질소는 열을 흡수하여 산소와 결합해서 NO_x(질소산화물) 매연으로 발생하게 되어 대기오염을 일으키는 것이므로, 질소산화물 생성을 억제하기 위해서는 연소실내의 온도를 **저온으로** 해주어야 한다.

2. 다음 중 연료 연소 시 최대탄산가스농도(CO_{2max})가 가장 높은 것은?

① 탄소 ② 연료유 ③ 역청탄 ④ 코크스로가스

【해설】(2018-1회-17번 기출반복)
- 배가스 성분 분석결과 CO_2(%)가 최대로 함유되어 있으려면 연료 중에 C(탄소)가 많으면서 이론공기량으로 완전 연소될 경우이다.

3. 점화에 대한 설명으로 틀린 것은?

① 연료가스의 유출속도가 너무 느리면 실화가 발생한다.
② 연소실의 온도가 낮으면 연료의 확산이 불량해진다.
③ 연료의 예열온도가 낮으면 무화불량이 발생한다.
④ 점화시간이 늦으면 연소실 내로 역화가 발생한다.

【해설】❶ 연료가스의 유출속도가 연소속도보다 너무 느리면 **역화**(Back fire)가 발생한다.
연료가스의 유출속도가 연소속도보다 너무 빠르면 실화(Lifting, 선화)가 발생한다.

1-④   2-①   3-①

4. 체적비로 메탄이 15%, 수소가 30%, 일산화탄소가 55%인 혼합기체가 있다. 각각의 폭발 상한계가 다음 표와 같을 때, 이 기체의 공기 중에서 폭발 상한계는 약 몇 vol% 인가?

구분	메탄	수소	일산화탄소
폭발 상한계(vol%)	15	75	74

① 46.7 ② 45.1 ③ 44.3 ④ 42.5

【해설】(2020-4회-14번 기출유사)
- 혼합기체 폭발범위 계산 공식.(Le chatelier, 르샤틀리에 법칙)

$$\frac{100}{L} = \frac{V_1}{L_1} + \frac{V_2}{L_2} + \frac{V_3}{L_3} + \cdots \text{에서,}$$

여기서, L (Limit) : 혼합기체의 폭발 상한계 또는 하한계(vol%)
L_1, L_2, L_3 : 각 성분기체의 폭발 상한계 또는 하한계(vol%)
V_1, V_2, V_3 : 각 성분기체의 체적%(vol%)

$\frac{100}{L} = \frac{15}{15} + \frac{30}{75} + \frac{55}{74}$ 이므로, 에너지아카데미 카페의 방정식 계산기 사용법으로

$L = 46.658 ≒ 46.7 \text{ vol%}$

5. 불꽃연소(Flaming combustion)에 대한 설명으로 틀린 것은?

① 연소속도가 느리다.
② 연쇄반응을 수반한다.
③ 연소사면체에 의한 연소이다.
④ 가솔린의 연소가 이에 해당한다.

【해설】(2018-1회-12번 기출반복)
연소에는 불꽃(Flame, 화염)을 형성하는 **불꽃연소**와 불꽃을 내지 않고 연소하는 **작열연소** (Glowing combustion)로 구분한다.

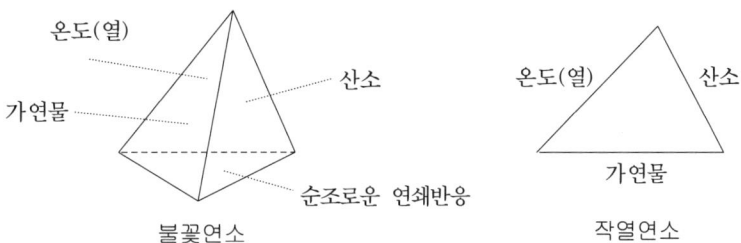

불꽃연소는 연소사면체(Fire tetrahedron, 연소의 4요소 : 가연물, 산소, 점화원, 연쇄반응)에 의한 연소로, 연소가 기(氣)상에서 일어나는 경우에는 **연소속도가 매우 빠르고** 불꽃을 형성하며 열을 낸다.
고체의 열분해, 액체의 증발에 따른 기체의 확산 등 매우 복잡한 연쇄반응을 수반하며, 발생열량의 2/3정도는 방출연소가스 가열에 소모되고 1/3은 주위로 복사 방출된다.
이에 반하여, 작열연소(또는, 표면연소)의 연소속도는 느리다.

6. 어떤 고체연료를 분석하니 중량비로 수소 10 %, 탄소 80 %, 회분 10 % 이었다. 이 연료 100 kg을 완전연소시키기 위하여 필요한 이론공기량은 약 몇 Nm^3 인가?

① 206 ② 412 ③ 490 ④ 978

【해설】(2017-4회-14번 기출유사)
- 단위 중량당 이론공기량 $A_0 = \dfrac{O_0}{0.21}$ (Nm^3/kg-연료) $= \dfrac{1.867\,C + 5.6\,H + 0.7\,S}{0.21}$

$$= \dfrac{1.867 \times 0.8 + 5.6 \times 0.1}{0.21}$$

$$= 9.779 \; Nm^3/\text{kg-연료}$$

사용연료(m_f)에 따른 A_0 = 9.779 Nm^3/kg-연료 × 100 kg-연료 = 977.9 ≒ 978 Nm^3

7. 고체연료의 일반적인 특징에 대한 설명으로 <u>틀린</u> 것은?

① 회분이 많고 발열량이 적다.
② 연소효율이 낮고 고온을 얻기 어렵다.
③ 점화 및 소화가 곤란하고 온도조절이 어렵다.
④ 완전연소가 가능하고 연료의 품질이 균일하다.

【해설】(2016-4회-10번 기출반복)
① 고체연료는 일반적으로 회분을 많이 함유하므로 발열량이 적어진다.
② 완전연소가 어려우므로, 연소효율이 낮고 고온을 얻을 수 없다.
③ 점화 및 소화가 곤란하고 온도조절이 용이하지 못하다.
❹ 고체연료는 연료의 품질이 불균일하므로 완전연소가 어렵고, 따라서 공기비가 크다.

8. 등유, 경유 등의 휘발성이 큰 연료를 접시모양의 용기에 넣어 증발 연소시키는 방식은?

① 분해연소　　　　　　② 확산연소
③ 분무연소　　　　　　④ 포트식 연소

【해설】(2007-4회-14번 기출반복)
※ 액체연료의 연소방식
- 분무연소(분무식) : 액체연료를 입자가 작은 안개상태로 분무하여 공기와의 접촉면을 많게 함으로써 연소시키는 방식으로 공업용 연료의 대부분이 중유를 사용하고 있으므로 무화방식이 가장 많이 이용되고 있다.
- 액면연소(**포트식**) : 연료를 접시모양의 용기(Pot)에 넣어 점화하는 증발 연소시키는 방식의 가장 원시적인 방법으로 사용연료를 등유, 경유로 제한한다.
- 심지연소 또는 등심연소(심지식) : 탱크속의 연료에 심지를 담가서 모세관현상으로 빨아올려 심지의 끝에서 증발 연소시키는 방식으로, 공업용으로는 부적당하다.

6-④　　7-④　　8-④

9. 액체 연소장치 중 회전식 버너의 일반적인 특징으로 옳은 것은?

① 분사각은 20 ~ 50° 정도이다
② 유량조절범위는 1 : 3 정도이다
③ 사용 유압은 0.3~0.5kg/cm² 정도이다
④ 화염이 길어 연소가 불안정하다

【해설】(2007-2회-17번 기출반복)

※ 회전식 버너(수평 로터리형 버너)의 특징　　암기법 : 버너회사 팔분, 오영삼
　① 분사각은 40 ~ 80° 정도로 비교적 넓은 각이 된다.
　② 유량조절범위는 1 : 5 정도로 비교적 넓다.
　③ 연료사용유압은 0.3 ~ 0.5 kg/cm² 정도로 가압하여 공급한다.
　④ 중유와 공기의 혼합이 양호하므로 화염이 짧고 안정한 연소를 얻을 수 있다.

10. CmHn(탄화수소가스) 1 Nm³를 공기비 1.2로 연소시킬 때 필요한 실제 공기량은 약 몇 Nm³인가?

① $\dfrac{1.2}{0.21}\left(m + \dfrac{n}{2}\right)$
② $\dfrac{1.2}{0.21}\left(m + \dfrac{n}{4}\right)$
③ $\dfrac{1.2}{0.79}\left(m + \dfrac{n}{2}\right)$
④ $\dfrac{1.2}{0.79}\left(m + \dfrac{n}{4}\right)$

【해설】(2021-1회-20번 기출유사)

- 탄화수소 연료의 완전연소 반응식 $C_mH_n + \left(m + \dfrac{n}{4}\right)O_2 \rightarrow m\,CO_2 + \dfrac{n}{2}H_2O$ 에서 분자식 앞의 계수는 부피(체적)비를 뜻하므로,
- 이론공기량 $A_0 = \dfrac{O_0}{0.21} = \dfrac{1}{0.21}\left(m + \dfrac{n}{4}\right)$
- 실제공기량 $A = mA_0 = 1.2 \times \dfrac{1}{0.21}\left(m + \dfrac{n}{4}\right)$
　　　　　　　$= \dfrac{1.2}{0.21}\left(m + \dfrac{n}{4}\right)$

11. 메탄올(CH₃OH) 1 kg을 완전연소 하는데 필요한 이론공기량은 약 몇 Nm³ 인가?

① 4.0　　② 4.5　　③ 5.0　　④ 5.5

【해설】(2012-2회-13번 기출반복)

- 이론공기량(A_0)을 구하려면 이론산소량(O_0)을 연소반응식으로부터 먼저 알아내야 한다.

　　$CH_3OH + 1.5\,O_2 \rightarrow CO_2 + 2\,H_2O$
　　(1 kmol)　　(1.5 kmol)
　　32 kg　　(1.5 × 22.4 Nm³ = 33.6 Nm³)

따라서, $O_0 = \dfrac{33.6\,Nm^3_{-산소}}{32\,kg_{-연료}}$ ∴ $A_0 = \dfrac{O_0}{0.21} = \dfrac{\frac{33.6}{32}}{0.21} = 5.0\,Nm^3/kg_{-연료}$

9-③　10-②　11-③

12. 고위발열량이 37.7 MJ/kg인 연료 3 kg이 연소할 때의 저위발열량은 몇 MJ 인가?
(단, 이 연료의 중량비는 수소 15 %, 수분 1 % 이다.)

① 52　　　　　② 103　　　　　③ 184　　　　　④ 217

【해설】 (2020-4회-18번 기출유사)
- 고체·액체연료의 단위중량(1 kg)당 저위발열량(H_L) 계산공식은
  $H_L = H_h - R_w$
  한편, 물의 증발잠열(R_w)은 0 ℃를 기준으로 하여 $\dfrac{10800\,kcal}{18\,kg}$ = 600 kcal/kg
  R_w = 600 kcal/kg × (9H + w)
  　　= 600 kcal/kg × $\dfrac{4.1868\,kJ}{1\,kcal}$ × (9 × 0.15 + 0.01)
  　　≒ 3416 kJ/kg ≒ 3.42 MJ/kg 이므로,
  = 37.7 MJ/kg - 3.42 MJ/kg = **34.28 MJ/kg**
- ∴ 사용연료(m_f)에 따른 총 H_L = 34.28 MJ/kg × 3 kg = 102.84 MJ ≒ **103 MJ**

13. 다음 중 고속운전에 적합하고 구조가 간단하며 풍량이 많아 배기 및 환기용으로 적합한 송풍기는?

① 다익형 송풍기　　　　② 플레이트형 송풍기
③ 터보형 송풍기　　　　④ 축류형 송풍기

【해설】 (2016-2회-16번 기출유사)
❹ **축류형 송풍기**는 공기 흐름이 회전축 방향과 평행하므로 송풍기에 가해준 에너지가 주로 유체의 속도를 증가시키는데 사용되므로 원심식 송풍기(다익형, 플레이트형, 터보형)에 비해 **고속**의 운전에 적합하고, 구조가 간단하며 풍량이 많아 대풍량의 배기 및 환기용으로 적합하다.

14. 액체의 인화점에 영향을 미치는 요인으로 가장 거리가 먼 것은?

① 온도　　　　　　　　② 압력
③ 발화지연시간　　　　④ 용액의 농도

【해설】 (2019-2회-16번 기출반복)
- 인화점이란 가연성 액체가 외부로부터 점화원(불꽃)을 접근시킬 때 연소범위 내의 가연성 증기를 만들어 불이 붙을 수 있는 최저의 액체온도를 말하며,
  ① 일반적으로 액체의 비중이 적을수록, 액체의 비점이 낮을수록, 액체의 온도가 높을수록 인화점은 낮아진다.
  ② 압력이 높아지면 증발이 어려워져서 비점이 높아지므로 인화점은 높아진다.
  ❸ 발화지연시간이란 어느 온도에서 가열하기 시작하여 발화에 이르기까지의 시간을 말하며, 발화온도(발화점 또는, 착화점)에 영향을 미치는 요인이다.
  ④ 인화는 인화성액체가 증발하면서 생긴 가연성 증기와 공기가 만나서 이루어지는 것으로, 용액의 농도가 클수록 증기압이 낮아지므로 인화점은 높아진다.

15. 통풍방식 중 평형통풍에 대한 설명으로 틀린 것은?

① 통풍력이 커서 소음이 심하다.
② 안정한 연소를 유지할 수 있다.
③ 노내 정압을 임의로 조절할 수 있다.
④ 중형 이상의 보일러에는 사용할 수 없다.

【해설】(2019-1회-3번 기출반복)
- 평형통풍은 노 앞의 압입통풍과 연도에 흡입통풍을 병용한 것으로서 노내 정압을 임의로 조절할 수 있으므로 항상 안정한 연소를 위한 조절이 쉬우며 통풍저항이 큰 중·대형의 보일러에 사용한다.
  단점으로는 통풍력이 커서 소음이 심하며 설비·유지비가 많이 든다.

16. 버너에서 발생하는 역화의 방지대책과 거리가 먼 것은?

① 버너 온도를 높게 유지한다.
② 리프트 한계가 큰 버너를 사용한다.
③ 다공 버너의 경우 각각의 연료분출구를 작게 한다.
④ 연소용 공기를 분할 공급하여 1차공기를 착화범위보다 적게 한다.

【해설】(2018-2회-12번 기출반복)
❶ 버너 온도를 높게 유지하면 오히려 버너가 과열되어 역화(逆火) 현상을 초래한다.

17. 폭굉 유도거리(DID)가 짧아지는 조건으로 틀린 것은?

① 관지름이 크다.
② 공급압력이 높다.
③ 관 속에 방해물이 있다.
④ 연소속도가 큰 혼합가스이다.

【해설】(2021-4회-15번 기출유사)
※ 폭굉 유도거리(DID, Detonation Induction Distance)
- 점화 위치로부터 최초 완만한 연소가 격렬한 폭굉으로 발전할 때까지의 거리로서 짧을수록 위험하며, 폭굉 유도거리가 짧아지는 조건은 다음과 같다.
  ❶ 관지름(관경)이 작을수록
  ② 혼합가스의 공급압력이 높을수록
  ③ 관 속에 방해물(장애물, 또는 이물질)이 있는 경우
  ④ 혼합가스의 연소속도가 클수록
  ⑤ 점화에너지가 클수록

【참고】※ 폭굉(Detonation, 데토네이션) 현상
- 가스 연소 시 화염의 전파속도가 음속(340m/s)보다 빠른 초음속(1000 ~ 3500 m/s)의 반응대가 충격파와 일체가 되어 파면 선단에서 심한 파괴작용을 동반하는 연소 폭발 현상을 말한다. 폭굉은 확산이나 열전도에 따른 역학적 현상이 아니라, 화염의 빠른 전파에 의해 발생하는 강력한 충격파(압력파)에 의한 역학적 현상이다.

18. 저위발열량 7470 kJ/kg의 석탄을 연소시켜 13200 kg/h의 증기를 발생시키는 보일러의 효율은 약 몇 % 인가?
(단, 석탄의 공급은 6040 kg/h이고, 증기의 엔탈피는 3107 kJ/kg, 급수의 엔탈피는 96 kJ/kg 이다.)

① 64　　　② 74　　　③ 88　　　④ 94

【해설】(2015-4회-14번 기출반복)　　　암기법 : (효율좋은) 보일러 사저유

- 보일러 열효율 $\eta = \dfrac{Q_s}{Q_{in}} = \dfrac{\text{유효출열(발생증기의 흡수열량)}}{\text{총입열량}}$

$$= \dfrac{w_2 \cdot (H_x - H_1)}{m_f \cdot H_\ell} = \dfrac{13200\ kg/h \times (3107 - 96)\ kJ/kg}{6040\ kg/h \times 7470\ kJ/kg}$$

$$= 0.8809 ≒ 88.1\ \%$$

19. 중량비가 C : 87 %, H : 11 %, S : 2 %인 중유를 공기비 1.3으로 연소할 때 건조배출가스 중 CO_2의 부피비는 약 몇 % 인가?

① 8.7　　　② 10.5　　　③ 12.2　　　④ 15.6

【해설】(2019-1회-15번 기출유사)

- 이론공기량 $A_0 = \dfrac{O_0}{0.21} = \dfrac{1.867\ C + 5.6\ H + 0.7\ S}{0.21}$ [Nm³/kg·연료]

$$= \dfrac{1.867 \times 0.87 + 5.6 \times 0.11 + 0.7 \times 0.02}{0.21} = 10.7347\ Nm^3/kg\text{·연료}$$

- 실제 건연소가스량 G_d = 이론건연소가스량(G_{0d}) + 과잉공기량(A′)
    = G_{0d} + (m − 1) A_0
    한편, G_{0d} = 0.79 A_0 + 생성된 CO_2 + 생성된 SO_2
    = (m − 0.21)A_0 + 1.867C + 0.7S
    = (1.3 − 0.21) × 10.7347 + 1.867 × 0.87 + 0.7 × 0.02
    = 13.339 Nm³/kg·연료

- 건조배출가스 중 CO_2의 부피비율(%) = $\dfrac{CO_2}{G_d} = \dfrac{1.867 \times 0.87}{13.339} = 12.176 = 12.2\ \%$

20. 다음 기체 연료 중 단위질량당 고위발열량이 가장 큰 것은?

① 메탄　　　② 수소　　　③ 에탄　　　④ 프로판

【해설】(2012-4회-17번 기출반복)
※ 기체 연료의 발열량 순서.(고위발열량 기준)　　　암기법 : 수메중, 부체
① 단위체적당 (kcal/Nm³) : 부 (LPG) 〉 프 〉 에 〉 아 〉 메 〉 수 〉 일
　　부탄〉부틸렌〉프로판〉프로필렌〉에탄〉에틸렌〉아세틸렌〉메탄〉수소〉일산화탄소
② 단위중량당 (kcal/**kg**) : 일 〈 부 〈 아 〈 프 〈 에 〈 메 (LNG) 〈 수

제2과목　　　　　　　　　　열역학

21. 순수물질로 된 밀폐계가 가역단열 과정 동안 수행한 일의 양과 같은 것은?
(단, U는 내부에너지, H는 엔탈피, Q는 열량이다.)

① $-\Delta H$　　　② $-\Delta U$　　　③ 0　　　④ Q

【해설】(2014-2회-38번 기출유사)

- 단열변화 과정에서 계가 외부에 수행한 일(W)의 양은,
  열역학 제1법칙 dQ = dU + W 에서,
  　　　　　한편, 단열변화 과정은 dQ = 0 이므로
  　W = - dU (내부에너지의 감소량)
  　　　= -Cv·dT = -Cv (T₂ - T₁) = Cv (T₁ - T₂)
- 즉, 단열과정이란 어떤 용기에 들어있는 이상기체를 외부와 열출입이 전혀 없는 상태변화 과정으로서, 계(系)의 내부에너지는 외부와의 일에 상당하는 만큼의 증감을 하게 되는데 외부로 일을 하면 계의 온도는 낮아지고, 외부로부터 일을 받아들이면 계의 온도는 높아진다.

22. 물체의 온도변화 없이 상(phase, 相) 변화를 일으키는데 필요한 열량은?

① 비열　　　② 점화열　　　③ 잠열　　　④ 반응열

【해설】(2019-1회-21번 기출반복)

- 물체의 상태변화 없이 온도변화만을 일으키는데 필요한 열량은 현열(顯熱)이라고 하며, 물체의 온도변화 없이 상태변화만을 일으키는데 필요한 열량을 잠열(潛熱)이라고 한다. 또한, 현열과 잠열을 합친 총열량을 전열(全熱)이라고 부른다.

23. 폴리트로픽 과정에서의 지수(polytropic index)가 비열비와 같을 때의 변화는?

① 정적변화　　　② 가역단열변화　　　③ 등온변화　　　④ 등압변화

【해설】(2008-1회-24번 기출반복)

❷ 가역 단열변화 : $PV^k = 1$　　　암기법 : 적압온 폴리단

【참고】※ 폴리트로픽 과정의 일반식 : $PV^n = 1$ (여기서, n : 폴리트로픽 지수라고 한다.)

- $n = 0$ 일 때 : $P \times V^0 = P \times 1 = 1$ ∴ $P = 1$ (등압변화)
- $n = 1$ 일 때 : $P \times V^1 = P \times V = 1$ ∴ $PV = T$ (등온변화)
- $n = k$(비열비) 일 때 : $PV^k = 1$ (단열변화)
- $n = \infty$ 일 때 : $PV^\infty = P^{\frac{1}{\infty}} \times V = P^0 \times V = 1 \times V = 1$ ∴ $V = 1$ (정적변화)

21-②　　22-③　　23-②

24. 가솔린 기관의 이상 표준사이클인 오토사이클(Otto cycle)에 대한 설명 중 옳은 것을 모두 고른 것은?

> ㄱ. 압축비가 증가할수록 열효율이 증가한다.
> ㄴ. 가열 과정은 일정한 체적 하에서 이루어진다.
> ㄷ. 팽창 과정은 단열 상태에서 이루어진다.

① ㄱ, ㄴ   ② ㄱ, ㄷ   ③ ㄴ, ㄷ   ④ ㄱ, ㄴ, ㄷ

【해설】(2008-4회-24번 기출반복)   암기법 : 단적단적한.. 내, 오디사

- 오토 사이클의 순환과정 : 단적~단적. (단열압축-등적가열-단열팽창-등적냉각)

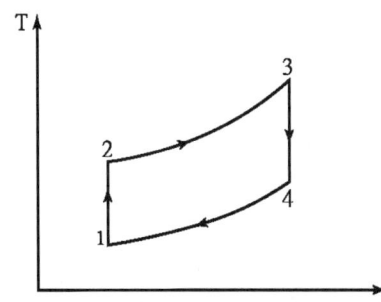

$1 \rightarrow 2$ 단열압축 : $W < 0$
(일을 소비하는 과정)
$2 \rightarrow 3$ 정적가열 : 연소
$3 \rightarrow 4$ 단열팽창 : $W > 0$
(일을 생산하는 과정)
$4 \rightarrow 1$ 정적방열 : 냉각

㉠ 오토사이클의 열효율 $\eta = 1 - \left(\dfrac{1}{\epsilon}\right)^{k-1}$ 에서 압축비(ϵ)가 증가할수록 열효율이 증가한다.
㉡ 가열 과정(2 → 3)은 일정한 체적 하에서 이루어진다.
㉢ 팽창 과정(3 → 4)은 단열 상태에서 이루어진다.

25. 다음과 같은 특징이 있는 냉매의 종류는?

> - 냉동창고 등 저온용으로 사용
> - 산업용의 대용량 냉동기에 널리 사용
> - 아연 등을 침식시킬 우려가 있음
> - 연소성과 폭발성이 있음

① R-12   ② R-22   ③ R-134a   ④ NH_3

【해설】(2021-1회-24번 기출유사)   암기법 : 탄수염불

- 프레온계 냉매 : ① R-12 : CCl_2F_2 ② R-22 : $CHClF_2$ ③ R-134a : $C_2H_2F_4$
- ❹ 무기냉매인 암모니아(NH_3)는 오래전부터 가격이 싸고 효율이 우수하여 산업용의 저온 냉동창고 등의 대용량 냉동기에 널리 사용되고 있으며, 분자량이 작아서 열전도율이 매우 높으므로 냉매순환량이 프레온계 냉매에 비하여 적다.
단점으로는 독성, 가연성, 폭발성이 있으며 **부식성이 강하여** 아연, 주석, 동을 부식시킨다.

26. 다음 중 포화액과 포화증기의 비엔트로피 변화에 대한 설명으로 옳은 것은?

① 온도가 올라가면 포화액의 비엔트로피는 감소하고 포화증기의 비엔트로피는 증가한다.
② 온도가 올라가면 포화액의 비엔트로피는 증가하고 포화증기의 비엔트로피는 감소한다.
③ 온도가 올라가면 포화액과 포화증기의 비엔트로피는 감소한다.
④ 온도가 올라가면 포화액과 포화증기의 비엔트로피는 증가한다.

【해설】(2018-2회-40번 기출반복)
- T-S 선도를 간단히 그려 놓고, 온도가 상승할 때의 비엔트로피 변화를 알아보면 쉽다!

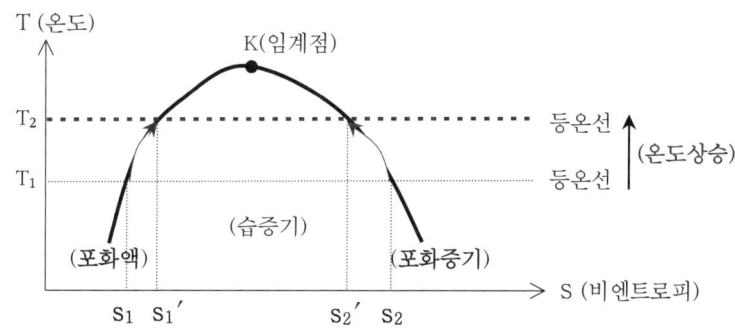

∴ 온도가 올라가면 포화액의 비엔트로피 S_1은 $S_1{'}$으로 증가하고,
포화증기의 비엔트로피 S_2는 $S_2{'}$로 감소함을 확인할 수 있다.

27. 체적이 일정한 용기에 400 kPa의 공기 1 kg이 들어있다. 용기에 달린 밸브를 열고 압력이 300 kPa이 될 때까지 대기 속으로 공기를 방출하였다. 용기 내의 공기가 가역단열 변화라면 용기에 남아있는 공기의 질량은 약 몇 kg 인가?
(단, 공기의 비열비는 1.4 이다.)

① 0.614 ② 0.714 ③ 0.814 ④ 0.914

【해설】(2021-1회-21번 기출유사)
- 용기의 체적($V_1 = V_2 = V$)은 일정하므로 상태방정식 $PV = mRT$ 에서,

  용기의 체적 $V = \dfrac{m_1 R T_1}{P_1}$

  용기내 남아있는 공기의 질량 $m_2 = \dfrac{P_2 V}{R T_2} = \dfrac{P_2}{R T_2} \times \dfrac{m_1 R T_1}{P_1} = m_1 \times \dfrac{P_2}{P_1} \times \dfrac{T_1}{T_2}$

  한편, 단열변화에서의 T-P 관계 방정식 $T_1 \cdot P_1^{\frac{1-k}{k}} = T_2 \cdot P_2^{\frac{1-k}{k}}$ 에서

  $\dfrac{T_1}{T_2} = \left(\dfrac{P_2}{P_1}\right)^{\frac{1-k}{k}} = \left(\dfrac{300}{400}\right)^{\frac{1-1.4}{1.4}} ≒ 1.0857$ 을 대입하면

  ∴ $m_2 = 1 \text{ kg} \times \dfrac{300}{400} \times 1.0857 = 0.8142 ≒ \mathbf{0.814 \text{ kg}}$

28. 400 K, 1 MPa 의 이상기체 1 kmol이 700 K, 1 MPa으로 정압팽창 할 때 엔트로피 변화는 약 몇 kJ/K 인가? (단, 정압비열은 28 kJ/kmol · K 이다.)

① 15.7 ② 19.4 ③ 24.3 ④ 39.4

【해설】(2015-1회-40번 기출반복)

※ 정압($P_1 = P_2$)가열 과정의 엔트로피 변화 　　　　　암기법 : 피티네, 알압

- 엔트로피 변화량 $dS = C_P \cdot \ln\left(\dfrac{T_2}{T_1}\right) - R \cdot \ln\left(\dfrac{P_2}{P_1}\right) = C_P \cdot \ln\left(\dfrac{T_2}{T_1}\right) - R \cdot \ln(1)$

$ = C_P \cdot \ln\left(\dfrac{T_2}{T_1}\right) \times m$

$ = 28 \text{ kJ/kmol} \cdot \text{K} \times \ln\left(\dfrac{700}{400}\right) \times 1 \text{ kmol}$

$ = 15.66 \fallingdotseq 15.7 \text{ kJ/K}$

29. 다음 중 이상기체에 대한 식으로 옳은 것은? (단, 각 기호에 대한 설명은 다음과 같다.)

- u : 단위 질량당 내부에너지
- h : 비엔탈피
- T : 온도
- R : 기체상수
- P : 압력
- v : 비체적
- k : 비열비
- C_V : 정적비열
- C_P : 정압비열

① $\dfrac{du}{dT} - \dfrac{dh}{dT} = R$ 　　② $h = u + \dfrac{Pv}{RT}$

③ $C_V = \dfrac{R}{k-1}$ 　　④ $C_P = \dfrac{k \cdot C_V}{k-1}$

【해설】(2019-1회-33번 기출유사)

① $C_P - C_V = R$의 관계식에서 한편, $dh = C_P \cdot dT$, $du = C_V \cdot dT$ 이므로 $\dfrac{dh}{dT} - \dfrac{du}{dT} = R$ 로 표현된다.

② 비엔탈피의 정의에 따르면, $h \equiv u + Pv$

❸ $C_P - C_V = R$ 에서 $k = \dfrac{C_P}{C_V}$, $C_P = k \cdot C_V$ 이므로
$k \cdot C_V - C_V = R$, $(k-1)C_V = R$, ∴ $C_V = \dfrac{R}{k-1}$

④ $C_P - C_V = R$ 에서 $(k-1)C_V = R$ 이므로
$C_P - C_V = (k-1)C_V$
$C_P = (k-1)C_V + C_V = (k-1+1)C_V = k \cdot C_V$ 로 표현된다.

30. 다음 중 과열증기(superheated steam)의 상태가 아닌 것은?

① 주어진 압력에서 포화증기 온도보다 높은 온도
② 주어진 비체적에서 포화증기 압력보다 높은 압력
③ 주어진 온도에서 포화증기 비체적보다 낮은 비체적
④ 주어진 온도에서 포화증기 엔탈피보다 높은 엔탈피

【해설】(2017-4회-24번 기출반복)

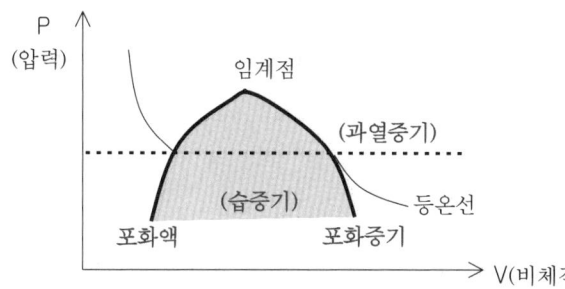

① 주어진 압력에서 포화증기 온도보다 높은 온도이면 P-V선도에서 오른쪽으로 이동하므로 과열증기 구역에 해당한다.
② 주어진 비체적에서 포화증기 압력보다 높은 압력이면 P-V선도에서 위쪽으로 이동하므로 과열증기 구역에 해당한다.
❸ 주어진 온도에서 포화증기 비체적보다 낮은 비체적이면 P-V선도에서 왼쪽으로 이동하므로 **습증기** 구역에 해당한다.
④ 주어진 온도에서 포화증기 엔탈피보다 높은 엔탈피이면 P-H선도에서 오른쪽으로 이동하므로 과열증기 구역에 해당한다.

31. 다음 중 열역학 제2법칙에 대한 설명으로 틀린 것은?

① 에너지 보존에 대한 법칙이다.
② 제2종 영구기관은 존재할 수 없다.
③ 고립계에서 엔트로피는 감소하지 않는다.
④ 열은 외부 동력 없이 저온체에서 고온체로 이동할 수 없다.

【해설】(2017-1회-32번 기출유사)

※ 열역학 **제 2 법칙** : 열 이동의 법칙 또는, 에너지전환 방향에 관한 법칙이라고 한다.
❶ 에너지 보존에 대한 법칙은 열역학 **제 1 법칙**이다.
② 공급된 열을 모두 일로 바꾸는(100 %의 열효율을 갖는) 열기관(제2종 영구기관)은 존재할 수 없다.
③ 고립계에서 엔트로피는 가역과정일 때는 일정하게 보존되며, 비가역과정일 때는 항상 증가한다. 따라서 엔트로피는 감소하지 않는다.
④ 열은 저온부로부터 고온부로 외부 동력 없이 스스로(자연적으로) 이동할 수는 없다. 따라서, 반드시 일을 소비하는 외부동력인 열펌프(Heat pump)를 필요로 한다.

32. 랭킨(Rankine) 사이클에서 응축기의 압력을 낮출 때 나타나는 현상으로 옳은 것은?

① 이론 열효율이 낮아진다.
② 터빈 출구의 증기건도가 낮아진다.
③ 응축기의 포화온도가 높아진다.
④ 응축기내의 절대압력이 증가한다.

【해설】(2011-4회-33번 기출반복)
- 랭킨사이클의 이론적 열효율 공식. (여기서 1 : 급수펌프 입구를 기준으로 하였음)

$$\eta = \frac{W_{net}}{Q_1} = \frac{Q_1 - Q_2}{Q_1} = 1 - \frac{Q_2}{Q_1}$$ 에서,

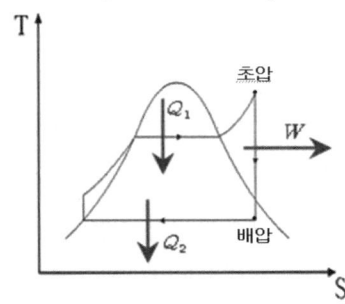

초온, 초압(터빈 입구의 온도, 압력)이 높을수록 일에 해당하는 T-S선도의 면적이 커지므로 열효율이 증가하고, 배압(응축기 압력)이 낮을수록 방출열량이 적어지므로 열효율이 증가한다.
① 이론 열효율이 **높아진다**.
❷ 초압(터빈입구의 압력)을 높이거나 **배압(응축기 또는 복수기의 압력)을 낮출수록** 열효율은 증가하지만, 터빈에서 팽창 중 **증기의 건도가 낮아지게 되어** 터빈 날개의 마모 및 부식을 초래하는 원인이 된다.
③ 응축기의 포화온도가 **낮아진다**.
④ 응축기내의 절대압력이 **감소한다**.

33. 40 m³의 실내에 있는 공기의 질량은 약 몇 kg 인가? (단, 공기의 압력은 100 kPa, 온도는 27 ℃이며, 공기의 기체상수는 0.287 kJ/kg·K 이다.)

① 93　　　　② 46　　　　③ 10　　　　④ 2

【해설】(2019-1회-34번 기출반복)
- 상태방정식 PV = mRT　(여기서, R : 해당기체의 기체상수)

∴ 질량 m = $\frac{PV}{RT}$

= $\frac{100 \, kPa \times 40 \, m^3}{0.287 \, kJ/kg \cdot K \times (273 + 27) K}$ = 46.45 ≒ 46 kg

34. 밀폐된 피스톤-실린더 장치 안에 들어 있는 기체가 팽창을 하면서 일을 한다. 압력 P[MPa]와 부피 V[L]의 관계가 아래와 같을 때, 내부에 있는 기체의 부피가 5 L에서 두 배로 팽창하는 경우 이 장치가 외부에 한 일은 약 몇 kJ 인가?
(단, $a = 3\,\text{MPa/L}^2$, $b = 2\,\text{MPa/L}$, $c = 1\,\text{MPa}$)

$$P = 5(aV^2 + bV + c)$$

① 4175 　　② 4375 　　③ 4575 　　④ 4775

【해설】• 외부에 한 일 $_1W_2 = \int_1^2 P\,dV = \int_1^2 5(aV^2 + bV + c)\,dV$ 에서 적분을 취하면

$$= 5\left[\frac{1}{3}aV^3 + \frac{1}{2}bV^2 + cV\right]_1^2$$

$$= 5\left[\frac{1}{3}aV_2^3 + \frac{1}{2}bV_2^2 + cV_2 - \frac{1}{3}aV_1^3 - \frac{1}{2}bV_1^2 - cV_1\right]$$

한편, 처음체적 $V_1 = 5\,\text{L}$, 나중체적 $V_2 = 10\,\text{L}$ 이므로

$$= 5\left[\frac{3 \times 10^3}{3} + \frac{2 \times 10^2}{2} + 1 \times 10 - \frac{3 \times 5^3}{3} - \frac{2 \times 5^2}{2} - 1 \times 5\right]$$

$$= 4775\,\text{kJ}$$

• 단위 확인 : $\text{MPa/L}^2 \times \text{L}^3 + \text{MPa/L} \times \text{L}^2 + \text{MPa} \times \text{L} = \text{MPa} \times \text{L}$

$$= 1000\,\text{kPa} \times \text{L} \times \frac{1\,m^3}{1000\,L} = \text{kPa} \times m^3 = \text{kN}/m^2 \times m^3$$

$$= \text{kN}\cdot m = \text{kJ}$$

35. 압축기에서 냉매의 단위 질량당 압축하는데 요구되는 에너지가 200 kJ/kg일 때, 냉동기에서 냉동능력 1 kW당 냉매의 순환량은 약 몇 kg/h 인가?
(단, 냉동기의 성능계수는 5.0 이다.)

① 1.8 　　② 3.6 　　③ 5.0 　　④ 20.0

【해설】(2017-4회-32번 기출반복)　　　암기법 : 순효능

• $m(\text{냉매순환량}) = \dfrac{Q_2(\text{냉동능력})}{q_2(\text{냉동효과})}$

한편, 냉동기의 성능계수 $\text{COP} = \dfrac{q_2}{W}\left(\dfrac{\text{냉동효과}}{\text{압축일량}}\right)$

$5 = \dfrac{q_2}{200\,kJ/kg}$ 에서, $q_2 = 1000\,\text{kJ/kg}$ 이므로

$$= \frac{1\,kW}{1000\,kJ/kg} = \frac{1\,J/\text{sec}}{1000\,J/kg} = \frac{1\,kg}{1000\,\text{sec}} = \frac{1\,kg}{1000\,\text{sec} \times \dfrac{1\,h}{3600\,\text{sec}}}$$

$= 3.6\,\text{kg/h}$

36. 이상기체의 단위 질량당 내부에너지 u, 엔탈피 h, 엔트로피 s 에 관한 다음의 관계식 중에서 모두 옳은 것은?
    (단, T는 온도, p는 압력, v는 비체적을 나타낸다.)

    ① Tds = du - vdp, Tds = dh - pdv
    ② Tds = du + pdv, Tds = dh - vdp
    ③ Tds = du - vdp, Tds = dh + pdv
    ④ Tds = du + pdv, Tds = dh + vdp

【해설】(2017-2회-31번 기출반복)
- 열역학 제1법칙 dQ = dU + P·dV 에서
  한편, 엔트로피 변화량 $dS = \dfrac{dQ}{T}$ 에서 dQ = T·dS
  T·dS = dU + P·dV
  한편, 엔탈피 H ≡ U + PV 에서
  내부에너지 U = H - PV
  T·dS = d(H - PV) + P·dV
       = dH - P·dV - V·dP + P·dV
       = dH - V·dP

37. 역카르노 사이클로 작동하는 냉동사이클이 있다. 저온부가 -10 ℃로 유지되고, 고온부가 40 ℃로 유지되는 상태를 A상태라고 하고, 저온부가 0 ℃, 고온부가 50 ℃로 유지되는 상태를 B상태라 할 때, 성능계수는 어느 상태의 냉동사이클이 얼마나 더 높은가?

    ① A상태의 사이클이 약 0.8만큼 더 높다.
    ② A상태의 사이클이 약 0.2만큼 더 높다.
    ③ B상태의 사이클이 약 0.8만큼 더 높다.
    ④ B상태의 사이클이 약 0.2만큼 더 높다.

【해설】(2017-4회-23번 기출반복)
- 역카르노 사이클의 냉동기 성능계수(COP)는 온도만의 함수로 나타낼 수 있으므로,
  $COP = \dfrac{Q_2}{W} = \dfrac{Q_2}{Q_1 - Q_2} = \dfrac{T_2}{T_1 - T_2}$ (여기서, T_1 : 고온부, T_2 : 저온부)
  $COP_{(A)} = \dfrac{(-10 + 273)}{(40 + 273) - (-10 + 273)} = 5.26$
  $COP_{(B)} = \dfrac{(0 + 273)}{(50 + 273) - (0 + 273)} = 5.46$
  ∴ $COP_{(B)} - COP_{(A)} = 5.46 - 5.26 = 0.2$ (즉, B상태의 성능계수가 0.2 만큼 더 높다.)

38. 그림과 같은 브레이튼 사이클에서 열효율(η)은?
(단, P는 압력, v는 비체적이며, T_1, T_2, T_3, T_4는 각각의 지점에서의 온도이다. 또한, Q_{in}과 Q_{out}은 사이클에서 열이 들어오고 나감을 의미한다.)

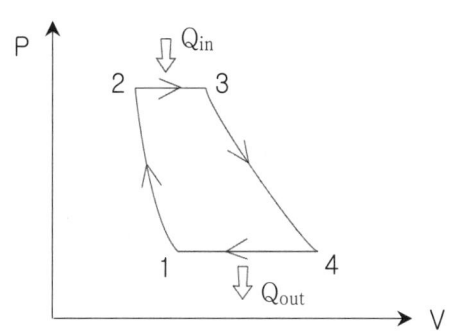

① $\eta = 1 - \dfrac{T_3 - T_2}{T_4 - T_1}$
② $\eta = 1 - \dfrac{T_1 - T_2}{T_3 - T_4}$
③ $\eta = 1 - \dfrac{T_4 - T_1}{T_3 - T_2}$
④ $\eta = 1 - \dfrac{T_3 - T_4}{T_1 - T_2}$

【해설】(2018-1회-21번 기출반복) 　　　　　　　　　　　　암기법: 가(부러)~단합해

- 가스터빈기관의 이상적 사이클인 브레이튼(Brayton) 사이클에서, 가열열량과 방출열량은 **정압과정**에서 이루어지므로

  공급열량 Q_1(또는 Q_{in}) = dH(엔탈피 변화량) = $C_P \cdot dT$ = $C_P(T_3 - T_2)$
  방출열량 Q_2(또는 Q_{out}) = dH = $C_P \cdot dT$ = $C_P(T_4 - T_1)$을 대입하면,

  열효율 $\eta = \dfrac{W_{net}}{Q_1}\left(\dfrac{유효일}{공급열}\right) = \dfrac{Q_1 - Q_2}{Q_1} = 1 - \dfrac{Q_2}{Q_1} = 1 - \dfrac{C_P(T_4 - T_1)}{C_P(T_3 - T_2)}$

  　　　$= 1 - \dfrac{T_4 - T_1}{T_3 - T_2}$

39. 동일한 최고 온도, 최저 온도 사이에 작동하는 사이클 중 최대의 효율을 나타내는 사이클은?

① 오토 사이클
② 디젤 사이클
③ 카르노 사이클
④ 브레이튼 사이클

【해설】(2009-4회-38번 기출반복)

❸ 카르노 사이클(Carnot cycle)은 가장 이상적인 사이클로서 최대의 효율을 나타내므로, 그 어떠한 열기관의 열효율도 카르노 사이클의 열효율보다 높을 수는 없다!

40. 체적 0.4 m³인 단단한 용기 안에 100 ℃의 물 2 kg이 들어 있다. 이 물의 건도는 얼마인가? (단, 100 ℃의 물에 대해 포화수 비체적 $V_f = 0.00104 \, m^3/kg$, 건포화증기 비체적 $V_g = 1.672 \, m^3/kg$ 이다.)

① 11.9 % ② 10.4 % ③ 9.9 % ④ 8.4 %

【해설】(2014-1회-27번 기출반복)
- 용기 안의 습증기의 비체적 $v = \dfrac{1}{\rho(밀도)} = \dfrac{V}{m}\left(\dfrac{체적}{질량}\right) = \dfrac{0.4 \, m^3}{2 \, kg} = 0.2 \, m^3/kg$
- 건도 x일때 습증기의 비체적 $v = v_1 + x(v_2 - v_1)$

  여기서, v_1 (또는 V_f) : 포화수의 비체적
  v_2 (또는 V_g) : 건포화증기의 비체적

  $0.2 = 0.00104 + x(1.672 - 0.00104)$

  이제, 에너지아카데미 카페(주소 : https://cafe.naver.com/2000toe 의 "방정식 계산기 사용법"을 익혀서 입력해 주면

  ∴ 증기건도 $x = 0.11906 = 0.11906 \times 100(\%) ≒ $ **11.9 %**

| 제3과목 | 계측방법 |

41. 자동제어의 특성에 대한 설명으로 틀린 것은?

① 작업능률이 향상된다.
② 작업에 따른 위험 부담이 감소된다.
③ 인건비는 증가하나 시간이 절약된다.
④ 원료나 연료를 경제적으로 운영할 수 있다.

【해설】(2013-2회-47번 기출유사)
- 자동화의 **장점**
  ① 생산제품의 균일화, 표준화를 시킬 수 있으며 품질의 향상과 대량생산이 된다.
  ② 원료나 연료를 경제적으로 운영할 수 있으므로 원자재의 절약 및 **시간의 절약으로 인건비는 감소하고** 작업능률의 향상에 따른 생산성이 증가된다.
  ③ 노동조건의 향상과 직업의 편리성 및 위험한 환경을 안전화 할 수 있다.
  ④ 생산설비의 수명연장 및 생산원가를 절감할 수 있다.
- 자동화의 **단점**
  ① 자동화 설비의 신규 고액투자 비용이 크다.
  ② 조작 및 운영에 있어서 고도화된 기술과 능숙한 기술이 요구된다.
  ③ 설비의 일부 고장이 발생하여도 전 공정의 생산에 영향을 끼친다.
  ④ 설비의 운전, 수리, 보관에 있어서 고도화된 지식이 필요하며 수리가 어렵다.

42. 내열성이 우수하고 산화분위기 중에서도 강하며, 가장 높은 온도까지 측정이 가능한 열전대의 종류는?

① 구리-콘스탄탄 ② 철-콘스탄탄
③ 크로멜-알루멜 ④ 백금-백금·로듐

【해설】(2015-4회-53번 기출유사)

❹ 백금-백금·로듐 열전대는 접촉식 온도계 중에서 **가장 높은 온도**(0 ~ 1600℃)의 측정이 가능하며, 정도가 높고 내열성이 우수하여 고온에서도 안정성이 뛰어나다.
그러나, 환원성 분위기와 금속증기 중에서는 약하여 침식당하기 쉬운 단점이 있다.

【참고】※ 열전대의 종류 및 특징

종류	호칭	(+)전극	(-)전극	측정온도범위(℃)	암기법
PR	R형	백금로듐	백금	0 ~ 1600	PRR
CA	K형	크로멜	알루멜	-20 ~ 1200	CAK (칵~)
IC	J형	철	콘스탄탄	-20 ~ 800	아이씨 재바
CC	T형	구리(동)	콘스탄탄	-200 ~ 350	CCT(V)

PR (R형) - 산화성 분위기에 강하며, 환원성 분위기에는 약하다.
CA (K형) - 산화성 분위기에 강하며, 환원성 분위기에는 약하다
IC (J형) - 산화성 분위기에 약하며, 환원성 분위기에는 강하다.
CC (T형) - 산화성·환원성 분위기 모두에 사용할 수 있다.

43. 다음 가스 분석법 중 흡수식인 것은?

① 오르자트법 ② 밀도법
③ 자기법 ④ 음향법

【해설】(2016-4회-47번 기출반복) ※ 화학적 가스분석장치는 **용액 흡수제**를 이용한다.

- 헴펠 식 : **헴릿과 이**(순신) → **탄** → **산** → **일** (여기서, 탄화수소 CmHn)
  (K   S   피   구)
  수산화칼륨, 발열황산, 피로가놀, 염화제1구리 ⟵-------- **흡수액**
- 오르자트 식 : 이(CO_2) → 산(O_2) → 일(CO) 순서대로 선택적 흡수됨

44. 다음 비례-적분동작에 대한 설명에서 (   )안에 들어갈 알맞은 용어는?

> 비례동작에 발생하는 (   )을(를) 제거하기 위해 적분동작과 결합한 제어

① 오프셋 ② 빠른 응답 ③ 지연 ④ 외란

【해설】(2021-1회-58번 기출유사) 암기법 : 아이(I) 편

❶ 비례-적분동작(PI동작)은 비례동작(P동작)에서 발생하는 **오프셋**(off-set, 잔류편차)을 제거하기 위해 적분동작(I동작)을 같이 결합한 제어이다.

45. 측정하고자 하는 상태량과 독립적 크기를 조정할 수 있는 기준량과 비교하여 측정, 계측하는 방법은?

① 보상법　　② 편위법　　③ 치환법　　④ 영위법

【해설】(2017-2회-48번 기출반복)
※ 계측기기의 측정방법
① 보상법(補償法) : 측정하고자 하는 양을 표준치와 비교하여 양자의 근소한 차이를 정교하게 측정하는 방식이다.
② 편위법(偏位法) : 측정하고자 하는 양의 작용에 의하여 계측기의 지침에 편위를 일으켜 이 편위를 눈금과 비교함으로써 측정을 행하는 방식이다.
③ 치환법(置換法) : 측정량과 기준량을 치환해 2회의 측정결과로부터 구하는 측정방식이다.
❹ 영위법(零位法) : 측정하고자 하는 양과 같은 종류로서 **크기를 독립적으로 조정할 수가 있는 기준량**을 준비하여 기준량을 측정량에 평형시켜 계측기의 지침이 0의 위치를 나타낼 때의 기준량 크기로부터 측정량의 크기를 알아내는 방법이다.
⑤ 차동법(差動法) : 같은 종류인 두 양의 작용의 차를 이용하는 방법이다.

46. 상온, 1기압에서 공기 유속을 피토관으로 측정할 때 동압이 100 mmAq 이면 유속은 약 몇 m/s 인가? (단, 공기의 밀도는 1.3 kg/m³ 이다.)

① 3.2　　② 12.3　　③ 38.8　　④ 50.5

【해설】(2018-4회-47번 기출유사)
- 피토관 유속 $v = \sqrt{2gh} = \sqrt{2g \times \dfrac{\Delta P}{\gamma}} = \sqrt{2 \times 9.8\,m/s^2 \times \dfrac{100\,mmAq}{1.3\,kgf/m^3}}$

  $= \sqrt{2 \times 9.8\,m/s^2 \times \dfrac{100\,kgf/m^2}{1.3\,kgf/m^3}}$ = 38.829 ≒ **38.8 m/s**

  여기서, γ : 비중량(kgf/m³), ΔP : 수두차에 의한 동압(mmAq = kgf/m²) 이다.

47. 유량 측정에 쓰이는 탭(tap)방식이 아닌 것은?

① 베나 탭　　　　　② 코너 탭
③ 압력 탭　　　　　④ 플랜지탭

【해설】(2017-1회-47번 기출반복)
- 차압식 유량계에서 압력을 측정하기 위해 중간에 설치하는 **탭(Tap)의 위치에 따른 종류**
① 베나(vena)탭 : 입구측은 배관 안지름만큼의 거리에, 출구측은 배관 안지름의 0.2 ~ 0.8배 거리에 설치
② 코너(corner, 모서리)탭 : 교축기구 바로 직전·직후에 설치
③ 베벨(Bevel)탭 : 교축기구 직전·직후에 베벨을 설치
④ 플랜지(flange)탭 : 교축기구 전·후(즉, 상·하류) 각 25 mm 거리에 플랜지를 설치

48. 보일러의 자동제어에서 제어장치의 명칭과 제어량의 연결이 잘못된 것은?

① 자동연소 제어장치 - 증기압력
② 자동급수 제어장치 - 보일러수위
③ 과열증기온도 제어장치 - 증기온도
④ 캐스케이드 제어장치 - 노내압력

【해설】(2017-2회-57번 기출유사)
※ 보일러의 자동제어(ABC, Automatic Boiler Control)의 종류에 따른 제어량
- 자동연소 제어 (ACC, Automatic Combustion Control) : 증기압력 또는, 노내압력
- 자동급수 제어 (FWC, Feed Water Control) : 보일러 수위
- 과열증기온도 제어 (STC, Steam Temperature Control) : 증기온도
- ❹ 캐스케이드 제어(Cascade Control) : 노내온도

49. 안지름 1000 mm의 원통형 물탱크에서 안지름 150 mm인 파이프로 물을 수송할 때 파이프의 평균 유속이 3 m/s 이었다. 이 때 유량(Q)과 물탱크 속의 수면이 내려가는 속도(V)는 약 얼마인가?

① Q = 0.053 m³/s, V = 6.75 cm/s
② Q = 0.831 m³/s, V = 6.75 cm/s
③ Q = 0.053 m³/s, V = 8.31 cm/s
④ Q = 0.831 m³/s, V = 8.31 cm/s

【해설】(2015-2회-85번 기출유사)
- 파이프 내 물의 유속을 v_1, 물탱크 속의 수면 하강속도를 v_2 라 두면

유량 $Q_1 = A_1 \cdot v_1 = \dfrac{\pi D_1^2}{4} \times v_1 = \dfrac{\pi \times (0.15\,m)^2}{4} \times 3\,m/s = 0.053\,m^3/s$

유량 $Q_1 = Q_2 = A_2 \cdot v_2 = \dfrac{\pi D_2^2}{4} \times v_2$

$0.053\,m^3/s = \dfrac{\pi \times (1\,m)^2}{4} \times v_2$ 이므로 방정식 계산기로 두드리면

$v_2 = 0.06748\,m/s ≒ 0.0675\,m/s = 0.0675 \times 100\,cm/s = 6.75\,cm/s$

50. 램, 실린더, 기름탱크, 가압펌프 등으로 구성되어 있으며 탄성식 압력계의 일반 교정용으로 주로 사용되는 압력계는?

① 분동식 압력계
② 격막식 압력계
③ 침종식 압력계
④ 벨로스식 압력계

【해설】(2017-2회-43번 기출반복)   암기법 : 분교
- 램, 실린더, 기름탱크, 가압펌프 등으로 구성되어 있는 **분동식 표준 압력계**는 분동에 의해 압력을 측정하는 형식으로, 탄성식 압력계의 일반 교정용 및 피검정 압력계의 검사(시험)를 행하는데 주로 이용된다.

51. 저항식 습도계의 특징으로 틀린 것은?

① 저온도의 측정이 가능하다.
② 응답이 늦고 정도가 좋지 않다.
③ 연속기록, 원격측정, 자동제어에 이용된다.
④ 교류전압에 의하여 저항치를 측정하여 상대습도를 표시한다.

【해설】(2018-4회-56번 기출반복)
❷ (전기)저항식 습도계는 교류전압을 사용하여 저항치를 측정하여 상대습도를 측정한다.
자동제어가 용이하며, 습도변화에 대한 저항값의 변화량이 크므로 **응답이 빠르고 정도가 ±2%로 좋다.**

52. 물체의 온도를 측정하는 방사고온계에서 이용하는 원리는?

① 제백 효과
② 필터 효과
③ 윈-프랑크의 법칙
④ 스테판-볼츠만의 법칙

【해설】(2016-1회-60번 기출반복)
- 방사온도계 (또는 복사온도계, **방사고온계**)
  물체로부터 복사되는 모든 파장의 전방사 에너지를 측정하여 온도를 측정한다.
  1800℃ 이하의 온도에서 복사되는 방사에너지의 대부분은 적외선 영역에 해당하므로 적외선온도계라고 부르기도 한다.
  열방사에 의한 열전달량(Q)은 **스테판-볼츠만의 법칙**으로 계산된다.
  $Q = \varepsilon \cdot \sigma T^4 \times A$
  여기서, σ : 스테판 볼쯔만 상수 (5.67×10^{-8} W/m²·K⁴)
  T : 물체 표면의 절대온도(K)
  ε : 표면 복사율 또는 흑도
  A : 방열 표면적(m²)

53. 액주식 압력계에 필요한 액체의 조건으로 틀린 것은?

① 점성이 클 것
② 열팽창계수가 작을 것
③ 성분이 일정할 것
④ 모세관현상이 작을 것

【해설】(2018-2회-59번 기출유사)
- 액주식 압력계는 액면에 미치는 압력을 밀도와 액주높이차를 가지고 $P = \gamma \cdot h$ 식에 의해서 측정하므로 액주 내면에 있어서 표면장력에 의한 모세관현상 등의 영향이 적어야 한다.
- 액주식 압력계에서 액주(액체)의 구비조건.
  ❶ 점도(점성)가 작을 것
  ② 열팽창계수가 작을 것
  ③ 일정한 화학성분일 것
  ④ 모세관 현상이 적을 것
  ⑤ 휘발성, 흡수성이 적을 것

【key】액주에 쓰이는 액체의 구비조건 특징은 모든 성질이 작을수록 좋다!

54. 서미스터의 재질로서 적합하지 않은 것은?

① Ni ② Co ③ Mn ④ Pb

【해설】(2013-2회-52번 기출유사)
- 도체인 금속의 일반적인 전기저항 성질은 온도가 높아질수록 저항이 증가한다. 그러나 니켈(Ni), 구리(Cu), 망간(Mn), 철(Fe), 코발트(Co) 등의 금속산화물의 분말을 혼합하여 소결시킨 **반도체인 서미스터**는 온도가 높아질수록 저항이 오히려 감소하는 **부특성(負特性)**을 지닌다. (절대온도의 제곱에 반비례한다.)

55. 다음 측정관련 용어에 대한 설명으로 틀린 것은?

① 측정량 : 측정하고자 하는 양
② 값 : 양의 크기를 함께 표현하는 수와 기준
③ 제어편차 : 목표치에 제어량을 더한 값
④ 양 : 수와 기준으로 표시할 수 있는 크기를 갖는 현상이나 물체 또는 물질의 성질

【해설】(2018-2회-57번 기출반복)
❸ 제어편차 : **목표치**(제어량의 목표가 되는 값)와 **제어량의 차이 값**

56. 가스미터의 표준기로도 이용되는 가스미터의 형식은?

① 오벌형
② 드럼형
③ 다이어프램형
④ 로터리 피스톤형

【해설】(2009-1회-58번 기출반복)
- 용적식 유량계의 일종인 가스미터 중 습식가스미터는 수중에 잠겨있는 1개의 드럼으로 구성되어 있으며 도입된 가스는 드럼을 회전시키며 가스가 유출되어 나갈 때의 양을 드럼의 회전수로 유량이 적산되어 측정 지시되며, **다른 가스미터의 표준기로 이용된다.** 또한, 드럼이 1개는 습식 가스미터, 드럼이 2개인 것은 건식 가스미터이다.

57. 1000 ℃ 이상인 고온의 노 내 온도측정을 위해 사용되는 온도계로 가장 적합하지 않은 것은?

① 제겔콘(seger cone)온도계
② 백금저항온도계
③ 방사온도계
④ 광고온계

【해설】(2016-4회-41번 기출반복)
- 방사온도계 50 ~ 2000 ℃, 제겔콘 온도계 600 ~ 2000 ℃, 광고온계 700 ~ 3000 ℃
❷ (전기)저항온도계 중 **백금 저항온도계**는 온도범위가 -200 ~ 500 ℃로써 저항온도계 중에서 제일 높기는 하지만, **저항온도계는 일반적으로 저온의 정밀측정용**으로 사용된다.

54-④ 55-③ 56-② 57-②

58. 압력센서인 스트레인게이지의 응용원리로 옳은 것은?

① 온도의 변화
② 전압의 변화
③ 저항의 변화
④ 금속선의 굵기 변화

【해설】(2012-4회-41번 기출반복)
❸ 스트레인 게이지(Strain gauge)식 압력계
 - 금속의 저항체에 변형이 가해지면 그 **저항치가 변하는** 압전효과(즉, 압력저항효과)의 원리를 응용하여 압력을 측정하는 방식으로서, 전기식 압력계의 일종이다.

59. 부자식(float) 면적 유량계에 대한 설명으로 **틀린** 것은?

① 압력손실이 적다
② 정밀측정에는 부적합하다
③ 대유량의 측정에 적합하다
④ 수직배관에만 적용이 가능하다

【해설】(2015-4회-50번 기출반복)
• **부자식 면적 유량계**는 차압식 유량계와는 달리 교축기구 차압을 일정하게 유지하고 교축기구의 단면적을 변화시켜서 유량을 측정하는 방식이다.
유로의 단면적차이를 이용하므로 압력손실이 적으며, 유체의 밀도가 변하면 보정해주어야 하기 때문에 정도는 ± 1 ~ 2 % 로서 아주 좋지는 않으므로 정밀측정용으로는 부적당하다. 유량계수는 비교적 낮은 레이놀즈수의 범위까지 일정하기 때문에 고점도 유체나 적은 유량 (**소유량**)의 측정에 **적합하다**. 유량에 따라 측정치는 직선의 균등유량 눈금으로 얻어지므로 수직배관에만 적용이 가능하다.

60. 열전대 온도계에 대한 설명으로 **틀린** 것은?

① 보호관의 선택 및 유지관리에 주의한다.
② 단자의 (+)와 보상도선의 (-)를 결선해야 한다.
③ 주위의 고온체로부터 복사열의 영향으로 인한 오차가 생기지 않도록 주의해야 한다.
④ 열전대는 측정하고자 하는 곳에 정확히 삽입하여 삽입한 구멍을 통하여 냉기가 들어가지 않게 한다.

【해설】(2015-2회-43번 기출반복)
❷ 단자의 (+)와 보상도선의 (+), 단자의 (-)와 보상도선의 (-)가 서로 **같은 극끼리** 일치하도록 결선해야 한다.

제4과목 열설비재료 및 관계법규

61. 에너지이용 합리화법령상 검사대상기기에 대한 검사의 종류가 아닌 것은?

① 계속사용검사 ② 개방검사
③ 개조검사 ④ 설치장소 변경검사

【해설】(2014-1회-61번 기출반복) [에너지이용합리화법 시행규칙 별표3의4.]
- 검사의 종류에는 제조검사(용접검사, 구조검사), 설치검사, 설치장소변경검사, 개조검사, 재사용검사, 계속사용검사(운전성능검사, 안전검사)로 분류한다.

62. 에너지이용 합리화법령상 시공업자단체에 대한 설명으로 틀린 것은?

① 시공업자는 산업통상자원부장관의 인가를 받아 시공업자단체를 설립할 수 있다.
② 시공업자단체는 개인으로 한다.
③ 시공업자는 시공업자단체에 가입할 수 있다.
④ 시공업자단체는 시공업에 관한 사항을 정부에 건의할 수 있다.

【해설】(2013-2회-64번 기출반복)
❷ 단체는 법인으로 한다.

【참고】 ※ 시공업자단체 [에너지이용합리화법 제5장.]
제41조 (시공업자단체의 설립)
 ① 시공업자는 품위 유지, 기술 향상, 시공방법 개선, 그 밖에 시공업의 건전한 발전을 위하여 산업통상자원부장관의 인가를 받아 시공업자단체를 설립할 수 있다.
 ② 시공업자단체는 법인으로 한다.
 ③ 시공업자단체는 설립등기를 함으로써 성립한다.
 ④ 시공업자단체의 설립, 정관의 기재사항과 감독에 관하여 필요한 사항은 대통령령으로 정한다.
제42조 (시공업자단체의 회원 자격)
 시공업자는 시공업자단체에 가입할 수 있다.
제43조 (건의와 자문)
 시공업자단체는 시공업에 관한 사항을 정부에 건의하거나 정부의 자문에 응할 수 있다.

63. 에너지이용 합리화법령상 검사대상기기관리자를 해임한 경우 한국에너지공단 이사장에게 그 사유가 발생한 날부터 신고해야 하는 기간은 며칠 이내인가?
 (단, 국방부장관이 관장하고 있는 검사대상기기관리자는 제외한다.)

① 7 일 ② 10 일 ③ 20 일 ④ 30 일

【해설】(2015-2회-67번 기출반복) [에너지이용합리화법 시행규칙 제31조의28.]
❹ 검사대상기기 관리자의 선임·해임 또는 퇴직 등의 신고사유가 발생한 경우 신고는 신고사유가 발생한 날로부터 한국에너지공단 이사장에게 30일 이내에 하여야 한다.

64. 에너지이용 합리화법에 따라 에너지이용합리화에 관한 기본계획 사항에 포함되지 않는 것은?

① 에너지 절약형 경제구조로의 전환
② 에너지이용합리화를 위한 기술개발
③ 열사용기자재의 안전관리
④ 국가에너지정책목표를 달성하기 위하여 대통령령으로 정하는 사항

【해설】(2017-4회-65번 기출반복) [에너지이용합리화법 제4조 2항.]
※ 에너지이용합리화 기본계획에 포함되는 사항.
1. 에너지 절약형 경제구조로의 전환
2. 에너지이용효율의 증대
3. 에너지이용합리화를 위한 기술개발
4. 에너지이용합리화를 위한 홍보 및 교육
5. 에너지원간 대체(代替)
6. 열사용 기자재의 안전관리
7. 에너지이용합리화를 위한 가격예시제의 시행에 관한 사항
8. 에너지의 합리적인 이용을 통한 온실가스의 배출을 줄이기 위한 대책
9. 그 밖에 에너지이용 합리화를 추진하기 위하여 필요한 사항으로서 **산업통상자원부령으로 정하는 사항**

65. 에너지이용 합리화법령상 검사대상기기에 해당하지 않는 것은?

① 2종 관류보일러
② 정격용량이 1.2 MW인 철금속가열로
③ 도시가스 사용량이 300 kW인 소형온수보일러
④ 최고사용압력이 0.3 MPa, 내부 부피가 0.04 m^3인 2종 압력용기

【해설】(2019-1회-64번 기출유사)
※ 검사대상기기의 적용범위 [에너지이용합리화법 시행규칙 별표3의3.]
❶ 강철제·주철제 보일러 중 다음 각 호의 어느 하나에 해당하는 것은 제외한다.
  ㉠ 최고사용압력이 0.1 MPa 이하이고, 동체의 안지름이 300 mm 이하이며, 길이가 600 mm 이하인 것
  ㉡ 최고사용압력이 0.1 MPa 이하이고, 전열면적이 5 m^2 이하인 것
  ㉢ **2종 관류보일러**
  ㉣ 온수를 발생시키는 보일러로서 대기개방형인 것
② 정격용량이 0.58 MW를 초과하는 철금속가열로
③ 가스 사용량이 17 kg/h (도시가스는 232.6 kW)를 **초과**하는 소형온수보일러
④ 최고사용압력이 0.2 MPa를 초과, 내부 부피가 0.04 m^3 이상인 2종 압력용기
⑤ 최고사용압력(MPa)과 내부 부피(m^3)를 곱한 수치가 0.004를 초과하는 1종 압력용기

66. 에너지이용 합리화법령상 규정된 특정열사용기자재 품목이 아닌 것은?

① 축열식 전기보일러　　② 태양열 집열기
③ 철금속 가열로　　　　④ 용광로

【해설】(2021-4회-61번 기출유사)　　　　　[에너지이용합리화법 시행규칙 별표3의2.]
　　※ 특정열사용기자재 및 그 설치·시공 범위
　　　• 보일러(강철제·주철제보일러, **축열식 전기보일러**, 온수보일러 등)의 설치·배관 및 세관
　　　• **태양열 집열기**의 설치·배관 및 세관
　　　• 압력용기(1종, 2종)의 설치·배관 및 세관
　　　• 금속요로(용선로, 비철금속 용융로, **철금속가열로** 등)의 설치를 위한 시공
　　　• 요업요로(셔틀가마, 터널가마, 연속식유리용융가마 등)의 설치를 위한 시공

67. 에너지이용 합리화법령상 검사대상기기의 계속사용검사 유효기간 만료일이 9월 1일 이후인 경우 계속사용검사를 연기할 수 있는 기간 기준은 몇 개월 이내인가?

① 2개월　　② 4개월　　③ 6개월　　④ 10개월

【해설】(2016-1회-61번 기출반복)　　　　　[에너지이용합리화법 시행규칙 제31조의20제1항.]
　● 검사대상기기(보일러, 압력용기, 요로)의 계속사용검사는 검사유효기간의 만료일이 속하는 연도의 말까지 연기할 수 있다.
　　다만, 검사유효기간 만료일이 9월 1일 이후인 경우에는 **4개월** 이내에서 계속사용검사를 연기할 수 있다.

68. 에너지법령상 에너지원별 에너지열량 환산기준으로 총발열량이 가장 낮은 연료는? (단, 1 L 기준이다.)

① 윤활유　　　　　　② 항공유
③ B-C유　　　　　　④ 휘발유

【해설】(2018-1회-64번 기출유사)　　　　　[에너지법 시행령 시행규칙 제5조1항 별표.]
　● 에너지원별 **총발열량** 비교 : ① 윤활유 9550 kcal/L　② 항공유 8720 kcal/L
　　　　　　　　　　　　　　　　③ B-C유 9960 kcal/L　❹ 휘발유 7810 kcal/L

69. 에너지이용 합리화법령상 연간에너지사용량이 20만 티오이 이상인 에너지다소비사업자의 사업장이 받아야 하는 에너지진단주기는 몇 년인가? (단, 에너지진단은 전체진단이다.)

① 3　　② 4　　③ 5　　④ 6

【해설】(2018-4회-67번 기출유사)　　　　　암기법 : 20만 호(5)

※ 에너지 진단주기   [에너지이용합리화법 시행령 별표3.]

연간 에너지 사용량	에너지 진단주기
20만 티오이 이상	1. 전체진단 : 5년 2. 부분진단 : 3년
20만 티오이 미만	5년

70. 에너지이용 합리화법령상 에너지절약전문기업의 사업이 <u>아닌</u> 것은?

① 에너지사용시설의 에너지절약을 위한 관리·용역사업
② 에너지절약형 시설투자에 관한 사업
③ 신에너지 및 재생에너지원의 개발 및 보급사업
④ 에너지절약 활동 및 성과에 대한 금융상·세제상의 지원

【해설】 ※ 에너지절약전문기업의 사업   [에너지이용합리화법 제25조 1항.]
　　　　 - 에너지절약 및 온실가스의 배출을 줄이는 사업이 핵심이다!
　　　　 ① 에너지사용시설의 에너지절약을 위한 관리·용역사업
　　　　 ② 에너지절약형 시설투자에 관한 사업
　　　　 ③ 신에너지 및 재생에너지원의 개발 및 보급사업
　　　　 ④ 에너지절약형 시설 및 기자재의 연구개발사업

71. 다음 중 강관의 이음 방법이 <u>아닌</u> 것은?

① 나사이음　　　　　　　　② 용접이음
③ 플랜지이음　　　　　　　④ 플레어이음

【해설】 (2015-4회-70번 기출반복)   암기법 : 플랜이 음나용?
　　• 강관의 이음 종류는 이음방법에 따라 **플랜**지 이음, **나**사 이음, **용접** 이음이 있다.
　　❹ 동관의 끝을 나팔관 모양으로 넓혀 압축이음쇠로 접합하는 방법인 **플레어**(flare) **이음**은 동관의 이음방법이다.

72. 윤요(Ring kiln)에 대한 설명으로 옳은 것은?

① 종이 칸막이가 있다.　　　② 열효율이 나쁘다.
③ 소성이 균일하다.　　　　 ④ 석회소성용으로 사용된다.

【해설】 (2017-2회-75번 기출반복)
　　• **윤요**(輪窯, Ring kiln, 고리가마)는 연속식 가마로서 피열물을 정지시켜 놓고 소성대의 위치를 점차 바꾸어 가면서 주로 벽돌, 기와, 타일 등의 **건축 재료의 소성**에 널리 사용되는 가마로서 소성실, 주연도 및 연돌로 구성되어 있으며 호프만(Hoffman)식이 대표적이다. 주요 특징으로는 **열효율이 좋으며, 종이 칸막이가 있으며, 소성이 불균일하다.**
　　④ 석회소성용으로 사용되는 가마는 **견요**(Shaft kiln 샤프트로 또는, 선가마)이다.

73. 다음 중 중성내화물에 속하는 것은?

① 납석질 내화물
② 고알루미나질 내화물
③ 반규석질 내화물
④ 샤모트질 내화물

【해설】(2018-2회-77번 기출반복)
　　　① 납석질 내화물 : 산성　　❷ 고알루미나질 내화물 : 중성
　　　③ 반규석질 내화물 : 산성　　④ 샤모트질 내화물 : 산성

【참고】• 산성 내화물　　　　　　　　　　　　　　　　암기법 : 산규 납점샤
　　　　　- 규석질(석영질), 납석질(반규석질), 샤모트질, 점토질 등이 있다.
　　　• 중성 내화물　　　　　　　　　　　　　　　　암기법 : 중이 C 알
　　　　　- 탄소질, 크롬질, **고알루미나질**(Al_2O_3계 50% 이상), 탄화규소질 등이 있다.
　　　• 염기성 내화물　　　　　　　　　　　　　　　암기법 : 염병할~ 포돌이 마크
　　　　　- 포스테라이트질(Forsterite, $MgO-SiO_2$계), 돌로마이트질(Dolomite, $CaO-MgO$계),
　　　　　　마그네시아질(Magnesite, MgO계), 마그네시아-크롬질(Magnesite Chromite, $MgO-Cr_2O_3$계)

74. 회전 가마(rotary kiln)에 대한 설명으로 틀린 것은?

① 일반적으로 시멘트, 석회석 등의 소성에 사용된다.
② 온도에 따라 소성대, 가소대, 예열대, 건조대 등으로 구분된다.
③ 소성대에는 황산염이 함유된 클링커가 용융되어 내화벽돌을 침식시킨다.
④ 시멘트 클링커의 제조방법에 따라 건식법, 습식법, 반건식법으로 분류된다.

【해설】(2015-2회-80번 기출반복)
　　　• 로터리 킬른(회전 가마)은 3 ~ 5 %의 경사를 갖고 수평으로 길게(50 ~ 80 m) 놓인 원통형의
　　　　노(爐)를 1분에 2 ~ 3회의 속도로 회전시키면서 내부 내용물을 가열·용해시킨다.
　　　　소성대에서는 초고온의 염기성 내화벽돌을 사용하므로 시멘트 원료가 1450 ℃ 정도에서
　　　　소결 용융 반응이 일어나기 때문에 이러한 부위의 벽돌은 시멘트 광물(주로 염기성 성질)에
　　　　의하여 **코팅**되고 있어서 **침식에 강하다.**

75. 연속가마, 반연속가마, 불연속가마의 구분 방식은 어떤 것인가?

① 온도상승속도
② 사용목적
③ 조업방식
④ 전열방식

【해설】(2018-2회-72번 기출반복)
　　　※ 조업방식(작업방식)에 따른 요로의 분류
　　　　• 연속식 : 터널요, 윤요(輪窯, 고리가마), 견요(堅窯, 샤프트로), 회전요(로타리 가마)
　　　　• 불연속식 : 횡염식요, 승염식요, 도염식요　　　암기법 : 불횡 승도
　　　　• 반연속식 : 셔틀요, 등요

73-② 　74-③ 　75-③

76. 다이어프램 밸브(diaphragm valve)의 특징이 아닌 것은?

① 유체의 흐름이 주는 영향이 비교적 적다.
② 기밀을 유지하기 위한 패킹이 불필요하다.
③ 주된 용도가 유체의 역류를 방지하기 위한 것이다.
④ 산 등의 화학 약품을 차단하는데 사용하는 밸브이다.

【해설】(2017-2회-76번 기출반복)
- 다이어프램 밸브는 내열, 내약품 고무제의 막판(膜板)을 밸브시트에 밀어 붙이는 구조로 되어 있어서 기밀을 유지하기 위한 패킹이 필요 없으며, 금속부분이 부식될 염려가 없으므로 산 등의 화학약품을 차단하여 금속부분의 부식을 방지하는 관로에 주로 사용한다.
- ❸ 체크밸브(check valve, 역지밸브)는 유체의 역류를 방지하기 위한 것이다.

77. 다음 보온재 중 최고 안전 사용온도가 가장 낮은 것은?

① 유리섬유
② 규조토
③ 우레탄 폼
④ 펄라이트

【해설】(2019-1회-73번 기출유사)
- 최고안전사용온도는 유기질 보온재(우레탄 폼 등)가 무기질 보온재보다 훨씬 더 낮다!
  ① 유리섬유(300 ℃) ② 규조토(500 ℃) ❸ 우레탄 폼(80 ℃) ④ 펄라이트(650 ℃)

【참고】※ 최고 안전사용온도에 따른 무기질 보온재의 종류.

-50   -100 ◀─사─▶ +100   +50
탄   G   암,   규   석면, 규산리 650필지의 세라믹화이버 무기공장
250, 300, 400, 500, 550,   650℃↓ (×2배) 1300↓ 무기질
탄산마그네슘,
         Glass울(유리섬유),
              암면
                    규조토, 석면, 규산칼슘
                              펄라이트(석면+진주암),
                                      세라믹화이버

78. 감압밸브에 대한 설명으로 틀린 것은?

① 작동방식에는 직동식과 파일럿식이 있다.
② 증기용 감압밸브의 유입측에는 안전밸브를 설치하여야 한다.
③ 감압밸브를 설치할 때는 직관부를 호칭경의 10배 이상으로 하는 것이 좋다.
④ 감압밸브를 2단으로 설치할 경우에는 1단의 설정압력을 2단보다 높게 하는 것이 좋다.

【해설】(2012-1회-78번 기출반복)
❷ 고압관과 저압관 사이에 설치하는 증기용 감압밸브의 **출구측에는** 안전밸브를 설치하여야 한다.

79. 두께 230 mm의 내화벽돌이 있다. 내면의 온도가 320 ℃이고 외면의 온도가 150 ℃일 때 이 벽면 10 m²에서 손실되는 열량(W)은?
   (단, 내화벽돌의 열전도율은 0.96 W/m·℃ 이다.)

   ① 710 ② 1632 ③ 7096 ④ 1439

【해설】(2016-1회-74번 기출유사)　　　　　　　　　암기법 : 손전온면두
- 평면벽에서의 손실열(교환열) $Q = \dfrac{\lambda \cdot \Delta t \cdot A}{d}$

  $= \dfrac{0.96\ W/m \cdot ℃ \times (320-150)℃ \times 10\ m^2}{0.23\ m}$

  $= 7095.65 ≒ 7096\ W$

80. 보온재의 구비 조건으로 가장 거리가 먼 것은?
   ① 밀도가 작을 것　　　　　② 열전도율이 작을 것
   ③ 재료가 부드러울 것　　　④ 내열, 내약품성이 있을 것

【해설】(2010-2회-75번 기출반복)
　❸ 보온재는 기계적 강도를 지녀야 한다.

【참고】※ 보온재의 구비조건　　　　　　　　암기법 : 흡열장비다↓
　　① 흡수성이 적을 것　　　② 열전도율이 작을 것
　　③ 장시간 사용 시 변질되지 않을 것　④ 비중(밀도)이 작을 것
　　⑤ 다공질일 것　　　　　⑥ 견고하고 시공이 용이할 것
　　⑦ 불연성일 것　　　　　⑧ 내열·내약품성이 있을 것

제5과목　열설비설계

81. 급수처리에서 양질의 급수를 얻을 수 있으나 비용이 많이 들어 보급수의 양이 적은 보일러 또는 선박보일러에서 해수로부터 청수를 얻고자 할 때 주로 사용하는 급수처리 방법은?

   ① 증류법　　　　　② 여과법
   ③ 석회소다법　　　④ 이온교환법

【해설】(2018-2회-98번 기출반복)
　❶ 보일러 용수의 급수처리 방법 중 물리적 처리방법인 **증류법**은 증발기를 사용하여 물을 증류하는 것으로 물속에 용해된 광물질은 비휘발성이므로 극히 양질의 급수를 얻을 수 있으나, 그 처리 비용이 비싸다.

82. 노통보일러 중 원통형의 노통이 2개 설치된 보일러를 무엇이라고 하는가?

① 라몬트보일러 ② 바브콕보일러
③ 다우삼보일러 ④ 랭커셔보일러

【해설】(2019-4회-83번 기출반복)　　　　　　　　　　　　　암기법 : 노랭코
　　● 보일러의 명칭은 최초개발회사명 또는 개발지역의 도시이름 등으로 붙여진 것이다.

【key】<보일러의 종류 쓰기>는 2차 실기에서도 매우 자주 출제되므로 반드시 암기해야 한다.
　　　　　　　　　　　　　　　　　　　　　　　암기법 : 원수같은 특수보일러

① 원통형 보일러 (대용량 × , 보유수량 ○)
　㉠ 입형 보일러 - 코크란.　　암기법 : 원일이는 입·코가 크다
　㉡ 횡형 보일러　　　　　　　암기법 : 원일이 행은 노통과 연관이 있다
　　　　　　　　　　　　　　　　　　　　(횡)
　　ⓐ 노통식 보일러
　　　- 랭커셔.(노통이 2개짜리) , 코니쉬.(노통이 1개짜리)
　　　　　　　　　　　　　　　　　　　　　　암기법 : 노랭코
　　ⓑ 연관식 - 케와니(철도 기관차형)
　　ⓒ 노통·연관식 - 패키지, 스카치, 로코모빌, 하우든 존슨, 보로돈카프스

② 수관식 보일러 (대용량○ , 보유수량 ×)　　암기법 : 수자 강간
　　　　　　　　　　　　　　　　　　　　　　　　　　　　　(관)
　㉠ 자연순환식
　　　　　　　　　　　암기법 : 자는 바·가·(야로)·다, 스네기찌
　　　　　　　　　　　　　　　(모두 다 일본식 발음을 닮았음.)
　　　- 바브콕, 가르베, 야로, 다꾸마,(주의 : 다우삼 아님!) 스네기찌.
　㉡ 강제순환식
　　　　　　　　　　　　　　　　암기법 : 강제로 베라~
　　　- 베록스, 라몬트.
　㉢ 관류식
　　　　　　　암기법 : 관류 람진과 벤슨이 앤모르게 슐처먹었다
　　　- 람진, 벤슨, 앤모스, 슐처 보일러

③ 특수 보일러　　　　　　　　　　암기법 : 특수 열매전
　㉠ 특수연료 보일러
　　　- 톱밥, 바크, 버개스
　㉡ 열매체 보일러　　　　　　　　암기법 : 열매 세모다수
　　　- 세큐리티, 모빌썸, 다우삼, 수은
　㉢ 전기 보일러
　　　- 전극형, 저항형

83.
외경 30 mm, 벽두께 2 mm의 관 내측과 외측의 열전달계수는 모두 3000 W/m²·K 이다. 관 내부온도가 외부보다 30 ℃만큼 높고, 관의 열전도율이 100 W/m·K일 때 관의 단위길이당 열손실량은 약 몇 W/m 인가?

① 2979　　　② 3324　　　③ 3824　　　④ 4174

【해설】 (2020-1회-90번 기출유사)

- 원통형 배관에서의 손실열(전달열량) 계산공식　　　암기법 : 손전온면두

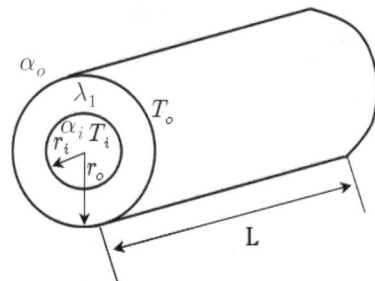

외경 D_2 = 30 mm = 0.03 m
배관벽두께 t = 2 mm
내경 $D_1 = D_2 - 2t$
　　　　 = 30 mm - (2 × 2 mm)
　　　　 = 26 mm = 0.026 m 이다.
배관 내·외부 온도차 ΔT = 30 ℃ = 30 K
배관의 길이 L = 1 m

- 다층 구조체의 열저항에 의한 열전달 문제를 해석하는데 전기저항의 회로를 이용하면 편리하게 구할 수 있다.

T_i ─W─ R_i ─W─ R_1 ─W─ R_o ─ T_o

위 회로에서 각각의 열저항(R)은 다음과 같이 구해진다.

$$R_1 = \frac{\ln\left(\frac{D_2}{D_1}\right)}{\lambda_1 \times 2\pi L} = \frac{\ln\left(\frac{30}{26}\right)}{100\,W/m\cdot K \times 2\pi \times 1\,m} \approx 2.28 \times 10^{-4}\,K/W$$

한편, 배관 내·외측에서 열전달이 일어나는 표면적을 각각 A_1, A_2라고 두면

$$R_i = \frac{1}{\alpha_i \cdot A_1} = \frac{1}{\alpha_i \times \pi D_1 \times L} = \frac{1}{3000\,W/m\cdot K \times \pi \times 0.026\,m \times 1\,m}$$
$$\approx 4.08 \times 10^{-3}\,K/W$$

$$R_o = \frac{1}{\alpha_o \cdot A_2} = \frac{1}{\alpha_o \times \pi D_2 \times L} = \frac{1}{3000\,W/m\cdot K \times \pi \times 0.03\,m \times 1\,m}$$
$$\approx 3.54 \times 10^{-3}\,K/W$$

관의 전도열저항(R_1)과 내·외측 표면에서의 열저항(R_i, R_o)은 **직렬**로 연결되어 있으므로,
총 열저항 $\Sigma R = R_i + R_1 + R_o = 4.08 \times 10^{-3} + 2.28 \times 10^{-4} + 3.54 \times 10^{-3}$
　　　　　　　　　　　　　　　= 10^{-3} (4.08 + 0.228 + 3.54)
　　　　　　　　　　　　　　　≒ 7.85×10^{-3} K/W

∴ 배관 표면에서의 손실열 $Q = \frac{\Delta T}{\Sigma R} = \frac{30\,K}{7.85 \times 10^{-3}\,K/W} = 3821.6 ≒ 3824$ W

에너지관리기사 필기

84. 대향류 열교환기에서 고온 유체의 온도는 T_{H1}에서 T_{H2}로, 저온 유체의 온도는 T_{C1}에서 T_{C2}로 열교환에 의해 변화된다. 열교환기의 대수평균온도차(LMTD)를 옳게 나타낸 것은?

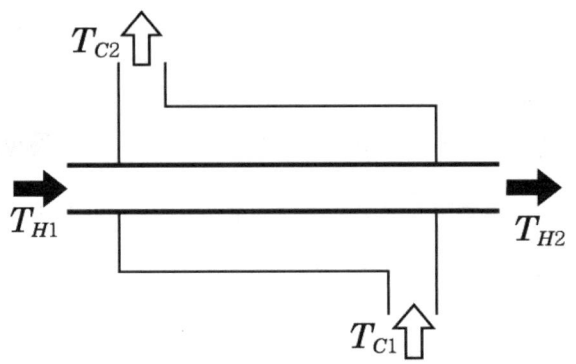

① $\dfrac{T_{H1} - T_{H2} + T_{C2} - T_{C1}}{\ln\left(\dfrac{T_{H1} - T_{C1}}{T_{H2} - T_{C2}}\right)}$

② $\dfrac{T_{H1} + T_{H2} - T_{C1} - T_{C2}}{\ln\left(\dfrac{T_{H1} - T_{H2}}{T_{C2} - T_{C1}}\right)}$

③ $\dfrac{T_{H2} - T_{H1} + T_{C2} - T_{C1}}{\ln\left(\dfrac{T_{H1} - T_{C2}}{T_{H2} - T_{C1}}\right)}$

④ $\dfrac{T_{H1} - T_{H2} + T_{C1} - T_{C2}}{\ln\left(\dfrac{T_{H1} - T_{C2}}{T_{H2} - T_{C1}}\right)}$

【해설】(2016-1회-100번 기출유사)

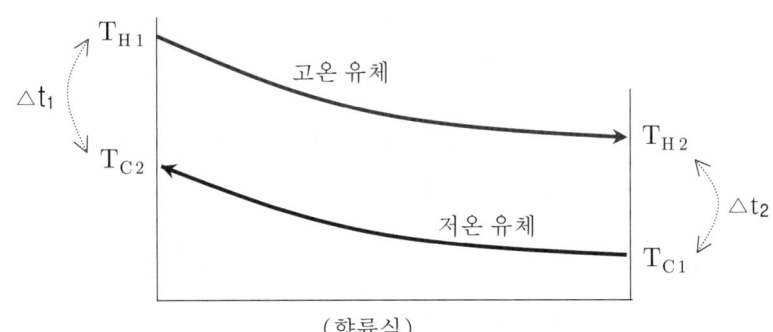

(향류식)

- 대수평균온도차(LMTD) 공식 $\Delta t_m = \dfrac{\Delta t_1 - \Delta t_2}{\ln\left(\dfrac{\Delta t_1}{\Delta t_2}\right)} = \dfrac{(T_{H1} - T_{C2}) - (T_{H2} - T_{C1})}{\ln\left(\dfrac{T_{H1} - T_{C2}}{T_{H2} - T_{C1}}\right)}$

$= \dfrac{T_{H1} - T_{H2} + T_{C1} - T_{C2}}{\ln\left(\dfrac{T_{H1} - T_{C2}}{T_{H2} - T_{C1}}\right)}$

85. epm(equivalents per million)에 대한 설명으로 옳은 것은?

① 물 1L에 함유되어 있는 불순물의 양을 mg으로 나타낸 것
② 물 1톤에 함유되어 있는 불순물의 양을 mg으로 나타낸 것
③ 물 1L 중에 용해되어 있는 물질을 mg 당량수로 나타낸 것
④ 물 1 gallon 중에 함유된 grain의 양을 나타낸 것

【해설】(2015-4회-95번 기출유사)
- epm (equivalent per million, 당량 백만분율)
  - 물 1L(또는, 1kg) 중에 용해되어 있는 물질(용질)의 양을 mg **당량수**로 나타낸 당량농도이다.
- ppm (parts per million, 백만분율)
  - 물 1L에 함유되어 있는 불순물의 양을 mg으로 나타낸 농도[mg/L] 또는, 물 1톤(ton)에 함유되어 있는 불순물의 양을 g으로 나타낸 것[g/ton]
- gpg (grain per gallon, 백만분율)
  - 물 1 gallon 중에 함유된 grain의 양을 나타낸 것

86. 보일러에 설치된 과열기의 역할로 틀린 것은?

① 포화증기의 압력증가
② 마찰저항 감소 및 관내부식 방지
③ 엔탈피 증가로 증기소비량 감소 효과
④ 과열증기를 만들어 터빈의 효율 증대

【해설】(2015-1회-85번 기출반복)
❶ 보일러 본체에서 발생된 포화증기를 **일정한 압력** 하에 과열기로 더욱 가열하여, 포화증기의 온도를 높여서 과열증기로 만들어 사용함으로써 보유엔탈피 증가에 의하여 사이클 효율을 증가시킨다.

87. 지름이 d(cm), 두께가 t(cm)인 얇은 두께의 밀폐된 원통 안에 압력 P(MPa)가 작용할 때 원통에 발생하는 원주방향의 인장응력(MPa)을 구하는 식은?

① $\dfrac{\pi d P}{2 t}$ ② $\dfrac{\pi d P}{4 t}$ ③ $\dfrac{d P}{2 t}$ ④ $\dfrac{d P}{4 t}$

【해설】(2015-4회-99번 기출반복)   암기법 : 원주리(2), 축사(4)
※ 내압(내면의 압력)을 받는 원통형 동체에 생기는 응력
- 길이 방향의 인장응력 $\sigma_1 = \dfrac{Pd}{4t}$
- **원주** 방향의 인장응력 $\sigma_2 = 2 \cdot \sigma_1 = \dfrac{Pd}{2t}$

85-③ 86-① 87-③

88. 증기트랩장치에 관한 설명으로 옳은 것은?

① 증기관의 도중이나 상단에 설치하여 압력의 급상승 또는 급히 물이 들어가는 경우 다른 곳으로 빼내는 장치이다.
② 증기관의 도중이나 말단에 설치하여 증기의 일부가 응축되어 고여 있을 때 자동적으로 빼내는 장치이다.
③ 보일러 동에 설치하여 드레인을 빼내는 장치이다.
④ 증기관의 도중이나 말단에 설치하여 증기를 함유한 침전물을 분리시키는 장치이다.

【해설】(2009-4회-92번 기출반복)
❷ 증기트랩(steam trap)장치는 증기관 내에 응축(응결)수가 고이기 쉬운 장소인 증기관의 도중이나 말단에 설치하여 응축수를 자동적으로 배출시켜 증기관의 수격작용을 방지하고 증기의 건도를 높이기 위하여 설치한다.

89. 보일러 설치·시공 기준상 대형보일러를 옥내에 설치할 때 보일러 동체 최상부에서 보일러실 상부에 있는 구조물까지의 거리는 얼마 이상이어야 하는가? (단, 주철제보일러는 제외한다.)

① 60 cm　　　② 1 m　　　③ 1.2 m　　　④ 1.5 m

【해설】(2018-1회-98번 기출반복)　　　　　　　암기법 : (대형차는) 일리 대
[보일러 설치 기준] 시공업자는 보일러 옥내 설치 시 다음기준을 만족시켜야 한다.
• 보일러 동체 최상부로부터(보일러의 검사 및 취급에 지장이 없도록 작업대를 설치한 경우에는 작업대로부터) 천정, 배관 등 보일러 상부에 있는 구조물까지의 거리는 1.2 m 이상이어야 한다. 다만, 소형보일러 및 주철제보일러의 경우에는 0.6 m 이상으로 할 수 있다.

90. 열사용기자재의 검사 및 검사면제에 관한 기준상 보일러 동체의 최소 두께로 틀린 것은?

① 안지름이 900 mm 이하의 것 : 6 mm (단, 스테이를 부착할 경우)
② 안지름이 900 mm 초과 1350 mm 이하의 것 : 8 mm
③ 안지름이 1350 mm 초과 1850 mm 이하의 것 : 10 mm
④ 안지름이 1850 mm 초과하는 것 : 12 mm

【해설】(2019-2회-85번 기출유사)　　　　　　　암기법 : 스팔(8)
※ 육용 강제 보일러의 구조에 있어서 **동체의 최소두께** 기준
❶ 안지름 900 mm 이하의 것은 6 mm (단, **스테이를 부착하는 경우는 8 mm**로 한다.)
② 안지름이 900 mm를 초과 1350 mm 이하의 것은 8 mm
③ 안지름이 1350 mm 초과 1850 mm 이하의 것은 10 mm
④ 안지름이 1850 mm를 초과하는 것은 12 mm 이상

91. 소용량주철제보일러에 대한 설명에서 ( )안에 들어갈 내용으로 옳은 것은?

> 소용량주철제보일러는 주철제보일러 중 전열면적이 (㉠)m² 이하이고 최고사용압력이 (㉡)MPa 이하인 보일러다.

① ㉠ 4 ㉡ 0.1
② ㉠ 5 ㉡ 0.1
③ ㉠ 4 ㉡ 0.5
④ ㉠ 5 ㉡ 0.5

【해설】(2019-4회-99번 기출유사)
  ※ 검사대상기기의 적용에 제외되는 소용량의 범위 [열사용기자재 관리규칙 제31조 별표7.]
  ① 가스사용량이 17 kg/h (도시가스는 232.6 kW) 이하의 소형온수보일러
  ❷ 최고사용압력이 0.1 MPa 이하이고, 전열면적이 5 m² 이하인 강철제·주철제 보일러
  ③ 최고사용압력이 1 MPa이하이고, 전열면적이 5 m² 이하의 관류보일러
  ④ 정격용량이 0.58 MW 이하의 철금속가열로

92. 다음 그림과 같은 V형 용접이음의 인장응력(σ)을 구하는 식은?

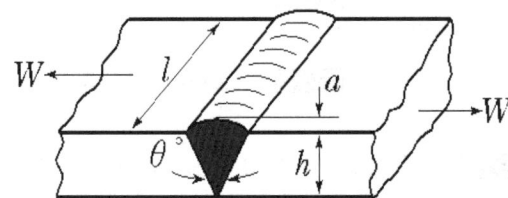

① $\sigma = \dfrac{W}{h\,l}$
② $\sigma = \dfrac{2W}{h\,l}$
③ $\sigma = \dfrac{W}{h\,a}$
④ $\sigma = \dfrac{W}{2\,h\,l}$

【해설】(2019-2회-86번 기출반복)
  • 맞대기 용접이음의 강도계산 중 V형 이음의 경우, 하중 $W = \sigma \cdot h \cdot \ell$ 에서
  ∴ 인장응력 $\sigma = \dfrac{W}{h\,\ell}$

93. 고압 증기터빈에서 팽창되어 압력이 저하된 증기를 가열하는 보일러의 부속장치는?

① 재열기
② 과열기
③ 절탄기
④ 공기예열기

【해설】(2009-1회-87번 기출반복)
  ❶ 재열기란 고압 증기터빈에서 팽창되어 압력이 저하된 증기를 응축되기 직전에 회수하여 재가열함으로서 과열증기를 만들어 저압 증기터빈을 가동하도록 재가열하는 부속장치를 말한다.

94. 다음 중 보일러 내처리에 사용하는 pH 조정제가 아닌 것은?

① 수산화나트륨 ② 탄닌
③ 암모니아 ④ 제3인산나트륨

【해설】(2021-1회-96번 기출유사)

❷ 탄닌(Tannin)은 탈산소제로 쓰이는 약품이다.

【key】※ 보일러 급수 내처리에 사용되는 약품 및 작용
① pH 조정제
　　㉠ 낮은 경우 : (염기로 조정)　암기법 : 모니모니해도 탄산소다가 제일인가봐
　　　　암모니아,　탄산소다,　가성소다(수산화나트륨),　제1인산소다.
　　　　NH_3　　Na_2CO_3　　$NaOH$　　　　　　　　Na_3PO_4
　　㉡ 높은 경우 : (산으로 조정)　암기법 : 높으면, 인황산!~
　　　　인산,　황산.
　　　　H_3PO_4 , H_2SO_4
② 탈산소제　　　　　　　암기법 : 아황산, 히드라 산소, 탄니?
　　: 아황산소다(아황산나트륨, Na₂SO₃), 히드라진(고압), 탄닌.
③ 슬럿지 조정　　　　　암기법 : 슬며시, 리그들 녹말 탄니?
　　: 리그린, 녹말, 탄닌.
④ 경수연화제　암기법 : 연수(부드러운 염기성) ∴ pH조정의 "염기"를 가리킴.
　　: 탄산소다(탄산나트륨), 가성소다(수산화나트륨), 인산소다(인산나트륨)
⑤ 기포방지제
　　: 폴리아미드 , 고급지방산알코올
⑥ 가성취화방지제
　　: 질산나트륨, 인산나트륨, 리그린, 탄닌

95. 보일러 슬러지 중에 염화마그네슘이 용존되어 있을 경우 180 ℃ 이상에서 강의 부식을 방지하기 위한 적정 pH는?

① 5.2 ± 0.7 ② 7.2 ± 0.7
③ 9.2 ± 0.7 ④ 11.2 ± 0.7

【해설】(2019-2회-94번 기출유사)

• 보일러 슬러지 중에 염화마그네슘(MgCl₂)이 용존되어 있을 경우 180 ℃ 이상의 고온에서 가수분해 되어 **염산이 발생하여 강을 부식시키므로** pH를 상승시켜 약알칼리성인 pH 10.5 ~ 11.8 정도(또는, 11.2 ± 0.7)로 유지해줌으로써 용해되지 않도록 하여 금속인 강(철판)의 부식 및 스케일 부착을 **방지**할 수 있다. MgCl₂ + 2H₂O → Mg(OH)₂ + 2HCl (염산)

96. 급수온도 20 ℃인 보일러에서 증기압력이 1 MPa이며 이 때 온도 300 ℃의 증기가 1 t/h씩 발생될 때 상당증발량은 약 몇 kg/h 인가?

(단, 증기압력 1 MPa에 대한 300 ℃의 증기엔탈피는 3052 kJ/kg, 20 ℃에 대한 급수엔탈피는 83 kJ/kg 이다.)

① 1315   ② 1565   ③ 1895   ④ 2325

【해설】(2021-1회-97번 기출유사)

- 상당증발량(w_e)과 실제증발량(w_2)의 관계식 (단, 증발잠열 R_w = 539 kcal/kg을 암기)

$$w_e \times R_w = w_2 \times (H_2 - H_1) \text{ 에서,}$$

$$w_e \times 539\,kcal/kg \times \frac{4.1868\,kJ}{1\,kcal} = 1000\,kg/h \times (3052 - 83)\,kJ/kg$$

이제, 네이버에 있는 에너지아카데미 카페의 "방정식 계산기 사용법"을 익혀서 입력해 주면

∴ 상당증발량 w_e = 1315.64 ≒ **1315 kg/h**

97. 보일러 설치검사기준에 대한 사항 중 틀린 것은?

① 5 t/h 이하의 유류 보일러의 배기가스 온도는 정격부하에서 상온과의 차가 300 ℃ 이하이어야 한다.
② 저수위안전장치는 사고를 방지하기 위해 먼저 연료를 차단한 후 경보를 울리게 해야 한다.
③ 수입 보일러의 설치검사의 경우 수압시험은 필요하다.
④ 수압시험 시 공기를 빼고 물을 채운 후 천천히 압력을 가하여 규정된 시험 수압에 도달된 후 30분이 경과된 뒤에 검사를 실시하여 검사가 끝날 때까지 그 상태를 유지한다.

【해설】(2016-1회-94번 기출유사) [보일러 설치검사 기준 및 계속사용성능검사 기준.]

❷ 보일러의 저수위안전장치는 사고를 방지하기 위하여 **경보가 울리는 동시에** 공급하는 연료를 자동적으로 차단하여야 한다.

98. 저온부식의 방지 방법이 아닌 것은?

① 과잉공기를 적게 하여 연소한다.
② 발열량이 높은 황분을 사용한다.
③ 연료첨가제(수산화마그네슘)을 이용하여 노점온도를 낮춘다.
④ 연소 배기가스의 온도가 너무 낮지 않게 한다.

【해설】(2017-1회-83번 기출반복)   암기법 : 고바, 황저

※ 저온부식

연료 중에 포함된 황(S)분이 많으면 연소에 의해 산화하여 SO_2(아황산가스)로 되는데, 과잉공기가 많아지면 배가스 중의 산소에 의해, $SO_2 + \frac{1}{2}O_2 \rightarrow SO_3$ (무수황산)으로 되어, 연도의 배가스온도가 노점(150~170℃)이하로 낮아지게 되면 SO_3가 배가스 중의 수분과 화합하여 $SO_3 + H_2O \rightarrow H_2SO_4$ (황산)으로 되어 연도에 설치된 폐열회수장치인 절탄기·공기예열기의 금속표면에 부착되어 표면을 부식시키는 현상을 저온부식이라 한다. 따라서, 방지대책으로는 아황산가스의 산화량이 증가될수록 저온부식이 촉진되므로 공기비를 적게 해야 한다. 또한, 연도의 배기가스 온도를 이슬점(150~170℃) 이상의 높은 온도로 유지해 주어야 한다.
염기성 물질인 $Mg(OH)_2$ 을 첨가제로 사용하면 $H_2SO_4 + Mg(OH)_2 \rightarrow MgSO_4 + 2H_2O$ 로 중화되어 연도의 배기가스 중 황산가스의 농도가 낮아져서 황산가스의 노점온도를 낮춘다.

99. 전열면에 비등 기포가 생겨 열유속이 급격하게 증대하며, 가열면상에 서로 다른 기포의 발생이 나타나는 비등과정을 무엇이라고 하는가?

① 단상액체 자연대류
② 핵비등
③ 천이비등
④ 포밍

【해설】(2017-2회-96번 기출반복)

※ 초과온도에 대한 열유속과 초과온도에 대한 물의 비등(boiling) 곡선

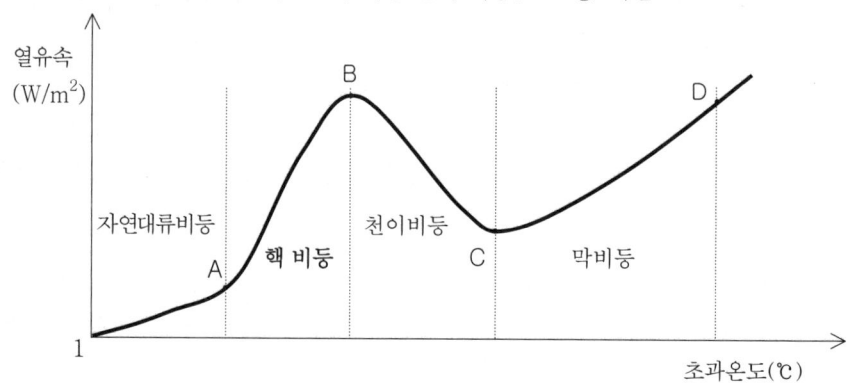

100. 일반적으로 리벳이음과 비교할 때 용접이음의 장점으로 옳은 것은?

① 이음효율이 좋다.
② 잔류응력이 발생되지 않는다.
③ 진동에 대한 감쇠력이 높다.
④ 응력집중에 대하여 민감하지 않다.

【해설】(2016-4회-99번 기출반복)

※ 용접이음의 특징
  ❶ 용접이음은 강판의 두께에 관계없이 100 % 까지도 할 수 있으므로 **이음효율이 가장 좋다.**
  ② 기계가공(용접)을 할 때에는 고열이 발생하여 모재와 용착부에 이 열의 영향으로 재료의 내부에 잔류응력이 발생된다.
  ③ 진동을 감쇠시키기 어렵다.
  ④ 응력집중에 대하여 민감하여, 여기에 균열이 생기면 연속일체이므로 파괴가 계속 진행되어 위험하다.

2022년 제2회 에너지관리기사
(2022.4.24. 시행)

평균점수

제1과목　　연소공학

1. 세정 집진장치의 입자 포집원리에 대한 설명으로 틀린 것은?

① 액적에 입자가 충돌하여 부착한다.
② 입자를 핵으로 한 증기의 응결에 의하여 응집성을 증가시킨다.
③ 미립자의 확산에 의하여 액적과의 접촉을 좋게 한다.
④ 배기의 습도 감소에 의하여 입자가 서로 응집한다.

【해설】(2018-1회-9번 기출반복)

　　　　※ 세정 집진장치(또는, 습식 집진장치)
　　　　　- 분진을 포함한 배기가스를 세정액과 충돌 또는 접촉시켜서 입자를 액중에 포집하는 방식이므로, 배기의 **습도 증가**에 의하여 입자가 서로 응집하게 된다.

2. 일반적인 천연가스에 대한 설명으로 가장 거리가 먼 것은?

① 주성분은 메탄이다.
② 옥탄가가 높아 자동차 연료로 사용이 가능하다.
③ 프로판 가스보다 무겁다.
④ LNG는 대기압 하에서 비등점이 -162 ℃인 액체이다.

【해설】(2017-2회-9번 기출유사)

　　　　① 천연가스(NG, 유전가스, 수용성가스, 탄전가스 등)의 주성분은 메탄(CH_4)이 대부분을 차지하고 있다.
　　　　② 옥탄가가 RON(research octane number) 135로 높아 노킹에 강하므로 자동차 연료로 사용이 가능하다.
　　　　❸ 주성분인 메탄(CH_4)의 분자량은 16이고, 프로판(C_3H_8) 가스의 분자량은 44이므로 천연가스가 프로판 가스보다 **가볍다**.
　　　　④ LNG(액화천연가스)는 대기압 하에서 비등점이 -162 ℃인 무색투명한 액체이다.

1-④　　2-③

3. 탄소(C) 84 w%, 수소(H) 12 w%, 수분 4 w% 의 중량조성을 갖는 액체연료에서 수분을 완전히 제거한 다음 1시간당 5 kg을 완전연소시키는데 필요한 이론공기량은 약 몇 Nm^3/h 인가?

① 55.6 ② 65.8 ③ 73.5 ④ 89.2

【해설】(2011-1-1번 기출반복)

액체연료에 포함되어 있던 수분(4%)을 제거한 다음의 연료 1 kg 중에 탄소와 수소의 함유율은

$$C : \frac{84}{84+12} = 0.875 \text{ kg}$$

$$H : \frac{12}{84+12} = 0.125 \text{ kg의 중량이 들어있다.}$$

- 이론공기량 $A_0 = \frac{O_0 (Nm^3/kg)}{0.21} \times F$ (kg/h)

$$= \frac{(1.867\,C + 5.6\,H)}{0.21} \times F \text{ (Nm}^3\text{/h)}$$

$$= \frac{(1.867 \times 0.875 + 5.6 \times 0.125)}{0.21} \times 5 \text{ (Nm}^3\text{/h)}$$

$$= 55.56 \fallingdotseq 55.6 \text{ Nm}^3/\text{h}$$

4. 다음 체적비(%)의 코크스로 가스 1 Nm^3를 완전연소시키기 위하여 필요한 이론공기량은 약 몇 Nm^3 인가?

CO_2 : 2.1, C_2H_4 : 3.4, O_2 : 0.1, N_2 : 3.3, CO : 6.6,
CH_4 : 32.5, H_2 : 52.0

① 0.97 ② 2.97 ③ 4.97 ④ 6.97

【해설】(2017-4회-12번 기출유사)

- 공기량을 구하려면 혼합가스 연료조성에서 가연성분(C_2H_4, CO, CH_4, H_2)의 연소에 필요한 이론산소량(O_0)을 먼저 알아내야 한다.

따라서, 기체연료 1 Nm^3 중에 연소되는 성분들의 완전연소에 필요한 이론산소량(O_0)은

$$H_2 + \frac{1}{2}O_2 \rightarrow H_2O$$

$$CO + \frac{1}{2}O_2 \rightarrow CO_2$$

$$CH_4 + 2O_2 \rightarrow CO_2 + 2H_2O$$

$$C_2H_4 + 3O_2 \rightarrow 2CO_2 + 2H_2O$$

$O_0 = (0.5 \times H_2 + 0.5 \times CO + 2 \times CH_4 + 3 \times C_2H_4) - O_2$

$= (0.5 \times 0.52 + 0.5 \times 0.066 + 2 \times 0.325 + 3 \times 0.034) - 0.001$

$= 1.044$ Nm/Nm-연료

∴ 이론공기량 $A_0 = \frac{O_0}{0.21} = \frac{1.044}{0.21} = 4.971 \fallingdotseq 4.97$ Nm/Nm-연료

3-①   4-③

5. 표준 상태에서 메탄 1 mol이 연소할 때 고위발열량과 저위발열량의 차이는 약 몇 kJ인가? (단, 물의 증발잠열은 44 kJ/mol 이다.)

① 42   ② 68   ③ 76   ④ 88

【해설】(2018-4회-2번 기출유사)
- 고위발열량(H_h) = 저위발열량(H_l) + 물의 증발잠열(R_w) 에서
  고위발열량(H_h) - 저위발열량(H_l) = 물의 증발잠열(R_w) 이다.
- 메탄(CH_4)의 연소 반응식 $CH_4 + 2\,O_2 \rightarrow CO_2 + 2\,H_2O$
  한편, 표준상태(100℃, 1 atm)에서 물의 증발잠열이 44 kJ/mol로 제시되었으므로
- ∴ 생성된 물 2 mol의 증발잠열 R_w는 44 kJ/mol × 2 mol = **88 kJ**

6. 가연성 혼합 가스의 폭발한계 측정에 영향을 주는 요소로 가장 거리가 먼 것은?

① 온도   ② 산소농도
③ 점화에너지   ④ 용기의 두께

【해설】(2019-4회-20번 기출반복)
※ 폭발한계의 측정에 영향을 주는 요소
- 폭발한계를 결정하기 위한 점화원은 충분한 에너지(**점화에너지**)가 필요하고, 하한계를 결정하기 위하여 필요한 점화에너지보다도 상한계를 결정하기 위한 점화에너지가 훨씬 더 크다.
- 혼합가스의 **온도**가 높아지면 폭발범위는 넓어진다.
- 측정용기의 **직경** : 폭발한계의 측정을 가는 관에서 하면 화염이 관벽에 냉각되어 소멸되는 일도 있으므로 폭발범위가 좁혀지게 된다.
  따라서 관벽의 영향이 없는 충분한 직경의 관이 필요하다.
- 혼합가스 중의 **산소농도**가 클수록 연소상한값이 커지므로 폭발범위는 넓어진다.
- 혼합가스의 **압력**이 높아지면 폭발하한값은 약간 낮아지나, 폭발상한값은 크게 높아지므로 고온,고압의 경우 폭발범위는 넓어지게 되어 위험도가 증가한다.

7. 가스폭발 위험 장소의 분류에 속하지 않은 것은?

① 제0종 위험장소   ② 제1종 위험장소
③ 제2종 위험장소   ④ 제3종 위험장소

【해설】(2012-1회-8번 기출반복)
※ [고압가스 안전관리법]에 따른 **위험장소의 분류**
- 0종 장소 : 상용의 상태에서 가연성가스의 농도가 연속해서 폭발하는 한계이상으로 되는 장소.
- 1종 장소 : 상용의 상태에서 가연성가스가 종종 체류하여 위험하게 될 우려가 있는 장소.
- 2종 장소 : 1종 장소 주변 또는 인접한 실내에서 위험한 농도의 가연성가스가 종종 침입할 우려가 있는 장소.
- ❹ 위험장소의 분류에는 **3종** 장소는 들어있지 않다.

8. 저위발열량 93766 kJ/Nm³의 C₃H₈을 공기비 1.2로 연소시킬 때 이론 연소온도는 약 몇 K 인가?

(단, 배기가스의 평균비열은 1.653 kJ/Nm³ · K 이고 다른 조건은 무시한다.)

① 1656 ② 1756 ③ 1856 ④ 1956

【해설】(2013-2회-4번 기출반복)

※ 이론연소온도 (또는, 이론화염온도)
- 연료를 이론공기량으로 완전연소 시킬 때 화염이 도달할 수 있는 최고온도를 이론 화염온도 또는 이론 연소온도라 하는데, 기준온도제시가 없을 때 0℃로 한다.

- 저위발열량(H_L) = 연소가스열량(Q_g)
  $= C_g \cdot G \cdot \Delta t_g = C_g \cdot G \cdot (t_g - t_0) = C_g \cdot G \cdot (t_g - 0)$

- 연소가스량(G)을 알아내야 하므로,
  탄화수소의 완전연소반응식 $C_mH_n + \left(m + \dfrac{n}{4}\right)O_2 \to mCO_2 + \dfrac{n}{2}H_2O$

  $C_3H_8 \quad + \quad 5O_2 \quad \to \quad 3CO_2 \quad + \quad 4H_2O$

  $(1\,Nm^3) \quad\quad (5\,Nm^3) \quad\quad (3\,Nm^3) \quad\quad (4\,Nm^3)$

  $G = G_w = (m - 0.21)A_0 +$ 생성된 $CO_2 +$ 생성된 H_2O

  $= (m - 0.21) \times \dfrac{O_0}{0.21} +$ 생성된 $CO_2 +$ 생성된 H_2O

  $= (1.2 - 0.21) \times \dfrac{5}{0.21} + 3 + 4 = 30.57\,Nm^3/Nm^3_{-연료}$

∴ 이론연소온도 $t_g = \dfrac{H_L}{C_g \cdot G} = \dfrac{93766\,kJ/Nm^3_{-연료}}{1.653\,kJ/Nm^3 \cdot K \times 30.57\,Nm^3/Nm^3_{-연료}} \fallingdotseq 1856\,K$

9. 액화석유가스(LPG)의 성질에 대한 설명으로 틀린 것은?

① 인화·폭발의 위험성이 크다
② 상온, 대기압에서는 액체이다
③ 가스의 비중은 공기보다 무겁다
④ 기화잠열이 커서 냉각제로도 이용 가능하다

【해설】(2018-1회-8번 기출반복)

- LPG(액화석유가스)의 특징
  ① LPG 가스의 비중은 1.52로써 공기의 비중 1.2보다 무거우므로 누설되었을 시 확산되기 어려우므로 밑부분에 정체되어 폭발위험이 크므로 가스경보기를 바닥 가까이에 부착한다.
  ❷ 상온, 대기압에서는 **기체 상태로 존재한다.** (참고로, 액화압력은 6 ~ 7 kg/cm² 이다.)
  ③ 가스의 비중은 공기보다 무겁다
  ④ 기화잠열(90 ~ 100 kcal/kg)이 커서 냉각제로도 이용이 가능하다
  ⑤ 천연고무나 페인트 등을 잘 용해시키므로 패킹이나 누설장치에 주의를 요한다.
  ⑥ 무색, 무취이며 물에는 녹지 않으며, 유기용매(석유류, 동식물유)에 잘 녹는다.

8-③   9-②

10. 황(S) 1 kg을 이론공기량으로 완전연소시켰을 때 발생하는 연소가스량은 약 몇 Nm^3 인가?

① 0.70　　　② 2.00　　　③ 2.63　　　④ 3.33

【해설】(2007-2회-4번 기출반복)

※ 황의 완전연소 반응식　　S　　+　　O_2　　→　　SO_2
　　　　　　　　　　　　　(1 kmol)　(1 kmol)　　(1 kmol)
　　　　　　　　　　　　　32 kg　　(22.4 Nm^3)　(22.4 Nm^3)

- 황 1 kg의 이론산소량 O_0 = $\dfrac{22.4\,Nm^3}{32\,kg}$ = 0.7 Nm^3/kg

- 황 1 kg의 이론공기량 A_0 = $\dfrac{O_0}{0.21}$ = $\dfrac{0.7\,Nm^3/kg}{0.21}$ = 3.333 Nm^3/kg

- 황 1 kg의 연소로 생성된 이산화황(SO_2)의 양 = $\dfrac{22.4\,Nm^3}{32\,kg}$ = 0.7 Nm^3/kg

∴ 이론 연소가스량 G_0 = 이론공기 중 질소량(0.79 A_0) + 생성된 연소가스량(SO_2)
　　　　　　　　　　= 0.79 × 3.333 Nm^3/kg + 0.7 Nm^3/kg = **3.33 Nm^3/kg**

11. 대도시의 광화학 스모그(smog) 발생의 원인 물질로 문제가 되는 것은?

① NO_x　　　② He　　　③ CO　　　④ CO_2

【해설】(2022-1회-1번 기출유사)

- 대도시의 대표적인 대기오염인 광화학 스모그(smog)는 배기가스(smoke)와 안개(fog)의 합성어인데, 자동차나 공장의 배출가스 중에 포함된 **질소산화물**(NO_x), 탄화수소, SO_2 등이 태양광선을 받아 산화되는 과정에서 공기 중의 수증기와 결합되어 짙은 안개처럼 발생하는 것이다.

12. 기체연료의 일반적인 특징으로 틀린 것은?

① 연소효율이 높다
② 고온을 얻기 쉽다
③ 단위 용적당 발열량이 크다
④ 누출되기 쉽고 폭발의 위험성이 크다

【해설】(2017-1회-4번 기출반복)

※ **기체연료의 특징**

〈장점〉 ㉠ 연소효율$\left(=\dfrac{연소열}{발열량}\right)$이 높다.
　　　　㉡ 고온을 얻기가 쉽다.
　　　　㉢ 적은 공기비로도 완전연소가 가능하다.
　　　　㉣ 연소가 균일하므로 자동제어에 의한 연소조절에 적합하다.
　　　　㉤ 회분이나 매연이 없어 청결하다.

〈단점〉 ㉠ **단위 용적당 발열량은 고체·액체연료에 비해서 극히 적다.**
　　　　㉡ 고체·액체연료에 비해서 운반과 저장이 불편하다.
　　　　㉢ 누출되기 쉽고 폭발의 위험성이 크다.

13. 다음 대기오염 방지를 위한 집진장치 중 습식집진장치에 해당하지 <u>않는</u> 것은?

① 백필터
② 충진탑
③ 벤투리 스크러버
④ 사이클론 스크러버

【해설】(2017-4회-16번 기출반복)
　여과식 집진기는 필터(여과재) 사이로 함진가스를 통과시키며 집진하는 방식인데,
　습한 함진가스의 경우 필터에 수분과 함께 부착한 입자의 제거가 곤란하므로
　일정량 이상의 입자가 부착되면 새로운 필터(여과재)로 교환해줘야 한다.
　따라서 여과(필터)식 집진기는 일반적으로 건식의 함진가스에 사용된다.
　한편, 여과식 집진장치의 대표적인 집진기로는 백필터가 있는데 여과실내에 지름이
　15~50cm, 길이 1~5m의 원통형 백(bag)을 매달아 밑에서 함진가스를 내부로 들여보내어
　여과·분리하는 방식이다.

【key】가정용 청소기의 **필터**를 떠올리게 되면, 젖은 먼지의 **흡진은 곤란하다**는 것을 이해할 수 있다!

14. 다음 반응식으로부터 프로판 1 kg의 발열량은 약 몇 MJ 인가?

$$C + O_2 \rightarrow CO_2 + 406 \text{ kJ/mol}$$
$$H_2 + \frac{1}{2}O_2 \rightarrow H_2O + 241 \text{ kJ/mol}$$

① 33.1
② 40.0
③ 49.6
④ 65.8

【해설】(2007-1회-2번 기출유사)

풀이 1.) 반응식의 분모가 mol(몰)당이므로 원자량에 따른 발열량을 이용해서 풀 수 있다.

C : (1몰) = 12 g 일때 → 406 kJ 이므로,　　H$_2$: (1몰) = 2 g 일때 → 241 kJ 이므로,

　　　　1 g 일때 → $\frac{406}{12}$ kJ　　　　　　　　　　1 g 일때 → $\frac{241}{2}$ kJ

　　　　1 kg 일때 → $\frac{406}{12}$ MJ　　　　　　　　　1 kg 일때 → $\frac{241}{2}$ MJ

한편, 프로판(C$_3$H$_8$)의 분자량 = 44 이므로 C = $\frac{36}{44}$, H = $\frac{8}{44}$ 만큼 들어 있다.

∴ C$_3$H$_8$의 발열량 = $\left(\frac{406 \, MJ}{12 \, kg} \times \frac{36}{44}\right) + \left(\frac{241 \, MJ}{2 \, kg} \times \frac{8}{44}\right)$

　　　　　　　　= 49.59 MJ/kg ≒ **49.6 MJ/kg**

풀이 2.) 프로판(C$_3$H$_8$)의 연소반응식에서 생성물 관계를 이용해서 풀 수 있다.
　　　　C$_3$H$_8$ + 5 O$_2$ → 3 CO$_2$ + 4 H$_2$O
　프로판 1 mol이 연소되어 3몰의 CO$_2$와 4몰의 H$_2$O가 생성되었으므로
　프로판 1 mol의 발열량 = Σ(생성물의) 생성열
　　　　　　　　　　　　 = (3몰 × 406 kJ/몰) + (4몰 × 241 kJ/몰) = 2182 kJ
　　한편, 프로판(C$_3$H$_8$) 1 mol의 분자량은 44g 이므로
　프로판 1 g의 발열량 = 2182 kJ/몰 × 1몰/44g = 49.59 kJ/g ≒ 49.6 kJ/g
　　프로판 **1 kg**의 발열량 = 49.6 kJ/g × $\frac{1000 \, g}{1 \, kg}$ = **49.6 MJ/kg**

15. 다음 중 일반적으로 연료가 갖추어야 할 구비조건이 <u>아닌</u> 것은?

① 연소 시 배출물이 많아야 한다.
② 저장과 운반이 편리해야 한다.
③ 사용 시 위험성이 적어야 한다.
④ 취급이 용이하고 안전하며 무해하여야 한다.

【해설】(2017-2회-10번 기출반복)
❶ 연료의 연소시 대기오염도를 가중시키는 매연의 발생 및 공해물질 등의 배출물이 **적어야** 한다.

16. 기계분(스토커) 화격자 중 연소하고 있는 석탄의 화층 위에 석탄을 기계적으로 산포하는 방식은?

① 횡입(쇄상)식　　　　　② 상입식
③ 하입식　　　　　　　　④ 계단식

【해설】(2020-3회-19번 기출유사)
※ 기계분(Stoker)스토커 화격자
　- 석탄을 기계로 살포하여 연소하는 방식으로 석탄의 공급방식에 따라 **상입식(위로 넣기식)**, 하입식(아래로 넣기식), 횡입식(쇄상식, 옆으로 넣기식), 계단식(위에서 계단식으로 흘러 내리는 방식)으로 구분된다.

17. 중유를 연소하여 발생된 가스를 분석하였더니 체적비로 CO_2는 14%, O_2는 7%, N_2는 79% 이었다. 이때 공기비는 약 얼마인가?
　　(단, 연료에 질소는 포함하지 않는다.)

① 1.4　　　　　　　　　② 1.5
③ 1.6　　　　　　　　　④ 1.7

【해설】(2020-3회-12번 기출유사)
- 연소가스분석 결과 CO가 없으며, N_2 = 79%이고 O_2가 7% 이므로 완전연소일 때의 과잉산소(O_2)를 이용한 공기비(m 또는, 공기과잉계수) 공식으로 계산하면 된다.

$$\therefore m = \frac{21}{21 - O_2(\%)}$$
$$= \frac{21}{21 - 7} = 1.5$$

18. 석탄, 코크스, 목재 등을 적열상태로 가열하고 공기로 불완전 연소시켜 얻는 연료는?

① 천연가스 ② 수성가스
③ 발생로가스 ④ 오일가스

【해설】(2014-4회-19번 기출반복)

❸ 석탄, 코크스, 목재 등을 적열(赤熱)상태로 가열하고 제한된 공기를 공급하여 불완전 연소시켜 제조하는 가스(CO, N_2)로서 간단히 제조할 수 있는 점이 편리하나 발열량이 낮아 거의 사용되지 않고 있으며, "**발생로 가스**"를 제조하는 장치를 가리켜 "발생로"라고 부른다.

19. 코크스의 적정 고온 건류온도(℃)는?

① 500 ~ 600 ② 1000 ~ 1200
③ 1500 ~ 1800 ④ 2000 ~ 2500

【해설】(2017-1회-14번 기출반복)

※ 코크스(Cokes)
- 석탄을 가열하면 용융분해하기 시작하여 가스, 타르 등이 발산된 후에는 코크스가 남는다. 코크스의 종류는 제조방법에 따라 다음과 같이 구분한다.
- 제사(야금) 코크스 : 건류온도 1000 ~ 1200℃ (고온 건류)에서 얻어지는 잔유물이다.
- 반성(半成) 코크스 : 건류온도 500 ~ 600℃ (저온 건류)에서 얻어지는 잔유물이다.
- 가스 코크스 : 도시가스 제조시 부산물로 얻어지는 잔유물이다.

20. 수소 4 kg을 과잉공기계수 1.4의 공기로 완전 연소시킬 때 발생하는 연소가스 중의 산소량은 약 몇 kg인가?

① 3.20 ② 4.48
③ 6.40 ④ 12.8

【해설】(2016-4회-18번 기출반복)

- 연소반응식 H_2 + $\frac{1}{2}O_2$ → H_2O
  (1 kmol) (0.5 kmol) (1 kmol)
  2 kg 16 kg
  ∴ 4 kg 32 kg

- 수소 4 kg 일 때 필요한 O_0(이론산소량) = 32 kg 이다.
  한편, 공기비 m = 1.4 이므로 40 %의 공기가 과잉되어 발생하는 연소가스 속에 포함되어 배출된다.

∴ 연소가스 중의 산소(O_2)량 = 32 kg × 0.4 = **12.8 kg**

제2과목 열역학

21. "PV^n = 일정"인 과정에서 밀폐계가 하는 일을 나타낸 식은?
(단, P는 압력, V는 부피, n은 상수이며, 첨자 1, 2는 각각 과정 전·후 상태를 나타낸다.)

① $P_2V_2 - P_1V_1$

② $\dfrac{P_1V_1 - P_2V_2}{n-1}$

③ $\dfrac{P_2V_2^{n-1} - P_1V_1^{n-1}}{n-1}$

④ $P_1V_1^n(V_2 - V_1)$

【해설】(2015-2회-21번 기출반복)
- 단열변화에서의 공식 중 비열비(k) 대신에 폴리트로픽 지수(n)로 바꾸어 주면 동일한 표현식이 된다.
- ◆ 단열변화 과정에서 계가 외부에 한 일의 계산

열역학 제1법칙 dQ = dU + W 에서,
　　　　한편, 단열변화 과정은 전달열량 dQ = 0 이므로
W = - dU
　　　　한편, 내부에너지 변화량 dU = C_v·dT
W = - C_v·dT
W = - C_v·(T$_2$ - T$_1$)
　　　　한편, PV = nRT 에서, T = $\dfrac{PV}{nR}$ 이므로
W = - C_v·$\left(\dfrac{P_2V_2}{nR} - \dfrac{P_1V_1}{nR}\right)$

W = - $\dfrac{C_v}{nR}$·(P_2V_2 - P_1V_1)
　　　　한편, C_p - C_v = nR 와 비열비 k = $\dfrac{C_p}{C_v}$ 이므로
kC_v - C_v = nR
(k - 1)·C_v = nR
$\dfrac{nR}{C_v}$ = k - 1
$\dfrac{C_v}{nR}$ = $\dfrac{1}{k-1}$ 이므로

W = - $\dfrac{1}{k-1}$ (P_2V_2 - P_1V_1)

   = $\dfrac{1}{k-1}$ (P_1V_1 - P_2V_2)

   = $\dfrac{1}{n-1}$ (P_1V_1 - P_2V_2) ---------------- (정답 표현식)

22. 밀폐계가 300 kPa의 압력을 유지하면서 체적이 0.2 m³에서 0.4 m³로 증가하였고 이 과정에서 내부에너지는 20 kJ 증가하였다. 이 때 계가 받은 열량은 약 몇 kJ 인가?

① 9　　　　　② 80　　　　　③ 90　　　　　④ 100

【해설】 (2009-4회-27번 기출유사)
- 정압가열(연소)에 의한 부피팽창이므로,

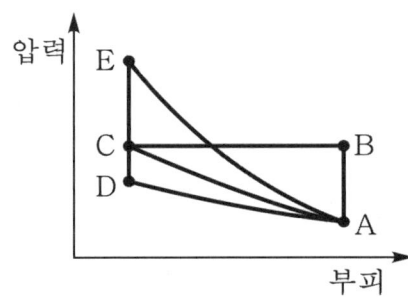

- 계(系)가 받은 열량 dQ = dU + ₁W₂ = 20 kJ + 60 kJ = 80 kJ

23. 그림에서 이상기체를 A에서 가역적으로 단열 압축시킨 후 정적과정으로 C까지 냉각시키는 과정에 해당되는 것은?

① A - B - C　　　　　② A - C
③ A - D - C　　　　　④ A - E - C

【해설】 • P-V선도에서 변화과정 외우기.(x 축과의 면적은 일의 양에 해당한다.)

암기법 : 적앞은 폴리단.(적압온 폴리단)

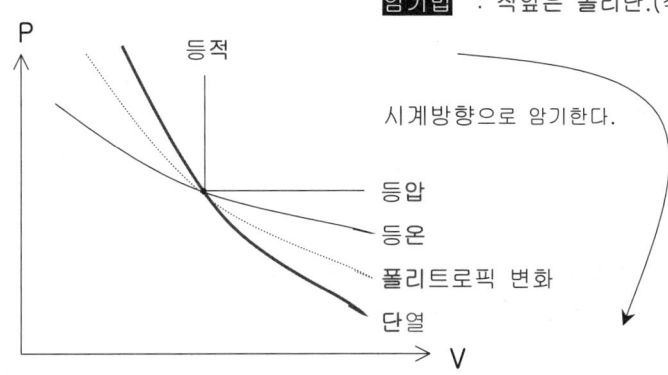

① A → B → C : 정적가열 후 정압방열(냉각)
② A → C : 폴리트로픽 압축
③ A → D → C : 등온압축 후 정적가열
❹ A → E → C : 단열압축 후 정적방열(냉각)

24. 단열 밀폐되어 있는 탱크 A, B가 밸브로 연결되어 있다. 두 탱크에 들어있는 공기(이상기체)의 질량은 같고, A탱크의 체적은 B탱크 체적의 2배, A탱크의 압력은 200 kPa, B탱크의 압력은 100 kPa이다. 밸브를 열어서 평형이 이루어진 후 최종 압력은 약 몇 kPa 인가?

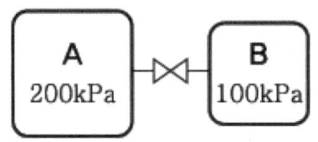

① 120　　　　② 133　　　　③ 150　　　　④ 167

【해설】(2020-1회-27번 기출유사)
- 문제의 조건 제시에서 질량 $m_A = m_B = m$, 체적 $V_A = 2V_B$, 압력 $P_A = 2P_B$ 이므로 이상기체의 상태방정식 $PV = mRT$를 이용하여,

$$T_A = \frac{P_A \cdot V_A}{mR} = \frac{2P_B \cdot 2V_B}{mR} = 4 \times \frac{P_B \cdot V_B}{mR} = 4T_B \text{ 그리고, } T_B = \frac{P_B \cdot V_B}{mR}$$

- 열평형법칙에 의해 혼합된 후의 열평형시 온도를 T라 두면,　　암기법 : 큐는, 씨암탁
  혼합 전 열량의 합 = 혼합 후 열량
  $Q_A + Q_B = Q$
  $c \cdot m_A \cdot \Delta T_A + c \cdot m_B \cdot \Delta T_B = c \cdot (m_A + m_B) \cdot \Delta T$　　여기서, c : 공기의 비열
  $m_A \cdot (T_A - 0) + m_B \cdot (T_B - 0) = (m_A + m_B) \cdot (T - 0)$
  $m \cdot 4T_B + m \cdot T_B = (m + m)T$
  $m \cdot 4T_B + m \cdot T_B = 2m \cdot T$
  $5 \times m \cdot T_B = 2 \times m \cdot T$
  $\therefore T = 2.5 T_B$

- 이 장치의 도관에 있는 밸브를 열어서 열평형이 이루어진 후 최종 평형 압력을 P라 두면,

$$P = \frac{m_{final} \cdot RT}{V_{final}} = \frac{(m_A + m_B) \cdot RT}{(V_A + V_B)} = \frac{2m \cdot RT}{2V_B + V_B} = \frac{2m \cdot RT}{3V_B} = \frac{2mR \times 2.5 T_B}{3 \times \frac{mRT_B}{P_B}}$$

$$= \frac{5P_B}{3} = \frac{5}{3} \times 100 \text{ kPa} = 166.6 \text{ kPa} = 167 \text{ kPa}$$

【빠른 풀이】• B탱크의 체적을 $V_B = 1$ 이라 두면, $V_A = 2V_B = 2$ 이므로 열평형시 최종압력 P는

$$P = P_A \times \left(\frac{V_A}{V_A + V_B}\right) + P_B \times \left(\frac{V_B}{V_A + V_B}\right) = \left(\frac{200\,kPa \times 2 + 100\,kPa \times 1}{2 + 1}\right)$$
$$= 166.6 \text{ kPa} = 167 \text{ kPa}$$

25. 냉동능력을 나타내는 단위로 0℃의 물 1000 kg을 24시간 동안에 0℃의 얼음으로 만드는 능력을 무엇이라 하는가?

① 냉동 계수　　② 냉동마력　　③ 냉동톤　　④ 냉동률

【해설】(2015-4회-37번 기출반복)
- 냉동능력 : 0℃의 물 1 ton(=1000 kg)을 24시간 동안에 0℃의 얼음으로 냉각하는 능력을 1 RT(냉동톤)이라 한다.(1 RT ≒ 3320 kcal/h 에 해당한다.)

26. 27 ℃, 100 kPa에 있는 이상기체 1 kg을 700 kPa까지 가역 단열압축 하였다. 이 때 소요된 일의 크기는 몇 kJ 인가?
(단, 이 기체의 비열비는 1.4, 기체상수는 0.287 kJ/kg·K 이다.)

① 100　　　② 160　　　③ 320　　　④ 400

【해설】(2012-2회-37번 기출유사)

- 열역학 제 1법칙(에너지보존)에 의하면 dQ = dU + W 에서,
  단열(dQ = 0) 이므로 0 = dU + W
  ∴ W = −dU
  = −C_v · dT = −C_v · (T_2 − T_1)

  한편, 비열비 k = $\dfrac{C_p}{C_v}$ = $\dfrac{C_v + R}{C_v}$

  1.4 = $\dfrac{C_v + 0.287}{C_v}$

  ∴ C_v = 0.7175 kJ/kg·K

  한편, 단열변화 공식

  $\dfrac{P_1}{P_2} = \left(\dfrac{T_1}{T_2}\right)^{\frac{k}{k-1}}$

  $\dfrac{100\ kPa}{700\ kPa} = \left(\dfrac{273 + 27}{T_2}\right)^{\frac{1.4}{1.4-1}}$

  ∴ T_2 ≒ 523.1 K

  = −1 kg × 0.7175 kJ/kg·K × (523.1 − 300)K
  = −160.07 ≒ −160 kJ

  즉, 기체가 외부로부터 받은 압축일이므로 (−)로 표시된 것이다.

---

27. 압력 1 MPa인 포화액의 비체적 및 비엔탈피는 각각 0.0012 m³/kg, 762.8 kJ/kg 이고, 포화증기의 비체적 및 비엔탈피는 0.1944 m³/kg, 2778.1 kJ/kg 이다. 이 압력에서 건도가 0.7인 습증기의 단위 질량당 내부에너지는 약 몇 kJ/kg 인가?

① 2037.1　　　② 2173.8
③ 2251.3　　　④ 2393.5

【해설】(2017-1회-39번, 2022-1회-29번 기출유사)

- 습증기의 비엔탈피 h_x = h_1 + x(h_2 − h_1)　여기서, x : 증기건도
  = 762.8 + 0.7 × (2778.1 − 762.8)
  ≒ 2173.5 kJ/kg
- 습증기의 비체적 v_x = v_1 + x(v_2 − v_1)
  = 0.0012 + 0.7 × (0.1944 − 0.0012)
  ≒ 0.1364 m³/kg
- 비엔탈피의 정의에 따라 h ≡ u + P·v 에서, 내부에너지 u = h − P·v 이므로
  건도 x인 습증기의 내부에너지 u_x = h_x − P·v_x
  = 2173.5 kJ/kg − 10³ kPa × 0.1364 m³/kg
  = 2173.5 kJ/kg − 10³ kN/m² × 0.1364 m³/kg
  = 2037.1 kNm/kg = **2037.1 kJ/kg**

28. 다음 중 물의 임계압력에 가장 가까운 값은?

① 1.03 kPa   ② 100 kPa   ③ 22 MPa   ④ 63 MPa

【해설】 (2015-4회-39번 기출반복)   암기법 : 22(툴툴매파), 374(삼칠사)
• 주어진 온도와 압력이상에서는 더 이상 액화상태인 습증기로 존재할 수 없으며, 기체 상태인 증기로만 존재하는 점을 임계점이라고 한다.
  물의 임계점은 374.15 ℃, 225.56 kgf/cm² (약 **22 MPa**) 이다.

【참고】 222.56 kg/cm² = 222.56 × 1 ata = 222.56 × 0.1 MPa = 22.256 MPa ≒ 22 MPa

29. 압축비가 5인 오토 사이클 기관이 있다. 이 기관이 15 ~ 1500 ℃의 온도범위에서 작동할 때 최고압력은 약 몇 kPa 인가?
   (단, 최저압력은 100 kPa, 비열비는 1.4 이다.)

① 3080   ② 2650   ③ 1961   ④ 1247

【해설】 (2011-2회-22번 기출유사) 오토사이클에서의 압축비 $\epsilon = \dfrac{V_1}{V_2} = 5$,

• 보일-샤를의 법칙 $\dfrac{P_2 V_2}{T_2} = \dfrac{P_3 V_3}{T_3}$ 에서, 정적변화일 때 최고압력이므로 $\dfrac{P_2}{T_2} = \dfrac{P_3}{T_3}$

$\therefore P_{3\max} = P_2 \times \dfrac{T_3}{T_2} = P_1 \cdot \epsilon^k \times \dfrac{T_3}{T_1 \cdot \epsilon^{k-1}} = P_1 \cdot \epsilon^k \times \dfrac{T_3}{T_1} \times \epsilon^{-(k-1)}$

$= P_1 \times \dfrac{T_3}{T_1} \times \epsilon^{-k+1+k}$

$= \epsilon \times P_1 \times \dfrac{T_3}{T_1}$

$= 5 \times 100 \text{ kPa} \times \dfrac{1500 + 273}{15 + 273} = 3078.12 ≒ 3080 \text{ kPa}$

30. 온도 30 ℃, 압력 350 kPa에서 비체적이 0.449 m³/kg인 이상기체의 기체상수는 몇 kJ/kg·K 인가?

① 0.143   ② 0.287   ③ 0.518   ④ 0.842

【해설】 (2018-1회-32번 기출반복)
• 기체의 상태방정식 PV = mRT 에서,

$P \cdot \dfrac{V}{m} = RT$ 여기서, 비체적 $V_s = \dfrac{1}{\rho(밀도)} = \dfrac{V}{m}$

$P \cdot V_s = RT$

$\therefore R = \dfrac{P \cdot V_s}{T} = \dfrac{350 \, kPa \times 0.449 \, m^3/kg}{(273.15 + 30) K} = 0.51839 ≒ 0.518 \text{ kJ/kg·K}$

31. 랭킨 사이클로 작동하는 증기 동력 사이클에서 효율을 높이기 위한 방법으로 거리가 먼 것은?

① 복수기(응축기)에서의 압력을 상승시킨다.
② 터빈 입구의 온도를 높인다.
③ 보일러의 압력을 상승시킨다.
④ 재열 사이클(reheat cycle)로 운전한다.

【해설】(2018-1회-30번 기출반복)

• 랭킨사이클의 이론적 열효율 공식. (여기서 1 : 급수펌프 입구를 기준으로 하였음)

$$\eta = \frac{W_{net}}{Q_1} = \frac{Q_1 - Q_2}{Q_1} = 1 - \frac{Q_2}{Q_1} \text{ 에서,}$$

보일러의 가열에 의하여 발생증기의 **초온, 초압**(터빈 입구의 온도, 압력)이 높을수록 일에 해당하는 T-S선도의 면적이 커지므로 열효율이 증가하고,
배압 (복수기 또는, 응축기의 압력) 이 낮을수록 방출열량이 적어지므로 **열효율이 증가한다.**

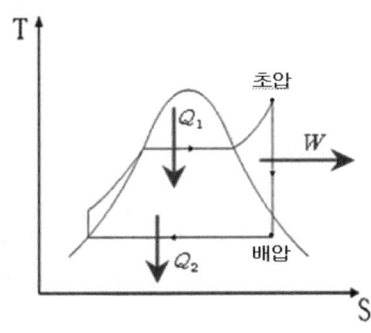

32. 브레이튼 사이클의 이론 열효율을 높일 수 있는 방법으로 틀린 것은?

① 공기의 비열비를 감소시킨다.
② 터빈에서 배출되는 공기의 온도를 낮춘다.
③ 연소기로 공급되는 공기의 온도를 높인다.
④ 공기압축기의 압력비를 증가시킨다.

【해설】(2010-4회-22번 기출유사)

• 공기표준 브레이튼 사이클의 이론적 열효율 계산공식

$$\eta = \frac{T_1 - T_2}{T_1} = 1 - \frac{T_2}{T_1} = 1 - \frac{T_1}{T_1 \left(\frac{P_2}{P_1}\right)^{\frac{k-1}{k}}} = 1 - \left(\frac{P_1}{P_2}\right)^{\frac{k-1}{k}} = 1 - \left(\frac{1}{\gamma}\right)^{\frac{k-1}{k}}$$

∴ 비열비 $k = \frac{C_P}{C_V}$ 에서 k 가 클수록 η(열효율)은 증가한다.

압력비 $\gamma = \frac{P_2}{P_1}$ 에서 γ 가 클수록 η(열효율)은 증가한다.

33. 냉매가 구비해야 할 조건 중 틀린 것은?

① 증발열이 클 것
② 비체적이 작을 것
③ 임계온도가 높을 것
④ 비열비가 클 것

【해설】(2017-1회-27번 기출반복)

※ 냉매의 구비조건.

암기법 : 냉전증인임↑
암기법 : 압점표값과 비(비비)는 내린다↓

① 전열이 양호할 것. (전열이 양호한 순서 : NH_3 〉 H_2O 〉 Freon 〉 Air)
② 증발잠열이 클 것. (1 RT당 냉매순환량이 적어지므로 냉동효과가 증가된다.)
③ 인화점이 높을 것. (폭발성이 적어서 안정하다.)
④ 임계온도가 높을 것. (상온에서 비교적 저압으로도 응축이 용이하다.)
⑤ 상용압력범위가 낮을 것.
⑥ 점성도와 표면장력이 작아 순환동력이 적을 것.
⑦ 값이 싸고 구입이 쉬울 것.
⑧ 비체적이 작을 것.(한편, 비중량이 크면 동일 냉매순환량에 대한 관경이 가늘어도 됨)
❾ 비열비가 작을 것.(비열비가 작을수록 압축후의 토출가스 온도 상승이 적다)
⑩ 비등점이 낮을 것.
⑪ 금속 및 패킹재료에 대한 부식성이 적을 것.
⑫ 환경 친화적일 것.
⑬ 독성이 적을 것.

34. 한 과학자가 자기가 만든 열기관이 80 ℃ 와 10 ℃ 사이에서 작동하면서 100 kJ의 열을 받아 20 kJ의 유용한 일을 할 수 있다고 주장한다. 이 주장에 위배되는 열역학 법칙은?

① 열역학 제0법칙
② 열역학 제1법칙
③ 열역학 제2법칙
④ 열역학 제3법칙

【해설】(2010-4회-21번 기출반복)

- 고열원과 저열원의 두 열저장소 사이에서 작동되는 가역사이클인 카르노사이클의
  열효율은 동작물질에 관계없으며 두 열저장소의 **온도만으로** 결정된다.
  따라서 카르노사이클은 열기관의 이론적인 사이클로서 열효율이 가장 좋으며,
  다른 열기관과의 효율을 비교하는데 쓰인다.

  $\eta_c = \dfrac{W}{Q_1} = \dfrac{Q_1 - Q_2}{Q_1} = 1 - \dfrac{Q_2}{Q_1} = 1 - \dfrac{T_2}{T_1}$ 즉, $\left(\dfrac{Q_2}{Q_1} = \dfrac{T_2}{T_1}\right)$ 가 성립한다.

  $\eta_c = 1 - \dfrac{273 + 10}{273 + 80} = 0.198 = 19.8\%$

  과학자가 만든 열기관 $\eta = \dfrac{W}{Q_1}\left(\dfrac{한일}{공급열량}\right) = \dfrac{20\,kJ}{100\,kJ} = 0.2 = 20\%$

- **열역학 제2법칙**에 의하면 카르노사이클의 열효율보다 우수한 열기관은 존재하지 않으므로,
  과학자의 주장은 **제2법칙에 위배**된다.

35. 다음 중 이상적인 랭킨 사이클의 과정으로 옳은 것은?

① 단열압축 → 정적가열 → 단열팽창 → 정압방열
② 단열압축 → 정압가열 → 단열팽창 → 정적방열
③ 단열압축 → 정압가열 → 단열팽창 → 정압방열
④ 단열압축 → 정적가열 → 단열팽창 → 정적방열

【해설】(2021-1회-40번 기출유사)　　　　　　　암기법 : 링컨 가랭이, 가 단합해!

　　　랭킨　합단~합단 (정압-단열-정압-단열)

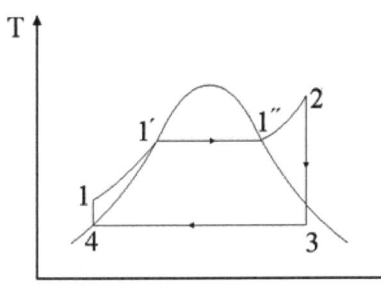

4 → 1 : 펌프 단열압축에 의해 공급해준 일
1 → 1' : 보일러에서 정압가열.(포화수)
1' → 1" : 보일러에서 가열.(건포화증기)
1" → 2 : 과열기에서 정압가열.(과열증기)
2 → 3 : 터빈에서의 단열팽창.(습증기)
3 → 4 : 복수기에서 정압방열.(포화수)

36. 다음 식 중 이상기체 상태에서의 가역 단열과정을 나타내는 식으로 옳지 않은 것은?
(단, P, T, V, k는 각각 압력, 온도, 부피, 비열비이고, 아래 첨자 1, 2는 과정 전·후를 나타낸다.)

① $\dfrac{T_2}{T_1} = \left(\dfrac{V_1}{V_2}\right)^{k-1}$

② $\dfrac{V_1}{V_2} = \left(\dfrac{P_2}{P_1}\right)^{\frac{1}{k}}$

③ $P_1 V_1^k = P_2 V_2^k$

④ $\dfrac{T_2}{T_1} = \left(\dfrac{P_2}{P_1}\right)^{\frac{1-k}{k}}$

【해설】(2021-1회-23번 기출유사)

　※ 단열변화에서 P, V, T 관계 방정식 표현

① TV^{k-1} = Const (일정)이므로, $T_1 V_1^{k-1} = T_2 V_2^{k-1}$, $\dfrac{T_2}{T_1} = \left(\dfrac{V_1}{V_2}\right)^{k-1}$

② PV^k = Const (일정)이므로, $P_1 V_1^k = P_2 V_2^k$ 에서 $\left(\dfrac{V_1}{V_2}\right)^k = \dfrac{P_2}{P_1}$, $\dfrac{V_1}{V_2} = \left(\dfrac{P_2}{P_1}\right)^{\frac{1}{k}}$

③ PV^k = Const (일정)이므로, $P_1 V_1^k = P_2 V_2^k$

❹ $T \cdot P^{\frac{1-k}{k}}$ = Const (일정)이므로, $T_1 \cdot P_1^{\frac{1-k}{k}} = T_2 \cdot P_2^{\frac{1-k}{k}}$ 에서

$\dfrac{T_2}{T_1} = \left(\dfrac{P_1}{P_2}\right)^{\frac{1-k}{k}} = \left(\dfrac{P_2}{P_1}\right)^{\frac{-(1-k)}{k}} = \left(\dfrac{P_2}{P_1}\right)^{\frac{k-1}{k}}$ 으로 표현되어야 한다.

37. 압력 300 kPa인 이상기체 150 kg이 있다. 온도를 일정하게 유지하면서 압력을 100 kPa로 변화시킬 때 엔트로피 변화는 약 몇 kJ/K 인가?
   (단, 기체의 정적비열은 1.735 kJ/kg·K, 비열비는 1.299 이다.)

   ① 62.7
   ② 73.1
   ③ 85.5
   ④ 97.2

【해설】(2014-1회-35번 기출반복)   암기법 : 피티네, 알압(아랍)
   ※ 등온과정의 엔트로피 변화량 계산
   · 엔트로피 변화량의 기본식 $\Delta S = C_P \cdot \ln\left(\dfrac{T_2}{T_1}\right) - R \cdot \ln\left(\dfrac{P_2}{P_1}\right)$ 에서,

   한편, 등온과정($T_1 = T_2$)이므로 $\ln\left(\dfrac{T_2}{T_1}\right) = \ln(1) = 0$

   ∴ 엔트로피 변화량 $\Delta S = -R \cdot \ln\left(\dfrac{P_2}{P_1}\right) \times m$

   한편, 기체상수 R = Cp - Cv
   여기서, 비열비 $k = \dfrac{C_P}{C_V}$ 이므로
   = k · Cv - Cv
   = (k - 1) · Cv 로 둘 수 있다.

   = -(k - 1) · Cv × $\ln\left(\dfrac{P_2}{P_1}\right)$ × m

   = -(1.299 - 1) × 1.735 kJ/kg·K × $\ln\left(\dfrac{100}{300}\right)$ × 150 kg

   = 85.48 ≒ 85.5 kJ/K

38. 열역학 제1법칙을 설명한 것으로 옳은 것은?

   ① 절대 영도 즉 0 K에는 도달할 수 없다.
   ② 흡수한 열을 전부 일로 바꿀 수는 없다.
   ③ 열을 일로 변환할 때 또는 일을 열로 변환할 때 전체 계의 에너지 총량은 변화하지 않고 일정하다.
   ④ 제3의 물체와 열평형에 있는 두 물체는 그들 상호간에도 열평형에 있으며, 물체의 온도는 서로 같다.

【해설】(2017-4회-33번 기출반복)
   ① 열역학 제3법칙
   ② 열역학 제2법칙
   ❸ 열역학 제1법칙(에너지보존법칙)
   ④ 열역학 제0법칙

39. 성능계수가 4.3인 냉동기가 1시간 동안 30 MJ 의 열을 흡수한다. 이 냉동기를 작동하기 위한 동력은 약 몇 kW 인가?

① 0.25 ② 1.94 ③ 6.24 ④ 10.4

【해설】(2014-1회-39번 기출반복)

- 냉동기의 성능계수 COP = $\dfrac{Q_2}{W}\left(\dfrac{흡수열량}{소비동력}\right)$

$$4.3 = \dfrac{30\ MJ/h}{W} = \dfrac{30 \times 10^6\ J/3600\sec}{W}$$

∴ 소비동력 W = 1937.98 W = 1.93798 kW ≒ **1.94 kW**

40. CH_4의 기체상수는 약 몇 kJ/kg·K 인가?

① 3.14 ② 1.57 ③ 0.83 ④ 0.52

【해설】(2009-4회-28번 기출반복)   암기법 : 알바는 MR

- 이상기체의 평균 기체상수 $\overline{R}$ = 8.314 kJ/kmol·K를 암기하고 있어야 한다.
- 어떤기체의 기체상수(또는, 가스상수)를 R이라 두면, 관계식은 $\overline{R}$ = MR 이다.

∴ 해당기체상수 R = $\dfrac{\overline{R}}{M}$ = $\dfrac{8.314\ kJ/kmol \cdot K}{\dfrac{16\ kg}{1\ kmol}}$ = 0.519 ≒ **0.52 kJ/kg·K**

제3과목   계측방법

41. 다음과 같이 자동제어에서 응답속도를 빠르게 하고 외란에 대해 안정적으로 제어하려 한다. 이때 추가해야할 제어 동작은?

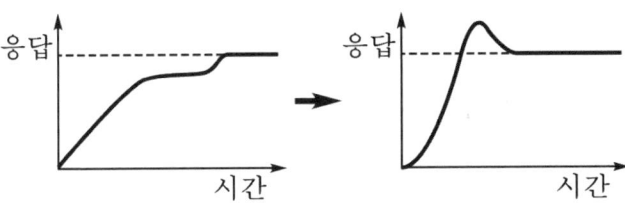

① 다위치동작 ② P동작
③ I동작 ④ D동작

【해설】(2013-1회-47번 기출유사)

❹ 조작량이 갑자기 증가하였다가 감소되는 것은 **D동작**(미분동작)으로, 응답속도를 빠르게 하고 오버슈트(over shoot) 값을 감소시켜 외란에 대해 안정적으로 제어한다.

42. 링밸런스식 압력계에 대한 설명으로 옳은 것은?

① 도압관은 가늘고 긴 것이 좋다
② 측정 대상 유체는 주로 액체이다.
③ 계기를 압력원에 가깝게 설치해야 한다.
④ 부식성 가스나 습기가 많은 곳에서도 정밀도가 높다.

【해설】(2010-1회-51번 기출반복)
- 액주식 압력계의 일종인 링밸런스(Ring balance)식 압력계(환상천평식 압력계)의 특징.
  ① 압력 도입관(도압관)은 굵고 짧게 하는 것이 좋다.
  ② 도너츠 모양의 측정실에 봉입하는 물질이 액체(오일, 수은)이므로 액체의 압력은 측정할 수 없으며, 기체의 압력 측정에만 사용된다.
  ❸ 가급적이면 압력원에 가깝도록 계기를 설치하여야 도압관의 길이를 짧게 할 수 있다.
  ④ 부식성 가스나 습기가 적은 곳에 설치하여야 정도가 좋다.
  ⑤ 원격전송을 할 수 있다.
  ⑥ 봉입액은 규정량이어야 한다.
  ⑦ 지시도 시험 시 측정회수는 적어도 2회 이상이어야 한다.

43. 가스 온도를 열전대 온도계를 사용하여 측정할 때 주의해야 할 사항이 아닌 것은?

① 열전대는 측정하고자 하는 곳에 정확히 삽입하며 삽입된 구멍에 냉기가 들어가지 않게 한다.
② 주위의 고온체로부터의 복사열의 영향으로 인한 오차가 생기지 않도록 해야 한다.
③ 단자와 보상도선의 +, -를 서로 다른 기호끼리 연결하여 감온부의 열팽창에 의한 오차가 발생하지 않도록 한다.
④ 보호관의 선택에 주의한다.

【해설】(2019-2회-55번 기출반복)
  ❸ 단자의 +, -를 보상도선의 서로 같은 기호의 극끼리인 +, -와 일치하도록 연결해야 한다.

44. 다음 중에서 측온저항체로 사용되지 않는 것은?

① Cu   ② Ni   ③ Pt   ④ Cr

【해설】(2013-4회-52번 기출유사)   암기법 : 써니 구백
※ 저항온도계의 측온저항체 사용온도범위

써미스터	-100 ~ 300 ℃
니켈(Ni)	-50 ~ 150 ℃
구리(Cu)	0 ~ 120 ℃
백금(Pt)	-200 ~ 500 ℃

45. 다음 중 용적식 유량계에 해당되는 것은?

① 오리피스미터 ② 습식가스미터
③ 로터미터   ④ 피토관

【해설】(2018-2회-42번 기출반복)
① 차압식 유량계 ❷ 용적식 유량계 ③ 면적식 유량계 ④ 속도수두식 유량계

46. 측정온도범위가 약 0 ~ 700 ℃ 정도이며, (-)측이 콘스탄탄으로 구성된 열전대는?

① J형   ② R형   ③ K형   ④ S형

【해설】(2020-1회-47번 기출유사)

※ 열전대(또는, 열전쌍)의 종류 및 특징

종류	호칭	(+)전극	(-)전극	측정온도범위(℃)	암기법
PR	R 형	백금로듐	백금	0 ~ 1600	PRR
CA	K 형	크로멜	알루멜	-20 ~ 1200	CAK (칵~)
IC	J 형	철	콘스탄탄	-20 ~ 800	아이씨 재바
CC	T 형	구리(동)	콘스탄탄	-200 ~ 350	CCT(V)

47. 측온 저항체에 큰 전류가 흐를 때 줄열에 의해 측정하고자 하는 온도보다 높아지는 현상인 자기가열(自己加熱) 현상이 있는 온도계는?

① 열전대 온도계   ② 압력식 온도계
③ 서미스터 온도계   ④ 광고온계

【해설】(2012-1회-41번 기출유사)
• 금속의 일반적인 저항의 성질과는 달리 니켈, 구리, 망간, 철, 코발트 등의 금속산화물의 분말을 혼합하여 소결시킨 반도체인 **서미스터 온도계**는 열질량(thermal mass)이 작으므로 측온저항체에 큰 전류가 흐를 때 소비전력에 의해 주울열이 발생되어 서미스터 자신의 온도를 상승시키는 **자기가열 현상**에 의한 오차가 크게 발생할 수가 있으므로 주의해야 한다.

48. 세라믹(ceramic)식 O_2 계의 세라믹 주원료는?

① Cr_2O_3 ② Pb ③ P_2O_5 ④ ZrO_2

【해설】(2016-1회-55번 기출반복)   암기법 : 쎄라지~
• 세라믹(ceramic)식 O_2 가스분석계는 지르코니아(ZrO_2, 산화지르코늄)를 원료로 하는 전기화학전지의 기전력을 측정하여 가스 중의 O_2 농도를 분석한다.

45-② 46-① 47-③ 48-④

49. 중유를 사용하는 보일러의 배기가스를 오르자트 가스분석계의 가스뷰렛에 시료 가스량을 50 mL 채취하였다. CO_2 흡수피펫을 통과한 후 가스뷰렛에 남은 시료는 44 mL이었고, O_2 흡수피펫에 통과한 후에는 41.8 mL, CO 흡수피펫에 통과한 후 남은 시료량은 41.4 mL이었다. 배기가스 중에 CO_2, O_2, CO는 각각 몇 vol% 인가?

① 6, 2.2, 0.4
② 12, 4.4, 0.8
③ 15, 6.4, 1.2
④ 18, 7.4, 1.8

【해설】(2019−2회−59번 기출유사)

※ 오르자트 가스분석계에 의한 배기가스 각 성분의 vol% 계산

- $CO_2(\%) = \dfrac{KOH용액 흡수량}{시료가스 채취량} \times 100 = \left(\dfrac{50-44}{50}\right) \times 100 = 12\%$

- $O_2(\%) = \dfrac{피로가놀 용액 흡수량}{시료가스 채취량} \times 100 = \left(\dfrac{44-41.8}{50}\right) \times 100 = 4.4\%$

- $CO(\%) = \dfrac{염화제일구리 용액 흡수량}{시료가스 채취량} \times 100 = \left(\dfrac{41.8-41.4}{50}\right) \times 100 = 0.8\%$

【참고】• 위 문제에서 공기비(m)를 구해보자
- $N_2(\%) = 100 - (CO_2 + O_2 + CO) = 100 - (12 + 4.4 + 0.8) = 82.8\%$

불완전연소인 CO가 있으므로, 공기비(m) $= \dfrac{N_2}{N_2 - 3.76(O_2 - 0.5CO)}$

$= \dfrac{82.8}{82.8 - 3.76(4.4 - 0.5 \times 0.8)} ≒ 1.22$

50. 전자유량계에서 안지름이 4 cm인 파이프에 3 L/s의 액체가 흐르고, 자속밀도 1000 gauss의 평등자계 내에 있다면 이 때 검출되는 전압은 약 몇 mV 인가? (단, 자속분포의 수정계수는 1이고, 액체의 비중은 1이다.)

① 5.5
② 7.5
③ 9.5
④ 11.5

【해설】(2009−2회−50번 기출반복)

• 패러데이(Faraday)의 전자기유도 법칙에 의해 발생되는 유도기전력 $E = Blv$ 이다.

한편, 체적 유량 $Q = A \cdot v$ 에서, $Q = \dfrac{\pi D^2}{4} \times v$

$3 L \times \dfrac{1 m^3}{10^3 L} \times \dfrac{1}{sec} = \dfrac{\pi \times (0.04\,m)^2}{4} \times v$

∴ $v = 2.387$ m/s

한편, 자속밀도(또는, 자기장 B)의 단위환산 1 Wb(웨버)/m^2 = 10^4 gauss(가우스)

∴ $E = 10^3$ gauss $\times \dfrac{1\,Wb/m^2}{10^4\,gauss} \times 0.04$ m $\times 2.387$ m/s

$= 9.548 \times 10^{-3}$ Wb/sec $= 9.548 \times 10^{-3}$ V $= 9.548$ mV ≒ 9.5 mV

51. 보일러의 자동제어에서 인터록 제어의 종류가 아닌 것은?

① 고온도 ② 저연소 ③ 불착화 ④ 압력초과

【해설】(2019-4회-57번 기출반복)

※ 보일러의 인터록 제어의 종류 　　　　　　　　　　암기법 : 저 압불프저

보일러 운전 중 작동상태가 원활하지 못할 때 다음 동작을 진행하지 못하도록 제어하여, 보일러 사고를 미연에 방지하는 안전관리장치를 말한다.

① 저수위 인터록 : 수위감소가 심할 경우 부저를 울리고 안전저수위까지 수위가 감소하면 보일러 운전을 정지시킨다.
② 압력초과 인터록 : 보일러의 운전시 증기압력이 설정치를 초과할 때 전자밸브를 닫아서 운전을 정지시킨다.
③ 불착화 인터록 : 연료의 노내 착화과정에서 착화에 실패할 경우, 미연소가스에 의한 폭발 또는 역화현상을 막기 위하여 전자밸브를 닫아서 연료공급을 차단시켜 운전을 정지시킨다.
④ 프리퍼지 인터록 : 송풍기의 고장으로 노내에 통풍이 되지 않을 경우, 연료공급을 차단시켜서 보일러 운전을 정지시킨다.
⑤ 저연소 인터록 : 노내에 처음 점화시 온도의 급변으로 인한 보일러 재질의 악영향을 방지하기 위하여 최대부하의 약 30 % 정도에서 연소를 진행시키다가 차츰씩 부하를 증가시켜야 하는데, 이것이 순조롭게 이행되지 못하고 급격한 연소로 인해 저연소 상태가 되지 않을 경우 연료를 차단시킨다.

52. 가스분석계에서 연소가스 분석 시 비중을 이용하여 가장 측정이 용이한 기체는?

① NO_2 ② O_2 ③ CO_2 ④ H_2

【해설】• 가스의 공기에 비한 비중을 이용하여 측정이 이루어지므로, 공기의 비중인 1 보다 커야 하는데 연소가스 중에 NO_2, SO_2 등은 그 비중이 공기보다 크지만 매우 소량밖에는 존재하지 않으므로 연소가스의 비중에 큰 영향을 끼치지 못한다. 그러나 비중이 1.5인 CO_2는 연소가스 중에 차지하는 양이 많아서 연소가스 비중에 상당한 영향을 미치므로 비중에 의한 분석이 가장 용이하다. (**비중식 CO_2계** 또는, **밀도식 CO_2계**)

53. 다음 중 압전 저항효과를 이용한 압력계는?

① 액주형 압력계　　　　　　② 아네로이드 압력계
③ 박막식 압력계　　　　　　④ 스트레인게이지식 압력계

【해설】(2015-4회-57번 기출반복)

❹ 스트레인 게이지(Strain gauge)식 압력계
– 금속의 저항체에 변형이 가해지면 그 저항치가 변하는 압전효과(즉, 압력저항효과)로 압력을 측정하는 방식으로서, 전기식 압력계의 일종이다.

【key】• 스트레인(Strain) : "압력"을 뜻한다. 즉, 압력에 의한 변형으로 전기저항이 변화하여 전기적인 신호로 감지하여 압력을 측정한다.

54. 광고온계의 특징에 대한 설명으로 옳은 것은?

① 비접촉식 온도 측정법 중 가장 정밀도가 높다.
② 넓은 측정온도(0 ~ 3000 ℃) 범위를 갖는다.
③ 측정이 자동적으로 이루어져 개인오차가 발생하지 않는다.
④ 방사온도계에 비하여 방사율에 대한 보정량이 크다.

【해설】(2016-4회-43번 기출반복)
① 비접촉식 온도측정 방법 중 **가장 정확한 측정**을 할 수 있다.(정도가 가장 높다)
② 온도계 중에서 가장 높은 온도(700 ~ 3000 ℃)를 측정할 수 있으며 정도가 가장 높다.
③ **수동측정**이므로 측정에 시간의 지연 및 개인 간의 오차가 발생한다.
④ 방사온도계보다 방사율에 의한 **보정량이 적다.**
　왜냐하면, 피측온체와의 사이에 수증기, CO_2, 먼지 등의 영향을 적게 받는다.
⑤ 저온(700 ℃ 이하)의 물체 온도측정은 곤란하다.(저온에서 발광에너지가 약하다.)
⑥ 700 ℃를 초과하는 고온의 물체에서 방사되는 에너지 중 육안으로 관측하므로 가시광선을 이용한다.

55. 국제단위계(SI)에서 길이의 설명으로 틀린 것은?

① 기본단위이다.
② 기호는 m이다.
③ 명칭은 미터이다.
④ 빛이 진공에서 1/229792458초 동안 진행한 경로의 길이이다.

【해설】(2017-1회-46번 기출유사)
❹ "1 m"는 빛이 진공에서 1/299792458초 동안 진행한 경로의 길이이다.

【참고】※ 계측기기의 SI **기본단위**는 7 종류가 있다.　　[암기법] : mks mKc A

기호	m	kg	s	mol	K	cd	A
명칭	미터	킬로그램	초	몰	캘빈	칸델라	암페어
기본량	길이	질량	시간	물질량	절대온도	광도	전류

56. 열전대 온도계의 보호관으로 석영관을 사용하였을 때의 특징으로 틀린 것은?

① 급냉, 급열에 잘 견딘다.　　　② 기계적 충격에 약하다.
③ 산성에 대하여 약하다.　　　　④ 알칼리에 대하여 약하다.

【해설】(2009-4회-55번 기출반복)
• 비금속 보호관인 석영(SiO_2)관은 급냉·급열에 강하며, 기계적 충격과 알칼리에는 약하지만 **산성에는 강하다.**

57. 액주형 압력계 중 경사관식 압력계의 특징에 대한 설명으로 옳은 것은?

① 일반적으로 U자관보다 정밀도가 낮다.
② 눈금을 확대하여 읽을 수 있는 구조이다.
③ 통풍계로는 사용할 수 없다.
④ 미세압 측정이 불가능하다.

【해설】 (2011-2회-54번 기출반복)   암기법 : 미경이

• 액주형 압력계 중 경사관식 압력계는 U자관을 변형하여 한쪽 관을 경사시켜 놓은 것으로 약간의 압력변화에도 **눈금을 확대하여 읽을 수 있는 구조**이므로 U자관식 압력계보다 액주의 변화가 크므로 미세한 압력을 정밀하게 측정하는데 적당하며,
정도가 가장 높다(±0.05 mmAq). 구조상 저압인 경우에만 한정되어 사용되고 있다.

58. 오벌(Oval)식 유량계로 유량을 측정할 때 지시값의 오차 중 히스테리시스 차의 원인이 되는 것은?

① 내부 기어의 마모
② 유체의 압력 및 점성
③ 측정자의 눈의 위치
④ 온도 및 습도

【해설】 (2017-2회-46번 기출유사)

• 오벌(Oval, 타원형 기어)식 유량계는 원형의 케이싱 내에 서로 맞물린 2개의 타원형 톱니바퀴 모양의 기어로 된 회전자의 회전속도를 측정하여 유량을 알 수 있는 용적식 유량계로서, 기체의 유량 측정은 불가능하고, 액체에만 측정할 수 있으며 **내부 기어의 마모**로 인해 히스테리시스 오차 발생의 원인이 된다.

59. 흡착제에서 관을 통해 각각 기체의 독자적인 이동속도에 의해 분리시키는 방법으로 CO_2, CO, N_2, H_2, CH_4 등을 모두 분석할 수 있어 분리 능력과 선택성이 우수한 가스분석계는?

① 밀도법
② 기체크로마토그래피법
③ 세라믹법
④ 오르자트법

【해설】 (2017-2회-56번 기출유사)

❷ 기체크로마토그래피(Gas Chromatograpy)법은 활성탄 등의 흡착제를 채운 세관을 통과하는 기체의 독자적인 이동속도 차를 이용하여 시료가스를 분석하는 방식으로,
1대의 장치로 O_2와 NO_2를 제외한 **다른 여러 성분의 가스**(CO_2, CO, N_2, H_2, CH_4 등)을 모두 분석할 수 있어 **분리 능력과 선택성이 우수**하며, 캐리어 가스로는 H_2, He, N_2, Ar 등이 사용된다.

60. 자동제어에서 비례동작에 대한 설명으로 옳은 것은?

① 조작부를 측정값의 크기에 비례하여 움직이게 하는 것
② 조작부를 편차의 크기에 비례하여 움직이게 하는 것
③ 조작부를 목표값의 크기에 비례하여 움직이게 하는 것
④ 조작부를 외란의 크기에 비례하여 움직이게 하는 것

【해설】(2011-2회-50번 기출반복)
❷ P(비례)동작은 조작량의 출력변화 Y가 편차 e에 비례한다. ($Y = e$)

제4과목 열설비재료 및 관계법규

61. 에너지이용 합리화법령상 에너지사용계획을 수립하여 산업통상자원부 장관에게 제출하여야 하는 공공사업주관자의 설치 시설 기준으로 옳은 것은?

① 연간 2천5백 티오이 이상의 연료 및 열을 사용하는 시설
② 연간 5천 티오이 이상의 연료 및 열을 사용하는 시설
③ 연간 2천5백만 킬로와트시 이상의 전력을 사용하는 시설
④ 연간 5천만 킬로와트시 이상의 전력을 사용하는 시설

【해설】(2021-1회-64번 기출유사)
※ 에너지사용계획 제출 대상사업 기준. [에너지이용합리화법 시행령 제20조2항.]
- 공공사업주관자의   암기법 : 공이오?~ 천만에!
  1. 연간 **2천5백** 티오이(TOE) 이상의 연료 및 열을 사용하는 시설
  2. 연간 **1천만** 킬로와트시(kWh) 이상의 전력을 사용하는 시설
- 민간사업주관자의   암기법 : 민간 = 공 × 2
  1. 연간 5천 티오이(TOE) 이상의 연료 및 열을 사용하는 시설
  2. 연간 2천만 킬로와트시(kWh) 이상의 전력을 사용하는 시설

62. 에너지법령에 의한 에너지 총조사는 몇 년 주기로 시행하는가?
    (단, 간이조사는 제외한다.)

① 2년   ② 3년   ③ 4년   ④ 5년

【해설】(2019-4회-61번 기출반복)   암기법 : 3총사
- 에너지 총조사는 **3년마다** 실시하되, 산업통상자원부 장관이 필요하다고 인정할 때에는 간이조사를 실시할 수 있다.   [에너지법 시행령 시행규칙 제15조 3항.]

63. 에너지이용 합리화법령에 따라 에너지관리산업기사 자격을 가진 자는 관리가 가능하나 에너지관리기능사 자격을 가진 자는 관리할 수 없는 보일러 용량의 범위는?

① 5 t/h 초과 10 t/h 이하
② 10 t/h 초과 30 t/h 이하
③ 20 t/h 초과 40 t/h 이하
④ 30 t/h 초과 600 t/h 이하

【해설】(2017-2회-62번 기출유사)　　　　　　　　　　　암기법 : 산삼!

❷ 에너지관리산업기사 자격을 가진 자는 보일러 용량이 10 ton/h를 초과하고 30 ton/h 이하인 보일러의 관리가 가능하나, 에너지관리기능사 자격을 가진 자는 용량이 10 ton/h를 초과하는 보일러는 관리를 할 수 없다.

【참고】※ 검사대상기기 관리자의 자격 및 관리범위 [에너지이용합리화법 시행규칙 별표3의9.]

관리자의 자격	관리 범위
에너지관리기능장 또는 에너지관리기사	용량이 30 ton/h를 초과하는 보일러
에너지관리기능장, 에너지관리기사 또는 에너지관리산업기사	용량이 10 ton/h를 초과하고 30 ton/h 이하인 보일러
에너지관리기능장, 에너지관리기사, 에너지관리산업기사, 에너지관리기능사	용량이 10 ton/h 이하인 보일러

64. 다음 중 에너지이용 합리화법령에 따라 에너지다소비사업자에게 에너지관리 개선 명령을 할 수 있는 경우는?

① 목표원단위보다 과다하게 에너지를 사용하는 경우
② 에너지관리지도 결과 10 % 이상의 에너지효율 개선이 기대되는 경우
③ 에너지 사용실적이 전년도보다 현저히 증가한 경우
④ 에너지 사용계획 승인을 얻지 아니한 경우

【해설】(2019-4회-67번 기출반복)　　　　　　　　[에너지이용합리화법 시행령 제40조.]

❷ 에너지다소비사업자에게 개선명령을 할 수 있는 경우는 에너지관리지도 결과 10 % 이상의 에너지효율 개선이 기대되고 효율 개선을 위한 투자의 경제성이 있다고 인정되는 경우로 한다.

65. 에너지이용 합리화법령에 따라 효율관리기자재의 제조업자는 효율관리시험기관으로부터 측정결과를 통보받은 날부터 며칠 이내에 그 측정결과를 한국에너지공단에 신고하여야 하는가?

① 15일　　② 30일　　③ 60일　　④ 90일

【해설】(2019-2회-68번 기출반복)　　　　　　　[에너지이용합리화법 시행령 시행규칙 제9조1항.]

• 효율관리기자재의 제조업자 또는 수입업자는 효율관리시험기관으로부터 측정결과를 통보받은 날 또는 자체측정을 완료한 날로부터 각각 90일 이내에 그 측정결과를 한국에너지공단에 신고하여야 한다.

66. 에너지이용 합리화법에 따라 산업통상자원부장관이 국내외 에너지 사정의 변동으로 에너지 수급에 중대한 차질이 발생될 경우 수급안정을 위해 취할 수 있는 조치 사항이 아닌 것은?

① 에너지의 배급
② 에너지의 비축과 저장
③ 에너지의 양도·양수의 제한 또는 금지
④ 에너지 수급의 안정을 위하여 산업통상자원부령으로 정하는 사항

【해설】 (2017-4회-62번 기출반복)　　　　　　　　　　　　[에너지이용합리화법 제7조2항.]
- 에너지 수급안정을 위한 조정·명령 및 조치 사항
  - 지역별·수급자별 에너지 할당, 에너지공급설비의 가동 및 조업, 에너지의 비축과 저장, 에너지의 도입·수출입 및 위탁가공, 에너지의 배급, 에너지의 유통시설과 유통경로, 에너지의 양도·양수의 제한 또는 금지 등 그 밖에 **대통령령**으로 정하는 사항

67. 에너지이용 합리화법령에 따라 산업통상자원부장관이 위생 접객업소 등에 에너지 사용의 제한 조치를 할 때에는 며칠 이전에 제한 내용을 예고하여야 하는가?

① 7일　　② 10일　　③ 15일　　④ 20일

【해설】 (2008-1회-63번 기출반복)　　　　　　　　　　　　[에너지이용합리화법 시행령 제14조3항.]
❶ 산업통상자원부장관이 에너지수급의 안정을 위한 에너지사용의 제한 조치를 할 때에는 그 사유·기간 및 대상자 등을 정하여 조치를 하기 7일 이전에 제한 내용을 예고하여야 한다.

68. 에너지이용 합리화법령에 따라 에너지사용계획에 대한 검토결과 공공사업주관자가 조치 요청을 받은 경우, 이를 이행하기 위하여 제출하는 이행계획에 포함되어야 할 내용이 아닌 것은?
　　(단, 산업통상자원부장관으로부터 요청 받은 조치의 내용은 제외한다.)

① 이행 주체　　　　　　　② 이행 방법
③ 이행 장소　　　　　　　④ 이행 시기

【해설】 (2015-2회-65번 기출반복)　　　　　　　　　　　　암기법 : 주방 내시
- 에너지사용계획의 조정·보완 등의 조치요청을 받은 경우 다음 사항을 포함하여 "이행계획"을 제출하여야 한다. [에너지이용합리화법 시행령 시행규칙 제5조.]
  1. 이행**주**체
  2. 이행**방**법
  3. 요청받은 조치의 **내**용
  4. 이행**시**기

69. 에너지이용 합리화법령상 에너지다소비사업자는 산업통상자원부령으로 정하는 바에 따라 에너지사용기자재의 현황을 매년 언제까지 시·도지사에게 신고하여야 하는가?

① 12월 31일까지 ② 1월 31일까지
③ 2월 말까지 ④ 3월 31일까지

【해설】 (2015-4회-66번 기출반복)

※ 에너지다소비업자의 신고 [에너지이용합리화법 제31조.]

- 에너지사용량이 대통령령으로 정하는 기준량(2000 TOE) 이상인 에너지다소비업자는 산업통상자원부령으로 정하는 바에 따라 매년 **1월 31일까지** 그 에너지사용시설이 있는 지역을 관할하는 **시·도지사**에게 다음 사항을 신고하여야 한다.
  1. 전년도의 분기별 에너지사용량·제품생산량
  2. 해당 연도의 분기별 에너지사용예정량·제품생산예정량
  3. 에너지사용기자재의 현황
  4. 전년도의 분기별 에너지이용 합리화 실적 및 해당 연도의 분기별 계획
  5. 에너지관리자의 현황

【key】 ❷ 전년도의 에너지사용량 및 사용기자재를 신고하는 것이므로 매년 1월31일까지인 것이다!

70. 에너지이용 합리화법상 에너지다소비사업자의 신고와 관련하여 다음 (   )에 들어갈 수 없는 것은? (단, 대통령령은 제외한다.)

> 산업통상자원부장관 및 시·도지사는 에너지다소비사업자가 신고한 사항을 확인하기 위하여 필요한 경우 (   )에 대하여 에너지다소비사업자에게 공급한 에너지의 공급량 자료를 제출하도록 요구할 수 있다.

① 한국전력공사
② 한국가스공사
③ 한국가스안전공사
④ 한국지역난방공사

【해설】 ※ 산업통상자원부장관 및 시·도지사는 에너지다소비사업자가 신고한 사항을 확인하기 위하여 필요한 경우 (다음 각 호의 어느 하나에 해당하는 자)에 대하여 에너지다소비사업자에게 공급한 에너지의 공급량 자료를 제출하도록 요구할 수 있다. [에너지이용합리화법 제31조3항.]
  1. 한국전력공사
  2. 한국가스공사
  3. **도시가스사업자**
  4. 한국지역난방공사
  5. 그 밖에 대통령령으로 정하는 에너지공급기관 또는 관리기관

71. 다음은 보일러의 급수밸브 및 체크밸브 설치기준에 관한 설명이다. ( )안에 알맞은 것은?

> 급수밸브 및 체크밸브의 크기는 전열면적 $10\,m^2$ 이하의 보일러에서는 호칭 (㉠) 이상, 전열면적 $10\,m^2$를 초과하는 보일러에서는 호칭 (㉡) 이상이어야 한다.

① ㉠ 5A, ㉡ 10A
② ㉠ 10A, ㉡ 15A
③ ㉠ 15A, ㉡ 20A
④ ㉠ 20A, ㉡ 30A

【해설】(2017-1회-72번 기출반복)
※ [보일러의 설치검사 기준.] 암기법 : 급체 시, 1520
- 급수장치 중 **급수밸브 및 체크밸브**의 크기는 전열면적 $10\,m^2$ 이하의 보일러에서는 관의 호칭 **15A** 이상의 것이어야 하고, $10\,m^2$를 초과하는 보일러에서는 관의 호칭 **20A** 이상의 것이어야 한다.

72. 다음 보온재 중 재질이 유기질 보온재에 속하는 것은?

① 우레탄 폼
② 펄라이트
③ 세라믹 파이버
④ 규산칼슘 보온재

【해설】(2018-4회-74번 기출반복)
※ 최고 안전사용온도에 따른 유기질 보온재의 종류

암기법 : 유비(B)가, 콜 택시타고 벨트를 폼나게 맸다.
    (텍스) (펠트)

유기질, (B)130↓ 120↓ ← 100↓ → 80℃↓(이하)
            (+20) (기준) (-20)
   탄화코르크, 텍스,   펠트,   폼

73. 캐스터블 내화물의 특징이 아닌 것은?

① 소성할 필요가 없다.
② 접합부 없이 노체를 구축할 수 있다.
③ 사용 현장에서 필요한 형상으로 성형할 수 있다.
④ 온도의 변동에 따라 스폴링(spalling)을 일으키기 쉽다.

【해설】(2015-4회-71번 기출반복) 암기법 : 내부모 캐플래
❹ 골재인 점토질 샤모트와 경화제인 알루미나 시멘트를 주원료로 하여 만들어진 캐스터블 내화물은 잔존수축과 열팽창이 작으므로, 노내 온도의 변동에도 스폴링을 일으키지 **않는다.**

71-③ 72-① 73-④

74. 도염식요는 조업방법에 의해 분류할 경우 어떤 형식인가?

① 불연속식
② 반연속식
③ 연속식
④ 불연속식과 연속식의 절충형식

【해설】(2018-4회-71번 기출반복)
※ 조업방식(작업방식)에 따른 요로의 분류
- 연속식 : 터널요, 윤요(輪窯, 고리가마), 견요(堅窯, 샤프트로), 회전요(로터리 가마)
- 불연속식 : 횡염식요, 승염식요, 도염식요   암기법 : 불횡 승도
- 반연속식 : 셔틀요, 등요

75. 점토질 단열재의 특징으로 틀린 것은?

① 내스폴링성이 작다.
② 노벽이 얇아져서 노의 중량이 적다.
③ 내화재와 단열재의 역할을 동시에 한다.
④ 안전사용온도는 1300 ~ 1500℃ 정도이다.

【해설】(2015-4회-73번 기출반복)
- 단열재의 재질에 따라 분류되는 점토질 단열재는 내화 점토, 카올린, 납석, 샤모트 등을 원료로 기공형성재인 톱밥이나 발포제를 다량 혼합하여 소성한 고온용 단열재로 안전사용 온도가 1300 ~ 1500 ℃ 정도이다. 그러므로 **내스폴링성이 크다.**
  기공형성재를 다량 배합시켜서 경량화 되었으므로 고온 로면에 사용하며 로벽이 얇아져서 로의 중량이 가벼워진다. 내화벽돌에 비하여 소요온도까지의 가열시간이 25 ~ 30 % 정도 단축된다.
  점토질단열재로 시공하면 로벽의 열용량이 적어서 로의 내면에서는 축열량을 저감시키며, 로의 외면에서는 방산열량을 저감시켜주므로 어느 곳에도 사용이 가능하다.

76. 글로브 밸브(globe valve)에 대한 설명으로 틀린 것은?

① 밸브 디스크 모양은 평면형, 반구형, 원뿔형, 반원형이 있다.
② 유체의 흐름방향이 밸브 몸통 내부에서 변한다.
③ 디스크 형상에 따라 앵글밸브, Y형밸브, 니들밸브 등으로 분류된다.
④ 조작력이 적어 고압의 대구경 밸브에 적합하다.

【해설】(2017-2회-79번 기출유사)   암기법 : 유글레나
- 글로브(globe, 둥근) 밸브는 **유량을 조절**하거나 유체의 흐름을 차단하는 밸브이다.
❹ 유체의 흐름 방향이 밸브 몸통 내부에서 S자로 갑자기 바뀌기 때문에 유체의 저항이 크므로 압력손실이 커서 고압을 필요로 하지 않는 **소구경 밸브에 적합하다.**

74-① 75-① 76-④

77. 터널가마의 일반적인 특징이 아닌 것은?

① 소성이 균일하여 제품의 품질이 좋다.
② 온도조절의 자동화가 쉽다.
③ 열효율이 좋아 연료비가 절감된다.
④ 사용연료의 제한을 받지 않고 전력소비가 적다.

【해설】(2017-4회-74번 기출반복)
- 터널요(Tunnel Kiln)는 가늘고 긴(70 ~ 100 m) 터널형의 가마로써, 피소성품을 실은 대차는 레일 위를 연소가스가 흐르는 방향과 반대로 진행하면서 예열→ 소성→ 냉각 과정을 거쳐 제품이 완성된다.
  장점으로는 소성시간이 짧고 소성이 균일화하며 온도조절이 용이하여 자동화가 용이하고, 연속공정이므로 대량생산이 가능하며 인건비·유지비가 적게 든다.
  단점으로는 제품이 연속적으로 처리되므로 생산량 조정이 곤란하여 다종 소량 생산에는 부적당하다. 도자기를 구울 때 유약이 함유된 산화금속을 환원하기 위하여 가마 내부의 공기소통을 제한하고 연료를 많이 공급하여 산소가 부족한 상태인 환원염을 필요로 할 때에는 **사용연료의 제한을 받으므로 전력소비가 크다.**

78. 열팽창에 의한 배관의 측면 이동을 구속 또는 제한하는 장치가 아닌 것은?

① 앵커   ② 스토퍼   ③ 브레이스   ④ 가이드

【해설】(2018-1회-74번 기출반복)
※ 리스트레인트(restraint)는 열팽창 등에 의한 신축이 발생될 때 배관 상·하, 좌·우의 이동을 구속 또는 제한하는데 사용하는 것으로 다음과 같은 것들이 있다.
- 앵커(Anchor) : 배관이동이나 회전을 모두 구속한다.
- 스톱(Stop) : 특정방향에 대한 이동과 회전을 구속하고, 나머지 방향은 자유롭게 이동할 수 있다
- 가이드(Guide) : 배관라인의 축방향 이동을 허용하는 안내 역할을 하며 축과 직각 방향의 이동을 구속한다.
- ❸ 브레이스(Brace) : 진동을 방지하거나 감쇠시키는데 사용하는 ㅅ자형의 지지대이다.

79. 다음 중 보냉재가 구비해야 할 조건이 아닌 것은?

① 탄력성이 있고 가벼워야 한다.
② 흡수성이 적어야 한다.
③ 열전도율이 적어야 한다.
④ 복사열의 투과에 대한 저항성이 없어야 한다.

【해설】❹ 복사열의 투과에 대한 저항성이 있어야 한다.

80. 다음 중 제강로가 아닌 것은?

① 고로　　② 전로　　③ 평로　　④ 전기로

【해설】(2016-1회-73번 기출반복)
- 고로에서 나온 선철을 이용하여 **강철을 제조**하는 제강공정의 제강로(製鋼爐) 종류에는 평로, 전로, 전기로 등이 있다.
- ❶ 고로(또는, 용광로)는 선철을 제조하는데 사용되는 **제련로**(製鍊爐)를 말한다.

제5과목　　열설비설계

81. 급수처리 방법 중 화학적 처리방법은?

① 이온교환법　　② 가열연화법
③ 증류법　　　　④ 여과법

【해설】(2018-1회-95번 기출반복)
※ 보일러 용수의 급수처리 방법　　암기법 : 화약이, 물증 탈가여 ?
- 물리적 처리 : 증류법, 탈기법, 가열연화법, 여과법
- **화학적 처리** : **약품첨가법**(또는, 석회소다법), **이온교환법**

82. 파이프의 내경 D(mm)를 유량 Q(m³/s)와 평균속도 V(m/s)로 표시한 식으로 옳은 것은?

① $D = 1128\sqrt{\dfrac{Q}{V}}$　　　　② $D = 1128\sqrt{\dfrac{\pi V}{Q}}$

③ $D = 1128\sqrt{\dfrac{Q}{\pi V}}$　　　④ $D = 1128\sqrt{\dfrac{V}{Q}}$

【해설】(2015-2회-100번 기출반복)
- 유량 계산 공식 $Q = A \cdot v = \dfrac{\pi D^2}{4} \times v = \dfrac{\pi \times D^2 \left(mm \times \dfrac{1m}{10^3 mm}\right)^2}{4} \times v$

∴ $D = \sqrt{\dfrac{4Q \times 10^6}{\pi \cdot v}}$

$= 2000\sqrt{\dfrac{Q}{\pi \cdot v}} = 1128.37\sqrt{\dfrac{Q}{v}} \fallingdotseq 1128\sqrt{\dfrac{Q}{v}}$

83. 서로 다른 고체 물질 A, B, C인 3개의 평판이 서로 밀착되어 복합체를 이루고 있다. 정상 상태에서의 온도 분포가 [그림]과 같을 때, 어느 물질의 열전도도가 가장 작은가? (단, T_1 = 1000 ℃, T_2 = 800 ℃, T_3 = 550 ℃, T_4 = 250 ℃ 이다.)

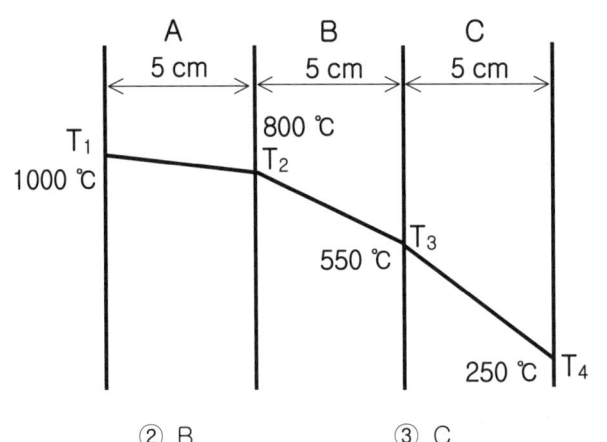

① A　　　　　② B　　　　　③ C　　　　　④ 모두 같다

【해설】(2018-4회-84번 기출반복)　　　　　　　　　　암기법 : 손전온면두

- 평면 판에서 전달되는 열유속은 일정하므로 $\dfrac{Q}{A}$ = 1, 판의 두께 d = 5 cm = 1 (일정)

  손실열량 Q = $\dfrac{\lambda \cdot \Delta T \cdot A}{d}$ 에서, $\lambda = \dfrac{Q}{A} \times d \times \dfrac{1}{\Delta T}$ 이다.

  열전도도 $\lambda \propto \dfrac{1}{\Delta T}$ 이므로, 온도차(온도구배)인 ΔT가 클수록 λ는 작아진다.

  [그림]에서 ΔT_{12} = 200 ℃, ΔT_{23} = 250 ℃, ΔT_{34} = 300 ℃ (∴ λ_c가 가장 작다.)

84. 인젝터의 특징으로 틀린 것은?

① 급수온도가 높으면 작동이 불가능하다.
② 소형 저압보일러용으로 사용된다.
③ 구조가 간단하다.
④ 열효율은 좋으나 별도의 소요 동력이 필요하다.

【해설】(2015-1회-100번 기출반복)

- 보조급수장치의 일종인 **인젝터**(injector)는 구조가 간단하고 소형의 저압보일러에 사용되며 보조증기관에서 보내어진 증기로 급수를 흡입하여 증기분사력으로 급수를 토출하게 되므로 **별도의 소요동력을 필요로 하지 않는다.**(즉, 비동력 급수장치이다.)
  또한, 급수를 예열할 수 있으므로 열효율이 높아진다.
  그러나, 단점으로는 급수용량이 부족하고 급수에 시간이 많이 걸리므로 급수량의 조절이 용이하지 않으며, 급수온도가 50 ℃ 이상으로 너무 높으면 증기와의 온도차가 적어져 분사력이 약해지므로 작동이 불가능하다.

85. 방사 과열기에 대한 설명 중 틀린 것은?

① 주로 고온, 고압 보일러에서 접촉 과열기와 조합해서 사용한다.
② 화실의 천장부 또는 노벽에 설치한다.
③ 보일러 부하와 함께 증기온도가 상승한다.
④ 과열온도의 변동을 적게 하는데 사용된다.

【해설】(2019-1회-86번 기출유사)   암기법 : 보복하러 온대

❸ 보일러 부하(보일러의 증발량)가 증가할수록 발생증기가 흡수한 유효열량이 많아지므로 복사열 흡수는 감소되어 복사과열기(또는, **방사과열기**)의 **온도는 감소**하고, 대류과열기의 온도는 증가한다.

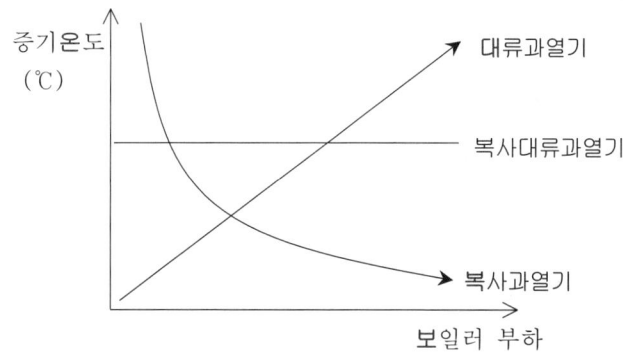

86. 프라이밍 및 포밍 발생 시 조치사항에 대한 설명으로 틀린 것은?

① 안전밸브를 전개하여 압력을 강하시킨다.
② 증기 취출을 서서히 한다.
③ 연소량을 줄인다.
④ 수위를 안정시킨 후 보일러수의 농도를 낮춘다.

【해설】(2017-1회-97번 기출유사)

❶ 안전밸브를 개방하여 압력을 낮추게 되면 프라이밍 및 포밍 현상이 오히려 더욱 잘 일어나게 되므로, 주증기 밸브를 잠가서 **압력을 증가시켜 주어야 한다.**

【참고】※ 프라이밍 및 포밍 현상이 발생한 경우에 취하는 **조치사항**
㉠ 연소를 억제하여 연소량을 낮추면서, 보일러를 정지시킨다.
㉡ 보일러수의 일부를 분출하고 새로운 물을 넣는다.(불순물 농도를 낮춘다.)
㉢ 주증기 밸브를 잠가서 압력을 증가시켜 수위를 안정시킨다.
㉣ 안전밸브, 수면계의 시험과 압력계 등의 연락관을 취출하여 살펴본다.
   (계기류의 막힘 상태 등을 점검한다.)
㉤ 수위가 출렁거리면 조용히 취출을 하여 수위안정을 시킨다.
㉥ 보일러수에 대하여 검사한다.(보일러수의 농축장해에 따른 급수처리 철저)

87. 유체의 압력손실에 대한 설명으로 틀린 것은?
   (단, 관마찰계수는 일정하다.)

① 유체의 점성으로 인해 압력손실이 생긴다.
② 압력손실은 유속의 제곱에 비례한다.
③ 압력손실은 관의 길이에 반비례한다.
④ 압력손실은 관의 내경에 반비례한다.

【해설】(2018-1회-73번 기출유사)

- 관로 유동에서 마찰저항에 의한 압력손실수두의 계산은 달시-바이스바하(Darcy-Weisbach)의 공식으로 계산한다.

  즉, 마찰손실수두 $h_L = f \cdot \dfrac{v^2}{2g} \cdot \dfrac{L}{D}$ [m] $= \dfrac{\Delta P}{\gamma}$ 에서,

  압력강하(**압력손실**) $\Delta P = \gamma \cdot h_L = f \cdot \dfrac{v^2}{2g} \cdot \dfrac{L}{D} \cdot \gamma$ [kg/m² 또는, mmAq]

  ∴ 압력손실은 관의 마찰계수(f)에 비례한다, 길이(L)에 **비례한다**, 내경(D)에 반비례한다.
  관 내를 흐르는 유속의 제곱(v^2)에 비례한다, 비중량(γ)에 비례한다.

88. 다음 중 특수열매체 보일러에서 가열 유체로 사용되는 것은?

① 폴리아미드   ② 다우섬
③ 덱스트린   ④ 에스테르

【해설】(2021-4회-81번 기출유사)   암기법 : 열매 세모 다수

- 보일러의 사용압력이 높아야만 고온의 포화증기를 얻을 수 있는 물에 비해서, **열매체 보일러**는 물보다 비등점이 낮은 특수 유체(세큐리티, 모빌썸, **다우섬**, 수은 등)를 가열 유체로 사용함으로서 낮은 압력으로도 고온의 증기를 얻을 수 있다.
  그러나, 열매체의 대부분은 가연성의 물질특성을 지니고 있으므로 열매체의 종류마다 사용온도한계가 있어 그 이내의 온도에서 사용하여야 하며, 물이나 스팀에 비하여 전열특성이 양호하지 못하다.

89. 보일러의 강도 계산에서 보일러 동체 속에 압력이 생기는 경우 원주방향의 응력은 축방향 응력의 몇 배 정도인가? (단, 동체 두께는 매우 얇다고 가정한다.)

① 2배   ② 4배   ③ 8배   ④ 16배

【해설】(2022-1회-87번 기출유사)   암기법 : 원주리(2), 축사(4)

※ 내압(내면의 압력)을 받는 원통형 동체에 생기는 응력

- 길이 방향(축방향)의 인장응력 $\sigma_1 = \dfrac{Pd}{4t}$

- **원주** 방향의 인장응력 $\sigma_2 = 2 \cdot \sigma_1 = 2 \times \dfrac{Pd}{4t} = \dfrac{Pd}{2t}$

87-③   88-②   89-①

90. 수관 보일러와 비교한 원통 보일러의 특징에 대한 설명으로 틀린 것은?

① 구조상 고압용 및 대용량에 적합하다.
② 구조가 간단하고 취급이 비교적 용이하다.
③ 전열면적당 수부의 크기는 수관보일러에 비해 크다.
④ 형상에 비해서 전열면적이 작고 열효율은 낮은 편이다.

【해설】(2009-2회-96번 기출반복)

❶ 원통형 보일러는 구조상 전열면적이 작고 수부가 커서 증발속도가 느리므로 **고압용 및 대용량에는 부적합하다.**
수관식 보일러는 구조상 전열면적이 커서 증발속도가 빠르므로 고압용 및 대용량에 적합하다.

91. 수관 1개의 길이가 2200 mm, 수관의 내경이 60 mm, 수관의 두께가 4 mm인 수관 100개를 갖는 수관 보일러의 전열면적은 약 몇 m² 인가?

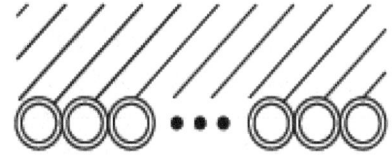

① 42　　　　② 47　　　　③ 52　　　　④ 57

【해설】(2020-4회-96번 기출유사)　　　　　　　　　　암기법 : 외수, 내연

- 수관의 전열면적 계산은 **외경**으로 하며, 연관의 전열면적은 **내경**으로 계산한다.
- 전열면적 $A = 2\pi r \times L \times n$
  $= \pi \cdot D \times L \times n$ 　여기서, 외경 D = d(내경) + 2t(두께) 이므로
  $= \pi \times (0.06 \text{ m} + 2 \times 0.004 \text{ m}) \times 2.2 \text{ m} \times 100$
  $= 46.99 ≒ 47 \text{ m}^2$

92. 다음 중 보일러 안전장치로 가장 거리가 먼 것은?

① 방폭문　　　　　　　　② 안전밸브
③ 체크밸브　　　　　　　④ 고저수위경보기

【해설】(2019-1회-97번 기출반복)

※ 보일러 안전장치 - 안전밸브, 방출밸브, 가용마개, 방폭문(폭발구), 압력계, 고저수위 경보기, 증기압력제한기, 증기압력조절기, 화염검출기.

❸ 체크밸브(Check valve)는 유체를 한쪽 방향으로만 흐르게 하고 **역류를 방지**하는 목적으로 사용되는 밸브이다.

93. 내압을 받는 어떤 원통형 탱크의 압력이 0.3 MPa, 직경이 5 m, 강판 두께가 10 mm 이다. 이 탱크의 이음 효율을 75 %로 할 때, 강판의 인장응력(N/mm²)는 얼마인가?
    (단, 탱크의 반경방향으로 두께에 응력이 유기되지 않는 이론값을 계산한다.)
    ① 200   ② 100   ③ 20   ④ 10

【해설】(2018-1회-91번 기출유사)
※ 원통파이프(원통보일러) 설계시 허용되는 인장응력 계산은 다음 식을 따른다.
$P \cdot D = 2\sigma \cdot t \times \eta$
여기서, 압력단위(MPa), 지름 및 두께의 단위(mm)인 것에 주의해야 한다.
$0.3 \times 5000 = 2 \times \sigma \times 10 \times 0.75$
∴ 인장응력 σ = 100 N/mm²

94. 물을 사용하는 설비에서 부식을 초래하는 인자로 가장 거리가 먼 것은?
    ① 용존 산소   ② 용존 탄산가스
    ③ pH   ④ 실리카

【해설】(2019-4회-86번 기출반복)
※ 보일러 내부 부식의 종류
    ① 일반 부식(전면부식) : pH가 높다거나, 용존산소가 많이 함유되어 있을 때 금속 표면에서 대체로 똑같이 쉽게 일어나는 부식을 말한다
    ② 점식 : 보호피막을 이루던 산화철이 파괴되면서 용존가스인 O_2, CO_2의 전기화학적 작용에 의한 보일러 내면에 반점 모양의 구멍을 형성하는 촉수면의 전체부식으로서 보일러 내면 부식의 약 80 %를 차지하고 있다.
    ③ 알칼리 부식 : 보일러수 중에 알칼리의 농도가 지나치게 pH 12 이상으로 많을 때 일어나는 부식이다.
    ❹ 실리카(SiO_2) : 농축되면 보일러 내면에 스케일로 부착하여 전열을 감소시킨다.

95. 일반적인 주철제 보일러의 특징으로 적절하지 않은 것은?
    ① 내식성이 좋다.
    ② 인장 및 충격에 강하다.
    ③ 복잡한 구조라도 제작이 가능하다.
    ④ 좁은 장소에서도 설치가 가능하다.

【해설】❷ 주철은 탄소함유량이 많아서 연성이 작으므로 **인장 및 충격에 약하다.**

96. 보일러의 모리슨형 파형노통에서 노통의 최소 안지름이 950 mm, 최고사용압력을 1.1 MPa 이라 할 때 노통의 최소두께는 약 몇 mm 인가?
(단, 평형부 길이가 230 mm 미만이며, 상수 C는 1100 이다.)

① 5　　　　　② 8　　　　　③ 10　　　　　④ 13

【해설】(2021-4회-87번 기출유사)　　　　　암기법 : 노 PD = C·t 촬영
- 파형노통의 최소두께 산출은 다음 식으로 계산한다.
  $P \cdot D = C \cdot t$　여기서, 사용압력단위(kg/cm^2), 지름단위(mm)인 것에 주의해야 한다.
  한편, 압력의 단위 환산 관계는 $1\,kg/cm^2 = 0.1\,MPa$ 이므로
  $10\,P \cdot D = C \cdot t$　여기서, 사용압력단위(MPa), 지름단위(mm)인 것으로 변한다.
  $10 \times 1.1\,(MPa) \times 950\,mm = 1100 \times t$
  ∴ 최소두께 t = 9.5 mm ≒ 10 mm

97. 보일러의 만수보존법에 대한 설명으로 틀린 것은?

① 밀폐 보존방식이다.
② 겨울철 동결에 주의하여야 한다.
③ 보통 2 ~ 3개월의 단기보존에 사용된다.
④ 보일러수는 pH 6 정도 유지되도록 한다.

【해설】(2019-4회-87번 기출반복)
- 2 ~ 3개월 이내의 단기보존법인 만수보존법은 탄산나트륨, 인산나트륨과 같은 알칼리 성분과 탈산소제(약품)을 넣어 관수(보일러수)의 **pH 12 정도로 약간 높게 하여 약알칼리성으로 만수 보존한다.** (알칼리 부식은 pH 13 이상에서 발생한다.)

98. 다음 중 고압보일러용 탈산소제로서 가장 적합한 것은?

① $(C_6H_{10}O_5)_n$　　　　　② Na_2SO_3
③ N_2H_4　　　　　　　　④ $NaHSO_3$

【해설】(2020-1회-100번 기출유사)　　　암기법 : 아황산, 히드라 산소, 탄니?
- 탈산소제 - 아황산나트륨(또는, 아황산소다) : Na_2SO_3,
  　　　　　아황산수소나트륨(또는, 중아황산나트륨) : $NaHSO_3$
  　　　　　히드라진(하이드라진, 고압용) : N_2H_4
  　　　　　탄닌(또는, 타닌) : $C_{14}H_{10}O_2$
- 유기성분의 오염물질 흡착제 - 덱스트린 : $(C_6H_{10}O_5)_n$

99. 이온 교환체에 의한 경수의 연화 원리에 대한 설명으로 옳은 것은?

① 수지의 성분과 Na형의 양이온이 결합하여 경도성분 제거
② 산소 원자와 수지가 결합하여 경도성분 제거
③ 물속의 음이온과 양이온이 동시에 수지와 결합하여 경도성분 제거
④ 수지가 물속의 모든 이물질과 결합하여 경도성분 제거

【해설】(2017-4회-96번 기출반복)
❶ 보일러 용수의 급수처리 방법 중 화학적 처리방법인 이온교환법은 수지의 양이온 성분과 Na형의 경수 성분인 양이온(Ca^{2+}, Mg^{2+})을 결합시켜 경도 성분을 제거하여 연화시킨다.

100. 다음 중 사이폰관이 직접 부착된 장치는?

① 수면계 ② 안전밸브
③ 압력계 ④ 어큐뮬레이터

【해설】(2016-4회-87번 기출유사)
- 금속의 탄성을 이용한 부르돈(bourdon) 압력계에 직접 증기가 들어가면 고장 날 우려가 있으므로 물을 가득 채운 사이폰 관(siphon tube)을 부착하여 측정한다.

2022년 제4회 에너지관리기사
(2022.9.14.~10.3. CBT 시행)

평균점수

제1과목　　　　　　　　연소공학

1. 어떤 단일기체 $10\,Sm^3$의 연소가스 분석 결과 $H_2O : 20\,Sm^3$, $CO : 2\,Sm^3$, $CO_2 : 8\,Sm^3$을 얻었다면 이 기체연료는 다음 중 어느 기체에 해당하는가?

① CH_4　　　② C_2H_6　　　③ C_2H_2　　　④ C_3H_8

【해설】(2017-4회-15번 기출반복)
- 기체에서 분자식 앞의 계수는 부피비(또는, 몰수)를 뜻한다.
- 탄화수소의 연소반응식 $10\,C_mH_n + a\,O_2 \rightarrow 20\,H_2O + 2\,CO + 8\,CO_2$
  한편, 반응 전·후의 원자수는 일치해야 하므로
  $O : 2a = 20 + 2 + 16 = 38$ 에서 $a = 19$
  $C : 10m = 2 + 8 = 10$ 에서 $m = 1$
  $H : 10n = 40$ 에서 $n = 4$
- ∴ $10\,CH_4 + 19\,O_2 \rightarrow 20\,H_2O + 2\,CO + 8\,CO_2$

2. 다음 반응식으로부터 프로판 1 kg의 발열량을 계산하면 약 몇 kcal인가?

$$C + O_2 \rightleftarrows CO_2 + 97.0\,kcal/mol$$
$$H_2 + \frac{1}{2}O_2 \rightleftarrows H_2O + 57.6\,kcal/mol$$

① 7910　　　② 9550　　　③ 11850　　　④ 15710

【해설】**방법1〉** 반응식의 분모가 mol(몰)당이므로 원자량에 따른 발열량을 이용해서 풀 수 있다.
　　　C : (1몰) = 12 g 일때 → 97 kcal 이므로　　　H_2 : (1몰) = 2 g 일때 → 57.6 kcal 이므로
　　　　　　1 g 일때 → $\dfrac{97}{12}$ kcal　　　　　　　　　1 g 일때 → $\dfrac{57.6}{2}$ kcal
　　　　　　1 kg 일때 → $\dfrac{97000}{12}$ kcal　　　　　　　1 kg 일때 → $\dfrac{57600}{2}$ kcal

1-①　2-③

프로판(C_3H_8)의 분자량 = 44이므로 $C = \dfrac{36}{44}$, $H = \dfrac{8}{44}$ 만큼 들어 있다.

∴ C_3H_8의 발열량 = $\left(\dfrac{97000\,kcal}{12\,kg} \times \dfrac{36}{44}\right) + \left(\dfrac{57600\,kcal}{2\,kg} \times \dfrac{8}{44}\right)$ = 11850 kcal/kg

방법2) 프로판의 연소반응식에서 생성물 관계를 이용해서 풀 수 있다.

$$C_mH_n + \left(m + \dfrac{n}{4}\right)O_2 \rightarrow mCO_2 + \dfrac{n}{2}H_2O$$

$$C_3H_8 + \left(3 + \dfrac{8}{4}\right)O_2 \rightarrow 3CO_2 + \dfrac{8}{2}H_2O$$

$$C_3H_8 + 5O_2 \rightarrow 3CO_2 + 4H_2O$$

암기법 : 3, 4, 5

프로판 1 mol이 연소되어 3몰의 CO_2와 4몰의 H_2O가 생성되었으므로

프로판 1 mol의 발열량 = ∑(생성물의) 생성열
   = (3몰 × 97 kcal/몰) + (4몰 × 57.6 kcal/몰) = 521.4 kcal

한편, C_3H_8의 1 mol 분자량은 44 g 이므로

프로판 1 g의 발열량 = 521.4 kcal × $\dfrac{1}{44}$

프로판 1 kg의 발열량 = 521.4 kcal × $\dfrac{1}{44}$ × 1000 = **11850 kcal**

3. 품질이 좋은 고체연료의 조건으로 옳은 것은?

① 고정탄소가 많을 것   ② 회분이 많을 것
③ 황분이 많을 것   ④ 수분이 많을 것

【해설】 (2020-3회-20번 기출반복)   암기법 : 연휘고

- 고체연료의 연료비$\left(= \dfrac{고정탄소\,\%}{휘발분\,\%}\right)$가 클수록(고정탄소가 많을수록) 발열량이 크다.
  여기서, 고정탄소(%) = 100 - (휘발분 + 수분 + 회분)   암기법 : 고백마, 휘수회

4. 기체연료의 특징에 대한 설명 중 가장 거리가 먼 것은?

① 연소효율이 높다.   ② 단위 용적당 발열량이 크다.
③ 고온을 얻기 쉽다.   ④ 자동제어에 의한 연소에 적합하다.

【해설】 (2013-1회-10번 기출반복)   암기법 : 소발년↑

※ 기체연료의 특징
  〈장점〉 ㉠ 연소효율$\left(= \dfrac{연소열}{발열량}\right)$이 높다.
       ㉡ 고온을 얻기가 쉽다.
       ㉢ 적은 공기비로도 완전연소가 가능하다.
       ㉣ 연소가 균일하므로 자동제어에 의한 연소조절에 적합하다.
       ㉤ 회분이나 매연이 없어 청결하다.

3-①   4-②

〈단점〉 ㉠ **단위 용적당 발열량**은 고체·액체연료에 비해서 **극히 작다**.
㉡ 고체·액체연료에 비해서 운반 저장이 불편하다.
㉢ 누출되기 쉽고 폭발의 위험성이 있다.

5. 연료에서 고온부식의 발생에 대한 설명으로 옳은 것은?

① 연료 중 황분의 산화에 의해서 일어난다.
② 연료의 연소 후 생기는 수분이 응축해서 일어난다.
③ 연료 중 수소의 산화에 의해서 일어난다.
④ 연료 중 바나듐의 산화에 의해서 일어난다.

【해설】(2013-4회-8번 기출반복)　　　　　　　암기법 : 고바, 황저

※ 고온부식 현상
중유 중에 포함된 **바나듐(V)**이 연소에 의해 산화하여 V_2O_5(오산화바나듐)으로 되어 연소실내 고온의 전열면인 과열기·재열기에 부착되어 금속의 표면을 부식시킨다.

【참고】※ 저온부식 현상
연료 중에 포함된 **황(S)**이 연소에 의해 산화하여 SO_2(아황산가스)로 되고 그 일부는 다시 산화하여 SO_3(무수황산)으로 된다. 이것이 연소가스 중의 H_2O(수분)과 화합하여 H_2SO_4 (황산)으로 되어 연도에 설치된 절탄기·공기예열기에 부착되어 표면을 부식시킨다.

6. 어떤 연료를 분석한 결과 탄소(C), 수소(H), 산소(O) 및 황(S) 등으로 나타낼 때 이 연료를 연소시키는 데 필요한 이론산소량(O_0)을 계산하는 식은?
(단, 각 원소의 원자량은 수소 1, 탄소 12, 산소 16, 황 32 이다.)

① $1.867C + 5.6\left(H + \dfrac{O}{8}\right) + 0.7S$ [$Nm^3/kg_{-연료}$]

② $1.867C + 5.6\left(H - \dfrac{O}{8}\right) + 0.7S$ [$Nm^3/kg_{-연료}$]

③ $1.867C + 11.2\left(H + \dfrac{O}{8}\right) + 0.7S$ [$Nm^3/kg_{-연료}$]

④ $1.867C + 11.2\left(H - \dfrac{O}{8}\right) + 0.7S$ [$Nm^3/kg_{-연료}$]

【해설】(2016-1회-5번 기출반복)

※ 고체연료 및 액체연료의 이론산소량(O_0) 계산　　암기법 : 1.867 C, 5.6 H, 0.7 S

· 체적(Nm^3/kg_{-f})을 구할 때 : $O_0 = 1.867\,C + 5.6\left(H - \dfrac{O}{8}\right) + 0.7\,S$

· 중량(kg/kg_{-f})을 구할 때 : $O_0 = 2.667\,C + 8\left(H - \dfrac{O}{8}\right) + S$

5-④　6-②

【참고】 ※ 연료의 조성 비율에서 가연성분인 C, H, S의 연소반응식을 세워서 계수를 찾아내야 한다.

$$C + O_2 \to CO_2 \quad \frac{22.4\ Nm^3}{12\ kg} = 1.867, \quad \frac{32\ kg}{12\ kg} = 2.667$$

$$H_2 + \frac{1}{2}O_2 \to H_2O \quad \frac{11.2\ Nm^3}{2\ kg} = 5.6, \quad \frac{16\ kg}{2\ kg} = 8$$

$$S + O_2 \to SO_2 \quad \frac{22.4\ Nm^3}{32\ kg} = 0.7, \quad \frac{32\ kg}{32\ kg} = 1$$

7. 분무각도가 30° 정도로 작고 유량조절범위가 크며 점도가 높은 연료로 무화가 가능한 버너는?

① 고압기류식 버너
② 압력분무식 버너
③ 회전식 버너
④ 건타입 버너

【해설】 (2017-4회-5번 기출유사) 암기법 : 고고(점)

※ 고압기류 분무식 버너(또는, 공기 분무식 버너)의 특징
① 고압(0.2 ~ 0.8 MPa)의 공기를 사용하여 중유를 무화시키는 형식이다.
② 유량조절범위가 1 : 10 정도로 가장 커서 고점도 연료도 무화가 가능하다.
③ 분무각(무화각)은 30° 정도로 가장 좁은 편이다.
④ 외부혼합 방식보다 내부혼합 방식이 무화가 잘 된다.
⑤ 연소 시 소음이 크다.

8. 탄소 86 %, 수소 14 %의 중량조성을 가진 중유를 완전연소 시켰을 때 $CO_2max[\%]$는?

① 15.1 ② 17.2 ③ 19.1 ④ 21.1

【해설】 (2016-4회-2번 기출유사)

※ 이론 건연소가스량을 이용한 탄산가스의 최대함유율$(CO_2)max$ 공식을 이용한다.

- 이론공기량 $A_0 = \dfrac{O_0}{0.21} = \dfrac{(1.867\,C + 5.6\,H)}{0.21}$

  $= \dfrac{(1.867 \times 0.86 + 5.6 \times 0.14)}{0.21} = 11.379\ Nm^3/kg_{\text{연료}}$

- 이론 건연소가스량 G_{0d} = 이론공기중의 질소량 + 생성된 CO_2

  $= 0.79A_0$ + 생성된 CO_2

  한편, C + O_2 → CO_2 에서,
  (1kmol)   (1kmol)
  (12 kg)   (22.4 Nm³)

  C에 의해 생성된 CO_2의 체적은 $\dfrac{22.4\ Nm^3}{12\ kg} = 1.867\ Nm^3/kg_{\text{연료}}$

  $= 0.79 \times 11.379 + 1.867 \times 0.86 = 10.595\ Nm^3/kg_{\text{연료}}$

∴ $(CO_2)max = \dfrac{1.867\,C}{G_{0d}} \times 100 = \dfrac{1.867 \times 0.86}{10.595} \times 100 = 15.154 ≒ \mathbf{15.1\ \%}$

9. 과잉공기량이 많을 때 일어나는 현상으로 옳은 것은?

① 배기가스에 의한 열손실이 감소한다.
② 연소실의 온도가 높아진다.
③ 연료 소비량이 작아진다.
④ 불완전연소물의 발생이 적어진다.

【해설】(2016-4회-3번 기출반복)

- 연소 시 과잉공기량이 많아지면 공기 중 산소와의 접촉이 용이하게 되어 **불완전연소물의 발생이 적어진다.** 그러나 배기가스량의 증가로 배가스 열손실은 증가하게 되어 연소실의 온도가 낮아지고, 연료 소비량이 많아지게 된다.

【참고】
- 완전연소를 위하여 필요로 하는 이론공기량보다 실제로는 더 많은 공기가 필요하게 된다. 연료의 가연성분(C,H,S)과 공기 중 산소와의 접촉만이 순간적으로 이루어질 수 없는 관계로 공기 중의 79%를 차지하는 질소는 불활성 기체로써 공간을 더 많이 차지하고서 바로 옆에 있으니 산소와의 연소접촉에 당연히 방해꾼 역할을 하는 셈이다!
  따라서, 여분의 공기를 더 넣어주어서 가연성분과 산소와의 접촉을 양호하게 해주어야 한다. 그러나 이 때 과잉공기량이 적절하지를 못하고 정상보다 너무 지나치게 되면 연소는 잘되어 불완전연소물인 그을음이 발생치 않지만 공기 중의 산소와 함께 더 많이 따라 들어간 **질소는 흡열반응**을 하는 놈이라서 연소실의 많은 열을 흡수한 채, 결국 지나치게 과잉된 공기는 뜨거운 온도의 배기가스가 되어 배기구인 연도를 지나 굴뚝으로 배출됨으로써 연소실의 온도가 낮아지고 많은 열손실을 초래하는 것이다.
  보일러에서 열손실이 가장 많은 부분은 배기가스 열이므로 최소한의 배기가스 량으로 열손실을 감소시키는 것이 중요한데 이에 따라서 보일러 취급자는 불완전연소에 의한 손실을 감소시키기 위해서는 공급공기량을 증가시켜야 하고,
  배기가스 열손실을 감소시키기 위해서는 공기량을 이론적 공기량에 접근시켜야 하는 상반된 관계가 있으므로 이 두 손실량의 합이 최소가 되도록 하여야 한다.

10. NO_x의 배출을 최소화할 수 있는 방법이 아닌 것은?

① 미연소분을 최소화하도록 한다.
② 연료와 공기의 혼합을 양호하게 하여 연소온도를 낮춘다.
③ 저온배출가스 일부를 연소용공기에 혼입해서 연소용공기 중의 산소농도를 저하시킨다.
④ 버너 부근의 화염온도는 높이고 배기가스 온도는 낮춘다.

【해설】(2016-2회-9번 기출반복)　　　　　　　　　　　　　　　암기법 : 고질병

- 연소실내의 **고온조건**에서 **질소**는 산소와 결합하여 일산화질소(NO), 이산화질소(NO_2) 등의 NO_x(질소산화물)로 매연이 증가되어 밖으로 배출되므로 대기오염을 일으킨다.

【보충】※ 배기가스 중의 질소산화물 억제 방법
　　　㉠ 저농도 산소 연소법(농담연소, 과잉공기량 감소)　　㉡ **저온도 연소법** (공기온도 조절)
　　　㉢ 2단 연소법　　　　　　　　　　　　　　　　　　㉣ 배기가스 재순환 연소법
　　　㉤ 물 분사법(수증기 분무)　　　　　　　　　　　　㉥ 버너 및 연소실 구조 개량
　　　㉦ 연소부분 냉각법　　　　　　　　　　　　　　　㉧ 연료의 전환

9-④　　10-④

11. 다음 중 연료의 발열량을 측정하는 방법이 아닌 것은?

① 열량계에 의한 방법
② 연소방식에 의한 방법
③ 공업분석에 의한 방법
④ 원소분석에 의한 방법

【해설】(2019-1회-11번 기출반복)
- 연료의 발열량 측정방법 - 열량계, 원소분석, 공업분석으로 측정한다.

【참고】고체연료의 연소방식 - 미분탄 연소, 화격자 연소, 유동층 연소. 　암기법 : 고미화~유

12. 세정 집진장치의 입자 포집원리에 대한 설명 중 틀린 것은?

① 액적에 입자가 충돌하여 부착한다.
② 미립자의 확산에 의하여 액적과의 접촉을 좋게 한다.
③ 배기의 습도 감소에 의하여 입자가 서로 응집한다.
④ 입자를 핵으로 한 증기의 응결에 의하여 응집성을 증가시킨다.

【해설】(2022-2회-1번 기출반복)
※ 세정 집진장치(또는, 습식 집진장치)
- 분진을 포함한 배기가스를 세정액과 충돌 또는 접촉시켜서 입자를 액중에 포집하는 방식이므로, 배기의 **습도 증가**에 의하여 입자가 서로 응집하게 된다.

13. 링겔만 농도표는 어떤 목적으로 사용되는가?

① 연돌에서 배출되는 매연농도 측정
② 보일러수의 pH 측정
③ 연소가스 중의 탄산가스농도 측정
④ 연소가스 중의 SO_3 농도 측정

【해설】(2020-3회-1번 기출반복)
- 매연 측정방법에는 매연농도계, 매진량 자동측정장치, 링겔만 농도표에 의한 방법이 있는데 이 중에서 **링겔만 농도표**에 의한 방법이 가장 많이 사용된다.

14. 가연성 액체에서 발생한 증기의 공기 중 농도가 연소범위 내에 있을 경우 불꽃을 접근시키면 불이 붙는데 이 때 필요한 최저온도를 무엇이라고 하는가?

① 기화온도　　② 인화온도　　③ 착화온도　　④ 임계온도

【해설】(2021-1회-19번 기출반복)
- **인화점** : 가연성 액체가 외부로부터 불꽃을 접근시킬 때 연소범위 내의 가연성 가스를 만들어 불이 붙을 수 있는 최저의 액체온도.

15. 이소프로판 1 kg을 완전연소 시키는 데 필요한 이론공기량은 약 몇 kg 인가?

① 15.7   ② 31.1   ③ 60.1   ④ 63.0

【해설】 (2007-1회-15번 기출반복) 　　　　　　　　　　　　　　　　 암기법 : 프로판 3,4,5

- 아래의 【유형2.】 에 설명되어 있으며,
  기초가 부족한 수험자가 헷갈리기 쉬운 계산이므로 4가지 유형으로 출제되는 형태라는 것을
  완전히 숙지한 후에, 다른 기체연료에서도 동일한 방식으로 풀이를 해나가면 된다!

【유형1.】 프로판 1 kg을 완전연소 시킬 때 필요한 이론공기량은 약 몇 Nm^3인가?

$$C_3H_8 \ + \ 5O_2 \ \rightarrow \ 3CO_2 \ + \ 4H_2O$$
(1kmol)　　(5kmol)
44kg　　　(5×22.4 Nm^3)

즉, $O_0 = \dfrac{112 \ Nm^3_{-산소}}{44 \ kg_{-연료}}$ ∴ $A_0 = \dfrac{O_0}{0.21} = \dfrac{\frac{112}{44}}{0.21} = 12.12 \ Nm^3/kg_{-연료}$

【유형2.】 프로판 1 kg을 완전연소 시킬 때 필요한 이론공기량은 약 몇 kg 인가?

$$C_3H_8 \ + \ 5O_2 \ \rightarrow \ 3CO_2 \ + \ 4H_2O$$
(1kmol)　　(5kmol)
44kg　　　(5×32=160kg)

즉, $O_0 = \dfrac{160 \ kg_{-산소}}{44 \ kg_{-연료}}$ ∴ $A_0 = \dfrac{O_0}{0.232} = \dfrac{\frac{160}{44}}{0.232} = 15.67 \ kg/kg_{-연료}$

【유형3.】 프로판 1 Nm^3을 완전연소 시킬 때 필요한 이론공기량은 약 몇 Nm^3인가?

$$C_3H_8 \ + \ 5O_2 \ \rightarrow \ 3CO_2 \ + \ 4H_2O$$
(1kmol)　　(5kmol)
(22.4 Nm^3)　(5×22.4 Nm^3)
약분하면, (1 Nm^3)　(5 Nm^3)

즉, $O_0 = 5 Nm^3$ ∴ $A_0 = \dfrac{O_0}{0.21} = \dfrac{5}{0.21} = 23.81 \ Nm^3/Nm^3$

【유형4.】 프로판 1 Nm^3을 완전연소 시킬 때 필요한 이론공기량은 약 몇 kg인가?

$$C_3H_8 \ + \ 5O_2 \ \rightarrow \ 3CO_2 \ + \ 4H_2O$$
(1kmol)　　(5kmol)
(22.4 Nm^3)　(5×32=160kg)

즉, $O_0 = \dfrac{160 \ kg}{22.4 \ Nm^3_{-연료}}$ ∴ $A_0 = \dfrac{O_0}{0.232} = \dfrac{\frac{160}{22.4}}{0.232} = 30.79 \ kg/Nm^3_{-연료}$

15-①

16. 다음 표와 같은 조성을 갖는 수성가스를 20% 과잉공기로 연소시킬 때의 실제 공기량(Nm^3/Nm^3)은?

성분	CO_2	O_2	CO	H_2	CH_4	N_2
함량(%)	8	0.2	35	49	1	6.8

① 2.50 ② 4.91 ③ 6.57 ④ 8.46

──────────────────────────────────────

【해설】 (2016-4회-6번 기출유사)

- 이론공기량 $A_0 = \dfrac{O_0}{0.21}$

  한편, 연료 1 Nm^3중에 연소되는 성분들의 이론산소량(O_0)은

  $H_2 + \dfrac{1}{2}O_2 \rightarrow H_2O$

  $CO + \dfrac{1}{2}O_2 \rightarrow CO_2$

  $CH_4 + 2O_2 \rightarrow CO_2 + 2H_2O$

  $O_0 = (0.5 \times H_2 + 0.5 \times CO + 2 \times CH_4) - O_2$
  $= (0.5 \times 0.49 + 0.5 \times 0.35 + 2 \times 0.01) - 0.002$
  $= 0.438 \ Nm^3/Nm^3_{-연료}$

  $= \dfrac{0.438}{0.21}$

  한편, 20%의 과잉공기이므로 공기비 m = 1.2

- 실제공기량 $A = m A_0$

  $= 1.2 \times \dfrac{0.438}{0.21} = 2.503 ≒ 2.50 \ Nm^3/Nm^3_{-연료}$

【참고】
- 수성가스
  - 무연탄이나 코크스를 수증기와 작용시켜 생성한 기체연료(H_2, CO 등)이다.

17. 중유의 성질에 대한 설명 중 옳은 것은?

① 점도에 따라 1,2,3급 중유로 구분한다
② 원소 조성은 H가 가장 많다
③ 비중은 약 0.2 ~ 0.76 정도이다
④ 인화점은 약 60 ~ 150℃ 정도이다

──────────────────────────────────────

【해설】 (2021-1회-12번 기출반복)

※ 중유의 특징   암기법 : 중점, 시비에(C>B>A)

① 점도에 따라서 A중유, B중유, C중유(또는 벙커C유)로 구분한다.
② 원소 조성은 탄소(85 ~ 87%), 수소(13 ~ 15%), 산소 및 기타(0 ~ 2%)이다.
③ 중유의 비중 : 0.89 ~ 0.99
❹ 인화점은 약 60 ~ 150℃이며, 비중이 작은 A중유의 인화점이 가장 낮다.

18. 고체연료의 일반적인 특징을 옳게 설명한 것은?

① 완전연소가 가능하며 연소효율이 높다.
② 연료의 품질이 균일하다.
③ 점화 및 소화가 쉽다.
④ 석탄의 주성분은 C, H, O 이다.

【해설】①, ②, ③번은 유체(액체, 기체)연료의 특징에 해당한다.
【참고】※ 연료의 종류에 따른 조성비

연료의 종류	C (%)	H (%)	O 및 기타 (%)	탄수소비 $\left(\dfrac{C}{H}\right)$
고체연료	95 ~ 50	6 ~ 3	44 ~ 2	15 ~ 20
액체연료	87 ~ 85	15 ~ 13	2 ~ 0	5 ~ 10
기체연료	75 ~ 0	100 ~ 0	57 ~ 0	1 ~ 3

19. 탄소(C) 86%, 수소(H_2) 12%, 황(S) 2%의 조성을 갖는 중유 100 kg을 표준상태(0℃, 101.325 kPa)에서 완전연소 시킬 때 C는 CO_2가 되고, H는 H_2O가 되며, S는 SO_2가 되었다고 하면 압력 101.325 kPa, 온도 590 K에서 연소가스의 체적은 약 몇 m^3 인가?

① 600　　② 620　　③ 640　　④ 660

【해설】이 문제에서는 연소로 "생성된 연소가스"만의 체적을 의미하는 것에 유의해야 한다.
중유 1 kg의 완전연소로 생성된 연소가스량 G는
$G = 22.4\left(\dfrac{C}{12} + \dfrac{H_2}{2} + \dfrac{S}{32}\right)$ Nm³/kg = 1.867 × 0.86 + 11.2 × 0.12 + 0.7 × 0.02 = 2.96362
중유 100 kg이므로 $G_총$ = 2.9636 Nm³/kg × 100 kg = 296.362 Nm³
환산 체적 $\dfrac{P_0 V_0}{T_0} = \dfrac{P_1 V_1}{T_1}$ 에 의해, $\dfrac{101.325 \times 296.362}{0+273} = \dfrac{101.325 \times V_1}{590}$
∴ 연소가스 체적 V_1 = 640.48 ≒ 640 m³

20. 공기비(m)에 대한 식으로 올바른 것은?

① m = $\dfrac{실제공기량}{이론공기량}$　　② m = $\dfrac{이론공기량}{실제공기량}$

③ m = 1 − $\dfrac{과잉공기량}{이론공기량}$　　④ m = $\dfrac{이론공기량}{과잉공기량}$ − 1

【해설】(2016−1회−9번 기출반복)
• 일반적으로 공기비(m)는 1보다 커야 하므로 분모가 분자보다 작아야 한다.
$m = \dfrac{A}{A_0}\left(\dfrac{실제공기량}{이론공기량}\right) = \dfrac{m \cdot A_0}{A_0} = m$

| 제2과목 | 열역학 |

21. 포화증기를 단열 압축시켰을 때의 설명으로 옳은 것은?

① 압력과 온도가 올라간다.　② 압력은 올라가고 온도는 떨어진다.
③ 온도는 불변이며 압력은 올라간다.　④ 압력과 온도 모두 변하지 않는다.

【해설】(2016-2회-35번 기출반복)
- T-S 선도를 그려 놓고, 단열(등엔트로피) 압축과정으로 증기의 상태변화를 알아보면 쉽다!

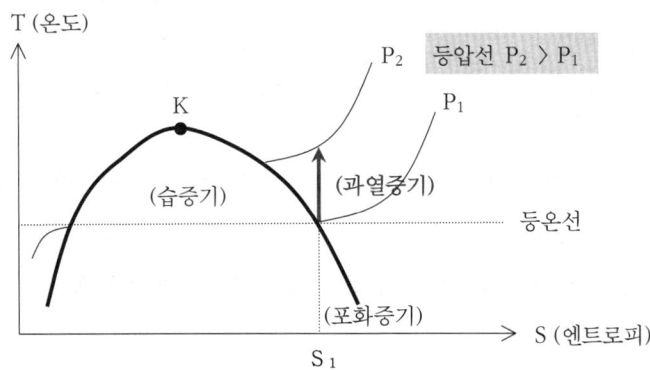

- 위 T-S 선도에서 포화증기를 가역 단열압축 시키면 **압력과 온도가 상승**함을 알 수 있다.

22. 석면판과 내화벽돌, 보온벽돌이 3층으로 형성된 노벽이 있다. 그 두께가 각각 10 cm, 20 cm, 10 cm이고, 열전도도는 각각 8, 1, 0.2 [kcal/mh℃] 이다. 노 내벽 온도는 1100 ℃이고 외벽온도는 60 ℃일 때 벽면 1 m²에서 매시간 약 얼마의 열손실이 있는가?

① 150 kcal　② 1320 kcal　③ 1460 kcal　④ 1640 kcal

【해설】(2020-1회-88번 기출유사)

$Q = K \cdot \Delta t \cdot A$　　　　　　　　　　　　암기법 : 교관온면

한편, 총괄전열계수 $K = \dfrac{1}{\sum R(열저항)} = \dfrac{1}{\sum \dfrac{d}{\lambda}} = \dfrac{1}{\dfrac{d_1}{\lambda_1} + \dfrac{d_2}{\lambda_2} + \dfrac{d_3}{\lambda_3}}$

$= \dfrac{1}{\dfrac{0.1}{8} + \dfrac{0.2}{1} + \dfrac{0.1}{0.2}} \times (1100 - 60) \times 1$

$= 1459.65 ≒ 1460 \text{ kcal}$

21-①　22-③

23. 다음 그림은 어떠한 사이클과 가장 가까운가?

① 디젤(Diesel) 사이클
② 재열(Reheat) 사이클
③ 합성(Composite) 사이클
④ 재생(Regenerative) 사이클

【해설】 (2016-4회-25번 기출반복)
- 재열사이클이란 증기원동소 사이클(랭킨사이클)에서 터빈 출구의 증기건조도를 증가시키기 위하여 개선한 사이클이다.

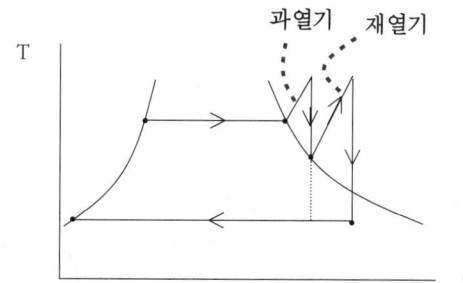

24. 비압축성 유체에 있어서 체적팽창계수 β의 값은 얼마인가?

① $\beta = 0$　　② $\beta = 1$　　③ $\beta < 0$　　④ $\beta > 0$

【해설】 (2018-2회-39번 기출반복)
- 비압축성이므로 P = 1(일정), dP = 0　∴ 체적팽창계수 $\beta = -V \cdot \dfrac{dP}{dV} = 0$

25. 높이 50 m인 폭포에서 낙하한 물의 온도는 1 kg당 약 몇 ℃ 높아지는가? (단, 낙하에 의한 에너지는 모두 열로 변환된다.)

① 0.02 ℃　　② 0.12 ℃　　③ 0.22 ℃　　④ 0.32 ℃

【해설】 (2013-4회-27번 기출유사)　　　　　　　　　암기법 : 큐는, 씨암탉
- 물체가 지닌 위치에너지(E_P)가 모두 열에너지(Q)로 전환되었으므로,

$$E_P = Q$$
$$mgh = m \cdot c \cdot \Delta t$$
$$1\,kg \times 9.8\,m/s^2 \times 50\,m = 1\,kg \times 1\,kcal/kg℃ \times \frac{4.2 \times 10^3 J}{1\,kcal} \times \Delta t$$
$$\therefore 온도변화량\ \Delta t = 0.1166 ≒ 0.12\,℃$$

26. 폐쇄계(System)에서 경로 A → C → B를 따라 100 J의 열이 계로 들어오고 40 J의 일을 외부에 할 경우 B → D → A를 따라 계가 되돌아올 때 계가 30 J의 일을 받았다면 이 과정에서 계는 얼마의 열을 방출 또는 흡수하는가?

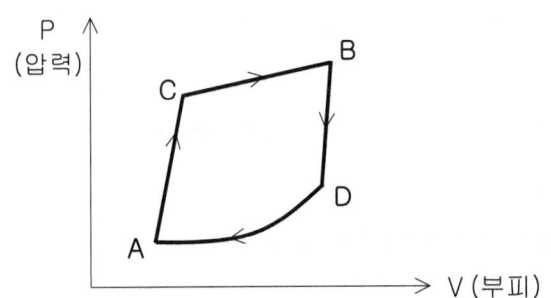

① 30 J 흡수　　　　　　　② 30 J 방출
③ 90 J 흡수　　　　　　　④ 90 J 방출

【해설】(2009-1회-33번 기출반복)
※ 폐쇄계에서 열량은 보존된다는 열역학 제1법칙(에너지 보존)의 이해.
　　계(系)가 100 J의 열을 받았으므로 +100 J에서, 외부에 일을 40 J만큼 했으므로
　　계(系)에는 100 J - 40 J = 60 J 만큼의 내부에너지가 증가하였다.
　　계(系)가 원상태로 되돌아오기 위하여 +30 J의 일을 받아야 하는 것은,
　　내부에너지(60 J) + 외부로부터(30 J) = 90 J 만큼의 열을 방출했기 때문이다.

27. 열화학 반응식에 대한 설명으로 옳지 않은 것은?

① 일반적으로 물질의 상태를 표시한다.
② 일반적으로 물리적 조건(온도, 압력)을 명시한다.
③ 발열반응에서 평형반응률은 온도상승과 더불어 저하한다.
④ 일반적으로 반응열을 화학반응식에 붙여 쓸 때 발열인 경우 -부호를, 흡열인 경우 +부호를 표시한다.

【해설】• 화학반응식에서 반응열(Q) 표시의 부호　(+) : 발열, (-) : 흡열
　　　　• 화학반응식에서 엔탈피변화(ΔH)의 부호　(-) : 발열, (+) : 흡열

28. 단열 비가역 변화를 할 때 전체 엔트로피는 어떻게 변하는가?

① 감소한다. ② 증가한다.
③ 변화가 없다. ④ 주어진 조건으로는 알 수 없다.

【해설】(2014-4회-40번 기출반복)
※ 단열변화는 열의 출·입이 없으므로(dQ = 0), 엔트로피 공식 $dS = \dfrac{dQ}{T} = \dfrac{0}{T} = 0$
- 단열 가역변화 : dS = 0
- 단열 비가역변화 : dS > 0
∴ 자연계의 모든 변화는 실제로 비가역적이므로 dS(엔트로피 변화량)이 **항상 증가한다**.

29. 카르노(Carnot) 냉동 사이클의 설명 중 틀린 것은?

① 성능계수가 가장 좋다.
② 실제적인 냉동 사이클이다.
③ 카르노(Carnot) 열기관 사이클의 역이다.
④ 냉동 사이클의 기준이 된다.

【해설】(2020-1회-36번 기출반복)
- 역카르노 사이클(카르노 냉동 사이클)은 이론적으로 열손실이 없는 가장 **이상적인** 냉동 사이클로서, 성능계수가 가장 크다.
  (실제적인 사이클에서는 마찰 등 여러 형태의 열에너지 손실이 발생하게 된다.)

30. 공기 30 kg을 일정 압력하에 100 ℃에서 900 ℃까지 가열할 때 공기의 정압비열을 0.241 kcal/kg℃, 정적비열을 0.127 kcal/kg℃라고 하면 엔탈피 변화는 약 몇 kcal 인가?

① 36.8 ② 216.9 ③ 3048 ④ 5784

【해설】(2020-3회-29번 기출유사)
- 정압 하에서는 dQ = dH - V·dP = dH = Cp·dT 이므로
  dH = m · Cp · dT = m × Cp × (T₂ - T₁)
  = 0.241 × 30 × (900 - 100) = 5784 kcal

31. 냉동기의 용량을 표시하는 단위인 1 냉동톤을 바르게 설명한 것은?

① 1시간에 0 ℃의 물 1톤을 0 ℃로 얼게 만들 수 있는 용량의 냉동기
② 1시간에 1톤의 냉각수를 사용하는 냉동기
③ 24시간에 1톤의 냉각수를 사용하는 냉동기
④ 24시간에 0 ℃의 물 1톤을 0 ℃로 얼게 만들 수 있는 용량의 냉동기

【해설】(2022-2회-25번 기출유사)

28-② 29-② 30-④ 31-④

【해설】 • 1 RT(냉동톤)이란?
24시간에 0℃의 물 1톤(10^3 kg)을 0℃의 얼음으로 냉동시킬 수 있는 능력을 말한다.
$Q = mR = 1000 \text{ kg} \times 79.68 \text{ kcal/kg} \times \dfrac{1}{24 h} = 3320 \text{ kcal/h}$

32. 아음속(亞音速) 유동에서 유체가 팽창하여 가속되려면 노즐 단면적은 유동방향에 따라 어떻게 되어야 하는가?

① 감소되어야 한다.　　　　　② 변화없이 유지되어야 한다.
③ 증대되어야 한다.　　　　　④ 단면적과는 무관하다.

【해설】 (2014-4회-22번 기출반복)

• 마하수(Mach number) $M_a = \dfrac{v \,(속도)}{C \,(음속)}$ 에서,
음속보다 느린 속도를 아음속이라 하고, 음속보다 빠른 속도를 초음속이라 한다.

① 아음속 흐름($M_a < 1$)의 경우

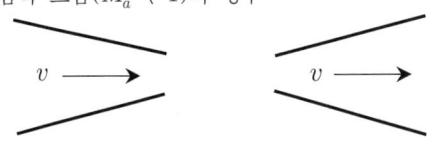

㉠ 단면적(A)이 감소할 때(즉, 축소관일 때)
　• 유량 $Q = Av$ 에서 $v = \dfrac{Q}{A} \propto \dfrac{1}{A}$ 이므로, v는 증가한다(즉, 가속된다.)
　• 베르누이 방정식 $\dfrac{P_1}{\gamma} + \dfrac{v_1^2}{2g} = \dfrac{P_2}{\gamma} + \dfrac{v_2^2}{2g}$ 에서 P 는 감소한다.

㉡ 단면적이 증가할 때(즉, 확대관일 때)
　• v는 감소한다.
　• P 는 증가한다.

② 초음속 흐름($M_a > 1$)의 경우는 아음속 흐름의 경우와 정반대로 변화한다.

㉠ 단면적(A)이 감소할 때(즉, 축소관일 때)
　• v는 감소한다.
　• P는 증가한다.

㉡ 단면적이 증가할 때(즉, 확대관일 때)
　• v는 증가한다.
　• P 는 감소한다.

33. 다음 중 등온 압축계수 K를 옳게 표시한 것은?

① $K = -\frac{1}{V}\left(\frac{dP}{dT}\right)_V$ ② $K = -\frac{1}{V}\left(\frac{dV}{dP}\right)_T$

③ $K = \frac{1}{V}\left(\frac{dP}{dT}\right)_V$ ④ $K = \frac{1}{V}\left(\frac{dV}{dP}\right)_T$

【해설】(2014-2회-28번 기출반복)
- 이상기체의 상태방정식 PV = RT 에서, 등온압축이므로 T = 1(일정)
$$PV = 1$$
이것을 미분하면, $d(PV) = d(1)$
$$PdV + VdP = 0$$
$$\therefore P = -V \cdot \frac{dP}{dV}$$

따라서, 등온 압축계수 $K = \frac{1}{\beta} = \frac{1}{P} = \frac{1}{-V\frac{dP}{dV}} = -\frac{1}{V}\frac{dV}{dP} = -\frac{1}{V}\left(\frac{dV}{dP}\right)_T$

【참고】 • 압력과 체적사이의 관계 $\Delta P \propto \frac{-\Delta V}{V}$ 에서, 등식으로는 $\Delta P = -\beta \cdot \frac{\Delta V}{V}$

즉, 체적탄성계수 $\beta = -V \cdot \frac{dP}{dV}$

- 압축계수(또는, 압축률) $K = \frac{1}{\beta}$ 으로서 체적탄성계수 β의 역수로 정의한다.

【key】 등온이므로 일정한 상수는 $\left(-\right)_T$ 이어야 하므로 ①,③번은 무조건 틀린 것이고, 압축이므로 압력의 변화량과 부피의 변화량은 서로 반대(-)에 해당한다.
∴ 공식의 표현에서 "서로반대"를 뜻하는 (-)가 들어있는 ②번만이 정답이 된다.

34. 실온이 25 ℃인 방에서 역카르노사이클 냉동기가 작동하고 있다. 냉동공간은 -30 ℃로 유지되며, 이 온도를 유지하기 위해 작동유체가 냉동공간으로부터 100 kW를 흡열하려 할 때 전동기가 해야 할 일은 약 몇 kW인가?

① 22.6 ② 81.5 ③ 207 ④ 414

【해설】(2021-4회-35번 기출반복)
- 역카르노사이클이므로 COP(성능계수)를 온도의 비로 계산할 수 있다.

$$COP = \frac{Q_2}{W_c} = \frac{Q_2}{Q_1 - Q_2} = \frac{T_2}{T_1 - T_2}$$

한편, 흡열량 Q_2 = 100 kW로 제시되어 있으므로

$$\frac{100\,kW}{W_c} = \frac{(-30 + 273)}{(25 + 273) - (-30 + 273)}$$

∴ 전동기의 압축일량 Wc = 22.63 ≒ **22.6 kW**

35. 1atm, 25 ℃인 N₂ 1mol의 열용량이 6.9 cal/℃이면 1atm, 150 ℃인 N₂ 1mol의 엔트로피는 약 얼마인가?

① 1.21 cal/℃   ② 2.42 cal/℃   ③ 3.45 cal/℃   ④ 6.21 cal/℃

【해설】(2022-2회-37번 기출유사)   암기법 : 피티네, 알압(아랍)

※ 정압과정($P_1 = P_2 = 1\,atm$)의 엔트로피 변화량 계산

- 엔트로피 변화량의 기본식 $\Delta S = C_P \cdot \ln\left(\dfrac{T_2}{T_1}\right) - R \cdot \ln\left(\dfrac{P_2}{P_1}\right)$ 에서,

한편, $\ln\left(\dfrac{P_2}{P_1}\right) = \ln(1) = 0$

∴ 엔트로피 변화량 $\Delta S = C_P \cdot \ln\left(\dfrac{T_2}{T_1}\right) \times m$

한편, 열용량 = $m \cdot C_P$ = 1mol × C_P = 6.9 cal/℃ 에서, C_P = 6.9 cal/mol·℃

ΔS = 6.9 cal/mol·℃ × $\ln\left(\dfrac{273 + 150}{273 + 25}\right)$ × 1mol = 2.4169 ≒ **2.42 cal/℃**

36. 임계점(Critical point)을 초과한 수증기의 성질을 설명한 것 중 틀린 것은?

① 임계온도 이상에서도 압력이 충분히 높으면 액화된다.
② 임계온도 이상에서도 압력이 충분히 낮으면 기화된다.
③ 임계압력 이상이라도 온도가 낮으면 액화된다.
④ 임계압력 이하에서는 온도가 높으면 기화된다.

【해설】❶ 임계온도 이상에서는 압력이 아무리 높더라도 기체 상태로만 존재하므로 **액화되지 않는다**.

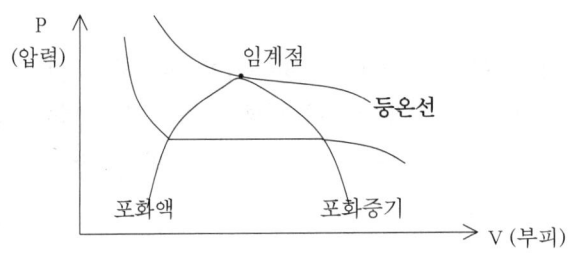

37. 다음에서 가역단열압축 → 정압가열 → 가역단열팽창 → 정압냉각의 4개 과정으로 이루어지는 사이클은?

① Otto 사이클   ② Diesel 사이클
③ Sabathe 사이클   ④ Brayton 사이클

【해설】(2013-2회-31번 기출유사)   암기법 : 가!~ 단합해

- 가스터빈 사이클(Brayton, 브레이턴 사이클) : 단열 - 정압 - 단열 - 정압

38. 다음 그림은 어떤 사이클에 가장 가까운가?

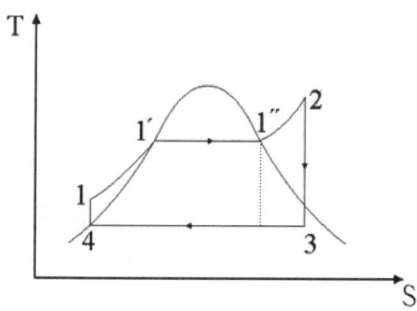

① 디젤 사이클
② 냉동 사이클
③ 오토 사이클
④ 랭킨 사이클

【해설】(2022-2회-35번 기출유사)

※ 랭킨 사이클(Rankine cycle)의 구성

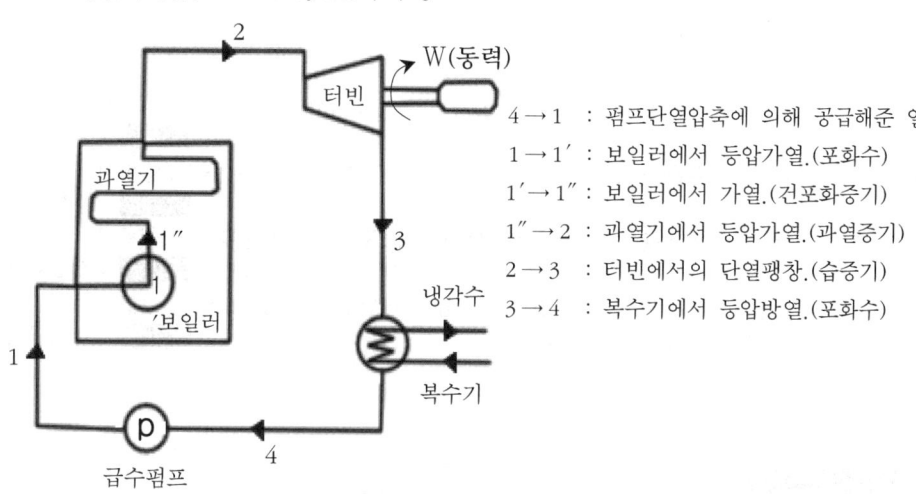

4→1 : 펌프단열압축에 의해 공급해준 일
1→1′ : 보일러에서 등압가열.(포화수)
1′→1″ : 보일러에서 가열.(건포화증기)
1″→2 : 과열기에서 등압가열.(과열증기)
2→3 : 터빈에서의 단열팽창.(습증기)
3→4 : 복수기에서 등압방열.(포화수)

39. 압력 10 kgf/cm² 에서 공급되는 보일러로부터의 수증기가 건도 0.95 로 알려져 있다. 이 수증기 1kg 당의 엔탈피는 약 몇 kcal 인가? (단, 10 kgf/cm² 에서 포화수의 엔탈피는 181.2 kcal/kg, 포화증기의 엔탈피는 662.9 kcal/kg이다.)

① 457.6   ② 638.8   ③ 810.9   ④ 1120.5

【해설】(2017-1회-39번 기출반복)

- 습증기의 엔탈피 $h_x = h_1 + x(h_2 - h_1)$ 여기서, x : 증기건도
  $= 181.2 + 0.95 \times (662.9 - 181.2)$
  $= 638.815 ≒ 638.8 \text{ kcal/kg}$

38-④   39-②

40. 에릭슨(Ericsson) 사이클이란 다음 중 어느 과정을 거치는 사이클인가?

① 등온압축 → 정압가열 → 등온팽창 → 정압냉각
② 등온압축 → 정압가열 → 단열팽창 → 정압냉각
③ 단열압축 → 정압가열 → 단열팽창 → 정압냉각
④ 단열압축 → 정압가열 → 등온팽창 → 정적비열

【해설】 (2018-2회-22번 기출유사)　　　　　　　　　　　암기법 : .예혼합

- 에릭슨 사이클 : 온합~온합 (등온압축 - 정압가열 - 등온팽창 - 정압냉각)

【참고】 ※ 열기관의 사이클(cycle) 과정은 반드시 암기하고 있어야 한다.

　　　　　　　　　　　　암기법 : 단적단적한.. 내, 오디사　가(부러),예스　랭!
　　　　　　　　　　　　　　　　　　　　　　↳내연기관.　↳외연기관

오	단적~단적	오토	(단열압축-등적가열-단열팽창-등적방열)
디	단합~단적	디젤	(단열압축-등압가열-단열팽창-등적방열)
사	단적 합단적	사바테	(단열압축-등적가열-등압가열-단열팽창-등적방열)
가(부)	단합~단합	가스터빈(브레이튼)	(단열압축-등압가열-단열팽창-등압방열)

　　　　　　　　　　　　　　　　　　　　　　　　　　암기법 : 가!~단합해

| 예 | 온합~온합 | 에릭슨 | (등온압축-정압가열-등온팽창-정압방열) |

　　　　　　　　　　　　　　　　　　　　　　　　　　암기법 : 예혼합

| 스 | 온적~온적 | 스털링 | (등온압축-등적가열-등온팽창-등적방열) |

　　　　　　　　　　　　　　　　　　　　　　　　　　암기법 : 스탈린 온적있니?

| 랭킨 | 합단~합단 | 랭킨 | (등압가열-단열팽창-등압방열-단열압축) |
↳증기 원동소의 기본 사이클.　　　　　　　　　　　　암기법 : 링컨 가랭이

제3과목　　계측방법

41. 다음 중 진공도(Pvac)에 대하여 옳게 표현한 식은?
(단, Pabs는 절대압력, Patm은 대기압이다.)

① Pvac = Patm - Pabs
② Pvac = Patm + Pabs
③ Pvac = Pabs - Patm
④ Pvac = $\dfrac{Pabs}{Patm}$

【해설】 (2016-2회-60번 기출유사)　　　　　　　　암기법 절대 계, 절대마진

- 절대압력 = 대기압 + 게이지압(계기압력)
- 절대압력 = 대기압 - 진공압
- ❶ 진공압(또는, 진공도) = 대기압 - 절대압력

40-①　41-①

【참고】 ※ 압력의 구분
- 절대압력(absolute pressure)은 완전진공을 기준으로 하며, 게이지압력(gauge pressure)은 국소대기압을 기준으로 한다.

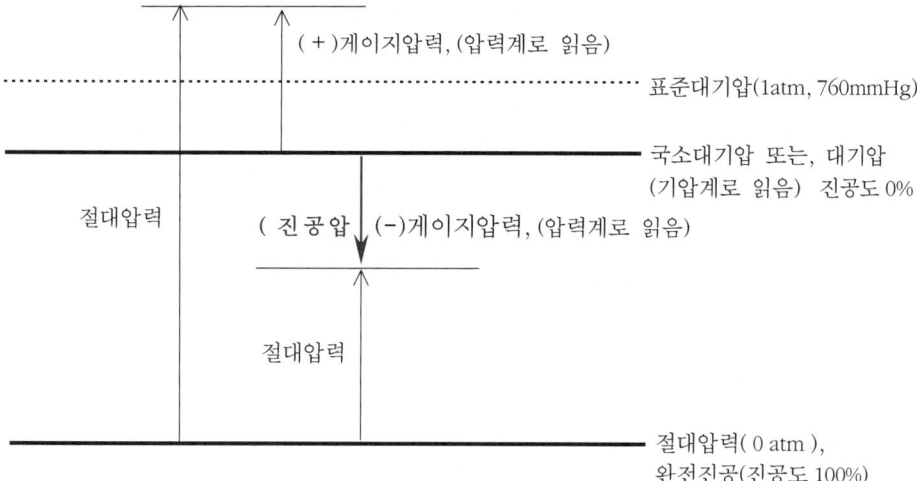

① 표준대기압(standard atmospheric pressure) : 해수면에서의 국소대기압의 평균값으로 토리첼리 실험에 의해 얻어진 값이다.
② 국소대기압(local atmospheric pressure) : 대기의 무게(mg)에 의한 압력으로 측정장소의 위도, 고도, 날씨 등에 따라 그 값이 서로 달라진다.
③ 진공압(Vacuum pressure) : 대기압보다 압력이 낮은 상태의 압력으로 진공계가 지시하는 압력이다.

42. 다음 중 저온에 대한 정밀측정에 가장 적합한 온도계는?

① 열전대온도계 ② 저항온도계
③ 광고온계   ④ 방사온도계

【해설】 (2022-1회-57번 기출유사)
❷ (전기)저항온도계 중 백금 저항온도계는 온도범위가 -200 ~ 500 ℃ 이므로 저온에 대해서도 정밀측정용으로 적합하다.
- 온도계 중에서 가장 높은 온도를 측정할 수 있는 것은 광고온계이다.(700 ~ 3000℃)

43. 다음 중 제백(Seebeck) 효과에 대하여 가장 바르게 설명한 것은?

① 어떤 결정체를 압축하면 기전력이 일어난다.
② 성질이 다른 두 금속의 접점에 온도차를 두면 열기전력이 일어난다.
③ 고온체로부터 모든 파장의 전방사에너지는 절대온도의 4승에 비례하여 커진다.
④ 고체가 고온이 되면 단파장 성분이 많아진다.

【해설】 (2020-3회-53번 기출반복)

【해설】 • 제백(Seebeck) 효과
- 두 가지의 서로 다른 금속선을 접합시켜 양 접점(냉접점, 온접점)의 온도를 서로 다르게 온도차를 유지해 두면 **열기전력이 발생하는 현상**을 말한다.

【참고】 열진단시 온도 측정에 많이 사용되는 **열전대(themo couple) 온도계**는 제백효과를 이용한 온도계로서 측정오차가 적고, 측정이 용이하며, 측정온도의 범위가 매우 큰 접촉식 온도계이다.

44. 다음 중 저항온도계에 대한 설명으로 옳은 것은?

① 일반적으로 온도가 증가함에 따라 금속의 전기저항이 감소하는 현상을 이용한 것이다.
② 저항체는 저항온도계수가 적어야 한다.
③ 일정온도에서 일정한 저항을 가져야 한다.
④ 저항체로서 주로 Fe가 사용된다.

【해설】(2014-4회-60번 기출반복)
① 일반적으로 온도가 증가함에 따라 금속의 전기저항이 증가하는 현상을 이용한 것이다.
② 저항체는 저항온도계수가 커야 한다.
❸ 물리·화학적으로도 안정하여 같은 특성을 가져야 하므로, 일정온도에서 일정한 저항값을 가져야 한다.
④ 측온 저항체로서는 서미스터, 니켈, 구리, 백금이 사용된다.

45. 대기압하에서 보일러의 계기에 나타난 압력이 $6\ kg/cm^2$ 이다. 이를 절대압력으로 표시할 때 가장 가까운 값은?

① $3\ kg/cm^2$ ② $5\ kg/cm^2$ ③ $6\ kg/cm^2$ ④ $7\ kg/cm^2$

【해설】(2019-2회-51번 기출반복)   암기법 : 절대계
• 절대압력 = 대기압 + 게이지압(계기압력)
= $1.0332\ kg/cm^2 + 6\ kg/cm^2 ≒ 7\ kg/cm^2$

46. 다음 중 탄성 압력계에 속하지 <u>않는</u> 것은?

① 부자식 압력계 ② 다이어프램 압력계
③ 벨로스식 압력계 ④ 부르동관 압력계

【해설】(2019-2회-44번 기출반복)
❶ 부자식(또는, 플로트식)은 압력계가 아니라 액면계의 종류에 속한다.

【참고】• 탄성식 압력계의 종류별 압력 측정범위   암기법 : 탄돈 벌다
- 부르돈관식 〉 벨로스식 〉 다이어프램식

47. 유로에 고정된 교축기구를 두어 그 전후의 압력차를 측정하여 유량을 구하는 유량계의 형식이 아닌 것은?

① 오리피스미터 ② 벤투리미터
③ 로터미터 ④ 플로노즐(Flow nozzle, 유량노즐)

【해설】(2019-1회-52번 기출반복)
- 간접 측정식의 **차압식**(교축) 유량계 : **벤츄리식, 오리피스식, 플로우노즐식**이 있다.
- ❸ **로터미터**(Rota meter)는 차압식 유량계와는 달리 교축기구 차압을 일정하게 유지하고 교축기구의 면적을 변화시켜서 유량을 측정하는 플로트형의 **면적식 유량계**이다.

48. 자동제어 장치의 검출부에 대하여 옳게 설명한 것은?

① 압력, 온도, 유량 등의 제어량을 측정하여 그 값을 전기 등의 신호로 변환시켜 비교부로 전송하는 부분
② 제어량의 값을 기준입력과 비교하기 위한 신호부분
③ 기준입력과 피드백된 양을 비교하여 얻은 편차량의 신호부분
④ 제어대상에 대하여 실제로 작용을 걸어오는 부분

【해설】(2007-1회-48번 기출반복)
- ❶ 자동제어장치 검출부 : 온도, 압력, 유량 등의 제어량을 검출하여 그 값을 공기압, 전기 등의 신호로 변환시켜 비교부로 전송하는 부분이다.

49. 200 ℃는 화씨온도로 몇 ℉ 인가?

① 232 ℉ ② 392 ℉ ③ 417 ℉ ④ 473 ℉

【해설】(2011-2회-43번 기출반복) 암기법 : 화씨는 오구씨보다 32살 많다.
- 화씨온도(℉) = $\dfrac{180}{100}$ ℃ + 32 = $\dfrac{9}{5}$ ℃ + 32 = $\dfrac{9}{5}$ × 200 + 32 = 392 ℉

50. 산소의 농도를 측정할 때 기전력을 이용하여 분석, 계측하는 분석계는?

① 자기식 O_2계 ② 세라믹식 O_2계
③ 연소식 O_2계 ④ 밀도식 O_2계

【해설】(2022-2회-48번 기출유사) 암기법 : 쎄라지~
- 지르코니아(ZrO_2)를 원료로 하는 전기화학전지의 기전력을 측정하여 가스 중의 O_2 농도를 분석하는 세라믹(ceramic)식 계측기를 가장 많이 사용한다.

51. 대칭성 2원자 분자를 제외한 CO_2, CH_4 등 거의 대부분 가스를 분석할 수 있으며, 선택성이 우수하고, 연속 분석이 가능한 가스 분석법은?

① 적외선법 ② 음향법
③ 열전도율법 ④ 도전율법

【해설】(2010-2회-56번 기출반복)
- 적외선 가스분석계
  - 단원자 분자(Ar)나 단체로 이루어진 2원자 분자(H_2, O_2, N_2 등)를 제외한, 대부분의 가스(CO, CO_2, CH_4 등)는 적외선에 대하여 각각의 고유한 흡수스펙트럼을 가지는 원리를 이용하여 측정 장치가 흡수한 에너지의 차이만큼을 이용하여 가스농도를 분석해내는 방법이다.

52. 전자유량계의 특징에 대한 설명 중 틀린 것은?

① 압력손실이 거의 없다. ② 응답이 매우 빠르다.
③ 높은 내식성을 유지할 수 있다. ④ 모든 액체의 유량 측정이 가능하다.

【해설】(2020-3회-48번 기출유사)
전자식 유량계는 파이프 내에 흐르는 도전성의 유체에 직각방향으로 자기장을 형성시켜 주면 패러데이(Faraday)의 전자기유도 법칙에 의해 발생되는 유도기전력(E)으로 유량을 측정한다. (패러데이 법칙 : $E = Blv$) 따라서, **도전성 액체의 유량측정에만 쓰인다.**
유로에 장애물이 없으므로 다른 유량계와는 달리 압력손실이 거의 없으며, 이물질의 부착 및 침식의 염려가 없으므로 높은 내식성을 유지할 수 있으며, 유체의 밀도와 점성의 영향을 받지 않으므로 슬러지가 들어있거나 고점도 유체에 대하여도 측정이 가능하다.
또한, 검출의 시간지연이 없으므로 응답이 매우 빠른 특징이 있으며, 미소한 측정전압에 대하여 고성능 증폭기를 필요로 한다.

53. 다음 중 질량유량 W [kg/s]에 대하여 옳게 표현한 식은?
(단, V [m³/s]는 부피유량, ρ [kg/m³]는 유체의 밀도이다.)

① $W = V \cdot \rho$ ② $W = \dfrac{V}{\rho}$ ③ $W = \dfrac{1}{V\rho}$ ④ $W = \dfrac{\rho}{V}$

【해설】(2010-1회-54번 기출반복)   **암기법** : 밀도는 하트(♡)다.
- 밀도 $\rho = \dfrac{M}{V} \left(\dfrac{Mass}{Volume} \dfrac{질량}{부피}\right)$, ∴ $M = \rho \cdot V$ 에서, 제시된 기호로는 $W = \rho \cdot V$

54. 가스 크로마토그래피법에 사용되는 검출기 중 물에 대하여 감도를 나타내지 않기 때문에 자연수 중에 들어있는 오염물질을 검출하는데 유용한 검출기는?

① 불꽃이온화 검출기 ② 열전도도 검출기
③ 전자포획 검출기 ④ 원자방출 검출기

【해설】 (2012-2회-45번 기출반복)
- 불꽃이온화 검출기는 물에 대하여는 감도를 나타내지 않기 때문에, 자연수 중에 포함된 오염물질(유기화합물)을 검출할 수 있다.

55. 석유화학, 화약공장과 같은 화기의 위험성이 있는 곳에 사용되며 신뢰성이 높은 입력신호 전송방식은?

① 공기압식 ② 유압식
③ 전기식 ④ 유압식과 전기식의 결합방식

【해설】 (2013-1회-44번 기출반복)
- 석유화학, 화약공장과 같은 화기의 위험성이 있는 곳에서는 전기방전에 의한 위험성을 지닌 전기식 및 인화성에 의한 위험성을 지닌 유압식을 지양하는 대신에 **위험성이 없는 공기압식** 전송방식이 사용된다.

56. 차압식 유량계의 특징이 아닌 것은?

① 조리개 전후에는 지름이 동일한 직관이 필요하다.
② 고온 고압의 유체를 측정할 수 있다.
③ 레이놀즈수 10^5 이하는 유량계수가 변화한다.
④ 압력손실이 적다.

【해설】 (2007-1회-56번 기출반복)
- 차압식 유량계는 유로 내에 고정된 교축기구를 두므로 흐르는 유체의 **압력손실이 크다.**

57. 경유를 사용한 분동식 압력계의 사용압력(kg/cm^2) 범위는?

① 40 ~ 100 ② 100 ~ 300
③ 300 ~ 500 ④ 500 ~ 1,000

【해설】 (2012-1회-51번 기출반복)
- 분동식 표준 압력계는 분동에 의해 압력을 측정하는 형식으로, 탄성식 압력계의 교정용 및 피검정 압력계의 검사를 행하는데 이용된다.
- 사용하는 기름에 따른 압력범위.   암기법 : 경사났네, 스피드백, 맹모삼천지교
  - 경유 : 40 ~ 100 kg/cm^2
  - 스핀들유, 피마자유 : 100 ~ 1000 kg/cm^2
  - 모빌유 : 3000 kg/cm^2 이상

55-① 56-④ 57-①

58. 다음에서 설명하는 제어동작은?

> - 부하변화가 커도 잔류편차가 생기지 않는다.
> - 급변할 때 큰 진동이 생긴다.
> - 전달느림이나 쓸모없는 시간이 크면 사이클링의 주기가 커진다.

① D 동작
② PI 동작
③ PD 동작
④ P 동작

【해설】(2017-1회-41번 기출반복)　　　　　　　　　　　암기법 : 아이(I)편
- P동작(비례동작)은 잔류편차를 남기므로 단독으로는 사용하지 않고 다른 동작과 조합하여 사용된다.
- I동작(적분동작)은 잔류편차는 제거되지만 진동하는 경향이 있고 안정성이 떨어진다.

59. 출력 측의 신호를 입력 측에 되돌려 비교하는 제어방법은?

① 인터록
② 시퀀스
③ 피드백
④ 리셋

【해설】(2018-4회-59번 기출반복)
　　※ 피드백 제어(feed back control)
　　　- 출력측의 제어량을 입력측에 되돌려 설정된 목표값과 비교하여 일치하도록 반복시켜 동작하는 제어 방식을 말한다.

【key】 되돌리는 것을 "**피드백**(feed back)" 이라 한다.

60. 액주에 의한 압력측정에서 정밀 측정을 위한 보정으로 반드시 필요로 하지 <u>않는</u> 것은?

① 모세관 현상의 보정
② 중력의 보정
③ 온도의 보정
④ 높이의 보정

【해설】(2019-4회-49번 기출유사)　　　　　　　　　암기법 : 보은중앞으로 모이세
- 액주식 압력계는 구부러진 유리관에 기름, 물, 수은 등을 넣어 한쪽 끝에 측정하려고 하는 압력을 도입하여 양 액면의 높이차에 의해 압력을 측정하는데 U자관의 크기는 보통 2m 정도로 한정되며 주로 통풍력을 측정하는데 사용되고 있다.
측정의 정도는 모세관현상 등의 영향을 받으므로 정밀한 측정을 위해서는 **온도, 중력, 압력** 및 **모세관현상**에 대한 **보정**이 필요하다.

제4과목　　　　열설비재료 및 관계법규

61. 에너지이용 합리화법령에 따라 에너지 관리대상자가 에너지 손실요인의 개선명령을 받은 때에는 개선명령일부터 60일 이내에 개선계획을 수립하여 산업통상자원부장관에게 제출하여야 하는데, 그 결과를 개선기간 만료일부터 며칠 이내에 산업통상자원부장관에게 통보해야 하는가?

① 7일　　　② 10일　　　③ 15일　　　④ 20일

【해설】(2007-1회-62번 기출반복)　　　　암기법 : 6·15 선언
- 에너지다소비사업자는 에너지손실 요인의 개선명령을 받은 경우에는 개선명령일부터 **60일** 이내에 개선계획을 수립하여 산업통상자원부장관에게 제출하여야 하며, 그 결과를 개선기간 만료일부터 **15일** 이내에 산업통상자원부장관에게 통보하여야 한다.
　　　　　　　　　　　　　　　　　　　　　　　　[에너지이용합리화법 시행령 제40조.]

62. 에너지이용 합리화법령에 따라 국가에너지절약추진위원회의 구성에 해당하지 않는 자는?

① 해양수산부차관　　　　　　② 교육부차관
③ 한국지역난방공사 사장　　　④ 한국가스안전공사 사장

【해설】(2013-4회-71번 기출반복)　　　암기법 : 차관은 전부 가난에
- 위원의 구성 : 관련부처의 **차관** + 한국**전**력공사사장, 한국**가**스공사사장, 한국지역**난**방공사사장 + 한국**에**너지공단이사장　　[에너지이용합리화법 시행령 제4조.]
- ❹ 고용노동부차관, 대통령비서실장, 한국통신사장, 한국가스**안전**공사사장은 해당하지 않는다.

63. 에너지이용 합리화법령에 따라 에너지수급 차질에 대비하기 위하여 산업통상자원부장관이 에너지저장의무를 부과할 수 있는 대상에 해당되는 자는?

① 연간 1천 TOE 이상 에너지 사용자
② 연간 5천 TOE 이상 에너지 사용자
③ 연간 1만 TOE 이상 에너지 사용자
④ 연간 2만 TOE 이상 에너지 사용자

【해설】(2021-2회-65번 기출유사)　암기법 : 에이(2000), 쌍!~ 다소비네, 10배(20000) 저장해야지
- 에너지수급 차질에 대비하기 위하여 산업통상자원부장관이 에너지**저장**의무를 부과할 수 있는 대상에 해당되는 자는 전기사업자, 도시가스사업자, 석탄가공업자, 집단에너지사업자, 연간 **2만 TOE**(석유환산톤) 이상의 에너지사용자이다. [에너지이용합리화법 시행령 제12조.]

61-③　　62-④　　63-④

64. 에너지이용 합리화법에 따라 에너지 사용자가 에너지사용량이 기준량 이상이 될 때 산업통상자원부령이 정하는 바에 따라 신고해야 할 사항이 아닌 것은?

① 전년도의 분기별 에너지 사용량 · 제품 생산량
② 해당 연도의 분기별 에너지사용예정량, 제품생산예정량
③ 에너지사용기자재의 현황
④ 에너지이용효과, 에너지 수급체계의 영향분석 현황

【해설】(2018-1회-67번 기출유사)　　　　　　　　　암기법 : 전 기관에 전해
　※ 에너지다소비업자의 신고　　　　　　　　　　　[에너지이용합리화법 제31조.]
　　• 에너지사용량이 대통령령으로 정하는 기준량(2000 TOE)이상인 **에너지다소비업자**는 산업통상자원부령으로 정하는 바에 따라 매년 **1월 31일**까지 그 에너지사용시설이 있는 지역을 관할하는 **시·도지사**에게 다음 사항을 신고하여야 한다.
　　　　1. **전**년도의 분기별 에너지사용량 · 제품생산량
　　　　2. **해**당 연도의 분기별 에너지사용예정량 · 제품생산예정량
　　　　3. **전**년도의 분기별 에너지이용 합리화 실적 및 해당 연도의 분기별 계획
　　　　4. 에너지사용**기**자재의 현황
　　　　5. 에너지**관**리자의 현황
　　❹번 문항은 에너지사용계획에 포함되는 사항이다. [에너지이용합리화법 시행령 제21조.]

65. 에너지이용 합리화법의 목적으로 가장 거리가 먼 것은?

① 에너지의 합리적 이용을 증진
② 에너지 소비로 인한 환경피해 감소
③ 에너지원의 개발
④ 국민 경제의 건전한 발전과 국민복지의 증진

【해설】(2020-3회-62번 기출반복)　　　　　　　　　　[에너지이용합리화법 제1조.]
　　• 에너지의 수급을 안정시키고 에너지의 합리적이고 효율적인 이용을 증진하며 에너지 소비로 인한 환경피해를 줄임으로써 국민경제의 건전한 발전 및 국민복지의 증진과 지구온난화의 최소화에 이바지함을 목적으로 한다.
【key】※ 에너지이용합리화법 목적　　　　　　암기법 : 이경복은 온국수에 환장한다.
　　　－ 에너지**이**용 효율증진, **경**제발전, **복**지증진, **온**난화의 최소화, **국**민경제, **수**급안정, **환**경피해감소.

66. 에너지이용 합리화법령상 검사의 종류가 아닌 것은?

① 설계검사　　　　　　　　　② 제조검사
③ 계속사용검사　　　　　　　④ 개조검사

【해설】(2021-2회-64번 기출반복)　　　　　　[에너지이용합리화법 시행규칙 별표3의4.]
　　• 검사의 종류에는 제조검사(용접검사, 구조검사), **설치검사**, 설치장소변경검사, 개조검사, 재사용검사, 계속사용검사(운전성능검사, 안전검사)로 분류한다.

64-④　65-③　66-①

67. 에너지이용 합리화법에 따라 다음 중 효율관리기자재의 소비효율등급을 허위로 표시하였을 때의 벌칙은?

① 1년 이하의 징역 또는 1천만원 이하의 과태료
② 2천만원 이하의 과태료
③ 1천만원 이하의 과태료
④ 5백만원 이하의 과태료

【해설】(2021-2회-66번 기출유사)   [에너지이용합리화법 제78조 과태료 1항.]
  • 효율관리기자재에 대한 에너지소비효율등급 또는 에너지소비효율을 표시하지 아니하거나 거짓으로 표시를 한 자에게는 **2천만원** 이하의 과태료를 부과한다.

【참고】※ 위반행위에 해당하는 벌칙(징역. 벌금액) 암기법
  2.2 - 에너지 저장, 수급 위반   이~이가 저 수위다.
  1.1 - 검사대상기기 위반   한명 한명씩 검사대를 통과했다.
  0.2 - 효율기자재 (생산,판매,금지명령)위반   영희가 효자다.
  0.1 - 미선임, 미확인, 거부, 기피   영일은 미선과 거부기피를 먹었다.
  0.05- 광고, 표시 위반   영오는 광고표시를 쪽~ 위반했다.

68. 노재의 하중연화점을 측정하는 방법으로 옳은 것은?

① 소정의 온도에서 압축강도를 측정한다.
② 하중을 일정하게 하고 온도를 높이면서 그 하중에 견디지 못하고 변형하는 온도를 측정한다.
③ 하중과 온도를 동시에 변화시키면서 변형을 측정한다.
④ 하중과 온도를 일정하게 하고 일정시간 후의 변형을 측정한다.

【해설】(2011-4회-74번 기출반복)
  • 하중연화점(荷重軟化點)은 하중을 일정하게 하고 온도를 높이면 그 하중에 견디지 못하고 내화물이 부분적으로 용융되어 변형되는 연화현상을 일으키는 온도를 말한다.

69. 축요(築窯) 시 가장 중요한 것은 적합한 지반(地盤)을 고르는 것이다. 다음 중 지반의 적부 결정과 가장 거리가 먼 것은?

① 지내력 시험   ② 토질 시험
③ 팽창 시험   ④ 지하 탐사

【해설】(2014-4회-79번 기출반복)
  • 요로를 설치하는데 기초적으로 가장 중요한 것은 지반을 잘 골라야 한다.
    지반의 적부 결정은 **지내력시험, 토질시험, 지하탐사** 등을 행하여 결정하게 된다.
  ❸ 팽창시험은 축조재료의 팽창 성질을 살피는 시험이므로 지반의 적부 결정과는 무관하다.

67-② 68-② 69-③

70. 벽돌을 105 ~ 120 ℃에서 건조시켰을 때 무게를 W, 이것을 물 속에서 3시간 끓인 다음 물 속에서 유지시켰을 때의 무게를 W_1, 물 속에서 끄집어내어 표면에 묻은 수분을 닦은 후의 무게를 W_2 라고 할 때 흡수율을 구하는 식은?

① $\dfrac{W_2 - W}{W} \times 100(\%)$ ② $\dfrac{W_2 - W_1}{W} \times 100(\%)$

③ $\dfrac{W}{W_2 - W} \times 100(\%)$ ④ $\dfrac{W}{W_2 - W_1} \times 100(\%)$

【해설】(2010-1회-68번 기출반복)
　　　　피건조 제품의 습중량을 M, 완전건조후에 건중량을 F_1, 수분의 중량을 w라 두면, $M = F_1 + w$ 이 성립된다.
　　　・함수율(흡수율) $x_d = \dfrac{w}{F_1} \times 100 = \dfrac{M - F_1}{F_1} \times 100 = \dfrac{W_2 - W}{W} \times 100(\%)$
　　　・수분율 $x_w = \dfrac{w}{M} \times 100(\%)$

【보충】※ 수분율과 함수율의 구별　　　　　　　　　암기법 : 고함질러 수습했다.
　　　・수분율 : 습량기준에 대한 수분의 비율
　　　・함수율 : 완전건조시킨 건중량(고형분)기준에 대한 수분의 비율

71. 보온재의 구비조건으로 가장 거리가 먼 것은?

① 밀도가 작을 것　　　　　② 열전도율이 작을 것
③ 재료가 부드러울 것　　　④ 내열, 내약품성이 있을 것

【해설】(2022-1회-80번 기출반복)
❸ 보온재는 기계적 강도를 지녀야 한다.

【참고】※ 보온재의 구비조건　　　　　　　　　　암기법 : 흡열장비다↓
　　　① 흡수성이 적을 것　　　② 열전도율이 작을 것
　　　③ 장시간 사용 시 변질되지 않을 것　　④ 비중(밀도)이 작을 것
　　　⑤ 다공질일 것　　　　　　⑥ 견고하고 시공이 용이할 것
　　　⑦ 불연성일 것　　　　　　⑧ 내열·내약품성이 있을 것

72. 다음 보온재 중 밀도가 가장 낮은 것은?

① 글라스울　　② 규조토　　③ 펄라이트　　④ 석면

【해설】(2007-1회-69번 기출반복)
　・안전허용온도가 높을수록 밀도(비중)이 크다. 그러나 섬유질 단열재(글라스울, 암면)에서는 예외로 밀도(비중)이 낮을수록 열전도율이 오히려 증가하는 성질이 있어 안전허용온도가 낮아진다. (글라스울이 0.01 ~ 0.1 g/cm³로 밀도가 가장 작다.)

73. 제철 및 제강공정 중 배소로의 사용 목적으로 가장 거리가 먼 것은?

① 유해성분의 제거
② 산화도의 변화
③ 분상광석의 괴상으로의 소결
④ 원광석의 결합수의 제거와 탄산염의 분해

【해설】(2021-2회-78번 기출반복)
- **배소로**(焙燒爐)는 용광로에 장입되는 철광석(인이나 황을 포함하고 있음)을 용융되지 않을 정도로 공기의 존재하에서 가열하여 불순물(P, S 등의 유해성분)의 제거 및 금속산화물로 산화도(酸化度)의 변화, 균열 등의 물리적 변화를 주어 제련상 유리한 상태로 전처리함으로써 용광로의 출선량을 증가시켜 준다.
- ❸ 분상의 철광석을 용광로에 장입하면 용광로의 능률이 저하되므로 **괴상화용로**(塊狀化用爐)를 설치하여 분상의 철광석을 발생가스 및 회 등과 함께 괴상으로 소결시켜 장입시키게 되면 통풍이 잘되고 용광로의 능률이 향상된다.

74. 다음 중 배관의 호칭법으로 사용되는 스케줄 번호를 산출하는데 직접적인 영향을 미치는 것은?

① 관의 외경
② 관의 사용온도
③ 관의 허용응력
④ 관의 열팽창계수

【해설】(2017-4회-73번 기출반복) 　　　암기법 : 스케줄 허사 ↑, 허전강 ↑
- 배관의 호칭법에서 스케줄 번호가 클수록 배관의 두께가 두껍다.
- 스케줄(Schedule)수 = $\dfrac{P\,(사용압력)}{S\,(허용응력)} \times 10$
- 허용응력 = $\dfrac{인장강도}{안전율}$

75. 85 ℃의 물 120 kg의 온탕에 10 ℃의 물 140 kg을 혼합하면 약 몇 ℃의 물이 되는가?

① 44.6 ℃　　② 56.6 ℃　　③ 66.9 ℃　　④ 70.0 ℃

【해설】(2019-1회-80번 기출반복)　　　암기법 : 큐는 씨암탉
- 열평형법칙에 의해 혼합한 후의 열평형시 물의 온도를 t_x라 두고,
  고온의 물체가 잃은 열량(Q_1) = 저온의 물체가 얻은 열량(Q_2)으로 풀 수 있다.
  $$c \cdot m_1 \cdot \Delta t_1 = c \cdot m_2 \cdot \Delta t_2$$
  $$c \cdot m_1 \cdot (t_1 - t_x) = c \cdot m_2 \cdot (t_x - t_2)$$
  $$120 \times (85 - t_x) = 140 \times (t_x - 10)$$
  $$\therefore\ t_x = 44.61 ≒ 44.6\ ℃$$

76. 터널가마의 일반적인 특징이 아닌 것은?

① 소성이 균일하여 제품의 품질이 좋다.
② 온도조절과 자동화가 용이하다.
③ 열효율이 좋아 연료비가 절감된다.
④ 사용연료의 제한을 받지 않고 전력소비가 적다.

【해설】(2022-2회-77번 기출반복)
- 터널요(Tunnel Kiln)는 가늘고 긴(70 ~ 100 m) 터널형의 가마로써, 피소성품을 실은 대차는 레일 위를 연소가스가 흐르는 방향과 반대로 진행하면서 예열 → 소성 → 냉각 과정을 거쳐 제품이 완성된다.
  장점으로는 소성시간이 짧고 소성이 균일화하며 온도조절이 용이하여 자동화가 용이하고, 연속공정이므로 대량생산이 가능하며 인건비·유지비가 적게 든다.
  단점으로는 제품이 연속적으로 처리되므로 생산량 조정이 곤란하여 다종 소량 생산에는 부적당하다. 도자기를 구울 때 유약이 함유된 산화금속을 환원하기 위하여 가마 내부의 공기소통을 제한하고 연료를 많이 공급하여 산소가 부족한 상태인 환원염을 필요로 할 때에는 **사용연료의 제한을 받으므로 전력소비가 크다.**

77. 신축이음에 대한 설명 중 틀린 것은?

① 슬리브형은 단식과 복식의 2종류가 있으며, 고온, 고압에 사용한다.
② 루프형은 고압에 잘 견디며 주로 고압증기의 옥외 배관에 사용한다.
③ 벨로즈형은 신축으로 인한 응력을 받지 않는다.
④ 스위블형은 온수 또는 저압증기의 배관에 사용하며 큰 신축에 대하여는 누설의 염려가 있다.

【해설】(2021-1회-76번 기출반복)
- ❶ 슬리브(Sleeve, 미끄럼)형은 슬리브와 본체사이에 석면으로 만든 패킹을 넣어 온수나 증기의 누설을 방지한다. 8 kgf/cm² 이하의 공기, 가스, 기름배관에 사용하며 고온, 고압에는 부적당하다.
- 신축이음 중에 **단식과 복식의 2종류**가 있는 것은 **벨로즈**(Bellows)형이다.

78. 다음 중 고온용 보온재가 아닌 것은?

① 우모펠트   ② 규산칼슘
③ 세라믹화이버   ④ 펄라이트

【해설】(2018-2회-73번 기출반복)
- 유기질 보온재(코르크, 종이, 펄프, 양모, **우모, 펠트**, 폼 등)는 최고안전사용온도의 범위가 100 ~ 200℃ 정도로서 무기질 보온재보다 훨씬 낮으므로 주로 **저온용 보온재**로 쓰인다.

76-④   77-①   78-①

79. 유체의 역류를 방지하여 한쪽 방향으로만 흐르게 하는 것으로 리프트식과 스윙식으로 대별되는 밸브는?

① 회전밸브
② 슬루스밸브
③ 체크밸브
④ 방열기밸브

【해설】(2021-1회-77번 기출유사)　　　　　　　　　　　　암기법 : 책(쳌), 스리
❸ 체크밸브(Check valve, 역지밸브)는 유체를 한쪽 방향으로만 흐르게 하고 역류를 방지하는 목적으로 사용되며, 밸브의 구조에 따라 스윙(swing)형과 리프트(lift)형이 있다.

80. 캐스터블(Castable) 내화물에 대한 설명 중 틀린 것은?

① 사용현장에서 필요한 형상이나 치수로 자유롭게 성형된다.
② 시공 후 약 24시간 후에 건조, 승온이 가능하고 경화제로 알루미나시멘트를 사용한다.
③ 잔존수축과 열팽창이 크고 노 내 온도가 변화하면 스폴링을 잘 일으킨다.
④ 점토질이 많이 사용되고 용도에 따라 고알루미나질이나 크롬질도 사용된다.

【해설】(2011-1회-75번 기출반복)
❸ 잔존수축과 열팽창이 적으므로, 노내 온도의 변화에도 스폴링을 일으키지 않는다.

제5과목　　열설비설계

81. 열의 이동에 대한 설명으로 틀린 것은?

① 전도란 정지하고 있는 물체 속을 열이 이동하는 현상을 말한다.
② 대류란 유동 물체가 고온 부분에서 저온 부분으로 이동하는 현상을 말한다.
③ 복사란 전자파의 에너지 형태로 열이 고온 물체에서 저온 물체로 이동하는 현상을 말한다.
④ 열관류란 유체가 열을 받으면 밀도가 작아져서 부력이 생기기 때문에 상승현상이 일어나는 것을 말한다.

【해설】(2018-4회-93번 기출반복)
❹ 열관류란 고체 벽 내부의 열전도와 그 양측 표면에서의 열전달이 조합된 것을 말한다.
• 열부력이란 유체가 열을 받으면 밀도가 작아져서 부력이 생기기 때문에 상승현상이 일어나는 것을 말한다.

82. 노통보일러 중 원통형의 노통이 2개 설치된 보일러를 무엇이라고 하는가?

① 라몬트보일러 ② 바브콕보일러
③ 다우삼보일러 ④ 랭커셔보일러

【해설】(2022-1회-82번 기출반복)　　　　　　　　　　　　　　　암기법 : 노랭코
  • 보일러의 명칭은 최초개발회사명 또는 개발지역의 도시이름 등으로 붙어진 것이다.

【key】<보일러의 종류 쓰기>는 실기시험에서도 매우 자주 출제되므로 반드시 암기해야 한다.
　　　　　　　　　　　　　　　　　　　　　　　　　　　암기법 : 원수같은 특수보일러
  ① 원통형 보일러 (대용량 × , 보유수량 ○)
    ㉠ 입형 보일러 - 코크란.　　암기법 : 원일이는 입·코가 크다
    ㉡ 횡형 보일러　　　　　　　암기법 : 원일이 행은 노통과 연관이 있다
　　　　　　　　　　　　　　　　　　　　(횡)
      ⓐ 노통식 보일러
        - 랭커셔.(노통이 2개짜리) , 코니쉬.(노통이 1개짜리)
　　　　　　　　　　　　　　　　　　　　　　　　　　암기법 : 노랭코
      ⓑ 연관식 - 케와니(철도 기관차형)
      ⓒ 노통·연관식 - 패키지, 스카치, 로코모빌, 하우든 존슨, 보로돈카프스

  ② 수관식 보일러 (대용량○ , 보유수량 ×)　　암기법 : 수자 강간
　　　　　　　　　　　　　　　　　　　　　　　　　　　　　(관)
    ㉠ 자연순환식
　　　　　　　　　　　암기법 : 자는 바·가·(야로)·다, 스네기찌
　　　　　　　　　　　　(모두 다 일본식 발음을 닮았음.)
      - 바브콕, 가르베, 야로, 다꾸마,(주의 : 다우삼 아님!) 스네기찌.
    ㉡ 강제순환식　　　　　　　암기법 : 강제로 베라~
      - 베록스, 라몬트.
    ㉢ 관류식
　　　　　　　　　　　암기법 : 관류 람진과 벤슨이 앤모르게 슐쳐먹었다
      - 람진, 벤슨, 앤모스, 슐처 보일러

  ③ 특수 보일러　　　　　　　암기법 : 특수 열매전
    ㉠ 특수연료 보일러
      - 톱밥, 바크, 버개스
    ㉡ 열매체 보일러　　　　　　암기법 : 열매 세모다수
      - 세큐리티, 모빌썸, 다우삼, 수은
    ㉢ 전기 보일러
      - 전극형, 저항형

83. 보일러의 성능계산 시 사용되는 증발률(kg/m²·h)에 대하여 가장 옳게 나타낸 것은?

① 실제증발량에 대한 발생증기 엔탈피와의 비
② 연료소비량에 대한 상당증발량과의 비
③ 상당증발량에 대한 실제증발량과의 비
④ 전열 면적에 대한 실제증발량과의 비

【해설】(2020-4회-99번 기출반복)

❹ 보일러 증발률 $e = \dfrac{w_2}{A_b} \left(\dfrac{\text{실제 증발량,}\quad kg/h}{\text{보일러 전열면적,}\quad m^2} \right) = kg/m^2 \cdot h$

84. 전열면적 10m²를 초과하는 보일러에서의 급수밸브 및 체크밸브는 관의 호칭 지름이 몇 mm 이상이어야 하는가?

① 10 ② 15 ③ 20 ④ 25

【해설】(2014-4회-88번 기출반복)   암기법 : 급체 시 1520

※ [보일러의 설치검사 기준]
급수장치 중 **급수**밸브 및 **체크**밸브의 크기는 전열면적 10 m² **이하**의 보일러에서는 관의 호칭 **15A** 이상의 것이어야 하고, 10 m²를 **초과**하는 보일러에서는 관의 호칭(지름) **20A** 이상의 것이어야 한다.

85. 내경 250 mm의 주철제 원통을 6 kg/cm²의 내압에 견디게 할 때 두께(mm)는? (단, 허용응력은 1.5 kg/mm²로 한다.)

① 3.5 ② 4.0 ③ 5.0 ④ 6.5

【해설】• 내압을 받는 동체의 두께 계산은 다음 식을 따른다.

$P \cdot D = 200\, \sigma_a \cdot t$ 에서 $\therefore t = \dfrac{P \cdot D}{200 \times \sigma_a} = \dfrac{6 \times 250}{200 \times 1.5} = 5\ mm$

86. 보일러 사고의 원인 중 제작상의 원인으로 볼 수 없는 것은?

① 재료불량 ② 구조 및 설계불량
③ 용접불량 ④ 급수처리불량

【해설】(2018-2회-100번 기출반복)

※ 보일러 운전 중 사고의 원인
• **제작상의 원인** - 재료불량, 구조불량, 설계불량, 용접불량, 강도부족, 부속장치 미비.
• **취급상의 원인** - 압력초과, 저수위사고, **급수처리불량**, 부식, 과열, 부속장치 정비불량,

83-④ 84-③ 85-③ 86-④

87. 보일러수 내처리를 위한 pH 조정제가 아닌 것은?

① 수산화나트륨 ② 암모니아
③ 제1인산나트륨 ④ 아황산나트륨

【해설】(2021-1회-96번 기출반복)

❹ 아황산나트륨은 탈산소제로 쓰이는 약품이다.

【key】※ 보일러 급수 내처리에 사용되는 약품 및 작용

① pH 조정제
  ㉠ 낮은 경우 : (염기로 조정)　암기법 : 모니모니해도 탄산소다가 제일인가봐
    암모니아, 탄산소다, 가성소다(수산화나트륨), 제1인산소다.
    NH_3　　Na_2CO_3　　$NaOH$　　　　　　Na_3PO_4

  ㉡ 높은 경우 : (산으로 조정)　암기법 : 높으면, 인황산!~
    인산, 황산.
    H_3PO_4 , H_2SO_4

② 탈산소제　　　　　　　　암기법 : 아황산, 히드라 산소, 탄니?
  : 아황산소다(아황산나트륨, Na_2SO_3), 히드라진(고압), 탄닌.

③ 슬럿지 조정　　　　　　암기법 : 슬며시, 리그들 녹말 탄니?
  : 리그린, 녹말, 탄닌.

④ 경수연화제　암기법 : 연수(부드러운 염기성) ∴ pH조정의 "염기"를 가리킴.
  : 탄산소다(탄산나트륨), 가성소다(수산화나트륨), 인산소다(인산나트륨)

⑤ 기포방지제
  : 폴리아미드 , 고급지방산알코올

⑥ 가성취화방지제
  : 질산나트륨, 인산나트륨, 리그린, 탄닌

88. 급수온도 20℃인 보일러에서 증기압력이 10 kg/cm²이며 이때 온도 300℃의 증기가 매시간당 1 ton 씩 발생된다고 할 때 상당 증발량은 약 몇 kg/h 인가? (단, 증기압력 10 kg/cm²에 대한 300℃의 증기엔탈피는 662 kcal/kg, 20℃에 대한 급수엔탈피는 20 kcal/kg 이다.)

① 1191　　② 2048　　③ 2247　　④ 3232

【해설】(2017-2회-91번 기출유사)

• 상당증발량 $w_e = \dfrac{w_2(h_x - h_1)}{539} = \dfrac{10^3 \, kg/h \times (662-20) \, kcal/kg}{539 \, kcal/kg} ≒ 1191 \, kg/h$

89. 열교환기의 대수평균온도차를 옳게 나타낸 것은?
(단, $\triangle_1$은 고온유체의 입구측에서의 유체 온도차, $\triangle_2$는 고온유체의 출구측에서의 유체 온도차이다.)

① $\dfrac{(\triangle_1 - \triangle_2)}{\ln(\triangle_1/\triangle_2)}$ ② $\dfrac{(\triangle_1 + \triangle_2)}{\ln(\triangle_2/\triangle_1)}$

③ $\dfrac{(\triangle_1 - \triangle_2)}{\ln(\triangle_2/\triangle_1)}$ ④ $\dfrac{(\triangle_1 + \triangle_2)}{\ln(\triangle_1/\triangle_2)}$

【해설】(2018-2회-88번 기출유사)

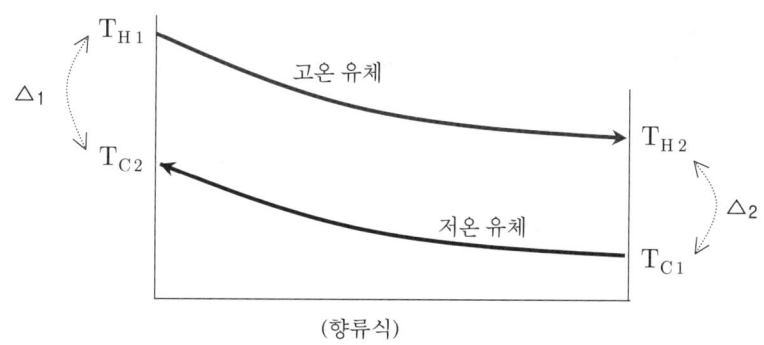

(향류식)

- 대수평균온도차(LMTD) 공식 $\Delta t_m = \dfrac{\Delta t_1 - \Delta t_2}{\ln\left(\dfrac{\Delta t_1}{\Delta t_2}\right)} = \dfrac{\Delta_1 - \Delta_2}{\ln\left(\dfrac{\Delta_1}{\Delta_2}\right)}$

90. 보일러의 과열에 의한 압궤(Collapse) 발생부분이 아닌 것은?

① 노통 상부   ② 화실 천장
③ 연관   ④ 가셋스테이

【해설】(2020-1회-86번 기출반복)
- **압궤**란 노통이나 화실처럼 원통 부분이 외측 압력에 견딜 수 없어서 짓눌려지는 현상으로서 압축응력을 받는 부위(**노통 상부면, 화실 천장판, 연소실의 연관** 등)에 발생하게 된다.

91. 수압시험에서 시험수압은 규정된 압력의 몇 % 이상 초과하지 않도록 하여야 하는가?

① 3%   ② 6%   ③ 9%   ④ 12%

【해설】(2007-1회-83번 기출반복)   암기법 : 수육
※ [압력용기 제조 검사기준]
- 시험수압은 규정된 압력의 6% 이상 초과하지 않도록 모든 경우에 대한 적절한 제어를 마련하여야 한다.

89-①   90-④   91-②

92. 다음 중 보일러수를 pH 10.5 ~ 11.5의 약알칼리로 유지하는 주된 이유는?

① 첨가된 염산이 강재를 보호하기 때문에
② 보일러의 부식 및 스케일 부착을 방지하기 위하여
③ 과잉 알칼리성이 더 좋으나 약품이 많이 소요되므로 원가를 절약하기 위하여
④ 표면에 딱딱한 스케일이 생성되어 부식을 방지하기 때문에

【해설】 (2019-2회-94번 기출반복)
- 보일러는 일반적으로 금속이므로, 고온의 물에 의한 강판의 부식은 pH 12 이상의 강알칼리에서 부식량이 최대가 된다. 따라서 pH가 12 이상으로 높거나 이보다 훨씬 낮아도 부식성은 증가하게 되므로 보일러수 중에 적당량의 강알칼리인 수산화나트륨(NaOH)을 포함시켜 pH 10.5 ~ 11.5 정도의 약알칼리로 유지해줌으로써 연화되어 보일러의 부식 및 스케일 부착을 방지할 수 있다.

93. 다음 열전달 법칙과 이에 관련된 내용으로 틀린 것은?

① 뉴턴의 냉각 법칙 - 대류열 전달
② 퓨리에의 법칙 - 전도열 전달
③ 스테판·볼츠만의 법칙 - 복사열 전달
④ 보일·샤를의 법칙 - 전도열 전달

【해설】 (2019-1회-89번 기출유사)
① 뉴턴의 냉각법칙 (대류의 법칙) : $Q = \alpha \cdot \Delta t \cdot A \times T$
② 퓨리에(Fourier) 법칙 (전도의 법칙) : $Q = \dfrac{\lambda \cdot \Delta t \cdot A}{d} \times T$
③ 스테판-볼츠만의 법칙 (복사의 법칙) : $Q = \sigma \cdot T^4$
❹ 보일-샤를의 법칙 : $\dfrac{PV}{T} = 1$

94. 외경 30 mm의 철관에 두께 15 mm의 보온재를 감은 증기관이 있다. 관 표면의 온도가 100 ℃ 보온재의 표면온도가 20 ℃인 경우 관의 길이 15 m인 관의 표면으로부터의 열손실은 약 몇 kcal/h 인가? (단, 보온재의 열전도율은 0.05 kcal/m h ℃ 이다.)

① 244　　② 344　　③ 444　　④ 544

【해설】 (2018-2회-75번 기출유사)　　암기법 : 손전온면두
- 원통형 배관에서의 손실열(교환열) 계산공식

$$Q = \dfrac{\lambda \cdot \Delta t \cdot 2\pi L}{\ln\left(\dfrac{r_2}{r_1}\right)} = \dfrac{0.05 \times (100 - 20) \times 2\pi \times 15}{\ln\left(\dfrac{0.03}{0.015}\right)} = 543.88 ≒ 544 \text{ kcal/h}$$

92-②　　93-④　　94-④

95. 육용 강제 보일러의 구조에 있어서 동체의 최소 두께기준으로 틀린 것은?

① 안지름 900 mm 이하의 것은 6 mm(단, 스테이를 부착하는 경우)
② 안지름이 900 mm를 초과 1350 mm 이하의 것은 8 mm
③ 안지름이 1350 mm 초과 1850 mm 이하의 것은 10 mm
④ 안지름이 1850 mm를 초과하는 것은 12 mm

【해설】(2019-1회-82번 기출반복)   암기법 : 스팔(8)
  ※ 육용 강제 보일러의 구조에 있어서 동체의 최소두께 기준
  ❶ 안지름 900 mm 이하의 것은 6 mm (단, 스테이를 부착하는 경우는 8 mm로 한다.)
  ② 안지름이 900 mm를 초과 1350 mm 이하의 것은 8 mm
  ③ 안지름이 1350 mm 초과 1850 mm 이하의 것은 10 mm
  ④ 안지름이 1850 mm를 초과하는 것은 12 mm 이상

96. 다음 중 프라이밍(priming)과 포밍(foaming)의 발생 원인이 아닌 것은?

① 증기부하가 적을 때
② 보일러수에 불순물, 유지분이 많이 포함되어 있을 때
③ 수면과 증기 취출구와의 거리가 가까울 때
④ 주증기밸브를 급히 열었을 때

【해설】(2015-1회-83번 기출반복)
  ❶ 보일러의 증기부하가 과다하게 운전하게 되면 프라이밍(비수현상)이나 포밍(물거품)이 발생하여 캐리오버(기수공발) 현상이 일어난다.

97. 전열계수가 비교적 낮으므로 열교환만을 목적으로 한 용도에는 부적당하나 구조가 간단하고 제작이 쉬워서 내부 유체의 보온을 목적으로 하는 경우에 적합한 열교환기는?

① 단관식 열교환기   ② 이중관식 열교환기
③ 플레이트식 열교환기 ④ 재킷식 열교환기

【해설】(2009-4회-100번 기출반복)   암기법 : 보온,자켓
  ❹ 재킷식 열교환기(Jacket type heat exchanger)는 내연기관의 실린더 냉각형식의 열교환기로서 전열효과를 증가하기 위하여 교반기를 설치하여 내부 유체를 교반하거나 전열면적의 부족을 보충하기 위하여 사관을 병용하기도 한다.
  일반적으로 전열계수가 적고 전열면적에 비하여 설치면적과 내부 용적이 크므로 열교환만의 목적으로 한 용도에는 부적당하나 구조가 간단하고 제작이 쉬워서 열교환기보다는 오히려 내부 유체의 보온을 목적으로 하는 저장용기로 사용하는 경우가 많다.

95-①   96-①   97-④

98. 보일러 수냉관과 연소실벽 내에 설치된 방사과열기의 보일러 부하에 따른 과열온도 변화에 대한 설명으로 옳은 것은?

① 보일러의 부하증대에 따라 과열온도는 증가하다가 최대 이후 감소한다.
② 보일러의 부하증대에 따라 과열온도는 감소하다가 최소 이후 감소한다.
③ 보일러의 부하증대에 따라 과열온도는 증가한다.
④ 보일러의 부하증대에 따라 과열온도는 감소한다.

【해설】 (2019-1회-86번 기출반복)   암기법 : 보복하러 온대

❹ 보일러 부하(보일러의 증발량)가 증가할수록 발생증기가 흡수한 유효열량이 많아지므로 복사열 흡수는 감소되어 복사과열기(또는, **방사과열기**)의 **온도는 감소하고**, 대류과열기의 온도는 증가한다.

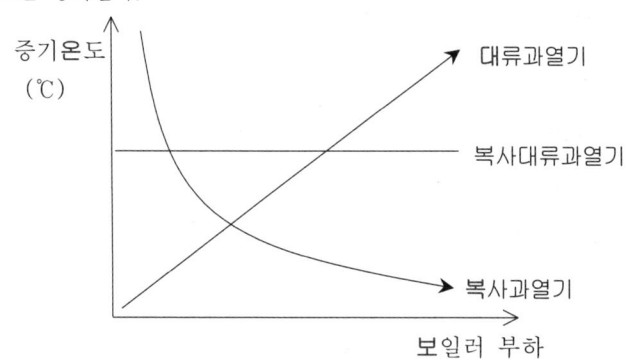

99. 보일러의 강도 계산에서 보일러 동체 속에 압력이 생기는 경우 원주방향의 응력은 축방향 응력의 몇 배 정도인가? (단, 동체 두께는 매우 얇다고 가정한다.)

① 2배　　② 4배　　③ 8배　　④ 16배

【해설】 (2022-2회-89번 기출반복)   암기법 : 원주리(2), 축사(4)

※ 내압(내면의 압력)을 받는 원통형 동체에 생기는 응력

- 길이 방향(축방향)의 인장응력 $\sigma_1 = \dfrac{Pd}{4t}$
- 원주 방향의 인장응력 $\sigma_2 = 2 \cdot \sigma_1 = 2 \times \dfrac{Pd}{4t} = \dfrac{Pd}{2t}$

100. 급수처리 방법 중 화학적 처리방법은?

① 이온교환법　　② 가열연화법
③ 증류법　　　　④ 여과법

【해설】 (2022-2회-81번 기출반복)

※ 보일러 용수의 급수처리 방법　　　　　　　암기법 : 화약이, 물증 탈가여 ?
  • 물리적 처리 : 증류법, 탈기법, 가열연화법, 여과법
  • **화학적** 처리 : **약품첨가법**(또는, 석회소다법), **이**온교환법

2023년 제1회 에너지관리기사
(2023.2.13.~2.28. CBT 시행)

평균점수

제1과목   연소공학

1. 연료가 완전연소할 경우 배가스의 분석결과에 따르면 CO_2가 생긴다. 이 때, $(CO_2)_{max}$를 옳게 나타낸 식은?

① $\dfrac{21(O_2)}{(CO_2)-21}$ ② $\dfrac{21(CO_2)}{21-(O_2)}$ ③ $\dfrac{21(O_2)}{21-(CO_2)}$ ④ $\dfrac{21(CO_2)}{(O_2)-21}$

【해설】 • 완전연소일 경우 배가스(배기가스) 분석 결과 CO가 없으므로 공기비(m)의 공식 중에서,

$$m = \frac{CO_{2\,max}}{CO_2} = \frac{21}{21-O_2}$$ 의 관계식을 이용하여 최대탄산가스함유량(%)을 계산한다.

$$\therefore CO_{2\,max} = \frac{21\,CO_2}{21-O_2}$$

2. 일정한 체적의 저장용기에 담겨 있는 기체연료의 재고 관리상 측정해야 할 사항으로 가장 적당한 것은?

① 부피와 온도   ② 압력과 부피
③ 온도와 압력   ④ 압력과 습도

【해설】 • 고체, 액체와는 달리 기체의 체적은 온도와 압력에 따라 크게 영향을 받는다.
체적이 일정한 용기안에 저장되어 있으므로 압력용기의 폭발을 염려하여 온도와 압력을 일정한 주기마다 측정하여 관리해야 한다.

3. 다음 중 연소에 사용되는 일반 공기 성분의 체적비율은?

① 산소 21%, 질소 79%   ② 산소 23%, 질소 77%
③ 산소 25%, 질소 75%   ④ 산소 20%, 질소 70%

【해설】 별도의 조건이 없는 경우에 일반 공기 성분의 **체적비율은 산소 21%, 질소 79%** 이다.
(이 때, **중량비율**은 산소 23.2%, 질소 76.8%로 한다.)

1-②   2-③   3-①

4. 프로판가스 1 Nm³를 공기과잉률 1.1로 완전연소 시켰을 때의 습연소가스량은 약 몇 Nm³인가?

① 22.2   ② 24.2   ③ 26.2   ④ 28.2

【해설】(2021-4회-6번 기출유사)

이론공기량(A_0)과 이론건연소가스량(G_{0d})을 먼저 알아내야 한다.   암기법 : 3,4,5

- 탄화수소의 완전연소반응식 $C_mH_n + \left(m + \dfrac{n}{4}\right)O_2 \rightarrow mCO_2 + \dfrac{n}{2}H_2O$

    $C_3H_8 + 5O_2 \rightarrow 3CO_2 + 4H_2O$
    (1 Nm³) (5 Nm³)

- 이론공기량 $A_0 = \dfrac{O_0}{0.21} = \dfrac{5}{0.21} = 23.81$ Nm³/Nm³-연료

- 이론 건연소가스량 G_{0d} = 이론공기중 질소량 + 연소 생성된 CO_2
    $= 0.79A_0 + 3 = 0.79 \times 23.81 + 3$
    $= 21.81$ Nm³/Nm³-연료

- (실제) 건연소가스량 G_d = 이론 건연소가스량 + 과잉공기량 = $G_{0d} + (m - 1)A_0$
    $= 21.81 + (1.1 - 1) \times 23.81$
    $= 24.19 ≒ 24.2$ Nm³/Nm³-연료

【빠른풀이】 $G_d = G_{0d} + (m - 1)A_0$

한편, G_{0d} = 이론공기 중의 질소량 + 생성된 연소가스량
$= (1 - 0.21)A_0$ + 생성된 CO_2
$= (1 - 0.21)A_0 + 3$ 이므로 괄호를 풀어서 대입하면,
$= A_0 - 0.21A_0 + 3 + mA_0 - A_0$
$= (m - 0.21)A_0 + 3$ ← 이 공식을 암기해서 계산하면 쉽고 빠르다!!
$= (1.1 - 0.21) \times 23.81 + 3 = 24.19 ≒ $ **24.2 Nm³/Nm³-연료**

∴ 실제 습연소가스량 G_w = 과잉공기량 + 이론습연소가스량 = $(m - 1)A_0 + G_{0w}$
$= (m - 1)A_0 + 0.79A_0$ + 생성된 CO_2 + 생성된 H_2O
$= (m - 0.21)A_0 + 3 + 4$
$= (1.1 - 0.21) \times 23.81 + 3 + 4$
$= 28.19 ≒ $ **28.2 Nm³/Nm³-연료**

또는,
$G_w = G_d + W_g$
여기서, W_g는 연료중의 수소가 연소되어 생성된 수증기량이다.
$= 24.2 + 4 = $ **28.2 Nm³/Nm³-연료**

5. 다음 중 이론공기량에 대하여 가장 옳게 나타낸 것은?

① 완전연소에 필요한 최소공기량   ② 완전연소에 필요한 최대공기량
③ 완전연소에 필요한 1차 공기량   ④ 완전연소에 필요한 2차 공기량

【해설】(2013-1회-8번 기출유사)   암기법 : 이런?.. 소(새끼)

- 연료의 종류에 따라 가연성분이 달라지므로 그에 따르는 연소용 공기량도 달라지게 되는데, 어떤 연료를 완전연소 시키는데 필요한 최소한의 공기량을 이론공기량이라 한다.

4-④   5-①

6. 보일러의 급수 및 발생증기의 엔탈피를 각각 628 kJ/kg, 2808 kJ/kg이라고 할 때 2000 kg/h의 증기를 얻으려면 공급열량은 몇 kJ/h인가?

① 3.36×10^6
② 4.36×10^6
③ 11.7×10^6
④ 12.2×10^6

【해설】
- 발생한 증기에 공급한 열량은 증기가 흡수한 열량과 같으므로,

  발생증기의 흡수열량 $Q = w_2 \cdot \Delta H$
  $= w_2 \times (H_2 - H_1)$

  여기서, w_2 : 발생증기량
  H_2 : 발생증기의 엔탈피
  H_1 : 급수의 엔탈피

  $= 2000 \text{ kg/h} \times (2808 - 628) \text{ kJ/kg}$
  $= 4.36 \times 10^6 \text{ kJ/h}$

7. 연료의 황(S)분에 의한 저온부식을 방지하는 방법으로 옳은 것은?

① 과잉공기를 적게 하면서 절탄기부의 배기가스 온도를 올린다
② 과잉공기를 적게 하면서 절탄기부의 배기가스 온도를 낮춘다
③ 과잉공기를 많게 하면서 절탄기부의 배기가스 온도를 올린다
④ 과잉공기를 많게 하면서 절탄기부의 배기가스 온도를 낮춘다

【해설】 ※ 저온부식

과잉공기가 많아지면 배가스 중의 산소에 의해, $SO_2 + \frac{1}{2}O_2 \rightarrow SO_3$ 아황산가스의 산화량이 증가되어 연도의 금속에서 저온부식이 촉진되므로 공기비를 적게 해야 한다. 또한, 연도의 배가스온도가 노점(150~170℃) 이하로 낮아지게 되면 SO_3가 배가스 중의 수분과 화합하여 $SO_3 + H_2O \rightarrow H_2SO_4$로 되어 폐열회수장치(절탄기, 공기예열기)의 금속 표면을 부식시키는 현상을 저온부식이라 하며, 따라서 저온부식을 방지하려면 연도의 배기가스 온도를 이슬점(150~170℃) 이상의 높은 온도로 유지해 주어야 한다.

8. 기체연료의 일반적인 특징에 대한 설명 중 틀린 것은?

① 화염온도의 상승이 비교적 용이하다.
② 연소 후에 유해성분의 잔류가 거의 없다.
③ 연소장치의 온도 및 온도분포의 조절이 어렵다.
④ 다량으로 사용하는 경우 수송 및 저장이 어렵다.

【해설】 (2016-4회-16번 기출유사)

❸ 기체연료는 공기와의 혼합비율을 임의로 조절할 수 있어 자동제어에 의한 연소장치의 연소온도 및 온도분포의 조절이 용이하다.

9. 액화석유가스의 성질에 대한 설명 중 틀린 것은?

① 가스의 비중은 공기보다 무겁다.
② 상온, 상압에서는 액체이다.
③ 천연고무를 잘 용해시킨다.
④ 물에는 잘 녹지 않는다.

──────────────────────────────

【해설】 ※ LPG(액화석유가스)의 특징
　① LPG 가스는 프로판과 부탄을 주성분으로 비중은 1.52로써 공기의 비중(1.2)보다 무거워서 누설되었을 시 확산되기 어려우므로 밑부분에 정체되어 폭발위험이 커서 가스경보기를 바닥 가까이에 부착한다.
　❷ 상온, 상압에서는 기체 상태로 존재한다. (참고로, 액화압력은 6 ~ 7 kg/cm² 이다.)
　③ 천연고무나 페인트 등을 잘 용해시키므로 패킹이나 누설장치에 주의를 요한다.
　④ 무색, 무취이며 물에는 녹지 않으며, 유기용매(석유류, 동식물유)에 잘 녹는다.

10. 이론습윤연소가스량 G와 이론건연소가스량 G′의 관계를 옳게 나타낸 식은? (단, H는 수소, w는 수분을 나타낸다.)

① G′ = G + 1.25(9H + w)
② G′ = G − 1.25(9H + w)
③ G′ = G + (9H + w)
④ G′ = G − (9H + w)

──────────────────────────────

【해설】 (2018-1회-16번 기출유사)
　연소가스 중 수증기량(Wg)은 연료 중의 수소연소와 포함되어 있던 수분(w)에 의한 것인데,

$$H_2 + \frac{1}{2}O_2 \rightarrow H_2O$$

　　(2 kg)　　　　　　　　(18 kg)
　　1 kmol　　　　　　　 1 kmol
　　22.4 Nm³　　　　　　22.4 Nm³ 에서

∴ 수중기량(Wg) = $\frac{22.4}{2}H + \frac{22.4}{18}w$
　　　　　　　　= 11.2 H + 1.244 w
　　　　　　　　= 1.244(9H + w) ≒ 1.25(9H + w) 로 표현하기도 한다.

• 이론습윤연소가스량 $G_{0w} = G_{0d} + W_g$ 에서
• 이론건연소가스량 　$G_{0d} = G_{0w} - W_g$

따라서, 문제에서 제시된 기호로 표현하면 G′ = G − 1.25(9H + w) 이다.

11. 일반적인 유류의 비중시험 방법이 아닌 것은?

① 비중 점도법
② 치환법
③ 비중 천칭법
④ 비중 부칭법

──────────────────────────────

【해설】 ※ 액체연료의 비중시험 방법에는 비중병법, 치환법, 비중 천칭법, 비중 부칭(浮秤)법이 있으며, 시료의 성상 및 측정조건에 따라서 방법을 선택하는데 저점도유, 중점도유의 비중을 신속히 구하는 경우에는 비중천칭법, 비중부칭법의 두 방법을 사용한다.
　❶ 비중 점도법은 일반적으로 액체의 점도를 측정하는 방법에 속한다.

9-②　　10-②　　11-①

12. 극저온으로 유지되는 압력용기 내에 LNG가 [그림]과 같이 저장되어 있을 때 액면계의 높이가 1 m 낮아지도록 용기 밑부분의 밸브를 열어 LNG를 뽑아낸다면 이때 방출되는 LNG의 질량은 약 몇 kg인가?
(단, 용기의 단면적 10 m², 온도와 압력 각각 186 K, 4.0 MPa로 유지되며 LNG 액체 및 기체의 비체적은 각각 0.00408 m³/kg, 0.01156 m³/kg이다.)

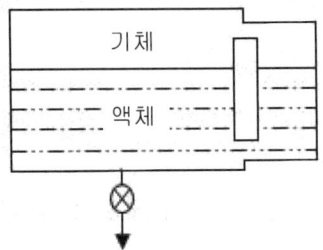

① 332
② 806
③ 1586
④ 2450

【해설】
- 액면계의 높이가 낮아진 체적 V = A·h (단면적 × 높이) = 10 m² × 1 m = 10 m³
- 질량 m = V × ρ = V × $\frac{1}{V_S}$ (체적 × $\frac{1}{비체적}$) 이므로,
- 액체의 질량 = 10 m³ × $\frac{1}{0.00408\ m^3/kg}$ = 2450.98 kg
- 기체의 질량 = 10 m³ × $\frac{1}{0.01156\ m^3/kg}$ = 865.05 kg
- 늘어난 10 m³의 용적을 차지하는 기체는 방출밸브 개방에 의한 용기내 압력감소에 의하여, 바로 아래쪽에 있던 액체 LNG의 기화현상에 의한 것이므로 빼주어야 한다.
∴ 방출된 LNG 액체의 질량 = 2450.98 kg − 865.05 kg = 1585.93 ≒ 1586 kg

13. 저탄장에서 석탄의 자연발화를 막기 위하여 탄층 내부온도는 최대 몇 ℃ 이하로 유지하여야 하는가?

① 30   ② 60   ③ 90   ④ 120

【해설】 ※ 석탄의 저장방법   암기법 : 육탄전
① 자연발화를 방지하기 위하여 탄층 내부온도는 60 ℃ 이하로 유지시킨다.
② 자연발화를 억제하기 위하여 탄층의 높이는 옥외 저장시 4 m 이하, 옥내 저장시 2m 이하로 가급적 낮게 쌓아야 하며, 산은 약간 평평하게 한다.
③ 저탄장 바닥의 경사도를 1/100 ~ 1/150로 하여 배수가 양호하도록 한다.
④ 30 m²마다 1개소 이상의 통기구를 마련하여 통풍이 잘 되도록 한다.
⑤ 신, 구탄을 구별·분리하여 저장한다.
⑥ 탄종, 인수시기, 입도별로 구별해서 쌓는다.
⑦ 직사광선과 한서를 피하기 위하여 지붕을 만들어야 한다.
⑧ 석탄의 풍화현상이 가급적 억제되도록 하여야 한다.

14. 다음 중 연소속도와 가장 밀접할 관계가 있는 것은?

① 염의 발생속도 ② 착화속도
③ 산화속도 ④ 환원속도

【해설】❸ 연소는 연료의 산화 발열반응이므로 연소속도란 산화하는 속도라고 할 수 있다.

【참고】※ 연소반응식

- $C + O_2 \rightarrow CO_2 + 408240 \text{ kJ/kmol}$ (8100 kcal/kg)
- $H_2 + \frac{1}{2}O_2 \rightarrow H_2O + 285600 \text{ kJ/kmol}$ (34000 kcal/kg)
- $S + O_2 \rightarrow SO_2 + 336000 \text{ kJ/kmol}$ (2500 kcal/kg)

15. 포화탄화수소 계열의 기체 연료에서 탄소 원자수($C_1 \sim C_4$)가 증가할 때에 대한 설명으로 옳은 것은?

① 연료 중의 수소분이 증가한다. ② 연소범위가 넓어진다.
③ 발열량(J/m^3)이 감소한다. ④ 발화온도가 낮아진다.

【해설】※ 일반적으로 탄화수소 계열의 기체연료는 **탄소 원자수가 증가할수록** (분자량이 클수록, 분자구조가 복잡할수록) 화학결합의 반응활성도가 크므로 활성에너지는 작아지게 되어, **착화온도(발화온도)는 낮아진다.**

- 포화 탄화수소($C_n H_{2n+2}$)
- 불포화 탄화수소($C_n H_n$, $C_n H_{2n}$, $C_n H_{2n-2}$)

16. 연돌 내의 배기가스 밀도가 ρ_1 [kg/m³], 외기 밀도가 ρ_2 [kg/m³], 연돌의 높이가 H [m]일 때 연돌의 이론 통풍력 Z [Pa]은? (단, g는 중력가속도이다.)

① $Z = (\rho_1 - \rho_2) \div H \times g$ ② $Z = (\rho_1 + \rho_2) \times H \times g$
③ $Z = (\rho_2 - \rho_1) \div H \times g$ ④ $Z = (\rho_2 - \rho_1) \times H \times g$

【해설】(2019-4회-16번 기출유사)

- 통풍력 : 연돌(굴뚝)내의 배기가스와 연돌밖의 외부공기와의 밀도차(비중량차)에 의해 생기는 압력차를 말하며 단위는 Pa 또는 mmAq를 쓴다.
- 통풍력 $Z = P_2 - P_1$ 여기서, P_2 : 굴뚝 외부공기의 압력
  P_1 : 굴뚝 하부(유입구)의 압력
  $= (\gamma_a - \gamma_g)h$ 여기서, γ_a : 외부공기의 비중량
  γ_g : 배기가스의 비중량
  h : 연돌(굴뚝)의 높이
  $= (\rho_a - \rho_g)gh$

∴ 문제에서 제시된 기호로 표현하면 $Z = (\rho_2 - \rho_1)gH = (\rho_2 - \rho_1)Hg$ 이다.

17. 연소가스가 30 ℃, 101.324 kPa에서 조성의 부피%로 CO_2 30%, CO 5%, O_2 10%, N_2 55%로 되어 있다. 이것을 무게%로 환산하면 CO_2는 약 몇 % 인가?

① 20 ② 30 ③ 40 ④ 50

【해설】• 연소가스의 분자량 = $(44\,kg \times 0.3) + (28\,kg \times 0.05) + (32\,kg \times 0.1) + (28\,kg \times 0.55)$
   $= 33.2\,kg$

∴ CO_2의 무게% = $\dfrac{CO_2 \text{만의 분자량}}{\text{연소가스 분자량}} \times 100 = \dfrac{(44\,kg \times 0.3)}{33.2\,kg} \times 100 = 39.759 ≒ 40\,\%$

18. CH_4 $1\,Nm^3$가 완전연소할 때 생기는 H_2O의 양은 약 몇 kg 인가?

① 0.8 ② 0.9 ③ 1.6 ④ 1.8

【해설】(2021-1회-6번 기출유사)
• 메탄의 연소반응식 : CH_4 + $2O_2$ → CO_2 + $2H_2O$
  (1 kmol) (2 kmol) (1 kmol) (2 kmol)
  ($22.4\,Nm^3$)   ($2 \times 18\,kg = 36\,kg$)
  ($1\,Nm^3$) $\left(\dfrac{36\,kg}{22.4} = 1.6\,kg\right)$

19. 산포식 스토커로 석탄을 연소시킬 때 연소층 구성은 위에서부터 어떤 순서로 형성되는가?

① 건조층→환원층→산화층→회층
② 환원층→건조층→산화층→회층
③ 회층→건조층→환원층→산화층
④ 산화층→환원층→건조층→회층

【해설】• 산포식 스토커의 화층 구성   암기법 : 건강한 사내(산회)
  - 석탄을 기계적으로 산포하는 연소방식으로서, 연소가 행하여지고 있는 화층 위에 공급된 새로운 석탄이 건류되어 휘발분이 열 분해된 다음 산화층에서의 산소를 대부분 공기와 CO_2가스가 C와 접촉하여 CO로 환원되고 이것이 1차공기와 접촉하여 산화되면 연소층 중 가장 온도가 높은 1200 ~ 1500 ℃에 이르게 된다. 그 다음에 다 타버린 찌꺼기가 화격자 위의 회층을 구성하게 된다.
  즉, 위에서부터 석탄층 → 건조층 → 환원층 → 산화층 → 회층의 순서로 화층(탄층)이 구성된다.

20. 세정식 집진장치에서 분리되는 원리로서 가장 거리가 먼 것은?

① 액방울, 액막과 같은 작은 매진과 관성에 의한 충돌 부착
② 큰 매진의 확산에 의한 부착
③ 습기 증가로 입자의 응집성 증가에 의한 부착
④ 매진을 핵으로 한 증기의 응결

【해설】 ❷ 큰 매진의 확산이 아니라, 미세한 매진의 확산에 의하여 액적과의 접촉을 좋게 하여 미립자를 액적에 부착시킨다.

제2과목   열역학

21. 초기조건이 1 atm, 60 ℃인 공기를 정적과정을 통해 가열한 후, 정압에서 냉각 과정을 통하여 5 atm, 60 ℃로 냉각할 때 이 과정에서 전체 열량의 변화는 약 몇 kJ/kmol 인가?

(단, C_V = 21 kJ/kmol · ℃, C_p = 29 kJ/kmol · ℃이며 이상기체로 가정한다.)

① -8956   ② -9956   ③ -10656   ④ -11656

【해설】 (2021-2회-35번 기출유사)

- 정적과정 ($V_1 = V_2$)으로 가열한 후의 온도를 T_2라고 두고, 보일-샤를의 법칙을 이용하면

$$\frac{P_1 V_1}{T_1} = \frac{P_2 V_2}{T_2} \text{ 에서 } \frac{1\,atm}{(60+273)K} = \frac{5\,atm}{T_2}$$

$$\therefore T_2 = 1665\,K = (1665-273)℃ = 1392℃$$

정적가열 : $dQ = dU = C_V \cdot dT = C_V(T_2 - T_1)$
$= 21 \times (1392 - 60) = 27972$ kJ/kmol

정압냉각 : $dQ' = dH = C_P \cdot dT = C_P(T_3 - T_2)$
$= 29 \times (60 - 1392) = -38628$ kJ/kmol

∴ 전체열량의 변화량 = $dQ + dQ'$ = 27972 + (-38628) = -10656 kJ/kmol

22. 카르노사이클에서 고열원의 온도 T로부터 열량 Q를 흡수하고, 저열원의 온도 T_0로 열을 방출할 때 방출열량 Q_0에 대한 표현으로 옳은 것은?

(단, η_c는 열효율이다.)

① $\left(1 - \dfrac{T_0}{T}\right)Q$ ② $(1+\eta_c)Q$ ③ $(1-\eta_c)Q$ ④ $\left(1 + \dfrac{T_0}{T}\right)Q$

【해설】 (2019-4회-25번 기출유사)

- 카르노사이클의 열효율 공식 $\eta_c = \dfrac{W}{Q_1} = \dfrac{Q_1 - Q_2}{Q_1} = 1 - \dfrac{Q_2}{Q_1}$ 에서

$$\therefore Q_2 = (1-\eta_c)Q_1$$

여기서, η : 열기관의 열효율
W : 열기관이 외부로 한 일
Q_1 : 고온부(T_1)에서 흡수한 열량
Q_2 : 저온부(T_2)로 방출한 열량

문제에서 제시된 기호로 써주면, $Q_0 = (1-\eta_c)Q$

23. 평형에 대한 설명 중 틀린 것은?

① 압력이 일정한 것은 기계적 평형에 속한다.
② 감온온도와 압력에 있는 여러 상은 각 성분의 화학 포텐셜이 모든 상에서 같게 될 때 평형에 있게 된다.
③ 화학반응에의 평형은 화학적 친화력이 같은 것이다.
④ 열적평형은 열역학 제1법칙이다.

【해설】(2020-2회-33번 기출유사)
- 열역학 제 0법칙 : **열적 평형의 법칙.** (온도계의 원리)
- 열역학 제 1법칙 : 에너지보존 법칙. ($Q_1 = Q_2 + W$)
- 열역학 제 2법칙 : 열이동의 법칙. (고온 T_1 → 저온 T_2 로 이동한다, $dS ≧ 0$)
- 열역학 제 3법칙 : 엔트로피의 절대값 정리. (절대온도 0 K에서, $dS = 0$)

24. 공기 10 Nm³을 1 기압의 등압하에서 0 ℃로부터 80 ℃로 가열하는 데 필요한 열량은 약 몇 kJ 인가?

(단, 공기의 정압비열은 1.0 kJ/kg·℃이고, 정적비열은 0.71 kJ/kg·℃이며, 공기의 분자량은 28.96 kg/kmol 이다.)

① 1024   ② 1034   ③ 1044   ④ 1054

【해설】(2021-2회-47번 기출유사)   암기법 : 큐는, 씨암탉
- 가열량 $Q = C \cdot m \cdot \Delta t$
  여기서, Q : 열량, C : 비열, m : 질량, Δt : 온도변화량
  한편, 필요한 열량을 구하기 위해서는 공기 10 Nm³의 질량을 구해야 하므로
  $= 1.0 \, kJ/kg \cdot ℃ \times 10 \, Nm^3 \times \dfrac{1 \, kmol}{22.4 \, Nm^3} \times \dfrac{28.96 \, kg}{1 \, kmol} \times (80 - 0) ℃$
  $= 1034.28 ≒ 1034 \, kJ$

【참고】• 상태방정식(PV = mRT)을 이용하여 풀이하는 복잡한 방법도 있음을 알아두세요!

$\dfrac{P_0 V_0}{T_0} = \dfrac{P_1 V_1}{T_1}$ 에서, 등압하($P_0 = P_1$)이므로 $\dfrac{10 \, Nm^3}{(0+273)K} = \dfrac{V_1}{(273+80)K}$

$\therefore V_1 = 12.93 \, m^3$

공기의 질량 $m = \dfrac{PV}{RT} = \dfrac{PV}{\dfrac{\overline{R}}{M} \cdot T} = \dfrac{101.325 \, kPa \times 12.93 \, m^3}{\dfrac{8.314 \, kJ/kmol \cdot K}{28.96 \, kg/kmol} \times (273+80)K} = 12.928 \, kg$

여기서, $\overline{R} = MR$ $\overline{R}$: 평균기체상수
　　　　　　　　　　　R : 해당기체(공기)상수
　　　　　　　　　　　M : 해당기체(공기)의 분자량

∴ 가열량 $Q = C \cdot m \cdot \Delta t$
$= 1.0 \, kJ/kg \cdot ℃ \times 12.928 \, kg \times (80 - 0) ℃$
$= 1034.24 ≒ 1034 \, kJ$

25. 말단 확대 노즐 건조포화증기가 단열적으로 흘러가고, 그 사이에 엔탈피가 494 kJ/kg만큼 감소한다. 노즐 입구에서의 속도가 무시할 수 있을 정도로 작을 때 노즐 출구에서의 속도는 약 몇 m/s 인가?

① 994　　② 1294　　③ 1524　　④ 2123

【해설】(2021-4회-32번 기출유사)

풀이1.) 에너지보존법칙에 따라 열에너지는 운동에너지로 전환되는 노즐 출구에서의 단열팽창 과정으로 간단히 풀자.

$$Q = \Delta E_k$$
$$m \cdot \Delta H = \frac{1}{2}mv^2 \quad \text{여기서, } \Delta H : \text{엔탈피차 또는, 열낙차 라고 한다.}$$
$$\therefore v = \sqrt{2 \times \Delta H} = \sqrt{2 \times 494\,kJ/kg} = \sqrt{2 \times 494 \times 10^3\,N \cdot m/kg}$$
$$= \sqrt{2 \times 494 \times 10^3\,kg \cdot m/s^2 \times m/kg}$$
$$= 993.98 ≒ 994 \text{ m/s}$$

풀이2.) 정상상태의 유동유체에 관한 에너지보존법칙을 써서 풀어보자.

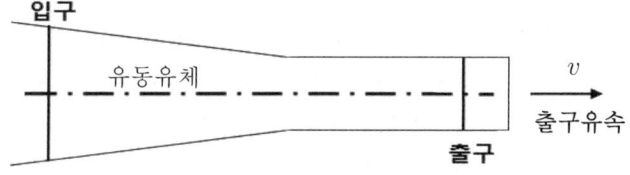

노즐관

$$mH_1 + \frac{1}{2}mv_1^2 + mgZ_1 = mH_2 + \frac{1}{2}mv_2^2 + mgZ_2$$

한편, 기준면으로부터의 높이는 $Z_1 = Z_2$ 이므로

$$H_1 + \frac{v_1^2}{2} = H_2 + \frac{v_2^2}{2} \quad \text{여기서, 1 : 노즐의 입구 2 : 노즐의 출구}$$

한편, 입구에서의 속도는 무시하고 있으므로($v_1 = 0$)

$$\therefore v_2 = \sqrt{v_1^2 + 2(H_1 - H_2)} = \sqrt{2 \times \Delta H}$$
$$= \sqrt{2 \times 494\,kJ/kg} = 993.98 ≒ 994 \text{ m/s}$$

26. 교축(Throttling)과정은 다음 중 어느 과정이라고 할 수 있는가?

① 등온 과정　　② 등압 과정
③ 등엔트로피 과정　　④ 등엔탈피 과정

【해설】(2019-4회-26번 기출유사)

※ 교축(Throttling, 스로틀링) 과정
- 비가역 정상류 과정으로 열전달이 전혀 없고, 일을 하지 않는 과정으로서 엔탈피는 일정하게 유지된다.($H_1 = H_2$ = constant)
또한, 엔트로피는 항상 증가하며 압력과 온도는 항상 감소한다.

25-①　26-④

27. 역카르노사이클로 작동하는 냉동기를 사용하여 냉동실의 온도를 -8℃로 유지시키는데 5.4×10^6 J/h의 일이 소비되었다. 외기의 온도가 5℃라 할 때, 냉동기에서 냉동톤(RT)은 얼마인가? (단, 1 RT = 3320 kcal/h 이다.)

① 2.4 ② 5.8 ③ 7.9 ④ 12.4

【해설】(2022-1회-37번 기출유사)
- 냉동기(역카르노 사이클)의 COP = $\dfrac{Q_2}{W}\left(\dfrac{\text{흡수열량}}{\text{압축일량}}\right) = \dfrac{Q_2}{Q_1 - Q_2} = \dfrac{T_2}{T_1 - T_2}$

$$\dfrac{Q_2}{5.4 \times 10^6 \, J/h} = \dfrac{(-8 + 273)}{(5 + 273) - (-8 + 273)}$$

∴ $Q_2 = 11 \times 10^7$ J/h
$= 11 \times 10^4$ kJ/h × $\dfrac{1\,kcal}{4.1868\,kJ}$ × $\dfrac{1\,RT}{3320\,kcal/h}$
$= 7.913 ≒ 7.9$ RT

28. 압력이 1 MPa인 증기의 엔트로피가 1.2 kJ/kg·K일 때 이 증기의 엔탈피는 약 몇 kJ/kg 인가?
(단, 압력기준의 포화액 엔트로피 S′ = 0.5086 kJ/kg·K,
포화증기 엔트로피 S″ = 1.5745 kJ/kg·K 이고
포화액 엔탈피 h′ = 181.19 kJ/kg,
포화증기 엔탈피 h″ = 663.2 kJ/kg 이다.)

① 129 ② 257 ③ 363 ④ 494

【해설】(2022-4회-39번 기출유사)
- 습증기의 엔탈피 공식 $h_x = h_1 + x(h_2 - h_1)$ 에서
한편, 습증기의 엔트로피 $S_x = S_1 + x(S_2 - S_1)$ 에서 증기건도 $x = \dfrac{S_x - S_1}{S_2 - S_1}$

∴ $h_x = h_1 + \dfrac{S_x - S_1}{S_2 - S_1} \times (h_2 - h_1)$
$= 181.19 + \left(\dfrac{1.2 - 0.5086}{1.5745 - 0.5086}\right) \times (663.2 - 181.19) = 493.84 ≒ 494$ kJ/kg

29. 다음 중 수증기를 사용하는 발전소의 열역학 사이클과 가장 관계 깊은 것은?

① 랭킨 사이클 ② 오토 사이클
③ 디젤 사이클 ④ 브레이톤 사이클

【해설】
- 랭킨 사이클(또는, 증기원소 사이클)
  - 연료의 연소열로 증기보일러를 이용하여 발생시킨 **수증기를 작동유체로 하므로** 증기 원동기라 부르며, 기계적 일로 바꾸기까지에는 부속장치(증기보일러, 터빈, 복수기, 급수펌프)가 포함되어야 하므로 증기원동소(蒸氣原動所)라고 부르게 된 것이다.

30. 가역적으로 움직이는 열엔진이 260 ℃에서 1055 kJ의 열을 흡수하여 37.8 ℃로 열을 배출한다. 37.8 ℃의 열 흡수원에서 흡수한 열량은 몇 kJ 인가?

① 0 ② 415 ③ 515 ④ 615

【해설】(2023-1회-22번 기출유사) • 가역적인 열엔진은 카르노 열기관을 의미한다.

카르노사이클의 열효율 공식 $\eta = \dfrac{W}{Q_1} = \dfrac{Q_1 - Q_2}{Q_1} = \dfrac{T_1 - T_2}{T_1} = 1 - \dfrac{T_2}{T_1}$

$$\dfrac{1055 - Q_2}{1055} = 1 - \dfrac{37.8 + 273}{260 + 273}$$

∴ 저열원으로 방출한 열량 Q_2 = 615.18 ≒ 615 kJ

【보충】※ 열기관의 원리

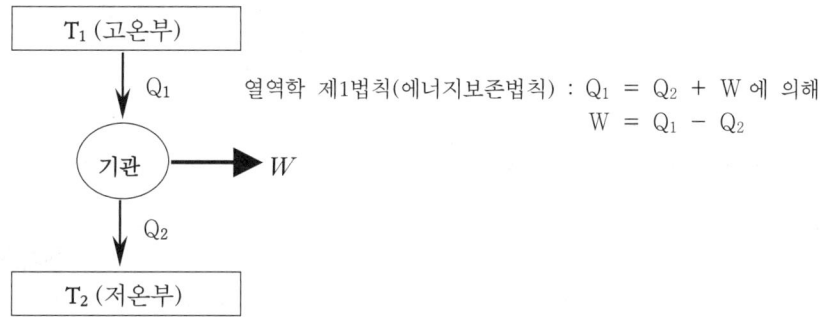

열역학 제1법칙(에너지보존법칙) : $Q_1 = Q_2 + W$ 에 의해
$W = Q_1 - Q_2$

31. 수은의 정상 비등점은 356.9 ℃이다. 이 온도와 25 ℃ 사이에서 작동하는 수은 열기관의 최대 이론 열효율은 약 얼마인가?

① 0.450 ② 0.527 ③ 0.635 ④ 0.735

【해설】(2023-1회-30번 기출유사) • 열효율이 최대인 이론적 사이클은 카르노 사이클이다.

카르노사이클의 열효율 공식 $\eta = \dfrac{W}{Q_1} = \dfrac{Q_1 - Q_2}{Q_1} = \dfrac{T_1 - T_2}{T_1} = 1 - \dfrac{T_2}{T_1}$

$$= 1 - \dfrac{25 + 273}{356.9 + 273} ≒ 0.527$$

32. 브레이튼(Brayton) 사이클은 어떤 기관의 사이클인가?

① 가스터빈 기관 ② 증기 기관
③ 가솔린 기관 ④ 디젤 기관

【해설】(2013-4회-22번 기출반복) 암기법 : 단적단적한.. 내, 오디사 가(부러), 예스 랭!
                                    ↳ 내연기관. ↳ 외연기관

• 내연기관의 사이클 : 오토 사이클, 디젤 사이클, 사바테 사이클.
• 가스터빈의 사이클 : 브레이튼(브레이톤) 사이클, 에릭슨 사이클, 스털링 사이클..

33. 공기표준 디젤 사이클(Air-standard diesel cycle)은?

①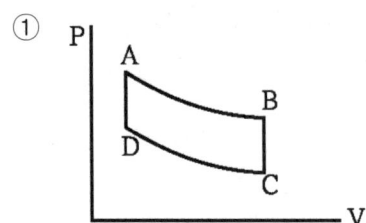
②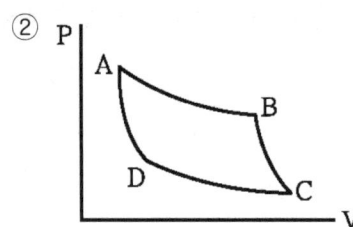
③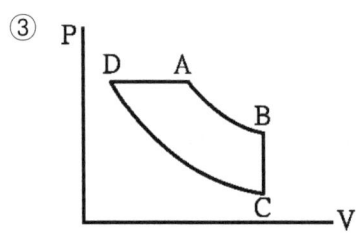
④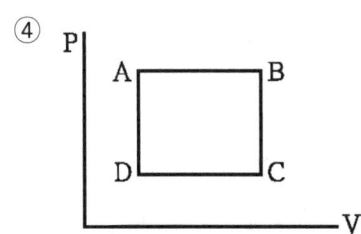

【해설】(2022-4회-40번 기출유사) 　　　　　　　　　　　　　　　　　　　암기법 : .단합단적

❸ 디젤 사이클은 연소가 일정한 압력하에서 일어나므로 **정압사이클**이라고도 한다.
- 단열 - 등압 - 단열 - 등적

【참고】※ 열기관의 사이클(cycle) 과정은 반드시 암기하고 있어야 한다.

　　　　　　　　　　　　암기법 : 단적단적한.. 내, 오디사　가(부러),예스　랭!
　　　　　　　　　　　　　　　　　　　↳내연기관.　↳외연기관

오	**단적~단적**	오토	(단열압축-등적가열-단열팽창-등적방열)
디	**단합~단적**	디젤	(단열압축-등압가열-단열팽창-등적방열)
사	**단적 합단적**	사바테	(단열압축-등적가열-등압가열-단열팽창-등적방열)
가(부)	**단합~단합**	가스터빈(브레이톤)	(단열압축-등압가열-단열팽창-등압방열)

　　　　　　　　　　　　　　　　　　　　　　　　　암기법 : 가!~단합해
예	**온합~온합**	에릭슨	(등온압축-정압가열-등온팽창-정압방열)

　　　　　　　　　　　　　　　　　　　　　　　　　암기법 : 예혼합
스	**온적~온적**	스털링	(등온압축-등적가열-등온팽창-등적방열)

　　　　　　　　　　　　　　　　　　　　　　　　　암기법 : 스탈린 온적있니?
<u>랭킨</u>	**합단~합단**	랭킨	(등압가열-단열팽창-등압방열-단열압축)

↳증기 원동소의 기본 사이클.　　　　　　　　　　　암기법 : 링컨 가랭이

34. 공기 표준 브레이톤(Brayton) 사이클에서 공기의 등엔트로피 압축으로 1기압, 20℃의 공기를 다음 중 어느 압력까지 압축하였을 때 효율이 가장 높은가?

① 2기압　② 3기압　③ 4기압　④ 5기압

【해설】(2022-2회-32번 기출유사)

33-③　　34-④

- 브레이톤 사이클의 이론적 열효율(η) (여기서, T_1 : 저온부, T_2 : 고온부이다.)

$$\eta = \frac{T_2 - T_1}{T_2} = 1 - \frac{T_1}{T_2} = 1 - \frac{T_1}{T_1 \left(\frac{P_2}{P_1}\right)^{\frac{k-1}{k}}} = 1 - \left(\frac{P_1}{P_2}\right)^{\frac{k-1}{k}}$$

∴ 우변의 분모인 압축압력 P_2가 클수록(즉, 5기압) 좌변의 η(열효율)은 증가한다.

35. 27 ℃의 물 1g을 1atm 하에서 100 ℃의 물이 되도록 가열할 때 엔트로피의 변화는 몇 J/K 인가? (단, 물은 액체 상태로 상변화는 일어나지 않는다.)

① 0.118　　② 0.274　　③ 0.512　　④ 0.912

【해설】(2022-4회-35번 기출유사)　　　　　암기법 : 피티네, 알압(아랍)

※ 정압과정($P_1 = P_2 = 1$ atm)의 엔트로피 변화량 계산

- 엔트로피 변화량의 기본식 $\Delta S = C_P \cdot \ln\left(\frac{T_2}{T_1}\right) - R \cdot \ln\left(\frac{P_2}{P_1}\right)$ 에서,

    한편, 정압(1 atm)이므로 $\ln\left(\frac{P_2}{P_1}\right) = \ln(1) = 0$

∴ 엔트로피 변화량 $\Delta S = C_P \cdot \ln\left(\frac{T_2}{T_1}\right) \times m$

$= 4.1868$ J/g·K $\times \ln\left(\frac{100 + 273}{27 + 273}\right) \times 1$ g

$= 0.9118 ≒ $ **0.912 J/K**

36. 엔트로피에 대한 설명으로 틀린 것은?

① 엔트로피는 자연현상의 비가역성을 나타내는 척도가 된다.
② 엔트로피는 상태함수이다.
③ 우주의 모든 현상은 총 엔트로피가 증가하는 방향으로 진행되고 있다.
④ 자유팽창, 종류가 다른 가스의 혼합, 액체내의 분자의 확산 등의 과정에서 엔트로피가 변하지 않는다.

【해설】① 가역변화 : $d(S + S_0) = 0$, 비가역변화 : $d(S + S_0) > 0$

② 엔트로피 공식 $dS = \frac{\delta Q}{T}$

- 상태(d)함수 = 점함수 = 계(系)의 성질　　　암기법 : 도경, 상점
- 경로(δ)함수 = 도정함수 = 계(界)의 과정

③ 우주의 모든 현상에서 가역조건을 모두 만족하는 이상적(理想的)인 과정은 실제로 존재하지 않는다. 대부분은 비가역변화($dS > 0$)에 속한다고 볼 수 있다.

❹ 자유팽창, 혼합, 확산 등은 역과정이 불가능한 비가역 변화에 속하는 요인들이므로 엔트로피는 항상 증가한다.

37. 정상상태에 있는 열린계(Open system)에 대한 에너지식을 다음과 같이 표현할 경우 밑줄(-----)친 부분에 들어가야 할 변수의 의미에 해당하는 것은?
   (단, $\triangle v$는 속도변화, $\triangle Z$는 기준면으로부터의 높이 변화, Q는 계에 공급된 열량, Ws는 축일이다.)

$$Q = m\left[\triangle\_\_\_\_\_ + \frac{1}{2}\triangle v^2 + g\triangle Z\right] + Ws$$

① 내부에너지 ② 깁스(Gibbs) 자유에너지
③ 엔트로피 ④ 엔탈피

【해설】(2021-4회-25번 기출유사)
- 정상유동의 에너지방정식은 열역학적 계의 입구로 들어온 에너지와 공급된 열량은 출구로 나오는 에너지와 축일로 표현된다.

$$\dot{Q} + \dot{m}\left[h_1 + \frac{v_1^2}{2} + gz_1\right] = \dot{W}_s + \dot{m}\left[h_2 + \frac{v_2^2}{2} + gz_2\right]$$

공급된 열량 + **엔탈피** + 운동에너지 + 위치에너지 = 축일 + **엔탈피** + 운동에너지 + 위치에너지

$$\dot{Q} = \dot{m}(h_2 - h_1) + \frac{1}{2}\dot{m}(v_2^2 - v_1^2) + \dot{m}g(Z_2 - Z_1) + \dot{W}_s$$
$$= \dot{m}\cdot\Delta h + \frac{1}{2}\dot{m}\cdot\Delta v^2 + \dot{m}g\cdot\Delta Z + \dot{W}_s$$
$$= \dot{m}(\Delta h + \frac{1}{2}\Delta v^2 + g\cdot\Delta Z) + \dot{W}_s$$

38. 평균 유효압력이 5 kgf/cm²이고 행정체적이 2000 mL의 가솔린 엔진에서 사이클당 엔진이 하는 일은 약 몇 J인가?

① 1.0 ② 9.8 ③ 10 ④ 980

【해설】• 일 $W = P\cdot V$
$= 5 \text{ kgf/cm}^2 \times 2000 \text{ mL} = \frac{5 \times 9.8 N}{(10^{-2}m)^2} \times 2000 \text{ mL} \times \frac{1 L}{1000 mL} \times \frac{1 m^3}{1000 L}$
$= 980 \text{ N·m} = 980 \text{ J}$

39. CO_2의 가스상수는 몇 kJ/kg·K인가?

① 0.095 ② 0.189 ③ 8.314 ④ 44.0

【해설】(2022-2회-40번 기출유사)　　　　　　　　암기법 : 알바는 MR
- 이상기체의 평균 기체상수 $\overline{R} = 8.314 \text{ kJ/kmol·K}$를 평소에 암기하고 있어야 한다.
- 어떤기체의 기체상수(또는, 가스상수)를 R이라 두면, 관계식은 $\overline{R} = MR$ 이다.

∴ 해당기체상수 $R = \frac{\overline{R}}{M(분자량)} = \frac{8.314 \, kJ/kmol\cdot K}{\frac{44 \, kg}{1 \, kmol}} = 0.1889 ≒ 0.189 \text{ kJ/kg·K}$

40. 20 ℃에서의 아세톤의 증발잠열은 약 몇 kJ/kmol 인가?

　　(단, 20 ℃에서의 증기압은 0.236 bar, 아세톤이 1 bar에서 끓는점은 56.5 ℃, 아세톤의 기체상수는 8.3 kJ/kmol·K 이다.)

① 10977　　② 15850　　③ 21953　　④ 31699

【해설】• 온도에 의한 증기압의 관계는 Clausius - Clapeyron(클라우지우스 - 클라페이롱)식

$$\ln\left(\frac{P_2}{P_1}\right) = \frac{\Delta H_{vap}}{R}\left(\frac{1}{T_1} - \frac{1}{T_2}\right)$$ 에 대입해서 계산한다.

$$\ln\left(\frac{1}{0.236}\right) = \frac{\Delta H_{vap}}{8.3\,kJ/kmol\cdot K} \times \left(\frac{1}{20+273} - \frac{1}{56.5+273}\right)\frac{1}{K}$$

∴ ΔH_{vap} = 31699.5 ≒ 31699 kJ/kmol

제3과목　　계측방법

41. 방사온도계의 측정원리는 어떤 원리(법칙)를 응용한 것인가?

① 비인의 법칙(Wien's Law)
② 스테판-볼츠만의 법칙(Stefan - Boltzman's Law)
③ 라울의 법칙(Raoult's Law)
④ 본드의 법칙(Bond's Law)

【해설】(2022-1회-52번 기출유사)

• 방사온도계 또는, 복사온도계
　- 물체로부터 복사되는 모든 파장의 전방사 에너지를 측정하여 온도를 측정한다.
　　1800 ℃ 이하의 온도에서 복사되는 방사에너지의 대부분은 적외선 영역에 해당하므로 적외선온도계라고 부르기도 한다.

　　열방사에 의한 열전달량(복사에너지, Q)은 스테판-볼쯔만의 법칙으로 계산된다.

$$Q = \varepsilon \cdot \sigma T^4 \times A$$
$$= \varepsilon \cdot \sigma (T_1^4 - T_2^4) \times A$$

　　　　여기서, σ : 스테판 볼츠만 상수(5.67×10^{-8} W/m²·K⁴)
　　　　　ε : 표면 복사율 또는 흑도
　　　　　A : 방열 표면적(m²)

$$= \varepsilon \cdot C_b \times \left[\left(\frac{T_1}{100}\right)^4 - \left(\frac{T_2}{100}\right)^4\right] \times A$$

　　　여기서, C_b : 흑체복사정수(5.67 W/m²·K⁴)

42. 다음 제어방식 중 잔류편차(Off Set)를 제거하고 응답시간이 가장 빠르며 진동이 제거되는 제어방식은?

① P　　　　　② PI　　　　　③ I　　　　　④ PID

【해설】(2019-1회-53번 기출유사)　　　　　　　　　　　　　암기법 : 아이(Ⅰ)편
- P : 비례 동작,　PI : 비례적분 동작,　I : 적분동작,　PID : 비례적분미분 동작.
- I동작은 잔류편차는 제거되지만 진동하는 경향이 있고 안정성이 떨어진다.
- PID동작은 잔류편차가 제거되고 응답시간이 가장 빠르며 진동이 제거된다.

43. 다음 중 열전대의 구비조건이 아닌 것은?

① 열기전력이 커야 한다.　　　　② 내식성이 높아야 한다.
③ 재생도(再生度)가 높아야 한다.　④ 열전도율이 커야 한다.

【해설】(2019-1회-57번 기출유사)
❹ 전기저항, 저항온도계수, 열전도율이 작아야 한다.
왜냐하면, 열전대 온도계는 발생하는 열기전력을 이용하는 원리이므로 **열전도율이 작을수록** 금속의 냉·온 접점의 온도차가 커져서 **열기전력이 증가**하게 된다.

44. 다음 중 정도가 높고 안정성은 뛰어나지만 환원성인 분위기에 약하고 금속 증기에 침해되기 쉬운 열전대는?

① 크로멜 - 알루멜형　　　　② 백금 - 백금·로듐형
③ 철 - 콘스탄탄형　　　　　④ 구리 - 콘스탄탄형

【해설】(2022-1회-42번 기출유사)
❷ 백금-백금·로듐 열전대는 접촉식 온도계 중에서 가장 높은 온도(0 ~ 1600℃)의 측정이 가능하며, 정도가 높고 내열성이 우수하여 고온에서도 안정성이 뛰어나다.
그러나, 환원성 분위기와 금속증기 중에서는 약하여 침식당하기 쉬운 단점이 있다.

【참고】※ 열전대의 종류 및 특징

종류	호칭	(+)전극	(-)전극	측정온도범위(℃)	암기법
PR	R형	백금로듐	백금	0 ~ 1600	PRR
CA	K형	크로멜	알루멜	-20 ~ 1200	CAK (칵~)
IC	J형	철	콘스탄탄	-20 ~ 800	아이씨 재바
CC	T형	구리(동)	콘스탄탄	-200 ~ 350	CCT(V)

PR (R형) - 산화성 분위기에 강하며, 환원성 분위기에는 약하다.
CA (K형) - 산화성 분위기에 강하며, 환원성 분위기에는 약하다
IC (J형) - 산화성 분위기에 약하며, 환원성 분위기에는 강하다.
CC (T형) - 산화성·환원성 분위기 모두에 사용할 수 있다.

45. 벨로스식 압력계에 대한 설명 중 틀린 것은?

① 구조가 비교적 간단하다.
② 금속 벨로스의 압력에 의한 신축을 이용한 것이다.
③ 측정압력은 2.5 ~ 1000 kg/cm² 정도로 아주 넓다.
④ 재질로는 인청동, 스테인리스가 주로 사용된다.

【해설】 (2019-2회-44번 기출유사)
- 탄성식 압력계의 종류별 압력 측정범위   　　　암기법 : 탄돈 벌다
  - 부르돈관식   　〉   벨로스식   　〉   다이어프램식
    (0.5 ~ 3000 kg/cm²)   (0.01 ~ 10 kg/cm²)   (0.002 ~ 0.5 kg/cm²)
- 압력단위의 환산은 근사값 1 atm ≒ 1 kg/cm² ≒ 100 kPa로 계산하면 쉽다.
    (50 ~ 300,000 kPa)   (1 ~ 1000 kPa)   (0.2 ~ 50 kPa)

46. 서미스터 온도계에 대한 설명 중 틀린 것은?

① 온도에 의한 저항변화를 이용한다.　　② 응답이 빠르다.
③ 재현성이 좋다.　　　　　　　　　　　④ 좁은 장소의 측온에 유리하다.

【해설】 (2021-4회-48번 기출유사)
- 저항식 온도계 중 서미스터 온도계의 특징
  ① 일반적인 저항의 성질과는 달리 반도체인 서미스터는 온도가 높아질수록 저항이 오히려 감소한다.(절대온도의 제곱에 반비례한다.)
  ② 전기저항이 온도에 따라 크게 변하는 반도체이므로 응답이 빠르다.
  ❸ 흡습 등으로 열화 되기 쉬우므로, 재현성이 좋지 않다.
  ④ 측온부를 작게 제작할 수 있으므로 좁은 장소에도 설치가 가능하다.

47. 자동제어에서 적분동작을 가장 옳게 설명한 것은?

① 조절계의 출력변화가 편차에 비례하는 동작
② 조절계의 출력변화의 속도가 편차에 비례하는 동작
③ 조절계의 출력변화가 편차의 변화속도에 비례하는 동작
④ 조작량이 어떤 동작신호의 값을 경계로 하여 완전히 전개 또는 전폐되는 동작

【해설】 (2020-2회-41번 기출유사)
① 비례동작 ($Y = e$)
❷ 적분동작 $\left(\dfrac{dY}{dt} = e \text{ 또는, } Y = \int e\, dt\right)$　여기서, Y : 출력변화, e : 편차
③ 미분동작 $\left(\dfrac{de}{dt} = Y\right)$
④ 2위치 동작(On-Off 동작)

48. 보일러에서 가장 기본이 되는 제어는?

① 수치 제어
② 시퀀스 제어
③ 피드백 제어
④ 자동 조절

【해설】(2018-1회-49번 기출유사)　　　　　　　　　　암기법 : 시(팔)연, 피보기
- 보일러의 기본제어는 피드백(Feed back) 제어이다.
- 보일러의 연소제어는 시퀀스(Sequence) 제어이다.

49. 다음 중 피토관의 장점이 아닌 것은?

① 제작비가 싸다.
② 구조가 간단하다.
③ 정도(精度)가 높다.
④ 부착이 용이하다.

【해설】 속도수두 측정식인 피토관(Pitot-tube) 유량계는 관로에 흐르는 유체의 전압과 정압의 차이인 동압을 측정하여 유속($v = C_p \cdot \sqrt{2gh}$)을 계산함으로써 유량(Q = A·v)을 구하는 방식이다.
피토관의 특성상 **정도가 낮으므로** 산업용 유량측정에는 매우 제한적으로 이용된다.
왜냐하면 실제로 정확한 유량을 측정하기 위해서는 반드시 유속의 평균치를 구하는 것이 필수적인데, 이를 구하기 위하여는 피토관을 유류에 삽입하거나 인출하면서 배관 내의 모든 점에서 유속을 측정하여 평균치를 구하여야 하기 때문이다.
관내 유속의 분포가 레이놀즈수에 영향을 받으므로 더스트(dust)나 미스트(mist)가 많은 유체에는 정확도가 더욱 낮아지므로 부적합하다.

50. 다음 중 도시가스미터에 사용되는 유량계의 형태는?

① Oval Type
② Drum Type
③ Diaphragm Type
④ Nozzle Type

【해설】　　　　　　　　　　　　　　　　　　　　　　　암기법 : 도시가스다!
- 가스미터는 용적식 유량계의 일종으로서, 일정한 부피로 만들어놓은 다이어프램으로 도시가스가 몇 회 통과되었는가를 적산하는 방식으로 유량을 측정한다.

51. 유속 5 m/s의 물 흐름 속에 피토관을 세웠을 때 수주의 높이는 약 몇 m 인가?

① 1.03
② 1.28
③ 1.65
④ 1.94

【해설】(2018-1회-51번 기출유사)
- 피토관 유속 $v = C_p \cdot \sqrt{2gh}$ 에서, 별도의 제시가 없으면 피토관 계수 C_p = 1로 한다.
$$5 \text{ m/s} = 1 \times \sqrt{2 \times 9.8 \text{ m/s}^2 \times h}$$
∴ 수주의 높이 h = 1.275 ≒ **1.28 m**

48-③　　49-③　　50-③　　51-②

52. 면적식 유량계의 특징에 대한 설명 중 <u>틀린</u> 것은?

① 측정치가 균등 눈금으로 얻어진다.
② 고점도 유체의 측정이 가능하다.
③ 적은 유량도 측정이 가능하다.
④ 정도는 ±0.01% 정도로 아주 좋다.

【해설】(2021-4회-58번 기출유사)
- 면적식 유량계는 차압식 유량계와는 달리 교축기구 차압을 일정하게 유지하고 교축기구의 단면적을 변화시켜서 유량을 측정하는 방식이다.
  유로의 단면적차이를 이용하므로 압력손실이 적으며, 유체의 밀도가 변하면 보정해주어야 하기 때문에 정도는 ±1~2% 로서 아주 좋지는 않으므로 정밀측정용으로는 부적당하다.
  유량계수는 비교적 낮은 레이놀즈수의 범위까지 일정하기 때문에 고점도 유체나 적은 유량에 대해서도 측정이 가능하다. 측정치는 균등유량 눈금으로 얻어지며 슬러리 유체나 부식성 액체의 유량 측정도 가능하다.

53. 고속, 고압 유체의 유량측정에 적당하며 레이놀즈수가 높을 때 주로 사용되는 차압식 유량계는?

① 벤투리미터　　② 플로노즐　　③ 오리피스　　④ 피토관

【해설】• 차압식 유량계 중 플로노즐(유량노즐)은 목 단면의 교축을 완만하게 하여 포물선 형태로 작아지다가 끝부분이 원주모양의 좁은 목을 갖는 유동제한장치이므로 레이놀즈수가 높은 고속, 고압 유체의 유량측정에 많이 사용된다.

【참고】※ 차압식 유량계의 비교　　　　　　　암기법 : 손오공 노레(Re)는 벤츄다.
- 압력손실이 큰 순서 : 오리피스 > 노즐 > 벤츄리
- 압력손실이 작은 유량계일수록 가격이 비싸진다.
- 노즐은 레이놀즈(Reno)수가 큰 난류일 때에도 사용할 수 있다.

54. 오벌(Oval)식 유량계의 특징에 대한 설명 중 <u>틀린</u> 것은?

① 타원형 치차의 맞물림을 이용하므로 비교적 측정정도가 높다.
② 기체유량 측정은 불가능하다.
③ 유량계 전부(前部)에 여과기(Strainer)를 설치하지 않아도 된다.
④ 설치가 간단하고 내구력이 있다.

【해설】(2022-2회-58번 기출유사)
- 오벌(Oval, 타원형 기어)식 유량계는 원형의 케이싱 내에 서로 맞물린 2개의 타원형 톱니바퀴 모양의 기어로 된 회전자의 회전속도를 측정하여 유량을 알 수 있는 용적식 유량계로서, 기체의 유량 측정은 불가능하고, 액체에만 측정할 수 있으며 내부 기어의 마모로 인해 히스테리시스 오차 발생의 원인이 된다.
- ❸ 고형물의 혼입을 막기 위하여 용적식 유량계 앞에는 스트레이너나 필터를 설치해야 한다.

55. 서미스터(Thermister) 온도계의 성질에 대한 설명 중 틀린 것은?

① 소형제작이 가능하여 좁은 범위에서 사용이 편리하다.
② 응답이 빠르다.
③ 온도가 높아지면 저항치가 커지고, 온도계수 구배가 커진다.
④ 온도계수가 금속에 비하여 크다.

【해설】 (2023-1회-46번 기출유사)

※ (전기)저항식 온도계 중 **서미스터** 온도계의 특징
① 측온부를 작게 제작할 수 있으므로 좁은 장소에도 설치가 가능하여 편리하다.
② 전기저항이 온도에 따라 크게 변하는 반도체이므로 응답이 빠르다.
❸ 일반적인 저항의 성질과는 달리 반도체인 서미스터는 온도가 높아질수록 저항이 오히려 감소하는 부특성(負特性)을 지닌다.(절대온도의 제곱에 반비례한다.) 흡습 등으로 열화되기 쉬우므로, 재현성이 좋지 않다.
④ 저항온도계수(α)가 금속에 비하여 크다.

56. 다음 중 액면 측정방법이 아닌 것은?

① 부자식(浮子式)
② 액압(液壓)측정식
③ 정전(靜電)용량식
④ 박막식(薄膜式)

【해설】 ❹ 박막식은 액면계가 아니고 압력계의 일종으로서 직접 지시계를 읽는 방식이다.

57. 다음 전자유량계에 대한 설명 중 틀린 것은?

① 압력손실이 거의 없다.
② 고점도 유체에 대하여도 측정이 가능하다.
③ 쿨롱의 전자유도법칙을 이용한 것이다.
④ 증폭기가 필요하다.

【해설】 (2022-4회-52번 기출유사)

• **전자식 유량계**는 파이프 내에 흐르는 도전성의 유체에 직각방향으로 자기장을 형성시켜 주면 패러데이(Faraday)의 전자기유도 법칙에 의해 발생되는 유도기전력(E)으로 유량을 측정한다. (**패러데이의 법칙** : $E = Blv$)
따라서, 도전성 액체의 유량측정에만 쓰인다.
유로에 장애물이 없으므로 압력손실이 거의 없으며, 이물질의 부착 및 침식의 염려가 없으므로 높은 내식성을 유지할 수 있으며, 슬러지가 들어있거나 고점도 유체에 대하여도 측정이 가능하다.
또한, 검출의 시간지연이 없으므로 응답이 매우 빠른 특징이 있으며, 미소한 측정전압에 대하여 고성능 증폭기를 필요로 한다.

58. 탄성 압력계에서 압력 검출단의 탄성체로 쓰이지 않는 것은?

① 다이어프램(Diaphragm)   ② 부르동관(Bourdon tube)
③ 벨로스(Bellows)   ④ 바이메탈(Bimetal)

【해설】(2023-1회-45번 기출유사)   암기법 : 탄돈 벨 다
- 탄성식 압력계의 종류별 압력 측정범위
  - 부르돈관(부르동관)식 〉 벨로스식 〉 다이어프램식
❹ 바이메탈은 압력계가 아니고 고체팽창식 온도계의 검출단이다.

59. 보일러의 통풍 등 폐압력에 사용되며 미세압을 측정하는데 가장 적당한 압력계는?

① 경사관식 액주형 압력계   ② 분동식 액주형 압력계
③ 부르동관식 압력계   ④ 단관식 압력계

【해설】(2022-2회-57번 기출유사)   암기법 : 미경이
- 액주형 압력계 중 **경사관식 압력계**는 U자관을 변형하여 한쪽 관을 경사시켜 놓은 것으로 약간의 압력변화에도 **눈금을 확대하여 읽을 수 있는 구조**이므로 U자관식 압력계보다 액주의 변화가 크므로 **미세한 압력**을 정밀하게 측정하는데 적당하며,
  정도가 가장 높다(±0.05 mmAq). 구조상 저압인 경우에만 한정되어 사용되고 있다.

60. 내경 10 cm의 관내 흐름에서 임계레이놀즈수가 2300 일 때 20 ℃인 물의 임계 속도는 약 몇 m/s 인가?

(단, 20 ℃ 물에서의 동점성계수는 1.01×10^{-4} m²/s 이다.)

① 0.232   ② 0.282   ③ 2.32   ④ 2.82

【해설】(2018-1회-52번 기출유사)   암기법 : 레이놀 동 내유?

- $Re_{no} = \dfrac{Dv}{\nu} = \dfrac{Dv\rho}{\mu}$ 여기서, ν : 동점성계수, μ : 점도, D : 내경, ρ : 밀도, v : 유속

  $2300 = \dfrac{0.1 \times v}{1.01 \times 10^{-4}}$

  ∴ v = 2.323 ≒ **2.32**

【참고】※ 레이놀즈수(Reynolds number)에 따른 유체유동의 형태
- 층류   : Re ≦ 2320 이하인 흐름.
- 임계영역 : 2320 〈 Re 〈 4000 으로서 층류와 난류 사이의 흐름.
- 난류   : Re ≧ 4,000 이상인 흐름.

제4과목 열설비재료 및 관계법규

61. 에너지이용합리화법령상 검사대상기기 검사 중 용접검사 면제 대상이 아닌 것은?

① 압력용기 중 동체의 두께가 8 mm 미만으로서 최고사용압력(MPa)과 내부부피(m^3)를 곱한 수치가 0.02 이하인 것
② 온수보일러로서 전열면적이 18 m^2 이하이고 최고사용압력이 0.35 MPa 이하인 것
③ 강철제 보일러로서 전열면적이 5 m^2 이하이고 최고사용압력이 0.35 MPa 이하인 것
④ 압력용기 중 전열교환식인 것으로 최고사용압력이 0.35 MPa 이하이고 동체의 안지름이 600 mm 이하인 것

【해설】 (2021-4회-65번 기출유사)   암기법 : 십팔, 대령삼오 (035)
※ 검사의 면제대상 중 용접검사의 면제대상 범위   [에너지이용합리화법 시행규칙 별표3의6.]
❶ 압력용기 중 동체의 두께가 6 mm 미만인 것으로서 최고사용압력(MPa)과 내부부피(m^3)를 곱한 수치가 0.02 이하(난방용의 경우에는 0.05 이하)인 것

[별표 3의6.] ※ 검사의 면제대상 범위. [에너지이용합리화법 시행규칙 제31조의13 제1항제1호 관련]

검사대상기기	적용 범위	면제되는 검사
강철제 보일러 · 주철제 보일러	1) 강철제보일러 중 전열면적이 5 m^2 이하이고, 최고사용압력이 0.35 MPa 이하인 것 2) 주철제 보일러 3) 1종 관류보일러 4) 온수보일러 중 전열면적이 18 m^2 이하이고, 최고사용압력이 0.35 MPa 이하인 것	용접검사
1종 압력용기 · 2종 압력용기	1) 용접이음이 없는 강관을 동체로 한 헤더 2) 압력용기 중 동체의 두께가 6 mm 미만인 것으로 최고사용압력(MPa)과 내용적(m^3)을 곱한 수치가 0.02 이하(난방용의 경우에는 0.05 이하)인 것 3) 전열교환식인 것으로서 최고사용압력이 0.35MPa 이하이고, 동체의 안지름이 600 mm 이하인 것	용접검사

62. 에너지법에서 정의하는 에너지 사용자란?

① 에너지 생산공장의 공장장
② 에너지 생산공장의 에너지기사
③ 한국에너지공단 이사장
④ 에너지 사용시설의 소유자

【해설】 (2022-2회-66번 기출유사)   암기법 : 사용자 소관
❹ "에너지 사용자"란 에너지 사용시설의 **소유자** 또는 **관리자**를 말한다. [에너지법 제2조.]

63. 에너지이용합리화법에 따라 평균에너지소비효율의 산정방법에 대한 내용으로 틀린 것은?

① 산정방법, 개선기간, 공표방법 등 필요한 사항은 산업통상자원부령으로 정한다.

② 평균에너지소비효율 = $\dfrac{\text{기자재 판매량}}{\sum\left(\dfrac{\text{기자재종류별 국내판매량}}{\text{기자재종류별 에너지소비효율}}\right)}$

③ 평균에너지 소비효율의 개선기간은 개선명령으로부터 다음해 1월 31일까지로 한다.

④ 개선명령을 받은 자는 개선명령일부터 60일 이내에 개선명령 이행계획을 수립하여 산업통상자원부장관에게 제출하여야 한다.

【해설】 (2019-2회-64번 기출유사)   [에너지이용합리화법 시행령 시행규칙 제12조.]
❸ 평균에너지소비효율의 개선기간은 개선명령을 받은 날부터 다음 해 12월 31일까지로 한다.

64. 산업통상자원부장관이 에너지사용계획을 제출받을 때 협의 결과를 공공사업주관자에게 통보하여야 하는 기간은 얼마나 되며(제출받은 날로부터 기산), 필요하다고 인정할 경우 이를 연장할 수 있는 기간은?

① 30일 이내, 10일 범위 내
② 40일 이내, 20일 범위 내
③ 30일 이내, 20일 범위 내
④ 40일 이내, 10일 범위 내

【해설】 ❸ 산업통상자원부장관이 에너지사용계획을 제출받은 경우에는 그날부터 30일 이내에 공공사업주관자에게는 그 협의 결과를, 민간사업주관자에게는 그 의견청취 결과를 통보하여야 한다. 다만, 산업통상자원부장관이 필요하다고 인정할 때에는 20일의 범위에서 통보를 연장할 수 있다.   [에너지이용합리화법 시행령 제20조5항.]

65. 에너지 절약형 시설에 해당되지 않는 것은?

① 에너지 설비의 설치를 위한 투자시설
② 에너지 절약형 공정개선을 위한 시설
③ 에너지 이용합리화를 통한 온실가스의 배출감소를 위한 시설
④ 에너지 절약이나 온실가스의 배출감소를 위하여 필요하다고 산업통상자원부장관이 인정하는 시설

【해설】 ※ 에너지 절약형 시설   [에너지이용합리화법 시행령 제31조.]
❶ 단순히 에너지 설비의 설치를 위한 투자시설은 에너지 절약과는 해당이 없다.
② 에너지 절약형 공정개선을 위한 시설
③ 에너지 이용합리화를 통한 온실가스의 배출감소를 위한 시설
④ 에너지 절약이나 온실가스의 배출감소를 위하여 필요하다고 산업통상자원부장관이 인정하는 시설

66. 에너지이용 합리화법에서 정한 에너지 관리기준이란?

① 에너지 다소비사업자가 에너지 관리 현황에 대한 조사에 필요하도록 만든 기준
② 에너지 다소비사업자가 에너지를 효율적으로 관리하기 위하여 필요한 기준
③ 에너지 다소비사업자가 에너지 사용량 및 제품생산량에 맞게 에너지를 필요하도록 만든 기준
④ 에너지 다소비사업자가 에너지 관리 진단 결과 손실요인을 줄이기 위해 필요하도록 만든 기준

【해설】 ❷ 산업통상자원부장관은 관계 행정기관의 장과 협의하여 에너지다소비사업자가 에너지를 효율적으로 관리하기 위하여 필요한 기준(이하 "에너지관리기준"이라 한다)을 부문별로 정하여 고시하여야 한다. [에너지이용합리화법 제32조 1항.]

67. 에너지이용 합리화법령상 1년 이하의 징역 또는 1천만원 이하의 벌금에 해당하는 것은?

① 검사대상기기의 검사를 받지 아니한 자
② 검사를 거부·방해 또는 기피한 자
③ 검사대상기기관리자를 선임하지 아니한 자
④ 효율관리기자재에 대한 소비효율등급 등을 측정받지 아니한 제조업자·수입업자

【해설】 (2021-4회-65번 기출유사) [에너지이용합리화법 제73조 벌칙.]
❶ 검사대상기기의 검사를 받지 아니한 자는 **1년** 이하의 징역 또는 **1천만원** 이하의 벌금에 처한다.

【참고】 ※ 위반행위에 해당하는 벌칙(징역. 벌금액) 암기법
   2.2 - 에너지 저장, 수급 위반   이~이가 저 수위다.
   1.1 - 검사대상기기 위반   한명 한명씩 검사대를 통과했다.
   0.2 - 효율기자재(생산,판매,금지명령) 위반   영희가 효자다.
   0.1 - 미선임, 미확인, 거부, 기피   영일은 미선과 거부기피를 먹었다.
   0.05- 광고, 표시 위반   영오는 광고표시를 쭉~ 위반했다.

68. 에너지이용 합리화법령상 다음 품목 중 효율관리기자재에 해당되지 <u>않는</u> 것은?

① 전기냉장고   ② 자동차
③ 발전설비   ④ 전동차

【해설】 (2017-1회-66번 기출유사)   암기법 : 세조방장, 3발자동차
※ 효율관리기자재 품목의 종류   [에너지이용합리화법 시행령 시행규칙 제7조.]
 - 전기세탁기, 조명기기, 전기냉방기, 전기냉장고, 3상유도전동기, 발전설비, 자동차.

66-②   67-①   68-④

69. 에너지이용 합리화법령상 공공사업주관자가 산업통상자원부장관에게 에너지사용계획의 변경에 관하여 협의를 요청할 경우에 첨부하여야 할 서류에 해당되는 것은?

① 에너지사용계획의 변경시기
② 에너지사용계획의 변경에 따른 자금계획
③ 에너지사용계획의 변경 이유, 에너지사용계획의 변경 내용
④ 에너지사용계획의 변경에 따른 사업계획

【해설】 ❸ 공공사업주관자가 에너지사용계획의 변경 사항에 관하여 산업통상자원부장관에게 협의를 요청할 때에는 변경된 에너지사용계획에 다음 각 호의 사항을 적은 서류를 첨부하여 제출하여야 한다. [에너지이용합리화법 시행령 시행규칙 제4조.]
    1. 에너지사용계획의 **변경 이유**
    2. 에너지사용계획의 **변경 내용**

70. 유체의 역류를 방지하기 위한 것으로 밸브의 무게와 밸브의 양면 간 압력차를 이용하여 밸브를 자동으로 작동시켜 유체가 한쪽 방향으로만 흐르도록 한 밸브는?

① 슬루스밸브　　　　　② 회전밸브
③ 체크밸브　　　　　　④ 버터플라이밸브

【해설】 (2022-4회-79번 기출유사)　　　　　암기법 : 책(첵), 스리
    ❸ 체크밸브(Check valve, 역지밸브)는 유체를 한쪽 방향으로만 흐르게 하고 역류를 방지하는 목적으로 사용되며, 밸브의 구조에 따라 스윙(swing)형과 리프트(lift)형이 있다.

71. 제련에서 중금속 비화물이 균일하게 녹아 있는 인공적인 혼합물이며, 원료 중에 As, Sb 등이 다량으로 들어 있고 이것이 환원분위기에서 산화 제거되지 않을 때 생기는 것은?

① 스파이스　　　　　② 매트
③ 플럭스　　　　　　④ 슬래그

【해설】 ❶ 스파이스(Speiss) : 금속광석을 제련할 때 중금속 비화물과 As(비소), Sb(안티몬)이 용융상태로 혼합상을 유지하고 있는 인공적인 혼합물로서 매트에 비하여 금속으로서의 성질이 강하다.
    ② 매트(Matte) : 구리, 니켈 등을 제련할 때 여러 가지 금속의 황화물이 용융, 결합하여 중간생성물로 생기는 중금속으로 황화물이 섞여 있는 혼합물이다.
    ③ 슬래그(Slag, 용제) : 광석으로부터 금속을 빼내고 남은 찌꺼기이며 녹아 있는 금속 표면 위에 떠서 금속 표면이 공기에 의해 산화되는 것을 방지하고 그 표면을 보존하는 역할을 한다.
    ④ 플럭스(Flux) : 제강공정에서 잘 용융되지 않는 금속의 용융을 촉진하기 위하여 섞는 용융제를 말한다.

72. 다음 중 증기 배관용으로 사용하지 않는 것은?

① 인라인 증기믹서
② 시스턴 밸브
③ 사일렌서
④ 벨로스형 신축관이음

【해설】❷ 시스턴 밸브(Cistern valve)는 급수 배관용 밸브로 사용한다.

73. 다음 중 보온재나 단열재 및 보냉재를 구분하는 기준은?

① 열전도율
② 최고 안전사용온도
③ 압력
④ 내화도

【해설】(2017-4회-80번 기출유사)
※ 보냉재, 보온재, 단열재, 내화단열재, 내화재의 구분은 최고 안전사용온도에 따라 분류한다.

암기법 : 128백 보유무기, 12월35일 단 내단 내

보냉재 - 유기질(보온재) - 무기질(보온재) - 단열재 - 내화단열재 - 내화재
  1↓   2↓   8↓   12↓   13~15↓   1580℃↑ (이상)
  0   0   (SK 26번)
  0   0
(100단위를 숫자아래에 모두 다 추가해서 암기한다.)

74. 다음 중 염기성 슬래그에 대한 내침식성이 가장 큰 내화물은?

① 샤모트질 내화로재
② 마그네시아질 내화로재
③ 납석질 내화로재
④ 고알루미나질 내화로재

【해설】(2020-2회-77번 기출유사)   암기법 : 염병할~ 포돌이 마크
- 슬래그(slag, 鎔滓, 용제)는 녹아 있는 금속 표면위에 떠서 금속 표면이 공기에 의해 산화되는 것을 방지하고 그 표면을 보존하는 역할을 한다.
- 염기성 산화물(MgO, CaO)을 다량 함유하고 있는 염기성 슬래그를 쓰려면 제강로의 내벽도 염기성 내화벽돌이어야 슬래그 침입에 의한 침식의 발생을 막을 수 있다.
① 산성 ❷ 염기성 ③ 산성 ④ 중성

75. 열처리로의 구조에 따른 분류가 아닌 것은?

① 상형로
② 진공로
③ 대차로
④ 회전로

【해설】• 열처리로(Heat treating furnace)는 금속 및 합금에 필요한 성질을 주기 위하여 가열과 냉각의 열처리에 사용하는 노(爐)를 말한다. 구조에 따라 상형로(箱形爐, 상자모양), 대차로(臺車爐), 회전로(回轉爐) 등이 있다.
❷ 진공로는 피열물을 둘러싸고 있는 매체에 따른 분류이다.

76. 다음 규석질 벽돌의 특성에 대한 설명 중 틀린 것은?

① 내마모성이 높다.
② 열전도율이 낮다.
③ 내화도가 높다.
④ 저온에서 스폴링이 발생되기 쉽다.

【해설】(2016-4회-75번 기출유사)
- 산성 내화물의 대표적인 재질인 규석질 벽돌(실리카, SiO_2계)은 Si(규소) 성분이 많을수록 열전도율이 높다.
  규석질 벽돌을 사용시 가장 주의해야 할 것은 상온에서 700 ℃까지의 저온 범위에서는 벽돌을 구성하는 광물의 부피팽창이 크기 때문에 열충격에 상당히 취약하여 스폴링이 발생되기 쉽다는 것이다. 반면에, 700 ℃ 이상의 고온 범위에서는 부피팽창이 적어서 열충격에 대하여 강하다. 따라서 내화도(SK 31 ~ 33)가 높고 용융점 부근까지 하중에 잘 견디므로 하중연화 온도변화가 적다.

77. 다음 중 조직의 화학변화를 동반하는 소성, 가소를 목적으로 하는 로는?

① 고로
② 균열로
③ 용해로
④ 소성로

【해설】※ 사용목적에 의한 요로의 분류
❶ 고로(용광로) : 조직의 화학변화를 동반하는 소성, 가소를 목적으로 한다.
② 균열로 : 강괴 표면의 과열을 최소로 하여 압연이 가능한 온도까지 균일하게 가열함을 목적으로 한다.
③ 용해로 : 피열물의 용융을 목적으로 한다.
④ 소성로 : 조합된 원료를 가열하여 경화성 물질로 만드는 것을 목적으로 한다.
⑤ 가열로 : 가공을 위한 가열을 목적으로 한다.
⑥ 소둔로 : 금속 등의 내부조직 변화 및 변형의 제거를 목적으로 한다.

78. 규산칼슘 보온재에 대한 설명 중 틀린 것은?

① 규조토와 석회에 소량의 무기섬유를 혼합하고 수열반응 후 성형한다.
② 플랜트 설비의 탑조류, 가열로, 배관류 등의 보온공사에 많이 사용된다.
③ 가볍고 단열성과 내열성은 뛰어나지만 내산성이 적고 비등수에는 쉽게 붕괴된다.
④ 무기계 보온재로 다공질이며 최고 안전 사용온도는 약 650℃ 정도이다.

【해설】(2021-4회-77번 기출유사)
- 규산칼슘 보온재는 규조토와 석회에 무기질인 석면섬유를 3 ~ 15 % 정도 혼합·성형하여 수증기 처리로 경화시킨 것으로서, 가벼우며 기계적강도·내열성·**내산성도 크고 내수성이 강하여 비등수(끓는 물)에서도 붕괴되지 않는다.**

79. 광석을 공기의 존재하에서 가열하여 금속산화물 또는 산소를 함유한 금속화합물로 바꾸는 조작을 무엇이라고 하는가?

① 염화배소　　　　　　② 환원배소
③ 산화배소　　　　　　④ 황산화배소

【해설】(2022-4회-73번 기출유사)
● 배소로(焙燒爐)는 용광로에 장입되는 철광석(인이나 황을 포함하고 있음)을 용융되지 않을 정도로 공기의 존재하에서 가열하여 불순물(P, S 등의 유해성분)의 제거 및 금속산화물로 산화도(酸化度)의 변화 (즉, 산화배소), 균열 등의 물리적 변화를 주어 제련상 유리한 상태로 전처리함으로써 용광로의 출선량을 증가시켜 준다.

80. 다음 보온재 중 가장 낮은 온도에서 사용될 수 있는 것은?

① 석면　　　　　　　　② 규조토
③ 우레탄 폼　　　　　　④ 탄산마그네슘

【해설】(2022-4회-73번 기출유사)
● 최고안전사용온도는 무기질 보온재가 유기질 보온재(우레탄 폼 등)보다 훨씬 더 높다!
　① 석면(550℃)　　　　② 규조토(500℃)
　❸ 우레탄 폼(80℃)　　④ 탄산마그네슘(250℃)

제5과목　　열설비 설계

81. 벙커-C유 연소보일러의 연소 배가스 온도를 측정한 결과 300℃이었다. 여기에 공기예열기를 설치하여 배가스 온도를 150℃까지 내렸다면 연료 절감률은 약 몇 % 인가?
(단, 벙커-C유의 발열량 40800 kJ/kg, 배가스량 13.6 Nm³/kg, 배가스의 비열 1.38 kJ/Nm³·℃, 공기예열기의 효율은 0.75 이다.)

① 4.3　　　② 5.2　　　③ 6.6　　　④ 7.2

【해설】(2018-2회-84번 기출유사)　　　　　암기법 : 배,씨배터(효)

● 배가스 온도 하강에 의한 절감열량 $Q_g = C_g \cdot G \cdot \Delta t \times \eta$

● 폐열회수에 의한 연료절감률 $S = \dfrac{Q_g}{Q_{in}} \left(\dfrac{절감열량}{공급열량}\right) \times 100$

$= \dfrac{1.38 \times 13.6 \times (300-150) \times 0.75}{40800} \times 100 ≒ 5.2\%$

82. 다음 중 pH 조정제가 아닌 것은?

① 수산화나트륨 ② 탄닌
③ 암모니아 ④ 탄산소다

【해설】 (2016-2회-87번 기출유사)
❷ 탄닌은 탈산소제로 쓰이는 약품이다.

【key】 ※ 보일러 급수 내처리 시 사용되는 약품 및 작용
① pH 조정제
　㉠ 낮은 경우 : (염기로 조정)　암기법 : 모니모니해도 탄산소다가 제일인가봐
　　　암모니아,　탄산소다,　가성소다(수산화나트륨),　제1인산소다.
　　　NH_3,　Na_2CO_3,　$NaOH$,　Na_3PO_4
　㉡ 높은 경우 : (산으로 조정)　암기법 : 높으면, 인황산!~
　　　인산,　황산.
　　　H_3PO_4, H_2SO_4
② 탈산소제　　　　　암기법 : 아황산, 히드라 산소, 탄니?
　: 아황산소다(아황산나트륨 Na_2SO_3), 히드라진(고압), 탄닌.
③ 슬럿지 조정　　　암기법 : 슬며시, 리그들 녹말 탄니?
　: 리그린, 녹말, 탄닌.
④ 경수연화제　　암기법 : 연수(부드러운 염기성) ∴ pH조정의 "염기"를 가리킴.
　: 탄산소다(탄산나트륨), 가성소다(수산화나트륨), 인산소다(인산나트륨)
⑤ 기포방지제
　: 폴리아미드 , 고급지방산알코올
⑥ 가성취화방지제
　: 질산나트륨, 인산나트륨, 리그린, 탄닌

83. 다음 중 복사 열전달에 적용되는 법칙은?

① 뉴턴의 냉각법칙 ② 퓨리에의 법칙
③ 스테판-볼츠만의 법칙 ④ 돌턴의 법칙

【해설】 (2022-4회-93번 기출유사)
① 뉴턴(Newton)의 냉각법칙 (대류의 법칙) : $Q = \alpha \cdot \Delta t \cdot A \times T$
② 퓨리에(Fourier) 법칙 (전도의 법칙) : $Q = \dfrac{\lambda \cdot \Delta t \cdot A}{d} \times T$
❸ 스테판-볼츠만(Stefan-Boltzmann)의 법칙(**복사의 법칙**) : $Q = \sigma \cdot T^4$
④ 돌턴(Dalton)의 기체분압 법칙 : $P_t = P_1 + P_2$

84. 성적계수 (COP)$_R$가 5.2인 증기압축 냉동기의 1냉동톤당 이론압축기 구동마력 (PS)은 약 얼마인가?

① 1 ② 2 ③ 3 ④ 4

【해설】(2019-2회-24번 기출유사)

- 냉동기의 성적계수, $COP = \dfrac{Q_2}{W_c} \left(\dfrac{냉동능력}{압축기의 소요동력} \right)$ 이므로

$$5.2 = \dfrac{1\,RT}{W_c} = \dfrac{1\,RT \times \dfrac{3320\,kcal/h}{1\,RT} \times \dfrac{1\,PS}{632\,kcal/h}}{W_c}$$

또는, $5.2 = \dfrac{1\,RT \times \dfrac{5.25\,PS}{1\,RT}}{W_c}$

∴ 구동에 소요되는 동력(W_c) = 1.01 ≒ 1 PS

【참고】
- 1 HP (국제마력, Horse power) = 746 W
- 1 PS (프랑스마력, Pferde stärke) = 75 kgf·m/s = 75 × 9.8 N·m/s = 735 W
- 1 PS = 735 W = 735 J/s = $\dfrac{735\,J \times \dfrac{1\,cal}{4.1868\,J}}{1\,\sec \times \dfrac{1\,h}{3600\,\sec}}$ = 631986 cal/h ≒ 632 kcal/h
- 1 RT(냉동톤) = 3320 kcal/h = 3320 kcal/h × $\dfrac{1\,PS}{632\,kcal/h}$ ≒ 5.25 PS

85. 상변화를 수반하는 물 또는 유체의 가열변화 과정 중 전열면에 비등기포가 생겨 열유속이 급격히 증대되고, 가열면상에 서로 다른 기포의 발생이 나타나는 비등 과정을 무엇이라고 하는가?

① 자연대류비등   ② 핵비등
③ 천이비등   ④ 막비등

【해설】(2022-1회-99번 기출유사)

※ 초과온도에 대한 열유속과 초과온도에 대한 물의 비등(Boiling) 곡선

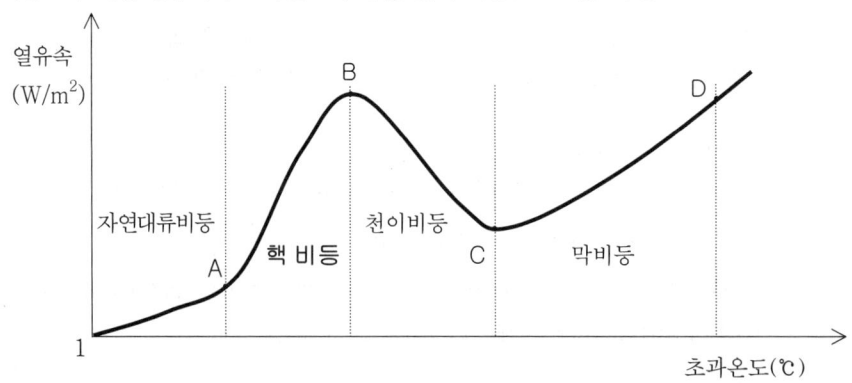

84-①   85-②

86. 수직 증발관을 가열할 때 발생하는 2상 유동형태의 순서로서 옳은 것은?

① 기포류 → 환상류 → 슬러그류(Slug flow) → 분무류
② 기포류 → 슬러그류(Slug flow) → 환상류 → 분무류
③ 기포류 → 분무류 → 슬러그류(Slug flow) → 환상류
④ 기포류 → 분무류 → 환상류 → 슬러그류(Slug flow)

【해설】● 수관식 보일러의 수직 2상 유동에서 비등은 상향유동으로 이루어지는 것이 효과적이므로 가열에 의해 균일한 열유속을 받는 수직 증발관의 하부를 통해서 유체가 흘러들어오게 되면 Tube벽으로부터의 대류열전달에 의하여 액체의 온도는 점점 상승하게 되고 비등점 가까이에 이르면 벽면에서부터 기포의 생성이 시작되어 기포류가 형성된다. 유체가 계속 가열되면 기포의 양은 점점 증가하여 기포간의 합착에 의해서 슬러그 기포가 형성되어 슬러그류로 천이한다. 계속되는 기포의 증가에 따라 증기의 속도는 점점 빨라지고 슬러그류의 액체 슬러그가 파괴되면서 점차 환상류의 형태를 띠게 된다. 이때에도 지속적인 증발로 인하여 기포의 속도는 증가하며 이에 따라 액적이 액막으로부터 튜브 중심부의 기체로 유입되어 분무 환상류의 형태를 띠었다가 결국 벽면에 접한 액막이 완전히 증발하고 튜브 중심부의 액적이 증기와 함께 흐르는 분무류(액적류) 형태가 된다. 이 액적들은 중력에 의해 아래쪽으로 흘러내려 증발하게 되고 종래에는 단상 증기유동이 된다.   암기법 : 기슬(자), 한분

즉, 증발 상승관을 가열할 때 발생하는 2상 유동형태의 순서는 기포류(Bubble flow) → 슬러그류(Slug flow) → 환상류(Annular flow) → 분무류(Mist flow) 이다.

87. 지름이 0.2 m인 원관의 외벽온도가 550 K로 유지되고 주위온도가 300 K에 노출되어 있을 때 외벽으로부터 주위로의 열손실은 약 몇 W인가? (단, 외벽 표면의 흡수율과 방사율은 0.9 이고 스테판-볼츠만 상수는 5.67×10^{-8} W/m²K⁴ 이다.)

① 133.7   ② 155.5   ③ 175.7   ④ 195.3

【해설】(2020-4회-87번 기출유사)
● 열방사(열복사)에 의한 열전달량(Q)은 스테판-볼츠만의 법칙으로 계산된다.

$Q = \varepsilon \cdot \sigma T^4 \times A$
$= \varepsilon \cdot \sigma (T_1^4 - T_2^4) \times A$
$= \varepsilon \cdot \sigma (T_1^4 - T_2^4) \times \dfrac{\pi \cdot D^2}{4}$

여기서, σ : 스테판 볼츠만 상수(5.67×10^{-8} W/m²·K⁴)
T : 물체 표면의 절대온도(K)
ε : 표면 복사율 또는 흑도
A : 방열 표면적(m²)

$= 0.9 \times 5.67 \times 10^{-8} \times (550^4 - 300^4) \times \dfrac{\pi \times 0.2^2}{4}$
$= 133.71 ≒ 133.7 \text{ W}$

88. 리벳이음에 비하여 용접이음의 장점을 옳게 설명한 것은?

① 이음효율이 좋다.
② 잔류응력이 발생되지 않는다.
③ 진동에 대한 감쇠력이 높다.
④ 응력집중에 대하여 민감하지 않다.

【해설】 (2022-1회-100번 기출반복)

※ 용접이음의 특징

❶ 리벳이음의 효율은 강판의 두께에 따른 리벳의 지름에 따라 30 ~ 80 %로 변하지만 용접이음은 강판의 두께에 관계없이 100 %까지도 할 수 있으므로 **이음효율이 가장 좋다!**
② 기계가공(용접)을 할 때에는 고열이 발생하여 모재와 용착부에 이 열의 영향으로 재료의 내부에 잔류응력이 발생된다.
③ 진동을 감쇠시키기 어렵다.(진동에 대한 감쇠력이 낮다.)
④ 응력집중에 민감하여 변형하기 쉬운 단점이 있다.
⑤ 기밀성, 수밀성이 우수하며, 리벳팅과 같은 소음을 발생시키지 않는다.

89. 일반적으로 보일러 부하가 증가할수록 복사과열기와 대류 과열기의 과열온도는 어떻게 되는가?

① 복사과열기 온도는 상승하고, 대류과열기 온도는 하강한다.
② 복사과열기 온도는 하강하고, 대류과열기 온도는 상승한다.
③ 두 과열기 모두 온도가 상승한다.
④ 두 과열기 모두 온도가 하강한다.

【해설】 (2022-4회-98번 기출유사)   암기법 : 보복하러 온대

❷ 보일러 부하(보일러의 증발량)가 증가할수록 발생증기가 흡수한 유효열량이 많아지므로 복사열 흡수는 감소되어 복사과열기(또는, **방사과열기**)의 온도는 하강하고, 대류과열기의 온도는 상승한다.

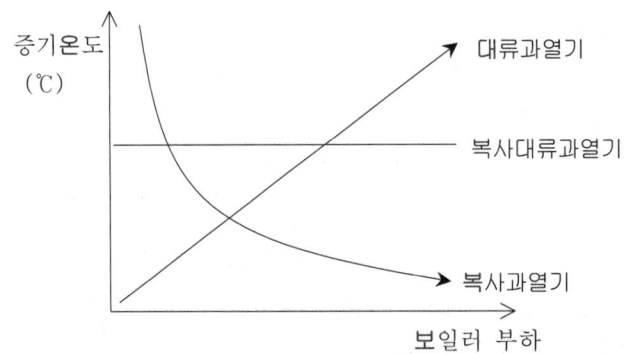

90. 보일러 급수를 처리하는 방법의 하나로 보일러수에 녹아 있는 기체를 제거하는 탈기기(Deaerator)가 있다. 여기에서 분리, 제거하는 대표적인 용존가스는?

① O_2 와 CO_2
② NO_3 와 CO
③ NO_2 와 CO
④ SO_2 와 CO

【해설】(2021-4회-92번 기출유사)

- 탈기기(脫氣機)는 급수 중에 녹아 있는 기체인 O_2(산소) 와 CO_2 등의 용존가스를 분리, 제거하는데 사용되는 장치이며, 주목적은 산소(O_2) 제거이다.

【참고】
- 용존산소(O_2) : $4Fe + 3O_2 \rightarrow 2Fe_2O_3$ 으로 철을 산화시켜 부식을 생기게 한다.
- 탄산가스(CO_2) : $CO_2 + H_2O \rightarrow H_2CO_3$, $Fe + 2H_2CO_3 \rightarrow Fe(HCO_3)_2 + H_2\uparrow$ 으로 철을 산화시켜 부식을 생기게 한다.

91. 보일러 수처리의 약제로서 pH를 조절하여 스케일을 방지하는 데 주로 사용되는 것은?

① 히드라진
② 인산나트륨
③ 아황산나트륨
④ 탄닌

【해설】(2023-1회-82번 기출유사)

※ 보일러 급수 내처리 시 사용되는 약품 중 pH 조정제

㉠ 낮은 경우 : (염기로 조정) 암기법 : 모니모니해도 탄산소다가 제일인가봐
암모니아, 탄산소다, 가성소다(수산화나트륨), 제1인산소다.
NH_3, Na_2CO_3, $NaOH$, Na_3PO_4

㉡ 높은 경우 : (산으로 조정) 암기법 : 높으면, 인황산!~
인산, 황산.
H_3PO_4, H_2SO_4

92. 열확산계수에 대한 설명 중 틀린 것은?

① 단위는 m^2/s 이다.
② 열전도성을 나타낸다.
③ 온도에 대한 함수이다.
④ 열용량계수에 비례한다.

【해설】(2014-2회-85번 기출유사)

- 열전도율(λ)과 열확산계수(α)의 관계 공식 $\lambda = \alpha \times C \times \rho$ 에서

- $\alpha = \dfrac{\lambda}{C \cdot \rho} = \dfrac{\frac{kJ}{m \cdot h \cdot ℃}}{\frac{kJ}{kg \cdot ℃} \times \frac{kg}{m^3}} = \dfrac{m^2}{h} = \dfrac{m^2}{\sec}$ (여기서, C : 비열, ρ : 밀도)

- $\alpha = \dfrac{\lambda}{C \cdot \rho} = \dfrac{\lambda}{C \cdot \frac{m}{V}} = \dfrac{\lambda \cdot V}{C \cdot m} = \dfrac{\lambda \cdot V}{H}$ (즉, α는 열용량 H에는 반비례한다.)

93. 다음은 병류식 열교환기 내의 온도변화를 그래프로 나타낸 것이다. 병류식 열교환기에서 적용되는 △Tm에 관한 식은?
(단, h는 고온측, c는 저온측, 1은 입구, 2는 출구를 의미한다.)

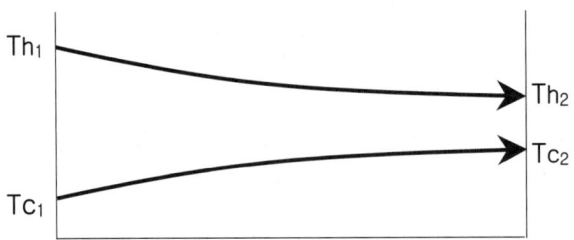

① $\dfrac{(Th_1 - Tc_1) - (Th_2 - Tc_2)}{\ln\dfrac{Th_2 - Tc_1}{Th_2 - Tc_1}}$

② $\dfrac{(Th_2 - Tc_2) - (Th_1 - Tc_1)}{\ln\dfrac{Th_2 - Th_1}{Th_1 - Tc_1}}$

③ $\dfrac{(Th_1 - Tc_1) - (Th_2 - Tc_2)}{\ln\dfrac{Th_1 - Tc_1}{Th_2 - Tc_2}}$

④ $\dfrac{(Th_2 - Tc_2) - (Th_1 - Tc_1)}{\ln\dfrac{Th_1 - Tc_1}{Th_2 - Tc_2}}$

【해설】(2018-2회-88번 기출유사)

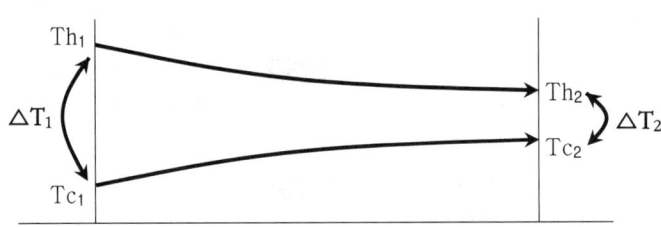

- 대수평균온도차(LMTD) 공식 $\Delta T_m = \dfrac{\Delta T_1 - \Delta T_2}{\ln\left(\dfrac{\Delta T_1}{\Delta T_2}\right)}$ 은 반드시 암기하고 있어야 한다!

94. 캐리오버(carry over)의 발생원인으로 가장 거리가 먼 것은?

① 프라이밍 또는 포밍의 발생   ② 보일러수의 농축
③ 주증기밸브의 급개방   ④ 저수위 운전

【해설】(2019-1회-84번 기출유사)
- 보일러를 과부하 운전하게 되면 프라이밍(飛水, 비수현상)이나 포밍(물거품)이 발생하여 보일러수가 미세물방울과 거품으로 증기에 혼입되어 증기배관으로 송출되는 캐리오버 (carry over, 기수공발) 현상이 일어나는데, 증기부하가 지나치게 크거나(즉, 과부하일 때) 증발수 면적이 좁거나 증기 취출구가 작을 때 잘 발생하게 된다.
따라서, 캐리오버 현상을 방지하기 위한 방법으로는 프라이밍(비수) 현상이나 포밍 현상의 발생원인을 제거하면 된다.

【참고】 ※ 비수현상 발생원인   암기법 : 프라이밍은 부유·농 과부를 급개방시키는데 고수다.
① 보일러수내의 부유물·불순물 함유
② 보일러수의 농축
③ 과부하 운전
④ 주증기밸브의 급개방
⑤ 고수위 운전
⑥ 비수방지관 미설치 및 불량

95. 그림과 같은 V형 용접이음에 굽힘모멘트(M)가 작용할 때의 굽힘 응력(σ_b)의 식은?

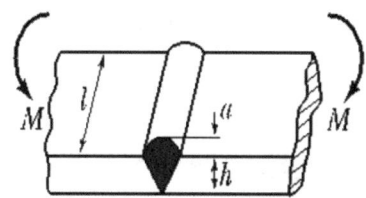

① $\dfrac{12M}{h^2 l}$ ② $\dfrac{6M}{h^2 l}$

③ $\dfrac{12M}{(h+a)\cosec \dfrac{l}{2}}$ ④ $\dfrac{6M}{(h+a)^2 l}$

【해설】 • V형 용접이음의 $\sigma_b \cdot h^2 \cdot l = 6M$ 관계식에서, 굽힘응력 $\sigma_b = \dfrac{6M}{h^2 \cdot l}$

96. 다음 중 거싯스테이(Gusset stay)를 사용하는 보일러는?

① 수관 보일러   ② 주철제 보일러
③ 노통연관 보일러   ④ 직립형 보일러

【해설】 • 노통형 보일러의 경판은 강도가 약하며 동체 내부에서 발생되는 증기압력이 가해질 경우 외부쪽으로 팽창하므로 이를 방지하기 위하여 동판과 경판사이에 평판의 보강재인 거싯스테이(Gusset stay)를 경사지게 설치한다.

97. 다음 중 노통 보일러에 해당되는 것은?

① 랭커셔 보일러   ② 베록스 보일러
③ 벤손 보일러   ④ 타꾸마 보일러

【해설】 (2022-4회-82번 기출유사)   암기법 : 노랭코
• 노통식 보일러의 종류 − 랭커셔 보일러.(노통이 2개짜리), 코니쉬 보일러.(노통이 1개짜리)

98. 내경이 220 mm이고, 강판두께가 10 mm인 파이프의 허용인장응력이 6 kg/mm² 일 때, 이 파이프의 유량이 40 L/s 이다. 이때 평균유속은 약 몇 m/s 인가? (단, 유량계수는 1 이다.)

① 0.92   ② 1.05   ③ 1.23   ④ 1.78

【해설】(2014-1회-94번 기출유사)

- 유량계산 공식 $Q = C \cdot A \cdot v = C \times \dfrac{\pi D^2}{4} \times v$ (여기서, C : 유량계수이다.)

$$\dfrac{40\,L \times \dfrac{1\,m^3}{10^3\,L}}{1\,\text{sec}} = 1 \times \dfrac{\pi \times (0.22\,m)^2}{4} \times v$$

∴ 유속 $v = 1.0522 ≒ 1.05\ \text{m/s}$

99. 어떤 수관보일러에서 미분탄을 연료로 사용하고 있다. 연소실의 열발생률을 8.37×10^5 kJ/m³h로 볼 때, 연소실 체적이 3.4 m³ 이면 연료소비량은 약 몇 kg/h 인가? (단, 연료의 저위발열량은 25120 kJ/kg로 하고, 이 보일러 장치에는 공기예열기가 없다.)

① 113   ② 138   ③ 179   ④ 190

【해설】(2019-1회-90번 기출유사)

- 연소실의 열발생률 $Q_V (kJ/m^3 h) = \dfrac{Q_{in}}{V} = \dfrac{m_f \cdot (H_L + \text{연료의 현열} + \text{공기의 현열})}{V}$

$$8.37 \times 10^5\ \text{kJ/m}^3\text{h} = \dfrac{m_f \times 25120\,kJ/kg}{3.4\,m^3}$$

∴ 연료소비량 $m_f = 113.28 ≒ 113\ \text{kg/h}$

100. 과열기를 사용하였을 때의 장점이 아닌 것은?

① 이론열효율의 증가   ② 원동기 중의 열낙차의 감소
③ 증기 소비량의 감소   ④ 수격작용 방지

【해설】(2021-2회-25번 기출유사)

- 보일러 본체에서 발생된 증기 중의 수분을 과열기를 설치하여 다시 가열하여 완전히 증발시키고 더욱 온도를 높게 하여 사이클의 열효율 증가를 위하여 과열증기를 사용한다.

※ 포화증기에 비해 과열증기(過熱蒸氣)를 사용할 때의 **장점**
  ① 이론열효율이 증가한다.
  ❷ 과열증기는 같은 압력의 포화증기에 비해 보유열량이 많으므로 **열낙차가 증가한다.**
  ③ 과열증기의 엔탈피 증가로 증기소비량이 감소한다.
  ④ 증기 중의 수분이 감소하기 때문에 터빈의 날개나 증기기관 등의 부식이 감소되며, 증기배관 등에 발생하는 수격작용이 방지된다.

2023년 제2회 에너지관리기사
(2023.5.13.~6.4. CBT 시행)

제1과목 연소공학

1. 중유의 점도(粘度)가 높아질수록 연소에 미치는 영향에 대한 설명 중 틀린 것은?

① 기름탱크로부터 버너까지의 송유가 곤란해진다.
② 버너의 연소상태가 나빠진다.
③ 기름의 분무현상(Atomization)이 양호해진다.
④ 버너 화구(火口)에 탄소(C)가 생긴다.

【해설】 중유의 점도는 송유 및 버너의 무화 특성에 밀접한 관련이 있는데 중유의 점도가 높아질수록 잔류탄소(C)의 함량이 많게 되어 버너의 화구에 코크스상의 탄소부착물을 형성하여 무화불량 및 버너의 연소상태를 나빠지게 한다.
❸ 중유의 점도가 높아질수록 분무현상이 불량해진다.

2. 탄소 100 kg을 50 %의 과잉공기로 완전연소시키고자 할 때 공급하여야 할 공기의 양은 약 몇 Nm^3 인가?

① 187　　② 280　　③ 1334　　④ 1500

【해설】 연소에 소요되는 공기량을 구하려면 반드시 이론산소량부터 알아야 한다는 것을 염두에 두고, 이론산소량을 구할 때는 연소반응식을 작성하여 구하는 습관을 길러야 한다!

- 탄소의 연소반응식　C　+　O_2　→　CO_2
　　　　　　　　　(1 kmol)　(1 kmol)
　　　　　　　　　12 kg　　($22.4\ Nm^3$)

- 탄소 1 kg일 때 이론산소량 $O_0 = \dfrac{22.4\ Nm^3}{12\ kg} = 1.867\ Nm^3/kg$

- 탄소 100 kg일 때 이론산소량 $O_0 = 1.867\ Nm^3/kg \times 100\ kg = 186.7\ Nm^3$

∴ 탄소 100 kg일 때 실제공기량 $A = m A_0 = m \times \dfrac{O_0}{0.21} = 1.5 \times \dfrac{186.7\ Nm^3}{0.21}$
　　　　　　　　　　　　　　　　　　　　　　　= 1333.57 ≒ 1334 Nm^3

3. 연료를 구성하는 가연성분의 원소로만 나열된 것은?

① 질소, 탄소, 산소 ② 질소, 수소, 황
③ 탄소, 질소, 불소 ④ 탄소, 수소, 황

【해설】(2019-4회-7번 기출유사)
- 연료를 구성하는 성분에는 C, H, O, N, S, 회분, 수분 등으로 구성되어 있는데, 공기 중의 산소(O_2)와 화합하여 연소할 수 있는 원소 (즉, 가연성 원소 可燃性元素)에는 C, H, S (탄소, 수소, 황)의 3가지만이 해당하므로, 3대 가연성 원소라 부른다.

4. 연소 시 질소산화물(NO_x)의 발생을 줄이는 방법이 아닌 것은?

① 과잉공기를 적게 한다. ② 배기가스의 일부를 재순환한다.
③ 연소온도를 가급적 높게 한다. ④ 2단 연소와 대향연소를 한다.

【해설】(2022-1회-1번 기출유사)   암기법 : 고질병
- 연소실내의 고온조건에서 질소는 열을 흡수하여 산소와 결합해서 NO_x (질소산화물) 매연으로 발생하게 되어 대기오염을 일으키는 것이므로, 질소산화물의 생성을 억제하기 위해서는 연소실 내의 온도를 **저온**으로 해주어야 한다.

5. 메탄을 이론공기비로 연소시켰을 경우 생성물의 압력이 100 kpa일 때 생성물 중 질소의 분압은 몇 kPa 인가?

(단, 메탄과 공기는 100 kPa, 25 ℃에서 공급되고 있다.)

① 6.2 ② 9.5 ③ 18.7 ④ 71.5

【해설】(2018-4회-9번 기출유사)
- 메탄의 연소반응식 $CH_4 + 2O_2 \rightarrow CO_2 + 2H_2O$ 에서

  이론공기량 $A_0 = \dfrac{O_0}{0.21} = \dfrac{2 \, Nm^3}{0.21} = 9.52 \, Nm^3$

  이론습연소가스량 G_{0w} = 이론공기중의 질소량 + 연소로 생성된 물질(즉, 연소생성물)
  = 0.79 A_0 + 생성된 CO_2 + 생성된 H_2O
  = 0.79 × 9.52 + 1 + 2
  = 10.52 Nm^3

  ∴ 성분기체(N_2)의 분압 $P_{질소}$ = $P_{혼합기체}$ × 몰비(부피비)

  = $P_{혼합기체}$ × $\dfrac{N_2 만의 부피}{전체부피}$

  한편, N_2만의 부피 = 0.79 A_0 = 0.79 × 9.52 ≒ 7.52 Nm^3

  = 100 kPa × $\dfrac{7.52 \, Nm^3}{10.52 \, Nm^3}$

  = 71.48 ≒ 71.5 kPa

6. 탄화수소계 연료(C_xH_y)를 연소시켜 얻은 연소생성물을 분석한 결과, CO_2 9%, CO 1%, O_2 8%, N_2 82%의 체적비를 얻었다. 이 탄화수소계 연료는 다음 중 어느 것인가?

① $C_{10}H_{16.2}$ ② $C_{10}H_{17.2}$ ③ $C_{10}H_{18.2}$ ④ $C_{10}H_{19.2}$

【해설】(2017-4회-8번 기출유사)
- 이 문제에서 연소생성물을 분석한 결과, H_2O의 체적비율이 없는 이유는 생성된 H_2O를 흡수탑에서 흡수하여 제거하고 나온 연소가스를 분석한 것을 의미한다는 것에 주의한다.
- 화학반응식 $C_mH_n + x\left(O_2 + \frac{79}{21}N_2\right) \rightarrow 9\,CO_2 + 1\,CO + 8\,O_2 + y\,H_2O + 82\,N_2$
  한편, 반응 전·후의 원자수는 일치해야 하므로
  C : m = 9 + 1 = 10
  N_2 : 3.76 x = 82 에서   x = 21.8085 ≒ 21.8
  O : 2x = 18 + 1 + 16 + y 에서 y = 8.6
  H : n = 2y = 2 × 8.6 = 17.2

∴ $C_{10}H_{17.2} + 21.8(O_2 + 3.76\,N_2) \rightarrow 9\,CO_2 + 1\,CO + 8\,O_2 + 8.6\,H_2O + 82\,N_2$

【참고】위 문제에서 연소생성물을 분석한 결과 O_2 (8%)가 존재하므로 과잉공기임을 알 수 있다.
그렇다면 과잉공기율은 몇 % 인지 계산해 보자.
- 연소가스 분석에서 CO (1%)가 존재하므로 불완전연소에 해당한다.
  따라서, 불완전연소일 때의 공기비 공식으로 구해야 한다.
  즉, 공기비 $m = \dfrac{N_2}{N_2 - 3.76(O_2 - 0.5\,CO)}$
  $= \dfrac{82}{82 - 3.76(8 - 0.5 \times 1)} = 1.524$

∴ 과잉공기율 = (m − 1) × 100 %
  = (1.524 − 1) × 100 % = **52.4 %** 이다.

7. 다음 중 착화온도가 가장 높은 것은?

① 탄소   ② 목탄
③ 역청탄   ④ 무연탄

【해설】(2017-4회-6번 기출유사)   암기법 : 연휘고 ↑

- 고체연료의 연료비$\left(=\dfrac{\text{고정탄소 \%}}{\text{휘발분 \%}}\right)$에서 고정탄소량이 증가할수록 휘발분은 적어지므로 착화온도가 높아진다.
- 탄화도에 따른 석탄의 종류 및 착화온도
  흑연 또는 탄소(약 800 ℃) 〉 무연탄(450 ~ 500 ℃) 〉 역청탄(300 ~ 400 ℃) 〉 목탄(320 ~ 370 ℃) 〉 갈탄(250 ~ 300 ℃)

8. 연료의 중량분율이 다음 조성과 같은 갈탄을 연소시키기 위한 이론공기량은 약 몇 $Sm^3/(kg-갈탄)$인가?

[조성]
탄소 : 0.30   수소 : 0.025   산소 : 0.10
질소 : 0.005   황 : 0.01   회분 : 0.06   수분 : 0.50

① 2.37   ② 2.67   ③ 3.03   ④ 3.92

【해설】(2022-4회-6번 기출유사)
- 공기량을 구하려면 연료조성에서 가연성분의 연소에 필요한 이론산소량을 먼저 구해야 한다.
- ※ 고체연료 및 액체연료의 **이론산소량(O_0) 계산**   암기법 : 1.867 C, 5.6 H, 0.7 S

- 이론산소량 $O_0 = 1.867C + 5.6\left(H - \dfrac{O}{8}\right) + 0.7S$ $[Sm^3/kg\text{-}연료]$

  $= 1.867 \times 0.3 + 5.6\left(0.025 - \dfrac{0.1}{8}\right) + 0.7 \times 0.01$ $[Sm^3/kg\text{-}연료]$

  $= 0.6371$ $[Sm^3/kg\text{-}연료]$

- 이론공기량 $A_0 = \dfrac{O_0}{0.21} = \dfrac{0.6371}{0.21} = 3.0338 ≒ 3.03$ $[Sm^3/kg\text{-}연료]$

9. 일산화탄소 1 kmol과 산소 2 kmol로 충전된 용기가 있다. 연소 전 온도는 300 K, 압력은 0.1 MPa이고 연소 후의 생성물의 온도는 1200 K로 되었다. 정상상태에서 완전연소가 일어났다고 가정했을 때 열전달량의 크기는 약 몇 MJ 인가?
(단, 반응물 및 생성물의 총 엔탈피는 각각 -110529 kJ, -293338 kJ이다.)

① 200   ② 230   ③ 340   ④ 403

【해설】(2021-1회-13번 기출유사)   암기법 : 발생마반
- CO의 완전연소 반응식 $CO + \dfrac{1}{2}O_2 \rightarrow CO_2$ 에서
  (1 kmol)   (0.5 kmol)
- 어떤 물질의 발생 엔탈피(ΔH) = Σ(생성물질의) 엔탈피 - Σ(반응물질의) 엔탈피
  = -293338 kJ $-$ (-110529 kJ)
  = -182809 kJ

  열화학방정식에서 엔탈피는 계의 입장에서 본 에너지이므로 $\Delta H < 0$ 인 (−)부호로 "발열"을 표현한다.

  한편, 반응하지 않고 남은 산소 1.5 kmol의 Q = nRT
  = 1.5 kmol × 8.314 kJ/kmol·K × 1200 K
  = 14965.2 kJ

  ∴ 총 열전달량 = ΔH + Q
  = 182809 kJ + 14965.2 kJ = 197774.2 kJ = 197.7742 MJ ≒ 200 MJ

10. 다음 중 공기예열기를 부착하여 통풍할 수 있는 특징을 가진 통풍방식은?

① 자연통풍 ② 압입(가압)통풍
③ 흡입(흡출)통풍 ④ 평형통풍

【해설】(2020-4회-16번 기출유사)

※ 압입통풍(또는, 가압통풍)
- 연소로 앞에 설치된 송풍기(팬)에 의해 연소용 공기를 노 안에 압입하는 방식으로, 송풍기에 의해 가압된 공기를 가열하는 장치인 공기예열기를 부착하여 연소속도를 높일 수 있는 특징이 있다.

11. 연료가 연소할 때 고온부식의 원인이 되는 연료 성분은?

① 황 ② 수소 ③ 바나듐 ④ 탄소

【해설】(2021-4회-19번 기출유사) 암기법 : 고바, 황저

※ 고온부식 현상
- 연료 중에 포함된 **바나듐**(V)이 연소에 의해 산화하여 V_2O_5(오산화바나듐)으로 되어 연소실내의 고온 전열면인 과열기·재열기에 부착되어 표면을 부식시킨다.

12. 어떤 기체연료 $1\,Nm^3$의 고위발열량이 $123.5\,MJ/Nm^3$이고 질량이 $2.59\,kg$ 이었다. 다음 중 이 기체는?

① 메탄 ② 에탄 ③ 프로판 ④ 부탄

【해설】(2020-3회-18번 기출유사)

- 탄화수소 기체연료 C_mH_n 에서,
  (1 kmol)
  ($22.4\,Nm^3$) : ($1\,Nm^3$)
  ($12 \times m + 1 \times n = x$ kg) : (2.59 kg)

  체적과 질량에 대하여 비례식을 세우면 $\dfrac{1\,Nm^3}{2.59\,kg} = \dfrac{22.4\,Nm^3}{x\,kg}$ 에서,

  연료 1 kmol의 분자량 $x = 58.016 ≒ $ **58 kg** 이 얻어지므로,

  부탄($C_4H_{10} = 12 \times 4 + 1 \times 10 = 58$)에 해당한다.

【참고】• $1\,Nm^3$은 표준상태(0 ℃, 1기압)의 체적을 뜻하므로, 기체의 상태방정식(PV = mRT)을 이용하여 풀이할 수도 있다는 것을 알아두세요!

$PV = mRT = m\dfrac{\overline{R}}{M}T$ 에서, R : 해당기체상수, $\overline{R}$: 평균기체상수, M : 분자량

∴ 분자량 $M = \dfrac{m\overline{R}T}{PV} = \dfrac{2.59\,kg \times 8.314\,kJ/kmol\cdot K \times (0+273)K}{101.325\,kPa \times 1\,m^3}$

$= 58.017 ≒ $ **58 kg/kmol** 이 얻어지므로, 부탄(C_4H_{10})에 해당한다.

10-② 11-③ 12-④

13. 중량비로서 H_2가 10 %, CO_2가 90 %인 혼합가스의 압력이 180 kPa일 때 CO_2의 분압은 몇 kPa 인가?

① 52.25　　② 78.55　　③ 101.45　　④ 127.75

【해설】(2023-2회-5번 기출유사)

- H_2의 경우 1 kmol = 22.4 Nm^3 = 2 kg에서, 1 kg일 때의 부피 = $\dfrac{22.4}{2}$ = 11.2 Nm^3

- CO_2의 경우 1 kmol = 22.4 Nm^3 = 44 kg에서, 1 kg일 때의 부피 = $\dfrac{22.4}{44}$ = 0.509 Nm^3

  따라서, 혼합가스에 각각 차지하고 있는 중량비를 고려하여 부피비를 계산하면

∴ 성분기체(CO_2)의 분압은 $P_{(CO_2)}$ = $P_{혼합기체}$ × 몰비(부피비)

$\quad\quad = P_{혼합기체} \times \dfrac{CO_2 \text{만의 부피}}{\text{전체부피}}$

$\quad\quad = 180 \text{ kPa} \times \dfrac{0.509 \times 0.9}{(11.2 \times 0.1 + 0.509 \times 0.9)}$

$\quad\quad = 52.251 ≒ 52.25 \text{ kPa}$

---

14. 연돌의 출구가스 유속을 W(m/s), 출구가스의 온도를 t(℃), 전연소가스량을 G(Nm^3/h)라 할 때 연돌의 상부 단면적 F(m^2)를 구하는 식은?

① $F = \dfrac{t(1+0.0037G)}{3600W}$　　② $F = \dfrac{t(1+0.0037W)}{3600G}$

③ $F = \dfrac{W(1+0.0037t)}{3600G}$　　④ $F = \dfrac{G(1+0.0037t)}{3600W}$

【해설】(2020-3회-15번 기출유사)

- 연돌 상부 단면적(A 또는, F) = $\dfrac{G\left(1+\dfrac{1}{273}t\right)}{3600W}$ = $\dfrac{G(1+0.0037t)}{3600W}$

  여기서, G : 연소가스 유량(Nm^3/h)

  　　　 t : 연소가스 온도(℃)

  　　　 W : 연소가스 유속(m/sec)

---

15. 탄화수소인 C_mH_n 1 Nm^3가 연소하였을 때 생성되는 H_2O의 양은 몇 Nm^3인가?

① n　　② 2n　　③ $\dfrac{n}{2}$　　④ $\dfrac{n}{4}$

【해설】(2023-1회-4번 기출유사)

- 탄화수소의 완전연소반응식 $C_mH_n + \left(m+\dfrac{n}{4}\right)O_2 \rightarrow m\,CO_2 + \dfrac{n}{2}H_2O$

  　　　　　　　　　　　(1 Nm^3)　　　　　　　　　　　　　　($\dfrac{n}{2}Nm^3$)

  화학반응식에서 분자식 앞에 있는 계수는 부피비(또는, 몰비)를 나타낸다.

13-①　　14-④　　15-③

16. 압력 120 kPa, 온도가 40 ℃인 배기가스 분석결과 N_2 : 70 v%, CO_2 : 15 v%, O_2 : 11 v%, CO : 4 v%을 얻었을 때 혼합물 0.2 m³의 질량은 몇 kg 인가?

① 0.28   ② 0.25   ③ 0.13   ④ 0.01

【해설】 (2023-1회-24번 기출유사)

- 배기가스 1 kmol의 평균분자량 = 28 × 0.7 + 44 × 0.15 + 32 × 0.11 + 28 × 0.04
  = 30.84 kg/kmol
- 기체의 상태방정식(PV = mRT)을 이용하여 풀이하자.

  혼합물 0.2 m³의 질량 $m = \dfrac{PV}{RT} = \dfrac{PV}{\dfrac{\overline{R}}{M} \cdot T} = \dfrac{120\,kPa \times 0.2\,m^3}{\dfrac{8.314\,kJ/kmol \cdot K}{30.84\,kg/kmol} \times (273+40)K}$

  = 0.2844 ≒ **0.28 kg**

【참고】
- 보일-샤를 법칙을 이용하여 풀이하는 방법도 있다는 것을 알아두세요!

  1 kmol = 22.4 Nm³ 이므로,

  혼합물인 배기가스의 평균분자량 = 30.84 kg/kmol = $\dfrac{30.84\,kg}{22.4\,Nm^3}$

  한편, 혼합물 0.2 m³의 표준상태(0 ℃, 1기압)으로의 환산부피는 $\dfrac{P_0 V_0}{T_0} = \dfrac{P_1 V_1}{T_1}$ 에서

  $\dfrac{101.325\,kPa \times V_0}{(0+273)K} = \dfrac{120\,kPa \times 0.2\,m^3}{(273+40)K}$

  ∴ V_0 = 0.20659 Nm³

  따라서, 혼합물 0.2 m³의 질량 = $\dfrac{30.84\,kg}{22.4\,Nm^3}$ × 0.20659 Nm³ = 0.2844 ≒ **0.28 kg**

17. 고체연료인 석탄의 성질에 대한 설명 중 틀린 것은?

① 휘발분이 증가하면 비열이 증가한다.
② 탄수소비가 증가하면 비열도 상승한다.
③ 열전도율은 0.12 ~ 0.29 kcal/mh℃ 정도로 작다.
④ 탄화도가 진행하면 착화온도가 상승하는 경향이 있다.

【해설】 (2018-4회-17번 기출유사)

① 고체연료의 연료비 $\left(= \dfrac{고정탄소}{휘발분}\right)$ 에서 휘발분이 증가하면 고정 C(탄소)가 감소하므로 비열은 증가한다.

❷ 탄수소비 $\left(= \dfrac{C}{H}\right)$ 에서 탄수소비가 증가하면 C가 증가하므로 **비열은 감소**한다.

③ 석탄의 열전도율은 0.12 ~ 0.29 kcal/mh℃ 정도로서 내화벽돌의 약 $\dfrac{1}{2}$ 에 해당할 정도로 작은 것이 특징이며, 탄화도가 증가할수록 열전도율은 증가한다.

④ 탄화도가 진행하면 휘발분이 감소하므로 연료비가 커지고 착화온도는 상승한다.

18. 액체연료 연소장치 중 회전분무식 버너의 특징에 대한 설명으로 틀린 것은?

① 분무각은 10~40° 정도이다.
② 유량조절범위는 1:5 정도이다.
③ 회전수는 3,000~10,000 rpm 정도이다.
④ 점도가 작을수록 분무상태가 좋아진다.

【해설】(2022-1회-9번 기출유사)

※ 회전식 버너(수평 로터리형 버너)의 특징   암기법 : 버너회사 팔분, 오영삼
❶ 분무각은 안내깃 등의 각도에 따라 40~80° 정도로 비교적 넓은 범위로 변화한다.
② 유량조절범위는 1:5 정도로 비교적 넓다.
③ 분무컵의 회전수는 3,000~10,000 rpm 정도이다.
④ 점도가 작을수록 분무가 잘 되므로, 점도가 큰 C-중유와 B-중유는 오일-프리히터 (오일예열기)로 연료를 예열하여 사용하게 된다.
⑤ 연료사용유압은 0.3~0.5 kg/cm² 정도로 가압하여 공급한다.
⑥ 중유와 공기의 혼합이 양호하므로 화염이 짧고 안정한 연소를 얻을 수 있다.

19. 저탄장에서 이용할 수 있는 석탄의 발화방지법에 대한 설명으로 가장 거리가 먼 것은?

① 공기와의 접촉을 피하도록 다진다.
② 새로운 탄과 오래된 탄을 혼합시켜 저장한다.
③ 탄층 중의 온도를 측정하여 60℃가 넘으면 다시 쌓는다.
④ 탄층의 중간에 속이 빈 철파이프를 삽입하여 탄층을 냉각시킨다.

【해설】(2015-1회-6번 기출유사)   암기법 : 육탄전
① 석탄의 풍화현상을 가급적 방지하기 위하여 공기와의 접촉을 피하도록 다진다.
❷ 석탄이 장기간 저장되면 공기와의 접촉에 의해 산화되어 석탄의 질이 저하되어 있으므로 새로운 탄과 오래된 탄을 서로 구별·분리하여 저장한다.
③ 자연발화를 방지하기 위하여 탄층 내부온도는 60 ℃ 이하로 유지시킨다.
④ 석탄 내부에 열이 축적되는 것을 방지하기 위하여 탄층의 중간 내부에 속이 빈 철파이프를 삽입한 통기관을 설치하여 탄층을 냉각시킨다.

20. 프로판(C_3H_8) 1 Nm³를 완전연소했을 때의 건연소가스량은 약 몇 Nm³ 인가? (단, 공기 중 산소는 21 v% 이다.)

① 17.4   ② 19.8   ③ 21.8   ④ 24.4

【해설】(2023-1회-4번 기출유사)   암기법 : 프로판 3,4,5
• 완전연소이므로 공기비 m = 1인 이론공기량으로 연소시키는 경우이다.

$$C_3H_8 + 5O_2 \rightarrow 3CO_2 + 4H_2O$$
$$\text{(1 kmol)} \quad \text{(5 kmol)}$$
$$(22.4 \text{ Nm}^3) \quad (5 \times 22.4 \text{ Nm}^3)$$
약분하면, $(1 \text{ Nm}^3) \quad (5 \text{ Nm}^3)$
즉, 이론산소량은 $O_0 = 5 \text{ Nm}^3$ 이므로

- 이론공기량 $A_0 = \dfrac{O_0}{0.21} = \dfrac{5}{0.21} = 23.81 \text{ Nm}^3/\text{Nm}^3\text{-연료}$
- 이론 건연소가스량 G_{0d} = 이론공기중 질소량 + 연소 생성된 CO_2
  $= 0.79A_0 + 3 = 0.79 \times 23.81 + 3$
  $= 21.8 \text{ Nm}^3/\text{Nm}^3\text{-연료}$

제2과목   열역학

21. 다음과 같은 Van der Waals 식에서 상수 a, b를 구할 때 어떠한 임계점 관계식을 사용하는가?

$$\left(P + \frac{a}{V^2}\right)(V-b) = RT$$

① $\left(\dfrac{\partial P}{\partial T}\right)_{Tc} = \text{RT}, \quad \left(\dfrac{\partial^2 P}{\partial V^2}\right)_{Tc} = 0$ ② $\left(\dfrac{\partial P}{\partial V}\right)_{Tc} = 0, \quad \left(\dfrac{\partial^2 P}{\partial V^2}\right)_{Tc} = 0$

③ $\left(\dfrac{\partial P}{\partial T}\right)_{Tc} = \dfrac{R}{V}, \quad \left(\dfrac{\partial^2 P}{\partial T^2}\right)_{Tc} = 0$ ④ $\left(\dfrac{\partial P}{\partial T}\right)_{Tc} = \text{R}, \quad \left(\dfrac{\partial^2 P}{\partial T^2}\right)_{Tc} = 0$

【해설】
- 반데르-발스 상태방정식의 상수 a, b를 구할 때 임계점의 P, V, T 데이터를 이용한 관계식 3개를 사용한다.
$$\left(P + \frac{a}{V^2}\right)(V-b) = RT, \quad \frac{dP}{dV} = 0, \quad \frac{d^2P}{dV^2} = 0$$

22. 다음 사이클(cycle) 중 수증기를 사용하는 동력 플랜트로 적합한 것은?

① 오토 사이클 ② 디젤 사이클
③ 브레이튼 사이클 ④ 랭킨 사이클

【해설】(2023-1회-29번 기출유사)
- **랭킨 사이클**(또는, 증기원동소 사이클)
  - 연료의 연소열로 증기보일러를 이용하여 발생시킨 **수증기를 작동유체로** 하므로 증기 원동기라 부르며, 기계적 일로 바꾸기까지에는 부속장치(증기보일러, 터빈, 복수기, 급수펌프)가 포함되어야 하므로 증기원동소(蒸氣原動所)라고 부르게 된 것이다.

21-②   22-④

23. 가스사이클에 대한 설명으로 틀린 것은?

① 오토사이클의 이론 열효율은 작동유체의 비열비와 압축비에 의해서 결정된다.
② 카르노사이클의 실현을 위해서 고안된 사이클이 스털링사이클이다.
③ 사바테사이클의 가열과정은 정적과정에만 있다.
④ 디젤사이클에서는 가열 시에 작동유체가 등압변화를 한다.

【해설】 (2017-2회-40번 기출유사)
　　　❸ 사바테사이클의 가열과정은 정적과 정압과정이 복합적으로 이루어진다.
【참고】 ※ 열기관의 사이클(cycle) 과정은 반드시 암기하고 있어야 한다.
　　　　　　　　　　　　　　　암기법 : 단적단적한.. 내, 오디사　가(부러).예스　랭!
　　　　　　　　　　　　　　　　　　　　　　　　　↳ 내연기관.　　↳ 외연기관
　　　오　　단적~단적　　오토　　(단열압축-등적가열-단열팽창-등적방열)
　　　디　　단합~단적　　디젤　　(단열압축-등압가열-단열팽창-등적방열)
　　　사　　단적 합단적　사바테 (단열압축-등적가열-등압가열-단열팽창-등적방열)

24. 열병합발전에 있어서 가스터빈 방식을 택하는 것이 유리한 경우에 해당되는 것은?

① 열의 이용온도를 높게 하여야 하는 경우
② 장비의 크기를 최소로 하여 운전하여야 하는 경우
③ 저압으로 운전이 필요한 경우
④ 작은 출력을 필요로 하는 경우

【해설】 • 가스터빈 방식은 발열량이 가장 높은 가스연료를 연소하여 얻은 **고온의 연소가스**에 의해 가스 사이클에서 터빈을 돌려 1차로 전기를 생산한다. 이때 터빈으로 공급되는 연소가스 온도가 1000 ℃ 이상이고, 대기 중으로 배출되는 배기가스 온도는 500 ℃ 이상으로 온도가 높기 때문에 가스터빈에서 배출된 고온의 배기가스를 배열회수보일러(HRSG, Heat Recovery Steam Generator)를 설치하여 열을 회수하여 고온·고압증기를 생산·공급함으로써 증기사이클에서 증기터빈을 돌려 2차로 전기를 생산할 수 있으므로 열효율을 크게 높일 수 있다.

25. 가역 단열과정에서 엔트로피 변화는 어떻게 되는가?

① 불변　　　　　② 증가　　　　　③ 감소　　　　　④ 증가 후 감소

【해설】 (2022-4회-28번 기출유사)
　　※ 단열변화는 열의 출입이 없으므로(dQ = 0), 엔트로피 공식 $dS = \dfrac{dQ}{T} = \dfrac{0}{T} = 0$
　　　• 단열 가역변화 : dS = 0 (즉, 불변)
　　　• 단열 비가역변화 : dS > 0
　　∴ 자연계의 모든 변화는 실제로 비가역이므로 dS(엔트로피 변화량)이 항상 증가한다.

26. 가열량 및 압축비가 같을 경우 다음 사이클의 효율을 큰 순서대로 옳게 나타낸 것은?

① 오토사이클 > 디젤사이클 > 사바테사이클
② 사바테사이클 > 오토사이클 > 디젤사이클
③ 디젤사이클 > 오토사이클 > 사바테사이클
④ 오토사이클 > 사바테사이클 > 디젤사이클

【해설】(2020-3회-30번 기출유사)   암기법 : 아〉사〉디
- 공기표준사이클(Air standard cycle)의 T-S선도에서 초온, 초압, **압축비**, 단절비, 공급 열량이 **같을** 경우 각 사이클의 이론열효율을 비교하면 **오토 〉 사바테 〉 디젤**의 순서이다.

27. 체적 500 L인 탱크 내에 건도 0.95의 수증기가 압력 15 bar로 들어 있을 때 이 수증기는 약 몇 kg 인가? (단, 이 압력하에서 건포화증기의 비체적(V_s)은 0.132 m³/kg 이고 포화액의 비체적(V_1)은 0.001 m³/kg 이다.)

① 0.199   ② 1.475   ③ 2.786   ④ 3.986

【해설】(2021-1회-26번 기출유사)
- 기체의 질량 m = $\rho \cdot V = \dfrac{V}{V_s}$ $\left(\dfrac{체적}{비체적}\right)$

  한편, 건도 x일 때 습증기의 비체적 $v = v_f + x(v_g - v_f)$ 이므로

  $= \dfrac{500\,L \times \dfrac{1\,m^3}{1000\,L}}{0.001\,m^3/kg + 0.95\,(0.132 - 0.001)\,m^3/kg}$

  = 3.9856 ≒ **3.986 kg**

28. 100 kPa, 100 ℃에서의 물의 증발잠열은 2260 kJ/kg이다. 100 kPa, 80 ℃에서의 증발잠열을 구하면 약 몇 kJ/kg인가? (단, 80 ℃에서 100 ℃ 사이의 물과 수증기의 평균비열은 각각 4.18 kJ/kg℃와 1.92 kJ/kg℃이다.)

① 335   ② 2060   ③ 2305   ④ 3464

【해설】(2021-2회-21번 기출유사)
- 포화온도가 낮아지면 수증기의 증발잠열은 증가하므로 물의 포화온도 100 ℃보다 온도가 20 ℃ 낮은 물과 수증기의 온도차에 따른 현열차이만큼 증발잠열이 더 증가한다.

  ∴ 소요열량 Q = 현열 + 잠열
  = $m\,C_{물}\,\Delta t - m\,C_{수증기}\,\Delta t + m \cdot R$
  = $m\,(C_{물} - C_{수증기})\,\Delta t + m \cdot R$
  = 1 kg × (4.18 - 1.92) kJ/kg℃ × (100 - 20) ℃ + 1 kg × 2260 kJ/kg
  = 2305.2 ≒ **2305 kJ**

29. 체적 V와 온도 T를 유지하고 있는 고압용기에 이상기체가 들어있다. 면적이 A인 아주 작은 구멍을 통해 기체가 새고 있을 때, 시간에 따른 용기 압력을 옳게 나타낸 것은? (단, 외기압은 충분히 낮다.)

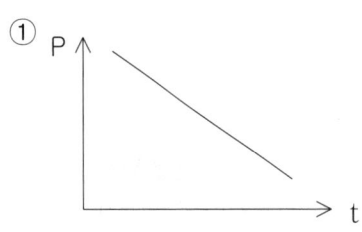

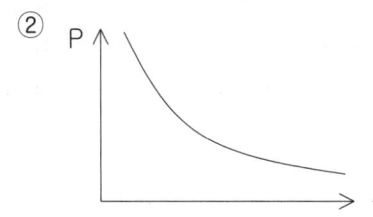

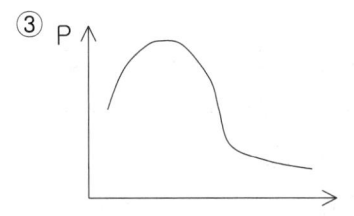

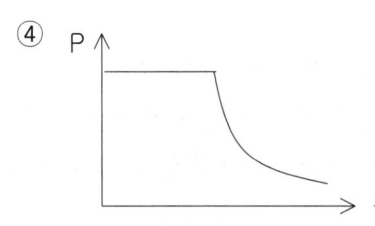

【해설】 • 고압용기의 체적은 일정하므로 기체가 새어 빠져나가면 용기 내 기체의 질량이 감소하므로 단열팽창하여 온도가 낮아져서 압력이 서서히 낮아진다.

30. 다음 열역학 사이클 중 정압 연소과정을 포함하는 가스사이클은?

① 스털링사이클   ② 오토사이클
③ 브레이턴사이클   ④ 랭킨사이클

【해설】(2015-2회-35번 기출유사)   암기법 : 내, 오디사 가(부러) ~ 단합해
• 브레이튼 사이클 : 단열 압축 - 정압 가열(연소) - 단열 팽창 - 정압 방열(냉각)

31. 카르노(Carnot) 사이클의 냉동기가 저온에서 80 kJ을 흡수하고 고온에서 120 kJ을 방출할 때 성능계수(COP)는 얼마인가?

① 0   ② 1   ③ 2   ④ 3

【해설】(2022-2회-39번 기출유사) 에너지보존법칙에 의하여 $Q_1 = Q_2 + W$ 이므로,

• 냉동기의 성능계수 $COP_{(R)} = \dfrac{Q_2}{W}$ (여기서, Q_1 : 방출열량, Q_2 : 흡수열량)

$= \dfrac{Q_2}{Q_1 - Q_2} = \dfrac{80}{120 - 80} = 2$

32. 증기의 교축(throttling)효과를 설명한 것으로 틀린 것은?

① 습증기가 건조된다.
② 압력은 감소한다.
③ 과열증기를 얻을 수 있다.
④ 온도의 변화에 의해 엔탈피가 변화한다.

【해설】(2019-4회-26번 기출유사)

※ H-S 선도와 T-S 선도에서의 교축(Throttling, 스로틀링) 과정

비가역 정상류 과정으로 열전달이 전혀 없고, 일을 하지 않는 과정으로서 **엔탈피는 일정**하게 유지된다.($H_1 = H_2$ = constant)
또한, 엔트로피는 항상 증가하며 압력과 온도는 항상 감소한다.

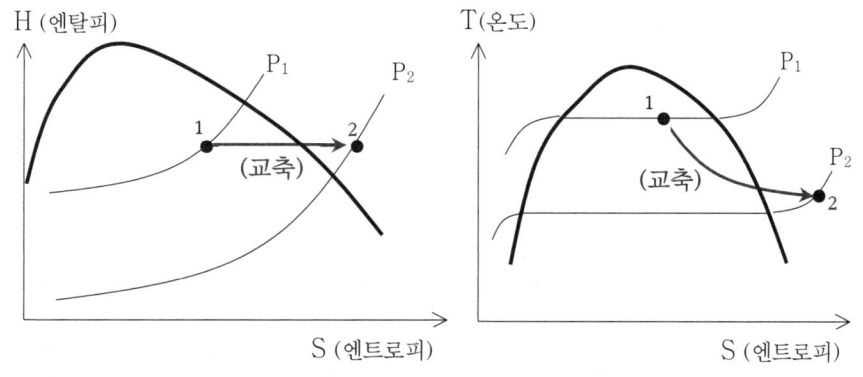

【참고】 • **교축**(絞縮, Throttling 스로틀링)

유체 통로의 일부에 밸브, 콕 또는 가느다란 구멍이 뚫린 판 등을 부착하여 유체 흐름의 단면적을 좁히면, 유체가 급격히 좁아진 통로를 통과하면서 외부에 대해 일을 하지 않고 이미 존재하는 압력차에 의해 유속이 강제적으로 증가되고, 이로 인해 분자간 거리가 멀어져 비체적이 증가하고 압력과 온도가 감소하는 현상을 말한다.
교축 전후에 있어서 유체의 차압은 유량의 제곱근에 비례하기 때문에 차압식 유량계와 냉동기의 팽창밸브에 교축 기구가 이용된다.

33. 냉동용량 5 냉동톤인 냉동기의 성능계수가 2.4 이다. 이 냉동기를 작동하는데 필요한 동력은 약 몇 kW 인가? (단, 1 냉동톤은 3.52 kW 이다.)

① 3.3　　　　② 5.7　　　　③ 7.3　　　　④ 42.2

【해설】(2022-2회-39번 기출유사)

• 냉동기의 성능계수 COP = $\dfrac{Q_2}{W_c}\left(\dfrac{냉동용량}{소비동력}\right)$

$$2.4 = \dfrac{5\,RT}{W_c} = \dfrac{5\,RT \times \dfrac{3.52\,kW}{1\,RT}}{W_c}$$

∴ W_c = 7.33 kW ≒ 7.3 kW

34. 공기 1 mol을 400 ℃에서 1000 ℃까지 가열할 때 다음의 비열식을 이용하여 엔탈피차 $\triangle H$를 구하면 약 몇 J인가?

(단, 비열 C_P의 단위는 J/mol·℃이고 온도 T의 단위는 ℃이다.)

$$C_p = 6.917 + \frac{0.09911}{10^2}T + \frac{0.07627}{10^5}T^2 - \frac{0.4696}{10^9}T^3$$

① 2680　　② 3680　　③ 4690　　④ 5690

【해설】(2018-4회-39번 기출유사)

- 기체의 비열은 온도에 따라 변하므로, 열용량(엔탈피) $\triangle H = C \cdot \Delta t$도 온도에 따라 변한다.

  $\triangle H = n \int_1^2 C_p \, dT$ 에서 정압비열 C_P의 함수식을 대입하면

  $= 1 \text{ mol} \times \int_{400}^{1000} \left(6.917 + \frac{0.09911}{10^2}T + \frac{0.07627}{10^5}T^2 - \frac{0.4696}{10^9}T^3 \right) dT$

  이제, 네이버에 있는 에너지아카데미 카페의 학습자료실의 "적분 기능 계산기 사용법" 강의로 설명된 것을 클릭하여 익혀서 윗 식을 직접 입력해 주면

  $\triangle H$ = 1 mol × 4690.02 J/mol ≒ **4690 J**

【참고】
- 수학적인 적분 실력으로 다음과 같이 풀이해도 된다.

  $\triangle H$ = 1 mol × $\int_{400}^{1000} \left(6.917 + \frac{0.09911}{10^2}T + \frac{0.07627}{10^5}T^2 - \frac{0.4696}{10^9}T^3 \right) dT$

  = 1 mol × $\left(6.917\,T + \frac{0.09911}{2 \times 10^2}T^2 + \frac{0.07627}{3 \times 10^5}T^3 - \frac{0.4696}{4 \times 10^9}T^4 \right)_{400}^{1000}$

  = 1 mol × $\Big[6.917 \times (1000 - 400) + \frac{0.09911}{2 \times 10^2}(1000^2 - 400^2)$
  $+ \frac{0.07627}{3 \times 10^5}(1000^3 - 400^3) - \frac{0.4696}{4 \times 10^9}(1000^4 - 400^4) \Big]$

  = 1 mol × 4690.02 J/mol ≒ **4690 J**

35. 실제 기체가 이상기체(Ideal gas)에 가깝게 될 가장 좋은 조건은?

① 압력이 낮고 온도가 높을 때　　② 압력이 높고 온도가 낮을 때
③ 온도, 압력이 모두 높을 때　　　④ 온도, 압력이 모두 낮을 때

【해설】(2015-1회-36번 기출유사)　　　　　　　암기법 : 이온상, 압하(아파)

- 이상기체란 분자간의 인력이 0인 상태이므로 실제기체는 분자운동이 활발한 **고온, 저압**에서 이상기체에 가까운 작용을 하게 되어 부피가 최대로 될 수 있다.
- 보일-샤를의 법칙 $\frac{PV}{T} = 1$(일정) 에서,

  $V \propto \frac{T}{P}$ (온도는 높을수록, 압력은 낮을수록 이상기체에 가깝다.)

34-③　　35-①

36. 랭킨 사이클의 열효율을 높이기 위한 것이 아닌 것은?

① 과열수증기의 사용
② 재열(Reheat) 사이클 사용
③ 터빈에서 수증기 배출압력을 높임
④ 재생(Regenerative) 사이클 이용

【해설】 (2017-4회-29번 기출유사)
❸ 랭킨사이클의 터빈출구에서 수증기 배출압력(복수기 압력)이 낮을수록 열효율이 증가한다.

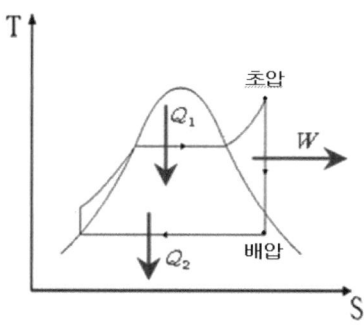

37. 50 ℃, 3 MPa 상태의 1m³의 질소 기체를 6 MPa로 압축시켜 온도를 -50 ℃로 냉각시킬 때 최종상태의 체적은 약 몇 m³ 인가?
(단, 초기상태의 압축성인자는 1.001이고, 최종상태의 압축성인자는 0.93 이다.)

① 0.25　　② 0.32　　③ 0.53　　④ 0.79

【해설】 (2015-2회-22번 기출유사)

- 보일-샤를의 법칙 $\dfrac{P_1 V_1}{Z_1 \cdot T_1} = \dfrac{P_2 V_2}{Z_2 \cdot T_2}$　여기서, Z : 압축성인자(또는, 압축계수)

$$\dfrac{3 \times 1\,m^3}{1.001 \times (50 + 273)} = \dfrac{6 \times V_2}{0.93 \times (-50 + 273)}$$

∴ $V_2 = 0.3207 ≒ 0.32\ m^3$

【참고】 실제의 기체방정식은 이상기체의 상태방정식에 보정계수를 곱하여 사용하기도 한다.
이 때, 이 보정계수(Z)를 압축성인자(또는, 압축계수)라고 하며 $PV = Z \cdot nRT$ 로 계산한다.

38. 에너지 전환효율을 높이기 위하여 취하는 조치 중 가장 거리가 먼 것은?

① 부하변동폭을 가급적 크게 한다.
② 고온 측의 압력을 높인다.
③ 고온 측과 저온 측의 온도차를 크게 한다.
④ 필요에 따라서는 2유체 사이클로 한다.

【해설】 ● 열기관의 에너지 전환효율을 높이는 방법으로는 부하변동폭을 가급적 적게 해야 한다.

39. 노즐을 통해 증기를 단열 팽창시켜 300 m/s 의 속력을 얻기 위한 노즐 입구와 출구에서의 엔탈피 차이는 몇 kJ/kg인가?

① 15   ② 25   ③ 35   ④ 45

【해설】 (2023-1회-25번 기출유사)
- 에너지보존법칙에 따라 열에너지는 운동에너지로 전환되는 노즐 출구에서의 단열팽창 과정으로 간단히 풀자.
$$Q = \Delta E_k$$
$$m \cdot \Delta H = \frac{1}{2}mv^2 \quad \text{여기서, } \Delta H : \text{엔탈피차 또는, 열낙차 라고 한다.}$$
∴ 노즐출구에서 속도 $v = \sqrt{2 \times \Delta H}$
$$300 \text{ m/s} = \sqrt{2 \times \Delta H \,(J/kg)} = \sqrt{2 \times \Delta H \,(Nm/kg)}$$
$$= \sqrt{2 \times \Delta H \left(\frac{kg \cdot m/s^2 \times m}{kg}\right)} = \sqrt{2 \times \Delta H \,(m/s)^2}$$
∴ 엔탈피차 $\Delta H = 45000 \text{ J/kg} = 45 \text{ kJ/kg}$

40. 헬륨(He)의 기체상수는 2.08 kJ/kg·K이고 정압비열 C_p는 5.24 kJ/kg·K일 때 이 가스의 정적비열 Cv 의 값은?

① 7.20 kJ/kg·K   ② 5.07 kJ/kg·K
③ 3.16 kJ/kg·K   ④ 2.18 kJ/kg·K

【해설】 (2018-2회-35번 기출유사)
- 비열과 기체상수의 관계식 $C_P - C_V = R$ 에서,
∴ 정적비열 $C_V = C_P - R = 5.24 - 2.08 = 3.16 \text{ kJ/kg·K}$

제3과목   계측방법

41. 프로세스제어의 난이 정도를 표시하는 값인 Dead Time (L)과 시정수 (T)와의 비 (L/T)를 옳게 설명한 것은?

① 클수록 제어하기 쉽다.   ② 작을수록 제어하기 쉽다.
③ 작거나 크거나 제어에는 관계없다.   ④ L/T의 값이 항상 1 이어야 한다.

【해설】
- 난이도 $\left(=\dfrac{L}{T}\right)$ 가 클수록 제어가 어려워지고, 작을수록 제어하기 쉽다.
여기서, T : 시간정수(Time constant), L : 낭비시간(Dead Time)

42. 압력 측정범위가 0.1 ~ 1000 kPa 정도인 탄성식 압력계로서 진공압 및 차압 측정용으로 주로 사용되는 것은?

① 벨로우즈식 ② 부르동관식
③ 금속 격막식 ④ 비금속 격막식

【해설】(2023-1회-45번 기출유사)

- 탄성식 압력계의 종류별 압력 측정범위 　　　암기법 : 탄돈 벌다
  - 부르돈관식　　　　＞　　　벨로스식　　　　＞　　　다이어프램식
    ($0.5 \sim 3000 \, kg/cm^2$)　　($0.01 \sim 10 \, kg/cm^2$)　　($0.002 \sim 0.5 \, kg/cm^2$)
- 압력단위의 환산은 근사값 $1 \, atm \fallingdotseq 1 \, kg/cm^2 \fallingdotseq 100 \, kPa$로 계산하면 쉽다.
  ($50 \sim 300,000 \, kPa$)　　($1 \sim 1000 \, kPa$)　　($0.2 \sim 50 \, kPa$)

43. 다음 중 오르사트(Orsat)식 가스분석계로 측정하기 곤란한 것은?

① O_2 ② CO_2 ③ CH_4 ④ CO

【해설】(2021-4회-57번 기출유사)

- 오르사트식 : 이(CO_2) → 산(O_2) → 일(CO) 의 순서대로 선택적으로 흡수된다.

44. 수위(水位)의 역응답(逆應答)에 대한 설명 중 틀린 것은?

① 증기유량이 증가하고 수위가 약간 상승하는 현상
② 증기유량이 감소하고 수위가 약간 하강하는 현상
③ 보일러 물 속에 점유하고 있는 기포의 체적변화에 의해 발생하는 현상
④ 프라이밍(Priming)이나 포밍(Forming)에 의해 발생하는 현상

【해설】 ● 보일러의 보유수량이 적은 보일러에서 증발량만을 급격하게 증가시키면 수면아래의 증기 기포의 용적이 팽창하여 수위가 약간 상승한 것처럼 보인다.
또한, 급수량만을 급격히 증가시키면 수면아래의 증기 기포의 용적이 수축하여 수위가 약간 하강한 것처럼 보인다. 이와 같이 보일러수 속에 있는 기포의 체적변화에 의해 일시적으로 수위의 응답이 역으로 나타나는 현상을 수위의 역응답이라 한다.

45. 다음 중 적분(I)동작이 가장 많이 사용되는 제어는?

① 증기압력제어 ② 유량압력제어
③ 유량제어 ④ 레벨(액면)제어

【해설】 ❸ 적분동작(I동작)이 가장 많이 사용되는 제어는 **유량제어**이다.

46. 다음 중 기체 및 비점 300℃ 이하의 액체를 측정하는 물리적 가스분석계로 선택성이 우수한 가스분석계는?

① 밀도법
② 가스크로마토그래피법
③ 세라믹법
④ 오르사트법

【해설】(2020-3회-58번 기출유사)
- 가스크로마토그래피법은 활성탄 등의 흡착제를 채운 세관을 통과하는 가스의 이동속도차를 이용하여 시료가스를 분석하는 방식으로 O_2와 NO_2를 제외한 다른 여러 성분의 가스를 모두 분석할 수 있다.
- 선택성 : 시료 중에 여러 가지 성분이 함유되어 있을 때 다른 성분의 영향을 받지 않고 측정하고자 하는 성분만을 측정할 수 있는 성질을 말한다.
  (가스크로마토그래피법, 자기법, 적외선 흡수법은 선택성이 우수하다.)

47. 백금 - 백금·로듐 열전대 온도계에 대한 설명으로 옳은 것은?

① 측정 최고온도는 크로멜-알루멜 열전대보다 낮다.
② 다른 열전대에 비하여 정밀측정용에 사용된다.
③ 열기전력이 다른 열전대에 비하여 가장 높다.
④ 200℃ 이하의 온도측정에 적당하다.

【해설】(2018-1회-57번 기출유사)   암기법 : 열기 ㅋㅋ~, 철동크백

① PR(R형) 열전대 온도계는 접촉식 온도계 중에서 가장 높은 온도(0 ~ 1600℃)의 측정이 가능하다. 〈비교〉 • 크로멜-알루멜 열전대의 측정온도범위는 -20 ~ 1200 ℃ 이다.
❷ 고온의 정밀측정용으로 사용된다. 〈-----------열전대 중에서 가격이 제일 비싸다.
③ 열전대 중에서 단위온도당 가장 큰 열기전력을 발생하는 것은 "**크로멜-콘스탄탄**" 열전대이다.
④ 200℃ 이하의 온도측정에 적당한 열전대는 CC(동-콘스탄탄) 이다.

48. 다음 중 침종식 압력계에 대한 설명 중 틀린 것은?

① 플로트(Float) 편위는 액체의 내부압력에 비례한다.
② 편위를 직접 지시하거나 또는 그 위치를 전기적인 신호로 변환하여 원격 전송하는 방식이 가능하다.
③ 측정범위에 따라 내부의 액체로 오일 또는 수은 등을 선택할 수 없다.
④ 플로트의 내,외면에 압력을 설정할 수 있는 구조로 하여 차압계로도 사용할 수 있다.

【해설】(2022-1회-50번 기출유사)
- 액주식 압력계의 일종인 침종식(沈鐘式) 압력계의 측정범위에 따라 내부의 봉입액체로 오일 또는 수은 등을 적당히 선택할 수 있으며, 단종식이 복종식보다 측정범위가 넓다.

49. 차압식 유량계에서 차압이 18972 Pa 일 때 유량이 22 m³/h 이었다. 차압이 10035 Pa 일 때의 유량은 약 몇 m³/h 인가?

① 12   ② 16   ③ 20   ④ 24

【해설】 (2021−1회−54번 기출유사)
- 압력과 유량(Q)의 관계 공식 $Q = A \cdot v$ 에서, 차압(또는, 압력차)을 P 또는, ΔP 라고 두면
  한편, $v = \sqrt{2gh} = \sqrt{2g \times 10P} = \sqrt{2 \times 9.8 \times 10P} = 14\sqrt{P}$
  $Q = \dfrac{\pi D^2}{4} \times 14\sqrt{P} = K\sqrt{P}$ 즉, $Q \propto \sqrt{P}$ 를 암기하고 있어야 한다.

  따라서, 비례식 $\dfrac{Q_1}{Q_2} \propto \dfrac{\sqrt{\Delta P_1}}{\sqrt{\Delta P_2}}$ 에서, $\dfrac{22\ m^3/h}{Q_2} = \dfrac{\sqrt{18972}}{\sqrt{10035}}$, ∴ $Q_2 = 16\ m^3/h$

50. 용적식 유량계의 일반적인 특징에 대한 설명 중 틀린 것은?

① 정도(精度)가 높다.   ② 고점도의 유체측정이 가능하다.
③ 맥동에 의한 영향이 없다.   ④ 구조가 간단하다.

【해설】 (2023−1회−54번 기출유사)
- 용적식 유량계의 측정원리는 로터와 케이스, 피스톤과 실린더 등을 이용하여 유체를 일정 용적의 계량실 내에 가두어 놓고, 회전차의 회전에 의한 방출하기를 반복하여 단위 시간당의 회전수를 적산하여 유량을 측정하는 방식으로서, 일반적인 특징은 다음과 같다.
  ① 정밀도가 가장 높으므로 <u>적산유량계</u>(가정용, 주유소)에 많이 이용된다.
                 ↳ 오벌(Oval) 유량계, 회전원판 유량계, 가스미터(Gas meter) 등
  ② 차압식 유량계에 비해 소유량, 고점도 유체의 유량측정이 가능하다
  ③ 스파이럴(Spiral, 나선형) 회전자로 구성되서 유체의 흐름에 맥동(pulse)이 거의 발생하지 않는다.
  ❹ 용적식 유량계는 정도가 가장 높으므로, **구조**는 일반적으로 계량부, 전동부, 변환부, 계수부 등으로 복잡하기 때문에, 가격이 비싸고 유지·보수가 어렵다.
  ⑤ 설치는 간단하다.
  ⑥ 고형물의 혼입을 막기 위하여 유량계 입구에는 반드시 스트레이너나 필터를 설치한다.

51. 기체연료의 시험방법 중 CO_2 는 어느 흡수액에 흡수시키는가?

① 수산화칼륨 수용액   ② 암모니아성 염화 제1구리 용액
③ 알칼리성 피로가놀 용액   ④ 발연 황산액

【해설】 (2016−2회−43번 기출유사) ※ 기체연료의 시험은 화학적 가스분석장치를 이용한다.
- 헴펠 식 : **햄릿**과 **이**(순신) → **탄** → **산** → **일**   (여기서, 탄화수소 CmHn)
                      (K   S   피   구)
             수산화칼륨,   발열황산,   피로가놀,   염화제1구리 〈-------------**흡수액**
- 오르자트 식 :   이(CO_2) →   산(O_2) → 일(CO) 순서대로 선택적 흡수됨

49-②   50-④   51-①

52. 다음 중 전자유량계에 대한 설명 중 틀린 것은?

① 유량계의 관내에 적당한 재료를 라이닝(Lining)하므로 높은 내식성을 유지시킬 수 있다.
② 미소한 측정전압에 대하여 고성능 증폭기를 필요로 한다.
③ 압력손실이 높고 점도가 높은 유체나 슬러리(Slurry)에는 사용할 수 없다.
④ 도전성 유체에만 사용한다.

【해설】(2023-1회-57번 기출유사)
- **전자식 유량계**는 파이프 내에 흐르는 도전성의 유체에 직각방향으로 자기장을 형성시켜 주면 패러데이(Faraday)의 전자기유도 법칙에 의해 발생되는 유도기전력(E)으로 유량을 측정한다. (패러데이의 법칙 : $E = Blv$)
  따라서, 도전성 액체의 유량측정에만 쓰인다.
  유로에 장애물이 없으므로 **압력손실이 거의 없으며**, 이물질의 부착 및 침식의 염려가 없으므로 높은 내식성을 유지할 수 있으며, 슬러지가 들어있거나 **고점도 유체에 대하여도 측정이 가능하다.**
  또한, 검출의 시간지연이 없으므로 응답이 매우 빠른 특징이 있으며, 미소한 측정전압에 대하여 고성능 증폭기를 필요로 한다.

53. 다음 중 세라믹식 O₂계의 주원료는?

① CH_4 ② KOH ③ ZrO_2 ④ HCl

【해설】(2022-2회-48번 기출유사)   암기법 : 쎄라지~
- **세라믹(ceramic)식** O_2 가스분석계는 **지르코니아**(ZrO_2, 산화지르코늄)를 원료로 하는 전기화학전지의 기전력을 측정하여 가스 중의 O_2 농도를 분석한다.

54. 내경 300 mm인 원관 내에 3 kg/s의 공기가 유입되어 흐르고 있다. 이때 관내의 압력은 200 kPa, 온도 25 ℃, 공기의 기체상수는 287 J/kg · K 이라고 할 때 공기의 평균속도는 약 몇 m/s 인가?

① 1.8 ② 2.4 ③ 18.2 ④ 23.5

【해설】(2017-1회-57번 기출유사)
- 질량 m = $\rho V = \rho A x$ (여기서, ρ : 밀도, V : 체적, A : 단면적, x : 길이)
- 질량유량 공식 Q = $\dfrac{m}{t} = \dfrac{\rho A x}{t} = \rho A v$

  한편, PV = mRT 에서 P = ρRT 이므로
  $$\rho = \dfrac{P}{RT} = \dfrac{200 \times 10^3\,Pa}{287\,J/kg\cdot K \times (25+273)\,K} ≒ 2.34\,kg/m^3$$

  $\therefore v = \dfrac{Q}{\rho A} = \dfrac{Q}{\rho \cdot \dfrac{\pi D^2}{4}} = \dfrac{4Q}{\rho \cdot \pi D^2} = \dfrac{4 \times 3}{2.34 \times \pi \times 0.3^2} = 18.137 ≒ **18.2 m/s**$

52-③   53-③   54-③

55. 광고온계(Optical pyrometer)의 특징에 대한 설명 중 옳지 않은 것은?

① 측정시 시간의 지연이 있다.
② 비접촉법으로서 정확하다.
③ 방사온도계보다 방사보정량이 크다.
④ 저온(700 ℃ 이하) 물체의 측정은 곤란하다.

【해설】(2021-4회-49번 기출유사)

※ 광고온계(또는, 광고온도계)의 특징
① 700 ℃를 초과하는 고온의 물체에서 방사되는 에너지 중 육안으로 직접 관측(수동측정)하는 것이므로 가시광선을 이용하고, 측정시 시간의 지연이 있다.
② 비접촉의 방법으로서, 온도계 중에서 가장 높은 온도(700~3000 ℃)를 측정할 수 있으며 정도가 가장 높다.
❸ 방사온도계보다 방사율에 의한 보정량이 적다.
왜냐하면 피측온체와의 사이에 수증기, CO_2, 먼지 등의 영향을 적게 받는다.
④ 저온(700 ℃ 이하)의 물체 온도측정은 곤란하다.(∵ 저온에서 발광에너지가 약하다.)
⑤ 인력에 의한 수동측정이므로 기록, 경보, 자동제어가 불가능하다.

56. 구조와 원리가 간단하여 고압 밀폐탱크의 액면제어용으로 주로 사용되는 액면계는?

① 편위식 액면계   ② 차압식 액면계
③ 부자식 액면계   ④ 기포식 액면계

【해설】(2021-2회-49번 기출유사)

• 부자식(또는, 플로트식) 액면계는 액면이 심하게 움직이는 곳에는 사용하기 곤란하므로, 액면 상·하한계에 경보용 리미트 스위치를 설치하여 주로 고압 밀폐형 탱크의 경보용 및 액면제어용으로 가장 많이 사용된다.

57. 다음 중 가스의 열전도율이 가장 큰 것은?

① O_2 ② CO   ③ CO_2 ④ H_2

【해설】(2018-2회-54번 기출유사)

• 물질의 열전도율 비교 : 고체 > 액체 > 기체
• 기체의 열전도율 비교 : H_2 > N_2 > 공기 > O_2 > CO_2 > SO_2
   - 기체의 분자량이 작을수록 분자운동이 더 활발해지므로 열전도율은 커진다.

58. 다음 중 전기식 압력계의 특징에 대한 설명 중 틀린 것은?

① 원격측정이 가능하다.   ② 반응속도가 느리다.
③ 지시 및 기록이 쉽다.   ④ 정밀도가 좋다.

55-③   56-③   57-④   58-②

【해설】 • 계장용으로 사용되는 **전기식** **압력계**는 대형 플랜트 및 공정의 계측 및 제어용 검출기로 제품화된 것으로 차압, 정압, 절대압력 등을 측정하는데 쓰이며 전송방법으로는 전류를 통한 전송 방식이므로 원격측정이 가능하고 반응속도가 빠르며 지시 및 기록이 쉽고 정밀도가 좋다.

59. 압력계의 게이지압력과 절대압력에 관한 식을 표시한 것으로 옳은 것은?
(단, 게이지압력은 A, 절대압력은 B, 대기압은 C 이다.)

① B = C ÷ A
② B = C × A
③ B = A ÷ C
④ B = A + C

【해설】 (2022-4회-41번 기출유사)　　　　　　　　　　　암기법 : 절대 계
• 절대압력 = 대기압 + 게이지압 (∴ B = A + C로 표현됨.)

60. 물체의 형상변화를 이용하여 온도를 측정하는 온도계는?

① 저항온도계
② 광고온계
③ 제겔콘
④ 열전대온도계

【해설】 (2016-4회-41번 기출유사)
• **제겔콘**(Seger-cone) 온도계는 규석질, 점토질 및 내열성의 금속산화물을 적절히 배합하여 만든 삼각추로서, 가열을 시켜 일정온도에 도달하게 되면 연화하여 머리 부분이 숙여지는 형상 변화를 이용하여 내화물의 온도측정(600 ~ 2000 ℃)에 사용되는 접촉식 온도계이다.

제4과목　　　　　열설비재료 및 관계법규

61. 에너지이용 합리화법에 따라 에너지이용합리화 기본계획의 내용이 아닌 것은?

① 에너지 이용 효율의 증대
② 열사용 기자재의 안전관리
③ 에너지 소비 최대화를 위한 경제구조로의 전환
④ 에너지원간 대체(代替)

【해설】 (2022-1회-64번 기출유사)　　　　　　　　[에너지이용합리화법 제4조 2항.]
❸ '에너지 **절약형** 경제구조로의 전환"이 포함되는 내용이다.
【Key】 직관적으로도 **에너지 소비 최대화**는 에너지이용 합리화에 위배되는 내용임을 쉽게 알 수 있다.

62. 에너지이용합리화법에 따라 검사대상기기 검사 중 개조검사를 받아야 하는 경우가 아닌 것은?

① 증기보일러를 온수보일러로 개조하는 경우
② 보일러의 섹션 증감에 의해 용량을 변경하는 경우
③ 보일러의 수관과 연관을 교체하는 경우
④ 연료 또는 연소방법을 변경하는 경우

【해설】(2020-2회-70번 기출유사)　　　　　　　　　　　　　암기법: 걔한테 증→온 오까?

❸ 동체 · 경관 · 관판 · 관모음 또는 스테이의 변경으로서 산업통상자원부장관이 정하여 고시하는 대수리의 경우가 해당된다.　　　　　　　　　[에너지이용합리화법 시행규칙 별표3의4.]

63. 에너지이용합리화법에 따른 검사대상기기에 해당되지 않는 것은?

① 시간당 가스사용량이 18 kg인 소형온수보일러
② 최고사용압력이 0.2 MPa, 전열면적이 6.4 m²인 주철제보일러
③ 최고사용압력이 1 MPa, 전열면적이 9.8 m²인 관류보일러
④ 정격용량이 0.36 MW인 철금속가열로

【해설】(2022-1회-65번 기출유사)

※ 검사대상기기의 적용범위　　　　　　[에너지이용합리화법 시행규칙 별표3의3.]
　① 강철제 · 주철제 보일러 중 다음 각 호의 어느 하나에 해당하는 것은 제외한다.
　　㉠ 최고사용압력이 0.1 MPa 이하이고, 동체의 안지름이 300 mm 이하이며, 길이가 600 mm 이하인 것
　　㉡ 최고사용압력이 0.1 MPa 이하이고, 전열면적이 5 m² 이하인 것
　　㉢ 2종 관류보일러
　　㉣ 온수를 발생시키는 보일러로서 대기개방형인 것
　② 정격용량이 0.58 MW를 초과하는 철금속가열로
　③ 가스 사용량이 17 kg/h (도시가스는 232.6 kW)를 초과하는 소형온수보일러
　④ 최고사용압력이 0.2 MPa를 초과, 내부 부피가 0.04 m³ 이상인 2종 압력용기
　⑤ 최고사용압력(MPa)과 내부 부피(m³)를 곱한 수치가 0.004를 초과하는 1종 압력용기

64. 열사용기자재관리규칙에 의한 검사대상기기에 대한 검사의 종류에 해당되지 않는 것은?

① 구조검사　　　　　　　　　② 계속사용검사
③ 용접검사　　　　　　　　　④ 이동검사

【해설】(2022-4회-66번 기출유사)　　　　　　　　　　[에너지이용합리화법 시행규칙 별표3의4.]

● 검사의 종류에는 제조검사(용접검사, 구조검사), 설치검사, 설치장소변경검사, 개조검사, 재사용검사, 계속사용검사(운전성능검사, 안전검사)로 분류한다.

65. 에너지이용합리화법에 따라 다음 중 에너지 저장의무 부과대상자가 아닌 것은?

① 전기사업자
② 석탄생산자
③ 석탄가공업자
④ 연간 2만 석유환산톤 이상의 에너지를 사용하는 자

【해설】 (2019-1회-68번 기출유사) [에너지이용합리화법 시행령 제12조.]
- 에너지수급 차질에 대비하기 위하여 산업통상자원부장관이 에너지저장의무를 부과할 수 있는 대상에 해당되는 자는 전기사업자, 도시가스사업자, **석탄가공업자**, 집단에너지사업자, 연간 **2만 TOE**(석유환산톤) 이상의 에너지사용자이다.

  암기법 : 에이, 쌍!~ 다소비네. 10배 저장해야지

66. 에너지이용합리화법에 따라 다음 중 에너지 저장의무 부과대상자가 아닌 자는?

① 전기사업자
② 석탄가공업자
③ 고압가스제조업자
④ 연간 2만 석유환산톤 이상의 에너지사용자

【해설】 (2019-1회-68번 기출유사) [에너지이용합리화법 시행령 제12조.]
- 에너지수급 차질에 대비하기 위하여 산업통상자원부장관이 에너지저장의무를 부과할 수 있는 대상에 해당되는 자는 전기사업자, **도시가스사업자**, 석탄가공업자, 집단에너지사업자, 연간 **2만 TOE**(석유환산톤) 이상의 에너지사용자이다.

  암기법 : 에이, 쌍!~ 다소비네. 10배 저장해야지

67. 에너지이용합리화법에 따른 에너지다소비사업자의 연간 에너지사용량의 기준은?

① 1천 티오이 이상인 자
② 2천 티오이 이상인 자
③ 3천 티오이 이상인 자
④ 5천 티오이 이상인 자

【해설】 (2017-4회-64번 기출유사) 암기법 : 에이, 쌍!~ 다소비네
- 에너지다소비사업자라 함은 연료·열 및 전력의 연간 사용량의 합계(연간 에너지사용량)가 2000 TOE(티오이) 이상인 자를 말한다. [에너지이용합리화법 시행령 제35조.]

68. 소형온수보일러는 전열면적 얼마 이하를 열사용기자재로 구분하는가?

① 5 m^2 ② 9 m^2 ③ 14 m^2 ④ 20 m^2

【해설】 (2020-4회-64번 기출유사) [에너지이용합리화법 시행규칙 별표 1.]
- 열사용기자재의 품목 중 소형 온수보일러의 적용범위는 **전열면적이 14 m^2 이하**이며, 최고사용압력이 0.35 MPa 이하의 온수를 발생하는 것으로 한다.
  (다만, 구멍탄용 온수보일러·축열식 전기보일러 및 가스사용량이 17 kg/h 이하인 가스용 온수보일러는 제외한다.

69. 축열식 전기보일러는 심야전력을 사용하여 온수를 발생시켜 축열조에 저장한 후 난방에 이용하는 것으로 다음 중 그 적용범위의 기준으로 옳은 것은?

① 정격소비전력이 50 kW 이하이며 최고사용압력이 0.35 MPa 이하인 것
② 정격소비전력이 30 kW 이하이며 최고사용압력이 0.35 MPa 이하인 것
③ 정격소비전력이 50 kW 이하이며 최고사용압력이 0.5 MPa 이하인 것
④ 정격소비전력이 30 kW 이하이며 최고사용압력이 0.5 MPa 이하인 것

【해설】(2020-2회-68번 기출유사) [에너지이용합리화법 시행규칙 별표 1.]
- 열사용기자재의 품목 중 축열식 전기보일러의 적용범위는 정격소비전력이 30 kW 이하이며 최고사용압력이 0.35 MPa 이하인 것으로 한다.

70. 에너지이용합리화법에 따른 특정열사용기자재 및 설치·시공범위에 해당하지 않는 것은?

① 압력용기
② 태양열집열기
③ 전기보일러
④ 금속요로

【해설】(2017-1회-68번 기출유사) [에너지이용합리화법 시행규칙 별표3의2.]
※ 특정 열사용기자재 및 그 설치·시공 범위
- 기관 (일반보일러, **축열식전기보일러**, 태양열집열기 등), 압력용기, 금속요로(용선로, 철금속가열로 등), 요업요로(셔틀가마, 터널가마, 연속식유리용융가마 등)가 해당된다.
❸ 전기보일러 중에서는 **축열식전기보일러**만 범위에 해당하는 것에 유의한다!

71. 석영의 고온 변태형이 아닌 것은?

① 멀라이트
② β-석영
③ 크리스토발라이트
④ 트리디마이트

【해설】(2019-2회-72번 기출유사)
- 석영 또는 규석(주성분 SiO_2, 실리카)은 상온에서 약 700 ℃까지의 온도범위에서 벽돌을 구성하는 광물상의 팽창이 크기 때문에 불안정하여 열충격에 대하여 상당히 취약하다. 반면에 1100 ℃ 이상의 고온으로 가열하면 팽창계수가 적고 열충격에도 강한 결정모양으로 변화되는 것을 "전이"라고 부르는데, 저온형 전이와 고온형 전이가 있으며 중요한 것은 **고온형 변태의 결정형**이다.
실리카(SiO_2)는 가열하면 결정구조에 전이가 일어나 팽창하게 되는데 전이속도가 완만한 완만형 전이와 전이속도가 급격한 β형 전이로 나눈다.
완만형 전이는 표면에서 시작되어 내부로 진행되며 전이 속도를 빠르게 작용토록 하는 성분인 용제(溶劑, flux)나 광화제(鑛化劑)를 첨가하기도 하는데 광화제로는 일반적으로 생석회(CaO), 철분 등이 쓰인다. 고온형 전이가 되면 실리카(SiO_2)는 개방형 구조인 **크리스토발라이트**(Cristobalite), **트리디마이트**(Tridymite), β-석영으로 되어 부피가 팽창하여 비중이 작아진다.

72. 다음 중 부정형 내화물의 종류가 아닌 것은?

① 내화 모르타르
② 샤모트질 내화물
③ 캐스타블 내화물
④ 플라스틱 내화물

【해설】(2020-2회-75번 기출유사)   암기법 : 내 부모, 캐플래
- 일정한 형태나 규격을 갖지 않는 부정형(不定形) 내화물의 종류에는 내화 모르타르(motar, 습식), 캐스터블(cast + able), 플라스틱(plastic), 래밍(ramming), 내화 몰탈(mortal, 건식)이 있다.
❷ 표준형 내화물인 병형 내화물(또는, 병형 벽돌)은 230(가로) × 114(세로) × 65(두께) mm의 크기를 갖는 정형(定形) 내화물이라고 하며, 샤모트질 내화물은 정형 내화물에 속한다.

73. 샤모트질 내화벽돌은 어떤 내화물에 해당되는가?

① 산성 내화물
② 중성 내화물
③ 염기성 내화물
④ 약 알칼리성 내화물

【해설】(2022-1회-73번 기출유사)
- 산성 내화물   암기법 : 산규 납점샤
  - 규석질(석영질), 납석질(반규석질), 샤모트질, 점토질 등이 있다.
- 중성 내화물   암기법 : 중이 C 알
  - 탄소질, 크롬질, 고알루미나질(Al₂O₃계 50% 이상), 탄화규소질 등이 있다.
- 염기성 내화물   암기법 : 염병할~ 포돌이 마크
  - 포스테라이트질(Forsterite, MgO−SiO₂계), 돌로마이트질(Dolomite, CaO−MgO계), 마그네시아질(Magnesite, MgO계), 마그네시아-크롬질(Magnesite Chromite, MgO−Cr₂O₃계)

74. 유리섬유 보온재의 최고사용온도는?

① 150 ℃
② 300 ℃
③ 500 ℃
④ 800 ℃

【해설】(2022-1회-77번 기출유사)
※ 최고 안전사용온도에 따른 무기질 보온재의 종류

-50 -100 ←사→ +100 +50
탄   G   암,   규   석면, 규산리 650필지의 세라믹화이버 무기공장
250, 300, 400, 500, 550,   650℃↓ (×2배) 1300↓ 무기질
탄산마그네슘,
       Glass울(유리섬유),
              암면
                    규조토, 석면, 규산칼슘
                              펄라이트(석면+진주암),
                                      세라믹화이버

75. 알루미늄박(箔)과 같은 금속 보온재는 주로 어떤 특성을 이용하여 보온효과를 얻는가?

① 복사열에 대한 대류
② 복사열에 대한 반사
③ 복사열에 대한 흡수
④ 전도, 대류에 대한 흡수

【해설】(2014-1회-75번 기출유사)
- 알루미늄박(箔)과 같은 금속 보온재는 백색 광택의 특성이 있으므로 복사열에 대하여 반사(反射)하는 성질을 지니므로 열전도율(0.028 ~ 0.048 kcal/m·h·℃)이 낮기 때문에 보온효과가 양호하다.

【key】보온재의 열전도율은 공기의 열전도율(0.022 kcal/m·h·℃)과 비교하여 그 값을 기억한다.

76. 다음 중 단열의 효과로 볼 수 없는 것은?

① 축열용량이 커진다.
② 열전도도가 작아진다.
③ 노내의 온도가 균일하게 된다.
④ 노벽의 온도구배를 줄여 스폴링현상을 방지한다.

【해설】(2020-3회-76번 기출유사)
※ 단열재의 단열효과(斷熱效果)
① 축열용량이 작아진다.   ② 열전도계수(열전도도)가 감소한다.
③ 노 내의 온도가 균일하게 유지된다.   ④ 스폴링 현상을 감소한다.
⑤ 열확산계수가 감소한다.

77. 다음 중 보온재의 구비조건으로 틀린 것은?

① 무게가 가벼워야 한다.
② 흡수성이 뛰어나야 한다.
③ 견고하고 시공이 용이해야 한다.
④ 장시간 사용해도 재질이 유지되어야 한다.

【해설】(2022-4회-71번 기출유사)
※ 보온재의 구비조건   암기법 : 흡열장비↓다
① **흡**수성이 적을 것   ② **열**전도율이 작을 것
③ **장**시간 사용 시 변질되지 않을 것   ④ **비**중(무게, 밀도)이 작을 것
⑤ **다**공질일 것   ⑥ **견**고하고 시공이 용이할 것
⑦ 불연성일 것   ⑧ 내열·내약품성이 있을 것

75-② 76-① 77-②

78. 다음 중 용해로가 아닌 것은?

① 큐폴라
② 도가니로
③ 평로
④ 용광로

【해설】(2014-1회-74번 기출유사)

※ 용해로는 피열물의 용융을 목적으로 하는 **제강로(製鋼爐)**이다.
- 선철 + 고철의 용해로 : **평로**
- 주철·주물 용해로 : 용선로(**큐폴라**)
- 비철 합금 용해로 : 반사로, 회전로, 전기로, **도가니로**가 사용된다.
❹ 용광로(일명 高爐, 고로)는 **제련로(製鍊爐)**이다.

79. 중유 소성을 하는 평로에서 축열실의 역할로 가장 옳은 것은?

① 연소용 공기를 예열한다.
② 연소용 중유를 가열한다.
③ 원료를 예열한다.
④ 제품을 가열한다.

【해설】(2020-3회-77번 기출유사)

❶ 격자로 쌓은 내화벽돌로 이루어진 축열실은 고체를 고온으로 용해하는 공업용 로(爐)에서 배출되는 배기가스 열량을 회수하여 연소용 공기의 예열(豫熱)로 이용하고자 설치한 열교환 장치이다.

80. 요·로의 열효율을 높이는 방법으로 가장 거리가 먼 것은?

① 요·로의 적정 압력 유지
② 폐가스의 폐열회수
③ 발열량이 높은 연료 사용
④ 적정한 연소장치 선택

【해설】• 열효율 공식 $\eta = \dfrac{Q_s}{m_f \cdot H_L}$ 에서 발열량(H_L)이 **낮은** 연료를 사용할수록 열효율이 높아진다.

• 유효열량(Q_s)을 높이려면 요·로내의 적정압력 유지로 완전연소를 하여야 하며, 배기가스의 폐열을 회수하여 이용하거나, 연료에 따른 적정한 연소장치(버너)를 선택하여야 한다.

78-④   79-①   80-③

제5과목   열설비설계

81. 드레인(응축수) 양이 적을 때에는 밸브 시트를 눌러 멈추고 있으나, 어느 이상이 되면 적은 양의 드레인이 들어오더라도 그 양만큼 배출하는 트랩으로서 Air vent (에어 밴트)가 내장된 트랩은?

① 하향 버킷식 트랩   ② 플로트식 트랩
③ 디스크식 트랩   ④ 바이메탈식 트랩

【해설】(2019-4회-92번 기출유사)
❷ 플로트식 트랩(float type trap)은 공기빼기가 자동적으로 이루어지는 에어밴트가 내장되어 있으므로 가동 시 공기빼기를 할 필요가 없으며, 드레인 양이 적을 때에는 플로트가 밸브시트를 눌러 멈추고 있으나, 어느 이상이 되면 적은 양의 드레인이 들어오더라도 그 양만큼 배출하므로 다량의 드레인을 연속적으로 처리할 수 있다.
구조상 증기 입·출구 면이 수평 하므로 수격작용(워터해머)에 다소 약한 단점이 있다.

82. 이중 열교환기의 총괄전열계수가 $80.25 \; W/m^2 \cdot ℃$ 일 때 더운 액체와 찬 액체를 향류로 접속시켰더니 더운 면의 온도가 65 ℃ 에서 25 ℃ 로 내려가고 찬 면의 온도가 20 ℃ 에서 53 ℃ 로 올라갔다. 단위면적당의 열교환량은 약 몇 W 인가?

① 442   ② 642   ③ 842   ④ 1260

【해설】(2017-1회-99번 기출유사)   암기법 : 교관 오면

- 교환열 공식 $Q = K \cdot \Delta t_m \cdot A$ (여기서, Δt_m : 대수평균온도차)

$$= 80.25 \; W/m^2 \cdot ℃ \times \frac{(65-53)-(25-20)}{\ln\left(\frac{65-53}{25-20}\right)} ℃ \times 1 \; m^2$$

$$= 641.65 ≒ 642 \; W$$

【보충】• 대수평균온도차 공식 $\Delta t_m = \dfrac{\Delta t_1 - \Delta t_2}{\ln\left(\dfrac{\Delta t_1}{\Delta t_2}\right)}$

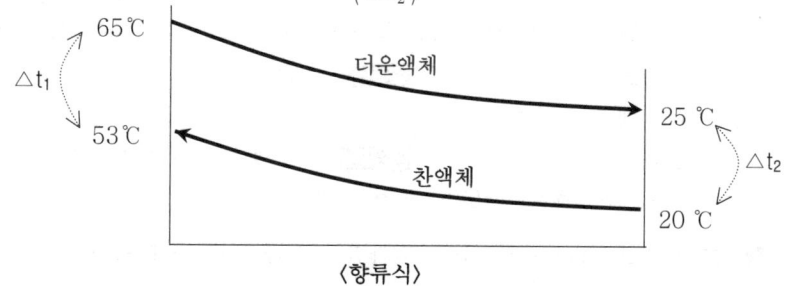

〈향류식〉

83. 다음 중 연질 스케일을 생성시킬 수 있는 성분이 아닌 것은?

① 탄산마그네슘
② 규산칼슘
③ 산화철
④ 탄산칼슘

【해설】(2021-2회-86번 기출유사)
❷ 규산칼슘($CaSiO_3$)은 경질 스케일을 생성시키는 성분이다.
【참고】※ 스케일(Scale, 관석)의 종류
- 경질 스케일 : $CaSO_4$(황산칼슘), $CaSiO_3$(규산칼슘), $Mg(OH)_2$(수산화마그네슘)
- 연질 스케일 : $Ca(HCO_3)_2$(탄산칼슘), $Mg(HCO_3)_2$(탄산마그네슘), Fe_2O_3(산화철)

84. 열교환기에서 전열면적 A(m^2)와 전열량 Q(kcal/h) 사이에는 어떠한 관계가 있는가? (단, $\triangle\theta_m$ 은 대수평균온도차이고, K는 열관류율 이다.)

① $Q = A \triangle \theta_m$
② $A = K \triangle \theta_m$
③ $K = \dfrac{A \triangle \theta_m}{Q}$
④ $\triangle \theta_m = \dfrac{Q}{AK}$

【해설】(2020-4회-5번 기출유사)   암기법 : 교관 온면
- 교환열(또는, 전달열량) 공식 Q = K·Δtm·A 에서,
  ∴ Δtm = $\dfrac{Q}{K \cdot A}$ 한편, 위 문제에서는 대수평균온도차 Δtm = $\triangle\theta_m$ 으로 표현하였다.

85. 다음 중 수관식 보일러가 아닌 것은?

① 벤슨 보일러
② 베록스 보일러
③ 라몬트 보일러
④ 슈미트 보일러

【해설】(2020-3회-97번 기출유사)
※ 수관식 보일러의 종류   암기법 : 수자 강간(관)
  ㉠ 자연순환식   암기법 : 자는 바·가·(야로)·다, 스네기찌
                            (모두 다 일본식 발음을 닮았음.)
     - 바브콕, 가르베, 야로, 다꾸마,(주의 : 다우삼 아님!) 스네기찌.
  ㉡ 강제순환식   암기법 : 강제로 베라~
     - 베록스, 라몬트
  ㉢ 관류식   암기법 : 관류 람진과 벤슨이 앤모르게 슐처먹었다.
     - 람진, 벤슨, 앤모스, 슐처 보일러
❹ 슈미트(Schmidt) 보일러는 간접가열식의 특수보일러에 속한다.

86. 공기예열기를 설치할 때의 장점이 아닌 것은?

① 보일러 효율을 높인다.
② 연료의 연소효율을 높인다.
③ 통풍저항을 줄일 수 있다.
④ 연료의 점화조건이 개선된다.

【해설】(2017-1회-81번 기출유사, 2차시험인 실기에서도 자주 출제됨)

❸ 배기가스가 배출되는 연도에 폐열회수장치인 공기예열기를 설치하는 것이므로 배기가스 **통풍저항이 증가**하게 되어 강제통풍이 요구되기도 한다.

【참고】 ※ 공기예열기 설치 시의 **장점**
  ① 연료를 절감할 수 있다.
  ② 노내 온도를 고온으로 유지 시킬 수 있다.
  ③ 연소용 공기를 예열함으로써 적은 공기비로 연료를 완전연소 시킬 수 있다.
  ④ 질이 낮은 연료의 연소에도 유리하다.
  ⑤ 연소효율의 증가로 열효율이 증가된다.

※ 공기예열기 설치 시의 **단점**
  ① 저온부식을 일으킬 수 있다. (∵ 배기가스 중의 황산화물에 의해서,)
  ② 통풍저항이 증가하여 통풍력이 감소된다. (∴ 강제통풍이 요구되기도 한다.)
  ③ 청소 및 검사, 보수가 불편하다.
  ④ 설비비가 비싸다.
  ⑤ 배기가스 흐름에 대한 마찰저항이 증가된다.

87. 다음 그림과 같은 V형 용접이음의 인장응력(σ)을 구하는 식은?

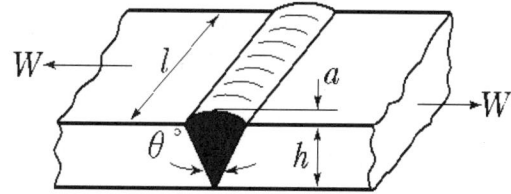

① $\sigma = \dfrac{W}{h\,l}$

② $\sigma = \dfrac{W}{h \cdot \operatorname{cosec}\theta \cdot \frac{1}{2}l}$

③ $\sigma = \dfrac{W}{h+a}$

④ $\sigma = \dfrac{W}{(h+a) \cdot \operatorname{cosec}\theta \cdot \frac{1}{2}l}$

【해설】(2022-1회-92번 기출유사)

• 맞대기 용접이음의 강도계산 중 V형 이음의 경우, 하중 $W = \sigma \cdot h \cdot l$ 에서

$$\therefore \text{인장응력 } \sigma = \dfrac{W}{h\,l}$$

88. 보일러 설계 시 크리프영역에 달하지 않는 온도에서의 철강재료 허용인장응력은?

① 상온에서의 최소 인장강도의 $\frac{1}{4}$
② 상온에서의 최소 인장강도의 $\frac{1}{3}$
③ 상온에서의 최소 인장강도의 $\frac{1}{2}$
④ 상온에서의 최소 인장강도의 $\frac{1}{1.6}$

【해설】• 재료가 일정한 온도하에서 인장응력의 영향을 받을 때 특정시간 동안에 늘어나는 변형을 크리프(Creep) 영역이라고 한다. 암기법 : 클립 좀 사(4)와라~
❶ 보일러 설계시 철강재료의 허용인장응력 = 상온에서의 최소 인장강도 × $\frac{1}{4}$ 로 한다.

89. 프라이밍 및 포밍 발생 시의 조치에 대한 설명 중 틀린 것은?

① 안전밸브를 전개하여 압력을 강하시킨다.
② 수위가 출렁거리면 서서히 취출을 한다.
③ 연소를 억제한다.
④ 보일러수에 대하여 검사한다.

【해설】(2017-1회-97번 기출유사)
❶ 안전밸브를 개방하여 압력을 낮추게 되면 프라이밍 및 포밍 현상이 오히려 더욱 잘 일어나게 되므로, 주증기 밸브를 잠가서 압력을 증가시켜 주어야 한다.

【참고】※ 프라이밍 및 포밍 현상이 발생한 경우에 즉각적으로 취하는 **조치사항**
㉠ 연소를 억제하여 연소량을 낮추면서, 보일러를 정지시킨다.
㉡ 보일러수의 일부를 분출하고 새로운 물을 넣는다.(불순물 농도를 낮춘다)
㉢ 주증기 밸브를 잠가서 압력을 증가시켜 수위를 안정시킨다.
㉣ 안전밸브, 수면계의 시험과 압력계 등의 연락관을 취출하여 살펴본다.
   (계기류의 막힘 상태 등을 점검한다.)
㉤ 수위가 출렁거리면 조용히 취출을 하여 수위안정을 시킨다.
㉥ 보일러수에 대하여 검사한다.(보일러수의 농축장해에 따른 급수처리 철저)

90. 바깥지름이 10 mm 이고 두께가 2.6 mm 인 내통이 없는 직립형 보일러의 연돌관의 강도를 계산하고자 한다. 최고사용압력은 약 몇 kg/cm² 인가?

① 2.0   ② 4.3   ③ 15.6   ④ 22.7

【해설】(2019-2회-82번 기출유사) [관 및 밸브에 관한 규정.]
※ 입형 보일러의 연돌관의 압축강도 계산은 내통이 없는 경우에는 다음 식을 따른다.
  P · D = 227 (t - 1.6)
    여기서, 압력단위(kg/cm²), 지름 및 두께의 단위(mm)인 것에 주의해야 한다.
  P × 10 = 227 (2.6 - 1.6)   ∴ P = 22.7 kg/cm²

91. 다음 중 ppm 단위로서 틀린 것은?

① mg/kg ② g/ton ③ mg/L ④ kg/m³

【해설】 (2021-4회-83번 기출유사)

- ppm = mg/L = $\dfrac{10^{-3}g}{10^{-3}m^3}$ = g/m³ = $\dfrac{g}{(10^2 cm)^3}$ = $\dfrac{1}{10^6}$ g/cm³ = g/ton = mg/kg

92. 다음 중 역화의 원인이 아닌 것은?

① 흡입통풍이 부족한 경우
② 연료의 양이 부족한 경우
③ 연료밸브를 급히 열었을 경우
④ 점화 시 착화가 늦어졌을 경우

【해설】 (2014-2회-16번 기출유사) ❷ 연료의 양이 부족한 경우에는 화염이 소멸된다.

※ 역화(Back fire)
- 보일러의 점화 시에 연소실의 화염이 갑자기 밖으로 나오는 현상을 말한다.
  ① 원인   암기법 : 노통댐 착공
      ㉠ 노내 미연가스가 충만해 있을 경우
      ㉡ 흡입통풍이 불충분한 경우
      ㉢ 댐퍼의 개도가 너무 적을 경우
      ㉣ 점화시에 착화가 늦어졌을 경우
      ㉤ 공기보다 연료가 먼저 투입된 경우.(연료밸브를 급히 열었을 경우)
  ② 방지대책
      ㉠ 착화 지연 방지
      ㉡ 통풍이 충분하도록 유지
      ㉢ 댐퍼의 개도, 연도의 단면적 등을 충분히 확보
      ㉣ 연소 전에 연소실의 충분한 환기
      ㉤ 역화 방지기 설치

93. 24500 kW의 증기원동소에 사용하고 있는 석탄의 발열량이 30150 kJ/kg 이고, 원동소의 열효율을 23%라 하면 매 시간당 필요한 석탄의 양은 약 몇 ton/h 인가?

① 10.5 ② 12.7 ③ 15.3 ④ 18.2

【해설】 (2018-1회-88번 기출유사) 암기법 : (효율좋은) 보일러 사저유

- 열기관의 열효율 $\eta = \dfrac{Q_s}{Q_{in}} = \dfrac{유효출열.(유효출력)}{총입열량} = \dfrac{Q_s}{m_f \cdot H_\ell}$

$$0.23 = \dfrac{24500\,kW}{m_f \times 30150\,kJ/kg} = \dfrac{\dfrac{24500\,kJ}{\sec} \times \dfrac{1\,h}{3600\,\sec}}{m_f \times 30150\,kJ/kg}$$

∴ 연료사용량 $m_f ≒ 12719$ kg/h = 12.7 ton/h

94. 보일러 성능 표시방법의 하나인 레이팅(Rating)에 대한 설명으로 옳은 것은?

① 급수온도가 100°F이고 압력 70 psig의 증기를 매시간 30 lb 발생하는 능력을 말한다.
② 급수온도가 10℃이고 압력 4.9 kg/cm²g의 증기를 매시간 13.6 kg 발생하는 능력을 말한다.
③ 1 ft²당의 상당증발량 34.5 lb/h를 기준으로 하여 이것을 100% 레이팅이라 한다.
④ 1 m²당의 상당증발량 3.45 kg/h를 기준으로 하여 이것을 100% 레이팅이라 한다.

【해설】 • 레이팅(Rating, 정격)은 보일러 전열면의 성능을 나타내는 표시방법의 하나로서 전열면 1 ft²당의 상당증발량 34.5 lb/h 를 기준으로 하여 이것을 100% 레이팅이라 한다. (또는, 전열면적 1m²당의 상당증발량 16.85 kg/h을 100% 정격이라 한다.)

95. 10 ton의 인장하중을 받는 양쪽 덮개판 맞대기 리벳이음이 있다. 리벳의 지름이 16 mm, 리벳의 허용 전단력이 6 kg/mm²일 때 최소 몇 개의 리벳이 필요한가?

① 3   ② 5   ③ 7   ④ 10

【해설】 (2021-2회-89번 기출유사)
• 양쪽 덮개판 리벳이음은 2면 이음이므로 리벳의 전단력은 리벳수(n)의 2배가 된다.

전단력 $\tau = \dfrac{W}{A}\left(\dfrac{하중}{단면적}\right)$ = P(허용전단력) × 2n   여기서, n : 리벳의 수

$\dfrac{W}{\dfrac{\pi D^2}{4}}$ = P × 2n , $\dfrac{10 \times 10^3}{\dfrac{\pi \times 16^2}{4}}$ = 6 × 2n

∴ 최소 리벳수 n = 4.14

따라서, 4.14 보다는 커야 하는 정수의 개수를 가져야 하므로 최소 개수는 5개가 필요하다.

96. 횡연관식 보일러에서 연관의 배열을 바둑판 모양으로 하는 주된 이유는?

① 보일러 강도상 유리하므로
② 관의 배치를 많게 하기 위하여
③ 물의 순환을 양호하게 하기 위하여
④ 연소가스의 흐름을 원활하게 하기 위하여

【해설】 (2021-1회-99번 기출유사)
• 원통형의 다른 보일러(노통보일러, 노통연관식 보일러)에 비하여 횡연관식 보일러는 보유수량이 적은 편이므로 증기발생속도가 빠르다. 따라서 연관의 배열을 바둑판 모양으로 규칙적으로 배치하는 주된 이유는 **보일러수의 순환을 빠르게 흐르도록** 촉진하기 위해서이다.

97. 다음 중 증기와 응축수의 온도 차이를 이용하여 작동하는 증기트랩은?

① 바이메탈식 ② 상향버켓식
③ 플로트식   ④ 오리피스식

【해설】(2018-4회-98번 기출유사)   암기법 : 써(Thermal) 바이 벌
● 증기와 드레인(Drain, 응축수)의 온도차를 이용한 온도조절식의 증기트랩에는 **바이메탈식** 트랩과 벨로우즈식 트랩이 있다.

98. 보일러의 내부 수압시험을 실시할 때 규정된 시험수압에 도달한 후 몇 분 경과 후 검사를 하여야 하는가?

① 10   ② 20   ③ 30   ④ 60

【해설】[보일러 설치검사 기준.] 수압시험 방법은 다음과 같이 하여야 한다.
1) 공기를 빼고 물을 채운 후 천천히 압력을 가하여 규정된 시험수압에 도달된 후 **30분**이 경과된 뒤에 검사를 실시하여 검사가 끝날 때까지 그 상태를 유지한다.
2) 시험수압은 규정된 압력의 6% 이상을 초과하지 않도록 모든 경우에 대한 적절한 제어를 마련하여야 한다.
3) 수압시험 중 또는 시험 후에도 물이 얼지 않도록 하여야 한다.

99. 보일러 및 열교환기용 탄소강관의 규격기호는?

① STH   ② STHA   ③ STS   ④ SPS

【해설】(2020-4회-70번 기출유사)
※ 배관의 KS 규격 기호 및 명칭
① 일반배관용 탄소강관(SPP, carbon Steel Pipe Piping)   "Pipe" : 배관용
② 고압배관용 탄소강관(SPPH, carbon Steel Pipe High Pressure)
③ 압력배관용 탄소강관(SPPS, carbon Steel Pipe Pressure Service)
④ 배관용 합금강관(SPA, Steel Pipe Alloy)
⑤ 배관용 스테인레스강관(STS, STainless Steel Pipe)
⑥ 고온배관용 탄소강관(SPHT, carbon Steel Pipe High Temperature Service)
⑦ 저온배관용 탄소강관(SPLT, carbon Steel Pipe Low Temperature Service)
❽ 보일러 및 열교환기용 탄소강관(STBH 또는, STH)   "Tube" : 구조용
    carbon Steel Tube Boiler and Heat exchanger
⑨ 보일러 및 열교환기용 합금강관(STHA)
    carbon Steel Tube Boiler and Heat exchanger Alloy
⑩ 일반구조용 탄소강관(SPS, carbon Steel Pipe for general Structural purposes)

100. 향류형 열교환기에서 입구·출구의 대수평균온도차가 300 ℃, 열관류율이 62.8 kJ/m²h℃, 전열면적이 8 m² 일 때 전열량은 약 몇 MJ/h 인가?

① 151 ② 253 ③ 342 ④ 475

【해설】(2016-4회-81번 기출유사)　　　　　　　　　암기법 : 교관 온면
- 교환열(전달열량) 공식 $Q = K \cdot \Delta t_m \cdot A$
  $= 62.8 \times 300 \times 8 = 150720 \text{ kJ/h} \fallingdotseq 151 \text{ MJ/h}$

2023년 제4회 에너지관리기사
(2023.9.2.~9.17. CBT 시행)

평균점수

제1과목 연소공학

1. 다음 중 연소에 대한 설명 중 <u>틀린</u> 것은?

① 연소의 목적은 연소에 의해 생기는 열을 이용하는 것이다.
② 연료의 성분은 주로 탄소와 수소이며 공기 중의 산소와 반응한다.
③ 연소가 일어나기 위해서는 착화온도 이하에서 충분한 산소의 공급이 있어야 한다.
④ 가연물질이 공기 중의 산소와 반응을 일으키며 산화열을 발생시키는 현상을 연소라 한다.

【해설】(2016-2회-8번 기출유사)

- 연소란 연료 중의 가연성분(C, H, S 등)이 공기 중의 산소와 화합하면서 빛과 열을 발생하는 현상(즉, 산화에 의한 발열반응)이다. 그런데 연소반응은 저온의 분위기에서는 느리고 고온의 분위기에서는 빨라지며 연소 시에는 산화반응뿐만 아니라, 열 분해가 생겨 일부 환원반응도 일어난다.
- ❸ 연료가 완전연소되기 위해서는 연료를 **착화온도 이상**으로 유지하면서 충분한 산소의 공급이 있어야 한다.

2. 시간당 1584 kg의 석탄을 연소시켜 11200 kg/h의 증기를 발생시키는 보일러의 효율은 약 몇 % 인가? (단, 석탄의 발열량은 25290 kJ/kg이고, 증기의 엔탈피는 3107 kJ/kg, 급수의 엔탈피는 96 kJ/kg 이다.)

① 64　　　　② 74　　　　③ 84　　　　④ 94

【해설】(2022-1회-18번 기출유사)　　　　　암기법 : (효율좋은) 보일러 사저유

- 보일러 열효율 $\eta = \dfrac{Q_s}{Q_{in}} = \dfrac{\text{유효출열.(발생증기의 흡수열)}}{\text{총입열량}}$

   $= \dfrac{w_2(H_2 - H_1)}{m_f \cdot H_L} = \dfrac{11200 \times (3107 - 96)}{1584 \times 25290} = 0.8418 ≒ 84\%$

1-③　2-③

3. 탄소 12 kg을 과잉공기계수 1.4의 공기로 완전연소시킬 때 발생하는 연소가스량은 약 몇 Nm^3인가?

① 24   ② 107   ③ 129   ④ 149

【해설】(2022-2회-20번 기출유사)

- 연소반응식   C   + O_2 → CO_2
  (1 kmol)   (1 kmol)   (1 kmol)
  12 kg   (22.4 Nm^3)   (22.4 Nm^3)

- 실제 건연소가스량 G_d = 이론건연소가스량 + 과잉공기량
  = G_{0d} + (m - 1)A_0
  한편, G_{0d} = 0.79A_0 + 생성된 CO_2
  = m A_0 - A_0 + 0.79A_0 + 생성된 CO_2
  = (m - 0.21)A_0 + 생성된 CO_2
  = (m - 0.21) × $\dfrac{O_0}{0.21}$ + 생성된 CO_2
  = (1.4 - 0.21) × $\dfrac{22.4}{0.21}$ + 22.4
  = 149.3 ≒ 149 Nm^3/kg-연료

4. 물의 증발잠열이 2.5 MJ/kg일 때, 프로판 1 kg의 완전연소시 고위발열량은 약 몇 MJ/kg 인가?

(단, C + O_2 → CO_2 + 360 MJ/kmol, H_2 + $\frac{1}{2}O_2$ → $H_2O(g)$ + 280 MJ/kmol 이다.)

① 50   ② 54   ③ 58   ④ 62

【해설】(2022-2회-14번 기출유사)

- 프로판(C_3H_8)의 연소반응식에서 생성물 관계를 이용해서 풀이할 수 있다.
  C_3H_8 + 5 O_2 → 3 CO_2 + 4 H_2O
  (1 kmol)   (3 kmol)   (4 kmol)
  (44 kg)   (4×18 kg = 72 kg)

  프로판 1 kmol이 완전연소하여 3 kmol의 CO_2와 4 kmol의 H_2O가 생성되었으므로 저위발열량은 가연성분(C, H)의 완전연소시 생성열을 합산하여 구한다.
  프로판 1 kmol의 **저위발열량** = ∑(생성물의) 생성열
  = (3 kmol × 360 MJ/kmol) + (4 kmol × 280 MJ/kmol)
  = 2200 MJ
  한편, 프로판(C_3H_8) 1 kmol의 분자량은 44 kg 이므로
  프로판 1 kg의 저위발열량(H_L) = 2200 MJ/kmol × 1 kmol/44 kg = 50 MJ/kg

  연료인 프로판 1 kg에 의해 생성되는 물의 질량은 $\dfrac{4 \times 18\,kg}{44} = \dfrac{72\,kg}{44}$ 이 생성되므로
  프로판 1 kg의 **고위발열량**(H_h) = 저위발열량(H_L) + 물의 증발잠열(R_w) 에서,
  = 50 MJ/kg + 2.5 MJ/kg × $\dfrac{72}{44}$
  = 54.09 MJ/kg ≒ 54 MJ/kg

5. 질량 조성비가 탄소 60%, 질소 13%, 황 0.8%, 수분 5%, 수소 8.6%, 산소 5%, 회분 7.6%인 고체연료 5 kg을 공기비 1.1로 완전연소시키고자 할 때의 실제공기량은 약 몇 Nm^3 인가?

① 9.6 ② 41.2 ③ 48.4 ④ 75.5

【해설】(2023-2회-8번 기출유사)
- 공기량을 구하려면 연료조성에서 가연성분의 연소에 필요한 이론산소량을 먼저 구해야 한다.
- ※ 고체연료 및 액체연료의 이론산소량(O_0) 계산   암기법 : 1.867 C, 5.6 H, 0.7 S
  - 이론산소량 $O_0 = 1.867C + 5.6\left(H - \dfrac{O}{8}\right) + 0.7S$ [Nm^3/kg-연료]
    $= 1.867 \times 0.6 + 5.6 \times \left(0.086 - \dfrac{0.05}{8}\right) + 0.7 \times 0.008$
    $= 1.5724$ [Nm^3/kg-연료]
  - 이론공기량 $A_0 = \dfrac{O_0}{0.21} = \dfrac{1.5724}{0.21} = 7.4876$ [Nm^3/kg-연료]
  - 실제공기량 $A = mA_0 \times F$(연료량) $= 1.1 \times 7.4876 \times 5 = 41.18 ≒ 41.2\, Nm^3$

6. 다음 중 기체연료에 대한 설명 중 가장 거리가 먼 것은?

① 회분 및 유해물질의 배출량이 적다.
② 연소조절 및 점화, 소화가 용이하다.
③ 인화의 위험성이 적고 연소장치가 간단하다.
④ 하나의 가스원으로 다수의 연소장치에 쉽게 공급할 수 있다.

【해설】(2023-1회-8번 기출유사)
❸ 기체연료는 유동성이 크므로 연소장치가 복잡하고, 가까이에 점화원(불꽃)이 있으면 인화성이 커서 수송 및 저장이 불편하고 사용 중 폭발사고 위험성이 크다는 단점이 있다.

7. 다음 중 고체나 액체 연료의 성분에 소량 함유되어 있고, 연소된 물질은 유독성 물질로 철판 부식 및 대기오염의 원인이 되는 성분은?

① 탄소 ② 수소 ③ 황 ④ 질소

【해설】(2014-4회-20번 기출유사)
- 기체연료는 고체·액체연료에 비해서 황(S)을 포함하지 않는 것이 많으며, 연소 후 배기가스 중 SO_2(아황산가스) 생성이 없거나 극히 적은 것이 특징이다. 그러나, 고체나 액체연료에는 소량(0.2 ~ 3%)의 황분이 함유되어 있으므로 연소 후 배기가스에는 유독성의 아황산가스가 생성되고 금속 철판(Fe)을 부식시킨다. 이러한 이유로 배기가스의 탈황방법을 이용하여 황분이 적은 연료를 사용하여 저온부식을 방지하게 되는 것이다.

8. 유효 굴뚝높이(H_e)와 지표상의 최고농도(C_{max})와의 관계에 있어서 일반적으로 H_e가 2배가 될 때 C_{max}는?

① 2배   ② 4배   ③ $\frac{1}{2}$배   ④ $\frac{1}{4}$배

【해설】 • 지표오염이 최대일 때, 착지 최고농도(C_{max})와 유효 굴뚝높이(H_e)의 관계식은

$$C_{max} \propto \frac{1}{v \cdot H_e^2} = \frac{1}{2^2} = \frac{1}{4}$$ 여기서, v : 풍속(m/sec)

9. 다음 연료 성분 중 가연성분이 아닌 것은?

① 탄소   ② 수소   ③ 황   ④ 수분

【해설】(2023-2회-3번 기출유사)
 • 연료를 구성하는 성분에는 C, H, O, N, S, 회분, 수분 등으로 구성되어 있는데, 공기 중의 산소(O_2)와 화합하여 연소할 수 있는 원소 (즉, 가연성 원소 可燃性元素)에는 C, H, S (탄소, 수소, 황)의 3가지만이 해당하므로, 3대 가연성 원소라 부른다.

10. 공기비 2.3으로 연소시키는 석탄연소로에서 실제공기량이 11.96 Nm³/kg일 때 이론공기량은 약 몇 Nm³/kg 인가?

① 5.2   ② 10.4   ③ 13.8   ④ 27.5

【해설】(2022-1회-10번 기출유사)
 • 실제공기량 A = m A_0 에서, 이론공기량 $A_0 = \frac{A}{m} = \frac{11.96}{2.3}$ = 5.2 Nm³/kg

11. 탄소 84%, 수소 13%, 유황 2%의 조성으로 되어 있는 경유의 이론공기량은 약 몇 Nm³/kg 인가?

① 8   ② 9   ③ 10   ④ 11

【해설】(2023-2회-8번 기출유사)
 • 공기량을 구하려면 연료조성에서 가연성분의 연소에 필요한 이론산소량을 먼저 구해야 한다.
 ※ 고체연료 및 액체연료의 이론산소량(O_0) 계산   암기법 : 1.867 C, 5.6 H, 0.7 S
  • 이론산소량 $O_0 = 1.867C + 5.6\left(H - \frac{O}{8}\right) + 0.7S$ [Nm³/kg·연료]
   $= 1.867 \times 0.84 + 5.6 \times (0.13 - 0) + 0.7 \times 0.02$
   $= 2.31$ [Nm³/kg·연료]
  • 이론공기량 $A_0 = \frac{O_0}{0.21} = \frac{2.31}{0.21} = 11$ [Nm³/kg·연료]

12. 옥탄(C_8H_{18})이 연소할 때 이론적인 공기와 연료의 질량비는 약 얼마인가? (단, 공기의 분자량은 29, 공기 중의 산소는 21 v%이다.)

① 1 : 1 ② 3 : 1 ③ 15 : 1 ④ 47 : 1

【해설】(2020-3회-11번 기출유사)

• 질량기준 공연비(공기연료비)라 함은 연소반응할 때의 공기와 연료의 질량비를 말한다.

완전연소반응식 $C_mH_n + \left(m + \dfrac{n}{4}\right)O_2 \rightarrow mCO_2 + \dfrac{n}{2}H_2O$ 에서,

$$C_8H_{18} + \left(8 + \dfrac{18}{4}\right)O_2 \rightarrow 8CO_2 + \dfrac{18}{2}H_2O$$

$$C_8H_{18} + 12.5O_2 \rightarrow 8CO_2 + 9H_2O$$

(1 kmol)   (12.5 kmol)

∴ 공연비 AFR(질량기준) $= \dfrac{m_a}{m_f}\left(\dfrac{\text{공기의 질량}}{\text{연료의 질량}}\right) = \dfrac{n_a \times M_a}{n_f \times M_f}$

여기서, n_f : 연료의 몰수.(1 kmol)
M_f : 연료 1 kmol의 질량.(분자량)
n_a : 이론공기의 kmol수
M_a : 공기 1 kmol의 질량.(분자량)
O_0 : 이론산소의 kmol수

$$= \dfrac{\dfrac{O_0}{0.21} \times M_a}{n_f \times M_f} = \dfrac{\dfrac{12.5}{0.21} \times 29}{1 \times 114} = 15.14 ≒ 15 \text{ kg-공기 / kg-연료}$$

【별해】• 공기 중 산소의 질량비 23.2%를 직접 이용해서 풀이할 수도 있다.

$$C_8H_{18} + 12.5O_2 \rightarrow 8CO_2 + 9H_2O$$

(114 kg)   (12.5 × 32 kg)

공연비 AFR(질량기준) $= \dfrac{m_a}{m_f}\left(\dfrac{\text{공기의 질량}}{\text{연료의 질량}}\right) = \dfrac{\dfrac{O_0}{0.232}}{m_f}$

$$= \dfrac{\dfrac{12.5 \times 32\,kg}{0.232}}{1\,kmol \times (12 \times 8 + 1 \times 18)\,kg/kmol}$$

$$= 15.12 ≒ 15 \text{ kg-공기 / kg-연료}$$

13. 전기식 집진장치에 대한 설명 중 틀린 것은?

① 포집입자의 직경은 30 ~ 50μm 정도이다.
② 집진효율이 커서 90 ~ 99.9%에 이른다.
③ 광범위한 온도범위에서 설계가 가능하다.
④ 낮은 압력손실로 대량의 가스처리가 가능하다.

【해설】(2021-4회-3번 기출유사)

❶ 포집입자의 직경은 0.1 μm 이하의 미세입자까지도 집진이 가능하다.

14. 원소분석 결과 C, S와 연소가스 분석으로 $(CO_2)_{max}$를 알고 있을 때의 건연소가스량(G')을 구하는 식은?

① $G' = \dfrac{1.867C + 0.7S}{(CO_2)_{max}}$ ② $G' = \dfrac{(CO_2)_{max}}{1.867C + 0.7S}$

③ $G' = \dfrac{1.867C + 3.3S}{(CO_2)_{max}}$ ④ $G' = \dfrac{(CO_2)_{max}}{1.867C + 3.3S}$

【해설】 (2016-4회-2번 기출유사)
- 연소가스 분석 결과는 수증기를 제외한 이론건연소가스(G_{0d})를 기준으로 분석하여 그 체적을 백분율로 나타낸 것이므로, 원소분석 결과에 의한 $(CO_2)_{max}$ 계산도 반드시 이론건연소가스량을 기준으로 그 체적을 백분율로 나타내어야 한다.

$$(CO_2)_{max} = \dfrac{1.867C + 0.7S}{G_{0d}} \text{ 에서, } \therefore G_{0d} = \dfrac{1.867C + 0.7S}{(CO_2)_{max}}$$

여기서, 연소로 생성되는 CO_2량에 SO_2량을 더해주는 이유는 보통의 가스분석 시 흡수제로 사용되는 강알칼리성인 KOH 용액에 CO_2와 SO_2가 같이 흡수되므로 합산한 용량으로 계산한다.

15. 다음 연료 중 단위 중량당 발열량이 가장 높은 것은?

① LPG ② 무연탄 ③ LNG ④ 중유

【해설】 (2022-1회-20번 기출유사)
- 연료의 단위중량당 발열량은 일반적으로 기체 〉 액체 〉 고체의 순서이다.
  「에너지법 시행규칙 별표. 에너지열량 환산기준」에서 정한 총발열량(MJ/kg당)의 비교
  - 메탄(55), 프로판(50), 중유(41), 코크스(35), 무연탄(20)

【참고】 ※ 기체연료의 발열량 순서.(고위발열량 기준)   암기법 : 수메중, 부체
  ① 단위체적당 (MJ/Nm³) : 부(LPG) 〉 프 〉 에 〉 아 〉 메 〉 수 〉 일
      부탄〉부틸렌〉프로판〉프로필렌〉에탄〉에틸렌〉아세틸렌〉메탄〉수소〉일산화탄소
  ② 단위중량당 (MJ/kg) : 일 〈 부 〈 아 〈 프 〈 에 〈 메(LNG) 〈 수

16. 가솔린 기관 내의 연소와 같이 간헐적인 연소를 일정주기 반복하여 연소시키는 방식은?

① Pulse 연소 ② EGR 연소
③ Blast 연소 ④ Slit 연소

【해설】 ❶ 싸인파의 형태로 일정한 주기를 반복하여 출력되는 펄스(Pulse)신호를 이용하여 연료를 완전연소시킬 수 있다.

17. 열기관이 135 kW의 출력으로 10시간 운전하여 390 kg의 연료를 소비하였다. 연료의 발열량을 40 MJ/kg이라고 할 때 기관으로부터 방출된 열량은 약 몇 MJ 인가?

① 4860 ② 10740 ③ 15600 ④ 20460

【해설】(2023-1회-30번 기출유사)

- 열역학 제1법칙(에너지보존법칙)에 의해 $Q_1 = Q_2 + W$ 에서,

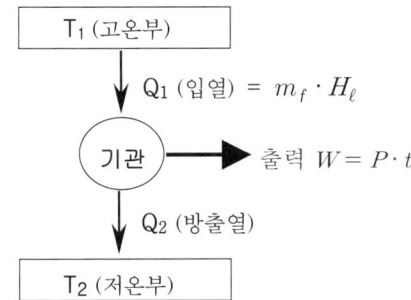

$$Q_2 = Q_1 - W$$
$$= m_f \cdot H_\ell - W$$
$$= 390 \text{ kg} \times 40 \text{ MJ/kg} - 135 \text{ kW} \times 10 \text{ h}$$
$$= 15600 \text{ MJ} - 1350 \text{ kWh}$$
$$= 15600 \text{ MJ} - 1350 \text{ kWh} \times \frac{3.6 \, MJ}{1 \, kWh}$$
$$= 15600 \text{ MJ} - 4860 \text{ MJ}$$
$$= 10740 \text{ MJ}$$

18. B중유 5 kg을 완전 연소시켰을 때 저위발열량은 약 몇 MJ 인가?
(단, B중유의 고위발열량은 40 MJ/kg, 중유 1 kg에는 수소 H는 0.2 kg, 수증기 W는 0.1 kg 함유되어 있다.)

① 35 ② 136 ③ 176 ④ 275

【해설】(2022-1회-12번 기출유사)

- 고체·액체연료의 단위중량(1 kg)당 저위발열량(H_L) 계산공식은
$H_L = H_h - R_w$ 여기서, H_h : 고위발열량, R_w : 물의 증발잠열

한편, 물의 증발잠열(R_w)은 0 ℃를 기준으로 하여 $\frac{10800 \, kcal}{18 \, kg}$ = 600 kcal/kg

600 kcal/kg × 4.1868 kJ/kcal = 2512 kJ ≒ 2.512 MJ ≒ 2.5 MJ/kg

R_w = 2.5 MJ/kg × (9H + w)
= 2.5 MJ/kg × (9 × 0.2 + 0.1) = 4.75 MJ/kg 이므로,
= 40 MJ/kg - 4.75 MJ/kg = 35.25 MJ/kg

∴ 사용연료(m_f)에 따른 총 H_L = 35.25 MJ/kg × 5 kg = 176.25 MJ ≒ 176 MJ

19. 연소에서 유효수소를 옳게 나타낸 것은?

① $\left(H + \frac{O}{8}\right)$ ② $\left(H + \frac{C}{12}\right)$ ③ $\left(H - \frac{O}{8}\right)$ ④ $\left(H - \frac{C}{12}\right)$

【해설】(2021-4회-9번 기출유사)

- 고체연료 및 액체연료 중에 포함되어 있는 산소는 기체연료 중에 포함된 산소(O_2)와 같이 유리(遊離)되어 있지 않고 다른 성분과 화합하여 함유되어 있다. 그러므로 연소용의 산소로서는 이용할 수가 없다. 보통은 수소의 일부분(즉, 중량비로서 수소 : 산소 = 1 : 8)인 $\frac{1}{8}O$ 만큼은 이 산소와 결합하여 결합수의 형태로 되어 있으므로 실제로 연소의 발열에 이용될 수 있는 것은 그 나머지의 수소에 해당하는 $\left(H - \frac{O}{8}\right)$ 뿐이다.
  이렇게 연소에 실제 유효한 수소를 "**유효수소** 또는, **유효수소수**"라고 한다.

20. 탄소 86%, 수소 11%, 황 3%인 중유를 연소하여 분석한 결과 $CO_2 + SO_2$ 13%, O_2 3%, CO 0% 이었다면 중유 1 kg당 소요공기량은 약 몇 Nm^3인가?

① 10.1　　　② 11.2　　　③ 12.3　　　④ 13.4

【해설】(2023-2회-8번 기출유사)
- 연소가스분석 결과 CO가 없으며, O_2가 3% 이므로 완전연소일 때의 공기비(m) 공식으로 계산하면 된다. 한편, 오르사트 가스분석 시 아황산가스(SO_2)는 흡수제로 사용되는 KOH (수산화칼륨) 용액에 CO_2와 함께 흡수되므로 CO_2에 합산하여 계산하게 된다.

$$m = \frac{N_2}{N_2 - 3.76\,O_2}$$

한편, $N_2(\%) = 100 - (CO_2 + O_2 + CO) = 100 - (13 + 3 + 0) = 84\%$

$$= \frac{84}{84 - 3.76 \times 3} = 1.155$$

- 소요공기량 $A = m \cdot A_0 = m \times \frac{O_0}{0.21}$ (Nm^3/kg·연료)

$$= m \times \frac{1.867\,C + 5.6\,H + 0.7\,S}{0.21}$$

$$= 1.155 \times \frac{1.867 \times 0.86 + 5.6 \times 0.11 + 0.7 \times 0.03}{0.21}$$

$$\fallingdotseq 12.3\ Nm^3/kg\text{·연료}$$

제2과목　　열역학

21. 이상기체의 상태변화에서 내부에너지가 일정한 상태변화에 해당하는 것은?

① 등온 변화　　② 등압 변화　　③ 단열 변화　　④ 등적 변화

【해설】(2021-1회-27번 기출유사)
- 이상기체의 내부에너지에 대한 줄(Joule)의 법칙 : 내부에너지는 온도만의 함수이다.

$$\Delta U = U_2 - U_1 = m\,C_V \int_1^2 dT = m\,C_V(T_2 - T_1)$$

내부에너지(U)가 일정하므로 $\Delta U = 0$, ∴ $dT = 0$인 **등온변화**를 말한다.

22. 카르노(Carnot) 사이클에 관한 설명으로 옳은 것은?

① 효율이 카르노사이클보다 더 높은 사이클이 있다.
② 과정 중에 등엔트로피 과정이 있다.
③ 카르노사이클은 외부에서 열을 받고 일을 하지만 열을 방출하지는 않는다.
④ 외부와의 열교환 과정은 유한 온도차에 의한 열전달을 통해 이루어진다.

【해설】(2017-4회-31번 기출유사)　　　　　　　　　　　암기법 : 카르노 온단다.

　※ 카르노 사이클(Carnot cycle)은 카르노에 의해 고안된 열기관의 가장 이상적인 가역 사이클로서 2개의 **등온과정**과 2개의 **단열과정**으로 구성된다.
　　① 효율이 카르노사이클보다 더 높은 사이클은 없다.
　　❷ 단열(dQ = 0)과정이 있으므로 dS = $\frac{dQ}{T}$ = 0 즉, 등엔트로피 과정이 있다.
　　③ 카르노사이클은 외부에서 열을 받고 일을 하지만 열을 방출하고 일을 받기도 한다.
　　④ 단열과정이므로 외부와의 열교환 과정은 없다.

23. 가역적으로 움직이는 열기관이 300 ℃의 고온부로부터 600 kW의 열을 흡수하여 20 ℃의 저열원으로 열을 방출하였다. 이때 20 ℃의 저열원으로 방출한 열량과 열기관의 출력은 각각 약 몇 kW 인가?

① 105, 193　　　　　　　　　　② 307, 293
③ 293, 307　　　　　　　　　　④ 405, 393

【해설】(2018-1회-27번 기출유사)

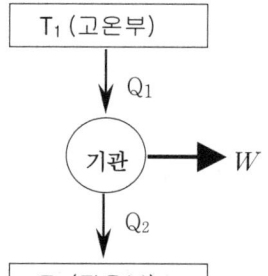

여기서　η : 열기관의 열효율
　　　　W : 열기관이 외부로 한 일.(출력)
　　　　Q_1 : 고온부(T_1)에서 흡수한 열량
　　　　Q_2 : 저온부(T_2)로 방출한 열량

- 열효율 $\eta = \dfrac{W_{out}}{Q_1} = \dfrac{Q_1 - Q_2}{Q_1} = 1 - \dfrac{Q_2}{Q_1} = 1 - \dfrac{T_2}{T_1}$

　　$\dfrac{W_{out}}{600\,kW} = 1 - \dfrac{273 + 20}{273 + 300}$ 에서 방정식 계산기사용법을 이용하면

　　∴ 출력 W_{out} ≒ 293 kW

- 열역학 제1법칙(에너지보존)에 의하여 $Q_1 = Q_2 + W_{out}$
　　저열원으로 방출한 열량 $Q_2 = Q_1 - W_{out}$
　　　　　　　　　　　　　　= 600 kW − 293 kW = 307 kW

24. 다음 증기의 h-s 선도(Mollier Chart)에서 과열증기의 단열팽창 과정은 어느 것인가?

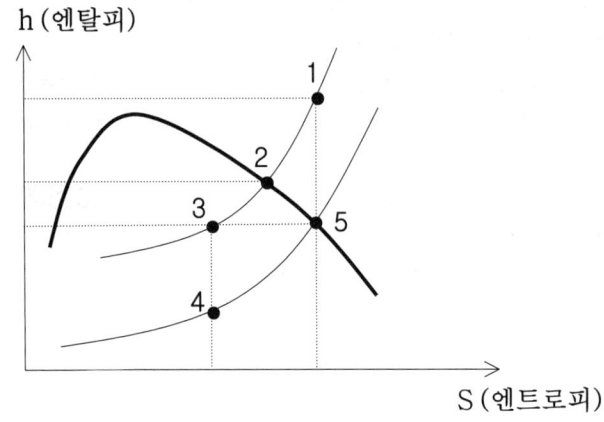

① 1 → 2   ② 2 → 3   ③ 3 → 5   ④ 1 → 5

──

【해설】(2021-2회-29번 기출유사)

- 증기가 단열팽창하면 내부온도 감소(∴ 엔탈피 감소)와 압력이 감소한다.

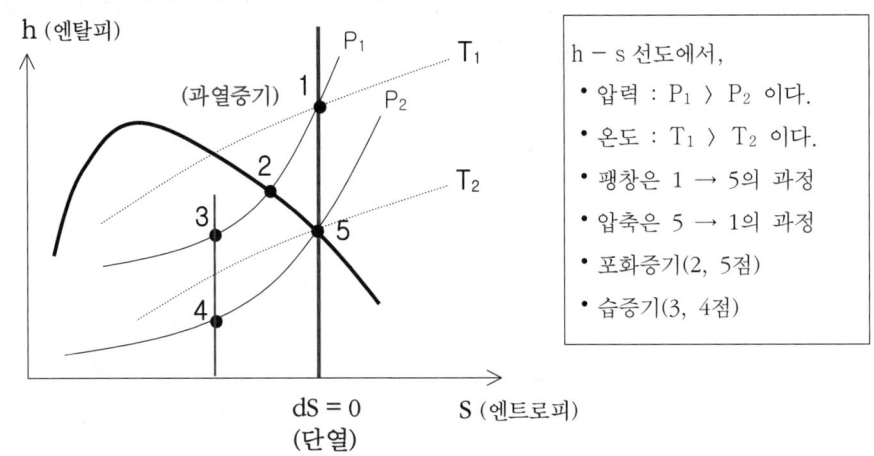

h-s 선도에서,
- 압력 : $P_1 > P_2$ 이다.
- 온도 : $T_1 > T_2$ 이다.
- 팽창은 1 → 5의 과정
- 압축은 5 → 1의 과정
- 포화증기(2, 5점)
- 습증기(3, 4점)

25. 다음 중 물에 대한 임계점에서의 압력과 온도에 가장 가까운 것은?

① 22.09 MPa, 350.15 ℃
② 22.09 MPa, 374.15 ℃
③ 29.02 MPa, 350.15 ℃
④ 29.02 MPa, 374.15 ℃

──

【해설】(2022-2회-28번 기출유사)   암기법 : 22(툴툴매파), 374(삼칠사)

- 주어진 온도와 압력이상에서는 더 이상 액화상태인 습증기로 존재할 수 없으며 기체 상태인 증기로만 존재하는 점을 "임계점"이라고 한다.
  물의 임계점은 374.15 ℃, 225.56 kg/cm² (약 22 MPa) 이다.

【참고】 단위환산 : 222.56 kg/cm² = 222.56 × 1 ata = 222.56 × 0.1 MPa = 22.256 MPa = **22 MPa**

24-④   25-②

26. 다음 카르노(Carnot) 사이클 그림에서 열의 방출은 어느 변화에서 일어나는가?

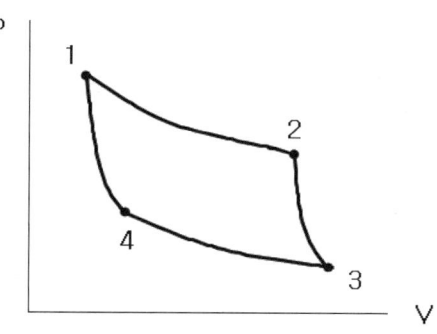

① 1 → 2   ② 2 → 3   ③ 3 → 4   ④ 4 → 1

【해설】(2017-4회-31번 기출유사)   암기법 : 카르노 온단다.

※ 카르노 사이클(Carnot cycle)은 카르노에 의해 고안된 열기관의 가장 이상적인 가역 사이클로서 2개의 **등온과정**과 2개의 **단열과정**으로 구성된다.

단열과정이란 열출입이 없는 것을 의미하므로 dQ = 0, 따라서 등온과정에서 열출입이 있게 된다.

열역학 제1법칙(에너지 보존)에 의해 dQ = dU + W = C_v·dT + P·dV
  한편, 등온(dT = 0)이므로 dU = 0,
  = P·dV

즉, 등온압축일 때 : dV < 0 이 되므로 dQ < 0 (系가 **열을 방출**한다.)
  등온팽창일 때 : dV > 0 이 되므로 dQ > 0 (系가 **열을 흡수**한다.)

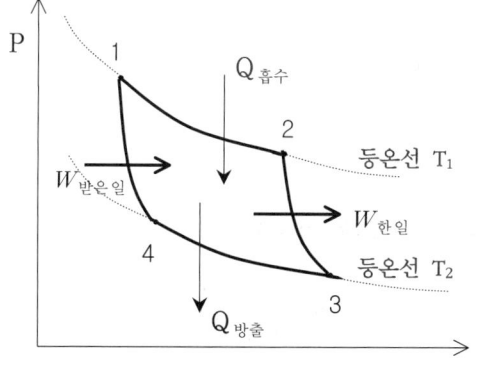

1 → 2 : 등온팽창.(열흡수)
2 → 3 : 단열팽창.
  (열출입없이 외부에 일을 한다.
    ∴ 온도하강)
3 → 4 : 등온압축.(열방출)
4 → 1 : 단열압축.
  (열출입없이 외부에서 일을 받는다.
    ∴ 온도상승)

27. Mollier Chart에서 가역 단열과정은?

① 엔탈피축에 평행하다.   ② 기울기가 (+)인 곡선이다.
③ 기울기가 (-)인 곡선이다.   ④ 엔트로피축에 평행하다.

【해설】(2021-2회-29번 기출유사)

• 단열변화 과정은 열 출·입이 없으므로 dQ = 0, dS = $\dfrac{dQ}{T}$ = 0, ∴ dS = 0

26-③   27-①

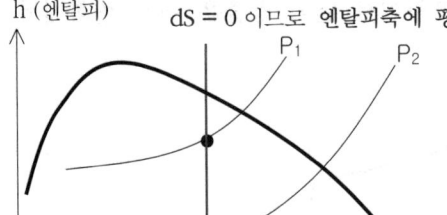

- 증기 몰리에르 선도 : h – s 선도
- 냉동 몰리에르 선도 : p – h 선도

28. 비열비 k가 1.41인 이상기체가 1 MPa, 600 L로부터 단열가역과정으로 100 kPa로 변할 때 이 과정에서 한 일은 약 몇 kJ 인가?

① 526 ② 625 ③ 715 ④ 825

【해설】(2019-1회-32번 기출유사)
- 단열팽창 변화에서 계가 외부에 한 일(절대일)의 공식유도는 이론교재를 활용하기 바람.

$$\text{절대일 } _1W_2 = \frac{1}{k-1}(P_1V_1 - P_2V_2)$$

$$= \frac{P_1V_1}{k-1}\left[1 - \frac{P_2}{P_1} \times \left(\frac{P_1}{P_2}\right)^{\frac{1}{k}}\right]$$

$$= \frac{P_1V_1}{k-1}\left[1 - \left(\frac{P_2}{P_1}\right)^{\frac{k-1}{k}}\right]$$

$$= \frac{1000 \times 0.6}{1.41 - 1}\left[1 - \left(\frac{100}{1000}\right)^{\frac{1.41-1}{1.41}}\right] = 714.23 \text{ kJ} ≒ 715 \text{ kJ}$$

문제에서,
k = 1.41
P_1 = 1 MPa = 1000 kPa
V_1 = 600 L = 0.6 m³
P_2 = 100 kPa
$_1W_2$ = ?

29. 다음 식 중 열역학 제2법칙을 옳게 나타낸 것은?

① $\oint_{가역} \frac{dQ}{T} = 0$ ② $\oint_{비가역} \frac{dQ}{T} = 0$

③ $\oint_{비가역} \frac{dQ}{T} > 0$ ④ $\oint_{가역} \frac{dQ}{T} < 0$

【해설】(2021-4회-36번 기출유사)
※ 클라우시우스(Clausius)적분의 "열역학 제2법칙" 표현식 : $\oint \frac{dQ}{T} \leq 0$ 에서,
- 가역 과정인 경우 : $\oint_{가역} \frac{dQ}{T} = 0$
- 비가역 과정인 경우 : $\oint_{비가역} \frac{dQ}{T} < 0$ 으로 표현한다.

30. 다음 중 에너지 보존의 법칙은 어느 것인가?

① 열역학 제 0 법칙 ② 열역학 제 1 법칙
③ 열역학 제 2 법칙 ④ 열역학 제 3 법칙

【해설】(2019-2회-40번 기출유사)

① 열역학 제0법칙 : 열적 평형의 법칙. (온도계의 원리)
　시스템 A가 시스템 B와 열적 평형을 이루고 동시에 시스템 C와도 열적평형을 이룰 때 시스템 B와 C의 온도는 동일하다.
❷ 열역학 제1법칙 : 에너지 보존 법칙
　$Q_1 = Q_2 + W$
③ 열역학 제2법칙 : 열 이동의 법칙 또는, 에너지전환 방향에 관한 법칙
　T_1(고온) → T_2(저온) 쪽으로 이동한다, $dS \geq 0$
④ 열역학 제3법칙 : 엔트로피의 절대값 정리.
　절대온도 0 K에서, $dS = 0$

31. 실제기체의 거동이 이상기체 법칙으로 표현될 수 있는 상태는?

① 압력이 낮고 온도가 임계온도 이상인 상태
② 압력과 온도가 모두 낮은 상태
③ 압력은 임계압력 이상이고 온도가 낮은 상태
④ 압력과 온도가 모두 임계점 이상인 상태

【해설】(2023-2회-35번 기출유사)　　　　　　　　　암기법 : 이온상, 압하(아파)

- 이상기체란 분자간의 인력이 0인 상태이므로 실제기체는 분자운동이 활발한 **고온, 저압**에서 이상기체에 가까운 작용을 하게 되어 부피가 최대로 될 수 있다.
- 보일-샤를의 법칙 $\dfrac{PV}{T} = 1$(일정) 에서,
　　　　　$V \propto \dfrac{T}{P}$ (온도는 높을수록, 압력은 낮을수록 이상기체에 가깝다.)

32. 어느 기체의 압력이 500 kPa일 때 체적이 50 L였다. 이 기체의 압력을 2배로 증가시키면 체적은 몇 L 인가? (단, 온도는 일정한 상태이다.)

① 100　　　② 50　　　③ 25　　　④ 12.5

【해설】(2021-1회-38번 기출유사)

- 보일-샤를의 법칙 $\dfrac{P_1 V_1}{T_1} = \dfrac{P_2 V_2}{T_2}$ 에서, 등온과정($T_1 = T_2$)이므로
　　　$P_1 \cdot V_1 = P_2 \cdot V_2$ 로 계산된다.
　　　500 kPa × 50 L = 1000 kPa × V_2
∴ 등온압축시의 감소된 체적 $V_2 = 25$ L

33. 가역과정에서 열역학적 비유동계 에너지의 일반식은?

① $\delta Q = dU + PV$
② $\delta Q = dU - PV$
③ $\delta Q = dU + PdV$
④ $\delta Q = dU - PdV$

【해설】(2020-2회-37번 기출유사)
- 가역과정은 에너지손실이 없다는 뜻이므로, 열역학 제1법칙(에너지보존)이 성립한다.
  전달열량 $\delta Q = dU + PdV$
  한편, 엔탈피 공식 $H = U + PV$ 에서, 내부에너지 $U = H - PV$
  $= d(H - PV) + PdV$
  $= dH - VdP - PdV + PdV$
  $= dH - VdP$ 으로도 표현된다.

34. 500 K, 1 MPa의 이상기체 1 mol이 1000 K, 1 MPa으로 팽창할 때 이상기체의 엔트로피 변화는 몇 kJ/K 인가? (단, 정압비열 C_P는 28 kJ/mol·K 이다.)

① 14.3   ② 19.4   ③ 24.3   ④ 39.4

【해설】(2023-1회-35번 기출유사)   암기법 : 피티네, 알압(아랍)

※ 정압과정($P_1 = P_2 = 1$ MPa)의 엔트로피 변화량 계산
- 엔트로피 변화량의 기본식 $\Delta S = C_P \cdot \ln\left(\dfrac{T_2}{T_1}\right) - R \cdot \ln\left(\dfrac{P_2}{P_1}\right)$ 에서,
  한편, 정압(1 MPa)이므로 $\ln\left(\dfrac{P_2}{P_1}\right) = \ln(1) = 0$
  ∴ 엔트로피 변화량 $\Delta S = C_P \cdot \ln\left(\dfrac{T_2}{T_1}\right) \times m$
  $= 28 \text{ kJ/mol·K} \times \ln\left(\dfrac{1000}{500}\right) \times 1 \text{ mol}$
  $= 19.408 ≒ 19.4 \text{ kJ/K}$

35. 다음 중 세기성질(intensive property)이 아닌 것은?

① 압력   ② 밀도   ③ 비체적   ④ 체적

【해설】(2021-2회-34번 기출유사)   암기법 : 인(in)세 강도

※ 모든 물리량은 질량에 관계되는 크기(또는, 시량적, 용량적) 성질(extensive property)과 질량에는 무관한 세기(또는, 시강적, 강도성) 성질(intensive property) 로 나눌 수 있다.
- 크기(용량성) 성질 - 질량, **부피(체적)**, 일, 내부에너지, 엔탈피, 엔트로피 등으로 사칙연산이 가능하다.
- 세기(강도성) 성질 - 온도, **압력**, **밀도**, **비체적**, 농도, 비열, 열전달률 등으로 사칙연산이 불가능하다.

33-③   34-②   35-④

36. 20 ℃, 100 kPa에서 상대습도가 80 %인 공기의 몰습도는 약 얼마인가?
(단, 20 ℃에서 물의 포화증기압은 2.3 kPa 이다.)

① 0.019 ② 0.023 ③ 0.035 ④ 0.041

【해설】(2020-4회-31번 기출유사)

- 상대습도 공식 $\varphi = \dfrac{e \text{ (현재 수증기압)}}{e_s \text{ (수증기 포화압력)}} \times 100$

  $80 = \dfrac{e}{2.3\ kPa} \times 100$, ∴ 현재수증기 분압 $e = 1.84\ kPa$

- 몰습도(H_m, molar humidity)는 건조공기 1 mol 에 들어있는 수증기의 mol 수.

  $H_m = \dfrac{e}{P_a} \left(\dfrac{\text{현재수증기 분압}}{\text{건조공기의 분압}} \right)$ 여기서, 습윤공기 = 건조공기 + 수증기

  $= \dfrac{e}{P - e} \left(\dfrac{\text{현재수증기 분압}}{\text{습윤공기의 전체압력} - \text{현재수증기 분압}} \right)$

  $= \dfrac{1.84\ kPa}{100\ kPa - 1.84\ kPa} = 0.0187 ≒ 0.019$

37. 다음 중 절탄기에 관한 설명으로 옳은 것은?

① 과열증기의 일부로 급수를 예열하는 장치이다.
② 연도가스의 열로 급수를 예열하는 장치이다.
③ 연도가스의 열로 고온의 공기를 만드는 장치이다.
④ 연도가스의 열로 고온의 증기를 만드는 장치이다.

【해설】(2020-2회-29번 기출유사)

- 폐열회수장치인 절탄기(節炭器, Economizer, 이코노마이저)는 석탄을 절약한다는 의미의 이름으로서, 보일러의 배기가스 연도에 절탄기를 설치하여 배기가스의 폐열로 보일러에 공급되는 급수의 온도를 높여줌으로써, 손실되는 열을 회수하여 연료를 절감하는 급수예열 장치이다.

38. 80 ℃의 물 50 kg과 50 ℃의 물 100 kg을 혼합한 물의 온도는 약 몇 ℃ 인가?

① 50 ② 60 ③ 70 ④ 80

【해설】(2020-2회-27번 기출유사) 암기법 : 큐는, 씨암탉

- 열평형법칙에 의해 혼합된 후의 열평형시 물의 온도를 t 라 두면,

  혼합 전의 열량의 합 = 혼합 후의 열량
  $Q_1 + Q_2 = Q$
  $c \cdot m_1 \cdot \Delta t_1 + c \cdot m_2 \cdot \Delta t_2 = c \cdot (m_1 + m_2) \cdot \Delta t$
  $m_1 \cdot \Delta t_1 + m_2 \cdot \Delta t_2 = (m_1 + m_2) \cdot \Delta t$
  $50 \times (80 - 0) + 100 \times (50 - 0) = (50 + 100) \times (t - 0)$
  ∴ t = 60 ℃

39. 60 ℃의 물 200 kg과 100 ℃의 포화증기를 적당량 혼합하여 90 ℃의 물이 되었을 때 혼합하여야 할 포화증기의 양은 약 몇 kg인가?
(단, 물의 비열은 4.184 kJ/kg · K이며, 100 ℃에서의 증발잠열은 2257 kJ/kg이다.)

① 2.5   ② 10.9   ③ 28.2   ④ 66.7

【해설】(2020-2회-27번 기출유사)   암기법 : 큐는, 씨암탉
- 열평형법칙에 의해 혼합된 후의 열평형시 온도는 t = 90 ℃ 이므로,
  물이 얻은 열량 = 포화증기가 잃은 열량(현열 + 잠열)
  $c \cdot m_1 \cdot (t - t_1) = c \cdot m_2 \cdot (t_2 - t) + m_2 \cdot R$
  $4.184 \times 200 \times (90 - 60) = 4.184 \times m_2 \times (100 - 90) + m_2 \times 2257$
  ∴ 포화증기의 질량 m_2 = 10.92 ≒ 10.9 kg

40. 실린더 내에 있는 17 ℃의 공기 1 kg을 등온압축할 때 냉각된 열량이 134 kJ 이라면 공기의 최종 체적은 초기 체적을 V라 할 때 약 얼마가 되는가?
(단, 이 과정은 이상기체의 가역과정이며, 공기의 기체상수는 0.287 kJ/kg · K이다.)

① $\frac{1}{2}V$ ② $\frac{1}{5}V$ ③ $\frac{1}{7}V$ ④ $\frac{1}{9}V$

【해설】(2016-4회-26번 기출유사)
- 등온압축에 의한 (방열)냉각이므로, $_1W_2$ = dQ = -134 kJ
  등온(dT = 0)이므로 dU = 0,
  열역학 제1법칙(에너지 보존)에 의해 dQ = dU + W = 0 + W = W = P·dV
  $_1W_2 = \int_1^2 P\,dV = \int_1^2 \frac{RT}{V}\,dV = RT\int_1^2 \frac{1}{V}\,dV = RT \cdot \ln\left(\frac{V_2}{V_1}\right)$
  $-134\,kJ = 1\,kg \times 0.287\,kJ/kg \cdot K \times (273 + 17)K \times \ln\left(\frac{V_2}{V_1}\right)$
  $\frac{V_2}{V_1} = 0.1998 = 0.2 = \frac{2}{10} = \frac{1}{5}$
  ∴ 최종체적 $V_2 = \frac{1}{5}V_1 = \frac{1}{5}V$

제3과목 계측방법

41. 제어장치 중 기본입력과 검출부 출력의 차를 조작부에 신호로 전하는 부분은?

① 조절부   ② 검출부   ③ 비교부   ④ 제어부

【해설】(2020-3회-47번 기출유사)   암기법 : 절부→작부
- 제어장치의 구성 : 기준입력요소 → **조절부** → 조작부 → 검출부

42. 다음 중 온도가 가장 높은 것은?

① 68 °F ② 20 ℃ ③ 530 °R ④ 295 K

【해설】(2016-4회-59번 기출유사)　　　　　암기법: 화씨는 오구씨보다 32살 많다.
※ 온도 단위에 따른 크기는 관계식을 이용하여 섭씨온도(℃)로 통일하여 비교한다!

① 화씨온도(°F) = $\frac{9}{5}$℃ + 32 에서, 68 = $\frac{9}{5}$ × t(℃) + 32 이므로, t = 20 ℃

② 섭씨온도 t = 20 ℃

③ 랭킨온도(°R) = °F + 460
  = $\frac{9}{5}$℃ + 32 + 460 에서,
  530 = $\frac{9}{5}$ × t(℃) + 32 + 460 이므로, t = 21.1 ℃

④ 절대온도(K) = ℃ + 273 에서,
  295 = t(℃) + 273 이므로, 섭씨온도 t = 22 ℃

43. 다음 중 비접촉식 온도계가 아닌 것은?

① 서미스터온도계　　　② 광고온계
③ 방사온도계　　　　　④ 색온도계

【해설】(2023-1회-55번 기출유사)

❶ 서미스터(Thermister)는 접촉식의 저항온도계이다.

【참고】※ 비접촉식 온도계의 종류　　암기법 : 비방하지 마세요. 적색 광(고·전)
　㉠ 방사 온도계 (또는, 복사온도계)
　㉡ 적외선 온도계
　㉢ 색 온도계
　㉣ 광고온계
　㉤ 광전관식 온도계

44. 다음 중 구리로 되어 있는 열전대의 소선(素線)은?

① R형 열전대의 ⊖단자　　　② K형 열전대의 ⊕단자
③ J형 열전대의 ⊖단자　　　④ T형 열전대의 ⊕단자

【해설】(2023-1회-44번 기출유사)
※ 열전대의 종류 및 특징

종류	호칭	(+)전극	(−)전극	측정온도범위(℃)	암기법
PR	R 형	백금로듐	백금	0 ~ 1600	PRR
CA	K 형	크로멜	알루멜	−20 ~ 1200	CAK (칵~)
IC	J 형	철	콘스탄탄	−20 ~ 800	아이씨 재바
CC	T 형	구리(동)	콘스탄탄	−200 ~ 350	CCT(V)

42-④　　43-①　　44-④

45. 표준대기압 760 mmHg 을 SI 단위로 변환하면 몇 kPa 인가?

① 1.0132　　　② 10.132　　　③ 101.32　　　④ 1013.2

【해설】(2020-3회-36번 기출유사)
◆ 표준대기압 (standard atmosphere pressure, 즉 atm)
  - 중력이 9.807 m/s^{2}이고 온도가 0 ℃일 때, 단면적이 1 cm^{2}이고 상단이 완전진공인 수은주를 76 cm만큼 밀어 올리는 대기의 압력을 말한다.

  1 atm = 76 cmHg = 760 mmHg
  　　　　한편, 수은의 밀도는 13.595 g/cm^3 이므로
  ≒ 10332 mmH$_2$O = 10332 mmAq　　　　암기법 : 삼삼이네 물만두
  = 10.332 mH$_2$O = 10.332 mAq
  　　　한편, 수두(물기둥 높이)와 압력과의 관계 P = $\gamma \cdot h$ 에서
  　　　　　　　h = $\dfrac{P}{\gamma} = \dfrac{10332\,kgf/m^2}{1000\,kgf/m^3}$ = 10.332 m = 10.332 P (m)
  = 1.0332 kgf/cm^2
  = 10332 kgf/m^2
  　　　한편, 1 kgf = 9.807 N 이므로
  = 10332 × 9.807 N/m^2
  ≒ 101325 N/m^2
  　　　한편, 1 Pa = 1 N/m^2 이므로
  = 101325 Pa
  = 1013.25 hPa (헥토 파스칼)
  = 101.325 kPa (킬로 파스칼)
  ≒ 101.3 kPa
  ≒ 0.1 MPa (메가 파스칼)
  　　　한편, 1 bar = 10^5 Pa 이므로
  = 1.01325 bar
  　　　한편, 1 bar = 10^3 mbar 이므로
  = 1013.25 mbar (밀리 바)
  = 14.7 psi (프사이)

46. 고체의 열팽창계수가 다른 특성을 응용한 온도계는?

① 백금 저항 온도계　　　② 열전쌍 온도계
③ 광학 온도계　　　　　④ 바이메탈 온도계

【해설】(2020-3회-52번 기출유사)
● **고체팽창식** 온도계인 **바이메탈 온도계는** 열팽창계수가 서로 다른 2개의 물질을 마주 접합한 것으로 온도변화에 의해 선팽창계수가 다르므로 휘어지는 현상을 이용하여 온도를 측정한다. 온도의 자동제어에 쉽게 이용되며 구조가 간단하고 경년변화가 적다.

47. 부표(Float)와 관의 단면적 차이를 이용하여 측정하는 면적식 유량계는?

① 오리피스미터 ② 피토관
③ 벤투리미터   ④ 로터미터

【해설】(2021-4회-58번 기출유사)   암기법 : 로면

- 면적식 유량계인 로터미터는 차압식 유량계와는 달리 관로에 있는 교축기구 차압을 일정하게 유지하고, 떠 있는 부표(Float, 플로트)의 높이로 단면적 차이에 의하여 유량을 측정하는 방식이다.
  유로의 단면적차이를 이용하므로 압력손실이 적으며, 유체의 밀도가 변하면 보정해주어야 하기 때문에 정도는 ±1 ~ 2%로서 아주 좋지는 않으므로 정밀측정용으로는 부적당하다. 유량계수는 비교적 낮은 레이놀즈수의 범위까지 일정하기 때문에 고점도 유체나 적은 유량에 대해서도 측정이 가능하다. 측정치는 균등유량 눈금으로 얻어지며 슬러리 유체나 부식성 액체의 유량 측정도 가능하다.

48. 전자유량계로 유량을 구하기 위해서 직접 계측하는 것은?

① 유체 내에 생기는 자속
② 유체에 생기는 과전류에 의한 온도상승
③ 유체에 생기는 압력상승
④ 유체에 생기는 기전력

【해설】(2021-4회-58번 기출유사)

- **전자식 유량계**는 파이프 내에 흐르는 도전성의 유체에 직각방향으로 자기장을 형성시켜 주면 패러데이(Faraday)의 전자유도 법칙에 의해 발생되는 **유도기전력**(E)으로 유량을 측정한다.(패러데이 법칙 : $E = Blv$) 따라서, 도전성 액체의 유량측정에만 쓰인다.
  유로에 장애물이 없으므로 다른 유량계와는 달리 압력손실이 거의 없으며, 이물질의 부착 및 침식의 염려가 없으므로 높은 내식성을 유지할 수 있으며, 슬러지가 들어있거나 고점도 유체에 대하여도 측정이 가능하다.
  또한, 검출의 시간지연이 없으므로 응답이 매우 빠른 특징이 있으며, 미소한 측정전압에 대하여 고성능 증폭기를 필요로 한다.

49. 탱크의 액위를 제어하는 방법으로 주로 이용되며 뱅뱅 제어라고도 하는 것은?

① PD 동작   ② PI 동작
③ P 동작   ④ 온·오프 동작

【해설】(2017-1회-51번 기출유사)

- 2위치 동작 (또는, On-Off 동작, 또는 ±동작, 또는 뱅뱅제어(Bang Bang control))
  - 탱크의 액위를 제어하는 방법으로 주로 이용되며 On-off (온·오프) 동작에 의해서 히터나 냉장고·에어컨 등을 돌다 서다 하는 방식으로 제어한다.

47-④   48-④   49-④

50. 열전대 보호관 중 다공질로서 급냉, 급열에 강하며 방사온도계용 단망관, 2중 보호관의 외관으로 주로 사용되는 것은?

① 카보런덤관 ② 자기관
③ 석영관   ④ 황동관

【해설】 (2016-1회-52번 기출유사) 암기법 : 카보 자, 석스동

❶ 카보런덤(SiC, 탄화규소질 내화물)관은 다공질로서 급냉, 급열에 강하며 단망관, 2중 보호관의 외관으로 주로 사용된다.(1600 ℃)
② 자기관은 급냉, 급열에 약하며 알카리에도 약하다. 기밀성은 좋다.(1450 ℃)
③ 석영관은 급냉, 급열에 강하며, 알카리에는 약하지만 산성에는 강하다. (1000 ℃)
④ 스테인레스강(Ni-Cr Stainless)은 니켈, 크롬 성분이 많아 내열성이 좋다.(900 ℃)
⑤ 황동관은 증기 등 저온 측정에 쓰인다.(400 ℃)
⑥ 유리는 저온 측정에 쓰이며 알카리, 산성에도 강하다.(500 ℃)

51. 다음 중 정상편차(Off-set, 오프셋) 현상이 발생하는 제어동작은?

① 온-오프(On-off)의 2위치 동작   ② 비례동작(P동작)
③ 비례적분동작(PI동작)   ④ 비례적분미분동작(PID동작)

【해설】 (2016-1회-52번 기출유사)
• 비례동작(P동작)에 의해 정상편차(Off-set, 오프셋)가 발생하므로, I동작(적분동작)을 같이 조합하여 사용하면 정상편차(또는, 잔류편차)가 제거되지만 진동하는 경향이 있고 안정성이 떨어지므로 PID동작을 사용하면 잔류편차가 제거되고 응답시간이 가장 빠르며 진동이 제거된다.

【참고】 • 정상편차(定常偏差, steady-state deviation)
— 피드백 제어계의 과도응답에 있어서 충분한 시간이 경과하여 제어편차가 일정한 값으로 안정되었을 때의 값.

52. 속도의 수두차를 측정하는 유량계가 아닌 것은?

① 피토관(Pitot tube)   ② 로터미터(Rota meter)
③ 오리피스미터(Orifice meter)   ④ 벤투리미터(Venturi meter)

【해설】 (2017-2회-59번 기출유사)
• 차압식 유량계에서 유량은 속도의 수두차 h를 측정하여, 유량 $Q = A \cdot v = A \cdot C\sqrt{2gh}$ 으로 구한다. (여기서, A : 관의 단면적, v : 유속, C ; 유량계수, g : 중력가속도)
❷ 로터미터는 면적식 유량계이다.   암기법 : 로면

53. 자동제어에서 다음 [그림]과 같은 조작량 변화를 나타내는 동작은?

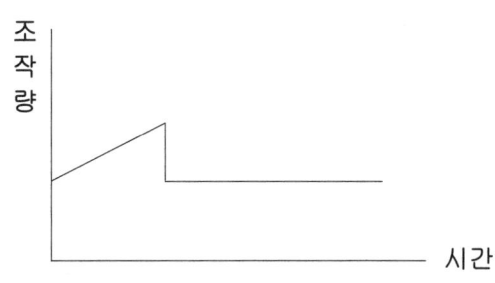

① PD동작　　　② D동작　　　③ P동작　　　④ PID동작

【해설】(2017-4회-49번 기출유사)
- 문제에서 제시된 그림은 P동작, D동작을 조합한 **PD복합동작**이다.

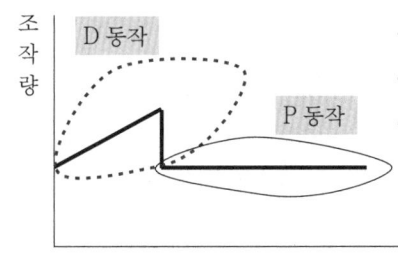

- 조작량이 일정한 부분은 P 동작
- 갑자기 증가하였다가 감소되는 것은 D 동작
- 직선적으로 증가만 하는 것은 I 동작이다.

54. 보일러 증기압력의 자동제어는 어느 것을 제어하여 작동하는가?

① 연료량과 증기압력　　　② 연료량과 보일러수위
③ 연료량과 공기량　　　　④ 증기압력과 보일러수위

【해설】(2020-3회-56번 기출유사)
- 보일러 증기압력의 자동제어는 증기압력을 일정 범위내로 유지하기 위하여 **연료공급량과 연소용공기량**을 조작한다.

55. 수은 압력계를 사용하여 어떤 탱크 내의 압력을 측정한 결과 압력계의 눈금차가 800 mmHg 이었다. 만일 대기압이 750 mmHg라면 실제 탱크 내의 압력은 몇 mmHg 인가?

① 50　　　② 750　　　③ 800　　　④ 1550

【해설】(2023-2회-59번 기출유사)　　　　　　　　　　　　　암기법 : 절대 계
- 절대압력 = 대기압 + 게이지압(압력계)
　　　　　= 750 mmHg + 800 mmHg = 1550 mmHg

56. 다음 중 가장 높은 온도의 측정에 사용되는 열전대의 형식은?

① T형   ② K형   ③ R형   ④ J형

【해설】(2023-1회-44번 기출유사)

- 백금-백금·로듐(R 형) 열전대는 접촉식 온도계 중에서 가장 높은 온도(0 ~ 1600℃)의 측정이 가능하며, 정도가 높고 내열성이 우수하여 고온에서도 안정성이 뛰어나다. 그러나, 환원성 분위기와 금속증기 중에서는 약하여 침식당하기 쉬운 단점이 있다.

【참고】 ※ 열전대의 종류 및 특징

종류	호칭	(+)전극	(−)전극	측정온도범위(℃)	암기법
PR	R형	백금로듐	백금	0 ~ 1600	PRR
CA	K형	크로멜	알루멜	−20 ~ 1200	CAK (칵~)
IC	J형	철	콘스탄탄	−20 ~ 800	아이씨 재바
CC	T형	구리(동)	콘스탄탄	−200 ~ 350	CCT(V)

57. 다음 중 가장 높은 진공도를 측정할 수 있는 계기는?

① Mcleod(맥라우드) 진공계   ② Pirani(피라니) 진공계
③ 열전대 진공계   ④ 전리 진공계

【해설】 ※ 진공 단위 1 Torr = 1 mmHg = 133.322 N/m² = 133.322 Pa = 1.333224 mbar

① 맥라우드 진공계 : 진공에 대한 폐관식 압력계로서 측정하려고 하는 기체를 압축하여 수은주로 읽게 하여 그 체적변화로부터의 원래의 압력을 측정하는 형식이다. (10^{-4} ~ 10^{-6} Torr)
② 피라니 진공계 : 필라멘트를 이용한 피라니 게이지를 사용하여 측정한다.(10 ~ 10^{-5} Torr)
③ 열전대 진공계 : IC(철-콘스탄탄) 열전대를 사용하여 측정한다. (1 ~ 10^{-3} Torr)
❹ 전리 진공계 : 열전자를 방출하는 3극진공관에서 잔류기체의 전리작용을 이용하여 측정하는 형식이다. (10^{-3} ~ 10^{-10} Torr)
⑤ 서미스터 진공계 : 저항식 측온소자인 서미스터를 사용하여 측정한다. (1 ~ 10^{-3} Torr)

58. 다음 중 압력의 값이 1 atm 이 아닌 것은?

① 101302 Pa   ② 1013 mbar
③ 29.92 inHg   ④ 760 mmH₂O

【해설】(2020-3회-36번 기출유사)

- 표준대기압 1 atm = 76 cmHg = 760 mmHg = 76 cm × $\dfrac{1\ inch}{2.54\ cm}$ = 29.92 inHg
  = 10332 mmH₂O = 10332 mmAq
  = 10332 kgf/m² = 1.0332 kgf/cm²
  = 101325 Pa = 101.325 kPa ≒ 0.1 MPa
  = 1.01325 bar = 1013.25 mbar = 14.7 psi

59. 다음 중 열전도율이 가장 적은 것은? (단, 0 ℃ 기준이다.)

① H_2　　　② SO_2　　　③ 공기　　　④ O_2

【해설】(2023-2회-57번 기출유사)
- 물질의 열전도율 비교 : 고체 > 액체 > 기체
- 기체의 열전도율 비교 : H_2 > N_2 > 공기 > O_2 > CO_2 > SO_2
  - 기체의 분자량이 클수록 분자운동이 약해지므로 열전도율은 작아진다.)

60. $1\,kgf/cm^2$ 의 압력을 수주(mmH₂O)로 옳게 표시한 것은?

① 10^3　　　② 10^{-3}　　　③ 10^4　　　④ 10^{-4}

【해설】(2023-2회-57번 기출유사)　　　　　　　암기법 : 삼삼이네 물만두
- 공학기압 1 ata = $1\,kgf/cm^2$ = $10\,mH_2O$ = $10^4\,mmH_2O$

제4과목　열설비재료 및 관계법규

61. 폐열 발생사업장에서 이용하지 않는 폐열을 공동이용 또는 제3자에 대한 공급을 위한 당사자간 협의를 할 수 없을 경우 산업통상자원부에서 할 수 있는 조치는?

① 협조통지
② 벌금에 처함
③ 과태료에 처함
④ 조정안의 작성 및 수락 권고

【해설】• 산업통상자원부장관은 폐열 발생사업장에서 폐열의 이용을 촉진하기 위하여 폐열을 공동이용 또는 제3자에 대한 공급을 위한 당사자간 협의를 할 수 없을 경우 폐열을 발생시키는 에너지사용자에게 폐열의 공동이용 또는 제3자에 대한 공급 등에 관한 조정안을 작성하여 당사자에게 알리고 60일 이내의 기간을 정하여 그 **조정안을 수락할 것을 권고**할 수 있다.
[에너지이용합리화법 시행령 제42조2항.]

62. 에너지이용 합리화법령상 한국에너지공단의 설립목적은?

① 에너지이용합리화 사업을 효율적으로 추진하기 위하여
② 에너지전환 사업을 추진하기 위하여
③ 에너지절약형 기자재의 도입을 위하여
④ 에너지이용합리화를 위한 기술·지도를 위하여

【해설】• 에너지이용합리화 사업을 효율적으로 추진하기 위하여 한국에너지공단을 설립한다.
[에너지이용합리화법 제45조.]

63. 에너지이용 합리화법령상 검사대상기기에 대한 설명 중 틀린 것은?

① 개조검사 중 연료 또는 연소방법의 변경에 따른 개조 검사의 경우에는 검사 유효기간을 적용치 아니한다.
② 검사대상기기 검사수수료 산정에 있어 온수 보일러의 용량산정은 697.8 kW를 1 ton/h 으로 본다.
③ 가스사용량이 17 kg/h를 초과하는 가스용 소형온수보일러에서 면제되는 검사는 설치검사이다.
④ 에너지관리기사 자격소지자는 모든 검사대상기기에 대하여 관리가 가능하다.

【해설】 ① 개조검사 중 연료 또는 연소방법의 변경에 따른 개조검사의 경우에는 검사 유효기간을 적용치 아니한다. [에너지이용합리화법 시행규칙 별표3의5. 비고3.]
② 검사대상기기 검사수수료 산정에 있어 온수 보일러의 용량산정은 697.8 kW를 1 t/h 으로 본다. [에너지이용합리화법 시행규칙 별표3의9. 비고1.]
❸ 가스사용량이 17 kg/h를 초과하는 가스용 소형온수보일러에서 면제되는 검사는 **제조검사**이다. [에너지이용합리화법 시행규칙 별표3의6.]
④ 에너지관리기사 자격소지자는 모든 검사대상기기에 대하여 관리가 가능하다. [에너지이용합리화법 시행규칙 별표3의9.]

64. 에너지이용합리화법에 의한 에너지관리자의 기본교육과정 교육기간은?

① 4시간   ② 1일   ③ 5일   ④ 7일

【해설】 (2015-4회-63번 기출유사) [에너지이용합리화법 시행규칙 별표4.]
• 에너지관리자의 기본교육과정 교육기간은 오로지 하루(1일) 이며, 한국에너지공단에서 실시한다.

65. 에너지공급자가 제출하여야 할 수요관리 투자계획에 포함되어야 할 사항이 아닌 것은? (단, 그밖에 수요관리의 촉진을 위하여 필요하다고 인정하는 사항은 제외한다.)

① 장·단기 에너지 수요전망
② 수요관리의 목표 및 그 달성방법
③ 에너지 연구 개발내용
④ 에너지절약 잠재량의 추정 내용

【해설】 (2014-4회-65번 기출반복) [에너지이용합리화법 시행령 제16조3항.]
※ 에너지공급자의 수요관리 투자계획
① 장·단기 에너지 수요전망
② 수요관리의 목표 및 그 달성방법
❸ 그 밖에 수요관리의 촉진을 위하여 필요하다고 인정하는 사항
④ 에너지절약 잠재량의 추정내용

66. 산업통상자원부장관은 에너지사용자에 대한 에너지관리 상황을 조사한 결과, 에너지관리기준을 준수치 않았을 경우 에너지관리기준의 이행을 위해 어떤 조치를 할 수 있는가?

① 과태료
② 개선 권고
③ 영업정지
④ 지도

【해설】• 산업통상자원부장관은 에너지사용자에 대한 에너지진단 결과 에너지다소비사업자가 에너지관리기준을 지키고 있지 아니한 경우에는 에너지관리기준의 이행을 위한 지도(즉, 에너지관리지도)를 할 수 있다. [에너지이용합리화법 제32조5항.]

67. 에너지이용 합리화법의 제정 목적으로 틀린 것은?

① 에너지 소비로 인한 환경피해를 줄이기 위하여
② 에너지를 개발하고 촉진하기 위하여
③ 에너지의 수급 안정을 기하기 위하여
④ 에너지의 합리적이고 효율적인 이용을 위하여

【해설】(2022-4회-65번 기출유사)　　　　　　　　　　[에너지이용합리화법 제1조.]
• 에너지의 수급을 안정시키고 에너지의 합리적이고 효율적인 이용을 증진하며 에너지 소비로 인한 환경피해를 줄임으로써 국민경제의 건전한 발전 및 국민복지의 증진과 지구온난화의 최소화에 이바지함을 목적으로 한다.

【key】※ 에너지이용합리화법 목적　　　　　암기법: 이경복은 온국수에 환장한다.
- 에너지이용 효율증진, 경제발전, 복지증진, 온난화의 최소화, 국민경제, 수급안정, 환경피해감소.

68. 산업통상자원부장관이 고시하는 인력을 갖춘 경우 에너지사용계획 수립대행기관으로 지정 받을 수 있는 자는?

① 사립연구기관
② 정부투자기관
③ 기술사법에 의하여 기술사사무소의 개설등록을 한 기술사
④ 대학부설 환경관계 연구소

【해설】※ 에너지사용계획 수립대행자의 요건　　　　[에너지이용합리화법 시행령 제22조.]
　　1. 국공립연구기관
　　2. 정부출연연구기관
　　3. 대학부설 에너지관계 연구소
　　4. 기술사사무소의 개설등록을 한 기술사
　　5. 에너지절약전문기업

66-④　67-②　68-③

69. 공공사업주관자의 에너지사용계획 제출 대상사업의 기준은?

① 연료 및 열 : 연간 5천 티오이 이상,
　 전력 : 연간 2천만 킬로와트시 이상 사용하는 시설
② 연료 및 열 : 연간 2천오백 티오이 이상,
　 전력 : 연간 1천만 킬로와트시 이상 사용하는 시설
③ 연료 및 열 : 연간 5천 티오이 이상,
　 전력 : 연간 1천만 킬로와트시 이상 사용하는 시설
④ 연료 및 열 : 연간 2천오백 티오이 이상,
　 전력 : 연간 2천만 킬로와트시 이상 사용하는 시설

【해설】(2022-2회-61번 기출유사)
　　※ 에너지사용계획 제출 대상사업 기준　　[에너지이용합리화법 시행령 제20조2항.]
　　• 공공사업주관자의　　　　　　　　　　　암기법 : 공이오?~ 천만에!
　　　1. 연간 **2천5백** 티오이(TOE) 이상의 연료 및 열을 사용하는 시설
　　　2. 연간 **1천만** 킬로와트시(kWh) 이상의 전력을 사용하는 시설
　　• 민간사업주관자의　　　　　　　　　　　암기법 : 민간 = 공 × 2
　　　1. 연간 5천 티오이(TOE) 이상의 연료 및 열을 사용하는 시설
　　　2. 연간 2천만 킬로와트시(kWh) 이상의 전력을 사용하는 시설

70. 에너지절약전문기업의 등록신청서는 누구에게 제출하여야 하는가?

① 고용노동부장관　　　　② 한국에너지공단이사장
③ 산업통상자원부장관　　④ 시, 도지사

【해설】• 에너지절약전문기업으로 등록을 하려는 자는 산업통상자원부령으로 정하는 등록신청서를 **산업통상자원부장관**에게 제출하여야 한다.　　[에너지이용합리화법 시행령 제30조1항.]

71. 다음 중 유기질 보온재가 아닌 것은?

① 우모펠트　　　　② 우레탄 폼
③ 암면　　　　　　④ 탄화코르크

【해설】(2022-2회-72번 기출유사)
　　※ 최고 안전사용온도에 따른 유기질 보온재의 종류
　　　　암기법 : 유비(B)가, 콜　　택시타고　　벨트를　　폼나게 맸다.
　　　　　　　　　　　　　　　　　(텍스)　　　(펠트)
　　　　　유기질, (B)130↓　120↓ ←　100↓　→ 80℃↓(이하)
　　　　　　　　　　　　　　(+20)　(기준)　(-20)
　　　　　　　탄화코르크,　텍스,　　펠트,　　폼

69-②　　70-③　　71-③

72. 상온(20 ℃)에서 공기의 열전도율은 몇 kJ/m·h·℃ 인가?

① 0.092　　② 0.92　　③ 0.023　　④ 0.23

【해설】(2018-2회-54번 기출유사)
- 정지된 공기의 열전도율(0.092 kJ/mh℃)은 매우 작다. 그러므로 공기의 흐름이 없는 독립된 작은 공기포나 층이 충분하게 있는 보온재는 열전도율이 작아지게 되는 것이다.

【참고】
- 물질의 열전도율 비교 : 고체 〉 액체 〉 기체
- 기체의 열전도율 비교 : H_2 > N_2 > **공기** > O_2 > CO_2 > SO_2
  - 기체의 분자량이 작을수록 분자운동이 더 활발해지므로 열전도율은 커진다.

73. 입형보일러의 특징에 대한 설명으로 틀린 것은?

① 구조가 간단하고 튼튼하다.　　② 설치장소가 좁아도 된다.
③ 습증기가 발생하지 않는다.　　④ 전열면적이 작고 소용량이다.

【해설】(2020-4회-88번 기출유사)
- 입형(Virtical Boiler)보일러는 원통형의 보일러 본체를 수직으로 세운 내화식의 소용량 보일러로서 효율(40 ~ 50 %)이 낮고 열손실이 많으며, 구조가 간단한 소용량이므로 증기실이 적어 습증기로 발생하기 쉽다는 단점을 지닌다..

74. 보온재의 열전도율에 대한 설명으로 옳은 것은?

① 열전도율이 클수록 좋은 보온재이다.　　② 온도에 관계없이 일정하다.
③ 온도가 높아질수록 작아진다.　　④ 온도가 높아질수록 커진다.

【해설】(2019-1회-71번 기출유사)
❹ 보온재의 온도가 높아질수록 열전도율(λ)은 증가한다. ($\lambda = \lambda_0 + m \cdot t$ 여기서, t : 온도)

75. 연속 가열로를 강재 이동방식에 따라 분류할 때 이에 해당되지 않는 것은?

① 전기 저항식　　② 회전 노상식
③ 푸셔(pusher)식　　④ 워킹 빔(walking beam)식

【해설】(2020-4회-79번 기출유사)　　　　　　암기법 : 푸하하~ 워킹회
※ 강재 가열로는 강괴, 강편을 압연온도까지 재가열하여 가공을 목적으로 사용되는 설비로써 강재 이동방식에 따라 연속식과 뱃치(Batch)식의 두 가지로 분류한다.
- 연속식 가열로 : 푸셔(pusher)식, 워킹-빔(walking beam)식, 워킹-하아드(walking hearth)식, 롤러-하아드(Roller hearth)식, 회전로(Rotary)상식

76. 다음 [그림]의 균열로에서 리큐퍼레이터는 어느 곳인가?

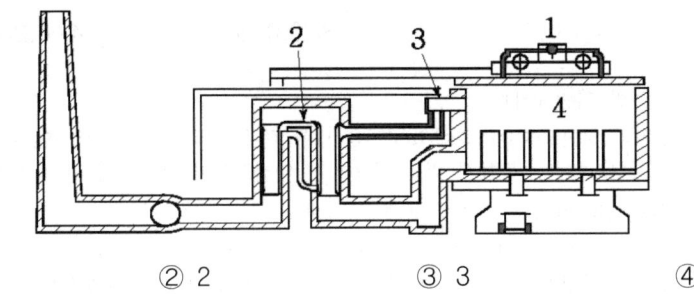

① 1 ② 2 ③ 3 ④ 4

【해설】(2020-4회-5번 기출유사)
- 균열로 : 압연과 같은 가공을 할 수 있도록 겉과 속의 온도가 균일하도록 가열하는 로
- 리큐퍼레이터(Recuperator, 환열실) : 공업용 요로에서 연소 배기가스의 열량을 연소용 공기의 예열에 이용하고자 필요한 열을 연도에서 회수하는 열교환 설비로서, 여러 개의 관으로 구성되어 있으며 관외를 배기가스, 관내에 연소용 공기를 통해서 예열하는 구조이다.

77. 스폴링(Spalling)의 발생 원인으로 가장 거리가 먼 것은?

① 온도 급변에 의한 열응력
② 로재의 불순성분 함유
③ 화학적 슬래그 등에 의한 부식
④ 장력이나 전단력에 의한 내화벽돌의 강도 저하

【해설】(2020-3회-71번 기출유사)
※ 스폴링 발생 원인
① 온도 급변에 의한 열충격으로 발생되는 열응력
❷ 불균일한 가열이나 냉각
③ 화학적(염기성) 슬래그 등에 의한 부식
④ 장력이나 전단력에 의한 내화벽돌의 강도 저하

78. 도자기 소성 시 노내 분위기의 순서를 바르게 나타낸 것은?

① 산화성 분위기 → 환원성 분위기 → 중성 분위기
② 산화성 분위기 → 중성 분위기 → 환원성 분위기
③ 환원성 분위기 → 중성 분위기 → 산화성 분위기
④ 환원성 분위기 → 산화성 분위기 → 중성 분위기

【해설】
- 도자기 소성 시 노 내 가스의 화학성 성질은 처음에는 연료를 완전연소시켜 고온을 얻기 위해 공기 중의 산소를 충분히 공급하여 결합하므로 산화성 분위기이지만 곧, 연소가스의 증가에 따라 산소공급을 적게 하여 불완전연소가 일어나면 CO에 의해 환원성 분위기로 변화한다. 도자기 소성의 마지막 단계로는 산화소성과 환원소성의 중간상태인 중성 분위기로 한다.

79. 고온배관용 탄소강관(SPHT)은 몇 ℃를 초과하는 온도부터 사용하는가?

① 350   ② 450   ③ 550   ④ 650

【해설】(2023-2회-99번 기출유사)
- 고온배관용 탄소강관 (SPHT, carbon Steel Pipe High Temperature)은 350 ℃를 초과하는 과열증기관과 같은 고온의 배관에 사용된다.

80. 전자밸브 작동에 사용되는 제어 동작은?

① 간헐 동작   ② 비례 동작
③ 2위치 동작   ④ 적분 동작

【해설】(2014-4회-52번 기출유사)
- 전자 밸브는 전자석과 밸브를 가지며 전자 코일의 통전에 의해 자기력을 변화시키고, 이것에 연동하여 밸브를 개폐시켜 유체의 유동 및 차단을 하는 것으로서 제어 동작으로는 순간적으로 밸브를 개폐(완전개방, 완전폐쇄)하는 특성으로 인해 보일러에서 연료 차단용을 목적으로 하는 **2위치(또는, 온-오프) 동작**만을 하는 솔레노이드 밸브이다.

제5과목　열설비 설계

81. 최고사용압력이 0.7 MPa인 증기용 강철제보일러의 수압시험 압력은 약 몇 MPa 으로 하여야 하는가?

① 1.0   ② 1.15   ③ 1.21   ④ 1.4

【해설】(2018-4회-87번 기출유사)

[보일러 설치검사 기준.] ● 강철제보일러의 수압시험압력은 다음과 같다.

보일러의 종류	최고사용압력	수압시험압력
강철제 보일러	0.43 MPa 이하 (4.3 kg/cm² 이하)	최고사용압력의 2배
	0.43 MPa 초과 ~ 1.5 MPa 이하 (4.3 kg/cm² 초과 ~ 15 kg/cm² 이하)	최고사용압력의 1.3배 + 0.3 (최고사용압력의 1.3배 + 3)
	1.5 MPa 초과 (15 kg/cm² 초과)	최고사용압력의 1.5배

＊ 압력단위 환산 : 0.1 MPa = 1 kg/cm² 이다.

∴ 최고사용압력 0.7 MPa 일 때의 시험압력 = 최고사용압력의 1.3배 + 0.3
= 0.7 MPa × 1.3 + 0.3 MPa
= **1.21 MPa**

82. 어느 병류 열교환기에서 [그림]과 같이 유체가 90 ℃로 들어가 50 ℃로 나오고 이와 열교환되는 유체는 20 ℃에서 40 ℃까지 가열되었다. 열관류율이 0.58 W/m²·℃ 이고, 전열량이 40 W일 때 이 열교환기의 전열면적은 약 몇 m² 인가?

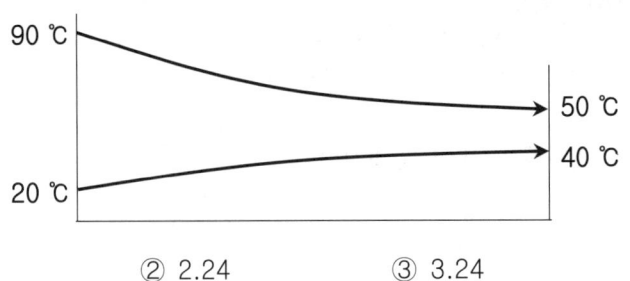

① 1.12   ② 2.24   ③ 3.24   ④ 5.24

【해설】(2023-2회-82번 기출유사)   암기법 : 교관 온면

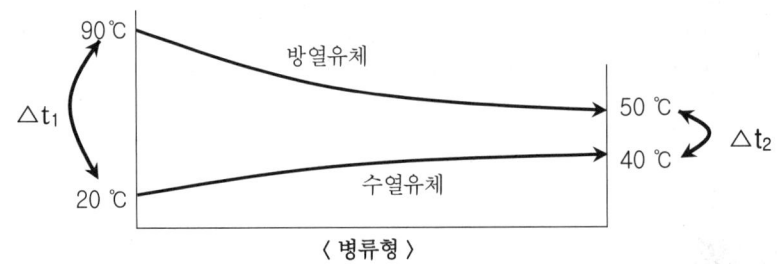

- 교환열 공식 $Q = K \cdot \Delta t_m \cdot A$ 여기서, Δt_m(대수평균온도차) $= \dfrac{\Delta t_1 - \Delta t_2}{\ln\left(\dfrac{\Delta t_1}{\Delta t_2}\right)}$

$$40 = 0.58 \times \dfrac{(90-20)-(50-40)}{\ln\left(\dfrac{90-20}{50-40}\right)} \times A$$

∴ 전열면적 A = 2.236 ≒ **2.24 m²**

【key】※ 향류형 및 병류형의 열교환 방식에 따라 항상 [그림]을 그려놓으면 깜빡 틀리지 않는다!

83. 안지름이 150 mm, 살 두께가 5 mm인 연동제(軟銅製) 파이프의 허용응력이 8 kg/mm² 일 때 이 파이프에 약 몇 kg/cm² 의 내압을 가할 수 있는가?
(단, 이음효율은 1 이며, 부식여유는 1 mm 이다.)

① 14.0   ② 19.7   ③ 31.4   ④ 42.7

【해설】(2019-2회-82번 기출유사)
※ 파이프(원통) 설계시 압축강도 계산은 다음 식을 따른다. [관 및 밸브에 관한 규정.]
$P \cdot D = 200 \sigma \cdot (t - C) \times \eta$
여기서, 압력단위(kg/cm²), 지름 및 두께의 단위(mm)인 것에 주의해야 한다.
$P \times 150 = 200 \times 8 \times (5-1) \times 1$
∴ P = 42.66 ≒ **42.7 kg/cm²**

84. 외경 76 mm의 압력배관용 강관에 두께 50 mm, 열전도율이 0.285 kJ/m·h·℃인 보온재가 시공되어 있다. 보온재 내면온도가 260 ℃이고 외면온도가 30 ℃일 때 관 길이 10 m당 열손실은 약 몇 kJ/h 인가?

① 1310　　　② 2223　　　③ 4111　　　④ 4905

【해설】(2022-1회-83번 기출유사)　　　　　　　　　　　암기법: 손전온면두

- 원통형 배관에서의 손실열(교환열) 계산공식

$$Q = \frac{\lambda \cdot \Delta t \cdot 2\pi L}{\ln\left(\frac{r_2}{r_1}\right)} = \frac{0.285 \times (260-30) \times 2\pi \times 10}{\ln\left(\frac{88}{38}\right)} = 4904.58 ≒ 4905 \text{ kJ/h}$$

85. 플래시 탱크(Flash tank)의 기능을 옳게 설명한 것은?

① 증기건도를 높이는 장치이다.
② 증기를 단순히 저장하는 장치이다.
③ 고압응축수를 저압증기로 이용하는 장치이다.
④ 저압응축수를 고압증기로 이용하는 장치이다.

【해설】(2020-3회-84번 기출유사)

- 플래시 탱크는 탱크의 내부의 온도·압력보다 높은 고온·고압의 응축수를 받아들여 재증발시켜 저압의 증기를 이용하는 용기를 말한다.

86. 보일러를 만수로 보존할 때, 관수(보일러수)의 pH는 얼마로 유지하는 것이 가장 적당한가?

① 7　　　② 9　　　③ 12　　　④ 14

【해설】(2022-2회-97번 기출유사)

- 2 ~ 3개월 이내의 단기보존법인 만수보존법은 탄산나트륨, 인산나트륨과 같은 알칼리 성분과 탈산소제(약품)을 넣어 관수(보일러수)의 pH 12 정도로 약간 높게 하여 약알칼리성으로 만수 보존한다. (알칼리 부식은 pH 13 이상에서 발생한다.)

87. 노통에 겔러웨이관(Galloway tube)을 설치하는 이유가 아닌 것은?

① 보일러수의 순환촉진　　　② 전열면적을 증가
③ 노통의 보강　　　　　　　④ 스케일의 부착방지

【해설】(2017-4회-97번 기출유사)

- 노통 보일러에는 노통에 직각으로 겔러웨이관을 2 ~ 3개 정도 설치함으로서 노통을 보강하고, 전열면적을 증가시키며, 보일러수의 순환을 양호하게 촉진시킨다.
- ❹ 스케일이 부착될 염려가 있다.

88. 비중량이 0.3 kg/m³ 인 연소가스가 연돌높이 20 m를 지나 외기 온도 20 ℃인 대기로 방출될 때, 이론 통풍력은 약 몇 kg/m² 인가?
(단, 1 atm 은 10332 kg/m² 이고, 대기의 기체상수 R값은 29.27 m/K 이다.)

① 9　　　　② 12　　　　③ 15　　　　④ 18

【해설】(2023-1회-16번 기출유사)

- 외기의 비중량(γ_a)을 먼저 구해야 하므로 기체의 상태방정식 PV = mRT 에서,

$$P = \rho RT \therefore \rho_a = \frac{P}{RT} = \frac{10332 \, kg/m^2}{29.27 \, m/K \times (273+20)K} \fallingdotseq 1.2 \, kg/m^3$$

따라서, $\gamma_a = \rho_a \cdot g = 1.2 \, kgf/m^3 = 1.2 \, kg/m^3$ 으로 공학에서는 표현한다.

- 통풍력 $Z = P_2 - P_1 = (\gamma_a - \gamma_g)h = (1.2 - 0.3)kg/m^3 \times 20\,m = 18 \, kg/m^2$

---

89. 노통연관식 보일러의 특징에 대한 설명으로 옳은 것은?

① 보유수량이 적어 파열 시 피해가 적다.
② 내부청소가 간단하므로 급수처리가 필요 없다.
③ 보일러 크기에 비해 전열면적이 크고 효율이 좋다.
④ 보유수량이 적어 부하변동에 대해 쉽게 대응할 수 있다.

【해설】(2021-2회-91번 기출유사)

※ 노통연관식 보일러의 특징
① 보유수량이 많아 보일러 파열 사고 시 피해가 크다.
② 구조가 복잡하여 내부청소가 곤란하며, 증기발생속도가 빨라서 급수처리가 필요하다.
❸ 다른 원통형(노통, 연관식) 보일러의 크기에 비해 전열면적이 크고 효율이 좋다
④ 동일용량의 수관식 보일러에 비해 보유수량이 많아서 부하변동에 대해 쉽게 대응할 수 있다.

---

90. 강관의 바깥지름 127 mm를 초과하는 수관, 과열관, 재열관, 절탄기용 강관 등 내부에 압력을 받는 강관의 최소두께 t(mm)를 구하는 식으로 옳은 것은?
(단, P : 최고 사용압력(MPa), d : 강관의 바깥지름(mm)
σ_a : 재료의 허용 인장응력(N/mm²), α : 부식여유(mm) 이다.)

① $t = \dfrac{Pd}{\sigma_a + P} + 0.005d + \alpha$　　　② $t = \dfrac{Pd}{200\sigma_a + P} + 0.005d + \alpha$

③ $t = \dfrac{Pd}{2\sigma_a + P} + 0.005d + \alpha$　　　④ $t = \dfrac{Pd}{200\sigma_a} + 0.005d + \alpha$

【해설】(2021-1회-92번 기출유사)

※ 수관, 과열관, 재열관, 절탄기용 강관의 최소두께 t(mm)는 다음 식을 따른다.

$$t = \frac{Pd}{2\sigma_a + P} + 0.005d + \alpha$$

91. 일시 경수 성분으로 옳은 것은?

① MgCl₂
② Ca(HCO₃)₂
③ Ca(NO₃)₂
④ CaSO₄

【해설】(2022-2회-99번 기출유사)
- 칼슘(Ca^{2+}) 이온 및 마그네슘(Mg^{2+}) 이온을 비교적 다량 함유한 물을 경수라 하는데, 이러한 이온은 주로 탄산수소염과 황산염이다. 탄산수소염을 포함한 경수는 끓이면 탄산염이 되어 침전($CaCO_3\downarrow$)하여 연수로 변하므로 **일시 경수**라 한다.
  염화물, 질산염, 황산염은 끓여도 연화하지 않으므로 **영구 경수**라 한다.

92. 자동제어에서 그림과 같은 블록선도를 등가변환시킨 것 중 옳게 나타낸 것은?

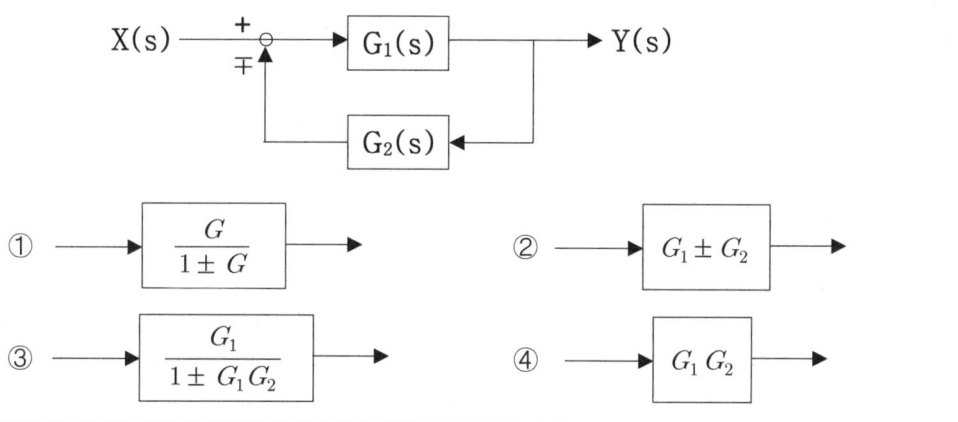

【해설】(2016-2회-46번 기출유사)
- 블록선도를 전체의 전달함수가 서로 같도록 단순화시키는 것을 등가변환이라 한다.

93. 증발량 2 ton/h, 최고사용압력 10 kg/cm², 급수온도 20 ℃, 최대증발률 25 kg/m²h인 원통보일러에서 평균 증발률을 최대증발률의 90 %로 할 때 평균 증발량(kg/h)은?

① 1200 ② 1500 ③ 1800 ④ 2100

【해설】(2018-2회-91번 기출유사)

- 보일러 증발률 $e = \dfrac{w_2}{A_b}$ $\left(\dfrac{\text{실제증발량, } kg/h}{\text{보일러 전열면적, } m^2}\right)$

  $25 \text{ kg/m}^2\text{h} = \dfrac{2 \times 10^3 \ kg/h}{A_b}$, ∴ 보일러의 전열면적 $A_b = 80 \text{ m}^2$

- 보일러 평균증발률 $\overline{e} = \dfrac{\overline{w}}{A_b}$ $\left(\dfrac{\text{평균 증발량, } kg/h}{\text{보일러 전열면적, } m^2}\right)$

  $25 \text{ kg/m}^2\text{h} \times 0.9 = \dfrac{\overline{w}}{80 \ m^2}$ ∴ 보일러의 평균증발량 $\overline{w} = 1800 \text{ kg/h}$

91-② 92-③ 93-③

94. 오염저항이 저유량에서 심한 난류 등이 유발되는 곳에 사용되고 큰 열팽창을 감쇠시킬 수 있으며 열전달률이 크고 고형물이 함유된 유체나 고점도 유체에 사용이 적합한 판형 열교환기는?

① 플레이트식 ② 플레이트핀식
③ 스파이럴형 ④ 케틀형

【해설】(2016-2회-46번 기출유사)
- 스파이럴(Spiral, 나선형) 열교환기는 튜브의 구조가 열팽창을 감쇠시킬 수 있는 나선형이므로 스팀이 난류를 형성하게 되어 고형물이 함유된 유체나 고점도 유체에도 사용이 적합하다.

95. 스케일(scale, 관석)에 대한 설명으로 틀린 것은?

① 규산칼슘, 황산칼슘이 주성분이다.
② 관석의 열전도도는 아주 높아 각종 부작용을 일으킨다.
③ 배기가스의 온도를 높인다.
④ 전열면의 국부과열현상을 일으킨다.

【해설】(2020-3회-89번 기출유사)
- 스케일(Scale, 관석)이란 보일러수에 용해되어 있는 칼슘염, 마그네슘염, 규산염 등의 불순물이 농축되어 포화점에 달하면 고형물로서 석출되어 보일러의 내면에 딱딱하게 부착하는 것을 말한다. 생성된 스케일은 보일러에 여러 가지의 악영향을 끼치게 되는데 **열전도율을 저하시키므로 전열량이 감소**하고, 배기가스의 온도가 높아지게 되어, 보일러 열효율이 저하되고, 연료소비량이 증대된다.

96. 압력 10 MPa의 포화수가 증기트랩으로부터 대기압으로 방출될 때, 포화수 1 kg당 몇 kg의 증기가 발생하는가?
(단, 10 MPa의 포화온도는 179 ℃, 760 mmHg에서 증발열은 2257 kJ/kg이다.)

① 0.015 ② 0.147 ③ 0.25 ④ 2.5

【해설】(2021-2회-82번 기출유사)   암기법 : 큐는, 씨암탉
- 고압인 10 MPa의 포화수가 저압하인 대기압(760 mmHg = 0.1 MPa)으로 방출되면 끓는점이 낮아지므로 고압하에서 포화온도였던 179 ℃로부터 대기압하에서 물의 포화온도인 100 ℃로 될 때까지 재증발이 일어나게 된다.
  따라서, 재증발 증기량을 w_2, 증발잠열을 R 이라 두고 열량보존법칙에 의하여,
  포화수가 잃은 열량 = 재증발증기가 얻은 열량
  $$C \cdot m \cdot \Delta t = w_2 \cdot R$$
  $4.1868 \text{ kJ/kg℃} \times 1\text{kg} \times (179 - 100) \text{℃} = w_2 \times 2257 \text{ kJ/kg}$
  $\therefore w_2 = 0.1465 ≒ \textbf{0.147 kg}$

94-③   95-②   96-②

97. 외기온도가 20 ℃일 때 표면온도 70 ℃인 관 표면에서의 복사에 의한 열전달률은 약 몇 W/m²·K 인가? (단, 관의 방사율은 0.8로 가정한다.)

① 0.2 ② 5.9 ③ 10 ④ 12.5

【해설】(2023-1회-87번 기출유사)

- 열방사(열복사)에 의한 열전달량(Q)은 스테판-볼츠만의 법칙으로 계산된다.

  $Q = \varepsilon \cdot \sigma T^4 \times A = \varepsilon \cdot \sigma (T_1^4 - T_2^4) \times A$

  여기서, σ : 스테판 볼쯔만 상수 (5.67×10^{-8} W/m²·K⁴)
  T : 물체 표면의 절대온도(K)
  ε : 표면 방사율 또는 흑도
  A : 방열 표면적(m²)

  $Q = \varepsilon \cdot \sigma \cdot (T_1^4 - T_2^4) \times A = K \cdot \Delta t \cdot A$
  $0.8 \times 5.67 \times 10^{-8} \times (343^4 - 293^4) = K \times (343 - 293)$
  ∴ 열전달률 K = 5.87 ≒ 5.9 W/m²·K

98. 두께 4 mm인 강의 평판에서 고온측 면의 온도가 100 ℃이고, 저온측 면의 온도가 80 ℃이며 단위 m²에 대하여 매 분당 30000 kJ의 전열을 한다고 하면, 이 강판의 열전도율은 약 몇 W/m·℃ 인가?

① 50 ② 100 ③ 150 ④ 200

【해설】(2019-1회-99번 기출유사)   암기법 : 교전온면두

- 평면판에서의 교환열 계산공식 $Q = \dfrac{\lambda \cdot \Delta t \cdot A}{d}$ $\left(\dfrac{\text{열전도율} \times \text{온도차} \times \text{전열면적}}{\text{두께}}\right)$

  $\dfrac{30000 \times 10^3 J}{60 \sec} = \dfrac{\lambda \times (100 - 80)℃ \times 1\,m^2}{0.004\,m}$

  ∴ 열전도율 λ = 100 W/m·℃

99. 고온부식의 방지대책이 아닌 것은?

① 중유 중의 황 성분을 제거한다.
② 연소가스의 온도를 낮게 한다.
③ 고온의 전열면에 보호피막을 씌운다.
④ 고온의 전열면에 내식재료를 사용한다.

【해설】(2016-1회-98번 기출유사)   암기법 : 고바, 황저

❶ 중유 중의 황 성분은 저온부식의 원인이므로, 황을 제거하면 저온부식이 방지된다.

97-② 98-② 99-①

100. 이온교환수지 재생에서의 재생방법으로 적합한 것은?

① 양이온교환수지는 가성소다, 암모니아로 재생한다.
② 양이온교환수지는 소금 또는 염화수소, 황산으로 재생한다.
③ 음이온교환수지는 소금 또는 황산으로 재생한다.
④ 음이온교환수지는 암모니아 또는 황산으로 재생한다.

【해설】 (2022-2회-99번 기출유사)

❷ 보일러 용수의 급수처리 방법 중 화학적 처리방법인 이온교환법은 이온 교환수지가 충진된 수지통에 경수 및 원수를 통과시키면 이온이 수지에 흡착되어 중성염을 생성함으로써 급수를 재생시키는 방법으로 이온교환체의 종류에 따라 양이온 교환수지법, 음이온 교환수지법으로 분류한다.
- 양이온 교환수지의 재생에 쓰이는 약품 : 소금($NaCl$), 염화수소(HCl), 황산(H_2SO_4)
- 음이온 교환수지의 재생에 쓰이는 약품 : 암모니아(NH_3), 가성소다($NaOH$)

2024년 에너지관리기사 CBT 복원문제(1)

제1과목 연소공학

1. 수분이나 회분을 많이 함유한 저품위 탄을 사용할 수 있으며 구조가 간단하고 소요동력이 적게 드는 연소장치는?

① 슬래그탭(Slag tap)식
② 클레이머(Cramer)식
③ 사이클론(Cyclone)식
④ 각우(Conner)식

【해설】• 미분탄 연소 형식의 종류 중 클레이머(Cramer) 연소장치의 특징
　　　　- 수분이나 회분이 많이 함유된 저품위의 석탄을 분쇄하는데 소요되는 동력이 비교적 적게 들며, 분쇄기 해머의 수명도 길 뿐만 아니라, 재(회분) 날림이 적은 연소장치이다.

2. 석탄을 연료분석한 결과 다음과 같은 결과를 얻었다면 고정탄소분은 약 몇 %인가?

[수 분] - 시료량 : 1.0030 g,　건조감량 : 0.0232 g
[회 분] - 시료량 : 1.0070 g,　잔류 회분량 : 0.2872 g
[휘발분] - 시료량 : 0.9998 g,　가열감량 : 0.3432 g

① 21.72　　② 32.53　　③ 37.15　　④ 53.17

【해설】고체연료(석탄)에 대해서는 비교적 간단하게 공업분석을 행하여 널리 사용되는데, 공업분석이란 휘발분·수분·회분을 측정하고 고정탄소는 공식으로 계산하여 구한다.

• 수분 = $\dfrac{건조감량}{시료의 양} \times 100 = \dfrac{0.0232}{1.0030} \times 100 = 2.31\,\%$

• 회분 = $\dfrac{회분량}{시료의 양} \times 100 = \dfrac{0.2872}{1.0070} \times 100 = 28.52\,\%$

• 휘발분 = $\dfrac{가열감량}{시료의 양} \times 100 - 수분(\%) = \dfrac{0.3432}{0.9998} \times 100 - 2.31\,\% = 32.02\,\%$

∴ 고정탄소(%) = 100 - (휘발분 + 수분 + 회분)　　　암기법 : 고백마, 휘수회
　　　　　　　 = 100 - (32.02 + 2.31 + 28.52) = **37.15 %**

3. 표준상태에 있는 공기 1 m³에는 산소가 약 몇 g이 함유되어 있는가?

① 100　　② 200　　③ 300　　④ 400

【해설】 표준상태(0 ℃, 1기압)에 있는 공기량의 체적 $A_0 = \dfrac{O_2}{0.21}$ [Sm³]

∴ O_2 (산소)체적 = $A_0 \times 0.21 = 1\,m^3 \times 0.21 = 0.21\,m^3 = 0.21\,m^3 \times \dfrac{1000\,L}{1\,m^3}$ = 210 L

O_2　　따라서, 비례식을 세우면
(1 mol)
(22.4 L)　　$\dfrac{32\,g}{22.4\,L} = \dfrac{x}{210\,L}$
(32g)
　　　　　∴ x = 300 g

4. CO_{2max}[%]는 어느 때의 값을 말하는가?

① 실제공기량으로 연소시켰을 때
② 이론공기량으로 연소시켰을 때
③ 과잉공기량으로 연소시켰을 때
④ 부족공기량으로 연소시켰을 때

【해설】　　　　　　　　　　　　　　　　　　　　　　　　암기법 : 최대리
- 연료 중의 C (탄소)가 연소하여 연소생성물인 CO_2 (이산화탄소)가 되는데, 연소용공기가 이론공기량을 넘게 되면 연소가스 중에 과잉공기가 들어가기 때문에 **최대 탄산가스 함유율 CO_{2max}(%)는 이론공기량일 때보다 희석되어 그 함유율이 낮아**지게 된다. 따라서, 연소가스 분석결과 CO_2가 최대의 백분율이 되려면 **이론공기량으로 연소하였을 경우**이다.

5. 보일러의 열정산에서 입열항목에 해당하는 것은?

① 급수의 현열
② 방산에 의한 손실열
③ 불완전연소에 의한 손실열
④ 연소잔재물 중 미연소분에 의한 손실열

【해설】 ※ 보일러 열정산 시 입·출열 항목의 구별
[입열항목]　　　　　　　　　　　　　　　암기법 : 연(발,현) 공급증
　- **연료**의 **발열량**, 연료의 **현열**, 연소용공기의 **현열**, **급수**의 **현열**, 공급증기 보유열
[출열항목]　　　　　　　　　　　　　　　암기법 : 증,손(배불방미기)
　- 발생증기 흡수열량, **손실열**(**배**기가스, **불**완전연소, **방**열, **미**연소, **기**타)

3-③　4-②　5-①

6. 수소 1 kg을 공기 중에서 연소시켰을 때 생성된 건연소가스량은 약 몇 Sm^3 인가?
   (단, 공기 중의 산소와 질소의 함유비는 21 v%와 79 v% 이다.)

   ① 5.60　　　② 21.07　　　③ 26.50　　　④ 32.32

【해설】• 연소가스량은 연소반응식을 통하여 이론산소량(O_0)을 먼저 알아내야 한다.

$$H_2 + \frac{1}{2}O_2 \rightarrow H_2O$$

　　　(1 kmol)　　(0.5 kmol)　　(1 kmol)
　　　(2 kg)　　　(11.2 Sm^3)　　(22.4 Sm^3)
　　　1 kg　　　　5.6 Sm^3　　　(11.2 Sm^3)　　∴ 이론산소량 O_0 = 5.6 Sm^3/kg-연료

• 이론공기량 A_0 = $\dfrac{O_0}{0.21}$ = $\dfrac{5.6}{0.21}$ = 26.67 Sm^3/kg-연료

• 수소 연료의 연소로 생성된 연소가스인 H_2O는 건연소가스가 아니므로 제외된다.

• 이론 건연소가스량 G_{0d} = 공기중의 질소량(0.79 × A_0) + 연소생성가스
　　　　　　　　　　　　 = 0.79 × 26.67 + 0 = **21.07 Sm^3/kg-연료**

【참고】• 위 문제에서 이론 습연소가스량(G_{0w})을 구해보자.

　　G_{0w} = G_{0d} + Wg
　　　　　여기서, Wg는 연료 중의 수소가 연소하여 생성된 수증기량이다.
　　　 = 21.07 Sm^3/kg-연료 + 11.2 Sm^3/kg-연료 = 32.27 Sm^3/kg-연료

7. 어떤 연소가스를 분석한 결과 질소 75 v%, 산소 8 v%, 이산화탄소 10 v%, 일산화탄소 7 v% 이었다. 이 연소가스의 겉보기 분자량은 약 얼마인가?

   ① 28.12　　　② 28.88　　　③ 29.22　　　④ 29.92

【해설】• 배기가스 평균분자량 = N_2 × 0.75 + O_2 × 0.08 + CO_2 × 0.1 + CO × 0.07
　　　　　　　　　　　　　　 = 28 × 0.75 + 32 × 0.08 + 44 × 0.1 + 28 × 0.07
　　　　　　　　　　　　　　 = **29.92 kg/kmol**

8. 체적이 일정한 상태에서 산소 1 kg을 20 ℃에서 220 ℃까지 높이는 데 필요한 열량은 약 몇 kJ 인가? (단, 산소의 정적비열 C_v는 0.879 J/g·℃ 이다.)

   ① 22　　　② 44　　　③ 88　　　④ 176

【해설】• 열량 Q = C_v · m · Δt　　　　　암기법 : 큐는, 씨암탉
　　　　　 = 0.879 J/g·℃ × 1000 g × (220 − 20)℃
　　　　　 = 175800 J = 175.8 kJ ≒ **176 kJ**

9. 액체연료 중 고온건류하여 얻은 타르계 중유의 특징에 대한 설명으로 틀린 것은?

① 화염의 방사율이 크다.
② 황의 영향이 적다.
③ 슬러지를 발생시킨다.
④ 단위 용적당의 발열량이 극히 적다.

【해설】• 중유의 원료에 따라 석유계 중유와 타르(tar)계 중유로 분류하는데,
석탄을 저온 또는 고온하에서 건류할 때 부산물로서 얻어지는 오일이 타르계 중유이며
타르계 오일은 증류 등의 방법으로 정제되어 버너 연료로 사용되며,
다음과 같은 특징이 있다.
① 점성도가 비교적 크므로, 화염의 방사율이 크다.
  비교 : 타르계 중유 : C/H = 14, 석유계 중유 : C/H = 6, 기체연료 : C/H = 2.5
② 석유계 중유에 비해서, 유황에 의한 영향이 적다 (S : 0.5 % 이하)
③ 연료의 원소조성 C/H비가 클수록, 탄소 슬러지(그을음)를 발생시킨다.
❹ 단위 용적당의 발열량이 비교적 크다.

10. 메탄(CH_4) 32 kg을 연소시킬 때 이론적으로 필요한 산소량은 몇 k-mol 인가?

① 1   ② 2   ③ 3   ④ 4

【해설】• 이론산소량(O_0)은 탄화수소 기체연료의 연소반응식을 통하여 알 수 있다.

$$CH_4 \quad + \quad 2O_2 \quad \rightarrow \quad CO_2 \quad + \quad 2H_2O$$
(1 kmol)   (2 kmol)
(16 kg)
×2배   ×2배
∴ 32 kg : 4 kmol

11. 1차, 2차 연소 중 2차 연소란 어떤 것을 말하는가?

① 공기보다 먼저 연료를 공급했을 경우 1차, 2차 반응에 의하여 연소하는 것
② 불완전 연소에 의해 발생한 미연가스가 연도 내에서 다시 연소하는 것
③ 완전 연소에 의한 연소가스가 2차 공기에 의하여 폭발되는 현상
④ 점화할 때 착화가 늦었을 경우 재점화에 의해서 연소하는 것

【해설】❷ 연료 중의 C(탄소)가 연소실에서 불완전연소 $\left(C + \frac{1}{2}O_2 \rightarrow CO\right)$ 에 의해 미연가스인
CO가 발생된다. 미연가스가 연도를 통과시 일부의 공기가 혼합하여 CO가
$\left(CO + \frac{1}{2}O_2 \rightarrow CO_2\right)$ 로 재연소(2차연소)하여 완전연소가 된다.

12. 연소가스 중의 질소산화물 생성을 억제하기 위한 방법으로 틀린 것은?

① 2단 연소
② 고온 연소
③ 농담(濃淡) 연소
④ 배가스 재순환 연소

【해설】   암기법 : 고질병
• 연소실내의 고온조건에서 **질소**는 산소와 결합하여 일산화질소(NO), 이산화질소(NO_2) 등의 NO_x(질소산화물)로 매연이 증가되어 밖으로 배출되므로 대기오염을 일으킨다.

【참고】 ※ 배기가스 중의 질소산화물 억제 방법
  ㉠ 저농도 산소 연소법 (과잉공기량 감소)   ㉡ 저온도 연소법 (공기온도 조절)
  ㉢ 2단 연소법   ㉣ 배기가스 재순환 연소법
  ㉤ 물 분사법(수증기 분무법)   ㉥ 버너 및 연소실 구조 개량
  ㉦ 연소부분 냉각법   ㉧ 연료의 전환

13. 분젠 버너의 가스유속을 빠르게 했을 때 불꽃이 짧아지는 이유는?

① 층류 현상이 생기기 때문에
② 난류 현상으로 연소가 빨라지기 때문에
③ 가스와 공기의 혼합이 잘 안되기 때문에
④ 유속이 빨라서 미처 연소를 못하기 때문에

【해설】• 연료가스의 유출속도가 빨라지면 레이놀즈수가 커지므로 가스의 흐름이 흐트러져 난류 현상을 일으키게 되어 공기 중의 산소와 접촉이 빠르게 이루어지므로 연소상태가 층류 현상일 때보다 연소속도가 빨라지고 불꽃은 엉클어지면서 짧아진다.

14. 숯이나 코크스 등에서 일어나는 일반적인 연소형태는?

① 표면연소   ② 분해연소   ③ 증발연소   ④ 확산연소

【해설】 ※ 고체연료의 연소방식(연소형태)의 종류   암기법 : 고 자증나네, 표분
  ① **자기연소**(또는 내부연소)   암기법 : 내 자기, 피티니?
     - 피크린산, TNT(트리니트로톨루엔), 니트로글리세린 (위험물 제5류)
  ② **증발연소**   암기법 : 황나양파 휘발유, 증발사건
     - 황, 나프탈렌, 양초, 파라핀, 휘발유(가등경중), 알코올, <증발>
  ③ **표면연소**(또는 작열연소)   암기법 : 시간표, 수목금코
     - 숯, 목탄, 금속분, 코크스
  ④ **분해연소**   암기법 : 아플땐 중고종목 분석해~
     - 아스팔트, 플라스틱, 중유, 고무, 종이, 목재, 석탄(무연탄), <분해>

12-②   13-②   14-①

15. 질량으로 C 84.1%, H 15.9%의 조성을 가지는 탄화수소연료의 분자량은 114이다. 이 연료 1몰의 완전연소에 필요한 공기의 몰수는 약 얼마인가?
(단, 원자량은 각각 C는 12, H는 1 이다.)

① 40   ② 46   ③ 60   ④ 64

【해설】• 탄화수소 연료이므로 C_mH_n에서 분자량은 $(12 \times m + 1 \times n) = 114$
탄화수소연료의 구성 원자수를 구해서 연료를 알아내야 한다.
C : $\frac{114 \times 0.841}{12}$ = 7.9895 ≒ 8개,   H : $\frac{114 \times 0.159}{1}$ = 18.126 ≒ 18개
따라서, 연료는 옥탄(C_8H_{18})임을 알 수 있으므로, 연소반응식을 세워서 이론산소량(O_0)을 알아내야 한다.
C_8H_{18} + 12.5 O_2 → 8 CO_2 + 9 H_2O
(1몰)   (12.5몰)
∴ 몰수는 체적비이므로, 이론공기량 A_0 = $\frac{O_0}{0.21}$ = $\frac{12.5몰}{0.21}$ = 59.52 몰 ≒ 60 몰

16. 다음 중 단위중량당(kg) 연료의 저위발열량이 가장 큰 기체는?

① 수소   ② 프로판   ③ 메탄   ④ 에틸렌

【해설】• 단위중량당 저위발열량(kcal/kg)의 비교
- 수소(28600), 메탄(11750), 에틸렌(11360), 프로판(11050), 부탄(10920)

【참고】※ 기체연료의 발열량 순서.(저위발열량 기준)   암기법 : 수메중, 부체
① 단위체적당 (kcal/Nm^3) : 부(LPG) > 프 > 에 > 아 > 메 > 일 > 수
     부탄>부틸렌>프로판>프로필렌>에탄>에틸렌>아세틸렌>메탄>일산화탄소>수소
② 단위중량당 (kcal/**kg**) : 일 < 부 < 아 < 프 < 에 < 메(LNG) < 수

17. 유압분무식 버너의 특징에 대한 설명으로 <u>틀린</u> 것은?

① 무화매체인 증기나 공기가 필요하지 않다.
② 보일러 가동 중 버너교환이 가능하다.
③ 유량조절범위가 좁다.
④ 연소의 제어범위가 넓다.

【해설】• 연료인 유체에 직접 압력을 가하여 노즐을 통해 분사시키는 방식의 버너이므로 무화매체인 증기나 공기가 별도로 필요하지 않으며, 유량조절범위가 1 : 2로 가장 좁다. 유압이 0.5 MPa 이하이거나 점도가 큰 유류에는 무화가 나빠지므로 연소의 제어범위가 좁다.

18. 다음 열정산방식에 대한 설명 중 틀린 것은?

① 시험부하는 원칙적으로 정격부하로 하고 필요에 따라 $\frac{3}{4}, \frac{1}{2}, \frac{1}{3}$ 등으로 시행한다
② 기준온도는 실내온도를 원칙으로 하며, 실내온도가 없는 경우는 25 ℃를 기준으로 한다.
③ 시험은 시험용 보일러를 다른 보일러와 무관한 상태에서 시행한다.
④ 연료의 발열량은 고위발열량으로 한다.

【해설】• 한국공업표준규격 KS B 6205 "육용강재보일러의 열정산 방식" 기준에 따르면, 열정산 시 기준온도는 원칙적으로 외기온도로 한다.

19. 기체 옥탄(C_8H_{18})의 연소엔탈피는 반응물 중의 수증기가 응축되어 물이 되었을 때 25 ℃에서 −48220 kJ/kg 이다. 이 상태에서 기체옥탄의 저위발열량은 약 몇 kJ/kg 인가? (단, 25 ℃에서 물의 증발 엔탈피는 2441.8 kJ/kg이다.)

① 43250　　② 44150　　③ 44750　　④ 45778

【해설】• 고위발열량 $H_h = H_L + R_w$ (수소의 연소로 생성된 물의 증발잠열 = 증발 엔탈피)

한편, 탄화수소의 완전연소반응식 $C_mH_n + \left(m + \frac{n}{4}\right)O_2 \rightarrow m\,CO_2 + \frac{n}{2}H_2O$

C_8H_{18} + 12.5 O_2 → 8 CO_2 + 9 H_2O
(12×8 + 1×18)　　　　　　　　　　　　9 × (1×2 + 16)
114 kg　　　　　　　　　　　　　　　　162 kg
1 kg 일때　　　　　　　　　　　　　　$\frac{162}{114}$ kg의 수증기가 생성된다.

∴ 저위발열량 $H_L = H_h - R_w$ (물의 증발 엔탈피)
= 48220 kJ/kg − $\frac{162\,kg}{114\,kg}$ × 2441.8 kJ/kg
= 48220 − 3470 = **44750 kJ/kg**

20. 통풍력이 수주 35 mm일 때의 풍압은 약 몇 kgf/cm² 인가?

① 0.35　　② 0.035　　③ 0.0035　　④ 0.00035

【해설】• 수주(물기둥 높이)와 압력의 관계 공식 $P = \gamma \cdot h$
한편, 물의 비중량 γ = 1000 kgf/m³
= 1000 kgf/m³ × 35 mm
= 1000 × $\frac{kgf}{(10^2\,cm)^3}$ × 35 mm × $\frac{1\,cm}{10\,mm}$
= **0.0035 kgf/cm²**

제2과목　　열역학

21. 15℃의 공기 1 kg을 부피 1/4로 압축할 경우 등온압축에서의 소요 일량은 약 몇 kg·m 인가? (단, 공기의 기체상수는 29.3 kg·m/kg·K 이다.)

① 265　　② 610　　③ 5080　　④ 11700

【해설】 • 등온변화이므로 보일-샤를의 법칙에서 PV = C(일정)이 성립한다.

$$W = \int_1^2 P\,dV = \int_1^2 \frac{C}{V}\,dV = C\int_1^2 \frac{1}{V}\,dV = C\ln\left(\frac{V_2}{V_1}\right) = P_1V_1\ln\left(\frac{V_2}{V_1}\right) = RT_1\ln\left(\frac{V_2}{V_1}\right)$$

$$= RT_1\cdot\ln\left(\frac{\frac{V_1}{4}}{V_1}\right) = RT_1\cdot\ln\left(\frac{1}{4}\right)$$

$$= 29.3 \text{ kgf·m/kg·K} \times (273 + 15)\text{K} \times \ln\left(\frac{1}{4}\right) \times 1 \text{ kg}$$

$$= -11698.10 ≒ -11700 \text{ kg(f)·m}$$

즉, 등온에서 기체가 외부로부터 받은 일에 의해 압축되어 부피가 감소이므로 (-)부호임.

22. 열기관의 효율을 면적의 비로 표시할 수 있는 선도는?

① H - S 선도　　② T - S 선도
③ T - V 선도　　④ P - T 선도

【해설】 • 열기관의 (열)효율 공식 $\eta = \dfrac{W}{Q_1} = \dfrac{Q_1 - Q_2}{Q_1} = 1 - \dfrac{Q_2}{Q_1}$

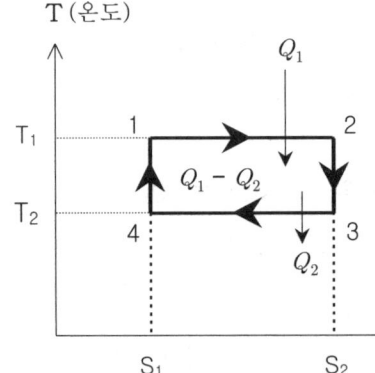

1→2 : 등온팽창.(공급열량, Q_1)
2→3 : 단열팽창.
　(열출입없이 외부에 일을 한다.
　　∴ 온도하강)
3→4 : 등온압축.(방출열량, Q_2)
4→1 : 단열압축.
　(열출입없이 외부에서 일을 받는다.
　　∴ 온도상승)

• T-S선도에서 경로와 x축이 이루는 **면적**은 T·dS = Q 이므로 "열량선도"라 부른다.
따라서, **면적의 비** $\dfrac{Q_2}{Q_1}\left(\dfrac{\text{방출열량}}{\text{공급열량}}\right)$로 열효율을 표시할 수 있다.

23. 전체적이 5660 L 일 때 산소 4.54 kg, 질소 6.80 kg, 수소 2.27 kg 로 이루어지는 기체 혼합물 60 ℃ 에서의 전압은 약 몇 kPa 인가?
(단, 분자량은 산소 32, 질소 28, 수소 2 이고 이상기체 혼합물이라 가정한다.)

① 134　　② 268　　③ 743　　④ 6655

【해설1】• 이상기체의 상태방정식 $PV = nRT$ 에서, $P = \dfrac{nRT}{V}$ (여기서, n : 몰수)

한편, 혼합물의 몰수 $n = \dfrac{m}{M}\left(\dfrac{\text{질량}}{\text{분자량}}\right)$ 이므로

$$= \left(\dfrac{4.54\,kg}{32} + \dfrac{6.8\,kg}{28} + \dfrac{2.27\,kg}{2}\right) = 1.519 ≒ 1.52\,\text{kmol}$$

$$P = \dfrac{1.52\,kmol \times 8.314\,kJ/kmol\cdot K \times (273+60)\,K}{5660\,L \times \dfrac{1\,m^3}{1000\,L}} = 743.50 ≒ 743\,\text{kPa}$$

[단위확인] $kJ/m^3 = kN\cdot m/m^3 = kN/m^2 = kPa$

【해설2】• $P = \dfrac{1.52\,kmol \times 0.082\,atm\cdot m^3/kmol\cdot K \times (273+60)\,K}{5660\,L \times \dfrac{1\,m^3}{1000\,L}} = 7.333\,\text{atm}$

$= 7.333\,\text{atm} \times \dfrac{101.325\,kPa}{1\,atm} = 743.01 ≒ 743\,\text{kPa}$

---

24. 실내의 기압계는 1.013 bar 를 지시하고 있다. 진공도가 20 % 인 용기 내의 절대압력은 몇 kPa 인가?

① 20.26　　② 64.72　　③ 81.04　　④ 121.56

【해설】　　　　　　　　　　　　　　　　　　　　　　　　　　　**암기법** : 절대마진

• 진공도에 따른 진공압의 계산

$\dfrac{1\,\text{기압}}{100\,\%} = \dfrac{P_{\text{진공압}}}{\text{진공도}(\%)}$ 에서, $\dfrac{1.013\,bar}{100\,\%} = \dfrac{P_{\text{진공압}}}{20\,\%}$ ∴ 진공압 = 0.2026 bar

• **절대압력** = 대기압(기압계로 측정) - **진공압**

$= 1.013\,\text{bar} - 0.2026\,\text{bar}$

$= 0.8104\,\text{bar} \times \dfrac{10^5\,Pa}{1\,bar} \times \dfrac{1\,kPa}{10^3\,Pa} = \mathbf{81.04\,kPa}$

25. 폐쇄계(System)에서 경로 A → C → B를 따라 100 J의 열이 계로 들어오고 40 J의 일을 외부에 할 경우 B → D → A를 따라 계가 되돌아올 때 계가 30 J의 일을 받았다면 이 과정에서 계는 얼마의 열을 방출 또는 흡수하는가?

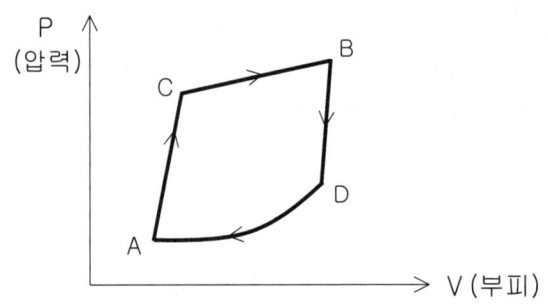

① 30 J 흡수　　② 30 J 방출　　③ 90 J 흡수　　④ 90 J 방출

【해설】 ※ 폐쇄계에서 열량은 보존된다는 열역학 제1법칙(에너지 보존)의 이해에 관한 내용이다.
계(系, 시스템)가 100 J의 열을 받았으므로 +100 J에서, 외부에 일을 40 J만큼 했으므로 계에는 100 J - 40 J = 60 J만큼의 내부에너지가 증가하였다.
계가 처음의 상태점(A)으로 되돌아오기 위해서는 +30 J의 일을 받아야 하는 것은,
내부에너지(60 J) + 외부로부터 받은(30 J) = 90 J만큼의 **열을 방출**했기 때문이다.

26. 다음은 열역학적 사이클에서 일어나는 여러 가지의 과정이다. 이상적인 카르노(Carnot) 사이클에서 일어나는 과정을 옳게 나열한 것은?

| 가. 등온압축 과정 | 나. 정적팽창 과정 | 다. 정압압축 과정 | 라. 단열팽창 과정 |

① 가, 나　　② 나, 다　　③ 다, 라　　④ 가, 라

【해설】　　　　　　　　　　　　　　　　　　　　　암기법 : 카르노 온단다.
• 카르노 사이클은 2개의 등온과정과 2개의 **단열과정**으로 구성된다.

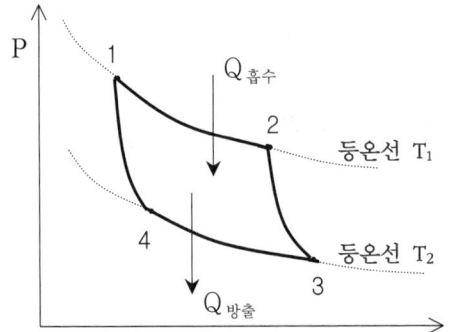

1 → 2 : 등온팽창.(열흡수)
2 → 3 : 단열팽창.
　(열출입없이 외부에 일을 한다.
　∴ 온도하강)
3 → 4 : 등온압축.(열방출)
4 → 1 : 단열압축.
　(열출입없이 외부에서 일을 받는다.
　∴ 온도상승)

27.
압력이 1000 kPa이고 온도가 380 ℃인 과열증기의 엔탈피는 약 몇 kJ/kg 인가?
(단, 압력이 1000 kPa일 때 포화온도는 179.1 ℃,
포화증기의 엔탈피는 2775 kJ/kg이고 평균비열은 2.2 kJ/kg·K 이다.)

① 3217　　　② 2324　　　③ 1607　　　④ 445

【해설】• 과열증기의 엔탈피 $h_2'' = h_2 + \Delta h$
$$= h_2 + C_P \cdot (t_2'' - t_2)$$
$$= 2775 + 2.2 \times (380 - 179.1) = 3216.98 ≒ 3217 \text{ kJ/kg}$$

【key】• P-h 선도에서 각 상태점에서 증기의 상태를 이해할 수 있으면,
과열증기의 엔탈피는 포화증기($x = 1$)의 엔탈피인 $h_2 = 2775$ 보다도 커야 한다는 것을
알 수 있으므로 직관적으로도 정답은 2775 보다 큰 값인 ❶번이 되는 것을 알 수 있다.

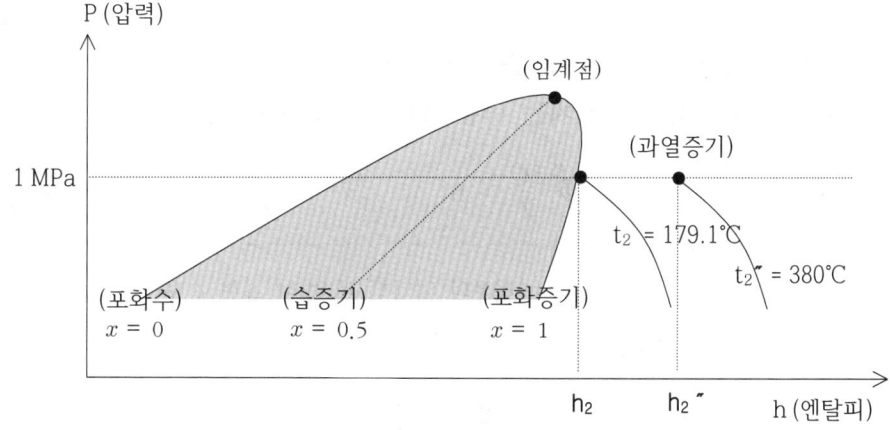

28.
용적 0.01 m³의 실린더 속에 압력 1 MPa, 온도 25 ℃의 공기가 들어 있다.
이것이 일정 온도하에서 압력 100 kPa까지 팽창하였을 경우 공기가 행한 일의 양은
약 몇 kJ 인가? (단, 공기는 이상기체이다.)

① 0.009　　　② 0.023　　　③ 9　　　④ 23

【해설】• 등온($T_1 = T_2$, $dT = 0$, $dU = 0$) 팽창이므로,
등온변화에서 암기하고 있어야 하는 공식인 $_1W_2 = P_1 V_1 \cdot \ln\left(\dfrac{V_2}{V_1}\right)$ 를 이용해서 계산한다.

$_1W_2 = P_1 V_1 \cdot \ln\left(\dfrac{V_2}{V_1}\right)$　한편, $\dfrac{P_1 V_1}{T_1} = \dfrac{P_2 V_2}{T_2}$ 에서 등온이므로 $\dfrac{V_2}{V_1} = \dfrac{P_1}{P_2}$ 이다.

$$= P_1 V_1 \cdot \ln\left(\dfrac{P_1}{P_2}\right)$$
$$= 1000 \text{ kPa} \times 0.01 \text{ m}^3 \times \ln\left(\dfrac{1000 \, kPa}{100 \, kPa}\right) = 23.0258 ≒ 23 \text{ kJ}$$

29. 1기압 30 ℃의 물 2 kg을 1 기압 건포화증기로 만들려면 약 몇 kJ의 열량을 가하여야 하는가?

(단, 30 ℃와 100 ℃ 사이의 물의 평균 정압비열은 4.19 kJ/kg·K, 1기압 100 ℃ 에서의 증발잠열은 2257 kJ/kg, 1기압 30 ℃ 물의 엔탈피는 126 kJ/kg 이다.)

① 2250　　　② 4510　　　③ 5100　　　④ 9460

【해설】• 1기압하에서의 정압가열이므로 비열은 정압비열(Cp)로 대입하여야 한다.
Q = 현열 + 증발잠열
= m Cp ΔT + mR_w
여기서, Q : 열량, m : 질량, Cp : 정압비열, ΔT : 온도변화량, R_w : 증발잠열
= 2 × 4.19 × (373 − 303) + 2 × 2257 = 5100.6 ≒ **5100 kJ**

30. 이상 및 실제 사이클 과정 중 항상 성립하는 것은?

(단, Q는 시스템에 가해지는 열량, T는 절대온도이다.)

① $\oint \frac{\delta Q}{T} = 0$　　② $\oint \frac{\delta Q}{T} > 0$　　③ $\oint \frac{\delta Q}{T} \geq 0$　　④ $\oint \frac{\delta Q}{T} \leq 0$

【해설】※ 클라우지우스(Clausius) 적분의 열역학 제2법칙 표현 : $\oint \frac{dQ}{T} \leq 0$ 에서,

• 가역 과정일 경우 : $\oint_{가역} \frac{dQ}{T} = 0$

• 비가역 과정일 경우 : $\oint_{비가역} \frac{dQ}{T} < 0$ 으로 표현한다.

31. 압력 200 kPa, 체적 1.66 m³의 상태에 있는 기체를 등압하에서 열을 제거하였다. 최종체적이 처음 체적의 반이라면 이 기체에 의하여 행하여진 일은 몇 kJ 인가?

① −256　　　② −188.5　　　③ −166　　　④ −125.5

【해설】• 등압방열(냉각)에 의한 체적 감소이므로,

$$_1W_2 = \int_1^2 P\,dV = P\int_1^2 dV = P \times (V_2 - V_1)$$
$$= 200\,kPa \times \left(\frac{V_1}{2} - V_1\right)$$
$$= 200\,kPa \times \left(-\frac{V_1}{2}\right)$$
$$= 200\,kPa \times \left(-\frac{1.66\,m^3}{2}\right) = -166\,kJ$$

32.
피스톤이 장치된 단열 실린더에 300 kPa, 건도 0.4인 포화액-증기 혼합물 0.1 kg 이 들어있고 실린더 내에는 전열기가 장치되어 있다. 220 V의 전원으로부터 0.5 A의 전류를 5분 동안 흘려보냈을 때 이 혼합물의 건도는 약 얼마인가?
(단, 이 과정은 정압과정이고 300 kPa에서 포화액의 엔탈피는 561.43 kJ/kg이고 포화증기의 엔탈피는 2724.9 kJ/kg 이다.)

① 0.553   ② 0.568   ③ 0.571   ④ 0.587

【해설】• 전열기에서 발생한 열량 = 혼합물이 얻는 열량
$$Q = i \cdot V \cdot t = 0.5\,A \times 220\,V \times 5 \times 60\,sec = 33000\,J = 33\,kJ$$
• 잠열량 $R = m \cdot \Delta H = m \cdot (H_2 - H_1) = 0.1\,kg \times (2724.9 - 561.43) = 216.347\,kJ$
• 공급열량에 의한 건도와의 관계식 $Q = x_2 \cdot R$ 에서, $x_2 = \dfrac{Q}{R} = \dfrac{33\,kJ}{216.347\,kJ} = 0.1525$
• 혼합물의 최종 건도 $x = x_1 + x_2 = 0.4 + 0.1525 = 0.5525 ≒ \mathbf{0.553}$

33.
정압과정(Constant Pressure Process)에서 한 계(System)에 전달된 열량은 그 계의 어떠한 성질변화와 같은가?

① 내부에너지   ② 엔트로피
③ 엔탈피   ④ 퓨개시티(Fugacity)

【해설】• 열역학 제1법칙(에너지보존)에 의하여, 계의 전달열량 $\delta Q = dU + PdV$ 에서
한편, $H = U + PV$ 에서 내부에너지 $U = H - PV$ 이므로
$\delta Q = d(H - PV) + PdV = dH - PdV - VdP + PdV = dH - VdP$
한편, 정압(P = 1, dP = 0)이므로
= dH (즉, 엔탈피 변화와 같다.)

34.
1 MPa, 200 ℃와 1 MPa, 300 ℃의 과열증기의 엔탈피는 각각 2827 kJ/kg, 3050 kJ/kg이다. 이 구간에서 평균 정압비열은 몇 kJ/kg · K 인가?

① 0.598   ② 2.23   ③ 5.98   ④ 223

【해설】• 정압하에서 가열량은 엔탈피 변화량과 같다.
$$Q = m \cdot \Delta H$$
$$m\,C_p\,\Delta T = m \cdot \Delta H$$
$$\therefore C_p = \dfrac{\Delta H}{\Delta T} = \dfrac{(3050 - 2827)\,kJ/kg}{(573 - 473)\,K}$$
$$= 2.23\,kJ/kg \cdot K$$

32-①   33-③   34-②

35. 열역학 제2법칙과 관계가 가장 먼 것은?

① 열은 온도가 높은 곳에서 낮은 곳으로 흐른다.
② 전열선에 전기를 가하면 열이 나지만 전열선을 가열하여도 전력을 얻을 수 없다.
③ 열기관의 효율에 대한 이론적인 한계를 결정한다.
④ 전체 에너지양은 항상 보존된다.

【해설】❹ 에너지보존 관계를 나타내는 "열역학 제1법칙"에 관한 설명이다.

36. 이상기체의 법칙에 해당되지 않는 것은? (단, a, b는 상수이다.)

① 등온상태에서 PV = 일정
② 보일의 법칙
③ 보일-샤를의 법칙
④ $\left(P + \dfrac{a}{V^2}\right)(V - b) = RT$

【해설】❹ 반데르-발스 상태방정식인 $\left(P + \dfrac{a}{V^2}\right)(V - b) = RT$ 는 실제기체에 적용되는 식이다.

37. 열역학 제1법칙에 대한 설명이 아닌 것은?

① 일과 열 사이에는 에너지 보존의 법칙이 성립한다.
② 에너지는 따로 생성되지도 소멸되지도 않는다.
③ 열은 그 자신만으로는 저온 물체에서 고온 물체로 이동할 수 없다.
④ 일과 열 사이의 에너지는 한 형태에서 다른 형태로 바뀔 뿐이다.

【해설】❸ 열역학 제2법칙 : 열 이동의 법칙 또는 에너지전환 방향에 관한 법칙
즉, 열은 고온(T_1) → 저온(T_2)으로 이동한다.
따라서, 그 자신만으로는 저온에서 고온으로 이동할 수 없다.

38. 임의의 가역 사이클에서 성립되는 Clausius의 적분은 어떻게 표현되는가?

① $\oint \dfrac{dQ}{T} > 0$ ② $\oint \dfrac{dQ}{T} < 0$ ③ $\oint \dfrac{dQ}{T} = 0$ ④ $\oint \dfrac{dQ}{T} \geq 0$

【해설】※ 클라우지우스(Clausius) 적분의 열역학 제2법칙 표현 : $\oint \dfrac{dQ}{T} \leq 0$ 에서,
• 가역 과정일 경우 : $\oint_{\text{가역}} \dfrac{dQ}{T} = 0$
• 비가역 과정일 경우 : $\oint_{\text{비가역}} \dfrac{dQ}{T} < 0$ 으로 표현한다.

35-④   36-④   37-③   38-③

39. 그림과 같은 열펌프(Heat Pump) 사이클에서 성능계수는?
(단, P는 압력, H는 엔탈피이다.)

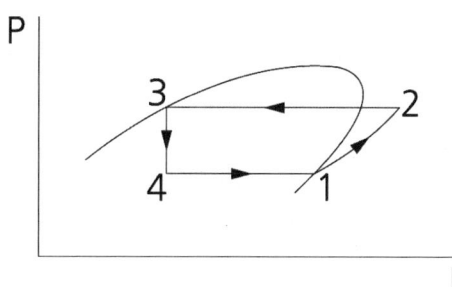

① $\dfrac{H_2 - H_3}{H_2 - H_1}$ ② $\dfrac{H_1 - H_4}{H_2 - H_1}$ ③ $\dfrac{H_1 - H_3}{H_2 - H_1}$ ④ $\dfrac{H_3 - H_4}{H_2 - H_1}$

【해설】• 열펌프의 성능계수 $COP_{(H)} = \dfrac{Q_1}{W} = \dfrac{H_2 - H_3}{H_2 - H_1}$

여기서, W : 압축일량, Q_1 : 고온부로 방출한 열량

【비교】• 냉동기의 성능계수 $COP_{(R)} = \dfrac{Q_2}{W} = \dfrac{H_1 - H_4}{H_2 - H_1}$

여기서, Q_2 : 저온부에서 흡수한 열량

• 냉동기와 열펌프(히트펌프)의 성능계수 관계 : $COP_{(R)} + 1 = COP_{(H)}$

40. 압력이 1.2 MPa이고 건도가 0.6인 습포화증기 10 m³의 질량은 약 몇 kg인가?
(단, 1.2 MPa에서 포화액과 포화증기의 비체적은 각각 0.0011373 m³/kg, 0.1662 m³/kg 이다.)

① 87.83 ② 89.25 ③ 99.83 ④ 103.25

【해설】• 비체적에 따른 증기의 질량 $m = \rho \times V = \dfrac{1}{v_x} \times V$

여기서, ρ : 밀도, V : 체적, v : 비체적, x : 건도

한편, 습증기의 비체적 $v_x = v_1 + x(v_2 - v_1)$

$= \dfrac{1}{0.0011373 + 0.6(0.1662 - 0.0011373)} \times 10$

$= 99.8253 ≒ $ **99.83 kg**

제3과목   계측방법

41. 30 ℃를 랭킨온도로 나타내면 몇 °R 인가?

① 456   ② 460   ③ 546   ④ 640

【해설】   [암기법] : 화씨는 오구씨보다 32살 많다.

- 화씨온도(°F) = $\frac{9}{5}$ ℃ + 32 = $\frac{9}{5}$ × 30 + 32 = 86 °F

- 랭킨온도(°R) = °F + 460 = 86 + 460 = **546 °R**

42. 차압식 유량계에서 압력차가 처음보다 2배 커지고, 관의 직경이 1/2 로 되었다면, 나중 유량(Q_2)과 처음 유량(Q_1)의 관계로 가장 옳은 것은?
(단, 나머지 조건은 모두 동일하다.)

① $Q_2 = 0.3535\, Q_1$ ② $Q_2 = \frac{1}{4}\, Q_1$

③ $Q_2 = 1.4142\, Q_1$ ④ $Q_2 = 0.707\, Q_1$

【해설】 • 유량과 압력차의 관계 공식 Q = A·v 에서, 압력차(또는, 차압)을 ΔP라고 두면

$$= \frac{\pi D^2}{4} \times \sqrt{2gh} = \frac{\pi D^2}{4} \times \sqrt{2g \times \frac{\Delta P}{\gamma}}$$

비례식을 세우면, $\dfrac{Q_1}{Q_2} \propto \dfrac{D^2 \times \sqrt{P}}{\left(\dfrac{D}{2}\right)^2 \times \sqrt{2P}} = \dfrac{1}{\dfrac{\sqrt{2}}{4}}$,

$$\therefore Q_2 = \frac{\sqrt{2}}{4} Q_1 = 0.3535\, Q_1$$

43. 주로 낮은 압력을 측정하는데 사용되는 피라니 압력계(Pirani gauge)의 원리는 압력에 따른 기체의 어떤 성질의 변화를 이용한 것인가?

① 비중   ② 열전도   ③ 비열   ④ 압축인자

【해설】 ※ 진공 압력계의 원리
① 맥라우드 진공계 : 수은주를 이용한다.
② 피라니 진공계 : 열전도(저압하에서 기체의 열전도는 압력에 비례한다.)를 이용한다.
③ 열전대 진공계 : IC(철-콘스탄탄) 열전대를 이용한다.
④ 전리 진공계 : 3극진공관에서 잔류기체의 전리작용을 이용한다.
⑤ 가이슬러관 진공계 : 방전을 이용한다.

44. 가스분석계인 자동화학식 CO_2계에 대한 설명으로 틀린 것은?

① 조작은 모두 자동화되어 있다.
② 구조상 튼튼하고 점검과 보수가 용이하다.
③ 흡수액 선정에 따라 O_2 및 CO의 분석계로도 사용할 수 있다.
④ 선택성이 비교적 좋다.

【해설】 • 가스분석계인 자동화학식 CO_2계의 원리는 오르사트 분석기와 같으며 30 %의 KOH 수용액에 CO_2를 흡수시켜 시료가스 용적의 감소를 측정하여 CO_2 농도를 분석하는 방식이며, 흡수제를 바꾸면 O_2 및 CO의 분석계로도 그 사용이 가능하다.
단점으로는 유리 부분이 많아서 파손되기 쉬우며 구조가 약하여 점검과 보수에 시간이 많이 걸리므로 용이하지 않다.

45. 링밸런스식 압력계에 대한 설명으로 옳은 것은?

① 부식성가스나 습기가 많은 곳에서도 정도가 높다.
② 도압관은 가늘고 긴 것이 좋다
③ 측정 대상 유체는 주로 액체이다.
④ 압력원에 접근하도록 계기를 설치해야 한다.

【해설】 ※ 링밸런스(Ring balance)식 압력계(또는, 환상천평식 압력계)의 특징
① 부식성 가스나 습기가 적은 곳에 설치하여야 정도가 좋다.
② 압력 도입관(도압관)은 굵고 짧게 하는 것이 좋다.
③ 도너츠 모양의 측정실에 봉입하는 물질이 액체(오일, 수은)이므로 액체의 압력은 측정할 수 없으며, 기체의 압력 측정에만 사용된다.
❹ 가급적이면 압력원에 가깝도록 계기를 설치하여야 도압관의 길이를 짧게 할 수 있다.
⑤ 원격전송을 할 수 있다.
⑥ 봉입액은 규정량이어야 한다.
⑦ 지시도 시험 시 측정회수는 적어도 2회 이상이어야 한다.

46. 다음 중 1차계 제어계에서 시간상수에 관한 관계식은?
(단, T : 시간상수, R : 저항, C : 캐피시턴스 이다.)

① T = C × R
② T = C ÷ R
③ T = R + C
④ T = R - C

【해설】 • 저항 $R = \dfrac{T}{C}$ 에서, ∴ 시간상수 T = C × R

44-②   45-④   46-①

47. 서미스터 온도계에 대한 설명으로 틀린 것은?

① 응답이 빠르다.
② 소형으로서 좁은 장소의 측온에 적합하다.
③ 일반적으로 소자의 온도 특성인 균일성을 얻기 쉽다.
④ 온도에 의한 저항변화를 이용한 것이다.

【해설】 ※ 서미스터 온도계의 특징
① 전기저항이 온도에 따라 크게 변하는 반도체이므로 응답이 빠르다.
② 측온부를 작게 제작할 수 있으므로 좁은 장소에도 설치가 가능하여 편리하다.
❸ 반도체이므로, 금속 소자의 온도 특성인 특유의 균일성을 얻기 어렵다.
④ 금속의 일반적인 저항의 성질과는 달리 니켈, 구리, 망간, 철, 코발트 등의 금속 산화물의 분말을 혼합하여 소결시킨 반도체인 서미스터는 온도가 높아질수록 저항이 오히려 감소하는 부특성(負特性)을 지닌다.(절대온도의 제곱에 반비례한다.)
⑤ 온도계수가 금속에 비하여 크다.

48. 차압식 유량계의 압력손실의 크기를 바르게 나열한 것은?

① 오리피스 < 벤투리 < 플로노즐
② 벤투리 < 플로노즐 < 오리피스
③ 플로노즐 < 벤투리 < 오리피스
④ 벤투리 < 오리피스 < 플로노즐

【해설】　　　　　　　　　　　　　　　　암기법 : 손오공 노레(Re)는 벤츄다.
※ 차압식 유량계의 비교
• 압력손실이 큰 순서 : 오리피스 > 노즐 > 벤츄리
• 압력손실이 작은 유량계일수록 가격이 비싸진다.
• 노즐은 레이놀즈(Reno)수가 큰 난류일 때에도 사용할 수 있다.

49. 세라믹식 O_2계의 특징을 설명한 것 중 틀린 것은?

① 비교적 응답이 빠르며(5 ~ 30초) 측정가스의 유량이나 설치장소의 주위온도 변화에 의한 영향이 적다.
② 주로 저농도가스 분석에 적합하다.
③ 측정 범위는 ppm으로부터 %까지 광범위하게 측정할 수 있다.
④ 측정부의 온도유지를 위하여 온도조절용 전기로를 필요로 한다.

【해설】 ❷ 세라믹식 O_2계는 전기화학전지의 기전력을 측정함으로써 가스 중의 O_2 농도를 분석하는 방식이므로 저농도의 가스 분석에는 부적합하다.
따라서, 저농도의 가스분석에 적합한 가스분석계는 도전율식이 사용된다.

50. 연소가스의 통풍계로 주로 사용되는 압력계는?

① 다이어프램식 압력계
② 벨로스 압력계
③ 링밸런스식 압력계
④ 분동식 압력계

【해설】
• 고온의 연소가스는 부식성이 있으므로 통풍압력(통풍력)을 측정하는 압력계로는 부식성에 강한 다이어프램식 압력계를 주로 사용한다.

51. 비례-적분 제어동작에서 적분동작은, 비례동작을 사용했을 때 발생하는 어떤 문제점을 제거하기 위한 것인가?

① 오프셋(Off-set)
② 빠른 응답(Quick response)
③ 지연(Delay)
④ 외란(Disturbance)

【해설】 암기법 : 아이(I) 편
• 비례동작(P동작)에 의해 잔류편차(Off-set, 오프셋)가 발생하므로 I동작(적분동작)을 조합하면 잔류편차가 제거된다.

52. 다음 중 가스크로마토그래피 분석기의 컬럼(Column)에 쓰이는 흡착제가 아닌 것은?

① 활성탄
② 미분탄
③ 실리카겔
④ 활성알루미나

【해설】
• 가스크로마토그래피(Gas Chromatograpy)법은 활성탄, 활성알루미나, 합성제올라이트, 실리카겔 등의 흡착제를 채운 컬럼(Column, 통)에 시료를 한쪽으로부터 통과시키면 친화력과 흡착력이 각 가스마다 다르기 때문에 이동속도 차이로 분리되어 측정실 내로 도입해 휘스톤브릿지 회로를 측정하는 방식으로,
한 대의 장치로 O_2와 NO_2를 제외한 다른 여러 성분의 가스를 모두 분석할 수 있으며 캐리어가스(운반가스)로는 H_2, He, N_2, Ar 등이 사용된다.

53. 대기압 750 mmHg에서 계기압력이 3.25 kg/cm² 이었다. 이 때의 절대압력은?

① 2.23 kg/cm²
② 3.27 kg/cm²
③ 4.27 kg/cm²
④ 5 kg/cm²

【해설】 암기법 절대 계
• 절대압력 = 대기압(기압계) + 게이지압(압력계)
  = $750 \text{ mmHg} \times \dfrac{1.0332 \ kg/cm^2}{760 \ mmHg}$ + 3.25 kg/cm² = 4.269 ≒ **4.27 kg/cm²**

50-① 51-① 52-② 53-③

54. 금속식 다이어프램 압력계(Diaphragm gauge)의 최고 측정범위는?

① 0.5 kg/cm²   ② 6 kg/cm²
③ 10 kg/cm²   ④ 20 kg/cm²

【해설】 ※ 탄성식 압력계의 종류별 압력 측정범위   암기법 : 탄돈 벌다.

- 부르돈관식   >   벨로우즈식   >   다이어프램식
  (0.5 ~ 3000 kg/cm²)   (0.01 ~ 10 kg/cm²)   (0.002 ~ 0.5 kg/cm²)

• 특별히, 다이어프램의 재질이 금속(양은, 인청동, 스테인레스)일 때는 고압용(20 kg/cm²)으로 쓰인다.

55. 개방형 마노미터로 측정한 공기의 압력은 150 mmH₂O 이었다. 이 공기의 절대압력은 약 얼마인가?

① 150 kg/m²   ② 150 kg/cm²
③ 151.033 kg/cm²   ④ 10480 kg/m²

【해설】   암기법 : 절대 계

• 절대압력 = 대기압(기압계) + 게이지압(압력계)

$$= 10332 \text{ kg/m}^2 + 150 \text{ mmH}_2\text{O} \times \frac{10332 \text{ kg/m}^2}{10332 \text{ mmH}_2\text{O}}$$

$$= 10482 \fallingdotseq 10480 \text{ kg/m}^2$$

56. 조절기의 제어동작 중 비례적분 동작을 나타내는 기호는?

① P   ② PI   ③ PID   ④ PD

【해설】 • P : 비례 동작, PI : 비례적분 동작, PID : 비례적분미분 동작, PD : 비례미분동작

57. 측정온도범위가 -210 ~ 760 ℃ 정도이며, (-)측이 콘스탄탄으로 구성된 열전대는?

① R형   ② K형   ③ S형   ④ J형

【해설】 ※ 열전대의 종류 및 특징

종류	호칭	(+)전극	(-)전극	측정온도범위(℃)	암기법
PR	R형	백금로듐	백금	0 ~ 1600	PRR
CA	K형	크로멜	알루멜	-20 ~ 1200	CAK (칵~)
IC	J형	철	콘스탄탄	-200 ~ 800	아이씨 재바
CC	T형	구리(동)	콘스탄탄	-200 ~ 350	CCT(V)

58. 1500 K의 완전방사체 표면으로부터 방출되는 전방사에너지는 약 몇 W/cm² 인가? (단, 스테판-볼쯔만상수는 5.67×10^{-12} W/cm² · K⁴ 이다.)

① 26.7 ② 28.7 ③ 30.7 ④ 32.7

【해설】 • 열방사에 의한 방사에너지는 스테판-볼쯔만의 법칙으로 계산된다.

$$Q = \epsilon_b \cdot \sigma T^4$$

여기서, σ : 스테판 볼쯔만 상수(5.67×10^{-12} W/cm² · K)
ϵ_b : 흑체(완전방사체)의 표면 복사율 또는 흑도
T : 절대온도(K)

$= 1 \times 5.67 \times 10^{-12}$ W/cm² · K⁴ $\times (1500 \text{ K})^4 = 28.7$ W/cm²

59. 유체의 와류에 의해 측정하는 유량계는?

① 오벌(Oval) 유량계
② 델타(Delta) 유량계
③ 로타리 피스톤(Rotary Piston) 유량계
④ 로터미터(Rotameter)

【해설】 • 와류식(渦流式) 유량계는 유체 중에 인위적인 소용돌이(와류)를 일으켜 와류의 발생수, 즉 주파수가 유속에 비례한다는 사실을 응용하여 유량을 측정하는 방식이다.
그 종류로는 카르만(Kalman) 유량계, 스와르 미터(Strouh meter), 델타(Delta) 유량계가 있다. 암기법 : 와!~ 카스델

60. 다음 중 적분동작이 가장 많이 사용되는 제어는?

① 증기압력 ② 유량압력 ③ 유량제어 ④ 레벨제어

【해설】 • 적분동작(I 동작)이 가장 많이 사용되는 제어는 유량제어이다.

제4과목   열설비재료 및 관계법규

61. 산업통상자원부장관은 에너지이용합리화에 관한 기본계획을 몇 년 마다 수립하여야 하는가?

① 5년 ② 3년 ③ 2년 ④ 1년

【해설】 [에너지이용합리화법시행령 제3조1항.]
• 산업통상자원부장관은 5년마다 에너지이용합리화에 관한 기본계획을 수립하여야 한다.

58-② 59-② 60-③ 61-①

62. 산업통상자원부장관은 국내의 에너지사정의 변동으로 에너지수급에 중대한 차질이 발생할 우려가 있다고 인정되면 필요한 범위에서 에너지사용자, 공급자 또는 에너지 사용 기자재의 소유자와 관리자 등에게 조정·명령 그 밖에 필요한 조치를 할 수 있다. 이에 해당하지 않는 항목은?

① 에너지의 개발 ② 지역별 에너지 할당
③ 에너지의 비축 ④ 에너지의 배급

【해설】 [에너지이용합리화법 제7조2항.]
- 에너지 수급안정을 위한 조정·명령 및 조치에 해당되는 사항
  - 지역별·수급자별 에너지 할당, 에너지공급설비의 가동 및 조업, 에너지의 비축과 저장, 에너지의 도입·수출입 및 위탁가공, 에너지의 배급, 에너지의 유통시설과 유통경로 등

63. 에너지이용합리화법령에 따른 평균에너지소비효율 산출식은?

① $\dfrac{\text{기자재 판매량}}{\sum\left(\dfrac{\text{기자재종류별 에너지소비효율}}{\text{기자재종류별 국내판매량}}\right)}$

② $\dfrac{\sum\left(\dfrac{\text{기자재종류별 에너지소비효율}}{\text{기자재종류별 국내판매량}}\right)}{\text{기자재 판매량}}$

③ $\dfrac{\text{기자재 종류별 에너지소비효율}}{\sum\left(\dfrac{\text{기자재종류별 국내판매량}}{\text{기자재 판매량}}\right)}$

④ $\dfrac{\text{기자재 판매량}}{\sum\left(\dfrac{\text{기자재종류별 국내판매량}}{\text{기자재종류별 에너지소비효율}}\right)}$

【해설】 [에너지이용합리화법 시행규칙 별표1의2.]
【key】 ❹ 똑바로 선 피라미드(Δ) 형태로 표현된 공식이 정답이 되는 것을 기억해 두자!

64. 에너지수급 차질에 대비하기 위하여 산업통상자원부장관이 에너지저장 의무를 부과할 수 있는 대상에 해당되는 자의 기준은?

① 연간 1천TOE 이상 에너지사용자 ② 연간 5천TOE 이상 에너지사용자
③ 연간 1만TOE 이상 에너지사용자 ④ 연간 2만TOE 이상 에너지사용자

【해설】 암기법 : 에이, 쌍!~ 다소비네. 10배 저장해야지. [에너지이용합리화법 시행령 제12조.]
- 에너지수급 차질에 대비하기 위하여 산업통상자원부장관이 에너지저장의무를 부과할 수 있는 대상에 해당되는 자는 전기사업자, 도시가스사업자, 석탄가공업자, 집단에너지 사업자, 연간 2만 TOE(석유환산톤) 이상의 에너지사용자이다.

65. 에너지이용합리화법에 의한 목표에너지원단위(原單位)란?

① 제품의 단위당 에너지사용 목표량
② 에너지사용자가 정한 1년 연간 목표 사용량
③ 한국에너지공단 이사장이 정한 사용 에너지의 단위
④ 건축물의 연간 가동 에너지사용 목표량

【해설】
• 산업통상자원부장관은 에너지의 이용효율을 높이기 위하여 필요하다고 인정하면 관계행정기관의 장과 협의하여 에너지를 사용하여 만드는 제품의 단위당 에너지 사용목표량 또는 건축물의 단위면적당 에너지사용 목표량(이하 "**목표에너지원단위**"라 한다.)을 정하여 고시하여야 한다. [에너지이용합리화법 제35조 1항.]

66. 에너지이용합리화법령에 따라 에너지절약전문기업 등록의 취소요건이 아닌 것은?

① 규정에 의한 등록기준에 미달하게 된 때
② 보고를 하지 아니하거나 허위보고를 한 때
③ 정당한 사유 없이 등록 후 3년 이상 계속하여 사업수행 실적이 없는 때
④ 사업수행과 관련하여 다수의 민원을 일으킨 때

【해설】 [에너지이용합리화법 제26조.]
❹ 사업수행과 관련하여 다수의 민원을 일으켰다고 해서 에너지절약전문기업 등록의 취소 요건이 되지는 않는다.

67. 에너지이용합리화법령에 따라 자발적 협약체결 기업의 지원 등에 따른 자발적협약의 평가기준의 항목이 아닌 것은?

① 에너지 절감량 또는 온실가스 배출 감축량
② 계획대비 달성률 및 투자실적
③ 자원 및 에너지의 재활용 노력
④ 에너지이용합리화 자금 활용실적

【해설】 암기법 : 자발적으로 투자했는데 감자되었다.
[에너지이용합리화법 시행령 시행규칙 제26조2항.]

※ **자발적** 협약의 평가기준
① 계획대비 달성률 및 **투자**실적
② 에너지 절감량 또는 에너지의 합리적인 이용을 통한 온실가스의 배출**감**축량
③ **자**원 및 에너지의 재활용 노력
❹ 그밖에 에너지절감 또는 에너지의 합리적인 이용을 통한 온실가스배출 감축에 관한 사항.

68. 에너지이용합리화법령에 따라 검사대상기기의 설치자가 그 사용 중인 검사대상기기를 폐기한 때에는 그 폐기한 날로부터 며칠 이내에 한국에너지공단 이사장에게 신고하여야 하는가?

① 7일 ② 10일 ③ 15일 ④ 20일

【해설】 [에너지이용합리화법 시행규칙 제31조의 23.]
• 검사대상기기의 설치자가 그 사용 중인 검사대상기기를 폐기한 때에는 그 폐기한 날로부터 15일 이내에 폐기신고서를 한국에너지공단 이사장에게 신고하여야 한다.

69. 에너지이용합리화법령에 따라 에너지이용 합리화 기본계획에 대한 설명으로 틀린 것은?

① 산업통상자원부장관은 매 5년마다 수립하여야 한다.
② 에너지절약형 경제구조로의 전환에 관한 사항이 포함되어야 한다.
③ 산업통상자원부장관은 시행결과를 평가하고, 해당 관계 행정기관의 장과 시·도지사에게 그 평가 내용을 통보하여야 한다.
④ 관련행정기관의 장은 매년 실시계획을 수립하고 그 결과를 반기별로 산업통상자원부장관에게 제출하여야 한다.

【해설】 [에너지이용합리화법 시행령 제3조.]
• 관련행정기관의 장은 매년 실시계획을 수립하고 그 계획을 해당연도 1월31일까지, 그 시행결과를 다음연도 2월말까지 각각 산업통상자원부장관에게 제출하여야 한다.

70. 규석질 벽돌의 특징에 대한 설명으로 틀린 것은?

① 내화도가 높다.
② 하중연화 온도변화가 크다.
③ 저온에서 스폴링이 발생되기 쉽다.
④ 내마모성이 좋고 열전도율은 비교적 크다.

【해설】 • 산성 내화물의 대표적인 재질인 규석질 벽돌(실리카, SiO_2계)은 Si 성분이 많을수록 열전도율이 크다.
규석질 벽돌을 사용시 가장 주의해야 할 것은 상온에서 700℃까지의 저온 범위에서는 벽돌을 구성하는 광물의 부피팽창이 크기 때문에 열충격에 상당히 취약하여 스폴링이 발생되기 쉽다는 것이다. 반면에, 700℃이상의 고온 범위에서는 부피팽창이 적어 열충격에 대하여 강하다. 따라서 내화도(SK 31 ~ 33)가 높고 용융점 부근까지 하중에 잘 견디므로 하중연화 온도변화가 적다.

71. 350 ℃ 이하에서 사용압력이 비교적 낮은 배관에 사용하며, 백관과 흑관으로 구분되는 강관의 종류는?

① SPP
② SPPH
③ SPPS
④ SPA

【해설】 ※ 배관의 KS 규격 기호 및 명칭
❶ 일반배관용 탄소강관(SPP, carbon Steel Pipe Piping)은 350 ℃ 이하에서 사용압력(1.0 MPa 이하)이 비교적 낮은 배관에 사용하며 탄소강관(SPP)에 1차 방청도장만 한 것을 흑관, 부식성을 개선시키기 위하여 흑관에 아연(Zn)도금을 한 것을 백관이라 한다.
② 고압배관용 탄소강관(SPPH, carbon Steel Pipe High Pressure)
③ 압력배관용 탄소강관(SPPS, carbon Steel Pipe Pressure Service)
④ 배관용 합금강관(SPA, Steel Pipe Alloy)
⑤ 배관용 스테인레스강관(STS, STainless Steel Pipe)
⑥ 고온배관용 탄소강관(SPHT, carbon Steel Pipe High Temperature Service)
⑦ 저온배관용 탄소강관(SPLT, carbon Steel Pipe Low Temperature Service)

72. 보온면의 방산열량 1100 kJ/m², 나면의 방산열량 1600 kJ/m² 일 때 보온재의 보온 효율은?

① 25 %
② 31 %
③ 45 %
④ 69 %

【해설】 • 보온효율 $\eta = \dfrac{\Delta Q}{Q_1} = \dfrac{Q_1 - Q_2}{Q_1} = 1 - \dfrac{Q_2}{Q_1} = 1 - \dfrac{1100}{1600} = 0.3125 ≒ $ **31 %**

여기서, Q_1 : 보온전 (나관일 때) 손실열량
Q_2 : 보온후 손실열량

73. 동합금, 경합금 등의 비철금속 용해로로 사용되고 있으며 Separate형, Oven형 등으로 구분되는 것은?

① 반사로
② 도가니로
③ 고리가마
④ 회전가마

【해설】 ❷ 도가니로는 동합금, 경합금 등의 비철금속의 용해로로 주로 사용되고 있으며 그 종류로는 연소가스가 직접적으로 금속에 접촉하지 않는 Separate형 이외에 Oven형 등이 있다. 일반적으로 도가니의 재료로는 하중연화점이 높고, 열 및 전기 전도도가 큰 흑연이 가장 적합하다.

71-① 72-② 73-②

74. SK 35~38의 내화도를 가지며 내식성, 내마모성이 매우 커서 소성가마 등에 사용되는 내화물은?

① 고알루미나 벽돌
② 규석질 벽돌
③ 샤모트질 벽돌
④ 마그네시아 벽돌

【해설】
- 고알루미나질은 내식성·내화도가 점토질보다 큰 것이 요구될 때 사용되는데 시멘트 소성용 가마의 안벽에 적합한 SK 35~38 (1770~1850℃)인 내화물은 산성이나 염기성에 비교적 강한 중성 내화벽돌이어야 한다.

75. 다음 중 스폴링(Spalling)의 종류가 아닌 것은?

① 열적 스폴링
② 기계적 스폴링
③ 화학적 스폴링
④ 조직적 스폴링

【해설】 ※ 스폴링(로재의 박리, 박락현상)의 발생 원인에 따른 종류 [암기법] : 조기 열 마리
① 조직적 스폴링 : 슬래그 등의 침입으로 인하여 발생되는 결정조성의 변화 때문.
② 기계적 스폴링 : 로의 구조에 따른 국부적인 하중에 의한 응력차 때문.
③ 열적 스폴링 : 급열·급냉으로 인한 열팽창·수축에 의한 내부응력의 불균일 때문.

76. 지름이 1 m 인 관속을 3600 m³/h로 흐르는 유체의 평균유속은 약 몇 m/s 인가?

① 0.24
② 1.27
③ 4.78
④ 5.36

【해설】
- 유량 계산 공식 $Q = A \cdot v = \pi r^2 \cdot v = \dfrac{\pi D^2}{4} \times v$

$$\dfrac{3600\,m^3}{h \times \dfrac{3600\,\sec}{1\,h}} = \dfrac{\pi \times (1\,m)^2}{4} \times v \quad \therefore \ v = 1.273 \fallingdotseq 1.27\,\text{m/s}$$

77. 터널요의 3개 구조부에 해당하지 않는 것은?

① 용융부
② 예열부
③ 소성부
④ 냉각부

【해설】 [암기법] : 예소 냉
- 터널요(Tunnel Kiln)는 가늘고 긴(70~100m) 터널형의 가마로써, 피소성품을 실은 대차는 레일 위를 연소가스가 흐르는 방향과 반대로 진행하면서 **예열 → 소성 → 냉각** 과정의 공정을 거쳐 제품이 완성된다.

78. 열에너지의 손실을 적게 하기 위해서는 보온재의 선택 조건을 고려해야 한다. 다음 중 보온재의 선택조건으로 가장 거리가 먼 것은?

① 노재의 수분 함유로 인한 급격한 승온(昇溫)의 고려
② 물리적 화학적 강도와 내용(耐用)년수
③ 단위 체적당의 가격 및 불연성
④ 사용온도범위와 열전도도

【해설】 ※ 보온재의 구비조건　　　　　　　　　　　　　　　　암기법 : 흡열장비다↓
　❶ 흡수성이 적을 것　　　　　② 열전도율(열전도도)이 작을 것
　③ 장시간 사용 시 변질되지 않을 것　　④ 비중(밀도)이 작을 것
　⑤ 다공질일 것　　　　　　　⑥ 견고하고 시공이 용이할 것
　⑦ 불연성일 것　　　　　　　⑧ 내열·내약품성이 있을 것

79. 공업로의 에너지절감 대책으로서 틀린 것은?

① 배열을 재료의 예열에 이용　　② 노체 열용량의 증가
③ 공연비의 개선　　　　　　　④ 단열의 강화

【해설】 ❷ 노체의 열용량을 감소시켜야 열에너지 손실을 줄여서 연료를 절감할 수 있다.

80. 옥내온도 15 ℃, 외기온도 5 ℃일 때 콘크리트 벽 (두께 10 cm, 길이 10 m 및 높이 5 m) 을 통한 열손실이 1500 kJ/h 라면 외부 표면 열전달계수는 약 몇 kJ/m²h℃ 인가? (단, 내부표면 열전달계수는 8.0 kJ/m²h℃ 이고 콘크리트의 열전도율은 0.7443 kJ/mh℃ 이다.)

① 11.5　　② 13.5　　③ 15.5　　④ 17.5

【해설】 • 평면벽에서의 손실열(교환열) 계산공식 $Q = K \cdot \Delta t \cdot A$　　암기법 : 교관온면

한편, 총괄열전달계수(관류율) $K = \dfrac{1}{\dfrac{1}{\alpha_i} + \dfrac{d}{\lambda} + \dfrac{1}{\alpha_o}}$ 이므로

$Q = \dfrac{\Delta t \times A}{\dfrac{1}{\alpha_i} + \dfrac{d}{\lambda} + \dfrac{1}{\alpha_o}}$, $1500 = \dfrac{(15-5) \times (10 \times 5)}{\dfrac{1}{8} + \dfrac{0.1}{0.7443} + \dfrac{1}{\alpha_o}}$

∴ 외부 표면 열전달계수 α_o = 13.517 ≒ 13.5 kJ/m²h℃

제5과목　열설비설계

81. 2중관 단일통과 열교환기의 외관에서 고온유체의 입구온도는 140 ℃이며, 출구의 온도는 90 ℃이었다. 또한 내관의 저온유체의 입구온도는 40 ℃이며, 출구온도는 70 ℃이었을 때 향류인 경우 평균온도차는 약 얼마인가?
(단, 열교환 중 응축은 발생하지 않는다.)

① 49.7　② 59.4　③ 69.7　④ 79.4

【해설】• 대수평균온도차 공식 $\Delta t_m = \dfrac{\Delta t_1 - \Delta t_2}{\ln\left(\dfrac{\Delta t_1}{\Delta t_2}\right)} = \dfrac{(140 - 70) - (90 - 40)}{\ln\left(\dfrac{140 - 70}{90 - 40}\right)} \fallingdotseq 59.4$ ℃

<향류식>

82. 다음 중 경판의 탄성(강도)을 높이기 위한 것은?

① 아담슨 조인트　② 브레이징스페이스
③ 용접조인트　④ 그루빙

【해설】※ 브레이징-스페이스(Breathing space, 완충구역)
 - 노통보일러의 경판에 부착하는 거싯스테이 하단과 노통 사이의 거리를 말하며, 경판의 일부가 노통의 고열에 의한 신축에 따라 탄성작용을 하는 역할을 한다.

83. 증기트랩으로서 가져야 할 조건이 아닌 것은?

① 압력, 유량이 소정의 범위내에서 변화하지 않아야 한다.
② 슬립, 율동 부분이 적고 마모, 부식에 견뎌야 한다.
③ 동작이 확실하고 내구력이 있어야 한다.
④ 마찰 저항이 적고 공기 배기가 좋아야 한다.

【해설】❶ 증기트랩은 수격작용 방지의 목적도 있으므로, 증기트랩의 통과 전·후에 유량과 압력이 소정의 범위내에서 변화되어야 하며, 그때도 작동이 확실하여야 한다.

84. 해수마그네시아 침전반응을 옳게 표현한 화학반응식은?

① $CaCO_3 + MgCO_3 \rightarrow CaMg(CO_3)_2$
② $CaMg(CO_3)_2 + MgCO_3 \rightarrow 2MgCO_3 + CaCO_3$
③ $MgCO_3 + Ca(OH)_2 \rightarrow Mg(OH)_2 + CaCO_3$
④ $2MgO \cdot 2SiO_2 \cdot 2H_2O + 3CO_3 \rightarrow 3MgCO_3 + 2SiO_2 + 2H_2O$

【해설】 • 산화마그네슘(MgO)을 마그네시아(Magnesia)라 하며 내화물로 널리 이용되고 있는데, 천연적으로도 산출은 되지만 양이 적어 공업적 용도에는 많이 미치지 못한다.
따라서 마그네시아의 공급원료로 일반적으로 쓰이는 것은 마그네사이트(Magnesite)와 바닷물에 용해되어 있는 마그네슘 이온(Mg^{2+})을 소석회($Ca(OH)_2$), 가성소다(NaOH) 등을 작용시켜 수산화마그네슘($Mg(OH)_2\downarrow$)으로 침전반응시켜서 얻은 것을 해수마그네시아 (海水, Seawater Magnesia) 라고 부른다.

• 해수마그네시아 제조의 근본이 되는 두 식은 다음과 같다.
$MgCO_3 + Ca(OH)_2 \rightarrow Mg(OH)_2\downarrow + CaCO_3\downarrow$
$MgCO_3 + 2NaOH \rightarrow Mg(OH)_2\downarrow + Na_2CO_3$

85. 다음 중 증기트랩 장치에 대하여 가장 옳게 설명한 것은?

① 증기관의 도중에 설치하여 압력의 급상승 또는 급히 물이 들어가는 경우 다른 곳으로 빼내는 장치이다.
② 증기관의 도중에 설치하여 증기의 일부가 드레인되어 고여 있을 때 응축수를 자동적으로 빼내는 장치이다.
③ 보일러 등에 설치하여 드레인을 빼내는 장치이다.
④ 증기관의 도중에 설치하여 증기를 함유한 침전물을 분리시키는 장치이다.

【해설】 • 증기트랩(steam trap) 장치는 증기관 내에 응축(응결)수가 고이기 쉬운 장소에 설치하여 응축수를 자동적으로 배출시켜 증기관의 수격작용을 방지하고 증기의 건도를 높이기 위하여 설치한다.

86. 두께 40 mm 강판을 맞대기 용접이음할 때 적당한 끝벌림 형식은?

① V형　　② X형　　③ H형　　④ 양면 W형

【해설】 ※ 맞대기 용접이음은 접합하려는 강판의 두께에 따라 끝벌림(그루브)을 다음과 같이 만든다.

판의 두께	그루브(Groove, 홈)의 형상
6 mm 이상 16 mm 이하	V형, R형 또는 J형
12 mm 이상 38 mm 이하	X형, K형, 양면 J형 또는 U형
19 mm 이상	H형

84-③　85-②　86-③

87. 운동량의 퍼짐도와 열적 퍼짐도의 비를 근사적으로 표현하는 무차원수는?

① Nusselt (Nu) 수
② Prandtl (pr) 수
③ Grashof (Gr) 수
④ Schmidt (Sc) 수

【해설】※ 유체의 열전달 특성에 사용되는 무차원수

① Nusselt (넛셀)수 Nu = $\left(\dfrac{대류열전달계수}{전도열전달계수}\right)$ 는 열전달계수와 관계가 있다.

❷ Prandtl (프랜틀)수 Pr = $\left(\dfrac{동점성계수}{열전도계수}\right)$ = $\left(\dfrac{운동량의 퍼짐도}{열적 퍼짐도}\right)$ = $\left(\dfrac{열전도계수}{열확산계수}\right)$

③ Grashof(그라슈프)수 Gr = $\left(\dfrac{부력}{점성력}\right)$

④ Schmidt(슈미트)수 Sc = $\left(\dfrac{운동량}{확산계수}\right)$

88. 다음 중 수관식 보일러가 <u>아닌</u> 것은?

① 벤슨 보일러
② 라몬트 보일러
③ 코크란 보일러
④ 슐저 보일러

【해설】※ 수관식 보일러의 종류　　　　　암기법 : 수자 강간(관)
　　　　㉠ 자연순환식　　　　　　　　　암기법 : 자는 바가(야로)다, 스네기찌
　　　　　　　　　　　　　　　　　　　　　　　(모두 다 일본식 발음을 닮았음.)
　　　　　- 바브콕, 가르베, 야로, 다쿠마, 스네기찌.
　　　　㉡ 강제순환식　　　　　　　　　암기법 : 강제로 베라~
　　　　　- 베록스, 라몬트
　　　　㉢ 관류식　　　　　　　　　　　암기법 : 관류 람진과 벤슨이 앤모르게 슐처먹었다.
　　　　　- 람진, 벤슨, 앤모스, 슐처(슐저) 보일러

❸ 코크란(Cochran) 보일러는 원통형의 입형보일러에 속한다.

89. 수질(水質)을 나타내는 ppm의 단위는?

① 1만분의 1단위
② 십만분의 1단위
③ 백만분의 1단위
④ 1억분의 1단위

【해설】● 수질을 나타내는 탁도(Turbidity, 濁度)란 증류수 1L 속에 정제카올린 1mg을 함유하고 있는 색과 동일한 색의 물을 탁도 1의 물로 규정하고, 그 단위는 **백만분율**인 **ppm**을 사용한다.

● ppm = mg/L = $\dfrac{10^{-3}g}{10^{-3}m^3}$ = g/m³ = $\dfrac{g}{(10^2 cm)^3}$ = $\dfrac{1}{10^6}$ g/cm³ = g/ton = mg/kg

90. 송풍기의 출구 풍압을 h [mmAg], 송풍량을 V [m³/min], 송풍기 효율을 [η]으로 표기하면 송풍기 마력[N]은 어떻게 표시되는가?

① $N = \dfrac{h^2 V}{60 \times 75 \times \eta}$ ② $N = \dfrac{hV}{60 \times 75 \times \eta}$

③ $N = \dfrac{hV\eta}{60 \times 75}$ ④ $N = \dfrac{\eta}{60 \times 75 \times hV}$

【해설】• 송풍기 동력 $L = \dfrac{P \cdot Q}{\eta} = \dfrac{mmAq \times m^3/\min}{\eta} = \dfrac{kgf/m^2 \times m^3/\min}{\eta} = \dfrac{kgf \cdot m/\min}{\eta}$

한편, 1 [PS] = 75 kgf·m 이므로 1 kgf·m = $\dfrac{1}{75}$ [PS]

$= \dfrac{kgf \cdot m / 60\sec}{\eta} = \dfrac{P \cdot Q}{60\,\eta} \times \dfrac{1}{75}$ [PS] $= \dfrac{hV}{60 \times 75 \times \eta}$ [PS]

【key】• 올바른 공식 표현을 찾아낼 때에는 단위를 이용하여 차원해석을 해보는 것도 좋다! 동력의 단위인 W(와트) = J/s = kgf·m/s 이어야 하는데, 4개 중에서 오직 ❷번만이 mmAq(= kgf/m²) × m³/s = kgf·m/s 로 올바른 의미를 지님을 알 수 있다.

91. 연돌의 통풍력에 대한 설명으로 틀린 것은?

① 연돌이 높을수록 커진다.
② 외부 온도가 낮을수록 커진다.
③ 연돌의 단면적이 클수록 커진다.
④ 배가스 온도가 낮을수록 커진다.

【해설】• 공기의 기압이 높을수록, 배기가스 온도가 높을수록, 굴뚝(연돌)의 높이가 높을수록, 외부온도가 낮을수록, 공기 중의 습도가 낮을수록, 굴뚝의 단면적이 클수록 통풍력은 증가한다.

92. 노통의 파형부에서 최대내경과 최소내경의 평균치가 500 mm인 파형 노통에서 두께가 15 mm 이고 상수 C의 값이 985 이면 최고사용압력은 약 몇 MPa 인가?

① 1.76 ② 2.96 ③ 12.3 ④ 25.8

【해설】 암기법 : 노 PD = C·t 촬영

• 파형노통의 최소두께(t) 산출은 다음 식으로 계산한다.
  10 P · D = C · t
    여기서, 사용압력단위(MPa), 두께 및 지름의 단위(mm)인 것에 주의해야 한다.
  10 × P × 500 mm = 985 × 15 mm , ∴ P = 2.955 ≒ **2.96 MPa**

93. 원통형 보일러의 장점에 대한 설명 중 틀린 것은?

① 비교적 큰 동체를 가지고 있으므로 보유수량이 많다.
② 고압보일러나 대용량에 적당하다.
③ 내부의 청소 및 검사가 용이하다.
④ 수부가 커 부하변동에 응하기가 용이하다.

【해설】❷ 원통형 보일러는 구조상 전열면적이 작고 수부가 커서 증발속도가 느리므로 고압용 및 대용량에는 부적당하다.
- 수관식 보일러는 구조상 전열면적이 커서 증발속도가 빠르므로 고압용 및 대용량에 적합하다.

94. 증기트랩의 응축수량이 0.1 m³/s, 응축수의 배출속도가 0.05 m/s일 때 트랩 입구의 관경은 몇 mm로 해야 하는가?

① 974 ② 1283 ③ 1596 ④ 1366

【해설】• 유량계산 공식 $Q = A \cdot v = \dfrac{\pi D^2}{4} \times v$ 에서,

$$0.1 \, m^3/s = \dfrac{\pi D^2}{4} \times 0.05 \, m/s$$

∴ 지름 D = 1.5957 m = 1595.7 mm ≒ **1596 mm**

95. 캐리오버(carry-over)의 발생원인으로 가장 거리가 먼 것은?

① 프라이밍 또는 포밍의 발생
② 보일러수의 농축
③ 밸브의 급개방
④ 저수위 운전

【해설】• 보일러를 과부하 운전하게 되면 프라이밍(飛水, 비수현상)이나 포밍(물거품)이 발생하여 미세물방울이 증기에 혼입되어 증기배관으로 송출되는 캐리오버(carry over, 기수공발) 현상이 일어난다.

【참고】※ 비수현상 발생원인   암기법: 프라이밍은 부유·농 과부를 급개방시키는데 고수다.
① 보일러수내의 부유물·불순물 함유
② 보일러수의 농축
③ 과부하 운전
④ 주증기밸브의 급개방
⑤ 고수위 운전
⑥ 비수방지관 미설치 및 불량

96. 수관식보일러에서 휜패널식 튜브가 한쪽 면에 방사열, 다른 면에는 접촉열을 받을 경우 열전달계수를 얼마로 하여 전열면적을 계산하는가?

① 1.0 ② 0.7 ③ 0.5 ④ 0.4

【해설】 ※ 휜패널식 튜브(관)의 배열에 따른 전열면적 계산 시 열전달계수의 적용은 다음과 같이 하여야 한다.

열전달의 종류	열전달계수(α)
양면에 방사열을 받는 경우	1.0
한쪽 면에 방사열, 다른 면에는 접촉열을 받는 경우	0.7
양면에 접촉열을 받는 경우	0.4

97. 관 스테이의 최소 단면적을 구하려고 한다. 이때 적용하는 설계 계산식은?

  [단, S : 관 스테이의 최소 단면적 (mm^2)
   A : 1개의 관 스테이가 지지하는 면적 (cm^2)
   a : A 중에서 관구멍의 합계 면적 (cm^2)
   P : 최고사용압력 (MPa) 이다.]

① $S = (A - a)P$
② $S = 2(A - a)P$
③ $S = \dfrac{5P}{(A-a)}$
④ $S = \dfrac{(A-a)P}{5}$

【해설】 ※ 관 스테이의 최소 단면적은 다음 식에 따른다. [보일러 제조 검사기준]
  • 최고사용압력의 단위가 MPa 일 때 : $S = 2(A - a)P$
  • 최고사용압력의 단위가 kgf/cm^2 일 때 : $S = \dfrac{(A-a)P}{5}$

98. 보일러의 드럼에 타원형의 맨홀을 설치할 때에는 어떻게 설치해야 하는가?

① 맨홀 단축 지름의 축을 동체의 축에 평행하게 둔다.
② 맨홀 장축 지름의 축을 동체의 축에 평행하게 둔다.
③ 맨홀 단축을 동체의 축에 대해 45° 경사지게 한다.
④ 맨홀 장축을 동체의 원주방향, 길이방향의 어느 쪽에 내든 무관하다.

【해설】 [보일러 제조검사 기준.]
  ※ 동체(드럼)에 타원형의 맨홀을 설치할 때에는 맨홀 단축 지름의 축을 보일러 동체의 축에 평행하게 둔다. (즉, 축방향으로 설치해야 한다.)

99. 압력이 2 MPa, 건도가 95 %인 습포화증기를 시간당 10 ton을 발생하는 보일러에서 급수온도가 50℃라면 상당증발량은 약 몇 kg/h 인가?
(단, 2 MPa의 포화수와 건포화증기의 엔탈피는 각각 904 kJ/kg, 2799 kJ/kg 이다)

① 11054　　　　　　② 11474
③ 12025　　　　　　④ 12573

【해설】• 상당증발량 $w_e = \dfrac{w_2(h_x - h_1)}{2257}$ 에서,

한편, 발생한 습증기의 엔탈피(h_x)를 먼저 알아야 한다.
$$h_x = h_1 + x(h_2 - h_1)$$
$$= 904 + 0.95 \times (2799 - 904)$$
$$= 2704.25 \text{ kJ/kg}$$

$$w_e = \dfrac{10 \times 10^3 \, kg/h \times (2704.25 - 50 \times 4.1868) \, kJ/kg}{2257 \, kJ/kg} = 11054.09 ≒ \mathbf{11054 \text{ kg/h}}$$

100. 저위발열량이 41870 kJ/kg인 연료를 사용하고 있는 실제증발량 4 t/h 보일러에서 급수엔탈피가 167 kJ/kg, 발생증기의 엔탈피가 2721 kJ/kg일때 연료소비량은 약 몇 kg/h 인가? (단, 보일러의 효율은 85 % 이다.)

① 251　　　　　　② 287
③ 361　　　　　　④ 397

【해설】　　　　　　　　　　　　　　암기법 : (효율좋은) 보일러 사저유

• 보일러 열효율 $\eta = \dfrac{Q_s}{Q_{in}} = \dfrac{\text{유효출열.(발생증기의 흡수열)}}{\text{총입열량}}$

$$= \dfrac{w_2 \cdot (H_x - H_1)}{m_f \cdot H_L}$$

$$0.85 = \dfrac{4 \times 10^3 \, kg/h \times (2721 - 167) \, kJ/kg}{m_f \times 41870 \, kJ/kg}$$

$$\therefore m_f = 287.05 ≒ \mathbf{287 \text{ kg/h}}$$

2024년 에너지관리기사 CBT 복원문제(2)

평균점수

제1과목   연소공학

1. 다음 연료 중 발열량(kcal/kg)이 가장 큰 것은?

① 중유   ② 프로판   ③ 무연탄   ④ 코크스

【해설】• 연료의 **단위중량당** 발열량은 일반적으로 **기체 > 액체 > 고체**의 순서이다.
  • 단위중량당 총발열량(kcal/kg)의 비교
    - 메탄(13000), 프로판(12050), 중유(9300 ~ 9900), 코-크스(7050), 무연탄(4650)

【참고】※ 기체연료의 발열량 순서.(저위발열량 기준)   암기법 : 수메중, 부체
  ① 단위체적당 (kcal/Nm^3) : 부 (LPG) > 프 > 에 > 아 > 메 > 일 > 수
    부탄>부틸렌>프로판>프로필렌>에탄>에틸렌>아세틸렌>메탄>일산화탄소>수소
  ② 단위중량당 (kcal/**kg**)   : 일 < 부 < 아 < 프 < 에 < 메(LNG) < 수

2. 링겔만 매연농도표를 이용한 측정방법에 대한 설명으로 **틀린** 것은?

① 6개의 농도표와 배출 매연의 색을 연돌 출구에서 비교하는 것이다.
② 농도표는 측정자로부터 23 m 정도 떨어진 곳에 설치한다.
③ 연돌출구로부터 30 ~ 45 m 정도 떨어진 연기를 측정한다.
④ 연기의 흐르는 방향의 직각의 위치에서 측정한다.

【해설】※ 링겔만 매연농도표(Ringelman smoke chart)에 의한 매연 농도 측정방법
  ① 6개의 농도표(0도 ~ 5도)와 배출 매연의 색을 연돌(굴뚝) 출구에서 비교한다.
  ❷ 농도표는 측정자로부터 **16 m** 떨어진 곳에 측정자의 눈높이로 설치한다.
  ③ 연돌출구로부터 30 ~ 45m 정도 떨어진 부분의 연기를 측정한다.
  ④ 연기가 흐르는 방향의 직각의 위치에서 측정한다.
  ⑤ 측정자는 굴뚝으로부터 39 m 떨어진 위치에서 측정한다.
  ⑥ 태양의 직사광선을 피하여, 10초 간격으로 몇 회 반복 실시한다.

1-②   2-②

3. 석탄 저장시 자연발화 및 풍화작용에 유의하여 저탄장을 설치 운용하여야 한다. 다음 중 저탄 관리상 옳지 않은 설명은?

① 저탄장은 1/100 ~ 1/150의 경사를 두어 배수를 양호하게 하고 30m²마다 1개소 이상의 통기구를 마련한다.
② 자연발화를 억제하기 위해 탄층은 옥외 저탄시 4m 이상, 옥내 저탄시 2m 이상으로 가급적 높게 쌓는다.
③ 풍화작용을 억제하기 위해 가급적 수분과 휘발분이 적고 입자가 큰 석탄을 선택하여야 한다.
④ 풍화작용은 외기온도 및 저장기간의 영향을 크게 받으므로 저장일은 30일 이내로 한다.

【해설】 ※ 석탄의 저장방법　　　　　　　　　암기법 : 아니이(2), 석탄을 밖에 쌓(4)나?
① 자연발화를 방지하기 위하여 탄층 내부온도는 60℃ 이하로 유지시킨다.
② 자연발화를 억제하기 위하여 탄층의 높이는 **옥외** 저장시 **4m 이하**, **옥내** 저장시 **2m 이하로 가급적 낮게 쌓아야 하며**, 산은 약간 평평하게 한다.
③ 저탄장 바닥의 경사도를 1/100 ~ 1/150로 하여 배수가 양호하도록 한다.
④ 30 m²마다 1개소 이상의 통기구를 마련하여 통풍이 잘 되도록 한다.
⑤ 신, 구탄을 구별·분리하여 저장한다.
⑥ 탄종, 인수시기, 입도별로 구별해서 쌓는다.
⑦ 직사광선과 한서를 피하기 위하여 지붕을 만들어야 한다.
⑧ 석탄의 풍화현상이 가급적 억제되도록 하여야 한다.
⑨ 석탄을 장기간 저장하게 되면 공기 중에서 산화되어 석탄의 질이 저하되므로 저장일은 30일 이내로 한다.

【참고】 ※ 석탄의 풍화 현상
① 풍화작용이 빨리 진행하는 경우
　㉠ 외기온도가 높을수록
　㉡ 휘발분, 수분이 많을수록
　㉢ 입자가 작을수록
　㉣ 석탄이 새로울수록
② 풍화작용의 결과
　㉠ 질이 물러져 분탄이 된다.
　㉡ 성분 중에 산화작용에 의해 빨간 녹이 슨다.
　㉢ 휘발성 및 발열량이 감소하게 된다.

【참고】 ※ 자연발화 현상
　- 석탄을 두텁게 쌓을 경우 풍화작용이 빠르게 진행되어 석탄 내부에 열이 축적되어 석탄이 흰 연기를 내면서 매우 천천히 스스로 연소하게 된다.

4. 각 공급 물질이나 생성 물질의 양을 직접 측정할 수 없는 경우에 원소분석이나 가스분석에 의해 계산하여 구하는 것을 통칭하여 무엇이라 하는가?

① 물질정산　　② 연료분석　　③ 열정산　　④ 공업분석

【해설】 ❶ 물질정산 - 열정산에서 공급물질과 생성물질의 양을 직접적으로 측정할 수 없는 경우에 정확한 계산을 위해 원소분석이나 가스분석 결과를 이용하여 계산으로 물질의 양을 구하는 것.
② 연료분석 - 원소분석, 공업분석 등을 말한다.
③ 열정산 - 열설비에 공급된 열량과 그 사용 상태를 검토하고 유효하게 이용되는 열량과 손실열량을 분석함으로써 합리적 조업 방법으로의 개선과 기기의 설계 및 개조에 참고하기 위해서 실시하는 것.
④ 공업분석 - 연소할 때의 성질을 좌우하는 고정탄소, 휘발분, 수분, 회분 등의 성분을 분석하는 것.
⑤ 원소분석 - 유기화합물의 분석과 같이 C, H, O, N, S 등 조성원소의 함유량을 분석하는 것.

5. 연소에서 사용되고 있는 공기비는 흔히 m으로 표시한다. 다음 중 올바른 식은?

① $\dfrac{\text{실제 공기량}}{\text{이론 공기량}}$　　② $\dfrac{\text{이론 공기량}}{\text{실제공기량}}$

③ $\dfrac{\text{과잉 공기량}}{\text{이론 공기량}}$　　④ $\dfrac{\text{이론 공기량}}{\text{과잉 공기량}}$

【해설】• 실제공기량(또는, 소요공기량) A = mA_0 (공기비 × 이론공기량) 공식에서,

$$m = \dfrac{A}{A_0} \left(\dfrac{\text{실제공기량}}{\text{이론공기량}}\right)$$

6. 석탄을 공업분석하여 휘발분 33.1 %, 회분 14.8 %, 수분 5.7 %의 결과를 얻었다. 이 석탄의 연료비는?

① 1.4　　② 3.1　　③ 8.1　　④ 46.4

【해설】　　　　　　　　　　　　　　　　　　　　　암기법 : 연휘고 ↑

• 연료비 = $\dfrac{\text{고정탄소 (\%)}}{\text{휘발분 (\%)}}$

　여기서, 고정탄소(%) = 100 - (휘발분 + 수분 + 회분)
　　　　　　　　　　 = 100 - (33.1 + 5.7 + 14.8) = 46.4 %

= $\dfrac{46.4 \,(\%)}{33.1 \,(\%)}$ ≒ 1.4

4-① 　5-① 　6-①

7. 화염이 공급공기에 의해 꺼지지 않게 보호하며 선회기 방식과 보염판 방식으로 대별되는 장치는?

① 윈드박스 ② 스테빌라이저
③ 버너타일 ④ 콤버스터

【해설】 ※ 보염장치
- 착화된 화염(불꽃)이 버너 끝에서 공급공기에 불려 꺼지지 않고 연속적으로 안전하게 연소하도록 보호하는 장치를 말한다. 그 종류와 역할은 다음과 같다.
  ① 윈드박스(wind-box)
   - 압입통풍 방식에서 연소용 공기를 강제로 매입할 때 버너 주위에 원통형으로 만들어진 밀폐된 상자를 말하며, 박스내부에는 다수의 안내날개가 비스듬히 경사각을 이룬다.
  ❷ 스테빌라이저(stabilizer) 또는, 에어 레지스터(air-register, 공기조절장치)
   - 버너의 선단에 디퓨저(선회기)를 부착한 방식과 보염판을 부착한 방식이 있다. 공급된 공기를 버너의 선단에서 선회깃에 의하여 공기류의 유속방향을 적당히 조절하여 연소를 촉진시키며 동시에 화염의 안정을 도모한다.
  ③ 버너타일(burner-tyle)
   - 노벽에 설치한 버너 슬로트를 구성하는 내화재로서, 노내에 분사되는 연료와 공기의 분포속도 및 흐름의 방향을 최종적으로 조정한다.
  ④ 콤버스터(combuster)
   - 버너타일에 연소실의 한 부분을 겸하며 급속연소를 시켜 분출흐름의 모양을 다듬어 연소의 안정을 도모한다.

8. 미분탄연소의 일반적인 특징에 대한 설명 중 틀린 것은?

① 사용연료의 범위가 좁다.
② 소량의 과잉공기로 단시간에 완전연소가 되므로 연소효율이 높다.
③ 부하변동에 대한 적응성이 좋다.
④ 회(灰), 먼지 등이 많이 발생하여 집진장치가 필요하다.

【해설】 ※ 미분탄연소
- 석탄을 미세한 가루로 잘게 부수어 분말상(200 mesh 이하)로 하여 연소용공기와 함께 버너로 분출시켜 연소시키는 방법을 말하며, 수분이나 회분이 많은 저질탄 연소에도 가능하므로 그 사용연료의 범위가 넓다.
  단점으로는 미분탄 과정에서 비산분진(회, 먼지)이 많이 발생하여 연도로 배출되므로 고효율의 집진장치를 필요로 하게 된다.

9. 다음과 같은 조성을 갖는 석탄가스의 저위발열량(kJ/Nm^3)은?

성분	CO	CO_2	H_2	CH_4	N_2
부피 %	8	1	50	37	4

$$C(s) + O_2(g) = CO_2(g) + 393.51 \text{ kJ/mol}$$
$$CO(g) + \frac{1}{2}O_2(g) = CO_2(g) + 282.98 \text{ kJ/mol}$$
$$H_2(g) + \frac{1}{2}O_2(g) = H_2O(g) + 241.82 \text{ kJ/mol}$$
$$CH_4(g) + 2O_2(g) = CO_2(g) + 2H_2O(g) + 802.63 \text{ kJ/mol}$$

① 444　　　② 1327　　　③ 19666　　　④ 44052

【해설】• 1 kmol = 22.4 Nm^3,　10^3 mol = 22.4 Nm^3,　∴ 1 mol = $\dfrac{22.4 \, Nm^3}{1000}$

　기체연료 중 가연성분의 완전연소 시 생성열(kJ/Nm^3-연료)을 합산하여 구한다.

• CO : 282.98 kJ/mol × 0.08 = $\dfrac{282.98 \, kJ}{\dfrac{22.4 \, Nm^3}{1000}}$ × 0.08 = 1010.64

• H_2 : 241.82 kJ/mol × 0.5 = $\dfrac{241.82 \, kJ}{\dfrac{22.4 \, Nm^3}{1000}}$ × 0.5 = 5397.77

• CH_4 : 802.63 kJ/mol × 0.37 = $\dfrac{802.63 \, kJ}{\dfrac{22.4 \, Nm^3}{1000}}$ × 0.37 = 13257.73

∴ 저위발열량 H_L = 1010.64 + 5397.77 + 13257.73 = 19666.14 ≒ **19666 kJ/Nm^3-연료**

10. 어떤 기관의 출력은 100 kW 이며 매 시간당 30 kg의 연료를 소모한다. 연료의 발열량이 33500 kJ/kg 이라면 이 기관의 열효율은 약 몇 % 인가?

① 15　　　② 36　　　③ 69　　　④ 91

【해설】　　　　　　　　　　　　　　　　암기법 : (효율좋은) 보일러 사저유

• 열기관의 열효율 η = $\dfrac{Q_{out} \,(출력)}{Q_{in} \,(입열)}$ × 100 = $\dfrac{Q_{out}}{m_f \cdot H_L}$ × 100

　　= $\dfrac{100 \, kW}{30 \, kg/h \times 33500 \, kJ/kg}$ × 100

　　= $\dfrac{100 \, kJ/\sec}{\dfrac{30 \, kg}{3600 \sec} \times 33500 \, kJ/kg}$ × 100

　　= 35.82 ≒ **36 %**

11. 착화온도(Ignition temperature)에 대하여 가장 바르게 설명한 것은?

① 연료가 인화하기 시작하는 온도이다.
② 외부로부터 열을 받아 연료가 연소하기 시작하는 온도이다.
③ 외부로부터 열을 받지 않아도 연소를 개시할 수 있는 최저온도이다.
④ 연료가 발화하기 시작하는 온도이다.

【해설】• 착화온도
- 충분한 공기 공급하에서 연료를 가열할 때 어느 일정온도에 도달하면 더 이상 외부에서 점화하지 않더라도 연료 자체의 연소열에 의해 저절로 연소가 시작되는 최저온도를 말한다.

12. 여과집진장치의 효율을 높이기 위한 조건이 아닌 것은?

① 처리가스의 온도는 250℃를 넘지 않도록 한다.
② 고온가스를 냉각할 때는 산노점 이하를 유지하여야 한다.
③ 미세입자 포집을 위해서는 겉보기여과속도가 작아야 한다.
④ 높은 집진율을 얻기 위해서는 간헐식 털어내기 방식을 선택한다.

【해설】① 분진을 포함하고 있는 함진가스를 여포에 통과시켜 먼지를 분리하는 방식이다.
여포재는 재질에 따라 최고사용온도가 약 250까지 견딜 수 있으므로, 처리가스의 온도는 250℃를 넘지 않도록 주의한다.
❷ 고온가스를 냉각할 때는 산노점(이슬이 맺히는 온도) 이상으로 유지해야 한다.
왜냐하면 이슬이 맺히면 여포의 눈이 막히거나 부식이 되기 때문이다.
③ 여포재를 통과하는 가스의 겉보기 여과속도가 작을수록 미세입자 포집이 가능하다.
④ 부착먼지를 털어내는 방식에는 간헐식과 연속식이 있으며,
높은 집진율을 얻기 위해서는 간헐식 털어내기 방식을 선택한다.
⑤ 고농도 가스 집진율을 얻기 위해서는 연속식 털어내기 방식을 이용한다.

13. 메탄(CH_4)의 완전연소 시 단위부피(1 Nm^3)당 이론공기량(Nm^3)은?

① 7.71 ② 9.52 ③ 11.0 ④ 12.5

【해설】 CH_4 + $2O_2$ → CO_2 + $2H_2O$
(1 kmol)   (2 kmol)
(22.4 Nm^3)   (2×22.4 Nm^3)
약분하면, (1 Nm^3)   (2 Nm^3)
즉, O_0 = 2 Nm^3 ∴ $A_0 = \dfrac{O_0}{0.21} = \dfrac{2}{0.21}$ = 9.52 Nm^3/Nm^3-연료

11-③   12-②   13-②

14. 다음 중 착화온도(Ignition temperature)가 가장 낮은 연료는?

① 수소   ② 목재   ③ 코크스   ④ 프로판

【해설】 ※ 각종 연료의 착화온도

연료	착화온도 (℃)	연료	착화온도 (℃)
목재(장작)	250 ~ 300	중유	530 ~ 580
무연탄	450 ~ 500	수소	580 ~ 600
코우크스	450 ~ 600	메탄	650 ~ 750
프로판	약 500	탄소	약 800

• 착화온도는 측정장치나 방법에 따라 다르며 연료의 특성값으로서 절대적인 것은 아니다.

15. 경유에 포함된 탄화수소 중 세탄가가 높은 순서대로 나타낸 것은?

① 노말 파라핀 > 나프텐 > 올레핀
② 노말 파라핀 > 올레핀 > 나프텐
③ 올레핀 > 노말 파라핀 > 나프텐
④ 올레핀 > 나프텐 > 노말 파라핀

【해설】   암기법 : 파 나올(세)
• 세탄가(setane number)란 압축착화 기관인 디젤 연료의 착화성을 나타내는 지수로, 세탄가가 높을수록 착화성이 양호하다.
• 세탄가 높은 순서 : **파라핀계** > **나프텐계** > 올레핀계(가지많이 달린 파라핀계)

16. 공업적으로 가장 많이 이용하고 있는 액체연료의 연소방식은?

① 분무연소   ② 액면연소   ③ 심지연소   ④ 증발연소

【해설】 ❶ 분무연소(무화식)
  - 액체연료를 입자가 작은 안개상태로 분무하여 공기와의 접촉면을 많게 함으로써 연소시키는 방식으로, 공업용 연료의 대부분이 중유를 사용하고 있으므로 분무(무화) 연소방식이 가장 많이 이용되고 있다.
② 액면연소(포트식)
  - 연료를 접시모양의 용기(Pot)에 넣어 점화하는 증발연소로서, 가장 원시적인 방법이다.
③ 심지연소(심지식)
  - 탱크속의 연료에 심지를 담가서 모세관현상으로 빨아올려 심지의 끝에서 증발 연소시키는 방식으로, 공업용으로는 부적당하다.
④ 증발연소(증발식)
  - 증발하기 쉬운 인화성 액체인 알코올, 가솔린, 등유 등에 점화하면 그 표면으로부터 증발하면서 연소된다.

14-②   15-①   16-①

에너지관리기사 필기

17. 다음 연료 중 단위 중량당 발열량이 가장 큰 것은?

① 메탄 ② 부탄 ③ 경유 ④ 중유

【해설】• 연료의 **단위중량당** 발열량은 일반적으로 **기체 > 액체 > 고체**의 순서이다.
「에너지법 시행규칙 별표. 에너지열량 환산기준」에서 정한 총발열량(MJ/kg)의 비교
- 메탄(55), 부탄(49.3), 중유(41), 경유(37.8), 코크스(35), 무연탄(20)

【참고】※ 기체연료의 발열량 순서.(저위발열량 기준)   **암기법** : 수메중, 부체
① 단위체적당 (MJ/Nm³) : 부 (LPG) > 프 > 에 > 아 > 메 > 일 > 수
부탄>부틸렌>프로판>프로필렌>에탄>에틸렌>아세틸렌>메탄>일산화탄소>수소
② 단위중량당 (MJ/kg) : 일 < 부 < 아 < 프 < 에 < 메 (LNG) < 수

18. 강재 가열로 열정산 시 출열항목에 해당하지 않는 것은?

① 연소배기가스중 수증기의 보유열
② 스케일의 현열
③ 스케일의 생성열
④ 방사 열손실

【해설】❸ 스케일의 생성열은 입열항목에 해당된다.   **암기법** : 입시생

19. 200 kg의 물체가 10.0 m의 높이에서 지면에 떨어졌다. 최초의 위치에너지가 모두 열로 변했다면 약 몇 kJ의 열이 발생하겠는가?

① 1.96 ② 4.7 ③ 19.6 ④ 47

【해설】• 에너지보존법칙에 의해 물체가 지닌 위치에너지가 지면에서 열에너지로 모두 변하였다.
$Q = E_p = m \cdot g \cdot h = 200 \text{ kg} \times 9.8 \text{ m/s}^2 \times 10 \text{ m}$
$= 19600 \text{ N} \cdot \text{m} = 19600 \text{ J} = 19.6 \text{ kJ}$

20. 기름연소의 경우 공기량이 부족할 때 노내 화염의 색깔은 주로 어떤 색을 띠는가?

① 청색 ② 백색 ③ 오렌지색 ④ 암적색

【해설】• 연소화염의 색으로 공급공기량의 과부족 여부를 판정할 수 있다.

연소화염의 색깔	공기 공급량
암적색	부족
황백색 (오렌지색)	적합
백 색	과다

제2과목 열역학

21. 기체 동력 사이클과 가장 거리가 먼 것은?

① 증기원동소   ② 가스터빈
③ 불꽃점화 자동차기관   ④ 디젤기관

【해설】• 연소가스를 직접 작동유체로 하는 것을 내연기관이라 하며, 기관 내부에서 연료가 연소하여 생긴 연소가스가 팽창하면서 외부에 대하여 일을 하는 것으로 가솔린기관, 디젤기관, 가스터빈이 이에 속한다.
 ❶ 증기원동소 기관인 랭킨 사이클은 증기기관의 기본 사이클로서 보일러에서 발생된 수증기가 팽창하면서 외부에 대하여 일을 하는 것이며,
  작동유체의 상변화(물 → 수증기)를 수반한다.
 ② 가스터빈은 브레이톤 사이클이다.
 ③ 가솔린기관(불꽃점화 자동차기관)은 오토 사이클이다.
 ④ 디젤기관은 디젤 사이클이다.

22. 임계점(Critical point)의 설명 중 옳지 않은 것은?

① 임계점에서는 액상과 기상을 구분할 수 없다.
② 임계온도 이상에서는 순수한 기체를 아무리 압축시켜도 액화되지 않는다.
③ 액상, 기상, 고상이 함께 존재하는 점을 말한다.
④ 액상과 기상이 평형상태로 존재할 수 있는 최고온도 및 최고압력을 말한다.

【해설】① 임계점에서는 액상과 기상을 구분할 수 없으며, 포화액과 포화증기의 구분이 없어진다.
 ② 임계온도 이상에서는 압력이 아무리 높더라도 기체 상태로만 존재하므로 액화되지 않는다.

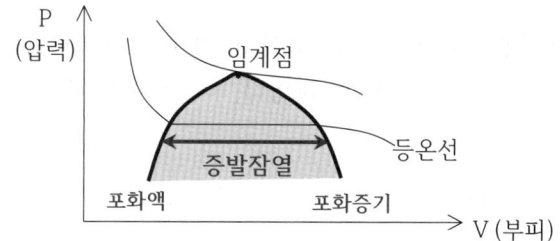

 ❸ 물질은 온도와 압력에 따라 화학적인 성질의 변화없이 물리적인 성질만이 변화하는 상이 존재하는데 물의 경우에는 온도에 따라 고체, 액체, 기체의 3상이 동시에 존재하는 점을 **삼중점**이라 한다. (물의 삼중점 : 0.01 ℃, 0.61 kPa)
 ④ 임계점은 액상과 기상이 평형상태로 존재할 수 있는 최고온도 및 최고압력을 말한다.

23. 60℃로 일정하게 유지되고 있는 항온조가 실내온도 26℃인 실험실에 설치되어 있다. 이때 항온조로부터 실험실 내의 실내공기로 1200 J의 열손실이 있는 경우에 대한 설명으로 틀린 것은?

① 비가역 과정이다.
② 실험실 전체(실험실 공기와 항온조 내의 물질)의 엔트로피 변화량은 7.6 J/K이다.
③ 항온조 내의 물질에 대한 엔트로피 변화량은 -3.6 J/K이다.
④ 실험실 내에서 실내공기의 엔트로피 변화량은 4.0 J/K이다.

【해설】• 항온조 속의 물질을 첨자 1, 방안의 실내공기를 첨자 2 라고 두면,
① 항온조로부터 방안의 실내공기로 열손실이 있는 경우이므로, 비가역 과정이다.
❷ 총엔트로피 변화량 $\Delta S_{총} = \Delta S_1 + \Delta S_2 = -3.6 + 4.0 = +0.4 \, J/K$
(즉, 총엔트로피가 +0.4 로 증가하므로 비가역 과정이다.)
③ $\Delta S_1 = \dfrac{dQ}{T_1} = \dfrac{-1200 \, J}{(273+60) \, K} = -3.6 \, J/K$
④ $\Delta S_2 = \dfrac{dQ}{T_2} = \dfrac{+1200 \, J}{(273+26) \, K} = 4.013 ≒ 4.0 \, J/K$

24. 밀폐계가 300 kPa의 압력을 유지하면서 체적이 0.2 m³에서 0.5 m³로 증가하였고 이 과정에서 내부에너지는 10 kJ 증가하였다. 이때 계가 받은 열량은 몇 kJ 인가?

① 9　　② 80　　③ 90　　④ 100

【해설】• 등압 가열(연소)에 의한 체적팽창이므로,
$$_1W_2 = \int_1^2 P \, dV = P \int_1^2 dV = P \cdot (V_2 - V_1) = 300 \, kPa \times (0.5 - 0.2) = 90 \, kJ$$
• 계(系)가 받은 열량 $dQ = dU + {}_1W_2 = 10 \, kJ + 90 \, kJ = 100 \, kJ$

25. 이상기체 1 kmol을 1.013 bar, 16℃에서 먼저 정압으로 냉각한 후 정적에서 가열하여 5.06 bar, 16℃가 되게 하였다. 이 기체의 마지막 상태에서 부피는 약 몇 m³ 인가?

① 23.7　　② 22.4　　③ 10.74　　④ 4.74

【해설】• 보일-샤를의 법칙 $\dfrac{P_0 V_0}{T_0} = \dfrac{P_2 V_2}{T_2}$ 에서,
$$\dfrac{1.013 \times 22.4 \, Nm^3}{(0+273)} = \dfrac{5.06 \times V_2}{(16+273)}$$
∴ 최종부피 $V_2 = 4.747 ≒ 4.74 \, m^3$

26. 다음의 T-S 선도에서 냉동사이클의 성능계수를 옳게 표시한 것은?
(단, u는 내부에너지, h는 엔탈피를 나타낸다.)

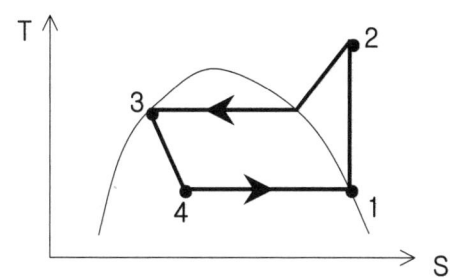

① $\dfrac{h_1 - h_4}{h_2 - h_1}$ ② $\dfrac{u_1 - u_4}{u_2 - u_1}$ ③ $\dfrac{h_2 - h_1}{h_1 - h_4}$ ④ $\dfrac{u_2 - u_1}{u_1 - u_4}$

【해설】• 냉동사이클의 성능계수 COP = $\dfrac{q_2}{W}$ = $\dfrac{h_1 - h_4}{h_2 - h_1}$

27. 일반적으로 중간에 냉각기를 부착한 다단압축기와 1단 압축기에 대한 설명으로 옳은 것은?

① 동력 소요량은 서로 같다.
② 동력 소요량은 다단압축기가 일단압축기의 2배이다.
③ 동력 소요량은 압축 단수에 비례한다.
④ 동력 소요량은 1단압축기가 더 크다.

【해설】• 압축기의 중간단수가 많을수록(중간냉각기가 많을수록) 압축일에 쓰이는 동력 소요량이 감소하므로 성능계수가 증가한다.
• 2단형 압축기에는 1단 쪽 실린더와 2단 쪽 실린더의 사이에 중간냉각기를 설치하여, 1단 쪽 실린더에서 발생하는 열을 식히고 압축공기의 온도를 저하시킴으로써 2단 압축기로 하여금 소요되는 일을 적게 할 수 있다. 따라서, 1단압축기의 동력소요량이 다단 압축기보다 더 크다.

28. 다음 공기 표준 사이클 중 두 개의 정압과정으로 구성된 사이클은?

① 디젤(Diesel) 사이클   ② 사바테(Savathe) 사이클
③ 에릭슨(Erikson) 사이클   ④ 스터링(Sterling) 사이클

【해설】• 에릭슨 사이클의 순환과정   암기법 : 온합~온합
(등온압축 - 정압가열 - 등온팽창 - 정압냉각)

26-①   27-④   28-③

29. 카르노 사이클을 이루는 4개의 가역과정이 아닌 것은?

① 가역 단열팽창 ② 가역 단열압축
③ 가역 등온압축 ④ 가역 등압팽창

【해설】 암기법 : 카르노 온단다.
• 카르노 사이클은 2개의 등온과정과 2개의 단열과정으로 구성된다.

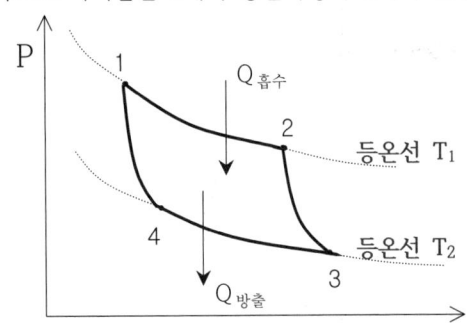

$1 \to 2$: 등온팽창.(열흡수)
$2 \to 3$: 단열팽창.
　　(열출입없이 외부에 일을 한다.
　　∴ 온도하강)
$3 \to 4$: 등온압축.(열방출)
$4 \to 1$: 단열압축.
　　(열출입없이 외부에서 일을 받는다.
　　∴ 온도상승)

30. 질소 1.36 kg이 압력 600 kPa 하에서 팽창하여 체적이 0.01 m³ 증가하였다. 팽창과정에서 20 kJ의 열이 공급되었고 최종온도가 93 ℃ 였다면 초기온도는 약 몇 ℃ 인가? (단, 정적비열은 0.74 kJ/kg·℃ 이다.)

① 112 ② 107 ③ 79 ④ 74

【해설】 • 등압 가열(연소)에 의한 체적팽창이므로,
$$_1W_2 = \int_1^2 P\,dV = P\int_1^2 dV = P \cdot (V_2 - V_1) = 600\,kPa \times 0.01\,m^3 = 6\,kJ$$
• 계(系)가 받은 열량 $dQ = dU + {_1W_2}$
　　　　　　　　　　 $= m \cdot C_V \cdot dt + {_1W_2}$
　　　　　　　　　　 $= m \cdot C_V \cdot (t_2 - t_1) + {_1W_2}$
　　　　　　　20 $= 1.36 \times 0.74 \times (93 - t_1) + 6$
∴ 초기온도 $t_1 = 79.089 ≒ $ **79 ℃**

31. 압축비 7로 운전되는 오토사이클의 효율은 약 몇 % 인가? (단, 비열비는 1.4 이다.)

① 40.4 ② 54.1 ③ 85.7 ④ 93.4

【해설】 • 압축비 ϵ = 7, 비열비 k = 1.4 일 때
오토사이클의 효율 $\eta = 1 - \left(\dfrac{1}{\epsilon}\right)^{k-1} = 1 - \left(\dfrac{1}{7}\right)^{1.4-1} = 0.5408 ≒ $ **54.1 %**

29-④　30-③　31-②

32. 다음 중 단열과정(Adiabatic Process)에 해당하는 것은?

① 압력이 일정한 과정
② 내부 에너지가 일정한 과정
③ 행한 일이 없는 과정
④ 경계를 통한 열전달이 없는 과정

【해설】• 단열과정이란 계(系)의 상태변화에서 경계를 통한 열전달이 전혀 없도록 열출입을 완전히 단절(dQ = 0)시키는 것을 뜻하며, 계의 내부에너지는 일의 양만큼 증감하게 되는데 계가 외부로부터 일을 받아들이면 온도는 상승하고, 계가 외부에 일을 하면 온도는 하강한다.

33. 비엔탈피 25 kJ/kg인 물을 보일러에서 가열하여 비엔탈피 756 kJ/kg인 증기로 만들어 10 ton/h 의 유량으로 증기터빈에 송입하였더니 출구 비엔탈피는 596 kJ/kg 였다. 보일러의 가열량은 약 몇 kJ/h 인가?

① 2.6×10^6
② 7.3×10^6
③ 13.8×10^6
④ 25.0×10^6

【해설】• 가열량 $Q = \dot{m} \cdot \Delta H = \dot{m} \cdot (H_2 - H_1)$
$= 10 \times 10^3 \text{ kg/h} \times (756 - 25) \text{ kJ/kg}$
$= 7.31 \times 10^6 ≒ 7.3 \times 10^6 \text{ kJ/h}$

34. 증기터빈에서 속도 조절에 사용되는 것은?

① 공기예열기
② 복수기
③ 증기 가감밸브
④ 증기노즐

【해설】• 보일러에서 발생시킨 고압증기는 증기 가감밸브(증기밸브 + 조속기)의 개폐로 증기실로 들어가는 증기의 속도를 조절한다.

35. 비열이 3.2 kJ/kg·℃인 액체 10 kg을 20℃로부터 80℃까지 전열기로 가열시키는데 필요한 소요전력량은 몇 kWh 인가? (단, 전열기의 효율은 90 % 이다.)

① 0.46
② 0.59
③ 480
④ 530

【해설】 전열기의 가열량 = 소비전력량
$C \cdot m \cdot \Delta t = W \times \eta$
$3.2 \times 10 \times (80 - 20) = W \times 0.9$
∴ 소비전력량 $W = 2133.33 \text{ kJ} = 2133.33 \text{ kJ} \times \dfrac{1 \, kWh}{3600 \, kJ}$
$≒ 0.59 \text{ kWh}$

32-④ 33-② 34-③ 35-②

36. 이상적인 기본 랭킨(Rankine) 사이클의 열효율에 관한 다음 설명 중 옳은 것을 모두 나열한 것은?

> 가. 보일러(boiler) 압력이 높을수록 열효율이 높아진다.
> 나. 응축기(condenser) 압력이 낮을수록 열효율이 높아진다.

① 가　　　② 나　　　③ 가, 나　　　④ 모두 틀렸다.

【해설】• 랭킨사이클의 이론적 열효율 공식. (여기서 1 : 급수펌프 입구를 기준으로 하였음)

$$\eta = \frac{W_{net}}{Q_1} = \frac{Q_1 - Q_2}{Q_1} = 1 - \frac{Q_2}{Q_1}$$ 에서,

초온, 초압(터빈 입구의 온도, 압력)이 높을수록 일에 해당하는 T-S선도의 사이클 면적이 커지므로 열효율이 증가하고, **배압**(응축기 압력)이 낮을수록 방출열량이 적어지므로 열효율이 증가한다.

37. 보일러로부터 압력 1 MPa로 공급되는 수증기의 건도가 0.95 일 때 이 수증기 1 kg당의 엔탈피는 약 몇 MJ 인가? (단, 1 MPa에서 포화수의 비엔탈피는 758.6 kJ/kg, 포화증기의 비엔탈피는 2775.4 kJ/kg 이다.)

① 1.52　　　② 2.67　　　③ 3.67　　　④ 5.80

【해설】• 습증기의 엔탈피 h_x = h_1 + $x(h_2 - h_1)$　여기서, x : 증기건도
　　　　　　= 758.6 kJ/kg + 0.95 × (2775.4 - 758.6) kJ/kg
　　　　　　= 2674.56 kJ/kg ≒ **2.67 MJ/kg**

38. 80 ℃의 물 50 kg과 10 ℃의 물 100 kg을 혼합하면 이 혼합된 온도는 약 몇 ℃ 인가? (단, 물의 비열은 4.2 kJ/kg · K 이다.)

① 33 ℃　　　② 40 ℃　　　③ 45 ℃　　　④ 50 ℃

【해설】• 열평형법칙에 의해 혼합된 뒤의 열평형시 물의 온도를 t 라 두면,
　　　　　　　혼합 전 열량의 합 = 혼합 후 열량
　　　　　　　　　　$Q_1 + Q_2 = Q$
　　　　　　$C \cdot m_1 \cdot \Delta t_1 + C \cdot m_2 \cdot \Delta t_2 = C \cdot (m_1 + m_2) \cdot \Delta t$
　　　　　　$50 \times (80 - 0) + 100 \times (10 - 0) = (50 + 100) \times (t - 0)$
　　　　　　　　∴ t = 33.33 ≒ **33 ℃**

39. 다음 중 표준 냉동사이클에서 동일 냉동능력에 대한 냉매순환량(kg/h)이 가장 적은 것은?

① NH_3 ② R-12 ③ R-22 ④ R-113

【해설】• 냉동능력 $Q_2 = Cm\Delta t = m \cdot R$ 에서,
증발잠열(R)이 약 1310 kJ/kg 으로 가장 큰 암모니아(NH_3) 냉매의 냉동능력이 가장 좋다.
따라서, 냉매순환량 m = $\dfrac{Q_2}{R}$ 에서 증발잠열(R)이 큰 냉매일수록 순환량이 적다.

40. 직경 30 cm의 피스톤이 900 kPa 의 압력에 대항하여 15 cm 움직였을 때 한 일은 약 몇 kJ 인가?

① 9.54 ② 63.6 ③ 254 ④ 1,350

【해설】• W = F·S = (P·A) × S = P × $\dfrac{\pi D^2}{4}$ × S = 900 kPa × $\dfrac{\pi \times 0.3^2}{4}$ m² × 0.15 m
  = 9.542 kN/m² × m² × m ≒ **9.54 kJ**

제3과목	계측방법	

41. 전자 유량계의 특징에 대한 설명으로 가장 거리가 먼 것은?

① 도전성 유체에 한하여 사용한다.
② 압력손실은 거의 없다.
③ 점도가 높은 유체는 사용하기 곤란하다.
④ 응답이 매우 빠르다.

【해설】• 전자식 유량계는 파이프 내에 흐르는 도전성의 유체에 직각방향으로 자기장을 형성시켜 주면 패러데이(Faraday)의 전자유도 법칙에 의해 발생되는 유도기전력(E)으로 유량을 측정한다. (패러데이 법칙 : $E = Blv$) 따라서, 도전성 액체의 유량측정에만 쓰인다. 유로에 장애물이 없으므로 다른 유량계와는 달리 압력손실이 거의 없으며, 이물질의 부착 및 침식의 염려가 없으므로 높은 내식성을 유지할 수 있으며, 슬러지가 들어있거나 고점도 유체에 대하여도 측정이 가능하다.
또한, 검출의 시간지연이 없으므로 응답이 매우 빠른 특징이 있으며, 미소한 측정전압에 대하여 고성능 증폭기를 필요로 한다.

42. 다음 중 접촉법으로 측정되는 온도계는?

① 광고온계
② 열전대온도계
③ 방사온도계
④ 색온도계

【해설】 ❷ 열전대온도계는 **접촉식** 측정방법이다.

【참고】 ※ 비접촉식 온도계의 종류 　　암기법 : 비방하지 마세요. 적색 광(고·전)
- 측정할 물체에서의 열방사시 색, 파장, 방사열 등을 이용하여 접촉시키지 않고도 온도를 측정하는 방법이다.
  ㉠ 방사 온도계 (또는, 복사온도계)
  ㉡ 적외선 온도계
  ㉢ 색 온도계
  ㉣ 광-고온계
  ㉤ 광전관식 온도계

※ 접촉식 온도계의 종류 　　암기법 : 접전, 저 압유리바, 제
- 온도를 측정하고자 하는 물체에 온도계의 검출소자(檢出素子)를 직접 접촉시켜 열적으로 평형을 이루었을때 온도를 측정하는 방법이다.
  ㉠ 열전대 온도계 (또는, 열전식 온도계)
  ㉡ 저항식 온도계 (또는, 전기저항식 온도계) : 서미스터, 니켈, 구리, 백금 저항소자
  ㉢ 압력식 온도계
  ㉣ 액체봉입유리 온도계
  ㉤ 바이메탈식 온도계
  ㉥ 제겔콘

43. 다음 중 기체크로마토그래피와 관련이 없는 것은?

① 컬럼(column)
② 캐리어가스(carrier gas)
③ 불꽃광도검출기(FPD)
④ 속빈 음극등(hollow cathode lamp)

【해설】
- 기체크로마토그래피(Gas Chromatograpy)법은 활성탄, 활성알루미나, 합성제올라이트, 실리카겔 등의 흡착제를 채운 컬럼(Column, 통)에 시료를 한쪽으로부터 통과시키면 친화력과 흡착력이 각 가스마다 다르기 때문에 이동속도 차이로 분리되어 측정실 내로 도입해 휘스톤브릿지 회로를 측정하는 방식으로,
1 대의 장치로 O_2와 NO_2를 제외한 다른 여러 성분의 가스를 모두 분석할 수 있으며 캐리어가스(Carrier gas, 운반가스)로는 H_2, He, N_2, Ar 등이 사용된다.
- ❹ 속빈 음극등(hollow cathode lamp)은 열전자를 방출하는 3극 진공관에서 잔류기체의 전리작용을 이용하여 측정하는 전리 진공계이다.

44. 보일러를 자동 운전할 경우, 송풍기가 작동되지 않으면 연료공급 전자 밸브가 열리지 않는 인터록의 종류는?

① 송풍기 인터록 ② 전자밸브 인터록
③ 프리퍼지 인터록 ④ 불착화 인터록

【해설】※ 보일러 인터록   암기법 : 저압 불프저
 - 보일러 운전 중 작동상태가 원활하지 못할 때 다음 동작을 진행하지 못하도록 제어하여, 보일러 사고를 미연에 방지하는 안전관리 장치이다.
 ① 저수위 인터록 : 수위감소가 심할 경우 부저를 울리고 안전저수위까지 수위가 감소하면 보일러 운전을 정지시킨다.
 ② 압력초과 인터록 : 보일러의 운전시 증기압력이 설정치를 초과할 때 전자밸브를 닫아서 보일러 운전을 정지시킨다.
 ③ 불착화 인터록 : 연료의 노내 착화과정에서 착화에 실패할 경우, 미연소가스에 의한 폭발 또는 역화 현상을 막기 위하여 전자밸브를 닫아서 연료공급을 차단시켜 보일러 운전을 정지시킨다.
 ④ 프리퍼지 인터록 : 송풍기의 고장으로 노내에 통풍이 되지 않을 경우, 연료공급을 차단시켜 보일러 운전을 정지시킨다.
  (즉, 송풍기가 작동되지 않으면 연료공급 전자밸브가 열리지 않는다.)
 ⑤ 저연소 인터록 : 노내에 처음 점화시 온도의 급변으로 인한 보일러 재질의 악영향을 방지하기 위하여 최대부하의 약 30% 정도에서 연소를 진행시키다가 차츰씩 부하를 증가시켜야 하는데, 이것이 순조롭게 이행되지 못하고 급격한 연소로 인해 저연소 상태가 되지 않을 경우 연료를 차단시킨다.

45. 다이어프램 압력계에 대한 설명으로 틀린 것은?

① 공업용의 측정범위는 10 ~ 300 mmH$_2$O 이다.
② 연소 로의 드레프트(draft)계로서 사용된다.
③ 다이어프램으로는 고무, 양은, 인청동 등의 박판이 사용된다.
④ 감도가 좋고 정도(精度)는 1 ~ 2 % 정도로 정확성이 높다.

【해설】※ 다이어프램 압력계의 특징
 ❶ 측정범위는 20 ~ 5000 mmH$_2$O 이다.
 ② 고온의 연소가스는 부식성이 있으므로, 연소 로의 드레프트(통풍)압을 측정하는 압력계로는 부식성에 강한 다이어프램식 압력계가 주로 사용된다.
 ③ 다이어프램의 재질로는 비금속(저압용 : 고무, 종이)과 금속(양은, 인청동, 스테인레스) 등의 박판(박막식 또는 격막식)이 사용된다.
 ④ 감도가 좋고 정도(精度)는 ±1 ~ 2 % 정도로 정확성이 높다.

46. 면적식 유량계에 대한 설명으로 틀린 것은?

① 정도가 높아 정밀측정에 적합하다.
② 측정하려는 유체의 밀도를 미리 알아야 한다.
③ 압력손실이 적고 균등 유량을 얻을 수 있다.
④ 슬러리나 부식성 액체의 측정이 가능하다.

【해설】• 면적식 유량계는 차압식 유량계와는 달리 교축기구 차압을 일정하게 유지하고 교축기구의 단면적을 변화시켜서 유량을 측정하는 방식이다.
유로의 단면적차이를 이용하므로 압력손실이 적으며, 유체의 밀도가 변하면 보정 해 주어야 하기 때문에 정도는 ±1 ~ 2 % 로서 아주 좋지는 않으므로 정밀측정용으로는 부적합하다.
유량계수는 비교적 낮은 레이놀즈수의 범위까지 일정하기 때문에 고점도 유체나 소유량에 대해서도 측정이 가능하다. 측정치는 균등유량 눈금으로 얻어지며 슬러리 유체나 부식성 액체의 유량 측정도 가능하다.

47. 다음 중 연소기체의 분석에 가장 적합한 기기는?

① 핵자기공명(NMR)
② 전자스핀공명(ESR)
③ 기체크로마토그래피(Gas Chromatography)
④ 질량분석기(Mass Spectroscopy)

【해설】• 가스크로마토그래피는 연소기체 성분 분석에 쓰이는 가스분석기로 가장 적합하다.

48. 2요소식(二要素式)의 수위제어에 대한 설명으로 옳은 것은?

① 수위 쪽에 증기압력을 검출하여 급수량을 조절하는 방식이다.
② 수위의 역응답을 제거하기 위하여 사용하는 방식이다.
③ 구성이 단요소식(單要素式)에 비해 복잡하므로 자력(自力)제어는 불가능하다.
④ 부하(負荷)가 변동할 때 수위가 변화하여 급수량이 조절 되는 것으로 부하변동에 의한 수위의 변화폭이 적다.

【해설】※ 보일러의 수위제어 방식에는 다음과 같은 3가지가 있다.
㉠ 1 요소식(단요소식) : 수위만을 검출하여 급수량을 조절하는 방식.
㉡ 2 요소식 : 수위, 증기유량을 검출하여 급수량을 조절하는 방식.
 (부하변동에 따라 수위가 조절되므로 수위의 변화폭이 적다.)
㉢ 3 요소식 : 수위, 증기유량, 급수유량을 검출하여 급수량을 조절하는 방식.

49. 알코올 온도계의 일반적인 특징에 대한 설명으로 틀린 것은?

① 저온측정에 적합하다.
② 표면장력이 커서 모세관 현상이 작다.
③ 열팽창계수가 크다.
④ 액주가 상승 후 하강하는데 시간이 많이 걸린다.

【해설】• 액체봉입 유리제 온도계 중에서 알코올 온도계는 온도변화에 따른 열팽창의 원리를 이용한 것으로서, 수은보다 표면장력이 적어 모세관 현상이 크므로 정밀도가 나쁘다. 사용범위는 -100 ~ 200 °C로서 수은(-35 ~ 350 °C)보다 더 저온측정이 가능하여 주로 저온용으로 사용된다. 수은보다 열전도율이 작기 때문에 시간지연이 크다.
❷ 수은 온도계는 표면장력이 커서 모세관현상이 작으므로 정밀도가 좋다.

50. 열전대온도계에서 보상도선(補償導線)의 구비조건에 대한 설명으로 틀린 것은?

① 일반용은 비닐로 피복한 것으로 침수 시에도 절연이 저하되지 않을 것
② 내열용은 글라스 울(Glass wool)로 절연되어 있을 것
③ 절연은 500 V 직류전압하에서 3 ~ 10 MΩ 정도일 것
④ 외부의 온도변화를 신속하게 열전대에 전달할 수 있을 것

【해설】• 보호관 단자에서 냉접점까지는 값이 비싼 열전대선을 길게 사용하는 것은 비경제적이므로, 값이 싼 구리, 구리-니켈의 합금선으로 열전대와 거의 같은 열기전력이 생기는 도선 (즉, 보상도선)으로 길게 사용한다.
❹ 열전대를 기계적·화학적으로 보호하고 있는 보호관은 외부의 온도변화를 신속하게 열전대에 전달할 수 있어야 한다.

51. 자동제어에서 미분동작을 가장 바르게 설명한 것은?

① 조절계의 출력 변화가 편차에 비례하는 동작
② 조절계의 출력 변화의 속도가 편차에 비례하는 동작
③ 조절계의 출력 변화가 편차의 변화 속도에 비례하는 동작
④ 조작량이 어떤 동작 신호의 값을 경계로 하여 완전히 전개 또는 전폐되는 동작

【해설】• Y는 출력변화, e는 편차 라고 두면,
① P동작 ($Y = e$)　　② 적분동작 $\left(\dfrac{dY}{dt} = e \ \text{또는,} \ Y = \int e\, dt \right)$
❸ 미분동작 $\left(\dfrac{de}{dt} = Y \right)$　　④ 2위치 동작(On-Off 동작)

52. 다음 중 미압 측정용으로 가장 적절한 압력계는?

① 부르동관 압력계　　　　② 경사관식 액주형 압력계
③ U자관 압력계　　　　　④ 전기식 압력계

【해설】　　　　　　　　　　　　　　　　　　　　　암기법 : 미경이
- 액주형 압력계 중 **경사관식** 압력계는 U자관을 변형하여 한쪽 관을 경사시켜 놓은 것으로서, 약간의 압력변화에도 액주의 변화가 크므로 **미**세한 압력을 측정하는데 적당하며 정도가 가장 높다.(±0.05 mmAq) 구조상 저압인 경우에만 한정되어 사용되고 있다.

53. 가스의 상자성(常磁性)을 이용하여 만든 세라믹식 가스 분석계는?

① 가스크로마토그래피　　　② O_2 가스계
③ CO_2 가스계　　　　　　④ SO_2 가스계

【해설】
- 세라믹식 O_2 계는 O_2가 다른 가스에 비하여 강한 상자성체(常磁性體)이기 때문에 세라믹의 온도를 높여주면 산소이온만 통과시키는 성질을 이용하여 전기화학전지의 기전력을 측정함으로써 가스 중의 O_2 농도를 분석하는 가스분석계이다.

54. Rankine 온도가 671.07 일 때 Kelvin 온도는 약 몇 도 인가?

① 211　　　② 300　　　③ 373　　　④ 460

【해설】　　　　　　　　　　　　　　　암기법 : 화씨는 오구씨보다 32살 많다.
- 절대온도(K) = ℃ + 273.15　　 • 화씨온도(℉) = $\frac{9}{5}$ ℃ + 32
- 랭킨온도(°R) = ℉ + 460 = $\frac{9}{5}$ ℃ + 32 + 460
　　　671.07 = $\frac{9}{5}$(K − 273.15) + 32 + 460　　이제, 방정식 계산기 사용법을 사용
∴ 절대온도 K = 372.63 ≒ **373 K**

55. 다음 압력계 중 정도(精度)가 가장 높은 것은?

① 경사관 압력계　　　　　② 분동식 압력계
③ 부르돈관식 압력계　　　④ 다이어프램 압력계

【해설】　　　　　　　　　　　　　　　　　　　　　암기법 : 미경이
- 액주형 압력계 중 **경사관식** 압력계는 U자관을 변형하여 한쪽 관을 경사시켜 놓은 것으로서, 약간의 압력변화에도 액주의 변화가 크므로 **미**세한 압력을 측정하는데 적당하며 정도가 가장 높다.(±0.05 mmAq) 구조상 저압인 경우에만 한정되어 사용되고 있다.

56. 열전대의 냉접점의 온도는 어느 온도를 유지해야 하는가?

① 0 ℃ ② 18 ℃ ③ 25 ℃ ④ 32 ℃

【해설】• 기준접점의 온도를 일정하게 유지하기 위하여 듀워병에 얼음과 증류수 등의 혼합물을 채운 냉각기를 사용하여 냉접점의 온도를 반드시 0 ℃로 유지해야 한다.
만일, 냉접점(기준접점)의 온도가 0 ℃가 아닐 때에는 지시온도의 보정이 필요하다.

57. 다음 중 탄성식 압력계가 아닌 것은?

① 부르돈관 압력계 ② 벨로우즈 압력계
③ 다이어프램 압력계 ④ 경사관 압력계

【해설】• 탄성식 압력계의 종류별 압력 측정범위   암기법 : 탄돈 벌다.
- 부르돈관식 > 벨로우즈식 > 다이어프램식
❹ 경사관 압력계는 액주식 압력계의 종류에 속한다.

58. 경보 및 액면 제어용으로 널리 사용되는 액면계는?

① 유리관식 액면계 ② 차압식 액면계
③ 부자식 액면계 ④ 퍼지식 액면계

【해설】❸ 부자식(또는, 플로트식) 액면계는 액면 상·하한계에 경보용 리미트 스위치를 설치하여 주로 고압 밀폐탱크의 경보용 및 액면제어용으로 널리 사용된다.

59. 탄성식 압력계의 일반 교정에 주로 사용되는 압력계는?

① 액주식 압력계 ② 격막식 압력계
③ 전기식 압력계 ④ 분동식 압력계

【해설】❹ 분동식 표준 압력계는 분동에 의해 압력을 측정하는 형식으로,   암기법 : 분교
탄성식 압력계의 일반 교정용 및 피검정 압력계의 검사를 행하는데 주로 이용된다.

60. 고온 물체가 방사되는 에너지 중 특정 파장의 방사에너지, 즉 휘도를 표준온도의 고온 물체와 필라멘트의 휘도를 비교하여 온도를 측정하는 것은?

① 방사고온계 ② 광고온계
③ 색온도계 ④ 서미스터온도계

【해설】❷ 광고온계는 고온 물체의 방사에너지에 의한 휘도를 표준온도의 전구 필라멘트의 휘도와 비교하여 온도를 측정한다.

제4과목 열설비재료 및 관계법규

61. 검사대상기기 관리자의 신고사유가 발생한 경우 발생한 날로부터 며칠 이내에 신고하여야 하는가?

① 7일   ② 15일   ③ 30일   ④ 60일

【해설】 [에너지이용합리화법 시행규칙 31조의28.]
- 검사대상기기 관리자의 선임·해임 또는 퇴직 등의 신고사유가 발생한 경우 신고는 신고사유가 발생한 날로부터 30일 이내에 하여야 한다.

62. 다음 중 열사용기자재로 분류되지 않는 것은?

① 연속식 유리 용융가마   ② 셔틀가마
③ 태양열집열기   ④ 철도차량용보일러

【해설】 ※ 특정열사용기자재 [에너지이용합리화법 시행규칙 별표1.]
- 보일러(강철제 보일러, 주철제 보일러, 소형온수보일러, 구멍탄용 온수보일러, 축열식전기보일러), 태양열집열기, 압력용기(1종, 2종), 금속요로(용선로, 비철금속 용융로 등), 요업요로(셔틀가마, 터널가마, 연속식유리용융가마 등)가 해당된다.
❹ 철도차량용보일러는 국토해양부령을 따른다.

63. 다음 중 에너지원별 에너지열량환산기준으로 틀린 것은? (단, 총발열량 기준이다.)

① 원유 – 45.7 MJ/kg   ② 천연가스 – 54.7 MJ/kg
③ 등유 – 36.6 MJ/L   ④ 전력(발전기준) – 3.6 MJ/kWh

【해설】 [에너지법 시행규칙 별표.(2022.11.21일 기준)]
❹ 발전기의 한계효율을 40.37%로 적용하여 전력의 총발열량을 계산한다.
$$860 \text{ kcal} \times \frac{4.1868\, kJ}{1\, kcal} \times \frac{1}{kWh} \times \frac{1}{0.4037} = 8919 \text{ kJ/kWh} \fallingdotseq 8.9 \text{ MJ/kWh}$$

64. 인정 검사대상기기 관리자의 교육을 이수한 사람의 관리범위는 증기보일러로서 최고사용압력이 1 MPa 이하이고 전열면적이 얼마 이하일 때 가능한가?

① 1 m²   ② 2 m²   ③ 5 m²   ④ 10 m²

【해설】 [에너지이용합리화법 시행규칙 별표3의9.]
- 증기보일러로서 최고사용압력이 1 MPa 이하이고, 전열면적이 10 m² 이하인 것

65. 에너지이용합리화법의 목적이 아닌 것은?

① 에너지의 합리적인 이용 증진
② 국민경제의 건전한 발전에 이바지
③ 지구온난화의 최소화에 이바지
④ 에너지자원의 보전 및 관리와 에너지수급 안정

【해설】 [에너지이용합리화법 제1조.]
- 에너지의 수급을 안정시키고 에너지의 합리적이고 효율적인 이용을 증진하며 에너지 소비로 인한 환경피해를 줄임으로써 국민경제의 건전한 발전 및 국민복지의 증진과 지구온난화의 최소화에 이바지함을 목적으로 한다.

【key】
- 에너지이용합리화법의 목적 　　　　　　암기법 : 이경복은 온국수에 환장한다.
  - 에너지이용 효율증진, 경제발전, 복지증진, 온난화의 최소화, 국민경제, 수급안정, 환경피해 감소.

66. 석유환산계수란 에너지원별 발열량을 1 kg당 몇 kcal로 환산한 값을 말하는가?

① 1,000　　　　　　　　　　② 10,000
③ 100,000　　　　　　　　　④ 1,000,000

【해설】 [에너지법 시행령 시행규칙 별표 비고3.]
- "석유환산계수"라 함은 에너지원별 열량을 석유환산톤(TOE)으로 환산하기 위한 계수이며, TOE(Ton of Oil Equivallent)는 원유 1톤(t)이 갖는 열량으로 약 10^7 kcal를 말한다. 따라서, 1 kg = 10^4 kcal = 10,000 kcal로 환산한다.

67. 에너지이용합리화법령에 따른 열사용기자재 관리에 대한 내용 중 틀린 것은?

① 계속 사용 검사는 해당 연도 말까지 연기할 수 있으며 검사의 연기를 받으려는 자는 검사 대상기기 검사 연기신청서를 한국에너지공단이사장에게 제출하여야 한다.
② 한국에너지공단이사장은 검사에 합격한 검사 대상기기에 대해서 검사 신청인에게 검사일로부터 7일 이내에 검사증을 발급하여야 한다.
③ 검사대상기기 관리자의 선임신고는 신고 사유가 발생한 날로부터 20일 이내에 하여야 한다.
④ 검사 대상기기에 대한 폐기 신고는 폐기한 날로부터 15일 이내에 한국에너지공단이사장에게 신고하여야 한다.

【해설】 [에너지이용합리화법 시행규칙 제31조의28.]
❸ 검사대상기기 관리자의 선임·해임 또는 퇴직 등의 신고사유가 발생한 경우 신고는 신고사유가 발생한 날로부터 30일 이내에 하여야 한다.

65-④　　66-②　　67-③

68. 에너지이용합리화법령에 따른 에너지관리기사의 자격을 가진 자가 관리할 수 있는 범위의 기준은?

① 용량이 10 t/h를 초과하는 보일러
② 용량이 30 t/h를 초과하는 보일러
③ 용량이 50 t/h를 초과하는 보일러
④ 용량이 100 t/h를 초과하는 보일러

【해설】 [에너지이용합리화법 시행규칙 별표3의9.]
❷ 에너지관리기능장 또는 에너지관리기사의 자격을 가진 자는 용량이 30 ton/h 를 초과하는 보일러를 관리할 수 있다.

69. 냉, 난방온도 제한온도의 기준으로 판매시설 및 공항의 경우 냉방온도는 몇 ℃ 이상으로 하여야 하는가?

① 24   ② 25   ③ 26   ④ 27

【해설】 [에너지이용합리화법 시행령 시행규칙 제31조의2.]
※ 냉·난방온도의 제한온도를 정하는 기준은 다음과 같다. 암기법 : 냉면육수, 판매요?
1. **냉방** : **26 ℃ 이상**(다만, 판매시설 및 공항의 경우에 냉방온도는 **25 ℃ 이상**으로 한다.)
2. 난방 : 20 ℃ 이하   암기법 : 난리(2)

70. 에너지이용합리화 기본계획에 포함되지 <u>않은</u> 것은?

① 에너지이용합리화를 위한 기술 개발
② 에너지의 합리적인 이용을 통한 공해성분(SOx, NOx)의 배출을 줄이기 위한 대책
③ 에너지이용합리화를 위한 가격예시제의 시행에 관한 사항
④ 에너지이용합리화를 위한 홍보 및 교육

【해설】 [에너지이용합리화법 제4조2항.]
※ 에너지이용합리화 기본계획에 포함되는 사항
1. 에너지절약형 경제구조로의 전환
2. 에너지이용효율의 증대
3. 에너지이용 합리화를 위한 기술개발
4. 에너지이용 합리화를 위한 홍보 및 교육
5. 에너지원간 대체(代替)
6. 열사용기자재의 안전관리
7. 에너지이용 합리화를 위한 가격예시제의 시행에 관한 사항
8. 에너지의 합리적인 이용을 통한 **온실가스의 배출**을 줄이기 위한 대책
9. 그 밖에 에너지이용 합리화를 추진하기 위하여 필요한 사항으로서 산업통상자원부령으로 정하는 사항

71. 셔틀요(Shuttle kiln)의 특징에 대한 설명으로 가장 거리가 먼 것은?

① 가마의 보유열보다 대차의 보유열이 열 절약의 요인이 된다.
② 급냉파가 안 생길 정도의 고온에서 제품을 꺼낸다.
③ 가마 1개당 2대 이상의 대차가 있어야 한다.
④ 가마의 보유열이 주로 제품의 예열에 쓰인다.

【해설】• 셔틀요(Shuttle kiln)는 가마 1개당 2대 이상의 대차를 각각 사용하여 소성시킨 제품을 급냉파가 생기지 않을 정도의 고온까지 냉각하여 제품을 꺼내는 방식의 가마로서 작업이 간편하고 조업주기가 단축되며, 가마의 보유열을 여열로 이용할 수 있다. 손실열에 해당하는 대차의 보유열이 저온의 제품을 예열하는데 쓰이므로 경제적이다.

72. 보온재나 단열재 및 보냉재 등으로 구분하는 기준은?

① 열전도율
② 안전사용온도
③ 압력
④ 내화도

【해설】※ 보냉재, 보온재, 단열재, 내화단열재, 내화재의 구분은 최고 안전사용온도에 따라 구분한다.
암기법 : 128백 보유무기, 12월35일 단 내단 내

```
보냉재 - 유기질(보온재) - 무기질(보온재) - 단열재 - 내화단열재 - 내화재
 1↓        2↓              8↓           12↓      13~15↓     1580℃↑(이상)
 0         0               0                                (SK 26번)
 0                         0
```
(100단위를 숫자아래에 모두 다 추가해서 암기한다.)

73. 크롬질 벽돌이나 크롬-마그 벽돌이 고온에서 산화철을 흡수하여 표면이 부풀어 오르고 떨어져 나가는 현상은?

① 버스팅   ② 큐어링   ③ 슬래킹   ④ 스폴링

【해설】 암기법 : 크~ 롬멜버스
• 버스팅(Bursting) : 크롬을 원료로 하는 염기성 내화벽돌은 1600℃ 이상의 고온에서는 산화철을 흡수하여 표면이 부풀어 오르고 떨어져나가는 현상.

74. 다음 중 보온층의 경제적 두께 결정에 영향을 크게 미치지 않는 것은?

① 연료비   ② 시공비   ③ 예비비   ④ 상각비

【해설】• 보온층의 경제적 두께를 결정하는 요인은 시공비, 관리비, (열손실에 상당하는)연료비, 감가상각비, 이자율 등이다.

75. 폴리스틸렌폼의 최고 안전사용온도(°C)는?

① 130 °C ② 100 °C ③ 70 °C ④ 50 °C

【해설】 암기법 : 폴리에스 노루(놀우)폼
※ 저온용 유기질 보온재의 최고 안전사용온도
- 폴리에틸렌 폼(60 °C) < 폴리스틸렌 폼(70 °C) < 페놀 폼(100 °C) < 폴리우레탄 폼(130 °C)
- 폴리에틸렌 폼(333 K) < 폴리스틸렌 폼(343 K) < 페놀 폼(373 K) < 폴리우레탄 폼(403 K)

76. 다음 중 피가열물이 연소가스의 더러움을 받지 않는 가마는?

① 직화식 가마 (直火式 kiln) ② 반머플 가마 (半Muffle kiln)
③ 머플 가마 (Muffle kiln) ④ 직접식 가마 (直接式 kiln)

【해설】 ❸ 머플가마(Muffle kiln)는 피가열물에 직접 불꽃이 닿지 않도록 내열강재의 용기를 내부에서 가열하고 그 용기 속에 열처리품을 장입하여 피가열물을 간접식으로 가열하는 가열로이므로 연소가스에 직접 닿지 않는다.

77. 탄화규소(SiC)질 내화물에 대한 설명으로 옳지 않은 것은?

① 내화도, 하중연화온도가 높다.
② 구조적 스폴링을 일으키기 쉽다.
③ 열전도율이 크다.
④ 고온에서 산화되기 쉽다.

【해설】 • 중성내화물인 탄화규소질 내화물은 망상구조의 카보런덤(SiC, 탄화규소)을 주원료로 하므로 강도가 높고, 열전도율이 커서 내열성이 우수하며 내식성·내마모성· 내스폴링성이 매우 우수하지만, 고온에서는 산화성 슬래그에 접촉하면 산화되기 쉽다.

78. 단가마는 어떠한 형식의 가마인가?

① 불연속식 ② 반연속식
③ 연속식 ④ 불연속식과 연속식의 절충형식

【해설】 암기법 : 불횡 승도
- 단가마(Box kiln, 單窯)는 네모난 한 칸의 내부를 가진 각가마로서 예열, 소성, 냉각 그리고 가마내기 등을 순차적으로 실행하여야 하며 대량생산에는 적합하지 않지만, 단가마(단독로)의 대부분은 도염식 가마이므로 불연속식이다.

79. 반규석질 내화물의 특징에 대한 설명으로 옳은 것은?

① 염기성 내화물이다.
② 열에 의한 치수변동이 작다.
③ 저온에서 강도가 작다.
④ MgO, ZnO를 50~80% 함유한다.

【해설】 ※ 반규석질 내화물의 특징   암기법 : 산규 납점샤
① 산성내화물의 종류는 규석질(석영질), 납석질(반규석질), 샤모트질, 점토질 등이 있다.
❷ 열에 의한 팽창·수축이 적으므로 치수변동이 작다.
③ 저온에서 규석질은 압축강도가 작은 것에 비하여, 반규석질은 저온에서도 압축 강도가 크다.
④ 규석과 샤모트로 만들며 SiO_2를 50~80% 함유한다.
(문제에서의 MgO는 염기성 내화물 성분이다.)

80. 로내 강의 산화를 다소 감소시킬 수 있는 연소가스는?

① O_2 ② CO   ③ CO_2 ④ H_2O

【해설】• 연소가스 중의 O_2, CO_2, H_2O 등에 의하여 강의 산화가 일어나며 과잉공기의 연소가스 일수록 심해지는데 불완전연소 등에 의해서 생성된 CO는 환원성 가스이므로 로내 강의 산화를 다소 감소시킬 수가 있다. $CO + \frac{1}{2}O_2 \rightarrow CO_2$

| 제5과목 | 열설비 설계 |

81. 연소가스의 성분 중 절탄기의 전열면을 부식시키는 성분은?

① 질소산화물(NO_2)   ② 탄소산화물(CO_2)
③ 황산화물(SO_2)   ④ 질소(N_2)

【해설】• 저온부식이란 연료의 가연성분(C, H, S) 중 황(S)이 연소에 의해 산화하여 $S + O_2 \rightarrow SO_2$ (아황산가스, 황산화물)로 되는데, 과잉공기가 많아지면 배가스 중의 산소에 의해서 $SO_2 + \frac{1}{2}O_2 \rightarrow SO_3$ (무수황산)으로 되어, 연도의 배가스 온도가 노점온도 (150~170℃) 이하로 낮아지게 되면 SO_3가 배가스 중의 수분과 화합하여 $SO_3 + H_2O \rightarrow H_2SO_4$ (황산)으로 되어 연도에 설치된 폐열회수장치인 절탄기·공기 예열기의 금속 표면에 부착되어 표면을 부식시키는 현상을 말한다.

82. 경수를 연수화하는 방법에서 Zeolite법의 장점이 아닌 것은?

① 전(全) 경도를 제거할 수 있다.
② 영구 경도 제거에 특히 효과가 좋다.
③ 넓은 장소를 차지하지 않고 침전물이 생기지 않는다.
④ 탁수에 사용하면 제거 효율이 좋다.

【해설】❹ 보일러 용수의 급수처리 방법 중 화학적 처리방법인 이온교환법 중에서 양이온 교환수지로 제올라이트(Zeolite)를 사용하는 것을 제올라이트법이라고 하는데, 탁수에 사용하면 수지의 오염으로 인하여 경수 성분인 Ca^{2+}, Mg^{2+} 등의 양이온 제거 효율이 나빠진다.

83. 증기압이 10 ~ 20 kg/cm²g 의 수관보일러에서 보일러수의 pH 값은 얼마가 가장 적당한가?

① 7.0 ~ 9.0
② 8.0 ~ 9.0
③ 10.5 ~ 11.8
④ 12.0 ~ 12.8

【해설】※ 보일러의 최고사용압력이 1 MPa (10 kg/cm²) ~ 2 MPa (20 kg/cm²) 에 해당하는 수관식 보일러 관수의 pH 표준치는
  • 급수의 경우 : 8 ~ 9
  • 보일러수의 경우 : 10.5 ~ 11.8 이다.

84. 접근되어 있는 평행한 2매의 보일러판의 보강에 주로 사용하는 버팀은?

① 시렁버팀   ② 관버팀   ③ 경사버팀   ④ 나사버팀

【해설】❹ 평행한 부분의 거리가 짧고 서로 마주보는 2매의 평판의 보강에는 나사버팀(Bolt stay, 볼트 스테이)을 주로 사용한다.

85. 수관식 보일러의 특징에 대한 설명 중 틀린 것은?

① 고압, 대용량의 보일러 제작이 가능하다.
② 연소실의 크기 및 형태를 자유롭게 설계할 수 있다.
③ 전열면에 비해 관수 보유량이 많아 증기수요에 따른 압력의 변동이 적다.
④ 관수의 순환이 좋아 열응력을 일으킬 염려가 적다.

【해설】❸ 수관식 보일러는 전열면적에 비하여 관수 보유량이 적으므로 증기수요에 따른 (증기부하 변동에 대해서) 압력의 변동이 크다.

86. 안전밸브의 작동시험에 대한 설명 중 틀린 것은?

① 안전밸브의 분출압력은 1개일 경우 최고사용압력 이하이어야 한다
② 과열기의 안전밸브 분출압력은 증발부 안전밸브의 분출압력 이하이어야 한다
③ 발전용 보일러에 부착하는 안전밸브의 분출정지압력은 최고사용압력 이하이어야 한다
④ 재열기 및 독립과열기에 있어서는 안전밸브가 하나인 경우 최고사용압력 이하이어야 한다

【해설】 ※ 안전밸브 작동시험은 [보일러 설치검사 기준.]에 따른다.
① 안전밸브의 분출압력은 1개일 경우 최고사용압력 이하,
안전밸브가 2개 이상인 경우 그 중 1개는 최고사용압력 이하,
기타는 최고사용압력의 1.03배 이하일 것.
② 과열기의 안전밸브 분출압력은 증발부 안전밸브의 분출압력 이하일 것.
❸ 발전용 보일러에 부착하는 안전밸브의 분출정지압력은 **분출압력의 0.93배 이상** 이어야 한다.
④ 재열기 및 독립과열기에 있어서는 안전밸브가 하나인 경우 최고사용압력 이하, 2개인 경우 하나는 최고사용압력 이하이고 다른 하나는 최고사용압력의 1.03배 이하에서 분출하여야 한다. 다만, 출구에 설치하는 안전밸브의 분출압력은 입구에 설치하는 안전밸브의 설정 압력보다 낮게 조정되어야 한다.

87. 전기저항로에 발열체 저항이 R [Ω], 여기에 I [A]의 전류를 흘렸을 때 발생하는 이론 열량은 시간당 얼마인가?

① 3600 IR [J]
② 864 IR [J]
③ 3600 I^2R [J]
④ 864 I^2R [J]

【해설】 • 전기 저항체에 의한 발열량(주울열)은 다음 식을 따른다.
$Q = I \cdot V \cdot t = I \cdot (IR) \cdot t = I^2 R \cdot t$ [Wh] = **3600 I^2R [J]**
여기서, 1 Wh(와트시) = 1 W × 1 h = $\frac{1 J}{1 \sec}$ × 3600 sec = 3600 J

88. 보일러의 부대장치 중 공기예열기의 적정온도는?

① 30 ~ 50 ℃
② 50 ~ 100 ℃
③ 100 ~ 180 ℃
④ 180 ~ 350 ℃

【해설】 • 연도의 배기가스 온도가 노점(150 ~ 170℃)이하로 낮아지게 되면 SO_3가 배가스 중의 수분과 화합하여 $SO_3 + H_2O \rightarrow H_2SO_4$ (황산)으로 되어 연도에 설치된 폐열회수장치인 절탄기·공기예열기의 금속표면에 부착되어 표면을 부식시키는 현상인 저온부식이 발생하므로, 공기예열기의 적정온도는 노점온도 이상인 180 ~ 350℃를 유지한다.

89. 보일러 가동 시 환경오염에 문제가 되는 매연이 발생하게 되는 원인으로 볼 수 없는 것은?

① 연소실 용적이 작을 때
② 연소실 온도가 높을 때
③ 무리하게 연소하였을 때
④ 통풍력이 부족하거나 과다할 때

【해설】 암기법 : 숯!~ (연소실의) 온용운은 통 ↓ (이 작다.)
　　　　※ 매연(Soot, 그을음, 분진, CO 등) 발생원인
　　　　　① 연소실의 **온**도가 낮을 때
　　　　　② 연소실의 **용**적이 작을 때
　　　　　③ **운**전관리자의 운전미숙일 때
　　　　　④ **통**풍력이 작을 때
　　　　　⑤ 연료의 예열온도가 맞지 않을 때

90. 다음 중 복사과열기에 대한 설명으로 틀린 것은?

① 고온 고압 보일러에서 접촉과열기와 조합하여 사용한다.
② 연소실 내의 전열면적의 부족을 보충한다.
③ 과열온도의 변동을 적게 하기 위하여 사용한다.
④ 포화증기의 온도를 일정하게 유지하면서 압력을 높이는 장치이다.

【해설】 ❹ 과열기(Super heater)란 보일러 본체에서 발생된 포화증기를 일정한 압력 하에서 더욱 가열하여 온도를 높여, 사이클 효율 증가를 위하여 과열증기로 만들어 사용하는 장치이다.

91. 보일러 방출관의 크기는 전열면적에 따라 정할 수 있다. 전열면적 20 m² 이상인 방출관의 안지름은 몇 mm 이상이어야 하는가?

① 25　　　　② 30　　　　③ 40　　　　④ 50

【해설】 ※ [관 및 밸브에 관한 규정.]에 따르면, 온수보일러에서 안전밸브 대신에 안전장치로 쓰이는 방출밸브 및 방출관은 전열면적에 비례하여 다음과 같은 크기로 하여야 한다.

전열면적 (m²)	방출관의 안지름 (mm)
10 미만	25 이상
10 이상 ~ 15 미만	30 이상
15 이상 ~ 20 미만	40 이상
20 이상	50 이상

89-②　　90-④　　91-④

92. 연소실내의 통풍력이 과대(過大)할 때의 현상에 대한 설명으로 틀린 것은?

① 과잉공기량이 많아진다.
② 배기가스에 의한 열손실이 커진다.
③ 연소실 내부의 온도가 떨어진다.
④ 불완전 연소가 된다.

【해설】
- 연소에 필요한 공기를 공급하고 연소실 내에서 연소 이후 발생된 연소가스를 전열면에 접촉시킨 다음 외부로 배출시켜 연료의 연속적인 연소를 행하게 하기 위하여 연소실 입구와 연돌 출구와의 사이에 항상 일정하게 유지해야 하는 압력차를 통풍력(Draft power)이라 한다.
- ❹ 통풍력이 작을 때는 불완전연소가 되며, 통풍력이 클 때는 완전연소가 이루어진다.

93. 보일러 운전 중에 발생하는 기수공발(carry over)현상의 발생 원인으로 가장 거리가 먼 것은?

① 인산나트륨이 많을 때
② 증발수 면적이 넓을 때
③ 증기 정지밸브를 급히 개방했을 때
④ 보일러 내의 수면이 비정상적으로 높을 때

【해설】 ❷ 보일러를 과부하 운전하게 되면 프라이밍(飛水, 비수현상)이나 포밍(물거품)이 발생하여 보일러수가 미세물방울과 거품으로 증기에 혼입되어 증기배관으로 송출되는 캐리오버 (carry over, 기수공발) 현상이 일어나는데, 증기부하가 지나치게 클 때(즉, 과부하일 때) 증발수 면적이 좁을 때, 증기 취출구가 작을 때 잘 발생한다.

94. 다음 중 열관류율의 단위는?

① W/m·℃
② W/m²·℃
③ W/m³·℃
④ W/m⁴·℃

【해설】 암기법 : 교관온면

- 교환열은 전열시간에도 비례하므로, Q = K·Δt·A × T

$$\therefore \text{열관류율 } K = \frac{Q}{\Delta t \cdot A \times T} = \frac{J}{℃ \cdot m^2 \cdot \sec} = \frac{W}{℃ \cdot m^2} = W/m^2 \cdot ℃$$

【비교】
- 열전도율(λ, 열전도도)의 단위 : λ = K·d (열관류율 × 두께)
 = W/m²·℃ × m = W/m·℃

95. 건조기의 열효율 표시를 옳게 나타낸 것은?
   (단, Q : 입열량, q_1 : 수분 증발에 소비된 열량,
   q_2 : 재료 가열에 소비된 열량,
   q_3 : 건조기의 손실열량을 나타낸다.)

① $\dfrac{q_1}{Q}$ ② $\dfrac{q_2}{Q}$

③ $\dfrac{q_1 + q_2}{Q}$ ④ $\dfrac{q_1 + q_2 + q_3}{Q}$

【해설】• 건조기에서 피건조물이 흡수한 유효열량(Q_s)은 수분 증발의 보유잠열과 재료 가열의 현열량이므로 열효율(η) 계산식은

$$\eta = \dfrac{Q_s}{Q_{in}}\left(\dfrac{유효출열량}{입열량}\right) = \dfrac{q_1 + q_2}{Q}$$

96. 프라이밍(Priming) 및 포밍(Forming)이 발생한 경우에 취하는 조치로서 옳지 않은 것은?
① 연소량을 가볍게 한다.
② 보일러수의 일부를 분출하고 새로운 물을 넣는다.
③ 증기 밸브를 열고 수면계 수위의 안정을 기다린다.
④ 안전밸브, 수면계의 시험과 압력계 연락관을 취출하여 본다.

【해설】❸ 증기밸브를 열어 압력을 낮추게 되면 프라이밍 및 포밍 현상이 오히려 더욱 잘 일어나게 되므로, 주증기 밸브를 잠가서 압력을 증가시켜 수위를 안정시킨다.

97. 저위발열량이 40821 kJ/kg인 B-C유를 사용하는 보일러에서 실제증발량이 4 t/h 이고 보일러 효율이 85%, 급수엔탈피는 293 kJ/kg, 발생증기의 엔탈피가 2746 kJ/kg 이라면 연료 소비량은 약 몇 kg/h 인가?

① 263 ② 283 ③ 303 ④ 314

【해설】 암기법 : (효율좋은) 보일러 사저유

• 보일러 (열)효율 $\eta = \dfrac{Q_s}{Q_{in}} = \dfrac{유효출열.(발생증기의 흡수열)}{총입열량}$

$= \dfrac{w_2 \cdot (H_x - H_1)}{m_f \cdot H_L}$

$0.85 = \dfrac{4 \times 10^3 \times (2746 - 293)}{m_f \times 40821}$ ∴ m_f = 282.78 ≒ **283 kg/h**

92. 연소실내의 통풍력이 과대(過大)할 때의 현상에 대한 설명으로 틀린 것은?

① 과잉공기량이 많아진다.
② 배기가스에 의한 열손실이 커진다.
③ 연소실 내부의 온도가 떨어진다.
④ 불완전 연소가 된다.

【해설】 • 연소에 필요한 공기를 공급하고 연소실 내에서 연소 이후 발생된 연소가스를 전열면에 접촉시킨 다음 외부로 배출시켜 연료의 연속적인 연소를 행하게 하기 위하여 연소실 입구와 연돌 출구와의 사이에 항상 일정하게 유지해야 하는 압력차를 통풍력(Draft power)이라 한다.

❹ 통풍력이 작을 때는 불완전연소가 되며, 통풍력이 클 때는 완전연소가 이루어진다.

93. 보일러 운전 중에 발생하는 기수공발(carry over)현상의 발생 원인으로 가장 거리가 먼 것은?

① 인산나트륨이 많을 때
② 증발수 면적이 넓을 때
③ 증기 정지밸브를 급히 개방했을 때
④ 보일러 내의 수면이 비정상적으로 높을 때

【해설】 ❷ 보일러를 과부하 운전하게 되면 프라이밍(飛水, 비수현상)이나 포밍(물거품)이 발생하여 보일러수가 미세물방울과 거품으로 증기에 혼입되어 증기배관으로 송출되는 캐리오버(carry over, 기수공발) 현상이 일어나는데, 증기부하가 지나치게 클 때(즉, 과부하일 때) 증발수 면적이 좁을 때, 증기 취출구가 작을 때 잘 발생한다.

94. 다음 중 열관류율의 단위는?

① W/m·℃
② W/m²·℃
③ W/m³·℃
④ W/m⁴·℃

【해설】 암기법 : 교관온면

• 교환열은 전열시간에도 비례하므로, Q = K·Δt·A × T

∴ 열관류율 K = $\dfrac{Q}{\Delta t \cdot A \times T}$ = $\dfrac{J}{℃ \cdot m^2 \cdot \sec}$ = $\dfrac{W}{℃ \cdot m^2}$ = **W/m²·℃**

【비교】 • 열전도율(λ, 열전도도)의 단위 : λ = K·d (열관류율 × 두께)
= W/m²·℃ × m = **W/m·℃**

95. 건조기의 열효율 표시를 옳게 나타낸 것은?
   (단, Q : 입열량, q_1 : 수분 증발에 소비된 열량,
   q_2 : 재료 가열에 소비된 열량,
   q_3 : 건조기의 손실열량을 나타낸다.)

   ① $\dfrac{q_1}{Q}$ 　　　　　　　　② $\dfrac{q_2}{Q}$

   ③ $\dfrac{q_1 + q_2}{Q}$ 　　　　　④ $\dfrac{q_1 + q_2 + q_3}{Q}$

【해설】 • 건조기에서 피건조물이 흡수한 유효열량(Q_s)은 수분 증발의 보유잠열과 재료 가열의 현열량이므로 열효율(η) 계산식은

$$\eta = \dfrac{Q_s}{Q_{in}}\left(\dfrac{\text{유효출열량}}{\text{입열량}}\right) = \dfrac{q_1 + q_2}{Q}$$

96. 프라이밍(Priming) 및 포밍(Forming)이 발생한 경우에 취하는 조치로서 옳지 않은 것은?
   ① 연소량을 가볍게 한다.
   ② 보일러수의 일부를 분출하고 새로운 물을 넣는다.
   ③ 증기 밸브를 열고 수면계 수위의 안정을 기다린다.
   ④ 안전밸브, 수면계의 시험과 압력계 연락관을 취출하여 본다.

【해설】 ❸ 증기밸브를 열어 압력을 낮추게 되면 프라이밍 및 포밍 현상이 오히려 더욱 잘 일어나게 되므로, 주증기 밸브를 잠가서 압력을 증가시켜 수위를 안정시킨다.

97. 저위발열량이 40821 kJ/kg인 B-C유를 사용하는 보일러에서 실제증발량이 4 t/h 이고 보일러 효율이 85%, 급수엔탈피는 293 kJ/kg, 발생증기의 엔탈피가 2746 kJ/kg 이라면 연료 소비량은 약 몇 kg/h 인가?

   ① 263　　　　② 283　　　　③ 303　　　　④ 314

【해설】　　　　　　　　　　　　　　암기법 : (효율좋은) 보일러 사저유

• 보일러 (열)효율 $\eta = \dfrac{Q_s}{Q_{in}} = \dfrac{\text{유효출열.(발생증기의 흡수열)}}{\text{총입열량}}$

$$= \dfrac{w_2 \cdot (H_x - H_1)}{m_f \cdot H_L}$$

$$0.85 = \dfrac{4 \times 10^3 \times (2746 - 293)}{m_f \times 40821} \quad \therefore m_f = 282.78 ≒ 283 \text{ kg/h}$$

98. 공기온도 300 ℃의 평면벽에 열전도율이 0.035 W/m · ℃인 보온재가 두께 50 mm로 시공되어 있다. 평면벽으로부터 외부 공기로의 배출 열량은 약 몇 W/m² 인가? (단, 공기온도는 20 ℃, 보온재 표면과 공기와의 열전달계수는 9.3 W/m² · ℃ 이다.)

① 83　　　② 132　　　③ 182　　　④ 502

【해설】　　　　　　　　　　　　　　　　　　　　　암기법 : 교관온면

- 평면벽에서의 손실열(교환열) 계산 공식 Q = K · Δt · A 에서

  한편, 총괄열전달계수(관류율) $K = \dfrac{1}{\dfrac{d}{\lambda} + \dfrac{1}{\alpha_2}}$ 이므로

  $\therefore \dfrac{Q}{A} = \dfrac{\Delta t}{\dfrac{d}{\lambda} + \dfrac{1}{\alpha_2}} = \dfrac{(300 - 20)}{\dfrac{0.05}{0.035} + \dfrac{1}{9.3}}$

  = 182.28 ≒ 182 W/m²

99. 내화벽의 열전도율이 1.05 W/m · ℃인 재질로 된 평면벽의 양측 온도가 800 ℃와 100 ℃ 이다. 이 벽을 통한 단위면적당 열전달량이 1628 W/m² 일 때 벽 두께는 약 몇 cm 인가?

① 25　　　② 35　　　③ 45　　　④ 55

【해설】　　　　　　　　　　　　　　　　　　　　　암기법 : 손전온면두

- 평면벽에서의 손실열(교환열) 계산공식 $Q = \dfrac{\lambda \cdot \Delta t \cdot A}{d}$

  $\therefore \dfrac{Q}{A} = \dfrac{\lambda \cdot \Delta t}{d}$

  $1628 \; W/m^2 = \dfrac{1.05 \; W/m \cdot ℃ \times (800 - 100)℃}{d}$

  방정식을 이항하지 말고 에너지아카데미 카페에 있는 "방정식계산기 사용법"을 활용하여

  $\therefore$ 두께 d = 0.451 m ≒ 0.45 m × $\dfrac{100 \; cm}{1 \; m}$ = 45 cm

100. Shell & Tube 열교환기에 대한 설명으로 틀린 것은?

① 현장 제작이 가능하여 좁은 공간에 설치가 가능하다.
② 플레이트 열교환기에 비해서 열통과율이 낮다.
③ Shell 과 Tube 내의 흐름은 직류보다 향류 흐름의 성능이 더 우수하다.
④ 구조상 고온 · 고압에 견딜 수 있어 석유화학공업 분야 등에서 많이 이용된다.

【해설】 ※ Shell & Tube (쉘 앤 튜브, 원통다관)형 열교환기의 특징
- 두 개의 관판과 이것을 연결한 다수의 전열관(Tube)으로 구성되며 그 바깥은 원통형의 동체(Shell)로 밀폐한 구조를 가지고 있다.
판(plate)형 열교환기에 비해서 구조상 고온·고압에 견딜 수 있어 온도변화가 크거나 압력이 큰 곳에도 내압성이 높아 사용이 가능하다.
그러나, 전열면적이 튜브(tube)형으로 적기 때문에 낮은 열전달 능력을 가지고 있으며 특수공법으로 공장에서 제작한 것을 운반해 와 현장에 설치한다.

❶번은 판형 열교환기의 특징에 해당한다!

2025년 에너지관리기사 CBT 복원문제(1)

평균점수

제1과목 연소공학

1. 연소장치의 연소효율(E_C)식이 $E_C = \dfrac{H_C - H_1 - H_2}{H_C}$ 일 때 식에서 H_C는 연료의 발열량, H_1은 연재 중의 미연탄소에 의한 손실을 의미한다면 H_2는 무엇을 뜻하는가?

① 연료의 저발열량
② 전열손실
③ 불완전연소에 따른 손실
④ 현열손실

【해설】   암기법 : 소발연↑

• 연소효율 = $\dfrac{\text{연소열}}{\text{발열량}}$ = $\dfrac{\text{발열량} - (\text{연소에 의한})\text{손실열}}{\text{발열량}}$

= $\dfrac{\text{발열량} - (\text{미연분에 의한 손실} + \text{불완전연소에 의한 손실})}{\text{발열량}}$

2. "압력이 일정할 때 기체의 부피는 온도에 비례하여 변한다."라는 법칙은 무슨 법칙인가?

① Boyle 의 법칙
② Gay Lussac 의 법칙
③ Joule 의 법칙
④ Boyle-Charle 의 법칙

【해설】 ※ 기체에서 성립하는 법칙들

① 보일의 법칙 : "온도가 일정할 때 기체의 부피는 압력에 반비례한다."
❷ 게이-뤼삭의 법칙 : 샤를의 법칙("압력이 일정할 때 기체의 부피는 절대온도에 비례한다.")을 실험적으로 설명하였다.
③ 주울의 법칙 : "이상기체(완전가스)의 내부에너지는 온도만의 함수이다."
④ 보일-샤를의 법칙 : "일정량의 기체의 부피와 압력의 곱은 절대온도에 비례한다."
⑤ 아보가드로의 법칙 : "온도와 압력이 일정할 때 모든 기체의 분자는 같은 부피에 같은 분자수를 갖는다."
⑥ 달톤(Dalton)의 법칙 : "혼합기체의 전체압력은 각 기체의 부분압력의 합과 같다."

1-③   2-②

3. 다음 [보기]와 같은 부피 조성을 가진 석탄가스의 연소시 생성되는 이론 습연소 가스량은 약 몇 Sm^3/Sm^3 인가?

| H_2 26.5%, CH_4 18.2%, CO_2 5.2%, CO 4.8%, C_2H_4 13.1%, O_2 6.0%, N_2 26.2% |

① 0.89　　② 3.01　　③ 4.91　　④ 6.80

【해설】 • 공기량을 구하려면 연료 조성에서 가연성분만의 연소에 필요한 산소량부터 알아야 한다. 한편, 가연성분 가스 $1Sm^3$의 완전연소에 필요한 O_0양은 연소반응식으로부터

$$H_2 + \frac{1}{2}O_2 \rightarrow H_2O$$

$$CO + \frac{1}{2}O_2 \rightarrow CO_2$$

$$CH_4 + 2O_2 \rightarrow CO_2 + 2H_2O$$

$$C_2H_4 + 3O_2 \rightarrow 2CO_2 + 2H_2O$$

$O_0 = (0.5 \times H_2 + 0.5 \times CO + 2 \times CH_4 + 3 \times C_2H_4) - O_2$
　　$= (0.5 \times 0.265 + 0.5 \times 0.048 + 2 \times 0.182 + 3 \times 0.131) - 0.06$
　　$= 0.8535 \ Sm^3/Sm^3_{-연료}$

• 이론공기량 $A_0 = \dfrac{O_0}{0.21} = \dfrac{0.8535}{0.21} = 4.064 \ Sm^3/Sm^3_{-연료}$

• 이론 습연소가스량 $G_{0w} = CO_2 + n_2 + 0.79A_0 +$ (생성된 CO_2와 H_2O의 양)
　한편, 생성된 연소가스(CO_2와 H_2O)를 연소반응식에서 구한다.
　　$(1 \times 0.265) + (1 \times 0.048) + (3 \times 0.182) + (4 \times 0.131) = 1.383 \ Sm^3/Sm^3_{-연료}$

∴ $G_{0w} = 0.052 + 0.262 + 0.79 \times 4.064 + 1.383 = 4.907 ≒ \mathbf{4.91} \ Sm^3/Sm^3_{-연료}$

4. 예혼합연소의 특징에 대한 설명으로 옳은 것은?

① 역화의 위험성이 없다.
② 로(爐)의 체적이 커야 한다.
③ 연소실 부하율을 높게 얻을 수 있다.
④ 화염대에 해당하는 두께는 10~100 mm 정도로 두껍다.

【해설】 ※ 예혼합연소 : 기체연료와 공기를 버너 내에서 혼합한 후 연소실에 분사시켜 연소시키는 방식.
　① 혼합기의 분출속도가 느릴 경우는 역화(逆火)의 위험성이 **있다**.
　② 산소와의 혼합이 균일하여 화염의 길이가 짧으므로 연소실인 로(爐)의 체적이 **크지 않아도 된다**.
　❸ 혼합이 균일하여 완전연소되므로, 높은 화염온도를 얻을 수 있으며 연소실의 단위 체적당 발생하는 열량인 연소실 부하율(kJ/m^3h)을 높게 얻을 수 있다.
　④ 실온, 대기압하에서 이론혼합비에 가까운 농도 혼합비인 파라핀계 탄화수소와 공기 예혼합 화염의 반응대(즉, 화염대) **두께는 0.1 ~ 0.3 mm 정도로 매우 얇다**.

5. 프로판가스 1 Nm³을 완전연소시켰을 때의 건조연소가스량은 약 몇 Nm³인가?
   (단, 공기 중의 산소는 21v% 이다.)

   ① 10　　　　　② 22　　　　　③ 26　　　　　④ 30

【해설】 • 공기비의 언급이 없이 완전연소이므로 공기비 m = 1인 이론공기량으로 연소시키는
　　　　경우에 해당한다.　　　　　　　　　　　　　　　　　암기법 : 3,4,5
　　　• 프로판의 완전연소반응식　$C_3H_8 + 5O_2 \rightarrow 3CO_2 + 4H_2O$
　　　　　　　　　　　　　　　　　　　　　(1 Nm³)　(5 Nm³)
　　　• 이론공기량 $A_0 = \dfrac{O_0}{0.21} = \dfrac{5}{0.21} = 23.81 \ Nm^3/Nm^3\text{-연료}$
　　　• 이론 건연소가스량 G_{0d} = 이론공기중 질소 부피량(0.79 × A_0) + 연소 생성된 CO_2
　　　　　　　　　　　　　= 0.79A_0 + 3
　　　　　　　　　　　　　= 0.79 × 23.81 + 3 = 21.81 ≒ $22 \ Nm^3/Nm^3\text{-연료}$

6. 석탄의 저장 시 자연발화를 방지하기 위하여 탄층 1 m 깊이의 온도를 측정하여
   몇 ℃ 이하가 되도록 하는 것이 가장 적당한가?

   ① 40　　　　　② 60　　　　　③ 80　　　　　④ 100

【해설】　　　　　　　　　　　　　　　　　　　　　　　　　암기법 : 육탄전
　　　• 석탄의 저장 시 자연발화를 방지하기 위하여 탄층 내부온도는 60℃ 이하로 유지시킨다.

7. 다음 가스 중 저위발열량(MJ/kg)이 가장 낮은 기체는?

   ① 수소　　　　② 메탄　　　　③ 아세틸렌　　　④ 에탄

【해설】 ※ 기체연료별 저위발열량(MJ/kg)의 비교
　　　• 수소(119.9) 〉메탄(50.0) 〉에탄(47.5) 〉프로판(46.3) 〉아세틸렌(45.8) 〉
　　　　부탄(45.7) 〉일산화탄소(10.1)

【참고】 기체 연료의 발열량 순서.(저위발열량 기준)　　암기법 : 수메중, 부체
　　　① 단위체적당 (MJ/Nm³) : 부(LPG) > 프 > 에 > 아 > 메 > 일 > 수
　　　　　부탄>부틸렌>프로판>프로필렌>에탄>에틸렌>아세틸렌>메탄>일산화탄소>수소
　　　② 단위중량당 (MJ/kg)　 : 일 < 부 < 아 < 프 < 에 < 메(LNG) < 수

【참고】 가스연료의 열량은 단위체적(Nm³) 및 단위중량(kg)에 따라 발열량이 다르다.
　　　그 이유는 아보가드로 법칙에 의한 것인데, 체적은 똑같이 1 kmol의 체적이 22.4 Nm³로
　　　같지만 그 체적에서의 질량(분자량)은 서로 다르기 때문에 발생한다.

8. 어떤 수성가스의 조성은 용적%로 H_2 50%, CO 40%, CO_2 5%, N_2 5% 이다. 0℃, 1 atm의 수성가스 1 m^3 의 발열량을 아래 식을 이용하여 구하면 약 몇 kJ 인가?

$$H_2 + \frac{1}{2}O_2 \to H_2O(\ell), \quad \Delta H = -286.04 \, kJ/mol$$

$$CO + \frac{1}{2}O_2 \to CO_2, \quad \Delta H = -283.15 \, kJ/mol$$

① 11441   ② -11441   ③ 569.20   ④ -569.20

【해설】 • 생성물의 몰(mol)수는 부피(용적)%와 같다.

• 분모에 mol(몰)당 이므로, 수성가스 1m^3의 mol수를 먼저 구해야 한다.

표준상태(0℃, 1atm)이므로 $\dfrac{1 \, kmol}{22.4 \, Nm^3} = \dfrac{10^3 \, mol}{22.4 \, m^3} = \dfrac{10^3 \, mol}{22.4 \times 10^3 \, \ell} = \dfrac{1 \, mol}{22.4 \, \ell}$

$\dfrac{1 \, mol}{22.4 \, \ell} = \dfrac{1 \, mol}{22.4 \, \ell \times \dfrac{1 \, m^3}{1000 \, \ell}} = \dfrac{1 \, mol}{0.0224 \, m^3}$

이제, 수성가스 1 m^3에 대한 비례식을 세우면 $\dfrac{1 \, mol}{0.0224 \, m^3} = \dfrac{x_{연료} \, mol}{1 \, m^3}$

∴ $x_{연료}$ = **44.643 mol**

• 수성가스 1mol의 발열량 = Σ(생성물질의) 생성열
 = ΣH_2O 생성열 + ΣCO_2 생성열
 = (0.5mol × 286.04 kJ/mol) + (0.4mol × 283.15 kJ/mol)
 = 256.28 kJ

∴ 수성가스 44.643 mol의 발열량 = 44.643 mol × 256.28 kJ/mol
 ≒ **11441 kJ**

【주의】 열화학방정식에서 엔탈피변화량(ΔH)의 (-)부호는 "발열"을 뜻한다.

---

9. 연돌에 의한 통풍력에 대한 설명으로 옳은 것은?

① 연돌 높이의 평방근에 비례한다.
② 연돌 높이의 제곱에 비례한다.
③ 연돌 높이에 반비례한다.
④ 연돌 높이에 비례한다.

【해설】 • 통풍력 : 연돌(굴뚝)내의 배기가스와 연돌밖의 외부공기와의 밀도차(비중량차)에 의해 생기는 압력차를 말하며 단위는 mmH_2O를 일반적으로 사용한다.

• 통풍력 Z = $P_2 - P_1$　　　여기서, P_2 : 굴뚝 외부공기의 압력
　　　　　　　　　　　　　　　　　P_1 : 굴뚝 하부(유입구)의 압력
　　= $(\gamma_a - \gamma_g) h$　　여기서, γ_a : 외부공기의 비중량
　　　　　　　　　　　　　　　　　γ_g : 배기가스의 비중량
　　　　　　　　　　　　　　　　　h : 굴뚝의 높이

10. 어떤 열설비에서 연료가 완전 연소하였을 경우에 배기가스내의 잉여 산소농도가 10 % 이었다. 이 때 이 연소기기의 공기비는 약 얼마인가?

① 1.0 ② 1.5 ③ 1.9 ④ 2.5

【해설】• 배가스 분석결과 과잉 O_2 %만 알고서 공기비를 구할 때는 $m = \dfrac{21}{21 - O_2(\%)}$ 공식을 이용한다.

∴ 공기비 $m = \dfrac{21}{21 - 10} = 1.909 ≒ 1.9$

---

11. 열효율이 압축비만으로 결정되며 등적 사이클이라고도 하는 사이클은? (단, 비열비는 일정하다.)

① 오토 사이클
② 에릭슨 사이클
③ 스털링 사이클
④ 브레이톤 사이클

【해설】• 오토(Otto cycle)의 열효율은 압축비만의 함수이므로 **등적 사이클**이라고도 하는데, 압축비가 커질수록 열효율은 증가한다.

• 오토사이클의 열효율 공식 $\eta = 1 - \left(\dfrac{1}{\varepsilon}\right)^{k-1}$ 여기서, ε : 압축비, k : 비열비

---

12. 공기비(m)에 대한 식으로 올바른 것은?

① $m = \dfrac{실제공기량}{이론공기량}$
② $m = \dfrac{이론공기량}{실제공기량}$
③ $m = 1 - \dfrac{과잉공기량}{이론공기량}$
④ $m = \dfrac{실제공기량}{과잉공기량} - 1$

【해설】• 일반적으로 공기비(m)는 1 보다 커야 하므로 분모가 분자보다 작아야 한다.

$m = \dfrac{A}{A_0}\left(\dfrac{실제공기량}{이론공기량}\right) = \dfrac{m \cdot A_0}{A_0} = m$

---

13. 일반적인 정상연소에 있어서 연소속도를 지배하는 주된 요인은?

① 화학반응의 속도
② 공기 중 산소의 확산속도
③ 연료의 착화온도
④ 배기가스 중의 CO_2 농도

【해설】• 연소는 연료의 산화 발열반응이므로 연소속도란 산화하는 속도라 말할 수 있는데, 일반적으로 연소실 내의 연소가 정상상태로 행하여질 때 화학반응이 일어나는 속도가 매우 빠르므로 공기 중 새로운 산소의 **확산속도**가 연소속도를 결정하게 된다.

14. 증기운폭발의 특징에 대한 설명으로 틀린 것은?

① 폭발보다 화재가 많다.
② 연소에너지의 약 20%만 폭풍파로 변한다.
③ 증기운의 크기가 클수록 점화될 가능성이 커진다.
④ 점화위치가 방출점에서 가까울수록 폭발위력이 크다.

【해설】 ※ 증기운 폭발. (Vapor cloud explosion)
- 가연성 가스나 증발이 쉬운 가연성 액체가 다량으로 급격하게 대기 중에 유출되면 공기와 혼합가스를 형성한 증기운으로 확산되며, 물질의 연소하한계 이상의 상태에서 점화원과 접촉시 착화되어 거대한 화구의 형태로 폭발하는 현상으로, 석유화학공장에서 자주 일어나는 폭발 사고이다.
① 폭발보다 화재가 많다.
② 연소에너지의 약 20%만 폭풍파로 변한다.
③ 증기운의 크기가 클수록 점화될 가능성이 커진다.
❹ 점화위치가 **멀수록** 그 만큼 가연성 증기가 많이 유출된 것이므로, 폭발위력이 커진다.

15. 질소산화물의 생성을 억제하는 방법이 아닌 것은?

① 물 분사법
② 2단 연소법
③ 배출가스 재순환법
④ 고농도(高濃度)산소 연소법

【해설】 암기법 : 고질병
- 연소실내의 **고온**조건에서 **질소**는 산소와 결합하여 일산화질소(NO), 이산화질소(NO_2) 등의 NO_x(질소산화물)로 매연이 증가되어 밖으로 배출되므로 대기오염을 일으킨다. 따라서, 고농도 산소로 연소시키면 연소실내의 온도가 고온의 조건이 되므로 오히려 질소산화물의 생성이 증가한다.

【참고】 ※ 배기가스 중의 질소산화물 억제 방법
㉠ 저농도 산소 연소법 (과잉공기량 감소) ㉡ 저온도 연소법 (공기온도 조절)
㉢ 2단 연소법   ㉣ 배기가스 재순환 연소법
㉤ 물 분사법(수증기 분무법)   ㉥ 버너 및 연소실 구조 개량
㉦ 연소부분 냉각법   ㉧ 연료의 전환

16. 연료가 연소할 때 고온부식의 주원인이 되는 연료 성분은?

① 황   ② 수소   ③ 바나듐   ④ 탄소

【해설】 ※ 고온부식 현상   암기법 : 고바, 황저
- 중유 중에 포함된 바나듐(V)이 연소에 의해 산화하여 V_2O_5(오산화바나듐)으로 되어 연소실 내의 고온 전열면인 과열기·재열기에 부착되어 표면을 부식시킨다.

17. 분진을 포함하고 있는 가스를 선회시켜 입자에 원심력을 주어 분리시키는 방법으로서 고성능집진장치의 전처리용으로 주로 사용되는 것은?

① 전기식 집진장치
② 벤투리 스크러버
③ 사이클론 집진장치
④ 백필터 집진장치

【해설】 ※ 원심력 집진장치
- 함진가스(분진을 포함하고 있는 가스)를 선회 운동시키면 입자에 원심력이 작용하여 분진입자를 가스로부터 분리하는 장치이다.
종류로는 사이클론(cyclone)식과 소형사이클론을 몇 개 병렬로 조합하여 처리량을 크게 하고 집진효율을 높인 멀티-(사이)클론(Multi-cyclone)식이 있으며, 주로 고성능 전기식 집진장치의 전처리용으로 사이클론 집진장치를 조합하여 사용되고 있다.

【key】• 사이클론(cyclone) : "회오리(선회)"를 뜻하므로 빠른 회전에 의한 원심력이 작용한다.

18. 연소 배기가스 중의 O_2 나 CO_2 함유량을 측정하는 경제적인 이유로 가장 적당한 것은?

① 연소 배가스량 계산을 위하여
② 공기비를 조절하여 열효율을 높이고 연료소비량을 줄이기 위해서
③ 환원염의 판정을 위하여
④ 완전 연소가 되는지 확인하기 위해서

【해설】 ❷ 배기가스 분석결과 (O_2 농도나 CO_2 농도)를 이용하여 공기비를 계산함으로써, 연료에 공급되는 공기량의 과부족을 파악하여 손실열 감소 및 연소기기의 연료소비량을 줄일 수 있다.

19. 프로판 $1 Nm^3$ 의 완전연소에 필요한 이론산소량(Nm^3)은?

① 1　　② 2　　③ 4　　④ 5

【해설】　　　　　　　　　　　　　　　　　　　　　　　암기법 : 3,4,5

• 프로판의 완전연소반응식 　C_3H_8 　+ 　$5 O_2$ 　→ 　$3 CO_2$ + $4 H_2O$
　　　　　　　　　　　　　　(1 kmol)　　(5 kmol)
　　　　　　　　　　　　　　(22.4 Nm^3)　(5 × 22.4 Nm^3)
　　　　약분하면, 　(1 Nm^3)　　(5 Nm^3)　　∴ 이론산소량 O_0 = 5 Nm^3

【key】• 기체의 분자식 앞에 있는 **계수는 몰수(또는, 체적비)**를 뜻하므로 프로판(C_3H_8) 1 Nm^3에 대한 이론산소량(O_0)은 직관적으로 5 Nm^3 임을 쉽게 알 수 있다.

20. 고위발열량과 저위발열량의 차이는 연료 중의 어떤 성분과 관련이 있는가?

① 황   ② 탄소   ③ 질소   ④ 수소

【해설】 ❹ 고위발열량(총발열량)과 저위발열량(진발열량)의 차이는 연료 중의 수소 일부가 산소와 화합하여 결합수인 액체(물)가 되기 때문에 차이가 난다.

제2과목 열역학

21. 다음 중 가스의 액화과정과 가장 관계가 먼 것은?

① 압축과정
② 등압냉각과정
③ 최종상태는 압축액 또는 포화혼합물 상태이다.
④ 등온팽창과정

【해설】• 일반가스를 액화시키는데 가장 기본적인 원리는 온도를 하강하는 과정이 필요하다.
즉, 일반가스의 액화과정에 필요한 조건은 임계온도 이하, 임계압력 이상으로 해야 한다.
❹ 등온팽창에서는 열량을 주위에서 받아들임으로써 온도를 일정하게 유지하는 것이므로 온도변화가 없어 가스가 액화되지 않는다.
오히려, 등온과정에서 압력을 감소하여 부피를 팽창시키면 기체 상태로 된다.

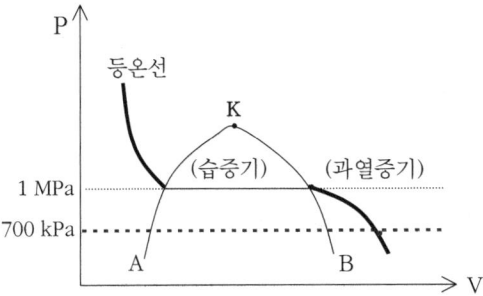

그림에서,
A-K : 포화액체선.(포화액, 포화수)
K : 임계점
B-K : 포화증기선.(건포화증기, 건조포화증기)

22. 어떤 기체가 피스톤 고정장치에 의해 실린더 내부에 밀폐되어 있다. 초기 기체의 상태는 절대압력 700 kPa, 부피 20 L 이며 실린더 외부는 완전진공이다. 피스톤 고정장치를 갑자기 이완시켜 기체 용적이 2배가 될 때 다시 피스톤을 고정시킨다면 이 계의 내부에너지 변화량은 몇 kJ 인가?
(단, 이 계는 단열되어 있으며 마찰은 무시한다.)

① 1400   ② 700   ③ 350   ④ 0

【해설】• 밀폐계에서 단열(dQ = 0)되어 있으므로 $\delta Q = dU + PdV = 0$ 에서,

$$dU = -PdV$$

한편, 다시 피스톤을 고정시켰으므로 정적과정(dV = 0)에 해당한다.

∴ 내부에너지 변화량 dU = 0

23. 1.5 MPa, 250 ℃의 공기 5 kg이 $PV^{1.3}$ 값이 일정한 과정에 따라 팽창비가 5가 될 때까지 팽창하였다. 이때 내부에너지의 변화는 약 몇 kJ인가? (단, 공기의 정적비열은 0.72 kJ/kg·K 이다.)

① -1002 ② -721 ③ -144 ④ -72

【해설】• 내부에너지 변화량 $dU = m C_v dT = m C_v (T_2 - T_1)$

한편, PV^k = 일정한 값은 "단열변화"에 해당하므로

TV 관계방정식 $T_1 V_1^{k-1} = T_2 V_2^{k-1}$ 에서, $\dfrac{T_1}{T_2} = \left(\dfrac{V_2}{V_1}\right)^{k-1}$

다른 한편, 팽창비가 5이므로 $V_2 = 5 V_1$

$$\dfrac{273+250}{T_2} = (5)^{1.3-1}$$

∴ 나중온도 T_2 = 322.7 K

dU = 5 kg × 0.72 kJ/kg·K × (322.7 - 523)K = **-721.08 kJ**

24. 밀폐계의 등온과정에서 이상기체가 행한 단위 질량당 일은? (단, 압력 P와 부피 V는 하첨자 1에서 2로 변하며 R은 기체상수, T는 절대온도이다.)

① $RT \ln\left(\dfrac{P_1}{P_2}\right)$ ② $\ln\left(\dfrac{V_1}{V_2}\right)$ ③ $P(V_2 - V_1)$ ④ $R \ln\left(\dfrac{P_1}{P_2}\right)$

【해설】• 등온($T = T_1 = T_2$, dT = 0) 과정에서는 $dU = C_v \cdot dT = 0$ 이므로

$Q = {}_1W_2 = \int_1^2 P\,dV$ 한편, 기체의 상태방정식 PV = mRT 에서

$= \int_1^2 \dfrac{mRT}{V}\,dV = mRT \int_1^2 \dfrac{1}{V}\,dV = mRT[\ln V]_1^2 = mRT \cdot \ln\left(\dfrac{V_2}{V_1}\right)$

한편, 보일-샤를의 법칙 $\dfrac{P_1 V_1}{T_1} = \dfrac{P_2 V_2}{T_2}$ 에서 등온이므로 $\dfrac{P_1}{P_2} = \dfrac{V_2}{V_1}$

${}_1W_2 = mRT_1 \cdot \ln\left(\dfrac{P_1}{P_2}\right)$

한편, 문제의 조건에서 단위질량당(m = 1 kg)과 등온($T_1 = T_2 = T$)이므로

$= RT \cdot \ln\left(\dfrac{P_1}{P_2}\right)$

23-② 24-①

25. 다음 중 상대습도를 가장 쉽고 빠르게 측정할 수 있는 방법은?

① 건구온도와 습구온도를 측정한 다음 습공기선도에서 상대습도를 읽는다.
② 건구온도와 습구온도를 측정한 다음 두 값 중 큰 값으로 작은 값을 나눈다.
③ 건구온도와 습구온도를 측정한 다음 Mollier Chart에서 읽는다.
④ 대기압을 측정한 다음 습도곡선에서 읽는다.

【해설】• 습공기의 건구온도(t), 습구온도(t′), 상대습도(φ), 노점온도(t″), 엔탈피(H), 절대습도(Z) 중 어느 2개의 상태량을 알면 **습공기선도**에서 다른 것도 쉽게 구할 수 있다.

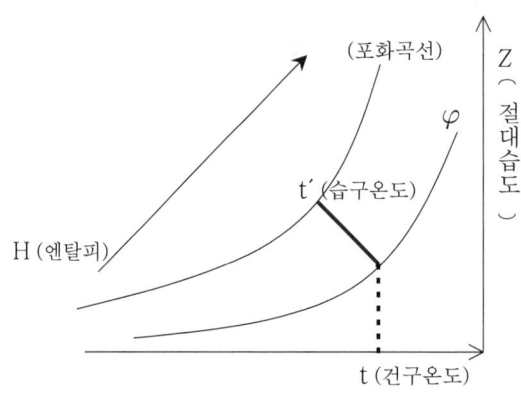

26. 한 과학자가 자기가 만든 열기관이 80℃와 10℃ 사이에서 작동하면서 100 kJ의 열을 받아 20 kJ의 유용한 일을 할 수 있다고 주장한다. 이 과학자의 주장은 어떠한가?

① 열역학 제0법칙에 어긋난다.   ② 열역학 제1법칙에 어긋난다.
③ 열역학 제2법칙에 어긋난다.   ④ 열역학 제3법칙에 어긋난다.

【해설】• 고열원과 저열원의 두 열저장소 사이에서 작동되는 가역사이클인 카르노사이클의 열효율은 동작물질에 관계없으며 두 열저장소의 **온도만으로 결정된다**.
따라서 카르노사이클은 열기관의 이론적인 사이클로서 열효율이 가장 높으며, 다른 열기관과의 효율을 비교하는 데 쓰인다.

$$\eta_c = \frac{W}{Q_1} = \frac{Q_1 - Q_2}{Q_1} = 1 - \frac{Q_2}{Q_1} = 1 - \frac{T_2}{T_1} \quad \text{즉, } \left(\frac{Q_2}{Q_1} = \frac{T_2}{T_1}\right) \text{가 성립한다.}$$

$$\eta_c = 1 - \frac{273+10}{273+80} = 0.198 = 19.8\%$$

과학자가 만든 열기관의 효율 $\eta = \frac{W}{Q_1} = \frac{20\,kJ}{100\,kJ} = 0.2 = 20\%$

∴ 열역학 제2법칙에 의하면 카르노사이클의 열효율보다 우수한 열기관은 존재하지 않으므로, 과학자의 주장은 열역학 제2법칙에 어긋나는 것이다.

27. 브레이톤(Brayton) 사이클은 어떤 기관의 사이클인가?

① 가스터빈 기관 ② 증기기관
③ 가솔린 기관 ④ 디젤기관

【해설】   암기법 : 단적단적한.. 내, 오디사 가(부러), 예스 랭!
                              ↳내연기관   ↳외연기관

- **내연기관**의 사이클 : 오토 사이클, 디젤 사이클, 사바테 사이클.
- **가스터빈**의 사이클 : 브레이톤 사이클, 에릭슨 사이클, 스털링 사이클.

28. 다음은 물의 압력 - 온도 선도를 나타낸다. 고체가 녹아 액체로 되는 상태를 가장 잘 나타내는 점 또는 선은?

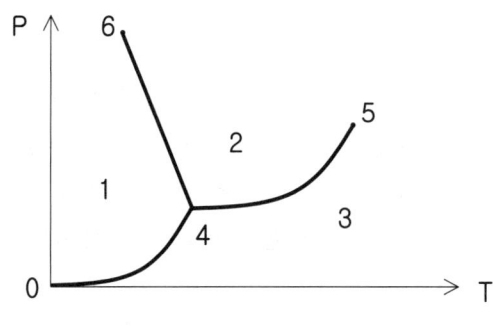

① 점 4 ② 선 4 - 6
③ 점 5 ④ 선 4 - 5

【해설】 ※ P - T(압력 - 온도) 선도에서 물질의 상변화

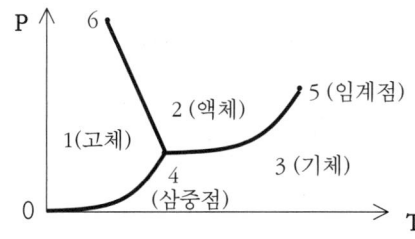

- 임계온도 이상에서는 압력이 아무리 높더라도 기체 상태로만 존재하므로 액화되지 않는다.
- 임계점은 액상과 기상이 평형상태로 존재할 수 있는 최고온도 및 최고압력을 말한다.
- 물질은 온도와 압력에 따라 화학적인 성질의 변화없이 물리적인 성질만이 변화하는 상이 존재하는데 물의 경우에는 온도에 따라 고체, 액체, 기체의 3상이 동시에 존재하는 점을 삼중점이라 한다. (물의 삼중점 : 0.01 ℃ = 273.16 K, 0.61 kPa)
- P - T 선도에서 경계선은 상태변화를 의미한다.
  0 - 4 : 승화,   4 - 5 : 기화(증발),   4 - 6 : 용융(또는, 융해)

29. 피스톤이 설치된 실린더에 압력 0.3 MPa, 체적 0.8 m³인 습증기 4 kg이 들어 있다. 압력이 일정한 상태에서 가열하여 체적이 1.6 m³이 되었을 때 습증기의 건도는 얼마인가? (단, 0.3 MPa에서 포화액 비체적은 0.001 m³/kg, 건포화증기 비체적은 0.6 m³/kg이다.)

① 0.334　　② 0.425　　③ 0.575　　④ 0.666

【해설】• 습증기의 비체적 공식 $v_x = \dfrac{V}{m} = \dfrac{1.6\ m^3}{4\ kg} = 0.4\ m^3/kg$

• 건도 x인 습증기의 비체적 공식 $v_x = v_1 + x(v_2 - v_1)$
$$0.4 = 0.001 + x(0.6 - 0.001)$$
이제, 네이버에 있는 에너지아카데미 카페의 "방정식 계산기 사용법"을 익혀서 입력해 주면
∴ 습증기의 건도 x = 0.666

30. 온도가 400 ℃인 고온열원과 300 ℃인 저온열원 사이에서 작동하는 카르노 열기관이 있다. 이 열기관에서 방출되는 열은 또 다른 카르노 열기관으로 공급되고, 이 열기관은 300 ℃의 고온열원과 200 ℃인 저온열원 사이에서 작동한다. 이와 같은 복합 카르노 열기관의 효율은 어떻게 계산되는가?

① $\dfrac{200}{673}$　　② $\dfrac{573}{673}$　　③ $\dfrac{473}{673}$　　④ $\dfrac{473}{573}$

【해설】• 복합 열기관의 전체효율(η_t) 계산

$\eta_t = \eta_1 + \eta_2 - \eta_1 \cdot \eta_2$　　여기서, 효율$(\eta) = 1 - \dfrac{T_{저온}}{T_{고온}}$ 이므로

$= \left(1 - \dfrac{573}{673}\right) + \left(1 - \dfrac{473}{573}\right) - \left(1 - \dfrac{573}{673}\right) \times \left(1 - \dfrac{473}{573}\right)$

$= 1 - \dfrac{573}{673} + 1 - \dfrac{473}{573} - 1 + \dfrac{473}{673} + \dfrac{573}{673} - \dfrac{573}{673} \times \dfrac{473}{573}$

$= 1 - \dfrac{473}{673} = \dfrac{673 - 473}{673} = \dfrac{200}{673}$

31. 다음 중 랭킨(Rankin) 사이클과 관계되는 것은?

① 가스터빈　　② 증기 원동소　　③ Carnot 열기관　　④ 가솔린 기관

【해설】• 증기원동소 기관인 랭킨 사이클은 증기기관의 기본 사이클로서 보일러에서 연료가 지닌 화학에너지를 기계적 일로 바꾸는 데 필요한 장치인 증기보일러, 증기원동기(터빈), 복수기, 급수펌프 등이 필요하므로 부속장치인 소(所)를 가리켜 **증기원동소**라고 한다.

32. 노즐에서 가역단열 팽창하여 분출하는 이상기체에 대한 유속의 계산식은 어떻게 표시되는가? (단, 노즐입구에서의 유속은 무시하고, 입·출구에서의 엔탈피(kJ/kg)는 각각 i_0, i_1 이다.)

① $\sqrt{i_0 - i_1}$ ② $\sqrt{i_1 - i_0}$ ③ $\sqrt{2(i_0 - i_1)}$ ④ $\sqrt{2(i_1 - i_0)}$

【해설】• 에너지보존법칙에 따라 열에너지가 운동에너지(E_k)로 전환되는 노즐출구에서의 단열팽창과정으로 간단히 풀이하자.

$$Q = \Delta E_k$$
$$m \cdot \Delta H = \frac{1}{2}mv^2 \quad \text{여기서, } \Delta H : \text{엔탈피차}$$

∴ 출구에서의 유속 $v = \sqrt{2 \times \Delta H} = \sqrt{2 \times (H_1 - H_2)} = \sqrt{2 \times (i_0 - i_1)}$

33. 외부에서 가열되는 수평코일 속을 물이 흐르고 있다. 입구의 압력과 온도가 2 MPa, 71 ℃ 이고 출구에서는 100 kPa, 105 ℃ 라면 물 1 kg당 코일에 가하여진 열량은 몇 kJ 인가? (단, 입구속도는 0.1524 m/s 이고, 출구속도는 5.24 m/s 이며 산정 소요표는 다음과 같다.)

엔탈피	71 ℃ 물	100 kPa, 105 ℃ 수증기
H (kJ/kg)	297	2680

① 297 ② 2383 ③ 2680 ④ 2977

【해설】• 교환열량 $Q = m \cdot \Delta H = m \cdot (H_2 - H_1)$
　　　　　　　　　 = 1 kg × (2680 - 297) kJ/kg = **2383 kJ**

34. 50 ℃의 물의 포화액체와 포화증기의 엔트로피는 각각 0.703 kJ/kg·K, 8.07 kJ/kg·K 이다. 50 ℃의 습증기의 엔트로피가 5.02 kJ/kg·K 일 때 습증기의 건도는 몇 % 인가?

① 65.8 ② 62.5 ③ 58.6 ④ 53.4

【해설】• 습증기의 엔트로피 $S_x = S_1 + x(S_2 - S_1)$ 에서, 이항하지 않고 직접 대입하자.

$$5.02 = 0.703 + x(8.07 - 0.703)$$

이제, 에너지아카데미 카페에 있는 "**방정식계산기 사용법**"을 활용하여

∴ 습증기의 건도 $x = 0.5859 = 58.59\% ≒$ **58.6 %**

35. 다음 중 교축(throttling)과정을 통하여 일반적으로 변화하지 않는 물성치는?

① 온도
② 압력
③ 엔탈피
④ 엔트로피

【해설】 ※ H-S 선도와 T-S 선도에서의 교축(Throttling, 스로틀링) 과정

비가역 정상류 과정으로 열전달이 전혀 없고, 일을 하지 않는 과정으로서 **엔탈피는 일정**하게 유지된다.($H_1 = H_2$ = constant)
또한, 엔트로피는 항상 증가하며 압력과 온도는 항상 감소한다.

36. 기체의 상태방정식이 아닌 것은?

① 오일러(Euler) 방정식
② 비리얼(Virial) 방정식
③ 반데르발스(Van der Waals) 방정식
④ 비티-브릿지만(Beattie-Bridgeman) 방정식

【해설】 ❶ 오일러 식은 "유체의 운동"에 관한 방정식이다. $\dfrac{dP}{\gamma} + \dfrac{vdv}{g} + dZ = 0$
② 비리얼 식 $PV = ZRT$
③ 반데르-발스 식 $\left(P + \dfrac{a}{V^2}\right)(V-b) = RT$ 은 실제기체에 적용되는 식이다.
④ 비티-브릿지만 식 $PV^2 = RT\left[V + B_0\left(1 - \dfrac{b}{V}\right)\right]\left(1 - \dfrac{c}{VT^3}\right) - A_0\left(1 - \dfrac{a}{V}\right)$

37. 재생사이클의 장점과 거리가 먼 것은?

① 공기예열기(air pre-heater)가 필요하다.
② 추기에 의하여 보일러 급수를 예열하므로 보일러에서 가열량을 감소시킨다.
③ 터빈 저압부가 과대해지는 것을 막을 수 있다.
④ 랭킨사이클에 비해 효율이 증가한다.

【해설】 • 재생(再生, Regenerative) 사이클이란?

랭킨사이클에서 비교적 큰 비율의 증기 보유열량인 증발열을 복수기에서 버리게 되는데, 이 열량의 일부를 회수함으로써 열효율 향상을 도모한 증기사이클이다.
즉, 터빈 내에서 팽창중인 증기의 일부를 빼내어서 그 증기에 의해 복수기에서 나오는 저온의 급수를 가열하여 온도를 높여 보일러 급수로 사용하는 사이클이므로 급수가열기를 필요로 하게 되며, 보일러의 배가스로 급수를 예열하는 장치인 절탄기를 생략할 수 있게 해준다.

38. 공기표준 브레이튼(Brayton) 사이클의 효율을 높이기 위한 방법으로 가장 적합한 것은?

① 공기압축기의 압력비를 증가시킨다.
② 압축기로 공급되는 공기의 온도를 높인다.
③ 연소기로 공급되는 공기의 온도를 낮춘다.
④ 터빈에서의 비가역성을 증대시킨다.

【해설】• 공기표준 브레이튼 사이클의 이론적 열효율(η) 계산 공식

$$\eta = 1 - \left(\frac{1}{\gamma}\right)^{\frac{k-1}{k}}$$

에서, 비열비 k가 클수록, **압력비** γ가 클수록 η(열효율)은 증가한다.

39. 다음 중 표준증기압축 냉동시스템에 비교하여 흡수식 냉동시스템의 주된 장점은 무엇인가?

① 압축에 소요되는 일이 줄어든다.
② 시스템의 효율이 상승한다.
③ 장치의 크기가 줄어든다.
④ 열교환기의 수가 줄어든다.

【해설】❶ 증기압축식 냉동기는 냉매의 압축과정에서 큰 동력의 일을 필요로 하지만, 흡수식 냉동기에서는 압축기 대신에 흡수기와 재생기를 이용하므로 주된 장점은 압축기에 소요되는 동력을 절감할 수 있다.
② 압축식 냉동기의 효율이 흡수식 냉동기보다 높다.
③ 동일한 냉동능력을 갖기 위해서 흡수식은 압축식에 비해 장치의 크기가 커진다.
④ 흡수식냉동기는 증발기, 흡수기, 재생기, 응축기 등 4개의 열교환기로 구성되어 있다.

40. 그림과 같은 냉동기의 성능계수(COP)는 어떻게 나타낼 수 있겠는가?

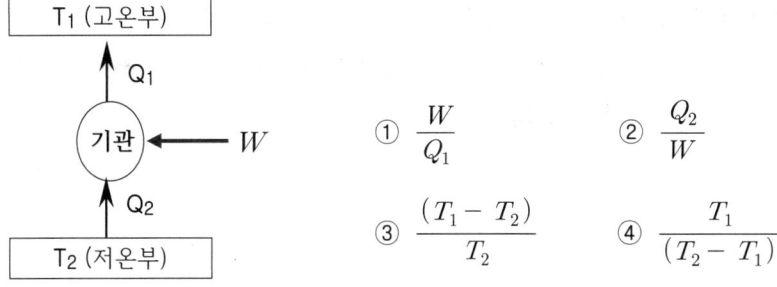

① $\dfrac{W}{Q_1}$
② $\dfrac{Q_2}{W}$
③ $\dfrac{(T_1 - T_2)}{T_2}$
④ $\dfrac{T_1}{(T_2 - T_1)}$

【해설】• 냉장·냉동기의 성능계수 공식 $COP = \dfrac{Q_2}{W} = \dfrac{Q_2}{Q_1 - Q_2} = \dfrac{T_2}{T_1 - T_2}$

38-① 39-① 40-②

제3과목 계측방법

41. 밀폐된 관에 수은 등과 같은 액체나 기체를 봉입한 것으로서 온도에 따라 체적변화를 일으켜 관내에 생기는 압력의 변화를 이용하여 온도를 측정하는 방식이 아닌 것은?

① 차압식　　　　　　　　② 기포식
③ 부자식　　　　　　　　④ 액저압식

【해설】※ 압력식 온도계
　- 밀폐된 관에 수은 등과 같은 액체나 기체를 봉입한 것으로 온도에 따라 체적변화를 일으켜 관내에 생기는 **압력의 변화**를 이용하여 온도를 측정하는 방식으로, 액체팽창식, 기체팽창식, 증기팽창식의 3가지 종류가 있다.
　❸ 부자식(또는, 플로트식)은 Float(부자)를 액면에 직접 띄워서 상·하의 움직임에 따라 측정하므로, 밀폐된 관에 봉입하는 방식이 아니다.

42. 다음 중 측정범위가 가장 넓은 압력계는?

① 플로트형 압력계　　　　② U자관형 압력계
③ 단관형 압력계　　　　　④ 침종식 압력계

【해설】※ 압력계의 측정범위
　❶ 플로트형 압력계(400 ~ 6000 mmH$_2$O)
　② U자관형 압력계(10 ~ 2000 mmH$_2$O)
　③ 단관형 압력계는 U자관의 변형으로 가장 간단하다.(5 ~ 2000 mmH$_2$O)
　④ 침종식 압력계(5 ~ 100 mmH$_2$O)

43. 부르돈관 압력계로 측정한 압력이 5 kg/cm^2 이었다. 이때 부유 피스톤 압력계 추의 무게가 10 kg 이고, 펌프 실린더의 직경이 8 cm, 피스톤 지름이 4 cm 라면 피스톤의 무게는 약 몇 kg 인가?

① 38.2　　　② 52.8　　　③ 72.9　　　④ 99.4

【해설】• 압력의 공식 $P = \dfrac{(F_{피스톤} + F_{추})}{A} = \dfrac{(F_{피스톤} + F_{추})}{\dfrac{\pi D^2}{4}}$

$5 \text{ kg/cm}^2 = \dfrac{(F_{피스톤} + 10 \text{ kg})}{\dfrac{\pi \times (4 \text{ cm})^2}{4}}$ 에서, ∴ $F_{피스톤}$ = 52.83 ≒ **52.8 kg**

44. 고체 팽창식 온도계는 2개의 선팽창계수가 다른 물질을 넣어준다. 다음 중 선팽창계수가 큰 재질로 주로 사용되는 것은?

① 인바(invar)
② 황동
③ 석영봉
④ 산화철

【해설】 고체팽창식 온도계인 바이메탈 온도계는 열팽창계수가 서로 다른 2개의 물질을 마주 접합한 것으로 온도변화에 의해 선팽창계수가 다르므로 휘어지는 현상을 이용하여 온도를 측정한다.
온도의 자동제어에 쉽게 이용되며 구조가 간단하고 경년변화가 적다.
그러나, 정확도가 낮고 히스테리시스 특성이 나타나며 응답시간이 늦은 단점이 있으므로 신호전송용보다는 정확도나 응답시간이 크게 중요하지 않는 On-off제어용 신호에 주로 적용된다.
100 ℃ 이하에서는 황동(Zn 30 %, Cu 70 %)과 인바(Ni 36 %, Mn 0.4 %, C 0.2 %)가 사용된다.

- 온도 증가에 따른 선팽창 길이 $\ell = \ell_0 (1 + \alpha t)$ 여기서, α : 선팽창계수라 한다.

【key】 구리(동)는 쉽게 휘어진다. → 늘어나기가 가장 쉽다. → ∴ 선팽창계수가 크다.

45. 열전대 온도계 사용 시 주의 사항으로 틀린 것은?

① 계기의 부착은 수평 또는 수직으로 바르게 달고 먼지와 부식성 가스가 없는 장소에 부착한다.
② 기계적 진동이나 충격은 피한다.
③ 사용온도에 따라 적당한 보호관을 선정하고 바르게 부착한다.
④ 열전대를 배선할 때에는 접속에 의한 절연 불량은 고려하지 않아도 된다.

【해설】 ❹ 열전대를 (+), (−)단자에 배선 및 보상도선으로 접속할 때에는 접속에 의한 절연불량을 고려하여야 한다.

46. 데드타임(Dead Time) L과 시정수 T와의 비 L/T는 제어의 난이도와 어떤 관계가 있는가?

① 무관하게 일정하다.
② 클수록 제어가 용이하다.
③ 조작 정도에 따라 다르다.
④ 작을수록 제어가 용이하다.

【해설】 • 난이도 $\left(= \dfrac{L}{T}\right)$가 클수록 제어가 어려워지고, 작을수록 제어하기 쉽다.
여기서, T : 시간정수.(Time constant), L : 낭비시간.(Dead Time)

47. 침종식 압력계에 대한 설명으로 틀린 것은?

① 봉입액은 자주 세정 혹은 교환하여 청정하도록 유지한다.
② 측정범위는 복종식이 단종식보다 넓다.
③ 계기 설치는 똑바로 수평으로 하여야 한다.
④ 액체측정에는 부적당하고, 기체의 압력측정에는 적당하다.

【해설】 ❷ 측정범위는 침종의 개수에 따른 단종식(5 ~ 100 mmH$_2$O)이 복종식(5 ~ 30 mmH$_2$O) 보다 넓다.

48. 오리피스에 의한 유량측정에서 유량과 압력과의 관계는?

① 압력차에 비례한다.　　② 압력차에 반비례한다.
③ 압력차의 평방근에 비례한다.　　④ 압력차의 평방근에 반비례한다.

【해설】 • 유량 $Q \propto \sqrt{\Delta P}$ 이다.　(여기서, $\sqrt{\ }$: "평방근 또는 제곱근"이라 한다.)

49. 제어계의 난이도가 큰 경우 가장 적합한 제어동작은?

① 헌팅동작　　② PID동작
③ PD동작　　④ ID동작

【해설】 • 난이도 $\left(=\dfrac{L}{T}\right)$가 클수록 제어하기 어려우므로, PID동작으로 잔류편차 제거와 안정성을 기할 수 있어서 가장 적합하다.

50. 다음 중 정상편차에 대하여 옳게 나타낸 것은?

① 목표치와 제어량의 차
② 2개 이상의 양 사이에 어떤 비례관계를 갖는 편차
③ 과도응답에 있어서 충분한 시간이 경과하여 제어편차가 일정한 값으로 안정되었을 때의 값
④ 입력의 시간 미분값에 비례하는 편차

【해설】 • 정상편차(定常偏差, steady-state deviation)
　　- 피드백 제어계의 과도응답에 있어서 충분한 시간이 경과하여 제어편차가 일정한 값으로 안정되었을 때의 값.

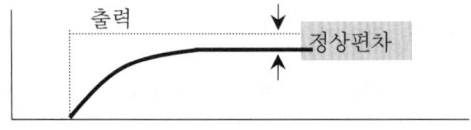

51. 자동연소 장치의 광전관 화염검출기가 정상적으로 작동하고 있는지를 간단히 점검할 수 있는 가장 좋은 방법은?

① 광전관 회로의 전류를 측정해 본다.
② 화염검출기(火炎檢出器) 앞을 가려 본다.
③ 광전관 회로의 연결선을 제거해 본다.
④ 파이로트 버너(Pilot Burner)에 점화하여 본다.

【해설】 ❷ 화염검출기 앞을 가렸을 때 점화가 불량해지면 검출기가 정상적으로 작동하고 있다고 본다.

52. 열전대온도계의 재료로 사용되는 콘스탄탄(Constantan)은 어떤 금속의 합금인가?

① 철과 구리
② 로듐과 백금
③ 구리와 니켈
④ 철과 니켈

【해설】 ❸ 콘스탄탄은 구리 55 % 와 니켈 45 % 의 비율로 이루어진 합금이다.

53. 조절계의 동작에는 연속, 불연속 동작을 이용한다. 다음 중 불연속 동작을 이용하는 것은?

① 뱅뱅동작
② 비례동작
③ 적분동작
④ 미분동작

【해설】 ※ 제어동작의 종류

① 불연속동작.   암기법 : 불2다!
　㉠ 불연속 속도 동작 (또는, 부동제어)
　㉡ 2위치 동작 (또는 On-Off 동작,
　　또는 ±동작, 또는 뱅뱅제어)
　㉢ 다위치 동작

② 연속동작.
　㉠ 비례동작 (P동작)
　㉡ 적분동작 (I동작)
　㉢ 미분동작 (D동작)
　㉣ 복합동작
　　(PI동작, PD동작, PID동작)

54. 고온 물체가 발산한 특정 파장의 휘도가 비교용 표준전구의 필라멘트 휘도와 같을 때 필라멘트에 흐른 전류로부터 온도를 측정하는 것은?

① 열전온도계
② 광고온계
③ 색온도계
④ 방사온도계

【해설】 ❷ 광고온계는 고온 물체의 방사에너지에 의한 휘도를 비교용 표준전구의 필라멘트 휘도와 같을 때 필라멘트에 흐른 전류로부터 온도를 측정한다.

55. 주로 낮은 압력을 측정하는데 사용되는 피라니 게이지(Pirani Gauge)의 원리는 압력에 따른 기체의 어떤 성질의 변화를 이용한 것인가?

① 비중
② 열전도
③ 비열
④ 압축인자

【해설】 ※ 진공 압력계의 원리
① 맥라우드 진공계 : 수은주를 이용한다.
② 피라니 진공계 : 열전도(저압하에서 기체의 열전도는 압력에 비례한다.)를 이용한다.
③ 열전대 진공계 : IC(철-콘스탄탄) 열전대를 이용한다.
④ 전리 진공계 : 3극진공관에서 잔류기체의 전리작용을 이용한다.
⑤ 가이슬러관 진공계 : 방전을 이용한다.

56. 바이메탈 온도계의 특징에 대한 설명으로 틀린 것은?

① 히스테리시스 오차가 발생하지 않는다.
② 온도변화에 대하여 응답이 느리다.
③ 작용하는 힘이 크다.
④ 온도자동조절이나 온도보정 장치에 이용된다.

【해설】 고체팽창식 온도계인 바이메탈 온도계는 열팽창계수가 서로 다른 2개의 물질을 마주 접합한 것으로 온도변화에 의해 선팽창계수가 다르므로 휘어지는 현상을 이용하여 온도를 측정한다.
온도의 자동제어에 쉽게 이용되며, 구조가 간단하고 경년변화가 적다.
그러나, 정확도가 낮고 오래 사용 시 히스테리시스 오차가 발생하며 온도변화에 대하여 응답시간이 느리다는 단점이 있으므로 신호 전송용보다는 정확도나 응답시간이 크게 중요하지 않은 On-off 제어용 신호에 주로 쓰인다.

57. 액주에 의한 압력측정에서 정밀측정을 위한 보정으로 적당하지 않은 것은?

① 모세관현상의 보정
② 높이의 보정
③ 중력의 보정
④ 온도의 보정

【해설】 암기법 : 보온중앞으로 모이세
- 액주식 압력계는 구부러진 유리관에 기름, 물, 수은 등을 넣어 한쪽 끝에 측정하려고 하는 압력을 도입하여 양 액면의 높이차에 의해 압력을 측정하는데 U자관의 크기는 보통 2m 정도로 한정되며 주로 통풍력을 측정하는데 사용되고 있다.
측정의 정도는 모세관현상 등의 영향을 받으므로 정밀한 측정을 위해서는 온도, 중력, 압력 및 모세관현상에 대한 보정이 필요하다.

58. 방사온도계로 흑체가 아닌 피측정체의 실제 온도 T를 구하는 식은?
(단, E : 전방사에너지, E_t : 전방사율이다.)

① $T = \sqrt[4]{\dfrac{E}{E_t}}$ ② $T = \sqrt[3]{\dfrac{E}{E_t}}$

③ $T = \sqrt[2]{\dfrac{E}{E_t}}$ ④ $T = \dfrac{E}{E_t}$

【해설】• 열방사에 의한 방사에너지는 스테판-볼츠만의 법칙으로 계산된다.

$E = E_t \cdot T^4$ 여기서, E_t : 전방사율, T : 절대온도(K)

∴ $T = \sqrt[4]{\dfrac{E}{E_t}}$

59. 방사온도계의 특징에 대한 설명 중 옳지 않은 것은?

① 방사율에 대한 보정량이 크다.
② 측정거리에 따라 오차발생이 적다.
③ 발신기의 온도가 상승하지 않게 필요에 따라 냉각한다.
④ 노벽과의 사이에 수증기, 탄산가스 등이 있으면 오차가 생기므로 주의해야 한다.

【해설】※ 방사온도계(Radiation pyrometer) 또는 복사온도계의 단점
① 방사온도계의 눈금은 측정에 대한 것이므로 방사율에 의한 보정량이 크다. 따라서, 실제로는 방사율의 영향이 적은 표준 광고온계로 보정한다.
❷ 측정거리에 따라 오차발생이 크다.
③ 고온에서 연속측정을 위해서는 발신기 자신의 온도가 상승하지 않도록 수냉식 또는 공랭식의 냉각장치가 필요하다.
④ 노벽과의 사이에 수증기, CO_2, 연기 등의 흡수제가 있으면 오차가 발생한다.

60. 다음 [보기]의 특징을 가지는 가스분석계는?

[보기]
• 가동부분이 없고 구조도 비교적 간단하며, 취급이 쉽다.
• 가스의 유량, 압력, 점성의 변화에 대하여 지시오차가 거의 발생하지 않는다.
• 열선은 유리로 피복되어 있어 측정가스 중의 가연성가스에 대한 백금의 촉매작용을 막아 준다.

① 연소식 O_2계   ② 적외선 가스분석계
③ 자기식 O_2계   ④ 밀도식 CO_2계

【해설】• 자기식 O_2계는 O_2가 다른 가스에 비하여 강한 상자성체(常磁性體)이기 때문에 자장에 대하여 흡인되는 특성을 지니고 있는 것을 이용하여 분석하는 방식이다.
가스의 온도변화에 대해서는 지시오차가 발생할 수 있으며,
가스의 압력, 유량, 점성의 변화에 대해서는 지시오차가 거의 발생하지 않는다.

제4과목 　 열설비재료 및 관계법규

61. 에너지사용계획의 내용이 아닌 것은?

① 사업 일정
② 에너지 수급예측 및 공급계획
③ 에너지이용 효율 향상 방안
④ 사후 관리계획

【해설】※ 에너지사용계획에 포함되어야 하는 내용　[에너지이용합리화법 시행령 제21조1항.]
❶ 사업의 개요　② 에너지 수요예측 및 공급계획　③ 에너지이용 효율 향상 방안
④ 사후관리계획　⑤ 에너지수급에 미치게 될 영향 분석 등이다.

62. 다음 중 대기전력 경고표지 대상 제품이 아닌 것은?

① 디지털 카메라
② 컴퓨터
③ 전자레인지
④ 유무선전화기

【해설】※ 대기전력 경고표지 대상 제품.　[에너지이용합리화법 시행령 시행규칙 제14조1항.]
- 컴퓨터, 모니터, 프린터, 복합기, 전자레인지, 유무선전화기, 라디오카세트, 팩시밀리, 복사기, 스캐너, 비데, 모뎀 등이다.

【key】대기전력이란 외부의 전원과 연결만 되어 있고, 주기능을 수행하지 아니하거나 외부로부터 켜짐 신호를 기다리는 상태에서 소비되는 전력을 말한다.
따라서, ❶ 디지털 카메라(디카)는 전원에 상시 연결되어 있는 제품이 아니다!

63. 산업통상자원부장관은 에너지수급 안정을 위한 조치를 하고자 할 때에는 그 사유, 기간 및 대상자 등을 정하여 그 조치예정일 며칠 이전에 예고하여야 하는가?

① 5일
② 7일
③ 10일
④ 15일

【해설】　　　　　　　　　　　　　　　　　　　　　　　　　　암기법 : 7공주
• 산업통상자원부장관은 에너지수급의 안정을 위한 조치를 하려는 경우에는 그 사유·기간 및 대상자 등을 정하여 조치예정일 7일 이전에 제한내용을 공고하여야 한다.
[에너지이용합리화법 시행령 제13조.]

64. 민간사업 주관자 중 에너지사용계획을 수립하여 산업통상자원부장관에게 제출하여야 하는 사업자의 기준은?

① 연간 연료 및 열을 2천TOE 이상 사용하거나
   전력을 5백만 kWh 이상 사용하는 시설을 설치하고자 하는 자
② 연간 연료 및 열을 3천TOE 이상 사용하거나
   전력을 1천만 kWh 이상 사용하는 시설을 설치하고자 하는 자
③ 연간 연료 및 열을 5천TOE 이상 사용하거나
   전력을 2천만 kWh 이상 사용하는 시설을 설치하고자 하는 자
④ 연간 연료 및 열을 1만TOE 이상 사용하거나
   전력을 4천만 kWh 이상 사용하는 시설을 설치하고자 하는 자

【해설】 ※ 에너지사용계획 제출 대상사업 기준 [에너지이용합리화법 시행령 제20조2항.]
- 공공사업주관자의   암기법 : 공이오?~ 천만에!
  1. 연간 2천5백 티오이(TOE) 이상의 연료 및 열을 사용하는 시설
  2. 연간 1천만 킬로와트시(kWh) 이상의 전력을 사용하는 시설
- 민간사업주관자의   암기법 : 민간 = 공 × 2
  1. 연간 **5천** 티오이(TOE) 이상의 연료 및 열을 사용하는 시설
  2. 연간 **2천만** 킬로와트시(kWh) 이상의 전력을 사용하는 시설

65. 한국에너지공단 이사장 또는 검사기관의 장이 검사를 받는 자에게 그 검사의 종류에 따라 필요한 사항에 대한 조치를 하게 할 수 있는 사항이 <u>아닌</u> 것은?

① 검사수수료의 준비
② 기계적 시험의 준비
③ 운전성능 측정의 준비
④ 검사대상기기관리자에게 검사시 참여토록 조치

【해설】 ※ 검사에 필요한 조치사항 [에너지이용합리화법 시행규칙 31조의22.]
1. 기계적 시험의 준비
2. 비파괴검사의 준비
3. 검사대상기기의 정비
4. 수압시험의 준비
5. 안전밸브 및 수면측정장치의 분해 · 정비
6. 검사대상기기의 피복물 제거
7. 조립식인 검사대상기기의 조립 해체
8. 운전성능 측정의 준비
9. 검사를 받는 자는 그 검사대상기기의 관리자로 하여금 검사 시 참여하도록 하여야 한다.

64-③   65-①

66. 효율기자재의 제조업자는 효율관리시험기관으로부터 측정결과를 통보받은 날로부터 며칠 이내에 그 측정결과를 한국에너지공단에 신고하여야 하는가?

① 15일   ② 30일   ③ 90일   ④ 120일

【해설】　　　　　　　　　　　　　　　　　　　　　　[에너지이용합리화법 시행령 시행규칙 제9조.]
- 효율관리기자재의 제조업자 또는 수입업자는 효율관리시험기관으로부터 측정결과를 통보받은 날 또는 자체측정을 완료한 날로부터 각각 **90일** 이내에 그 측정결과를 한국에너지공단에 신고하여야 한다.

67. 에너지사용계획을 수립하여 산업통상자원부장관에게 제출하여야 하는 민간사업자는 연간 얼마 이상의 연료 및 열을 사용하는 시설을 설치하는 자로 정해져 있는가?

① 2500 티오이　　　　　　　　　② 5000 티오이
③ 10000 티오이　　　　　　　　④ 25000 티오이

【해설】 ※ 에너지사용계획 제출 대상사업 기준　　　[에너지이용합리화법 시행령 제20조2항.]
- 공공사업주관자의　　　　　　　　　　　암기법 : 공이오?~ 천만에!
  1. 연간 2천5백 티오이(TOE) 이상의 연료 및 열을 사용하는 시설
  2. 연간 1천만 킬로와트시(kWh) 이상의 전력을 사용하는 시설
- 민간사업주관자의　　　　　　　　　　　암기법 : 민간 = 공 × 2
  1. 연간 **5천** 티오이(TOE) 이상의 연료 및 열을 사용하는 시설
  2. 연간 **2천만** 킬로와트시(kWh) 이상의 전력을 사용하는 시설

68. 에너지이용 합리화를 위한 계획 및 조치에 대한 설명으로 틀린 것은?

① 에너지이용 합리화 기본계획은 5년 주기로 수립하여야 한다.
② 에너지이용 합리화 기본계획에는 열사용기자재의 안전 관리에 관한 내용을 포함하여야 한다.
③ 에너지이용 합리화 기본계획 수립 시 국회에 상정하여 심의를 거쳐 확정한다.
④ 에너지절약 정책의 수립 및 추진에 관한 사항을 심의하기 위하여 국가에너지절약추진위원회를 두어야 한다.

【해설】　　　　　　　　　　　　　　　　　　　　　　　　[에너지이용합리화법 시행령 제3조.]
❸ 산업통상자원부 장관은 에너지를 합리적으로 이용하게 하기 위하여 에너지이용 합리화에 관한 기본계획을 수립하여야 한다.
　　<--- 국회에 상정하여 심의를 거쳐 확정하는 것이 아니라, **대통령령**으로 확정한다.

66-③　　67-②　　68-③

69. 설치 후 3년이 지난 보일러로서 설치장소 변경검사를 받은 보일러는 검사 후 얼마 이내에 운전성능검사를 받아야 하는가?

① 7일 이내   ② 15일 이내
③ 1개월 이내   ④ 3개월 이내

【해설】 ※ 검사의 유효기간　　　　　　　　　　[에너지이용합리화법 시행규칙 별표3의5.]
- 설치 후 3년이 경과한 보일러로서 설치장소 변경검사 또는 재사용검사를 받은 보일러는 검사 후 **1개월** 이내에 운전성능검사를 받아야 한다.

70. 철금속가열로는 정격용량이 얼마를 초과하는 경우에 검사대상기기에 해당되는가?

① 0.48 MW   ② 0.58 MW   ③ 0.68 MW   ④ 0.78 MW

【해설】 ※ 검사대상기기의 적용범위　　　　　　[에너지이용합리화법 시행규칙 별표3의3.]
① 가스사용량이 17 kg/h (도시가스는 232.6 kW)를 초과하는 소형온수보일러
❷ 정격용량이 0.58 MW를 초과하는 철금속가열로
③ 최고사용압력이 1 MPa 이하이고, 전열면적이 5 m² 이하인 관류보일러는 제외
④ 최고사용압력이 0.1 MPa 이하이고, 전열면적이 5 m² 이하인 강철제·주철제보일러는 제외

71. 온수탱크의 나면과 보온면으로부터 방산열량을 측정한 결과 각각 4187 kJ/m²h, 1256 kJ/m²h 이었을 때 이 보온재의 보온효율은 몇 % 인가?

① 30   ② 70   ③ 93   ④ 333

【해설】 • 보온효율 $\eta = \dfrac{\Delta Q}{Q_1} = \dfrac{Q_1 - Q_2}{Q_1} = \dfrac{4187 - 1256}{4187} ≒ 0.7 = 70\%$

여기서, Q_1 : 보온전 (나관일 때) 손실열량
　　　　Q_2 : 보온후 손실열량

72. 유리 용융용으로 대량 생산 시 사용하는 가마(요)는?

① 탱크요   ② 회전요   ③ 등요   ④ 터널요

【해설】 ※ 유리 제조용 로(爐)의 종류
- 도가니요(Crucible kiln) : 소량 생산의 유리 용융용 제조
- 탱크요(Tank kiln) : 대량 생산의 유리 용융용 제조
- 서냉로 : 성형이 끝난 유리제품의 내부응력이나 가스를 제거할 목적으로 가열했다가 서서히 냉각시키는 로.
- 인쇄로 : 유리 표면의 인쇄(印刷)에 쓰이는 로.

73. 폴스테라이트에 대한 설명으로 옳은 것은?

① 주성분은 2MgO·SiO_2 이다.
② 내식성은 나쁘나 기공률은 적다.
③ 온도상승에 따라 열전도율이 내려간다.
④ 하중연화점은 크나 내화도는 28로 적다.

【해설】 　　　　　　　　　　　　　　　　　　 암기법 : 염병할~ 포돌이 마크

※ 염기성 내화물인 포(폴)스테라이트질(Forsterite, MgO-SiO_2계)의 특징
　❶ 주성분은 2MgO·SiO_2 이다.(감람석에 마그네시아 클링커를 배합)
　② 염기성 슬래그에 대하여 저항성이 커서 내식성이 우수하며, 기공률은 크다.
　③ 온도상승에 따라 열전도율은 증가한다.
　④ 하중연화점이 높고 내화도(SK 35~38)가 높다.

74. 보통벽돌은 점토(粘土)를 주원료로 하여 점성(粘性)이 적은 흙이나 강모래를 배합하여 만든다. 다음 보통벽돌에 대한 설명 중 틀린 것은?

① 흡수율은 약 4 ~ 23% 정도이다.
② 겉보기 비중은 약 2.60 ~ 3.87 정도이다.
③ 압축강도는 약 100 ~ 300 kg/cm^2 정도이다.
④ 원료에는 약 5%의 산화철을 함유하며, 적갈색이다.

【해설】• 보통벽돌(적벽돌)은 점토를 주원료로 하여 흙이나 강모래 등을 배합하고 약 5 % 정도의 산화철을 첨가하여 기계로 혼련 성형하며 900 ~ 1000℃ 정도로 건조 소성하여 만든다. 노벽의 외측을 쌓는 벽돌로 주로 사용되며 최고 안전사용온도는 1000 ℃, 겉보기 비중은 약 1.60 ~ 1.87 정도이다.

75. 보온재의 구비조건으로 옳은 설명은?

① 무거워야 한다.　　　　　　　　② 흡수성이 커야 한다.
③ 내화도가 적어야 한다.　　　　　④ 열전도도가 적어야 한다.

【해설】• 가볍고, 흡수성이 작아야 하며, 내화도가 커야 한다.
【참고】※ 보온재의 구비조건　　　　　　　　　　　　　　암기법 : 흡열장비다↓
　　　① 흡수성이 적을 것　　　　　② 열전도율(열전도도)이 작을 것
　　　③ 장시간 사용 시 변질되지 않을 것　④ 비중(밀도)이 작을 것
　　　⑤ 다공질일 것　　　　　　　　⑥ 견고하고 시공이 용이할 것
　　　⑦ 불연성일 것　　　　　　　　⑧ 내열·내약품성이 있을 것

76. 내화물에서 내화도는 다음 어떤 상태에 따라 좌우되는가?

① 연화변형 상태 ② 기계적 강도의 상태
③ 내식성의 상태 ④ 용융성의 상태

【해설】❶ 내화물의 내화도를 나타내는 독일공업규격에 따른 SK(Seger-cone, 제겔콘)은 규석질, 점토질 및 내열성의 금속산화물을 적절히 배합하여 만든 삼각추로서, 일정온도에 도달하였을 때 연화 변형하는 상태에 따라 좌우된다.

77. 연속식 가마로서 피열물을 정지시켜 놓고 소성대의 위치를 바꾸어 주로 벽돌, 기와 등의 건축 재료를 소성하는 가마는?

① 오름가마 ② 꺾임불꽃식가마
③ 터널가마 ④ 고리가마

【해설】❹ 윤요(輪窯, Ring kiln, 고리가마)는 연속식 가마로서 피열물을 정지시켜 놓고 소성대의 위치를 점차 바꾸어 가면서 주로 벽돌, 기와, 타일 등의 건축 재료를 소성하는 가마로서 소성실, 주연도 및 연돌로 구성되어 있으며 호프만(Hoffman)식이 대표적이다.

78. 한국산업표준에서 규정하고 있는 내화물의 내화도 하한치(下限値)는?

① SK 16 ② SK 18 ③ SK 26 ④ SK 28

【해설】❸ 내화도는 독일공업규격에 따른 Seger cone(제겔콘) 26번 (1580 ℃) 이상을 사용온도범위에 따라 내화물로 규정하여 SK 번호로 나타낸다.

79. 다음 중 산성 슬래그와 접촉하여 가장 쉽게 침식되는 내화물은?

① 납석질 내화물 ② 규석질 내화물
③ 탄소질 내화물 ④ 마그네시아질 내화물

【해설】• 슬래그(slag, 鎔滓, 용제)는 녹아 있는 금속 표면위에 떠서 금속 표면이 공기에 의해 산화되는 것을 방지하고 그 표면을 보존하는 역할을 한다.
• 산성 산화물(SiO_2)을 다량 함유하고 있는 산성 슬래그를 쓰려면 제강로의 내벽도 산성 내화벽돌이어야 슬래그 침입에 의한 침식의 발생을 가장 잘 막을 수 있다.

암기법 : 산규 납점샤, 중이 C 알, 염병할~ 포돌이 마크

※ <보기>의 ① 산성 ② 산성 ③ 중성 ❹ 염기성

76-① 77-④ 78-③ 79-④

80. 석면 보온재의 최고 안전사용온도는?

① 100℃   ② 550℃   ③ 850℃   ④ 1,000℃

【해설】 ※ 최고 안전사용온도에 따른 무기질 보온재의 종류

```
     -50  -100  ◀사▶  +100  +50
      탄    G    암,    규    석면, 규산리 650필지의 세라믹화이버 무기공장
      250, 300,  400,  500,  550,         650℃↓  (×2배) 1300↓ 무기질
    탄산마그네슘,
          Glass울(유리섬유),
                  암면
                    규조토, 석면, 규산칼슘
                                  펄라이트(석면+진주암),
                                             세라믹화이버
```

제5과목 열설비설계

81. 자켓 타입의 농축기에 가열증기가 150℃로 공급되고 있는데 농축기에 스케일이 부착되어 열관류계수가 1/4로 되었다면 동등한 능력을 발생하기 위한 공급증기의 온도는? (단, 액의 비점은 100℃ 이다.)

① 200 ℃   ② 250 ℃   ③ 300 ℃   ④ 350 ℃

【해설】   암기법 : 교관 온면
- 자켓식 열교환기의 교환열 공식 $Q = K \cdot \Delta t \cdot A$

동등한 열교환 능력이어야 하므로, $Q = K \cdot \Delta t \cdot A = K' \cdot \Delta t' \cdot A$

$K \cdot (150 - 100) \cdot A = \frac{1}{4} K \cdot (t_2' - 100) \cdot A$

∴ 공급증기의 변화된 온도 $t_2' = 4 \times 50 + 100 = 300 ℃$

82. 보일러 사용 중 이상 감수(저수위사고)의 원인으로 가장 거리가 먼 것은?

① 급수펌프가 고장이 났을 때
② 수면계의 연락관이 막혀 수위를 모를 때
③ 증기의 발생량이 많을 때
④ 방출콕 또는 분출장치에서 누설이 될 때

【해설】 ❸ 과부하 운전이 지속되어 증기의 소비량이 너무 많을 경우 저수위사고의 원인이 된다.

83. 보일러의 전열면적이 $10\,m^2$ 이상, $15\,m^2$ 미만인 것은 방출관의 안지름이 몇 mm 이상이어야 하는가?

① 10　　　　② 20　　　　③ 30　　　　④ 50

【해설】　　　　　　　　　　　　　　　　　　　　　　　　　　[관 및 밸브에 관한 규정.]

※ 온수보일러에서 안전밸브 대신에 안전장치로 쓰이는 방출밸브 및 방출관은
　전열면적에 비례하여 다음과 같은 크기로 하여야 한다.

전열면적 (m^2)	방출관의 안지름 (mm)
10 미만	25 이상
10 이상 ~ 15 미만	30 이상
15 이상 ~ 20 미만	40 이상
20 이상	50 이상

* 2차실기에 자주 출제 반복되므로, **암기법** : 전열면적(구간의)최대값 × 2 = 안지름 값↑

84. 보일러의 부대장치 중 공기예열기 사용 시의 장점이 아닌 것은?

① 연료의 착화열을 줄인다.　　　② 연소 효율이 증가한다.
③ 보일러 효율이 높아진다.　　　④ 과잉공기가 많아진다.

【해설】 ❹ 연소용 공기를 예열함으로써 연료의 착화열을 줄일 수 있고,
　　　　 적은 공기비로 연료를 완전연소할 수 있으므로 공기과잉이 적어진다.

85. 어떤 연료 1 kg의 발열량이 26460 kJ 이다. 이 연료 50 kg/h을 연소시킬 때 발생하는 열은 모두 일로 전환된다면 이때 발생하는 동력은 약 몇 PS 인가?

① 300　　　　② 400　　　　③ 500　　　　④ 600

【해설】 • 연료의 총발열량 공식 $Q = m \cdot H_L$
　　　　　　　　　　= 50 kg/h × 26460 kJ/kg = 1323000 kJ/h
　　　　　　　　　　= $\dfrac{1323000\,kJ}{3600\,sec}$ = 367.5 kW
　　　　　　　　　　= 367.5 kW × $\dfrac{1\,PS}{0.735\,kW}$ = **500 PS**

【참고】 • 1 HP (국제마력, Horse power) = 746 W = 0.746 kW
　　　　• 1 PS (프랑스마력, Pferde stärke) = 75 kgf·m/s
　　　　　　　　　　　　　　　　　　　　　= 75 × 9.8 N·m/s
　　　　　　　　　　　　　　　　　　　　　= 735 W = 0.735 kW

86. 노통보일러 중 원통형의 노통이 2개인 보일러는?

① 라몬트보일러 ② 바브콕보일러
③ 다우삼보일러 ④ 랭커셔보일러

【해설】 　　　　　　　　　　　　　　　　　　　　　　암기법 : 노랭코
  • 보일러 이름의 명칭은 최초개발회사 명칭 또는 도시이름 등으로 붙여진 것이다.

【key】 <보일러의 종류 쓰기>는 실기시험에서도 매우 자주 출제되므로 반드시 암기해야 한다.
　　　　　　　　　　　　　　　　　　　　　암기법 : 원수같은 특수보일러

① 원통형 보일러 (대용량 × , 보유수량 ○)
  ㉠ 입형 보일러 - 코크란.　　　암기법 : 원일이는 입·코가 크다
  ㉡ 횡형 보일러　　　　　　　　암기법 : 원일이 행은 노통과 연관이 있다
　　　　　　　　　　　　　　　　　　　　(횡)
    ⓐ 노통식 보일러
      - 랭커셔.(노통이 2개짜리), 코니쉬.(노통이 1개짜리)
　　　　　　　　　　　　　　　　　　　　　　　　암기법 : 노랭코
    ⓑ 연관식 - 케와니(철도 기관차형)
    ⓒ 노통·연관식 - 패키지, 스카치, 로코모빌, 하우든 존슨, 보로돈카프스

② 수관식 보일러 (대용량 ○ , 보유수량 ×)　　암기법 : 수자 강간
　　　　　　　　　　　　　　　　　　　　　　　　　　　　　　(관)
  ㉠ 자연순환식
　　　　　　　　　　　암기법 : 자는 바·가·(야로)·다, 스네기찌
　　　　　　　　　　　　　　(모두 다 일본식 발음을 닮았음.)
    - 바브콕, 가르베, 야로, 다꾸마(주의 : 다우삼 아님!), 스네기찌.
  ㉡ 강제순환식　　　　　　　　　　　　　　암기법 : 강제로 베라~
    - 베록스, 라몬트.
  ㉢ 관류식　　　암기법 : 관류 람진과 벤슨이 앤모르게 슐처먹었다
    - 람진, 벤슨, 앤모스, 슐처 보일러

③ 특수 보일러　　　　　　　　　　　　　　　　암기법 : 특수 열매전
  ㉠ 특수연료 보일러
    - 톱밥, 바크, 버개스
  ㉡ 열매체 보일러　　　　　　　　　　　　　　암기법 : 열매 세모다수
    - 세큐리티, 모빌썸, 다우삼, 수은
  ㉢ 전기 보일러
    - 전극형, 저항형

87. 노통보일러에서 사용하는 스테이(버팀)에 대한 설명으로 틀린 것은?

① 도그스테이는 맨홀 뚜껑이 보강재 버팀이다.
② 경사버팀은 화실천장 과열부분의 압궤현상을 방지하는 버팀이다.
③ 가세트버팀은 평형경판을 사용하여 경판, 동판 또는 관판이나 동판의 지지 보강재이다.
④ 튜브스테이는 연관의 팽창에 따른 관판이나 경판의 팽출에 대한 보강재이다.

【해설】 ※ 스테이(stay, 버팀)의 종류
① 도그 스테이(dog stay)는 맨홀 뚜껑을 보강하는데 사용된다.
❷ 경사 스테이(oblique stay, 경사버팀)은 경판을 보강하는데 사용된다.
③ 거싯 스테이(gusset stay)는 노통의 경판을 보강하는데 사용된다.
④ 튜브 스테이(tube stay, 관버팀)은 관판을 보강하거나 연관의 역할로도 사용된다.
⑤ 볼트 스테이(bolt stay, 나사버팀)은 평행한 부분의 거리가 짧고 서로 마주보는 2매의 평판의 보강에 주로 사용한다.
⑥ 바 스테이(bar stay, 봉버팀)은 관(pipe)대신에 연강 환봉을 사용하여 화실 천장판을 보강하는데 사용된다.
⑦ 거더 스테이(girder stay, 시렁버팀)은 화실천장판을 경판에 매달아 보강하는 둥근 막대버팀으로 화실천장 과열부분의 압궤현상을 방지하는데 사용된다.

88. 어떤 원통형 탱크가 압력 3 kg/cm², 직경 5 m, 강판 두께 10 mm 이다. 탱크의 이음효율 75%로 할 때 강판의 인장강도는 약 몇 kg/mm²로 하여야 하는가? (단, 탱크의 반경방향으로 두께에 응력이 유기되지 않는 이론값을 계산한다.)

① 10   ② 20   ③ 300   ④ 400

【해설】 암기법 : 허전강↑

※ 원통파이프(원통보일러) 설계시 압축강도 계산은 다음 식을 따른다.
  $P \cdot D = 200 \, \sigma \cdot (t - C) \times \eta$
  여기서, 압력단위(kg/cm²), 지름 및 두께의 단위(mm)인 것에 주의해야 한다.
  한편, 허용응력 $\sigma = \dfrac{\sigma_a}{S} \left(\dfrac{\text{인장강도}}{\text{안전율}} \right)$ 이므로,
  $P \cdot D = 200 \dfrac{\sigma_a}{S} \cdot (t - C) \times \eta$ 위 문제에서는 부식여유 C = 0 으로 본다.
  $3 \times 5000 = 200 \times \dfrac{\sigma_a}{1} \times (10 - 0) \times 0.75$ ∴ 인장강도 $\sigma_a = 10 \, kg/mm^2$

【참고】• 압력의 중력단위를 공학에서는 kgf/cm² 에서 포오스(f)를 생략하고 kg/cm²으로 주로 사용하기도 한다.

89. 기수분리기를 설치하는 주된 목적은?

① 폐증기를 회수하여 재사용하기 위하여
② 과열증기의 순환을 빠르게 하기 위하여
③ 보일러에 녹아 있는 불순물을 제거하기 위하여
④ 발생된 증기 속에 남은 물방울을 제거하기 위하여

【해설】 기수분리기(Steam separator)는 수관식 보일러에서 발생한 습증기 속에 포함되어 있는 물방울을 분리·제거하기 위하여 기수드럼의 증기 취출구나 주증기배관 내에 부착하는 내부 부속장치로서, 건도가 높은 증기를 얻을 수 있으므로 부식 방지 및 수격작용을 예방할 수 있다.

90. 노벽의 두께가 200 mm이고, 그 외측은 75 mm의 석면판으로 보온되어 있다. 노벽의 내부온도가 400 ℃이고, 외측온도가 38 ℃일 경우 노벽의 면적이 10 m² 이라면 열손실은 약 몇 kJ/h 인가?
(단, 노벽과 석면판의 평균 열전도도는 각각 3.82, 0.54 kJ/mh℃이다.)

① 14674　　② 16674　　③ 18929　　④ 20674

【해설】　　　　　　　　　　　　　　　　　　　　　　암기법 : 교관온면
$Q = K \cdot \Delta t \cdot A$

한편, 총괄전열계수 $K = \dfrac{1}{\sum R} = \dfrac{1}{\sum \dfrac{d}{\lambda}} = \dfrac{1}{\dfrac{d_1}{\lambda_1} + \dfrac{d_2}{\lambda_2}}$ 이므로

$= \dfrac{1}{\dfrac{0.2}{3.82} + \dfrac{0.075}{0.54}} \times (400 - 38) \times 10$

$= 18928.6 ≒ 18929 \text{ kJ/h}$

91. 소용량 주철제 보일러란 주철제 보일러 중 전열 면적이 몇 m² 이하이고 최고사용압력이 몇 MPa 이하인 것을 말하는가?

① 3 m², 0.1 MPa　　　　② 5 m², 0.1 MPa
③ 3 m², 0.2 MPa　　　　④ 5 m², 0.2 MPa

【해설】 ※ 검사대상기기의 적용에 제외되는 소용량의 범위　　[열사용기자재 관리규칙 제31조 별표7.]
- 가스사용량이 17 kg/h (도시가스는 232.6 kW) 이하의 소형온수보일러
- 최고사용압력이 0.1 MPa 이하이고, 전열면적이 5 m² 이하인 강철제·**주철제** 보일러
- 최고사용압력이 1 MPa 이하이고, 전열면적이 5 m² 이하의 관류보일러
- 정격용량이 0.58 MW 이하의 철금속가열로

92. 복사능 0.5, 전열면적 2 m² 인 물질이 복사능 0.8, 전열면적 10 m² 인 물질 속에 둘러싸여 복사전열이 일어날 때의 총괄호환인자(F_{12})는 약 얼마인가?

① 0.4　　　② 0.5　　　③ 0.6　　　④ 0.7

【해설】• 총괄호환인자 $C_0 = \dfrac{1}{\dfrac{1}{C_1} + \dfrac{A_1}{A_2}\left(\dfrac{1}{C_2} - \dfrac{1}{4.88}\right)} = \dfrac{1}{\dfrac{1}{0.5} + \dfrac{2}{10}\left(\dfrac{1}{0.8} - \dfrac{1}{4.88}\right)}$

= 0.452 ≒ 0.5

93. 수평가열관 중에 정상상태로 흐르고 있는 액체가 40 ℃에서 질량유속 2 kg/s 로 유입되어 140 ℃로 배출된다. 액체의 평균열용량은 4.2 kJ/kg·℃ 일 때 관 벽을 통하여 전달되는 열전달속도는 약 몇 kW 인가?

① 105　　　② 210　　　③ 420　　　④ 840

【해설】　　　　　　　　　　　　　　　　　　　　　　　암기법 : 큐는, 씨암탉
• 열량의 계산 공식 Q = C · m · Δt
= 4.2 kJ/kg℃ × 2 kg/s × (140 - 40)℃
= 840 kJ/s = **840 kW**

94. 보일러 1마력을 상당증발량으로 환산하면 약 몇 kg/h가 되는가?

① 3.05　　　② 15.65　　　③ 30.05　　　④ 34.55

【해설】　　　　　　　　　　　　　　　　　　　　　　　암기법 : 보상 일러
• 보일러 1 마력이란 급수온도 100 ℉ (37.8 ℃)이고 게이지 압력 70 ℓb/in²(psi·g) 하에서 (약 5 기압 하에서) 증기량 30 ℓb/h (13.6 kg)을 발생시키는 능력을 말한다.

∴ 상당증발량 $w_e = \dfrac{w_2(h_x - h_1)}{539} = \dfrac{13.6\,kg/h \times (658 - 37.8)\,kcal/kg}{539\,kcal/kg}$ ≒ 15.65 kg/h

95. 보일러의 안전사고의 종류로서 가장 거리가 먼 것은?

① 노통, 수관, 연관 등의 파열 및 균열
② 보일러내의 스케일 부착
③ 동체, 노통, 화실의 압궤(collapse) 및 수관, 연관 등 전열면의 팽출(bulge)
④ 연도나 노내의 가스폭발, 역화 그 외의 이상연소

【해설】❷ 보일러 내의 스케일 부착은 열전도율을 감소시켜 보일러 효율이 저하된다.

96. 보일러동의 외경이 800 mm이고 길이가 2500 mm인 랭커셔보일러의 전열면적은?

① 2.0 m²   ② 4.8 m²   ③ 6.3 m²   ④ 8.0 m²

【해설】• 랭커셔 보일러의 전열면적(A)은 다음 식에 의한다.
$$A = 4D \cdot L = 4 \times 0.8\,m \times 2.5\,m = 8\,m^2$$

97. 삽입형으로 보일러의 고온전열면 또는 과열기 등에 사용되고 증기 및 공기를 동시에 분사시켜 취출작업을 하는 슈트블로어의 종류는?

① 로터리형   ② 에어 히터 크리너형
③ 쇼트 리트랙터블형   ④ 롱 리트랙터블형

【해설】※ 슈트블로어(Soot blower)는 보일러 전열면에 부착된 그을음 등을 증기나 공기를 분사하여 제거하는 매연취출장치로서 다음과 같은 종류가 있다.
  ① 로터리형 : 절탄기 등의 저온 전열면에 사용
  ② 에어 히터 크리너형 : 공기예열기에 크리너로 사용
  ③ 쇼트 리트랙터블형 : 연소 노벽 등의 전열면에 사용
  ❹ 롱 리트랙터블(long Retractable)형 : 과열기 등의 고온 전열면에는 집어넣을 수 있는 삽입형이 사용된다.

98. 열관류율에 대한 설명으로 옳은 것은?

① 인위적인 장치를 설치하여 강제로 열이 이동되는 현상이다.
② 유체의 밀도 차에 의한 열의 이동현상이다.
③ 고체의 벽을 통하여 고온 유체에서 저온의 유체로 열이 이동되는 현상이다.
④ 어떤 물질을 통하지 않는 열의 직접 이동을 말하며 정지된 공기층에 열 이동이 가장 적다.

【해설】• 열관류란 고체의 벽 내부 열전도와 그 양측 표면에서의 열전달이 조합된 것을 말한다.

99. 기체연료의 경우에 열정산의 기준온도로서 어느 것을 사용하는 것이 가장 편리한가?

① 0   ② 15   ③ 18   ④ 25

【해설】❶ 열정산 시 기준온도는 외기온도를 기준으로 한다.
  (단, 기체연료의 경우에는 표준상태인 0 ℃를 기준으로 한다.)

100. 코프식 자동급수 조정장치는 다음 중 어느 것을 이용하는가?

① 공기의 열팽창
② 금속관의 열팽창
③ 액체의 열팽창
④ 증기압력의 변화

【해설】• 보일러 수위제어 검출에 따른 자동급수제어(FWC) 방식으로 쓰이는 **코프(Copes)식** 수위검출기는 기울어지게 부착된 **금속제 팽창관의 열팽창**·수축에 의해 수위가 감소하면 금속팽창관내의 증기가 차지하는 공간이 증가하게 되므로 팽창관이 더욱 팽창하게 되면서 급수조절밸브가 자동적으로 열리도록 설계되어 있다.

100-②

2025년 에너지관리기사 CBT 복원문제(2)

제1과목 연소공학

1. 연돌의 높이 100 m, 배기가스의 평균온도 210 ℃, 외기온도 20 ℃, 대기의 비중량 $\gamma_1 = 1.29$ kg/Nm³, 배기가스의 비중량 $\gamma_2 = 1.35$ kg/Nm³ 일 때, 연돌의 통풍력은?

① 15.9 mmH₂O ② 16.4 mmH₂O
③ 43.9 mmH₂O ④ 52.7 mmH₂O

【해설】• 외기와 배기가스의 온도, 표준상태(0℃, 1기압)에서의 비중량이 각각 제시된 경우, 외기와 배기가스의 온도차 및 비중량차에 의한 계산은 다음의 공식으로 구한다.

• 이론통풍력 $Z\,[\text{mmH}_2\text{O}] = 273 \times h\,[\text{m}] \times \left(\dfrac{\gamma_a}{273 + t_a} - \dfrac{\gamma_g}{273 + t_g}\right)$

여기서, 비중량 $\gamma = \rho \cdot g$ 의 단위를 [kgf/m³] 또는 [kg/m³]으로 표현한다.

∴ $Z = 273 \times 100\,\text{m} \times \left(\dfrac{1.29}{273 + 20} - \dfrac{1.35}{273 + 210}\right)$ kgf/m³

= 43.89 ≒ **43.9** [단위 : **mmH₂O** = mmAq = kgf/m²]

2. 유압분무식 버너의 특징에 대한 설명으로 <u>틀린</u> 것은?

① 유량 조절 범위가 좁다.
② 연소의 제어범위가 넓다.
③ 무화매체인 증기나 공기가 필요하지 않다.
④ 보일러 가동 중 버너교환이 가능하다.

【해설】• 연료인 유체에 직접 압력을 가하여 노즐을 통해 분사시키는 방식의 버너이므로 무화매체인 증기나 공기가 별도로 필요치 않으며, 유량조절범위가 1 : 2로 가장 좁으며, 유압이 0.5 MPa 이하이거나 점도가 큰 유류에는 무화가 나빠지므로 연소의 제어범위가 **좁다**.

3. 다음과 같은 조성을 가진 액체 연료의 연소 시 생성되는 이론 건연소가스량은?

| 탄소 1.2 kg, 산소 0.2 kg, 질소 0.17 kg, 수소 0.31 kg, 황 0.2 kg |

① 13.5 Nm³/kg   ② 17.5 Nm³/kg
③ 21.4 Nm³/kg   ④ 29.4 Nm³/kg

【해설】• 액체연료의 이론공기량을 체적(Nm³/kg)으로 구하면

$$A_0 = \frac{O_0}{0.21} = \frac{1}{0.21}\left\{1.867\,C + 5.6\left(H - \frac{O}{8}\right) + 0.7\,S\right\}$$

$$= \frac{1}{0.21}\left\{1.867 \times 1.2 + 5.6\left(0.31 - \frac{0.2}{8}\right) + 0.7 \times 0.2\right\}$$

$$≒ 18.935 \text{ Nm}^3/\text{kg}$$

• 액체연료의 이론 건연소가스량(G_{0d})

G_{0d} = 이론공기중의 질소량 + 연소생성물(수증기 제외)
 = 0.79 A_0 + 1.867 C + 0.7 S + 0.8 n
 = 0.79 × 18.935 + 1.867 × 1.2 + 0.7 × 0.2 + 0.8 × 0.17
 = 17.475 ≒ **17.5 Nm³/kg**

4. 상당증발량이 0.05 ton/min 의 보일러에 24283 kcal/kg의 석탄을 태우고자 한다. 보일러의 효율이 87 %라 할 때 필요한 화상면적은?
(단, 무연탄의 화상 연소율은 73 kg/m²·h 이다.)

① 2.3 m²   ② 4.4 m²   ③ 6.7 m²   ④ 10.9 m²

【해설】 암기법 : (효율좋은) 보일러 사저유

• 열기관의 열효율 $\eta = \dfrac{Q_s}{Q_{in}} = \dfrac{\text{유효출열(또는, 유효출력)}}{\text{총입열량}} = \dfrac{w_e \times 2257\,kJ/kg}{m_f \cdot H_\ell}$

$$0.87 = \frac{\dfrac{50\,kg}{1\,\min \times \dfrac{1\,h}{60\,\min}} \times 2257\,kJ/kg}{m_f \times 24283\,kJ/kg}$$

∴ 연료사용량 m_f = 320.5 kg/h

• 화격자 연소율 b = $\dfrac{m_f}{A}$ = $\dfrac{\text{연료사용량}(kg/h)}{\text{화격자 면적}(m^2)}$ 이므로

$$73\,kg/m^2 \cdot h = \frac{320.5\,kg/h}{A}$$

∴ 화격자 전열면적 A = 4.39 ≒ **4.4 m²**

5. 어떤 연료를 분석한 결과 탄소(C), 수소(H), 산소(O) 및 황(S) 등으로 나타낼 때 이 연료를 연소시키는데 필요한 이론산소량(O_0)을 구하는 계산식은?
   (단, 각 원소의 원자량은 수소 1, 탄소 12, 산소 16, 황 32 이다.)

   ① $1.867C + 5.6\left(H + \dfrac{O}{8}\right) + 0.7S$ [Nm³/kg]

   ② $1.867C + 5.6\left(H - \dfrac{O}{8}\right) + 0.7S$ [Nm³/kg]

   ③ $1.867C + 11.2\left(H + \dfrac{O}{8}\right) + 0.7S$ [Nm³/kg]

   ④ $1.867C + 11.2\left(H - \dfrac{O}{8}\right) + 0.7S$ [Nm³/kg]

   【해설】   암기법 : 1.867 C, 5.6 H, 0.7 S

   - 연료의 조성 비율에서 가연성분인 C, H, S의 연소반응식을 기억해서 활용해야 한다.

   $C + O_2 \rightarrow CO_2$ $\dfrac{22.4\ Nm^3}{12\ kg} = 1.867$, $\dfrac{32\ kg}{12\ kg} = 2.667$

   $H_2 + \dfrac{1}{2}O_2 \rightarrow H_2O$ $\dfrac{11.2\ Nm^3}{2\ kg} = 5.6$, $\dfrac{16\ kg}{2\ kg} = 8$

   $S + O_2 \rightarrow SO_2$ $\dfrac{22.4\ Nm^3}{32\ kg} = 0.7$, $\dfrac{32\ kg}{32\ kg} = 1$

   - 체적(Nm³/kg-f)을 구할 때 : $O_0 = 1.867\,C + 5.6\left(H - \dfrac{O}{8}\right) + 0.7\,S$

   - 중량(kg/kg-f)을 구할 때 : $O_0 = 2.667\,C + 8\left(H - \dfrac{O}{8}\right) + S$

6. 질소산화물을 경감시키는 방법으로 틀린 것은?
   ① 과잉공기량을 감소시킨다.
   ② 연소온도를 낮게 유지한다.
   ③ 로 내 가스의 잔류시간을 늘려준다.
   ④ 질소성분을 함유하지 않은 연료를 사용한다.

   【해설】   암기법 : 고질병

   ① 과잉공기량을 감소시키면 공기 중의 79 v% 성분인 질소에 의한 NO_x(질소산화물)의 생성량이 감소한다.
   ② 연소실내의 고온조건에서 NO_x 매연이 발생하게 되므로 연소온도를 낮게 유지하면 NO_x 생성량이 감소한다.
   ❸ 로 내 가스의 잔류시간을 **단축**시키면 고온영역에서의 체류시간이 단축되므로 NO_x 생성량이 감소한다.
   ④ 연료 중 질소의 함량이 낮은 양질의 연료로 전환함으로써 NO_x 생성량이 감소한다.

7. 연료 조성이 C : 80 %, H_2 : 18 %, O_2 : 2 % 인 연료를 사용하여 10.2 % 의 CO_2 가 계측되었다면 이 때의 최대 탄산가스율은? (단, 과잉공기량은 3 Nm^3/kg 이다.)

① 12.78 %   ② 13.25 %   ③ 14.78 %   ④ 15.25 %

【해설】• 액체연료의 이론공기량을 체적(Nm^3/kg)으로 구하면

$$A_0 = \frac{O_0}{0.21} = \frac{1}{0.21}\left\{1.867\,C + 5.6\left(H - \frac{O}{8}\right) + 0.7\,S\right\}$$

$$= 8.89\,C + 26.67\left(H - \frac{O}{8}\right) + 3.33\,S$$

$$= 8.89 \times 0.8 + 26.67\left(0.18 - \frac{0.02}{8}\right) + 3.33 \times 0$$

$$\fallingdotseq 11.85\ Nm^3/kg$$

따라서, 실제공기량 A = 이론공기량(A_0) + 과잉공기량(A') = 11.85 + 3 = 14.85 Nm^3/kg

$m = \dfrac{CO_{2\,max}}{CO_2} = \dfrac{A}{A_0}$ 인 관계이므로, $\dfrac{CO_{2\,max}}{10.2\,\%} = \dfrac{14.85}{11.85}$ 에서

∴ 최대 탄산가스(함유)율 $CO_{2\,max}$ = 12.782 ≒ **12.78 %**

8. 세정식 집진장치의 집진형식에 따른 분류가 아닌 것은?

① 유수식   ② 가압수식
③ 회전식   ④ 관성식

【해설】   암기법 : 세회 가유

• 습식(세정식) 집진장치의 집진형식은 분진을 포함한 함진가스를 세정액과 충돌 또는 접촉시켜 분진을 포집하고 황산화물을 용해하는 방식으로 유수식, 가압수식, 회전식으로 분류한다.

9. 공기비(m) 에 대한 식으로 옳은 것은?

① $\dfrac{\text{실제공기량}}{\text{이론공기량}}$ ② $\dfrac{\text{이론공기량}}{\text{실제공기량}}$

③ $1 - \dfrac{\text{과잉공기량}}{\text{이론공기량}}$ ④ $\dfrac{\text{실제공기량}}{\text{과잉공기량}} - 1$

【해설】   암기법 : 공실이↓

• 일반적으로 공기비(m)는 1 보다 크게 되는 것이므로 분모가 작고, 분자가 커야 한다.

m(공기비, 또는 공기과잉률) = $\dfrac{A}{A_0}\left(\dfrac{\text{실제공기량}}{\text{이론공기량}}\right) = \dfrac{m \cdot A_0}{A_0} = m$

7-①   8-④   9-①

10. 탄소(C) $\frac{1}{12}$ kmol을 완전연소 시키는데 필요한 이론산소량은?

① $\frac{1}{12}$ kmol ② $\frac{1}{2}$ kmol ③ 1 kmol ④ 2 kmol

【해설】• 탄소의 완전연소 반응식 : C + O_2 → CO_2
　　　　　　　(부피비)　(1kmol)　:　(1kmol) 이므로
　　　　　　　　　　　$\frac{1}{12}$ kmol : $\frac{1}{12}$ kmol

11. CH_4(메탄) 가스 1 Nm^3을 30% 과잉공기로 연소시킬 때 실제 연소가스량은?

① 2.38 Nm^3/Nm^3　　　② 13.36 Nm^3/Nm^3
③ 23.1 Nm^3/Nm^3　　　④ 82.31 Nm^3/Nm^3

【해설】• 연소반응식으로 메탄 1 Nm^3을 완전연소 시킬 때 필요한 이론공기량을 먼저 알아내야 한다.

$$CH_4 + 2O_2 \rightarrow CO_2 + 2H_2O$$
(1 kmol)　(2 kmol)　(1 kmol)　(2 kmol)
(22.4 Nm^3)　(2 × 22.4 Nm^3)　(22.4 Nm^3)　(2 × 22.4 Nm^3)
(1 Nm^3)　**(2 Nm^3)**　(1 Nm^3)　(2 Nm^3)

즉, 이론산소량 O_0 = 2 Nm^3 ∴ $A_0 = \frac{O_0}{0.21} = \frac{2}{0.21}$ ≒ 9.5 Nm^3/Nm^3-연료

• 메탄이 연소되어 생성된 연소가스인 CO_2와 H_2O는 실제 습연소가스에 포함된다.
• 실제 (습)연소가스량 $G_w = G_{0w} + (m - 1) A_0$ 한편, m = 100% + 30% = 130% = 1.3
　　　　　　　　= (m - 0.21) A_0 + 1 + 2
　　　　　　　　= (1.3 - 0.21) × 9.5 + 1 + 2
　　　　　　　　= 13.355 ≒ **13.36 Nm^3/Nm^3-연료**

12. 보일러의 연소장치에서 NO_x의 생성을 억제 할 수 있는 연소 방법으로 가장 거리가 먼 것은?

① 2단 연소
② 배기의 재순환 연소
③ 저산소 연소
④ 연소용 공기의 고온예열

【해설】　　　　　　　　　　　　　　　　　　　암기법 : 고질병
• 연소실내의 고온조건에서 질소는 열을 흡수하여 산소와 결합해서 NO_x(질소산화물) 매연으로 발생하게 되어 대기오염을 일으키는 것이므로, 질소산화물 생성을 억제하기 위해서는 연소실내의 온도를 저온으로 해주어야 한다.

13. 각종 천연가스(유전가스, 수용성가스, 탄전가스 등)의 주성분은?

① CH_4 ② C_2H_6 ③ C_3H_8 ④ C_4H_{10}

【해설】• 천연가스(NG)의 주성분은 메탄(CH_4)이 대부분을 차지하고 있다.

14. 분자식이 C_mH_n 인 탄화수소가스 $1\,Nm^3$ 을 완전연소시키는데 필요한 이론공기량 (Nm^3)은? (단, C_mH_n 의 m, n 은 상수이다.)

① $4.76m + 1.19n$
② $1.19m + 4.7n$
③ $m + \dfrac{n}{4}$
④ $4m + 0.5n$

【해설】• 탄화수소연료의 완전연소반응식 $C_mH_n + \left(m + \dfrac{n}{4}\right)O_2 \rightarrow m\,CO_2 + \dfrac{n}{2}H_2O$ 에서 분자식 앞의 계수는 부피(체적)비를 뜻하므로, 이론산소량(O_0) = $\left(m + \dfrac{n}{4}\right)$ 이다.

• 이론공기량 $A_0 = \dfrac{O_0}{0.21} = \dfrac{1}{0.21}\left(m + \dfrac{n}{4}\right) = \dfrac{1}{0.21}m + \dfrac{1}{0.21 \times 4}n$
   $= 4.76\,m + 1.19\,n$

15. 석탄가스에 대한 설명으로 틀린 것은?

① 주성분은 수소와 메탄이다.
② 저온건류 가스와 고온건류 가스로 분류된다.
③ 탄전에서 발생되는 가스이다.
④ 제철소의 코크스 제조 시 부산물로 생성되는 가스이다.

【해설】❸ 탄전(炭田) 지대에서 석탄을 포함한 지층 또는 그 주변에서 천연적으로 발생되는 가스를 "탄전가스"라 하며, 메탄을 주성분으로 한다.

16. 배기가스 중 O_2의 계측값이 3%일 때 공기비는?

① 1.07   ② 1.11   ③ 1.17   ④ 1.24

【해설】• 배기가스 분석결과 O_2 % 만 알고서 공기비를 구할 때는 $m = \dfrac{21}{21 - O_2(\%)}$ 으로 계산한다.

$m = \dfrac{21}{21 - 3} = 1.166 ≒ 1.17$

17. 중유를 A급, B급, C급으로 구분하는 기준은 무엇인가?

① 발열량　　　② 인화점　　　③ 착화점　　　④ 점도

【해설】　　　　　　　　　　　　　　　　　암기법 : 중점,시비에(C>B>A)
- 중유는 점도가 큰 순서에 따라 C중유(또는 벙커C유) > B중유 > A중유 로 구분한다.

18. 전기식 집진장치에 대한 설명 중 틀린 것은?

① 포집입자의 직경은 30 ~ 50 μm 정도이다.
② 집진효율이 90 ~ 99.9 %로서 높은 편이다.
③ 고전압장치 및 정전설비가 필요하다.
④ 낮은 압력손실로 대량의 가스처리가 가능하다.

【해설】❶ 포집입자의 직경은 0.1 μm 이하의 미세입자까지도 집진이 가능하다.

19. 중유 연소과정에서 발생하는 그을음의 주된 원인은?

① 연료 중 미립탄소의 불완전연소
② 연료 중 불순물의 연소
③ 연료 중 회분과 수분의 중합
④ 중유 중의 파라핀 성분 함유

【해설】• 연료 중 미립탄소가 불완전 연소되면 검은색을 띠는 작은 알갱이인 그을음이 된다.

20. 석탄을 분석한 결과가 아래와 같을 때 연소성 황은 몇 % 인가?

> 탄소 68.52 %, 　수소 5.79 %, 　전체 황 0.72 %, 　불연성 황 0.21 %
> 회분 22.31 %, 　수분 2.45 %

① 0.82 %　　　② 0.70 %　　　③ 0.65 %　　　④ 0.53 %

【해설】• 연소성 황분의 계산은 무수시료에 대한 백분율로 구한다.

즉, 연소성 황분(%) = 전체 황분 $\times \left(\dfrac{100}{100 - 수분(\%)} \right)$ - 불연성 황분

= 0.72 $\times \left(\dfrac{100}{100 - 2.45} \right)$ - 0.21

= 0.528 ≒ **0.53 %**

제2과목   열역학

21. 피스톤이 장치된 단열 실린더에 300 kPa, 건도 0.4인 포화액-증기 혼합물 0.1 kg이 들어있고 실린더 내에는 전열기가 장치되어 있다. 220 V의 전원으로부터 0.5 A의 전류를 10분 동안 흘려보냈을 때 이 혼합물의 건도는 약 얼마인가?
(단, 이 과정은 정압과정이고 300 kPa에서 포화액의 엔탈피는 561.43 kJ/kg이고 포화증기의 엔탈피는 2724.9 kJ/kg이다.)

① 0.705   ② 0.642   ③ 0.601   ④ 0.442

【해설】• 전열기에서 발생한 열량 = 혼합물이 얻는 열량
$Q = i \cdot V \cdot t$ = 0.5 A × 220 V × 10 × 60 sec = 66000 J = 66 kJ
• 잠열량 R = m·ΔH = m·($H_2 - H_1$) = 0.1 kg × (2724.9 - 561.43) = 216.347 kJ
• 공급열량에 의한 건도와의 관계식 $Q = x_2 \cdot R$ 에서, $x_2 = \dfrac{Q}{R} = \dfrac{66\,kJ}{216.347\,kJ} ≒ 0.305$
• 혼합물의 최종 건도 $x = x_1 + x_2$ = 0.4 + 0.305 = **0.705**

22. 그림은 재생 과정이 있는 랭킨 사이클이다. 추기에 의하여 급수가 가열되는 과정은?

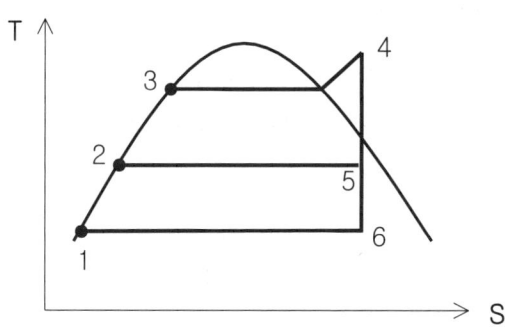

① 1 - 2   ② 4 - 5   ③ 5 - 6   ④ 4 - 6

【해설】• 재생(再生, Regenerative) 사이클
- 랭킨 사이클에서 비교적 큰 비율의 증기 보유열량인 증발열을 복수기에서 버리게 되는데, 이 열량의 일부를 회수함으로써 열효율 향상을 도모한 증기사이클이다.
즉, 터빈 내에서 팽창중인 증기의 일부를 빼내어서 그 증기에 의해 복수기에서 나오는 저온의 급수를 가열(T-S선도에서 1 → 2 과정)하여 온도를 높여 보일러 급수로 사용하는 사이클이므로 급수가열기를 필요로 하게 되며, 보일러의 배가스로 급수를 예열하는 장치인 절탄기를 생략할 수 있게 해준다.

23. 랭킨 사이클로 작동되는 발전소의 효율을 높이려고 할 때 증기터빈의 초압과 배압은 어떻게 하여야 하는가?

① 초압과 배압 모두 올림
② 초압은 올리고 배압을 낮춤
③ 초압은 낮추고 배압을 올림
④ 초압과 배압 모두 낮춤

【해설】

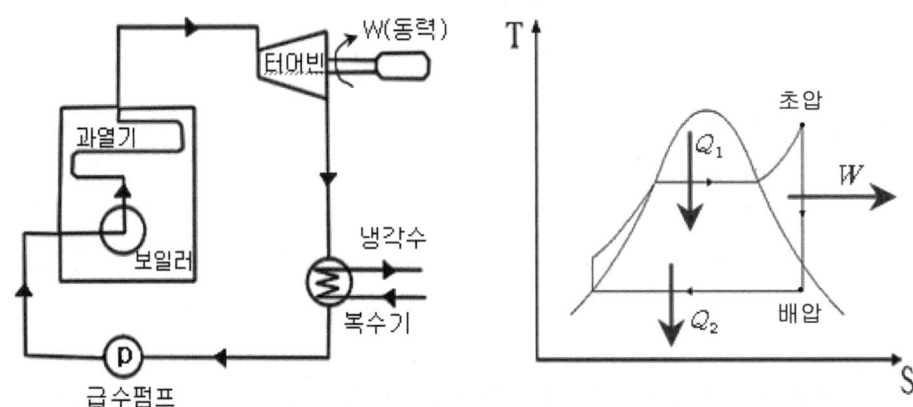

Q_1 : 보일러 및 과열기에 공급한 열량
Q_2 : 복수기에서 방출하는 열량
W_{net} : 사이클에서 유용하게 이용된 에너지.(즉, 유효일 또는 순일 $W_{net} = W_T - W_P$)

• 랭킨사이클의 이론적 열효율 공식. (여기서 1 : 급수펌프 입구를 기준으로 하였음.)

$$\eta = \frac{W_{net}}{Q_1} = \frac{Q_1 - Q_2}{Q_1} = 1 - \frac{Q_2}{Q_1}$$ 에서,

초온, 초압(터빈 입구의 온도, 압력)이 **높을수록** 일에 해당하는 T-S선도의 면적이 커지므로 열효율이 증가하고, **배압**(복수기 압력)이 **낮을수록** 방출열량이 적어지므로 열효율이 증가한다.

24. 비열이 0.473 kJ/kg·K 인 철 10 kg의 온도를 20 ℃에서 80 ℃로 높이는데 필요한 열량은 몇 kJ 인가?

① 28 ② 60 ③ 284 ④ 600

【해설】 암기법 : 큐는, 씨암탉

• 가열 열량 Q = C·m·Δt = 0.473 kJ/kg·K × 10 kg × (80 - 20)K
= 283.8 ≒ **284 kJ**

25. 피스톤과 실린더로 구성된 밀폐된 용기 내에 일정한 질량의 이상기체가 차 있다. 초기 상태의 압력은 2 atm, 체적은 0.5 m³ 이다. 이 시스템의 온도가 일정하게 유지되면서 팽창하여 압력이 1 atm이 되었다. 이 과정 동안에 시스템이 한 일은 몇 kJ 인가?

① 64   ② 70   ③ 79   ④ 83

【해설】※ 등온(dU = 0) 팽창 과정에서 시스템(또는, 계)가 외부에 한 일을 구하는 공식은

$Q = {}_1W_2 = \int_1^2 P \, dV$ 에서 우변을 정리하면,

$= P_1 V_1 \times \ln\left(\dfrac{P_1}{P_2}\right) = 2 \text{ atm} \times 0.5 \text{ m}^3 \times \ln\left(\dfrac{2}{1}\right)$

$= 2 \text{ atm} \times \dfrac{101.325 \, kPa}{1 \, atm} \times 0.5 \text{ m}^3 \times \ln\left(\dfrac{2}{1}\right) = 70.23 ≒$ **70 kJ**

26. 냉동기의 냉매로서 갖추어야 할 요구조건으로 적당하지 <u>않은</u> 것은?

① 불활성이고 안전해야 한다.
② 비체적이 커야 한다.
③ 증발온도에서 높은 잠열을 가져야 한다.
④ 열전도율이 커야 한다.

【해설】※ 냉매의 구비조건

암기법 : 냉전증인임↑
암기법 : 압점표값과 비(비비)는 내린다↓

① 전열이 양호할 것. (전열이 양호한 순서 : NH_3 > H_2O > Freon > Air)
② 증발잠열이 클 것. (1 RT당 냉매순환량이 적어지므로 냉동효과가 증가된다.)
③ 인화점이 높을 것. (폭발성이 적어서 안정하다.)
④ 임계온도가 높을 것. (상온에서 비교적 저압으로도 응축이 용이하다.)
⑤ 상용압력범위가 낮을 것.
⑥ 점성도와 표면장력이 작아 순환동력이 적을 것.
⑦ 값이 싸고 구입이 쉬울 것.
❽ 비체적이 작을 것. (한편, 비중량이 크면 동일 냉매순환량에 대한 관경이 가늘어도 됨.)
⑨ 비열비가 작을 것. (비열비가 작을수록 압축후의 토출가스 온도 상승이 적다.)
⑩ 비등점이 낮을 것.
⑪ 금속 및 패킹재료에 대한 부식성이 적을 것.
⑫ 환경 친화적일 것.
⑬ 독성이 적을 것.

27. 20 MPa, 0℃의 공기를 100 kPa로 교축(throttling)하였을 때의 온도는 약 몇 ℃ 인가? (단, 엔탈피는 20 MPa, 0 ℃에서 439 kJ/kg, 100 kPa, 0 ℃에서 485 kJ/kg 이고, 압력이 100 kPa 인 등압과정에서 평균비열은 1.0 kJ/kg · ℃ 이다.)

① -11　　　　② -22　　　　③ -36　　　　④ -46

【해설】　　　　　　　　　　　　　　　　　　　　　　암기법 : 큐는, 씨암탉
- 교축(스로틀링, 졸림)은 열전달이 전혀 없는, 공기의 단열적 팽창이므로 온도가 하강하게 된다.

$$Q = m \cdot \Delta H$$
$$C_p \cdot m \cdot \Delta t = m \cdot \Delta H$$
$$C_p \cdot \Delta t = \Delta H$$
$$C_p \cdot (t_2 - t_1) = H_1 - H_2$$
$$1 \text{ kJ/kg} \cdot \text{℃} \times (t_2 - 0) = (439 - 485) \text{ kJ/kg}$$
$$\therefore \text{ 나중온도 } t_2 = -46 \text{ ℃}$$

28. 냉동사이클을 비교하여 설명한 것으로 잘못된 것은?

① 역Carnot 사이클이 최고의 COP를 나타낸다.
② 가역팽창 엔진을 가진 증기압축 냉동사이클의 성능계수는 최고값에 접근한다.
③ 보통의 증기압축 사이클은 역Carnot 사이클의 COP보다 낮은 값을 갖는다.
④ 공기 냉동사이클이 가장 높은 효율을 나타낸다.

【해설】❹ 공기를 냉매로 사용하는 공기압축식 냉동사이클의 효율(성능계수)은 압축과정과 팽창과정에서 열손실이 크게 발생하기 때문에 이론치보다 훨씬 낮은 효율을 가진다.

29. 건조포화증기가 노즐 내를 단열적으로 흐를 때, 출구 엔탈피가 입구 엔탈피보다 15 kJ/kg 만큼 작아진다. 노즐 입구에서의 속도를 무시할 때 노즐 출구에서의 속도는 약 몇 m/s 인가?

① 173　　　　② 200　　　　③ 283　　　　④ 346

【해설】• 노즐 입구에서의 속도는 무시하고 있으므로($v_1 = 0$)

노즐 출구에서의 속도 $v_2 = \sqrt{2 \times \Delta H}$
$= \sqrt{2 \times 15 \, kJ/kg} = \sqrt{2 \times 15 \times 10^3 \, N \cdot m/kg}$
$= \sqrt{2 \times 15 \times 10^3 \, kg \cdot m/\sec^2 \times m/kg}$
$= 173.20 ≒ \mathbf{173 \text{ m/s}}$

30. 포화증기를 등엔트로피 과정으로 압축시키면 상태는 어떻게 되는가?

① 습증기가 된다. ② 과열증기가 된다.
③ 포화액이 된다. ④ 임계성을 띤다.

【해설】• T-S 선도를 그려 놓고, 단열(등엔트로피) 과정으로 증기의 상태변화를 알아보면 쉽다.

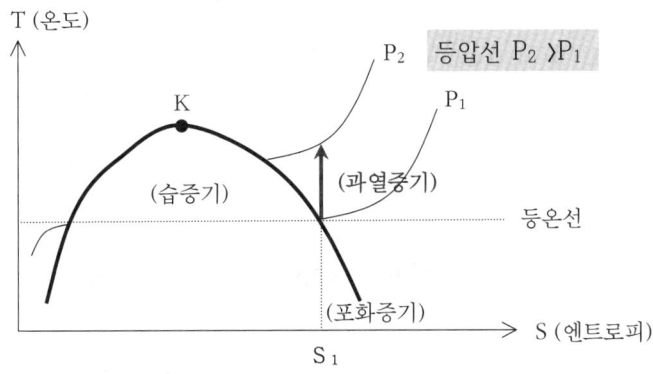

• 포화증기를 등엔트로피 과정으로 압력을 높일수록 과열증기로 변하는 것을 알 수 있다.

31. 디젤사이클로 작동되는 디젤기관의 각 행정의 순서를 옳게 나타낸 것은?

① 단열압축 – 정적급열 – 단열팽창 – 정적방열
② 단열압축 – 정압급열 – 단열팽창 – 정압방열
③ 등온압축 – 정적급열 – 등온팽창 – 정적방열
④ 단열압축 – 정압급열 – 단열팽창 – 정적방열

【해설】• 열기관의 사이클(cycle) 과정은 반드시 암기하고 있어야 한다.

암기법 : 단적단적한.. 내, 오디사 가(부러),예스 랭!
                            ↳내연기관   ↳외연기관

오	단적~단적	오토	(단열압축-등적가열-단열팽창-등적방열)
디	단합~단적	디젤	(단열압축-등압가열-단열팽창-**등적방열**)
사	단적 합단적	사바테	(단열압축-등적가열-등압가열-단열팽창-등적방열)
가(부)	단합~단합.	가스터빈(브레이튼)	(단열압축-등압가열-단열팽창-등압방열)

암기법 : 가!~단합해

예	온합~온합	에릭슨	(등온압축-등압가열-등온팽창-등압방열)

암기법 : 예혼합

스	온적~온적	스털링	(등온압축-등적가열-등온팽창-등적방열)

암기법 : 스탈린 온적이니?

랭킨	합단~합단	랭킨	(등압가열-단열팽창-등압방열-단열압축)
↳중기 원동소의 기본 사이클			

암기법 : 링컨 가랑이

32. 정압과정으로 5 kg의 공기에 84 kJ의 열이 전달되어, 공기의 온도가 10℃에서 30℃로 올랐다. 이 온도 범위에서 공기의 평균 비열(kJ/kg·K)을 구하면?

① 0.15   ② 0.32   ③ 0.46   ④ 0.84

【해설】   암기법 : 큐는, 씨암탉
- 정압 하에서의 가열량(또는, 전달열량) Q = $C_P \cdot m \cdot \Delta t$ 에서

$$\therefore \text{정압비열 } C_P = \frac{Q}{m \cdot \Delta t}$$
$$= \frac{84\,kJ}{5\,kg \times (30-10)\,K}$$
$$= 0.84\,kJ/kg \cdot K$$

33. 증기 동력 사이클 중 이상적인 랭킨(Rankine) 사이클에서 등엔트로피 과정이 일어나는 곳은?

① 펌프, 터빈   ② 응축기, 보일러
③ 터빈, 응축기   ④ 응축기, 펌프

【해설】• 랭킨 사이클은 2개의 단열변화(즉, 등엔트로피 과정)와 2개의 등압변화로 구성되어 있다.

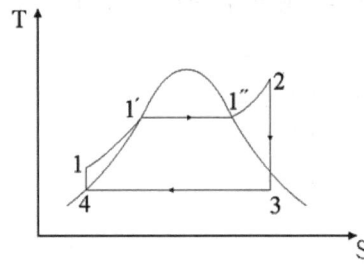

- 펌프   : 단열압축 (4 → 1)
- 보일러 : 등압가열 (1 → 2)
- 터빈   : 단열팽창 (2 → 3)
- 응축기 : 등압방열 (3 → 4)

34. 단열계에서 엔트로피 변화에 대한 설명으로 옳은 것은?

① 가역 변화시 계의 전 엔트로피는 증가된다.
② 가역 변화시 계의 전 엔트로피는 감소한다.
③ 가역 변화시 계의 전 엔트로피는 변하지 않는다.
④ 가역 변화시 계의 전 엔트로피의 변화량은 비가역 변화시보다 일반적으로 크다.

【해설】• 엔트로피는 감소하지 않으며, 가역과정에서는 불변(dS = 0) 이고 비가역과정에서는 항상 증가한다. 실제로 자연계에서 일어나는 모든 변화는 비가역과정이므로 엔트로피는 항상 증가 (dS > 0) 하게 된다.

35. Otto cycle에서 압축비가 8일 때 열효율은 약 몇 %인가?
(단, 비열비는 1.4 이다.)

① 26.4 ② 36.4 ③ 46.4 ④ 56.4

【해설】 압축비 ε = 8, 비열비 k = 1.4일 때

- 오토사이클의 열효율 $\eta = 1 - \left(\dfrac{1}{\varepsilon}\right)^{k-1} = 1 - \left(\dfrac{1}{8}\right)^{1.4-1} = 0.5647 ≒ $ **56.4 %**

36. 이상기체의 상태변화와 관련하여 폴리트로픽(Polytropic) 지수 n에 대한 설명 중 옳은 것은?

① n = 0 이면 단열 변화
② n = 1 이면 등온 변화
③ n = 비열비이면 정적 변화
④ n = ∞ 이면 등압 변화

【해설】 암기법: 적압온 폴리단

※ 폴리트로픽 변화의 일반식 : $PV^n = 1$ (여기서, n : 폴리트로픽 지수라고 한다.)
- $n = 0$ 일 때 : $P \times V^0 = P \times 1 = 1$ ∴ P = 1 (등압변화)
- $n = 1$ 일 때 : $P \times V^1 = P \times V = 1$ ∴ PV = T (등온변화)
- $1 < n < k$ 일 때 : $PV^n = 1$ (폴리트로픽변화)
- $n = k$ 일 때 : $PV^k = 1$ (단열변화)
- $n = \infty$ 일 때 : $PV^\infty = P^{\frac{1}{\infty}} \times V = P^0 \times V = 1 \times V = 1$ ∴ V = 1 (정적변화)

37. 다음 중 경로에 의존하는 값은?

① 엔트로피 ② 위치에너지
③ 엔탈피   ④ 일

【해설】
- 처음상태에서 최종상태로 이행했을 때, 상태를 이행하는 경로가 결과에 영향을 주지 않으면 "상태함수"이고, 상태를 이행하는 경로가 결과에 영향을 주면 "경로함수"라고 구분하며, 상태함수는 변화량을 구할 때 나중상태에서 처음상태를 빼주면 된다.
  경로함수는 변화량을 구할 때 적분해야 한다.
  - 상태(d)함수 = 점함수 = 계(系)의 성질.   암기법: 도경, 상점
      ex> 변위, 위치에너지, 내부에너지, 엔트로피, 엔탈피 등
  - 경로(δ)함수 = 도정함수 = 계(系)의 과정.
      ex> 거리, 일, 열량

38. 어느 과열증기의 온도가 325 ℃일 때 과열도를 구하면 약 몇 ℃ 인가?
(단, 이 증기의 포화 온도는 495 K 이다.)

① 93 ② 103 ③ 113 ④ 123

【해설】• 과열도 ≡ 과열 증기온도 – 포화 증기온도
= 325 ℃ – (495 – 273) ℃ = 103 ℃

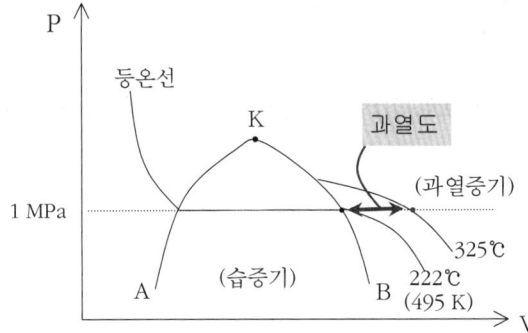

그림에서,
A–K : 포화액체선.(포화액, 포화수)
K : 임계점
B–K : 건조포화증기선.(건포화증기, 포화증기)

39. 다음 T–S 선도에서 냉동사이클의 성능계수를 옳게 표시한 것은?
(단, u 는 내부에너지, h 는 엔탈피를 나타낸다.)

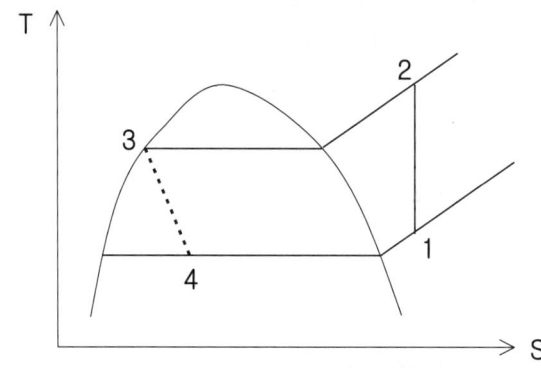

① $\dfrac{h_1 - h_4}{h_2 - h_1}$ ② $\dfrac{u_1 - u_4}{u_2 - u_1}$ ③ $\dfrac{h_2 - h_1}{h_1 - h_4}$ ④ $\dfrac{u_2 - u_1}{u_1 - u_4}$

【해설】• 냉동사이클의 성능계수 $COP = \dfrac{q_2}{W} = \dfrac{h_1 - h_4}{h_2 - h_1}$

40. 20 ℃의 물 10 kg을 대기압 하에서 100 ℃의 수증기로 완전히 증발시키는데 필요한 열량은 약 몇 kJ 인가?
(단, 수증기의 증발잠열은 2257 kJ/kg 이고, 물의 평균비열은 4.2 kJ/kg · K 이다.)

① 800　　② 6190　　③ 25930　　④ 61900

【해설】• 가열 열량 Q = 현열 + 잠열
$$= m c \Delta t + m R$$
$$= 10 \text{ kg} \times 4.2 \text{ kJ/kg°C} \times (100 - 20)°C + 10 \text{ kg} \times 2257 \text{ kJ/kg}$$
$$≒ 25930 \text{ kJ}$$

제3과목　　계측방법

41. 가스분석계의 측정법 중 전기적 성질을 이용한 것은?

① 세라믹식 측정방법　　② 연소열식 측정방법
③ 자동 오르자트법　　④ 가스크로마토그래피법

【해설】• 지르코니아(ZrO_2, 산화지르코늄)를 원료로 하는 세라믹(ceramic)은 온도를 높여주면 산소이온만 통과시키는 성질을 이용하여 전기화학전지의 기전력을 측정함으로써 가스 중의 O_2 농도를 분석하는 방식이므로, 가연성가스가 포함되어 있으면 사용할 수 없다.

42. 차압식 유량계의 측정에 대한 설명으로 틀린 것은?

① 연속의 법칙에 의한다.
② 플로트 형상에 따른다.
③ 차압기구는 오리피스이다.
④ 베르누이의 정리를 이용한다.

【해설】• 차압식 유량계의 측정원리는 유량보존에 의한 연속의 법칙에 따라, 유로의 관에 고정된 차압기구(벤츄리, 오리피스, 노즐)를 넣어서 조리개(교축기구) 전·후의 차압(압력차)을 발생시켜 베르누이 정리를 이용하여 유량을 측정한다.
흐르는 유체의 압력손실이 있기는 하지만 정도가 0.5 ~ 3%로 좋은 편이며, 측정할 수 있는 압력범위가 비교적 광범위하게 사용할 수 있다.

43. 다음 중 속도 수두 측정식 유량계는?

① Delta 유량계 ② Annulbar 유량계
③ Oval 유량계   ④ Thermal 유량계

【해설】   암기법 : 속피 아뉴?
• 속도수두 측정식 유량계에는 피토관식 유량계와 아뉴바(Annulbar) 유량계가 있다.
① 와류식 ❷ 속도수두 측정식 ③ 체적식 ④ 열선식

44. 부르돈 게이지(Bourdon gauge)는 유체의 무엇을 직접적으로 측정하기 위한 기기인가?

① 온도   ② 압력   ③ 밀도   ④ 유량

【해설】   암기법 : 탄돈 벌다
• 부르돈 게이지(또는, 부르돈관식 압력계)는 유체의 압력을 직접적으로 측정하기 위한 탄성식 압력계이다.

45. 저항온도계에 활용되는 측온저항체 종류에 해당되는 것은?

① 서미스터(thermistor) 저항온도계
② 철-콘스탄탄(IC) 저항온도계
③ 크로멜(chromel) 저항온도계
④ 알루멜(alumel) 저항온도계

【해설】• 저항온도계의 측온저항체 종류에 따른 사용온도범위

써미스터	-100 ~ 300 ℃
니켈	-50 ~ 150 ℃
구리	0 ~ 120 ℃
백금	-200 ~ 500 ℃

46. 절대압력 700 mmHg 는 약 몇 kPa 인가?

① 93   ② 103   ③ 113   ④ 123

【해설】• 압력의 여러 가지 단위로의 환산을 하려면 1기압의 상수값들을 암기하고 있어야 한다!

$$700 \text{ mmHg} = 700 \text{ mmHg} \times \frac{101.325 \text{ } kPa}{760 \text{ } mmHg} = 93.325 ≒ 93 \text{ kPa}$$

47. 비중량이 900 kgf/m³인 기름 18 L의 중량은 약 몇 N인가?

① 125.8　　② 158.8　　③ 165.8　　④ 185.8

【해설】● 비중량 공식 $\gamma = \rho \cdot g$ = 900 kgf/m³ 이므로, 밀도 ρ = 900 kg/m³ 이다.

따라서, 질량 m = $\rho \cdot V$ = 900 kg/m³ × 18 L × $\frac{1\,m^3}{1000\,L}$ = 16.2 kg

무게(또는, 중량) F = m·g = 16.2 kg × 9.8 m/s² = 158.76 ≒ **158.8 N**

48. 보일러의 자동제어에서 인터록 제어의 종류가 아닌 것은?

① 압력초과　　② 저연소
③ 고온도　　④ 불착화

【해설】※ 보일러 인터록의 종류　　　　　　　　　암기법 : 저압불프저

보일러 운전 중 작동상태가 원활하지 못할 때 다음 동작을 진행하지 못하도록 제어하여, 보일러 사고를 미연에 방지하는 안전관리장치를 말한다.

① **저**수위 인터록 : 수위감소가 심할 경우 부저를 울리고 안전저수위까지 수위가 감소하면 보일러 운전을 정지시킨다.
② **압**력초과 인터록 : 보일러의 운전시 증기압력이 설정치를 초과할 때 전자밸브를 닫아서 운전을 정지시킨다.
③ **불**착화 인터록 : 연료의 노내 착화과정에서 착화에 실패할 경우, 미연소가스에 의한 폭발 또는 역화현상을 막기 위하여 전자밸브를 닫아서 연료공급을 차단시켜 운전을 정지시킨다.
④ **프**리퍼지 인터록 : 송풍기의 고장으로 노내에 통풍이 되지 않을 경우, 연료공급을 차단시켜서 보일러 운전을 정지시킨다.
⑤ **저**연소 인터록 : 노내에 처음 점화시 온도의 급변으로 인한 보일러 재질의 악영향을 방지하기 위하여 최대부하의 약 30 % 정도에서 연소를 진행시키다가 차츰씩 부하를 증가시켜야 하는데, 이것이 순조롭게 이행되지 못하고 급격한 연소로 인해 저연소 상태가 되지 않을 경우 연료를 차단시킨다.

49. 큐폴라 상부의 배기가스 온도를 측정하기 위한 접촉식 온도계로 가장 적합한 것은?

① 광고온계　　② 색온도계
③ 수은온도계　　④ 열전대온도계

【해설】● 큐폴라 상부의 배기가스 온도를 측정하려면 우선 온도측정범위, 온도계의 설치 등을 고려해야 하는데 원거리 지시가 가능하고 접촉식 온도계 중에서 가장 고온측정에 적합한 것은 **열전대온도계**이다.

50. 다음은 증기 압력제어의 병렬제어방식의 구성을 나타낸 것이다. (   )안에 알맞은 용어는?

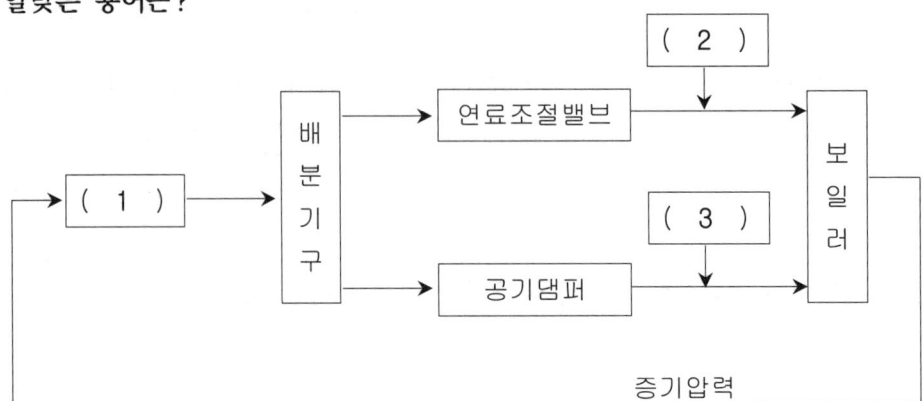

① (1) 동작신호   (2) 목표치   (3) 제어량
② (1) 조작량   (2) 설정신호   (3) 공기량
③ (1) 압력조절기 (2) 연료공급량 (3) 공기량
④ (1) 압력조절기 (2) 공기량   (3) 연료공급량

【해설】• 증기압력제어의 병렬제어방식이란 증기압력에 따라 압력조절기가 제어동작을 행하여 그 출력신호를 배분기구에 의하여 연료조절밸브 및 공기댐퍼에 분배하여 양자의 개도를 동시에 조절함으로써 연료공급량 및 연소용공기량을 조절하는 방식이다.

51. 관 속을 흐르는 유체가 층류로 되려면?
① 레이놀즈수가 4000 보다 많아야 한다.
② 레이놀즈수가 2100 보다 적어야 한다.
③ 레이놀즈수가 4000 이어야 한다.
④ 레이놀즈수와는 관계가 없다.

【해설】※ 레이놀즈수(Reynolds number)에 따른 유체유동의 형태
    • 층류   : Re ≤ 2320 (또는, 2100) 이하인 흐름.
    • 임계영역 : 2320 < Re < 4,000 으로서 층류와 난류 사이의 흐름.
    • 난류   : Re ≥ 4,000 이상인 흐름.
【참고】※ 층류와 난류
    • 층류 : 유체입자들이 혼합되지 않고 질서정연하게 층과 층이 미끄러지면서 흐르는 흐름.
    • 난류 : 유체입자들이 불규칙하게 운동하면서 층과 층이 혼합되어 흐르는 흐름.

52. 다음 열전대 보호관 재질 중 상용 온도가 가장 높은 것은?

① 유리
② 자기
③ 구리
④ Ni-Cr 스테인레스

【해설】 암기법 : 카보 자, 석스동
① 카보런덤관은 다공질로서 급랭, 급열에 강하며 단망관, 2중 보호관의 외관으로 주로 사용된다.(1600 ℃)
② 자기관은 급랭, 급열에 약하며 알칼리에도 약하다. 기밀성은 좋다.(1450 ℃)
③ 석영관은 급랭, 급열에 강하며, 알칼리에는 약하지만 산성에는 강하다.(1000 ℃)
④ 스테인레스강(Ni-Cr Stainless)은 니켈, 크롬 성분이 많아 내열성이 좋다.(900 ℃)
⑤ 황동관은 증기 등 저온 측정에 쓰인다.(400 ℃)
⑥ 유리는 저온 측정에 쓰이며 알칼리, 산성에도 강하다.(500 ℃)

53. U자관 압력계에 관한 설명으로 가장 거리가 먼 것은?

① 차압을 측정할 경우에는 한 쪽 끝에만 압력을 가한다.
② U자관의 크기는 특수한 용도를 제외하고는 보통 2 m 정도로 한다.
③ 관 속에 수은, 물 등을 넣고 한 쪽 끝에 측정압력을 도입하여 압력을 측정한다.
④ 측정 시 메니스커스, 모세관현상 등의 영향을 받으므로 이에 대한 보정이 필요하다.

【해설】• 액주식 압력계의 일종인 U자관 압력계는 구부러진 유리관에 기름, 물, 수은 등을 넣어 한쪽 또는 양쪽 끝에 측정하려고 하는 압력을 도입하여 양 액면의 높이차에 의해 압력을 측정하는데, U자관의 크기는 보통 2m 정도로 한정되며 주로 통풍을 측정하는데 사용되고 있다. 측정의 정도는 모세관현상 등의 영향을 받으므로 정밀한 측정을 위해서는 온도, 중력, 압력 및 모세관현상에 대한 보정이 필요하다.
❶ 차압(差壓)을 측정할 경우에는 U자관 양쪽 끝에 각각의 압력을 가해야 한다.

54. 압력식 온도계가 아닌 것은?

① 액체 팽창식
② 전기 저항식
③ 기체 압력식
④ 증기 압력식

【해설】 ※ 압력식 온도계
밀폐된 관에 수은 등과 같은 액체나 기체를 봉입한 것으로 온도에 따라 체적변화를 일으켜 관내에 생기는 압력의 변화를 이용하여 온도를 측정하는 방식으로, 액체팽창식, 기체팽창식, 증기팽창식의 3가지 종류가 있다.
❷ 전기저항식 온도계(또는, 저항 온도계)의 측정원리는 전기저항 변화를 이용한다.

55. 세라믹(Ceramic)식 O_2계의 세라믹 주원료는?

① Cr_2O_3
② Pb
③ P_2O_5
④ ZrO_2

【해설】　　　　　　　　　　　　　　　　　　　　　암기법 : 쎄라지~
- 세라믹(ceramic)식 O_2 가스분석계는 **지**르코니아(ZrO_2, 산화지르코늄)를 원료로 하는 전기화학전지의 기전력을 측정하여 가스 중의 O_2 농도를 분석한다.

56. 진동·충격의 영향이 적고, 미소차압의 측정이 가능하며 저압가스의 유량을 측정하는 데 주로 사용되는 압력계는?

① 압전식 압력계
② 분동식 압력계
③ 침종식 압력계
④ 다이아프램 압력계

【해설】 ❸ 액주식 압력계의 일종인 침종식(沈鐘式) 압력계는 미소차압 측정으로 1 kPa (100 mmH$_2$O) 이하 저압가스의 유량을 측정하는 데 주로 사용된다.

57. 열전대 온도계에서 주위 온도에 의한 오차를 전기적으로 보상할 때 주로 사용되는 저항선은?

① 서미스터(Thermistor)
② 구리(Cu) 저항선
③ 백금(Pt) 저항선
④ 알루미늄(Al) 저항선

【해설】 • 보호관 단자에서 냉접점까지는 값이 비싼 열전대선을 길게 사용하는 것은 비경제적이므로, 값이 싼 **구리** 또는 구리-니켈의 합금선으로 열전대와 거의 같은 열기전력이 생기는 도선 (즉, **보상도선**)으로 길게 사용한다.

58. 주위온도 보상장치가 있는 열전식 온도기록계에서 주위온도가 20 ℃인 경우 1000 ℃의 지시치를 보려면 몇 mV를 주어야 하는가?

(단, 20℃ : 0.80 mV, 980℃ : 40.53 mV, 1000℃ : 41.31 mV 이다.)

① 40.51 ② 40.53 ③ 41.31 ④ 41.33

【해설】 이 문제의 단서조항에 제시된 열기전력(mV) 값은 기준접점인 냉접점의 온도를 0℃로 유지하였을 때의 표에 의한 것이므로, 측정 시 0℃가 아니면 전기적 보상이 필요하다.
따라서, 1000℃의 지시치를 보려면 주위온도 0℃ ~ 20℃에 대한 열기전력을 빼주어야 한다.
∴ 41.31 mV - 0.8 mV = **40.51 mV**

59. 열전대 온도계에서 열전대의 구비조건으로 틀린 것은?

① 장시간 사용하여도 변형이 없을 것
② 재생도가 높고 가공이 용이할 것
③ 전기저항, 저항온도계수와 열전도율이 클 것
④ 열기전력이 크고 온도상승에 따라 연속적으로 상승할 것

【해설】 ❸ 전기저항, 저항온도계수, 열전도율이 작아야 한다.
왜냐하면, 열전대 온도계는 발생하는 열기전력을 이용하는 원리이므로 열전도율이 작을수록 금속의 냉·온 접점의 온도차가 커져서 열기전력이 증가하게 된다.

60. 다음 방사온도계는 다음 중 어느 이론을 응용한 것인가?

① 제백 효과 ② 필터 효과
③ 윈-프랑크의 법칙 ④ 스테판-볼쯔만의 법칙

【해설】 • 방사온도계 또는 복사온도계, 방사고온계
물체로부터 복사되는 모든 파장의 전방사 에너지를 측정하여 온도를 측정한다.
1800 ℃이하의 온도에서 복사되는 방사에너지의 대부분은 적외선 영역에 해당하므로 적외선온도계라고 부르기도 한다.
열방사에 의한 열전달량(Q)은 스테판-볼쯔만의 법칙으로 계산된다.

$$Q = \varepsilon \cdot \sigma T^4 \times A$$

여기서, σ : 스테판-볼쯔만 상수(5.67×10^{-8} W/m^2·K^4)
T : 물체 표면의 절대온도(K)
ε : 표면 복사율 또는 흑도
A : 방열 표면적(m^2)

제4과목   열설비재료 및 관계법규

61. 보일러 계속사용검사 유효기간 만료일이 9월 1일 이후인 경우 연기할 수 있는 최대 기한은?

① 2개월 이내
② 4개월 이내
③ 6개월 이내
④ 10개월 이내

【해설】   [에너지이용합리화법 시행규칙 제31조의20제1항.]
- 검사대상기기(보일러, 압력용기, 요로)의 계속사용검사는 검사유효기간의 만료일이 속하는 연도의 말까지 연기할 수 있다.
  다만, 검사유효기간 만료일이 9월 1일 이후인 경우에는 **4개월** 이내에서 계속사용검사를 연기할 수 있다.

62. 에너지이용합리화 기본계획은 산업통상자원부장관이 몇 년마다 수립하여야 하는가?

① 3년
② 4년
③ 5년
④ 10년

【해설】   [에너지이용합리화법 시행령 제3조1항.]
- 산업통상자원부장관은 **5년**마다 에너지이용합리화에 관한 기본계획을 수립하여야 한다.

63. 에너지이용합리화법에 따라 검사대상기기의 계속사용검사 신청은 검사 유효기간 만료의 며칠 전까지 하여야 하는가?

① 3일   ② 10일   ③ 15일   ④ 30일

【해설】 [계속사용검사신청]   [에너지이용합리화법 시행규칙 제31조의19.]
- 검사대상기기의 계속사용검사를 받으려는 자는 검사대상기기 계속사용검사 신청서를 검사유효기간 만료 **10일** 전까지 한국에너지공단 이사장에게 제출하여야 한다.

64. 한국에너지공단의 사업이 아닌 것은?

① 신에너지 및 재생에너지 개발사업의 촉진
② 열사용기자재의 안전관리
③ 에너지의 안정적 공급
④ 집단에너지 사업의 촉진을 위한 지원 및 관리

【해설】 ❸ 에너지의 안정적 공급은 "지역에너지계획"을 수립하여야 하는 시·도지사의 역할이다.
[에너지이용합리화법 제57조.]

65. 에너지이용합리화법의 목적이 아닌 것은?

① 에너지 수급 안정화
② 국민경제의 건전한 발전에 이바지
③ 에너지 소비로 인한 환경피해 감소
④ 연료 수급 및 가격 조정

【해설】 [에너지이용합리화법 제1조.]
- 에너지의 수급을 안정시키고 에너지의 합리적이고 효율적인 이용을 증진하며 에너지 소비로 인한 환경피해를 줄임으로써 국민경제의 건전한 발전 및 국민복지의 증진과 지구온난화의 최소화에 이바지함을 목적으로 한다.

【key】 에너지이용합리화법 목적   암기법 : 이경복은 온국수에 환장한다.
  - 에너지이용 효율증진, 경제발전, 복지증진, 온난화의 최소화, 국민경제, 수급안정, 환경피해 감소.

66. 특정열사용기자재와 설치, 시공 범위가 바르게 연결된 것은?

① 강철제 보일러 : 해당 기기의 설치·배관 및 세관
② 태양열 집열기 : 해당 기기의 설치를 위한 시공
③ 비철금속 용융로 : 해당 기기의 설치·배관 및 세관
④ 축열식 전기보일러 : 해당 기기의 설치를 위한 시공

【해설】 [에너지이용합리화법 시행규칙 별표3의2.]
  ※ 특정열사용기자재 및 그 설치·시공 범위
  - 보일러(**강철제보일러**, **축열식전기보일러**, 온수보일러 등)의 설치·배관 및 세관
  - **태양열 집열기**의 설치·배관 및 세관
  - 압력용기(1종, 2종)의 설치·배관 및 세관
  - 금속요로(용선로, **비철금속 용융로**, 철금속가열로 등)의 설치를 위한 시공
  - 요업요로(셔틀가마, 터널가마, 연속식유리용융가마 등)의 설치를 위한 시공

64-③ 65-④ 66-①

67. 에너지이용합리화법에 따라 검사대상기기 설치자는 검사대상기기관리자를 선임하거나 해임한 때 산업통상자원부령에 따라 누구에게 신고하여야 하는가?

① 시·도지사
② 시장·군수
③ 경찰서장·소방서장
④ 한국에너지공단이사장

【해설】• 검사대상기기설치자는 검사대상기기관리자를 선임 또는 해임하거나 검사대상기기 관리자가 퇴직한 경우에는 산업통상자원부령으로 정하는 바에 따라 시·도지사에게 신고하여야 한다. [에너지이용합리화법 제40조3항.]

68. 에너지이용합리화법에 따라 검사대상기기 설치자의 변경신고는 변경일로부터 15일 이내에 누구에게 신고하여야 하는가?

① 한국에너지공단이사장
② 산업통상자원부장관
③ 지방자치단체장
④ 관할소방서장

【해설】 [에너지이용합리화법 시행규칙 제31조의 24.]
※ 검사대상기기 설치자의 변경신고
 - 검사대상기기의 설치자가 변경된 경우 새로운 대상기기의 설치자는 그 변경일로부터 15일 이내에 설치자 변경을 한국에너지공단 이사장에게 신고하여야 한다.

69. 에너지이용합리화법에 따라 검사대상기기 관리자 업무 관리대행기관으로 지정을 받기 위하여 산업통상자원부장관에게 제출하여야 하는 서류가 아닌 것은?

① 장비명세서
② 기술인력 명세서
③ 기술인력 고용계약서 사본
④ 향후 1년간 안전관리대행 사업계획서

【해설】[검사대상기기 관리대행기관의 지정 신청시 제출서류]
 • 장비명세서 및 기술인력명세서 [에너지이용합리화법 시행규칙 제31조의29 제3항.]
 • 향후 1년 간의 안전관리대행 사업계획서
 • 변경사항을 증명할 수 있는 서류(변경지정의 경우만 해당한다.)

70. 다음 중 MgO-SiO$_2$계 내화물은?

① 마그네시아질 내화물
② 돌로마이트질 내화물
③ 마그네시아-크롬질 내화물
④ 포스테라이트질-내화물

【해설】 암기법 : 염병할~ 포돌이 마크

67-① 68-① 69-③ 70-④

※ 염기성 내화물의 종류
　① 마그네시아질(Magnesite, MgO계)
　② 돌로마이트질(Dolomite, CaO-MgO계)
　③ 마그네시아-크롬질(Magnesite Chromite, MgO-Cr_2O_3계)
　❹ 포스테라이트질(Forsterite, MgO-SiO_2계)

71. 보온재의 열전도율과 체적비중, 온도, 습분 및 기계적 강도와의 관계에 관한 설명으로 틀린 것은?

① 열전도율은 일반적으로 체적비중의 감소와 더불어 적어진다.
② 열전도율은 일반적으로 온도의 상승과 더불어 커진다.
③ 열전도율은 일반적으로 습분의 증가와 더불어 커진다.
④ 열전도율은 일반적으로 기계적 강도가 클수록 커진다.

【해설】　　　　　　　　　　　　　　　암기법 : 열전도율 ∝ 온·습·밀·부
　　　※ 보온재의 열전도율(λ)은 온도, 습도, 밀도, 부피(또는, 체적)비중에 비례한다.
　　　❹ 보온재의 열전도율은 기계적 강도가 클수록 적어진다.

72. 다음 마찰 손실 중 국부저항손실수두로 가장 거리가 먼 것은?

① 배관중의 밸브, 이음쇠류 등에 의한 것
② 관의 굴곡부분에 의한 것
③ 관내에서 유체와 관 내벽과의 마찰에 의한 것
④ 관의 축소, 확대에 의한 것

【해설】❸ 마찰손실 = 주손실(직관 손실) + 부차적 손실(그 밖의 손실)
　　　　　즉, 배관 설비에 유체가 흐를 때 유체 상호간 또는 유체와 관 내벽과의 마찰에 의해 직관에서 발생하는 손실을 주손실이라 하고, 관로 단면의 변화, 굴곡, 관부속물(밸브, 엘보, 티) 등 직관이외에서 발생되는 마찰손실을 부차적 손실 (또는, 국부저항 손실)이라 한다.

73. 제강로가 아닌 것은?

① 고로　　　② 전로　　　③ 평로　　　④ 전기로

【해설】• 제강로(製鋼爐)는 선철을 이용하여 강철을 제조하는 로이다.
　　　❶ 고로(또는, 용광로)는 선철을 제조하는데 사용되는 제련로(製鍊爐)이다.

74. 두께 230 mm의 내화벽돌이 있다. 내면의 온도가 320 ℃이고 외면의 온도가 150 ℃일 때 이 벽면 10 m²에서 매 시간당 손실되는 열량(kJ/h)은?
(단, 내화벽돌의 열전도율은 4.02 kJ/m·h·℃ 이다.)

① 1710　　② 11632　　③ 29713　　④ 31439

【해설】　　　　　　　　　　　　　　　　　　　암기법 : 교전온면두
- 평면벽에서의 손실열(교환열) $Q = \dfrac{\lambda \cdot \Delta t \cdot A}{d}$

$= \dfrac{4.02\,kJ/mh℃ \times (320-150)℃ \times 10\,m^2}{0.23\,m}$

$= 29713\,kJ/h$

75. 보온재의 열전도율에 대한 설명으로 옳은 것은?
① 열전도율 0.5 kcal/m·h·℃ 이하를 기준으로 하고 있다.
② 재질 내 수분이 많을 경우 열전도율은 감소한다.
③ 비중이 클수록 열전도율은 작아진다.
④ 밀도가 작을수록 열전도율은 작아진다.

【해설】　　　　　　　　　　　　　　암기법 : 열전도율 ∝ 온·습·밀·부
- 보온재는 상온(20 ℃)에서의 열전도율 0.1 kcal/mh℃ 이하로 작은 것을 말한다.
- 보온재의 열전도율(λ)은 온도, 습도, 밀도, 부피(또는, 체적)비중에 비례한다.

76. 스폴링(Spalling)에 대한 설명으로 옳은 것은?
① 마그네시아를 원료로 하는 내화물이 체적변화를 일으켜 노벽이 붕괴하는 현상
② 온도의 급격한 변동으로 내화물에 열응력이 생겨 표면이 갈라지는 현상
③ 크롬마그네시아 벽돌이 1600℃ 이상의 고온에서 산화철을 흡수하여 부풀어 오르는 현상
④ 내화물이 화학반응에 의하여 녹아내리는 현상

【해설】 ① 슬래킹(Slaking)　❷ 스폴링　③ 버스팅(Bursting)　④ 용손(熔損)

77. 다음 중 셔틀요(Shuttle kiln)는 어디에 속하는가?
① 반연속 요　　　　　　　② 승염식 요
③ 연속 요　　　　　　　　④ 불연속 요

【해설】 ※ 조업방식(작업방식)에 따른 요로의 분류
- 연속식 : 터널요, 윤요(輪窯, 고리가마), 견요(堅窯, 샤프트로), 회전요(로타리 가마)
- 불연속식 : 횡염식, 승염식, 도염식   암기법 : 불횡승도
- 반연속식 : 셔틀요, 등요

78. 고로(blast furnace)의 특징에 대한 설명이 아닌 것은?

① 축열실, 탄화실, 연소실로 구분되며 탄화실에는 석탄 장입구와 가스를 배출시키는 상승관이 있다.
② 산소의 제거는 CO가스에 의한 간접 환원반응과 코크스에 의한 직접 환원반응으로 이루어진다.
③ 철광석 등의 원료는 노의 상부에서 투입되고 용선은 노의 하부에서 배출된다.
④ 노 내부의 반응을 촉진시키기 위해 압력을 높이거나 열풍의 온도를 높이는 경우도 있다.

【해설】 ❶ 석탄을 고온 건류하여 코크스를 만드는 **코크스로**(Cokes furnace)는 축열실, 탄화실, 연소실로 구분된다.

79. 다음 중 유리섬유의 내열도에 있어서 안전사용온도범위를 크게 개선시킬 수 있는 결합제는?

① 페놀 수지
② 메틸 수지
③ 실리카겔
④ 멜라민 수지

【해설】 유리섬유는 첨가하는 결합제의 종류에 따라 내열도가 개선되는데 안전사용온도범위는 페놀 수지가 120℃, 멜라민 수지가 200℃, 실리카겔이 300℃로 **실리카겔**이 가장 높다.

80. 유리 용융용 브릿지 월(bridge wall)탱크에서 용융부와 작업부 간의 연소가스 유통을 억제하는 역할을 담당하는 구조 부분은?

① 포트(port)
② 스로트(throat)
③ 브릿지 월(bridge wall)
④ 섀도우 월(shadow wall)

【해설】 유리 용융로에는 도가니로와 탱크로가 있다. 유리용융 공정에서 용융부와 작업부 간의 연소가스 유통을 억제하는 역할을 담당하는 구조 부분은 섀도우 월(shadow wall, 칸막이 벽)이다.

제5과목 열설비설계

81. 저위발열량이 10000 kJ/kg인 연료를 사용하고 있는 실제증발량 4 t/h인 보일러에서 급수온도 40 ℃, 발생증기의 엔탈피가 650 kJ/kg, 급수 엔탈피 167 kJ/kg일 때 연료소비량은 약 몇 kg/h 인가? (단, 보일러의 효율은 85 % 이다.)

① 201 ② 227 ③ 327 ④ 397

【해설】   암기법 : (효율좋은) 보일러 사저유

• 보일러 열효율 $\eta = \dfrac{Q_s}{Q_{in}} = \dfrac{\text{유효출열(발생증기의 흡수열)}}{\text{총입열량}}$

$= \dfrac{w_2 \cdot (H_x - H_1)}{m_f \cdot H_\ell}$

$0.85 = \dfrac{4 \times 10^3 \times (650 - 167)}{m_f \times 10{,}000}$ ∴ $m_f = 227.29 ≒ 227 \text{ kg/h}$

82. 압력용기에 대한 수압시험 압력의 기준으로 옳은 것은?
① 최고 사용압력이 0.1 MPa 이상의 주철제 압력용기는 최고 사용압력의 3배이다.
② 비철금속제 압력용기는 최고 사용압력의 1.5배의 압력에 온도를 보정한 압력이다.
③ 최고 사용압력이 1 MPa 이하의 주철제 압력용기는 0.1 MPa이다.
④ 법랑 또는 유리 라이닝한 압력용기는 최고 사용압력의 1.5배의 압력이다.

【해설】 [압력용기 제조 검사기준.] 수압시험 압력은 다음과 같이 하여야 한다.
  ① 최고 사용압력이 0.1 MPa을 초과하는 주철제 압력용기는 최고 사용압력의 2배이다.
  ❷ 강제 또는 비철금속제의 압력용기는 최고 사용압력의 1.5배의 압력에 온도를 보정한 압력이다.
  ③ 최고 사용압력이 0.1 MPa 이하의 주철제 압력용기는 0.2 MPa이다.
  ④ 법랑 또는 유리 라이닝한 압력용기는 최고 사용압력이다.

83. 증기트랩의 설치목적이 아닌 것은?
① 관의 부식 방지   ② 수격작용 발생 억제
③ 마찰저항 감소   ④ 응축수 누출방지

【해설】   암기법 : 응수부방
  ❹ 증기트랩의 설치목적은 증기배관내의 **응축수를** 자동적으로 **배출**하여 유체의 유동에 따른 마찰저항을 감소시키고, 배관의 수격작용 발생 억제 및 부식을 방지한다.

84. 보일러의 종류에 따른 수면계의 부착위치로 옳은 것은?

① 직립형 보일러는 연소실 천정판 최고부 위 95 mm
② 수평연관 보일러는 연관의 최고부 위 100 mm
③ 노통 보일러는 노통 최고부(플랜지부를 제외) 위 100 mm
④ 직립형 연관보일러는 연소실 천정판 최고부 위 연관길이의 2/3

【해설】 ※ 원통형 보일러의 수면계 부착위치

보일러의 종별	부착위치
직립형 횡관보일러	연소실 천정판 최고부(플랜지부 제외) 위 75 mm
직립형 연관보일러	연소실 천정판 최고부 위 연관길이의 1/3
수평 연관보일러	연관의 최고부 위 75 mm
노통 연관보일러	연관의 최고부 위 75 mm, 노통 최고부 위 100 mm
노통 보일러	노통 최고부(플랜지부를 제외) 위 100 mm

85. 보일러 운전 중에 발생하는 기수공발(carry over)현상의 발생 원인으로 가장 거리가 먼 것은?

① 인산나트륨이 많을 때
② 증발수 면적이 넓을 때
③ 증기 정지밸브를 급히 개방했을 때
④ 보일러 내의 수면이 비정상적으로 높을 때

【해설】 ❷ 보일러를 과부하 운전하게 되면 프라이밍(飛水, 비수현상)이나 포밍(물거품)이 발생하여 보일러수가 미세물방울과 거품으로 증기에 혼입되어 증기배관으로 송출되는 캐리오버(carry over, 기수공발) 현상이 일어나는데, 증기부하가 지나치게 크거나(즉, 과부하일 때) 증발수 면적이 좁거나 증기 취출구가 작을 때 잘 발생하게 된다.

86. 맞대기 이음 용접에서 하중이 3000 kg, 용접높이가 8 mm 일 때, 용접길이는 몇 mm 로 설계하여야 하는가? (단, 재료의 허용 인장응력은 5 kg/mm² 이다.)

① 52   ② 75   ③ 82   ④ 100

【해설】 ※ 용접이음의 강도계산 중 맞대기 용접이음의 경우,

하중 $W = \sigma \cdot h \cdot \ell$

$3000 \text{ kg} = 5 \text{ kg/mm}^2 \times 8 \text{ mm} \times \ell$

∴ 용접길이 $\ell = 75$ mm

87. 다음 [보기]에서 설명하는 보일러 보존 방법은?

[보기]
- 보존기간이 6개월 이상인 경우 적용한다.
- 1년 이상 보존할 경우 방청도료를 도포한다.
- 약품의 상태는 1~2주마다 점검하여야 한다.
- 동 내부의 산소제거는 숯불 등을 이용한다.

① 건조보존법
② 만수보존법
③ 질소건조법
④ 특수보존법

【해설】❶ 건조보존법(밀폐식, 장기보존법) : 6개월 이상인 경우에 흡습제(실리카겔) 약품을 봉입하여 밀폐시키는 방법으로, 동 내부의 산소제거는 숯불을 용기에 넣어서 태운다.
② 만수보존법(습식보존법) : 2~3개월 이내인 경우에 탈산소제(약품)를 넣어 물을 가득 채워두는 방법.
③ 질소건조법(기체보존법) : 보일러 동 내부의 산소제거는 질소가스를 봉입하여 밀폐시킨다.
④ 페인트도장법(특수보존법) : 보일러에 도료(흑연, 아스팔트, 타르 등)를 칠하여 보존한다.

88. 점식(pitting)에 대한 설명으로 틀린 것은?

① 진행속도가 아주 느리다.
② 양극반응의 독특한 형태이다.
③ 스테인리스강에서 흔히 발생한다.
④ 재료 표면의 성분이 고르지 못한 곳에 발생하기 쉽다.

【해설】보일러 내면 부식의 약 80%를 차지하고 있는 점식(點蝕, Pitting, 피팅, 공식) 부식이란 보일러수 속에 함유된 O_2, CO_2의 전기화학적 작용에 의한 보일러 내면에 반점 모양의 구멍을 형성하는 촉수면의 전체부식으로서, 고온에서는 그 진행속도가 매우 빠르다.

89. 구조상 고압에 적당하여 배압이 높아도 작동하며, 드레인 배출온도를 변화시킬 수 있고 증기누출이 없는 트랩의 종류는?

① 디스크(disk)식
② 플로트(float)식
③ 상향 버킷(bucket)식
④ 바이메탈(bimetal)식

【해설】 암기법 : 써(Thermal) 바이 벌
• 증기와 드레인(Drain, 응축수)의 온도차를 이용한 온도조절식의 증기트랩에는 바이메탈식 트랩과 벨로우즈식 트랩이 있다.

90. 보일러에서 최고사용압력 초과로 인한 파열을 방지하기 위하여 설치하는 안전밸브의 분출압력 조정 형식이 아닌 것은?

① 중추식
② 탄성식
③ 지렛대식
④ 스프링식

【해설】 암기법 : 스중, 지렛대
- 안전밸브의 조정형식에 따른 종류 - 스프링식, 중추식, 지렛대식(레버식)이 있다.

91. 2중관식 열교환기 내 68 kg/min의 비율로 흐르는 물이 비열 1.9 kJ/kg·℃의 기름으로 35℃에서 75℃까지 가열된다. 이 때, 기름의 온도는 열교환기에 들어올 때 110℃, 나갈 때 75℃라면 대수평균온도차는? (단, 두 유체는 향류형으로 흐른다.)

① 37℃
② 49℃
③ 61℃
④ 73℃

【해설】

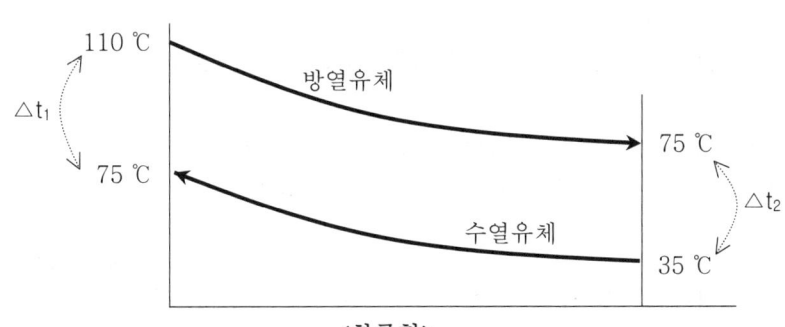

- 대수평균온도차 공식 $\Delta t_m = \dfrac{\Delta t_1 - \Delta t_2}{\ln\left(\dfrac{\Delta t_1}{\Delta t_2}\right)} = \dfrac{(110-75)-(75-35)}{\ln\left(\dfrac{110-75}{75-35}\right)} \fallingdotseq 37\,℃$

92. 다음 중 횡형 보일러의 종류가 아닌 것은?

① 노통식 보일러
② 연관식 보일러
③ 노통연관식 보일러
④ 수관식 보일러

【해설】 • 원통형의 보일러 중 횡형 보일러에는 노통식, 연관식, 노통연관식이 있다.

90-② 91-① 92-④

93. 열교환기 설계 시 열교환 유체의 압력강하는 중요한 설계인자이다. 관 내경, 길이 및 유속(평균)을 각각 Di, ℓ, u 로 표기할 때 압력강하량 ⊿P와의 관계는?

① $\Delta P \propto \dfrac{\ell}{D_i} \dfrac{1}{2g} u^2$

② $\Delta P \propto \ell D_i / \dfrac{1}{2g} u^2$

③ $\Delta P \propto \dfrac{D_i}{\ell} \dfrac{1}{2g} u^2$

④ $\Delta P \propto \dfrac{1}{2g} u^2 \cdot \ell \cdot D_i$

【해설】• 관로 유동에서 마찰저항에 의한 압력손실수두를 계산하는 식은 달시-바하의 공식으로 계산한다.

즉, 마찰손실수두 $h_L[\text{m}] = f \cdot \dfrac{v^2}{2g} \cdot \dfrac{\ell}{D} = \dfrac{\Delta P}{\gamma}$ 에서,

∴ 압력강하 $\Delta P [\text{kg/m}^2 \text{ 또는, mmAq}] = \gamma \cdot h_L = f \cdot \dfrac{v^2}{2g} \cdot \dfrac{\ell}{D} \cdot \gamma \propto \dfrac{\ell}{D} \cdot \dfrac{v^2}{2g}$

94. 보일러 설치검사 사항 중 틀린 것은?

① 5 t/h 이하의 유류 보일러의 배기가스 온도는 정격부하에서 상온과의 차가 315℃ 이하이어야 한다.
② 보일러의 안전장치는 사고를 방지하기 위해 먼저 연료를 차단한 후 경보를 울리게 해야 한다.
③ 수입 보일러의 설치검사의 경우 수압시험은 필요하다.
④ 보일러 설치검사 시 안전장치 기능 테스트를 한다.

【해설】 [보일러 설치검사 기준 및 계속사용성능검사 기준.]
❷ 보일러의 안전장치는 사고를 방지하기 위하여 경보가 울리는 동시에 공급한 연료를 자동적으로 차단하여야 한다.

95. 보일러 청소에 관한 설명으로 틀린 것은?

① 보일러의 냉각은 연화적(벽돌)이 있는 경우에는 24시간 이상 걸려야 한다.
② 보일러는 적어도 40℃ 이하까지 냉각한다.
③ 부득이하게 냉각을 빨리시키고자 할 경우 찬물을 보내면서 취출하는 방법에 의해 압력을 저하시킨다.
④ 압력이 남아 있는 동안 취출밸브를 열어서 보일러 물을 완전 배출한다.

【해설】 ❹ 보일러의 압력이 없어진 것을 확인한 후에, 취출밸브를 열어서 보일러수를 완전히 배출한다.

96. 급수배관의 비수방지관에 뚫려있는 구멍의 면적은 주증기관 면적의 최소 몇 배 이상 되어야 증기배출에 지장이 없는가?

① 1.2배 ② 1.5배 ③ 1.8배 ④ 2배

【해설】 비수방지관은 원통형 보일러의 동체 내에 설치하여 증기속에 혼입된 수분을 분리하여 증기의 건도를 높이기 위하여 설치하는 장치로서, 비수방지관에 뚫린 구멍의 전체면적은 주증기관 면적의 최소 **1.5배** 이상 되어야 증기배출에 지장이 없다.

97. 급수조절기를 사용할 경우 충수 수압시험 또는 보일러를 시동할 때 조절기가 작동하지 않게 하거나, 모든 자동 또는 수동제어 밸브 주위에 수리, 교체하는 경우를 위하여 설치하는 설비는?

① 블로우 오프관 ② 바이패스관
③ 과열 저감기 ④ 수면계

【해설】 급수조절기를 사용할 경우 충수 수압시험 또는 보일러를 시동할 때 조절기가 작동하지 않게 하거나, 모든 자동 또는 수동제어 밸브 주위에 수리, 교체하는 경우를 위하여 바이패스 배관을 설치하여야 한다.

98. 고온부식의 방지대책이 아닌 것은?

① 중유 중의 황 성분을 제거한다.
② 연소가스의 온도를 낮게 한다.
③ 고온의 전열면에 내식재료를 사용한다.
④ 연료에 첨가제를 사용하여 바나듐의 융점을 높인다.

【해설】 암기법 : 고바, 황저
❶ 중유 중의 황 성분은 저온부식 원인이므로, 황을 제거하면 저온부식이 방지된다.

99. 일반적인 보일러 운전 중 가장 이상적인 부하율은?

① 20 ~ 30 % ② 30 ~ 40 %
③ 40 ~ 60 % ④ 60 ~ 80 %

【해설】 ❹ 일반적으로 가장 적정한 부하율은 정격부하의 60 ~ 80 %로 운전할 때 보일러 설비의 효율이 가장 좋다.

【참고】 • 보일러 부하율(%) = $\dfrac{\text{실제 증발량}[kg/h]}{\text{최대 연속증발량}[kg/h]} \times 100$

100. 대향류 열교환기에서 가열유체는 260 ℃에서 120 ℃로 나오고 수열유체는 70 ℃에서 110 ℃로 가열될 때 전열 면적은?
(단, 열관류율은 125 W/m² ℃이고, 총 열부하는 160,000 W 이다.)

① 7.24 m²   ② 14.06 m²   ③ 16.04 m²   ④ 23.32 m²

【해설】   암기법 : 교관 온면

- 교환열 공식 $Q = K \cdot \Delta t_m \cdot A$

$$160{,}000 = 125 \times \frac{(260-110)-(120-70)}{\ln\left(\frac{260-110}{120-70}\right)} \times A$$

∴ 전열면적 A = 14.0622 ≒ **14.06 m²**

【보충】 • 대수평균온도차 공식 $\Delta t_m = \dfrac{\Delta t_1 - \Delta t_2}{\ln\left(\dfrac{\Delta t_1}{\Delta t_2}\right)}$

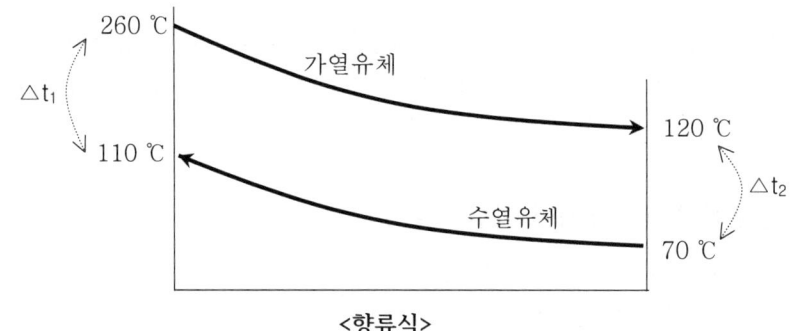

<향류식>

MEMO

MEMO

MEMO

MEMO

MEMO

MEMO

에너지관리기사 기출문제집 필기

2021. 1. 15. 초 판 1쇄 발행
2026. 1. 7. 개정 5판 1쇄(통산 8쇄) 발행

지은이 | 에너지아카데미(이상식)
펴낸이 | 이종춘
펴낸곳 | BM ㈜도서출판 성안당

주소 | 04032 서울시 마포구 양화로 127 첨단빌딩 3층(출판기획 R&D 센터)
10881 경기도 파주시 문발로 112 파주 출판 문화도시(제작 및 물류)
전화 | 02) 3142-0036
031) 950-6300
팩스 | 031) 955-0510
등록 | 1973. 2. 1. 제406-2005-000046호
출판사 홈페이지 | www.cyber.co.kr
ISBN | 978-89-315-8545-2 (13530)
정가 | 32,000원

이 책을 만든 사람들

책임 | 최옥현
기획 | 구본철
진행 | 이용화
전산편집 | 이다혜, 이다은
표지 디자인 | 박현정
홍보 | 김계향, 임진성, 김주승, 최정민, 이해솜
국제부 | 이선민, 조혜란
마케팅 | 구본철, 차정욱, 오영일, 나진호, 강호묵
마케팅 지원 | 장상범
제작 | 김유석

이 책의 어느 부분도 저작권자나 BM ㈜도서출판 성안당 발행인의 승인 문서 없이 일부 또는 전부를 사진 복사나 디스크 복사 및 기타 정보 재생 시스템을 비롯하여 현재 알려지거나 향후 발명될 어떤 전기적, 기계적 또는 다른 수단을 통해 복사하거나 재생하거나 이용할 수 없음.

※ 잘못된 책은 바꾸어 드립니다.